Nr. 27 S. 7425—7696

1956 4. Juli

Chemisches Zentralblatt

Vollständiges Repertorium für alle Zweige der reinen und angewandten Chemie

1830 gegründet. 1897—1945 von der Deutschen Chemischen Gesellschaft fortgeführt.
Im Auftrage der Deutschen Akademie der Wissenschaften zu Berlin, der Chemischen Gesellschaft in der Deutschen Demokratischen Republik, der Akademie der Wissenschaften zu Göttingen und der Gesellschaft Deutscher Chemiker

herausgegeben von Prof. Dr. Maximilian Pflücke

127. Jahrgang

1956

Chefredakteure: Dr. Eugen Klever und Prof. Dr. Maximilian Pflücke

Akademie-Verlag GmbH., Berlin — Verlag Chemie, GmbH., Weinheim/Bergstr.

Inhalt

Ein vollständiger oder gekürzter Abdruck der Referate ist ohne Genehmigung der Redaktion und des Verlages verboten!

Namenregister

Chemisches Zentralblatt

1956 Nr. 27 4. Juli

Geschichte. Unterricht.

Dora Huhn, *Fritz Hofmann.* Lebensbild von FRITZ HOFMANN (geb. 2/11. 1866 in Kölleda/Thür.) u. Würdigung seiner Arbeiten als Mitarbeiter der Elberfelder Farbenfabriken: Herst. von reinem Isopren u. Butadiënen als Ausgangsstoffe für die Synth. von Kautschuk, Norkautschuk (Buna) u. Methylkautschuk H; Durchführung einer Modifikation der von HARRIES, MATTHEWS u. STRANGE entdeckten Natriumpolymerisation der Butadiëne; Unters. der pyrogenen Spaltung von Erdölen; Entdeckung der organ. Basen u. ihrer Abkömmlinge als Vulkanisationsbeschleuniger u. Alterungsschutzmittel. — Bild. (Plaste u. Kautschuk **2.** 115. Mai 1955. Schkopau.) W. KUNTZ. 1

E. Cremer, *Gustav Hüttig zum 65. Geburtstag.* Kurze Würdigung der vielseitigen Arbeiten von G. HÜTTIG aus Anlaß seines 65. Geburtstages am 13/5. 1955. (Z. Elektrochem., Ber. Bunsenges. physik. Chem. **59.** 465—66. 1955.) E. KLEVER. 1

H. Lehmann, *Hans Kaiser 65 Jahre alt.* Würdigung der Verdienste von Prof. Dr.-Ing. HANS KAISER, des Direktors der Katharinenhospitalapotheke in Stuttgart, zu seinem 65. Geburtstag am 24/9. 1955. (Schweiz. Apotheker-Ztg. **93.** 727—28. 24/9. 1955.) M. NEGWER. 1

R. L. McIntosh, *Professor Otto Maass.* Lebensbild von O. MAASS, geb. 1890 in New York, N. Y., Professor der physikal. Chemie an der McGill-Universität in Canada, anläßlich seiner Emeritierung. — Bild. (Canad. J. Chem. **33.** 725—27. Mai 1955. Toronto, Can., Univ.) W. KUNTZ. 1

—, *Das Akademiemitglied Alexander Wladimirowitsch Palladin (aus Anlaß seiner 50jährigen wissenschaftlichen Tätigkeit).* Würdigung der Verdienste des am 10/9. 1855 geborenen Biochemikers A. W. PALLADIN, bekannt durch seine Arbeiten über die Biochemie des Zentralnervensyst., der Muskeltätigkeit, der Ernährung u. der Vitamine. (Биохимия [Biochemie] **20.** 401—02. Juli/Aug. 1955.) O. LEBTAG. 1

—, *Zum 80. Geburtstag von Gustav Adolf Pistor.* Würdigung der Verdienste PISTORs, der im ersten Weltkrieg die Al-Herst. u. a. in Bitterfeld 1915/1916 u. im Lautawerk 1918 einrichtete. Unter großen techn. u. wirtschaftlichen Schwierigkeiten förderte er die Herst. von Mg u. Elektronmetall. (Metall **6.** 478. Aug. 1952.) G. LOCHMANN. 1

Ralph E. Oesper, *Berthold Rassow.* Lebensbild u. Würdigung der schriftstellerischen u. Lehrtätigkeit von B. RASSOW, geb. 2/10. 1866 in Bergen auf Rügen, seit 1901 Professor der chem. Technologie in Leipzig. (J. chem. Educat. **29.** 76—77. Febr. 1952. Cincinnati, O., Univ.) W. KUNTZ. 1

Heinrich Ficker, *Staatsminister a. D. Friedrich Schmidt-Ott zum 95. Geburtstag.* Würdigung der Verdienste von F. SCHMIDT-OTT, des Begründers u. langjährigen Präsidenten der „Notgemeinschaft der Deutschen Wissenschaft", aus Anlaß seines 95. Geburtstages (geb. am 4/6. 1860 in Potsdam). (Forsch. u. Fortschr. **29.** 190—91. Juni 1955. Wien.) E. KLEVER. 1

K. Schwabe, *Max Volmer zum 70. Geburtstag.* Kurze Würdigung der Arbeiten von M. VOLMER (geb. am 3/5. 1885 in Hilden/Rheinland), bes. auf dem Gebiete der physikal. Chemie. (Z. physik. Chem. **204.** 261—64. Aug. 1955.) E. KLEVER. 1

Sven Lennander, *F. Zernike und die Phasenkontrastmethode.* Würdigung der Bedeutung der Phasenkontrastmeth. u. ihres Entdeckers, F. ZERNIKE (geb. 1888 in Amsterdam), seit 1920 Professor für theoret. Physik an der Universität Groningen. (Kosmos [Stockholm] **31.** 5—8. 1953.) M. GEHLEN-KELLER. 1

—, *Dr. Dr. h. c. Emil Christoph Barell.* Nachruf auf den langjährigen Leiter der Medikamentenfirma HOFFMANN-LA ROCHE in Grenzach u. Basel, C. BARELL (gest. 18/3. 1953), unter Würdigung seiner Arbeit für den Aufbau der Firma. — Bild. (Pharmaz. Ind. **15.** 132. April 1953.) W. KUNTZ. 1

Joseph L. McCarthy, *Henry K. Benson, Holz-Chemiker.* Nachruf auf HENRY KREITZER BENSON (geb. 3/1. 1877 in Lebanon, Pa., gest. 27/9. 1954), Professor der Chemie u. chem. Technologie an der Universität von Washington. (Science [Washington] **121.** 413. 25/3. 1955. Seattle, Wash., Univ. of Washington.) W. KUNTZ. 1

John M. Nelson, *Marston Taylor Bogert 1868—1954.* Würdigung der wissenschaftlichen u. organisator. Leistungen von MARSTON TAYLOR BOGERT (geb. 18/4. 1868 in Flushing, N. Y., gest. 1954), der von 1901—1939 Professor für organ. Chemie an der Columbia-Universität in New York war. Seine über 400 Veröffentlichungen befaßten sich mit den Terpenen, äther. Ölen, Alkaloiden, Arsenverbb., Drogen, Vitaminen u. Parfümen. BOGERT war 1907 u. 1908 Präsident der American Chemical Society u. von 1938—1947 Präsident der Internationalen Union of Pure and Applied Chemistry. — Bild. (J. Amer. chem. Soc. **76.** 5009—11. 20/10. 1954. New York, N. Y., Columbia Univ., Dep. of Chem. Engng.) W. KIRSTEN. 1

R. P. Bell, *Brønsted-Gedächtnis-Vorlesung.* Kurze Biographie von J. N. BRØNSTED u. die Hauptlinien seiner chem.-physikal. Arbeiten. — Bild u. Schriftenverzeichnis. (J. chem. Soc. [London] **1950.** 409—19. Jan. Oxford.) R. ZAUNICK. 1

—, *Dr. Konrad Dobriner.* K. DOBRINER (geb. 14/10. 1902 in Elberfeld, gest. 10/3. 1952 in New York), seit 1933 am SLOAN KETTERING INST. u. MEMORIAL HOSPITAL CENTER NEW YORK; arbeitet über die Biochemie des Krebses. (Nature [London] **169.** 691. 26/4. 1952.) R. ZAUNICK. 1

Julian Kamecki, *Prof. Dr. Tadeusz Estreicher. 19/12. 1871 bis 8/4. 1952.* Nachruf auf den ehemaligen Direktor des I. Chem. Instituts an der Universität Krakau. Schilderung des Lebenslaufs u. der hauptsächlich auf thermochem. Gebiet liegenden Arbeiten. (Wiadomści chem. **6.** 309—16. Aug.; Roczniki Chem. [Ann. Soc. chim. Polonorum] **26.** 505. 1952.) R. K. MÜLLER. 1

A. Je. Arbusow, *Erinnerungen an Alexei Jewgrafowitsch Faworski.* Persönliche Erinnerungen an den bekannten russ. Organiker. — Bild. (Журнал Общей Химии [J. allg. Chem.] **25** (**87**). 1441—43. Aug. 1955.) E. KLEVER. 1

H. Erlenmeyer, *Fritz Fichter 1869—1952.* (Vgl. C. **1950.** I. 833 u. GEORG, C. **1954.** 11103.) Von 1912 an Vorstand des Instituts für anorgan. Chemie der Universität Basel; begründete 1918 die Helv. chim. Acta; gegen 300 elektro- u. präparativ-organ. Arbeiten. — Bildnis mit Faksimile. (Helv. chim. Acta **36.** 753—72. 15/6. 1953.) R. ZAUNICK. 1

T. A. Henry, *Ernest Fourneau, 1872—1949.* Historisch laufende Analyse der Arbeiten FOURNEAUs, mit den drei 1901 in Deutschland veröffentlichten beginnend. (J. chem. Soc. [London] **1952.** 261—66. Jan.) R. ZAUNICK. 1

Wolfgang Schneider, *Johannes Gadamer.* Lebenslauf des Professors der pharmazeut. Chemie in Marburg J. GADAMER (geb. 1/4. 1867 in Waldenburg/Schlesien, gest. 15/4. 1928) u. Würdigung seiner Arbeiten über Alkaloide. — Literaturangaben. — Bild. (Pharmaz. Ind. **15.** 128—30. April 1953. Braunschweig.) W. KUNTZ. 1

E. R. H. Jones, *Albert Edward Gillam, 1900—1950.* A. E. GILLAM († 16/1. 1950 in Timperley, Cheshire), zuletzt Senior Lecturer an der Universität Manchester, war Experte im Gebrauch der UV-Absorptionsspektren zur Lösung analyt. u. struktureller Probleme der organ. Chemie. (J. chem. Soc. [London] **1952.** 267—68. Jan.) R. ZAUNICK. 1

D. P. Cuthbertson, *William Godden. 1884—1954.* Kurzer Lebenslauf u. Würdigung der Arbeiten von W. GODDEN (geb. am 31/12. 1884 in Canterbury, gest. in Aberdeen am 3/9. 1954), bes. auf dem Gebiete der Biochemie. (J. chem. Soc. [London] **1956.** 224. Jan.) E. KLEVER. 1

Clément Duval und **Ralph E. Oesper,** *Louis Hackspill.* Lebensgang u. Arbeiten von L. HACKSPILL, geb. 3/5. 1880 in Paris, Professor der anorgan. Chemie an der Universität Straßburg u. 1939—1951 an der Sorbonne in Paris. Arbeiten über Alkalimetalle. — Bild. (J. chem. Educat. **29.** 90—91. Febr. 1952. Paris, Sorbonne, u. Cincinnati, O., Univ.) W. KUNTZ. 1

S. Coffey, *Prof. A. F. Holleman.* Lebenslauf des bekannten holländ. organ. Chemikers u. Lehrbuchautors ARNOLD FREDERIK HOLLEMAN (geb. 28/8. 1859 in Oisterwijk/Nordbrabant, gest. 11/8. 1953 in Bloemendaal); 1893 Professor in Groningen, kurz danach bis 1924 in Amsterdam; bearbeitete die Substitution aromat. Verbindungen. (Nature [London] **172.** 706. 17/10. 1953.) W. KIRSTEN. 1

E. L. Hirst, *Sir James Irvine, 1877—1952.* Von 1921 an Prof., Dekan u. Vizekanzler der Universität St. Andrews; Forschungen über die Mol.-Struktur Oligo- u. Polysaccharide. — Bild. (J. Amer. chem. Soc. **75.** 253—56. 20/1. 1953.) R. ZAUNICK. 1

Jean Orcel, *Alfred Lacroix (1863—1948).* Nachruf auf den am 16/3. 1948 verstorbenen französ. Mineralogen. (Bull. Soc. franç. Minéralog. Cristallogr. **73.** 347—408. Juli/Sept. 1950. Paris, Muséum Nat. d'Histoire Nat.) C. GOTTFRIED. 1

Allen D. Bliss, *Arthur Becket Lamb, 25. Februar 1880 bis 15. Mai 1952.* Nachruf u. Würdigung der wissenschaftlichen Arbeiten des Herausgebers des Journal of the American Chemical Society. — Bild. (J. Amer. chem. Soc. **77.** 5773—79. 20/11. 1955.) E. KLEVER. 1

A. J. A. van der Wyk, *Kurt H. Meyer. 1883—1952.* (Vgl. Hopff, C. **1953.** 9053; Boissonnas, C. **1954.** 933 u. Cherbuliez, 11103.) Von 1921 an in der Direktion der BASF, dann von 1932 an Professor der anorgan. u. organ. Chemie an der Universität Genf; arbeitete über Desmotropie u. Hochpolymere. (Helv. chim. Acta **35.** 1418—22. 16/6. 1952.) R. Zaunick. 1

H. Mark, *Zur Entwicklung der Chemie der Hochpolymeren. K. H. Meyer zum Gedächtnis.* Würdigung der Verdienste von K. H. Meyer, bes. auf dem Gebiet der Hochpolymeren. (Angew. Chem. **64.** 521—23. 7/10. 1952. Brooklyn.) M. Winiker. 1

E. Terres, *Alwin Mittasch zum Gedächtnis.* Würdigung. (Brennstoff-Chem. **34.** 225—26. 19/8. 1953.) G. Lochmann. 1

George Tunell, *Zum Gedächtnis an Martin Alfred Peacock.* (Geb. 1898 in Edinburgh, gest. 1950 in Toronto.) Sein Leben u. seine geolog., mineralog. u. kristallograph. Arbeiten. (Proc. geol. Soc. America **1951.** 127—33. Juli 1952.) K. Blumrich. 1

C. M. Atkinson, *J. C. E. Simpson. 1908—1952.* (Vgl. C. **1953.** **4477.**) James Charles Edward Simpson (geb. 14/8. 1908 in Wallasey/Cheshire, gest. 7/2. 1952 im Wrexham Hospital) arbeitete über Cinnolin-, Chinolin- u. Chinazolinderivv. u. andere chemotherapeut. geprüfte Verbindungen. (J. chem. Soc. [London] **1953.** 718—20. Febr.) R. Zaunick. 1

Reginald Child, *Samuel Smiles.* S. Smiles (* 17/7. 1877 Belfast; † 6/5. 1953 Tunbridge), Professor der Chemie am King's College Universität London; über 100 Veröffentlichungen über die organ. Verbb. des S u. Se u. Buch über die Beziehungen zwischen physikal. Eigg. u. chem. Konstitution. (Nature [London] **172.** 13—14. 4/7. 1953.) R. Zaunick. 1

L. E. Sutton, *Samuel Sugden. 1892—1950.* (Vgl. C. **1952.** 6161.) S. Sugden, Prof. der Chemie, Universität College London, arbeitete über Parachor, paramagnet. Momente, Mol.-Struktur. (J. chem. Soc. [London] **1952.** 1987—92. Mai.) R. Zaunick. 1

—, *Serge Winogradsky. 1856—1953.* Nachruf auf Serge Winogradsky, geb. 1/9. 1856 in Kiew, gest. 24/2. 1953 in Brie-Comte-Robert, wo er Leiter der agrobakteriolog. Abteilung des Institut Pasteur war. Zahlreiche mikrobiol. Arbeiten. (Ind. agric. aliment. **70.** 331. April 1953.) W. Kuntz. 1

W. E. Garner, *Tamman-Gedächtnisvorlesung.* Nach einer kurzen Biographie Gustav Tammanns (1861—1938) eingehende Analyse seiner physikochem. Arbeiten. — Bild. (J. chem. Soc. [London] **1952.** 1961—73. Mai.) R. Zaunick. 1

Herbert Dickmann, *Johann Georg Ludolph Blumhof und seine Enzyklopädie der Eisenhüttenkunde.* Schilderung des Lebensganges von J. G. Ludolph Blumhof u. der Bedeutung seiner Enzyklopädie für seine Zeitgenossen sowie für die eisengeschichtliche Forschung. (Arch. Eisenhüttenwes. **26.** 427—29. Aug. 1955. Düsseldorf.) H. Hochstein. 1

H. Svejda, *Aus J. M. Eders wissenschaftlichem Vermächtnis.* Würdigung der wissenschaftlichen Leistungen Eders auf dem Gebiete der Spektralanalyse anläßlich seines 100. Geburtstages am 16/3. 1955. (Mikrochim. Acta [Wien] **1955.** 740—43. Wien.) C. Gottfried. 1

H. S. van Klooster, *Johan Frederik Eykman — ein Physiko-Chemiker.* J. F. Eykman (geb. 19/1. 1851 in Nykerk, gest. 1/8. 1915 in Groningen) zuerst in Japan u. zuletzt in Groningen als Professor der pharmazeut. Chemie tätig, war führend auf dem Felde der Refraktometrie. Neben der Biographie wird gezeigt, daß sich die von Nernst u. a. kritisierte Eykmansche Formel doch bewährt hat. — Bild. (J. chem. Educat. **28.** 616—18. Dez. 1951. Troy, N. Y., Rensselaer Polytechn. Inst.) R. Zaunick. 1

Friedrich v. Gizycki, *Friedrich Hoffmann der Ältere und die Schrödersche Pharmacopoe.* Würdigung des hall. Arztes Fr. Hoffmann (1626—1675): Er gab die 1641 erschienene Pharmakopoe von Schroeder in modernisierter Fassung heraus, die ca. 100 Jahre lang ein wichtiges Handbuch der Ärzte blieb. Er ist nicht zu verwechseln mit seinem gleichnamigen Sohn (1660—1742), bedeutendem Mediziner u. Erfinder der Hoffmannstropfen. — 3 Bilder. (Dtsch. Apotheker-Ztg. **92.** 738—40. 26/9. 1952.) W. Kuntz. 1

Desmond Reilly, *Robert John Kane (1809—1890): irischer Chemiker und Erzieher.* Würdigung der Lebensarbeit von R. J. Kane (geb. 24/9. 1809 in Dublin, gest. 16/2. 1890). Er legte den Grund zum wissenschaftlichen Chemiestudium in Irland u. förderte die Entw. der Chemie durch Forschungen über Verbb. von NH_3 mit Salzen von Hg, Cu, Zn u. anderen Metallen, über Farbstoffe aus Flechten als pflanzliche Indicatoren. — Bild. (J. chem. Educat. **32.** 404—06. Aug. 1955.) W. Kuntz. 1

W. R. Bett, *Edward Kelley, Alchimist und böhmischer Baron.* Lebensbild des Alchimisten, Goldmachers u. Geistersehers E. Kelley (geb. 1/8. 1555 in Worcester), am

Hofe Kaiser Rudolfs II. erst angesehen, dann eingekerkert u. bei einem Fluchtvers. 1595 umgekommen. — Bild. (Pharmac. J. **175** ([4] **121**). 86. 30/7. 1955.) W. KUNTZ. 1

O. Novotny, *Nicolas Leblanc.* Kurze Lebensskizze zum 150. Todestag (16/1. 1956) des am 6/12. 1742 geborenen Schöpfers des nach ihm benannten LEBLANC-Sodaverfahrens. (Österr. Apotheker-Ztg. **10.** 22. 24. 14/1. 1956.) M. NEGWER. 1

J. Weits, *James Lind (1716—1794).* J. LIND (geb. in Edinburgh) veröffentlichte als (Schiffs-) Arzt viele Arbeiten über Tropenheilkunde u. Ernährung. Er beschrieb als erster den Skorbut u. gab Maßnahmen zu seiner Bekämpfung an u. gilt als Gründer der präventiven Heilkunde u. der Tropenhygiene. (Voeding **15.** 477—79. 15/11. 1954.) W. WESLY. 1

A. Ch. Batalin, *N. E. Ljasskowski — Erforscher der Proteine.* Würdigung der Arbeiten des am 12/4. 1818 geborenen u. am 28/4. 1871 verstorbenen Chemikers u. Physikers N. E. LJASSKOWSKI, Professor an der Universität Moskau, bes. bekannt durch sein Auftreten gegen die damals herrschende Eiweißtheorie von MULDER. (Биохимия [Biochemie] **20.** 507—10. Juli/Aug. 1955.) O. LEBTAG. 1

Eric N. Simons, *Adolf Martens, Bahnbrecher der Metallographie.* Beschreibung des Werdeganges von A. MARTENS u. Würdigung seiner zahlreichen Verdienste auf dem Gebiete der Materialprüfung, speziell in der Metallographie. (Brit. Steelmaker **20.** 22—23. Jan. 1954.) S. HÜTTIG. 1

—, *100. Todestag Heinrich Emanuel Mercks.* Würdigung der Lebensarbeit von H. E. MERCK (geb. 15/9. 1794 in Darmstadt, gest. 14/2. 1855) als Apotheker, Chemiker u. Gründer der nach ihm benannten Firma, bes. ausgezeichnet durch Erforschung u. Herst. von Morphin aus Opium, Santonin u. anderen Pflanzenalkaloiden. — Bild. (Pharmaz. Ztg. verein. Apotheker-Ztg. **100.** 164—66. 17/2. 1955.) W. KUNTZ. 1

—, *125 Jahre E. Merck, Darmstadt.* (Dtsch. Apotheker-Ztg. **92.** 579—81. 1/8. 1952.) W. KUNTZ. 1

Desmond Reilly, *Die Muspratts und die Gambles — Pioniere der englischen Alkaliindustrie.* Leben u. Werk von JAMES MUSPRATT (1793—1886) u. seinen Söhnen, bes. JAMES SHERIDAN MUSPRATT (1821—1871), u. von JOSIAS CHRISTOPHER GAMBLE u. dessen Sohn DAVID GAMBLE. Biographisches über MICHAEL MURPHY, der Helfer an J. S. MUSPRATTSs „Dictionary of applied chemistry" war u. von 1877 an eine Fabrik für Kobaltoxyd in Liverpool betrieb. — Bild. (J. chem. Educat. **28.** 650—53. Dez. 1951. Cornwall, Ontario, Can., Howard Smith Paper Mills, Ltd.) R. ZAUNICK. 1

Wiktor Lampe, *Marceli Nencki.* Biograph. Schilderung des bedeutenden poln. Chemikers u. Biologen (15/1. 1847—14/10. 1901). (Wiadomści chem. **6.** 141—50. April 1952. Warszawa, Univ., Organ.-chem. Inst.) H. FREYTAG. 1

W. R. Bett, *Vor 300 Jahren starb Lazare Rivière, aus Montpellier, der Erfinder des Potus Riverii.* LAZARE RIVIÈRE (geb. 1589 in Montpellier, gest. 1655), Prof. der Medizin an der Univ. Montpellier, war bekannt als tüchtiger, von alten Überlieferungen unabhängiger Arzt. Potus Riverii ist eine Mischung von Citronensäure mit Kaliumbicarbonat. (Chemist and Druggist **164.** 495. 29/10. 1955.) W. KUNTZ. 1

Herbert E. Merwin, *Zum Gedächtnis an Henry Stephens Washington.* (1867—1934). Würdigung seines Lebenswerks: Chem. Analysen pluton. Gesteine, mineralog. u. petrograph. Arbeiten usw. (Labor. in New Jersey). (Proc. geol. Soc. America **1951.** 165—73. Juli 1952.) K. BLUMRICH. 1

Ladislao Reti, *Geschichte des „ATHANOR" von Leonardo da Vinci bis zur Enzyklopädie von Diderot.* Geschichtlicher Überblick über die Entw. des als „Athanor" bezeichneten Ofens von LEONARDO DA VINCI bis zur Enzyklopädie DIDEROTs, nebst Worterklärung, vielen Bildern u. 68 Literaturzitaten. (Ind. y Quím. **14.** 305—15. Dez. 1952.) K. RUMPF. 2

Sir Lawrence Bragg, *Die Archive des Cavendish Laboratory.* Im Archiv des 1871 gegründeten Labor. zu Cambridge befindet sich eine Fülle von Dokumenten zum Leben u. Wirken von MAXWELL (Bibliothek u. Nachlaß), RAYLEIGH u. RUTHERFORD (Nachlaß), dazu Briefe von FARADAY, THOMPSON, TAIT, BRAGG sen. u. anderen. (Nature [London] **169.** 684—86. 26/4. 1952.) R. ZAUNICK. 2

W. Pauli *Rydberg und das Periodische System der Elemente.* Vf. bringt einen Überblick über RYDBERGs Arbeiten über das Period. Syst. der Elemente, seine Betrachtungen der period. Beziehungen zwischen dem spezif. Gewicht u. dem At.-Gew., dem sogenannten „Wechselsatz" u. über „Elektron, der erste Grundstoff". Ferner wird auf die „Unterss. über das Syst. der Grundstoffe" [1913] eingegangen u. ein Vgl. zu neuen Unterss. gezogen. Eine Darst. des Period. Syst. in Spiralform ist beigefügt. (Lunds Univ. Årsskr. [N. F.] Avd. 2. **50.** Nr. 21. 22—26. 28/2. 1955. Zürich, ETH.) D. HAHN. 2

Niels Bohr, *Rydbergs Entdeckung der Spektralgesetze.* Vf. berichtet über die Entdeckung der Spektralgesetze u. ihre Auswirkungen sowie über persönliche Erinnerungen. (Lunds Univ. Årsskr. [N. F.] Avd. 2. **50.** Nr. 21. 15—21. 28/2. 1955. Kopenhagen, Univ., Inst. for Teoret. Fys.) D. HAHN. 2

A. G. Shenstone, *Der Einfluß der Spektralserien.* Vf. gibt einen geschichtlichen Überblick über die Unterss. der Spektralserien. (Lunds Univ. Årsskr. [N. F.] Avd. 2. **50.** Nr. 21. 27—30. 28/2. 1955. Princeton, N. J., Princeton Univ.) D. HAHN. 2

M. G. Mellon, *Ein Jahrhundert Colorimetrie.* An Hand von 128 Literaturzitaten eine Entw. der analyt.-colorimetr. Methoden u. dazugehörigen Instrumente seit AUGUST BEERs klass. Arbeit (Ann. Physik. u. Chem. **86.** [1852.] 78) über die Best. des roten Lichts in farbigen Flüssigkeiten. (Analytic. Chem. **24.** 924—31. Juni 1952.) R. ZAUNICK. 2

H. J. Axon, *Eine Nachprüfung von Joules Arbeiten zur Metallkunde der Amalgame.* Neben den Arbeiten zum mechan. Wärmeäquivalent veröffentlichte JOULE unter anderem auch Verss. über die Herst. der Amalgame von Fe, Cu, Ag, Pt, Zn, Pb u. Sn durch kathod. Abscheidung an Hg. Seine Analysen über die Zus. der festen Prodd. sind mit den heute bekannten Zustandsbildern vereinbar. Vf. schlägt für die Fälle Cu u. bes. Zn Wiederholung der Verss. vor; denn möglicherweise werden hier die Beständigkeitsgrenzen der bin. Verbb. durch Druck merklich geändert. (Metallurgia [Manchester] **47.** 27—28. Jan. 1953. Manchester, Univ.) G. LOCHMANN. 2

A. D. Pietrow (Petrow), *Über die Reaktion von M. G. Kutscherow.* Inhaltlich ident. mit der C. **1954.** 2150 referierten Arbeit. (Wiadomości chem. **6.** 349—69. Sept. 1952.) H. FREYTAG. 2

Paul Diepgen, *Das Märchen von der Chinarinde. Ein Bericht über neue Forschungsergebnisse von A. W. Haggis und Jaime Jamarillo-Arango.* Die Erzählung von der Heilung der Gräfin Chinchon u. die Einführung der Chinarinde durch sie nach Europa ist als Legende nachgewiesen. Die Chinarinde kam schon vor 1640 durch Missionare u. Kaufleute aus Peru nach Europa. (Dtsch. Apotheker-Ztg. **92.** 740—41. 26/9. 1952. Mainz, Joh. Gutenberg-Univ., Medizinhistor. Inst.) W. KUNTZ. 2

Gotthard Grotefendt, *Das Penicillin und die Salben der römischen Augenärzte.* Vers. einer Deutung des auf den Stempeln röm. Ärzte als Augenheilmittel vorkommenden penicillum = Schwamm oder Schimmel. — Literaturangaben. (Dtsch. Apotheker-Ztg. **92.** 581—82. 1/8. 1952. Nordhorn/Hannover.) W. KUNTZ. 2

F. Sherwood Taylor und **C. H. Josten,** *Frühe Aufzeichnungen von Temperaturüberwachung bei der Destillation.* Die früheste Aufzeichnung einer Temperaturmessung bei der Dest. von Bernsteinöl stammt von JONATHAN GODDARD, Prof. für Physik am Gresham College 1655. Vff. werfen die Frage auf, welche Art von Thermometer man damals benutzt habe. (Nature [London] **172.** 920. 14/11. 1953. London, Sci. Mus.; Oxford, Mus. of Hist. of Sci.) V. BURBACH. 2

—, *Unterwasserkorrosion durch Bakterien.* Anführung von Teilen der Arbeit, die A. TIRRIBILLOT 1898 unter dem Titel: „Der Schutz der Kiele eiserner Schiffe gegen Unterwasseroxydation u. -flora" veröffentlicht hat. (Peintures, Pigments, Vernis **31.** 407—09. Mai 1955.) W. WESLY. 2

N. G. Kljutschnikow, *Über die Reduktion von Oxyden mit Wasserstoff und über die chemische Beständigkeit von Oxyden.* Allg. Ausführungen für den Unterricht. (Химия в Школе [Chem. Schule] **10.** Nr. 5. 53—54. Sept./Okt. 1955.) O. LEBTAG. 6

Wilhelm Prandtl, Deutsche Chemiker in der ersten Hälfte des neunzehnten Jahrhunderts. Weinheim/Bergstr.: Verl. Chemie. 1956. (351 S. m. 50 Bildern) 8°. DM. 29,50.

A. Allgemeine, physikalische und anorganische Chemie.

I. Aucken, *Wertigkeit und die „Pagode".* Diskussion der die Gruppennummern des Period. Syst. überschreitenden u. nur aus den Elektronenstrukturen ableitbaren „Wertigkeit" vieler Elemente, für die die Anordnung des Vf. („pagode", vgl. C. **1956.** 1206) empfohlen wird. (Chem. and Ind. **1952.** 40. 12/1. London, East Ham Techn. Coll.) K. BLUMRICH. 10

Gertrude T. Schwarzmann, *Eine klassische Mikrophysik.* (Sitzungsbericht.) (Physic. Rev. [2] **99.** 662. 15/7. 1955.) GERHARD SCHMIDT. 10

F. Beck, *Die Allgemeingültigkeit des Trägheitsgesetzes der Energie in der Planckschen Fassung.* Erfüllung der Symmetrieforderung durch Hinzunahme eines Materietensors. (Z. Physik **134.** 136—55. 1953. Berlin-Dahlem, KWI für Physikal. Chem. u. Elektrochem.) H.-J. EICHHOFF. 10

Friedrich Beck, *Zur Planckschen Fassung des Gesetzes der Energieträgheit.* Vorl. Mitt. zu vorst. referierter Arbeit. (Naturwissenschaften **39.** 254—55. Juni 1952.)
K.-H. Biller. 10

L. Pastouriaux et J. Lignon, Chimie. 3e édition. Paris: Delagrave. 1955. (239 S. m. Abb.) 16°.

A_1. Kernphysik und Kernchemie.

U. Fano, *Anwendung des Operatorkalküls auf die Irreversibilität.* (Sitzungsbericht.) (Physic. Rev. [2] **99.** 660. 15/7. 1955. NBS.) Gerhard Schmidt. 80

G. Caglioti, S. Sciuti und **A. Gigli,** *Über die Erzeugung von sekundären Elektronen durch μ-Mesonen großer Energie.* (Vgl. unter anderem Argan u. Mitarbeiter, C. **1956.** 913.) Zur Unters. der in aufeinanderfolgenden Schichten von dichtem Material (Al u. Pb) durch μ-Mesonen der Höhenstrahlung erzeugten Sekundärelektronen verwenden Vff. ein speziell hierfür entwickeltes Zählerhodoskop C, das gegenüber dem früher verwendeten Hodoskop A abgändert war, um einen besseren Vgl. mit Nebelkammerunterss. zu ermöglichen. Es erweist sich, daß die geometr. u. physikal. Bedingungen des Hodoskops C ihm eine Mittelstellung zwischen Hodoskop A u. Wilson-Kammer zuweisen, u. daß die bisherigen Diskrepanzen zwischen Hodoskop- u. Nebelkammermessungen aufgeklärt werden können. (Nuovo Cimento [10] **1.** 851—62. 1/5. 1955. Roma, Univ., Ist. di Fis., Ist. Naz. di Fis. Nucl.; Genova, Univ., Ist. di Fis.) R. Conrad. 85

M. Koshiba und **M. F. Kaplon,** *Weiche Schauer energiereicher Höhenstrahlen in Kernemulsionen.* (Sitzungsbericht.) (Physic. Rev. [2] **99.** 641. 15/7. 1955. Univ. of Rochester.)
Gerhard Schmidt. 85

Kenneth W. Robinson, *Zeitmessungen an durchdringenden Höhenstrahlschauern.* (Sitzungsbericht.) (Physic. Rev. [2] **99.** 642. 15/7. 1955. Princeton Univ.)
Gerhard Schmidt. 85

D. T. King, *Multiplizitätsverteilung von $O + N_p$-Sternen.* (Sitzungsbericht.) (Physic. Rev. [2] **99.** 642. 15/7. 1955. Naval Res. Labor.) Gerhard Schmidt. 85

B. P. Nigam und **L. L. Foldy,** *Raumumkehr und Ladungskonjugation für Fermionenfelder.* (Sitzungsbericht.) (Physic. Rev. [2] **99.** 675. 15/7. 1955. Case Inst. of Technol.)
Gerhard Schmidt. 90

Frederick L. Scarf, *Spektrum einer Bethe–Salpeter-Gleichung.* (Sitzungsbericht.) (Physic. Rev. [2] **99.** 675. 15/7. 1955. MIT.) Gerhard Schmidt. 90

Giuseppe Cocconi, *Fremde Teilchen und Vielfacherzeugung von Mesonen.* Um die Vielzahl „fremder" Teilchen zu deuten, nimmt Vf. diese als Kombinationen von Elementarteilchen an, wobei zu diesen neben Nucleonen auch Quanten stark wirkender Felder gerechnet werden. Beim Zerfall dieser Kombinationen brauchen nicht notwendig dieselben Teilchen aufzutreten, aus denen sie aufgebaut wurden; so können z. B. keine Kombinationen aus μ-Mesonen u. Neutrinos aufgebaut werden. Es wird die Mehrfacherzeugung von Teilchen bei Stößen mit hoher Energie diskutiert u. mit den Aussagen der Fermi-Theorie verglichen. (Physic. Rev. [2] **94.** 741—42. 1/5. 1954. Ithaca, N. Y., Cornell Univ.) H. Liepack. 90

W. I. Goldanski und **M. I. Podgoretzki,** *Über den Zerfall von langsamen negativen π-Mesonen.* Fry u. White (C. **1956.** 4040) fanden, daß der π, μ-Zerfall nicht im Fluge, sondern auf der K-Schale von Mesoatomen der leichten Kerne (C, N, O) vor sich geht. Dabei ergibt sich eine Zerfallswahrscheinlichkeit des π-Mesons von $\approx 10^{-3}$ u. für die Lebensdauer bzgl. des Kerneinfanges des π-Mesons von der K-Schale leichter Atome erhält man $\tau \approx 10^{-11}$ sec. Dagegen gibt jedoch eine theoret. Abschätzung von τ für H u. Deuterium $\approx 10^{-15}$ bis 10^{-16} sec u. für C, N, O kann man noch viel kleinere Werte erwarten. (Журнал Экспериментальной и Теоретической Физики [J. exp. theoret. Physik] **28.** 620. Mai 1955. Physikal. Lebedew-Inst. der Akad. der Wiss. der UdSSR.)
J. Geiger. 90

N. C. Sil, *Klassische Theorie des geladenen Mesons.* Die Gleichungen für die Bewegung des Nucleons in Wechselwrkg. mit dem geladenen skalaren Mesonenfeld werden klass. gelöst u. die Gesamtwirkungsquerschnitte für die Streuung geladener Mesonen an Nucleonen unter Berücksichtigung der Strahlungsdämpfung berechnet. Die Kurve für die Streuung von negativen/positiven Mesonen an Neutronen/Protonen zeigt ein Maximum für eine Mesonenenergie von 210 MeV, die Kurve für die Streuung negativer/positiver Mesonen an Protonen/Neutronen bei 270 MeV, das experimentelle Maximum liegt bei der Streuung positiver Mesonen an Protonen bei 180 MeV. (Indian J. Physics Proc. Indian Assoc. Cultivat. Sci. **27/36.** 311—22. Juni 1953. Jadavpur, Calcutta, Dep. of Theoret. Phys.) M. Wiedemann. 90

M. C. Rinehart, K. C. Rogers und **L. M. Lederman,** *Streuung negativer Pionen nahe 15 MeV in Wasserstoff.* (Sitzungsbericht.) (Physic. Rev. [2] **99.** 673. 15/7. 1955. Columbia Univ.) GERHARD SCHMIDT. 90

S. Whetstone und **D. Stork,** *Streuung von positiven 22 MeV-Pionen an Protonen.* (Sitzungsbericht.) (Physic. Rev. [2] **99.** 673. 15/7. 1955. Berkeley, Calif., Univ. of California.) GERHARD SCHMIDT. 90

S. W. Barnes, D. Miller, J. Ring, G. Giacomelli, R. Summers und **H. R. Childs,** *Querschnitte für elastische Pion–Proton-Streuung bei 43 MeV und 37½°.* (Sitzungsbericht.) (Physic. Rev. [2] **99.** 673–74. 15/7. 1955. Univ. of Rochester.) GERHARD SCHMIDT. 90

R. S. Margulies, *Streuung positiver Pionen an Wasserstoff bei 300 MeV.* (Sitzungsbericht.) (Physic. Rev. [2] **99.** 673. 15/7. 1955. Brookhaven Nat. Labor.) GERHARD SCHMIDT. 90

K. C. Bandtel, H. A. Bostick, B. J. Moyer, R. W. Wallace und **N. F. Wikner,** *Totale Pion–Proton-Querschnitte nahe 4 GeV.* (Sitzungsbericht.) (Physic. Rev. [2] **99.** 673. 15/7. 1955. Berkeley, Calif., Univ. of California.) GERHARD SCHMIDT. 90

G. A. Saitzew, *Relativistisch-invariante Gleichungen für ein Elektron, die das System von Dirac-Gleichungen ersetzen.* Indem man die Eigg. reeller Spinoren benutzt, findet man Zusatzglieder, die die in der nichtrelativist. Quantenmechanik verwendeten Elektronengleichungen relativist. invariant machen. Die so gefundenen Differentialgleichungen 2. Ordnung, die die Komponenten eines reellen Spinors verkoppeln, sind einfacher, als die, die sich aus der DIRAC-Theorie ergeben. Die Gleichungen werden für das H-Atom ohne äußeres Feld gelöst u. man erhält die bekannte Formel für die Feinstruktur der DIRAC-Theorie. Vf. zeigt, daß die betrachteten Differentialgleichungen 2. Ordnung aus einem Syst. relativist. invarianter Gleichungen 1. Ordnung, die jedoch nicht 1 sondern 2 reelle Spinoren enthalten, erhalten werden können. (Журнал Экспериментальной и Теоретической Физики [J. exp. theoret. Physik] **28.** 530–40. Mai 1955.) J. GEIGER. 90

H. Salecker, *Über die Größe des Elektronenradius.* Vf. berechnet die Streuquerschnitte für die Streuung von Elektronen, Positronen u. μ-Mesonen an freien Elektronen nach der verallgemeinerten Feldtheorie bei beliebiger Strukturfunktion. Der Vgl. mit dem verfügbaren Erfahrungsmaterial zeigt, daß auf Abweichungen von der Elektrodynamik im Gebiet $r \approx 1$ bis $2 \cdot 10^{-12}$ cm geschlossen werden kann, ohne daß die Strukturfunktion spezialisiert werden muß. Dieser Elektronenradius fällt ungefähr 4–6mal größer aus als der klass. Elektronenradius; doch steht seine Größe mit Beobachtungen anderer Art, wie z. B. der LAMBschen Verschiebung u. dem zusätzlichen magnet. Moment des Elektrons, nicht im Widerspruch. (Z. Naturforsch. **10a.** 349–60. Mai 1955. Stuttgart, TH, Inst. für theoret. u. angew. Phys.) B. MÜLLER. 90

G. N. Fowler, *Über die Streuung von Elektronen hoher Energie.* Der Einfl. der endlichen Kerngröße auf die Streuung von Elektronen hoher Energie ist abhängig vom Verhältnis der kleinen zur großen Komponente der radialen DIRAC-Funktion innerhalb der Ladungsverteilung des Kerns. Es wird eine Näherung für diesen Ausdruck gegeben, die für Energien um 150 MeV gültig ist. An Hand der Ergebnisse wird die Modellunabhängigkeit der Streuung für den Fall der einheitlichen Ladungsverteilung oder der Verteilung in Schalen diskutiert. (Proc. physic. Soc., Sect. A **68.** 559–64. 1/7. 1955. Manchester, Univ.) B. MÜLLER. 90

H. Mendlowitz und **L. Marton,** *Streuung von 20 keV-Elektronen in dünnen Filmen.* (Sitzungsbericht.) (Physic. Rev. [2] **98.** 1168. 15/5. 1955. Nat. Bur. of Stand.) E. KLEVER. 90

L. Marton, J. Arol Simpson und **T. F. McCraw,** *Einzelstreuung von 20 keV-Elektronen in festen Körpern.* (Vgl. vorst. Ref. u. C. **1955.** 2591.) (Sitzungsbericht.) (Physic. Rev. [2] **98.** 1168. 15/5. 1955.) E. KLEVER. 90

U. Öpik, *Die Layzer-Näherung zur Behandlung von Stößen zwischen Elektronen und Atomen.* Vf. zeigt, daß die von LAYZER vorgeschlagene Näherung bei Anwendung auf die Berechnung des Wirkungsquerschnitts für die Anregung der $2\,^2S$- u. $2\,^2P$-Niveaus von H u. der $1s2s\,^1S$-, $1s2s\,^3S$- u. $1s2p\,^3P$-Niveaus von He befriedigende Ergebnisse liefert. (Proc. physic. Soc., Sect. A **68.** 377–85. 1/5. 1955. Belfast, Queen's Univ., Dep. of Appl. Mathem.) D. GEISSLER. 90

N. Cusack und **P. Stott,** *Die Mehrfachstreuung von Positronen und Elektronen an Stickstoff und Argon.* (Vgl. C. **1955.** 3547.) Elektronen u. Positronen von 0,4 MeV aus einer ^{64}Cu-Quelle werden in einer Nebelkammer gestreut. Die Messungen des mittleren Streuwinkels stimmen für N_2 bis auf 1%, für Ar bis auf 8% mit den theoret. Werten überein. (Philos. Mag. [7] **46.** 632–39. Juni 1955. London, Birkbeck Coll.) D. GEISSLER. 90

A. Zucker, H. L. Reynolds und **L. D. Wyly,** *Wirkungsquerschnitt für den Elektroneneinfang und -verlust bei Stickstoffionen von 26 MeV.* (Sitzungsbericht.) (Physic. Rev. [2] **98.** 1150. 15/5. 1955. Oak Ridge Nat. Labor.) E. Klever. 90

Babulal Saraf, *Innere Bremsstrahlung im Elektroneneinfangprozeß–*^{71}*Ge.* Mit Hilfe einer ^{71}Ge-Quelle u. eines NaJ(Tl)-Kristallzählers wurde die spektrale Verteilung der inneren Bremsstrahlung bis zu 20 keV herunter bestimmt u. gefunden, daß die Strahlungsintensität bei Energien unter 100 keV viel größer ist, als nach der Theorie erwartet wird, während die absol. Einfangwahrscheinlichkeit u. die Form der Spektralkurve über 100 keV mit den Ergebnissen der Theorie gut übereinstimmen. (Physic. Rev. [2] **95.** 97–98. 1/7. 1954. Swarthmore, Pa., Bartol Res. Found. of Franklin Inst.) G. Heinsohn. 90

A. Z. Hrynkiewicz, *Notiz über die Z-Abhängigkeit des Wirkungsquerschnittes für Paarbildung.* (Vgl. Acta physica polon. **11.** [1952.] 264 u. C. **1956.** 6567.) Die l. c. gefundenen Abweichungen in der Z-Abhängigkeit des Paarbildungsquerschnittes für 2,62 MeV-γ-Strahlung von der Theorie von Jaeger u. Hulme sind auf eine falsche Extrapolation auf Nulldicke der Streufolien zurückzuführen. Eine verbesserte Auswertung gibt Übereinstimmung mit der Theorie. (Acta physica polon. **13.** 205–08. 1954. Krakow, Jagellonian Univ., Inst. of Exp. Phys.) G. Herrmann. 90

J. L. Burkhardt, *Kernstreuung von Photonen niedriger Energie.* Vf. untersucht die Streuung von 0,5–3,0 MeV-γ-Strahlen an *Pb, In, Cd* u. *Cu* unter 90°. Als γ-Strahlen werden Bremsstrahlen eines Elektronenbeschleunigers verwendet. Von den bei den verschied. Energien gemessenen Streuquerschnitten werden die für Rayleigh-Streuung an gebundenen Elektronen u. für Thomson-Streuung an den Kernen berechneten Streuquerschnitte abgezogen u. der Beitrag der Streuung durch Kernanregung als Differenz ermittelt. Sie wird bes. bei den höheren Energien wirksam. (Physic. Rev. [2] **100.** 192–98. 1/10. 1955. Cambridge, Mass., MIT, Dep. of Phys. u. Labor. for Nucl. Stud.) G. Herrmann. 90

T. Tietz, *Vergleich der angenäherten Lösungen für freie neutrale Atome.* (Vgl. C. **1955.** 6675.) Theoret. Untersuchung. (J. chem. Physics **23.** 1167. Juni 1955. Torun, Nicolas Copernicus Univ.) C. Gottfried. 90

L. Wolfenstein, *Mögliche Dreifachstreuversuche.* Berichtigung zu der C. **1955.** 9950 referierten Arbeit. (Physic. Rev. [2] **98.** 1870. 15/6. 1955.) Gerhard Schmidt. 90

H. Kopfermann, *Kerneigenschaften, die aus der Atomspektroskopie mit hoher Auflösung erhalten werden.* Es werden die Ergebnisse aus opt. Hyperfeinstrukturunterss. angegeben u. die Probleme aufgezeigt, die mit ihrer Hilfe noch zu lösen sind. Die Kernspins, die magnet. Dipolmomente der Kerne u. die Kernquadrupolmomente werden aus den opt. Hyperfeinstrukturspektren hergeleitet, ebenso ist die Isotopieverschiebung ausschließlich mit dieser Meth. zu messen. (Lunds Univ. Årsskr. [N. F.] **50.** Nr. 21. 43–54. 28/2. 1955. Heidelberg, Univ., Physikal. Inst.) D. Hahn. 95

M. Klerer und **R. D. Hatcher,** *Angenähert relativistische Gleichungen.* (Sitzungsbericht.) (Physic. Rev. [2] **99.** 675–76. 15/7. 1955. New York, N. Y., Univ.) Gerhard Schmidt. 95

L. D. White, *Der g-Faktor des Elektrons im 2 S-Zustand von Wasserstoff.* (Sitzungsbericht.) (Physic. Rev. [2] **98.** 1194. 15/5. 1955. Princeton Univ.) E. Klever. 95

P. Pluvinage, *Grundlage einer Lösungsmethode der Schrödinger-Gleichung von Helium.* Mathemat. Ableitung. (J. Physique Radium **16.** 66 S. Juli 1955.) G. Kirschstein. 95

D. A. Gilbert und **Victor W. Cohen,** *Der Kernspin und die Hyperfeinstrukturwechselwirkung in 3,1 Stunden–*^{134m}*Cs.* (Vgl. C. **1956.** 3754.) (Sitzungsbericht.) (Physic. Rev. [2] **98.** 1194. 15/5. 1955. Brookhaven Nat. Labor.) E. Klever. 95

L. M. Bollinger, D. A. Dahlberg, R. R. Palmer und **G. E. Thomas,** *Resonanzen langsamer Neutronen in Mangan, Wismut und Selen.* Vff. beschreiben eine Anordnung zur Messung von Neutronenresonanzen nach der Flugzeitmeth., bestehend aus einem mechan. Unterbrecher („chopper"), einer Tafel von BF_3-Zählrohren oder einem B-haltigen fl. Scintillator als Detektor u. einem 100-Kanal–Zeit-Analysator. Der Scintillationsdetektor gestattet es, die Flugstrecke auf 40 m auszudehnen. Die Auflösung beträgt 0,5, 0,25 bzw. 0,12 μsec/m bei 10, 20 bzw. 40 m Flugstrecke. Einige Verff. zur Auffindung der Resonanzparameter werden diskutiert. Für die 810 u. 2370 eV-Resonanzen von Bi ergibt sich die Resonanzbreite Γ zu 5,8 bzw. 17 eV. Für die 27,1, 211, 270 u. 383 eV-Resonanz von Se wird $\sigma_0\,\Gamma^2$ zu 53, 1410, 3520 u. 920 barn-eV² angegeben. Für die 337, 1080 u. 2360 eV-Resonanzen von Mn ergibt sich $\Gamma = 21{,}5$, 14,5 u. 340 eV. Der Spin des Compoundkerns für die drei Resonanzen beträgt J = 2, 3 u. 3. (Physic. Rev. [2] **100.** 126–34. 1/10. 1955. Lemont, Ill., ANL.) G. Herrmann. 95

Jacques Prentki, *Anregung von Kernen durch geladene Teilchen.* Zusammenfassender Bericht über die verschied. Theorien u. die experimentellen Unterss. der elektrostat. Anregung von Kernen durch schwere geladene Teilchen. (Cahier de Physique **1955.** Nr. 55. 37—52. März.) J. RUDOLPH. 95

A. Rotenberg und **L. Spruch**, *Wechselwirkungsbeitrag zur Kernisomerie.* (Sitzungsbericht.) (Physic. Rev. [2] **99.** 649. 15/7. 1955. New York, N. Y., Univ.) GERHARD SCHMIDT. 95

L. C. Biedenharn, *Quantenberechnung der Coulomb-Anregung.* (Vgl. C. **1956.** 6006.) (Sitzungsbericht.) (Physic. Rev. [2] **99.** 629. 15/7. 1955. Rice Inst.) GERHARD SCHMIDT. 103

G. R. Chutzischwili, *Über die Winkelverteilung der β-Strahlung.* 2. Mitt. (1. vgl. Журнал Экспериментальной и Теоретической Физики [J. exp. theoret. Physik.] **25.** [1953.] 763.) Die l. c. abgeleitete Formel für die Energie- u. Winkelverteilung der β-Strahlung orientierter Kerne im Falle $\Delta I = 2$ (I = Kernspin) u. einer Paritätsänderung stimmt mit der angegebenen BORNschen Näherung überein, wenn das Glied $(\alpha Z)^2$ mit α = Feinstrukturkonstante vernachlässigt wird. (Журнал Экспериментальной и Теоретической Физики [J. exp. theoret. Physik] **28.** 370—71. 1955.) M. WIEDEMANN. 103

Michael J. Glaubman, *Ein schneller, begünstigter, verbotener β-Übergang erster Ordnung.* (Sitzungsbericht.) (Physic. Rev. [2] **99.** 659—60. 15/7. 1955. Princeton Univ.) GERHARD SCHMIDT. 103

P. F. Zweifel, *Positroneneinfang-Verzweigungsverhältnisse.* Berichtigung zu der C. **1955.** 10187 referierten Arbeit. (Physic. Rev. [2] **98.** 1870. 15/6. 1955.) GERHARD SCHMIDT. 103

W. M. Jones, *Die Halbwertszeit des Tritiums.* 2 abgemessene Proben 99,5%ig. $^3H_2$ wurden zusammen mit einer zur Prüfung auf Diffusionsverluste bei der Aufbewahrung u. zur Überwachung der Analysenmeth. dienenden Probe einer ^4He–$^1H_2$-Mischung in Glasgefäße eingeschmolzen u. in fl. N_2 578 bzw. 893 Tage lang aufbewahrt. Dann wurde die Menge des nachgebildeten ^3He mit einem Massenspektrometer nach NIER bestimmt, wobei der Rest $^3H_2$ durch einen Pd-Ofen bei 350° entfernt wurde. Die Halbwertszeit des ^3H ergab sich zu $12{,}262 \pm 0{,}004$ Jahren. (Physic. Rev. [2] **100.** 124—25. 1/10. 1955. Los Alamos, N. Mex., LASL.) G. HERRMANN. 103

N. T. S. Evans und **W. C. Parkinson**, *Winkelverteilungen bei der Reaktion* $^{10}B(d,p)^{11}B$. Es wurden die Winkelverteilungen von 6 Protonengruppen der Rk. $^{10}B(d, p)^{11}B$ unter Verwendung eines Scintillationsspektrometers u. bei einer Deuteronenenergie von 7,7 MeV gemessen. Für die 3 Gruppen längster Reichweite wurden die Verteilungen bei den weiteren Deuteronenenergien von 6,2, 7,1 u. 8,0 MeV bestimmt. Die Ergebnisse lassen sich weitgehend mit der n. Deuteronenabstreiftheorie vereinbaren, die 5 Protonengruppen längster Reichweite scheinen den eingetretenenen p-Neutronen zu entsprechen. Mögliche Spinzuordnungen für die niedrigen Niveaus von ^{11}B werden betrachtet u. die entsprechenden relativen Werte der Deuteronen-Einfangwahrscheinlichkeit angegeben. (Proc. physic. Soc., Sect. A **67.** 684—94. 1/8. 1954. Cambridge, Cavendish Labor.) G. TÖLG. 103

D. H. Wilkinson, *Die Reaktionen* $^{12}C(d,n)^{13}N_{(Grundzustand)}$ *und* $^{12}C(d,t)^{11}C$ *bis herauf zu* $E_d = 20$ *MeV.* Vf. beschießt einen Stapel Polyäthylenfolien mit 20 MeV-Deuteronen u. bestimmt die Intensität des $10{,}08 \pm 0{,}04$ Min.-^{13}N in den einzelnen Folien, um die Anregungsfunktion der Rk. $^{12}C(d, n)^{13}N$ zu ermitteln. In den mit $E_d > 14{,}5$ MeV bestrahlten Folien tritt eine Verlängerung der Halbwertszeit auf, die durch ^{11}C gedeutet wird. Die Anregungsfunktionen beider Rkk. werden mit den theoret. Kurven verglichen. Der Compoundkernmechanismus scheidet in beiden Fällen aus. Für die (d, n)-Rk. wird ein Abstreifmechanismus angenommen, doch gibt die Theorie die gemessene Kurve nicht ganz exakt wieder, während bei der (d, t)-Rk. eine pickup-Rk. vorliegt. (Physic. Rev. [2] **100.** 32—36. 1/10. 1955. Upton, N. Y., BNL.) G. HERRMANN. 103

Daryl Reagan, *Kernphotoausbeuten von* ^{17}N. (Vgl. C. **1955.** 7830.) Einige leichte Elemente wurden mit γ-Strahlen aus der Bremsstrahlung eines Elektronenlinearbeschleunigers beschossen u. die Intensität des ^{17}N mit Neutronenzählrohren gemessen. Die Elektronenenergie wurde zwischen 50 u. 450 MeV variiert. Die Anregungsfunktionen der Rkk. $^{18}O(\gamma, p)^{17}N$ u. $^{19}F(\gamma, 2p)^{17}N$ lassen sich durch eine schmale Resonanz bei $E_\gamma = 25$ bzw. 40 MeV deuten u. ergeben integrale Wirkungsquerschnitte von 0,067 bzw. 0,0037 MeV-barn. Die Rkk. Ne → ^{17}N u. $^{23}Na(\gamma, \alpha 2p)^{17}N$ sind wahrscheinlich auch durch einen Resonanzmechanismus zu deuten. Dagegen steigen die Wirkungsquerschnitte der Rkk. Mg → ^{17}N u. $^{27}Al(\gamma, 2\alpha 2p)^{17}N$ mit der Energie stark an u. erreichen die Größenordnung der Querschnitte für Photomesonenbildung. Vf. vermutet, daß prim. ein Photomeson auftritt, das aber den Kern nicht verläßt, sondern seine Energie zur Abstrahlung von Nucleonen abgibt. (Physic. Rev. [2] **100.** 113—20. 1/10. 1955. Stanford, Calif., Univ., High-Energy Phys. Labor.) G. Herrmann. 103

R. D. Bent, T. W. Bonner, J. H. McCrary und **W. A. Ranken,** *γ-Strahlen aus den Reaktionen* $^{9}Be(\alpha, n\gamma)^{12}C$, $^{13}C(d, p\gamma)^{14}C$, $^{14}N(d, p\gamma)^{15}N$ *und* $^{14}N(d, n\gamma)^{15}O$. Mit einem Magnetlinsen-Paarspektrometer untersuchen Vff. die Strahlungen, die durch Beschuß leichter Kerne mit α-Teilchen u. Deuteronen aus dem Van de Graaff erzeugt worden sind. Beim Beschuß von ^{9}Be mit 4,3 MeV-α-Teilchen wird ein einzelner γ-Strahl bei 4,48 ± 0,06 MeV (Doppler-Korrektur) beobachtet. Eine 7,6 MeV-Paarlinie mit einer Intensität von 5% derjenigen der 4,48 MeV-Paarlinie wird nicht beobachtet. Ebenso wird keine 2,3 MeV-γ-Strahlung mit einer Intensität von 8% derjenigen des 4,48 MeV-γ-Strahls beobachtet. Vff. führen einen Vgl. der inneren u. äußeren Paarspektren aus der Rk. $^{13}C(d, p\gamma)^{14}C$ durch, um Information über die Multipolaritäten der 6,1 u. 6,7 MeV-γ-Strahlen aus ^{14}C zu erhalten. Falls für den 6,1 MeV-γ-Strahl angenommen wird, daß er E1 ist, lassen die relativen Intensitäten der 6,1 u. 6,7 MeV-Linien vermuten, daß der 6,7 MeV-γ-Strahl E2 ist, andere Multipole, wie E1, M1 u. E3, können jedoch nicht ausgeschlossen werden. Eine Unters. der γ-Strahlen aus den Rkk. $^{14}N(d, p\gamma)^{15}N$ u. $^{14}N(d, n\gamma)^{15}O$ zeigt, daß der (d, p)-Querschnitt 2,6mal größer ist als der (d, n)-Querschnitt bei 2,4 MeV-Beschußenergie, wogegen die beiden Querschnitte nahezu gleich bei 5,3 MeV-Beschußenergie sind. (Physic. Rev. [2] **100.** 771—74. 1/11. 1955. Houston, Tex., Rice Inst.) Gerhard Schmidt. 103

R. D. Bent, T. W. Bonner, J. H. McCrary und **W. A. Ranken,** *γ-Strahlen aus dem Deuteronenbeschuß von* ^{27}Al *und* ^{31}P. (Vgl. vorst. Ref.) Mit der gleichen Versuchsanordnung wie l. c. untersuchen Vff. die Strahlungen, die durch Beschuß von ^{27}Al u. ^{31}P mit 4,6 MeV-Deuteronen aus dem Van de Graaff erzeugt worden sind. γ-Strahlen aus dem Beschuß von ^{27}Al werden bei 6,9 ± 0,1, 7,38 ± 0,06, 7,55 ± 0,06, 7,91 ± 0,04, 8,28 ± 0,04, 8,75 ± 0,04, 9,08 ± 0,04, 9,45 ± 0,08, 9,87 ± 0,08 u. 10,7 ± 0,2 MeV beobachtet. Aus dem Beschuß von ^{31}P werden γ-Strahlen bei 4,41 ± 0,04, 4,71 ± 0,04, 4,94 ± 0,04, 5,29 ± 0,04, 5,79 ± 0,04, 6,11 ± 0,04, 6,84 ± 0,04, 7,46 ± 0,08, 8,16 ± 0,04 u. 8,53 ± 0,04 MeV beobachtet. Die Energiewerte sind bzgl. des Doppler-Effektes korrigiert. (Physic. Rev. [2] **100.** 774—76. 1/11. 1955.) Gerhard Schmidt. 103

R. M. Williamson und **S. A. Cox,** *Winkelverteilung und Winkelkorrelationen in* $^{24}Mg(d, p)^{25}Mg$. (Sitzungsbericht.) (Physic. Rev. [2] **99.** 644. 15/7. 1955. Duke Univ.) Gerhard Schmidt. 103

A. E. Litherland, E. B. Paul, G. A. Bartholomew und **H. E. Gove,** *γ-Kaskaden in* ^{25}Al. (Sitzungsbericht.) (Physic. Rev. [2] **99.** 644. 15/7. 1955. Chalk River Labor.) Gerhard Schmidt. 103

E. B. Paul, G. A. Bartholomew, H. E. Gove und **A. E. Litherland,** *γ-Strahlen aus dem Protonenbeschuß von* ^{24}Mg. (Vgl. vorst. Ref.) (Sitzungsbericht.) (Physic. Rev. [2] **99.** 644. 15/7. 1955.) Gerhard Schmidt. 103

W. W. Buechner, A. Sperduto und **Marcos Mazari,** *Magnetische Analyse der Protonen aus* $^{27}Al(d, p)^{28}Al$. (Sitzungsbericht.) (Physic. Rev. [2] **99.** 644. 15/7. 1955. MIT.) Gerhard Schmidt. 103

H. O. Cohn, J. K. Bair, J. D. Kington und **H. B. Willard,** *Die Reaktion* $^{28}Si(p, p'\gamma)^{28}Si$. (Sitzungsbericht.) (Physic. Rev. [2] **99.** 644—45. 15/7. 1955. Oak Ridge Nat. Labor.) Gerhard Schmidt. 103

S. Milani, John N. Cooper und **J. C. Harris,** *γ-Resonanzen bei der Reaktion* $^{29}Si(p, \gamma)^{30}P$. (Sitzungsbericht.) (Physic. Rev. [2] **99.** 645. 15/7. 1955. Ohio State Univ.) Gerhard Schmidt. 103

R. L. Clarke, E. Almqvist und **E. B. Paul,** *Die Reaktion* $^{31}P(p, \alpha)^{28}Si$. (Sitzungsbericht.) (Physic. Rev. [2] **99.** 654. 15/7. 1955. Chalk River Labors.) Gerhard Schmidt. 103

J. W. Olness und **H. W. Lewis,** *γ-Strahlen aus Protonen auf* ^{31}P. (Sitzungsbericht.) (Physic. Rev. [2] **99.** 654. 15/7. 1955. Duke Univ.) Gerhard Schmidt. 103

E. Bleuler und **H. Morinaga,** *γ-Strahlen aus* ^{34}P, ^{34}Cl *und* ^{30}P. (Sitzungsbericht.) (Physic. Rev. [2] **99.** 658. 15/7. 1955. Purdue Univ.) Gerhard Schmidt. 103

J. W. Blue und **E. Bleuler,** *Zerfall von* ^{44}Sc. (Vgl. vorst. Ref.) (Sitzungsbericht.) (Physic. Rev. [2] **99.** 659. 15/7. 1955.) Gerhard Schmidt. 103

H. Morinaga, *Das neue radioaktive Isotop Scandium 42.* K-Metall wird mit 18 MeV-α-Teilchen beschossen u. ein energiereicher β^+-Strahler u. Vernichtungsquanten von 0,62 ± 0,05 Sek. Halbwertszeit beobachtet, die ^{42}Sc zugeordnet werden. ^{42}Sc sollte wie andere Kerne, deren Massenzahl A durch $A = 4n + 2$ gegeben ist, durch einen

$0^+ \rightarrow 0^+$-Übergang zerfallen. Man würde danach eine Halbwertszeit von 0,6 Sek. u. β^+-Strahlen von 5,7 MeV erwarten. Wenn die Halbwertszeit aller $0^+ \rightarrow 0^+$-Strahler gegen A aufgetragen wird, erhält man eine Gerade, auf der auch ^{42}Sc liegt. (Physic. Rev. [2] **100.** 431—32. 1/10. 1955. Lafayette, Ind., Purdue Univ., Dep. of Phys.) G. HERRMANN. 103

James B. Niday, *Halbwertszeit von* ^{86}*Rb.* Durch Messungen an sehr reinen ^{86}Rb-Proben wird die bisher mit 19½ Tage angegebene Halbwertszeit des ^{86}Rb neu bestimmt. Hierzu wird ^{86}Rb aus einer intensiven Quelle von Spaltproduktaktivitäten durch wiederholte $Fe(OH)_3$-Abscheidung aus NH_4OH- u. $NaOH$–Na_2CO_3-Lsgg., Sb_2S_3-Fällung aus 0,2n HCl, verschied. Fällungen der Alkaliperchlorate aus Essigesterlsgg. u. zur Reinigung von Cs durch Ionenaustauscher (Duolite C-3) sehr rein abgetrennt. Die Halbwertszeit beträgt 18,64 ± 0,04 Tage. (Physic. Rev. [2] **98.** 42. 1/4. 1955. Livermore, Calif., Univ. of California, Radiat. Labor.) G. TÖLG. 103

J. M. Cork, M. K. Brice, L. C. Schmid und **R. G. Helmer,** *Der radioaktive Zerfall des Rutheniums 97.* 95,5%ig. ^{96}Ru wurde mit langsamen Neutronen beschossen u. die Strahlungen des 2,44 Tage-^{97}Ru u. des 90 Tage-^{97m}*Tc* mit einem magnet. Spektrometer u. einem Scintillationsspektrometer in Koinzidenzanordnung untersucht. ^{97}Ru zerfällt vollständig oder nahezu vollständig durch K-Einfang in folgende Niveaus von ^{97}Tc: (1) 669, (2) 424,3 ($f_{5/2}$) u. (3) 315, 3 keV ($p_{3/2}$). Von diesen Niveaus aus erfolgt der Übergang in das 99,2 keV-Niveau ($p_{1/2}$, ^{97m}Tc) durch folgende γ-Strahlen: (1) 570, (2) 325,1 (K/L 6,7, E 2) u. 109,1 (K/L 3,0, E 2, führt nur zu Niveau 3) u. (3) 216,1 keV (K/L 7,3, M 1). ^{97m}Tc zerfällt in $\sim 10^4$ Jahre-^{97}Tc ($g_{9/2}$) (1) durch einen γ-Strahl von 99,2 (K/L $\sim$ 1, M 4) u. (2) durch zwei γ-Strahlen von 9 (E 3, nicht nachgewiesen) u. 90,2 keV (K/L $\sim$ 1), das 90 keV-Niveau ist ein $g_{7/2}$-Niveau. (Physic. Rev. [2] **100.** 188—90. 1/10. 1955. Ann Arbor, Mich., Univ., Dep. of Phys.) G. HERRMANN. 103

Carl L. McGinnis, *Die Radioaktivität von* ^{117}*In und* ^{117}*Sb.* (Vgl. C. **1956.** 1214.) In Berichtigung zu l. c. wird der Anteil der β-Spektren des 1,9 Std.-^{117}In am Zerfall zu 55 (1,777), 23 (1,616) u. 22% (0,740 MeV) angegeben. (Physic. Rev. [2] **98.** 1870. 15/6. 1955.) G. HERRMANN. 103

M. J. Sterk, R. H. Nussbaum und **H. Cerfontain,** *Die Intensität des weichen zweiten* β*-Spektrums von* ^{142}*Pr.* Durch β-γ-Koinzidenzen wurde im Einklang mit den Ergebnissen von JENSEN u. Mitarbeitern (C. **1951.** II. 2146; **1953.** 4482) festgestellt, daß ^{142}Pr β-Strahlen von 2,12 ± 0,10 u. 0,70 ± 0,15 MeV emittiert; die relative Intensität der schwächeren Strahlung ist 2,8 ± 0,4%. (Physica **21.** 541—42. Juni 1955.) G. KIRSCHSTEIN. 103

E. H. Daggett und **G. R. Grove,** γ*-Spektrum von Polonium 209.* (Vgl. C. **1955.** 2127.) Die durch Beschuß von Bi-Targets mit 20 MeV-Protonen erzeugte Po-Probe enthält eine Mischung von Po-Isotopen der M. 208 u. 209 mit einer vernachlässigbaren Menge des Isotops der M. 210. Das Isotopenverhältnis wird aus dem Molekularspektr. gemessen, die α-Aktivität durch calorimetr. Methoden bestimmt. Das mit einem NaJ(Tl)-Kristall u. Impulshöhenanalysator erhaltene Spektr. zeigt die Ggw. von γ-Strahlen mit Energien von $\sim$270, 570 u. 865 keV. Der 803 keV-γ-Strahl von ^{210}Po wird nicht nachgewiesen. Dieses Spektr. wird dem Isotop ^{209}Po zugeordnet, da keine γ-Strahlung von ^{208}Po auftritt. Die Intensität des 865 keV-γ-Strahls relativ zum γ-Strahl einer geeichten ^{210}Po-Probe wird auf $\sim 7{,}5 \cdot 10^{-3}$ Quanten/^{209}Po-α-Teilchen geschätzt. Koinzidenzmessungen zwischen verschied. Paaren von γ-Strahlen zeigen an, daß nur die 270 u. 570 keV-γ-Quanten in Kaskade sind u. mit etwa der gleichen relativen Intensität wie der 865 keV-γ-Strahl existieren. (Physic. Rev. [2] **99.** 1—2. 1/7. 1955. Miamisburg, O., Monsanto Chem. Co., Mound Labor.) GERHARD SCHMIDT. 103

J. E. Hammel und **J. K. Kephart,** *Verteilung der Zahl der unverzögerten Neutronen bei der spontanen Spaltung von* ^{240}*Pu.* Als Neutronendetektor wird ein Tank von 40 cm Höhe u. Durchmesser mit 32 Photomultipliern verwendet, der mit Toluol, 4 g/Liter p-Terphenyl, „POPOP" u. Cd-Octoat (0,0025 Cd-Atome/H-Atom) gefüllt ist. Im Zentrum des Tanks sind 45 μg ^{240}Pu in einer Parallelplattenspaltkammer untergebracht. Jeder Spaltimpuls löst die Zeitablenkung eines Oscilloskops aus, während die Impulse des Scintillationszählers auf die senkrechte Ablenkung gegeben werden. 71,6 ± 1,2% aller Neutronen werden registriert. Nach Korrektur von Untergrund, Auflsg. u. Zählerwirksamkeit ergeben sich für die Wahrscheinlichkeiten P_m, daß bei der spontanen Spaltung von ^{240}Pu 0, 1, 2 ... Neutronen austreten, folgende Werte: P_0 0,062 ± 0,006, P_1 0,198 ± 0,017, P_2 0,374 ± 0,022, P_3 0,228 ± 0,024, P_4 0,114 ± 0,022, P_5 0,027 ± 0,013 u. P_6 0,000 ± 0,005. (Physic. Rev. [2] **100.** 190—92. 1/10. 1955. Los Alamos, N. Mex., LASL.) G. HERRMANN. 103

Marius Chemla und **Pierre Süe,** *Eine neue Darstellungsmethode für künstliche Radioelemente ohne Verwendung eines Trägers. Der Fall von* ^{35}*S.* Vff. beschreiben die trägerfreie

Abtrennung von ^{35}S u. ^{32}P, die bei der Bestrahlung von NaCl-Einkristallen mit schnellen Neutronen nach $^{35}Cl(n, p)^{35}S$ u. $^{35}Cl(n, \alpha)^{32}P$ gebildet werden. Beim Erhitzen dieser bestrahlten NaCl-Kristalle diffundieren ^{35}S u. ^{32}P an die Kristalloberfläche. Zur Trennung des ^{35}S u. ^{32}P wird der NaCl-Einkristall 17 Std. in einem Quarzrohr auf 770° in einem H_2-Strom erhitzt. Dabei wird das an die Kristalloberfläche diffundierende ^{35}S in H_2S übergeführt, welches durch Einleiten des Gasstroms in Bromwasser gewonnen wird. ^{32}P wird von den geringen sich verflüchtigenden Mengen NaCl mitgerissen u. an den kalten Stellen des Quarzrohrs abgeschieden, von wo es durch Abwaschen mit W. gewonnen werden kann. Bei Erhitzungszeiten von 48 Std. werden aus dem Bromwasser über 80% des im Kristall ursprünglich vorliegenden ^{35}S erhalten. Die Verwendung von HCl u. Cl_2 an Stelle von H_2 führt zu ident. Ergebnissen. Im Falle von O_2 verbleibt die Aktivität im Kristall; es werden sich dabei direkt SO_4^{2-}- u. PO_4^{3-}-Ionen bilden, die sehr fest an das Gitter gebunden sind. (C. R. hebd. Séances Acad. Sci. **233**. 247—49. 16/7. 1951.) H. Gedschold. 104

Marius Chemla und **Pierre Süe**, *Abtrennung von ^{35}S ohne Träger aus mit Neutronen bestrahltem NaCl.* (Vgl. vorst. Ref.) Zur Gewinnung von ^{35}S aus der Rk. $^{35}Cl(n, p)^{35}S$ wurden l. c. NaCl-Einkristalle bestrahlt. Da die Diffusion des S aus dem Kristall sehr langsam verläuft, wurde nun statt dessen NaCl-Pulver mit Neutronen bestrahlt (3 Tage) u. dann im H_2-Strom auf ~720° erwärmt. ^{35}S entweicht u. wird aufgefangen; in 30 Min. erhält man 95% der Ausbeute. ^{32}P wird weitgehend entfernt, NaCl (durch Sublimation) ist im ^{35}S nur in unwägbaren Mengen enthalten. (C. R. hebd. Séances Acad. Sci. **238**. 1502—04. 5/4. 1954.) H. C. Wolf. 104

K. Fearnside, *Radioaktive Isotope für die Industrie.* Beispiele für die Tracertechnik in der Industrie, u. a. Best. von Fließ- u. Gasgeschwindigkeiten. (Colliery Engng. **29**. 468—71. Nov. 488—90. Dez. 1952.) H. Lehwald. 106

D. B. Smith und **G. R. Church**, *Eine Methode zur Lokalisierung von Trennflächen in Ölleitungen.* Zur Lokalisierung von Trennflächen zwischen verschied. Ölen in Rohrleitungen wird das fließende Öl mit schnellen Neutronen beschossen. Je nach H_2-Geh. des Öles tritt eine mehr oder weniger starke Bremsung der Neutronen ein, die Intensität der langsamen Neutronen wird mit BF_3-Zählrohren gemessen. Falls der H_2-Geh. der Öle gleich ist, wird an der Trennfläche ein stark Neutronen absorbierendes Element, z. B. B oder Cd, zugesetzt. (Nature [London] **176**. 223. 30/7. 1955. Harwell, Berks., AERE.) G. Herrmann. 106

Lawrence Baylor Robinson, *Der Einfluß verzögerter Spaltneutronen auf die Reaktorkinetik.* (Vgl. C. **1955**. 10190.) Vf. behandelt die Reaktorkinetik nach einer Diffusionstheorie. Die numer. Lösung der Gleichungen wird diskutiert. Die Stabilität von Reaktoren wird mit u. ohne Berücksichtigung der verzögerten Neutronen behandelt u. die Beziehungen der theoret. Meth. zu den in anderen Gebieten der mathemat. Physik üblichen hervorgehoben. (J. appl. Physics **26**. 52—56. Jan. 1955. Washington, D. C., Naval Res. Labor., Radiat. Div.) G. Herrmann. 110

Peter Weinzierl, *Herstellung linearer Ra(D+E)-Präparate aus hochgereinigter Radiumemanation.* Für Unters. der oberen Grenze des Impulsspektr. der β-Strahlen von RaE werden unter Verwendung von 50—70 Vol.-%ig. Rn Strahlenquellen in Form von Glascapillaren (10 mm lang, 0,2 mm Durchmesser) benötigt u. hergestellt. Man gelangt zu Aktivitäten von 0,1—0,14 mC Ra(D+E) in 0,3 mm^3. Erhöhung ist durch wiederholte Einfüllung von frischer Emanation möglich. Verss., die spezielle Aktivität in der Capillare während des Zerfalls durch Kondensation oder Kompression zu erhöhen, ergaben, daß bei 2—3 C/mm^3 irreversible Veränderungen in der Glascapillare eintraten. Bei der γ-Messung der Ra (D + E + F) - Quellen konnten mit dem Zählrohr auch noch Reste von RaC festgestellt werden. Das Verh. von Apiezon- u. Silicondichtungsfett gegenüber Rn zeigt, daß Siliconfett weniger absorbiert u. weniger Zersetzungsgase liefert. (S.-B. österr. Akad. Wiss., math.-naturwiss. Kl., Abt. IIa **161**. 251—63. 1952. Wien, Inst. für Radiumforsch.) Max Wolf. 112

Jack H. Smith und **Martin L. Storm**, *Verallgemeinerte achsenferne Strahlungsverteilungen aus scheibenförmigen Strahlungsquellen.* Vff. geben eine eingehende rechner. Ableitung für die Verteilung der radioakt. Strahlungsintensität aus einer scheibenförmigen Strahlungsquelle, wie sie z. B. das Ende eines zylindr. Reaktors darstellt. Die Ableitung wird unter Strahlenschutzgesichtspunkten durchgeführt. (J. appl. Physics **25**. 519—27. April 1954. Schenectady, N. Y., Knolls Atom. Power Labor.) W. Reusse. 112

Lawrence Ruby und **James D. Gow**, *Eine Ionenquelle aus okkludiertem Gas.* (Sitzungsbericht.) (Physic. Rev. [2] **99**. 663. 15/7. 1955. Berkeley, Calif., Univ. of California.) Gerhard Schmidt. 112

C. C. Smith und **H. H. Seliger,** *Verbesserung im Ansprechen von 4π-γ-Ionisationskammern.* Beschreibung einer im NBS zur sek. Standardisierung von γ-Strahlern benutzten, verbesserten 4 π (re-entrant hold)-Ionisationskammer von 15 Litern, die als Kollektorelektrode einen dünnen Messingzylinder an Stelle des üblichen Drahtkäfigs benutzt. Die Kammer arbeitet bei 1 at; sie ist weitgehend unabhängig von Lage u. geometr. Abmessung der in den „re-entrant"-Zylinder eingeführten Strahlenquelle. (Rev. sci. Instruments **24.** 474. Juni 1953. Washington, D. C., NBS.) R. Conrad. 112

B. D. Pate und **L. Yaffe,** *Zerfallsratenbestimmung durch 4π-Zählung.* 2. Mitt. *Korrektur der Absorption im Probenträger.* (1. vgl. C. **1956.** 4618.) Zur Best. des Zählverlustes durch Absorption in der Unterlage der Präpp. werden diese auf einer möglichst dünnen Unterlage hergestellt u. nach u. nach zusätzliche Folien bekannter Dicke zur Unterlage zugefügt. Aus der Abnahme der Intensität kann die Intensität bei unendlich dünner Unterlage berechnet werden. Die Abnahme erfolgt auch bei extrem weichen β-Strahlern linear mit zunehmender Dicke, in den ungünstigsten Fällen jedoch nur bis ~100 μg/cm², dann wird die Absorptionskurve gekrümmt. Vff. nehmen an, daß 4 π-Zählung mit ±0,2% Genauigkeit möglich ist. Ein Diagramm zeigt die Schwächung durch Unterlagen verschied. Dicke für β-Strahler verschied. Energie, es gestattet u. a. auch die Best. der β-Energie im 4π-Zählrohr. (Canad. J. Chem. **33.** 929—37. Mai 1955. Montreal, Quebec, Can., McGill Univ., Dep. of Chem., Radiochem. Labor.) G. Herrmann. 112

J. Kirkbride, *Borazol- und Bornitrid-Scintillatoren.* Das *Borazol–Xylol–Terphenyl*-Syst. ist ein aussichtsreicher Scintillator für Neutronen, obwohl die kurzwellige Fluorescenz (<2100 Å) nachteilig ist. Substituierte Borazole (z. B. Phenylborazol) dürften längerwellige Emissionen haben. Auch Bornitrid ist wenigstens ebenso empfindlich wie Anthracen gegenüber α-Strahlen, jedoch begrenzt die polykristalline Beschaffenheit dessen Anwendung. (Proc. physic. Soc., Sect. B **68.** 253. April 1955. Harwell, AERE.) J. Rudolph. 112

T. H. Braid und **R. W. Detenbeck,** *Ein schneller Mehrkanal-Koinzidenzkreis.* (Sitzungsbericht.) (Physic. Rev. [2] **99.** 663—64. 15/7. 1955. Princeton Univ.) Gerhard Schmidt. 112

Nathaniel P. Carleton, *Ein neuer Typ von Linsen für geladene Teilchen.* (Sitzungsbericht.) (Physic. Rev. [2] **99.** 664. 15/7. 1955. Harvard Univ.) Gerhard Schmidt. 112

Richard J. Plano und **Irwin A. Pless,** *Unterdruck-Pentan-Blasenkammer für energiereiche Untersuchungen.* (Sitzungsbericht.) (Physic. Rev. [2] **99.** 639. 15/7. 1955. Univ. of Chicago.) Gerhard Schmidt. 112

Werner Espe u. **Arno Kuhn,** Elementare Grundlagen der Kernphysik. Eine Zusammenstellung ihrer wichtigsten Begriffe u. Gesetzmäßigkeiten. Leipzig: Akademische Verl. Ges. 1955. (VIII + 152 S. m. 43 Abb.) 8°. DM. 14,—.

Hans Kopfermann, Kernmomente. 2. neubearb. Aufl. Frankfurt a. M.: Akademische Verl.-Ges. 1956. (XVI + 462 S. m. 197 Abb.) 8°. DM. 54,—.

A_2. Optisches Verhalten der Materie.

A. D. Thackeray, *Zuordnungen im Spektrum von Eta Carinae und RR Telescopii.* Die Wellenlängen u. Intensitäten der zahlreichen Linien zwischen 3700 u. 8900 Å in den durch starke Fe II-Emissionen u. durch schwache Kontinua gek. Spektren der Sterne Eta Carinae (A) u. RR Telescopii (B) werden abgeschätzt u. gemeinsam mit den identifizierten Elementen tabellar. zusammengestellt. Der Vgl. der Linienintensitäten in beiden Sternen weist bei ähnlicher Beschaffenheit auf einen höheren Ionisierungs- u. Anregungszustand bei B, dessen Elektronentemp. auch höher als bei A sein dürfte. Der Hauptunterschied der Spektren beider Sterne zeigt sich — möglicherweise als Folge eines weitaus größeren O-Geh. von B — im Spektr. dieses Elementes. Die Intensitätsverteilung der Linien wird im Zusammenhang mit der Sternklassifizierung u. der Sterngeschwindigkeit diskutiert. (Monthly Notices Roy. astronom. Soc. **113.** 211—36. 1953. Pretoria, Radcliffe Observ.) J. Rudolph. 113

Konradin Westpfahl, *Wirkungsquerschnitt und „Sammlungsvermögen" einer Potentialschale in einem Teilchenstrom.* Vf. stellt theoret. Überlegungen über den Wirkungsquerschnitt u. die Aufenthaltswahrscheinlichkeit von Teilchen aus einem homogenen Teilchenstrom im Innern einer dünnen Potentialkugelschale beliebiger Durchlässigkeit an. Das „Sammlungsvermögen" ergibt sich, auch für Potentialschalen endlicher Dicke, als unabhängig von der Durchlässigkeit. Faßt man die Potentialschale als Modell für ein Wechselwirkungsgesetz zweier Atome auf, so ergibt sich bei Maxwellscher Geschwindigkeitsverteilung keine Abweichung solcher Atompaare gegenüber dem Fall eines gewöhnlichen Abstoßungsgesetzes. (Z. Physik **140.** 414—31. 1955. München, TH, Inst. für Theoret. Phys.) D. Hahn. 114

Giulio Racah, *Der gegenwärtige Zustand und die Probleme der Theorie der Atomspektren.* Vf. versucht, die große Lücke zwischen theoret. u. experimenteller Spektroskopie in der klass. Theorie von SLATER zur Berechnung komplexer Spektren zu schließen. Er betrachtet die Fe-Gruppe, die höheren langen Perioden, die erste kurze Periode u. die Seltenen Erden, wobei die elektrostat. Wechselwrkg. u. der SLATERsche Parameter hauptsächlich berechnet werden. — 32 Literaturzitate. (Lunds Univ. Årsskr. [N. F.] Avd. 2. **50.** Nr. 21. 31—42. 28/2. 1955. Jerusalem, Hebrew Univ.) D. HAHN. 114

Walter Humbach, *Eine Näherungsmethode zur Bestimmung des Abschirmungseffektes und der Isotopieverschiebung von Spektrallinien.* Es wird eine neue Näherungsmeth. für die Störungsrechnung an Atomen mit vielen Elektronen u. Kugelsymmetrie aufgestellt, mit der dann der Faktor β für das Hg^{2+}-Ion beim Einbau von zwei 6s-Elektronen vom Hg-Atom zu $\beta = 0{,}98 \pm 0{,}02$ berechnet wird. Bei dieser Meth. wird der Abschirmungseffekt an der Isotopieverschiebung berücksichtigt. Ein Vgl. der neuen Meth. der linearen Iteration mit früheren Berechnungen wird angegeben. (Z. Physik **141.** 59—69. 1955. Erlangen, Siemens-Schuckert-Werke A. G., Forschungslabor.) D. HAHN. 114

J. Heberle, H. Reich und **P. Kusch,** *Neue Methode zur Untersuchung der Hyperfeinstruktur eines metastabilen Zustandes.* (Sitzungsbericht.) (Physic. Rev. [2] **98.** 1194. 15/5. 1955. Columbia Univ.) E. KLEVER. 114

H. Reich, J. Heberle und **P. Kusch,** *Hyperfeinstruktur von metastabilem Wasserstoff.* (Sitzungsbericht.) (Physic. Rev. [2] **98.** 1194. 15/5. 1955. Columbia Univ.) E. KLEVER. 118

N. I. Kalitejewski und **M. P. Tschaika,** *Untersuchung der Hyperfeinstruktur der Spektren von Plutonium und Uranisotopen.* Zur Unters. der Hyperfeinstruktur der Spektren von U u. Pu verwandten Vff. ein FABRY-PEROT-Interferometer u. einen Doppelprismenspektrographen oder einen solchen mit Diffraktionsgitter. Die Anregung erfolgte in einer Gasentladungsröhre mit gekühlter Vollkathode. Für ^{233}U wurde aus der Aufspaltung der Linie 5915 Å u. einiger anderer in 6 Komponenten das mechan. Moment zu $I = 5/2$ bestimmt, ebenso bei ^{235}U aus der Aufspaltung der Linien 5915, 5976 u. 6449 Å in 6 Komponenten $I = 5/2$. Bei Pu hatten 150 Linien im Bereich von 4—6000 Å 2 Komponenten. Hieraus wurde $I(^{239}Pu) = 1/2$ ermittelt. Aus der Hyperfeinstruktur der beiden Linien 5915 u. 5976 wurde das Verhältnis der magnet. Momente μ_{233}/μ_{235} bei U zu $-1{,}8 \pm 0{,}1$ bestimmt u. das der Quadrupolmomente zu $Q_{233}/Q_{235} = 2{,}0 \pm 0{,}3$. (Доклады Академии Наук СССР [Ber. Akad. Wiss. UdSSR] **103.** 49—51. 1/7. 1955. Leningrad, Shdanow-Univ.) M. WIEDEMANN. 118

Peter Brix und **Karl-Heinz Lindenberger,** *Konfigurationsmischung und Isotopieverschiebung im Gadolinium II-Spektrum.* Im Bereich zwischen 3671 u. 3856 Å wird die Isotopieverschiebung von 17 Gd II-Linien ausgemessen (Abb.) u. für den $4f^7\,6s\,6pz\,^{10}P$-Term eine anomal kleine Isotopieverschiebung gefunden. ZELDES weist auf eine Berücksichtigung der Konfigurationswechselwrkg. hin u. berechnet eine Mischung aus 72% 6s 6p- u. 28% 5d 6p-Konfigurationen. Durch die gute Übereinstimmung der Meßwerte ist es möglich, die Berechnungen der Isotopieverschiebungskonstanten aus den Spektren der Seltenen Erden als weitgehend fehlerfrei anzusehen. (Z. Physik **141.** 1—5. 1955. Heidelberg, Univ., I. Phys. Inst.) D. HAHN. 118

Siegfried Wagner, *Zur Isotopieverschiebung im CuI-Spektrum.* Es wird die Isotopieverschiebung im Cu I-Spektr. untersucht, wie sie bei den beiden stabilen ^{63}Cu- u. ^{65}Cu-Isotopen beobachtet wird. Die Cu-Isotopen werden vor den Messungen mit einem Massenspektrographen getrennt. Die Isotopieverschiebung in den Spektrallinien sowie in den Termen ist in zwei Tabellen zusammengestellt. Es zeigt sich, daß in den Isotopieverschiebungen der zu den Elektronenkonfigurationen $3d^{10}nl$ gehörenden Terme gegenüber denen der Terme $3d^9\,4s^2$ bzw. $3d^9\,4s\,4p$ ein Unterschied besteht, der mit Kopplungseffekten der Kernmitbewegung gedeutet werden kann. Es wird gefunden, daß die Kopplungseffekte in den Termen mit dem Elektronenrumpf $3d^{10}$ größer sind als in denen mit dem Rumpf $3d^9$. (Z. Physik **141.** 122—45. 1955. Marburg/Lahn, Univ., Phys. Inst.) D. HAHN. 118

F. A. Kröger und **H. J. G. Meyer,** *Die Kantenemission von ZnS, CdS und ZnO und ihre Beziehung zu den Gitterschwingungen dieser Festkörper.* Vff. zeigen, daß die bei der Kantenemission des ZnS, ZnO u. CdS beobachtete Schwingungsstruktur der Fluorescenz ganz den longitudinalen Schwingungsfrequenzen, wie sie bei den RAMAN- bzw. Infrarotabsorptionsspektren beobachtet werden, entspricht. Aus dieser Übereinstimmung wird gefolgert, daß die Kantenemission eine Eig. des reinen, ungestörten Gitters ist u. die Fluorescenz Excitonen bzw. einige schwache Banden auf der kurzwelligen Seite Band–Band-Übergängen oder höheren Excitonenzuständen zuzuschreiben sind. Die beim ZnO

u. auch beim *BeO* beobachteten Doppelbanden der Infrarotabsorption können befriedigend unter der Annahme einer Wechselwrkg. opt. u. akust. Gitterschwingungen nach der Theorie von BORN u. BLACKMAN gedeutet werden; dagegen ist die Übereinstimmung von gemessenen u. berechneten Werten beim CdS weniger gut. (Physica **20.** 1149—55. Dez. 1954. Eindhoven, N. V. Philips' Gloeilampenfabr., Res. Labor.) J. RUDOLPH. 118

W. M. Smith, J. A. Stewart und **G. W. Taylor,** *Die Auslöschung der Kalium-Resonanzstrahlung durch Wasserstoff und Deuterium.* Die Löschung der Resonanzstrahlung von K-Dampf (71—83°) durch H_2 u. D_2 wird durch Best. des Löschfaktors Q (Verhältnis der Intensität in Ggw. des Fremdgases zu der des reinen K-Dampfes) als Funktion des Fremdgasdruckes p (0—10 Torr) ermittelt. Die Größe 1/Q nimmt mit p linear für H_2 etwa doppelt so stark wie für D_2 zu. Die Ursache für die Unterschiede der gefundenen Löschquerschnitte, $1{,}56 \cdot 10^{-16}$ cm² für H_2 u. $1{,}10 \cdot 10^{-16}$ cm² für D_2, wird diskutiert. (Canad. J. Chem. **32.** 961—68. Okt. 1954. Kingston, Ontario, Can., Queen's Univ, Dep. of Chem.) J. RUDOLPH. 118

William A. Rense und **R. Mercure,** *Kontinuierliche Absorption von gasförmigem Sauerstoff im extremen Ultraviolett.* (Sitzungsbericht.) (Physic. Rev. [2] **98.** 1195. 15/5. 1955. Univ. of Colorado.) E. KLEVER. 118

W. Groth und **H. v. Weyssenhoff,** *Die Lichtabsorption von Quarzglas zwischen 1470 und 1750* Å. Es wurde die Absorption von 0,012—0,53 mm dicken Quarzglasblättchen bei 1470 Å (Xe-Resonanzlinie), für einige N-Linien zwischen 1486,7 u. 1609,9 Å u. bei 1743 Å (N-Linie) mit einem Flußspatspektrographen bestimmt. Die Ergebnisse stimmen für das verwendete Quarzglas von BAYER-Leverkusen bzw. einer amerikan. Firma innerhalb der Fehlergrenze von 20% überein. Die graph. Darst. des Absorptionskoeff. zeigt, daß sich die Werte aus dem Taschenbuch von D' ANS-LAX zwischen 1860 u. 2180 Å anschließen. Quarzrohre von 0,05—0,10 mm Wandstärke sind als Lampengefäße oberhalb 1550 Å gut geeignet. (Z. Naturforsch. **11a.** 165—66. Febr. 1956. Bonn, Univ., Inst. für Phys. Chem.) H. LINDBERG. 118

C. F. Hempstead und **L. G. Parratt,** *Lokalisierter Energiezustand in kristallinen Alkalichloriden.* (Sitzungsbericht.) (Physic. Rev. [2] **98.** 1170. 15/5. 1955. Cornell Univ.) E. KLEVER. 119

Robert Herman und **R. F. Wallis,** *Modell für die Raumtemperaturauslöschung von F-Zentren durch F-Licht bei röntgenbestrahltem NaCl.* (Sitzungsbericht.) (Physic. Rev. [2] **98.** 1171. 15/5. 1955. Johns Hopkins Univ.) E. KLEVER. 119

Masayasu Ueta und **Werner Känzig,** *Erzeugung von Elektronenhaftstellen beim plastischen Fließen in Alkalihalogeniden.* Die in einer früheren Arbeit (vgl. C. **1955.** 5957) beschriebenen Unterss. über die Erleichterung der F-Zentren-Entfärbbarkeit von *KCl*- u. *NaCl*-Kristallen nach plast. Verformung werden in quantitativer Hinsicht erweitert. Die durch eine plast. Dehnung von 10% erzeugte Konz. von Leerstellen-clusters, die als Haftstellen für die durch Lichteinstrahlung aus F-Zentren befreiten Elektronen wirksam sind, wird aus Messungen der Bleichgeschwindigkeiten von verformten u. nichtverformten Kristallen zu mehr als 10^{17} Haftstellen pro cm³ abgeschätzt. Dabei hängt die Art der Haftstellen von der Zeit nach der Verformung ab. Der Einfl. der Verformung auf die Bldg. von R-, M- u. F'-Zentren bei der opt. F-Bandenentfärbung sowie auf die Umwandlung von F' in F-Zentren wird näher diskutiert. (Physic. Rev. [2] **97.** 1591—95. 15/3. 1955. Urbana, Ill., Univ. of Illinois, Dep. of Phys.) J. RUDOLPH. 119

Herbert B. Rosenstock, *Über die optischen Eigenschaften von Festkörpern.* (Sitzungsbericht.) (Physic. Rev. [2] **99.** 657. 15/7. 1955. Naval Res. Labor.) R. LEVI. 119

Gen Shirane und **Ray Pepinsky,** *Anomale optische Eigenschaften von ferroelektrischem $PbTiO_3$.* (Sitzungsbericht.) (Physic. Rev. [2] **98.** 1201. 15/5. 1955. Pennsylvania State Univ.) E. KLEVER. 119

F. Jona, G. Shirane und **R. Pepinsky,** *Optische Untersuchungen an $PbZrO_3$- und $NaNbO_3$-Einkristallen.* Zwecks Unters. der opt. Eigg. der antiferroelektr. Stoffe $PbZrO_3$ bzw. $NaNbO_3$ werden Einkristalle aus der Schmelze von $PbZrO_3$ mit PbF_2 als Flußmittel (Verhältnis 1:2, 1250°) bzw. $NaNbO_3$ mit NaF hergestellt. Die z. T. komplizierten Arten der Zwillingsbldg. u. die Beschaffenheit der Domänenstruktur der Kristalle, die verschieden von den entsprechenden Eigg. des $BaTiO_3$ sind, werden eingehend beschrieben. Beide Kristalle sind opt. negativ. Messungen des Brechungsindex n in verschied. Kristallrichtungen ergeben kleinste n-Werte in Richtung der a-Achse, die auch die Hauptrichtung der antiparallelen Ionenverschiebungen sind. Die Änderung der Doppelbrechung mit der Temp. wird bis zum Phasenübergang von der orthorhomb. zur tetragonalen Form gemessen u. die Beziehungen zu elastoopt. u. elektroopt. Eigg. diskutiert. (Physic. Rev. [2] **97.** 1584—90. 15/3. 1955. State College, Pa., Univ., Dep. of Phys., X-Ray and Cryst. Analys. Labor.) J. RUDOLPH. 119

S. Roberts, *Deutung der optischen Eigenschaften von Metalloberflächen.* (Sitzungsbericht.) (Physic. Rev. [2] **98.** 1151. 15/5. 1955. Gen. Electr. Res. Labor.) E. Klever. 119

Stefan Minc und **Zbigniew Kęcki,** *Das Ramanspektrum.* Übersicht über theoret. Grundlagen u. Anwendungen. (Wiadomości chem. **6.** 501—16. Dez. 1952. Warschau, Uniw., Zakł. Elektrochem.) R. K. Müller. 120

C. J. Humphreys, *Infrarot-Atom-Spektroskopie, die auf der Verwendung von photoleitenden Detektoren beruht.* Es wird ein kurzer geschichtlicher Überblick über die Infrarot-Atom-Emissionsspektroskopie (1,3—3 μ) gegeben. Vor allem werden die Arbeiten von Paschen, Brackett u. Pfund erwähnt, um dann auf die gegenwärtige Entw. der PbS-photoleitfähigen Detektoren u. ihre Verwendung zur Beobachtung von Spektren überzugehen. Die Beschreibung eines infraroten Gitterspektrographen wird angegeben u. die experimentellen Probleme bei der photoelektr. Beobachtung infraroter Spektren mit Angabe von Beispielen bei *Ca I, He I, Hg I,* dem *He*-Triplett bei 10830 Å u. dem Multiplette in *V I* angeführt. (Lunds Univ. Årsskr. [N. F.] Avd. 2. **50.** Nr. 21. 55—76. 28/2. 1955. Corona, Calif., U. S. Naval Ordnance Labor.) D. Hahn. 120

M. J. Dumbleton, *Die Infrarotluminescenz von festen Halogenen.* Mittels 2-Prismen-Monochromators (LiF-Prismen), PbS-Zelle u. Verstärker werden die Emissionsspektren der festen Halogene (bei 90° K) sowie ihre Erregungsspektren bei Erregung mit monochromat. Licht einer W-Lampe gemessen. Die Maxima der Emissionsbanden für *Cl, Br* bzw. *J* liegen bei ca. 1,0, 1,13 bzw. 1,5 μ, die Erregungsmaxima bei 570 mμ für Br u. 730 mμ für J. Die Emissionsbanden der Zwischenhalogenverbb. *JCl* u. *JBr* liegen bei ca. 1,36 u. 1,7 μ, die entsprechenden Erregungsmaxima bei 580 u. 640 mμ. Mit abnehmender Temp. wächst in jedem Falle die Intensität der Fluorescenz. (Proc. physic. Soc., Sect. B **68.** 53—54. 1/1. 1955.) J. Rudolph. 120

F. P. Reding und **D. F. Hornig,** *Schwingungsspektren von Molekülen und komplexen Ionen in Kristallen.* 8. Mitt. *Das Infrarotspektrum eines Mischkristalls von 1-Deuteroammoniak und 2-Deuteroammoniak.* (7. vgl. C. **1956.** 1221.) Bei —190° wurde das Infrarotspektr. eines Mischkristalls von ca. 10% NH_3, 40% NH_2D, 40% ND_2H u. 10% D_3H erhalten. Es konnte die Bezeichnung aller Fundamentalfrequenzen von NH_2D u. ND_2H durchgeführt werden. Unter Benutzung der früher von den Vff. (vgl. l. c. u. früher) von NH_3 u. ND_3 erhaltenen 4 von Null verschied. Kraftkonstanten wurden die 12 Frequenzen von NH_2D u. ND_2H berechnet. Die mittlere Abweichung der beobachteten Frequenzen war 0,6%, die maximale Abweichung 1,6%. Es konnte gezeigt werden, daß die Kopplung zwischen den Bewegungen der verschied. Moll. vernachlässigbar ist. (J. chem. Physics **23.** 1053—56. Juni 1955. Providence, R. I., Brown Univ., Metcalf Chem. Labor.) C. Gottfried. 120

Gunnar Erlandsson, *Gasabsorptionsspektren im Mikrowellengebiet.* An einigen Beispielen zeigt Vf. die Probleme der Gasabsorptionsspektroskopie im Gebiet bis herunter zu $\lambda = 2$ mm u. gibt einen Überblick über die Arbeiten der Techn. Hochschule Stockholm. — 16 Literaturangaben. (Kosmos [Stockholm] **31.** 91—104. 1953.) M. Gehlen-Keller. 121

H. Krüger, *Intensitätsverhältnisse in den mit der Doppelresonanzmethode gemessenen Hochfrequenzspektren angeregter Atome.* Es werden die Intensitätsverhältnisse in den nach der Doppelresonanzmeth. erhaltenen Hochfrequenzspektren angeregter Atomzustände untersucht u. die Ergebnisse mit den Experimenten in den $^2P_{3/2}$-Zuständen der Alkaliatome, bes. von *Cs,* verglichen. Für die anderen Alkalien liegen ähnliche Verhältnisse in den $^2P_{3/2}$-Termen vor. (Z. Physik **141.** 43—48. 1955. Heidelberg, Univ., I. Physikal. Inst.) E. Hahn. 121

Masataka Mizushima, J. T. Cox und **Walter Gordy,** *Zeeman-Effekt im Rotationsspektrum von NO.* (Sitzungsbericht.) (Physic. Rev. [2] **98.** 1159—60. 15/5. 1955. Duke Univ.) E. Klever. 121

G. C. Dousmanis, *Magnetischer Hyperfeineffekt und Elektronenstruktur von NO·* (Sitzungsbericht.) (Physic. Rev. [2] **98.** 1160. 15/5. 1955. Columbia Univ.) E. Klever. 121

George R. Bird, *Das Mikrowellenspektrum von NO_2.* (Sitzungsbericht.) (Physic. Rev. [2] **98.** 1160. 15/5. 1955. Rice Inst.) E. Klever. 121

Quitman Williams und **T. L. Weatherly,** *Das Mikrowellenspektrum von Nitrosylbromid.* (Sitzungsbericht.) (Physic. Rev. [2] **98.** 1159. 15/5. 1955. Georgia Inst. of Technol.) E. Klever. 121

J. H. E. Griffiths und **J. Owen,** *Komplexe Hyperfeinstrukturen in Mikrowellenspektren von kovalenten Iridiumverbindungen.* Es wurden die magnet. Resonanzspektren von $(NH_4)_2[Ir, PtCl_6]$ (I), $Na_2[Ir, PtCl_6]\cdot 6H_2O$ (II), $Na_2[Ir, PtBr_6]\cdot 6H_2O$ (III) u. $K_2\cdot [Ir, PtBr_6]$ (IV) untersucht. In diesen Verbb. waren die paramagnet. Ir-Atome durch diamagnet. Pt-Atome im Verhältnis Ir:Pt = 1:200 ersetzt. Die Meßtemp. war 20° K, die Wellenlänge 1,2 cm; bei den Salzen, die $(IrCl_6)^{2-}$ enthielten, wurden auch Messungen mit der Wellenlänge 3,0 cm durchgeführt. Die erhaltenen Spektren wurden unter Benutzung der von STEVENS (vgl. C. **1954.** 10888) entwickelten π-Bindungstheorie analysiert. In **I** hat der $[IrCl_6]^{2-}$-Komplex nach der bekannten Kristallstruktur nahezu vollkommene kub. Symmetrie. Das Spektr. enthielt eine einzige Feinstrukturlinie mit $g = 1{,}775 \pm 0{,}01$ (isotrop) u. ist in 16 nahe nebeneinanderliegende Hyperfeinstrukturlinien aufgelöst, wenn das äußere magnet. Feld genau parallel (1 0 0), (0 1 0) oder (0 0 1) lag. Die Hyperfeinkonstanten des Ir (in 10^{-4} cm^{-1}) sind $|A| = |B| = 26{,}5 \pm 1{,}0$ u. des Cl $|A'| = |B'| = 8{,}8 \pm 0{,}4$. In **II** hat der Komplex angenähert tetragonale Symmetrie. Die Hyperfeinstrukturen wurden aufgelöst mit dem äußeren magnet. Feld H parallel den 3 Achsen x, y u. z u. mit H gegen x in der xy-Ebene unter 45° geneigt. Die g-Werte betragen $g_x = 2{,}20 \pm 0{,}02$; $g_y = 2{,}07 \pm 0{,}02$; $g_z = 1{,}05 \pm 0{,}05$, die Hyperfeinkonstanten (10^{-4} cm^{-1}) für Ir $|B_x| = 25{,}5 \pm 1{,}0$; $|B_y| = 25{,}5 \pm 1{,}0$; $|A_z| = 24 \pm 1{,}0$ u. für Cl $|B'_x| = 11{,}6 \pm 0{,}4$; $|B'_y| = 10{,}7 \pm 0{,}4$; $|A'_z| < 5$. Für **III** wurden gut aufgelöste Hyperfeinstrukturen nur gefunden mit H parallel x oder y u. mit H gegen x oder y in xy-Ebene unter 25° geneigt. Folgende g-Werte werden angegeben: $g_x = 2{,}25 \pm 0{,}02$; $g_y = 2{,}21 \pm 0{,}02$; $g_z = 0{,}75 \pm 0{,}10$. Die Hyperfeinstrukturkonstanten sind für Ir (10^{-4} cm^{-1}) $|B_x| = 25{,}5 \pm 1{,}0$; $|B_y| = 25{,}5 \pm 1{,}0$ u. für Br $|B'_x| = 57 \pm 2$ u. $|B'_y| = 57 \pm 2$. **IV** ist isomorph mit **I**; die Haupt-g-Werte sind $g_x = g_y = 1{,}87 \pm 0{,}04$ u. $g_z = 1{,}60 \pm 0{,}10$. Klar aufgelöste Hyperfeinstrukturen wurden nicht gefunden. Die erhaltenen g-Werte u. der Unterschied zwischen den Spektren von $[IrCl_6]^{2-}$ u. $[IrBr_6]^{2-}$ stehen in Übereinstimmung mit der Hypothese, daß sich die magnet. Elektronen z. T. in d-Bahnen um den zentralen Ir-Kern u. z. T. in p_π-Bahnen um die äußeren Halogenkerne des Komplexes bewegen. (Proc. Roy. Soc. [London], Ser. A. **226.** 96—111. 21/10. 1954. Oxford, Univ., Clarendon Labor.) C. GOTTFRIED. 121

W. L. Lewschin und **A. G. Laktionow,** *Absorption komplizierter Moleküle, die sich in metastabilem Zustand befinden.* An einer Reihe von Phosphoren wurde die Absorption von angeregten Moll. untersucht. Es wurde bewiesen, daß die neu auftretenden Banden den im metastabilen Zustand befindlichen Moll. zuzuordnen sind. Für den Fall von *Uranin* mit $1{,}11 \cdot 10^{-3}$ g/cm^3 im Phosphor befanden sich 0,51 der Moll. im metastabilen Zustand. Die Oscillatorstärke betrug für den Singulett–Singulett-Übergang 0,30; für den 1. Triplett–Triplett-Übergang 0,07 u. für den 2. 0,04. Die Lebensdauern der angeregten Zustände lagen bei den Triplettübergängen bei 10^{-7} sec, bei den Singulettübergängen bei 10^{-8} sec. Bei den angeregten Moll. trat Absorptionsdichroismus auf. (Доклады Академии Наук СССР [Ber. Akad. Wiss. UdSSR] **103.** 61—64. 1/7. 1955. Physikal. Lebedew-Inst. der Akad. der Wiss. der UdSSR; Moskau, Lomonossow-Univ.) M. WIEDEMANN. 125

H. N. Bose, *Thermoluminescenz von Alkalihalogenidphosphoren.* Für die mit 10 kV-Kathodenstrahlen bei der Temp. der fl. Luft erregten Alkalihalogenide *NaCl, KCl, NaCl–Tl* u. *KCl–Tl* werden bei einer relativ hohen Heizgeschwindigkeit (5—6° K·sec^{-1}) Glowkurven aufgenommen. Bei NaCl werden 3, bei den übrigen 4 Glowmaxima zwischen 120 u. $\sim$ 650° K festgestellt. Die Thermoluminescenz liegt teils im UV, teils im Sichtbaren. Mechan. Mischungen von NaCl u. TlCl zeigten das gleiche Verh. wie NaCl, mechan. Mischungen von KCl u. TlCl ähneln dem Phosphor KCl–Tl. Mit einem Frequenzfaktor von $10^{9\pm1}$ werden Haftstellentiefen zwischen 0,22 u. 1,17 eV berechnet. Die Kurvenform hängt von Intensität u. Dauer der Kathodenstrahlerregung ab. (Proc. physic. Soc., Sect. B **68.** 249—52. April 1955. Calcutta, Univ., Coll. of Sci., Khaira Labor. of Phys.) J. RUDOLPH. 125

Seymour P. Keller und **Jackson J. Clemmons,** *Durch weiche Röntgenstrahlen angeregte Thermoluminescenz und Fluorescenz in Alkalihalogenidkristallen.* Bestrahlung mit weichen Röntgenstrahlen (U = 1—7 kV) erregte in Einkristallen von *LiF, NaCl, KBr* u. *CsBr* eine bläuliche, in *NaJ* u. *KJ* eine purpurne Fluorescenz von mit U zunehmender Intensität. Beim Erwärmen der bestrahlten Kristalle von LiF bzw. NaCl traten mehrere Glowmaxima (bei 155, 240 u. 310° bzw. 115, 200 u. 280°) auf. Auch *KCl* u. CsBr, nicht aber NaJ, *KF*, KBr, KJ u. *RbBr*, zeigten Thermoluminescenz. (J. chem. Physics **23.** 586—87. März 1955. Madison, Wis., Univ., Dep. of Chem. and Pathol.) J. RUDOLPH. 125

W. Van Sciver und **R. Hofstadter,** *Scintillationen und Luminescenz von nichtaktiviertem NaJ.* Vff. beobachteten, daß reines (Tl-freies) NaJ bei 80° K bei Erregung mit γ- oder α-Strahlen fast ebenso hell wie handelsübliches NaJ·Tl bei Raumtemp. scintilliert. Das emittierte Licht liegt im UV (um 310 mμ bei 300° K u. 303 mμ bei 80° K). Die Bande wird auch durch UV-Einstrahlung in die Grundgitterbande des NaJ (< 225 mμ) erhalten. Die Abklingzeiten der Scintillationsimpulse des NaJ sind sehr kurz ($1-3 \cdot 10^{-8}$ sec). Der guten Lichtausbeute u. der kurzen Abklingzeiten wegen ist reines NaJ trotz der erforderlichen tiefen Tempp. als Scintillationsmaterial aussichtsvoll. (Physic. Rev. [2] **97.** 1181. 15/2. 1955. Stanford, Calif., Univ., Dep. of Phys., High Energy Phys. Labor.) J. RUDOLPH. 125

N. Riehl und **H. Ortmann,** *Bildungschemismus der Leuchtzentren in Zinksulfidluminophoren.* Auf Grund von Verss. über die Wrkg. von H_2 u. *HCl* sowie den Einfl. von O_2 wurde ein kristallchem. Modell der Leuchtzentren von Zinksulfidleuchtphosphoren mit oder ohne aktivierenden Cu-Zusatz entwickelt. Danach besteht das Zentrum des hellblauen Leuchtens aus einem fehlenden S (Überschuß-Zn-Atom) in Verbindung mit einem O-Ion, das eines der benachbarten S-Ionen ersetzt hat. Der fehlende S allein bildet kein Leuchtzentrum. In Verbindung mit ihm stellt ein überschüssiges Cu-Atom das Zentrum des grünen Leuchtens dar. Befindet sich außerdem noch ein Cu-Atom auf einem Zwischengitterplatz, dann tritt dunkelblaues Leuchten auf. Für die Cu-Zentren ist die Anwesenheit von O in der Nähe anscheinend nicht nötig. Die Wrkg. von H_2 u. von HCl beruht auf einer Entfernung des Schwefels. (Журнал Общей Химии [J. allg. Chem.] **25** (**87**). 1289—1303. Juli 1955.) M. WIEDEMANN. 125

Walter Kolb, *Über die differentielle Leitfähigkeitserregung von CdS-Kristallen durch α-Teilchen.* Vf. berichtet über Unterss. der Größe der von α-Teilchen ausgelösten Stromimpulse in Abhängigkeit von der Restreichweite, die an dünnen CdS-Einkristallamellen durchgeführt wurden, deren Luftäquivalent klein gegen die Reichweite war. Es ergab sich, daß bei hohen Feldstärken die Impulshöhe ein Maß für die Zahl der von einem α-Teilchen angeregten Ladungsträger ist. Der Verlauf der so bestimmten differentiellen Leitfähigkeitserregung in Abhängigkeit von der Restreichweite stimmte qualitativ mit einer in Luft gemessenen BRAGGschen Kurve überein, was auch durch Messung des bei Bestrahlung zusätzlich fließenden Gleichstroms in Abhängigkeit von der Restreichweite bestätigt werden konnte. Die benutzten Kristalle zeigten keinen Verstärkungseffekt; bei hohen Feldstärken erfolgte Übergang zur Sättigung. Eine bei niederen Feldstärken auftretende Abhängigkeit der Impulshöhe von der Einstrahlrichtung läßt sich qualitativ deuten. (Ann. Physik [6] **14.** 397—411. 1954. Karlsruhe, TH, Physikal. Inst.) R. STEIN. 125

F. A. Schwertz und **J. J. Mazenko,** *Lichtausbeute von in einem Dielektrikum eingebetteten elektrolumineseierenden Phosphoren.* (Sitzungsbericht.) (Physic. Rev. [2] **98.** 1169. 15/5. 1955. Mellon Inst.) E. KLEVER. 125

R. W. Smith, *Elektrolumineseenz von CdS-Kristallen bei kleinen Gleichstromfeldern.* (Sitzungsbericht.) (Physic. Rev. [2] **98.** 1169. 15/5. 1955. RCA Labors.) E. KLEVER. 125

Frank Matossi, *Polarisationseffekte bei den Helligkeit–Zeitkurven der Elektrolumineseenz.* Das Intensitätsverhältnis der zwei Helligkeitsmaxima, die bei Sinusfeldanregung der Elektrolumineseenz pro Halbperiode auftreten, wird von der Feldfrequenz u. der Überlagerung einer UV-Anregung beeinflußt. Diese Beobachtungen hängen — wie gezeigt wird — mit dem Vorhandensein von Polarisationseffekten zusammen, die unter Erweiterung bekannter Theorien über diesen Effekt in Halbleitern (JAFFÉ u. Mitarbeiter) u. unter Berücksichtigung der period. Feldanregungen der Zentren behandelt werden. (Physic. Rev. [2] **98.** 434—37. 15/4. 1955. Erratum: [2] **101.** 1835. 15/3. 1956. White Oak, Md., U. S. Naval Ordnance Labor.) J. RUDOLPH. 125

E. R. Hardwick und **W. G. McMillan,** *Energietransport im Scintillationsprozeß.* (Sitzungsbericht.) (Physic. Rev. [2] **99.** 658. 15/7. 1955. Los Angeles, Calif., Univ. of California.) R. LEVI. 125

G. Wolff, I. Schönewald und **I. N. Stranski,** *Über die Triboluminescenz. Versuche zur Aufklärung der Natur der permanenten und temporären Triboluminescenz.* (Vgl. C. **1955.** 4276.) An einer großen Reihe anorgan. u. an einigen organ. Stoffen wird mit Hilfe einer Spitzenzähleranordnung nachgewiesen, daß beim Zerbrechen der Kristalle elektr. Ladungen nur dann auftreten, wenn die Stoffe triboluminescent waren. Dies bestätigt die Annahme eines Zusammenhanges von permanenter Triboluminescenz u. dem strukturbedingten Auftreten von elektr. Entladungen zwischen den Bruchflächen. Die ebenfalls strukturbedingte, aber zusätzlich an Gitterstörungen gebundene temporäre Triboluminescenz wird näher an dem aus techn. HCl gewonnenen *Arsenolith* untersucht, mit dem Ergebnis, daß Fluorescenz mit Verunreinigung sowie mit Triboluminescenz eng zusammenhängt. Absorptionsmessungen an verschied. As_2O_3-Proben ergeben die Existenz einer Vorbande vor der Absorptionskante bei dem aus HCl hergestellten triboluminescierenden Arsenolith. Diese Vorbande wird einer Gitterstörung in Form ausgerichteter, intermol. AsO-Fehlbindungen zwischen As_4O_6-Molekeleinheiten zugeschrieben, die aber,

ausgelöst durch Elektronenübergänge, in ungeordnete, statist. verteilte Fehlbindungen übergehen können. Aus Messungen des Abklingverlaufs der Triboluminescenzaktivität bei verschied. Tempp. ergibt sich ein Abklingvorgang 2. Ordnung mit einer Anregungsenergie von 20—30 kcal/Mol. (Z. Kristallogr., Kristallgeometrie, Kristallphysik, Kristallchem. **106.** 146—71. Okt. 1954. Berlin-Dahlem, Max-Planck-Ges., Fritz-Haber-Inst.)
J. RUDOLPH. 125

A_3. Elektrizität. Magnetismus. Elektrochemie.

G. Francis, *Wachstum einer durch die eigene Raumladung verzögerten Elektronenlawine.* Ionisationskoeff. α u. Gesamtmultiplikation der Lawine werden in Abhängigkeit von der durchlaufenen Strecke unter Berücksichtigung des Einfl. positiver Ionen berechnet. Die Zeit zur Ausbldg. einer Lawine wird abgeschätzt. Unter der Annahme planparalleler Geometrie werden zwei wichtige Fälle behandelt: das Potential an den Elektroden ist konstant oder das angelegte Feld ist konstant. Eine einfache u. exakte Lösung kann nur für den Fall des konstanten Feldes erhalten werden, für konstantes Potential ergibt sich nur eine Näherungslösung. Letztere zeigt, daß α entsprechend den Anfangsbedingungen zu- oder abnehmen kann, jedoch nie gleich Null wird, sondern einem konstanten Endwert zustrebt. Die erhaltenen Gleichungen werden als allgemeingültig betrachtet. (Proc. physic. Soc., Sect. B **68.** 369—80. 1/6. 1955. Oxford, Clarendon Labor.)
B. MÜLLER. 131

Fr. Burhorn, *Temperatur und thermisches Gleichgewicht im Eisenbogen.* Vf. mißt in einem Fe-Bogen die Gastemp. aus der DOPPLER-Verbreiterung geeigneter Spektrallinien, bei denen Dämpfungsverbreiterung vernachlässigt werden kann. Die Elektronentemp. wird aus einer Absolutmessung der Intensität des Kontinuums bestimmt. Das therm. Gleichgewicht im Fe-Bogen ist wahrscheinlich dadurch hergestellt, daß beide Tempp. im Achsenwert (6300°K) u. im radialen Verlauf einander gleich sind. (Z. Physik **140.** 440—51. 1955. Erlangen, Siemens-Schuckertwerke, Forschungslabor.)
D. HAHN. 131

B. I. H. Hall, *Experimentelle Untersuchung der Elektronenbewegungen in einem Gas bei Anwesenheit eines Magnetfeldes.* Unterss. der Driftgeschwindigkeit von Elektronen bei der Diffusion in H_2 unter der Wrkg. eines elektr. u. eines magnet. Feldes werden mitgeteilt. Dabei werden bes. zwei Fälle berücksichtigt: 1. das Magnetfeld B hat die gleiche Richtung wie das elektr. Feld Z; 2. B steht senkrecht auf Z. (Proc. physic. Soc., Sect. B **68.** 334—44. 1/6. 1955. Adelaide, South Australia, Univ., Dep. of Phys.)
B. MÜLLER. 131

Ja. M. Vogel, L. I. Krupnik und **B. G. Ssafronow,** *Elektroneneinfang und Ionisation durch Protonen im Wasserstoff.* Es wird der effektive Wirkungsquerschnitt des Einfangs eines Elektrons u. der Ionisation in H_2 durch ein Proton im Energiebereich 11,3—36,7 keV gemessen (Ionenquelle nach TONEMANN). Für den Einfangsquerschnitt ergibt sich mit steigender Protonenenergie $\sigma_{10} = 8{,}1 - 2{,}6\cdot 10^{-16}$ u. für den Ionisationsquerschnitt $\sigma_i = 1{,}4 - 2{,}2\cdot 10^{-16}$ cm². Vgl. mit den Unterss. anderer Autoren zeigt, daß die Ergebnisse schlecht übereinstimmen. Die Abweichungen von der Theorie nach JACKSON u. SCHIFF (C. **1953.** 7996) sind verständlich, da die Rechnung mittels der BORNschen Näherung durchgeführt wurde, die bei Energien um 25 keV nicht anwendbar ist. Ferner werden beim Durchgang von Protonen durch H_2 im Strahl negative H-Ionen gefunden, die aus dem Prozeß $H_1^+ + H_2 \rightarrow H_1^- + H_1^+ + H^+$ entstehen. Der effektive Wirkungsquerschnitt für diesen Einfang von 2 Elektronen durch ein Proton liegt bei 13,0—31,4 keV zwischen 2,7 u. $1{,}1\cdot 10^{-18}$ cm². (Журнал Экспериментальной и Теоретической Физики [J. exp. theoret. Physik] **28.** 589—602. Mai 1955. Inst. für techn. Physik der Akad. der Wiss. der UkrSSR.) J. GEIGER. 131

William P. Jesse und **John Sadauskis,** *Energievergleich bei Erzeugung eines Ionenpaares in verschiedenen Gasen für α- und β-Teilchen.* (Sitzungsbericht.) (Physic. Rev. [2] **98.** 1150. 15/5. 1955. Argonne Nat. Labor.) E. KLEVER. 131

Gerald Stone, Robert Carbone und **Edgar Everhart,** *Gültigkeitskriterien zur Berechnung des differentiellen Stoßquerschnittes von keV-Ionen mit Atomen.* (Sitzungsbericht.) (Physic. Rev. [2] **98.** 1150. 15/5. 1955. Univ. of Connecticut.) E. KLEVER. 131

Robert J. Carbone, Gerald Stone und **Edgar Everhart,** *Querschnittsmessungen für Weitwinkelstöße von He-, Ne- und Ar-Ionen mit Argongasatomen bei Energien von 25 bis 100 keV.* (Vgl. vorst. Ref.) (Sitzungsbericht.) (Physic. Rev. [2] **98.** 1150. 15/5. 1955.)
E. KLEVER. 131

N. D. Morguliss und **G. Ja. Pikuss,** *Massenspektroskopische Untersuchung von Gasen, die in Elektronenapparaturen mit einer arbeitenden Oxydkathode vorhanden sind.* Massenspektrometr. untersuchten Vff. neben dem Gesamtdruck auch die Zus. der Gase in einem elektron. Hochvakuumgerät mit einer arbeitenden Oxydkathode. Diese wurde auf ca. 800° erhitzt, die Stromdichte betrug 25 mA/cm^2 bei 40 V Anodenspannung. Der Gesamtdruck lag bei $6 \cdot 10^{-7}$ mm, er sank im Laufe von 300 Std. ab. H_2, $N_2 + CO$ u. O_2 wurden in beträchtlichen Mengen gefunden, daneben H, He, N, O, H_2O u. CO_2. Bemerkenswert ist der hohe O_2-Druck von 10^{-8} bis 10^{-9} mm nach 300 Std. Betrieb der Oxydglühkathode. Ein beträchtlicher Anstieg an He u. H_2, wenn die Kathode nicht arbeitet, wird auf Diffusion von außen zurückgeführt, für He wird die Diffusionskonstante zu 10^{-12} cm^2/sec abgeschätzt. (Доклады Академии Наук СССР [Ber. Akad. Wiss. UdSSR] **102.** 1103—06. 21/6. 1955. Kiew, Univ.) M. WIEDEMANN. 131

Ss. Je. Kuprijanow und **W. K. Potapow,** *Bildung negativer Ionen im Spalt der Quelle eines Massenspektrometers.* Bei der massenspektrometr. Unters. von *Methylenbromid* wurden im Analysator negative Br-Ionen mit den Massen 79 u. 81 nachgewiesen. Sie entstehen durch Einfang von 2 Elektronen aus positiven Ionen beim Durchgang durch den Spalt von $0{,}08 \times 15$ mm^2. Die Intensität dieser negativen Ionen steigt linear mit dem Druck im Analysator an, ferner hängt sie von der Energie der positiven Ionen E_I ab nach $I_{Br^-}/I_{Br^+} = 1{,}18 \cdot 10^{-5}(\sqrt{E_I} - 12{,}7)$, dagegen ist sie unabhängig von der Energie der stoßenden Elektronen. Das Erscheinungspotential der positiven u. negativen Br-Ionen u. auch das Isotopenverhältnis sind gleich. Negative Ionen entstehen ferner durch Zerfälle nach $CH_2Br_2^+ \rightarrow Br^-$, $CHBr_2^+ \rightarrow Br^-$, $CBr_2^+ \rightarrow Br^-$, $CH_2Br^+ \rightarrow Br^-$, $CHBr^+ \rightarrow Br^-$ u. $CBr^+ \rightarrow Br^-$. Auch bei der Ionisation von CCl_4 u. CO_2 wurden negative Ionen, Cl^- bzw. O^-, beobachtet, die ebenfalls durch Einfang von 2 Elektronen aus den positiven entstehen. (Доклады Академии Наук СССР [Ber. Akad. Wiss. UdSSR] **103.** 449—52. 21/7. 1955. Physik.-chem. Karpow-Forschungsinst.) M. WIEDEMANN. 131

Robert M. Hobson, *Ionisations- und Dissoziationsvorgänge in den Dämpfen von Lithiumchlorid, Natriumchlorid und Kaliumchlorid.* In einem 180°-Massenspektrometer wurden die beim Elektronenbombardement von LiCl-, NaCl- u. KCl-Dampf erhaltenen positiven u. negativen Ionen analysiert, wobei die Unterss. an NaCl u. KCl mehr orientierenden Charakter haben. Die größten Intensitäten des Massenspektr. von LiCl lagen bei $Li_3Cl_2^+$, $Li_2Cl_3^-$ u. $Li_3Cl_4^-$ verschied. isotop. Zusammensetzung. Für diese Spitzen des Massenspektr. wurde die Variation des Ionenstroms am Kollektor bei Änderung der Energie des Elektronenstroms zwischen 0 u. 40 eV gemessen u. aus den Ergebnissen ein möglicher Bildungsmechanismus für die komplexen Ionen abgeleitet. (J. chem. Physics **23.** 2463—64. Dez. 1955. Belfast, Northern Ireland, Queens Univ., Dep. of Phys.) I. KARUTZ. 131

H. M. Rodenstock, J. R. Sites, J. R. Walton und **Russell Baldock,** *Massenspektren von CuCl, CuBr und CuJ.* Vff. bestimmten massenspektrometr. die in CuCl-, CuBr- u. CuJ-Dampf vorhandenen Ionenarten. Die Substanzen wurden bei 150 bzw. 300 bzw. 500° von einem Pt-Draht verdampft u. der Dampf mit 75 eV ionisiert. Die relativen Häufigkeiten der einzelnen Ionen wurden berechnet. Bei den drei untersuchten Substanzen besteht der Dampf hauptsächlich aus den trimeren $Cu_3X_3^+$-Moll., daneben treten mit fallender Häufigkeit $Cu_3X_2^+$, Cu_2X^+, Cu^+, Cu_2^+, $Cu_2X_2^+$, CuX^+ u. Cu_3^+ auf. Außerdem sind beim *CuCl* Cu_3X^+, $Cu_3X_4^+$, $Cu_4X_2^+$ $Cu_4X_3^+$ u. $Cu_4X_4^+$ u. beim *CuBr* $Cu_2X_3^+$, Cu_3X^+, $Cu_4X_3^+$ u. $Cu_4X_4^+$ beobachtet worden. (J. chem. Physics **23.** 2442. Dez. 1955. Oak Ridge, Tenn., Oak Ridge Nat. Labor., Stable Isotope Res. and Product. Div.) I. KARUTZ. 131

J. F. Youngblood, *Dielektrische Messungen bei tiefen Temperaturen.* (Sitzungsbericht.) (Physic. Rev. [2] **98.** 1201. 15/5. 1955. General Electric Res. Labor.) E. KLEVER. 132

S. Havriliak jr. und **R. H. Cole,** *Über dielektrische Eigenschaften von festen Wasserstoff- und Deuteriumhalogeniden.* Im Anschluß an die Arbeiten über die dielektr. Eigg. fester Phasen von *HCl* u. *HBr* (vgl. COLE u. Mitarbeiter, C. **1955.** 4036 u. **1954.** 7348) untersuchten Vff. festes *HJ*, *DBr* u. *DJ* zwischen 63°K u. dem F. im Bereich 20 Hz—500kHz. Alle Verbb. zeigen in der Nähe der niedrigstgelegenen Umwandlung λ-förmige DK.-Kurven mit den Spitzenwerten ε_0 (HBr, 89°K) = 200, ε_0 (DBr, 93°K) = 210, ε_0 (HJ, 70°K) = 28 u. ε_0 (DJ, 76°K) = 23. Unterhalb der Umwandlungspunkte zeigen die Bromide zwei, die Jodide einen Dispersionsbereich, die durch Kreisbögen dargestellt werden können, während in allen Fällen oberhalb des Umwandlungspunktes eine Dispersion vom DEBYE-Typ vorliegt. (J. chem. Physics **23.** 2455—56. Dez. 1955. Providence, R. I., Brown Univ., Metcalf Chem. Labors.) I. KARUTZ. 132

M. E. Caspari, *Gerichteter Durchschlag in Alkalihalogenidkristallen.* (Sitzungsbericht.) (Physic. Rev. [2] **98.** 1170—71. 15/5. 1955. MIT.) E. KLEVER. 132

A. N. Holden, B. T. Matthias, W. J. Merz und **J. P. Remeika,** *Eine neue Klasse ferroelektrischer Stoffe.* Der Ausgangsstoff ist *Guanidinaluminiumsulfat-Hexahydrat* $(CN_3 \cdot H_6)Al(SO_4)_2 \cdot 6\,H_2O$, der zwischen 200° u. der Temp. des fl. N_2 ferroelektr. ist. Die Substanz krist. trigonal, die Richtung der spontanen Polarisation ist die trigonale Achse.

Ferroelektrizität wird dabei nur beim Anlegen der Elektroden an geschliffenen, nicht an künstlich gewachsenen Flächen beobachtet. Bei Raumtemp. wird eine Sättigungspolarisation von 0,35 Mikrocoulomb/cm² u. eine Koerzitivkraft von 1200—1300 V/cm gemessen. Diese Werte nehmen mit abnehmender Temp. zu. Ähnliche ferroelektr. Stoffe ergeben sich aus dem Ausgangsstoff beim Ersatz von H_2O durch D_2O, beim Ersatz von Al^{3+} durch Ga^{3+} u. Cr^{3+} u. beim Ersatz von $(SO_4)^{2-}$ durch $(SeO_4)^{2-}$. Alle diese Stoffe haben nahezu die gleichen ferroelektr. Eigenschaften. (Physic. Rev. [2] **98**. 546. Murray Hill, N. J., Bell Telephone Labors.) H. FAHLENBRACH. 133

Helen D. Megaw, *Ursprung der Ferroelektrizität in Bariumtitanat und anderen Kristallen vom Perowskittyp.* Der Ursprung der Ferroelektrizität wird geringen Veränderungen des Bindungscharakters in einer Struktur, deren Geometrie sowohl mit ion. als auch mit homöopolarer Bindung verträglich ist, zugeschrieben. Als Folge treten Verschiebungen bestimmter Atome auf, die durch homöopolare Kräfte in ihrer Lage gehalten werden, u. es entstehen permanente Dipole. Für den Fall, daß die Bindungswinkel eine Struktur zulassen, bei der die Dipole parallel orientiert sind u. die Atomverschiebungen so klein sind, daß das Maximum der Potentialkurve für die Ausgangsposition nur eine niedrige Schranke bildet, kann eine Umkehrung der Dipole leicht durch ein äußeres Feld erreicht werden, d. h., es liegt Ferroelektrizität vor. Das Kriterium für das Vorliegen von Ferroelektrizität bildet also nicht die Existenz von spontaner Polarisation, sondern die Reversibilität in einem angelegten Feld. Neben den drei ferroelektr. Formen von $BaTiO_3$ werden noch folgende Strukturen betrachtet: $PbZrO_3$, $NaNbO_3$, $KNbO_3$, $NaTaO_3$, $KTaO_3$, $RbTaO_3$ u. WO_3. Die Strukturtypen werden hinsichtlich der Ionengröße u. der zugänglichen Bindungszustände sowie deren Temperaturabhängigkeit diskutiert. Die Perowskitstrukturen werden als einfache u. mehrfache bzw. gefaltete Strukturen klassifiziert. Der im Zusammenhang mit der letzteren Gruppe verwendete Ausdruck „antiferroelektr." stellt eine Fehlbezeichnung dar; denn die zugrunde liegende Analogie zum Ferromagnetismus besteht nicht. (Acta crystallogr. [Copenhagen] **5**. 739—49. 10/11. 1952. Cambridge, Cavendish Labor., Crystallogr. Labor.) W. KRÖNERT. 133

D. J. Rose, *Über die Vergrößerung und Auflösung beim Feldelektronenmikroskop.* (Sitzungsbericht.) (Physic. Rev. [2] **98**. 1169. 15/5. 1955. Bell Telephone Labors.) E. KLEVER. 134

E. G. Brock und **J. E. Taylor**, *Feldemission von Titaneinkristallen.* (Sitzungsbericht.) (Physic. Rev. [2] **98**. 1169. 15/5. 1955. General Electric Res. Labor.) E. KLEVER. 134

H. Hintenberger und **C. Lang**, *Über eine thermische Ionenquelle mit extrem niedrigem Substanzverbrauch.* Es wird eine therm. Ionenquelle mit hoher Ionisierungsausbeute der verdampfenden Substanz beschrieben. Von *Rb* oder *Cs* wurden ca. 30% der in den Verdampfungstiegel eingefüllten Substanz als Ionen in einem Massenspektrometer aufgefangen. $5 \cdot 10^{-13}$ g Rb u. ebensoviel Cs ergaben Ionenströme, die noch ohne Sekundäremissionsvervielfacher meßbar waren. (Z. Naturforsch. **11a**. 167—68. Febr. 1956. Mainz, Max-Planck-Inst. für Chemie.) H. LIEPACK. 134

R. K. Smither, *Die Messung des Koeffizienten der Sekundärelektronenemission mit einem Hohlraumresonator.* (Sitzungsbericht.) (Physic. Rev. [2] **99**. 646. 15/7. 1955. Yale Univ.) H. LIEPACK. 134

H. Weiss, *Bestimmung der effektiven Massen in InSb und InAs aus Messungen der differentiellen Thermospannung.* Nach einer ausführlichen Darlegung der Meth. zur Ermittlung der effektiven Massen, werden die differentiellen Thermospannungen an 3 p- u. 5 n-leitenden InAs-Präpp. u. 2 p-leitenden InSb-Proben bei Tempp. bis 800° K gemessen u. die Meßergebnisse kurz erörtert. Für die effektiven Massen im InAs zwischen 500 u. 800° K ergeben sich m_n 0,064 m_o u. m_p 0,33 m_o. Die Frage, ob sich diese Werte mit den im Störleitungsgebiet bei Zimmertemp. gemessenen vertragen, wird diskutiert u. bejaht. Für InSb wurden bei 333° K m_n 0,037 m_o u. m_p 0,18 m_o gefunden. Die effektive Elektronenmasse im InSb wächst mit zunehmender Temp. u. erreicht schließlich 0,05 m_o kurz unterhalb des F., während die Löchermasse als temperaturunabhängig angenommen wird. (Z. Naturforsch. **11a**. 131—38. Febr. 1956. Erlangen, Siemens-Schuckertwerke AG., Forschungslabor.) H. W. LEVI. 134

Horst Ulrich Pfeiffer, *Zur spektralen Verteilung des Photoeffektes im Bleisulfid.* Vf. untersucht das elektr. u. lichtelektr. Verh. von PbS-Schichten, die auf verschied. Weise an der Luft getempert wurden. Um den gleichen Photoeffekt zu erreichen, war bei höherer Temperungstemp. eine geringere Temperungsdauer erforderlich, bei Temperung unter 400° trat kein Photoeffekt mehr auf. Auch die spektrale Verteilung des inneren Photoeffekts zeigte insofern eine Abhängigkeit von der Temperungsdauer, als kürzer getemperte Zellen im Gegensatz zu n. luftgetemperten PbS-Schichten einen steilen Anstieg der Lichtempfindlichkeit nach kürzeren Wellenlängen aufweisen. Auch das Verh. von Schichten, die ohne O_2-Behandlung durch Aufdampfen in einer S-Atmosphäre hergestellt wurden, wird untersucht. (Z. Naturforsch. **11a.** 164—65. Febr. 1956. Frankfurt/M., Univ., Physikal. Inst.) H. W. LEVI. 134

A. Theodore Forrester, Richard A. Gudmundsen und **Philip O. Johnson,** *Photoelektrische Mischung von inkohärentem Licht.* (Sitzungsbericht.) (Physic. Rev. [2] **98.** 1169. 15/5. 1955. Los Angeles, Calif., Univ. of Southern California.) E. KLEVER. 134

M. B. Prince, *Silicium-Sonnenenergieumwandler.* Mit der Entw. einer Diffusionstechnik zur Erzeugung von p-n-Übergängen in Si war die Entw. neuer Si-Apparate möglich, von denen die Si-Photodiode oder der Sonnenenergieumwandler, bekannt unter dem Namen „Bell Solar Battery“ von CHAPIN, FULLER u. PEARSON (vgl. C. **1955.** 6687) beschrieben worden ist. Vf. bringt eine Theorie für den Entwurf von Sonnenenergieumwandlern. Aus den erhaltenen allg. Beziehungen ergab sich, daß bei dem heutigen Stand der Halbleiter Si das beste Material ist, von dem wirksame Sonnenenergieumwandler zur Verwendung bei Tempp. nahe 300°K hergestellt werden können. Experimentelle Ergebnisse wurden mit den theoret. Beziehungen verglichen, die mit Hilfe eines einfachen Modells erhalten worden waren. Hierbei ergab sich, daß man bei der heutigen Technik Umwandler herstellen kann, deren Ausbeute bei der Umwandlung von Sonnenenergie in elektr. Energie ca. 6% beträgt. (J. appl. Physics **26.** 534—40. Mai 1955. Murray Hill, N. J., Bell Telephone Labors., Inc.) C. GOTTFRIED. 134

E. Yamaka und **K. Sawamoto,** *Photoinduzierter Halleffekt in MgO.* MgO wird in den von überschüssigem O herrührenden α-, β- u. γ-Absorptionsbanden u. der auf überschüssiges Mg zurückzuführenden B-Bande bestrahlt. Messungen des photoinduzierten HALL-Effekts ergeben, daß es sich bei den entstehenden Ladungsträgern in allen Fällen um Löcher handelt. Die Beweglichkeit eines solchen Loches wird auf Grund von Messungen bei verschied. Frequenzen zu 2 cm^2/Volt·Sek. gefunden. (Physic. Rev. [2] **101.** 565—66. 15/1. 1956. Tokyo, Electrical Commun. Labor.) H. W. LEVI. 135

H. J. Hrostowski, F. J. Morin, T. H. Geballe und **G. H. Wheatley,** *Halleffekt und Leitfähigkeit von InSb.* (Sitzungsbericht.) (Physic. Rev. [2] **99.** 626. 15/7. 1955. Bell Telephone Labors.) R. STEIN. 135

Donald Long und **Park H. Miller jr.,** *Einfluß von Druck auf die elektrischen Eigenschaften von InSb.* (Sitzungsbericht.) (Physic. Rev. [2] **98.** 1192—93. 15/5. 1955. Univ. of Pennsylvania.) E. KLEVER. 135

Robert W. Keyes, *Einfluß des hydrostatischen Druckes auf die Leitfähigkeit von InSb.* (Sitzungsbericht.) (Physic. Rev. [2] **99.** 626. 15/7. 1955. Westinghouse Res. Labors.) R. STEIN. 135

H. Y. Fan, *Einfluß von Haftstellen auf die Injektion von Ladungsträgern in Halbleiter.* Theoret. Behandlung des Einfl. von Haftstellen auf injizierte Ladungsträger bei der Photoleitfähigkeit u. der Ausbreitung der Überschußträger unter der Einw. eines angelegten elektr. Feldes. Hiernach steigt die Photoleitung durch die haftenden Minderheitsträger an; sie ändert sich nichtlinear mit der Lichtintensität, außerdem liegt eine sehr große Zeitkonstante vor, je in Übereinstimmung mit den experimentellen Ergebnissen (vgl. z. B. NAVON, BRAY u. FAN, C. **1953.** 5979, u. HAYNES u. HORNBECK C. **1954.** 1412). Weiter wird der Einfl. der Haftstellen auf die Driftbeweglichkeit diskutiert. (Physic. Rev. [2] **92.** 1424—28. 15/12. 1953. Erratum: [2] **93.** 1434. 15/3. 1954. Lafayette, Ind., Purdue Univ.) O. FUCHS. 135

O. Madelung, *Die halbleitende Einzelphase.* Es wird ein Überblick über die Grundbegriffe der Halbleiterphysik gegeben. Dabei wird die gegenseitige Ergänzung der elektronentheoret. (Bändermodell) u. physikal.-chem. (atomist. Bild) Bechreibungsmethoden besonders in den Vordergrund gestellt. (Z. Elektrochem., Ber. Bunsenges. physik. Chem. **60.** 7—12. Febr. 1956. Erlangen, Siemens-Schuckertwerke AG., Forschungslabor.) H. W. LEVI. 135

Jordan J. Markham, *Vergleich der Condonschen und der adiabatischen Näherung für ein Störstellenzentrum.* (Sitzungsbericht.) (Physic. Rev. [2] **99.** 636. 15/7. 1955. Zenith Radio Corp.) R. STEIN. 135

R. L. Longini, *Elektronische Wechselwirkung von Störstellen in Halbleitern und Isolatoren.* (Sitzungsbericht.) (Physic. Rev. [2] **99.** 636. 15/7. 1955. Westinghouse Res. Labors.) R. STEIN. 135

Dick Lundqvist, *Termistoren, Transistoren und andere Halbleiterelemente.* Überblick. 11 Literaturzitate. (Kosmos [Stockholm] **31.** 39—66. 1953.) M. GEHLEN-KELLER. 135

Robert H. Kingston, *Ein Spitzen-Emitter-Schicht-Kollektor-Transistor.* Vf. bringt die Theorie eines Transistors, bestehend aus einer p–n-Schicht (*Ge*) als Kollektor in Verbindung mit einer aufgesetzten Spitze als Emitter. Meßergebnisse an einigen Modellen bestätigen die Theorie. Der Vorteil der Anordnung liegt in der Herst., da nur ein p–n-Übergang geschaffen werden muß. (J. appl. Physics **25.** 513–15. April 1954. Cambridge, Mass., MIT, Lincoln Labor.) W. REUSSE. 135

R. Lawrance, A. F. Gibson und **J. W. Granville,** *Über den Stromzuwachs von Germanium-Fadentransistoren.* Es wird der Einfl. von Haftstellen auf den Stromzuwachs von Ge-Fadentransistoren beschrieben, wobei die Änderungen des Stromzuwachses mit der Temp., dem Emitterstrom u. der Signalfrequenz betrachtet werden. Vff. finden, daß das Einfangen positiver Löcher in Fadentransistoren bei niedrigen Tempp. u. niedrigen Emitterströmen für den hohen Stromzuwachs verantwortlich ist. Die Haftstellen befinden sich anscheinend an der Oberfläche, u. ihre Tiefe nimmt mit wachsender Besetzungsdichte ab. (Proc. physic. Soc., Sect. B **67.** 625–35. 1/8. 1954. Great Malvern, Worcs., Radar Res. Establ.) D. HAHN. 135

H. K. Henisch und **P. M. Tipple,** *Eine Bemerkung über den Effekt der Temperaturgradienten bei Punktkontakten an Germanium.* An n-Typ-Ge-Dioden wird die isotherme Spannung–Strom-Beziehung als Funktion der Temperaturdifferenz zwischen den Kontakten untersucht. Das erhaltene Kurvenbild läßt eine lineare Beziehung erkennen. Für den Effekt wird eine Erklärung auf Grund des Einfl. der Geschwindigkeit des Löcheraustauschs gegeben, die aber nur für geringe Widerstandsänderungen gilt u. seine Temperaturabhängigkeit berücksichtigt. (Proc. physic. Soc., Sect. B **67.** 651–52. 1/8. 1954. Reading, Univ., Dep. of Phys.) D. HAHN. 135

James M. Goldey und **Sanborn C. Brown,** *Effektive Trägermassen in Germanium.* (Sitzungsbericht.) (Physic. Rev. [2] **98.** 1192. 15/5. 1955. MIT.) E. KLEVER. 135

A. L. McWhorter, *Oberflächenhaftstellen und das 1/f-Rauschen in Germanium.* (Sitzungsbericht.) (Physic. Rev. [2] **98.** 1191–92. 15/5. 1955. MIT.) E. KLEVER. 135

Edward N. Clarke, *Oberflächenleitfähigkeit von Germanium und der Einfluß von Wasserdampf.* (Sitzungsbericht.) (Physic. Rev. [2] **98.** 1178. 15/5. 1955. Sylvania Electric Products, Inc.) E. KLEVER. 135

P. Ransom und **F. W. G. Rose,** *Über die Beziehung zwischen der Summe der Donatoren- und Acceptorenkonzentration und Lebensdauer im Germanium-Einkristall.* Zwischen der Summe der Donatoren- u. Acceptorenkonz., der Aktivierungsenergie der Haftstellen u. der Lebensdauer der Minderheitsträger in n-Typ-Ge-Einkristallen wird eine Beziehung aufgezeigt. Diese Beziehung wird mit Hilfe der Theorie der Statistiken der Rekombination von Löchern u. Elektronen durchgerechnet. (Proc. physic. Soc., Sect. B **67.** 646–50. 1/8. 1954. Rugby, British Thomson-Houston Co. Ltd., Res. Labor.) D. HAHN. 135

W. Kohn und **J. M. Luttinger,** *Theorie der Energieniveaus der Donatorelektronen in Silicium.* (Sitzungsbericht.) — Vgl. C. **1956.** 6578. (Physic. Rev. [2] **98.** 1178. 15/5. 1955. Carnegie Inst. of Technol., Dep. of Phys.) E. KLEVER. 135

Sumner Mayburg, *Gitterdefekte in Silicium.* (Sitzungsbericht.) (Physic. Rev. [2] **98.** 1177–78. 15/5. 1955. Electric Products, Inc.) E. KLEVER. 135

Richard L. Petritz und **Wayne W. Scanlon,** *Beweglichkeit von Elektronen und Löchern im polaren Kristall PbS.* Die für n- u. p-leitende PbS-Kristalle mit Störstellenkonzz. von 10^{16}–10^{19}/cm^3 auf Grund von HALL- u. Leitfähigkeitsmessungen ermittelten Beweglichkeiten von Elektronen u. Löchern (vgl. C. **1955.** 5962) werden benutzt, um die Theorien über die Beweglichkeiten in polaren Kristallen zu prüfen u. Werte für die effektiven Massen abzuschätzen. Aus den vergleichenden Betrachtungen schließen Vff., daß die Störungstheorie der Beweglichkeit von FRÖHLICH-MOTT sowie von HOWARTH-SONDHEIMER bei Berücksichtigung der akust. Streuung der Ladungsträger für das Temperaturgebiet $T < \Theta$ gültig ist. Die Theorien ergeben effektive Massen für Elektronen u. Löcher in der Größe 0,1–0,4 m_e. Für $T > \Theta$ bestehen größere Abweichungen zwischen Theorie u. Beobachtung, deren Ursache wohl in den Ausdrücken der Störungstheorie für die opt. Streuquerschnitte bei Elektronenenergien $> k\Theta$ zu suchen ist. Die Polaronentheorie, die für tiefe Tempp. zu nahezu gleichen Resultaten wie die Störungstheorien führt, bedarf für hohe Tempp. noch der Erweiterung. (Physic. Rev. [2] **97.** 1620–26. 15/3. 1955. White Oak, U. S. Naval Ordnance Labor.) J. RUDOLPH. 135

H. F. Mataré, *Korngrenzenstruktur und Ladungsträgertransport in Halbleiterkristallen.* Die Korngrenzenstruktur zwischen zwei verschied. Orientierungen (Körnern) gleicher chem. Zus. wird untersucht. Für das elektr. Verh. bei kleinen Verdrehungswinkeln der beiderseitigen Atomgitter scheinen weder Störstellenausscheidungen noch

Verunreinigungsunterschiede in der Zwischenzone verantwortlich zu sein. Die Grenzzone ist vom p-Typ, ihre Leitfähigkeit wächst mit der Zahl der Elektronen. Messungen an Bikristallen werden durchgeführt, um Ladungsträgerphänomene zu untersuchen. Vf. findet, daß das Korngrenzenfeld durch Trägerinjektion u. Licht beeinflußt werden kann. (Z. Naturforsch. **10a.** 640—52. Aug. 1955. West End., N. J.) D. HAHN. 135

Robert Juza und **Karl Bär,** *Leiter und Halbleiter unter den Phosphiden der ersten und zweiten Nebengruppe.* Vff. berichten über mit verschied. Methoden durchgeführte Messungen der Leitfähigkeit u. ihrer Temperaturabhängigkeit sowie der Thermospannungen an den Phosphiden der 1. u. 2. Nebengruppe des Period. Systems. Im einzelnen ergab sich dabei folgendes: Cu_3P leitet metall., spezif. Widerstand bei 0° $\varrho_0 = 1{,}4 \cdot 10^{-4}\,\Omega \cdot$cm, Temperaturkoeff. $\alpha = +2{,}2 \cdot 10^{-3}$ Grad^{-1}, differentielle Thermospannung gegen Ag bei 32° dE/dT $= +0{,}0072$ mV·Grad^{-1}. — CuP_2 ist ein Defektleiter, an 2 Präpp. wurde gefunden $\varrho_0 = 57{,}5$ bzw. 378 $\Omega\cdot$cm, im logϱ_0/T-Diagramm zeigt sich bei —50° ein Knick, unterhalb —50° beträgt die Elektronenablösearbeit $\Delta\varepsilon = 0{,}35$ bzw. 0,26 eV, oberhalb 0,40 bzw. 0,31 eV, dE/dT $= +0{,}80$ bzw. 0,69 mV·Grad^{-1}. Die Thermospannung ist nicht temperaturabhängig, oberhalb —50° scheint Eigenleitung vorzuliegen. — AgP_2 ist ein Defektleiter mit $\varrho_0 = 0{,}3\,\Omega\cdot$cm, der Widerstand durchläuft bei ca. —15° ein Minimum, dE/dT $= +0{,}48$ mV·Grad^{-1}. — Au_2P_3 leitet metall., $\varrho_0 = 1{,}24 \cdot 10^{-2}\,\Omega\cdot$cm, $\alpha = +2{,}8 \cdot 10^{-3}$ Grad^{-1}. — Zn_3P_2 (**I**) ist ein Defektleiter, dessen ϱ_0 u. $\Delta\varepsilon$ stark von der Herst., der umgebenden Atmosphäre u. der Belichtung abhängen. 3 verschied. Präpp. ergaben im Vakuum ohne Belichtung Werte von $\varrho_0 = 1{,}6 \cdot 10^4$, $2{,}9 \cdot 10^3$ u. $1{,}0 \cdot 10^3\,\Omega\cdot$cm sowie für $\Delta\varepsilon$ 0,49, 0,61 u. 0,51 eV; dE/dT liegt bei $+1{,}0$—1,2 mV·Grad^{-1} u. fällt mit steigender Temperatur. — Cd_3P_2 (**II**) ist wahrscheinlich ein Überschußleiter mit $\varrho_0 = 3{,}5 \cdot 10^{-3}\,\Omega\cdot$cm, also metall. Leitung, u. $\alpha = +3{,}9 \cdot 10^{-3}$ Grad^{-1}, dE/dT $= -0{,}15$ mV·Grad^{-1}. **I** bildet mit **II**, wie sich aus dem linearen Verlauf der Gitterkonstanten ergibt, eine isomorphe Mischungsreihe. Bis zu ca. 50 Mol-% **II** bleibt der Halbleitercharakter von **I** unter geringer Erhöhung von ϱ_0 u. $\Delta\varepsilon$ erhalten, während bei 75 Mol-% **II** ϱ_0 u. $\Delta\varepsilon$ bereits stark erniedrigt sind. — Die bisherigen Ergebnisse der Unterss. werden zum Schluß kurz diskutiert. (Z. anorg. allg. Chem. **283.** 230—45. Jan. 1956. Kiel, Univ., Inst. für anorgan. Chem.) R. STEIN. 135

G. Abdullajew und **M. Alijew,** *Bestimmung von e/kT aus der Volt–Ohm-Charakteristik von Selengleichrichtern.* An Se-Gleichrichtern, bestehend aus einer *Bi*-Unterlage, einer Se-Schicht von 0,05 mm Dicke, einer aufgedampften 10^{-5} cm Schicht aus *CdS* oder *CdSe* u. einer Deckschicht aus einer *Cd–Sn*-Legierung, wurden die Widerstands–Spannungs-Charakteristiken aufgenommen. Entsprechend der Theorie von DAWYDOW kann aus der Neigung der Kurven e/kT ermittelt werden, ferner läßt sich das Vorzeichen der Ladungsträger bestimmen. Es handelt sich um einen Übergang: Defektleiter (Se)—Elektronenhalbleiter (Selenid oder Sulfid). (Известия Академии Наук Азербайджанской ССР [Nachr. Akad. Wiss. AserbaidshanSSR] **1955.** Nr. 5. 3—10. Mai.) M. WIEDEMANN. 135

C. A. Hogarth, *Strom-Vervielfachungsprozesse in n-Typ-Germanium-Punktkontakt-Transistoren.* Die verschied. Theorien, die die hohen Werte des Stromzuwachses α bei Ge-Typ A-Transistoren erklären, werden aufgezählt sowie gezeigt, daß die Loch-Einfang-Theorie von SITTNER nicht auf A-Typ-Transistoren anwendbar ist. Ferner wird eine Erklärung für das Anwachsen von α bei niedrigen Werten des Emitterstromes gezeigt, die auf einer Abnahme der Kollektorschwellenhöhe durch die dort ankommenden Löcher beruht. (Proc. physic. Soc., Sect. B **67.** 636—43. 1/8. 1954. Gt. Malvern, Worcs., Radar Res. Establ.) D. HAHN. 135

Marija Moldowanowa, *Einfluß der Oxydationstemperatur auf die elektrische Leitfähigkeit des Systems Kupferoxydul–Kupfer.* Eine Cu-Scheibe von 17 mm Durchmesser u. 1 mm Dicke wurde bei Tempp. zwischen 980 u. 1040° oxydiert u. abgeschreckt. Dann wurde zwischen Elektroden aus Cu oder Graphit von 30—60° der Gang der elektr. Leitfähigkeit bestimmt u. gemäß der Formel $\sigma = A\exp(-u/kT)$ die Konstante A u. die Dissoziationsenergie u. der Stromträger berechnet. Die Kurven ergeben für beide Größen ein Minimum bei ca. 1000° Oxydationstemperatur. (Доклады Академии Наук СССР [Ber. Akad. Wiss. UdSSR] **103.** 223—25. 11/7. 1955. Sofia, Univ.) M. WIEDEMANN. 135

Hermann Statz, *Zur Theorie der Oberflächenzustände.* Besondere Eigenfunktionen, d. h. Integrale der SCHRÖDINGERschen Differentialgleichung für die wellenmechan. Aufenthaltswahrscheinlichkeit der Elektronen in einem endlichen Kristall, die von der Oberfläche weg ins Innere des Kristalls gedämpft sind, entsprechen Elektronen, die eine überwiegende Aufenthaltswahrscheinlichkeit an den Rändern des Gitters haben. Dort ist infolge der Unsymmetrie der Potentialberge in der Nachbarschaft von Atomkernen nach innen bzw. nach außen der n. Verlauf der Energiezustände (Eigenfunktionen im Gitter oder „Gitterzustände") gestört. Durch bisher noch nicht angestellte Überlegungen war Vf. in der Lage, zwei verschied. Arten dieser als „Oberflächenzustände" bezeichneten Eigenfunktionen zu unterscheiden u. aus gemeinsamen Gesichtspunkten heraus verstehen zu lehren. Die Oberflächenzustände erster bzw. zweiter Art konnten ursprünglich in willkommener Weise bes. Oberflächeneffekte an Halbleitern erklären. Anderseits sollten sie angeblich beim Diamantgitter zu einer experimentell nicht gefundenen Oberflächenleitfähigkeit Anlaß geben. Vf. kann zeigen, daß diese Schlußweise durch nicht zulässige Übertragung von Ansätzen u. Rechenergebnissen aus Näherungsannahmen von eindimensionalen Kristallmodellen auf zwei- oder dreidimensionale Modelle endlicher, d. h. begrenzter Kristalle bedingt war. (Z. Naturforsch. **5a.** 534—43. Okt. 1950. Stuttgart, TH, Inst. für theoret. u. angew. Phys.) J.-L. v. EICHBORN. 135

J. Ford und **T. H. Berlin**, *Einstein–Bose-Gas unterhalb der kritischen Temperatur.* (Sitzungsbericht.) (Physic. Rev. [2] **99.** 638. 15/7. 1955. Johns Hopkins Univ.) R. LEVI. 136

M. Dresden, *Die kollektive Beschreibung eines Elektronengases.* (Sitzungsbericht.) (Physic. Rev. [2] **98.** 1165—66. 15/5. 1955. Univ. of Kansas.) E. KLEVER. 136

E. H. Sondheimer, *Eine Bemerkung zur Theorie der Leitfähigkeit in Metallen.* Vf. weist darauf hin, daß hinsichtlich der Elektronenenergie in der bisherigen Theorie eine bestimmte Ungenauigkeit stehengeblieben war. Aber auch wenn sie beseitigt wird, können die Verhältnisse in *Bi* nicht zutreffend theoret. erklärt werden. (Proc. physic. Soc., Sect. A **65.** 561—62. 1/7. 1952. London, Imp. Coll., Dep. of Math.) G. KIRSCHSTEIN. 136

John B. Gibson, *Thermische Streuung von Elektronen zwischen den Bändern in einem Metall.* (Sitzungsbericht.) (Phys. Rev. [2] **98.** 1151. 15/5. 1955. Iowa State Coll.) E. KLEVER. 136

Joseph Callaway, *Elektronenbandstruktur von Eisen.* (Sitzungsbericht.) (Physic. Rev. [2] **98.** 1150—51. 15/5. 1955. Univ. of Miami.) E. KLEVER. 136

D. H. Parkinson und **J. E. Quarrington**, *Die Widerstand–Temperatur-Charakteristiken von bleihaltigen Messingdrähten bei Heliumtemperaturen.* Vff. untersuchen das Verh. eines Drahtes von 0,004 in. Durchmesser, der aus 62% Cu, 36% Zn, 1,73% Pb u. 0,08% Ni besteht, im Temperaturbereich zwischen ca. 4 u. 5° K, wo dieser am widerstandsempfindlichsten ist. Es werden die aufgenommenen Widerstand-Temperaturcharakteristiken von zwischen 195 u. 325° getemperten Drähten angegeben u. diskutiert. Zum Vgl. wird ein Draht mit einem Durchmesser von 0,002 in. herangezogen u. die Brauchbarkeit als Widerstandsthermometer diskutiert. (Proc. physic. Soc., Sect. B **67.** 644—46. 1/8. 1954. Malvern, Worcs., Radar Res. Establishment.) D. HAHN. 136

P. B. Alers, *Thermischer magnetischer Widerstand von Zink bei Temperaturen des flüssigen Heliums.* (Sitzungsbericht.) (Physic. Rev. [2] **98.** 1180. 15/5. 1955. United States Naval Res. Labor.) E. KLEVER. 136

Rolfe Glover III, *Eine empirische Gesetzmäßigkeit für die Stellung der Supraleiter im Periodischen System der Elemente.* Die Möglichkeit der Supraleitung besteht bei den Elementen, die in der äußersten Elektronenschale gerade 3 Elektronen besitzen oder durch Austausch mit tiefer liegenden, unvollständig besetzten Schalen in diesen Zustand gelangen können. Dies trifft für 44 Elemente zu, von denen 21 als Supraleiter bekannt sind. In supraleitenden Legierungen fällt wenigstens eine Komponente unter das vorst. aufgestellte Kriterium. (Z. Physik **140.** 494—97. 1955. Göttingen, Univ., I. Physikal. Inst.) G. KIRSCHSTEIN. 136

Walther Meissner und **Robert Doll**, *Gleichzeitige oscillographische Registrierung von Widerstand und magnetischem Fluß für Indiumeinkristalle im Übergangsgebiet zur Supraleitung bei starker Strombelastung.* (Vgl. C. **1955.** 10680.) Während des Übergangs in den supraleitenden Zustand ändern sich Widerstand u. magnet. Fluß in synchronen Sprüngen, die bei fallender Temp. viel ausgeprägter sind als bei steigender, bes. bei Belastung mit Strom ohne äußeres Magnetfeld oder allein mit longitudinalem Magnetfeld ohne zusätzlichen Strom. Die Ausbreitung der supraleitenden Bereiche wird ausführlich diskutiert. (Z. Physik **140.** 340—58. 1955. Herrsching, Obb.) G. KIRSCHSTEIN. 136

O. S. Lutes und **E. Maxwell**, *Supraleitfähigkeit von Zinn.* (Sitzungsbericht.) (Physic. Rev. [2] **99.** 668. 15/7. 1955. Univ. of Maryland.) E. KLEVER. 136

Benjamin Welber, *Einfluß des Supraleitfähigkeitsüberganges auf die innere Reibung von Zinn.* (Sitzungsbericht.) (Physic. Rev. [2] **98.** 1196. 15/5. 1955. NACA.) E. KLEVER. 136

Oleg Yadoff, *Erzeugung elektrostatischer Ladungen durch Rotation eines permanenten Magneten.* (Sitzungsbericht.) (Physic. Rev. [2] **99.** 677. 15/7. 1955.) R. Stein. 137

Lotte Castelliz, *Beitrag zum Ferromagnetismus von Legierungen der Übergangsmetalle mit Elementen der B-Gruppe.* An aufgefüllten B 8-Phasen (vorwiegend mit Ge als B-Metall) u. an C 1- u. Heusler-Phasen (mit Sn u. Sb als B-Metall) werden Sättigungsmagnetisierung u. Curie-Temp. gemessen. In der Reihe der hinsichtlich Übergangsmetall u. B-Metall geordneten B 8-Phasen ändert sich der Betrag, um den das Moment je Übergangsmetallatom gegenüber dem Wert in rein homöopolar-metall. Bindung zurückbleibt, in demselben Sinne wie das Verhältnis der kürzesten Abstände, welches das Verhältnis zwischen homöopolarem u. heteropolarem Bindungsanteil charakterisiert. In Phasen mit stärkerer statist. Besetzung der Teilgitter sind die Momentabnahmen kleiner als in geordneten Phasen mit gleichem Verhältnis der kürzesten Teilgitterabstände, entsprechend der Ausbldg. kürzester Abstände zwischen homöopolar gebundenen Übergangsatomen. In den C 1- u. Heusler-Phasen sind die Momentwerte nicht abhängig von der Elektronenzahl des B-Metalls. Eine nennenswerte Abnahme der Momente unter dem Einfl. einer heteropolaren Bindungskomponente erfolgt wahrscheinlich nicht. Die gemessenen Momente der Heusler-Phasen lassen sich additiv berechnen aus den Momenten der Flußspatphasen mit gleichen Übergangsmetallen unter Berücksichtigung der zusätzlich in den Heusler-Phasen auftretenden Bindungen zwischen Übergangsatomen in kürzesten Abständen. Daraus u. aus dem Verlauf der Curie-Temp. als Funktion des Quotienten Gitterabstände/3 d-Schalenradien ergibt sich eine Entscheidung für eine der drei röntgenograph. möglichen Besetzungstypen der vorliegenden Heusler-Phasen. (Z. Metallkunde **46.** 198—203. März 1955. Wien, Inst. für Physikal. Chemie der Techn. Hochschule.) H. Hochstein. 137

G. Bate, D. Schofield und **W. Sucksmith,** *Einige magnetische Eigenschaften von verdünnten ferromagnetischen Legierungen.* 1. Mitt. An Cu-reichen *Co–Cu-* (0,7 u. 2,0% Co) u. *Fe–Cu-* (0,3 u. 1,5% Fe)-Legierungen wird nach Abschrecken von 1000° u. nach zusätzlichem Anlassen der absteigende Ast der Hystereseschleifen gemessen. Mit zunehmender Anlaßzeit u. Anlaßtemp. wird aus der übersätt. Lsg. nach dem Abschrecken die Ausscheidung von Co u. Fe vergrößert. Es entstehen dabei ferromagnet. Elementarbereiche zunächst noch ohne Wände, die aber mit zunehmendem Anlassen wachsen u. bei einer krit. Größe durch Bloch-Wandbldg. aufspalten. Demgemäß nimmt die Koerzitivkraft mit der Ausscheidung zunächst zu, um bei der beginnenden Bloch-Wandbldg. wieder abzufallen. Auch die gemessenen Koerzitivkraftwerte von über 1000 Oe sind mit den Theorien von Néel u. von Stoner u. Wohlfahrt über den Ferromagnetismus von Einelementarbereichstrukturen verträglich. (Philos. Mag. [7] **46.** 621—31. Juni 1955. Sheffield, Univ., Phys. Dep.) H. Fahlenbrach. 137

Warren E. Henry, *Magnetische Zwischendomänen-Sättigung für Eisen.* (Sitzungsbericht.) (Physic. Rev. [2] **99.** 668. 15/7. 1955. U. S. Naval Res. Labor.) E. Klever. 137

T. L. Gilbert, J. M. Kelly und **H. Ekstein,** *Schnelle Remagnetisierung bei dünnen Molybdänpermalloyfilmen.* (Sitzungsbericht.) (Physic. Rev. [2] **98.** 1200. 15/5. 1955. Armour Res. Foundat.) E. Klever. 137

Norman Menyuk, *Magnetische Werkstoffe für Bestandteile von Ziffernrechenmaschinen.* 2. Mitt. *Magnetische Eigenschaften von ultradünnen Molybdän–Permalloy-Kernen.* (1. vgl. C. **1955.** 11340.) Wegen der überlegeneren therm. Eigg. u. bes. der höheren Flußdichten hat sich für die Schaltelemente von elektron. Rechenmaschinen eine Überlegenheit sehr dünner Mo-Permalloyschichten über den Ferriten mit rechteckiger Magnetisierungskurve herausgestellt. An einer Legierung mit 79% Ni, 4% Mo, Rest Fe mißt Vf. die Ummagnetisierungszeit in Abhängigkeit vom angelegten Magnetfeld H, u. zwar bei den 4 Materialstärken: $^1/_8$, $^1/_4$, $^1/_2$ u. 1 mil u. ferner im Temperaturbereich zwischen —196 u. 270°. Die Messungen ergeben den Schaltkoeff. $S_W = (H - H_0)\tau$, wobei H_0 die krit. Feldstärke für irreversible Wandbewegungen ist. Die Messungen gestatten eine Aufspaltung in die Wirbelstrom- u. Spinrelaxationsanteile. Erst bei den dünnsten Schichten werden die Wirbelstromanteile unterlegen. Mit zunehmender Temp. nimmt die Spinrelaxation sehr viel stärker ab als der Wirbelstromanteil u. die krit. Feldstärke. (J. appl. Physics **26.** 692—97. Juni 1955. Lexington, Mass., Inst. of Technology, Lincoln Labor.) H. Fahlenbrach. 137

A. Arrott und **J. E. Goldman,** *Magnetische Susceptibilität von Zinkferrit.* (Sitzungsbericht.) (Physic. Rev. [2] **98.** 1201. 15/5. 1955. Carnegie Inst. of Technol.) E. Klever. 137

K. M. Koch, *Zum Problem der galvanomagnetischen Effekte in Ferromagnetika.* Der elektr. Widerstand eines ferromagnet. Leiters in einem Magnetfeld hat Tensorcharakter, so daß senkrecht zur Stromflußrichtung eine Spannung entstehen kann. Dieses vom Vf.

mit „Pseudo-HALL-Effekt" bezeichnete Verh. wurde durch Unterss. an Streifen aus *Fe*, *Ni* u. vorzugsgerichtetem Ni–Fe bestätigt. In einem ferromagnet. Material existiert kein direkter Einfl. von Magnetfeldern auf die Bahn der Leitungselektronen, sondern eine durch die Elementarstruktur der WEISSschen Bezirke bedingte Widerstandsanisotropie. Hierdurch ist die am Beispiel des Ni dargestellte durch die Sättigungsmagnetisierung abgegrenzte Unterteilung des HALL-Effektes ferromagnet. Stoffe in einen ordentlichen u. einen außerordentlichen HALL-Effekt verständlich. Die Behandlung des außerordentlichen HALL-Effektes als Spezialfall des Pseudo-HALL-Effektes, also als eine besondere Form der Widerstandsanisotropie, liegt nahe, bedarf aber noch weiterer Unterss., z. B. über den Einfl. mechan. Spannungen. (Z. Naturforsch. **10 a.** 496—98. Juni 1955. Wien, TH, Elektrotechn. Inst.) K. REICHEL. 137

E. P. Gross, *Theorie der magnetischen Resonanzsättigung.* (Sitzungsbericht.) (Physic. Rev. [2] **99.** 622—23. 15/7. 1955. Syracuse Univ.) H. LIEPACK. 137

J. I. Kaplan, *Berechnung einer Spinresonanzgleichung.* (Sitzungsbericht.) (Physic. Rev. [2] **99.** 622. 15/7. 1955. U. S. Naval Res. Labor.) H. LIEPACK. 137

G. R. Chutzischwili, *Über die Spin-Gitter- und inneren Spinrelaxationen in Paramagnetika.* Bei der thermodynam. Behandlung der paramagnet. Relaxation wird im allg. angenommen, daß die Zeit der inneren Spin-Relaxation klein ist gegenüber der Zeit der Spin-Gitter-Relaxation; unter Gitter werden sämtliche übrigen Freiheitsgrade verstanden. Vf. entwickelt eine allgemeinere Thermodynamik u. ermittelt die Bedingungen, unter denen diese Annahme gilt. Nach den Experimenten zu schließen, verläuft die paramagnet. Relaxation in der angegebenen Weise. (Сообщения Академии Наук Грузинской ССР [Mitt. Akad. Wiss. GrusinSSR] **16.** 351—56. 1955. Tiflis, Akad. der Wiss. der GrusinSSR, Inst. für Physik.) M. WIEDEMANN. 137

A. I. Riwkind, *Protonenrelaxation und Nahordnung in paramagnetischen Lösungen.* Vf. bringt eine Reihe von experimentellen Belegen für den Einfl. der Nahordnung auf die Protonenrelaxation in paramagnet. Lösungen. Für eine Reihe von Komplexen des Fe(III) ist die Abhängigkeit des Parameters μ^2 (effektives magnet. Moment) vom Mol.-Gew. des paramagnet. Ions ermittelt. Das Verhältnis der Längs- zur Querrelaxation T_1/T_2 beträgt bei $VOSO_4$ 16,5, bei $MnSO_4$ 8,8, bei $Cr(NO_3)_3$ (violett) 3,5; dagegen bei $CrCl_3$, $CuSO_4$ u. $FeNH_4(SO_4)_2$ nur 1,2. Bei den Ionen Cu^{2+}, VO^{2+} u. Mn^{2+} steigt das Verhältnis der Relaxationszeiten in *W.* u. in *W.-Glycerin*-Lsgg. mit der Viscosität an. In *Aceton* haben die Ionen Mn^{2+} u. Cu^{2+} eine 12mal längere Relaxationszeit als in Wasser. Auch auf die Abschätzung des Zahlenwerts der Relaxationszeit u. auf die Beziehungen zur Elektronenrelaxation geht Vf. ein. (Доклады Академии Наук СССР [Ber. Akad. Wiss. UdSSR] **102.** 1107—10. 21/6. 1955. Physik.-techn. Inst., Kasan-Abt. der Akad. der Wiss. der UdSSR.) M. WIEDEMANN. 137

B. M. Kosyrew, *Paramagnetische Elektronenresonanz in flüssigen Salzlösungen.* Vf. diskutiert die paramagnet. Elektronenresonanz in fl. Lsgg., wss. u. anderen, von Mn^{2+}, Cu^{2+}, VO^{2+}, Cr^{3+} u. Gd^{3+}, die bei Frequenzen von 10^{10}—10^7 Hz in einem weiten Konzentrationsbereich beobachtet wurde. Er geht auf die Feinstruktur bei VO^{2+}-Lsgg., auf die Best. des g-Faktors, auf die Breite der Absorptionslinie u. auf die Theorie der Form der paramagnet. Resonanzlinie ein. Dabei weist er auf die Analogie zwischen fl. u. den entsprechenden festen Lsgg. hin, auf den Einfl. lokaler Felder u. derSpin-Gitter-Relaxation. (Доклады Академии Наук СССР [Ber. Akad. Wiss. UdSSR] **103.** 53—56. 1/7. 1955. Zweigstelle Kasan der Akad. der Wiss. der UdSSR.) M. WIEDEMANN. 137

H. G. Bennewitz und **W. Paul,** *Eine Methode zur Bestimmung von Kernmomenten mit fokussiertem Atomstrahl.* Es wird die Fokussierung eines divergenten Atomstrahls für relativ kleine Feldstärken im Entkopplungsgebiet diskutiert, bei denen $\mu_{eff} = -\alpha H$ ist. Durch ein Vierpolfeld($H \sim r$) werden alle Atome mit $m = 0, -1 \ldots -(F-1)$, $F = I + {}^1/_2$ fokussiert; $m = 0$ ergibt eine Zentralkomponente, um die sich die Brennringe mit $m = 1 \ldots -(F-1)$ gruppieren. Aus den Ringdurchmessern, der Abbildungsweite u. dem Feld kann die magnet. Hyperfeinstrukturkonstante ermittelt werden. Mit einem magnet. Vierpolfeld mit eisernen Polschuhen, 0,4 cm lichten Durchmesser, 35 cm Länge, wurden ^{23}Na, ^{133}Cs, ^{85}Rb u. ^{87}Rb untersucht. Zur Herabsetzung der Ringunschärfe wurde ein mechan. Geschwindigkeitsselektor mit $\Delta v/v = 12\%$ benutzt. Als Auffänger diente ein LANGMUIR-TAYLOR-Detektor. Bei Na ($I = 3/2$) wurden ein zentrales Maximum u. ein Ring, bei Cs ($I = 7/2$) ein zentrales Maximum u. 3 Ringe beobachtet. Die aus den Ringdurchmessern ermittelten Hyperfeinstrukturkonstanten stimmen mit den nach der RABIschen Resonanzmeth. ermittelten auf 4% überein. Durch die Fokussierung wurde im Fall des Na bei einem Dampfdruck von 100 Torr im Ofen ein Ionenstrom am Detektor von ca. 10^{-8} A pro Komponente erreicht. Das Verhältnis Aufspaltung: Linienbreite betrug ca. 5—10. (Z. Physik **139.** 489—97. 1954. Bonn, Univ., Phys. Inst.) H. LIEPACK. 137

H. G. Bennewitz, W. Paul und **Ch. Schlier,** *Fokussierung polarer Moleküle.* (Vgl. vorst. Ref.) Eine Fokussierung von polaren Moll. unter Benutzung des STARK-Effekts ist möglich, da ihre Energieänderung in rotationssymm. Kraftfeldern positiv ist. Die Behandlung des Falles linearer Moll. mit dem Elektronenzustand $^1\Sigma$ zeigt, daß bei kleinem J u. M die Fokussierung mit einem elektr. Vierpolfeld (hyperbol. Äquipotentialflächen) möglich ist. Die für Verss. mit *KBr* u. *KF* verwendete App. hatte eine Flugstrecke von 90 cm u. einen Abstand der benachbarten Elektroden (vernickelte Messingrohre von 10 mm Durchmesser) von 1 cm. Der Nachw. der Moll. in der Bildebene erfolgte mit einem LANGMUIR-TAYLOR-Detektor mit einer in der Vertikalen beweglichen Schlitzblende davor, so daß die Intensitäten in 2 Koordinaten gemessen werden konnten. Die Geschwindigkeitsselektierung erfolgte mechan. nach FIZEAU. Die Intensitätsmessungen in Abhängigkeit von der Detektorstellung zeigen bei verschied. Spannungen die den jeweils fokussierten Komponenten (J, M) zuzuordnenden Maxima. Für KBr u. KF wurden Maxima im Intensitätsverlauf in Abhängigkeit von der Spannung bei festem Detektor beobachtet, die den Zuständen (1,0) u. (2,0) entsprechen. Die Trennung von (1,0)-KBr ergab einen Intensitätsgewinn, bezogen auf die Gesamtintensität um einen Faktor ca. 300. (Z. Physik. **141.** 6—15. 1955.) H. LIEPACK. 137

R. G. Barnes und **P. J. Bray,** *Kernquadrupolresonanzen von ^{121}Sb und ^{123}Sb.* Es wurden die reinen Quadrupolresonanzen von ^{121}Sb u. ^{123}Sb in Sb_2O_3 (I), *Triphenylstibin* (II), $Sb(C_6H_5)_3$, *Isopropylantimonit* (III), $Sb(C_3H_7O)_3$ u. $SbCl_3$ (IV) bei 77° K u. mit Ausnahme von III auch bei Zimmertemp. untersucht. Tabellar. sind die gemessenen Frequenzen, die S/N-Verhältnisse, die abgeleiteten Konstanten u. die Asymmetrieparameter zusammengestellt. In I sind die Asymmetrieparameter ε an den Sb-Kernen bei beiden Tempp. Null. Obgleich die Resonanzfrequenzen von I u. III ungewöhnlich ähnlich sind, ist aus dem großen ε von III das Vorhandensein von Strukturunterschieden oder Bindungsspannungen in III ersichtlich. Während in $Bi(C_6H_5)_3$ die ^{209}Bi-Resonanzen Singuletts sind, sind die entsprechenden ^{121}Sb- u. ^{123}Sb-Resonanzen in II Dubletts, woraus hervorgeht, daß die Sb-Atome in der Elementarzelle zwei kristallograph. nicht äquivalente Lagen besetzen. In einer dieser Lagen ist ε temperaturabhängig, während in der anderen Lage ε mehrere Male größer u. temperaturabhängig ist. (J. chem. Physics **23.** 1177—78. Juni 1955. Newark, Del., Univ., Phys. Dep., u. Troy, N. Y., Rensselaer Polytechnic Inst., Phys. Dep.) C. GOTTFRIED. 137

E. Lowell Swarts und **Charles A. Kraus,** *Abweichungen von der Onsager-Gleichung in wässerigen Elektrolytlösungen.* Aus Leitfähigkeitsmessungen an nachst. aufgeführten Elektrolyten in wss. Lsgg. bei 25° bei verschied. Konzz. ergeben sich für Λ_0 u. für den die Abweichung von der ONSAGER-Gleichung charakterisierenden Term B folgende Werte: *Tetramethylammoniumchlorid* = Me_4NCl (120,56; +16), Me_4NBrO_3 (100,32; +67), Me_4NBr (122,50; —32), Me_4NJ (121,47; —99), Me_4NNO_3 (115,93; +14), Me_4N-*Pikrat* (75,12; +126), Et_4NBr (Äthyl-) (110,13; —55), Et_4NJ (109,16; —115), Et_4N-*Pikrat* (62,92; +100), *n*-Bu_4NBrO_3 (n-Butyl-) (75,20; +93), *n*-Bu_4NBr (97,57; —115), *n*-$Pr_4N\cdot Br$ (n-Propyl-) (101,39; —78) u. *Na-Pikrat* (80,97; +133). Die Ergebnisse werden diskutiert u. mit anderen, bereits bekannten in ihren Beziehungen zur ONSAGER-Gleichung besprochen. (Proc. nat. Acad. Sci. USA **40.** 382—88. Juni 1954. Brown Univ., Metcalf Res. Labor.) W. NIEMITZ. 138

Hans Holtan jr., *Thermozellen mit festen und geschmolzenen Elektrolyten.* Das Thermopotential einer Thermozelle setzt sich aus 2 Gliedern zusammen; das erstere (das „kinet.“ Glied) hängt vor allem von der Überführungsentropie ab, das zweite (das „thermostat.“ Glied) von der Entropie u. der Überführungszahl. Auf Grund bekannter experimenteller Daten wird die Größe des 2. Gliedes berechnet von folgenden Systemen: *Pb* bei der Temp. T_1-$PbCl_2$ (fest)-Pb bei der Temp. T_2; *Ag* (T_1)—*AgCl* (fest)—Ag (T_2); Ag (T_1)—*AgBr* (fest)—Ag (T_2); *Cu* (T_1)—*CuCl* (fest)—Cu (T_2); Pb (fl., T_1)—PbJ_2 (fest)—Pb (fl., T_2); Cl_2 (T_1)—$PbCl_2$ (fest)—Cl_2 (T_2); Cl_2 (T_1)—AgCl (fest)—Cl_2 (T_2); Br_2 (T_1)—*AgBr* (fest)—Br_2 (T_2); Ag (T_1)—$AgNO_3$ (fl.).—Ag (T_2). Die so erhaltenen Werte stimmen mit den gemessenen Thermopotentialen (Literaturdaten) gut überein, woraus folgt, daß das 1. Glied des Thermopotentials zu vernachlässigen ist. (Proc., Kon. nederl. Akad. Wetensch., Ser. B **56.** 498—509. Nov./Dez. 1953. Utrecht, Univ., Inst. Theoret. Phys.) O. FUCHS. 138

Hans Holtan jr., *Thermozellen, die elektrolytische Lösungen enthalten.* (Vgl. vorst. Ref.) Es werden nun Thermozellen betrachtet, die elektrolyt. Lsgg. enthalten. Die Rechnung ist hier weniger exakt als l. c., da der Transport des Lösungsm. durch den elektr. Strom nicht genügend genau angebbar ist. Das thermostat. Glied (vgl. l. c.) wird berechnet für folgende Systeme: *Ag* (T_1) — *AgCl, MCl* (aq.), AgCl — Ag (T_2) u. *Hg* (T_1)— Hg_2Cl_2, MCl (aq.), Hg_2Cl_2 — Hg (T_2) mit M = *H, Li, Na, K, Cs* u. NH_4, je für verschied. Konzz. c von MCl (0,01—1 m.). Zwischen den so berechneten u. den gemessenen Werten (Literaturdaten) bestehen zwar größere Differenzen, doch ist die Abhängigkeit von c in beiden Fällen die gleiche. (Proc., Kon. nederl. Akad. Wetensch., Ser. B **56.** 510—14. Nov./Dez. 1953.) O. FUCHS. 138

H. J. G. Hayman, *Die Anwendung der Debye-Hückel-Theorie auf Polyionen.* 1. Mitt. *Der Anwendungsbereich des Debye-Grenzgesetzes.* Vf. benutzt das DEBYE-Grenzgesetz zur Ableitung eines Ausdruckes für die elektr. Arbeit, die beim Aufbau eines Polyions aus den entsprechenden einzelnen Ionen in extrem verdünnten Lsgg., die verschied. Konzz. an 1—1-Elektrolyten enthalten, geleistet werden muß. Dabei wird der Fall eines unendlich langen, geraden, starren Polyions mit in gleichen Abständen über die ganze Länge verteilten Ladungen näher behandelt, wobei sich ein korrekter Ausdruck für die genannte Arbeit ergibt, der Rückschlüsse auf Polyionen endlicher Größe sowie auch in gewissem Umfang auf ster. Hinderungseffekte durch die Restmoleküle zu ziehen gestattet. Der durch das hohe elektr. Potential um solch ein Polyion verursachte Fehler bei Anwendung der DEBYE-Näherung wird durch numer. Integration der POISSON-BOLTZMANN-Gleichung umgangen, wobei sich zeigt, daß der mit der Anwendung des einfachen DEBYE-Grenzgesetzes verbundene Fehler selten mehr als wenige % beträgt, vorausgesetzt, daß die Konz. an 1—1-Elektrolyten niedrig genug (nicht mehr als ca. n/100) ist. (J. chem. Physics **22.** 1234—42. Juli 1954. Jerusalem, Israel, Hebrew Univ., Dep. of Phys. Chem.) W. NIEMITZ. 139

Holger Jørgensen, *Über die Definition des Begriffs „Puffer“.* Nach einem Rückblick auf die Entw. des Pufferbegriffs wird gezeigt, daß die Säure–Base-Theorie von BRØNSTED die Sammlung aller Puffer u. Pufferwirkungen in eine Gruppe ermöglicht. Danach haben nicht nur die eigentlichen Puffer, sondern auch die sogenannten „Pseudopuffer“ 2 Komponenten, da in wss. Lsgg. starker Säuren das Puffersyst. H_3O^+/H_2O vorliegt, in wss. Lsgg. starker Basen das Puffersyst. H_2O/OH^-. Die Pufferkapazität ergibt sich als Summe der Pufferkapazität jedes einzelnen Puffersyst.: $\beta = \Sigma\, \beta_{S/B}$ (S = Säure, B = Base) oder $\beta = 2{,}3\, \Sigma\, \{C \cdot K_S\, (H_3O^+)/(K_S + [H_3O^+])^2\}$, wobei K_S die Massenwirkungskonstante des Gleichgewichts $S + H_2O = B + H_3O^+$ ist, d. h. $K_S = (H_3O^+)\,(B)/(S)$. (Kem. Maanedsbl. nord. Handelsbl. kem. Ind. **36.** 47—52. 1955.) R. K. MÜLLER. 139

C. W. Davies und **B. E. Hoyle,** *Die Wechselwirkung von Calciumionen mit einigen Citratpuffern. Eine Berichtigung.* Nach Berichtigung eines den Rechnungen (vgl. C. **1956.** 6300) zugrunde liegenden Wertes für die Dissoziationskonstante des $CaCit^-$-Ions bei Extrapolation auf die Ionenstärke 0 ($2{,}1 \cdot 10^{-5}$ statt $1{,}27 \cdot 10^{-5}$) ergeben sich folgende Konstanten: $CaCit^- \rightleftharpoons Ca^{2+} + Cit^{3-}$ ($K = 2{,}1 \cdot 10^{-5}$); $CaHCit \rightleftharpoons Ca^{2+} + HCit^{2-}$ ($K = 8{,}1 \cdot 10^{-4}$); $CaH_2Cit + Ca^{2+} + H_2Cit^-$ ($K = 0{,}08$); $CaHCit + CaCit^- + H^+$ ($K = 1{,}6 \cdot 10^{-5}$); $CaH_2Cit^+ + CaHCit + H^+$ ($K = 1{,}7 \cdot 10^{-3}$). (J. chem. Soc. [London] **1955.** 1038. März. Aberystwyth, Wales, Edward Davies Chem. Labors.; London, Battersea Polytechnic.) W. NIEMITZ. 139

L. M. Mukherjee, *Das Standardpotential der Silber/Silberchlorid-Elektrode in Äthylalkohol.* Vf. bestimmte das Standardpotential der AgCl-Elektrode in spektroskop. reinem Alkohol durch EMK.-Messungen an den Ketten (Pt)H_2/HCl, Äthanol/AgCl/Ag u. (Pt)·H_2/HCl, H_2O/AgCl/Ag/Cu/Ag/AgCl/HCl, Äthanol/H_2(Pt). Nach der von HARNED (J. Amer. chem. Soc. **60.** [1938.] 336) angegebenen Extrapolationsmeth. u. mit Hilfe der erweiterten DEBYE-HÜCKEL-Gleichung ergab sich ein Wert von + 0,00977 V bei mol. Konzentrationsmaß. Die Abweichung gegenüber Werten anderer Autoren wird auf Abwesenheit jeglicher Verunreinigungen zurückgeführt. (J. physic. Chem. **58.** 1042—44. Nov. 1954. Calcutta, India, Univ., Coll. of Sci. and Technol.) H. LÖWE. 140

Clarence A. Discher, *Einige Eigenschaften von Zinn(II)-sulfatlösungen und ihre Rolle bei der elektrolytischen Abscheidung von Zinn.* 2. Mitt. *Lösungen mit Zinn(II)-sulfat und Schwefelsäure.* (1. vgl. C. **1954.** 6891.) Für eine Anzahl schwefelsaurer $SnSO_4$-Lsgg. werden D., Brechungsindex, Oberflächenspannung, Viscosität, Gefrierpunktserniedrigung, elektr. Leitfähigkeit, Überführungszahl u. Elektrodenpotential von *Sn* u. H_2 gemessen. Die Beziehungen zwischen der Konz. an H_2SO_4 u. den gemessenen Werten werden erörtert. Diskussion der Konst. der Lsgg. (Art der vorhandenen Ionen). (J. electrochem. Soc. **100.** 480—84. Nov. 1953. Newark, N. J., Rutgers Univ., State Univ. of New Jersey, Coll. of Pharm.) W. SKALIKS. 141

E. I. Onstott, *Die Abtrennung des Europiums vom Samarium durch Elektrolyse.* Vf. untersucht die Abtrennung des Eu von Sm durch Elektrolyse des Citratkomplexes mit Hilfe einer Lithiumamalgamkathode. Durch eine einzige Elektrolyse gelingt es schon, Samariumoxyd, welches 1,6% Europiumoxyd enthält, quantitativ von Europium zu befreien. Es scheiden sich dabei 99,9% des Europiumgeh. u. weniger als 10% des Samariums an der Kathode ab u. können aus dem Lithiumamalgam zurückgewonnen werden. Die

Reinigung des Eu erfolgt durch nochmalige Elektrolyse. Die Elektrolysebedingungen u. die Einfll. des Kathodenpotentials u. des Kathodenmaterials auf den Trenneffekt werden diskutiert. (J. Amer. chem. Soc. **77.** 2129—32. 20/4. 1955. Los Alamos, New Mex., Los Alamos Scientific Labor.) G. MAIER. 141

Jerzy Chodkowski, *Über Gleichungen des polarographischen Diffusionsstromes.* Darlegung u. Erläuterung der Gleichungen des polarograph. Diffusionsstroms nach ILKOVIČ, LINGANE u. LOVERIDGE, STREHLOW u. v. STACKELBERG. — 41 Zitate. (Wiadomości chem. **6.** 370—82. Sept. 1952. Warszawa, Univ., Inst. für anorgan. Chem.) H. FREYTAG. 142

A. S. Ghosh-Mazumdar und **M. Haissinsky,** *Die Abscheidung von Wismut aus 10^{-3} bis 10^{-10} normalen Lösungen auf einer Quecksilberkathode.* Die Abscheidung von Bi aus sehr verd. Lsgg. an Hg wurde mit Hilfe von *RaE* untersucht. Bei festen Elektroden ergibt sich für die Funktion — Abscheidung von Bi zu Potential der Kathode — nahe beim krit. Potential eine geneigte Gerade. Dies wird der Heterogenität der Kathodenoberfläche zugeschrieben. Ein nahezu vertikaler Anstieg ergibt sich für diese Funktion bei Verwendung einer bewegten Hg-Kathode. Die Entladung von Bi aus sehr verd. Lsgg. erfolgt bereits unterhalb des Abscheidungspotentials. Dieser Effekt verschwindet bei Zunahme der Bi-Konzentration. In 1n Lsg. ist er prakt. nicht mehr zu beobachten. Die Messungen wurden in 0,6n HNO_3 mit RaE bis zu 10^{-10} n Lsgg. u. bei 10^{-6} u. 10^{-3} n Lsgg. mit einer Mischung aus inakt. $Bi(NO_3)_3$ u. RaE durchgeführt. (J. Chim. physique Physico-Chim. biol. **51.** 296 bis 298. Juni 1954. Paris, Inst. de Radium.) H. NÖTH. 142

M. J. Brabers und **W. G. Burgers,** *Möglicher Einfluß der Elektronenstruktur eines Metalls auf die Geschwindigkeit einer elektrochemischen Reaktion, die an dessen Oberfläche stattfindet.* 3. Mitt. (2. vgl. C. **1956.** 6875.) Fortsetzung der l. c. angeführten Verss., wobei nun als Kathodenmaterial *Bi*, Bi + 0,81 Atom-% *Pb*, Bi + 0,56% *Sn* u. Bi + 0,56% *Se* verwendet wurden. Gemessen wurde die Überspannung bei konstanter Stromdichte (0,067 mA/cm²). Die für die verschied. Kathoden erhaltenen Werte unterscheiden sich in ähnlicher Weise wie die elektr. Widerstände der gleichen Materialien (in beiden Fällen Einfl. der Elektronenstruktur, vgl. l. c.) (Proc., Kon. nederl. Akad. Wetensch., Ser. B **56.** 439—41. Nov./Dez. 1953.) O. FUCHS. 143

Helmut Winterhager, Über die elektrochemischen Grundlagen der Schmelzfluß-Elektrolyse von Bleisulfid in geschmolzenen Mischungen mit Bleichlorid. Als Ms. gedr. Köln, Opladen: Westdeutscher Verl. 1955. (42 S. m. Abb. u. Tab.) 4° = Forschungsberichte d. Wirtschafts- u. Verkehrsministeriums Nordrhein-Westfalen. Nr. 134. DM. 11,80.

A₄. Thermodynamik. Thermochemie.

Léon Van Hove, *Quantenmechanische Störungen als Grundlage für eine statistische Transportgleichung.* Die bisher zur Ableitung der Transportgleichung benutzte, aber unbefriedigende Voraussetzung, daß nicht nur im Anfangszustand eines Syst., sondern auch zu vielen späteren Zeitpunkten die Phasen der quantenmechan. Amplituden in bezug auf die Eigenzustände des H-Operators statist. verteilt sein sollen, kann fallengelassen werden, wenn man die Eigg. der Störungsenergie, welche die Annäherung an das Gleichgewicht auslöst, genau mathemat. analysiert. Eine dieser Eigg. dient als Grundlage für eine befriedigendere Ableitung der Transportgleichung. (Physica **21.** 517—40. Juni 1955. Utrecht, Rijksuniv., Inst. theor. Natuurk.) G. KIRSCHSTEIN. 146

Kyrille Popoff, *Über die Thermodynamik der irreversiblen Prozesse.* 3. Mitt. (2. vgl. C. **1954.** 8291.) Weitere mathemat. Betrachtungen über die Lösungen der Differentialgleichungen, durch die der Zusammenhang zwischen den „Strömen" u. „Kräften" bestimmt wird. (Z. angew. Math. Physik [Basel] **5.** 67—83. 15/1. 1954. Sofia, Univ., Math. Inst.) G. KIRSCHSTEIN. 146

Paolo Papoff und **Antonino Ragni,** *Dilatometrische Messungen im System Wasser–Essigsäure im Temperaturbereich von 20—120°.* Im Temperaturbereich von 20—120° wurde das Syst. W.-CH_3COOH (I) (100—77% I) dilatometr. untersucht, in einem Dilatometer des Hg-Gewichtstypes, der Messungen bis zu 2 at bei einer Genauigkeit von ±0,005% zuläßt. Die therm. Ausdehnungskoeffizienten u. die relativen Ausdrücke der Dilatation für das Syst. werden angegeben. (Ann. Chimica **45.** 279—91. April/Mai 1955. Modena, Univ., Ist. di Chim. fisica.) H. NÖTH. 148

A. Michels, A. C. J. Schipper und **W. H. Rintoul,** *Die Viscosität von Wasserstoff und Deuterium bei Drucken bis zu 2000 Atmosphären.* Vff. bestimmten die Viscositäten von H_2 u. D_2 bei Tempp. zwischen 25 u. 125° u. Drucken bis 2000 at. Die Werte werden graph. u. tabellar. wiedergegeben. Vff. vergleichen die Meßergebnisse mit den aus der Formel von ENSKOG für dichte Gase berechneten Werten. (Physica **19.** 1011—28. Okt. 1953. Amsterdam, Gemeente Univ., Van der Waals Labor.) E. WASSERROTH. 148

Ram Gopal, *Über Korrespondenz in einigen festen anorganischen Substanzen bei ihren Schmelz- und Siedepunkten.* 4. Mitt. *Erstarrte Edelgase.* (3. vgl. Z. anorg. allg. Chem. **279.** [1955.] 229.) Die Anwendung des Korrespondenzprinzips auf die erstarrten Edelgase *Ne, Ar, Kr* u. *Xe* führt nur dann zu plausiblen Ergebnissen, wenn man die therm. Nullpunktsenergie (Schwingungsenergie), die den erstarrten Edelgasen auf Grund von Quanteneffekten bei 0° K zukommt, berücksichtigt. Diese Energie ist, gegenüber der geringen Gitterenergie der Edelgase (einige 1000 cal), recht beträchtlich u. darf nicht vernachlässigt werden. Mit $U_0' = -U_0 + E_z$ ($-U_0$ = Gitterenergie, E_z = Nullpunktsenergie) ergeben sich die Verhältnisse $-U_0'/T_m$ u. $-U_0'/T_b$ hinreichend konstant. Abschließend diskutiert Vf. den Zusammenhang zwischen dem absol. F. (T_m) u. der entsprechenden potentiellen Energie des Festkörpers bei 0° K. (Z. anorg. allg. Chem. **281.** 217–20. Nov. 1955. Chapel Hill, N. C., Univ. of North Carolina; Lucknow, India, Lucknow Univ., Chem. Dep.) W. KRÖNERT. 149

C. Hurst, *Phasenübergänge erster und zweiter Ordnung.* Vf. zeigt, daß die Phasenübergänge 2. Ordnung als Grenzfälle von Phasenübergängen 1. Ordnung mit sehr kleiner Volumenänderung angesehen werden können. Dies gilt u. a. für den λ-Übergang in fl. He. (Proc. physic. Soc., Sect. B **68.** 521–25. 1/8. 1955. Oxford, Jesus Coll.) G. KIRSCHSTEIN. 149

O. Halpern und **R. A. Buckingham,** *Symmetrieeffekt in der Gaskinetik.* 1. Mitt. *Die Heliumisotope.* Vff. erörtern, wie die Symmetrisierung der Wellenfunktionen der zusammenstoßenden Teilchen die verschied. gaskinet. Wirkungsquerschnitte beeinflußt, u. gelangen mit Hilfe eines geeigneten Wechselwirkungspotentials zu einer Formel für die Temperaturabhängigkeit der Viscosität von ^{3}He u. ^{4}He in der Nähe von 0° K. Vor allem wegen der verschied. Statistiken ergeben sich für ^{3}He andere Werte als für ^{4}He. Für ^{3}He–^{4}He-Gemische ist die theoret. Deutung der Beobachtungen noch nicht ganz befriedigend. (Physic. Rev. [2] **98.** 1626–31. 15/6. 1955. London, Univ. Coll.) G. KIRSCHSTEIN. 149

M. J. Buckingham, *Superfluidität in flüssigem ^{3}He.* Vf. zeigt, daß es im Energiespektr. einer aus FERMI-Teilchen bestehenden Fl. keine Lücke geben kann u. daß somit der Behauptung von RICE (vgl. C. **1956.** 1808), ^{3}He könne superfluid werden, die Begründung entzogen ist. (Physic. Rev. [2] **98.** 1855–56. 15/6. 1955. Durham, N. C., Duke Univ., Dep. of Phys.) G. KIRSCHSTEIN. 149

Alexander J. Dessler und **William M. Fairbank,** *Die Amplitudenabhängigkeit der Geschwindigkeit des zweiten Schalls.* (Sitzungsbericht.) (Physic. Rev. [2] **99.** 669. 15/7. 1955. Duke Univ.) E. KLEVER. 149

J. C. Ward und **J. Wilks,** *Zweiter Schall und thermomechanischer Effekt bei sehr tiefen Temperaturen.* (Vgl. C. **1953.** 8523.) Ableitung von Formeln für die Geschwindigkeit des zweiten Schalls u. für den thermomechan. Effekt ohne Heranziehung des Zwei-Fll.-Modells. (Philos. Mag. [7] **43.** 48–50. Jan. 1952. Oxford, Clarendon Labor.) G. KIRSCHSTEIN. 149

K. R. Atkins und **K. H. Hart,** *Die Dämpfung des zweiten Schalls in flüssigem Helium II oberhalb 1° K.* Bei 2,05 u. 2,12° K wurde die Dämpfung bei 10 kHz, bei 1,18, 1,30 u. 1,50° K dazu noch bei 20 kHz gemessen; sie erwies sich als lineare Funktion der Amplitude u. nahm mit der Temp. ab, betrug bei 1,18° ca. 0,08–0,10 cm^{-1}, bei 2,05° 0,037–0,041 cm^{-1}. Die Ergebnisse sind mit den theoret. Voraussagen von CHALATNIKOW (vgl. C. **1953.** 813) vereinbar. (Canad. J. Physics **32.** 381–92. Juni 1954. Toronto, Ontario, Can., Univ., Dep. of Phys.; Ottawa, Nat. Res. Counc.) G. KIRSCHSTEIN. 149

K. R. Atkins und **K. H. Hart,** *Die Dämpfung des zweiten Schalls oberhalb 1° K.* Kurze Mitt. zu der vorst. referierten Arbeit. (Physic. Rev. [2] **92.** 204–05. 1/10. 1953.) G. KIRSCHSTEIN. 149

C. T. Lane, R. G. Wheeler und **C. H. Blakewood,** *Dämpfung von zweitem Schall in rotierendem Helium II.* (Sitzungsbericht.) (Physic. Rev. [2] **98.** 1196. 15/5. 1955. Yale Univ.) E. KLEVER. 149

Abraham S. Friedman und **Irwin Oppenheim,** *Statistisch-mechanische Berechnung der Zustandsdaten der Heliumisotopen bei intermediären Temperaturen und Dichten.* (Sitzungsbericht.) (Physic. Rev. [2] **99.** 638. 15/7. 1955. Nat. Bureau of Standards.) R. LEVI. 149

R. Bowers, *Die Wärmeleitfähigkeit von flüssigem Helium I.* Ausführliche Darst. der C. **1951.** II. 15 referierten Arbeit von BOWERS u. MENDELSSOHN. Die Wärmeleitfähigkeit nimmt zwischen 4 u. 2,2° K linear von $7 \cdot 10^{-5}$ auf $3 \cdot 10^{-5}$ cal/Grad cm sec ab. (Proc. physic. Soc., Sect. A **65.** 511–18. 1/7. 1952. Oxford, Clarendon Labor.) G. KIRSCHSTEIN. 149

Earl Long und **Lothar Meyer,** *Superfluidität und Wärmetransport im ungesättigten Helium II-Film.* (Vgl. C. **1953.** 4491.) An der Fließbewegung des He II-Films nehmen einige Atomlagen nicht teil, u. zwar ca. 2 bei 1,3° K, ca. 10,5 bei 2,0° K. Die Driftgeschwindigkeit der übrigen Schichten ist einheitlich u. von derselben Größenordnung wie im gesätt. Film. Besteht der Film aus 20—80 Atomlagen, so ist an ihm noch bis dicht über den λ-Punkt Superfluidität zu beobachten. (Physic. Rev. [2] **98.** 1616—22. 15/6. 1955. Chicago, Ill., Univ. of Chicago, Inst. for the Study of Metals.) G. KIRSCHSTEIN. 149

Henry A. Fairbank und **J. Wilks,** *Wärmetransport und Grenzschichtwiderstand in He II unterhalb 1° K.* (Sitzungsbericht.) (Physic. Rev. [2] **98.** 1196. 15/5. 1955. Oxford, Univ.) E. KLEVER. 149

D. R. Lovejoy, *Oberflächenspannung von ^3He.* (Sitzungsbericht.) (Physic. Rev. [2] **98.** 1196. 15/5. 1955. Toronto, Univ.) E. KLEVER. 149

J. E. Lokken, *Beitrag der Phonon–Phonon-Wechselwirkung zum T^3-Term der spezifischen Wärme von Helium II.* Hinweis auf die Möglichkeit, den von KRONIG u. THELLUNG (vgl. C. **1955.** 11514) berechneten Verlauf der C_V–T-Kurve mit dem beobachteten in Einklang zu bringen. (Canad. J. Physics **32.** 359—60. Mai 1954. Vancouver, Brit. Columbia, Univ., Dep. of Phys.) G. KIRSCHSTEIN. 149

Thomas R. Roberts und **Stephen G. Sydoriak,** *Thermodynamische Eigenschaften von flüssigem Helium III.* 1. Mitt. *Spezifische Wärme und Entropie.* Die Ergebnisse der C. **1955.** 6462 referierten vorl. Mitt. werden durch folgende Zahlenangaben ergänzt: Zwischen 0,37 u. 2,36° K gilt für die spezif. Wärme die Gleichung $C = 0{,}577 + 0{,}388T + 0{,}0613\ T^3$ cal/Mol·Grad. Aus der Dampfdruckgleichung wird die Entropie bei 0,5° K zu 1,44 cal/Mol·Grad berechnet. Ein λ-Übergang kann auch unterhalb 0,37° K nicht stattfinden. (Physic. Rev. [2] **98.** 1672. 15/6. 1955. Los Alamos, N. Mex., Los Alamos Sci. Labor.) G. KIRSCHSTEIN. 149

Stephen C. Carniglia und **B. B. Cunningham,** *Zwillingseffusionsapparatur nach Knudsen für kleine Proben radioaktiver Stoffe.* (Vgl. C. **1955.** 11165.) Es wird ein KNUDSEN-Effusionsofen beschrieben, der es gestattet, vollständige log p = f (1/T)-Kurven mit Hilfe von nur wenigen mg radioakt. Substanz aufzunehmen. Der verwendete Zwillingstiegel besteht aus einem zylindr. Ta-Block von $^7/_8$ in. Länge u. $^3/_{16}$ in. Außendurchmesser, der von beiden Stirnseiten aus konzentr. angebohrt ist. Die beiden Bohrungen enden blind u. stehen an diesem Ende mit zwei Querbohrungen in Verbindung, die durch Ta-Schrauben verschlossen werden u. in die die Substanzen eingebracht werden. Der Tiegel wird durch einen kleinen Mo-Drahtofen erhitzt, die Temp. durch ein Pt/Pt–Rh-Thermoelement kontrolliert. Das Ofensyst. sowie die Auffänger- u. Blendensysteme befinden sich in einer Pyrexglas-Vakuumbirne mit 4 Ansätzen, von denen 2 die Auffänger tragen, während einer zur Diffusionspumpe führt u. einer als Holzkohlenausfrierstutzen dient. Die Eichung der App. wird beschrieben; sie erfolgt mit PuF_3. Mit Hilfe dieser Eichmessungen wird der Dampfdruck von *Am*-Metall u. AmF_3 im Bereich von 1302—1404° K auf ±5% genau bestimmt. (Rev. sci. Instruments **26.** 485—88. Mai 1955. Berkeley, Calif., Univ. of California, Radiat. Labor., Dep. of Chem.) F. WEIGEL. 150

A. B. Bhatia und **G. K. Horton,** *Schwingungsspektren und spezifische Wärmen von kubischen Metallen.* 2. Mitt. *Anwendung auf Silber.* (1. vgl. C. **1956.** 1221 u. 2381.) (Sitzungsbericht.) (Physic. Rev. [2] **98.** 1181. 15/5. 1955. Nat. Res. Council of Canada.) E. KLEVER. 151

Harry A. Brown, *Berechnung der Diskontinuität der spezifischen Wärme von Gadolinium.* (Sitzungsbericht.) (Physic. Rev. [2] **99.** 627. 15/7. 1955. Oberlin Coll.) R. STEIN. 151

G. Guthrie, S. A. Friedberg und **J. E. Goldman,** *Die elektronische spezifische Wärme von α-Mn.* (Sitzungsbericht.) (Physic. Rev. [2] **98.** 1181. 15/5. 1955. Carnegie Inst. of Technol.) E. KLEVER. 151

William S. Corak, M. P. Garfunkel, C. B. Satterthwaite und **Aaron Wexler,** *Atomwärmen von Kupfer, Silber und Gold von 1 bis 5° K.* Die Meßwerte der spezif. Wärme c lassen sich mit der Formel $c = \gamma \cdot T + \beta \cdot T^3$ nur dann ganz in Einklang bringen, wenn an der Temperaturskala von 1948 gewisse Korrekturen vorgenommen werden. Dann hat γ (in mJoule pro Mol·Grad²) folgende Werte: Cu 0,688 ± 0,002, Ag 0,610 ± 0,005, Au 0,743 ± 0,014. Für die DEBYE-Tempp. ergeben sich die Werte 343,8 ± 0,5, 225,3 ± 0,2, 164,57 ± 0,14° K. (Physic. Rev. [2] **98.** 1699—1707. 15/6. 1955. East Pittsburgh, Pa., Westinghouse Res. Labor.) G. KIRSCHSTEIN. 151

B. E. Walker, J. A. Grand und **R. R. Miller,** *Wärmeinhalt und Wärmekapazität von Al_2O_3 und $MoSi_2$ bei hohen Temperaturen.* Vff. benutzen zur Messung von Enthalpiedifferenzen die sogenannte „drop"-Meth. u. ein Cu-Blockcalorimeter, das eine modifizierte Form des schon früher benutzten u. von SOUTHARD (vgl. J. Amer. chem. Soc. **63.**

[1941.] 3142) beschriebenen darstellt. Zur Prüfung der Versuchsanordnung wurde der Wärmeinhalt von Al_2O_3 im Temperaturbereich von 30—700° gemessen. Anschließend wurde $MoSi_2$ untersucht, wobei sich für Wärmeinhalt u. Wärmekapazität folgende Gleichungen ergaben: 1. 30—325°: $H_t - H_{30°} = 0{,}1332\,t - 21{,}83 \log(t + 273{,}16) - 75{,}88$ (±0,5%); $C_p = 0{,}1332 \cdot (-9{,}477/t + 273{,}16)$ (±1,0%). 2. 325—875°: $H_t - H_{30°} = 0{,}1404\,t - 31{,}93 \cdot \log(t + 273{,}16) + 50{,}18$ (±0,5%); $C_p = 0{,}1404 - (13{,}864/t + 273{,}16)$ (±1,0%). Obwohl der Wärmeinhalt durch zwei verschied. Gleichungen am besten wiedergegeben wird, weist die Wärmeinhaltskurve keinen Knick auf. Die gefundenen Werte befinden sich in guter Übereinstimmung mit älteren Messungen. (J. physic. Chem. **60**. 231—33. Febr. 1956. Washington, D. C., Naval Res. Labor., Chem. Div.) H. W. LEVI. 151

S. A. Friedberg und **D. L. Burk**, *Spezifische Wärme von Zinkferrit und Zinkchromit bei tiefen Temperaturen.* (Sitzungsbericbt.) (Physic. Rev. [2] **98**. 1200. 15/5. 1955. Carnegie Inst. of Technol.) E. KLEVER. 151

P. Glansdorff, *Über die geringste Entropiebildung durch Wärmeübergang.* Vf. führt die Schwierigkeiten an, die sich bei den gewöhnlichen Methoden der Auffindung der geringsten Entropiebldg. ergeben, bes. wenn die phänomenolog. Koeffizienten nicht als reine Konstanten angesehen werden können, sondern Zustandsfunktionen sind. Es wird eine Anwendung der allg. Meth. zur Best. des Minimums gemacht, u. das Ergebnis bestätigt die Voraussagen von PRIGOGINE, wonach das Minimum der Entropiebldg. mit dem stetigen Zustand des betrachteten Syst. übereinstimmt. (Physica **19**. 1029—34. Okt. 1953. Bruxelles, Fac. polytechn. de Mons et Univ.) E. WASSERROTH. 154

M. B. Bever und **L. B. Ticknor**, *Eine Methode zur Bestimmung der bei der Kaltverformung von Metallen aufgespeicherten Energie.* Die Streuungen, die bei den Messungen der Verformungsenergie oder der Rekristallisationswärme bisher auftraten — die Werte schwanken zwischen 0,1 u. 10 cal/g Metall —, sind darauf zurückzuführen, daß eine kleine Größe aus der Differenz zweier Größen ermittelt wird. Vff. beschreiben ein Calorimeterverf., bei welchem die Metallproben in einer Sn-Schmelze gelöst werden. Die Lösungswärme liegt in der Größenordnung der zu bestimmenden Wärmetönung. Für Drähte aus Au–Ag-Legierung, die von 0,81 mm Durchmesser auf 0,122 mm flachgewalzt waren, wurde ein Wert von 0,28±0,1 cal/g für die aufgespeicherte Energie erhalten. (J. appl. Physics **22**. 1297—98. Okt. 1951. Cambridge, Mass., MIT, Dep. of Metallurgy.) TH. HEUMANN. 155

H. G. Wolfhard, *Die Zersetzungsflamme des gasförmigen Äthylnitrats.* 1. Mitt. *Physikalische Eigenschaften der Flamme.* Die Zersetzungsflamme des *Äthylnitrats* (I) wurde durch Explosion des Dampfes im Druckbereich 6—200 mm Hg in senkrecht stehenden geschlossenen Rohren von 8 cm Durchmesser u. 140 cm Länge untersucht, bei denen die Zündelektroden sich in 3 mm Abstand befanden. Wegen der geringen Helligkeit waren die Flammen kaum erkennbar; da jedoch nach einigen Explosionen des I eine durchscheinende Schicht von Paraformaldehyd (II) sich absetzt, macht sich der Durchgang weiterer Flammen durch vorübergehendes Schmelzen des II bemerkbar, so daß ein durchscheinender Ring im Rohr entlangwandert, dessen Wanderungsgeschwindigkeit der Flammenfortpflanzung v der Flamme entspricht. Bei p = 6—60 mm Hg wandert nur eine Reaktionszone, bei p = 60—150 mm Hg wird ein Nachleuchten beobachtet, das jedoch sicher nicht von einer zweiten Reaktionszone hervorgerufen wird, wie sie bei p = 150—200 mm Hg festgestellt wird; v betrug unabhängig vom Druck ca. 7 cm/Sekunde. Die beiden Flammenzonen wurden spektroskop. untersucht. Die Flammentemp. wurde mit Hilfe der Absorption von NO-Banden zu >400 u. <600°, mit dem wahrscheinlichsten Wert 460°, bei 85 mm Hg bestimmt. In der zweiten Zone wurden keine C_2- u. CH-Banden beobachtet, die sonst bei der Verbrennung von KW-stoff/O_2- oder KW-stoff/NO-Gemischen auftreten. I verhält sich ähnlich wie KW-stoff/Luft-Gemische, bei deren unvollständiger Verbrennung in der Flammenfront ein geringer Temperaturanstieg stattfindet. CH_2O wird in beiden Flammen gebildet, u. das Spektr. ist ähnlich. Die Messung von p in geschlossenen Gefäßen nach der Explosion läßt bei einer Reaktionszone auf die Bldg. von Verbb. mit hohem Mol.-Gew. schließen, die der Zers. entgehen. Die zweite Zone wird wahrscheinlich durch Rkk. dieser Verbb. mit dem in der Flamme enthaltenen NO erzeugt. (Fuel **34**. 60—67. Jan. 1955. Westcott, Bucks., Royal Aircraft Establ.) E. ROEDER. 157

Gordon L. Dugger, *Der Einfluß der Anfangstemperatur einer Mischung auf die Verbrennungsgeschwindigkeit.* Vf. bestimmte mit Hilfe der Winkelmessung an der Innenkante vom Schattenbild des BUNSEN-Brennerkonus die Verbrennungsgeschwindigkeit v von vorgewärmten *Äthylen* (I)–Luft-Gemischen. Maximales v ergab sich bei Mischungen mit 7,5 Vol.-% I für alle Anfangstempp. T_A zwischen 34 u. 344°. Vff. trugen v gegen T_A auf u. verglichen die Kurven mit dem nach der thermodynam. Theorie von

SSEMENOW [1940] bzw. nach dem Quadratwurzelgesetz von TANFORD u. PEASE (C. **1948.** II. 1043) zu erwartenden Verlauf. Die gemessenen Kurven lagen zwischen denen, die nach den beiden Theorien zu erwarten gewesen wären. Als Aktivierungsenergie E wurde für I 8,3 (kcal/Mol) ermittelt, für *Propan* (**II**) 9,9, für die Rk. zwischen H-Atomen u. I 2,6, zwischen H-Atomen u. **II** 8,6. (J. Amer. chem. Soc. **73.** 2398. Mai 1951. Cleveland, O., Nat. Advisory Comm. for Aeronautics, Lewis Flight Propuls. Labor.)
E. ROEDER. 157

R. R. Baldwin und **R. F. Simmons,** *Die Inhibierung der zweiten Grenze der Wasserstoff–Sauerstoff-Reaktion durch Äthan.* Zur Vermeidung von Auspuffflammen bei Verbrennungsmotoren dienen KW-stoffe als Zusatzsmittel. Als Modell-Rk. wird die Knallgas-Rk. unter Zusatz von Äthan untersucht. Der Einfl. verschied. Äthanmengen in O_2/H_2-Mischungen wird in reinen u. in mit einer KCl-Schicht bedeckten Glasgefäßen von verschied. Dimensionen quantitativ untersucht. Folgende Kettenabbruch-Rkk. werden in Betracht gezogen (erste Grenze): $H + C_2H_6 \rightarrow C_2H_5 + H_2$ u. $OH + C_2H_6 \rightarrow C_2H_5 + H_2O$. Die zweite Grenze besteht in der Bldg. des inerten HO_2-Radikals: $C_2H_5 + O_2 \rightarrow C_2H_4 + HO_2$. (Trans. Faraday Soc. **51.** 680—93. Mai 1955. Hull, Univ., Chem. Dep.)
O. HENNING. 157

E. H. Sondheimer, *Die Wärmeleitfähigkeit von Metallen bei tiefen Temperaturen.* Neuere experimentelle Ergebnisse lassen erkennen, daß die bisherige Theorie wesentlich modifiziert werden muß, um die Beobachtungen zutreffend zu deuten. (Proc. physic. Soc., Sect. A **65.** 562—64. 1/7. 1952. London, Imp. Coll., Dep. of Math.)
G. KIRSCHSTEIN. 158

C. Kittel, *Elektronenübertragungsmechanismus für die Ultraschalldämpfung in Metallen.* (Sitzungsbericht.) (Physic. Rev. [2] **98.** 1181. 15/5. 1955. Berkeley, Calif., Univ. of California.)
E. KLEVER. 159

W. Tempest und **H. D. Parbrook,** *Absorption von Ultraschall in leichten Gasen.* Interferometr. u. opt. Messungen der Absorptionskoeffizienten von Ultraschallwellen in O_2 u. Gasen geringerer D. zeigen größere Abweichungen. Die Meßwerte können nur mit einer Genauigkeit von 20% angegeben werden. Vff. benutzen eine Impulsmeth., um die Absorption bei 1 MHz zwischen 0,2 u. 2 at in O_2 u. N_2 zu messen. Die Einzelmessungen zeigen einen Fehler von $\pm 5\%$; da es sich hierbei hauptsächlich um zufällige Fehler handelt, läßt sich durch Anwendung der üblichen Ausgleichverff. der Fehler auf $\pm 1\%$ herabsetzen. Die ermittelten Werte für O_2 sind 1,240 u. die für N_2 1,235mal größer als die nach der klass. Theorie von STOKES-KIRCHHOFF berechneten, sie stimmen gut mit denen anderer Autoren überein. (Nature [London] **177.** 181. 28/1. 1956. Liverpool, Univ., Dep. of Phys., Acoust. Res. Labor.)
H. JACOB. 159

A_5. Kolloidchemie. Grenzschichtforschung.

S. T. Bowden, *Änderung von Oberflächenspannung und Verdampfungswärme mit der Temperatur.* Vf. gibt Ausdrücke für die Temperaturabhängigkeit der Oberflächenspannung γ, der inneren Verdampfungswärme λ u. der mol. Verdampfungswärme ΔH für nichtassoziierte Fll. an. Prüfung der Gleichungen für γ an experimentellen Daten für *Bzl.*, für λ an *n-Pentan* u. für ΔH an *Methylformiat, Äthyläther, n-Hexan,* CCl_4, *Äthylacetat, Bzl., n-Heptan, n-Octan, Äthylbenzol* u. *m-Xylol* ergab keine größerenAbweichungen als 1%. (J. chem. Physics **23.** 2454—55. Dez. 1955. Cardiff, Wales, Univ. Coll., Dep. of Chem.)
I. KARUTZ. 166

Andrzej Waksmundzki, *Elektrokinetische Erscheinungen.* Überblick mit bes. Berücksichtigung der theoret. Grundlagen (Theorie von HELMHOLTZ, Struktur der Doppelschicht u. Potential) u. der Methoden (Messung der elektrophoret. Beweglichkeit, Verf. von TISELIUS). — 39 Literaturhinweise. (Wiadomości chem. **6.** 479—500. Dez. 1952. Marie Curie-Skłodowska-Univ., Kat. Chem. fiz. i Elektrochem.)
R. K. MÜLLER. 168

B. N. Ghosh, *Mathematische Bestimmung des wahren ζ-Potentials von Teilchen gepulverten Pyrexglases in Kontakt mit einer Elektrolytlösung.* Vf. entwickelt auf der Basis einer Korrektur der Oberflächenleitfähigkeit eine Gleichung der Form: $1/\xi_a = 1/\zeta + k\,\chi_e/S$ für die Best. des wahren ζ-Potentials von Diaphragmen, die aus gepulvertem Material gemacht wurden, im Kontakt mit einer Elektrolytlösung. [In der Gleichung bedeuten: ξ_a = Potential nach SMOLUCHOWSKI, ζ = wahres Zeta-Potential, χ_e = spezif. Oberflächenleitfähigkeit (experimentell ermittelt), S = spezif. Leitfähigkeit in der Hauptlsg. im Kontakt mit dem Diaphragma, k = Konstante.] Als Elektrolytlsgg. wurden KNO_3 u. $Ba(NO_3)_2$ verwandt. Es konnte gezeigt werden, daß die Werte des wahren ζ-Potentials für die Teilchen des Diaphragmas aus gepulvertem Pyrexglas, die nach der obigen Gleichung berechnet wurden, in zufriedenstellender Übereinstimmung mit den experimentellen Werten von WIJGA stehen, die unter Verwendung von Capillarzylindern aus Pyrexglas nach der elektroendosmot. Meth. erhalten wurden. (J. Indian chem. Soc. **31.** 273—77. April 1954. Calcutta, Univ., Coll. of Sci. and Technol., Dep. of Chem.) G. MAIER. 168

Joel H. Hildebrand, *Osmotischer Druck.* Gegenüberstellung der von VAN'T HOFF u. NERNST geschaffenen Ableitungen für den osmot. Druck mit neuzeitigen Anschauungen. Der Mechanismus des osmot. Druckes u. die Rolle der Entropie wird diskutiert. (Science [Washington] **121.** 116—19. 28/1. 1955. Berkeley, Calif., Univ. of California, Dep. of Chem. and Chem. Engng.) P. WOLF. 170

H. Friedeberg, *Diffusionslinien in Silberchromatgelatine.* Wenn in Gelatine diffundierende Ag-Ionen bei Ggw. von Hg-Dampf mit *Chromat* (I) reagieren, bilden sich außer den LIESEGANG-Ringen radiale Silberchromatlinien in einer maximalen D. von 600 Linien/mm mit den Eigg. eines Beugungsgitters. Vf. stellte fest, daß für die Bldg. der radialen Diffusionslinien die Ggw. von mindestens 2—3 μg Hg/cm^2 der akt. Geloberfläche notwendig ist. Verunreinigungen in Handelsgelatine können das I bis zu einem gewissen Grade ersetzen, wobei sich die radialen Diffusionslinien bedeutend schwächer ausbilden. Eine Wanderung von koll. Silberchromat ist für die Bldg. der Diffusionslinien nicht verantwortlich. (Science [Washington] **119.** 651—53. 7/5. 1954. Vancouver, Univ. of Brit. Columbia, Brit. Columbia Res. Council.) H. LAMP. 171

Jacob Verduin, *Diffusionskonstante und Diffusionskoeffizient.* Vf. weist nach, daß die Bezeichnung „Diffusionskonstante" in der KROGHschen Publikation „The Anatomy and Physiology of Capillaries" (Yale Univ. Press 1936) nicht wie üblich ident. ist mit dem „Diffusionskoeff.", sondern die Zus. der beiden Variablen Diffusionskoeff. × Löslichkeit der diffundierenden Substanz im fl. Medium ist. (Science [Washington] **121.** 215—16. 11/2. 1955. Put-in-Bay, O., Ohio State Univ., F. T. Stone Inst. of Hydrobiol.) P. WOLF. 171

M. Daune, H. Benoit und **Ch. Sadron,** *Untersuchung der Polydispersität durch Brownsche Diffusion.* Theoret. Betrachtungen führen zu einer Meth. zur Messung des translator. Diffusionskoeff. D in einem polydispersen System. Auf diese Weise können 2 D-Werte bestimmt werden, deren Verhältnis ein Maß für die Polydispersität darstellt. Spezielle Anwendung auf die ZIMMsche Verteilung. (J. Polymer Sci. **16.** 483—89. April 1955. Strasbourg, Centre de Rech. sur les Macromol.) O. FUCHS. 171

C. S. Caldwell und **A. L. Babb,** *Diffusion in idealen binären Flüssigkeitsmischungen.* Es wird über Messungen der gegenseitigen Diffusionskoeffizienten D einiger sich annähernd ideal verhaltender bin. Flüssigkeitssysteme (*Bzl.*-CCl_4, C_6H_5Cl-C_6H_5Br u. $C_6H_5CH_3$-C_6H_5Cl) im Temperaturbereich von 15—40° berichtet, die mit einem MACH-ZEHNDER-Interferometer u. einer Einzelkanaldiffusionszelle durchgeführt wurden. Im gesamten Konzentrationsbereich verlaufen in diesen Systemen die D fast linear mit den Molbrüchen. Eine lineare Beziehung ergibt sich zwischen D η/T u. dem Molenbruch, so daß sich die D irgendwelcher nichtassoziierter Lsgg. bei beliebiger Zus. aus denen bei unendlicher Verdünnung vorhersagen lassen, wie von ROSEVEARE, POWELL u. EYRING vorgeschlagen wurde. Abschließend wird die Anwendbarkeit der von EYRING entwickelten Geschwindigkeitsprozeßtheorie auf die Vorhersagen von D dieser Lsgg. bei unendlicher Verdünnung diskutiert. (J. physic. Chem. **60.** 51—56. Jan. 1956. Seattle, Wash., Univ. of Washington, Dep. of Chem. Engng.) W. NIEMITZ. 171

Helen Towers, Michel Paris und **John Chipman,** *Die Diffusion des Calciumions in flüssiger Schlacke.* Die Möglichkeiten einer Verwendung radioakt. Isotope zur Messung der Diffusionskoeffizienten der Bestandteile in fl. Schlacken wurden untersucht. Die Diffusion des Ca-Ions in einer Schlacke aus 40(%) CaO, 20 Al_2O_3 u. 40 SiO_2 wurde in einem Temperaturbereich von 1350—1450° gemessen. Die entsprechenden Werte sind annähernd $3,3 \cdot 10^{-7}$ u. $1,3 \cdot 10^{-6}$ cm^2 sec^{-1} bei diesen Tempp., u. die Aktivierungsenergie ist ca. 70 ± 20 kcal. Der ermittelte Wert für die Ca-Ionendiffusion stimmt mit dem aus der elektr. Leitfähigkeit ähnlicher Schlacken berechneten Wert überein. (J. Metals **5.** Nr. 11. Sect. 1. Trans. AIME **197.** 1455—58. Nov. 1953. Glasgow, Royal Techn. Coll.; Cambridge, Mass., MIT.) H. HOCHSTEIN. 171

Haruhiko Kimura, *Grundlegende Untersuchung über Sedimentation.* 1. Mitt. *Kritische Strömungsgeschwindigkeit zur Fortbewegung von Teilchen.* Für die Mitnahme von Teilchen (bzw. Wiederablagerung) ist eine mittlere Strömungsgeschwindigkeit an den unteren u. oberen Regionen des Teilchens, bei der die Fortbewegung eben beginnt, maßgebend, die sogenannte „eigentümliche (individuelle) krit. Geschwindigkeit" V_p. Sie ist auch für die Beziehung zwischen Strömungsgeschwindigkeit (die entlang dem Teilchen in verschied. Höhe verschieden ist) u. der Teilchengröße in Betracht zu ziehen. Auf einer glatten ebenen Bodenfläche ist $V_p = k \cdot d^n$, worin k eine Konstante, d der

Teilchendurchmesser u. n = 1,5 für d = 0,1—0,75 mm, bzw. n = 1,0 für d = 0,75—3,5 mm ist. Bei Vorhandensein vieler Teilchen gleicher Größe am Boden nimmt V_p dieser Teilchen wegen der gegenseitigen Reibung zu. (J. geol. Soc. Japan **59.** 533—43. Dez. 1953. Kyoto, Sci. Arts Univ. [Orig.: japan.; Auszug: engl.]) L. SCHULER. 174

Haruhiko Kimura, *Grundlegende Untersuchung über Sedimentation.* 2. Mitt. *Kritische Strömungsgeschwindigkeit zur Fortbewegung von Teilchen.* (1. vgl. vorst. Ref.) Durch Verss. u. ihre physikal. Auswertung werden die V_p- u. k-Werte für verschied. d bzw. n ermittelt: z. B. ist für d > 6,7 k = 31 u. n = 0,5 (bei Einzelteilchen). Bei gleichbleibender Teilchengröße ist $V_p = K (G - 1)\beta$, worin für 0,14 < d < 1,3 mm die Konstanten K = 1,1 u. β = 0,65. Für eine bestimmte Teilchengröße ist V_p proportional der Rauhheit der Unterlage des Teilchens. Bei der Zunahme der Teilchenkonz. nimmt V_p ab u. die Absitzgeschwindigkeit W zu. Dies sind wichtige Faktoren für die Best. der Größenverteilung der Sedimente u. ihre Diskontinuität. (J. geol. Soc. Japan **60.** 81—93. Febr. 1954. Kyoto, Sci. Arts Univ. [Orig.: japan.; Auszug: engl.]) L. SCHULER. 174

R. M. Burger, H. E. Farnsworth und **R. E. Schlier,** *Adsorption von Wasserstoff und Sauerstoff an Germanium.* (Sitzungsbericht.) (Physic. Rev. [2] **98.** 1179. 15/5. 1955. Brown Univ.) E. KLEVER. 176

T. H. George, H. E. Farnsworth und **R. E. Schlier,** *Adsorption von Sauerstoff und Stickstoff durch Titan.* (Sitzungsbericht.) (Physic. Rev. [2] **98.** 1179. 15/5. 1955. Brown Univ.) E. KLEVER. 176

Kurt A. Kraus und **Harold O. Phillips,** *Anionaustauschuntersuchungen.* 19. Mitt. *Anionaustauscheigenschaften von Zirkoniumoxydhydrat.* (18. vgl. C. **1956.** 4640.) Das Verh. von *Zr-Oxydhydrat* (I) als Austauschermaterial wird untersucht. I wird durch Fällung von $ZrOCl_2$ mit NH_3 gewonnen u. bei Tempp. zwischen 30 u. 800° getrocknet. In saurer Lsg. werden Cl^-, Br^-, NO_3^- u. bes. SO_4^{2-} u. CrO_4^{2-} absorbiert. Die Vorgänge lassen sich als Anionenaustausch beschreiben. Die Kapazität des bei 32° getrockneten I beträgt für CrO_4^{2-} 1,4 Mol/kg. Bei Trocknungstempp. über 300° fällt die Kapazität merklich ab. In alkal. Lsgg. wirkt I als Kationenaustauscher. (J. Amer. chem. Soc. **78.** 249. 5/1. 1956. Oak Ridge, Tenn., ORNL, Chem. Div.) E. BLASIUS. 177

Masatosi Nagamatsu, Tetsuro Seiyama und **Wataru Sakai,** *Elektrochemische Untersuchungen an Ionenaustauschern.* 8. Mitt. *Membranleitfähigkeit und Ionenkonzentration in der Membran.* (7. vgl. C. **1956. 2096.**) An künstlichen Kationenaustauschermembranen wurde bei verschied. Beladungszustand (Ba-, Ca-, Cd-, K-, H-Form) der Membranwiderstand zwischen Hg-Elektroden mittels der WHEATSTONEschen Brücke gemessen, ferner durch Best. der Ionenkonz. (Titration nach MOHR) der mittlere Koeff. der Ionenaktivität in der Membran bestimmt. Bei genügender Verdünnung der umgebenden Lsg. besitzt die Membran eine höhere spezif. Leitfähigkeit als die Lösung. Mit zunehmender Konz. letzterer geht die Leitfähigkeit der Membran zurück. Die Ionenbeweglichkeit in der Membran ist sehr gering im Vgl. zu derjenigen der äußeren Lösung. Die Affinitäten zwischen Harz u. Kationen folgen der Reihe: Ba^{2+}, $Cd^{2+} > Ca^{2+} > K^+ > H^+$. Der mittlere Koeff. der Ionenaktivität wächst mit der Konz. der äußeren Lösung. (J. electrochem. Soc. Japan **22.** 362—66. Juli 1954. Fukuoka, Japan, Kyushu Univ., Electrochem. Labor. [Orig.: japan., Auszug: engl.]) G. NAUMANN. 177

Mark von Stackelberg u. a., Kolloidchemische Untersuchungen. Als Ms. gedr. Köln, Opladen: Westdeutscher Verl. 1955. (94 S. m. Abb. u. Tab.) 4° = Forschungsberichte d. Wirtschafts- u. Verkehrsministeriums Nordrhein-Westfalen. Nr. 166. DM. 21,25.

A₆. Strukturforschung.

M. Magat, *Sowjetische Arbeiten über die Theorie der Chemischen Bindung.* Überblick über die von 1947—1953 in der UdSSR erschienenen Beiträge zur Kenntnis der chem. Bindung. Gesondert werden diesbzgl. Arbeiten über zwei- u. mehratomige Moll., Komplexionen, sowie Arbeiten rein theoret. Inhaltes behandelt. — 64 Literaturangaben. (Suppl. del Nuovo Cimento (zu [9] **10.**) 416—40. 1953. Paris, Fac. des Sci., Labor. de Chim. Phys.) H.-G. PLUST. 182

H. O. Pritchard und **H. A. Skinner,** *Die Vorstellung der Elektronegativität.* In einem zusammenfassenden Bericht besprechen u. vergleichen Vff. die von PAULING, MULLIKEN, MALONE u. GORDY gemessenen Elektronegativitätswerte, behandeln weiter die Elektronegativitäten von Radikalen u. befassen sich schließlich mit einer Reihe von Anwendungen der Elektronegativitätsskala, u. zwar der Best. des prozentualen Ionencharakters, den Bindungslängen polarer Bindungen, den Dissoziationsenergien in polaren Moll. u. dem Zusammenhang zwischen den Elektronegativitäten u. der Molekülbahntheorie. —

128 Literaturzitate. (Chem. Reviews **55.** 745—86. Aug. 1955. Manchester, Univ., Chem. Dep.) B. REUTER. 182

Raymond Daudel und **Claude Vroelant,** *Beziehung zwischen der neuen Theorie der gerichteten Valenz und dem geometrischen Begriff der Nachbarschaft.* Ausgehend von der statist. Auswertung experimenteller Ergebnisse (DAUDEL, C. **1955.** 6944) entwickeln Vff. Modellvorstellungen von Nachbarschaftstypen, die aus der verschiedenartigen Verknüpfung von Atomen resultieren können. Bei der Aufstellung dieser wahrscheinlichsten Konfigurationen, die graph. dargestellt u. diskutiert werden, dürfen die Beziehungen zwischen Elektronen entgegengesetzten Spins nicht vernachlässigt werden. Die für die gekoppelten Elektronenpaare angenommenen Positionen können als Schwerpunktszentren der beiden Elektronen dargestellt werden, die selbst andere Lagen besitzen dürfen. (C. R. hebd. Séances Acad. Sci. **236.** 78—81. 5/1. 1953.) K. FRENKLER. 182

R. Buschert, I. G. Geib und **K. Lark-Horovitz,** *Struktur von flüssigem Tellur.* (Sitzungsbericht.) (Physic. Rev. [2] **98.** 1157. 15/5. 1955. Purdue Univ.) E. KLEVER. 186

Jerome Rothstein, *Versetzungsmodell der Flüssigkeiten.* (Vgl. C. **1956.** 4352.) (Sitzungsbericht.) (Physic. Rev. [2] **98.** 1157. 15/5. 1955. Signal Corps Engng. Labors.) E. KLEVER. 186

John P. Nielsen, *Sekundäre Rekristallisationsanalogie in einem heterogenen Flüssigkeitssystem.* (Sitzungsbericht.) (Physic. Rev. [2] **98.** 1157. 15/5. 1955. New York Univ.) E. KLEVER. 190

Adolf Smekal, *Dendritenbildung und Wiederverdampfung bei der schnellen Kristallisation von Salzschmelzen.* Frühere Unterss. des Vf. (The Physics of Powder Metallurgy, New York [1951]) über die Einkornrekristallisation von NaCl-Kristallen ergaben kein Lamellenwachstum, wie es nach GRAF (C. **1952.** 7298) zu erwarten wäre. Zur Prüfung der Annahme, daß die GRAFschen Lamellen weniger eine Wachstumsstruktur als ein Ergebnis nachträglicher Verdampfung seien, wurden NaCl-Dendrite mikrointerferometr. untersucht. Dabei konnten Lamellendicken zwischen 1 μ u. 0,1 μ nachgewiesen, noch geringere vermutet werden. Weiterhin zeigte sich, daß die Lamellen nur eine Oberflächenstruktur sind u. nicht das Innere des Kristalls durchlaufen. Damit erscheint die Entstehung derartiger Dendriten nach dem GRAFschen Wachstumsmechanismus widerlegt; sie entstehen wohl durch rasche Kristallisation u. teilweises Wiederverdampfen. (Anz. österr. Akad. Wiss., math.-naturwiss. Kl. **1954.** 17—19. Graz, Univ., Phys. Inst.) H. C. WOLF. 190

J. Hijmans und **J. de Boer,** *Eine Näherungsmethode für Probleme des Ordnungsgrads.* 1. Mitt. Auf einem von KIKUCHI (vgl. C. **1953.** 338) eingeführten Prinzip fußend, entwickelten die Vff. eine systemat. Approximationsmeth. für Probleme des Ordnungsgrades. Jede Approximation ist durch die Wahl einer gewissen Grundfigur u. durch die Verteilung von Figuren dieses Typs im Gitter über ihre verschied. Konfigurationen charakterisiert. Die mit dieser Meth. auf Grund der Verteilungszahlen für die Grundfigur u. einige ihrer Subfiguren erhaltene freie Energie des Syst. muß mit Bezug auf diese Makrovariablen verringert werden. (Physica **21.** 471—84. Juni 1955. Amsterdam, Univ., Inst. voor theoret. Phys.) C. GOTTFRIED. 190

J. Hijmans und **J. de Boer,** *Eine Näherungsmethode für Probleme des Ordnungsgrads.* 2. Mitt. (1. vgl. vorst. Ref.) Durch Verringerung des l. c. erhaltenen Ausdrucks für die freie Energie mit Bezug auf die Verteilungszahlen für die Grundfigur u. die entsprechenden Reihen von Subfiguren als Makrovariablen wurde der Gleichgewichtszustand eines Syst. geordnet–regellos berechnet. (Physica **21.** 485—98. Juni 1955.) C. GOTTFRIED. 190

J. Hijmans und **J. de Boer,** *Eine Näherungsmethode für Probleme des Ordnungsgrads.* 3. Mitt. (2. vgl. vorst. Ref.) Die l. c. entwickelte Meth. zur Behandlung von Erscheinungen des Ordnungsgrads wurde auf ein dreieckiges Gitter mit einem Dreieck u. einem Rhombus als Grundfiguren angewandt. (Physica **21.** 499—516. Juni 1955.) C. GOTTFRIED. 190

R. Gevers, *Die Beugung der Röntgenstrahlen durch dichtgepackte Kristalle mit „Wachstumsstapelfehlern". Sonderfälle s = 4 und s = 6.* (Vgl. C. **1955.** 3809. 6928.) Für die Berechnung der vom Vf. bereits früher (C. **1953.** 8021) ermittelten Intensität der durch dicht gepackte, mit „Wachstumsstapelfehlern" behaftete Kristalle der *SiC* 4 H-, SiC 6 H- u. SiC 15 R-Struktur gebeugten Röntgenstrahlen (Sonderfälle s = 4 u. s = 6) wird ein einfacheres u. allg. gültiges Verf. angegeben. Das ebenfalls bereits beschriebene Verf. (C. **1955.** 10210) wird zur Berechnung der Röntgenstrahlenintensität (L = 0 u. L = 2, 3 oder 7/2) angewandt. (Natuurwetensch. Tijdschr. **35.** 167—76. 14/8. 1954. Gent, Univ., Labor. voor Kristalkunde.) W. WESLY. 195

L. Cartz, R. Diamond und **P. B. Hirsch,** *Neue Röntgendaten an Kohlen.* In Fortsetzung früherer Arbeiten (vgl. HIRSCH, C. **1956.** 3227) untersuchten Vff. verschied. Kohlesorten, Kohlenextrakte u. -rückstände sowie den Vorgang der Carbonisierung. Zu den Unterss. verschied. Kohlesorten wurden bes. schwarze u. graue Duraine mit C-Gehh. von 82,3—91,4% herangezogen, aus deren Röntgenkleinwinkelstreuung, vor allem dem Reflex (002), auf ihren Geh. an verschied. petrograph. Bestandteilen (Fusit, Vitrit u. a.) geschlossen wird. Extraktion von Kohlen (mit C-Gehh. von 78—89%) mittels Äthylendiamin ergab Prodd. mit neuen charakterist. Beugungsringen, die von Vff. durch die Bldg. einer „mikroporigen" Struktur (wie bei der Verkokung) erklärt werden. Zur Unters. der Carbonisierung wurden Kohlenproben von Zimmertemp. bis auf 1000° erhitzt u. die entsprechenden Diagramme diffuser Klein- u. Weitwinkelstreuung in Intervallen von 100° aufgenommen. (Nature [London] **177.** 500—02. 17/3. 1956. Cambridge, Cavendish Labor., Crystallogr. Labor.) G. RUBAN. 195

Bertram Zaslow, Masao Atoji und **William N. Lipscomb,** *Die Kristallstruktur von Phosgen, $COCl_2$.* $COCl_2$ krist. tetragonal in C_{4h}^6 — I 4_1/a mit 16 Moll. in der Elementarzelle, deren Dimensionen a = b = 15,82 u. c = 5,72 Å betragen. Die aus FOURIER-Synthesen u. nach der Meth. der kleinsten Quadrate bzw. nach „trial and error" (z-Koordinaten) bestimmten Atomparameter sind: Cl_1 (x = 0,0394; y = −0,1417; z = 0,150); Cl_2 (0,1038; −0,0528; −0,250); O (0,1982; −0,1306; 0,039); C (0,1295; −0,1126; −0,004). Mit diesen Werten ergeben sich die Atomabstände C—Cl_1 = 1,74 ± 0,02; C—Cl_2 = 1,74 ± 0,02; C=O = 1,15 ± 0,02 Å u. ∢ Cl_1—C—Cl_2 = 111,0 ± 1,5°. Intermol. Abstände sind Cl_1—Cl_1 = 3,64; Cl_2—Cl_2 = 3,76 Å u. Cl_2—O = 3,12 Å. Der etwas kurze Cl_2—O-Abstand deutet darauf hin, daß die VAN DER WAALSschen Bindungen innerhalb der Spiralen um die Schraubungsachsen etwas fester als die zwischen den Spiralen sind. Bei −160° liegt eine vollkommen geordnete Struktur vor, u. die Restentropie von 1,63 e.u. findet keine Erklärung. (Acta crystallogr. [Copenhagen] **5.** 833—37. 10/11. 1952. Minneapolis, Minn., Univ. of Minnesota, School of Chem.) W. KRÖNERT. 195

Joshua Ladell, Benjamin Post und **I. Fankuchen,** *Die Kristallstruktur von Nickelcarbonyl, $Ni(CO)_4$.* Schwenkaufnahmen von $Ni(CO)_4$-Einkristallen bei −55 ± 5° lassen sich unter Annahme einer kub. Elementarzelle mit a_0 = 10,84 ± 0,02 Å indizieren. Mit der auf −55° extrapolierten D. = 1,7 wird Z = 8 berechnet. Als wahrscheinlichste Raumgruppe ergibt sich P a 3. Aus FOURIER-Synthesen werden die Atomkoordinaten bestimmt: 8 Ni in (c) ± (u, u, u; ½ + u, ½ − u, $\bar{u}$; ↻); 8 C in (c) ± (v, v, v; ½ + v, ½ − v, $\bar{v}$; ↻); 8 O in (c) ± (w, w, w; ½ + w, ½ − w, $\bar{w}$; ↻); 24 C in (d) ± (v_1, v_2, v_3; ↻; ½ + v_1, ½ − v_2, $\bar{v}_3$; ↻; ½ − v_1, $\bar{v}_2$, ½ + v_3; ↻ $\bar{v}_1$, ½ + v_2, ½ − v_3; ↻); 24 O in (d) ± (w_1, w_2, w_3; ↻; ½ + w_1, ½ − w_2, $\bar{w}_3$; ↻; ½ − w_1, $\bar{w}_2$, ½ + w_3; ↻; $\bar{w}_1$, ½ + w_2, ½ − w_3; ↻) mit u = 0,123; v = 0,220; w = 0,281; v_1 = 0,032; w_1 = −0,025; v_2 = 0,020; w_2 = −0,044; v_3 = 0,220; w_3 = 0,280. Das Mol. besitzt die Struktur eines regulären Tetraeders mit zentralem Ni-Atom. Die Berechnung der Elektronendichte in Richtung der Würfeldiagonalen zeigt, daß die Atomanordnung Ni—C—O u. nicht Ni—O—C ist. Die Bindungslängen Ni—C = 1,84 ± 0,03 u. C—O = 1,15 ± 0,03 Å stehen in guter Übereinstimmung mit den von BROCKWAY u. CROSS (J. chem. Physics **3.** [1935.] 828) aus Elektronenbeugungsunterss. ermittelten Daten. Die kürzesten intermol. Abstände sind Ni—Ni = 4,61 u. O—O = 3,24 Å. (Acta crystallogr. [Copenhagen] **5.** 795—800. 10/11. 1952. Brooklyn, N. Y., Polytechn. Inst. of Brooklyn, Dep. of Phys.) W. KRÖNERT. 195

Sigmund Weissmann und **Roger Chang,** *Röntgenbeugungsuntersuchungen von Strahlungsschäden an Germaniumeinkristallen.* (Sitzungsbericht.) (Physic. Rev. [2] **99.** 657. 15/7. 1955. Rutgers Univ.) R. LEVI. 195

Nobuji Sasaki und **Ryuzo Ueda,** *Elektronenmikroskopische Untersuchungen an im Vakuum aufgedampften dünnen Metallfilmen.* Vff. untersuchen den Einfl. von Luft auf im Vakuum aufgedampfte *Al-* u. *Ba*-Filme. Die Kornstruktur von Al-Filmen wird durch die Einw. von Luft bei Zimmertemp. leicht undeutlich. Ba, das frisch präpariert homogen erscheint, erhält durch 15std. Behandlung mit Luft eine moosige Struktur. (Bull. Inst. chem. Res., Kyoto Univ. [Kagaku Kenkyusho Hokoku] **30.** Nr. 9. 38. Sept. 1952. Sasaki Labor. [Orig.: engl.]) H. W. LEVI. 196

F. Erdmann-Jesnitzer und **F. Günther,** *Beitrag zur Bildung von Randstengelkorn in Messing beim Ausdampfen von Zink.* Verdampfen im Vakuum von Zn aus Messing führte nicht zur Randstengelkornbldg., dagegen konnte 48std. Glühen in Ggw. von O_2 als günstigste Bedingung zur Erzeugung von Randstengelkorn aus ($\alpha + \beta$)-Messing ermittelt werden. Röntgenograph. Texturunterss. ergaben, daß das durch Ausdampfen von Zn erhaltene Randstengelkorn in Messing keine Textur aufweist. Die Gitterkonstante ändert sich in der äußeren porenreichen Randzone nicht. Nach dem Innern der Stengelkörner steigt sie zunächst sehr langsam, dann aber steil an. Beim Übergang vom α-Stengelkorn zum (α + β)-Messing wird ein Konzentrationssprung angenommen. Durch mikroröntgenograph. Unterss. wird bestätigt, daß der Steilanstieg der Zn-Konz. im α-Stengelkorn liegt. Das Fehlen einer Textur wird aus der Diffusion des Zn im Cu-Kristall in allen Richtungen erklärt. — 14 Schrifttumsangaben. (Metall **9.** 377—81. Mai 1955. Freiberg/Sa., Bergakademie.) F. VIER. 196

Gerhard Pfefferkorn, *Elektronenmikroskopische Untersuchungen an Metalloxydschichten.* Elektronenmkr. Beobachtungen an oxydierten Metallen zeigen in vielen Fällen senkrecht aus der Oxydschicht herausstehende Nadeln u. Blättchen. Diese wachsen an der Spitze weiter u. schieben sich nicht aus dem Untergrund heraus, wie durch period. Oxydationsverss. gezeigt werden konnte. Besondere Eigg. der Nadeloberflächen sprechen dafür, daß es sich um eine Oberflächendiffusion handelt. Die Dicke u. Länge der Nadeln hängt bei *Cu* u. *Fe* von der Temp. u. der Zeit ab. Die Vergrößerung der Oberfläche der Oxydschicht durch die Nadeln u. Blättchen dürfte mit den Vorgängen der Chemisorption, der elektr. Leitfähigkeit u. der katalyt. Wirksamkeit im Zusammenhang stehen. (Z. Metallkunde **46.** 204—07. März 1955. Münster/Westf., Staatsinst. für Staublungenforsch.) H. HOCHSTEIN. 196

R. H. Neynaber, W. G. Brammer und **W. W. Beeman,** *Kleinwinkelröntgenstreuung an kaltbearbeiteten Metallen.* (Sitzungsbericht.) (Physic. Rev. [2] **99.** 615. 15/7. 1955. Univ. of Wisconsin.) R. STEIN. 197

Hideo Takagi und **Masashige Koyama,** *Röntgenuntersuchung an Thalliumfolien.* Gewalzte u. bei verschied. Tempp. zwischen 240 u. 280° getemperte Tl-Folien wurden nach der LAUE- u. nach der Drehkristallmeth. röntgenograph. untersucht. In den bei Zimmertemp. erhaltenen Röntgendiagrammen getemperter Präpp. ließen sich keine Reflexe der Hochtemperaturmodifikation des Tl nachweisen, diese ist also im Gegensatz zu den Verhältnissen beim Co, dessen Hochtemperaturmodifikation unter gewissen Umständen bei Zimmertemp. beständig ist, nur oberhalb der Umwandlungstemp. von 231° stabil. Die Röntgendiagramme lassen ferner gewisse Orientierungen der Kristallite innerhalb der Folie erkennen, die von der Vorbehandlung abhängig sind. (Bull. Inst. chem. Res., Kyoto Univ. [Kagaku Kenkyusho Hokoku] **30.** Nr. 9. 36—38. Sept. 1952. H. Tagaki Labor. [Orig.: engl.]) H. W. LEVI. 197

P. R. Pallister, *Einige Gesichtspunkte über die α → γ-Umwandlung von sehr reinem Eisen.* Messungen der spezif. Wärme, therm. Analyse u. Messungen der Thermokraft wurden an Proben aus einem Eisen ausgeführt, das einen Reinheitsgrad von 99,99% hatte. Die unterste Temp. für die α → γ-Umwandlung u. die höchste Temp. für die γ → α-Umwandlung liegen beide dicht bei 908,5°. (J. Iron Steel Inst. **178.** 346—48. Dez. 1954. Woolwich, Coll. of Engng. and Sci.) H. HOCHSTEIN. 197

Eugen Kappler und **Ludwig Reimer,** *Röntgenographische Untersuchungen über Eigenspannungen in plastisch gedehntem Eisen.* Ausführliche Darst. der C. **1954.** 6677 referierten Arbeit. (Z. angew. Physik **5.** 401—06. Nov. 1953. Münster, Univ., Phys. Inst.) TH. HEUMANN. 197

Georges Cizeron und **Paul Lacombe,** *Dilatometrische Untersuchung der isothermen Sinterung von Carbonyleisen.* Unter isothermen Bedingungen wurden Proben eines sehr reinen Carbonyleisenpulvers bei Tempp. zwischen 600 u. 900° 60 Std. gesintert. Zwischen 750 u. 900° folgt die Schrumpfung einem Gesetz $L = K t^n$ ($n = 1/5$), daran anschließend $L = L_0 - K' t^{n'}$ ($n' = -1/2$). Die Kurven der Schrumpfung (in %) in Abhängigkeit von der Zeit gehen in eine Horizontale über, die der D. des kompakten Metalles bei der betreffenden Temp. entspricht. K u. K' hängen nur von der Temp. ab, u. zwar von der Aktivierungswärme der beim Sintern verlaufenden Vorgänge. Es wird gezeigt, daß $K = K_1 \cdot e^{-nU/RT}$ bzw. $K' = K_2 e^{-n'U/RT}$, worin U die Aktivierungswärme u. K_1 bzw. K_2 temperaturunabhängige Konstanten sind. Die aus den graph. Darstellungen der Werte $(1/n) \cdot \ln K$ bzw. $(1/n') \cdot \ln K'$ in Abhängigkeit von 1/T entnommenen U-Werte (78000, 53000 u. 36000 cal/Mol) zeigen, daß die Schrumpfung sich nach verschied. Mechanismen vollzieht: Diffusion innerhalb des Vol. u. Diffusion an der Oberfläche oder in den Verbindungen. (C. R. hebd. Séances Acad. Sci. **240.** 427—29. 24/1. 1955.) H. MENKE. 197

Kehsin Kuo und **L. E. Persson,** *Ein Beitrag zum Aufbau des ternären Zustandsschaubildes Fe–Mn–C. Isothermische Schnitte bei 1050, 910 und 690°.* Das Zustandsschaubild des tern. Syst. Fe–Mn–C bei 1050, 910 u. 690° wurde auf pulvermetallurg. Wege u. durch röntgenograph. Verff. bestimmt. Hierbei zeigte sich, daß in diesem tern. Syst. kein Eisen–Mangan-Doppelcarbid besteht, aber die Löslichkeiten von Mn in Fe_3C u. von Eisen in den Mangancarbiden ($Mn_{23}C_6$, Mn_7C_2, Mn_3C, Mn_5C_2 u. Mn_7C_3) sind sehr groß. Bei 1050° ist $(Mn, Fe)_3C$ im Gleichgewicht mit den Metallphasen, wobei es bei seiner Ausdehnung vom Fe_3C zu Mn_3C eine Reihe von Mischkristallen bildet. Unter 1025° wird das Carbid $(Mn, Fe)_{22}C_6$ stabil u. tritt zusammen mit $(Mn, Fe)_3C$ im Gleichgewicht mit den Metallphasen auf. Anders verhält sich das isomorphe Carbid $(Mn, Fe)_7C_3$, welches niemals zusammen mit irgendeiner Metallphase auftritt. Das bin. Carbid Mn_3C ist unterhalb von 950° nicht stabil, u. die Löslichkeit von Mn in $(Mn, Fe)_3C$ nimmt mit abnehmender Temp. ab. (J. Iron Steel Inst. **178.** 39—44. Sept. 1954. Uppsala, Schweden, Univ.) H. HOCHSTEIN. 197

R. Wachtell, *Die Mikrostruktur von Eisen–Silicium-Legierungen, entwickelt nach pulvermetallurgischen Verfahren.* An einer Reihe von Schliffbildaufnahmen gesinterter Fe–Si-Legierungen, die heiß gepreßt u. bei verschied. Tempp. verschieden lange homogenisiert wurden, wird der Diffusionsmechanismus von Fe, Si u. Fe–Si untersucht. Dabei wird Si sowohl in Form einer zerkleinerten 25% Si enthaltenden Fe–Si-Legierung als auch als Si-Pulver der preßfähigen Mischung zugeführt. Vf. findet dabei eine Reihe pseudomorpher Strukturen. (J. Metals **188.** 354—60. Febr. 1950. Yonkers, N. Y., American Electro Metal Corp.) H. FAHLENBRACH. 197

David Turnbull, *Theorie der Korngrenzenverschiebungsgeschwindigkeiten.* Eine Beziehung zwischen den Korngrenzenverschiebungsgeschwindigkeiten u. den Diffusionskoeffizienten wird auf Grund der absol. Reaktionsgeschwindigkeitstheorie abgeleitet. Es wird gezeigt, daß bei einer Gitterselbstdiffusion die freie Energie der Aktivierung diejenige bei der Korngrenzenverschiebung stark übersteigt. Im *Ag* ist die freie Aktivierungsenergie für Korngrenzenselbstdiffuion gleich derjenigen für Korngrenzenverschiebung. Die scheinbare Entropie der Aktivierung für Korngrenzenverschiebung ist viel größer als für Selbstdiffusionsvorgänge. Eine Erklärung für die unerwartet große Aktivierungsenergie in Kornverschiebungsvorgängen wird auf Grund der Annahme gegeben, daß die die Grenzverschiebung verzögernden Einschlüsse bei erhöhter Temp. infolge ihrer Lsg. u. ihres Zusammenfließens weniger wirksam werden. (J. Metals **3.** 661—65. Aug. 1951. **4.** 513—14. Mai 1952. Schenectady, N. Y., General Electric Co.) H. HOCHSTEIN. 197

D. McLean und **M. H. Farmer,** *Korngrenzenverschiebung, Gleitung und Zertrümmerung während des Kriechens von Aluminium–Kupfer-, Aluminium–Magnesium- und Aluminium–Zink-Legierungen.* 3 vielkristalline Al-Legierungen, nämlich Al-Legierung mit 0,46 (%) Cu oder 0,20 Mg oder 4,9 Zn, wurden auf das Kriechverh. untersucht u. dabei Beobachtungen über Verschiebungen an den Korngrenzen, das Auftreten von Gleitung oder eine Zertrümmerung der ursprünglichen Kristalle in Unterkristalle angestellt. Es wird festgestellt, daß das Gleiten u. die Korngrenzenverschiebung gleichzeitig auftreten u. ein konstantes Verhältnis zueinander aufweisen. Die Größe dieses Verhältnisses hängt von den Prüfungsbedingungen ab. (J. Inst. Metals **83.** 1—10 u. Tafeln I—II. Sept. 1954. Teddington.) H. HOCHSTEIN. 197

Hideo Nishimura und **Yotaro Murakami,** *Untersuchung der Aluminium–Zink–Magnesium-Legierungen auf der Zn–Al-Seite.* Die Zustände u. die Gleichgewichte der Mg-armen Al–Zn–Mg-Legierungen bis zum quasi-bin. Syst. $Al–MgZn_2$ wurden bestimmt. Auf Grund dieser Versuchsergebnisse wurde ein allg. Zustandsschaubild aufgestellt. Auch der Abkühlungs- u. Umwandlungsprozeß im festen Zustand wurde ermittelt. (Mem. Fac. Engng., Kyoto Univ. **12.** 119—28. Jan. 1950. [Orig.: engl.]) W. HAUG. 197

Konrad Schubert, Erhard Dörre und **Manfred Kluge,** *Zur Kristallchemie der B-Metalle.* 3. Mitt. *Kristallstruktur von GaSe und InTe.* (1. u. 2. vgl. C. **1955.** 6470.) Wegen eines Vorschlages über die Ortskorrelation der Valenzelektronen in B-Elementstrukturen war die Aufklärung der Strukturen von GaSe u. InTe von Interesse. Es ergaben sich bei GaSe zwei Modifikationen: 1. C^1_{3h} — P $\bar{6}$, $a = 3{,}73_5$, $c = 15{,}88_7$ kX; 2 Ga in 2 (g) $z = 0{,}07_5$, 2 Se in 2 (i) $z = 0{,}15_0$ u. die durch die Translationen 2/3, 1/3, 1/2 aus diesen hervorgehenden vier Lagen. 2. C^5_{3v} — R 3 m, $a = 3{,}73_9$, $c = 23{,}86_2$ kX; 6 Ga in 3 (a) $z = \pm 0{,}05_0$, 6 Se in 3 (a) $z = 2/3 \pm 0{,}10_0$. Obige Strukturen legen eine Ortskorrelation der Valenze ektronen nahe, nach der 10 (bzw. 15) Elektronennetzebenen senkrecht zur c-Achse v orhanden sind mit folgenden Zahlen der Elektronenplätze je Kristallgittermasche der h exagonalen Modifikation: $4, 3, 4, 3, 4, 4, 3, 4, 3, 4 = 6 \cdot 4 + 4 \cdot 3 = 36$. Die Struktur u. ihre Ortskorrelation fügt sich mithin sehr gut zwischen die Strukturen von Ge u. As u. die für diese vorgeschlagenen Ortskorrelationen ein. In dieser Kristallstruktur kann nicht wie bei der verwandten Struktur des CdJ_2 ein durchgehendes Anionengitter angegeben werden, in dessen Lücken die Kationen symm. eingelagert werden. Die Struktur des GaSe ist daher ein Beispiel für die Nützlichkeit der Ortskorrelationsvorstellung. Die Phase InTe ist vom TlSe (B 37)-Typ mit $a = 8{,}42_{0\pm5}$ kX; $c = 7{,}12_{5\pm5}$ kX; $c/a = 0{,}84_{5\pm5}$ u. $x = 0{,}18_{0\pm5}$. Diese Struktur legt eine Ortskorrelation der Valenzelektronen nahe, nach der 4 Elektronennetzebenen mit 18 Elektronen je Atomgittermasche in der Struktur vorhanden sind u. ein tetragonal leicht verzerrtes B *1*-Gitter bilden. Aus dieser Ortskorrelation werden Einzelheiten der Struktur verständlich. (Z. Metallkunde **46.** 216—24. März 1955. Stuttgart, Max-Planck-Inst. für Metallforsch.) H. HOCHSTEIN. 197

Allan Zalkin und **William J. Ramsey,** *Intermetallische Verbindungen zwischen Lithium und Blei.* 1. Mitt. *Die Strukturen von Li_3Pb und Li_7Pb_2.* Li_3Pb krist. in einem kub. flächenzentrierten Gitter mit a = 6,687 ± 0,003 Å. Die Elementarzelle enthält 4 Formeleinheiten, die Röntgendichte beträgt 5,06, die Raumgruppe ist O_h^5 — F m 3 m. Die Atome befinden sich in folgenden Positionen: 4 Pb in 4(a) 0, 0, 0; 4 Li(I) in $^1/_2$, $^1/_2$, $^1/_2$ u. 8 Li(II) in $^1/_4$, $^1/_4$, $^1/_4$ u. $^3/_4$, $^3/_4$, $^3/_4$. Die interatomaren Abstände werden erörtert. Die Verb. ist isomorph mit *β-Li_3Bi* u. *β-Li_3Sb*. Li_7Pb_2 krist. hexagonal mit a = 4,751 ± 0,002 Å, c = 5,589 ± 0,004 Å u. c/a = 1,808 ± 0,002. Die mit einem He-Verdrängungsdensitometer bestimmte D. beträgt 4,53, die Röntgendichte 4,59. Das Röntgendiagramm ähnelt denen der Verbb. vom *Na_3As*-Typ. Es werden folgende Atompositionen angenommen: 2 Pb in 2(d) $^1/_3$, $^2/_3$, z u. $^2/_3$, $^1/_3$, $\bar{z}$ (z = + $^1/_4$); 4 Li(I) in 2(d) $^1/_3$, $^2/_3$, z u. $^2/_3$, $^1/_3$, $\bar{z}$ (z = — $^1/_2$) sowie $^1/_3$, $^2/_3$, z u. $^2/_3$, $^1/_3$, $\bar{z}$ (z = $^5/_{12}$); 2 Li(II) in 2(c) 0, 0, z u. 0, 0, $\bar{z}$ (z = $^1/_3$); 1 Li(III) in 1(a) 0, 0, 0. Mögliche Raumgruppen sind D_3^2 — P 3 2 1, P 3 u. P 3 m 1. Die Struktur wird diskutiert. Ferner wurden Verbb. mit einem Li/Pb-Verhältnis von ca. 2,5 untersucht. Die Pulverdiagramme ließen sich nicht indizieren, Einkristallaufnahmen ergaben eine monokline Elementarzelle u. eine wahrscheinliche Formel *Li_8Pb_3*. Für Verbb. mit Li/Pb ≈ 4,0 ergaben WEISSENBERG-Diagramme eine kub. flächenzentrierte Zelle mit a = 20,0 Å. Die strukturellen Beziehungen zwischen den 4 Verbb. werden erörtert. (J. physic. Chem. **60.** 234—36. Febr. 1956. Livermore, Calif., Univ. of California, Radiat. Labor.) H. W. LEVI. 197

Samuel G. Gordon, James A. McGurty, Gilbert E. Klein und **Walter J. Koshuba,** *Intermetallische Verbindungen im System Molybdän–Beryllium.* Es wird die Existenz der intermetall. Verb. *$MoBe_2$* nachgewiesen. Eine Zahlentafel der interplanaren Abstände von dieser Verb. u. von *$MoBe_{13}$* wird mitgeteilt. Die Verb. $MoBe_{13}$ unterscheidet sich von anderen intermetall. Verbb. des Typs MBe_{13} durch ihren tetragonalen Aufbau an Stelle des kubischen. (J. Metals **3.** 637—38. Aug. 1951. Los Alamos, N. Mex., Los Alamos Scient. Labor., u. Oak Ridge, Tenn., Faichild Engine and Airplane Corp.) H. HOCHSTEIN. 197

Werner Köster und **Heinz Schmid,** *Das Zweistoffsystem Kobalt–Vanadin.* Im Syst. Co–V werden die Schmelzgleichgewichte u. die Umsetzungen im festen Zustand festgelegt. Die wesentlichste neue Erkenntnis besteht darin, daß im Bereich der Co-Mischkristalle eine Ordnungsphase Co_3V existiert, die sich bei 1070° ausbildet u. einen Homogenitätsbereich von ca. 10% hat. Nach beiden Seiten schließt sich an ihr Zustandsfeld ein Zweiphasengebiet an, in dem sie mit γ- bzw. σ-Mischkristallen im Gleichgewicht ist. (Z. Metallkunde **46.** 195—97. März 1955. Stuttgart, Max-Planck-Inst. für Metallforsch.) H. HOCHSTEIN. 197

Arthur V. Siefert und **Francis T. Worrell,** *Die Bedeutung tetragonaler Zwillinge bei der inneren Reibung in Kupfer-Mangan-Legierungen.* Proben mit 88% Mn, die von 925° (γ-Gebiet) abgeschreckt wurden u. eine tetragonale Struktur zeigen, besitzen einen ungewöhnlich hohen Wert der inneren Reibung. Letztere wurde im Temperaturbereich von —40° bis Zimmertemp. an Transversalschwingungen gemessen, welche mit Hilfe eines elektromagnet. Antriebes erzeugt wurden. Eine Glühbehandlung bei 625° setzt die innere Reibung stark herab, gleichzeitig verschwinden die in den abgeschreckten Proben vorliegenden Zwillinge. Damit ist die Vermutung bestätigt, daß der hohe Wert der inneren Reibung auf die mit der Zwillingsbldg. in der γ-Phase gekoppelte Spannungsrelaxation zurückgeführt werden kann. (J. appl. Physics **22.** 1257—59. Okt. 1951. Troy, N. Y., Rensselaer Polytechn. Inst., Dep. of Phys.) TH. HEUMANN. 197

Chi Yao Li und **A. S. Nowick,** *Kritische Temperatur für selbstinduzierte Ordnung in festen Ag–Zn-Lösungen.* (Sitzungsbericht.) (Physic. Rev. [2] **98.** 1152. 15/5. 1955. Yale Univ.) E. KLEVER. 197

R. Feder und **A. S. Nowick,** *Anomales Verhalten von oberhalb 600° C getempertem Cu_3Au.* (Sitzungsbericht.) (Physic. Rev. [2] **98.** 1152. 15/5. 1955. Frankford, Ark.) E. KLEVER. 197

Ernst Raub und **Georg Wörwag,** *Über Gold–Palladium–Kupfer-Legierungen.* Die Unters. von Isothermenschnitten des tern. Syst. Au-Pd-Cu zwischen 550 u. 350° u. von vier Temp.-Konz.-Schnitten hat ergeben, daß die AuCu- u. PdCu-Umwandlungen als echte Phasenumwandlungen in das tern. Syst. eingehen. Sie führen zum Auftreten zweiphasiger u. dreiphasiger Zustandsräume in den tern. Legierungen. Die Bildungstemp. der Ordnungsphasen steigt im tern. Gebiet an u. durchläuft ein Maximum. Die tern. tetragonal-flächenzentrierte Ordnungsphase weist die höchste Stabilität bei der Zus. $Au_3Pd_2Cu_5$ auf. Bei dieser Zus. liegt die Bildungstemp. 185° über der der bin. AuCu-Phase. Die

Zweiphasenräume, welche die einphasigen Zustandsräume der tetragonal-flächenzentrierten u. der kub.-raumzentrierten Ordnungsphase umhüllen, berühren sich gerade bei einer Temp. von 545° u. einer Zus. von 38 Gew.-% Au, 29 Gew.-% Pd u. 33 Gew.-% Cu. Bei dieser Temp. u. bei dieser Zus. zerfallen die ungeordneten Mischkristalle gleichzeitig in die beiden Ordnungsphasen. Auf dem Temp.-Konz.-Schnitt $AuCu_3$–$PdCu_3$ beobachtet man nur eine kub.-flächenzentrierte Ordnungsphase, deren Gitterkonstante sich zwischen $AuCu_3$ u. $PdCu_3$ stetig ändert. Die tetragonale Verzerrung der $PdCu_3$-Phase bei den Legierungen mit 19—26 At.-% Pd wird durch Au zurückgedrängt. (Z. Metallkunde **46.** 119—28. Febr. 1955. Schwäbisch-Gmünd, Forschungsinst. für Edelmetalle.) H. HOCHSTEIN. 197

Ernst Raub und **Werner Mahler,** *Die Legierungen des Chroms mit Platin, Iridium, Rhodium und Ruthenium.* Auf Grund röntgenograph. u. mkr. Unterss. ist über den Aufbau der Legierungen von Cr mit Pt, Ir, Rh u. Ru folgendes festzustellen: Die Grenzmischkristalle, die teilweise eine stark temperaturabhängige Sättigungsgrenze haben, weisen nur in den Systemen Pt–Cr u. Ir–Cr im Gebiet der Pt- bzw. Ir-reichen kub.-flächenzentrierten α-Mischkristalle eine Ordnungsumwandlung auf, die sich nicht unterkühlen läßt u. zu Ferromagnetismus führt. In den Pt–Cr-Legierungen wurde als einzige intermediäre Phase das im β-W-Typ kristallisierende $PtCr_3$ festgestellt. Das Syst. Ir–Cr weist zwei intermediäre Kristallarten auf: Die hexagonal dichtest gepackte Phase ε mit einem breiten Homogenitätsbereich um 50 At.-% Cr u. die kub. im β-W-Typ kristallisierende Phase $IrCr_3$ mit schmalem Homogenitätsbereich. In dem Syst. Rh–Cr ist die hexagonal dichtest gepackte Phase ε als einzige intermediäre Kristallart festzustellen, die wiederum ein größeres Homogenitätsfeld hat. Bei der Erstarrung der Ru–Cr-Legierungen entsteht neben den Grenzmischkristallen die intermediäre Phase $RuCr_2$, deren Gitter nicht bestimmt werden konnte. Die Phase ist durch eine Spitze in der Härtekurve der Legierungen ausgezeichnet; sie weist kein Homogenitätsgebiet auf. Bei tieferer Temp. bilden sich die im β-W-Typ kristallisierende Phase $RuCr_3$ u. eine Phase mit unbekanntem Gitter von der wahrscheinlichen Zus. $RuCr_4$. (Z. Metallkunde **46.** 210—15. März 1955. Schwäbisch-Gmünd, Forschungsinst. für Edelmetalle.) H. HOCHSTEIN. 197

Ernst Raub und **Georg Wörwag,** *Die Silber–Palladium–Kupfer-Legierungen.* Röntgenograph. Unterss. an Ag–Pd–Cu-Legierungen nach Wärmebehandlung zeigen, daß die PdCu-Umwandlung als echte Phasenumwandlung in die tern. Legierungen eingeht. Der von den Ag–Cu-Legierungen ausgehende Raum der Mischungslücke wird durch die Bldg. des PdCu in fünf Teile zerlegt, nämlich die beiden äußeren Zustandsräume aus den Ag- u. Cu-reichen Mischkristallen α_1 u. α_2, die sich daran anschließenden beiden Dreiphasenräume, in denen neben α_1 u. α_2 noch PdCu auftritt, u. schließlich den von den beiden Dreiphasenräumen eingeschlossenen Zweiphasenraum aus PdCu u. den Ag-reichen α_2-Mischkristallen. Die Bildungstemp. von PdCu steigt durch Ag deutlich an. Die Umwandlung tritt nur in den entmischten Legierungen ein, übersättigte Legierungen wandeln sich nicht um. (Z. Metallkunde **46.** 52—57. Jan. 1955. Schwäbisch-Gmünd, Forschungsinst. für Edelmetalle.) H. HOCHSTEIN. 197

J. Pittenger, *Temperaturabhängigkeit der inneren Reibung von Einkristallen.* Die innere Reibung von Einkristallen aus Cu, Al u. Mg wurde mit dem Verf. der freien Schwingungen im Temperaturbereich von 20—400° u. im Frequenzbereich von 4 bis 30 kHz bei verschied. Verformungsamplituden gemessen. In der Dekrement–Temp.-Kurve zeigt Cu ein scharf ausgeprägtes Minimum bei 180°, Mg ein infolge Alterungsvorgängen weniger scharfes Minimum bei 60°. Bei Al nimmt das Dekrement oberhalb der Raumtemp. etwas zu, ein Minimum in der Umgebung derselben konnte aber nicht eindeutig festgestellt werden. (Physic. Rev. [2] **83.** 872. 15/8. 1951. Pittsburgh, Pa., Carnegie Inst. of Technol.) A. KOCHENDÖRFER. 200

H. J. McSkimin, W. L. Bond, E. Buehler und **G. K. Teal,** *Messung der elastischen Konstanten und ihrer Temperaturkoeffizienten von Siliciumeinkristallen.* Die elast. Konstanten u. ihre Temperaturkoeffizienten werden an Si-Einkristallen aus der Geschwindigkeit der transversalen u. longitudinalen Wellen ermittelt. Ergebnisse bei 25°: C_{11} = 1,6740 ($\cdot 10^{12}$ dyn/cm²), C_{12} = 0,6523, C_{44} = 0,7957; Temperaturkoeffizienten K_{11} = —75,3 ($\cdot 10^{-6}$/Grad), K_{12} = —24,5, K_{44} = —55,5. (Physic. Rev. [2] **83.** 1080. 1/9. 1951. Murray Hill, N. J., Bell Telephone Labors.) A. KOCHENDÖRFER. 200

Betsy Ancker, Thomas H. Hazlett und **Earl R. Parker,** *Beziehung zwischen der Kleinwinkelverschiebung der Grenzen mit dem Kriechen.* (Sitzungsbericht.) (Physic. Rev. [2] **98.** 1151. 15/5. 1955. Berkeley, Calif., Univ. of California.) E. KLEVER. 200

J. B. Wachtman jr. und **L. H. Maxwell,** *Gleitsysteme und Kriechen in Oxydkristallen.* (Sitzungsbericht.) (Physic. Rev. [2] **99.** 657. 15/7. 1955. Nat. Bur. of Standards.) R. LEVI. 200

Robert G. Morris, *Erzwungene Stoffwanderung sowie thermische Unbeständigkeit von bruchfreien Ritzspuren auf Plexiglas.* Bruchfreie Stoffverschiebungen im Ritzvers. an spröden Körpern ergaben als mechan. Messung der chem. Bindungsenergie für Silicatglas u. Plexiglas ein Verhältnis 5 : 1 (SMEKAL u. KLEMM, C. **1952.** 4104). Mit Ritzfurchen definierter Querschnittsform wurde der Einfl. der Ritzgeschwindigkeit (0,75 mm/sec bis $2{,}5 \cdot 10^{-6}$ mm/sec) auf die erzielte Ritztiefe an Plexiglas mit der Versuchseinrichtung von SMEKAL u. STARZACHER (Anz. österr. Akad. Wiss., math.-naturwiss. Kl. **1951.** 348) untersucht. Die Zunahme der Ritztiefe mit abnehmender Geschwindigkeit ist von der Last stark abhängig. Die Werte der Ritztiefe bei Plexiglas sind denen bei Silicatglas mit fünffacher Last sehr ähnlich. Wärmebehandlung der Plexiglasritzproben führt zu einem spontanen Zurückfließen der Ritzwälle in die Furchen. (Anz. österr. Akad. Wiss., math.-naturwiss. Kl. **1954.** 19—21. Graz, Univ., Physikal. Inst.) H. C. WOLF. 200

Adolf Smekal und **Arnulf Starzacher,** *Zur thermischen Rückbildung mikroplastischer Stoffverschiebungen auf Plexiglas.* Weiterführung der Arbeiten von MORRIS (vgl. vorst. Ref.) über das Verh. mikroplast. Stoffverschiebungen auf Plexiglas an Proben verschied. Löslichkeit u. Viscosität in Chlf. u. verschied. Vernetzungsgrades. Außer Ritzfurchen u. dem sie begleitenden Wall treten beim Ritzen keine weiteren Veränderungen der Oberfläche auf. Die Abhängigkeit der Ritztiefe von der Belastung u. Geschwindigkeit wird durch die unterschiedliche Beschaffenheit der Plexiglasproben nur wenig beeinflußt. Die beim Ritzen verdrängte Plexiglasmenge fließt bei Wärmebehandlung zurück. Behandlung der geritzten Proben mit monomerem Methylmethacrylatdampf zeigt, daß dieser bevorzugt an der Furchensohle eindringt u. von dort her die Quellung bewirkt, bei verschied. Proben verschieden stark. Die Beobachtungen lassen sich am besten verstehen, wenn man annimmt, daß der ritzende Diamant die statist. bevorzugte Knäuelform der Kettenmoll. durch Streckung u. Parallelorientierung reversibel ändert. (Anz. österr. Akad. Wiss., math.-naturwiss. Kl. **1954.** 99—102. Graz, Univ., Physikal. Inst.) H. C. WOLF. 200

A₇. Gleichgewichte. Kinetik.

Fred Basolo, Bob D. Stone und **Ralph G. Pearson,** *Mechanismus von Substitutionsreaktionen in Komplexionen.* 2. Mitt. *Über die einige Reaktionen von Kobalt(III)-Komplexen begleitenden stereochemischen Änderungen.* (1. vgl. C. **1953.** 660.) Vff. verfolgten spektrophotometr. die Substitutions-Rkk. der cis- u. trans-Komplexionen $[Cuen_2(NH_3)Cl]^{2+}$, $[Coen_2(NO_2)Cl]^+$ (**I**), $[Coen_2(SCN)Cl]^+$, $[Coen_2Cl_2]^+$, $[Coen_2(NH_3)H_2O]^{3+}$ u. $[Coen_2(NO_2)\cdot H_2O]^{2+}$ mit NaOH, $NaNO_2$, KSCN u. $HClO_4$ (in Ggw. von $AgClO_4$, H_2O oder NaOH). Der Unters. nach reagieren trans-Isomere, mit Ausnahme von trans-**I**, mit OH^- zu cis-Hydroxokomplexen; cis- u. trans-**I** reagieren mit W. zu cis- u. trans-Aquoionen. Alle untersuchten Aquokomplexe lagern sich in wss. Lsg. um, wobei sich ein cis–trans-Gleichgewicht einstellt, das zugunsten der cis-Form verschoben ist. Ebenso reagieren die Aquokomplexe mit NO_2^- u. SCN^- unter Beibehalten der geometr. Form. Den bei verschied. Rkk. eintretenden Strukturwechsel diskutieren Vff. im Hinblick auf S_N 1- u. S_N 2-Reaktionsmechanismen u. kommen zu dem Schluß, daß bei allen Substitutions-Rkk. der Komplexionen kein einfacher Mechanismus wirksam ist. Lediglich die Hydrolyse-Rk. scheint entweder nach S_N 1 über einen aktivierten Komplex mit trigonal-bipyramidaler Struktur oder nach einem S_N 2-Mechanismus abzulaufen. Es wird auf die besondere Schwierigkeit derartiger Unterss. hingewiesen. (J. Amer. chem. Soc. **75.** 819—23. 20/2. 1953. Evanston, Ill., Northwestern Univ., Chem. Labor.) H.-G. PLUST. 223

Ralph G. Pearson, Charles R. Boston und **Fred Basolo,** *Mechanismus von Substitutionsreaktionen in Komplexionen.* 3. Mitt. *Kinetik der Hydratisierung einiger Kobalt(III)-Komplexionen.* (2. vgl. vorst. Ref.) Die Geschwindigkeit der Hydratisierung von Co(III)-Komplexen vom Typ $[Co(AA)_2Cl_2]^+$ wurde bei 10, 15, 25 u. 35° titrimetr. u. UV-spektroskop. untersucht für AA = Äthylendiamin (**I**), 1.2-Diaminopropan, dl- u. meso-2.3-Diaminobutan, 1.2-Diamino-2-methyl- u. -1.1.2-trimethylpropan, N-Methyl-, -Äthyl- u. -n-Propyläthylendiamin, 1.3-Diaminopropan (**II**), **I** + **II**, u. 1.3-Diamino-2.2-dimethylpropan. Bei $p_H < 3$ verläuft die Rk. nur nach: $[Co(AA)_2Cl_2]^+ + H_2O = [Co(AA)_2(H_2O)Cl]^{2+} + Cl^-$. Ausgehend von **I** steigt die Reaktionsgeschwindigkeit sowohl beim Ersatz von H durch CH_3-Gruppen als auch bei Verlängerung der aliphat. Kette. Die ster. Anordnung der Liganden beeinflußt v beträchtlich. Die Aktivierungsenergien liegen durchweg zwischen 24 u. 28 kcal/Mol. Vff. schließen hieraus auf eine S_N 1-Rk. oder einen Dissoziationsmechanismus mit einem 5 Liganden enthaltenden Zwischenstoff; ein S_N 2- oder Verdrängungsmechanismus mit einem 7 Liganden enthaltenden aktivierten Komplex kommt nicht in Betracht. (J. Amer. chem. Soc. **75.** 3089—92. 5/7. 1953. Evanston, Ill., Northwestern Univ., Chem. Labor.) M. SCHENK. 225

I. Leden und **N.-H.Schöön** (unter teilweiser Mitarbeit von **L. E. Marthén** und **E. Berne**), *Die Löslichkeit von Silberazid und die Bildung von Komplexen zwischen Silber- und Azidionen.* Die Löslichkeit l (25°) von AgN_3 in NaN_3-Lsgg., die 4 mol. an $NaClO_4$ waren, wurde durch potentiometr. Mikrotitration sowie durch die radioakt. Isotopenmeth. unter Verwendung von ^{110}Ag bestimmt. Sie läßt sich ausdrücken durch $l = \sum_{n=-1}^{3} k_n [N_3^-]^n$, wobei für die Gleichgewichtskonstanten k_n von $AgN_3 + n\,N_3^- \rightleftharpoons Ag(N_3)_{n+1}^{n-}$ gilt: $k_{-1} = (1{,}6 \pm 0{,}2) \cdot 10^{-9}$, $k_0 = (0{,}5 \pm 0{,}1) \cdot 10^{-6}$, $k_1 = (25 \pm 5) \cdot 10^{-6}$ $k_2 = (30 \pm 10) \cdot 10^{-6}$ u. $k_3 = (15 \pm 3) \cdot 10^{-6}$ (in Mol^{1-n}). Hieraus lassen sich die Komplexkonstanten β_n der Gleichgewichte $Ag^+ + n\text{-}N_3^- \rightleftharpoons Ag(N_3)_n^{(n-1)-}$ zu $\beta_1 = (3{,}1 \pm 0{,}6) \cdot 10^2\ Mol^{-1}$, $\beta_2 = (16 \pm 3) \cdot 10^3\ Mol^{-2}$, $\beta_3 = (15 \pm 5) \cdot 10^3\ Mol^{-3}$ u. $\beta_4 = (5 \pm 1) \cdot 10^3\ Mol^{-4}$ berechnen. Aus potentiometr. Messungen wurden β_3 mit $(8 \pm 5) \cdot 10^3\ Mol^{-3}$ u. β_4 mit $(4{,}7 \pm 1) \cdot 10^3\ Mol^{-4}$, das Löslichkeitsprod. L mit $(1{,}6 \pm 0{,}2) \cdot 10^{-9}\ Mol^2$ (in 4 mol. $NaClO_4$) bestimmt. Aus der Übereinstimmung der Berechnungen schließen Vff., daß polynucleare Komplexe der Ladungen +1, −2 oder −3 nicht in den Lsgg. gebildet werden. So lassen sich die Verbb. wahrscheinlich formulieren als AgN_3, $Ag(N_3)_2^-$, $Ag(N_3)_3^{2-}$ u. $Ag(N_3)_4^{3-}$, wobei Komplexe mit der Ladung 0 u. −1 nur in Lsgg. mit sehr geringem Silbergeh. existieren u. die hervortretende Stabilität des $Ag(N_3)_2^-$ für eine Bevorzugung der üblichen Koordinationszahl 2 des Ag auch in den Azidoargentaten spricht. (Chalmers Tekn. Högskolas Handl. **1954.** Nr. 144. 1—17. Göteborg, Labor. für Anorg. Chem.) U. WANNAGAT. 224

M. Talât-Erben, *Verschiebung des Maximums im Konzentration–Zeit-Diagramm von zwei Konsekutivreaktionen erster Ordnung.* Die beiden bei der therm. Zers. von *Azo-2.2'-bis-isobutyronitril* (vgl. C. **1956.** 4679) gefundenen empir. Regeln für Konsekutiv-Rkk. 1. Ordnung werden theoret. gedeutet. Eine Maximalkonz. $[B_{max}]$ an Zwischenprodd. existiert danach bei Rkk. $A \xrightarrow{k_1} B \xrightarrow{k_2} C$ nur, falls die Differenz der Aktivierungsenergien beider Schritte sehr klein (< 2 kcal/Mol) ist. Die Ausdrücke $k_1 \cdot t_{max}$ u. $[B_{max}]/[A]_0$ (t_{max} Zeit zum Erreichen von $[B_{max}]$, $[A_0]$ Anfangskonz. an A) sind wenig empfindlich gegen Temperaturänderung von 50—100°, in Übereinstimmung mit den empir. Regeln. (J. chem. Physics **23.** 2445—46. Dez. 1955. Istanbul, Techn. Univ., Fac. of Min. Engng.) G. KRESZE. 225

J. H. Baxendale und **N. K. Bridge,** *Die Photoreduktion einiger Eisen(III)-Verbindungen in wässeriger Lösung.* Es wird gezeigt, daß die Quantenausbeuten (Q) für die Photored. der *Eisen(III)-triphenanthrolin* (**I**)- u. *-tridipyridyl* (**II**)-Ionen mit steigender Komplexionenkonz., mit steigendem p_H, abnehmender Wellenlänge des einfallenden Lichtes u. bei Zusatz oxydierbarer Substrate, wie Ameisensäure, zunimmt, wie aus Messungen über einen großen Bereich dieser Variablen hervorgeht. Bei 365 mμ besitzen die gelben Komplexe zwischen Fe(III)-Ionen u. **I** bzw. **II** nur eine geringe Photoaktivität. *Fe(III)-Formiat*-Lsgg. werden leicht durch UV-Licht red. u. zeigen auch bei 436 mμ Aktivität, die auf Fe(III)- u. Formiationenpaarbldg. zurückgeführt werden kann, wie an Hand einer näheren Unters. des Syst. gezeigt wird. Die Resultate von PARKER über die Q bei der Red. von *Fe(III)–Oxalat*-Lsgg. werden bei 254 u. 365 mμ bestätigt, während bei 436 mμ leicht erhöhte Werte ermittelt werden. Abschließend werden einige Änderungen in der Meßtechnik vorgeschlagen, die eine Vereinfachung bei der Verwendung von Fe(III)-Oxalat als Strahlungsmesser bedeuten. (J. physic. Chem. **59.** 783—88. Aug. 1955. Manchester, Univ., Dep. of Chem.) W. NIEMITZ. 226

Rudolf Schenck, *Das Photosyntheseproblem und seine Lösung.* Vf. nimmt bei der Unters. der Photosynth. in grünen Pflanzen an, daß der Angriff des Lichts bei der Rk. von CO_2 u. W. an dem Elektrolyten W. einsetzt (vgl. C. **1954.** 1198). Die Kombination der Gleichungen **I** $CO_2 + H_2O + \mathfrak{A}_I = (CH_2O) + O_2$ u. **IIa** $2\,H_2O + \mathfrak{A}_{IIa} = 4\,H + O_2$ ($\mathfrak{A}$ = Reaktionsarbeit) führt zu zwei neuen mit zugänglicheren Energieniveaus: **III** $H_2O + (CH_2O) + \mathfrak{A}_{IIa} + \mathfrak{A}_I = 4\,H + CO_2$ u. **IV** $4\,H + 2\,CO_2 + 2\,\mathfrak{A}_I - \mathfrak{A}_{IIa} = 2\,(CH_2O) + O_2$. Aus den Bildungsenergien der Stoffe ergeben sich die Reaktionsarbeiten u. die Reaktionslichtquanten. Danach ist **III**, die Photolyse, im Rotgelb möglich. Nach WARBURG ist O_2 für die Photosynth. erforderlich. O_2 bildet mit akt. H H_2O_2. Dieser tritt an Stelle von 4 H: **IV'** $2\,H_2O_2 + CO_2 + \mathfrak{A}_{IV} \rightarrow 2\,(CH_2O) + 3\,O_2$. **IV'** bedarf wie **III** der Zufuhr von Lichtenergie, u. zwar mit 635 mμ Wellenlänge u. **III** mit 591 mμ. **III** u. **IV'** sind im sichtbaren Licht, falls es vom Syst. absorbiert wird, möglich, u. zwar innerhalb des Absorptionsbereichs des grünen Pflanzenfarbstoffs. — Vf. untersucht den von WARBURG aus Gasdruckänderungen während des An- u. Abklingens der Lichtwrkg. auf Chlorella gezogenen Schluß, daß zur Gewinnung von 1 Mol O_2 nur ein Lichtquant benötigt werde. Aus dem ähnlichen Verh. von Kristallphosphoren beim Belichten wird vermutet, daß auch bei biochem. Lichtvorgängen Speicherungseffekte auftreten u. den wirklichen Verbrauch von 4 Quanten verdecken. WARBURGs Ergebnis beim kurzfristigen Wechsel zwischen Hell u. Dunkel deutet auf ein Zusammenwirken zweier Licht-Rkk. mit voneinander verschied. Partnern hin. Diese nimmt Vf. in den beiden Chlorophyllarten (**V**)a u. b an, die Monohydroverbb. mit reversibel reaktionsfähigem H_2 bilden. Deren verschieden große Affinitäten bedingen verschied. Verh. bei der Assimilation. Aus Überlegungen über die verschied. Reaktionswege bei den beiden **V**-Arten sowie über deren Affinität zu H ergibt sich, daß die bei der Fixierung von einem H-Atom frei werdende Reaktionsarbeit ca. 6,5 kcal beträgt. (Z. Elektrochem., Ber. Bunsenges. physik. Chem. **56.** 769—75. 1952. Aachen.) H. FREIWALD. 226

B. Suseela, *Oxydation von Thiocyanat durch alkalisches Eisen(III)-cyanid.* Die Oxydation von KSCN durch alkal. $K_3[Fe(CN)_6]$ in Ggw. von OsO_4 wurde quantitativ untersucht. Bereits bei Zimmertemp. läuft die Rk. mit meßbarer Geschwindigkeit ab u. wird durch Behandlung des Reaktionsgemisches am Rückfluß auf dem Wasserbad noch beschleunigt. Bei diesem Redoxvorgang wird Cyanat u. Sulfat gebildet. (Z. analyt. Chem. **145.** 175—78. 1955. Banaras, India, Banaras Hindu Univ., Dep. of Chem.) R. BORCHARDT. 227

E. Peters und **J. Halpern,** *Homogene katalytische Aktivierung molekularen Wasserstoffs durch Kupfer(II)-perchlorat.* Es wird gezeigt, daß mol. H_2 in wss., $Cu(ClO_4)_2$ enthaltenden Lsgg. mit Oxydationsmitteln wie Dichromat in homogener Rk. nach der Gleichung $Cr_2O_7^{2-} + 3\,H_2 + 8\,H^+ \rightarrow 2\,Cr^{3+} + 7\,H_2O$ reagiert. Die Kinetik wird dargestellt durch die Gleichung $-d[H_2]/dt = k[Cu^{2+}]\cdot[H_2]$. Die bimol. Geschwindigkeitskonstante läßt sich durch die Gleichung: $k = 1{,}0\cdot10^{13}\exp[-26600/RT]$ Liter·mol^{-1}·min^{-1} wiedergeben. Die augenscheinlich als Katalysator wirkenden Cu^{2+}-Ionen aktivieren die H_2-Moll. durch Bldg. eines Komplexes in dem geschwindigkeitsbestimmenden Schritt der Reaktion. (J. physic. Chem. **59.** 793—96. Aug. 1955. Vancouver, Univ. of Brit. Columbia, Dep. of Mining and Metallurgy, Metal Chem. Labor.) W. NIEMITZ. 227

Jochen Block, *Gesichtspunkte zur Werkstoffauswahl bei Kontaktkatalysatoren.* Es wird ein Überblick über die Kenntnis der Zusammenhänge zwischen der katalyt. Aktivität u. der Struktur des Katalysators gegeben. Die Beurteilung der Vorgänge an der Katalysatorenoberfläche aus den von Kontaktpotential-, elektr. Leitfähigkeits- u. Chemisorptionsmessungen sowie der Best. der Akkommodationskoeffizienten erhaltenen Ergebnissen wird erörtert. Die Bedeutung der Elektronenkonfiguration eines Katalysators für seine Wirksamkeit wird herausgestellt. (Werkstoffe u. Korrosion **6.** 397—410. Aug./Sept. 1955. München, Univ., Phys.-Chem. Inst.) F. VIER. 227

W. B. Argo und **J. M. Smith,** *Aktivität fester Katalysatoren.* Vff. behandeln theoret. die Vergleichbarkeit von Katalysatoren einer Rk. u. ermitteln den Einfl. physikal. Eigg. (mit Ausnahme der Porosität) des Katalysators auf die Reaktionsgeschwindigkeit aus einem Minimum von Messungen. Sie prüfen ihre Gleichungen an zwei Pt-Katalysatoren der SO_2-Oxydation. (Ind. Engng. Chem. **45.** 298—302. Febr. 1953. Lafayette, Ind., Purdue Univ.) G. HARTMANN. 227

B. Kirson, *Der Kupfer–Äthylendiamin-Komplex und seine katalytische Wirkung auf die Zersetzung von Wasserstoffperoxyd.* (Vgl. C. **1955.** 6474.) Vf. untersucht die Zus. der in verd. wss. Lsg. von verschied. Mengen Äthylendiamin(en) u. $CuSO_4$ entstehenden Komplexe durch gasvolumetr. Messungen der durch sie katalyt. bewirkten Zers. von H_2O_2 sowie durch potentiometr. u. spektrophotometr. Bestimmungen (Kurvenbilder), da JONASSEN u. DEXTER (vgl. C. **1950.** I. 506) im Gegensatz zu CHATTAWAY u. DREW (vgl. J. chem. Soc. [London] **1937.** 947) u. JOB (vgl. Ann. Chimie **9.** [1928.] 113) spektrophotometr. in wss. Lsg. außer dem Kupfer–Diäthylendiamin-Komplex $[Cu\,en_2]^{2+}$ (**II**) auch den Mono-en-Komplex $[Cu\,en]^{2+}$ (**I**) als existenzfähig festgestellt hatten. — Während en allein in $(NH_4)_2SO_4$-Lsg. ohne katalyt. Effekt auf die Zers. von H_2O_2 war, ergibt sich im Gemisch mit en/Cu^{2+} Zers. bei einem 1:1-Verhältnis der Komponenten, allg. bewirken Lsgg. mit en:Cu^{2+} <2 starke Zers., bei Zunahme der Cu^{2+}-Konz. bis zu einem Verhältnis en:Cu^{2+} = 2:1 hört die Zers. des H_2O_2 gänzlich auf, **II** ist also ohne Wrkg., während **I** die Zers. stark katalysiert. Eine mögliche Bldg. von stabilem **II** nach $2[Cu\,en]^{2+} \rightleftharpoons [Cu\,en_2]^{2+} + Cu^{2+}$ bei zunehmender Cu^{2+}-Konz. entfällt, da Zers. auch bei hoher Cu^{2+}-Konz. stattfindet, die Bldg. von **II** ist also nicht abhängig von der Endkonz. des Cu^{2+} in der Lösung. — Durch potentiometr. Titration von $CuSO_4$-Lsg. mit en-Lsg. wird die Existenz des stabilen **II** bei p_H 7 erwiesen. Spektrophotometr. Unters. bei verschied. Konzz. von Cu^{2+} u. en geben für **II** bei 530—540 mμ, für **I** bei 640—650 mμ Absorptionsmaxima. — Die Kationen NH_4^+, Zn^{2+}, Co^{2+}, Ni^{2+} sind ohne Einfl. auf die katalyt. Wrkg. von **I** u. **II**; Al^{3+}, das einen stabilen en-Komplex zu bilden vermag, zerstört **I** u. schwächt deshalb dessen katalyt. Wirkung. Während die Anionen SO_4^{2-}, ClO_4^-, NO_3^- u. Cl^- ohne Einfl. sind, verstärken Alkalihydroxyde sowie Carbonate u. Acetate, die hydrolyt. OH^--Ionen bilden, die katalyt. Wrkg. von **I** u. verringern, wie auch Br^--Ionen, die von **II**. Nach BJERRUM (vgl. C. **1950.** II. 1777) liegt in Lsg. neben

II auch immer $[en\,H_2]^{2+}$ vor, dieses bildet bei Zusatz von Alkalihydroxyd freies en nach $[en\,H_2]^{2+} + 2\,OH^- \rightarrow en + 2\,H_2O$. Für I bedeutet diese Erhöhung der en-Konz. vermehrte, für II geringere katalyt. Wirksamkeit. Br^- setzt einen Teil des an H gebundenen en in Freiheit u. stabilisiert gemäß $[Cu\,en]^{2+} + [en\,H_2]^{2+} + 2\,Br^- \rightleftharpoons [Cu\,en_2]^{2+} + 2\,HBr$ den Komplex II. — MoO_4^{2-} u. WO_4^{2-} begünstigen die zers. Wrkg. von I u. II auf H_2O_2. (Bull. Soc. chim. France, Mém. [5] **1954**. 950—55. Juli/Aug. Jérusalem, Univ. Hébraïque, Dép. de Chim. inorgan. et analyt.) G. BANKWITZ. 227

R. F. Woodcock und **H. E. Farnsworth**, *Wirkung von Wärmebehandlung und Reinigung durch Ionenbeschuß auf die katalytische Aktivität einer reinen Nickeloberfläche.* (Sitzungsbericht.) (Physic. Rev. [2] **98**. 1152. 15/5. 1955. Brown Univ.) E. KLEVER. 227

A_8. Präparative anorganische Chemie. Komplexchemie. Metallorganische Verbindungen.

N. A. Toropow, B. W. Wolkonski und **W. I. Ssadkow**, *Einfluß der Fluorsalze auf Tricalciumaluminat im Gebiet hoher Temperaturen.* Es wird über Verss. berichtet, bei denen *Tricalciumaluminat* (I) allein u. im Beisein von 5% Fluoriden bis auf 1500° erhitzt wurde. Durch Röntgenionisationsanalyse wurde festgestellt, daß I allein innerhalb 20—1500° keine Zers. erleidet. Zusatz von 5% Fluoriden führte innerhalb 800—1400° zur Zers. des I zu Pentacalciumtrialuminat u. freiem CaO; bei höherem Erhitzen verflüchtigten sich die Fluoride u. I erschien wieder in unveränderter Form. Der Zersetzungsbereich variierte ein wenig: KF 800—1300°, NaF 800—1400°, CaF_2 1000—1400°. (Цемент [Zement] **21**. Nr. 4. 12—13. Juli/Aug. 1955. Allunions Inst. für Betriebsprojekt. u. wiss. Forschungsarbeiten in der Zementind., Labor. für physik. Chem. u. Petrographie.) A. v. WILPERT. 246

Werner Schmidt, *Kurze Mitteilung über SF_4 und $S_2O_5F_2$.* (Vgl. HAYEK u. KOLLER, C. **1952**. 3134.) Die Umsetzung von S_2Br_2 mit JF_5 in einer V2a-Stahlbombe liefert *Schwefeltetrafluorid*, SF_4. *Pyrosulfurylfluorid*, $S_2O_5F_2$, läßt sich durch Umsetzung von SO_3 mit JF_5 in einer Stahlbombe darstellen, aber nicht aus $S_2O_5Cl_2$ u. JF_5. (Mh. Chem. **85**. 452—53. 1954.) E. FORCHE. 253

Margot Goehring und **Johannes Ebert**, *Ein chemischer Beweis für Mesomerie bei Tetraschwefeltetranitrid.* Die aus physikal. Messungen für das Schwefelstickstoffmol. Tetraschwefeltetranitrid) gemäß A ←→ B ←→ C zu erwartende Mesomerie konnte durch chem. Rkk. bewiesen werden. Da $(SN)_4$ stark gewinkelt ist — die S-Atome bilden ein Tetraeder, die N-Atome ein Quadrat —, ist diese Mesomerie nur durch Beteiligung von d-Bindungsbahnen möglich. Bisher war es noch nie gelungen, Mesomerie in einem gewinkelten ringförmigen Mol. chem. eindeutig nachzuweisen. S besitzt im $(SN)_4$ nicht nur die mittlere Oxydationszahl +3, es kommt jedem einzelnen S-Atom darin diese Oxydationszahl zu. — Die

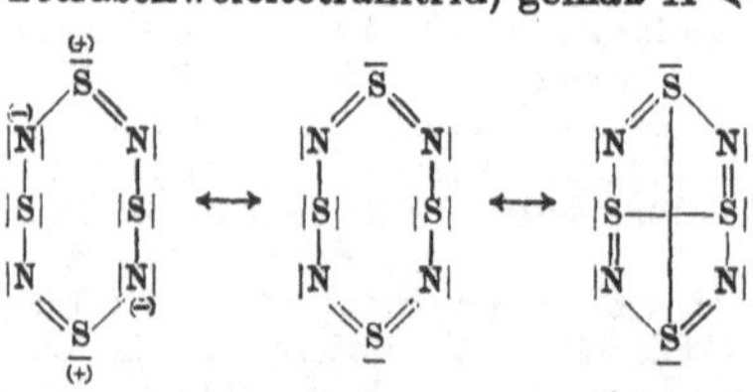

A B C

intramol. Symproportionierung (Wertigkeitsausgleich durch Mesomerie) wurde durch Synth. von $(SN)_4$ aus Verbb. mit +2- u. +4wertigem S (mit markiertem $^{35}S^{4+} = S^*$) u. nachfolgende Trennung in $^{35}S^{2+}$ u. S^{4+} bewiesen. Dazu erfolgte die Umsetzung von (markiertem) *Trithiazylchlorid* (I) mit Tetraschwefeltetraimid (II) zu (markiertem) $(SN)_4$ (III) gemäß $4\,[-(Cl)S^*{=}N-]_3$ (I) + $3\,[-(H)N-S-]_4$ (II) → $12\,HCl + 12\,[S^*N]^+ + 12\,[SN]^-$; $12\,[S^*N]^+ + 12\,[SN]^- \rightarrow 6\,[-\overline{\underline{S}}-\overline{\underline{N}}-\overline{S}^*{=}\overline{N}-]_2$ (III). Die Aktivität des S in III war erwartungsgemäß nur halb so stark wie in I. Um auszuschließen, daß der $[SNH]_4$-Ring bei dieser Rk. unzerstört blieb u. die beobachtete S*-Aktivität auf gleichen Anteilen von $(SN)_4$ u. $(S^*N)_4$ beruhen könnte, die dann gemäß 3 II → 3 $(SN)_4$ + 12 {H}; 4 I + 12 {H} → 12 HCl + 12 (S*N); 12 (S*N) → 3 $(S^*N)_4$ entstanden sein müßten, wurden auch 4 I mit 12 S_7NH (→ 72 S + 12 HCl + 6 III) umgesetzt. Das dabei gebildete $(SN)_4$ besaß die gleiche Aktivität wie III (2 S* stammten aus I, 2 S aus S_7NH) u. verhielt sich reaktionsmäßig genau so. III wurde mit NH_3 gespalten ($[-\overline{\underline{S}}-\overline{\underline{N}}-\overline{S}^*{=}\overline{N}-]_2 + 2\,NH_3 \rightarrow 2\,H_2\overline{N}-\overline{\underline{S}}-\overline{\underline{N}}-\overline{S}^*{=}\overline{N}H \rightarrow 2\,H-\overline{N}{=}\overline{S} + 2\,H\overline{\underline{N}}-\overline{S}^*{=}\overline{N}H$) u. mit HgJ_2 u. PbJ_2 zu $Hg(N_2S)$ u. $Pb(NS)_2$ weiter umgesetzt. Nur ein nicht mesomeriefähiges III kann zu inakt. $Pb(NS)_2$ mit +2wertigem S u. akt. $Hg(N_2S^*)$ mit +4wertigem S führen; tatsächlich ist in beiden Thionitrosylverbb. die Aktivität des S die gleiche wie in III u. damit dessen Mesomerie bewiesen. Ferner führte die Umsetzung von III mit Piperidin $[(SN)_4 + 4\,C_5H_{10}NH \rightarrow 2\,S(C_5H_{10}N)_2$ (IV) $+ 2\,S(NH)_2]$ zu einem Schwefeldipiperidid, **IV**, mit + 2wertigem S, das 50% der Aktivität des ursprünglich eingesetzten **I** besaß. (Z. Naturforsch. **10b**. 241—44. Mai 1955. Heidelberg, Univ., Chem. Inst., Anorg. Abt.) U. Wannagat. 253

Margot Goehring und **Joachim Heinke**, *Über das Trischwefeldistickstoffdioxyd*. Bei der Rk. von überschüssigem $SOCl_2$ mit NH_3 in PAe. bei —80° bildet sich Trischwefeldistickstoffdioxyd, $S_3N_2O_2$ (**I**), das sich leicht von anderen Reaktionsprodd. durch Sublimation im Hochvakuum trennen läßt. Ausbeute aus 60 g $SOCl_2$ 8 g **I**. Eigg.: gelbe rhomb. Kristalle, aus Bzl. umkristallisierbar, in trockener Luft beständig, F. 100,7°, lösl. Bzl., Nitrobenzol, Heptan, PAe., Alkohole. **I** wird durch W. langsam, durch KOH sofort hydrolysiert. Die mittlere Oxydationszahl des Schwefels in **I** wurde durch Umsatz mit HJ in wasserfreier Ameisensäure zu + 3,33 bestimmt. Mit feuchter Luft zers. sich **I** rasch unter Bldg. von SO_2 u. S_4N_4, das z. T. weiter in NH_3, Thiosulfat u. Trithionat hydrolysiert. Umgekehrt entsteht **I** beim Einleiten von SO_2 in eine sd. Lsg. von S_4N_4 in $SOCl_2$ gemäß $S_4N_4 + 2\,SO_2 = 2\,S_3N_2O_2$. Auch *Thiotrithiazylchlorid*, $[S_4N_3]Cl$, in $SOCl_2$ als Lösungsm. bildet mit SO_2 **I**. Die Rkk. verlaufen wahrscheinlich über S_2N_2-Radikale. Die Hydrolyse von **I** mit Alkalilauge verläuft glatt nach $S_3N_2O_2 + 4\,H_2O = (NH_4)_2S_3O_6$. Demnach hat 1 S-Atom die Oxydationszahl +2, die beiden anderen +4. Das Absorptionsspektr. von **I** besitzt zwischen $\lambda = 350$ u. 400 mμ ein Maximum der Absorption, dessen Lage entsprechend einer Verb. mit Dipolmoment vom Lösungsm. abhängig ist. Gemäß der Bldg. u. der Rkk. wird **I** als ein cycl. Dithiazylsulfon aufgefaßt. (Z. anorg. allg. Chem. **272**. 297—302. Juli 1953. Heidelberg, Univ., Chem. Inst.) K. Schiller. 253

Grihapati Mitra und **Asit Kumar Ray**, *Fluorselenate*. Das schwerlösl. $KSeO_3F$ wurde erstmalig dargestellt durch Zugabe von HF zu $CuCO_3$ u. W. unter Erhitzen auf dem Wasserbad bis zur Auflösung, Zugabe von Selensäure u. einigen Tropfen HF, ½std. Digerieren auf dem Wasserbad, Filtrieren, Eindampfen im Vakuumexsiccator, Zugabe einer konz. KNO_3-Lsg., Waschen des Nd. mit Eiswasser u. anschließend mit 60%ig. A. u. Trocknen im Vakuum. — Die *Fluorselenate von Cu, Ni, Cd* u. *Zn* sind in W. stark löslich. (Sci. and Cult. **20**. 351—52. Jan. 1955. Calcutta, Indian Assoc. for the Cultivation of Sci., Inorgan. Chem. Dep.) E. Forche. 254

R. Kiessling und **Y. H. Liu**, *Die Wärmebeständigkeit von Chrom-, Eisen- und Wolframboriden in strömendem Ammoniak. Die Existenz eines neuen Wolframnitrids*. NH_3 wurde bei Tempp. von 350—1180° für 10—24 Std. über die Boride von Cr, Fe u. W geleitet u. dabei eine gewichtsmäßige u. röntgenograph. Unters. der Umsetzungen u. der neugebildeten Phasen durchgeführt. Die Unters. ergab, daß die Boride angegriffen werden u. dabei die entsprechenden Metallnitride u. Bornitride bilden. Im W–N-Syst. wurde eine neue Phase ermittelt, die mit der bekannten β-Phase nahe verwandt ist. (J. Metals **3**. 639—42. Aug. 1951. Uppsala, Univ.) H. Hochstein. 258

G. Schott, W. Herrmann und **E. Hirschmann**, *Siliciumsubhydrid* $(SiH)_n$. Durch Abwandlung des Verf. von Schmeisser (Angew. Chem. **66**. [1954.] 182) ist es Vff. gelungen, $(SiH)_n$ in befriedigender Ausbeute u. Reinheit darzustellen. Die Rk. erfolgt in äther. Lsg. nach $n\,SiHBr_3 + 1{,}5n\,Mg = 1{,}5n\,MgBr_2 + (SiH)_n$. Das nicht ganz Br-frei zu erhaltende Prod. ist eine kräftig gelbe Substanz von harter u. spröder Konsistenz. An feuchter Luft erfolgt rasch Oxydation, in alkal. Medium Zers. nach $(SiH)_n + 2n\,H_2O = n\,SiO_2 + 2{,}5n\,H_2O$. Vff. vermuten, daß das Siliciumsubhydrid nicht ein hexagonales Schichtgitter wie das Siloxen enthält, sondern ein mehr oder weniger regellos räumlich vernetztes Polymerisat darstellt. (Angew. Chem. **68**. 213. 21/3. 1956. Rostock, Univ., Inst. für Anorgan. Chem.) H.-U. Woelk. 261

Erich Thilo, Friedrich Wodtcke und **Herbert Funk**, *Über Hydrogensilicate*. 3. Mitt. *Hydrogensilbersilicate der Zusammensetzung* $Ag_{n+2}[H_nSi_nO_{3n+1}]$ *und die konzentrationsabhängige Kondensation der* $[H_3SiO_4]^-$*-Ionen*. (2. vgl. C. **1953**. 9094.) Es werden die durch Fällen von $AgNO_3$-Lsgg. mit $Na[H_3SiO_4]$-Lsgg. (**I**) gebildeten sauren Ag-Silicate untersucht. Gibt man **I** (erhalten aus $Na_2SiO_3 \cdot 9\,H_2O = Na_2[H_2SiO_4] \cdot 8\,H_2O$ durch Hydrolyse mit CH_3OH u. Aceton) langsam zu soviel $AgNO_3$-Lsg., daß am Fällungsende 4 Mol $AgNO_3$ je Mol Silicat vorhanden sind, so erhält man röntgenamorphe Ndd. reproduzierbarer Zus., deren Farbe u. Zus. von der Konz. der Lsgg. abhängen: mit zunehmender Silicatkonz. geht die Farbe von Rotbraun nach Gelb über, u. das Ag:Si-Verhältnis sinkt bei Ndd. aus 0,1 mol. $AgNO_3$-Lsg. von 3:1 (rotbraun) mit 0,01 mol. **I** auf 2:1 (orangegelb) mit 0,1 mol. u. höher konz. **I** (oberhalb 0,25 mol. **I** werden sie Ag_2O-haltig); bei 1 mol. $AgNO_3$ liegt es bei gleicher Konz. von **I** jeweils bei kleineren Ag:Si-Werten, u. zwar 3:1 für 0,001 mol., 1,5:1 für 0,15 mol., konstant bleibend bis 2 mol. **I** (reingelbe Ndd.). Die Ndd. enthalten alle konstant ½ Mol Konstitutions-H_2O, das beim Erwärmen oder über Trockenmitteln abgegeben wird. Aus dem H_2O-Geh. u. dem jeweiligen Ag:Si-

Verhältnis ergibt sich die Zus. $(n + 2)Ag_2O + 2n\,SiO_2 \cdot n\,H_2O$; die Verbb. sind saure Ag-Silicate, deren Anionen polymerhomologe linear kondensierte Silicatketten sind, allg. Formel $Ag_{n+2}[H_nSi_nO_{3n+1}]$ mit 1 OH-Gruppe an jedem Si-Atom. Die Formel der Verbb. ist bei Ag:Si = 3:1 $Ag_3[HSiO_4]$, 2:1 $Ag_4[H_2Si_2O_7]$, 1,5:1 $Ag_6[H_4Si_4O_{13}]$ u.1,25:1 $Ag_{10}[H_8Si_8O_{25}]$; bei den Verss. liegen bei dazwischenliegenden Ag:Si-Werten Mischungen vorst. Verbb. vor. Geradzahlige Kondensationsgrade scheinen bevorzugt, ein Haltepunkt bei Ag:Si = 1,66:1, entsprechend dem Trisilicat, ist nicht zu erkennen. Die Kondensation wird nicht nur durch höhere Konz. der verwendeten Lsgg., sondern auch durch Neutralsalze hervorgerufen (Vgl. der kryoskop. Messungen in schm. Glaubersalz u. der Zus. der Ndd.). Die Ergebnisse sprechen erneut dafür, daß die $[H_3SiO_4]^-$-Anionen in den Lsgg. der Alkalisilicate nicht aggregiert sind, sondern sich in einer Folge von Kondensationsgleichgewichten befinden, die in ihrer Lage von Silicat- u. Neutralsalzkonz. stark abhängen. Temperaturerniedrigung begünstigt einen höheren Kondensationsgrad. Bei den Fällungen entsteht etwas freie Kieselsäure, die gelöst bleibt (Tabelle); sie scheidet sich aus u. ist nicht vom Nd. zu trennen, wenn man die Ndd. unter der Mutterlauge schüttelt. Fällungen von $AgNO_3$ mit $Na_2[H_2SiO_4]$-Lsgg. geben prinzipiell gleiche Ndd. wie die mit **I**, nur werden sie bei kleineren Silicatkonzz. Ag_2O-haltig. — Die sauren Ag-Silicate sind an trockner Luft im Dunkeln beständig, zers. sich im Licht (Schwarzfärbung), werden unter W. langsam hydrolysiert u. sind in wss. NH_3 u. in N-haltigen Basen löslich. Sie sind nur bei p_H 5,7—7 beständig u. werden im stärker sauren Gebiet zu Ag-Salz u. SiO_2, im alkal. zu Ag_2O u. Alkalisilicat zersetzt. Sie bilden mit NaCl-Lsg. AgCl (keine gemischten AgNa-Salze), mit Alkylhalogeniden Kieselsäureestergemische; dagegen gelingt es nicht, die „sauren" H mit Ersatz durch Na mittels Alkoholat oder durch CH_2N_2 oder C_2H_5MgJ nachzuweisen, da alle diese Mittel reduzierend zersetzen. Beim Erhitzen erfolgt nach Verlust des Konstitutions-H_2O Spaltung zu Ag_2O u. SiO_2 u. Abgabe von O_2 aus Ag_2O. (Z. anorg. allg. Chem. **278**. 225—36. März 1955. Berlin-Adlershof, Inst. für anorgan. Chem. der Dtsch. Akad. der Wiss. Berlin.)

G. v. DECHEND. 261

Herbert Funk und **Erich Thilo**, *Über Hydrogensilicate.* 4. Mitt. *Das Calciumtrihydrogenmonosilicat, $Ca[OSi(OH)_3]_2$ und seine Umwandlung in das Calciumtetrahydrogendisilicat, $Ca[Si_2O_3(OH)_4]$.* (3. vgl. vorst. Ref.) Das dem $Na[H_3SiO_4]$ entsprechende $Ca[H_3SiO_4]_2$ wird dargestellt u. untersucht. Es wird mit 0,1 mol. $Na[H_3SiO_4]$-Lsg. aus überschüss. 0,1 mol. $CaCl_2$-Lsg. als flockiger amorpher Nd. gefällt, der kein freies SiO_2 enthält u. nach Entfernen von adsorptiv gebundenem H_2O durch 2 maliges Extrahieren mit fl. NH_3 die konstant bleibende Zus. 0,98—1,1 $CaO \cdot 2SiO_2 \cdot 3H_2O$ hat (über Trockenmitteln ist ein eindeutiger Endwert nicht erreichbar, dagegen bestätigt auch der Abfall der DK. bei Temperaturerniedrigung den Geh. an adsorptiv gebundenem H_2O in Präpp. mit mehr als $3H_2O$). Die Konst. $Ca[OSi(OH)_3]_2 = Ca[H_3SiO_4]_2$ (**I**) wird durch das Verh. der Verb. bewiesen: Sie gibt an fl. NH_3 kein weiteres H_2O ab u. bildet mit alkoh. Alkali bei 60° $CaNa[HSiO_4]$ neben Na-Silicat. **I** ist farblos, feinteilig (gibt beim Pressen eine spröde M.) u. im allg. röntgenamorph; nur einige Präpp. zeigen wenige diffuse Linien (d-Werte in Å: 3,341 ss, 3,019 m; 2,097—2,057 s (diffus), 1,912 s, 1,601 ss, 1,510 ss, 1,451 ss). Bei Raumtemp. ist **I** in H_2O-gesätt. (CO_2-freier) Atmosphäre beständig, oder in trockner Luft, wenn es adsorbiertes W. enthält, aber bei langem Liegen in trockner Luft wird es unter Wasserabgabe ebenso verändert wie bei 50° (vgl. unten); feuchtes CO_2 bildet Calcit u. $SiO_2 \cdot aq$, durch viel W. wird es hydrolysiert, durch 10%ig. NaOH oder gesätt. Kalkwasser in ca. 1 $CaO \cdot 1\,SiO_2 \cdot 2\,H_2O$ übergeführt. In Atmosphären mit geringem H_2O-Partialdruck (1—5 mm) gibt **I** von ca. 50° an schon nach Min. W. ab, das zwar adsorptiv gebunden bleibt, aber nur durch fl. NH_3 extrahierbar ist. Die Entwässerungskurve zeigt für feinteilige Präpp. bei ca. 0 mm H_2O-Druck vorerst nichtdeutbare Stufen bei 1,5 u. 0,75 $H_2O/2SiO_2$, für hartgepreßte Proben sowie für Pulver bei ca. 20 mm H_2O-Druck eine Stufe bei 0,5 H_2O. Oberhalb 700° wird β-Wollastonit neben amorphem SiO_2 röntgenograph. nachgewiesen; bei 900° ist alles W. abgegeben. Unter gesätt. Wasserdampf (Autoklav) ist **I** bis 120° beständig, bei 180° geht es unter Wasserabgabe in eine kristalline Substanz (doppelbrechende Nadeln, n = 1,52) der Zus. $CaO \cdot 2SiO_2 \cdot 2H_2O$, wahrscheinlich $Ca[H_4Si_2O_7] = Ca[Si_2O_3(OH)_4]$ (**II**), über u. bei 250° unter erneuter Wasserabgabe in ein höher kondensiertes Produkt. **II** gibt kein W. an fl. NH_3 ab u. reagiert mit alkoh. Alkali nicht (kondensiertes Silicat!); es hat ein Röntgendiagramm, dessen Linien in den d-Werten rhomb. indizierbar sind (a = 10,04, b = 3,82, c = 8,32, D_ϱ = 2,23, Z = 2,03 Formeleinheiten je Elementarzelle) u. das mit demjenigen des Minerals gleicher Zus., Okenit, nicht sicher identifizierbar ist, aber Ähnlichkeit mit dem eines Okenitpräp. zeigt (Abb., Tabelle). — Das bei 250° erhaltene Prod. mit 1—1,5 $H_2O/2SiO_2$ hat ein ähnliches, aber nicht ident. Diagramm wie **II** mit zusätzlichen Interferenzen; seine Konst. ist vorerst nicht geklärt. Es entsteht auch bei der

Entwässerung von II unter geringem Wasserpartialdruck (wenn der Wassergeh. ca. 1 H_2O/2 SiO_2 ist). Bei dieser treten Haltepunkte bei 1 H_2O u. 0,5 H_2O auf. Bei geringerem Wassergeh. als 1 H_2O/2 SiO_2 entstehen röntgenamorphe Prodd., die nach Bewässern wieder ein Diagramm zeigen. Bei 700° bildet sich α-(= Pseudo-)Wollastonit. Die Wasserabgabe verläuft also bei I u. II unter gleichen Bedingungen verschieden. Dieses Verh. dürfte energet. zu begründen sein. (Z. anorg. allg. Chem. **278.** 237—48. März 1955.)
G. v. Dechend. 261

Stephen Brunauer, L. E. Copeland und **R. H. Bragg,** *Die Stöchiometrie der Hydratation von Tricalciumsilicat bei Raumtemperatur.* 1. Mitt. *Hydratation in einer Kugelmühle.* Bei 23° wird Ca_3SiO_5 (I) mit einer gesätt. $Ca(OH)_2$-Lsg. in einer Kugelmühle 6 Tage lang hydratisiert. Das Gewichtsverhältnis W./I beträgt 9. Es wird gezeigt, daß *Afwillit* nach $2I + 6H_2O \rightarrow Ca_3(SiO_3OH)_2 \cdot 2H_2O$ (II) $+ 3Ca(OH)_2$ entsteht. II wird in koll. Form mit einem mittleren Teilchendurchmesser von ca. 300 Å u. einer Oberfläche (bestimmt nach der B.E.T.-Meth. durch Adsorption von N_2 u. H_2O) von 84 m^2/g erhalten. Durch folgende Unterss. wird gezeigt, daß der erhaltene Afwillit ident. mit dem natürlichen Mineral ist: Röntgendiagramme vor u. nach der Extraktion des entstandenen $Ca(OH)_2$, Best. der D. ($2{,}647 \pm 0{,}01$ g/cm³) u. des Brechungsindex ($1{,}62 \pm 0{,}01$) u. die therm. Analyse, die auf endotherme Rkk. bei 240, 320 u. 470° u. eine stark exotherme Rk. bei 820° hinweist. (J. physic. Chem. **60.** 112—16. Jan. 1956. Chicago, Ill., Portland Cement Assoc. Res. and Developm. Labor.)
R. Lacmann. 283

Stephen Brunauer, L. E. Copeland und **R. H. Bragg,** *Die Stöchiometrie der Hydratation von Tricalciumsilicat bei Raumtemperatur.* 2. Mitt. *Hydratation in Pastenform.* (1. vgl. vorst. Ref.) Bei 23° wird Ca_3SiO_5 (I) mit einer gesätt. $Ca(OH)_2$-Lsg. in Form einer erhärteten Paste 2—2½ Jahre lang hydratisiert. Das Gewichtsverhältnis W./I beträgt 0,7. Es wird gezeigt, daß bei der Hydratisierung $Ca_3Si_2O_7 \cdot 3H_2O$ (II), das dem natürlichen *Tobermorit*, $Ca_2[SiO_2(OH)_2]_2[Ca(OH)_2]$, ähnlich ist, entsteht nach $2I + 6H_2O \rightarrow II + 3Ca(OH)_2$. Die D. von II beträgt $2{,}44 \pm 0{,}01$ g/cm³, der Brechungsindex $1{,}56 \pm 0{,}015$. Röntgenograph., elektronenmkr. u. N_2-Adsorptionsunterss. zeigen, daß II in koll. Form vorliegt, mittlerer Teilchendurchmesser 100 Å. 15% des entstandenen $Ca(OH)_2$ ist an II adsorbiert. Die Hydratation verläuft fast vollständig. (J. physic. Chem. **60.** 116—20. Jan. 1956.)
R. Lacmann. 283

Tryggve Bååk, *Das System CaO–CaF₂.* Durch Messung der elektr. Leitfähigkeit im Syst. CaO–CaF_2 (fl.) ist zu erkennen, daß eine Mischungslücke im Bereich zwischen 0,8 u. 10 Mol-% CaO mit einem Maximum bei 92,5 Mol-% CaF_2 u. 1485° besteht. Der F. des CaF_2 wurde zu 1418° bestimmt; die Leitfähigkeit ($\varkappa = 3{,}56\ \Omega^{-1}\,cm^{-1}$) ist dann genau so groß wie die von $CaCl_2$ bei gleicher Temperatur. (Acta chem. scand. **8.** 1727. 1954. Stockholm, Royal Inst. of Technol., Div. of Metallurgy of Iron and Steel.)
U. Wannagat. 283

Claudine Fabry, *Die Fixierung von Kalk durch Tricalciumphosphat im wässerigen Milieu.* $Ca(OH)_2$ (I) kann sich im wss. Milieu an *Tricalciumphosphat* (II; Ca : P = 1,94) chem. anlagern, wobei es zur Bldg. einer definierten, stabilen Verb. kommt. Diese besitzt ein Ca : P-Verhältnis von 2,26, entsprechend der Zus. $Ca_{10,5}(PO_4)_6(OH)_x$ (III). Das addierte I läßt sich mit W. nicht auswaschen. Die Anlagerungs-Rk. wurde konduktometr. u. titrimetr. bei verschied. Tempp. verfolgt. An II läßt sich noch weiteres I anlagern, wobei der Quotient Ca/P weiter anwächst. Das so gebundene I ist jedoch nur physikal. an der Oberfläche des III fixiert. (Vgl. hierzu C. **1956.** 3505.) (Biochim. biophysica Acta [Amsterdam] **14.** 401—06. Juli 1954. Liège, Belgien, Univ., Inst. de Thérap. Exp.)
H. Nöth. 283

Henri Guérin und **Robert Boulitrop,** *Über die Quecksilberarsenate.* Vff. untersuchten das Syst. As_2O_5–HgO–H_2O bei 60°. Das Orthoarsenat $Hg_3(AsO_4)_2$ (I) existiert in Lsgg., die weniger als 38,1% As_2O_5 enthalten, während das Metaarsenat $Hg(AsO_3)_2$ (II) nur in stärker sauren Lsgg. existiert. I bildet gelbe, stachelförmige Mikrokristalle. Es ist unlösl. in Wasser. In Ggw. von Alkalichlorid löst es sich in W. mit gelber bis brauner Farbe unter Bldg. von Chloroarsenatkomplexen. I kann deshalb durch Umsatz von $HgCl_2$ mit Na_2HAsO_4 nicht gewonnen werden, so daß man besser vom $Hg(NO_3)_2$ ausgeht. Therm. ist I bis 575° beständig. Es zerfällt hier nach $Hg_3(AsO_4)_2 \rightarrow Hg(AsO_3)_2 + O_2 + 2Hg$. II bildet ein mikrokristallines, farbloses Salz, das bei 625° sublimiert. Es hydrolysiert sehr langsam zu I. II gewinnt man durch Einw. einer 70%ig. As_2O_5-Lsg. auf I, oder durch Pyrolyse von I. (Vgl. hierzu C. **1953.** 3209.) (C. R. hebd. Séances Acad. Sci. **230.** 447—48. 30/1. 1950.)
H. Nöth. 290

M. Lederer, *Trennung der Elemente der Seltenen Erden.* Vf. untersucht die Möglichkeit zur papierchromatograph. Trennung der freien Seltenen Erdionen im Gegensatz zu bisherigen chromatograph. Methoden, die alle mit Komplexionen arbeiteten. Gute

Trennungen wurden erzielt mit dem Lösungsmittelgemisch A. + 10% 2n HCl-Lösung. Die Beweglichkeit der freien Ionen folgt dabei nicht der Reihe der Ionenradien, sondern erreicht ein Maximum bei *Dy–Y*. Vollständige Trennungen gelangen bei den u. a. als Beispiele angeführten Paaren Dy–*La* u. Y–La. Zur Sichtbarmachung der Flecken diente die unterschiedliche Fluorescenz der 8-Oxychinolate dieser Erden im UV-Licht. Ferner wird die Reinigung von radioakt. *Pm* nach dieser Meth. mitgeteilt, das *Ce*- u. *Eu*-Isotope als Verunreinigung enthielt. (Nature [London] **176.** 462—63. 3/9. 1955. Paris, Inst. du Radium, Labor. Curie.) F. UMLAND. 303

J. L. Pauley und **M. K. Testerman,** *Basische Salze von Bleinitrat, gebildet in wässerigem Medium.* Zur Aufklärung des Syst. Pb^{2+}–NO_3^-–OH^- wurde die Rk. bei Zugabe von 1n NaOH zu 0,1n $Pb(NO_3)_2$-Lsg. konduktometr., potentiometr. u. analyt. bei 25° verfolgt. Es konnte gezeigt werden, daß die sich bildenden Ndd. in dem p_H-Bereich 5,0—7,0 $Pb(NO_3)_2 \cdot Pb(OH)_2$ (**I**) u. im Bereich 7 bis >12 $Pb(NO_3)_2 \cdot 5\,Pb(OH)_2$ (**II**) entsprechen. $Pb(OH)_2$, *PbO*, $PbO \cdot Pb(OH)_2$ konnten bis p_H 12 nicht nachgewiesen werden. Löslichkeiten bei 30°: für **I** 1,42 u. für **II** 0,25 g/100 g Wasser. Die Ergebnisse widersprechen den Angaben von BERTON (C. R. hebd. Séances Acad. Sci. **220.** [1945.] 693). (J. Amer. chem. Soc. **76.** 4220—22. 20/8. 1954. Fayetteville, Ark., Univ.) H.-G. MOSLÉ. 328

Peter Gray und **T. C. Waddington,** *Sensibilität von α- und β-Bleiazid.* Monoklines β-$Pb(N_3)_2$ besitzt nur eine um 0,30 ± 0,05 kcal/Mol höhere Bildungsenthalpie als das rhomb. α-$Pb(N_3)_2$. Da die Empfindlichkeit der Azide gegen Stoß oder Reibung parallel der Bildungsenthalpie geht, ist die dem β-PbN_6 nachgesagte, wesentlich höhere Sensibilität u. damit größere Gefährlichkeit anzuzweifeln. Der ΔH_f^0-Wert des α-PbN_6 wurde aus Fällungsverss. zu 115,5 kcal/Mol gemessen, der des β-PbN_6 elektrochem. durch Messung der EMK. in den Zellen —Pb/α-PbN_6/0,1 mol. NaN_3/β-PbN_6/Pb + u. —Pb/α-PbN_6/NaN_3/AgN_3/Ag/AgN_3/NaN_3/β-PbN_6/Pb + (Übergang α-$PbN_{6(krist.)}$ → β-$PbN_{6(krist.)}$; EMK. bei 25° in beiden Zellen = 0,0136 V; ΔG = 314 cal/Mol) bestimmt. (Nature [London] **176.** 653. 1/10. 1955. Cambridge, Univ., Dep. of Chem. Engng.) U. WANNAGAT. 328

Albert Tian, *Chemische Inaktivität von adsorbiertem $KMnO_4$.* Wird $BaSO_4$ aus einer $KMnO_4$-haltigen Lsg. gefällt, so erhält man je nach der MnO_4^--Konz. verschied. gefärbte Ndd. ($KMnO_4$ n/2: rotviolett, n/20: rötlich, n/200: blaßrosa). Dieses adsorbierte $KMnO_4$ zeigt eine außergewöhnliche Reaktionsträgheit. Reduktionsmittel, wie H_2S, H_2SO_3, HJ, Fe^{2+}, Sn^{2+}, heiße konz. HCl, $H_2C_2O_4$, H_3PO_2, bleiben ohne Wirkung. Geht der chem. Angriff während mehrerer Tage in wss. Lsg. vor sich, so wird die Farbe des Nd. heller; bei Behandlung mit heißem W. färbt sich dieses merklich. Diese Erscheinungen beruhen wohl nur auf Reversibilität der Adsorption. Sonnenlicht u. wochenlanges Erhitzen auf 70° bleiben ebenfalls ohne Einw. auf den Nd.; da auch Leinöl keine Veränderung hervorruft, könnten diese Barytpulver als bes. widerstandsfähige mineral. Farbstoffe Verwendung finden. Vom Gesichtspunkt ihres Oxydationsvermögens aus sind diese Adsorptionsprodd. ebenfalls vom Interesse. Wird das Pulver mit wenig W. angefeuchtet, so stellt sich diejenige MnO_4^--Konz. ein, die bei Ausfällung mit dem Nd. im Gleichgewicht war. Auf diese Weise kann man bei gegebenem p_H Systeme mit definierter Oxydationskraft herstellen. Beispielsweise bleibt die antisept. Wrkg. dieser $KMnO_4$ enthaltenden Barytpulver, abgestuft nach der Färbung, prakt. konstant. (C. R. hebd. Séances Acad. Sci. **230.** 442—43. 30/1. 1950.) S. LANZ. 350

B. G. Baldwin, *Die Bildung und Zersetzung von Hercynit ($FeO \cdot Al_2O_3$).* FeO u. Al_2O_3 vereinen sich bei Tempp. oberhalb von 700° unter Bldg. von Hercynit. Die Rk. von FeO mit γ-Al_2O_3 ist schneller als die mit α-Al_2O_3 innerhalb des Temperaturbereichs, in dem γ-Al_2O_3 beständig ist. Eine Zunahme in der Teilchengröße von FeO u. Al_2O_3 im Bereich der Siebgröße von 300—100 B.S.S. verringert die Bildungsgeschwindigkeit von Hercynit. MgO, welches einem Gemisch von FeO u. Al_2O_3 zugesetzt wird, wirkt prim. als ein inertes Verdünnungsmittel in bezug auf die Hercynitbildung. Bei 1200° bildet sich gleichzeitig Spinell, der mit dem Hercynit eine feste Lsg. eingeht. CaO verhindert infolge seiner Vereinigung mit Al_2O_3 die Hercynitbildung. Dolomit wirkt als ein Gemisch von CaO u. MgO. Der Einfl. eines Zusatzes von SiO_2 ist unsicher, obwohl er Hercynit unter Bldg. von Aluminiumsilicat zers. kann. Die Rkk. zwischen Al_2O_3 u. SiO_2 sowie zwischen Al_2O_3 u. FeO schreiten bei 1200° gleichzeitig voran. (J. Iron Steel Inst. **179.** 142—46. Febr. 1955.) ——————— H. HOCHSTEIN. 354

Heinrich Biltz, Experimentelle Einführung in die anorganische Chemie. Völlig neu bearb. v. **W. Klemm** u. **W. Fischer.** 48.—49. Aufl. Berlin: de Gruyter. 1956. (X + 191 S. m. 24 Abb. u. 1 Taf.) 8°. DM. 10,80.

Erich Thilo, Vorlesungen über allgemeine und anorganische Experimentalchemie. Berlin: Dtsch. Verl. d. Wissenschaften. 1955. (XII + 359 S. m. Abb. u. 5 Farbtaf.) 8°. DM 22,30.

A_9. Mineralogische und geologische Chemie.

J. A. Jacobs und **D. W. Allan,** *Die thermische Geschichte der Erde.* Vff. untersuchen an Hand verschied. Modellvorstellungen der Erde mögliche Abläufe der Wärmeveränderung in Abhängigkeit von Alter u. Erdtiefe. Eine bes. Rolle spielen dabei die Ausgangstemp. der Erde u. ihre Aufheizung durch radioakt. Vorgänge. In den Modellen werden die radioakt. Stoffe in Schalen einheitlicher Konz. verteilt angenommen. (Nature [London] **177.** 155—57. 28/1. 1956. Toronto, Univ., Dep. of Phys.) J.-E. Hiller. 378

Hans E. Suess, *Die Radiokohlenstoffaltersbestimmungen des US-Geological Survey.* 1. Mitt. Es wird eine tabellar. Übersicht über die Altersbestimmungen nach der C-Meth. gegeben, die zwischen Okt. 1953 u. April 1954 gemacht wurden. (Science [Washington] **120.** 467—73. 24/9. 1954. Washington, D. C., U. S. Geol. Surv.) J.-E. Hiller. 378

Sarah Deutsch, D. Hirschberg und **E. Picciotto,** *Geologische Altersbestimmung durch pleochroitische Höfe.* Es werden die Möglichkeiten untersucht, das Alter kristalliner Gesteine aus pleochroit. Höfen zu bestimmen. Die Höfe werden mikrophotometr. aufgenommen u. außerdem die α-Aktivität der Einschlüsse mit der photograph. Meth. gemessen. Die Ergebnisse an 7 Gesteinen werden graph. dargestellt. (Experientia [Basel] **11.** 172—74. 15/5. 1955. Brüssel, Univ. Libre, Labor. de Phys. Nucl.) J.-E. Hiller 378

Paul E. Damon, *Ein Häufigkeitsmodell für Bleiisotope, das auf einer kontinuierlichen Bildung der sialischen Erdkruste beruht.* Es wird ein mathemat. Modell für die n. Bleiisotopenverhältnisse abgeleitet u. ausgewertet. Es beruht auf der Hypothese von Wilson über den Ursprung der Kontinente. Es kann gezeigt werden, daß die Isochronengleichung von Holmes (C. **1949.** E. 207) ein Spezialfall einer allgemeineren Gleichung ist. (Trans. Amer. geophysic. Union **35.** 631—35. Aug. 1954. Fayetteville, Ark., Univ., Inst. of Sci. and Technol.) J.-E. Hiller. 378

N. M. Strachow, *Über das Schema der chemischen Differentiation von B. P. Krotow.* Kritik an der von Krotow (C. **1954.** 271) entwickelten chem. Differentiation u. ihrer Anwendung auf die Fragen der sedimentären Erzbildung. Nach Ansicht des Vf. gibt es in der Natur nicht diese 11 Stadien der Auslaugung der Elemente aus dem verwitternden Gestein u. die daraus folgenden 11 Stadien der Sedimentanreicherung. (Известия Академии Наук СССР, Серия Геологическая [Nachr. Akad. Wiss. UdSSR, geol. Ser.] **1955.** Nr. 4. 144—46. Juli/Aug.) O. Lebtag. 378

Tom G. Lovering, *Fortschritte der Untersuchungen über radioaktive Eisenoxyde.* Viele U- u. Th-Lagerstätten im Westen der USA sind mit Zonen von radioakt. sek. Fe-Mineralien (**I**) vergesellschaftet. Die **I** stammen von der Oxydation sulfid. Erze her. Ihre Radioaktivität rührt bei U-Geh. von eingeschlossenen sek. Uranmineralien her, bei Th-Geh. von nicht zersetzten prim. Thoriummineralien, wie *Thorit* u. *Monazit.* (Econ. Geol. **50.** 186—95. März/April 1955. Denver, Colo., U. S. Geol. Surv.) W. Baur. 378

Irving A. Breger, Maurice Deul und **Samuel Rubinstein,** *Geochemie und Mineralogie einer uranhaltigen Braunkohle.* Experimente ergaben, daß prakt. das ganze in der Kohle vorhandene U in einer organ. U-Verb. oder einem Komplex gebunden ist, welcher bei einem p_H kleiner als 2,18 lösl. ist. Kontinuierliche Extraktion mit heißer 6 n HCl löst 98,6% des U aus der Kohle heraus. (Econ. Geol. **50.** 206—26. März/April 1955. Washington, D. C., U. S. Geol. Surv.) W. Baur. 378

Robert B. Ford, *Mineralogie eines pechblendehaltigen Pegmatits, Lac La Ronge, Saskatchewan.* Am Kontakt eines zonar gebauten Pegmatits treten in einer ca. 1 m breiten Zone blättrige Massen von Pechblende auf. Es können 2 Kristallisationsphasen unterschieden werden: 1. Kristallisation der Pechblende in u. gleichzeitig mit der K-reichen Außenzone; 2. Kristallisation der Pechblende mit der aplit. Phase des Pegmatits als späte Spaltenfüllung. (Econ. Geol. **50.** 196—205. März/April 1955. Crystal Falls, Mich.) W. Baur. 380

John A. Masters, *Geologie der Uranlagerstätten des Lukachukai Mountains-Gebietes, nordöstliches Arizona.* Jurass., verhältnismäßig leicht durchlässige Sandsteine sind mit *Carnotit* imprägniert. Zusammenhänge zwischen Erzführung u. Durchlässigkeit u. C-Geh. des Gesteins werden aufgezeigt. (Econ. Geol. **50.** 111—26. März/April 1955. Grand Junction, Colo., U. S. Atom. Energy Comm.) W. Baur. 380

Y. W. Isachsen, T. W. Mitcham und **H. B. Wood,** *Alter und sedimentäre Fazies von uranhaltigen Gesteinen des Coloradoplateaus.* Im Coloradoplateau ist eine U-Mineralisation in 32 sedimentären Straten (vom Oberkarbon bis zum Tertiär) u. in einem tert. Monzonitporphyr gefunden wurden. In 22 dieser Horizonte wird Erz gefördert. Die große Verschiedenheit in Alter u. Art der U-haltigen Gesteine läßt einen epigenet. Ursprung der U-Erze vermuten. (Econ. Geol. **50.** 127—34. März/April 1955. Grand Junction, Colo., U. S. Atom. Energy Comm.) W. BAUR. 380

Robert J. Wright, *Die Erzführung der Uranlagerstätten in Sandsteinen des Coloradoplateaus.* Die U-Anreicherungen finden sich vorwiegend in fluvialen Sandsteinen, die 1. verkohlte Pflanzenreste enthalten; 2. hellgrau statt rot gefärbt sind; 3. Feldspat oder Glimmer führen u. 4. in die Schiefertonschichten eingeschaltet sind. (Econ. Geol. **50.** 135—55. März/April 1955. Grand Junction, Colo., U. S. Atom. Energy Comm.) W. BAUR. 380

Leo J. Miller, *Uranerzführung der Happy-Jack-Lagerstätte White Canyon, San Juan County, Utah.* Die Hauptmenge des Erzes findet sich in einem triass. Flußbett (Shinarump-Konglomerat). Das wichtigste U-Erz ist die *Pechblende,* die einerseits als Bindemittel von Quarzkörnern auftritt, andrerseits die Zellwände von fossilen Hölzern verdrängt. Außerdem enthält die Lagerstätte nennenswerte Mengen von Cu-Sulfiden. (Econ. Geol. **50.** 156—69. März/April 1955. Grand Junction, Colo., U. S. Atom. Energy Comm.; New York, N. Y., Columbia Univ., Dep. of Geol.) W. BAUR. 380

Thomas W. Mitcham und **Charles G. Evensen,** *Uranerzprospektion im Monument Valley Distrikt, Arizona.* 28 verschied. geolog. Kriterien, die sich bei der Auffindung von Uranerzen in triass. Sedimenten als nützlich erwiesen haben, werden aufgezählt. (Econ. Geol. **50.** 170—76. März/April 1955. Grand Junction, Colo., U. S. Atom. Energy Comm.) W. BAUR. 380

James D. Lowell, *Anwendung von Kreuzschichtungsuntersuchungen auf Probleme der Uranprospektion in den Chuska Mountains, Arizona.* Genaue Kartierung der Kreuzschichtung in Sandsteinen erlaubt die Rekonstruktion der alten Stromrichtungen. Diese sind gleichzeitig die Richtungen größter Porosität, u. daher liegen dort gewöhnlich die Uranerzkörper. (Econ. Geol. **50.** 177—85. März/April 1955. Grand Junction, Colo., U. S. Atom. Energy Comm.) W. BAUR. 380

J. Koutek und **L. Žák,** *Vorläufiger Bericht über eine Ader mit Antimonerzen auf einer Magnetitlagerstätte bei Vlastějovice im Sázavabecken.* Ein in der Magnetitlagerstätte des Holý Vrch bei Vlastějovice aufgefundener Erzgang enthält *Gudmundit* (bisher in der Tschechoslowakei nicht gefunden), *Arsenopyrit, Pyrit, Magnetkies* (Pyrrhotin), *Berthierit, Antimonit* u. *Kupferkies* als Erze, Quarz, Calcit u. selten violetten Flußspat als Gangart. Der Gang ist jünger als der Magnetitkern u. scheint genet. dem Biotit-Muskovit-Granit von Melechov als apomagmat. Glied seiner Vererzung anzugehören. (Věstník ústředního ústavu geologického **26.** 358—60. Dez. 1951. Prag, Karlsuniv., Geolog.-paleontolog. u. mineralog. Inst.) H. GEDSCHOLD. 380

W. E. Sinclair, *Die Minerallagerstätte Sukulu.* Ähnlich dem koppithaltigen Gestein von Sove (Uleföss, Norwegen) ist bei Sukulu (nahe Tororo, Uganda) als Kern eines erloschenen Vulkans ein aus großer Tiefe stammendes Mg-haltiges Kalkgestein in Form von 24 Hügeln ausgewittert. An deren Abhängen enthält der Verwitterungsschutt 34% Apatit, etwas Francolith, 44% Magnetit u. Tonerde u. durchschnittlich 0,42% Pyrochlor neben kleineren Einzelvorkommen von Zirkon, Baddeleyit, Anatas u. Baryt. Sofern die Aufbereitung gelingt, können jährlich 400 t Nb_2O_5 gewonnen werden. — Hinweis auf die Lagerstätte Bukusu mit Phosphatgestein u. Magnetit. (Mining Mag. **92.** 216—18. April 1955.) G. LOCHMANN. 380

Paul F. Patchick, *Ein bemerkenswertes Vorkommen von Allanit und Zirkonkristallen in einem Pegmatit von Süd Californien.* (Rocks and Minerals **30.** 237—46. Mai/Juni 1955.) F. ENSSLIN. 380

B. M. Shaub, *Ein neues Vorkommen von Topaskristallen.* In einem zerfallenen Granit bei Conway, New Hampshire, wurden große Kristalle von Topas neben Rauchquarz u. Mikroklin gefunden. (Rocks and Minerals **30.** 227—35. Mai/Juni 1955. Northampton, Mass.) F. ENSSLIN. 380

Constantin Kurylenko, *Chemische Zusammensetzung einiger Turmaline und ihre Raumgruppe* C_{3v}^5—R 3 *m.* (Vgl. C. **1951.** II. 1283.) Vf. untersuchte 10 Turmaline verschied. Fundorte chem. u. stellte gleichzeitig von ihnen Drehkristall- u. WEISSENBERG-Diagramme her. Die beste Übereinstimmung zwischen chem. Zus. bzw. den Intensitäten der Diagramme einerseits u. der von BUERGER u. HAMBURGER (vgl. Amer. Mineralogist **33.** [1948.] 761 u. früher) angegebenen Struktur zeigte ein Dravit aus Mähren. Bei anderen Turmalinen bestanden unter Zugrundelegung dieser Struktur insofern Schwierigkeiten, als ihre chem. Zus. auf das Vorhandensein von Leerstellen in dieser Struktur hindeutet. Diese Abweichungen von der Struktur von BUERGER u. HAMBURGER kommen auch deutlich in der Veränderung der Intensitäten der (h 0 0) u. (h h 0)-Reflexe zum Ausdruck. (Bull. Soc. franç. Minéralog. Cristallogr. **73.** 454—60. Juli/Sept. 1950. Paris, Fac. des Sci., Labor. de Minéralogie.) C. GOTTFRIED. 380

Franc. R. Joubin, *Weitverbreitetes Vorkommen und Charakter der Pechblende in triassischen und jurassichen Sedimenten des Coloradoplateaus.* (Vgl. ROSENZWEIG u. Mitarbeiter, C. **1955.** 4304.) Diskussion der Zusammenhänge von *Pechblende* einerseits mit Kohlenwasserstoffen u. Kohlen andrerseits. (Econ. Geol. **50.** 233—34. März/April 1955. Toronto, Ontario, Techn. Mine Consultants Ltd.) W. BAUR. 380

P. C. Mathur, *Eine Bemerkung über die Granitisierung der Quarzite in Bundelkhand.* Geolog. Feldstudien u. mkr. Unters. einer Quarzitgranitisierung. (Sci. and Cult. **20.** 242—43. Nov. 1954. Lucknow, Univ., Geol. Dep.) W. BAUR. 382

André Rivière und **Léon Visse,** *Der Ursprung der Mineralien der marinen Sedimente.* In den marinen Sedimenten wurden neben *Illit* u. *Kaolinit* als weitere Tonmineralien *Montmorillonit* (Tunis) u. *Palygorskit* (Marokko, Senegal, Togo) entdeckt. (Bull. Soc. géol. France [6] **4.** 467—73. Juni 1955.) F. ENSSLIN. 382

Kurt Fredriksson, *Kosmische Kügelchen in Tiefseesedimenten.* Magnet. Kügelchen, die größer als 35 μ im Durchmesser waren, wurden aus Bohrkernen der Albatross-Expedition isoliert u. erzmkr. untersucht. Sie bestehen vielfach aus einem metall. Kern u. einer *Magnetit*-Rinde, die bei dem Durchfliegen der Atmosphäre durch Oxydation gebildet wurde. Ihre kosm. Herkunft wird für sicher gehalten. Sie werden mit ähnlichen, künstlich hergestellten Kügelchen verglichen. (Nature [London] **177.** 32 bis 33. 7/1. 1956. Göteborg, Ozeanograph. Inst.) J.-E. HILLER. 388

O. Reasbeck und **K. I. Mayne,** *Alter und Ursprung der Meteorite.* Vff. untersuchen eine Reihe von Meteoriten nach der He-Meth. unter Berücksichtigung des He-Verlustes bei ihrer Erhitzung. Dazu wird bei den Steinmeteoriten die Ar–K-Meth. herangezogen. Dabei kommen Vff. zu der Ansicht, daß folgende Arten von Meteoriten existieren: 1. Alte Steinmeteorite; 2. jüngere Eisenmeteorite, deren Alter aber hinreicht, daß sie lange genug der kosm. Strahlung ausgesetzt wurden, um das kosmogene He zu bilden. Sie wurden auch hinreichend langsam abgekühlt, so daß die WIDMANNSTÄTTischen Figuren gebildet werden konnten; 3. *Chondrite, Pallasite* usw., bei denen die Eigg. von 1. u. 2. kombiniert sind. Das Alter für die Steinmeteorite zwischen $4{,}5 \cdot 10^9$ u. $0{,}5 \cdot 10^9$ Jahren wäre in Übereinstimmung mit dem Alter verschied. terrestr. Materials, während die Eisenmeteorite jünger sind. (Nature [London] **176.** 186—88. 30/7. 1955. Durham, Univ., Londonderry Labor. for Radiochem.; Oxford, Univ., Clarendon Labor.) J.-E. HILLER. 388

George W. Reed und **Anthony Turkevich,** *Der Urangehalt von zwei Eisenmeteoriten.* Zwei Eisenmeteorite von Tamarugal u. Thunda wurden mittels der Neutronen-Aktivierungsanalyse auf den U-Geh. untersucht. Es wurden schwankende Gehh. von U in Eisenmeteoriten gefunden, von denen die Hälfte geringer als $5 \cdot 10^{-10}$ g/g war. (Nature [London] **176.** 794—95. 22/10. 1955. Chicago, Ill., Univ., Argonne Nat. Labor., u. Inst. for Nucl. Studies.) J.-E. HILLER. 388

B. Allgemeine und theoretische organische Chemie.

S. Ramamurty, *Berechnung der Anregungszustände von Inden.* (Vorl. Mitt. vgl. Current Sci. **22.** [1953.] 168.) Zum Vgl. mit V.B.-Berechnungen von NISWANATH (C. **1954.** 3892) bestimmt Vf. die Anregungszustände von *Inden* nach der LCAO–MO-Meth. unter Berücksichtigung der Wechselwrkg. nur zwischen nächsten Nachbarn u. Übernahme der Werte für die einzelnen Integrale aus der Benzolberechnung von GOEPPERT-MAYER u. SKLAR [1938]. Die Energien der Anregungszustände (Grundzustand = 0) ergeben sich dabei zu 0,36; 3,89; 8,39; 10,615; 10,628 u. 11,82 eV. Das beobachtete Bandensyst. bei 2952 Å ist einem Singulett—Triplett-Übergang zuzuschreiben. (Indian J. Physics Proc. Indian Assoc. Cultivat. Sci. **27** (**36**). 504—10. Okt. 1953. Waltair, Andra Univ., Dep. of Mathemat. Phys.) G. KRESZE. B 114

W. Bruce Black und **Robert E. Lutz,** *Ultraviolettabsorptionsspektren von Chalkonen. Identifizierung von Chromophoren.* Vff. untersuchten an cis- u. trans-Chalkonen cis–trans-Photogleichgewichte, UV-Absorptionsspektren u. die Effekte von Substituenten auf den Äthylenwinkel oder auf einen oder beide Phenylkerne, bes. den Einfl. von o-Methylgruppen. Die mittlere Absorptionsbande bei 250—270 mμ von Chalkonen mit cis-Konfiguration, von Chalkonen mit α- oder β-Substituenten, von Mesitylacetophenon oder von Phenylbenzoylacetylen wird unzweideutig als Benzoyl- oder Acrylophenon-Bande (Syst. I) identifiziert. Sie verschwindet, wenn sich zwei o-CH_3-Gruppen am Benzoylkern befinden u. damit die n. Koplanarität zerstört wird. Das Syst. II C_6H_5–CH=CH—CO— scheint für die Intensität des langwelligen Maximums bei 285 mμ verantwortlich zu sein. Para-Substitution durch —NO_2 an der Benzoylgruppe von cis-Chalkonen u. cis-α-Bromchalkonen verdoppelt meist die Intensität der langwelligen Bande. Dies wird mit einer partiellen Unabhängigkeit eines Chromophoren erklärt, nämlich dem p-Nitrostyrol-syst. III, welches in trans-Isomeren nicht in vergleichbarer Größe absorbiert, u. dessen Absorption bei ca. 300 mμ vom Chromophoren II überlappt wird. Die Polarisation der p-Nitrogruppe steigert die individuelle relative Planarität u. Unabhängigkeit von III. Die p-OCH_3-Gruppe mindert in cis-α-Bromchalkonen die Intensität des langwelligen Maximums, steigert jedoch die des mittleren. Vff. schreiben dies ebenfalls dem Anwachsen der relativen Planarität zu. Der unterschiedliche Effekt der Absorption wird durch ein Überlappen des Anisalsyst. mit I statt mit II erklärt.

Versuche: *cis-α-Brom-4-nitrochalkon* (I), $C_{15}H_{10}O_3NBr$, F. 127—129°, [λ_{max}] 265 [mμ] (ε = 14900); 302,5 (15900), aus 4-Nitrochalkondibromid (F. 151—152,5°) u. K-Acetat in A., 1 Std. Kochen. — *trans-α-Brom-4-nitrochalkon*, $C_{15}H_{10}O_3NBr$, F. 54,5 bis 56°, 265 (10000), 310 (18770), aus I in Bzl. durch Belichtung; 20% (Ausbeute). — *cis-4-Methoxychalkon*, $C_{16}H_{14}O_2$, F. 33—33,5° (Isooctan), 252,5 (17760), 340 (10610), aus dem trans-Isomeren (F. 76—78°) durch Belichtung. — *trans-α-Brom-4-methoxychalkon* (II), $C_{16}H_{13}O_2Br$, F. 94,5—96°, 252,5 (12310), 336 (20110), aus 4-Methoxychalkondibromid (F. 132—134°) durch HBr-Abspaltung mit Triäthylamin in Aceton; 38%.— *cis-Isomeres*, $C_{16}H_{13}O_2Br$, F. 54—54,5°, 265 (25220), 335 (3490), aus **II** in A. durch Belichtung. — *trans-4-Bromchalkon*, $C_{15}H_{11}OBr$, F. 127—128°, durch Kondensation von 4-Brombenzaldehyd u. Acetophenon in A. bei Ggw. von KOH. — *trans-3-Methylchalkon*, F. 67,5—68,5°, aus 3-Methylbenzaldehyd u. Acetophenon in A. bei Ggw. von $NaOC_2H_5$ bei 0°; 50%. Daneben *Verb.* [$(C_6H_5COCH_2)_2CHC_6H_4CH_3(m?)$], F. 234—236°, bei längerem Stehen; u. *Verb.*, F. 194—195,5°, bei Erhitzen auf 100°. — *α-Brom-β-äthoxy-β-mesitylpropiophenon*, $C_{20}H_{23}O_2Br$, F. 80—82° (A.), aus Mesitalacetophenondibromid (III) (F. 141—143°) beim Kochen mit alkoh. KOH. α-Brom-2.4.6-trimethylchalkon konnte aus vorst. Verb. nicht erhalten werden. — *trans-2.4.6-Trimethylchalkon* (**IV**), $C_{18}H_{18}O$, F. 96 bis 101°, 250 (10430), 321 (14670), aus **III** bei der Debromierung mit Triäthylamin in A.; 63%. — *cis-Isomeres*, $C_{18}H_{18}O$, F. 65—66° (A.), 255 (13600), 320 (2850), aus **IV** durch Belichtung. — *Mesitalacetomesitylendibromid* (**V**), $C_{21}H_{24}OBr_2$, F. 99—101° (A.), durch Addition von Br_2 an trans-Mesitalacetomesitylen in heißem Eisessig; 70%. — *trans-4-Methoxy-2'.4'.6'-trimethylchalkon* (**VI**), $C_{19}H_{20}O_2$, F. 78—79°, 234 (10100), 330 (27200), durch Kondensation von Anisaldehyd u. Acetomesitylen (50%); *polymorphe Form*, F. 106,5—107,5°, aus **VI** nach einer Woche Stehen. — *4-Methoxy-2'.4'.6'-trimethylchalkondibromid* (**VII**), $C_{19}H_{20}O_2Br_2$, F. 136—137° (Zers.), aus **VI** durch Bromierung in CCl_4; 99%. — *α-Brom-β-methoxy-β-[p-anisyl]-propiomesitylen*, $C_{20}H_{23}O_3Br$, F. 154—155°, als Nebenprod. von **VII**. — *trans-α-Brom-4-methoxy-2'.4'.6'-trimethylchalkon* (**VIII**), $C_{19}H_{19}O_2Br$, F. 91—92° (A.), 240 (7500), 335 (26600), aus **VII** durch HBr-Abspaltung mit Triäthylamin in Aceton. Ließ sich im Sonnenlicht nicht in das cis-Isomere umwandeln. — *p-Anisylmesitoylacetylen*, $C_{19}H_{18}O_2$, F. 66,5—67° (A.), 320 (23500), aus **VIII** durch HBr-Abspaltung. — Außer den vorst. genannten Chalkonen wurden untersucht: *cis-* u. *trans-Chalkon*, *trans-2'.4'.6'-Trimethyl-*, *trans-2.4.6.2'.4'.6'-Hexamethylchalkon*, *cis-* u. *trans-α-Brom-*, *cis-* u. *trans-α.β-Dibrom-*, *trans-β-Brom-*, *β-Phenyl-*, *trans-α-* u. *trans-β-Methylchalkon*, *Phenylbenzoyl-* u. *p-Anisylbenzoylacetylen* (F. 82,5—83,5°), *cis-* u. *trans-4-Nitro-* u. *trans-4-Nitro-2'.4'.6'-trimethylchalkon*. (J. Amer. chem. Soc. **77**. 5134—40. 5/10. 1955. Charlottesville, Va., Univ., Cobb. Chem. Labor.) M.-L. Klaar. B 118

Nelson J. Leonard, A. Jerry Kresge und **Michinori Ōki**, *Der Einfluß der sterischen Konfiguration auf die Ultraviolettabsorption von „fixierten" Benzilen.* Vff. synthetisierten *5-Methyldibenzo-[a;d]-cycloheptadien-(1.4)-dion-(10.11)* (**VIIIb**) u. *Dibenzo-[a;e]-cyclooctadien-(1.5)-dion-(7.8)* (**VIIIc**). Die Strukturbest. erfolgte auf Grund der chem. Umsetzungen u. der Infrarotspektren der Zwischenprodukte. Betrachtet man **VIIIb** u. **VIIIc** als „fixierte" Benzile, so ist die Geometrie des Mol. durch die Lage des Zentralrings bestimmt. Die UV-Spektren von **VIIIb** u. **VIIIc** sind voneinander u. von *o-Tolil* verschieden; die Lage der langwelligen Absorptionsmaxima wird hauptsächlich durch die Größe des Winkels der Carbonylgruppen der Diketone bestimmt. Modelle zeigen, daß **VIIIb** einen Winkel zwischen 0 u. 90° besitzen muß, was bestätigt wird durch die Lage des langwelligen Maximums (418 mμ) sowie durch die geringe Intensität im Bereich 240—260 mμ, welche auf abnehmende Tendenz zur Koplanarität der Phenyl- u. Carbonylgruppen weist. Aus dem langwelligen Maximum von **VIIIc** ($\sim$368 mμ) geht hervor, daß der Winkel nahe bei 90° liegen muß. Die entsprechenden Chinoxalinverbb. zeigen die gleichen Effekte. Vff. untersuchten die Möglichkeiten zur Isomerisation zu substituierten Tropolonen, eine Isomerisation gelang jedoch nicht.

Versuche (Alle FF. korr.): *3-[β-Phenyläthyl]-phthalid* (**I**), $C_{16}H_{14}O_2$, F. 79 bis 80° (A.–PAe.), aus β-Phenyläthyl-MgBr u. o-Phthalaldehydsäure in Ae.; 50% (Ausbeute).

— *2-[γ-Phenylpropyl]-benzoesäure*, $C_{16}H_{16}O_2$, F. 88—89° (wss. A.), aus **I** durch Red. mit rotem P u. HJ; 85%. — *2-[α-Phenyläthyl]-benzoesäureäthylester* (**IIb**), $C_{17}H_{18}O_2$, Kp.$_{1,2}$ 126 bis 128°, aus 2-[α-Phenyläthyl]-benzoesäure mit A. u. HCl; $n_D^{26,5}$ 1,5550, $D.^{27}_4$ 1,070. — *2-[γ-Phenylpropyl]-benzoesäureäthylester* (**IId**), $C_{18}H_{20}O_2$, Kp.$_{0,3}$ 135—137°, n_D^{30} 1,5463, $D.^{30}_4$ 1,051. *o-Benzylbenzylalkohol* (**IIIa**), $C_{14}H_{14}O$, Kp.$_{0,1}$ 114°, n_D^{20} 1,5950, aus 2-Benzylbenzoesäuremethylester durch Red. mit $LiAlH_4$; 96%. — Analog: *2-[α-Phenyläthyl]-* (**IIIb**), $C_{15}H_{16}O$, Kp.$_{0,5}$ 128—129°, aus **IIb**, n_D^{31} 1,5853, $D.^{28}_4$ 1,080; 91%; *2-[β-Phenyläthyl]-* (**IIIc**), $C_{15}H_{16}O$, F. 58—59° (PAe.–A.), aus 2-[β-Phenyläthyl]-benzoesäureäthylester (**IIc**); 95%; *2-[γ-Phenylpropyl]-benzylalkohol* (**IIId**), $C_{16}H_{18}O$, Kp.$_{0,2}$ 137°, aus **IId**, n_D^{27} 1,5733, $D.^{30}_4$ 1,052; 99%. — *2-Benzylbenzylbromid* (**IVa**), $C_{14}H_{13}Br$, F. 45—45,5° (PAe.; Kp. 40—60°), aus **IIIa** u. wss. HBr, 3 Std. kochen; 95%. — Analog: *2-[α-Phenyläthyl]-benzylbromid* (**IVb**), $C_{15}H_{15}Br$, Kp.$_{0,1}$ 112°, aus **IIIb**, n_D^{21} 1,6069, $D.^{28}_4$ 1,292; 97%; *2-[β-Phenyläthyl]-* (**IVc**) u. *2-[γ-Phenylpropyl]-benzylbromid* (**IVd**) wurden nicht rein erhalten u. sofort weiterverarbeitet. Aus Verbb. **IV** wurden mittels NaCN die entsprechenden Nitrile (3 Std. in sd. A.) dargestellt u. daraus die Säuren (krist. aus wss. A.): *2-Benzyl-* (**Va**), $C_{15}H_{14}O_2$, F. 95—95,5°; *2-[α-Phenyläthyl]-* (**Vb**), $C_{16}H_{16}O_2$, F. 93—94°; *2-[β-Phenyläthyl]-phenylessigsäure* (**Vc**), $C_{16}H_{16}O_2$, F. 92—93°. Das **Va** entsprechende *Amid*, $C_{15}H_{15}ON$, F. 146,5 bis 147° (wss. A.), war Hauptprod. der alkal. Verseifung des Nitrils zu **Va**. — *Dibenzo-[a;d]-cycloheptadien-(1.4)-on-(10)* (**VIa**), $C_{15}H_{12}O$, F. 75—76° (wss. A.), aus **Va** durch Ringschluß mit Polyphosphorsäure; 81%. *Oxim*, $C_{15}H_{13}ON$, F. 178,5—179,5°. *2.4-Dinitrophenylhydrazon*, $C_{21}H_{16}O_4N_4$, F. 231—232°, rot. — *5-Methyldibenzo-[a;d]-cycloheptadien-(1.4)-on-(10)* (**VIb**), $C_{16}H_{14}O$, F. 90—91° (PAe.), aus **Vb**; 66%. *Oxim*, $C_{16}H_{15}ON$, F. 182—183°. *2.4-Dinitrophenylhydrazon*, $C_{22}H_{18}O_4N_4$, F. 219—220°, rot. — *Dibenzo-[a;e]-cyclooctadien-(1.5)-on-(8)* (**VIc**), $C_{16}H_{14}O$, F. 93—94° (PAe.), aus **Vc**; 76%. *Oxim*, $C_{16}H_{15}ON$, F. 158—159°. *2.4-Dinitrophenylhydrazon*, $C_{22}H_{18}O_4N_4$, F. 196—197°, gelborange. — *Dibenzo-[a;d]-cycloheptadien-(1.4)-dion-(10.11)-monoxim* (**VIIa**), $C_{15}H_{11}O_2N$, F. 194 bis 195° (Zers.; A.), aus **VIa** u. Butylnitrit mit $NaOC_2H_5$ in A. in der Kälte; 95%. — *5-Methyldibenzo-[a;d]-cycloheptadien-(1.4)-dion-(10.11)-monoxim* (**VIIb**), $C_{16}H_{13}O_2N$, F. 232 bis 233° (Zers.), aus **VIb**; 92%. — *Dibenzo-[a;e]-cyclooctadien-(1.5)-dion-(7.8)-monoxim*, $C_{16}H_{13}O_2N$, F. 185—186°, aus **VIa**; 90%. — *Dibenzo-[a;d]-cycloheptadien-(1.4)-dion-(10.11)* (**VIIIa**), $C_{15}H_{10}O_2$, F. 164—165° (Zers.) (PAe., Kp. 90—110°), aus **VIa** durch Oxydation mit SeO_2. *Dioxim*, $C_{15}H_{12}O_2N_2$, F. 212—213° (Zers.; A.), aus **VIIIa**. — *5-Methyldibenzo-[a;d]-cycloheptadien-(1.4)-dion-(10.11)* (**VIIIb**), $C_{16}H_{12}O_2$, F. 131—132°, gelb, aus **VIIb** mit 40%ig. Formalin in HCl, 2 Std. am Dampfbad; 45%. *Dioxim*, $C_{16}H_{14}O_2N_2$, F. 224° (Zers.), aus **VIIb**. — *Dibenzo-[a;e]-cyclooctadien-(1.5)-dion-(7.8)* (**VIIIc**), $C_{16}H_{12}O_2$, F. 131 bis 132°, aus **VIIc**; 80%. *Dioxim*, $C_{16}H_{14}O_2N_2$, F. 220° (Zers.), aus **VIIc**. *Chinoxalin* aus **VIIIb**, $C_{22}H_{16}N_2$, F. 205—206° (A.), aus **VIIIb** mit o-Phenylendiamin 3 Std. Erhitzen; 92%. — *Chinoxalin* aus **VIIIc**, $C_{22}H_{16}N_2$, F. 192—193° (wss. A.). — *2.2-Bis-[p-tolyl]-propan*, $C_{17}H_{20}$, F. 78—78,5° (A.), aus 2.2-Dichlorpropan u. Toluol mit wasserfreiem $FeCl_3$; 12%. — *2-[2'-(β-Phenyläthyl)-phenyl]-propanol-(2)*, $C_{17}H_{20}O$, Kp.$_{0,02}$ 104—106°, n_D^{21} 1,5708, aus CH_3MgJ u. **IIc**; 98%. — Konstitutionsbeweis für **VIIIb** durch WOLFF-KISHNER-Red. von **VIb** als Hydrazon mit KOH in Triäthylenglykol bei 280° zu *5-Methyldibenzo-[a;d]-cycloheptadien-(1.4)*, Kp.$_{0,1}$ 100—102°, n_D^{25} 1,6040, $D.^{25}_4$ 1,0798; Konstitutionsbeweis von **VIIIc** durch Oxydation mit H_2O_2 in Eisessig zu *Dibenzyl-2.2'-dicarbonsäure*, F. 230—231°. (J. Amer. chem. Soc. **77**. 5078—83. 5/10. 1955. Urbana, Ill., Univ., Noyes Chem. Labor.) M.-L. KLAAR. B 118

Nelson J. Leonard und **Michinori Ōki**, *Cyclische Aminoacyloine und Aminoketone. 6. Mitt. Einfluß der transannularen Wechselwirkung zwischen N und $C_{(CO)}$ auf die Ultraviolettabsorption.* (5. vgl. C. **1956**. 7482.) Vff. untersuchten die UV-Spektren folgender Verbb. in Ae.: *2-Oxycyclononanon* (**I**; Modellsubstanz), *1-Methyl-* (**II**), *1-Äthyl-* (**III**), *1-Isobutyl-* (**IV**), *1-Isopropyl-* (**V**), *1-tert.-Butyl-1-azacyclononanol-(5)-on-(6)* (**VI**), *1-Methyl-1-azacycloheptadecanol-(9)-on-(10)* (**VII**), *1-Methyl-1-azacyclooctanon-(5)* (**VIII**) u. *1-Methyl-1-azacyclodecanon-(6)* (**IX**). Das bei **I, IV, V, VI** u. **VII** auftretende Maximum bei ca. 217 mμ fehlt bei **II, III, VIII** u. **IX**, die dafür Maxima bei 221—228 mμ zeigen; diese letzten beruhen auf Anregung des transannularen N–$C_{(CO)}$-Systems. **V** u. **VI** weisen Inflektionen bei ca. 230, **VII** eine solche bei 270 mμ auf. (J. Amer. chem. Soc. **77**. 6239—40. 5/12. 1955. Urbana, Ill., Noyes Chem. Labor., u. Indianapolis, Ind., Elli Lilly & Co., Lilly Res. Labors.) J. ROTHE. B 118

N. Sheppard, *Untersuchungen charakteristischer Gruppenfrequenzen. 1. Mitt. Die symmetrischen Deformationsfrequenzen von Methylgruppen.* Vf. gibt eine Zusammenstellung der aus der Literatur entnommenen Werte der symm. Methyldeformationsfrequenzen von Moll. des Typs CH_3—X mit X-Atomen aus den Gruppen 4—7 des Period. Systems. Die beobachteten Frequenzen ändern sich regelmäßig a) mit der Elektronegativität u. b) mit der Periode im Periodensyst. (Hauptquantenzahl) von X [eine graph. Darst. von $1/\lambda$ gegen Elektronegativität (PAULING) liefert eine Schar parallel verlaufender Geraden; für jede Hauptquantenzahl eine]. Aus den Unterss. von SIEBERT (Z. anorg. allg. Chem. **273.** [1953.] 161) über die Änderung der Kraftkonstanten der symm. Methyldeformationsschwingung von CH_3-X-Moll. in Abhängigkeit von X kann nach Vf. gefolgert werden, daß die Frequenzänderungen prakt. nicht durch mechan. Kopplung der CH_3-Schwingung mit anderen Gruppenschwingungen des Mol. beeinflußt werden. Die Infrarotabsorptionsbanden, die den tabellierten Frequenzen entsprechen, sind mit Ausnahme der Moll. mit X = O, N u. F gewöhnlich stark ausgeprägt. Die CH_3-Si-Frequenz weicht merklich von der linearen Beziehung ab. — Vf. diskutiert ferner die Möglichkeit der Verwendung anderer charakterist. Frequenzen, wie CH_3-Pendel- u. asymm. Methyldeformationsschwingungen, für Strukturidentifizierungen. In beiden Fällen lassen sich wegen Aufspaltung der charakterist. Frequenzen infolge Kopplung keine Regeln, analog den vorst., aufstellen. (Trans. Faraday Soc. **51.** 1465—69. Nov. 1955. Cambridge, Univ., Dep. of Colloid Sci.) G. WINKLER. B 120

Henri Lenormant, *Infrarotspektrum und Struktur der Peptidbindung.* Alle Peptid, bindungen, oder eine monosubstituierte Amidogruppe enthaltenden Körper (*Proteine Peptide, Polyamide, monosubstituierte Amide*) zeigen folgende charakterist. Absorptionen: zwei Banden in der Gegend von 3 μ, zwei weitere bei 6 μ u. ein Syst. sehr unterschiedlicher Banden bei 8 μ. Verbb., bei denen die Peptidbindung Teil eines Ringsyst. ist (*Lactame* u. *Diketopiperazine*), zeichnen sich durch abweichendes Verh. aus. Die Bande bei 3,00 μ erscheint hier nach 3,10 μ verschoben u. ist nur von mittlerer Intensität, während die Bande bei 6,40 μ ganz verschwindet. Vf. ordnet die Bande bei 6,40 μ einem besonderen Zustand der Amidogruppe (akt. Form = **A**) zu, der sich durch weitgehende symm. Bindungsverteilung im Mol. bzw. bemerkenswerte Beweglichkeit des Wasserstoffs auszeichnet. Dagegen wird die Bande bei 6,00 μ einer zweiten (n. = **B**) Form zugeordnet. Klass. Vorstellungen entsprechend werden beide Formen als im Tautomeriegleichgewicht befindlich betrachtet. Modellrechnungen auf Grund dieses Bindungsschemas führten in befriedigender Weise zur Darst. einzelner Teile der Absorptionskurve für alle untersuchten Komponenten.

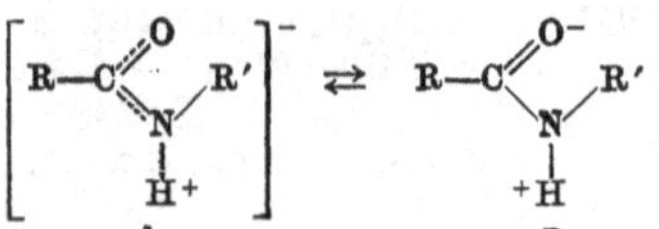
A B

Da Cyclopeptide in Ggw. von Peptiden nicht zerlegt werden, andererseits diese Körper nicht die charakterist. Absorption der **A** zeigen, schließt Vf., daß die enzymat. Aktivität auf **A** beschränkt ist. Die Lage der charakterist. Banden ist angegeben für: *Acetamid; Cerotamid; N-Äthylacetamid* (**I**); *N-Isopropylisobutyramid; Acetylglycylglycinäthylester; Diglycylglycin; Gelatine* (**VI**); *Caprolactam; Valinanhydrid;* $D_{2(N)}$*-Acetamid;* $D_{(N)}$*-N-Äthylacetamid;* $D_{(N)}$*-N-Äthylbenzamid;* $D_{(N)}$*-ε-Caprolactam; Cyprininsulfat; Pferdeserumkristalbumin; Pferdeserumproteid-Gliod; Edestin; krist. Cucurbitin; Phaseolin; Globulin* P_2 *des Pferdeserums; lipoidfreies Kaninchenserumprotein; mit sd. A. behandeltes Kaninchenserumprotein; lipoidfreies Kaninchenserumprotein nach 5 Min. Kochen mit 20%ig. NaCl-Lsg.; mit Formol behandelte* **VI**; *mit Bichromat behandelte* **VI**, *— u. UV bestrahlt; Witte-Pepton; Seidenpepton (Tetrapeptid); l-Leucyldiglycin; dl-Leucyldiglycin; dl-Alanylglycin; dl-Leucylglycin; l-Glycyltyrosin; Glycylglycin; N-Methylacetamid; N-Butylacetamid; N-Äthylbutyramid; Acetiminoäthyläther;* $H[NH-(CH_2)_5-CO]_nOH$; $H[NH-(CH_2)_{10}-CO]_nOH$; $H[NH-CH(CH_3)-(CH_2)_8-CO]_nOH$; $H[N(CH_3)-(CH_2)_{10}-CO]_nOH$; $C_6H_5-N-[CO-(CH_2)_8-CO-N-C_6H_4-N-]_n$; *N-Acetylglutaminsäure; Polyglutaminsäure; 2.5-Diketopiperazin* (**II**); *3.6-Dimethyl-2.5-diketopiperazin* (**III**); *3.6-Di-n-propyl-, 3.6-Diisopropyl-, 3.6-Di-n-butyl-, 3.6-Diisobutyl-2.5-diketopiperazin; Succinimid; N-Phenyl-N-Na-acetamid; N-Äthyl-N-Na-benzamid; N.N-Dimethylacetamid; N.N-Diäthylacetamid* (**IV**); *N.N-Diäthylbenzamid; N-Phenyl-N-methylacetamid; N.N'-Dimethyl-2.5-diketopiperazin* (**V**); *N-Äthylbenzamid; N-Bromacetamid; N-Na-Acetamid; N-Hg-Formamid; Hg-Formiat; N-Hg-Acetamid; Hg-Acetat; N-Ag-Formamid; N-Ag-Benzamid; Ag-Benzoat; Ameisensäurepropylester; Aceton; Essigsäureäthylester; Natriumacetat; N-Na-n-Butyramid; Na-n-Butyrat; Dibenzoylhydrazin; Acetessigsäureäthylester, Na-Deriv. des —, Cu-Deriv. des —, Mn-Deriv. des Acetessigsäureäthylesters.* RAMAN-Spektren werden gemessen von **I**—**V**; bei **VI** wurde infrarotspektroskop. der Verlauf der HCl-Hydrolyse. verfolgt u. der Einfl. der Biuret-Rk. auf das Infrarotspektr. bestimmt, bei **II** die Wrkg. von NaOH untersucht. (Ann. Chimie [12] **5.** 459—528. Juli/Aug. 1950.) K. WISSEROTH. B 120

Herbert Hoyer, *Vergleich der Stabilität einiger innerer Wasserstoffbrücken.* Die Infrarotspektren von *6-Chlor-2.4-dinitrophenol, 2-Oxy-3.5-dichloracetophenon, 3-Chlorsalicylsäuremethylester, 1-Oxy-2.4-dichloranthrachinon* u. *2-Oxy-5-tert.-butyl-2'-oxy-3'-chlor-5'-nitroazobenzol* zeigen, daß innermol. Wasserstoffbrücken-Sechsringe, an denen sich

OH-Gruppen beteiligen, fester sind als Fünfringe zwischen einer OH-Gruppe u. einem o-ständigen Cl-Atom. Keines der untersuchten Spektren besitzt die für den Fünfring charakterist. OH-Bande bei 2,82 μ, dagegen tritt bei allen die für Wasserstoffbrücken-Sechsringe charakterist. Verschiebung der ν(OH) nach $\sim$2,75 μ auf. Unter Berücksichtigung der Unterss. über die freien Energien der OH-Gruppen-Umklappung bei den o-Halogenphenolen (ROSSMY, LÜTTKE u. MECKE, J. chem. Physics **21.** [1953.] 1606), der Resultate über die Best. der Lage der OH-Gruppe in 1-Oxy-2-nitroanthrachinonen (Angew. Chem. **66.** [1954.] 159) sowie der Dipolmomente einiger o-Halogenphenole in CCl_4, Bzl. u. Dioxan (vgl. ANZILOTTI u. CURRAN, J. Amer. chem. Soc. **65.** [1943.] 607) stellt Vf. folgende Stabilitätsreihe innermol. Wasserstoffbrücken zwischen OH-Gruppen am aromat. Kern u. benachbarten polaren Gruppen auf: J $<$ Br $<$ Cl $<$ (F), $-NO_2$, $>C=O$ (Keton, Ester, Anthrachinon), $-N=N-$; $-NO_2 <$ $>C=O$ (Anthrachinon).

Versuche (FF. korr.): *2-Oxy-5-tert.-butyl-2'-oxy-3'-chlor-5'-nitroazobenzol*, F. 205 bis 207° (Eisessig), durch Diazotieren u. Kuppeln von 6-Chlor-4-nitro-2-aminophenol mit 4-tert.-Butylphenol. — *1-Oxy-2.4-dichloranthrachinon*, F. 245,5—246,5°, Reinigung durch Chromatographieren an Silicagel. — *2-Oxy-3.5-dichloracetophenon*, $C_8H_6O_2Cl_2$, F. 94,5—95,5° (Bzl.), durch FRIESsche Verschiebung aus 2.4-Dichlorphenylacetat, Wasserdampfdest., Chromatographie mit Bzl. an Silicagel. (Chem. Ber. **89.** 146—50. 4/1. 1956. Leverkusen, Farbenfabriken Bayer.) U. JOHN. B 120

M. Aroney und **R. J. W. le Fèvre**, „*Diazoperbromide*". Im Anschluß an frühere Arbeiten, bei denen Vff. für das Diazoniumkation RN_2^+ eine charakterist. Rotationsschwingungsbande bei 2260 cm^{-1} feststellten (vgl. C. **1955.** 9759), werden die Infrarotspektren der Diazoniumperbromide RN_2Br_3 aus *p-Toluidin*, *p-Chloranilin* u. *β-Naphthylamin* gemessen. Man stellt zwei gemeinsame Banden zwischen 3048—3077 cm^{-1} u. 2240—2250 cm^{-1} fest, Die erste kann möglicherweise einer C—H-Valenzschwingung zugeordnet werden, die andere liegt im Bereich der „triple Bond" der Diazoniumsalze. Daraus wird geschlossen, daß in den Diazoniumperbromiden eine RN_2^+-Gruppe enthalten ist. Das Vorliegen höherer Polybromide konnte ausgeschlossen werden. Die Stabilität der festen Diazoniumperbromide wird auf Grund des linearen Baues des Br_3-Anions (vgl. MOONEY, Z. Kristallogr., Mineralog. Petrogr. **90.** [1935.] 143; **98.** [1938.] 377) u. des ebenso linearen des RN_2^+-Kations auf elektrostat. u. VAN DER WAALSsche Kräfte zurückgeführt. Absorptionsbanden (in cm^{-1}): *p-Toluoldiazoniumtribromid*, $C_7H_7N_2Br_3$, 3048, 2248, 1575, 1557. — *p-Chlorbenzoldiazoniumtribromid*, $C_6H_4N_2ClBr_3$, 3072, 2250, 1555, 1465, 1410. — *β-Naphtholdiazoniumtribromid*, $C_{10}H_7N_2Br_3$, 3055, 2242, 1611. (J. chem. Soc. [London] **1955.** 1630. Mai. Sydney, Univ.) H.-J. BESTMANN. B 120

F. Allan Andersen, Børge Bak, Svend Brodersen und **John Rastrup-Andersen**, *Infrarotabsorptionsspektren von monodeuterierten Pyridinen. 2 D-* (**I**), *3 D-* (**II**) u. *4 D-Pyridin* (**III**), aus den entsprechenden Halogenverbb. dargestellt, wurden im Bereich 400—3200 cm^{-1} infrarotspektroskop. untersucht [vgl. Mikrowellenunterss. von **I, II** u. **III** von BAK u. Mitarbeitern (C. **1956.** 2693)]. Vff. interpretieren die Spektren von **I**, **II** u. **III** in Analogie zu den Spektren der isotopen Benzole sowie von Pyridin u. Pyridin-d_5 (vgl. CORSIN u. Mitarbeiter, C. **1954.** 42 u. früher). Für alle Grundfrequenzen u. für die Oberschwingungen werden Zuordnungen angegeben. (J. chem. Physics **23.** 1047—52. Juni 1955. Kopenhagen, Univ., Chem. Labor.) U. JOHN. B 120

Piero Sensi und **Gian Gualberto Gallo**, *Über die Struktur der Oxypyridine.* Durch Infrarotspektrographie sollte die Struktur der Oxypyridine u. ihrer Derivv. geprüft werden. So wurden nach bekannten Verff. hergestellt: *2-* [**I**, F. 109,3° (Bzl.)], *3-* [**II**, F. 130° (Bzl.)] u. *4-Oxypyridin* [**III**, *Monohydrat*, F. 68° (Chlf.), F. 150—151° (wasserfrei über P_2O_5)], *2-* [**IV**, Kp. 157°] u. *3-Äthoxypyridin* [**V**, Kp. 190—195°], *4-Methoxypyridin* [**VI**, Kp. 191°], *N-Methylpyridon-(2)* [**VII**, Kp. 250°], *N-Methylpyridon-(4)* [**VIII**, F. 89° (im geschlossenen Rohr)], *Vitamin B_6-Base* [**IX**, *2-Methyl-3-oxy-4.5-bis-[oxymethyl]-pyridin*, aus dem entsprechenden Hydrochlorid mit NH_3], *3-Cyan-4-äthoxymethyl-6-methyl-2-oxypyridin* [**X**] u. das *5-Nitroderiv.* von **X** [**XI**]. Von diesen Verbb., dem **III**-Hydrat, den Hydrochloriden von **I, II** u. **III** u. den zu beträchtlichem Teil durch D substituierten **I, II** u. **III** wurden, teils in Nujol, teils als Fl., teils fest, die Infrarotspektrogramme aufgenommen. Diese zeigen analoge Banden für **I, III, VII** u. **VIII**, so daß die Pyridonstruktur auch für **I** u. **III** anzunehmen ist. Dies wird weiter bestätigt durch die dem theoret. Wert entsprechende Verschiebung der NH-Bande 3,27 μ bei der Deuterierung nach 4,4—4,5 μ. Die Pyridonstruktur bleibt in **X** u. **XI** als Derivv. von **I** u. im **III**-Hydrat erhalten. Demgegenüber zeigen **IV** u. **VI** ganz andere, aber untereinander ähnliche Banden, die dem Pyridinring zukommen. Ebenso erwies sich **V** als ein n. Pyridinderiv., während **II**, dem eine Oxypyridinstruktur zukommen sollte, Anomalien mit neuen, durch Deuterierung beeinflußbaren Banden aufweist. Eine gewisse Analogie im spektrochem. Verh. zwischen **II** u. den Aminosäuren kann dahin deuten, daß **II** amphoteren Charakter hat u. daß eine H-Brücke zwischen dem O des einen Mol. u. dem N des anderen unter Di- oder Polymerisierung gebildet wird. Demgegenüber fehlen die anomalen Banden von 4 u. 5 μ bei **IX**, weil hier die H-Brücke infolge ster. Hinderung fortfällt. Die angenommene Deutung der Anomalie bei **II** wird weiter durch die Unters. einer 0,007 mol. Lsg. in Chlf. bestätigt; hier hindert die große Verdünnung die H-Bindung, was die starke Schwächung der anomalen Bande bei 5,5 μ u. das Erscheinen der Bande des freien OH bei 2,75 μ zeigt. Während die UV-Spektrogramme der 3 Hydrochloride sich gleich verhalten, weicht das Infrarotspektrogramm des Hydrochlorids von **II**, das nur Oxypyridinstruktur haben kann, von denen der **I**- u. **III**-Hydrochloride ab, die Pyridonstruktur haben (Bande 6,11 μ). Bei der potentiometr. Titration in Eisessig mit $HClO_4$ erweisen sich **II, III, IV, V, VI** u. **VIII** als starke, **I** u. **VII** als schwache Basen. Diese Schwächung läßt sich nicht als Mesomerieeffekt zwischen Pyridon- u. Oxypyridinform, der **I** u. **III** in gleicher Weise betreffen müßte, deuten, ist vielmehr nur durch den induktiven elektronenanziehenden Effekt der CO-Gruppe in Nachbarschaft zum freien Elektronenpaar des N bei **I** zu erklären. (Ann. Chimica **44.** 232—46. März/April 1954. Milano, Laborr. Ric. Lepetit S. p. a., Reparto fis.) W. METZENER. B 120

Nelson J. Leonard, Michinori Oki, James Brader und **Harold Boaz,** *Cyclische Aminoacyloine und Aminoketone.* 5. Mitt. *Detaillierte Infrarotspektraluntersuchung der transannularen Wechselwirkung zwischen N und* $C_{(CO)}$. (4. vgl. C. **1956.** 7537.) Vff. bestimmten die Infrarotspektren der Perchlorate 1-substituierter 1-Azacyclononanol-(5)-one-(6) (**I**; R = CH_3, C_2H_5, iso-C_3H_7, tert.-C_4H_9, iso-C_4H_9, Cyclohexyl) in D_2O. Die Verbb. mit R = CH_3, C_2H_5 zeigen keine Absorption in der Carbonylregion; sie liegen in der trans-annularen quartären Form **II** vor, die bei den Verbb. mit R = iso-C_3H_7, tert.-C_4H_9, Cyclohexyl ster. gehindert ist. Infrarotspektren der freien Aminoacyloine in CCl_4 (verd. Lsgg.) sind graph. dargestellt u. bestätigen die obigen Befunde.

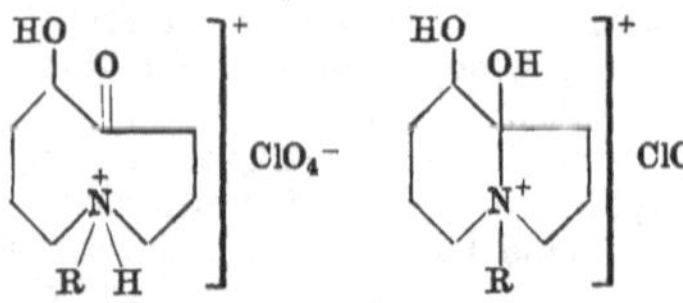

I II

Versuche: *γ.γ'-Isobutylimino-bis-[buttersäureäthylester]*, $C_{16}H_{31}O_4N$, Kp.$_{0,04}$ 106 bis 107°, aus Isobutylamin u. *γ*-Jodbuttersäureäthylester in sd. absol. A. bei Ggw. von K_2CO_3 (12 Std.); $n_D^{19,5}$ 1,4449; Infrarotspektr.; 55% (Ausbeute). — *1-Isobutyl-1-azacyclononanol-(5)-on-(6)*, $C_{12}H_{23}O_2N$, Kp.$_{0,1}$ 83—85°, aus vorst. Verb. u. Na in Xylol (Verdünnungsverf.); n_D^{20} 1,4907; 48%. — *1-Cyclohexyl-1-azacyclononanol-(5)-on-(6)*, $C_{14}H_{25}$·O_2N, Kp.$_{0,25}$ 124—126°, analog; n_D^{21} 1,5177; Infrarotspektr.; 50%. *Pikrat*, $C_{20}H_{28}O_9N_4$, F. 146—148°, gelbe Prismen (A.–Ae.). (J. Amer. chem. Soc. **77.** 6237—39. 5/12. 1955. Urbana, Ill., Univ., Noyes Chem. Labor., u. Indianapolis, Ind., Eli Lilly and Co., Lilly Res. Labors.) J. ROTHE. B 120

E. A. H. Roberts, *Die Konfigurationen der Epimeren von Catechin und Gallocatechin.* Der Unterschied der R_F-Werte in Butanol–Essigsäure von *Epigallocatechin* (0,47) u. *Gallocatechin* (**I**; vgl. ROBERTS u. WOOD, Biochem. J. **53.** [1953.] 332 u. früher) (0,57) ist für Stereoisomere bemerkenswert groß. Er verschwindet, wenn der Wasserstoff der OH-Gruppe an $C_{(3)}$ substituiert wird. Wie aus Molekülmodellen folgt, ist eine H-Brücke zum Ring-O, die eine Erhöhung des R_F-Wertes bewirkt, nur möglich, wenn die OH-Gruppe an $C_{(3)}$ axial steht. Diese Konfiguration dürfte deshalb **I** u. auch dem *Catechin* zukommen. Dafür spricht auch, daß die Epiverbb. mit der thermodynam. stabileren äquatorialen Stellung der OH-Gruppe an $C_{(3)}$ in der Natur häufiger vorkommen als ihre Epimeren. (Chem. and Ind. **1955.** 631. 28/5. London, Indian Tea Assoc.) F. SCHAUDER. B 123

E. J. Bowen und **K. West,** *Löschung der Fluorescenz des Anthracens durch Lösungsmittel.* Die Quantenausbeute der Fluorescenz des *Anthracens* (**I**) in verschied. Lösungsmitteln wurde zwischen ca. —80 u. +90° gemessen. Es wurden positive u. negative Temperaturkoeffizienten u. auch Maxima gefunden. Zur Deutung wird angenommen, daß das angeregte **I** einem Lösungsmittelmol. ein Elektron entzieht. Alle Lösungsmittel mit negativem Temperaturkoeff. sind vom Typ der LEWIS-Basen. Die Wechselwrkg. mit dem Lösungsm., auch bei Paraffinen, begünstigt die strahlungslose Desaktivierung, wahrscheinlich über den Triplettzustand. **I** in Dampfform hat nahezu die Quantenausbeute 1, in Lsg. 0,1—0,4. (J. chem. Soc. [London] **1955.** 4394—95. Dez. Oxford, Univ., Phys. Chem. Labor.) F. DÖRR. B 125

J. Momigny, *Das Massenspektrum von Äthylalkohol und von Äthylalkohol-1-d_2.* Die Massenspektren von n. *A.* u. von H_3CCD_2OH (**I**) mit ca. 3,97% wurden bei 70 V Ionisierungsspannung aufgenommen. Aus den tabellar. wiedergegebenen Massenspektren geht hervor, daß das Molekülion von **I** 1,4mal häufiger auftritt als das von A., ein Vgl. der beiden Massenspektren erlaubt Rückschlüsse auf das Zustandekommen bestimmter Gruppierungen oder Elementarvorgänge. So beginnt die Loslösung eines H- oder D-Atoms am leichtesten bei der Methylengruppe. Das Radikal $\cdot CH_2OH$ entsteht fast ausschließlich durch Abtrennung der Methylgruppe, dagegen stammen die CH_3-Radikale nicht allein aus der CH_3-Gruppe, sondern auch aus einer durch H-Wanderung aufgefüllten CH_2-Gruppe. Hydroxylradikale werden aus der Methylen- u. aus der CH_3-Gruppe zu OH_3-Radikalen ergänzt. Ähnlich wie bei den Aminen beginnt die Ionisierung des Mol. beim Heteroatom, eine Wanderung von Atomen hat stets die Richtung zum Träger der Ladung. (Bull. Soc. roy. Sci. Liège **24.** 111—20. April 1955. Liège, Univ., Centre de Spectrométrie de Masse.) R. CONRAD. B 131

Masasi Yasumi, Michio Shirai und **San-ichiro Mizushima,** *Atompolarisation von aliphatischen Alkoholen im flüssigen Zustand.* Mit einer Wellenlänge von 3,24 cm wurden der Brechungsindex n u. der Absorptionskoeff. K von *Methyl-, Äthyl-, Isopropyl-, n-Butyl-, Isobutyl-* u. *tert.-Butylalkohol* bei 25° gemessen. Aus den erhaltenen Werten von n u. K wurden die DK. ε' sowie der Verlustfaktor ε'' berechnet. Unter der Annahme von nur einer Relaxationszeit wurde ε_∞, der Wert von ε' bei hohen Frequenzen, erhalten, bei denen der Orientierungseffekt des Dipols vollkommen verschwindet. Aus ε_∞ wurden die Werte der Atompolarisation P_A berechnet. Aus den tabellar. zusammengestellten Werten ist ersichtlich, daß P_A jedes Alkohols in fl. Zustand nahezu denselben Wert von ca. 14 cm^3 hat; es ist demnach sehr viel größer als der im gasförmigen Zustand. Dieser hohe Wert ist daher der Struktur der Fl. zuzuschreiben; die angenäherte Konstanz der Werte läßt sich dadurch erklären, daß die H-Bindung eine ausschlaggebende Rolle spielt. (Bull. chem. Soc. Japan **25.** 132—33. April 1952. Tokyo, Univ., Inst. of Sci. and Technol. and Fac. of Sci. [Orig.: engl.]) C. GOTTFRIED. B 132

Hugh F. Harnsberger, Edward L. Cochran und **H. Harry Szmant,** *Die Basizität von Hydrazonen.* Vff. bestimmten spektrophotometr. die Aciditätskonstanten von Acetophenon- u. Benzophenonhydrazonen. Bei derartigen Verbb. sollte eine Anhäufung von Elektronen am N ein Anwachsen der Basizität hervorrufen, zumal wenn der Phenylkern elektronenabgebende Substituenten, wie CH_3O, besitzt. Elektronenabziehende Substituenten, wie Cl, erniedrigen die Basizität. Die Meßergebnisse bestätigen diese Annahme. Vff. vergleichen die erhaltenen K-Werte mit den HAMMETTschen σ-Werten, das hypothet. Formaldehydhydrazon wurde dabei als Stammstruktur angenommen u. die Summe der σ-Konstanten aller Substituenten zur Berechnung benutzt. Bei Auftragen der berechneten gegen die gemessenen Werte ergibt sich dann eine Gerade, die es gestattet, die Basizität von anderen Verbb. der Form $RR'C{=}N{-}NH_2$ zu bestimmen. Die Ergebnisse sind nicht auf Azide übertragbar. Für die Hydrazone folgender Verbb. wurde pK_α bei $22 \pm 3°$ bestimmt: *Benzophenon* $3{,}85 \pm 0{,}03$; *p.p'-Dimethoxy-* $4{,}38 \pm 0{,}05$; *p.p'-Dichlor-* $3{,}13 \pm 0{,}03$; *p-Chlorbenzophenon* $3{,}53 \pm 0{,}03$; *Phenylthienyl-(2)-keton* $3{,}80 \pm 0{,}04$; *Acetophenon* $4{,}70 \pm 0{,}04$; *p-Methoxyacetophenon* $4{,}94 \pm 0{,}05$. (J. Amer. chem. Soc. **77.** 5048—50. 5/10. 1955. Pittsburgh, Pa., Duquesne Univ., Dep. of Chem.) M.-L. KLAAR. B 139

Philip J. Elving und **Clarence M. Callahan,** *Polarographisches Verhalten von Thenoyltrifluoraceton (TTA) und verwandten Verbindungen. Die alkalische Spaltung von TTA. Komplexbildung von TTA mit Borat. Analytische Bestimmung von TTA.* Die polarograph. Red. von *Thenoyltrifluoraceton* (**I**) ergibt in Chlorid-, Acetat- u. Ammoniakpufferlsgg. zwei Wellen, beide verschieben sich mit steigendem p_H nach negativeren Potentialen. Dieselbe p_H-Abhängigkeit findet sich auch bei *Acetylthiophen* (**II**), *Thenoylaceton* (**III**) u. *Trifluoracetylaceton* (**IV**). Auf Grund von Vgll. mit dem polarograph. Verh. von *Thiophen,* **II, III,** *Acetylaceton,* **IV,** *Aceton* u. *Methyläthylketon* ist die erste Stufe durch die Red. der neben der CF_3-Gruppe stehenden CO-Gruppe bedingt; dieser Vorgang wird kinet. durch den Übergang des **I**-Hydrats in die reduzierbare Enolform bestimmt. Die zweite Stufe rührt von der diffusionsbestimmten Red. der CO-Gruppe des Thenoylteils zum Pinakon oder Carbinol her. In alkal. Borat- u. Phosphatpuffern tritt nur die zweite Stufe auf. Das Fehlen der ersten Stufe in Boratpuffern läßt sich durch Komplexbldg. zwischen B u. der der CF_3-Gruppe benachbarten CO-Gruppe erklären; die Komplexbldg. kann auf der Entstehung eines viergliedrigen Ringes zwischen dem B-Atom u. den beiden Hydroxyl-O-Atomen der hydratisierten CO-Gruppe oder eines fünfgliedrigen Ringes zwischen dem B, einem Hydroxyl-O-Atom u. einem F-Atom der CF_3-Gruppe beruhen. — Die alkal. Spaltung von **I** in ammoniakal. Pufferlsg. kommt in dem allmählichen Verschwinden der ersten Stufe zum Ausdruck, während die zweite Stufe infolge des Beitrages des bei der Spaltung entstehenden **II** prakt. unverändert bleibt. Die Rk. ist nullter Ordnung. — Die polarograph. Best. von **I** wird am zweckmäßigsten in Acetatpufferlsg. u. unter Auswertung der Summe beider Stufen vorgenommen. (J. Amer.

chem. Soc. 77. 2077—82. 20/4. 1955. Ann Arbor, Mich., Univ. of Michigan; State College, Pa., Univ.) E. FORCHE. B 142

E. Kováts, Hs. H. Günthard und **Pl. A. Plattner,** *Thermische Eigenschaften von Azulenen.* Die Verbrennungswärmen von *Azulen* (I, F. 100,5°) u. *Guajazulen* (F. 30,5°) betragen 9867,5 ± 6,9 (2. Best. 9857,9 ± 6,7) bzw. 10279,2 ± 4,6 cal/g, die Standardbildungsenthalpie von gasförmigem I ergibt sich zu 69,7 kcal/Mol. Für gasförmiges I werden die thermodynam. Funktionen statist. berechnet. Die Ergebnisse werden mit den Funktionen von Naphthalin (II) verglichen u. die Unterschiede diskutiert, die Entropie von festem I ist wesentlich höher als die von festem II. (Helv. chim. Acta **38.** 1912—19. 1/12. 1955. Zürich, TH, Organ.-chem. Inst.) W. KAUFMANN. B 146

A. A. K. Al-Mahdi und **A. R. Ubbelohde,** *Schmelzen und Kristallstruktur. Der Einfluß der „Rotation" auf das Schmelzen.* Vff. untersuchten die Beziehungen zwischen dem Schmelzvorgang u. der mol. Orientierung, bzw. deren Fehlen (Vorliegen von „Rotation"), sowie bes. das Verh. „steifer" Moll., wie Benzolderivv. u. kondensierter aromat. Ringverbb., die ohne zusammenzuschrumpfen schmelzen. Unterss. über die Zunahme des Vol. beim Schmelzen wurden an *2.3-* u. *2.6-Dimethylnaphthalin, Acenaphthen, Anthracen, Phenanthren* u. *Chrysen* vorgenommen. Zum Vgl. ergaben Röntgenunterss. an Verbb. mit bekannten Bindungsabständen u. VAN DER WAALSschen Abstoßungskräften theoret. Werte der Volumenzunahme, aus denen geschlossen wird, daß keine Rotation bei den „steifen" Moll. vorliegt. In vorliegenden Verss. wurden keine Anomalien beim Schmelzen, nicht einmal 50° über dem F., beobachtet. Jedoch sind Rotationsübergänge in den Fll. bei noch höheren Tempp. nicht auszuschließen, ähnlich den bekannten Übergängen in Kristallen. Andererseits dürfte wahrscheinlich Rotation um zumindest eine Molekülachse beim Schmelzvorgang einiger untersuchter Verbb., z. B. *Bzl., Brombenzol, p-Xylol, Naphthalin,* 2.3- u. 2.6-Dimethylnaphthalin, sowie Acenaphthen, vorliegen. — 56 Literaturhinweise. (Proc. Roy. Soc. [London], Ser. A **220.** 143—56. 10/11. 1953.) G. RUBAN. B 148

G. A. McD. Cummings und **J. C. McCoubrey,** *Die Viscosität von n-Octan- und 2.2.4-Trimethylpentandampf.* Vff. wiederholen ihre Viscositätsmessungen (MCCOUBREY, MCCREA u. UBBELOHDE, C. **1952.** 5548) bei höheren Dampfdrucken. Die aus den Beziehungen: $\log \eta = s \cdot \log T + c$; $\eta = 0{,}086\ \varrho\ \bar{c}/NA\ (1 + C/T)$ sowie $\eta = 266{,}93\ (M\,T) \cdot (r_0)^{-2}\ V/W\ (2)$ berechneten Werte stimmen mit den in früheren Unterss. erhaltenen sowie mit Ergebnissen anderer Vff. (MELAVEN u. MACK [1932]) gut überein. Dabei sind $s = 0{,}944$ (n-Octan) bzw. 0,915 (Trimethylpentan); $c = -6{,}599$ bzw. $-6{,}501$; C (SUTHERLANDs Konstante) = 376 bzw. 342; A (SUTHERLANDs Stoßfläche) = 31,5 bzw. 31,6 Å^2; r_0 (Stoßdurchmesser) = 7,38 bzw. 7,48 Å-Konstanten, T die absol. Temp., ϱ die D., $\bar{c}$ die Wurzel des mittleren Geschwindigkeitsquadrats, M das Mol.-Gew. u. V u. W (2) tabellierte Funktionen des intermol. Potentials. (J. chem. Soc. [London] **1955.** 2523—24. Juli. Belfast, Queen's Univ.) M. SCHENK. B 172

H. Hoyer, *Wasserstoffbrückenbindung und chromatographische Trennbarkeit (Aminoverbindungen).* (Vgl. C. **1954.** 973.) Die Unters. der chromatograph. Trennbarkeit von mono- u. nichtsubstituierten *Aminoanthrachinonen* u. *Aminonitroanthrachinonen* an Silicagel oder Al_2O_3 unter Verwendung von KW-stoffen als Lösungsm. zeigte, daß auch bei den Aminoverbb. (A) die innere Wasserstoffbrückenbindung für die Adsorptionsrangordnung isomerer Stoffe die gleiche Bedeutung wie bei den Oxyverbb. (O) hat, wobei sich die isomeren A, bedingt durch die geringere Festigkeit der H-Brücken, an denen NH-Bindungen teilnehmen, chromatograph. stärker als die O ähneln. Zur Prüfund der Anwendbarkeit von Ergebnissen über orientierte Verwachsungen auf die Voraussage von Adsorptionsrangordnungen erfolgten einige Trennungen OH-haltiger Verbb. an OH-freiem Material (*Calcit,* I). Die von NH_2-Gruppen ausgehenden Kräfte sind gegenüber I so schwach, daß sie chromatograph. nicht mehr deutlich erfaßt werden können; sie waren durch Erzeugung einer orientierten Aufwachsung von *3-Aminopyren* aus Bzl. auf I nachweisbar. Bei der Bindung adsorbierter Moll. an Silicagel (II) spielen neben den H-Brücken zwischen den Hydroxylen von II u. geeigneten Stellen der adsorbierten Moll. möglicherweise auch solche zwischen OH-Gruppen der adsorbierten Moll. u. den OH-freien Bezirken der II-Oberfläche eine Rolle. — Untersucht wurden folgende *Anthrachinone: 1-, 2-Methylamino-; 1-, 2-Anilino-; 1-, 2-Benzoylamino-, 1-, 2-[α-Naphthylamino]-; 1-[β-Naphthylamino]-, 1.4-, 1.5-, 1.7-, 1.8-Di-[p-toluidino]-; 1.5-, 1.8-Dianilino-; 1-, 2-Amino-; 1.2-, 1.4-, 1.5-, 1.8-, 1.3-, 1.6-, 2.7-, 2.3-Diamino-; 1-Amino-2-; -4-nitro-; -5-nitro-; -6-nitro-; -8-nitro-; 1.2-; 1.3-; 1.4-; 1.5-; 1.6-; 1.7-; 1.8-Dioxy-; 1.2.4-; 1.2.5-; 1.2.8-; 1.3.5-; 1.4.5-; 1.4.6-Trioxy-; 2-Oxyanthrachinon; 3-Aminopyren.* (Kolloid-Z. **121.** 121—29. März 1951. Leverkusen, Farbenfabriken Bayer, Organ.-analyt. Labor.) K. MAIER. B 177

Józef Hurwic, *Das Problem der Resonanztheorie in der Chemie.* Die Entw. der Resonanztheorie, mit BUTLEROWs Vorstellungen beginnend, wird kurz dargelegt, bes. die Arbeiten von PAULING u. russ. Autoren (SSYRKIN, DJATKINA, BOTSCHWAR, WOLKENSTEIN, KONDRATJEW, KIPRIANOW, JOFFE) hervorgehoben. Nach einer Zusammenfassung der Kritik an dieser Theorie werden deren Grundlagen, ebenfalls unter besonderer Berücksichtigung russ. Unterss., behandelt. — 47 Zitate. (Wiadomości chem. **6.** 151—68. April 1952. Warszawa, TH, Physikal.-chem. Inst.) H. FREYTAG. B 182

Jarosław Böhm, *Das Problem des Baues von Diazoverbindungen im Lichte der Arbeiten von Gratschew.* Vf. bespricht zusammenfassend die einschlägigen Arbeiten von GRATSCHEW [1946—1949] u. versucht ihre Interpretation. (Wiadomości chem. **4.** 23—31. Jan./Febr. 1950. Warszawa, TH.) H. FREYTAG. B 182

H. Burton und **P. F. G. Praill,** *Die Struktur von Acylnitraten.* Vff. stellen *Benzoyl-* (**I**), *p-Methoxy-* u. *2.4.6-Trimethylbenzoylnitrat* (**II**) aus $AgNO_3$ u. dem entsprechenden Acylchlorid in Methylcyanid dar u. untersuchen deren Tendenz, Acyliumionen zu bilden. Die nitrierenden Eigg. der Acylnitrate werden durch die Rk. 2 $RCOONO_2 \rightleftharpoons (RCO)_2O + N_2O_5$ erklärt, die entweder über die Stufe RCO^+ oder über das Anion $RCOO^-$ verlaufen kann. Die untersuchten Verbb. sind unter den Versuchsbedingungen stabil, lediglich **II** bildet etwas *2.4.6-Trimethylbenzoesäureanhydrid.* Verss. zur Rk. von **I, II,** Acetyl- (**III**) u. p-Nitrobenzoylnitrat (**IV**) mit Anisol führten nicht zur Bldg. von Ketonen, die beim Auftreten von Acyliumionen entstehen müßten. Die geringe Tendenz der Acylnitrate, freie Acyliumionen zu bilden, steht im Einklang mit der Tatsache, daß N für die Elektronen der O—N-Bindung eine geringere Affinität besitzt als O. Die geringere Stabilität von **II** ist erklärbar durch Stabilisierung des Acyliumions auf Grund des +-I-Effekts der 3 Methylgruppen.

V e r s u c h e: *2.4.6-Trimethylbenzoylnitrat* (**II**), aus 2.4.6-Trimethylbenzoylchlorid u. $AgNO_3$ in Ggw. von 2.4.6-Trimethylbenzoesäure in Methylcyanid bei 0—5°; daneben *2.4.6-Trimethylbenzoesäureanhydrid* [$C_{20}H_{22}O_3$, F. 103—104° (A.), aus trockenem Na-2.4.6-Trimethylbenzoat in trockenem Pyridin] u. *Verb.* $C_{10}H_{11}O_4N$, F. 181° (wss. A.; 2.4.6-Trimethyl-3-nitrobenzoesäure ?). — *Benzoylnitrat* (**I**), aus frischgepulvertem trockenem $AgNO_3$ u. Benzoylchlorid bei —20°, 2½ Std. Schütteln bei —17 bis —13°, hellgelbes Öl. — *p-Nitroanisol,* $C_7H_7O_3N$, $Kp._6$ 128—132°, aus **I, II, III** bzw. **IV** u. Anisol in Methylcyanid. (J. chem. Soc. [London] **1955.** 729—31. März. London, Univ., Queen Elizabeth Coll.) J. KNAUL. B 182

Mitsuo Ida, *Röntgenuntersuchungen an langkettigen, in einem elektrischen Wechselfeld erstarrten Verbindungen.* Es wurden röntgenograph. *Paraffin, Cetylalkohol* (**I**), *Palmitinsäure, Cetylpalmitat, Gelbes Wachs, Weißes Wachs, Carnaubawachs* u. *Japanwachs* untersucht, die in einem elektr. Wechselfeld (Frequenzen 60 Hz u. 300 kHz) erstarrt waren. Zu Vergleichszwecken wurde auch ein elektrostat. Feld benutzt. Der einfallende Röntgenstrahl lag senkrecht zu dem angelegten Feld. Die Intensität des Feldes betrug 6—8 kV/cm. Es wurden 3 Typen von DEBYE-Ringen beobachtet, u. zwar Typ A, der ein Intensitätsmaximum in Richtung des Feldes hatte, Typ B, dessen Intensitätsmaximum senkrecht zum Feld lag, u. ein dritter Typ mit einem gleichförmigen Ring. Der in einem elektrostat. Feld erstarrte **I** zeigte eine Faserstruktur, welche durch das permanente Dipolmoment der Mikrokristalle erklärt werden kann. Die bei den anderen Substanzen beobachtete Faserstruktur kann man möglicherweise durch eine anisotrop induzierte Polarisation ihrer Mikrokristalle erklären. (J. physic. Soc. Japan **10.** 318—19. April 1955. Kanazawa Univ., Fac. of Sci., Dep. of Phys. [Orig.: engl.]) C. GOTTFRIED. B 190

N. H. Hartshorne und **P. McL. Swift,** *Untersuchungen über Polymorphie.* 7. Mitt. *Die lineare Geschwindigkeit der polymorphen Umwandlung von kubischem in monoklinen Tetrabromkohlenstoff.* (6. vgl. C. **1952.** 2304.) Vff. messen die lineare Umwandlungsgeschwindigkeit von kub. zu monoklinem CBr_4 (**I**) an dünnen, polykrist. Filmen bei gerade unter dem Umwandlungspunkt liegenden Temperaturen. Die Umwandlungsgeschwindigkeit bei **I** ist bedeutend größer als die Geschwindigkeit des Überganges von β- zu α-S bei gleicher Übersättigung. Die Änderung der Geschwindigkeit mit der Temp. folgt weder dem linearen Gesetz, wobei die Geschwindigkeit der Übersättigung proportional ist, noch der DUNNINGschen Gleichung (Discuss. Faraday Soc. **5.** [1949.] 194). In der Nähe der Übergangstemp. ist die Umwandlungsgeschwindigkeit dem Quadrat aus der berechneten Übersättigung nahezu proportional. Nimmt man — analog zur S-Umwandlung — an, daß die Aktivierungsenergie von der gleichen Ordnung wie die Sublimationsenergie ist, so ist der absol. Wert der Umwandlungsgeschwindigkeit in diesem Bereich mit den Erfordernissen der Dislokationstheorie des Kristallwachstums bei niedrigen Übersättigungen vereinbar. Folgende neue opt.-kristallograph. Daten wurden für monoklinen CBr_4 erhalten: α_D 1,710; β_D 1,713; γ_D 1,726; 2 V = 53 ± 0,25°; Doppelbrechung positiv. (J. chem. Soc. [London] **1955**. 3705—20. Nov. Leeds, Univ., Dep. of Inorg. and Struct. Chem.) J. MATTNER. B 190

W. R. Blackmore und **S. C. Abrahams**, *Die Kristallstruktur von Di-p-tolyltellurid.* Kristalle von *Di-p-tolyltellurid* in Form farbloser rhomb. Nadeln wurden aus verd. A. erhalten. WEISSENBERG- u. Präzessionsaufnahmen ergaben die Elementarkörperdimensionen a = 25,33 ± 0,02 Å; b = 8,05 ± 0,02 Å; c = 6,01 ± 0,02 Å; Raumgruppe ist $D_2^4 - P2_12_12_1$; Z = 4. Die Struktur wurde mit Hilfe von doppelten FOURIER-Reihen u. Verfeinerung der erhaltenen Parameter nach der Meth. der kleinsten Quadrate erhalten. Folgende Parameter wurden erhalten: Te: (x =) 0,1304; (y =) 0,2529; (z =) 0,1106; Ring A $C_{(1)}$: 0,0690; 0,2195; 0,3267; $C_{(2)}$: 0,0759; 0,1303; 0,5239; $C_{(3)}$: 0,0343; 0,1103; 0,6708; $C_{(4)}$: 0,9846; 0,1798; 0,6250; $C_{(5)}$: 0,9776; 0,2681; 0,4266; $C_{(6)}$: 0,0196; 0,2882; 0,2797; $C_{(7)}$: 0,9391; 0,1575; 0,7839; Ring B $C'_{(1)}$: 0,1941; 0,2529; 0,3234; $C'_{(2)}$: 0,1941; 0,3576; 0,5066; $C'_{(3)}$: 0,2378; 0,3576; 0,6534; $C'_{(4)}$: 0,2807; 0,2529; 0,6122; $C'_{(5)}$: 0,2807; 0,1508; 0,4307; $C'_{(6)}$: 0,2378; 0,1508; 0,2838; $C'_{(7)}$: 0,3279; 0,2529; 0,7869. In dem Mol. ist der Abstand Te—C = 2,05 Å, der Winkel $C'_{(1)}$—Te—$C_{(1)}$ = 101°. Die Winkel der Normalen des Ringes A mit den a-, b- u. c-Achsen sind 74, 33 u. 62°, die entsprechenden Winkel des Ringes B 116, 136 u. 57°. — Messung der magnet. Anisotropie der Kristalle ergaben für die mol. Susceptibilitäten die Werte $\chi_a = -146 \cdot 10^{-6}$; $\chi_b = -206 \cdot 10^{-6}$ u. $\chi_c = -154 \cdot 10^{-6}$. (Acta crystallogr. [Copenhagen] **8**. 317—23. 10/6. 1955. Cambridge, Mass., Inst. of Technol., Labor. for Insulat. Res.)
C. GOTTFRIED. B 195

W. R. Blackmore und **S. C. Abrahams**, *Die Kristallstruktur von Di-p-tolylselenid.* *Di-p-tolylselenid* krist. aus verd. A. in Form farbloser rhomb. Nadeln. Die Elementarzelle hat die Abmessungen a = 25,12 ± 0,02 Å; b = 7,99 ± 0,02 Å; c = 5,88 ± 0,02 Å; Raumgruppe ist $D_2^4 - P2_12_12_1$; Z = 4. Die Parameter wurden auf die gleiche Weise wie für das entsprechende Tellurid (vgl. vorst. Ref.) gefunden; sie sind: Se (x =) 0,1360; (y =) 0,2328; (z =) 0,1381; Ring A $C_{(1)}$: 0,0754; 0,1977; 0,3299; $C_{(2)}$: 0,0809; 0,1089; 0,5353; $C_{(3)}$: 0,0366; 0,0826; 0,6748; $C_{(4)}$: 0,9876; 0,1452; 0,6081; $C_{(5)}$ 0,9821; 0,2365; 0,4030; $C_{(6)}$: 0,0263; 0,2621; 0,2643; $C_{(7)}$: 0,9405; 0,1061; 0,7567; Ring B $C'_{(1)}$: 0,1962; 0,2475; 0,3401; $C'_{(2)}$: 0,1918; 0,3311; 0,5479; $C'_{(3)}$: 0,2362; 0,3409; 0,6921; $C'_{(4)}$: 0,2841; 0,2678; 0,6275; $C'_{(5)}$: 0,2876; 0,1852; 0,4214; $C'_{(6)}$: 0,2437; 0,1735; 0,2772; $C'_{(7)}$: 0,3317; 0,2778; 0,7840. In dem Mol. beträgt der Abstand Se—C 1,92 Å, der Valenzwinkel $C'_{(1)}$—Se—$C_{(1)}$ 106,2°. (Acta crystallogr. [Copenhagen] **8**. 323—28. 10/6. 1955.)
C. GOTTFRIED. B 195

W. R. Blackmore und **S. C. Abrahams**, *Die Kristallstruktur von Di-p-tolylsulfid.* (Vgl. vorst. Reff.) *Di-p-tolylsulfid* krist. wie das entsprechende Tellurid u. Selenid aus verd. A. in farblosen rhomb. Nadeln. Die Elementarzelle hat a = 25,07 ± 0,02 Å; b = 7,92 ± 0,02 Å; c = 5,81 ± 0,02 Å; Raumgruppe ist $D_2^4 - P2_12_12_1$; Z = 4. Die gefundenen Parameter sind S (x =) 0,1391; (y =) 0,2233; (z =) 0,1701; Ring A $C_{(1)}$: 0,0822; 0,1881; 0,3392; $C_{(2)}$: 0,0860; 0,0977; 0,5431; $C_{(3)}$: 0,0409; 0,0693; 0,6776; $C_{(4)}$: 0,9920; 0,1314; 0,6071; $C_{(5)}$: 0,9876; 0,2220; 0,4029; $C_{(6)}$: 0,0323; 0,2502; 0,2698; $C_{(7)}$: 0,9438; 0,1020; 0,7498; Ring B $C'_{(1)}$: 0,1950; 0,2404; 0,3454; $C'_{(2)}$: 0,1906; 0,3263; 0,5510; $C'_{(3)}$: 0,2360; 0,3402; 0,6918; $C'_{(4)}$: 0,2850; 0,2698; 0,6267; $C'_{(5)}$: 0,2893; 0,1845; 0,4225; $C'_{(6)}$: 0,2441; 0,1685; 0,2789; $C'_{(7)}$: 0,3330; 0,2811; 0,7796. Die Entfernung S—C beträgt 1,75 ± 0,03 Å, der Valenzwinkel $C'_{(1)}$—S—$C_{(1)}$ ist 109°. Die durch die Normalen zu Ring A mit den a-, b- u. c-Achsen gebildeten Winkel sind 80, 32 u. 62°; die entsprechenden Winkel für den Ring B sind 104, 149 u. 63°. Ring A bildet einen Winkel von 32,5°, Ring B von 35° mit der C—S—C-Ebene. (Acta crystallogr. [Copenhagen] **8**. 329—35. 10/6. 1955.) C. GOTTFRIED. B 195

William H. H. Norris, *Das System Oxalsäure–Natriumhydroxyd Wasser.* Vf. bestimmt experimentell bei 0, 30, 40 u. 50° die Löslichkeitsisothermen für das Syst. $H_2C_2O_4$–NaOH–Wasser. Ferner werden die Kryohydrat- u. Kp.-Kurven mitgeteilt. Die Zus. der festen Phasen wird nach der Meth. von SCHREINEMAKERS bestimmt. Danach treten in dem Syst. nur die Verbb. $H_2C_2O_4 \cdot 2H_2O$ (**I**), $NaHC_2O_4 \cdot H_2O$ (**II**) u. $Na_2C_2O_4$ (**III**) auf. Die untereinander im Aussehen sehr ähnlichen Isothermen zeigen bei steigender Zugabe von **III** zu **I** zunächst eine unerwartete Zunahme der Löslichkeit bis zu einem nonvarianten Punkt, an dem **I** u. **II** nebeneinander als feste Phasen beständig sind, dann einen sehr starken Abfall der Löslichkeit von **II**, darauf einen kurzen, aber steilen Anstieg bis zum nonvarianten Punkt, an dem das saure u. neutrale Oxalat im Gleichgewicht stehen. Bei weiterer Zugabe von NaOH fällt die Löslichkeit von **III** steil ab, bis das Oxalation prakt. ganz aus der Lsg. verschwindet. Der nonvariante Punkt von **III** u. NaOH im Gleichgewicht als feste Phase läßt sich nicht mehr von dem Löslichkeitspunkt von NaOH trennen. Mit steigender Temp. nimmt die Löslichkeit aller Systemkomponenten beträchtlich zu. Der Umwandlungspunkt zur wasserfreien Verb. ist für **I** bei 98°, für **II** bei 105°. Der Unterschied im Verh. des Syst. gegenüber dem analogen Syst. mit KOH, das noch weitere Zwischenverbb. bildet, wird diskutiert .(J. chem. Soc. [London] **1951.** 1708—15. Juli. Huddersfield, Technic. Coll.) G. WEITBRECHT. B 224

F. L. J. Sixma, *Über den Einfluß von Substituenten auf die Reaktivität von aromatischen Verbindungen.* 5. Mitt. *Eine theoretische Behandlung von Hammetts σ-Konstanten.* (4. vgl. Recueil Trav. chim. Pays-Bas **72.** [1953.] 543.) Bei ion. Rkk. kann der Einfl. von Substituenten auf die Aktivierungsenergie in Beziehung gesetzt werden zu den Unterschieden in der Lokalisierungsenergie E_L eines Elektronenpaares bzw. einer positiven Ladung am Reaktionszentrum. Für substituierte Aromaten lassen sich die E_L in nullter Näherung nach der LCAO–MO-Meth. abschätzen, die dabei auftretenden Parameter V_k können nach einem Verf. des Vf. (vgl. Recueil Trav. chim. Pays-Bas. **72.** [1953.] 273) aus Eigg. des Substituenten abgeschätzt werden. Vf. berechnet E_L-Werte für die Lokalisierung eines Elektronenpaares am N-Atom bei *Anilinen*, bei *Benzylanionen* u. bei *Styrolen* sowie für die Bldg. von Benzylkationen mit lokalisierter Ladung. In jedem Fall besteht zwischen den E_L u. den HAMMETTschen σ-Werten eine lineare Beziehung. Vf. diskutiert dieses Ergebnis krit. u. bestimmt aus den erhaltenen Beziehungen ϱ-Werte für die 4 Reaktionstypen u. σ-Werte für Substituentengruppen, bei denen experimentelle Werte fehlen. (Recueil Trav. chim. Pays-Bas **72.** 673—90. Aug. 1953. Amsterdam, Univ., Labor. für organ. Chem.) G. KRESZE. B 225

John D. Roberts und **Joel A. Yancey,** *Umlagerungen bei Carboniumionreaktionen von ¹⁴C-markiertem Pentamethyläthanol* [$^{14}C_{(1)}$*-2.3.3-Trimethylbutanol-(2)*]. Das Ausmaß der Umlagerung von $^{14}C_{(1)}$-2.3.3-Trimethylbutanol-(2) (**I**) bei Rkk. von Carboniumionentyp ist maßgeblich vom Grad der Reversibilität des Prozesses abhängig. Die Behandlung von **I** mit LUCAS-Reagens (**II,** konz. HCl–$ZnCl_2$-Lsg.) ergab bei Zimmertemp. nach 3 Std. *2-Chlor-2.3.3-trimethylbutan* (**III**), dessen ^{14}C-Geh. vollkommen gleichmäßig auf die 5 Methylgruppen verteilt war. Die vollständige Reversibilität unter diesen Versuchsbedingungen ergibt sich daraus, daß **III** mit $H^{36}Cl$ enthaltendem **II** vollkommen im Gleichgewicht steht. Die Umlagerung u. der Cl-Isotopenaustausch werden folgenden Gleichgewichten, die solvatisierte Carboniumionen einschließen, zugeschrieben: $(CH_3)_3C$—$C\cdot Cl\cdot CH_3\cdot {}^{14}CH_3 \rightleftharpoons (CH_3)_3C-\overset{(+)}{C}\cdot CH_3\cdot {}^{14}CH_3 \rightleftharpoons (CH_3)_2\overset{(+)}{C}-C(CH_3)_2\cdot {}^{14}CH_3 \rightleftharpoons (CH_3)_2\cdot Cl\cdot C-C\cdot(CH_3)_2\cdot {}^{14}CH_3$. Die Behandlung von **I** mit konz. HCl während 20 Min. bei 25° u. während 1 Min. bei 0° ergab dagegen nur 36% bzw. 12—16% Umlagerung. Im letzten Fall verlief die Rk. absol. irreversibel, da der Cl-Austausch zwischen **III** u. $H^{36}Cl$ nur ca. 1% betrug. Die Hydrolyse von **III** durch Schütteln mit W. bei Zimmertemp. ergab keine zusätzliche Methylgruppenumlagerung. Das geringe Ausmaß der Umlagerung unter milden Bedingungen zeigt an, daß das symm. nichtklass. Kation **IV** bei irreversiblen Carboniumtyp-Rkk. von Pentamethyläthylderivv. in wss. Lsg. ein relativ unwesentliches Zwischenprod. darstellt. **IV** ist weniger stabil als seine beiden klass. Isomeren, bei denen sich die positive Ladung am $C_{(2)}$ oder $C_{(3)}$ befindet. — **I** wurde aus Pinakolin u. $^{14}CH_3MgJ$ dargestellt. Der ^{14}C-Geh. folgender Abbauprodd. von **I** u. **II** wurde bestimmt: 2.3.3-Trimethylbuten-(1), Pinakolin-2.4-dinitrophenylhydrazon, Trimethylessigsäure-o-bromphenacylester u. CBr_4.

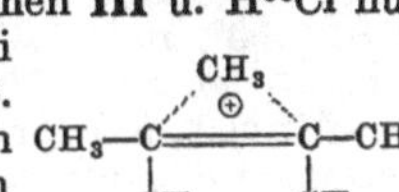

IV

V e r s u c h e: $^{14}C_{(1)}$*-2.3.3-Trimethylbutanol-(2)* (**I**), Kp. 129—131°, aus Pinakolin u. $^{14}CH_3MgJ$ unter N_2; 74% (Ausbeute); *Hydrat,* F. 80,9—81,2°. — $^{14}C_{(x)}$*-2-Chlor-2.3.3-trimethylbutan* (**III**), F. 130,2—132,6°, aus **I** mit konz. HCl in Methylenchlorid; 94%. — $^{14}C_{(x)}$*-2.3.3-Trimethylbuten-(1)* (**V**), Kp. 78°, a) aus **I** mit Phenylisocyanat in Ggw. von Pyridin, 4 Std. bei 150°; 62%; b) aus **III** mit Dimethylanilin, 1³/₄ Std. kochen; 88%. — $^{14}C_{(x)}$*-Pinakolin,* Kp. 102—106°, aus **V** mit $NaMnO_4$; 33%; *2.4-Dinitrophenylhydrazon,* F. 127°. — $^{14}C_{(x)}$*-Trimethylessigsäure,* aus vorst. Verb. mit Br_2 in wss. NaOH; *p-Bromphenacylester,* F. 77,0—77,4° (wss. A.); daneben ^{14}C*-Tetrabromkohlenstoff,* F. 95°; 46%. (J. Amer. chem. Soc. **77.** 5558—62. 5/11. 1955. Cambridge, Mass., Massachusetts Inst. of Technol., Dep. of Chem. and Labor. for Nucl. Sci. and Engng.) J. KNAUL. B 225

E. A. Braude, W. F. Forbes (unter Mitarbeit von **E. A. Evans**). *Anionotrope Systeme.* 2. Mitt. *Synthese und Umlagerung in der Cycloheptenylreihe.* (1. vgl. C. **1956.** 1546.) Vff. untersuchten die anionotrope Umlagerung von Cyclohepten-(1)-ylcarbinolen mit verschied. ungesätt. Seitenketten, nämlich α-[*Cyclohepten-(1)-yl*]*-benzylalkohol* (**I**), *-allylalkohol* (**II**), *-buten-(2)-ol-(1)* (**III**) u. *-hexadien-(2.4)-ol-(1)* (**IV**). Sämtliche 4 Alkohole lagern sich unter der katalyt. Wrkg. von verd. HCl zu Alkoholen mit einem konjugierten Doppelbindungssyst. um, **I** zu *2-Benzyliden-* (**VIII**), **II** zu *2-Allylidencyclohep-*

tanol (**X**); bei **III** u. wahrscheinlich auch **IV** dagegen wandert die OH-Gruppe in entgegengesetzter Richtung, es entsteht *4-[Cyclohepten-(1)-yl]-buten-(3)-ol-(2)* (**XIII**) bzw. das Vinyloge. — Die UV-Absorption der Cycloheptenylderivv. ist verschieden von der analoger Cyclohexenverbindungen.

V e r s u c h e: *1-Chlorcyclohepten*, $C_7H_{11}Cl$, $Kp._{26}$ 75°, n_D^{21} 1,4844, aus Cycloheptanon u. PCl_5; 70% (Ausbeute). — *Cyclohepten-(1)-yl-Li* (**V**), aus vorst. Verb. u. Li in Ae. durch 6—12std. Kochen unter N_2. — *Cyclohepten-(1)-carbonsäure* (**VI**), $Kp._{10^{-6}}$ 130°, F. 49°, Platten aus Methanol, aus **V** u. Trockeneis unter Kühlung; 3%. *Amid*, F. 157°, Platten aus wss. Methanol. — *Dicyclohepten-(1)-ylketon* (**VII**), $C_{15}H_{22}O$, $Kp._{2.10^{-4}}$ 116°, n_D^{21} 1,5230, entsteht neben **VI**; 21%. *2.4-Dinitrophenylhydrazon*, $C_{21}H_{26}O_4N_4$, F. 200°, Prismen aus Äthylacetat. — *Dicycloheptylketon*, $C_{15}H_{26}O$, $Kp._{5.10^{-3}}$ 110°, n_D^{21} 1,5030, durch katalyt. Hydrierung von **VII** in A. in Ggw. von PtO_2. *2.4-Dinitrophenylhydrazon*, $C_{21}H_{30}O_4N_4$, F. 95°, orangefarbene Nadeln aus Äthylacetat. — *Tricyclo-[8.5.0.0^{3,9}]-pentadecen-(1,10)-on-(2)*, $C_{15}H_{22}O$, $Kp._{10^{-5}}$ 200°, F. 43°, aus PAe. Platten, aus 7 g **VII** u. einer Mischung von H_3PO_4 u. HCOOH; 5 g. *2.4-Dinitrophenylhydrazon*, $C_{21}H_{26}O_4N_4$, F. 171°, orangerote Nadeln aus Äthylacetat. — *α-[Cyclohepten-(1)-yl]-benzylalkohol* (**I**), $C_{14}H_{18}O$, $Kp._{2.10^{-3}}$ 94°, n_D^{24} 1,5429, aus **V** u. Benzaldehyd in Ae.; 48%. — *Cycloheptenylphenylketon-2.4-dinitrophenylhydrazon*, $C_{20}H_{20}O_4N_4$, F. 131°, rote Nadeln aus Äthylacetat, durch Erwärmen von **I**, 2.4-Dinitrophenylhydrazin, konz. H_2SO_4 u. verd. A. auf dem Wasserbad; 50%. — *2-Benzylidencycloheptanol* (**VIII**), $C_{14}H_{18}O$, $Kp._{5.10^{-4}}$ 102°, n_D^{20} 1,5653, a) aus 16 g **I** in wss. HCl–Aceton-Lsg. durch 3tägiges Stehen bei Raumtemp.; 15 g; b) durch Red. von **IX** mit $LiAlH_4$ in Ae. bei 20°. *p-Nitrobenzoat*, $C_{21}H_{21}O_4N$, F. 185°, Nadeln aus PAe.–Methanol. — *Benzylidencycloheptanon* (**IX**), $C_{14}H_{16}O$, F. 37,5°, Platten aus Pentan, n_D^{20} 1,5868, a) aus 5,6 g Cycloheptanon, 5,3 g Benzaldehyd, Methanol u. 10n NaOH durch 15std. Stehen bei 20°; 3,6 g; b) aus 1,2 g **VIII** u. CrO_3 in Pyridin durch 12std. Stehen bei 20°; 1 g. *2.4-Dinitrophenylhydrazon*, $C_{20}H_{20}O_4N_4$, F. 158°, rote Nadeln aus Äthylacetat–Methanol. — *1-[Cyclohepten-(1)-yl]-allylalkohol* (**II**), $C_{10}H_{16}O$, $Kp._{0,5}$ 63°, n_D^{20} 1,4990, aus Acrolein u. **V** in Ae.; 46%. — *2-Allylidencycloheptanol* (**X**), $C_{10}H_{16}O$, $Kp._{0,5}$ 83°, n_D^{20} 1,5071, aus 8 g **II** in wss. HCl–Aceton-Lsg. durch 14std. Stehen bei Raumtemp.; 7 g. *3.5-Dinitrobenzoat*, $C_{17}H_{18}O_6N_2$, F. 77°, aus PAe. Platten. — *(trans?)-2-n-Propylcycloheptanol*, $Kp._{0,5}$ 67°, n_D^{22} 1,4702, durch Hydrierung von 6,5 g **X** in absol. A. in Ggw. von PtO_2; 6 g. *3.5-Dinitrobenzoat*, $C_{17}H_{22}O_6N_2$, F. 90—91°, aus PAe. Prismen. — *2-Allylidencycloheptanon* (**XI**), $C_{10}H_{14}O$, $Kp._{0,1}$ 46°, n_D^{22} 1,5358, durch 3tägiges Schütteln von 15 g **X**, MnO_2 u. PAe. unter N_2; 12 g. *2.4-Dinitrophenylhydrazon*, $C_{16}H_{18}O_4N_4$, F. 158—159°, rote, monokline Nadeln aus Äthylacetat. — *2-n-Propylcycloheptanon* (**XII**), $C_{10}H_{18}O$, $Kp._{0,5}$ 50°, n_D^{24} 1,4553, a) aus N-Nitroso-n-butylurethan, Cyclohexanon, Methanol u. Na_2CO_3 bei 20—25°; b) aus Oxalsäurediäthylester, Cycloheptanon, n-Propylbromid u. Na-Äthylat; 5%. *Semicarbazon*, $C_{11}H_{21}ON_3$, F. 137—138°, Platten aus Methanol. *2.4-Dinitrophenylhydrazon*, $C_{16}H_{22}O_4N_4$, F. 90—91°, rote Nadeln aus Äthylacetat. — Wird **XI** in absol. A. in Ggw. von PtO_2 48 Std. lang hydriert, erhält man von $Kp._{0,1}$ 42°, n_D^{21} 1,4705, bis $Kp._{0,1}$ 48°, n_D^{21} 1,4800, ein Gemisch von **XII** u. einem Isomeren, wahrscheinlich *2-Propylidencycloheptanol*. Beide Verbb. ergeben *2-n-Propylcycloheptanon-2.4-dinitrophenylhydrazon*, F. 90—92°. — *1-[Cyclohepten-(1)-yl]-buten-(2)-ol-(1)* (**III**), $C_{11}H_{18}O$, $Kp._{0,5}$ 72°, n_D^{21} 1,5010, aus Crotonaldehyd u. **V** in Ae. durch 12std. Rühren bei Raumtemp.; 60%. — *1-Cycloheptylbutanol-(1)*, $C_{11}H_{22}O$, $Kp._{25}$ 130°, n_D^{23} 1,4776, durch Hydrierung von **III** in A. in Ggw. von PtO_2. *3.5-Dinitrobenzoat*, $C_{18}H_{24}O_6N_2$, F. 68°, Nadeln aus PAe.–Methanol. — *4-[Cyclohepten-(1)-yl]-buten-(3)-ol-(2)* (**XIII**), $C_{11}H_{18}O$, $Kp._{0,2}$ 87°, n_D^{20} 1,5293, durch 24std. Stehen von 7 g **III** in wss. HCl–Aceton-Lsg. bei Raumtemp.; 6 g. — *4-[Cyclohepten-(1)-yl]-buten-(3)-on-(2)*, $Kp._{0,1}$ 70°, n_D^{22} 1,5421, durch 30std. Schütteln von 2 g **XIII**, MnO_2 u. PAe. unter N_2; 1,8 g. *2.4-Dinitrophenylhydrazon*, $C_{17}H_{20}O_4N_4$, F. 195°, rote Nadeln aus Äthylacetat; 80%; Bldg. auch direkt aus **XIII**; 10%. — *1-[Cyclohepten-(1)-yl]-hexadien-(2.4)-ol-(1)* (**IV**), $C_{13}H_{20}O$, $Kp._{5.10^{-3}}$ 90°, n_D^{20} 1,5285, aus Sorbinaldehyd u. **V** in Ae.; 55%. — *6-[Cyclohepten-(1)-yl]-hexadien-(3.5)-ol-(2)*, $C_{13}H_{20}O$, $Kp._{5,10^{-3}}$ 92°, n_D^{20} 1,5835, durch 12std. Stehen von 3 g **IV** in wss. HCl–Aceton-Lsg. bei Raumtemp.; 2 g. *2.4-Dinitrophenylhydrazon*, $C_{19}H_{24}O_4N_4$, F. 230—232° (Zers.), dunkelrote Prismen aus Äthylacetat; 15%. (J. chem. Soc. [London] **1953**. 2202—07. Aug. London, Imp. Coll. of Sci. and Technol., Dep. of org. Chem.)

J. KLEINWÄCHTER. B 225

Michele Giua und **Maria Teresa Gonella**, *Die sulfurierende Wirkung des Thioharnstoffs*. Zur Aufklärung der von GIUA u. RUGGERI [1923] u. von GIUA u. PETRONIO [1925] festgestellten Rk. von *Thioharnstoff* (**I**) mit *β*- oder *γ-Trinitrotoluol* (**II**) in alkoh. Lsg. wurde das gebildete NO als NO_3^- bestimmt. Aus 2 Mol *γ*-**II** u. einem Überschuß (2,45 Mol) **I** wurden 1,0026 Mol NO_3^- erhalten, während unter Zugrundelegung der Gleichung

$6CH_3 \cdot C_6H_2(NO_2)_3 + 4(NH_2)_2CS \rightarrow 2[CH_3C_6H_2(NO_2)_2]_2S + [CH_3C_6H_2(NO_2)_2S]_2 + 4HCNO + 6H_2O + 4N_2 + 2NO$ aus 3 Mol **II** u. 2 Mol **I** 1 Mol NO gebildet werden sollte. Zur weiteren Unters. des Reaktionsmechanismus wurde auch ein Oxydationsprod. des **I**, nämlich das *Dinitrat* des *Formamidindisulfids* (**III**) in alkoh. Lsg. mit *1.2.4-Chlordinitrobenzol* (**IV**) zur Rk. gebracht. Aus 2,03 g **IV** u. 2,76 g **III** erhielt man 1,8 g fast reines *2.4.2'.4'-Tetranitrodiphenyldisulfid* (aus Eisessig, Zers. 303—305°). Bei der Rk. entstand NO nur in kleiner Menge, die Nitrogruppen des **IV** wurden also, wie zu erwarten, nicht angegriffen. Die entschwefelnde Wrkg. der äquivalenten Menge Metalloxyd auf wss. **I**-Lsg. wurde durch Best. der von jenen aufgenommenen S-Menge untersucht. Die Wrkg. steigt in der Reihe HgO, CuO, Ag_2O u. nimmt mit Zeit u. Temp. zu. Bei der Rk. erfolgt Änderung des p_H der verbleibenden Lsg.: Nach anfänglicher Erhöhung (infolge von Thiuroniumsalzbldg.?) Abnahme in Richtung zur Neutralität. (Ann. Chimica **44**. 305—12. März/April 1954. Torino, Univ., Ist. Chim. organ. ind.)
W. METZENER. B 225

Hakon Nord, *Kinetik und Mechanismus der kupferkatalysierten Autoxydation von Ascorbinsäure.* Auf Grund früherer Unterss. (vgl. Acta chem. scand. **9**. [1955.] 430) wird für die kupferkatalysierte Rk. zwischen *Ascorbinsäure* u. O_2 folgender Mechanismus angenommen: $H_2A \rightleftharpoons HA^- + H^+$; $HA^- + Cu^{2+} \rightleftharpoons HA + Cu^+$; $HA \rightleftharpoons A^- + H^+$; $A^- + Cu^{2+} \rightarrow A + Cu^+$; $2Cu^+ + 2H^+ + \frac{1}{2}O_2 \rightarrow 2Cu^{2+} + H_2O$. Die Gesamtgleichung lautet $H_2A + \frac{1}{2}O_2 \rightarrow A + H_2O$. Unter Einführung von Näherungen wird die kinet. Gleichung abgeleitet u. gezeigt, daß vollständige Übereinstimmung zwischen dem integrierten Geschwindigkeitsausdruck u. dem Verlauf der Rk., wie er durch das Experiment bestimmt wurde, herrscht. Aus der kinet. Gleichung wird der Beitrag des Cu im Gleichgewichtszustand an den beiden Oxydationsstufen berechnet für die Bedingungen eines speziellen Experiments. Die berechneten Werte werden verglichen mit dem Ergebnis einer spektrophotometr. Best. von Cu^{2+} als Funktion der Zeit unter den gleichen Versuchsbedingungen. Für die einzelnen Schritte der Rk. werden di Geschwindigkeitskonstanten abgeleitet. Die Diskussion der erhaltenen Ergebnisse führt zur Bestätigung des obigen Mechanismus. (Acta chem. scand. **9**. 442—54. 1955. Copenhagen, Techn. Univ. of Denmark, Chem. Dep.)
J. KNAUL. B 225

F. Marshall Beringer und **Herman S. Schultz,** *Die Reaktionen von Alkyljodiden mit Halogenen.* Opt.-akt. 2-Jodoctan (**I**) reagiert mit Cl_2 oder Br_2 in $CHCl_3$, CCl_4 oder PAe. bei —78° unter Bldg. von *2-Chlor-* (**II**) bzw. *2-Bromoctan* (**III**) als Hauptprodukt. Die Rk. erfolgt vorherrschend unter Umkehrung der Konfiguration. Ähnlich bildet **I** mit JCl bei 25° vornehmlich invertiertes **II**, *opt.-inakt. 2.3-Dichloroctan* (**IV**) u. ein *opt.-inakt. Jodchloroctan* (**V**). Die Ausbeute an Dihalogeniden ist vom Halogen u. von der Temp. abhängig. Für die Bldg. von **IV** u. **V** nehmen Vff. Octen-(2) als Zwischenprod. an. Die Rk. von Neopentyljodid (**VI**) mit Cl_2 bei —78° führt zu *tert.-Amylchlorid* (**VII**) u. *Trimethyläthylendichlorid* (**VIII**), die Rk. mit Br_2 zu *Trimethyläthylendibromid* (**IX**) u. wahrscheinlich etwas *tert.-Amylbromid.* Vff. diskutieren die Bldg. von Neopentyljodosodichlorid als Zwischenprod., dessen Ionisation zum Neopentylkation u. dem JCl_2^--Ion von einer Umlagerung zum tert.-Amylkation begleitet ist; dieses bildet dann **VII** u. JCl oder durch Eliminierung Trimethyläthylen. Ein analoger Mechanismus wird für das Octyl-(2)-Syst. diskutiert. Die berechneten k_i/k_r-Werte, d. h. die Verhältnisse der Geschwindigkeiten der Rk. mit u. ohne Inversion, betragen für die Rk. von opt.-akt. **I** mit Cl_2 in $CHCl_3$–PAe. (1:1) bei —78° 6,0; mit Br_2 bei —78° 3,5, bei 25° 2,3; mit JCl in CCl_4 bei 25° 2,1. Sie werden diskutiert im Hinblick auf die von COREY u. WECHTER (vgl. C. **1955**. 7177) erhaltenen Werte.

Versuche: *2-Jodoctan* (**I**), $Kp._{16}$ 95—96°, aus Octanol-(2) (Kp. 177—179°, n_D^{25} 1,4249) mit J_2, n_D^{22} 1,4883, n_D^{26} 1,4875. — *Octanol-(3)*, $Kp._{20}$ 80—83°, aus Propionaldehyd u. n-Amyl-MgBr, n_D^{25} 1,4237—1,4252. — *2-Bromoctan* (**III**), $Kp._{16}$ 78°, aus Octyl-(2)-p-toluolsulfonat mit 4 Äquivalenten KBr in Diäthylenglykol, 1 Woche bei Zimmertemp. geschüttelt, n_D^{25} 1,4495; 10,7% (Ausbeute). Analog: *2-Chloroctan* (**II**), $Kp._{16}$ 65°, 7,5 Tage geschüttelt, n_D^{19} 1,4243; 6,2%; *3-Chloroctan,* $Kp._{20}$ 67,5—68°, 9 Tage geschüttelt, $n_D^{25,5}$ 1,4244; 13,2%; *3-Bromoctan,* $Kp._{20}$ 81,5°, 9 Tage geschüttelt, $n_D^{25,5}$ 1,4498—1,4505; 34,8%; **I**, 4 Tage geschüttelt; 59,3%. — *Neopentyltosylat,* $C_{12}H_{18} \cdot O_3S$, F. 46,0—46,5° (W.-Methanol), aus Neopentylalkohol (aus Trimethylessigsäure) in Pyridin. — *Neopentyljodid* (**VI**), $C_5H_{11}O$, $Kp._{100}$ 70°, aus vorst. Verb. mit 2 Äquivalenten NaJ in PAe., 2 Std. bei 135°, n_D^{25} 1,4858; 55,2%. — *N-1-Naphthyl-tert.-butylacetamid,* Kp. 167,5—168°, aus Neopentyl-MgJ u. 1-Naphthylisocyanat (**X**). — *N-1-Naphthyläthyldimethylacetamid,* F. 139,0—139,5°, aus tert.-Amyl-MgCl u. **X**. — *l*-(—)-**II**, $C_8H_{17}Cl$, $Kp._{14}$ 61°, aus d-(+)-**I** ($Kp._{16}$ 94°, $D._4^{26}$ 1,3164, n_D^{22} 1,4877, $[\alpha]_D^{25}$ +46,33°) mit überschüssigem Cl_2 in $CHCl_3$–PAe. (1:1), 1½ Std. bei —78°, 1½ Std. bei 0°, $D._4^{25}$ 0,8663, n_D^{24} 1,4251, $[\alpha]_D^{26}$ —24,93°; 70,6%. — *d*-(+)-**II**, $Kp._{16}$ 64°, aus *l*-(—)-**I** ($[\alpha]_D^{28}$—45,47°)

mit JCl in CCl_4, 74 Std. bei 25°, n_D^{23} 1,4224, $[\alpha]_D^{24}$ +12,4°; 33,4%; daneben *2.3-Dichloroctan* (**IV**), $C_8H_{16}Cl_2$, Kp.$_{17}$ 88—90°, n_D^{23} 1,4478—1,4480, $D.^{23,5}_4$ 1,0102, opt.-inakt.; 11,2% u. *Chlorjodoctan* (**V**), $C_8H_{16}ClJ$, Kp.$_2$ 85—86°, n_D^{26} 1,5032—1,5044, $D.^{26}_4$ 1,4326, opt.-inakt.; 29,7%. — *l*-(—)-**III**, $C_8H_{17}Br$, Kp.$_{17}$ 79°, aus d-(+)-**I** mit Br_2 in PAe., 2 Std. bei —78°, 1 Std. bei 0°, $D.^{26}_4$ 1,1010, n_D^{26} 1,4485, $[\alpha]_D^{26}$ —21,0°; 85%; 5 Std. bei 25°; 55%. — *tert.-Amylchlorid* (**VII**), $C_5H_{11}Cl$, Kp. 85—86°, aus **VI** mit Cl_2 in PAe., 3 Std. bei —78°, 1½ Std. bei 0°, n_D^{25} 1,4017; 27,6%; daneben *2.3-Dichlor-2-methylbutan* (**VIII**), $C_5H_{10}Cl_2$, Kp. 129°, n_D^{25} 1,4410. — *3-Methylbutanon-(2)*, aus **VIII** mit Zn u. Eisessig, Br_2-Anlagerung u. 6std. Erhitzen des Dibromids auf 100°; *2.4-Dinitrophenylhydrazon*, F. 122,5—123°. — *tert.-Amylbromid* (?), $C_5H_{11}Br$, Kp.$_{115}$ 50,5—52°, aus **VI** mit Br_2 in PAe., 1¼ Std. bei —78° u. 1½ Std. bei 0°; 4%; daneben *2.3-Dibrom-2-methylbutan* (**IX**), $C_5H_{10}Br_2$, Kp. 168 bis 169°, n_D^{22} 1,5000; 33%. — **VIII**, durch Chlorierung von **VII**; 29%. (J. Amer. chem. Soc. **77**. 5533—37. 5/11. 1955. Brooklyn, N. Y., Polytechnic. Inst. of Brooklyn, Dep. of Chem.) J. KNAUL. B 225

John D. Gregory, *Die Stabilität von N-Äthylmaleinimid und seine Reaktion mit Sulfhydrylgruppen.* Wie aus dem langsamen Verschwinden des Absorptionsmaximums von *N-Äthylmaleinimid* (**I**) in W. bei 302 mμ (ε_{Mol} = 620) bei zunehmendem p_H-Wert hervorgeht, wird **I** bei p_H 5 prakt. nicht, bei p_H 7 nur wenig u. bei p_H 9 sehr rasch hydrolysiert. Bei p_H 7 reagiert **I** mit Glutathion (**II**) wesentlich rascher als die eigene Zers. fortschreitet. Myokinase wurde bei p_H 9 durch **I** nahezu vollständig desaktiviert, während sie in Ggw. von **II** noch aktiviert wurde. (J. Amer. chem. Soc. **77**. 3922—23. 20/7. 1955. Boston, Mass., Massachusetts Gen. Hosp., Biochem. Res. Labor.) L. FISCHER. B 225

George R. Jackson jr. und **Martin S. Frant**, *Mercurierung bestimmter aromatischer Verbindungen.* Vff. untersuchten quantitativ die klass. Mercurierung von *p-Toluidin* (**I**), *Benzoesäure* (**II**), *Nitrobenzol* (**III**) u. *Benzolsulfonsäure* (**IV**) bei Raumtemp. mit Mercuriacetat. Die Analyse der Mercuriverbb. erfolgte durch Überführung der Mercuriverbb. in die entsprechenden Bromide u. kryoskop. bzw. infrarotspektroskop. Best. dieser Bromderivate. **I** wird fast ausschließlich in o-Stellung zur Aminogruppe mercuriert; bei **II** ist das Verhältnis der o-, m- u. p-Substitution 57:25:18; die Bldg. von m- u. p-Isomeren wurde erstmals beobachtet. Die Mercurierung von **III** verlief entsprechend dem Verhältnis o:m:p = 53:32:15; die von **IV** entsprechend 24:61:15. Bei **IV** wurden erstmals o- u. p-Substitution beobachtet. Aus der Differenz der Geschwindigkeiten u. dem Ausmaß der Rk. zwischen **IV** einerseits u. **II** u. **III** andererseits sowie aus der Differenz der Isomerenverhältnisse schließen Vff. auf verschiedenartige Mechanismen bei der Mercurierung. (J. Amer. chem. Soc. **77**. 5625—28. 5/11. 1955. Ossining, N. Y., Western Reserve Univ., Morley Chem. Labor.) J. KNAUL. B 225

P. W. Robertson, T. R. Hitchings und **G. M. Will**, *Die Kinetik der aromatischen Halogensubstitution.* 7. Mitt. *Nitrosobenzol und Azobenzol.* (6. vgl. C. **1950**. I. 1463.) Die Bromierung von *Nitrosobenzol* (**I**) mit HBr-freiem Br_2 zeigt nichtreproduzierbare, verschieden lange Induktionsperioden u. setzt dann mit einer leichten Trübung der Lsg. ein. In Ggw. von HBr wird diese Erscheinung nicht beobachtet, die Verss. werden reproduzierbar. HBr katalysiert die Rk., es wird außerdem bei den Folge-Rkk. verbraucht. Die Bromierungsgeschwindigkeit von **I** in Ggw. von HBr ist 10^{10}mal größer als die von Bzl., die Rk. muß daher nach einem anderen Mechanismus als dem der einfachen elektrophilen Substitution verlaufen. — Bei der Rk. von **I** mit HBr in CCl_4 bei 17° werden 50% des HBr sehr schnell, weitere 20% langsamer verbraucht. Bei der Rk. des möglichen Zwischenprod. *p-Bromphenylhydroxylamin* (**II**) wurden 80% des Br_2 in 0,7 Min., weitere 5% langsamer aufgenommen, es entstand u. a. *p-Bromnitrosobenzol* (**III**). Vff. schließen auf folgenden Reaktionsmechanismus: **I** + HBr → $[C_6H_5N(Br)OH]$ → **II**; **II** + HBr → $Br-C_6H_4N(Br)OH$ → **III** + HBr, oder **II** + **III** → *p.p'-Dibromazoxybenzol.* — Die anomale Reaktionsfähigkeit des Br in **III** wird auf den Einfl. der NO-Gruppe zurückgeführt, möglicherweise ist hierfür die chinoide Form von **III** mit einer positiven Ladung bei $C_{(4)}$ verantwortlich. — *Azobenzol* (**IV**) wird durch eine HBr-freie Lsg. von Br_2 in Essigsäure (je $^1/_{40}$mol. Lsg. bei 35°) in 16 Std. nicht bromiert, nach 14tägigem Stehen oder bei 6std. Belichten (in jedem Falle entstehen Spuren von HBr) oder in Ggw. von HBr erfolgt Bromierung zu *p-Bromazobenzol* (**V**), die Rk. kann durch Zusätze von Na-Acetat oder W. unterbrochen werden. Die kinet. Unters. bei 35° ergab im Anfangsstadium folgende k_2-Werte (Liter/Mol·min): Ohne W. 0,05, mit 10% W. $4 \cdot 10^{-3}$ u. mit 25% W. 0,0. Analog dem Vorst. wird folgender Mechanismus angenommen: **IV** + HBr → $[C_6H_5N(Br)-NHC_6H_5]$; + HBr → $C_6H_5N(Br)NH \cdot C_6H_5-Br$ → **V** + HBr. Ebenso kann für die Bromierung von *Azoxybenzol* unter den gleichen Bedingungen ein Anfangsprod. $C_6H_5N(\rightarrow O)(Br)-NHC_6H_5$ angenommen werden, während bei *p-Methylazobenzol* aus elektrostat. Gründen ein $CH_3-C_6H_4NH-N(Br)C_6H_5$ entstehen dürfte, das nicht bro-

miert werden kann, da die p-Stellung zur freien Aminogruppe besetzt ist. (J. chem. Soc. [London] **1950**. 808—12. März. Wellington, Neuseeland, Victoria Univ. Coll.)
H. LEHWALD. B 225

L. D. Swindale, B. E. Swedlund und **P. W. Robertson,** *Die Kinetik der Halogensubstitution.* 8. Mitt. *Halogenaddition.* 15. Mitt. *Benzyl- und Allylchlorid, -bromid und -cyanid.* (7. vgl. vorst. Ref.; 9. vgl. C. **1954**. 3200; 14. vgl. C. **1950**. I. 1462.) Die Unters. der Chlorierungsgeschwindigkeit von *Benzylchlorid* (**I**) in Essigsäure ergab Unterschiede, die jenseits der Fehlergrenze lagen. Da ferner die Chlorierung von Toluol durch $HgCl_2$ beschleunigt, die von **I** aber gehemmt wurde, wird bei **I** neben der langsam verlaufenden Kernsubstitution eine kettenartig verlaufende Substitution in der Seitenkette vermutet, die durch $HgCl_2$ unterbrochen wird. Es wurde ferner festgestellt, daß in 20%ig. wss. Essigsäure, in der keine Ketten-Rkk. stattfinden können, das Verhältnis der Chlorierungsgeschwindigkeiten von Toluol u. **I** das gleiche ist, wie in Eisessig–$HgCl_2$. Da keine Autokatalyse beobachtet wurde, dürften störende Neben-Rkk. wie die Umwandlung von **I** in reaktionsfähigere Verbb., oder Austausch-Rkk. von Chlor gegen Brom bei der Bromierung nicht stattfinden. Folgende relative Chlorierungsgeschwindigkeiten in 20%ig. wss. Essigsäure wurden bei 25° festgestellt: *Bzl.* 1, **I** 0,76, *Benzylbromid* 0,61 u. *-cyanid* 0,17. Die Kernsubstitution dürfte analog den Nitrierungsergebnissen von INGOLD u. Mitarbeitern (J. chem. Soc. [London] **1939**. 929 u. früher) in o- u. p-Stellung erfolgen. Die Reaktionsfähigkeit von **I** wird auf Wrkg. des Hyperkonjugations- neben dem induktiven Effekt zurückgeführt. Dieser Effekt sollte auch bei der Bromaddition an Olefine wirksam sein, gemessen wurden folgende Werte für die bimol. Geschwindigkeitskonstante (k_2) (Liter/Mol·Min) für die Addition von Br_2 an Allylhalogenide in Essigsäure bei 25°: *Allylchlorid* 1,6, *-bromid* 1,1 u. *-cyanid* (**II**) 0,23. Die ungewöhnliche Erscheinung, daß die k_2 des Chlorids größer ist als die des Bromids, besteht auch bei Verwendung von verd. Essigsäure u. Chlorbenzol als Lösungsm., scheint sich aber im unpolaren CCl_4 umzukehren (Verss. nicht reproduzierbar). Die Br_2-Addition an **II** ist infolge der HBr-Bldg. autokatalyt., Konstanten 3. Ordnung in Essigsäure bei 25°: Nach 10% (Br_2-Verbrauch der Lsg.) 20, nach 30% 28, nach 50% 40 u. nach 60% 53. In Ggw. von LiCl u. LiBr als Katalysator ergaben sich nach einem 10%ig. Br_2-Verbrauch folgende k_3: Ohne Katalysator 0,23, mit 1/20n LiCl 2,4, mit 1/20n LiBr 1,2. Bei der Br_2-Addition in der Allylreihe wirkt sich danach (Relativgeschwindigkeiten, bezogen auf Äthylen = 1 in obiger Folge 0,019; 0,013; 0,0027) der desaktivierende Einfl. der CH_2X-Gruppe stärker aus als in der Benzylreihe. Vff. führen dies auf die Nähe des Dipols zum Angriffspunkt der Rk. bei den Allylverbb. zurück u. diskutieren die Folgerungen auf die Reaktionsmechanismen. (J. chem. Soc. [London] **1950**. 812—14. März.) H. LEHWALD. B 225

Charles M. Drew, James R. McNesby und **Alvin S. Gordon,** *Eine kinetische Untersuchung der Reaktion zwischen Nitromethan und Hydroxylionen, bei der Methazonationen entstehen.* Es wurde die Geschwindigkeit der Bldg. von *Methazonationen* (**M**) aus Nitromethan (**I**) in alkal. wss. Lsg. (zwischen 0 u. 45°) an Hand der Abnahme der Absorption bei 298 mμ gemessen. Die Rk. ist 2. Ordnung. Folgender Mechanismus wird angenommen: $H_3CNO_2 + OH^- \rightleftharpoons H_2C^-\cdot NO_2 + H_2O$ (1), $2\,H_2CNO_2^- \rightarrow O_2NCH_2CH{=}NO^- + OH^-$ (2). Wie die Bldg. der **M** aus den Acinitromethanionen vor sich geht, ist noch nicht geklärt. Aryl- oder alkylsubstituierte Derivv. von **I** bilden keine **M**, was auf ster. Hinderung zurückgeführt wird. Der Häufigkeitsfaktor der Rk. (2) ist $10^{8,04}$, die Aktivierungsenergie 15,8 kcal, die Aktivierungsentropie $\Delta S^{\neq} = -23{,}7$. Die Reaktionswärme der Rk. (1) ist $\Delta H_1 = -7{,}3$ kcal. Auf Grund des positiven Salzeffektes schließen Vff., daß 2 (vermutlich einfach) negativ geladene Ionen unter Bldg. von **M** reagieren. — *Ammoniummethazonat,* F. $\sim$ 128° (Zers.), durch Zufügen von 10 cm^3 konz. NH_4OH zu 30 ml **I** u. Einleiten von NH_3 bei —8°. Bei Tempp. $<$ —10° erhält man hierbei das instabile NH_4-Salz des Acinitromethans. — *Hydrazoniummethazonat,* F. 96—102° (Zers.), durch 24std. Rk. einer heterogenen Mischung aus N_2H_4 u. **I**; ist brennbar. (J. Amer. chem. Soc. **77**. 2622—26. 5/5. 1955. China Lake, Calif., U. S. Naval Ordnance Stat.) G. CLEVE. B 225

H. T. Liang und **Paul D. Bartlett,** *β-Propiolacton.* 16. Mitt. *Reaktionsgeschwindigkeiten mit Anilin und p-substituierten Anilinen.* (15. vgl. GRESHAM u. Mitarbeiter, J. Amer. chem. Soc. **76**. [1954.] 609.) Vff. untersuchen die Kinetik der Umsetzung von *Anilin* u. p-substituierten Anilinen mit *β-Propiolacton* (**I**) zu N-Phenyl-β-alaninen in wss. Lsg. durch colorimetr. Anilinbest. (diazotieren u. kuppeln mit H-Säure). Unter den angewandten Reaktionsbedingungen läuft ausschließlich diese Rk. neben einer Hydrolyse von **I** ab. Unter Berücksichtigung dieser Hydrolyse u. bei Verwendung eines $NaHCO_3/CO_2$-Puffers ergeben sich Rkk. 2. Ordnung. Die k_2-Werte wurden bei p_H 7 wie folgt gefunden: *p-Methoxy-* $1{,}90\cdot10^{-2}$ [Liter/Mol·sec], *p-Methylanilin* $1{,}70\cdot10^{-2}$; *Anilin* $1{,}08\cdot10^{-2}$; *p-Chloranilin* $6{,}97\cdot10^{-3}$; *p-Aminobenzoesäure* (Salzform) $4{,}59\cdot10^{-3}$; *p-Aminobenzoesäure* (p_H 3)

$1{,}50 \cdot 10^{-3}$; *p-Aminoacetophenon* (p_H 3) $8{,}83 \cdot 10^{-4}$; (p_H 7) $1{,}1 \cdot 10^{-3}$; *p-Nitranilin* $2{,}90 \cdot 10^{-4}$. Die Werte erfüllen die Hammettsche Gleichung, $\varrho = -1{,}18$. Für die COO'-Gruppe erhalten Vff. einen σ-Wert von $+0{,}31$, das Vorzeichen stimmt nicht mit dem des aus der Dissoziationskonstante von Terephthalsäure erhaltenen überein. (J. Amer. chem. Soc. **77.** 530—32. 5/2. 1955. Harvard Univ., Converse Mem. Labor.)

J. Kleinwächter. B 225

David H. Volman und **Robert K. Brinton,** *Reaktion von freien Radikalen mit Aldehyden.* 1. Mitt. *Die Reaktionen von Methyl- und tert.-Butoxyradikalen mit Acetaldehyd und Acrolein.* (2. vgl. C. **1955.** 8826.) Nach ähnlichem Verf., wie früher beschrieben (C. **1953.** 9434), untersuchten Vff. jetzt die Kinetik der Rkk. von $CH_3\cdot$- u. $(CH_3)_3CO\cdot$-Radikalen (aus der therm. Zers. von tert.-Butylperoxyd) mit *Acetaldehyd* (**I**) bzw. *Acrolein* (**II**) in der Gasphase zwischen 124,4 u. 155,8° bzw. bei 134,1 u. 168,7°. Bei der Rk. von **I** ließen sich die Ergebnisse gut durch den Mechanismus $CH_3\cdot + CH_3CHO \rightarrow CH_4 + CH_3CO\cdot$ (1); $(CH_3)_3CO\cdot + CH_3\cdot CHO \rightarrow (CH_3)_3COH + CH_3CO\cdot$ (2); $CH_3CO\cdot \rightarrow CH_3\cdot + CO$ (3); $CH_3 + CH_3 \rightarrow C_2H_6$ (4), $CH_3\cdot + CH_3CO\cdot \rightarrow CH_3COCH_3$ (5) deuten, mit $k_4 = 2{,}1 \cdot 10^{12}\, T^{1/2}$ [(Mol/cm^3)$^{-1}\cdot$sec^{-1}] u. $E_4 = 0$ (vgl. Gomer u. Kistiakowski, C. **1954.** 2999) ergibt sich $k_1 = 4{,}2 \cdot 10^{10}\, T^{1/2} \exp(-7{,}5/RT)$. Mit einem Stoßdurchmesser von 3,7 Å bei Rk. (1) folgt daraus ein ster. Faktor von $\sim 3{,}7 \cdot 10^{-3}$ von ähnlicher Größe wie bei anderen H-Abzugsreaktionen. Aus den Relativausbeuten der Reaktionsprodd. ist ersichtlich, daß neben der Acetonbldg. aus $(CH_3)_3CO\cdot$ [$\rightarrow (CH_3)_2CO + CH_3\cdot$] auch Rk. (5) als Kettenabbruch eine Rolle spielen muß. — Bei **II** erfolgt unter den Reaktionsbedingungen gleichzeitig Zers. u. Polymerisation. Diese wird durch Wechselwrkg. Radikal–Monomer gestartet, Kettenabbruch erfolgt durch Radikalkombination. Die Gesamtaktivierungsenergie der Polymerisation ist $\sim$ 22 kcal/Mol, die der Kettenfortpflanzungs-Rk. wird zu 4 kcal/Mol abgeschätzt. Die CO-Abspaltung erfolgt wahrscheinlich bei Radikalen, die bei der Polymerisation gebildet werden. (J. chem. Physics **20.** 1764—68. Nov. 1952. Davis, Calif., Univ. of California, Dep. of Chem.)

G. Kresze. B 225

A. T. Blomquist und **Arthur F. Ferris,** *Die Kinetik der thermischen Zersetzung von Perestern.* 1. Mitt. *Der Einfluß der Perbenzoatkonzentration auf die Zersetzung von tert.-Butylperbenzoat.* Vff. untersuchen die therm. Zers. von *tert.-Butylperbenzoat* (**I**; $Kp._{0,05}$ $\sim$ 70° [Mol.-Dest.], n_D^{20} 1,4990, $D.^{20}_4$ 1,0427) in p-Chlortoluol, Chlorbenzol u. Xylol in Abhängigkeit von der Anfangskonz. c an **I** bei Tempp. zwischen 110 u. 130°. Die Reaktionsgeschwindigkeitskonstante 1. Ordnung k_1 steigt mit c (bei 119,4° c = 0,02 bis 0,2 mol. k_1 0,353—0,381 h^{-1}), u. variiert mit dem Lösungsm. (bei 119,4° u. c = 0,2 in obiger Folge 0,381; 0,417; 0,405). Wie bei der Zers. von Benzoylperoxyd (vgl. z. B. Barnett u. Vaughan, C. **1948.** I. 658) kann also auch bei **I** eine Überlagerung der monomol. Zers. durch eine andere Rk. stattfinden. Wie durch Unterss. unter Zusatz von Acetanilid zur Reaktionslsg. (zum Abfangen freier Radikale) hervorgeht (k_1 119,5° 0,346), muß es sich dabei um eine radikalinduzierte Zers. von **I** handeln. Die Aktivierungsenergie der Zers. beträgt in p-Chlortoluol 34,5 kcal/Mol. (J. Amer. chem. Soc. **73.** 3408 bis 3411. Juli 1951. Ithaca, N. Y., Cornell Univ., Baker Labor. of Chem.)

J. Kleinwächter. B 225

A. T. Blomquist und **Arthur F. Ferris,** *Die Kinetik der thermischen Zersetzung von Perestern.* 2. Mitt. *Der Einfluß des Lösungsmittels und starker Säuren auf die Zersetzung von tert.-Butylperbenzoat.* (1. vgl. vorst. Ref.; 3. vgl. C. **1953.** **1464.**) Vff. untersuchen die Kinetik der Zers. von *tert.-Butylperbenzoat* (**I**) in verschied. aromat. u. aliphat. Lösungsmitteln. Die Reaktionsgeschwindigkeitskonstante k u. die Aktivierungsenergie E sind für alle aromat. Lösungsmittel (Benzoesäuremethylester, p-Chlortoluol, tert.-Butylbenzol, Bzl., Äthylbenzol, Xylol, Chlorbenzol u. Brombenzol) prakt. gleich, sie liegen bei 0,39—0,4 h^{-1} bzw. zwischen 33,8 u. 34,5 kcal/Mol. In aliphat. Lösungsmitteln liegt E im allg. tiefer: n-Butylacetat $k^{119,4}$ 0,962; E 29,5; Essigsäure k^{110} 0,412, E 31,1; Di-n-butyläther k^{110} 0,648, E 23,7, n-Butylalkohol k^{100} 0,974, E 28,8. Vff. erklären diese niedrigen Aktivierungsenergien damit, daß Lösungsmittelradikale in die Rk. eingreifen u. eine radikalinduzierte Peroxydzers. hervorrufen. Ein Zusatz von Styrol verhindert diese radikalinduzierte Reaktion. — Ferner wird der Einfl. von Trichloressigsäure (**III**) u. Dichloressigsäure (**IV**) auf die Zers. von **I** untersucht. Während **III** eine Beschleunigung der Zers. hervorruft, ist **IV** unwirksam. **III** wirkt etwa in der gleichen Stärke wie bei Benzoylperoxyd (**II**), die Zers. des asymm. **I** wird also in diesem Fall nicht stärker katalysiert als die Zers. des symm. **II** (vgl. Leffler, C. **1953.** 7511). Die säurekatalysierte Rk. scheint dem Quadrat der [**III**] proportional zu sein. (J. Amer. chem. Soc. **73.** 3412—15. Juli 1951.)

J. Kleinwächter. B 225

K. E. Russell, *Die Darstellung von Phthalylperoxyd und seine Zersetzung in Lösung.* Monomeres *Phthalylperoxyd* (**I**, $C_8H_4O_4$, F. 126° aus Bzl.–PAe., sehr leicht lösl. in Bzl., Chlf.) wurde durch Zugabe von Phthalylchlorid in Chlf. zu Na_2O_2 in phosphatgepufferter wss. Lsg. bei 5° dargestellt u. durch Kühlen der organ. Schicht auf −50° in 55% Ausbeute isoliert. Die therm. Zers. von I wurde in *Toluol* (II), *Xylol* (III), *Methacrylsäuremethylester* (IV) u. *Styrol* (V) zwischen 60 u. 75° untersucht. Die Zersetzungsgeschwindigkeit ist vom Lösungsm. stark abhängig u. gehorcht keinem einfachen Gesetz. In II u. III ist die Reaktionsordnung anfangs nahezu 0 u. erreicht nach 50% Zers. etwa den Wert 1. Vermutlich findet neben dem monomol. Zerfall ähnlich wie bei Benzoylperoxyd eine induzierte Zers. statt; dafür spricht auch die Verzögerung der Rk. durch O_2. Für die Aktivierungsenergie des Zerfalls von I in II wird ein Wert von ca. 24 kcal/Mol errechnet. In V ist der (wahrscheinlich fast ausschließlich induzierte) Zerfall von I äußerst rasch, ohne daß die Polymerisation des Monomeren merklich beschleunigt wird. Die Geschwindigkeit der Polymerisation von IV beträgt bei 75° mit [I] = 0,053 Mol/Liter $5{,}4 \cdot 10^{-5}$ Mol·Liter^{-1}·sec^{-1}. Die geringe Ausbeute von 0,1−0,2% an langkettigen Polymeren kann auf induzierten Zerfall als auch auf intramol. Kettenabbruch nach Addition von 1 oder 2 Mol des Monomeren zurückgeführt werden. (J. Amer. chem. Soc. **77**. 4814−15. 20/9. 1955. Princeton, Univ., Frick Chem. Labor., u. Kingston, Ontario, Queen's Univ., Gordon Hall.) G. Lohaus. B 225

R. E. Dodd, *Die Reaktion von Methylradikalen mit Acetaldehyd.* Vf. untersuchte die Photolyse von *Acetaldehyd* mit Licht der Wellenlänge 2900−3130 Å für den Temperaturbereich 391−564° K. Hauptprodd. der Rk. sind CO, CH_4, H_2 u. C_2H_6. Die Bildungsgeschwindigkeiten von Methan u. Äthan wurden bestimmt. Der Primärprozeß der Photolyse kann sowohl nach der Gleichung $CH_3CHO + h\nu \rightarrow CH_3 + CHO$ als auch nach $CH_3CHO + h\nu \rightarrow CH_4 + CO$ verlaufen. Bei niederer Temp. ist offenbar der zweite Prozeß der wichtigere. Für die Rk. $CH_3 + CH_3CHO \rightarrow CH_4 + CH_3CO$ ist $k = 6{,}3 \cdot 10^{10} \cdot T^{1/2} \cdot e^{-8000/RT}$ Mol^{-1}·cm^3·sec^{-1}. (Canad. J. Chem. **33**. 699−704. April 1955. Ottawa, Nat. Res. Council, Div. of Pure Chem.) J. Knaul B 226

Raymond Cornubert, Hans-Gunther Eggert und **Philippe Thomas,** *Fast gänzlich selektive Hydrierung von α,β-ungesättigten Ketonen zu gesättigten Ketonen durch gedämpfte Raney-Nickelkatalysatoren.* Inhaltlich in den C. **1956**. 4681 referierten Arbeiten enthalten. (C. R. hebd. Séances Acad. Sci. **234**. 2324−26. 9/6. 1952.) I. Spaeth. B 227

Ju. A. Gorin und **F. A. Wassiljewa,** *Untersuchung auf dem Gebiet der katalytischen Umwandlung von Alkoholen in Kohlenwasserstoffe der Divinylreihe.* 17. Mitt. *Heptadien-(1.3) und Heptadien-(2.4) aus einem Gemisch von n-Butylalkohol und Aceton.* (16. vgl. Сборник Статей по Общей Химии [Samml. Aufsätze allg. Chem.] **2**. [1953.] 818.) Aus einem Gemisch von n-Butylalkohol u. Aceton entstehen am Lebedewschen Mischkatalysator (Журнал Общей Химии [J. allg. Chem.] **3** (**65**). [1933.] 698) *Heptadien-(1.3)* (I) u. *Heptadien-(2.4)* (II) im Verhältnis 2 : 1, außerdem *Butyraldehyd, Isopropylalkohol, Butylen, Propylen* u. die früher (vgl. Журнал Общей Химии [J. allg. Chem.] **17** (**79**). [1947.] 693. 917) untersuchten *KW-stoffe C_6* (aus 2 Mol Aceton) u. *C_8* (aus 2 Mol Butyraldehyd). Nach früheren Arbeiten über Kontaktumwandlungen von Alkoholen u. Gemischen von Alkoholen mit Carbonylverbb. entstehen I u. II nach dem Schema n-Butylalkohol $\xrightarrow{-H_2}$ Butyraldehyd $\xrightarrow{+\text{Aceton}}$ Butylidenaceton $\xrightarrow{+H_2}$ 1-Butylidenpropanol-(2) $\xrightarrow{-H_2O}$ I + II. Die Rk. von n-Butylalkohol mit Aceton wurde schon von Weizmann u. Garrard (J. chem. Soc. [London] **117/118**. [1920.] 324) durchgeführt; Katalysator war Al_2O_3. Unter den Reaktionsprodd. fand sich u. a. ein (ungenügend untersuchtes) Heptadien. Von Vff. vorliegender Arbeit wird das dort gegebene Bildungsschema angezweifelt. Unter den Nebenprodd. der Fabrikation von Divinyl aus A. nach dem Verf. von Lebedew (vgl. Gorin, C. **1952**. 1147) befindet sich in geringer Menge ein Heptadien. Wahrscheinlich handelt es sich aber um ein Gemisch von I u. II, das aus den Nebenprodd. der Rk. — Butyraldehyd, Aceton u. Butylalkohol — gebildet wird. Von I u. II werden die Raman-Spektren aufgenommen; danach liegt I in der *trans-Form* vor.

Versuche: Die günstigsten Bedingungen zur Erzielung guter Ausbeute an I + II sind: mol. Verhältnis von n-Butylalkohol : Aceton = 1 : 1 u. 380°; der Katalysator soll im Vgl. zu dem von Lebedew benutzten mehr der dehydrierenden u. weniger der dehydratisierenden Komponente enthalten. Die in mehreren Einzeloperationen mit je 200 ml des Gemischs erhaltenen KW-stoffe werden in die Fraktionen vom Kp. 77−78° (C_6-KW-stoffe), 103−103,6° (I), 109,2−109,7° (II) u. 132−133° (C_8-KW-stoffe) zerlegt; die Ausbeute an I + II beträgt 3,5%. — *Heptadien-(1.3)* (*trans*-Form; I), C_7H_{12}, Kp. 103 bis 103,6°; $D.^{20}{}_4$ 0,7297; n_D^{20} 1,4422. Bei der Einw. von wss. SO_2 entsteht ein für KW-stoffe mit konjugierten Doppelbindungen charakterist. amorphes *polymeres Sulfon.* Die Ozonisierung in Chlf. wird zur quantitativen Best. von *HCHO* u. *HCO_2H* (aus der Endgruppe $CH_2{=}CH-$) u. damit des Geh. des I-Präp. benutzt; dieser ergibt sich zu 80,6% *Addukt* von I mit *Maleinsäureanhydrid,* $C_{11}H_{14}O_3$, F. 50°; aus Ligroin Kristalle. —

n-Heptan, C_7H_{16}, Kp. 98,2°, aus **I** durch Hydrieren (Pt-Schwarz; A.); D.$^{20}{}_4$ 0,6877; n_D^{20} 1,3887. — *Heptadien-(2.4)* (**II**), C_7H_{12}, Kp. 109,2—109,7°; D.$^{20}{}_4$ 0,7386; n_D^{20} 1,4582. Bei der Einw. von wss. SO_2 entsteht ein amorphes *polymeres Sulfon.* Das *Addukt* mit *Maleinsäureanhydrid* schm. bei 69,5°; Kristalle. (Журнал Общей Химии [J. allg. Chem.] **24 (86).** 1795—1802. Okt. 1954. Leningrad, Univ.) R. Knobloch. B 227

Ju. A. Gorin, K. N. Tscharskaja und **W. P. Litwinowskaja,** *Untersuchung auf dem Gebiet der katalytischen Umwandlung von Alkoholen in Kohlenwasserstoffe der Divinylreihe.* 18. Mitt. *Kontaktumwandlung von Butyraldehyd in 2-Äthylhexen-(2)-al-(1).* (17. vgl. vorst. Ref.) *2-Äthylhexen-(2)-al-(1)* (**I**) bildet sich aus Butyraldehyd an der dehydrierenden u. dehydratisierenden Komponente das von Lebedew (Журнал Общей Химии [J. allg. Chem.] **3 (65).** [1933.] 698) benutzten Katalysators bei 250—400° u. auch an dem Komponentengemisch bei 300 u. 375°. Die Ausbeute an **I** vermindert sich in dem angegebenen Temperaturintervall mit Erhöhung der Temp.; unter sonst gleichen Bedingungen ist sie an der dehydrierenden Komponente höher als an der dehydratisierenden. Früher (Журнал Общей Химии [J. allg. Chem.] **17 (79).** [1947.] 693) wurden die Umwandlungen von n-Butylalkohol an dem Lebedewschen Katalysator untersucht. Die hierbei erhaltenen KW-stoffe C_8H_{14} — 3-Methylheptadien-(3.5), 3-Methylheptadien-(2.4) u. 2-Äthylhexadien-(1.3) — haben das gleiche C-Skelett wie **I** u. entstehen offenbar nach dem Schema n-Butylalkohol → Butyraldehyd → **I** → 2-Äthylhexen-(2)-ol-(1) → C_8H_{14}.

Versuche: In Tabellen werden die Ergebnisse der mit den Katalysatorkomponenten u. ihrem Gemisch durchgeführten Verss. mitgeteilt. Unter den gasförmigen Reaktionsprodd. werden H_2, ungesätt. KW-stoffe mit 2, 3 u. 4 C-Atomen, wenig CO u. CO_2 festgestellt; gesätt. KW-stoffe entstehen nur bei 400°. Beispielsweise werden 200 ml Butyraldehyd gasförmig bei 300° über die dehydrierende Komponente geleitet; die Ausbeute an *2-Äthylhexen-(2)-al-(1)* (**I**) beträgt 19,8%, auf umgesetzten Aldehyd bezogen; Kp. 172 bis 173°; D.$^{20}{}_4$ 0,8549; *Semicarbazon*, F. 150—151°. (Журнал Общей Химии [J. allg. Chem.] **24 (86).** 2132—36. Dez. 1954. Allunions Wiss. Lebedew-Forschungsinst. für synthet. Kautschuk.) R. Knobloch. B 227

Ju. A. Gorin, N. G. Belenkaja, W. Ss. Iwanow und **A. P. Kawunenko,** *Untersuchung auf dem Gebiet der katalytischen Umwandlung von Alkoholen in Kohlenwasserstoffe der Divinylreihe.* 19. Mitt. *Hexadien-(1.3) in den Produkten der Umwandlung von Gemischen aus Äthyl- und Butylalkohol.* (18. vgl. vorst. Ref.) Es wird ein Schema der Bldg. von *Hexadien-(2.4)* (**I**) aus einem Gemisch von A. u. Butylalkohol beim Überleiten bei 380° über den von Lebedew (Журнал Общей Химии [J. allg. Chem.] **3 (65).** [1933.] 698) benutzten Katalysator gegeben, wonach im letzten Stadium der Reaktionsfolge die Dehydratation von Hexen-(2)-ol-(1) (**II**) zu **I** erfolgt. Die Vermutung, daß das aus **II** zunächst entstehende Dehydratationsprod. *Hexadien-(1.3)* (**III**) sei, das sich zu **I** isomerisiere, liegt nahe. In vorliegender Unters. wird festgestellt, daß die Ausbeute an KW-stoffen C_6 ca. 5% vom Gewicht des angewendeten Gemischs von A. u. Butylalkohol (1:2 Mol) beträgt u. nachgewiesen, daß außer **I** auch **III** im Gewichtsverhältnis **I**:**III** = 3:1 entsteht. Die konjugierten Doppelbindungen in **I** u. **III** werden durch Additions-Rkk. nachgewiesen. Die aus **I** u. **III** mit α-Naphthochinon gewonnenen Addukte werden zur Bestätigung der Lage der Doppelbindungen benutzt: das Addukt aus **III** wird dehydriert u. anschließend mit HNO_3 oxydiert, wobei *Anthrachinoncarbonsäure* (-1?; der Referent) erhalten wird; analog liefert das Addukt aus **I** *Anthrachinondicarbonsäure* (-1.4?).

Versuche: Das Gemisch (100 ml) von A. u. Butylalkohol (1:2 Mol) wird dampfförmig bei 380° über den Katalysator geleitet u. dieser nach 1maliger Benutzung durch Erhitzen im Luftstrom auf 500° regeneriert; in Einzeloperationen wird eine größere Menge des Gemisches verarbeitet, das Reaktionsprod. sodann durch Behandeln mit $NH_2 \cdot OH \cdot HCl$ u. Na gereinigt u. fraktioniert. — *Hexadien-(1.3)* (**III**), C_6H_{10}, Kp. 72—73°; D.$^{20}{}_4$ 0,7114; n_D^{20} 1,4392. Beim Schütteln mit gesätt. wss. SO_2-Lsg. entsteht ein für Systeme mit konjugierter Doppelbindung charakterist. *polymeres Sulfon.* Hydrieren von **III** (Pt-Schwarz; A.) gibt *n-Hexan* (Kp. 68—69°; D.$^{20}{}_4$ 0,6605; n_D^{20} 1,3756), Bromieren (—20°; Chlf.) *1.2.3.4-Tetrabromhexan*, $C_6H_{10}Br_4$, F 91,5—92°, die Rk. mit *Maleinsäureanhydrid* in Bzl. das *Addukt* (F. 51—52°). — *Anthrachinoncarbonsäure*, $C_{15}H_8O_4$, F. ca. 280°; **III** wird mit α-Naphthochinon in A. 3 Std. auf dem Wasserbad erhitzt u. nach Zusatz von alkoh. KOH durch die warme Lsg. Luft durchgeleitet; es scheiden sich gelbe Kristalle des dehydrierten Addukts (F. 82—83°) ab, das mit HNO_3 (D. 1,1) im Rohr bei 170°, dann bei 200—220° oxydiert wird; aus Eisessig Kristalle; Ausbeute gering. — *Hexadien-(2.4)* (**I**), Kp. 79—80,5°; D.$^{20}{}_4$ 0,7233; n_D^{20} 1,4490. Hieraus durch Bromieren *2.3.4.5-Tetrabromhexan*, F. 179,5°. *Addukt* mit *Maleinsäureanhydrid*, F. 94—95°. — *Anthrachinondicarbonsäure*, $C_{16}H_8O_6$, F. 287°; aus **I** u. α-Naphthochinon analog Vorstehendem. (Журнал Общей Химии [J. allg. Chem.] **25 (87).** 1500—04. Aug. 1955. Leningrad, Univ.) R. Knobloch. B 227

C. Präparative organische Chemie. Naturstoffe.

A. A. Newman, *Nomenklatur der Gallate.* Vf. weist auf die doppelsinnige Bedeutung der Bezeichnung Gallate hin, die einerseits für Derivv. der Gallussäure u. andererseits für Verbb. des Ga (z. B. $NaGaO_2$) benutzt wird. (Chem. and Ind. **1954**. 1361. 30/10. London.) W. SCHICKE. 450

A. B. Dias, A. N. Kothare und **V. V. Nadkarny,** *NOCl als Diazotierungsreagens.* (Vorl. Mitt.) Vff. stellen fest, daß eine Diazotierung mit *NOCl* in Essigsäure, W. oder ohne Lösungsm. bei Tempp. zwischen 0 u. 8° möglich ist. Als Amine kamen zur Anwendung: *Anilin, α-, β-Naphthylamin* u. *R.C.-Base.* (Current Sci. **20.** 134. Mai 1951. Bombay, St. Xaviers Coll.) J. KLEINWÄCHTER. 460

A. W. D. Avison, *Die Synthese von Acylphosphaten in wässeriger Lösung.* Die Rk. von Phosphatanionen mit Carbonsäureanhydriden in wss. Lsg. führt zu biol. interessanten Acylphosphaten. Unter den günstigsten Reaktionsbedingungen, p_H 7—8 (Zusatz von $NaHCO_3$), werden α-D-Glucose-1-phosphat, D-Galaktose-6-phosphat, D-Riboflavin-5′-phosphat (**I**), Adenosin-5′-phosphat (**II**), Aneurinmono- u. -diphosphat sowie anorgan. Pyrophosphat (**III**) durch Essigsäureanhydrid (**IV**) sogar leichter als Orthophosphationen (**V**) unter Bldg. der entsprechenden *Acetylphosphate* acetyliert. Benzoesäure-, Chloressigsäure-, Propionsäure-, Phthalsäure-, Bernsteinsäure- (**VI**) u. Maleinsäureanhydrid (**VII**) acylieren in wss. $NaHCO_3$-Lsg. bei 0° ebenfalls **V. VI** u. **VII** wirken auf **I** u. **III** nicht ein. Unterss. über den Einfl. des p_H ergeben, daß die Ausbeute an Acylphosphaten mit der Menge an vorhandenen HPO_4^{2-}-Ionen abnimmt. Vf. nimmt daher einen Reaktionsmechanismus an, nach dem ein Zweipunktangriff der HPO_4^{2-}-Ionen auf beide Carbonyl-C-Atome des Anhydrids erfolgt. Da in Ggw. von Pyridin (**VIII**) die Rk. stark katalysiert wird, wird das Ion **A** als aktivierter Acceptor der HPO_4^{2-}-Ionen angenommen. Der Mechanismus wird dadurch gestützt, daß n-Butyryl- u. Benzoylchlorid in wss. Lsg. keine Acylphosphate ergeben u. daß Dibenzylphosphat, 2′.3′.-O-Isopropylidenadenosin-5′-benzylphosphat oder Betain, die nur ein negativ geladenes O-Atom besitzen, keine Rk. mit **IV** zeigen. Die starke katalyt.

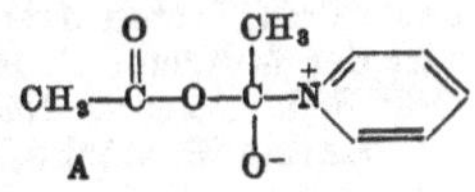

Wrkg. von **VIII** ermöglicht die Darst. von *Di-Li-Acetylphosphat* u. *Na-D-Riboflavin-5′-acetyl-* u. *-monochloracetylphosphat.* Das gemischte Anhydrid N-Äthoxycarbonylaminoacetyläthylcarbonat reagierte mit **V** unter Bldg. von *Äthoxycarbonylglycylphosphat,* Isatosäureanhydrid dagegen nicht. Diacetylmethylamin zeigte geringe Rk. in Ggw. von **VIII**, keine in wss. $NaHCO_3$; Diacetylanilin reagierte in beiden Fällen nicht. Die Azlactone 2-Phenyl- u. 4-Benzyl-2-methyloxazolon-(5) (**IX**) führten mit **V** in wss. **VIII** quantitativ zu *Benzoylglycylphosphat* (**X**) bzw. *N-Acetylphenylalanylphosphat* (**XI**). **IX** ergab mit **II** 81% *[N-Acetylphenylalanyl]-adenosin-5′-phosphat* (**XII**). **X** u. **XI** reagieren bereits mit Anilin in wss. Lsg., nicht dagegen mit Glycin (**XIII**) bei p_H 8—9; **XII** bildet unter den gleichen Bedingungen *N-Acetylphenylalanylglycin.* Isopropenylacetat erwies sich nicht als Anhydridanaloges. Neutrale Acylphosphate, wie Acetyldimethyl- u. Acetyldibenzylphosphat, neigen stärker zur Acylierung von **V** als zur Dialkylphosphorylierung. Tetramethylpyrophosphat reagiert mit **V** in wss. $NaHCO_3$-Lsg. unter Bldg. des *asymm. Dimethylpyrophosphats.* Diese Rk. wird von Vf. als Modell des Phosphatübergangs in biol. Systemen angesehen.

Versuche: *Di-Li-Acetylphosphat,* aus K_2HPO_4 u. **IV** bei 1° in wss. $KHCO_3$-Lsg., 1—2 Std. Rühren u. Zusatz von Li-Acetatdihydrat u. LiOH; Pulver. — *Di-Ag-Acetylphosphat,* $C_2H_3O_5PAg_2$, aus vorst. Verb. u. $AgNO_3$ bei 0—5°; 40% (Ausbeute). — *Na-D-Riboflavin-5′-acetylphosphat,* $C_{19}H_{22}O_{10}N_4PNa \cdot 4\ H_2O$, aus Na-D-Riboflavin-5′-phosphatdihydrat (**I a**) u. **IV** in 40%ig. wss. **VIII** bei 0°; orangefarben. — *Na-D-Riboflavin-5′-chloracetylphosphat,* $C_{19}H_{21}O_{10}N_4ClPNa \cdot 2\ H_2O$, aus **I a** u. Chloressigsäureanhydrid wie vorst.; orangefarben. — *Äthoxycarbonylaminoacetyläthylcarbonat,* aus N-Äthoxycarbonylglycin u. Chlorameisensäureäthylester in trockenem Acetonitril in Ggw. von Triäthylamin in Eis–Kochsalz-Mischung. — *N-Äthoxycarbonylglycylphosphat,* aus vorst. Verb. u. **V** (2 Std.); 35%. — *N-Benzoylglycylphosphat* (**X**), aus 2-Phenyloxazolon-(5) u. **V** in 16%ig. wss. **VIII** bei 0° (90 Min.); ~100%. — *Benzoylglycinanilid,* F. 217—218°, aus **X** u. Anilin, 1 Std. bei 37°; 56%. — *α-Acetamido-β-phenylpropionylphosphat* (**XI**), aus **IX** u. **V** in 32%ig. wss. **VIII** bei 0° (1 Std.); 93%; keine Rk. mit **XIII**. — *[N-Acetylphenylalanyl]-adenosin-5′-phosphat* (**XII**), aus **XI** u. **II** in 32%ig. wss. **VIII** (1 Std.); 81%; mit **XIII** *N-Acetylphenylalanin* u. *N-Acetylphenylalanylglycin.* — *Acetyldibenzylphosphat,* aus Ag-Dibenzylphosphat u. Acetylchlorid (**XIV**) in Äther. — *Acetyldimethylphosphat,* aus Na-Dimethylphosphat [aus Trimethylphosphat u. NaOH in 60—90 Min. bei 60°], Überführung in das *Triäthylammoniumsalz* u. Zugabe von **XIV**. — *P.P-Dimethyldihydrogenpyrophosphat,* aus

Tetramethylpyrophosphat u. **V** in wss. $NaHCO_3$-Lsg. unter kräftigem Rühren bei 0° (1 Std.); 25%. (J. chem. Soc. [London] **1955.** 732—38. März. Welwyn Garden City, Herts., Roche Prodd. Ltd., Res. Dep.) J. KNAUL. 460

B. Nolin, *Synthese organischer Deuteriumverbindungen.* 10. Mitt. *Methyl-d_3-jodid und Deuteriumsubstitutionsprodukte des Methylacetats.* Trideuteromethylbromid wurde leicht mit CuJ_2 in *Trideuteromethyljodid* umgewandelt, dieses mit Silberacetat oder Silbertrideuteroacetat in *Trideuteromethylacetat* bzw. *Trideuteromethyltrideuteroacetat.* Methyljodid u. Silbertrideuteroacetat ergaben *Methyltrideuteroacetat.*

Versuche: *Trideuteromethyljodid* (**I**), CD_3I, Dampfdruck bei 0° 147,2 mm, aus Trideuteromethylbromid u. $CaJ_2 \cdot 6\,H_2O$ unter Kühlung mit fl. N, dann 1 Tag langes Schütteln bei 75° im verschlossenen Gefäß; n_D^{20} 1,5263; 94% (Ausbeute). — *Trideuteromethylacetat,* $C_3H_3D_3O_2$, Dampfdruck bei 0° 63,4 mm; n_D^{20} 1,3603. — *Methyltrideuteroacetat,* $C_3H_3D_3O_2$, Dampfdruck bei 0° 63,2 mm; n_D^{20} 1,3607. — *Trideuteromethyltrideuteroacetat,* $C_3D_6O_2$, Dampfdruck bei 0° 64,0 mm, n_D^{20} 1,3595; die Verbb. entstehen durch gegebenenfalls wiederholte Behandlung von **I** oder Methyljodid mit Silberacetat oder Silbertrideuteroacetat unter Kühlung mit fl. N u. folgendes mehrstd. Erhitzen auf 65 bis 75°; 50%. (Canad. J. Chem. **32.** 1—3. Jan. 1954.) M. QUAST. 480

Gus A. Ropp, William A. Bonner, Marion T. Clark und **Vernon F. Raaen,** *Untersuchung der Isotopeneffekte bei der Jodoform- und Schmidt-Reaktion von $^{14}C_{(1)}$-Aceton.* Von ROE u. ALBENESIUS (C. **1955.** 3111) ist bei der Rk. von $^{14}C_{(1)}$-Aceton mit Jod in Ggw. von KJ ein „umgekehrter Isotopeneffekt" festgestellt worden. Diese Rk. wäre somit eine Ausnahme von der allg. Regel, daß $^{12}C-^{14}C$-Bindungen schwerer zu lösen sind als $^{12}C-^{12}C$-Bindungen. In vorliegender Arbeit werden die Verss. von ROE u. ALBENESIUS (l. c.) wiederholt u. erweitert, u. es wird gefunden, daß bei dieser Rk. kein meßbarer intra- oder intermol. Isotopeneffekt auftritt. Bei der Rk. von $^{14}C_{(1)}$-Aceton mit NH_3 (SCHMIDTsche Rk.), bei welcher früher ebenfalls ein „umgekehrter intramol. Isotopeneffekt" gefunden wurde, treten nach Unterss. der Vff. nur geringe inter- u. intramol. Isotopeneffekte von der üblichen Größenordnung auf. (J. Amer. chem. Soc. **76.** 1710—11. 20/3. 1954. Oak Ridge, Tenn., Nat. Labor.) I. FESTL. 480

Halina Basińska, *Anwendung der Isotope des schweren Wasserstoffs und Sauerstoffs zur Aufklärung chemischer Reaktionsmechanismen.* Besprechung der Unterss. der Synth. von Chlf., der Hydrierung u. Dehydrierung, der Mesomerie wasserfreier Ameisensäure, von Toluol u. Mesitylen, der cis–trans-Isomerie, der Esterverseifung, der Acylierung von A. sowie der BECKMANNschen Umlagerung unter Verwendung von ^{18}O u. D. (Wiadomości chem. **4.** 9—14. Jan./Febr. 1950. Toruń, M. Kopernikus Univ.) H. FREYTAG. 480

J. Vigne und **J. Fondarai,** *Eine einfache Synthese von ^{131}-Dijodfluorescein.* Inhaltlich ident. mit der C. **1956.** 6076 referierten Arbeit. (Nucleonics **11.** Nr. 9. 68. Sept. 1953.) H. LEHWALD. 480

Ng. Ph. Buu-Hoï, B. Eckert und **P. Jacquignon,** *Synthese von 1.1.2.2-Tetradeuterioacenaphthen und von 9.9-Dideuteriofluoren. 1.1.2.2-Tetradeuterioacenaphthen* wird aus Acenaphthenchinon (**I**) durch Red. nach CLEMMENSEN dargestellt unter Verwendung von DCl, das aus D_2O u. $SOCl_2$ erhalten wird. Bei unvollständiger Red. bildet sich *1-Oxo-2.2-dideuterioacenaphthen.* Analog läßt sich Fluorenon zu *9.9-Dideuteriofluoren* reduzieren.

Versuche: *1-Oxo-2.2-dideuterioacenaphthen,* F. 121°, aus **I**, Toluol, amalgiertem Zn u. DCl in D_2O (aus $SOCl_2$ durch vorsichtiges Zutropfen von D_2O u. Einleiten des entstehenden *DCl* in kaltes D_2O) durch 48 std. Kochen; feine Blättchen aus Bzl.; 40% (Ausbeute). — *1.1.2.2-Tetradeuterioacenaphthen,* $C_{12}H_6D_4$, F. 95°, a) Darst. wie vorst., aber 4—5 tägiges Kochen; aus PAe. feine Blättchen; 35—40%; b) ebenso aus vorst. Verbindung. — *9.9-Dideuteriofluoren,* $C_{13}H_8D_2$, F. 115°, aus Fluorenon-(9) (48 std. Kochen); feine dünne Nadeln aus PAe.; 40%. — Vorst. 3 Verbb. geben mit den entsprechenden nichtdeuterierten Verbb. keine F.-Depression. (Recueil Trav. chim. Pays-Bas **74.** 206 bis 208. März 1955. Paris, Univ., Inst. du Radium, Dep. de Chim. organ.) H. FECHTER. 480

Paul D. Bartlett und **Marguerite S. Swain,** *Starkverzweigte Moleküle.* 2. Mitt. *Die Chloride aus Tri-tert.-butylcarbinol und seinen niederen Homologen.* (1. vgl. J. Amer. chem. Soc. **67.** [1945.] 141.) Starkverzweigte Alkohole, wie Triisopropylcarbinol (**I**), Diisopropyl-tert.-butylcarbinol (**II**), Methyldi-tert.-butylcarbinol ($Kp._{27}$ 90—92,5°; n_D 1,4454), Isopropyldi-tert.-butylcarbinol (**III**) u. Tri-tert.-butylcarbinol (**IV**) lassen sich durch HCl bei 0° nur zu 6% in *Chloride* verwandeln, überwiegend entstehen aber *Olefine,* deren Anteil mit zunehmender Verzweigung zunimmt. Die gewonnenen Chloride sind zumeist fl., gegenüber W. u. Wärme empfindliche Verbb., die nicht mit GRIGNARD-Verbb. reagieren u. nicht durch Hydrolyse in die Ausgangscarbinole zurückverwandelt werden können. Desgleichen können die entstandenen Olefine nicht rehydratisiert werden u. bilden keine

Dibromide. Die Solvolyse der Chloride in 90%ig. wss. Aceton bei 25° nach PETERS u. WALKER (Biochem. J. **17.** [1923.] 260) ergibt, daß es sich jeweils um Gemische handelt, bei denen die einzelnen Komponenten Geschwindigkeitskonstanten ($k_1 \cdot 10^{-7}$ sec^{-1}) 1. Ordnung besitzen: Die Komponenten [in () %] aus **I** 650 (6) bzw. 13 (94), die aus **II** 3300 (94), die aus **III** 130000 (40), 11700 (26) bzw. 500 (22), die aus **IV** 7000 (63) bzw. 350 (25). In keinem Fall wird die k_1 des dem Ausgangscarbinol entsprechenden Chlorids erhalten (vgl. Original) u. die Solvolyseprodd. sind ausschließlich Olefine. Es wird daher angenommen, daß infolge der ster. Behinderung der einzelnen Verzweigungen die hierdurch hervorgerufene Ionisierbarkeit einen größeren Einfl. auf die Substitution ausübt als die Hyperkonjugation.

Versuche: *Diisopropyl-tert.-butylcarbinol* (**II**), Kp.$_{0,6-1,0}$ 47—59°, aus Trimethylacetylchlorid + Isopropyl–Li in Propan unter N_2 u. Kochen mit W.; $n_D^{20,4}$ 1,4550; 62,5% (Ausbeute). — *Isopropyldi-tert.-butylcarbinol* (**III**), Kp.$_{0,75}$ 62—64°, analog **II** aus Isopropyl-Li u. Hexamethylaceton (**V**) (l. c.); n_D^{25} 1,4632; 70%. Bei der Aufarbeitung eines größeren Ansatzes von **V** wurde neben *Pivaloin* u. *Tetra-tert.-butyläthylenglykol* eine *Verb.* $C_{17}H_{26}O_2$ (*tert.-Butyl-[2-oxy-1-phenyl-3.3-dimethylbutyl]-keton*), F. 135,5°, erhalten, die auch aus Pivalil u. Benzyl–MgCl dargestellt werden konnte u. wahrscheinlich aus dem zur Gewinnung von feinverteiltem Na benötigten Toluol entstanden ist. — *Dimethylisopropylcarbinylchlorid*, Kp.$_{170}$ 67—68°, durch Wasserstoff-Halogenaustausch zwischen tert.-Butylchlorid u. 2.3-Dimethylbutan in Ggw. von $AlCl_3$. — *Dimethyl-tert.-butylcarbinylchlorid*, F. 130—132° (unter Verschluß), aus dem Carbinol u. Acetylchlorid. — *Chloride* aus Methyldi-tert.-butylcarbinol, F. 68—70° (Zers.; Pentan), aus dem Carbinol in Ae. durch 1std. Einleiten von HCl, Abhebern der orangegefärbten Schicht, Zufügen von PAe., Zers. mit K_2CO_3 u. Vakuumabdampfen; n_D^{25} 1,4388. — *Tri-tert.-butylcarbinol* (**IV**), F. 112—113°, aus Pivalinsäuremethylester oder **V** u. tert.-Butylchlorid (l. c.). (J. Amer. chem. Soc. **77.** 2801—04. 20/5. 1955. Cambridge, Mass., Univ., Converse Memorial Labors.) H. LEHWALD. 510

M. Bertrand, *Untersuchung von Allenkohlenwasserstoffen.* 1. Mitt. *Darstellung einiger verschiedener Typen dieser Kohlenwasserstoffe.* Die durch Kondensation von Acetylen (**I**) mit Aldehyden bzw. Ketonen in Ggw. von K_2CO_3 gewonnenen sek. bzw. tert. *Alkin-(1)-ole-(3)* werden mit PBr_3 bei Raumtemp. umgesetzt, wobei die tert. Alkohole *3-Alkylidenalkine-(1)* u. *-2-bromalkene-(1)*, die sek. *Ester der phosphorigen Säure* als Nebenprodd. liefern. Die Dehalogenierung mit Zn/Cu führt zu *Allenen*, die durch azeotrope Dest. gereinigt werden.

Versuche: *3-Methylpentin-(1)-ol-(3)* (**I**), Kp. 120°, durch Kondensation von **I** u. Methyläthylketon; n_D^{20} 1,4326, D.$^{20}_4$ 0,8634; 98% (Ausbeute). — *3.5-Dimethylhexin-(1)-ol-(3)*, Kp.$_{70}$ 80—81°, aus Methylisobutylketon; n_D^{20} 1,4360, D.$^{20}_4$ 0,8546; 96%. — *1-Äthinylcyclohexanol*, aus Cyclohexanon; 99%. — *3.4-Dimethylpentin-(1)-ol-(3)*, Kp.$_{80}$ 72—73°, aus Methylisopropylketon; n_D^{20} 1,4380, D.$^{20}_4$ 0,868; 92%. — *Hexin-(1)-ol-(3)*, Kp. 142—143°, aus Butyraldehyd; n_D^{20} 1,4348, D.$^{20}_4$ 0,8701; 80%. — *Nonin-(1)-ol-(3)*, Kp.$_{20}$ 100—101°, aus Heptylaldehyd; n_D^{20} 1,4440, D.$^{20}_4$ 0,8627; 81%. — *3-Methylpentadien-(1.2)*, Kp. 70—70,5°, durch 2std. Rühren von **I** mit PBr_3 in Pyridin/Ae. u. mehrstd. Kochen mit Zn/Cu in A.; n_D^{20} 1,4320, D.$^{20}_4$ 0,716; 41%. — *3.5-Dimethylhexadien-(1.2)*, n_D^{20} 1,4410, D.$^{20}_4$ 0,7435; 40%. — *3.4-Dimethylpentadien-(1.2)*, n_D^{20} 1,4560, D.$^{20}_4$ 0,751; 35%. — *Pentamethylenallen*, Kp.$_{35}$ 52—53°, n_D^{20} 1,4910, D.$^{20}_4$ 0,8503; 15%. — *Hexadien-(1.2)*, Kp. 74,5—75°, n_D^{20} 1,4280, D.$^{20}_4$ 0,716; 51%. — *Nonadien-(1.2)*, n_D^{20} 1,4433, D.$^{20}_4$ 0,7581; 55%. (Bull. Soc. chim. France [5] **1956.** 461—64. März. Marseille, École de Chim., Labor.) R. PASEDAG. 520

Israël Marszak und **Jean-Pierre Guermont,** *Über α.ω-dihalogenierte langkettige Verbindungen.* Durch Einw. von Chlorpolymethylenbromiden auf Na-Verbb. von Acetylenen bzw. auf Octadiin-(1.7) (**II**) in fl. NH_3 werden *α.ω-Dichloracetylene* bzw. *1.16-Dichlorhexadecadiin-(5.11)* erhalten. *1.9-Dichlornonin-(4)* wird katalyt. zu *1.9-Dichlornonan* hydriert.

Versuche: *1.9-Dichlornonin-(4)*, $C_9H_{14}Cl_2$, Kp.$_{0,1}$ 83°, a) durch 5std. Rühren von 5-Chlorpenten-(1) u. 1-Chlor-4-brombutan (**I**) in Na/fl. NH_3; n_D^{24} 1,4834; 79% (Ausbeute); b) analog aus Na-6-Chlorhexin-(1) u. 1-Chlor-3-brompropan in fl. NH_3; 39%. — *1.16-Dichlorhexadecadiin-(5.11)*, $C_{16}H_{24}Cl_2$, Kp. 124—126°, aus **II** u. **I**; n_D^{17} 1,4982; 59%. — *12-Chlordodecadiin-(1.7)*, $C_{12}H_{17}Cl$, Kp.$_{0,2}$ 113°, neben vorst. Verb.; n_D^{17} 1,4830; 22%. (Bull. Soc. chim. France [5] **1956.** 464—65. März. Centre Nat. de la Rech. Scientif. u. Labor. Central des Serv. Chim. de l'État.) R. PASEDAG. 530

Georges Dupont, Raymond Dulou und **Charles Pigerol,** *Über die chlorierten Äther der Heptylreihe und einige ihrer Derivate.* Durch Einw. von Fettaldehyden auf Alkohole in Ggw. von HCl-Gas werden zwei Typen von α-chlorierten Äthern, $RCHCl-O-CH_3$ (**A**) u. $R-CH_2-O-CH_2Cl$ (**B**), hergestellt. *1-Chlor-1-methoxyheptan* (**I**) wird aus Önanthol (**II**)

u. Methanol in guten Ausbeuten, jedoch stark mit **II** verunreinigt, erhalten. Das Halogen in **I** ist sehr beweglich; **I** ist instabil, an der Luft tritt rasch Braunfärbung ein, mit W. wird **II** zurückgebildet. Aus **I** u. CH_3MgBr entstehen *2-Methoxyoctan* u. infolge der Verunreinigung mit **II** *Octanol-(2)* (5—10%). Mit Alkoholen oder Alkoholaten bilden sich Acetale, z. B. mit Methanol *1.1-Dimethoxyheptan*, das jedoch wegen der Ggw. von **II** mit *Önanthylidenönanthol* (**III**) verunreinigt ist. Die Umsetzung von **I** mit CuCN oder KCN zu *2-Methoxycaprylonitril* erfolgt nur mit sehr schlechter Ausbeute; letzteres kann zur Identifizierung zu *2-Methoxyoctansäure* hydrolysiert werden. *Heptyl-(1)-chlormethyläther* (**IV**) entsteht aus Heptanol, HCHO u. HCl mit sehr guter Ausbeute; **IV** raucht an der Luft u. wird nur langsam braun, mit AgCN entsteht *Heptyloxyacetonitril* (**V**), das durch Hydrolyse in *Heptyloxyessigsäure* übergeht. Ferner liefert **V** mit CH_3MgBr *Heptyloxyaceton*, das jedoch sehr schwer von restlichem **V** zu trennen ist. Mit HCl-Methanol entsteht aus **V** *Heptyloxyessigsäuremethylester* (**VI**), bei der Hydrierung in Ggw. von RANEY-Ni in A. *Heptyloxyäthylamin*; die Red. von **VI** mit $LiAlH_4$ liefert *Heptyloxyäthanol*. Analog entsteht aus 2-Pentylnonanol (**VII**) der *Chlormethyläther*; er gibt mit C_2H_5MgBr *1-Propoxy-2-pentylnonan*. Der Vgl. der beiden Äthertypen **A** u. **B** zeigt: Ihre Herst. ist ähnlich, die Ausbeuten bei **B** sind höher. Ihr Reinheitsgrad ist etwa gleich, **B** ist aber bedeutend stabiler u. reaktionsfähiger. — Die Chlorheptylierung von Anisol mit äquimol. Mengen **II** u. mit HCl in Ggw. von H_3PO_4 führt zu *p-[α-Chlorheptyl]-anisol*, das sehr instabil ist. Durch HCl-Abspaltung mit Pyridin entsteht daraus *p-Methoxyhepten-(1)-ylbenzol* (**VIII**), welches mit **III** verunreinigt ist u. chromatograph. gereinigt werden kann. $KMnO_4$-Oxydation von **VIII** gibt *Anissäure* u. *Hexansäure*; bei der Hydrierung in Ggw. von RANEY-Ni wird 1 Mol H_2 aufgenommen.

Versuche: *1-Chlor-1-methoxyheptan* (**I**), Kp.$_{20}$ 78—80°, durch 5std. Rühren von **II** u. absol. Methanol unter Einleiten von HCl bei 10—15°; 72% (Ausbeute). — *1-Methyl-1-methoxyheptan* (*2-Methoxyoctan*), $C_9H_{20}O$, Kp.$_{20}$ 68—69°, aus **I** u. CH_3MgBr in Ae.; $D.^{20}_4$ 0,790, n_D^{20} 1,411; 75%. — *1.1-Dimethoxyheptan*, $C_9H_{20}O_2$, Kp.$_{20}$ 81—82°, durch Zutropfen von 33 g **I** zu absol. Methanol u. Na_2CO_3; $D.^{20}_4$ 0,845, n_D^{20} 1,410; 19,2 g. Daneben *Önanthylidenönanthol* (**III**), Kp.$_{20}$ 150°; 3,3 g; *2.4-Dinitrophenylhydrazon*, F. 128°. — *2-Methoxycaprylonitril*, Kp.$_{18}$ 130—150°, durch 16std. Kochen von **I** mit KCN in Aceton; 6%. Daneben **II** (*2.4-Dinitrophenylhydrazon*, F. 105°), **III** u. wahrscheinlich ein Polymeres von **II**. — *2-Methoxyoctansäure*, durch 30std. Erhitzen vorst. Verb. mit $Ba(OH)_2$-Lsg. auf dem Wasserbad; 20%. *Amid*, F. 94°. — *Heptyl-(1)-chlormethyläther* (**IV**), Kp.$_{15}$ 108°, durch Sättigen eines Gemisches von Heptylalkohol u. Trioxymethylen mit HCl bei 0°; 82%. — *Heptyloxyacetonitril* (**V**), Kp.$_{15}$ 130—131°, durch 5std. Kochen von **IV** mit AgCN; n_D^{20} 1,425; 56%. — *Heptyloxyessigsäure*, $C_9H_{18}O_3$, Kp.$_3$ 122°, durch 1std. Kochen von **V** mit konz. HCl; $D.^{20}_4$ 0,962, n_D^{20} 1,435; 59%. *Amid*, $C_9H_{19}O_2N$, F. 82°. — *Heptyloxyaceton*, Kp.$_{15}$ 127°, durch 3std. Kochen von **V** mit CH_3MgBr; $D.^{20}_4$ 0,878, n_D^{20} 1,423; 40%. *Semicarbazon*, F. 71°. — *Heptyloxyessigsäuremethylester* (**VI**), Kp.$_{15}$ 127°, durch 3std. Kochen von **V** in mit HCl gesätt. Methanol; $D.^{20}_4$ 0,916, n_D^{20} 1,431; 74%. — *Heptyloxyäthylamin*, Kp.$_{20}$ 112°, durch Hydrieren von **V** in alkoh. KOH in Ggw. von RANEY-Ni; $D.^{20}_4$ 0,840, n_D^{20} 1,434; 66%. *Pikrat*, F. 45°. — *Heptyloxyäthanol*, Kp.$_{15}$ 129—131°, durch Red. von **VI** mit $LiAlH_4$ in Ae.; $D.^{20}_4$ 0,889, n_D^{20} 1,431; 90%. — *2-Pentylnonylchlormethyläther*, Kp.$_8$ 167°, durch 6std. Einleiten von HCl in ein Gemisch von **VII** u. Trioxymethylen bei 0°; 80%. — *1-Propoxy-2-pentylnonan*, $C_{17}H_{36}O$, Kp.$_{15}$ 159°, aus vorst. Verb. u. C_2H_5MgBr; $D.^{20}_4$ 0,803, n_D^{20} 1,435; 78%. — *p-[α-Chlorheptyl]-anisol*, durch Sättigen des Gemisches von **II**, Anisol, konz. HCl u. 55%ig. H_3PO_4 mit HCl bei 0°. — *p-Methoxyhepten-(1)-yl-benzol* (**VIII**), durch 6std. Erhitzen vorst. Verb. mit Pyridin auf 115°. Daneben **II** u. **III**. Durch Behandeln mit $KMnO_4$–Aceton bei n. Temp. entstehen *Hexansäure* (*Anilid*, F. 95°) u. *Anissäure*, F. 184°; *p-Methoxyheptylbenzol*, F. 5—6°, durch Hydrierung des chromatograph. gereinigten **VIII** in A. in Ggw. von RANEY-Ni; $D.^{20}_4$ 0,873, n_D^{20} 1,523. — Das UV-Spektr. von **VIII** ist angegeben. (Bull. Soc. chim. France, Mém. [5] **1955**. 638—42. Mai. Paris, École Norm. Supérieure, Labor. de Chim.) E. ROTTER. 560

E. A. Talley, Ann S. Hunter und **E. Yanovsky**, *Allylbutyläther*. Vff. berichten über die Darst. der vier Allylbutyläther, die alle nach dem gleichen Verf. hergestellt wurden.

Versuche: Butylallyläther, aus dem entsprechenden Butylalkohol in Xylol mit Na u. Umsetzung des Alkoholats mit Allylbromid. (5 Std bei 110—115°): *n*-, Kp.$_{763}$ 117,8—118°, $D.^{20}_4$ 0,7829, n_D^{20} 1,4057; 60% (Ausbeute). — *sek.*-, Kp.$_{762}$ 107,1 bis 107,4°, $D.^{20}_4$ 0,7792, n_D^{20} 1,4023; 60%. — *Iso*-, Kp.$_{749}$ 106,6—107,0°, $D.^{20}_4$ 0,7735, n_D^{20} 1,4080; 40%. — *tert.*-, Kp.$_{760}$ 99,2—100,0°, $D.^{20}_4$ 0,7770, n_D^{20} 1,4011; 25%. (J. Amer. chem. Soc. **73**. 3528. Juli 1951. Philadelphia, Pa., East. Reg. Res. Labor.)

WOLFGANG SCHULZ. 560

A. A. Petrow und **Je. A. Leporskaja,** *Untersuchungen auf dem Gebiet konjugierter Systeme. 48. Mitt. Über die Anlagerungsweise von Alkylhypojoditen an die Homologen des Chloroprens.* (47. vgl. C. **1956.** 2165.) Aus der Alkylvinylacetylenen $CH_2{=}CHC{\equiv}CR$ ($R = CH_3$, C_2H_5, n-C_3H_7, n-C_4H_9, iso-C_5H_{11}) werden durch Anlagerung von HCl *Homologe* des *Chloroprens*, $CH_2{=}CHCCl{=}CHR$, erhalten. Aus diesen entstehen durch Einw. von J_2 + HgO in CH_3OH oder A. *3-Chlor-1-jod-2-methoxy-* bzw. *3-Chlor-1-jod-2-äthoxy-4-alkylbutene-(3).* Die anderen Anlagerungsmöglichkeiten von CH_3JO bzw. C_2H_5JO konnten auf Grund nachst. Rkk. ausgeschlossen werden. Z. B. gibt 3-Chlor-1-jod-2-äthoxyhexen-(3) (letztgenannte Verb. mit Alkyl$=C_2H_5$) bei der Oxydation mit $KMnO_4$ seiner Konst. entsprechend *Propionsäure.* Alle liefern beim Behandeln mit alkoh. Alkalilauge *3-Chlor-2-methoxy-* bzw. *3-Chlor-2-äthoxy-4-alkylbutadiene-(1.3).* Diese dest. innerhalb 1—3° u. sind offenbar Gemische der *cis-* u. *trans*-Verbindungen. Sie gehen beim Aufbewahren in polymere Prodd. über. Alle werden durch Einw. von verd. Mineralsäuren zu den entsprechenden *Ketonen,* $CH_3COCCl{=}CHR$, verseift. Die Verseifungsgeschwindigkeit sinkt in der homologen Reihe stark ab; z. B. wird die Verb. mit R = iso-C_5H_{11} beim Schütteln mit 5%ig. H_2SO_4 bei 40—50° in 10 Std. nicht völlig verseift. Alle Ketone werden durch Br_2 in Chlf. bromiert. Nur das aus dem Keton mit $R = CH_3$ erhaltene Bromierungsprod. dest. unzers.; die anderen zers. sich bei der Dest. teilweise unter Abspaltung von HBr. Bei der Red. der Bromide mit Zn wird ebenfalls HBr abgespalten, u. es entsteht ein Gemisch von gesätt. u. ungesätt. Ketonen. Die Hydrierung der Ketone in Ggw. von koll. Pd gelingt nicht, da der Katalysator vergiftet wird. Die Geschwindigkeit der Bldg. der Semicarbazone fällt stark mit größer werdendem R; ihr F. ist unscharf infolge der beim Schmelzen eintretenden Zersetzung. Dagegen haben die 2.4-Dinitrophenylhydrazone schärferen Schmelzpunkt. Vorliegende Unters. zeigt, daß sich Chloropren u. seine Homologen bei der Einw. von Alkylhypojoditen analog verhalten.

Versuche: *Alkylvinylacetylene* $CH_2{=}CHC{\equiv}CR$. Man stellt aus 40 g $NaNH_2$ in 1 Liter fl. NH_3 u. 100 ml Vinylacetylen eine Lsg. von $CH_2{=}CHC{\equiv}CNa$ her u. fügt in 8—10 Std. 1 Mol des Alkylbromids hinzu (CH_3Br wird gasförmig eingeleitet). $R = CH_3$ Kp.$_{760}$ 59—59,5°; D.$^{20}{}_4$ 0,7396; n_D^{20} 1,4450; 40—45% (Ausbeute). $R = C_2H_5$, Kp.$_{760}$ 83,5 bis 84°; D.$^{20}{}_4$ 0,7479; n_D^{20} 1,4522; 50%. $R = n\text{-}C_3H_7$, Kp.$_{760}$ 108,5—110°; D.$^{20}{}_4$ 0,7603; n_D^{20} 1,4524; 80%. $R = n\text{-}C_4H_9$, Kp.$_{60}$ 62—64°; D.$^{20}{}_4$ 0,7763; n_D^{20} 1,4568; 80%. $R = iso\text{-}C_4H_9$, Kp.$_{60}$ 54—56°; D.$^{20}{}_4$ 0,7668; n_D^{20} 1,4440; sehr geringe Ausbeute. $R = iso\text{-}C_5H_{11}$, Kp.$_{60}$ 76—77°, D.$^{20}{}_4$ 0,7803; n_D^{20} 1,4571; 73%. — *Homologe* des *Chloroprens* $CH_2{=}CH\cdot CCl{=}CHR$. 1 Mol vorst. KW-stoffe werden mit 220 ml bei 0° mit HCl-Gas gesätt. HCl + 0,25 Mol Cu_2Cl_2 + 0,2 Mol $CH_3NH_2\cdot HCl$ (oder NH_4Cl) + 0,2 g Hydrochinon 9 Std. geschüttelt (viel Ausgangsmaterial wird wiedergewonnen). $R = CH_3$ (I), Kp.$_{760}$ 100°; D.$^{20}{}_4$ 0,9592; n_D^{20} 1,4782; 36%. $R = C_2H_5$ (II), Kp.$_{760}$ 122,5—123,5°; D.$^{20}{}_4$ 0,9392; n_D^{20} 1,4772; 27%. $R = n\text{-}C_3H_7$, Kp.$_{20}$ 49,5—50,5°; D.$^{20}{}_4$ 0,9290; n_D^{20} 1,4798; 36%. $R = n\text{-}C_4H_9$, Kp.$_{20}$ 69,5—70,5°; D.$^{20}{}_4$ 0,9185; n_D^{20} 1,4782; 27%. $R = iso\text{-}C_5H_{11}$, Kp.$_{20}$ 83,5—84,5°; D.$^{20}{}_4$ 0,9134; n_D^{20} 1,4770; 27%. — *3-Chlor-1-jod-2-methoxy-4-alkylbutene-(3),* $CH_2JCH(OCH_3)CCl{=}CHR$. $R = CH_3$, Kp.$_{10}$ 93,5—94,5°; zu einer Lsg. von 29,5 g I + 0,2 g Hydrochinon in 80 ml CH_3OH werden 48 g HgO u. unter Rühren bei 10—12° 74 g gepulvertes J_2 in Anteilen von 5 g zugesetzt; D.$^{20}{}_4$ 1,6355; n_D^{20} 1,5290; ca. 52%. $R = C_2H_5$, Kp.$_{10}$ 104—106°; D.$^{20}{}_4$ 1,5267; n_D^{20} 1,5172; ca. 42%. $R = n\text{-}C_3H_7$, Kp.$_{10}$ 115 bis 117°; D.$^{20}{}_4$ 1,4868; n_D^{20} 1,5163; ca. 63%. $R = n\text{-}C_4H_9$, Kp.$_{10}$ 129—133°; D.$^{20}{}_4$ 1,4293; n_D^{20} 1,5120; ca. 48%. $R = iso\text{-}C_5H_{11}$, Kp.$_{10}$ 137—139°; D.$^{20}{}_4$ 1,3930; n_D^{20} 1,5092; ca. 68%. — *3-Chlor-1-jod-2-äthoxy-4-alkylbutene-(3),* $CH_2JCH(OC_2H_5)CCl{=}CHR$. $R = C_2H_5$, Kp.$_{10}$ 107—109°; D.$^{20}{}_4$ 1,4687; n_D^{20} 1,5100; aus 10 g II werden ca. 10 g erhalten. $R = iso\text{-}C_5H_{11}$, Kp.$_{10}$ 141—144°; D.$^{20}{}_4$ 1,3486; n_D^{20} 1,5040; ca. 60%. — *3-Chlor-2-methoxy-4-alkylbutadiene-(1.3),* $CH_2{=}C(OCH_3)CCl{=}CHR$. Vorst. Verbb. werden mit 25%ig. alkoh. KOH ½—1 Std. auf dem Wasserbad erhitzt; die Ausbeuten liegen bei 40 bis 50%. $R = CH_3$, Kp.$_{85}$ 85—86°; D.$^{20}{}_4$ 1,0392; n_D^{20} 1,4798. $R = C_2H_5$, Kp.$_{85}$ 102 bis 103,5°; D.$^{20}{}_4$ 1,0179; n_D^{20} 1,4792. $R = n\text{-}C_3H_7$, Kp.$_{85}$ 119—120°; D.$^{20}{}_4$ 0,9966; n_D^{20} 1,4790. $R = n\text{-}C_4H_9$, Kp.$_{85}$ 137,5—139,5°; D.$^{20}{}_4$ 0,9833; n_D^{20} 1,4778. $R = iso\text{-}C_5H_{11}$, Kp.$_{85}$ 146—147°; D.$^{20}{}_4$ 0,9684; n_D^{20} 1,4738. — *3-Chlor-2-äthoxy-4-alkylbutadiene-(1.3),* $CH_2{=}C(OC_2H_5)CCl = CHR$. $R = C_2H_5$, Kp.$_{85}$ 113,5—114,5°; D.$^{20}{}_4$ 0,9875; n_D^{20} 1,4708. $R = iso\text{-}C_5H_{11}$, Kp.$_{85}$ 158—161°; D.$^{20}{}_4$ 0,9656; n_D^{20} 1,4732. — Die *Ketone* $CH_3COCCl{=}CHR$ werden durch Schütteln vorst. Verbb. mit der 5—6fachen Menge 5%ig. H_2SO_4 bei 40—50° erhalten; Reaktionsdauer 1—10 Std.; Ausbeute 50—60%. $R = CH_3$ (III), Kp.$_{30}$ 65—66°; D.$^{20}{}_4$ 1,0966; n_D^{20} 1,4742. *p-Nitrophenylhydrazon,* F. 122°. *2.4-Dinitrophenylhydrazon,* F. 188°. $R = C_2H_5$, Kp.$_{30}$ 76—77,5°; D.$^{20}{}_4$ 1,0592; n_D^{20} 1,4730. *2.4-Dinitrophenylhydrazon,* F. 139°. $R = n\text{-}C_3H_7$, Kp.$_{30}$ 91—93°; D.$^{20}{}_4$ 1,0301; n_D^{20} 1,4720. *p-Nitrophenylhydrazon,* F. 111,5—112°. *2.4-Dinitrophenylhydrazon,* F. 144°. $R = n\text{-}C_4H_9$, Kp.$_{30}$ 108—111°; D.$^{20}{}_4$ 1,0070; n_D^{20} 1,4705. *p-Nitrophenylhydrazon,* F. 117—118°. *2.4-Dinitro-*

phenylhydrazon, F. 108°. *R* = *iso-C₅H₁₁*, Kp.$_{30}$ 118–120°; D.$^{20}_{4}$ 0,9836; n_D^{20} 1,4662. *Semicarbazon*, F. 168°. *p-Nitrophenylhydrazon*, F. 105°. *2.4-Dinitrophenylhydrazon*, F. 131°. — *Methyl-[α-chlor-α.β-dibrompropyl]-keton*, Kp.$_{10}$ 94,5–95°; durch Bromieren von **III**; D.$^{20}_{4}$ 1,8689; n_D^{20} 1,5348. (Журнал Общей Химии [J. allg. Chem.] **23** (85). 1038–46. Juni 1953. Leningrad, Inst. für Flugzeuggerätebau, Chem. Labor.)
R. KNOBLOCH. 560

John V. Schmitz, *Darstellung von Tetraäthylenglykoldimethacrylat.* Es wird *Tetraäthylenglykoldimethacrylat* (I) durch Umesterung von Methylmethacrylat (II) mit Tetraäthylenglykol (III) in Ggw. von NaH als Katalysator u. von O_2 als Polymerisationsinhibitor dargestellt. I läßt sich aus II u. III auch in saurem Medium (H_2SO_4) gewinnen, wenn Pikrinsäure als Inhibitor eingesetzt wird. O_2 kann hier als Inhibitor nicht verwendet werden, da sich Peroxyde bilden, welche die Polymerisation einleiten können. — *Tetraäthylenglykoldimethacrylat* (I), $C_{16}H_{26}O_7$, a) aus 1,0 Mol II u. 0,3 Mol III in 100 g Bzl. in Ggw. von 0,05 Mol NaH unter Durchleiten von Luft u. Erhitzen auf 95–100° (Badtemp.), bis die theoret. Menge Methanol abdestilliert ist; das im azeotropen Gemisch mit Methanol übergehende Bzl. wird ersetzt; D.$^{20}_{20}$ 1,087; n_D^{20} 1,4631; 75–80% (Ausbeute). b) Man erhitzt ein Gemisch aus 1,0 Mol II, 75 g Bzl., 10,0 g konz. H_2SO_4 u. 0,10 g Pikrinsäure unter H_2, bis kein W. mehr abdest., gibt 0,3 Mol III hinzu u. erhitzt wie vorst., bis kein Methanol mehr übergeht; 65–70%. (J. Amer. chem. Soc. **77.** 194–95. 5/1. 1955. Schenectady, N. Y., General Electric Co., Res. Labor.) I. FESTL. 580

F. Smith und **J. W. Van Cleve**, *Darstellung und Konstitutionsbeweis von 1.4-Bis-O-p-nitrobenzoylerythrit.* Beim Verestern von Erythrit (I) mit 2 Mol p-Nitrobenzoylchlorid entsteht ausschließlich *1.4-Bis-O-p-nitrobenzoylerythrit* (II); ein 1.2-Diester wurde nicht gefunden. Die Konst. von II ergab sich aus der Pb-Tetraacetatspaltung, bei der 2 Mol *O-p-Nitrobenzoylglykolaldehyd* gebildet werden; Formaldehyd, dessen Bldg. auf einen 1.2-Diester schließen ließ, wurde nicht gefunden.

Versuche: *1.4-Bis-O-p-nitrobenzoylerythrit* (II), $C_{18}H_{16}O_{10}N_2$, F. 202–203°, aus I u. p-Nitrobenzoylchlorid in Pyridin unter Kühlen, Waschen des im Vakuum erhaltenen Verdampfungsrückstandes mit wss. $NaHCO_3$ u. Eindunsten der alkoh. Lsg.; aus absol. A. Nadeln. — *O-p-Nitrobenzoylglykolaldehyd*, aus II u. 1 Mol Pb-Tetraacetat in sd. Bzl. (1½ Std.), Waschen der benzol. Lsg. mit $NaHCO_3$-Lsg. u. Abdampfen des Bzl. im Vakuum; leicht zersetzlicher, kristalliner Rückstand. *2.4-Dinitrophenylhydrazon*, $C_{15}H_{11}O_8N_5$, F. 189,5–190,5°, in sd. A. u. Eisessig (15–20 Min.); aus 86%ig. Essigsäure orangefarbene Nadeln im Gemisch mit einer gelben flockigen Kristallmasse; Trennung beider Formen vom gleichen F. durch Dekantieren einer Suspension in Ae.; aus Chlf./PAe. nur gelbe Kristalle. (J. Amer. chem. Soc. **77.** 3659–60. 5/7. 1955. St. Paul, Minn., Univ., Dep. of agriculturial Biochemistry.) H. GOLD. 580

Philip D. George und **John R. Ladd**, *Tert.-Alkyl-n-alkylorthosilicate.* Durch Umesterung von $Si(OC_2H_5)_4$ (I) mit Alkoholen in Ggw. von Na-Alkoholat unter Abdest. von C_2H_5OH erhält man *gemischte Alkylorthosilicate* als bewegliche Fll. mit an den Alkohol erinnernden Geruch. Folgende Orthosilicate wurden dargestellt: *n-Butyltriäthyl-*, Kp.$_{77}$ 128°, n_D^{20} 1,3939, D.^{20} 0,919; 49% (Ausbeute, bezogen auf umgesetztes I). — *Di-n-butyldiäthyl-*, Kp.$_{78}$ 155°, n_D^{20} 1,4019, D.^{20} 0,912; 24%. — *tert.-Butyltriäthyl-*, Kp.$_{40}$ 95°, n_D^{20} 1,3872, D.^{20} 0,905; 54%. — *Di-tert.-butyldiäthyl-*, Kp.$_{34}$ 101°, n_D^{20} 1,3899, D.^{20} 0,887; 11%. — *tert. Amyltriäthyl-*, Kp.$_{55}$ 116°, n_D^{20} 1,3859, D.^{20} 0,910; 53%. — *Di-tert.-amyldiäthyl-*, Kp.$_{59}$ 141°, n_D^{20} 1,4052, D.^{20} 0,900; 19%. (J. Amer. chem. Soc. **75.** 987–88. 20/2. 1953. Schenectady, N. Y., Gen. Electric Co., Res. Labor.) U. WANNAGAT. 590

René Hazard, Pierre Chabrier, Abigaël Carayon-Gentil und **Yvonne Fiévet**, *Beitrag zur Untersuchung der β-halogenierten Orthophosphorsäurester. β-Brom-* (III) u. *β-Chloräthyldiphenylphosphat* (II) werden aus Diphenylphosphorsäurechlorid (I) u. den Äthylenglykolhalogenhydrinen dargestellt. Durch Alkali werden die Phenylgruppen bedeutend rascher abgespalten als Halogen u. von diesen Br leichter als Cl. Die β-Halogenäthylphosphorsäuren können zur Einführung des Restes $-CH_2CH_2OPO(OH)_2$ in organ. Verbb. benutzt werden.

Versuche: *β-Chloräthyldiphenylphosphat* (II), $C_{14}H_{14}O_4ClP$, Kp.$_{0,5-0,1}$ 165 bis 175°, durch 24std. Stehen äquimol. Mengen von I u. Äthylenglykolchlorhydrin in Pyridin bei 0°; 70% (Ausbeute). — *β-Bromäthyldiphenylphosphat* (III), $C_{14}H_{14}O_4BrP$, wie vorst., jedoch nicht destillierbar. — *β-Chloräthylphosphorsäure, Na-Salz*, aus II durch 48std. Stehen in 2mol. Na_2CO_3 in 80%ig. A. bei 15°. — *7-[β-Diphenylphosphatoäthyl]-theophyllin*, $C_{21}H_{21}O_6N_4P$, F. 165°, aus III u. Theophyllin in wss. C_2H_5OH. (C. R. hebd. Séances Acad. Sci. **240.** 986–88. 28/2. 1955.) I. AHRLÉ. 590

S. M. McElvain, Edward R. Degginger und **John D. Behun**, *Ketenacetale.* 32. Mitt. *Die Kondensation von Ketendimethylacetal mit verschiedenen Aldehyden und Ketonen.*

(31. vgl. C. **1955.** 11557.) Ketendimethylacetal (I) reagiert mit Acrolein bei 100° in 24 bis 40 Std. unter Bldg. von 65—70% *2.2-Dimethoxy-2.3-dihydro-γ-pyran*, aus dem bei der Hydrolyse *γ-Formylbuttersäuremethylester* gebildet wird. Bei 150° ist die Rk. in 8 Std. beendet, in Ggw. von Al-tert.-Butylat in $^1/_2$ Std. bei 40%ig. Ausbeute. I bildet mit Zimtaldehyd bei 150° in 24 Std. 59% *2.2-Dimethoxy-4-phenyl-2.3-dihydro-γ-pyran*, bei verkürzter oder verlängerter Reaktionszeit oder bei 200° sinkt die Ausbeute. Die anschließende Hydrolyse führt zu *β-Phenyl-γ-formylbuttersäuremethylester*, die anschließende Oxydation u. Verseifung zu *β-Phenylglutarsäure*. Benzalaceton ergibt mit I bei 150 bis 200° 27—30% *4-Phenyl-2.2-dimethoxy-6-methyl-2.3-dihydro-γ-pyran*, dessen Struktur durch Hydrolyse zu *β-Phenyl-γ-acetylbuttersäuremethylester* nachgewiesen wurde. Daneben entsteht polymeres Material. Demgegenüber kondensieren Benzaldehyd u. Aceton nicht mit I, jedoch konnten mit Capronaldehyd (III) (1 : 1) bei 150° 16—18% *Octen-(2)-säuremethylester* (II), identifiziert durch Hydrierung zu *Caprylsäuremethylester* u. durch Ozonolyse zu *Capronsäure*, erhalten werden. Daneben entstehen durch Selbstkondensation von III *5-Formylundecen-(5)*-, ferner durch Rk. von I mit W. u. CH_3OH *Essigsäuremethylester* (IV) u. *Orthoessigsäuretrimethylester* (V). Bei der Rk. von I mit III (3 : 1) entstehen 28% **II**. Der mögliche Reaktionsmechanismus für diese Rk. wird diskutiert. Mit Acetaldehyd bildet **I** 14% *Crotonsäuremethylester*, 5% *Crotonaldehyd* (**VI**), 24% **IV** u. 17% **V**. **VI** setzt sich mit **I** weiter zu einem Dihydropyran um. Mit HCHO tritt Polymerisation ein, mit α-Polyoxymethylen entstehen in 6 Std. bei 200° **IV**, CH_3OH u. *Glyoxaldimethylacetal*; diese Rk. verläuft also nach einem komplizierteren Mechanismus.

Versuche: *2.2-Dimethoxy-2.3-dihydro-γ-pyran*, $C_7H_{12}O_3$, Kp.$_7$ 47—48°, durch 8std. Erhitzen von 22 g I mit Acrolein bei 150° unter Verschluß u. Dest.; D.$^{25}_4$ 1,055, n_D^{25} 1,4427; 70% (Ausbeute); ferner aus 11,6 g Acrolein + 16,5 g I in Bzl. in Ggw. von Al-tert.-Butylat (1std. Kochen); 43%. — *γ-Formylbuttersäuremethylester*, Kp.$_6$ 79—80°, aus vorst. Verb. + konz. HCl (kurzes Kochen), azeotropes Abdest. des W. mit Bzl. u. Dest.; D.$^{25}_4$ 1,069, n_D^{25} 1,4246; 74%. *2.4-Dinitrophenylhydrazon*, F. 110—111,5° (CH_3OH), bei Verwendung von Xylol als Lösungsm. orangefarbene Nadeln, F. 107—108°. — *2.2-Dimethoxy-4-phenyl-2.3-dihydro-γ-pyran*, $C_{13}H_{16}O_3$, Kp.$_{13}$ 154—155°, aus I + Zimtaldehyd in 24 Std. bei 150° unter Verschluß u. Dest.; D.$^{25}_4$ 1,083, n_D^{25} 1,5277; 59%. — *γ-Formyl-β-phenylbuttersäuremethylester*, $C_{12}H_{14}O_3$, Kp.$_{0,3}$ 112°, durch Hydrolyse vorst. Verb. mit konz. HCl in 2 Std.; D.$^{20}_4$ 1,082, n_D^{25} 1,5124; 66%. *2.4-Dinitrophenylhydrazon*, $C_{18}H_{18}O_6N_4$, F. 121—124°, gelborangefarbene Nadeln aus A.–Äthylacetat. — *β-Phenylglutarsäure*, F. 141—141,5° (Bzl.), aus 4 g vorst. Verb. + $KMnO_4$ in wss. Aceton (20 Min. Rühren), Vakuumeinengen des Filtrats, Ansäuern mit HCl, Ausäthern, Hydrolyse des Abdampfrückstands mit 1,3n alkoh. NaOH (mehrstd. Erwärmen), Gießen auf Eis-HCl u. Ausäthern; 1,5 g. — *2.2-Dimethoxy-4-phenyl-6-methyl-2.3-dihydro-γ-pyran*, $C_{14}H_{18}O_3$, Kp.$_{0,4}$ 106—108°, aus I + Benzalaceton in 24 Std. bei 200° unter Verschluß u. Dest.; D.$^{25}_4$ 1,062, n_D^{25} 1,5167; 30%. Daneben IV u. V. — *γ-Acetyl-β-phenylbuttersäuremethylester*, $C_{13}H_{16}O_3$, Kp.$_{0,1}$ 121—122°, aus vorst. Verb. + konz. HCl (3std. Erwärmen); n_D^{25} 1,5070; 79%. *Semicarbazon*, $C_{14}H_{19}O_3N_3$, F. 121—124° (absol. A.). — I gibt mit Benzaldehyd bei 200° 15% **IV**, 25% **V** u. 50% polymeres Material. — *Octen-(2)-säuremethylester* (**II**), $C_9H_{16}O_2$, Kp.$_9$ 89—91°, aus 40 g **III** + 35,2 g **I** in 24 Std. bei 200° unter Verschluß u. Rektifikation; 19%. *p-Bromphenacylester*, F. 91—92,5°. Daneben *5-Formylundecen-(5)*, $C_{12}H_{22}O$, Kp.$_7$ 110°; entsteht auch aus 150 g **III** durch 24std. Erhitzen bei 200° unter Verschluß u. Dest.; D.$^{25}_4$ 0,837, n_D^{25} 1,4540; 29 g. *2.4-Dinitrophenylhydrazon*, $C_{18}H_{26}O_4N_4$, F. 131—132,5° (A.). — *Caprylsäuremethylester*, Kp.$_{10}$ 131—135°, aus vorst. Verb. durch Hydrieren über 10%ig. Pd-Kohle in absol. CH_3OH; D.$^{25}_4$ 0,872; n_D^{25} 1,4161; 71%. *p-Phenylphenacylester*, F. 66,5—67,5°. Durch Ozonisierung von **II** in Methylacetat unter Trockeneis–Aceton-Kühlung, Zers. des Ozonids mit 30%ig. H_2O_2, Ansäuern u. Verestern *Capronsäure* (*p-Phenylphenacylester*, F. 61—62,5°). — *Crotonaldehyd* (**VI**), *2.4-Dinitrophenylhydrazon*, F. 185—187°, aus Acetaldehyd + **I** in 24 Std. bei 150° unter Verschluß, Dest. u. Rk. mit 2.4-Dinitrophenylhydrazin; 5%. Daneben *Crotonsäuremethylester*, Kp.$_{0,18}$ 28—30°, D.$^{25}_4$ 0,936, n_D^{25} 1,4190; 14%. Ferner 17% **V**. — *Glyoxal*, Kp. 135—141°, aus **I** + α-Polyoxymethylen bei 200° in 6 Std. unter Verschluß u. Dest.; 16,7 g. *Bis-2.4-dinitrophenylhydrazon*, F. 309—312° (absol. A./Pyridin). *Bis-semicarbazon*, F. 265—267°. Daneben 3,5% *Acetaldehyddimethylacetal*, **IV**, *Essigsäure* (*p-Phenylphenacylester*, F. 108—109°) u. 30,6% *CH_3OH* (*α-Naphthylcarbaminsäuremethylester*, F. 121—123°). (J. Amer. chem. Soc. **76.** 5736—39. 20/11. 1954. Madison, Wis., Univ., Dep. of Chem.) H. Lehwald. 710

S. M. McElvain und **William L. McLeish**, *Ketenacetale*. 33. Mitt. *Die Addition von Halogenen und Cyanverbindungen an Methylketendiäthylacetal.* (32. vgl. vorst. Ref.) Während bei der Zugabe einer äther. J_2-Lsg. zu Methylketendiäthylacetal (I) bei 25°

α-Jodpropionsäureäthylester (II), *α-Methyl-β.β-diäthoxy-γ-jodvaleriansäureäthylester* (III) u. das Dimere von I, *Methyl-α.α-diäthoxypropylketendiäthylacetal* (IV) entstehen, wird beim Zufügen von I zu äther. J_2 bei 0° bei einem Überschuß von I eine braune Verb. $[CH_3CHJC(OC_2H_5)_2]^+J^-{}_{n+1}$ (V) ($n = 6$) u. mit äquimol. Mengen I V ($n = 4$) gebildet, bei einer Reaktionstemp. von 25° aber nur II u. III u. kein IV. Die Bldg. von IV dürfte aus I u. V oder $[CH_3CHJC(OC_2H_5)_2]^+J^-$ (VI) erfolgen, wahrscheinlich über eine stabilere Jodoniumverb. $CH_3\underbrace{CH-C}_{J^{\pm}}(OC_2H_5)_2$ (VII), bei überschüssigem I bei 25°, aber aus I u. VI. Das Fehlen von IV bei der Rk. mit überschüssigem J_2 bei 25° wird auf die Instabilität von V bei dieser Temp. zurückgeführt. Im Gegensatz zu I gibt Dimethylketendimethylacetal mit J_2 bei 0° nur *α-Jodisobuttersäuremethylester*, die Dimerisierung wird hier ster. behindert. Ein VI entsprechendes Bromid mit 1,2 Br-Atomen im Anion entsteht aus Br_2 in CCl_4 u. I bei −5 bis 0°, aus dem nach Behandlung mit NaJ nur *α-Brompropionsäureäthylester* isoliert werden konnte, dagegen entsteht bei −25° eine analoge ionogene *Verb.* mit 2,7 Br-Atomen, die sich beim Erwärmen zersetzt. Die Behandlung von I mit ClJ in CCl_4 führt zu einem gelben Öl, das sich bei weiterem Zusatz von I wieder auflöst u. *α-Chlorpropionsäureäthylester*, II, III u. IV bildet; als Vorläufer der letzten drei Verbb. ist ohne Zweifel VII anzusehen. I reagiert nicht mit $(CN)_2$ bei 100°, wohl aber mit BrCN zu *α.α-Diäthoxy-β-brombutyronitril* u. mit JCN zu *α.α-Diäthoxy-β-jodbutyronitril*. Ersteres ist recht stabil u. zers. sich beim Kochen nur langsam zu *α-Brompropionsäureäthylester*, *HCN* u. wahrscheinlich *Äthylen*, die CN-Gruppe ist aber durch $AgNO_3$ abspaltbar. Mit HCN gibt I *α.α-Diäthoxybutyronitril* u. das Dimere, *α.α.γ.γ-Tetraäthoxy-β-methylcapronitril*.

Versuche: Rkk. mit I u. J_2: a) Durch $1^3/_4$std. Titration von 0,123 Mol I in Ae. mit 0,057 Mol J_2 in Ae. bei 25° entstehen nach Abdest. von C_2H_5J u. Ae. 8% *α-Jodpropionsäureäthylester* (II), 66% *α-Methyl-β.β-diäthoxy-γ-jodvaleriansäureäthylester* (III; $C_6H_8[OC_2H_5]_3OJ$, Kp.$_{0,25}$ 92°, D.$^{25}_4$ 1,3509, n_D^{25} 1,4782, gibt beim Erhitzen auf 210° C_2H_5J u. 17% *α.γ-Dimethyltetronsäureäthylester*, Kp. 153—168°, n_D^{25} 1,4731. *Freie Säure*, F. 121,5—122,5°) u. 15% *Methyl-α.α-diäthoxypropylketendiäthylacetal* (IV), $C_6H_8(OC_2H_5)_4$, Kp.$_{0,25}$ 47°, n_D^{25} 1,4305; $FeCl_3$-Rk. grün; gibt beim Erhitzen mit W. auf 95° 64% *α-Propionylpropionsäureäthylester* (*Phenylpyrazolonderiv.*, F. 108—110°); b) beim Zutropfen von I zu J_2 in Ae. bei 25° entstehen 64% II u. 23% III; c) beim Zutropfen von 2,17 g J_2 zu 11,1 g I in Ae. bei 0° entstehen 16% IV u. 7% III; d) durch Zufügen von 31,2 g I zu 61 g J_2 in Ae. u. Abfiltrieren entsteht die braune *Verb.* V ($n = 4$); zers. sich beim Zusatz von I zu II, III u. IV. — *α-Jodisobuttersäuremethylester*, $C_5H_9O_2J$, Kp.$_{12}$ 64°, aus Dimethylketendimethylacetal in Ae. durch Zufügen von J_2 u. Dest.; n_D^{25} 1,5010; 90% (Ausbeute). — $[CH_3CHBrC(OC_2H_5)_2]^+Br^-{}_{n+1}$, a) durch Zufügen von 21 g I zu 98,5 g Br_2 in CCl_4; b) durch Zufügen von 10,6 g I zu 12,5 g Br_2 in CCl_4 bei 0°; orangefarbenes Pulver. — Die Rk. von 20,2 g JCl + 30,1 g I in CCl_4 bei 0° gibt in 40 Min. 17% *α-Chlorpropionsäureäthylester*, 17% II, 26% IV u. 14% III. — *α.α-Diäthoxy-β-brombutyronitril*, $C_8H_{14}O_2\cdot NBr$, Kp. 108°, a) durch Zufügen von I zu BrCN in sd. Ae. u. Dest.; D.$^{25}_4$ 1,2611, n_D^{25} 1,4463; 97%; b) durch Zufügen von BrCN zu I in Ae.; 81%. — *α.α-Diäthoxy-β-jodbutyronitril*, $C_8H_{14}O_2NJ$, Kp.$_{0,15}$ 84—89°, aus I + JCN; n_D^{25} 1,4798; 88%. — *α.α-Diäthoxybutyronitril*, $C_8H_{15}O_2N$, Kp.$_{10}$ 62—63°, a) durch Zufügen von HCN zu I bei −10° u. Dest.; D.$^{25}_4$ 0,9113, n_D^{25} 1,4040; 86%; b) durch Zufügen von I zu fl. HCN u. $1^1/_2$tägiges Stehen bei 25°; 71%. Daneben *α.α.γ.γ-Tetraäthoxy-β-methylcapronitril*, $C_{15}H_{29}O_4N$, Kp.$_{0,25}$ 70°, D.$^{25}_4$ 0,9641, n_D^{25} 1,4330, nach vorst. a) 4%, nach b) 25%. (J. Amer. chem. Soc. **77**. 3786—89. 20/7. 1955.) H. LEHWALD. 710

Jean Colonge und **René Gélin**, *Über echte γ-Acetylenketone*. Vorl. Mitt. zu den C. **1955**. 6257 referierten Arbeiten. (C. R. hebd. Séances Acad. Sci. **234**. 633—35. 4/2. 1952.) I. SPAETH. 710

Roland Epsztein, *Über eine neue Methode zur Synthese N-disubstituierter α-Acetylenamide*. N.N-Dimethylcarbaminsäurechlorid (I) reagiert mit den Na-Verbb. von Acetylenen zu den entsprechenden *Amiden*. Die Na-Acetylide wurden in fl. NH_3 dargestellt, dann wurde I in Ae. zugetropft; die Ausbeuten betrugen ca. 60%. — *Heptin-(2)-säuredimethylamid*, Kp.$_{0,1}$ 87°, aus Hexin-(1); n_D^{16} 1,4770. — *Dodecin-(2)-säuredimethylamid*, Kp.$_{0,08}$ 126°, aus Undecin-(1); $n_D^{19,5}$ 1,4760. — *3-Phenylpropin-(2)-säuredimethylamid*, F. 101°, aus Phenylacetylen. — *Nonadiin-(2.8)-säuredimethylamid*, Kp.$_{0,2}$ 115°, $n_D^{24,5}$ 1,5010, u. *Decadiin-(2.8)-disäure-bis-[dimethylamid]*, F. 82—83° (Cyclohexan), aus Octadiin-(1.7). (C. R. hebd. Séances Acad. Sci. **240**. 989—90. 28/2. 1955.) I. AHRLÉ. 810

N. D. Ssyssojewa, *Reaktion von Natriumäthylxanthogenat mit primären β- und δ-Dibromiden*. Es wird aus Na-Äthylxanthogenat (I) u. Trimethylendibromid *Trimethylen-*

bis-[äthylxanthogenat] u. aus I u. Pentamethylendibromid *Pentamethylen-bis-[äthylxanthogenat]* dargestellt. Beide Verbb. zers. sich beim Erhitzen.

Versuche: *Trimethylen-bis-[äthylxanthogenat]*, $C_9H_{16}O_2S_4$, man teigt I mit absol. A. an, vermischt mit Trimethylendibromid u. erwärmt einige Std. auf 40—50°; gelbes Öl; $D.^0{}_0$ 1,238, $D.^{25}{}_0$ 1,2146; 88,6% (Ausbeute). Zers. sich bei 190—260° unter Bldg. von gasförmigen Prodd., bestehend aus 16—18% H_2S, 70—75% COS u. 6—13% ungesätt. KW-stoffen, sowie fl. Prodd. (Mercaptanen u. ungesätt. KW-stoffen). Gibt bei der Verseifung mit alkoh. KOH *K-Äthylthiocarbonat*, $C_3H_5O_2SK$, u. *1.3-Dimercaptopropan*. — *Pentamethylen-bis-[äthylxanthogenat]*, $C_{11}H_{20}O_2S_4$, analog Vorst. aus I u. Pentamethylendibromid; $D.^0{}_0$ 1,158; 77,28%. Zers. sich bei 220—240° unter Bldg. von gasförmigen ungesätt. KW-stoffen sowie fl. Mercaptanen u. KW-stoffen. Gibt bei der Verseifung mit alkoh. KOH *K-Äthylthiocarbonat* u. *1.5-Dimercaptopentan*. (Журнал Общей Химии [J. allg. Chem.] **25** (**87**). 2170—73. Okt. 1955. Samarkand, Inst. für sowjet. Handel.) CH. WEISKE. 880

Lawrence Fishbein und **John A. Gallaghan,** *Darstellung und Reaktionen von 2-Alkyl-1(oder 3)-nitro-2-isothioharnstoffen.* 1. Mitt. *Reaktion mit Aminen.* Während bei der Nitrierung von Thioharnstoff mit HNO_3–H_2SO_4 ein explosives Nitrierungsprod. erhalten wird, lassen sich S-Alkylisothiuroniumsalze zu beständigen, in W. unlösl. *2-Alkyl-1* (oder *3*)*-nitroisothioharnstoffen* nitrieren. Diese werden auch beim Behandeln von 2-Alkylisothiuroniumnitraten mit konz. H_2SO_4 erhalten. Mit Aminen reagieren die 2-Alkyl-1(3)-nitroisothioharnstoffe bereits bei Zimmertemp. oder kurzem Erwärmen (bei schwächer bas. Aminen) unter Bldg. der entsprechenden *1-Alkyl-3-nitroguanidine*: $CH_3SC(=NH)NHNO_2 + RNH_2 \rightarrow RNHC(=NH)NHNO_2 + CH_3SH$.

Versuche: *2-Methyl-1(3)-nitroisothioharnstoff*, $C_2H_5O_2N_3S$, F. 163—164° (verd. A.), a) aus 20 g 2-Methylisothiuroniumsulfat u. 20 cm³ 0,8%ig. HNO_3 + 60 cm³ 95%ig. H_2SO_4 bei —10 bis +5°; 18,4 g (Ausbeute); b) durch Zugabe von 1 g 2-Methylisothiuroniumnitrat zu 4 cm³ 95%ig. H_2SO_4 bei 0—5°; 0,7 g. *Acetylderiv.*, $C_4H_7O_3N_3S$, F. 105 bis 106° (Aceton), aus vorst. Verb. mit Acetanhydrid–Pyridin. — *2-Äthyl-1(3)-nitroisothioharnstoff*, $C_3H_7O_2N_3S$, F. 110—111°; 85 bzw. 78%. — *2-Propyl-1(3)-nitroisothioharnstoff*, $C_4H_9O_2N_3S$, F. 98—99°, nach b); 80%. — *2-Butyl-1(3)-nitroisothioharnstoff*, $C_5H_{11}O_2N_3S$, F. 89,5—90,5°, nach b); 80%. — *2-Butylisothiuroniumnitrat*, $C_5H_{13}O_3N_3S$, F. 63—64° (Chlf.), aus 2-Butylisothiuroniumjodid u. $AgNO_3$ in W., $^1/_2$std. Kochen u. Stehen über Nacht; 80%. — *2-Äthylisothiuroniumnitrat*, $C_3H_9O_3N_3S$, F. 53—54°. — *2-Propylisothiuroniumnitrat*, $C_4H_{11}O_3N_3S$, F. 74—76°. — *1-[3-Isopropoxypropyl]-3-nitroguanidin*, $C_7H_{16}O_3N_4$, F. 91,5—92,5° (verd. A.), aus 2-Methyl-1(3)-nitroisothioharnstoff u. 3-Isopropoxypropylamin u. 2std. Stehen bei Zimmertemp.; 80,3%. — *1-tert.-Butyl-3-nitroguanidin*, $C_5H_{12}O_2N_4$, F. 199—201° (Methanol), aus 2-Methyl-1(3)-nitroisothioharnstoff u. tert.-Butylamin in A. u. 6 Min. langes Erwärmen auf 45°; 70%. — Weitere 3-Nitroguanidine: *1-Methyl-*, F. 160,5—161°; 95%. — *1-Propyl-*, F. 98—98,5°; 71%. — *1-Butyl-*, F. 84—85°; 90%. — *1-[2-Äthylhexyl]-*, $C_9H_{20}O_2N_4$, F. 88—89° (A.); 95%. — *1-Cyclohexyl-*, F. 197—198°; 79%. — *1-[2-Oxyäthyl]-*, F. 118°; 77%. — *1-Methyl-1-[2-oxyäthyl]-*, $C_4H_{10}O_3N_4$, F. 100—101° (Aceton–Methanol); 70%. — *1-[3-Methoxypropyl]-*, $C_5H_{12}O_3N_4$, F. 93—94° (verd. A.); 73%. — *1-[3-Isopropylaminopropyl]-*, C_7H_{17}·O_2N_5, F. 118—120° (verd. A.); 75%. — *1-[3-Dimethylaminopropyl]-*, $C_6H_{15}O_2N_5$, F. 102,5 bis 103,5° (A.); 77%. — *1-[3-Diäthylaminopropyl]-*, F. 133—135°; 90%. — *1.1-Diäthyl-*, $C_5H_{12}O_2N_4$, F. 92—94° (A.); 50%. — *1.1-Di-n-butyl-*, $C_9H_{20}O_2N_4$, F. 74—75° (Aceton–Methanol); 72%. — *1-Benzyl-*, F. 181—182°; 70%. — *1-[β-Phenyläthyl]-*, F. 162—163°; 89%. — *1-[m-Tolyl]-*, F. 126—127°; 65%. — *1-Piperidino-*, F. 155,5—156,5°; 73%. — *1-[Pyridyl-(2)]-*, F. 228—229°; 55%. — *1-Morpholino-*, F. 186—188°; 80%. — *1-Pyrrolidino-*, $C_5H_{11}O_2N_5$, F. 188—190° (Aceton–Methanol); 77%. — *1-[α-Furfuryl]-*, $C_6H_8O_3N_4$, F. 138—139° (A.); 80%. — *1-Amino-*, F. 188—190°; 75%. *2-Äthylbutyraldehydnitroguanylhydrazon*, $C_7H_{15}O_2N_5$, F. 138—140°. *2-Äthylhexaldehydnitroguanylhydrazon*, C_9H_{19}·O_2N_5, F. 125,5—126,5°. — *1-Anilino-*, F. 170—172°; 59%. — *1.2-Bis-[3-nitroguanidino]-äthan*, F. 248—250°; 76%. — *1.6-Bis-[3-nitroguanidino]-hexan*, $C_8H_{18}O_4N_8$, F. 237—239° (Aceton–Methanol); 60%. — *Bis-[3-nitroguanidinopropyl]-amin*, $C_8H_{19}O_4N_9$, F. 121—122° (A.); 80%. (J. Amer. chem. Soc. **76**. 1877—79. 5/4. 1954. Indian Head, Md., Res. and Developm. Dep., Naval Powder Factory.) J. FESTL. 880

C. G. Overberger, Warren F. Hale, M. B. Berenbaum und **A. B. Finestone,** *Azo-bis-nitrile.* 11. Mitt. *Zersetzung von Azoverbindungen. Sterische Faktoren.* (10. vgl. C. **1956**. 7522.) Im weiteren Verlauf der Unterss. werden *Azo-bis-nitrile* der Zus. $R_2(CN)C-N=N-C(CN)R_2$ (R = verzweigte Alkylgruppen) nach dem l. c. beschriebenen Verf. dargestellt, die Zersetzungsgeschwindigkeitskonstanten (k) der Azoverbb. in Toluol an der N_2-Entw. ermittelt u. die bei 40 bzw. 50° gefundenen Werte auf 80° umgerechnet:

α.α'-Azo-bis-[α.γ.γ-trimethylvaleronitril], stereoisomeres A: k [10^{-4} sec^{-1} bei 80°] = 158 ± 13; E^{α} (Aktivierungsenergie) 27 ± 1,5 (kcal/Mol); ΔS‡ (Aktivierungsentropie) 7 ± 4 (e.u.). *Stereoisomere B*: k = 136 ± 10; E^{α} 29 ± 1,5; ΔS‡ 12 ± 4. — *2.2'-Azo-bis-[2-cyanheptan]*, k = 1,63 ± 0,1. — *4.4'-Azo-bis-[4-cyan-2.6-dimethylheptan]* (I), k = 49,5 ± 2,5. — *3.3'-Azo-bis-[3-cyan-2.4-dimethylpentan]*, k = 12,5 ± 0,04. — *3.3'-Azo-bis-[3-cyan-2-methylpentan* (II), k = 0,95 ± 0,05. — Die erhaltenen Ergebnisse sind eine Bestätigung der früheren Erkenntnis, nach der Verzweigungen in β-Position der Alkylgruppen infolge ster. Hinderung der beiden Molekülhälften eine starke Erhöhung von k bewirken.

Versuche (FF. korr.): *Methylneopentylketazin*, $C_{14}H_{28}N_2$, Kp.$_{10}$ 113—114°, aus Methylneopentylketon u. wasserfreiem Hydrazin (3 Tage kochen u. dest. der organ. Phase); gelbes Öl; D.$^{25}_{4}$ 0,8340, n_D^{25} 1,4590; 79% (Ausbeute). — *2.2'-Hydrazo-bis-[2-cyan-4.4-dimethylpentan], stereoisomeres A*, $C_{16}H_{30}N_4$, F. 108,5—110° (Zers.; A.), aus vorst. Verb. u. fl. HCN bei Raumtemp. in 4 Tagen u. Gießen in W.; 22%. *Stereoisomeres B*, F. 86—87,5° (Zers.; Ae.), aus der Mutterlauge; 38%; beide sind therm. instabil. — *α.α'-Azo-bis-[α.γ.γ-trimethylvaleronitril]* (*2.2'-Azo-bis-[2-cyan-4.4-dimethylpentan]*), *stereoisomeres A*, $C_{16}H_{28}N_4$, F. 66,5—68,5° (Zers.; PAe.), aus vorst. Isomeren A durch Oxydation mit Br_2 in wss. A.; 85%. *Stereoisomeres B*, F. 94,5—95,5° (Zers.; Chlf.-A.), aus B; 73%. — *Heptanon-(2)-azin*, $C_{14}H_{28}N_2$, Kp.$_{10}$ 135—137°, aus Heptanon-(2), 64%ig. Hydrazin u. wenig konz. H_2SO_4 in absol. A. in 4 Tagen im Soxhlet; n_D^{25} 1,4581; 90,3%. — *2.2'-Azo-bis-[2-cyanheptan]*, $C_{16}H_{28}N_4$, F. 49,5—51° (PAe.), aus vorst. Verb., HCN u. wenig konz. HCl in 4 Tagen u. Oxydation wie oben; 82,3%. — *Diisobutylketazin*, $C_{18}H_{36}N_2$, Kp.$_3$ 111,5°, aus Diisobutylketon u. 85%ig. Hydrazin + H_2SO_4 in absol. A.; D.$^{25}_{4}$ 0,8313, n_D^{25} 1,4568; 40,6%. — *α.α'-Azo-bis-[α-isobutyl-γ-methylvaleronitril]* (*4.4'-Azo-bis-[4-cyan-2.6-dimethylheptan]*; I), $C_{20}H_{36}N_4$, F. 83—83,5° (Ae.), analog aus vorst. Verb.; 19,4%. — *Diisopropylketazin*, $C_{14}H_{28}N_2$, Kp.$_{12}$ 105°, aus Diisopropylketon + 85%ig. Hydrazin; D.$^{25}_{4}$ 0,8400, n_D^{25} 1,4537; 56,2%. — *3.3'-Hydrazo-bis-[3-cyan-2.4-dimethylpentan]*, $C_{16}H_{30}$·(N_4 F. 108—110° (CS_2); 58,2%. — *α.α'-Azo-bis-[α-isopropyl-β-methylbutyronitril]* *3.3'-Azo-bis-[3-cyan-2.4-dimethylpentan]*), $C_{16}H_{28}N_4$, F. 104—105° (Zers.; CS_2), aus vorst. Verb. durch Oxydation; 57,8%. — *Äthylisopropylketon*, Kp. 113,7—114,5°, aus Isobutyronitril + Äthylbromid in Ae.; n_D^{25} 1,3961; 65%. — *Äthylisopropylketazin*, $C_{12}H_{24}N_2$, Kp.$_{10}$ 92,5°, D.$^{25}_{4}$ 0,8372, n_D^{25} 1,4538; 89,6%. — *α.α'-Azo-bis-[α-isopropylbutyronitril]* (*3.3'-Azo-bis-[3-cyan-2-methylpentan]*; II), $C_{14}H_{24}N_4$, F. 50,5—52,5° (Ae.); 51%. — *Tetraisobutylsuccinodinitril*, $C_{20}H_{36}N_2$, F. 89—90° (Ae.), durch Zers. von I in Toluol u. Abdampfen; 94%. — *symm.-Diäthyldiisopropylsuccinodinitril*, $C_{14}H_{24}N_2$, F. 116 bis 118° (Ae.), aus II wie vorstehend. (J. Amer. chem. Soc. **76.** 6185—87. 5/12. 1954. Brooklyn, N. Y., Polytechnic Inst., Inst. of Polymer Res., Dep. of Chem.)

H. Lehwald. 950

J. C. Crawhall und **D. F. Elliott**, *Spaltung von Peptidbindungen mit Lithiumborhydrid.* Die Anwendung von $LiBH_4$ (I) an Stelle von $LiAlH_4$ zur Best. von C-endständigen Resten in Peptidestern führt zur Abspaltung der endständigen Aminosäure unter Red. zu dem entsprechenden *Aminoalkohol*. Als Beispiel für ein Dipeptid wurden aus Benzoylglycylalaninmethylester nach 18std. Behandeln mit dem 5fachen Überschuß an I in Tetrahydrofuran bei 0°, Einengen, Abtrennen der anorgan. Salze, Hydrolyse u. Papierchromatographie, *Glycin* u. *Alaninol* (II) erhalten, bei 4std. Kochen wurde außerdem noch *Äthanolamin* (III) nachgewiesen. Bei der quantitativen Unters. der Peptidspaltstücke des Seidenfibroins mit I in Tetrahydrofuran, Hydrolyse u. Überführung der gebildeten *Aminoalkohole* in die *2.4-Dinitrophenylderivv.* mit nachfolgender Verteilungschromatographie wurden nach vorheriger Veresterung mit Diazomethan erhalten: a) bei Raumtemp. u. großem I-Überschuß in 3 Tagen II, III u. wenig *Serinol*; 50% (Gesamtausbeute, bezogen auf die analyt. festgestellten C-endständigen Aminosäuren); b) bei 70—75° in 12 Std., analog; ~100%; c) wie b) in 18 Std.; >100%. Unters. der Peptide ohne vorausgegangene Veresterung gab ~50° II u. III. Es konnte auf diese Weise nicht zwischen echten C-endständigen Resten u. sek. durch Peptidspaltung gebildeten unterschieden werden. Analoge Behandlung des Lysozyms (Mol.-Gew. 14700) lieferte die 3 C-endständigen Resten entsprechenden Ausbeuten an II u. III, daneben wenig *Serinol, Valinol, Phenylalaninol* u. *Leucinol* oder *Isoleucinol*. (Nature [London] **175.** 299—300. 12/2. 1955. London, Nat. Inst. for Med. Res.) W. Gehrmann. 950

Sliwinski und **Rich. Müller**, *Über Silicone.* 5. Mitt. *Trifunktionelles Trichlorsilan als Ausgangsstoff für die Gewinnung monofunktionellen Hexamethyldisiloxans und seiner Vorprodukte.* (4. vgl. C. **1952.** 2265.) Nach Erklärung des Begriffes „Funktionalität" bei organ. Si-Verbb. wird ein Weg zur Gewinnung von reinem, $SiCl_4$-freiem *$(CH_3)_3SiCl$* beschrieben. Aus $HSiCl_3$ wird mit CH_3MgBr in Ae. *$(CH_3)_3SiH$* erhalten, das zu $(CH_3)_3SiBr$ bromiert, mit W. zu *$(CH_3)_3SiOSi(CH_3)_3$* hydrolysiert u. anschließend mit H_2SO_4 u. NH_4Cl gespalten wird. — *Trimethylbromsilan*, Kp.80°, durch Zutropfen von $HSiCl_3$ in Ae. zu

CH_3MgBr in Ae. unter Kühlen u. Rühren, Abdest. des $(CH_3)_3SiH$ + Ae., Bromieren mit Br_2 unter Kühlen u. fraktionierte Dest.; 35—40% (Ausbeute). — *Hexamethyldisiloxan*, Kp. 99,6°, aus vorst. ätherhaltigen Rohprod. durch Verseifen mit W. u. Dest.; $D.^{20}_4$ 0,7638, n_D^{20} 1,3774; 62%. — *Trimethylchlorsilan*, Kp. 56—58°, aus vorst. Verb. in konz. H_2SO_4 durch Zufügen von festem NH_4Cl u. Fraktionieren; 73,5%. (Chem. Techn. **3.** 293—96. Okt. 1951. Dresden-Radebeul, Chem. Fabrik von Heyden, Abt. für hitzebeständige Hochpolymere der VVB Alcid.) H. Lehwald. 980

M. Cohen und **J. R. Ladd,** *Dimethylvinyläthoxysilan und Methylvinyldiäthoxysilan.* Durch 1std. Kochen von CH_3MgBr mit Vinyltriäthoxysilan in Ae. konnten nach Fraktionierung erhalten werden: *Vinyldimethyläthoxysilan*, Kp. 99°, n_D^{20} 1,3983, $D.^{20}_4$ 0,790; 5,6% (Ausbeute), u. *Vinylmethyldiäthoxysilan*, Kp. 133—134°, n_D^{20} 1,4000, $D.^{20}_4$ 0,858; 57,4%. (J. Amer. chem. Soc. **75.** 988. 20/2. 1953. Schenectady, N. Y., Gen. Electric Co., Res. Labor.) U. Wannagat. 980

K. N. Anissimow, N. Je. Kolobowa und **A. N. Nessmejanow,** *Untersuchungen auf dem Gebiet der Derivate von ungesättigten Phosphonsäuren. 6. Mitt. Ester der β-Isopropoxyvinyl-, β-Isobutoxyvinyl- und β-Isoamyloxyvinylphosphonsäure.* (5. vgl. C. **1956.** 3856.) Es werden durch Rk. von β-Isopropoxy- (**I**), β-Isobutoxy- u. β-Isoamyloxyvinylphosphonsäuredichlorid mit Alkoholen in Ggw. von Pyridin die entsprechenden *β-Isopropoxy-, β-Isobutoxy-* u. *β-Isoamyloxyvinylphosphonsäuredialkylester* erhalten.

Versuche: β-Isopropoxyvinylphosphonsäuredialkylester $C_3H_7OCH{=}CHPO(OR)_2$: $R = CH_3$, $C_7H_{15}O_4P$, Kp.$_2$ 94—95°, man gibt unter Kühlung zu 3,2 g CH_3OH 7,9 g Pyridin in 60 ml Bzl. 10,15 g **I**, erhitzt ca. 1 Std. auf dem Wasserbad, filtriert u. dest.; $D.^{20}_4$ 1,1042, n_D^{20} 1,4438; 6 g (Ausbeute). $R = C_2H_5$, $C_9H_{19}O_4P$, Kp.$_1$ 103°, $D.^{20}_4$ 1,0450, n_D^{20} 1,4428. $R = n\text{-}C_3H_7$, $C_{11}H_{23}O_4P$, Kp.$_1$ 113°, $D.^{20}_4$ 1,0141, n_D^{20} 1,4439; 72%. $R = iso\text{-}C_3H_7$, $C_{11}H_{23}O_4P$, Kp.$_2$ 99°, $D.^{20}_4$ 0,9973, n_D^{20} 1,4360. $R = n\text{-}C_4H_9$, $C_{13}H_{27}O_4P$, Kp.$_2$ 132—133°, $D.^{20}_4$ 0,9910, n_D^{20} 1,4460. $R = iso\text{-}C_4H_9$, $C_{13}H_{27}O_4P$, Kp.$_1$ 116°; $D.^{20}_4$ 0,9847; n_D^{20} 1,4440. R = *Allyl*, $C_{11}H_{19}O_4P$, Kp.$_2$ 120°, $D.^{20}_4$ 1,0448, n_D^{20} 1,4651; 54%. $R = n\text{-}C_6H_{13}$, $C_{17}H_{35}O_4P$, Kp.$_2$ 149°, $D.^{20}_4$ 0,9628, n_D^{20} 1,4498. R = *β-Methoxyäthyl*, $C_{11}H_{23}O_6P$, Kp.$_3$ 155°, $D.^{20}_4$ 1,1002, n_D^{20} 1,4555; 57%. R = *β-Äthoxyäthyl*, $C_{13}H_{27}O_6P$, Kp.$_1$ 155°, $D.^{20}_4$ 1,0652, n_D^{20} 1,4520. — β-Isobutoxyvinylphosphonsäuredialkylester, $C_4H_9OCH{=}CHPO(OR)_2$: $R = CH_3$, $C_8H_{17}O_4P$, Kp.$_2$ 105°, $D.^{20}_4$ 1,0831, n_D^{20} 1,4487; 75%. $R = C_2H_5$, $C_{10}H_{21}O_4P$, Kp.$_2$ 110°, $D.^{20}_4$ 1,0310, n_D^{20} 1,4435; 73%. $R = n\text{-}C_3H_7$, $C_{12}H_{25}O_4P$, Kp.$_2$ 124°, $D.^{20}_4$ 1,0014, n_D^{20} 1,4442. $R = iso\text{-}C_3H_7$, $C_{12}H_{25}O_4P$, Kp.$_2$ 110°, $D.^{20}_4$ 0,9948, n_D^{20} 1,4405. $R = n\text{-}C_4H_9$, $C_{14}H_{29}O_4P$, Kp.$_1$ 144°, $D.^{20}_4$ 0,9849, n_D^{20} 1,4470; 70%. $R = iso\text{-}C_4H_9$, $C_{14}H_{29}O_4P$, Kp.$_2$ 135°, $D.^{20}_4$ 0,9804, n_D^{20} 1,4440. R = *Allyl*, $C_{12}H_{21}O_4P$, Kp.$_1$ 130°, $D.^{20}_4$ 1,0417, n_D^{20} 1,4643. $R = n\text{-}C_6H_{13}$, $C_{18}H_{37}O_4P$, Kp.$_1$ 165°, $D.^{20}_4$ 0,9597, n_D^{20} 1,4498. R = *β-Methoxyäthyl*, $C_{12}H_{25}O_6P$, Kp.$_2$ 163°, $D.^{20}_4$ 1,0900, n_D^{20} 1,4543. R = *β-Äthoxyäthyl*, $C_{14}H_{29}O_6P$, Kp.$_2$ 170°, $D.^{20}_4$ 1,0533, n_D^{20} 1,4509. — β-Isoamyloxyvinylphosphonsäuredialkylester, $C_5H_{11}OCH{=}CHPO(OR)_2$: $R = CH_3$, $C_9H_{19}O_4P$, Kp.$_1$ 109,5°, $D.^{20}_4$ 1,0667, n_D^{20} 1,4508. $R = C_2H_5$, $C_{11}H_{23}O_4P$, Kp.$_1$ 119°, $D.^{20}_4$ 1,0928, n_D^{20} 1,4464. $R = n\text{-}C_3H_7$, $C_{13}H_{27}O_4P$, Kp.$_1$ 132°, $D.^{20}_4$ 0,9960, n_D^{20} 1,4482. $R = iso\text{-}C_3H_7$, $C_{13}H_{27}O_4P$, Kp.$_2$ 120°, $D.^{20}_4$ 0,9866, n_D^{20} 1,4418. $R = n\text{-}C_4H_9$, $C_{15}H_{31}O_4P$, Kp.$_1$ 148°, $D.^{20}_4$ 0,9896, n_D^{20} 1,4490. $R = iso\text{-}C_4H_9$, $C_{15}H_{31}O_4P$, Kp.$_2$ 143°, $D.^{20}_4$ 0,9734, n_D^{20} 1,4458. R = *Allyl*, $C_{13}H_{23}O_4P$, Kp.$_1$ 137°, $D.^{20}_4$ 1,0335, n_D^{20} 1,4645. $R = n\text{-}C_6H_{13}$, $C_{19}H_{39}O_4P$, Kp.$_1$ 171°, $D.^{20}_4$ 0,9618, n_D^{20} 1,4500. R = *β-Methoxyäthyl*, $C_{13}H_{27}O_6P$, Kp.$_1$ 173°, $D.^{20}_4$ 1,0758, n_D^{20} 1,4550. R = *β-Äthoxyäthyl*, $C_{15}H_{31}O_6P$, Kp.$_1$ 179°, $D.^{20}_4$ 1,0453, n_D^{20} 1,4527. (Известия Академии Наук СССР, Отделение Химических Наук [Nachr. Akad. Wiss. UdSSR, Abt. chem. Wiss.] **1955.** 425—31. Mai/Juni. Inst. für Metallorgan. Verbb. der Akad. der Wiss. der UdSSR.) O. Pollak v. Emhofen. 980

Ross I. Wagner und **Anton B. Burg,** *Chemie der Methylphosphine in flüssigem Ammoniak.* Die Darst. von *Methylphosphin* (**I**) aus PH_3 erfolgt nach $2\,PH_3 + 2e^- \rightarrow 2\,PH_2^- + H_2$; $PH_2^- + CH_3Cl$ (**IV**) $\rightarrow$ **I** + Cl^- in fl. NH_3 mit Na oder Ca als Elektronendonatoren. Ebenso wird aus **I** das *Dimethylphosphin* (**II**) erhalten, aber, weil **I** eine schwächere Protonensäure ist als PH_3, langsamer u. in geringerer Ausbeute. In Ggw. von NH_2^- bildet **II** Komplexe, die mit NH_4Br in das flüchtige *Bis-dimethylphosphinoamin* (**III**) übergehen, u. die mit **IV** *Trimethylphosphin* liefern.

Versuche: *Phosphin*, durch tropfenweises Zugeben von wss. KOH zu PH_4J (sublimiert); Aufbewahrung in einem Stahlgefäß. — *Methylphosphin* (**I**), aus PH_3 durch Zugeben zu 40 g Ca in 2 Liter fl. NH_3 bei —78° (bis zum Verschwinden der blauen Färbung) u. Behandeln mit **IV**; Isolierung durch Dest. unter Verwendung eines bes. beschriebenen Kolonnenaufsatzes zur Trennung des **I** (Fl.) vom NH_3 (Fl.) bei —78° u. eines magnet. Scheidetrichters (im Vakuum bei —78° verwendbar); 87% (Ausbeute); oder ebenso mit 3,65 g Na in 250 cm³ fl. NH_3. — *Dimethylphosphin* (**II**), Dampfdruck 342 mm bei 0°, aus I, bei −78° rasch in die Lsg. von 37 g Ca in 1,7 Liter fl. NH_3 eindest., IV schnell in einem N_2-Strom eingeleitet; isoliert wie I; 67,2%; oder mit Na in fl. NH_3 mit nur 79% I (in 3 Std. bei −78° verschwindet die blaue Färbung nicht ganz); 25—30%; oder aus CaPH (Suspension in fl. NH_3) mit IV; 33%. — **II**-*Komplex mit $NaNH_2$*, $Na[(CH_3)_2P\cdot NH]\cdot n\text{-}NH_3$ oder $Na[(CH_3)_2P\cdot N\cdot P(CH_3)_2]\cdot n\text{-}NH_3$, aus $NaNH_2$ [Na + NH_3 in Ggw. einer Spur $Fe(NO_3)_3$ unter Bldg. von 1 Mol H_2] in fl. NH_3 mit **II** unter Entweichen von 1 Mol H_2 (Beginn der Rk. bei −30°, vollständig bei −10° nach 4 Tagen); oder aus Na in fl. NH_3 mit **II** (3½ Std. bei −40 bis −35°) nach Abdest. des überschüssigen **II** u. Bldg. von mehr als 1 Mol H_2/Mol verbrauchten **II**; tief orangefarbene Lsg. in fl. NH_3. — *Bis-dimethylphosphinoamin* (**III**), $[(CH_3)_2P]_2NH$, F. 39,5°, Dampfdruck 3,21 mm (27,1°), 4,31 mm (30°), 5,40 mm (33,5°), 7,22 mm (37°), Dampfdruckkonstanten $\log_{10} p_{mm} = 11{,}240 - 3221/T$, aus $NaNH_2$ u. **II** in fl. NH_3 (3 Tage bei 25° im Bombenrohr), dann Zugeben von NH_4Br (Nd. von NaBr) u. Dest. im Vakuum; Rückstand durch fraktionierte Kondensation gereinigt. **III** disproportioniert bei 145° (15 Std. im Bombenrohr) unter Bldg. von NH_3 u. einer fl. Verb. [vielleicht $\{(CH_3)_2P\}_3N$] zu ca. 10%. — *Trimethylphosphin*, F. −88°, Dampfdruck 162 mm bei 0°, aus $NaNH_2$ u. **II** in fl. NH_3 durch Zugeben von **IV** bei −78°, Dest. nach 30 Min.; 92%; oder aus dem festen Rückstand des nachst. Vers. mit **IV** in fl. NH_3 (6 Std. bei −78°); 55%. — Aus dem Komplex aus $NaNH_2$ u. **II** (1 Std. bei −78°) werden im Vakuum bei −78°, dann bei −23° u. zuletzt bei 25° 73,4% des **II** abgespalten [als *$B(CH_3)_3$-Komplex* isoliert] unter Bldg. eines festen Rückstandes. (J. Amer. chem. Soc. **75**. 3869—71. 20/8. 1953. Los Angeles, Calif., Univ.)

F. J. MEYER. 980

Anton B. Burg und **Ross I. Wagner**, *Chemie der P—B-Bindung: Die Phosphinoborine und ihre Polymeren. Dimethylphosphin* (**I**) bildet mit *Diboran* (**II**) eine Verb., die als Addukt *Dimethylphosphinborin* (**III**), $(CH_3)_2PH\cdot BH_3$, formuliert wird. Erwärmen von **III** führt zu Gemischen polymerer *Dimethylphosphinoborine* (**IV**), $[(CH_3)_2P\cdot BH_2]_n$, unter denen bes. das *Trimere* u. das *Tetramere* durch hohe Beständigkeit auffallen. Ihre Zus. aus $P(CH_3)_2$- u. BH_2-Einheiten wird durch den Abbau zu *Dimethylphosphinsäure* (**V**) wahrscheinlich gemacht. Ähnlich stabil wie **IV** ist das *trimere Dimethylphosphinodimethylborin* (**VI**), $[(CH_3)_2P\cdot B(CH_3)_2]_3$, das aus **I** u. Dimethylbromborin (**VII**) mit Triäthylamin (**VIII**) erhalten wird, u. *polymeres Dimethylphosphinomethylborin* (**IX**), $[(CH_3)_2P\cdot BHCH_3]_x$ während *Phosphinodimethylborin* (**X**), $H_2P\cdot B(CH_3)_2$, auch als Polymeres weniger beständig ist. Das ebenfalls dargestellte *monomere* **X**, aus PH_3 u. **VII** mit **VIII**, reagiert mit Methanol (**XI**) unter Bldg. von *Dimethylborsäuremethylester*. Mögliche Bindungsanordnungen in **III**, **VI** u. **IX** werden zur Erklärung ihrer Stabilität diskutiert.

Versuche: *Trimethylphosphin* (**XIII**), Dampfdruck bei 0° (p_0) 161,0 (mm), aus PBr_3 u. Methylmagnesiumjodid in n-Butyläther; 38% (Ausbeute). — *Trimethylphosphinborin*, F. 103—103,5°; $p_{45,7}$ 2,20; $p_{50,5}$ 3,02; $p_{55,3}$ 3,91; $p_{61,0}$ 5,64; $p_{65,2}$ 7,29; $p_{75,1}$ 12,78; $p_{80,9}$ 17,70; $p_{85,3}$ 22,35; $\log_{10} p_{mm} = 9{,}531 - 2933/T$; aus **II** u. **XIII** bei −78° (heftige Rk.); zers. sich (198 Std. bei 260°) unter Bldg. von H_2, *Methan*, **XIII** (16,8%). — *Dimethylphosphinborin* (**III**), F. −22,6°; $p_{29,5}$ 2,36; $p_{39,9}$ 4,25; p_{50} 7,44; $p_{60,7}$ 12,67; $p_{75,2}$ 25,0; p_{90} 46,2; $p_{100,1}$ 68,7; $p_{110,2}$ 100,0; $\log_{10} p_{mm} = 8{,}100 - 2337/T$; aus **I** (Darst. vgl. vorst. Ref.) u. **II**; zers. sich unter Bldg. von H_2 u. **IV**. — *Methylphosphinborin*, F −49,9 bis −49,3°; $p_{23,6}$ 3,5; $p_{35,7}$ 7,1; $p_{46,1}$ 12,7; $p_{51,0}$ 16,5; $p_{56,2}$ 21,5; $p_{66,3}$ 34,8; $p_{71,3}$ 43,4; $p_{76,4}$ 54,6; $p_{81,3}$ 67,3; $\log_{10} p_{mm} = 8{,}400 - 2329/T$; aus Methylphosphin u. **II**, zers. sich bei 100° (20 Std.) unter Bldg. von 1 Mol H_2 zu einem viscosen Öl [nicht destillierbar, gegen 4n HCl (10 Min. Kochen im Vakuum) beständig], bei höherer Temp. entsteht ein weiteres Mol H_2 u. eine braune feste Verbindung. — *Dimethylphosphindimethylborin* (**XII**), $p_{19,5}$ 2,58; $p_{29,3}$ 5,44; $p_{39,5}$ 10,9; $\log_{10} p_{mm} = 10{,}177 - 2857/T$ ($p_{49,9}$ 23,3 u. p_{60} 48,7 zeigen Disproportionierung oberhalb 40° an); aus **I** u. Tetramethyldiboran bei langsamem Erwärmen. — *Dimethylphosphintrimethylborin* (**XIV**), F. −2,8 bis −1,8°; p_0 5,3; $p_{19,6}$ 23,8; $p_{30,8}$ 52,2; $p_{41,3}$ 101; $p_{49,3}$ 164; $p_{60,6}$ 497; $\log_{10} p_{mm} = 10{,}205 - 2580/T$; aus **I** u. Trimethylborin in Dampfphase (bei 78 mm u. 39°) zu 92% dissoziiert. — *Dimethylphosphinoborine* (**IV**), *Trimeres*, F. 85—86° (Methanol), $p_{59,75}$ 0,40; p_{65} 0,54; $p_{69,6}$ 0,82; $p_{74,67}$ 1,29; $p_{79,55}$ 2,04; $p_{84,87}$ 2,88; $\log_{10} p_{mm} = 13{,}10 - 4515/T$ (für die feste Verb.); $p_{89,5}$ 3,95; $p_{95,25}$ 5,33; p_{100} 6,79; $p_{104,85}$ 8,41; $p_{109,87}$ 10,5; $p_{114,87}$ 13,27; $p_{120,17}$ 16,56; $p_{124,86}$ 20,07; $\log_{10} p_{mm} = 8{,}557 - 2887/T$ (für die fl. Verb.); Kristallographie: orthorhomb. Zelleinheit mit a_1 11,1; a_2 13,1; a_3 10,4 Å; aus **III** durch Erhitzen (40 Std. auf 150°); Trennung vom Tetrameren durch fraktionierte Sublimation im Hochvakuum; 89,5%. Die Verb. ist weitgehend beständig gegen 4n HCl (15 Std. bei 240°) u. konz. NaOH (4 Std. bei 100°). *Tetrameres*, F. 160—161° (Bzl.); $\log_{10} p_{mm} = 12{,}28 - 4900/T$ (für die feste Verb.); $p_{161,9}$ 10,4; $p_{165,1}$ 11,8; $p_{170,5}$ 14,6; $p_{165,2}$ 17,2; $p_{179,8}$ 20,3; $p_{189,8}$ 28,9; $\log_{10} p_{mm} = 8{,}364 - 3196/T$ (für die fl. Verb.); Darst. wie vorst.; 8,8%. Die Verb. ist beständig gegen 4n HCl (35 Std. bei 100°) u. konz. NaOH (4 Std. bei 100°). *Polymere*, nichtflüchtiger Rückstand, zers. sich bei 173° (88 Std.) unter Bldg. von 1% des *Trimeren.* — *Dimethylphosphinsäure* (**V**), F. 91 bis 92° (Bzl.); $p_{94,8}$ 0,29; $p_{102,3}$ 0,44; $p_{109.8}$ 0,6; $p_{114,9}$ 0,75; $p_{119,8}$ 0,98; $p_{129,7}$ 1,46; $p_{134,6}$ 1,76; $p_{139,7}$ 2,13; $\log_{10} p_{mm} = 7{,}313 - 2880/T$; aus **I** mit J_2O_5 in W. bei 0° oder (neben H_3BO_3 u. H_2) aus **IV** mit wss. HCl (256 Std. bei 300°); 95,1% aus dem Trimeren, 99% aus dem Tetrameren, durch Titration nachgewiesen. — Umsetzung des *trimeren* **IV** mit Na (4 Mol in NH_3, 62 Tage bei 25° im abgeschmolzenen Rohr; nach 32 Tagen ist die blaue Farbe verschwunden) führt zu ca. 1,7 Mol H_2, ca. 2,5 Mol *Methan* u. einem Rückstand, der $NaNH_2$, *trimeres* **IV** (46,4% des eingesetzten, durch Sublimation) u. die nachst. Verb. enthält. *Verb.* $(CH_3)_5NH_2P_3(BH_2)_3$ (eine CH_3-Gruppe im trimeren **IV** durch NH_2 ersetzt?), F. 35,5—35,7°; $p_{36,1}$ 0,008; p_{45} 0,21; $p_{55,2}$ 0,45; p_{65} 0,92; $p_{77,5}$ 2,11; $p_{84,8}$ 3,25; $p_{97,5}$ 6,27; $p_{112,4}$ 12,5; $p_{127,4}$ 23,8; $\log_{10} p_{mm} = -(5407{,}9/T) + 1{,}75 \log_{10} T - 0{,}01949\,T + 18{,}121$; vom $NaNH_2$ der vorst. Umsetzung nach Hydrolyse durch Dest. im Hochvakuum getrennt. — *Dimethylphosphinodimethylborin, trimeres* (**VI**), F. 333—334° (Methanol); p_{120} 0,18; p_{130} 0,27; p_{140} 0,54; p_{150} 0,85; p_{160} 1,72; $p_{1,0}$ 2,98; p_{180} 4,27; p_{190} 7,1; $p_{197,5}$ 9,83; $\log_{10} p_{mm} = 9{,}883 - 4184/T$; aus **I** u. **VII** in Bzl. mit **VIII**, Abfiltrieren des **VIII**-Hydrobromids u. Behandeln mit Ae.; 30%. Hydrolyse mit konz. HCl (7 Tage bei 325°) unter Bldg. von H_2, *Methan*, **V**. — *Dimethylphosphinomethylborin, polymer* (**IX**), F. 120—132° (A.; mit etwas **VI** vermischt), aus **XII** (u. 0,25 Mol **XIV**) durch therm. Disproportionierung (26 Std. bei 165°) unter Bldg. von H_2 u. **XIV** (ca. 0,6 Mol); wachsartiger Körper; Hydrolyse (konz. HCl, 7 Tage bei 320°) unter Bldg. von H_2 u. *Methan.* — Die Pyrolyse des *Phosphinborins* (aus **II** u. 2 Mol PH_3 19 Tage bei 65°) lieferte ca. 2 Mol H_2 u. etwas **II**, sowie eine nichtflüchtige, chem. inerte *Verb.* $PB_{1,15}H_{3,91}$. — *Phosphinodimethylborin* (**X**), *monomer*, F. 45—50°, aus PH_3 u. **VII** in Bzl. mit 1 Mol **VIII**, Filtrieren vom **VIII**-Hydrobromid u. Eindampfen; Nd. aus Ae. bei —78°. Die Verb. zeigt in Ae. nach 75 Min. ein Mol.-Gew. von 94,2; nach 140 Min. 98,2; nach 300 Min. 110; nach 1410 Min. 182; nach 3350 Min. 418; nach 4665 Min. 686; nach 8555 Min. 2080 (Monomeres berechnet 73,9). Sie geht bei der Dest. im Hochvakuum in eine *Verb.* vom F. 41—125° über, deren Analyse für C u. H niedrigere Werte als **X** liefert. — *Dimethylborsäuremethylester*, $p_{-78,5}$ 2,0; $p_{-63,5}$ 6,5; $p_{-45,2}$ 24,9; $p_{-22,9}$ 96,6; p_0 301; $\log_{10} p_{mm} = 7{,}935 - 1490/T$ (hiernach Kp. 21°); aus monomerem **X** u. **XI** neben PH_3 u. polymerem **X**. (J. Amer. chem. Soc. **75.** 3872—77. 20/8. 1953.) F. J. MEYER. 980

Sigeru Tsutsumi, Tadashi Yoshijima und **Kikuhiko Koyama**, *Über die Synthese von Äthylbenzol.* Für die Darst. von *Äthylbenzol* (**I**) aus Bzl. (**II**) u. Äthylen (**III**) bei 275 bis 300° u. einem Anfangs-**III**-Druck von 40 kg/cm² eignet sich als Katalysator eine Mischung von H_3PO_4 u. CuO im Mol-Verhältnis 1,5. Die Anwendung von **II** u. **III** im Mol-Verhältnis 0,261 führt zu einer Ausbeute von 89,2% **I**. Kontaktmischungen von ZnO, NiO u. CdO mit H_3PO_4 sind unwirksam. Die Äthylierung von **II** mit Crackgasen an Stelle von **III** wird durch die Ggw. von Propylen beschleunigt. *Cumol* u. **I** lassen sich gleichzeitig bei 275—300° mit Ausbeuten von 97,0 u. 94,3% darstellen. (J. Fuel Soc. Japan **34.** 145—50. März 1955. Osaka, Univ., Dep. of Appl. Chem. [Orig.: japan.; Auszug: engl.]) W. WESLY. 1010

W. Webster, *Die Chlorierung von α-Chloräthylbenzol.* 2. Mitt. (1. vgl. GALITZENSTEIN u. WOOLF, C. **1955.** 565.) Bei der Chlorierung von α-Chloräthylbenzol (**I**) bei 0° in Ggw. von 2 Gew.-% J_2 wird ein Gemisch von *α-Chloräthylchlorbenzolen* (in der Hauptsache das p-Isomere) in 88%ig. Ausbeute erhalten. Daneben bilden sich ca. 5% Additionsprodd. des Cl_2 an den Benzolkern. Wenn weniger J_2 eingesetzt wird, sinkt die Ausbeute an Substitutionsprodd., während die an Additionsprodd. ansteigt. Wird bei höherer Temp. chloriert, so erfolgt weitere Substitution in der Seitenkette. (J. appl. Chem. **3.** 345—50. Aug. 1953. Great Burgh, Epsom, Surrey, Distillers Co., Res. and Developm. Dep.) I. FESTL. 1010

A. W. Toptschijew, Ja. M. Pauschkin und **M. W. Kuraschew,** *Alkylierung von Benzol mit Propylen in Gegenwart von Polyisopropylbenzol und Aluminiumchlorid.* Vff. untersuchten die Zus. der Reaktionsprodd. aus 117—176 g Bzl. (**I**), 31—42 g Propylen (**II**) u. 15% des Gesamtgewichts an techn. $AlCl_3$ in Abhängigkeit von zwischen 20 u. 60 g variierten Zusätzen von Polyisopropylbenzol (**III**) vom Kp. $>170°$ (hauptsächlich aus Diisopropylbenzolen bestehend). Bei einem mol. Verhältnis **II** : 1 = 1 : 2 enthält das oberhalb 120° sd. Alkylat 70% *Isopropylbenzol* (**IV**). Der Geh. an **IV** kann durch Ersatz von 0,5 Mol **I** durch die äquimol. Menge **III** auf 90% erhöht werden. (Доклады Академии Наук СССР [Ber. Akad. Wiss. UdSSR] [N. S.] **88.** 849—52. 11/2. 1953.) H. SCHMEISS. 1010

Harry Sobotka und **J. D. Chanley,** *Äthylpseudocumol.* 1-Äthinyl-2.2.6-trimethylcyclohexanol (**I**) lagert sich bei der Dehydratation über Al_2O_3 hauptsächlich in *1-Äthyl-1.3.6-trimethylbenzol* (**II**) (Äthylpseudocumol) um. Auch Kochen einer benzol. Lsg. von **I** mit P_2O_5 führt zu **II**.

Versuche: *1-Äthyl-2.3.6-trimethylbenzol* (II), $Kp._{15}$ 94—95°, a) durch Leiten von 95 g I über Al_2O_3 bei 220°/18 mm; n_D^{25} 1,5100—1,5115; 43,5 g (Ausbeute); b) durch 1std. Kochen von 25 g I in Bzl. mit 8,5 g P_2O_5; 9 g. *4.5-Dinitroderiv.*, F. 80—81° (A.). *4.5-Diaminoderiv.* F. 84—85° (A.); daraus mit HCOOH das *Benzimidazolderiv.*, F. 210°. (J. Amer. chem. Soc. **77**. 6076—77. 20/11. 1955. New York, N. Y., Mount Sinai Hosp., Dep. of Chem.) I. Ahrlé. 1010

George F. Lewenz und **Kasper T. Serijan**, *Charakterisierung einiger Alkylbenzole durch ihre Phthalsäureanhydrid-Derivate.* Gegenüber physikal. Methoden zur Identifikation aromat. KW-stoffe hat die Charakterisierung fester Derivv. mit Hilfe der FF. manche Vorteile. Bisher oft gebrauchte Derivv., wie Pikrate, Styphnate usw. sind nicht immer anwendbar. Mono-, Di- u. Trialkylbenzole wurden daher als Phthalsäureanhydrid-Derivv. dargestellt u. ihre FF. bestimmt. Aus Mischschmelzpunktsbestimmungen ergab sich, daß die 3 isomeren Methyl-tert.-butylbenzole ident. Derivv. gaben; das Deriv. des 1.3.5-Triäthylbenzols tritt in mindestens 2 Modifikationen auf.

Versuche: Die Derivv. sind als *o-Aroylbenzoesäuren* zu formulieren. Die Darst. erfolgt aus *Phthalsäureanhydrid* u. dem KW-stoff in Ggw. von $AlCl_3$ zuerst 3—4 Std. im Eisbad, dann bei Zimmertemperatur. FF. der Derivv. (in Klammern die FF. der Literatur): *Benzol*, $C_{14}H_{10}O_3$, 129,2—130,0° (127—128°). — *Toluol*, $C_{15}H_{12}O_3$, 139,6 bis 140,5° (137—138°). — *Äthylbenzol*, $C_{16}H_{14}O_3$, F. 130,7—131,6° (122°). — *1.2-Dimethylbenzol*, $C_{16}H_{14}O_3$, 166,7—168,1° (162°). — *1.3-Dimethylbenzol*, $C_{16}H_{14}O_3$, 142,5—142,8°. — *1.4-Dimethylbenzol*, $C_{16}H_{14}O_3$, 148,0—149,1° (149°). — *n-Propylbenzol*, $C_{17}H_{16}O_3$, 125,4 bis 126,2° (125—126°). — *1.2.3-Trimethylbenzol*, $C_{17}H_{16}O_3$, 173,4—173,8°. — *1.3.5-Trimethylbenzol*, $C_{17}H_{16}O_3$, 216,3—216,9° (211—212°). — *1.2.4-Trimethylbenzol*, $C_{17}H_{16}O_3$, 148,9 bis 150,5°. — *1-Methyl-2-äthylbenzol*, $C_{17}H_{16}O_3$, 129,8—131,4°. — *1-Methyl-3-äthylbenzol*, $C_{17}H_{16}O_3$, 104,1—105,7°. — *1.2-Diäthylbenzol*, $C_{18}H_{18}O_3$, 141,8—142,7°. — *1.3-Diäthylbenzol*, $C_{18}H_{18}O_3$, 121,8—122,5° (114—116°). — *n-Butylbenzol*, $C_{18}H_{18}O_3$, 100,8—101,8° (97—98°). — *sek.-Butylbenzol*, $C_{18}H_{18}O_3$, 129,0 bis 129,6°. — *Isobutylbenzol*, $C_{18}H_{18}O_3$, 125,2—126,8°. — *tert.-Butylbenzol*, $C_{18}H_{18}O_3$, 143,8—144,7°. — *1.3-Dimethyl-5-äthylbenzol*, $C_{18}H_{18}O_3$, 210,1—212,1°. — *1-Methyl-4-isopropylbenzol*, $C_{18}H_{18}O_3$, 125,8—126,6° (123 bis 124°). — *1-Methyl-2-tert.-butylbenzol*, $C_{19}H_{20}O_3$, 134,3—135,5°. — *1-Methyl-3-tert.-butylbenzol*, $C_{19}H_{20}O_3$, 135,6—135,4°. — *1-Methyl-4-tert.-butylbenzol*, $C_{19}H_{20}O_3$, 136,0—136,8°. — *1-Methyl-3.5-diäthylbenzol*, $C_{19}H_{20}O_3$, 145,2—146,7°. — *1.3.5-Triäthylbenzol*, $C_{20}H_{22}O_3$, 122,8—123,6°; zweite Modifikation 131,0—132,0° (129,5—130,5°). (J. Amer. chem. Soc. **75**. 4087—89. 20/8. 1953.) M. Quast. 1010

A. Burawoy, F. Liversedge und **C. E. Vellins**, *o-Mercaptoazoverbindungen.* 6. Mitt. *Darstellung und Struktur von Azobenzol-2-sulfenyl-Derivaten.* (5. vgl. C. **1955**. 5524; 7. vgl. C. **1956**. 4987.) Das sehr stabile *Azobenzol-2-sulfenylbromid* (**I**) ist im Gegensatz zu anderen Sulfenylhalogeniden in W. lösl. u. kann aus W. oder A. krist. werden; das gleiche gilt für das *Chlorid* (**II**), *Thiocyanat* (**V**) u. *Jodid* (**III**). Das rotorangefarbene krist. **III** löst sich in W. mit blaßgrünlichgelber, in Bzl. bzw. Chlf. jedoch mit blauer bzw. violettroter Farbe. Die Folgerung, daß die Azobenzol-2-sulfenylhalogenide im Gegensatz zu anderen Sulfenylhalogeniden im krist. Zustand u. in wss. bzw. alkoh. Lsg. als wahre ion. Salze existieren, wird durch die Darst. des stabilen, in W. lösl. *Perchlorats* (**IV**) bewiesen. Das entsprechende *Cyanid* (**VI**) ist dagegen nichtion. u. in W. unlöslich. Leitfähigkeitsmessungen an **I**, **II** u. **IV** (Tabelle) zeigen, daß die Verbb. starke Elektrolyte sind u. in m/100 u. m/1000 Lsg. zu weniger als 1%, in m/10000 Lsg. zu weniger als 4% hydrolysiert sind. Von **I** u. **II** wurden in W. u. $CHBr_3$ die Mol.-Geww. bestimmt (Tabelle), womit ebenfalls gezeigt wird, daß die Verbb. in W. dissoziiert sind; in $CHBr_3$ sind die Mol.-Geww. normal. Das Kation der Azobenzol-2-sulfenylderivv. hat die Struktur eines *2-Phenylbenzo-1-thia-2.3-diazolium-Ions* (**A**), wie durch die Absorptionsspektren der untersuchten Verbb. bewiesen wird; die Absorptionsmaxima der untersuchten Verbb. u. zum Vgl. die des *Azobenzols* u. des *azobenzol-2-sulfinsauren Na* sowie die Absorptionskurven sind angegeben u. werden diskutiert. In Bzl. u. Chlf. liegt bei **I**, **II** u. **V** ein Gleichgewicht zwischen der ion. u. nichtion. Form vor, wobei die Konz. der letzteren in der Reihenfolge Chlf. < Bzl. < Hexan wächst; **IV** liegt in der ion. u. **VI** in der nichtion. Form vor. Die Tendenz der S-Halogenbindung zur Ionisierung steigt in der Reihenfolge J < Br < Cl, also umgekehrt als bei der C-Halogenbindung. Opt. Unterss. u. Unterss. mit Röntgenstrahlen (mit Bartindale u. Farrow) zeigen, daß krist. **II** ionisiert vorliegt; die kristallograph. Daten sind angegeben.

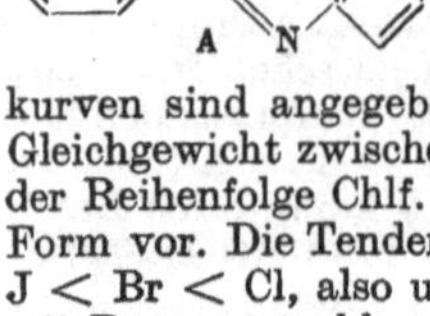

A

Versuche: Nach $^1/_2$std. Kochen von I in Bzl. mit Zn-Staub, Filtration in der Hitze u. Einengen wird *Bis-[o-phenylazophenyl]-disulfid*, F. 141—142°, erhalten; aus Leichtbenzin orangefarbene Nadeln; 68% (Ausbeute). — *Azobenzol-2-sulfenylchlo-*

rid (II), $C_{12}H_9N_2ClS$, F. 227—228°, durch Zugabe von konz. HCl zu I in W. bei 45° u. Ausziehen mit Chlf; gelbe Prismen aus W, oder Bzl.; 92%. — *Azobenzol-2-sulfenyljodid* (III), $C_{12}H_9N_2JS$, F. 192—193°, durch Zugabe von KJ-Lsg. zu I in W. bei 45°; aus A. rotorangefarbene Prismen; 94%. — *Azobenzol-2-sulfenylthiocyanat* (V), $C_{13}H_9N_3S_2$, F. 147 bis 148°, durch Addition von Na-Thiocyanat in W. zu I in W. bei 45°; aus Bzl. orangefarbene Prismen; 90%. — *Azobenzol-2-sulfenylperchlorat* (IV), $C_{12}H_9O_4N_2ClS$, F. 214 bis 216° (Zers.), ebenso mit $NaClO_4$; grüngelbe Nadeln aus A.; 93%. — *Azobenzol-2-sulfenylcyanid (2-Thiocyanatoazobenzol;* VI), $C_{13}H_9N_3S$, F. 99—100° (Leichtbenzin), durch Zugabe von 0,5 g KCN in W. zu 0,45 g I in W.; orangegelbe Nadeln; 0,4 g. (J. chem. Soc. [London] **1954**. 4481—86. Dez. Manchester, Univ., Coll. of Technol.)

H.-J. Nitzschke. 1090

Shiam Sunder Joshi und **Hari Singh**, *Aromatische Nitrooxyketone.* 1. Mitt. *Nitrooxyacetophenone.* Es wird eine Reihe von *Nitrooxyacetophenonen* nach 3 Methoden dargestellt: a) durch Behandeln von Nitrophenylacetaten mit $AlCl_3$ [Wanderung der Acetylgruppe; Beispiel: 4-Nitrophenylacetat → *3-Nitro-6-oxyacetophenon* (I)], b) durch Acetylierung des entsprechenden Nitrophenols in Ggw. von $AlCl_3$, c) durch Nitrierung des entsprechenden Oxyacetophenons. Die früher geäußerte Ansicht (Nencki, Schmidt [1881], Borsche, Barthenheier [1942]), daß die inhibierende Wrkg. der Nitrogruppe in Nitrophenolen oder Nitrophenylacetaten bei Acetylierungs- oder Umlagerungs-Rkk. durch geeignete Reaktionsbedingungen überwunden werden kann, wird somit bestätigt.

Versuche: *3-Nitro-6-oxyacetophenon* (I), F. 99,5° (A.); a) zu 10 g 4-Nitrophenylacetat in 50 cm^3 Nitrobenzol gibt man 22 g $AlCl_3$ in 40 cm^3 Nitrobenzol, läßt 1 Std. bei Zimmertemp. stehen, erhitzt 2 Std. auf dem Wasserbad u. 1 Std. auf 130°; 3,5 g (Ausbeute), neben 3 g *p-Nitrophenol*; b) zu 14 g p-Nitrophenol u. 15 g Acetylchlorid in 60 cm^3 Nitrobenzol gibt man 40 g $AlCl_3$ in 40 cm^3 Nitrobenzol u. erhitzt; 8 g. c) aus 10 g o-Oxyacetophenon in 50 cm^3 Essigsäure mit 10,5 cm^3 konz. HNO_3 bei $< 30°$; 2,5 g, neben 0,25 g *3-Nitro-2-oxyacetophenon* (F. 82—83°; Phenylhydrazon, F. 221—222°, sepiagelb). Bei Verwendung von 12 cm^3 konz. HNO_3 u. ½ Std. Erhitzen auf dem Wasserbad entsteht neben I *3.5-Dinitro-6-oxyacetophenon* (F. 123—124°; 4,5 g; *Phenylhydrazon*, F. 224°, orangefarbene Nadeln). I-*Phenylhydrazon*, F. 223°, gelblich. — *3-Nitro-4-oxyacetophenon*, F. 132°; analog Vorst. nach a) aus 2-Nitrophenylacetat oder nach b) aus 2-Nitrophenol; 45 bzw. 46,5%. *Phenylhydrazon*, F. 195°. — *4-Oxy-3-nitro-5-methylacetophenon*, F. 131,5°; aus 6-Nitro-2-methylphenol nach b) oder aus 4-Oxy-3-methylacetophenon nach c); 49,6 bzw. 66%. *Phenylhydrazon*, F. 161°, violette Nadeln. — *6-Oxy-3-nitro-5-methylacetophenon*, F. 114—114,5°; aus 2-Oxy-3-methylacetophenon nach c); 71,8%. *Phenylhydrazon*, F. 226—227°, gelbe Nadeln. — *6-Oxy-3-nitro-4-methylacetophenon*, F. 99,5°; aus 2-Oxy-4-methylacetophenon nach c); 71,8%. *Phenylhydrazon*, F. 228°, kanariengelb. — *4-Oxy-3-nitro-6-methylacetophenon*, F. 125—126°; aus 4-Oxy-2-methylacetophenon nach c); 61,5%. *Phenylhydrazon*, F. 147°, scharlachrote Nadeln. — *2-Oxy-3-nitro-5-methylacetophenon*, F. 132°, aus 2-Oxy-5-methylacetophenon nach c); 64,2%. *Phenylhydrazon*, F. 189°, saffrangelb. — Aus 2-Nitro-4-methyl- u. 4-Nitro-3-methylphenylacetat wurden nach a) *Verbb.* vom F. 162 bzw. 182° erhalten. (J. Amer. chem. Soc. **76**. 4993—94. 5/10. 1954. Meerut, India, Meerut Coll., Dep. of Chem.)

I. Festl. 1180

DeLos F. DeTar und **Louis A. Carpino**, *Eine neue Methode zur Darstellung von Diacylperoxyden. Dibenzoylperoxyd*, F. 105—106° (Zers.; Äthylacetat/PAe.), wurde unter wasserfreien Bedingungen in äther. Lsg. aus Benzoylchlorid u. den Komplexen Harnstoff–H_2O_2 bzw. Dicyclohexylamin–H_2O_2 unter Eiskühlung in Ausbeuten von 62 bzw. 21% dargestellt, nach der erstgenannten Meth. in Ggw. von Pyridin (10 Std.). Aus dem trans-Stilben-2-carbonsäurechlorid konnte nach diesem Verf. ein *peroxyd. Prod.* (51 bis 54%) erhalten werden, während in diesem Fall die üblichen Methoden völlig versagten. Verss. zur Darst. der Peroxyde von o-Benzoylbenzoesäure u. cis-Stilben-2-carbonsäure schlugen fehl. (J. Amer. chem. Soc. **77**. 6370—71. 5/12. 1955. Columbia, S. C., Univ. of South Carolina, Dep. of Chem.) G. Lohaus. 1210

Charles H. Sprague, Gustav E. Cwalina und **Glenn L. Jenkins**, *Die Synthese von Fluorbromderivaten der Benzoesäure zum Gebrauch als radiographische Kontrastmittel.* Die meisten heute gebräuchlichen Röntgenkontrastmittel sind J-Verbb., die aber oft unangenehme Nebenwirkungen haben. Die Absorption eines Elementes nimmt mit dem Kubus der Ordnungszahl zu, jedoch mit Ausnahme der unmittelbaren Umgebung einer der charakterist. Wellenlängen eines Elementes. Deshalb hat sich gezeigt, daß Br bessere kontrastierende Eigg. hat als J. Vff. stellen daher neue Verbb. her, die aus Gründen der Stabilisierung außer Br auch F enthalten.

Versuche: *3.5-Dibrom-4-toluoldiazoniumfluorborat* (I), Zers. bei 195—200°, durch Diazotieren von 1 Mol 4-Amino-3.5-dibromtoluol in 2,5 Mol Fluorborsäure bei 0—5°;

97,5% (Ausbeute). — *3.5-Dibrom-4-fluortoluol* (II), Kp.$_{21}$ 118—125°, aus I durch therm. Zers.; 28,1%. — *3.5-Dibrom-4-fluorbenzoesäure* (III), $C_7H_3O_2Br_2F$, F. 234,5—235°, aus 0,28 Mol II durch Oxydation mit 0,39 Mol CrO_3 in 500 cm³ Essigsäure; 36,8%. *Methylester*, F. 88—88,5° (A.), aus 0,01 Mol III + 20 cm³ mit HCl gesätt. Methanol; 28%. *Äthylester*, F. 80—80,5°; 55%. *n-Propylester*, F. 34—35°; 12%. *Isopropylester*, F. 56—57°; 21%. — *3.5-Dibrom-4-fluorbenzoylchlorid* (IV), durch 17std. Kochen von 0,05 Mol III + 0,15 Mol $SOCl_2$ in 50 cm³ Benzol. — *3.5-Dibrom-4-fluorhippursäure* (V), $C_9H_6O_3NBr_2F$, F. 210—211° (W.), aus IV, 0,1 Mol NaOH u. 0,1 Mol Glycin in Wasser. — *3.5-Dibrom-4-fluorbenzamid*, $C_7H_4ONBr_2F$, F. 207,5—208° (A.), beim Erhitzen von IV mit $(NH_4)_2CO_3$ in Benzol. — Tests für die Undurchsichtigkeit von III, V u. dem Äthylester von III in Lsg. oder Suspension in Erdnußöl im Vgl. zu einer Tetrajodphenolphthaleinlsg. in W. zeigten die Überlegenheit der Brom-Fluor-Verbindungen. (J. Amer. pharmac. Assoc., sci. Edit. **42**. 474—76. Aug. 1953.) M. Quast. 1210

Donald D. Phillips, *Die Friedel-Crafts-Kondensation zwischen γ-Valerolacton und Toluol.* In Fortsetzung früherer Arbeiten (vgl. J. Amer. chem. Soc. **76**. [1954.] 4948) wurde gefunden, daß bei der Kondensation von Toluol (I) mit γ-Valerolacton (II) *γ-[p-Tolyl]-valeriansäure* (III) entsteht u. nicht, wie von Chaudhuri (Sci. and Cult. **18**. [1953.] 442) beschrieben, das m-Isomere von III. Die Konst. von III ergab sich aus der Oxydation zu *Terephthalsäure* u. dem Ringschluß zu *4.7-Dimethyltetralon-(1)* (IV), das auch schon aus I u. II in Ggw. von größerer $AlCl_3$-Menge gebildet wird. Das durch Red. u. Dehydrieren von IV erhältliche *1.6-Dimethyltetralin* war mit einem authent. Vergleichsprod. identisch.

V e r s u c h e (FF. korr.): *γ-[p-Tolyl]-valeriansäure* (III), $C_{12}H_{16}O_2$, Kp.$_{0,8}$ 133 bis 134°, n_D^{23} 1,5138, aus II u. I mit 1 Mol $AlCl_3$ bei 25° → 75° (10 Min.) u. 90° (1 Std.); 65%. — *Terephthalsäuredimethylester*, F. 137—138°, durch $KMnO_4$-Oxydation von III u. Verestern. — *4.7-Dimethyltetralon-(1)* (IV), $C_{12}H_{14}O$, Kp.$_{0,8}$ 106,5—108°, n_D^{25} 1,5567, D^{20}_4 1,049, a) aus III mit Polyphosphorsäure bei 100° (2 Std.); 91%, b) aus I u. II mit 2 Mol $AlCl_3$; 20%, neben 45% III. *Semicarbazon*, F. 193—195° (A.), Nadeln. — *1.6-Dimethyl-1.2.3.4-tetrahydronaphthalin*, $C_{12}H_{16}$, Kp.$_{11}$ 108,5—110°, n_D^{25} 1,5320, D^{20}_4 0,946, durch Red. von IV mit Hydrazinhydrat in sd. Diäthylenglykol (2½ Std.), Zugabe von KOH u. 4std. Erhitzen bei 190°; 68%. — *1.6-Dimethylnaphthalin*, Kp. 253—254°, n_D^{25} 1,6055, durch Dehydrieren der vorst. Verb. in Ggw. von 10%ig. Pd-Kohle bei 250 bis 270° (3 Std.) u. Chromatographieren des Pikrats an Al_2O_3; 63%. *Pikrat*, F. 113—134°, orangefarbene Nadeln. *2.4.7-Trinitrofluorenonkomplex*, $C_{25}H_{17}O_7N_3$, F. 138—140° (Essigsäure), orangefarbene Nadeln. (J. Amer. chem. Soc. **77**. 3658—59. 5/7. 1955. Ithaca, N. Y., Cornell Univ., Baker Labor. of Chem.) H. Gold. 1210

H. Wunderlich, *Über die Synthese spasmolytisch wirksamer Substanzen.* Eine Reihe von *α-Phenyl-α-alkyl-* bzw. *-alkenylessigsäure-β-[diäthylamino]-* oder *-β-piperidinoäthylestern* wurde dargestellt. Die als Ausgangsmaterialien benötigten *substituierten Phenylessigsäuren* wurden entweder durch Rk. substituierter Benzylcyanide mit $NaNH_2$ in Toluol u. anschließende Verseifung oder besser durch Umsetzung von Phenylmalonester mit Halogenalkylen in Ggw. von Na-Äthylat oder 20—40%ig. NaOH, Verseifung u. Decarboxylierung dargestellt. *α-Phenyl-α-methallylessigsäure* (I) konnte auf diese Weise nicht erhalten werden, da zwischen Methallylbromid u. Crotylbromid ein Gleichgewicht besteht, das bei den angewandten Versuchsbedingungen nach der Seite des Crotylbromids verschoben ist. Dagegen gelang die Darst. von I glatt durch Umlagerung von Phenylessigsäurecrotylester in Ggw. von $NaNH_2$. Die Darst. der bas. Ester erfolgte neben den üblichen Methoden durch Erhitzen des Phenylmalonsäureesters mit Dialkylaminoalkoholen auf 160° in Ggw. katalyt. Mengen Na in guten Ausbeuten. Die dargestellten ungesätt. Verbb. wurden auf ihre spasmolyt. Wrkg. am isolierten Meerschweinchendarm untersucht. Es zeigte sich, daß die Crotylverbb. eine stärkere Hemmung gegenüber durch Acetylcholin ausgelösten Krämpfen, die Allylverbb. stärkere Wrkg. gegenüber durch $BaCl_2$ erzeugten Krämpfen ausübt.

V e r s u c h e: *Phenylessigsäurecrotylester*, Kp.$_{12}$ 140—142°. — *α-Phenyl-α-methallylessigsäure* (I), Kp.$_{11}$ 170—180°. — *Phenylessigsäureallylester*, Kp.$_{11}$ 116—118°. — *β-[Diäthylamino]-äthylester* der Formel $C_6H_5CH(R)—COOCH_2CH_2N(C_2H_5)_2$: *R = Crotyl*, Kp.$_1$ 146—150°. *Oxalat*, F. 86—87°. — *R = Allyl*, Kp.$_2$ 142—145°, *Oxalat*, F. 71—73°. *Hydrochlorid*, F. 89—92°. — *R = n-Propyl*, Kp.$_{12}$ 163—167°. *Oxalat*, F. 105—107°. *Hydrochlorid*, F. 110—112°. — *R = Isopropyl*, Kp.$_{12}$ 166°. *Hydrochlorid*, F. 136,5 bis 137,5°. — *R = n-Butyl*, Kp.$_7$ 159—165°. *Oxalat*, F. 124—126°. — *β-Piperidinoäthylester* der Formel $C_6H_5CH(R)COO(CH_2)_2NC_5H_{10}$: *R = Crotyl*, Kp.$_{12}$ 210—215°. *Oxalat*, F. 117 bis 118°. — *R = Allyl*, Kp.$_{0,05}$ 134—138°. — *R = Methallyl*, *Oxalat*, F. 133—135°. — *R = n-Propyl*, Kp.$_{0,05}$ 138—140°. *Oxalat*, F. 148—149°. — *R = Isopropyl*, Kp.$_{12}$ 192 bis 194°. *Oxalat*, F. 152°. — *R = n-Butyl*, Kp.$_4$ 169—170°. *Oxalat*, F. 143°. — *Phenylessigsäureester*: *β-[Diäthylamino]-äthyl-*, Kp.$_{0,9}$ 131—133°. *Oxalat*, F. 92—94°. — *β-Piperidinoäthyl-*, Kp.$_{0,5}$ 138—143°. *Oxalat*, F. 165—168°. (Pharmazie 8. 918—22. Nov. 1953. Dresden.) HILDEGARD BAGANZ. 1210

F. W. Brugman und **J. F. Arens,** *Anwendung der Prins-Reaktion auf trans-Zimtsäure und Umwandlung des Reaktionsproduktes zu dl-erythro-1-Phenyl-1.3-dioxy-2-aminopropan (dl-erythro-Phenylserinol).* trans-Zimtsäure (**V**) reagiert mit Formaldehyd in Essigsäure/H_2SO_4 in 25%ig. Ausbeute zu *4-Phenyl-5-carboxy-1.3-dioxan* (**I**). Die Carboxylgruppe von **I** wird nach HOFMANN über das *Säurechlorid* u. *Amid* (**IV**) zu *4-Phenyl-5-amino-1.3-dioxan* (**II**) abgebaut, dessen *N-Acetyl-* u. *N-Benzoylderivv.* krist. sind. Beim CURTIUSschen Abbau erhält man aus dem **I**-Chlorid mit NaN_3 das *Carbaminazid* (**III**), das sich mit $Ca(OH)_2$ zu **II** hydrolysieren läßt; der **I**-Methylester führt mit H_2NNH_2 zum *Hydrazid*, das mit $NaNO_2$ (neben wenig **II**) *N.N'-Bis-[4-phenyl-1.3-dioxanyl-(5)]-harnstoff* (**VI**) ergibt. Auch dieser läßt sich zu **II** hydrolysieren. Bei der Nitrierung von **IV** mit HNO_3/H_2SO_4 erhält man eine Mischung von *p-* u. *m-Nitrophenylderivaten.* Bei der Hydrolyse von **II** mit Phloroglucin/HCl wird der Dioxanring aufgespalten zu *dl-erythro-1-Phenyl-1.3-dioxy-2-aminopropan*, das als *Triacetat* isoliert wird. — ω-Nitrostyrol u. p-Nitrozimtsäure konnten mit Formaldehyd nicht zur Rk. gebracht werden.

Versuche: *4-Phenyl-5-carboxy-1.3-dioxan* (**I**), $C_{11}H_{12}O_4$, Kp.$_{0,03}$ 170—175°, aus 50 g **V** u. klarer Lsg. von 25 g Paraformaldehyd in Eisessig/H_2SO_4 durch 5std. Erhitzen auf 80°, Stehenlassen bei 25° über Nacht, Gießen auf Eis, Lösen des Öls in Ae., Extraktion mit Sodalsg., Ansäuern, Ae.-Extraktion u. fraktionierte Dest.; wachsartig, nicht kristallisierbar; 21,5 g (Ausbeute). *Methylester*, $C_{12}H_{14}O_4$, Kp.$_5$ 152—156°, Öl, aus vorst. Verb. u. CH_2N_2 in Ae.; fraktionierte Dest.; $n_D^{25,5}$ 1,5128; 33% (bezogen auf **V**). — *4-Phenyl-5-carboxamido-1.3-dioxan* (**IV**), $C_{11}H_{13}O_3N$, F. 142—143° (W.), aus **I** u. $SOCl_2$ durch 3std. Kochen, dann Zugeben zu konz. NH_4OH unter Kühlen u. Rühren; 95%. — *4-Phenyl-5-amino-1.3-dioxan* (**II**), $C_{10}H_{13}O_2N$, Kp.$_4$ 139—148°, Öl, aus **IV** durch langsames Zugeben einer eiskalten NaOH/Br_2-Mischung, 4std. Erhitzen auf 80—85° u. Ae.-Extraktion; n_D^{25} 1,5470; 55%. *Hydrochlorid*, F. 236—237° (Zers.; Methanol). — *4-Phenyl-5-benzamido-1.3-dioxan*, $C_{17}H_{17}O_3N$, F. 203—204° (A.), a) aus 5 g **II**, NaOH u. Benzoylchlorid; 7,5 g; b) aus **III** durch Hydrolyse mit $Ca(OH)_2$ bei 200° (4 Std.), Ae.-Extraktion u. Zugabe von NaOH u. Benzoylchlorid; 67% oder ebenso aus **VI**; 68%. — *4-Phenyl-5-acetamido-1.3-dioxan*, $C_{12}H_{15}O_3N$, F. 212—214° (Äthylacetat), aus **II** u. Essigsäureanhydrid durch 15 Min. Erwärmen auf dem Wasserbad; 96%. — *dl-erythro-1-Phenyl-2-aminopropandiol-(1.3)-triacetat*, $C_{15}H_{19}O_5N$, F. 117—118° (Äthylacetat/PAe.) aus 10 g **II**-Hydrochlorid in W. u. Phloroglucin in HCl durch 3std. Erwärmen auf dem Wasserbad; 3,1 g roter Nd. (ferner 4,25 g unverändertes **III**); Äthylacetatextraktion gibt gelbe viscose Fl.; mit Pyridin u. Essigsäureanhydrid 1 Std. kochen u. 48 Std. stehenlassen bei Zimmertemp.; 30%. *Tribenzoat*, $C_{30}H_{25}O_5N$, F. 211—212° (A.); 87%. — *4-Phenyl-5-azidocarbamido-1.3-dioxan* (**III**), $C_{11}H_{12}O_3N_4$, F. 158° (Zers.; Äthylacetat), aus **I**-Chlorid (aus **I** + $SOCl_2$ durch 3std. Erwärmen auf Wasserbad) in Aceton durch langsames Zugeben von NaN_3-Lsg. bei 0° u. Ae.-Extraktion; 65%. — *4-Phenyl-5-carboxyhydrazido-1.3-dioxan*, $C_{11}H_{14}O_3N_2$, F. 158° (A.), aus **I**-Methylester u. Hydrazin durch 5std. Rühren bei 110°; 83%. — *N.N'-Bis-[4-phenyl-1.3-dioxanyl-(5)]-harnstoff* (**VI**), $C_{21}H_{24}O_5N_2$, F. 228° (Äthylacetat), aus 2 g vorst. Verb. in Eisessig u. $NaNO_2$-Lsg. bei 0° u. Ae.-Extraktion; 58—70%; ferner aus dem Filtrat **II** (als *Benzoylderiv.*; 1 g). — *4-[p-Nitrophenyl]-5-carboxamido-1.3-dioxan*, $C_{11}H_{12}O_5N_2$, F. 219—221° (Methanol), durch Zugeben von **IV** zu HNO_3/H_2SO_4 bei —10° unter Rühren; dann weitere 30 Min. Rühren u. in Eiswasser gießen, neutralisieren mit $NaHCO_3$; 58% (Oxydation mit $KMnO_4$ ergibt *p-Nitrobenzoesäure*, F. 240—242°; 87%). *4-[m-Nitrophenyl]-Deriv.*, $C_{11}H_{12}O_5N_2$, F. 172 bis 174° (W.), aus dem Filtrat durch Extraktion mit Äthylacetat; 33% (Oxydation gibt *m-Nitrobenzoesäure*, F. 140—141°; 80%). (Recueil Trav. chim. Pays-Bas **74**. 209—17. März 1955. Bandung, Java, Univ. of Indonesia, Labor. for Organ. Chem., u. Groningen, Holland, Univ., Labor. for Organ. Chem.) H. FECHTER. 1320

R. Hull, *Synthese von 2.6-Dicyan-3.5-dimethylanilin.* Vf. erhält aus 1-Acetyl-2-aminopropen u. Malodinitril *2.6-Dicyan-3.5-dimethylanilin* (**I**) neben *5.5-Dicyan-2-oxy-4-methylpentadien-(2.4)* (**II**).

Versuche: *2.6-Dicyan-3.5-dimethylanilin* (**I**), F. 211—213°, a) zu einer Suspension von 18,9 g Malodinitril in W. werden unter Rühren 25,7 g 1-Acetyl-2-aminopropen gegeben; nach 18std. Rühren u. 2tägigem Stehen wird das feste Prod. mit 2n NaOH extrahiert; 13,5 g unlösl. Rückstand; aus wss. A. Nadeln. Daneben *5.5-Dicyan-2-oxy-4-methylpentadien-(2.4)* (**II**), $C_8H_8ON_2$, F. 289—290° (A.), aus dem alkal. Extrakt durch

Ansäuern mit 5n HCl; Nadeln; 11,5 g; b) eine Mischung von 20 g Acetylaceton u. 26,4 g Malodinitril in W. wird unter Rühren mit 5n NaOH versetzt; nach 4 Std. wird das feste Prod. abfiltriert u. mit verd. Alkali zerlegt; 19,8 g **II** u. 3,4 g **I**. — *3.5-Dimethylanilin* (**III**), $C_8H_{11}N$, Kp.$_{750}$ 221—222°; **I** wird 6 Std. mit 50%ig. H_2SO_4 gekocht, alkal. gemacht, mit Ae. extrahiert u. dest.; analysenrein durch Behandlung mit festem NaOH u. nochmalige Destillation. — *2-Carbamyl-3.5-dimethylanilin*, $C_9H_{12}ON_2$, F. 160° (A.), aus dem Rückstand der 1. Dest. von **III**; Nadeln. — *5-p-Sulfanilamido-m-xylol*, F. 145—147° (wss. A.); **III**, p-Acetoamidobenzolsulfochlorid u. Pyridin werden unter Rühren 1 Std. bei 60—70°, dann 16 Std. bei 40° gehalten, mit W. verd. u. weitere 18 Std. gerührt; das feste Prod. wird abgetrennt, 7 Std. mit n-HCl gekocht u. aus dem Filtrat mit NH_4OH gefällt; prismat. Nadeln. — *2-Oxy-4.6-dimethylpyridin*, C_7H_9ON, F. 177—178° (nach Sublimation), durch Hydrolyse von **II** mit sd. 50%ig. H_2SO_4, mit NaOH neutralisieren u. mit NH_4OH fällen; aus W. fedrige Nadeln. (J. chem. Soc. [London] **1951.** 1136—37. April. Blackley, Manchester, Imp. Chem. Ind. Ltd., Res. Labors.) I. FROHLOFF. 1350

D. Iwanow und **N. Marekow,** *Darstellung von 2.3-Diphenyl-3-aminopropionsäure aus Hydrobenzamid und dem Na-Salz von α-Chlormagnesiumphenylessigsäure.* Hydrobenzamid reagiert mit $C_6H_5CH(MgCl)COONa$ (**I**) unter Bldg. von *2.3-Diphenyl-3-aminopropionsäure*, deren Struktur durch Überführung in *2.3-Diphenyl-3-ureidopropionsäure* u. weiter in *4.5-Diphenyldihydrouracil* bewiesen wird.

V e r s u c h e : *2.3-Diphenyl-3-aminopropionsäurehydrochlorid*, $C_{15}H_{16}O_2NCl$, F. 230° (Zers.); aus **I** (0,04 Mol Isopropylchlorid, Mg u. 7,6 g Na-Phenylacetat) u. 6 g Hydrobenzamid in ca. 200 ml Ae., man erwärmt 9 Std., dest. den Ae. ab u. zers. mit 15%ig. HCl; 3,2 g (Ausbeute). Daraus mit CH_3COONa die *freie Säure*, F. 218° (Zers.); Nadeln. Daraus *2.3-Diphenyl-3-ureidopropionsäure*, F. 141° (Zers.), die beim Erhitzen über den F. in *4.5-Diphenyldihydrouracil*, F. 268°, übergeht. (Доклады Болгарской Академии Наук [C. R. Acad. bulgare Sci.] **5.** Nr. 2—3. 21—23. April/Juni—Okt./Dez. 1952. Sofia, Univ., Lehrstuhl für organ. Chem.) O. POLLAK V. EMHOFEN. 1350

K. N. Anissimow, N. Je. Kolobowa und **A. N. Nessmejanow,** *Untersuchungen auf dem Gebiet der Derivate von ungesättigten Phosphonsäuren.* 7. Mitt. *Ester der β-Phenoxyvinylphosphonsäure.* (6. vgl. C. **1956.** 7505.) Es werden durch Rk. von β-Phenoxyvinylphosphonsäuredichlorid (**I**) mit Alkoholen in Ggw. von Pyridin die entsprechenden *β-Phenoxyvinylphosphonsäuredialkylester* dargestellt.

V e r s u c h e : β - P h e n o x y v i n y l p h o s p h o n s ä u r e d i a l k y l e s t e r, $C_6H_5OCH{=}CHPO(OR)_2$: $R = CH_3$, $C_{10}H_{13}O_4P$, Kp.$_2$ 128°; aus 3,2 g CH_3OH u. 7,9 g Pyridin in 50 ml Bzl. u. 11,85 g **I** in 15 ml Bzl. unter Kühlung; $D.^{20}_4$ 1,2871; n_D^{20} 1,5233; 8 g (Ausbeute). $R = C_2H_5$, $C_{12}H_{17}O_4P$, Kp.$_2$ 140°; $D.^{20}_4$ 1,1367; n_D^{20} 1,5070. $R = n\text{-}C_3H_7$, $C_{14}H_{21}O_4P$, Kp.$_2$ 147°; $D.^{20}_4$ 1,0934; n_D^{20} 1,4994. $R = iso\text{-}C_3H_7$, $C_{14}H_{21}O_4P$, Kp.$_2$ 135°; $D.^{20}_4$ 1,0870; n_D^{20} 1,4970. $R = n\text{-}C_4H_9$, $C_{16}H_{25}O_4P$, Kp.$_2$ 165°; $D.^{20}_4$ 1,0648; n_D^{20} 1,4971. $R = iso\text{-}C_4H_9$, $C_{16}H_{25}O_4P$, Kp.$_2$ 157°; $D.^{20}_4$ 1,0596; n_D^{20} 1,4938. $R =$ *Allyl*, $C_{14}H_{17}O_4P$, Kp.$_2$ 153°; $D.^{20}_4$ 1,1330; n_D^{20} 1,5220. $R = n\text{-}C_6H_{13}$, $C_{20}H_{33}O_4P$, Kp.$_1$ 204°; $D.^{20}_4$ 1,0237; n_D^{20} 1,4925. $R =$ *β-Methoxyäthyl*, $C_{14}H_{21}O_6P$, Kp.$_2$ 188°; $D.^{20}_4$ 1,1755; n_D^{20} 1,5070. $R =$ *β-Äthoxyäthyl*, $C_{16}H_{25}O_6P$, Kp.$_2$ 198°; $D.^{20}_4$ 1,1386; n_D^{20} 1,5014. (Известия Академии Наук СССР, Отделение Химических Наук [Nachr. Akad. Wiss. UdSSR, Abt. chem. Wiss.] **1955.** 432—34. Mai/Juni. Inst. für Metallorgan. Verbb. der Akad. der Wiss. der UdSSR.) O. POLLAK V. EMHOFEN. 1380

Sigeru Tsutsumi und **Masahiko Tsurusaki,** *Über die Synthese von Styrol durch Dehydrierung von Äthylbenzol. Styrol* wird durch Dehydrierung von Äthylbenzol in Ggw. von Cu-Chromat als Katalysator unter vermindertem Druck mit einer Ausbeute von 50—60% dargestellt. Voraussetzung für diese Ausbeute ist, daß der Katalysator bei 500—700° mit H_2 red. wird, wodurch auch seine Lebenszeit verlängert wird. (J. Fuel Soc. Japan **34.** 150—54. März 1955. Osaka, Univ., Dep. of Appl. Chem. [Orig.: japan., Auszug: engl.]) W. WESLY. 1410

N. P. Ssopow, *Kondensation von Dienverbindungen mit Methylacrylat. Synthese von hydroaromatischen Alkoholen und Kohlenwasserstoffen.* Es werden durch Diensynth. aus Divinyl, Piperylen, Isopren, Dipropenyl, Diisopropenyl, Cyclopentadien,Cyclohexadien-1.3 u. Chloropren einerseits sowie Methylacrylat andererseits *Cyclohexen-(3)-carbonsäuremethylester* (**I**), *2-Methyl* (**II**)-, *4-Methyl* (**III**)-, *2.5-Dimethyl-*, *3.4-Dimethyl-*, *2.5-Endomethylen-*, *2.5-Endoäthylen* (**IV**)- u. *4-Chlorcyclohexen-(3)-carbonsäuremethylester* dargestellt u. durch Behandeln mit CH_3MgBr in die entsprechenden *Carbinole* [aus **I** → *Cyclohexen-(3)-yldimethylcarbinol*] übergeführt. Diese Carbinole werden durch Behandeln mit $(CH_3CO)_2O$ zu *1-Isopropylidencyclohexen-(3)* (**V**) bzw. den entsprechenden Derivv. dehydratisiert u. diese durch Dehydrierung in *Cumol* bzw. in die entsprechenden aromat. KW-stoffe übergeführt. Das aus **IV** mit CH_3MgBr erhaltene [*2.5-Endoäthylencyclo-*

hexen-(3)-yl]-dimethylcarbinol gab beim Erhitzen mit $(CH_3CO)_2O$ *Cumol* u. *Äthylen.* Die Struktur von **V** wurde durch $KMnO_4$-Oxydation bewiesen, wobei *Aceton, Cyclohexenon-(4)* u. *Bernsteinsäure* erhalten wurden. Die Struktur von **II** u. **III** wird auf folgendem Wege bewiesen: Mit CH_3MgBr werden [*2* (bzw. *4*)-*Methylcyclohexen-(3)-yl*]-*dimethylcarbinol* erhalten, die bei der Dehydratisierung mit $(CH_3CO)_2O$ *1-Isopropyliden-2-* (bzw. *4-*) *methylcyclohexen-(3)* liefern. Daraus werden durch Dehydrierung an Pt *o-* bzw. *p-Cumol* erhalten.

Versuche: *Cyclohexen-(3)-carbonsäuremethylester* (**I**), $C_8H_{12}O_2$, Kp.$_{20}$ 78,5—79,5°; aus Divinyl u. Methylacrylat in Toluol in Ggw. von Hydrochinon im Rohr (12 Std. bei 140—150°); D.$^{20}_4$ 1,0130; n_D^{20} 1,4621; 64% (Ausbeute). — Analog Vorst. folgende *Cyclohexen-(3)-carbonsäuremethylester: 2-Methyl-* (**II**), $C_9H_{14}O_2$, Kp.$_{20}$ 85—86°; D.$^{20}_4$ 0,9857; n_D^{20} 1,4602; 80%. *4-Methyl-* (**III**), $C_9H_{14}O_2$, Kp.$_{20}$ 93—93,5°; D.$^{20}_4$ 0,9906; n_D^{20} 1,4636; 84%. *2.5-Dimethyl-*, $C_{10}H_{16}O_2$, Kp.$_{20}$ 96—97°; D.$^{20}_4$ 0,9776; n_D^{20} 1,4628; 54%. *3.4-Dimethyl-*, $C_{10}H_{16}O_2$, Kp.$_{20}$ 105,5—106,5°; D.$^{20}_4$ 0,9669; n_D^{20} 1,4722; 39%. *2.5-Endomethylen-*, $C_9H_{12}O_2$, Kp.$_{20}$ 85—85,5°; D.$^{20}_4$ 1,0240; n_D^{20} 1,4745; 78%. *2.5-Endoäthylen-* (**IV**), $C_{10}H_{14}O_2$, Kp.$_{20}$ 106—106,5°, D.$^{20}_4$ 1,0600; n_D^{20} 1,4870; 32%. *4-Chlor-*, $C_8H_{11}O_2Cl$, Kp.$_{20}$ 115°—116°; D.$^{20}_4$ 1,1650; n_D^{20} 1,4898; 40%. — *Cyclohexen-(3)-yldimethylcarbinol*, Kp.$_{20}$ 95—96°; aus **I** mit CH_3MgBr in Ae., 1 Std. Stehen, 2 Std. Erhitzen u. Stehen über Nacht; D.$^{20}_4$ 0,9489; n_D^{20} 1,4826. — Analog Vorst. folgende *Cyclohexen-(3)-yldimethylcarbinole: 2-Methyl-*, Kp.$_{20}$ 102—103°; D.$^{20}_4$ 0,9405; n_D^{20} 1,4827. *4-Methyl-*, Kp.$_{20}$ 110—111°; D.$^{20}_4$ 0,9344; n_D^{20} 1,4822. *2.5-Dimethyl-*, Kp.$_{20}$ 112—113°; D.$^{20}_4$ 0,9364; n_D^{20} 1,4840. *3.4-Dimethyl-*, Kp.$_{20}$ 120—121°; D.$^{20}_4$ 0,9380; n_D^{20} 1,4881. *2.5-Endomethylen-*, Kp.$_{20}$ 92 bis 93°; D.$^{20}_4$ 0,9824; n_D^{20} 1,4897. *2.5-Endoäthylen-*, Kp.$_{20}$ 113—114°; D.$^{20}_4$ 1,0020; n_D^{20} 1,5050; die Ausbeuten an Carbinolen betragen 50—65%. — *1-Isopropylidencyclohexen-(3)* (**V**), Kp.$_{760}$ 155—158°; aus Cyclohexen-(3)-yldimethylcarbinol durch 6std. Erhitzen mit $(CH_3CO)_2O$ im Überschuß im Rohr auf 200°; D.$^{20}_4$ 0,8523; n_D^{20} 1,4805. — *1-Isopropyliden-2-methylcyclohexen-(3)*, Kp.$_{760}$ 171—172°; analog Vorst. aus [2-Methylcyclohexen-(3)-yl]-carbinol mit $(CH_3CO)_2O$; D.$^{20}_4$ 0,8564; n_D^{20} 1,4792. — *1-Isopropyliden-4-methylcyclohexen-(3)*, Kp.$_{760}$ 176—178°; D.$^{20}_4$ 0,8493; n_D^{20} 1,4830. — *1-Isopropyliden-2.5-dimethylcyclohexen-(3)*, Kp.$_{50}$ 92—94°, D.$^{20}_4$ 0,8575; n_D^{20} 1,4800. — *1-Isopropyliden-3.4-dimethylcyclohexen-(3)*, Kp.$_{760}$ 160—162°; D.$^{20}_4$ 0,8793; n_D^{20} 1,4875. — *1-Isopropyliden-2.5-endomethylencyclohexen-(3)*, Kp.$_{20}$ 71—73°; D.$^{20}_4$ 0,9179; n_D^{20} 1,4970. Die Ausbeuten an KW-stoffen betragen 50—60%. — Beim Erhitzen von [2.5-Endoäthylencyclohexen-(3)-yl]-dimethylcarbinol mit $(CH_3CO)_2O$ entstand *Äthylen* (identifiziert als *Dibromäthan*, Kp. 132—132,5°) u. *Cumol*, Kp.$_{20}$ 51—52,5°. — Durch Dehydrierung vorst. Verbb. an Pt/Kohle bei 325—350° wurden erhalten: *Cumol*, Kp.$_{760}$ 152—153°; aus **V**. *o-Cymol*, Kp.$_{760}$ 177—179°; aus 1-Isopropyliden-2-methylcyclohexen-(3). *p-Cymol*, Kp.$_{760}$ 175—177°; aus 1-Isopropyliden-4-methylcyclohexen-(3). *1.4-Dimethyl-2-isopropylbenzol*, $C_{11}H_{16}$, Kp.$_{20}$ 85—86,5°; aus 1-Isopropyliden-2.5-dimethylcyclohexen-(3); D.$^{20}_4$ 0,8669; n_D^{20} 1,4944. (Журнал Общей Химии [J. allg. Chem.] **25** (**87**). 2082—90. Okt. 1955. Leningrad, Inst. für Flugzeuggerätebau.) G. FROELICH. 1800

Edward R. Clark und **P. F. Epstein,** *Mögliche Zwischenprodukte für die Synthese einfacher Steroidanaloger.* Für die Synth. einfacher biol. wirksamer Steroidanaloger werden einige Rkk. des nach CHATTERJEE u. ROY (J. Indian chem. Soc. **20**. [1943.] 329) leicht zugänglichen 1-Methyl-2-oxocyclohexan-1-carbonsäureäthylesters (**I**) untersucht. Die MEERWEIN-PONDORF-Red. von **I** liefert den *2-Oxyisopropylester* (**II**), der über das Chlorid zum *1-Methylcyclohexen-(2)-carbonsäure-(1)-isopropylester* (**III**) dehydratisiert werden konnte; **III** ließ sich leicht zum *4-Bromderiv.* bromieren, das mit p-Methoxyphenyl-MgBr jedoch nicht reagierte. *2-Oxymethyl-2-methylcyclohexanon* konnte durch Red. des Äthylenketals von **I** mit Na in A. dargestellt werden.

Versuche: *2-Oxy-1-methylcyclohexan-1-carbonsäureisopropylester* (**II**), $C_{11}H_{20}O_3$, Kp.$_{11}$ 108—110°, aus 106,6 g **I** (*Semicarbazon*, $C_{11}H_{19}O_3N_3$, F. 161°) u. Al-Isopropylat in Isopropylalkohol (24 Std.), Einengen u. Zers. mit HCl; 86 g (Ausbeute). — *2-Methoxy-1-methylcyclohexan-1-carbonsäureisopropylester* (**IV**), $C_{12}H_{22}O_3$, Kp.$_{9-10}$ 97—102°, aus 20 g **II** in Ae. mit Na u. CH_3J auf dem Wasserbad (3 Std.); 13 g. — *2-Methoxy-1-methylcyclohexan-1-carbonsäure*, $C_9H_{16}O_3$, F. 89° (25%ig. A.), aus 50,8 g Ester u. 10%ig. KOH auf dem Wasserbad (6 Std.); 22,5 g, neben 3,4 g *2-Oxy-1-methylcyclohexan-1-carbonsäure*, $C_8H_{14}O_3$. — *1-Oxymethyl-2-methoxy-1-methylcyclohexan*, $C_9H_{18}O_2$, Kp.$_{12}$ 97—103°, durch Red. von **IV** mit Na in Alkohol. *p-Nitrobenzoat*, $C_{16}H_{21}O_5N$, F. 73—74°. — *2-Chlor-1-methylcyclohexan-1-carbonsäureisopropylester*, $C_{11}H_{19}O_2Cl$, Kp.$_{11}$ 113°, aus **II** u. PCl_5 in Ae. bei 0—10° (25 Min.) u. 1std. Kochen. — *1-Methylcyclohexen-(2)-carbonsäure-(1)-isopropylester* (**III**), $C_{11}H_{18}O_2$, Kp.$_{11}$ 77—78°, aus der vorst. rohen Verb. (Kp.$_{10}$ 80—115°) u. Kollidin bei 160° (10 Min.). — *4-Brom-1-methylcyclohexen-(2)-carbonsäure-(1)-isopropylester*, $C_{11}H_{17}O_2Br$, Kp.$_{0,1}$ 65—67°, aus **III** u. N-Bromsuccinimid in sd. CCl_4 unter N_2

($2\frac{1}{2}$ Std.). — *2.2-Äthylendioxy-1-methylcyclohexan-1-carbonsäureäthylester*, $C_{12}H_{20}O_4$, Kp.$_{16}$ 136°, aus I, Äthylenglykol u. wenig p-Toluolsulfonsäure in sd. Benzol. — *2.2-Äthylendioxy-1-oxymethyl-1-methylcyclohexan*, $C_{10}H_{18}O_3$, Kp.$_{14}$ 136°, aus vorst. Verb. mit Na in Alkohol. — *1-Oxymethyl-1-methylcyclohexanon-(2)*, $C_8H_{14}O_2$, Kp.$_{11}$ 103—104°, aus voriger Verb. u. sd. 5%ig. H_3PO_4 (2 Std.). *2.4-Dinitrophenylhydrazon*, $C_{14}H_{18}O_5N_4$, F. 73°. (J. chem. Soc. [London] **1955**. 2042—43. Juni. Leeds, Univ.) H. Gold. 1800

Magdeleine Mousseron-Canet und **Max Mousseron**, *Über einige Dienkondensationen des Myrcens*. Bei der Diels-Alder-Rk. von Myrcen (**IV**) u. Acrolein (**XIII**) konnten nach fraktionierter Dest. 80% *4-Isohexenylcyclohexen-(4)*- (**I**) u. 10—20% *3-Isohexenylcyclohexen-(3)-aldehyd* (**V**) erhalten werden. Die fraktionierte Kristallisation der *Semicarbazone* lieferte ebenfalls reine *Semicarbazone*, die aber nicht zu reinem **I** u. **V** hydrolysiert werden konnten. Während *4-Isohexylcyclohexanaldehyd* (**II**) weder durch Hydrierung von **I** noch durch CrO_3-Oxydation des entsprechenden Alkohols in befriedigenden Ausbeuten erhalten werden konnte, entsteht er durch Hydrierung von **I**-*Diäthylacetal* u. Hydrolyse des so erhaltenen **II**-*Diäthylacetals*. **II** konnte durch Oxydation, Curtiusschen Abbau der *4-Isohexylcyclohexancarbonsäure* (**VI**), Desaminierung des *4-Isohexylcyclohexylamins* (**VII**), das als *Benzoylderiv.* (F. 175°) charakterisiert wurde, zu 80% *KW-stoff* u. 20% *4-Isohexylcyclohexanol* (**III**) u. Oxydation von **III** in *4-Isohexylcyclohexanon* (**VIII**) übergeführt werden. Aus dem Verlauf der Desaminierungs-Rk. schließen Vff. auf eine cis-Konfiguration für **II**, **VI** u. **VII**. **III** kann auch direkt aus **VII** mittels tert.-Butylhypochlorits (**XX**) u. $NaOC_2H_5$ erhalten werden. Die Friessche Umlagerung von Isocapronsäurephenylester zu *p-Oxyphenylisopentylketon*, dessen Clemmensen-Red. zu *p-Isohexylphenol* u. katalyt. Hydrierung führen ebenfalls zu **III**. In analoger Reaktionsfolge gibt Laurinsäurephenylester (**XIV**) *4-Dodecylcyclohexanon* neben sehr wenig des *2-Isomeren*. Die Meerwein-Pondorff-Red. von **I** liefert den *Alkohol*. **I** läßt sich ferner mit Propanal (**XV**) zu einem scharfriechenden *Aldehyd* kondensieren. Der entsprechende *gesätt. Aldehyd* wird durch Hydrierung über die *Acetale* erhalten u. besitzt obstartigen Geruch. Der aus **II** gewonnene *α-Bromaldehyd* läßt sich zu *4-Isohexylcyclohexen-(1)-aldehyd* dehydrobromieren, welcher sich einerseits mit Aceton (**XVI**) zu wahrscheinlich 2 *stereoisomeren Prodd.* kondensieren läßt u. andererseits mit $LiAlH_4$ die *1-Oxymethylverb.* gibt. Aus **IV** u. Methacrolein (**XVII**) entstehen 2 *stellungsisomere Aldehyde* mit Fruchtgeruch, derart, daß einer überwiegt. Dieser läßt sich in den *gesätt. Aldehyd* mit Kirschgeruch überführen. Bei der Kondensation von **IV** mit Crotonaldehyd (**XVIII**) wurden auf Grund der zu erwartenden Komplexität die stereochem. Verhältnisse nicht berücksichtigt. Der entsprechende *gesätt. Aldehyd* besitzt Hagedorngeruch. Die Kondensation von **IV** mit Acrylonitril (**XIX**) führt zu einem *Gemisch* (**IX**) von 80% *1-Cyan-4-* u. 20% *-3-isohexenylcyclohexen-(3)*, denn die $LiAlH_4$-Red. von **IX** gibt nach fraktionierter Kristallisation **I**- u. **V**-*2.4-Dinitrophenylhydrazon* (*DPH*) in diesen Verhältnissen. **IX** kann zum *Säuregemisch* (**XII**) hydrolysiert, dieses hydriert u. ins *gesätt. Säurechloridgemisch* (**X**) übergeführt werden. Curtiusscher Abbau von **X** liefert ein *Amingemisch* (**XI**) aus **VII** u. der *3-Isohexylverb.*, deren *Benzoylderiv.* (F. 175 bzw. 145°) getrennt werden können. Die Desaminierung von **XI** mittels HNO_2 führt zum größeren Teil zu einem *KW-stoff* u. zu wenig eines nichtidentifizierten *Alkohols*. **VIII** läßt sich katalyt. zu **VII** u. einem *Stereoisomeren* aminieren, die als *Benzoylderivv.* (F. 175 bzw. 87°) charakterisiert wurden. Die Behandlung von **XI** mit **XX** u. $NaOC_2H_5$ gibt nach Trennung ~ 70% **VIII**-*DPH* u. *3-Isohexylcyclohexanon-DPH*. Die Rk. von **IX** mit CH_3MgBr gibt *1-Acetyl-4-isohexenylcyclohexen-(4)* neben wenig *-3-isohexenylcyclohexen-(3)*, während die *gesätt. Ketone* aus **X** mit $Cd(CH_3)_2$ entstehen u. ebenfalls Fruchtgeruch besitzen. **XII** wird mittels 45%ig. HBr zu *8.8-Dimethyl-$\Delta^{9,10}$-oktalin-2-* bzw. wenig *-3-carbonsäure* cyclisiert. Diese widerstehen der katalyt. Hydrierung u. lassen sich über die *Säurechloride* u. *Äthylester* durch $LiAlH_4$-Red. in die entsprechenden *Alkohole* u. *Aldehyde* bzw. über die *Säureamide*, die sich in die *Isomeren* trennen lassen, nach Curtius in die *Amine* überführen. Letztere geben mit **XX** unter Wanderung der Doppelbindung *8.8-Dimethyl-$\Delta^{9,10}$-oktalon-(2)* neben wenig *Stellungsisomerem*. Auch diese Gruppe von Verbb. besitzt angenehmen Geruch.

Versuche: *4-Isohexenylcyclohexen-(4)-aldehyd* (**I**), Kp.$_{0,3}$ 115—120°, durch 4std. Erhitzen von **IV** u. **XIII** im Rohr auf 110° u. fraktionierte Destillation. *Semicarbazon*, $C_{14}H_{23}ON_3$, F. 139—140°; 80% (Ausbeute). *DPH*, $C_{19}H_{24}O_4N_4$, F. 149—150° (Äthylacetat u. A.). *Diäthylacetal*, Kp.$_{0,5}$ 120°, durch 10 Min. Kochen von 13 g **I**, Orthoameisensäuretriäthylester u. NH_4NO_3 in absol. A.; 17 g. *Cycl. Äthylenacetal*, Kp.$_{1,5}$ 160°, durch Zutropfen von 20 g **I** zu Äthylenglykol in Ggw. von 1% HCl bei 15° in 1 Std.; schwacher Citronengeruch; 23 g. — *3-Isohexenylcyclohexen-(3)-aldehyd* (**V**), neben **I**. *Semicarbazon*, F. 83°. *DPH*, F. 115—117° (Äthylacetat–A.). — *cis(?)-4-Isohexylcyclohexanaldehyd* (**II**), Kp.$_{0,5}$ 105°. Hydrieren von 40 g **I**-Diäthylacetal in A. bei 50 at u. 100° in Ggw. von Raney-Ni → 40 g *Diäthylacetal* (Kp.$_1$ 130°), das 45 Min. mit wss. HCl gekocht wird;

Orangengeruch. *DPH*, $C_{19}H_{28}O_4N_4$, F. 152—153° (Bzl. + A.), orangefarben. — *cis(?)-4-Isohexylcyclohexancarbonsäure* (**VI**), a) Kp.$_{1,11}$ 150°, aus 25 g **II** mit CrO_3 in Aceton/wss. H_2SO_4; 5 g; b) Kp.$_{0,1}$ 150°, aus 10 g nachst. Verb. mit CrO_3 in wss. Aceton; 7 g. — *cis(?)-4-Isohexyl-1-oxymethylcyclohexan*, Kp.$_1$ 130°, durch katalyt. Hydrierung von 40 g **II**; 40 g. — *cis(?)-4-Isohexylcyclohexancarbonsäurechlorid*, Kp.$_{0,1}$ 110°, durch 1std. Kochen von 6,5 g **VI** mit $SOCl_2$; 7 g. *Säureamid*, $C_{13}H_{25}ON$, F. 158—160° (Zers.; Bzl.). — *cis(?)-4-Isohexylcyclohexylamin* (**VII**), Kp.$_{0,1}$ 118°, a) durch 15 Min. Rühren von 27 g vorst. Säurechlorids in wss. Aceton mit NaN_3 bei 0°, Ausäthern, 2std. Erhitzen mit 70%ig. Essigsäure auf dem sd. Wasserbad u. 12std. Erhitzen mit konz. HCl auf 100°; 15 g; b) durch Hydrieren von 2 g **VIII** in CH_3OH in Ggw. von NH_3 u. Raney-Ni bei 80 at; 1,5 g. *Benzoylderiv.*, $C_{19}H_{29}ON$, F. 175° (Bzl.), a) aus dem nach a) gewonnenen **VII**; b) aus dem nach b) gewonnenen neben der *trans(?)-Benzoylverb.*, F. 87° (PAe.). — *4-Isohexylcyclohexanol* (**III**), Kp.$_{0,5}$ 110—120°, durch Zugeben von 20%ig. $NaNO_2$ zu 10 g **VII** in 10%ig. HCl, ½std. Stehen, Erhitzen auf dem Wasserbad u. Abdest. von 5 g *4-Isohexylcyclohexen* (Kp.$_{0,5}$ 85—90°); Rosengeruch; 1 g. *Phenylurethan*, $C_{19}H_{29}O_2N$, F. 112° (PAe.). — *4-Isohexylcyclohexanon* (**VIII**), Kp.$_{0,5}$ 110°, durch 1std. Erhitzen von **III** mit $K_2Cr_2O_7$/wss. H_2SO_4 auf 60°; Rosengeruch. *DPH*, $C_{18}H_{26}O_4N_4$, F. 110—111° (Bzl. + A.). — *Isocapronsäure*, Kp. 198°, aus Isoamylbromid (Kp. 116—120°) über Isoamylnitril (Kp. 160°) u. Hydrolyse. *Säurechlorid*, Kp.$_{66}$ 70°. — *Isocapronsäurephenylester*, Kp.$_{0,5}$ 100°, durch 1std. Erhitzen von Phenol mit 27 g vorst. Säurechlorids auf 90°; 30 g. — *p-Oxyphenylisopentylketon*, F. 71—72° (Bzl. + PAe.), Kp.$_{0,5}$ 190°, durch 6std. Erhitzen von 26 g vorst. Verb. in absol. Nitrobenzol mit $AlCl_3$ auf 70°, Gießen auf Eis–HCl, Alkalisieren u. Ausäthern; 15 g. — *p-Isohexylphenol*, Kp.$_{0,5}$ 120°, aus 8 g vorst. Verb. mit Zn-Amalgam/HCl in Toluol; 6 g. Hydrieren von 6 g in A. bei 150°/100 at in Ggw. von Raney-Ni → 6 g **III** (Kp.$_{0,5}$ 118°). — *p-Oxyphenylundecylketon*, F. 70—71°, Kp.$_{15}$ 275°, aus **XIV** u. $AlCl_3$ in 1 Std. bei 150°. — *p-Dodecylphenol*, F. 65°, Kp.$_{0,1}$ 174—180°, 36std. Kochen. — *4-Dodecylcyclohexanol*, Kp.$_{0,7}$ 163—168°, bei 150 at/100°. — *4-Dodecylcyclohexanon*, Kp.$_{0,1}$ 145°. *DPH*, $C_{24}H_{38}O_4N_4$, F. 86° (Äthylacetat + A.). (Daneben *2-Dodecylcyclohexanon-DNP*, F. 75°. — *4-Isohexyl-1-bromcyclohexanaldehyd*, Kp.$_1$ 140°, durch Bromieren von 40 g **II** in Chlf. in Ggw. von $CaCO_3$ bei 0° u. 12std. Stehen bei Raumtemp.; 30 g. — *4-Isohexylcyclohexen-(1)-aldehyd*, Kp.$_{0,1}$ 110 bis 115°, durch 20std. Erhitzen von 30 g vorst. Verb. mit Diäthylanilin unter N_2 auf 100°, Verdünnen mit W. u. Ausäthern; Veilchengeruch; 20 g. *DPH*, $C_{19}H_{26}O_4N_4$, F. 159 bis 161° (Äthylacetat + A.). — *4-[4-Isohexylcyclohexen-(1)-yl]-buten-(3)-on-(2)*, Kp.$_{0,1}$ 155 bis 160°, aus 8 g vorst. Verb. mit absol. **XVI** in Ggw. von $NaOC_2H_5$ bei —10 bis +5° in 25 Min., Zugeben von wss. Weinsäure u. Ausäthern; Veilchengeruch; 5 g. *DPH*, $C_{22}H_{30}O_4N_4$, F. 154—157° (Äthylacetat–A.). Daneben *stereoisomeres(?) DPH*, F. 127 bis 130° (Äthylenacetat–A.). — *4-Isohexyl-1-oxymethylcyclohexen*, Kp.$_{0,1}$ 115—120°, aus 5,3 g vorvorst. Verb. in Ae. mit $LiAlH_4$; 5 g. *3.5-Dinitrobenzoat*, $C_{20}H_{26}O_6N_2$, F. 75° (A. + W.). — *1-Oxymethyl-4-isohexenylcyclohexen-(4)*, Kp.$_{1,5}$ 130°, durch 3std. Kochen von Al-Isopropylat u. 10 g **I** in Isopropylalkohol; 8 g. *3.5-Dinitrobenzoat*, $C_{20}H_{24}O_6N_2$, F. 55° (A. + W.). — *3-[4-Isohexylcyclohexyl]-methacrolein*, Kp.$_{0,1}$ 130°, durch 2std. Stehen von 38 g **I** u. **XV** in äthanol. KOH bei 10°, Neutralisieren mit Essigsäure, Dest. u. Ausäthern; scharf riechend; 42 g. *Diäthylacetal*, Kp.$_{0,1}$ 130°. — *3-[4-Isohexylcyclohexyl]-2-methylpropanal* Kp.$_{0,1}$ 130°. Druckhydrierung vorst. Acetals → *Diäthylacetal* (Kp.$_{0,1}$ 125°, scharf riechend), das hydrolysiert wird; Orangengeruch. — *4-Isohexenyl-1-methylcyclohexen-(4)-aldehyd* (?), Kp.$_{0,2}$ 115—120°, durch 6std. Erhitzen von 20 g **IV** u. **XVII** auf 160° im Rohr; Kirschengeruch. *DPH*, $C_{20}H_{28}O_4N_4$, F. 127—128° (Bzl. + A.); 80%. Daneben *stellungsisomeres DPH*, F. 94—95°; 20%. — *4-Isohexyl-1-methylcyclohexanaldehyd* (?), Kp.$_{0,1}$ 115°, aus vorst. Aldehyd über die *Acetale* durch Hydrierung. *DPH*, $C_{20}H_{30}O_4N_4$, F. 138—140° (Bzl. + A.); 50% neben 50% *stereoisomerem DPH*, F. 153° (Bzl. + A.). — *Kondensationsprod. von* **IV** u. **XVIII**, Kp.$_{0,1}$ 110°, aus 30 g **IV** in 6 Std. bei 160°; wohlriechend; 30 g. *Diäthylacetal*, Kp.$_{0,5}$ 140°. Hydrierung → *Diäthylacetal*, Kp.$_{0,5}$ 120°, dessen Hydrolyse → *gesätt. Aldehyd*, Kp.$_{0,5}$ 120°; Hagedorngeruch. — *Gemisch* (**IX**) *von 80% 1-Cyan-4-* u. *20% -3-isohexenylcyclohexen-(3)*, Kp.$_{0,5}$ 115°, durch 18std. Erhitzen von 100 g **IV** u. **XIX** in Ggw. von Hydrochinon auf 90—135°; Citronengeruch; 97 g. Zugeben von $LiAlH_4$ zu 15 g **IX** in Ae. u. Zers. mit 10%ig. H_2SO_4 → 80% **I**-*DPH* u. 20% **V**-*DPH*. *Säuregemisch* (**XII**), Kp.$_{0,1}$ 150°, durch Verseifen von 60 g **IX** mit äthanol. KOH u. Ansäuern mit HCl; 50 g. — *Gemisch von* **VI** u. *3-Isohexylcyclohexancarbonsäure*, Kp.$_{0,1}$ 150°, durch Hydrieren von 5 g **XII** in Äthylacetat bei 130 at u. 120° in Ggw. von Raney-Ni; 4,5 g. — *Gemisch* (**XI**) *von* **VII** u. *3-Isohexylcyclohexylamin*, Kp.$_{0,1}$ 118°, durch Curtius-Abbau vorst. Gemischs über die *Säurechloride* (**X**); Fruchtgeruch. Trennung → 80% **VII**-*Benzoylderiv.* (F. 175°) u. das *3-substituierte Benzoylderiv.*, $C_{19}H_{29}ON$, F. 145° (Bzl. + PAe.). Desaminierung von **XI** mit HNO_2 → 90% eines *KW-*

stoffes vom Kp.$_{0,1}$ 85—90° u. 10% eines *Alkohols* vom Kp.$_{0,1}$ 110—120° mit Rosengeruch. — *4-Isohexenyl-1-acetylcyclohexen-(4)*, Kp.$_{0,5}$ 120—122°, durch 2std. Kochen von CH_3MgBr mit 18,9 g **IX** in Ae. u. Zers. mit 10%ig. HCl; Fruchtgeruch; 19 g. *Semicarbazon*, $C_{15}H_{25}ON_3$, F. 135° (A. + W.); 80% neben *stellungsisomerem Semicarbazon*, F. 75° (A. + W.). *DPH*, $C_{20}H_{26}O_4N_4$, F. 73° (Bzl. + A.), daneben ein nicht krist. Produkt. — *4-Isohexyl-1-acetylcyclohexan*, Kp.$_{0,5}$ 120°, durch 1std. Kochen von $Cd(CH_3)_2$ (aus CH_3MgBr + $CdCl_2$) mit 10 g **X** in absol. Bzl., Zugeben von Eis/H_2SO_4 u. fraktionierte Dest.; Fruchtgeruch; 8 g. *Semicarbazon*, $C_{15}H_{29}ON$, F. 185° (A. + W.). *3-Isomeres*, Kp.$_{0,5}$ 140—150°; 2 g. — 20 Min. Stehen von 2,5 g **XI** in Ae./Eisessig mit $NaHCO_3$ u. **XX** bei 0°, Zugeben von $NaOC_2H_5$/A., Aufkochen, Zugeben von W., Ansäuern mit 20%ig. H_2SO_4 → 1,5 g *Gemisch vom Kp.*$_{0,2}$ *115°* (*DPH*, F. 60°), dessen Trennung 80% **VIII**-*DPH* u. wahrscheinlich *3-Isohexylcyclohexanon-DPH* liefert. — 8. 8-Dimethylverbb.: *-$\Delta^{9,10}$-oktalin-2-* u. *-3-carbonsäure*, Kp.$_{0,5}$ 150°, durch 12std. Erhitzen von 25 g **XII** auf 100° mit 45%ig. HBr; 20 g. *Säurechloride*, Kp.$_{0,15}$ 125—130°, aus 14 g mit $SOCl_2$; 13 g. *Äthylester*, Kp.$_{0,5}$ 120°, aus 10 g Säurechlorid mit absol. A.; Weihrauchgeruch; 10 g. *2-Säureamid*, $C_{13}H_{21}ON$, F. 142° (Bzl.); daneben *3-Säureamid*, F. 123° (Bzl. + PAe.). — *-$\Delta^{9,10}$-oktalin-2-* u. *-3-amin*, Kp.$_{0,1}$ 118°, nach CURTIUS; 50%. — *-$\Delta^{9,10}$-oktalon-(2)*, Kp.$_{0,2}$ 115°, aus 2,5 g vorst. Gemischs (als Acetat) mit **XX**/$NaOC_2H_5$ 1 g. *DPH*, $C_{18}H_{22}O_4N_4$, F. 159° (Bzl. + A.), rot. Daneben *stellungsisomeres DPH*, F. 115 bis 118°. — *-2-oxymethyl-$\Delta^{9,10}$-oktalin*, Kp.$_{0,1}$ 110°, aus 14 g obiger Äthylester mit $LiAlH_4$/Ae. in 30 Min. bei 60°; 10 g. — *-$\Delta^{9,10}$-oktalinaldehyd-(2)*, Kp.$_{0,1}$ 110°, durch Kochen von 10 g vorst. Verb. in Toluol mit Al-Isopropylat; 6 g. *DPH*, $C_{19}H_{24}O_4N_4$, F. 124° (Bzl.-A.) neben *stellungsisomerem 3-DPH*, F. 143°. (Bull. Soc. chim. France [5] **1956.** 391—401. März. Montpellier, Univ., Inst. de Chim.) R. PASEDAG. 1900

S. M. McElvain und **R. E. Starn jr.**, *Ketenacetale.* 34. Mitt. *Tetramethylen- und Pentamethylenketenacetale.* (33. vgl. C. **1956.** 7501.) Aus Cyclopentanon u. -hexanon werden über die *Cyanhydrine* u. deren *Acetate* durch Pyrolyse bei 440—470° *1-Cyancyclopenten* bzw. *-cyclohexen* dargestellt, die anschließend (unter Schwierigkeiten) hydriert u. mit CH_3OH u. HCl in *Cyclopentyl-* (**Ia**) bzw. *Cyclohexylformiminomethyläther-hydrochlorid* (**Ib**) verwandelt werden (der Strukturbeweis erfolgte durch Pyrolyse zu den entsprechenden *Amiden*). Die Reaktionsfähigkeit von **Ia** u. **Ib** ist unterschiedlich: Die Hydrolyse von **Ia** ergibt sofort *Cyclopentancarbonsäuremethylester* (**IVa**), **Ib** bleibt bei 1std. Rühren in W. unverändert. Nach der modifizierten Alkoholysemeth. (vgl. C. **1955.** 11557) entsteht aus **Ia** *Orthocyclopentancarbonsäuretrimethylester* (**IIa**) in 76 bis 84%ig. Ausbeute, die Rk. mit **Ib** ist aber nach 11 Tagen noch unvollständig. Durch Abwandlung der Meth. konnte aus **Ib** schließlich in 6 Tagen 45—58% *Orthocyclohexancarbonsäuretrimethylester* (**IIb**) erhalten werden, als Nebenprod. trat hierbei bis zu 27% *Hexahydrobenzamid* auf. Die Verwendung von Äthylenglykol statt CH_3OH zur Alkoholyse von **Ia** u. **Ib** führt zu *Orthocyclopentan-* (**VIa**) bzw. *Orthocyclohexancarbonsäuremethyläthylenester* (**VIb**; daneben *Bis-[orthocyclopentancarbonsäureäthylen]-* bzw. *Bis-[orthocyclohexancarbonsäureäthylen]-äthylenester*). Die Desalkoholisierung von **IIa** u. **IIb** mit nichtgereinigtem Al-tert.-Butylat ergibt *tert.-Butanol* u. ein Gemisch aus *Tetramethylen-* (**Va**) bzw. *Pentamethylenketendimethylacetal* (**Vb**) u. den entsprechenden *tert.-Butyl-* (**IIIa, IIIb**) u. *Methylestern* (**IVa, IVb**) der *Cyclopentan-* bzw. *Cyclohexancarbonsäure.* Mit sublimiertem Al-tert.-Butylat entsteht aus **IIa** 98% *tert.-Butanol*, 11% **IVa**, 6% **IIIa** u. 64% **Va**, aus **IIb** 79% *tert.-Butanol* mit weniger als 2% *Methyl-tert.-butyläther*, 18% *Dimethyläther*, 13% **IVb**, 10% **IIIb** u. 58% **Vb**. Die unterschiedliche Reaktionsweise wird auf den Geh. an Al_2O_3 im unreinen Al-tert.-Butylat zurückgeführt. Wird $Al(OCH_3)_3$ verwendet, so nimmt die Ausbeute an **IVa** u. **IVb** zu. Die Rk. von **VIa** mit sublimiertem Al-tert.-Butylat führt vorwiegend zu den n. Estern **IVa** u. **IIIa**, daneben entsteht *tert.-Butanol* u. in geringen Mengen *Cyclopentancarbonsäure-β-methoxyäthylester* u. *Tetramethylenketenäthylenacetal*; analog entsteht aus **VIb** *tert.-Butanol*, **IIIb, IVb**, wenig *Pentamethylenketenäthylenacetal* u. *Cyclohexancarbonsäure-β-methoxyäthylester.* **Va** u. **Vb** wurden ferner in *1-Benzhydrylcyclopentan-* bzw. *-cyclohexan-1-carbonsäuremethylester* verwandelt. Mit Benzoylchlorid liefert **Va** *1-Benzoylcyclopentan-1-carbonsäuremethylester*, der sich in *Phenylcyclohexylketon* umwandelt. Die Rk. von **Va** mit Br_2 in CCl_4 gibt 3% **IVa**, 91% des *1-Brom-* u. 2% des *1.2-Dibromderivats* (**VII**). Aus letzterem entsteht bei der Bromabspaltung mit NaJ in A. *Cyclopenten-(1)-carbonsäuremethylester.* Analog entsteht bei der Bromierung von **Vb** 6% **IVb**, 85% *1-Bromcyclohexan-* u. *1.2-Dibromcyclohexancarbonsäuremethylester.* **Vb** nahm in 161 Std. 69% O_2 auf, aus dem Gemisch konnten nur 7% *Cyclohexanon* u. 28% *Dimethylcarbonat* isoliert werden. Mit 2.4-Dinitrophenylhydrazin bilden **Va** in Ggw. von $ZnCl_2$ die entsprechenden krist. *N-[2.4-Dinitrophenyl]-carbonsäurehydrazimidomethylester.* UV- u. Infrarotspektren einiger Verbb. vgl. Original.

Versuche: *Cyclopentanoncyanhydrin*, Kp.$_9$ 102—106°, aus Cyclopentanon nach Org. Syntheses (Coll. Vol. II **1943.** 7); n_D^{25} 1,4560; 78—88% (Ausbeute). *Acetat*, C_8H_{11}·O_2N, Kp.$_8$ 101—102°; n_D^{25} 1,4458; 91%. Daneben *N-Acetyl-1-acetoxycyclopentancarbonsäureamid*, $C_{10}H_{15}O_4N$, F. 108,5—109,5° (Bzn.); 3,4%. — *Cyclohexanoncyanhydrin*, Kp.$_9$ 109—113°, aus Cyclohexanom wie vorst.; n_D^{25} 1,4613; 88%. *Acetat*, F. 47—49°, Kp.$_{13}$ 117—118°; 63—70%. — *1-Cyancyclohexen*, Kp.$_{12}$ 74—76°, a) durch Eintropfen des vorst. Acetats in ein mit Glasperlen gefülltes, auf 480—500° erhitztes Pyrexrohr, Neutralisieren des Kondensats mit KOH, Ausäthern u. Dest.; n_D^{25} 1,4791; 88%; b) durch Zutropfen von $SOCl_2$ zu vorst. Cyanhydrin in Pyridin bei 0°, 4std. Rühren, Gießen auf Eis, Ausäthern u. Dest.; 90%. — *1-Cyancyclopenten*, Kp.$_{11}$ 53—54°, analog; n_D^{25} 1,4701; 93—96%. — *Cyclopentylcyanid*, K.$_7$ 43—44°, durch Hydrieren der vorst. Verb. in Ae.-Acetanhydrid über Pd-$SrCO_3$ bei 3 at unter Kühlen bei 45—50°; n_D^{25} 1,4409; 98%. — *Cyclohexylcyanid*, Kp.$_{12}$ 69—70°; n_D^{25} 1,4493; 93%. — *Cyclohexylformiminomethylätherhydrochlorid* (**Ib**), $C_8H_{16}ONCl$, aus vorst. Verb. in CH_3OH u. Ae. unter Einleiten von HCl bei 0°, 6std. Rühren u. 2wöchiges Stehen bei 0°; 100%; gibt bei 4½std. Erhitzen auf 140° u. höher 94% *Hexahydrobenzamid* [F. 186—187,5° (A.)], durch Verseifen mit W. 91% *Cyclohexancarbonsäuremethylester* (**IVb**), Kp.$_7$ 54,5°; n_D^{25} 1,4412. — *Cyclopentylformiminomethylätherhydrochlorid* (**Ia**), $C_7H_{14}ONCl$, analog **Ib**; 97%; gibt durch Hydrolyse 88% *Cyclopentancarbonsäuremethylester* [**IVa**; Kp.$_7$ 38—39°; n_D^{25} 1,4338], mit Dimethylformamid (15 Min. langes Kochen) 82% *Cyclopentancarbonsäureamid*, F. 176—177° (Aceton). — *Orthocyclopentancarbonsäuretrimethylester* (**IIa**), $C_9H_{18}O_3$, Kp.$_7$ 64°, aus **Ia** (l. c.) u. 4 Mol CH_3OH; 76—84%. Daneben 4—5% *Cyclopentancarbonsäureamid* u. 7—8% **IVa**. — *Orthocyclohexancarbonsäuretrimethylester* (**IIb**), $C_{10}H_{20}O_3$, Kp.$_{13}$ 87—88°, aus **Ib** in CH_3OH u. Bzn. in 6 Tagen unter Rühren, Einengen des Filtrats, Trennen von 17% *Hexahydrobenzamid* u. Dest.; n_D^{25} 1,4436; 58%; gibt in angesäuertem wss. CH_3OH mit Hydrazin durch 19std. Kochen u. Fällen mit PAe. 90% *Hexahydrobenzhydrazid*, F. 156—156,5° (Bzl.-PAe.). — *Orthocyclopentancarbonsäuremethyläthylenester* (**VIa**), $C_9H_{16}O_3$, Kp.$_7$ 81—82,5°, durch 44std. Rühren von **Ia** mit Äthylenglykol u. PAe., Filtrieren u. Dest.; n_D^{25} 1,4545; 58%. Aus dem Destillierrückstand *Bis-[orthocyclopentancarbonsäureäthylen]-äthylenester*, $C_{18}H_{30}O_6$, F. 31,5—53°, Kp.$_{0,2}$ 154—157°; 13%. — *Orthocyclohexancarbonsäuremethyläthylenester* (**VIb**), $C_{10}H_{18}O_3$, Kp.$_{17}$ 100—101°, aus **Ib**; n_D^{25} 1,4606; 57%. Daneben *Bis-[orthocyclohexancarbonsäureäthylen]-äthylenester*, $C_{20}H_{34}O_6$, F. 52—55°, Kp.$_{0,2}$ 166—169°; 13%. — *Tetramethylenketendimethylacetal* (**Va**), $C_8H_{14}O_2$, Kp.$_{18}$ 68°, aus **IIa** u. sublimiertem Al-tert.-Butylat unter Rühren bei 175—190° u. Abdestillieren des *tert.-Butanols* (98%), 12std. Stehen in Ae. über $LiAlH_4$ u. Vakuumdest. unter N_2; D^{25}_4 0,9571; n_D^{25} 1,4541; 64%. — *Pentamethylenketendimethylacetal* (**Vb**), $C_9H_{16}O_2$, Kp.$_{19}$ 83°, aus **IIb** wie vorst. (79% *tert.-Butanol*); D^{25}_4 0,9475; n_D^{25} 1,4592; 40%. Daneben 18% *Dimethyläther* u. aus dem tert.-Butanoldestillat *tert.-Butylmethyläther*, Kp. 68,5°; n_D^{25} 1,3789. — Die Desalkoholisierung von 43,5 g **VIa** wie vorst. in 40 Min. ergab 23% *tert.-Butanol*, 1,32 g *Isobutylen* (?; aus der Trockeneis–Aceton-Falle) u. nach Vakuumdest. 36% **IVa** (Kp.$_{10}$ 48,5—50°; n_D^{25} 1,4340), *Cyclopentancarbonsäure-tert.-butylester* (**IIIa**; Kp.$_{10}$ 68,5—71,5°; n_D^{25} 1,4304; 42%); die Fraktion vom Kp.$_{10}$ 89—96° enthielt 5% *Tetramethylenketenäthylenacetal* (nicht isolierbar, berechnet aus der Br_2-Titration), ferner 4% *Cyclopentancarbonsäure-β-methoxyäthylester* [$C_9H_{16}O_3$, Kp.$_{0,04}$ 43—44°; n_D^{25} 1,4430; *Hydrazid*, F. 118—118,5° (Bzl.-PAe.); *1-Bromcyclopentancarbonsäure-β-bromäthylester*, $C_8H_{12}O_2Br_2$, Kp.$_{0,04}$ 75 bis 76°; n_D^{25} 1,5150]. — Analog entstanden aus 43,2 g **VIb** in 20 Min. 20% *tert.-Butanol*, 38% **IVb** (Kp.$_9$ 63,5—64°; n_D^{25} 1,4414), 36% *Cyclohexancarbonsäure-tert.-butylester* (**IIIb**; $C_{11}H_{20}O_2$, Kp.$_9$ 83,5—85,5°; n_D^{25} 1,4370), 2% *Pentamethylenketenäthylenacetal* (nicht isolierbar, berechnet aus der Br_2-Titration) u. *Cyclohexancarbonsäure-β-methoxyäthylester* ($C_{10}H_{18}O_3$, Kp.$_{0,04}$ 51—52°; n_D^{25} 1,4469; 2%). — *1-Bromcyclopentancarbonsäuremethylester*, $C_7H_{11}O_2Br$, Kp.$_9$ 81°, a) aus **Va** durch Br_2-Titration bei 30—35° u. Dest.; n_D^{25} 1,4825; 73%. Daneben 10% **IVa** u. 8% *1.2-Dibromcyclopentancarbonsäuremethylester* (**VII**; aus den n_D-Werten berechnet; bildet bei 20 Min. Kochen in absol. A. mit NaJ, Entfernen des J_2 mit $Na_2S_2O_3$ u. 1std. Kochen mit KOH, Abdampfen unter N_2 *Cyclopenten-(1)-carbonsäure*, F. 113—116°; 95%); b) wie vorst. in CCl_4 bei 0—5°; 91%. Daneben 3% **IVa** u. 2% **VII**. — Analog aus **Vb** *1-Bromcyclohexancarbonsäuremethylester* ($C_8H_{13}O_2Br$, Kp.$_{19}$ 115—116°; n_D^{25} 1,4908; 85%) u. 6% **IVb**. — *N-[2.4-Dinitrophenyl]-cyclopentancarbonsäurehydrazimidomethylester*, $C_{13}H_{16}O_5N_4$, F. 213—214° (Bzl.), aus **Va** + 2.4-Dinitrophenylhydrazin in Dioxan in Ggw. von $ZnCl_2$ (kurzes Kochen); 43%. — *N-[2.4-Dinitrophenyl]-cyclohexancarbonsäurehydrazimidomethylester*, $C_{14}H_{18}$·O_5N_4, Kp. 194,5—195° (Bzl.), aus **Vb** wie vorst.; 69%. — *1-Benzhydrylcylopentan-1-carbonsäuremethylester*, $C_{20}H_{22}O_2$, F. 64—64,5° (wss. Isopropanol), aus **Va** + Benzhydrylbromid unter N_2 u. Verschluß in 12½ Std. bei 105°, Ausziehen mit Isopropanol,

Abdampfen, 24std. Stehen in PAe. bei -78^0 u. Abdekantieren; 64%. — Analog aus **Vb** *1-Benzhydrylcyclohexan-1-carbonsäuremethylester*, $C_{21}H_{24}O_2$, F. 74,5—76,5°; 75%. — *Phenylcyclohexylketon-2.4-dinitrophenylhydrazon*, F. 200—200,5° (Chlf.-A.), aus **Vb** + Benzoylchlorid unter N_2 u. Verschluß in 3 Std. bei 225°, 2std. Kochen mit H_2SO_4-Acetanhydrid u. Behandeln mit 2.4-Dinitrophenylhydrazin; 53%. (J. Amer. chem. Soc. **77.** 4571—77. 5/9. 1955. Madison, Wis., Univ., Dep. of Chem.) H. Lehwald. 1960

Jacques-J. Panouse und **Charles Sannié**, *Neue Darstellungsmethode von 2-Methylcyclopentandion-(1.3)*. Die Synth. von *2-Methylcyclopentandion-(1.3)* (**I**) geht aus von 2-Methylcyclopentantrion-(1.3.4)-monohydrat (**II**), das sich leicht in das *4-Monosemicarbazon* überführen läßt. Dieses gibt durch alkal. Abbau nach Wolff-Kishner das *Na-Salz* der Enolform von **I**; beim Ansäuern erhält man **I** in einer Gesamtausbeute von 86% (bezogen auf **II**). Mit Hydrazin läßt sich diese Reaktionsfolge ebenfalls — jedoch in geringerer Ausbeute — ausführen. — Die Red. von **II** oder von **II**-Monoanil-(4)-dihydrat (**III**) mit KBH_4 führt unter verschied. Bedingungen nur zu *4-Oxy-2-methylcyclopentandion-(1.3)*.

Versuche (FF. im Kofler-Block): *2-Methylcyclopentantrion-(1.3.4)-monosemicarbazon-(4)*, F. >300°, aus **II** (durch Kondensation von Oxalsäurediäthylester u. Methyläthylketon mit Na u. nachfolgende Hydrolyse des Glyoxylats mit H_3PO_4) in wss. A., Semicarbazidhydrochlorid u. Na-Acetat in der Kälte; 93% (Ausbeute). — *2-Methylcyclopentandion-(1.3)* (**I**), $C_6H_8O_2$, F. 214—215° (W.), aus vorst. Verb. u. festem KOH in Äthylenglykol durch 14std. Erhitzen auf 170—200°, Eindampfen im Vakuum, Aufnehmen in W., Ansäuern auf p_H 3 mit HCl u. mehrstd. Stehenlassen; mit $FeCl_3$ violette Färbung; 93%. — *2-Methyl-4-oxycyclopentandion-(1.3)*, $C_6H_8O_3$, F. 177—179° (Aceton, W.), a) aus **II** in Sodalsg. (p_H 10) durch Zugabe von 10%ig. wss. KBH_4-Lsg. in der Hitze während 10 Min., 2std. Kochen, Ansäuern mit H_2SO_4 (p_H 3), Einengen im Vakuum, Kochen mit Methanol unter Abdest. von CH_3OH u. Methylborat u. Neutralisation des Rückstands mit $BaCO_3$; b) aus **III** in wss.-methanol. Sodalsg. u. KBH_4 in wss. Methanol durch 80 Min. Kochen, dann wie bei a). — *2-Methylcyclopentantrion-(1.3.4)-monoanil-(4)-dihydrat* (**III**), $C_{12}H_{11}O_2N \cdot 2H_2O$, F. 200° (Sublimation), aus **II** u. Anilin in absol. A. in der Kälte; kristallwasserfrei durch Sublimation bei 160—170° im Vakuum; 84%. — *Verb. vom F. 198—200°* (A.), aus entwässertem **IV** u. KBH_4 in absol. Methanol durch 2std. Kochen, Abtreiben von Methanol u. Anilin mit Wasserdampf, Ansäuern (p_H 3) u. Entfernung von Methylborat wie oben. (Bull. Soc. chim. France, Mém. [5] **1955.** 1036—39. Sept. Paris, Muséum Nat. d'Histoire Naturelle, Labor. de Chim.) H. Fechter. 1970

E. Hartwig, *Über eine Mannich-Reaktion bei Tropolonen.* In Anlehnung an Verss. von Bruson u. McMullen (J. Amer. chem. Soc. **63.** [1941.] 271) konnte aus Tropolon (**I**), Morpholin u. Formaldehyd *3.5.7-Tris-[morpholinomethyl]-tropolon* in guter Ausbeute dargestellt werden. Nach dem gleichen Verf. entstanden aus 3- u. 5-Bromtropolon, in denen eine reaktionsfähige Stelle des **I** besetzt ist, *3-Brom-5.7-* bzw. *5-Brom-3.7-bis-[morpholinomethyl]-tropolon.*

Versuche: *3.5.7-Tris-[morpholinomethyl]-tropolon*, $C_{22}H_{33}O_5N_3$, F. 110° (PAe., Kp. 90—125°), durch Zugabe von Formalin in kleinen Anteilen zu **I** u. Morpholin bei Zimmertemp. in exothermer Rk. u. bei 60° (5 Min.); beim Abkühlen gelbe Kristalle; 84%. — *3-Brom-5.7-bis-[morpholinomethyl]-tropolon*, $C_{17}H_{23}O_4N_2Br$, F. 157—158° (Essigester), analog u. auf dem Wasserbad (30 Min.), Abdest. des W. im Vakuum, Lösen des Rückstandes in Essigester u. Versetzen mit PAe. bis zur Trübung; gelbe Kristalle; 67%. — *5-Brom-3.7-bis-[morpholinomethyl]-tropolon*, $C_{17}H_{23}O_4N_2Br$, F. 173° (Zers., Essigester), ebenso; fast farblose Kristalle; 55%. (Angew. Chem. **66.** 605—06. 7/10. 1954. Heidelberg, Univ., Inst. für exp. Krebsforschung.) H. Gold. 1980

R. B. Johns, A. W. Johnson und **M. Tišler**, *Synthetische Versuche in der Cycloheptatrienonreihe.* 4. Mitt. *3-Oxytropon.* (3. vgl. C. **1955.** 6017.) Vff. stellen das Tropolon (**IV**)-Isomere *3-Oxytropon* (**I**) dar, um einen weiteren Beitrag zur Unters. des aromat. Charakters von 7gliedrigen Ringsystemen zu geben. — Die in der 3. Mitt. (l. c.) beschriebene 3.5-Dimethoxycycloheptatriencarbonsäure (**II**) liefert bei Bromierung in CH_3COOH *2.5.7-Tribrom-3-oxytropon* (**III**), dessen Konst. durch Rk. mit CH_3ONa zu *2-Brom-3-oxy-5.7-dimethoxytropon* (das 2-ständige Br-Atom ist ster. gehindert), Hydrogenolyse zu *6-Oxy-2.4-dimethoxytropon* (**XIV**), saure Hydrolyse zu *4.6-Dioxytropolon* u. alkal. Umlagerung zu *3.5-Dioxybenzoesäure* (**VII**) gesichert ist. Mit einem mit Pb-Acetat vergifteten Pd-Katalysator kann **III** in geringer Ausbeute ohne gleichzeitige Hydrierung des Troponringes in **I** übergeführt werden, wobei als Nebenprod. ein *Brom-3-oxytropon* entsteht, in dem das Br-Atom wahrscheinlich an $C_{(5)}$ gebunden ist. **I** ist aus **II** besser durch Decarboxylierung, Br_2-Oxydation zu *3-Methoxytropon* (**VI**) u. HBr-Entmethylierung erhältlich. Eine dritte Synth. von **I** geht von dem aus Veratrol u. Diazoessigester erhaltenen Rohester aus, der mit Br_2 *Tropolon-4-carbonsäure* (**XIII**) u. *3-Oxytropon-2-carbonsäure* bildet; das Zwischenprod. ist *2.7-Dimethoxycycloheptatriencarbonsäure* (**XV**)-*Äthylester*. — Vff. vergleichen die Eigg. sowie die UV- u. Infrarotmaxima von **I**, **IV** u. *Tropon* (Tabelle); die Verschiedenheit der Eigg. von **I** u. **IV** können größtenteils auf die in **I** fehlende Wasserstoffbindung zurückgeführt werden. **I** hat einen ähnlichen pK_α-Wert (5,4) wie Dihydroresorcin; beide Verbb. können als Monoenole von cycl. β-Diketonen aufgefaßt werden. Die Konst. von **I** ist durch seine Rkk. bewiesen; auch mit überschüssigem Br_2 entsteht als Hauptprod. *2-Brom-3-oxytropon* (**V**), dessen saure Hydrolyse zu *3-Oxytropolon* (**XVII**) führt. — Während 2-Brom-3-methoxytropon mit CH_3ONa in n. Weise *o-Methoxybenzoesäure* liefert, bleiben **V** u. **VI** dabei unverändert. **I** wird beim Schmelzen mit KOH zum größten Teil zers.; bei 300° entstehen *α-Resorcylsäure* (**VII**), *Oxalsäure* (**VIII**) u. wenig *m-Oxybenzoesäure* (**IX**), aber keine Salicylsäure. Da Oxybenzoesäuren mit KOH bei 300° nicht hydroxyliert werden, muß für die Bldg. von **VII** prim. eine Hydroxylierung des 7gliedrigen Ringes an $C_{(5)}$ angenommen werden; **VIII** wird durch weitere Oxydation u. Ringspaltung entstehen. Die Leichtigkeit der alkal. Umlagerung hängt also auch bei den Troponen von der Art des Substituenten ab, denn im Gegensatz zu **I** wird *Tropolon-4-carbonsäure* (**XIII**) leicht umgelagert; der Verlauf der Umlagerung wird diskutiert. Auch **V** gibt mit KOH bei 300° **VII**, **VIII** u. **IX**, wobei wahrscheinlich prim. Dehalogenierung eintritt. — In Verbesserung früher gemachter Angaben (vgl. 3. Mitt., l. c.) wird bei Wiederholung der Rkk., die zu der dort als *Isostipitatsäure* (**X**) bezeichneten Verb. führen sollen, festgestellt, daß die durch Bromierung von **II** in Chlf. entstehende Verb. nicht *4-Brom-3-methoxy-5-oxocycloheptatriencarbonsäure*, sondern die *6-Bromverb.* (**XI**) ist, denn die Hydrolyse mit HCl–Essigsäure liefert *Stipitatsäure* (**XII**). Umlagerung von **XI** oder ihrem Ester mit methanol. KOH gibt *5-Methoxyisophthalsäure* u. wenig der isomeren *O-Methylstipitatsäure*, Umlagerung durch Schmelzen mit KOH führt zu *5-Oxyisophthalsäure*; **XI** kann nicht decarboxyliert werden. Bei der Bromierung von **II** in CH_3COOH kann *3-Oxy-5-oxocycloheptatriencarbonsäure* (**XVIII**) erhalten werden, weitere Bromierung führt zu *4-Brom-3-oxy-5-oxocycloheptatriencarbonsäure*. Diese liefert bei saurer Hydrolyse **X**, die mit KOH bei 300° *2-Oxyterephthalsäure* bildet. Die UV- u. Infrarotmaxima von **X**, **XII** u. **XIII** werden verglichen (Tabelle).

Versuche: *2.5.7-Tribrom-3-oxytropon* (**III**), $C_7H_3O_2Br_3$, F. 222° (Zers.), durch tropfenweise Zugabe von 1 cm^3 Br_2 zu 1 g **II** in wss. CH_3COOH bei 0°, Zugabe von W. nach 1/4 Std., 24std. Stehen bei 0°, Abdekantieren vom Nd., Einengen, Zugabe von W., erneutes Einengen, Lösen des zuerst erhaltenen Nd. in Aceton, langsames Abdampfen u. Kristallisation aller festen Prodd. aus CH_3OH; blaßgelbe Nadeln; 1,35 g (Ausbeute); sublimiert bei 140—150°/0,1 mm; das mit CH_3COOK in CH_3OH erhaltene *K-Salz* ist gelb. — *2.5.7-Tribrom-3-methoxytropon*, $C_8H_5O_2Br_3$, F. 198—199° (Zers.), mit äther. CH_2N_2 erhalten; aus CH_3OH gelbe Nadeln, sublimierbar bei 160°/0,3 mm. — *2-Brom-3-oxy-5.7-dimethoxytropon*, $C_9H_9O_4Br$, F. 221° (Zers.), durch 2std. Kochen von **III** in CH_3ONa-Lsg., Verdünnen, Eindampfen, Aufnehmen in W. u. Ansäuern mit HCl; aus CH_3OH blaßgelbe Nadeln; 94%. — *6-Oxy-2.4-dimethoxytropon* (**XIV**), $C_9H_{10}O_4$, F. 210° (Zers.), durch Lösen von 1,36 g vorst. Verb. in CH_3OH u. möglichst wenig 10%ig. NaOH, Zugabe von 0,4 g CH_3COOK, Hydrieren des Filtrats mit 10%ig. Pd-Kohle bis zur Aufnahme von 1 Mol H_2, Ansäuern des Filtrats, Eindampfen u. Zugabe von W.; weitere Anteile aus der Mutterlauge durch 2tägige Extraktion mit Ae.; Nadeln aus W., sublimiert bei 155°/0,3 mm; 0,646 g. — Nach Schmelzen von 0,51 g **XIV** mit 5 g KOH u. 1,5 cm^3 W. bis 160°, Zugabe von weiteren 2 g KOH, Erhitzen auf 300°, Lösen in W., Ansäuern, Ausäthern u. Sublimation des Rohprod. bei 0,1 mm wird *α-Resorcylsäure* (*3.5-Dioxybenzoesäure*; **VII**), $C_7H_6O_4$, F. 225—227°, erhalten; weitere Mengen durch 36std. Ae.-Extraktion; 121 mg. — *2.4.6-Trioxytropon*, $C_7H_6O_4$, F. 222° (Zers.), durch 12std. Erhitzen von **XIV** mit 48%ig. HBr auf 110°, Eindampfen u. Zugabe von W. u. CH_3COOK bis p_H 6; aus W. Nadeln; sublimierbar bei 170°/0,5 mm. — *1.3-Dimethoxycycloheptatrien* (**XVI**), $C_9H_{12}O_2$, $Kp._3$ 80—81°, a) durch Erhitzen von 3 g **II** mit Cu-Bronze; Öl; 0,73 g; b) ebenso aus **XV**; n_D^{20} 1,5374; 38%. — *3-Oxytropon* (**I**), $C_7H_6O_2$, F. 179—180° (Zers.), durch tropfenweise Zugabe von 1,4 g Br_2 in CCl_4 zu 1,35 g vorst. Verb. in Chlf. unterhalb 5°, Eindampfen, Digerieren mit Chlf.–CCl_4 (1:1), 3std. Hydrolyse des rohen **VI**-*Hydrobromids* (1,05 g) mit 48%ig. HBr–W. (1:1) bei 110°, Eindampfen, Aufnehmen in W., Neutralisieren mit 10%ig. NaOH u. Ansäuern mit 2n HCl; 0,57 g; *Pikrat*, $C_{13}H_9O_9N_3$, F. 165° (Zers.), aus W. gelbe Nadeln; **I** krist. aus Essigester–CH_3OH (1:1) oder W. in Nadeln u. sublimiert bei 140°/0,1 mm, wobei es jedoch erheblich zers. wird; als Nebenprod. entsteht oft *2-Brom-6-oxytropon*, $C_7H_5O_2Br$, F. 208°, aus W. blaßgelbe Nadeln; zers. sich bei längerem Erhitzen auf 150°. **I** wird auch durch

Zugabe von 1 g CH_3COOK zu 1 g **III** in A., Zugabe von W., Hydrieren mit 10%ig. Pd–$BaSO_4$, das mit Pb-Acetat vergiftet ist, bis zur Aufnahme von 2,9 Mol H_2, Eindampfen des Filtrats, Lösen in n-HCl, Ausziehen des Filtrats erst mit Ae., dann mit Essigester, Eindampfen, Ausäthern, Einleiten von HCl, Lösen des Nd. in W. u. Rk. mit Pikrinsäure als *Pikrat* erhalten; 50 mg; manchmal kann als Nebenprod. ein *Brom-3-oxytropon*, $C_7H_5O_2Br$, F. 207°, Nadeln aus W., isoliert werden. — *3-Methoxytropon* (**VI**), Kp.$_{0,5}$ 60—70° (Badtemp.), a) durch Schütteln von **I** in CH_3OH mit äther. CH_2N_2, Eindampfen, Rk. mit Pikrinsäure (*Pikrat*, $C_{14}H_{11}O_9N_3$, F. 128° unter Zers., gelbe Nadeln aus W.) u. Behandeln von 0,17 g Pikrat mit einem Ionenaustauscher; 43 mg; b) durch Rk. von **XVI** mit 1 Mol Br_2 in Chlf., Eindampfen, Digerieren mit absol. A., Sublimation des **VI**-*Hydrobromids*, F. 121—122° (Zers.), 17%, Lösen in W., Neutralisieren mit NaOH u. Rk. mit Pikrinsäure als *Pikrat*, das bei schneller Kristallisation aus W. bei 146° schm.; langsame Kristallisation liefert die andere Form. — *2.7-Dimethoxycycloheptatriencarbonsäure* (**XV**)-*Äthylester*, $C_{12}H_{16}O_4$, F. 98°, durch Erhitzen von 200 g Veratrol u. 40 g Diazoessigsäureäthylester auf 150°, Beseitigen des Veratrolüberschusses im Vakuum, Fraktionierung von 6 Ansätzen bei $3 \cdot 10^{-2}$ mm u. Kristallisation der bei 90—110° erhaltenen Fraktionen aus A.; Nadeln; 3,1 g. **XV**, $C_{10}H_{12}O_4$, F. 188—189° (Zers.), aus 2 g Ester mit sd. 2%ig. alkoh. KOH; Platten aus CH_3OH. *Hydrazid*, $C_{10}H_{14} \cdot O_3N_2$, F. 162—163° (Zers.), aus A. Nadeln, aus 0,15 g Ester u. 30%ig. N_2H_4 in sd. A.; 120 mg. — *2.7-Dimethoxycycloheptancarbonsäureäthylester*, $C_{12}H_{22}O_4$, Kp.$_{20}$ 125—130°, durch Hydrieren von 1,78 g **XV**-Ester in A. mit Adams-Katalysator; n_D^{15} 1,4662; 1,6 g. — *3-Oxytropon-2-carbonsäure*, $C_8H_6O_4$, F. 149° (Zers.), durch tropfenweise Zugabe von Br_2 in Chlf. zu **XV**-Ester in Chlf. bei —20°, Eindampfen, Digerieren mit Aceton u. Sublimation bei 90—95°/10^{-2} mm; bei schnellem Erhitzen F. 161°. — *2-Brom-3-oxytropon* (**V**), $C_7H_5O_2Br$, F. 214° (Zers.), durch tropfenweise Zugabe von Br_2 in CH_3COOH zu 0,24 g **I** in Eisessig; aus wss. A. bräunliche Nadeln; 0,314 g. *Methyläther*, $C_8H_7O_2Br$, F. 118—119°, aus A. Nadeln. — Nach 15std. Erhitzen von 0,15 g **V** mit konz. HCl, Eisessig u. W. (12:10:1,5 cm³) auf 180°, Eindampfen, Lösen in W., Einstellen auf p_H 6, Ausziehen des Filtrats mit Ae., dann Essigester u. Sublimation bei 110—120°/0,2 mm entsteht **XVII**. — Erhitzen von 0,46 g **V** mit KOH u. W. (5:1) auf 300°, Lösen in W., Ansäuern, Ausäthern, Abdest. u. Sublimation bei 120°/0,2 mm gibt **XVII**; 24 mg. Weitere Sublimation des Rückstandes bei 160°/0,2 mm liefert **VII**; 30 mg; eine Zwischenfraktion besteht aus *m-Oxybenzoesäure* (**IX**), F. 176—180°; ca. 10 mg. Nach 2½tägiger Extraktion der wss. Mutterlaugen von der Ae.-Extraktion mit Ae., Eindampfen u. Sublimation bei 120°/0,2 mm kann *Oxalsäure* (**VIII**) erhalten werden; aus W. dünne Nadeln, F. 188°; 85 mg. — *o-Methoxybenzoesäure*, F. 101°, wird aus 2-Brom-3-methoxytropon u. methanol. CH_3ONa durch 2std. Kochen, ½std. Kochen nach Zugabe von 3n NaOH, Eindampfen, Ansäuern mit 3n H_2SO_4 u. 3std. Ae.-Extraktion erhalten. — Schmelzen von 0,4 g **I** mit 5 g KOH u. 1,5 cm³ W. bei 300°, Lösen in W., Ansäuern, Ausziehen mit Ae., dann Essigester, Eindampfen u. Sublimation liefert eine Fraktion bei 100—160°/0,2 mm, die **VII** ist; 6 mg; 3tägige Ae.-Extraktion der wss. Mutterlaugen, Sublimation bei 120°/0,2 mm u. Kristallisation aus W. liefert **VIII**-*Dihydrat*, F. 98°; 28 mg. — *3-Oxytropolon* (**XVII**), $C_7H_6O_3$, F. 136° (A.), durch 1std. Erhitzen von 3-Bromtropolon in CH_3COOH–konz. HCl–W. (5:5:2) auf 160—180°, 6std. Extraktion mit Ae. u. Sublimation bei 90°/0,05 mm; Nadeln; 66%, bei 12std. Hydrolyse 47%. — Erhitzen von **XVII** mit KOH auf 280—300°, Lösen in W., Ansäuern mit HCl, 4std. Extraktion mit Ae. u. Sublimation bei 90—100°/0,5 mm liefert *Salicylsäure*, F. 155—156°. — *3-Oxy-5-oxocycloheptatriencarbonsäure* (**XVIII**), $C_8H_6O_4 \cdot \frac{1}{2}H_2O$, F. 201—203° (Zers.), durch tropfenweise Zugabe von 0,3 cm³ Br_2 in Eisessig zu 1 g **II** in CH_3COOH, Zugabe von W., Eindampfen, Wiederholung dieser Operation u. Zugabe von W.; 0,39 g der so erhaltenen *3-Methoxy-5-oxocycloheptatriencarbonsäure* (0,58 g) werden 5 Std. mit 48%ig. HBr auf 110° erhitzt, dann wird eingedampft; Nadeln aus W.; 0,24 g. — Nach 10 Min. langem Schmelzen von 0,2 g **XVIII** mit 5 g KOH u. 2 cm³ W. bei 300°, Ansäuern mit HCl, Ausäthern u. 36std. Sublimation bei 160°/0,3 mm wird *5-Oxyisophthalsäure*, F. 285—286° (W.), erhalten; 10 mg. — *4-Brom-3-oxy-5-oxocycloheptatriencarbonsäure*, $C_8H_5O_4Br$, F. 224°, nach Sublimation bei 170°/0,2 mm, durch Zugabe von 0,14 cm³ Br_2 in CH_3COOH zu 0,42 g **XVIII** in CH_3COOH, Addition von W. u. Eindampfen; blaßgelbe Nadeln aus wss. A.; 0,53 g. — *Isostipitatsäure* (**X**), $C_8H_6O_5$, F. 282° nach Sublimation bei 160°/0,2 mm, durch 16std. Erhitzen von 0,34 g vorst. Verb. in 7 cm³ CH_3COOH + 2 cm³ W. + 10 cm³ 11n HCl auf 180°, Eindampfen des Filtrats, Verdünnen, Wiederholung der Operation u. Zugabe von W.; aus W. oder wss. A. cremefarbene Nadeln; 0,13 g. — Nach 10minütigem Erhitzen von 0,16 g **X** mit 5 g KOH u. 1,5 cm³ W. auf 300°, Lösen in W., Ansäuern mit HCl u. Ausäthern wird *2-Oxyterephthalsäure* erhalten; F. 328° (W.), sublimiert bei 170°/0,2 mm; 85 mg. — *Stipitatsäure* (**XII**), F. 280—283°, aus 0,4 g **XI** durch 11std. Erhitzen mit CH_3COOH + W. + konz. HCl (7:3:11 cm³) auf 180°, 2maliges Eindampfen nach Zugabe von W. u. erneutes Digerieren mit W.; 0,12 g; Bromierung in 80%ig. CH_3COOH liefert *Monobromstipitatsäure.* — Von fast allen Verbb. sind die UV- u. Infrarotmaxima angegeben. (J. chem. Soc. [London] **1954.** 4605—16. Dez. Cambridge, Univ., Chem. Labor.) H.-J. NITZSCHKE. 1980

Stanley H. Harper, *Fortschritte in der Insekticidchemie: Synthese der Pyrethrine.* Übersicht. — 26 Literaturangaben. (Sci. Progr. **39.** 449—58. Juli 1951. London, Univ., King's Coll.) E. FRANCK. 2000

Leonard E. Miller und **Charles J. Strickler,** *p-Nitrophenylmaleinsäureanhydrid in der Diels-Alder-Reaktion.* Es wird *p-Nitrophenylmaleinsäureanhydrid* (I) dargestellt, um den Einfl. der stark polaren NO_2-Gruppe bei DIELS-ALDER-Rkk. von I festzustellen. I wird durch Erhitzen von p-Nitrophenylbernsteinsäure mit CH_3COCl u. Dehydrierung des *Anhydrids* mit N-Bromsuccinimid in Ggw. von Cumolhydroperoxyd erhalten. Bei einem Vers., I durch Nitrierung von Phenylmaleinsäureanhydrid zu gewinnen, entstand nur *o-Nitrophenylmaleinsäureanhydrid.* I reagiert mit Butadien-(1.3), 2.3-Dimethylbutadien-(1.3), Cyclopentadien, Anthracen, Isopren, 2-Äthyl- u. 2-Isopropylbutadien-(1.3) unter Bldg. nur eines DIELS-ALDER-Addukts, wobei es als dienophile Komponente auftritt (vgl. dagegen das Verh. von Phenylmaleinsäureanhydrid; MILLER u. MANN, C. **1953.** 4370 u. **1954.** 8798). Die Struktur der aus I u. Isopren oder 2-Äthylbutadien-(1.3) erhaltenen Addukte als *1-[p-Nitrophenyl]-4-alkylcyclohexen-(4)-dicarbonsäuren-(1.2)* wurde durch Eliminierung der Nitrogruppe (Red. zur Aminogruppe, Diazotierung u. Red. der Diazoniumsalze mit unterphosphoriger Säure) u. Vgl. mit den entsprechenden bekannten 1-Phenylderivv. (l. c.) bewiesen. Die Struktur von *1-[p-Nitrophenyl]-4-isopropylcyclohexen-(4)-dicarbonsäure-(1.2)* [aus I u. 2-Isopropylbutadien-(1.3)] wurde durch Vgl. mit einem früher erhaltenen Präp. bestätigt. Bei der Rk. von I mit 1-Vinylnaphthalin wurde nur *1.2.3.4-Tetrahydro-7-nitro-1.1'-dinaphthyldicarbonsäure-(3.4)* (II) erhalten, die nach Entfernen der NO_2-Gruppe eine *Verb.* (III) liefert, die nach Analyse u. UV-Spektr. der bekannten *1.2.3.4-Tetrahydro-1.1'-dinaphthyldicarbonsäure-(3.4)* (IV; l. c.) entspricht, jedoch einen anderen F. hat. Da bei der Sublimation von IV im Vakuum u. Verseifen des erhaltenen Anhydrids mit 10%ig. wss. KOH III erhalten wird, nehmen Vff. an, daß III u. IV sich nur durch die Konfiguration der beiden Carboxylgruppen unterscheiden.

Versuche: *p-Nitrophenylmaleinsäureanhydrid* (I), $C_{10}H_5O_5N$, F. 128—129° (Äthylacetat); man kocht 0,134 Mol p-Nitrophenylbernsteinsäure mit 140 ml CH_3COCl 6 Std., dampft CH_3COCl u. CH_3COOH ab, gibt 0,303 Mol N-Bromsuccinimid, 0,0026 Mol Cumolhydroperoxyd u. 1750 ml CCl_4 zu, dest. unter ständigem Ersatz des CCl_4 das azeotrope CCl_4–Br_2-Gemisch ab, extrahiert das Filtrat mit Bzl. u. fällt mit PAe; 31,5—34% (Ausbeute). Wird ein Überschuß an N-Bromsuccinimid oder Cumolhydroperoxyd verwendet, so entsteht eine *Verb.* $C_{14}H_8O_7N_2$, F. 222—224° (Aceton), vermutlich *[x-Succinimido-4-nitrophenyl]-maleinsäureanhydrid.* I gibt bei der $KMnO_4$-Oxydation *p-Nitrobenzoesäure* (identifziert als *Methylester,* F. 95—96°). — *o-Nitrophenylmaleinsäureanhydrid,* $C_{10}H_5O_5N$, F. 141—142° (CCl_4); durch Nitrierung von Phenylmaleinsäureanhydrid mit rauchender HNO_3 (D. 1,52) bei $<5°$; 11%. Gibt bei $KMnO_4$-Oxydation *o-Nitrobenzoesäure.* — *1-[p-Nitrophenyl]-cyclohexen-(4)-dicarbonsäure-(1.2),* F. 200° (Zers.; Dioxan–PAe.); aus 0,01 Mol I, 0,09 Mol Butadien-(1.3) in 30 ml Bzl. in Ggw. von Hydrochinon (24 Std. bei 50° im Rohr), Eindampfen, Behandeln mit heißer 5%ig. $NaHCO_3$-Lsg., Filtrieren u. Ansäuern mit verd. HCl (1:1); 52%. *Dimethylester,* F. 118 bis 119° (Methanol); aus der Säure mit äther. CH_2N_2. — *1-[p-Nitrophenyl]-4.5-dimethylcyclohexen-(4)-dicarbonsäure-(1.2),* F. 206—208° (95%ig. A.); aus I u. 2.3-Dimethylbutadien (18 Std. Kochen); 67%. *Dimethylester,* F. 127,5—128,5°. — *cis-9.10-Dihydroanthracen-9.10-endo-α-[p-nitrophenyl]-α.β-succinanhydrid,* $C_{24}H_{15}O_5N$, F. 190—192° (Äthylacetat–PAe.); aus 0,01 Mol I u. 0,02 Mol Anthracen in 30 ml Eisessig; man kocht 6 Tage, extrahiert mit wenig heißem Äthylacetat–PAe.-Gemisch u. verd. mit PAe.; 17,4%. Bei Verwendung von Bzl. als Lösungsm. 5% Ausbeute. — *1-[p-Nitrophenyl]-3.6-endomethylencyclohexen-(4)-dicarbonsäure-(1.2),* F. 167,5—169,5° (Äthylacetat–PAe.); aus 0,01 Mol I u. 0,02 Mol Cyclopentadien in 30 ml Eisessig in Ggw. von Hydrochinon (24 Std. bei 60—70°); 61%. Bei Verwendung von Bzl. 18%. *Dimethylester,* F. 132—133°. — *1-p-Nitrophenyl]-4-methylcyclohexen-(4)-dicarbonsäure-(1.2)* (V), F. 182—184°, (Äthylacetat–PAe.); aus 0,01 Mol I u. 0,02—0,03 Mol Isopren in 30 ml Bzl. unter N_2 (24 Std. Kochen); 87,5%. *Dimethylester,* F. 132—133°. — *1-[p-Nitrophenyl]-4-äthylcyclohexen-(4)-dicarbonsäure-(1.2)* (VI), F. 173—175° (Äthylacetat–PAe.); analog Vorst. aus I u. 2-Äthylbutadien-(1.3); 88,5%. *Dimethylester,* F. 102—103°. — *1-[p-Nitrophenyl]-4-isopropylcyclohexen-(4)-dicarbonsäure-(1.2),* F. 179,5—181° (Äthylacetat–PAe.); 70%. *Dimethylester,* F. 88—89°. — Bei der Red. von V in NH_4OH mit H_2S (1 Std. Erhitzen auf dem sd. Wasserbad) wird unreine *1-[p-Aminophenyl]-4-methylcyclohexen-(4)-dicarbonsäure-(1.2)* (F. 245—247°; 77%) erhalten, die nach Diazotierung in salzsaurer Lsg. tropfenweise mit 30%ig. wss. unterphosphoriger Säure versetzt u. 4 Tage in der Kälte stehengelassen wird: *1-Phenyl-4-methylcyclohexen-(4)-dicarbonsäure-(1.2)*, F. 173—175°; 33%. — Analog Vorst. aus **VI** *1-Phenyl-4-äthylcyclohexen-(4)-dicarbonsäure-(1.2)* (F. 161—163°; 20%) über *1-[p-Aminophenyl]-4-äthylcyclohexen-(4)-dicarbonsäure-(1.2)* (F. 223—225°; 57%). — *1.2.3.4-Tetrahydro-7-nitro-1.1'-dinaphthyldicarbonsäure-(3.4)* (**II**), $C_{22}H_{17}O_6N$, F. 223—225° (Zers.; Aceton–PAe.); aus 0,04 Mol **I** u. 0,08 Mol 1-Vinylnaphthalin in 60 ml Essigsäure in Ggw. von p-tert.-Butylbrenzcatechin unter N_2 (36 Std. auf 80—90°); 38%. Bei der Red. von **II** zur Aminoverb. u. Desaminierung wird eine *Verb.* [**III**; $C_{22}H_{18}O_4$, $Kp._{0,3}$ 200°, F. 214—216° (95%ig. A.); 1,8%] erhalten, die nach Decarboxylierung u. Dehydrierung *1.1'-Dinaphthyl* (F. 153—155°) liefert. — Werden 0,1 g **IV** bei 200°/0,3 mm sublimiert u. wird das erhaltene Anhydrid (F. 97—98°) mit 10%ig. KOH verseift, so werden 0,1 g **III** erhalten. (J. Amer. chem. Soc. **76**. 698—702. 5/2. 1954. Urbana, Ill., Univ., Noyes Chem. Labor.) I. Festl. 2020

Marc Julia (unter techn. Mitarbeit von **Georgette Tchernoff**), *Pflanzenwachstumsfaktoren. 9. Mitt. Über einige 2-Aryloxycyclopropancarbonsäuren und deren Ester.* (8. vgl. C. **1956**. 4110.) Da Aryloxyisobuttersäuren interessante systemat. Fungicide sind u. gewisse Ester von Cyclopropancarbonsäuren insekticide Wirksamkeit besitzen, werden einige *Aryloxycyclopropancarbonsäuren* (**I**) dargestellt u. untersucht. Die Umsetzung von Phenolaten mit Äthylenbromid u. die HBr-Abspaltung aus den erhaltenen Bromäthyläthern liefert Arylvinyläther, die mit Diazoessigester in Ggw. von Cu-Pulver in guter Ausbeute zu den **I** führen: Ar—ONa + $BrCH_2CH_2Br$ → Ar—OCH_2CH_2Br → Ar—OCH=CH_2 → Ar—OCH——CH—COOH (**I**) (OCH und CH über CH_2 verbrückt). Einige Ester der **I** zeigen interessante physiol. Eigg., bes. als Insekticide.

Versuche: *β-Phenoxyäthylbromid*, $Kp._{16}$ 125—130°, aus Phenol u. Äthylenbromid in NaOH (vgl. Org. Syntheses, Coll. Vol. **1**. 436); 50%. — Analog folgende β-Aryloxyäthylbromide: *2-Chlorphenoxy-* (**II**), $Kp._{22}$ 152°; 80%. — *3-Chlorphenoxy-*, $Kp._{20}$ 160°; 62%. — *4-Chlorphenoxy-*, $Kp._{22}$ 165—170°, F. 38°; 60%. — *2.4-Dichlorphenoxy-*, $Kp._{21}$ 175—178°; 76%. — *2.4.5-Trichlorphenoxy-*, $Kp._{21}$ 200—205°, F. 50°; 85,5%. — *4-Chlor-o-tolyloxy-*, $Kp._{25}$ 175—178°; 53,6%. — *Naphthyl-(2)-oxy-*, F. 93°; 52%. — *2-Chlorphenylvinyläther* (**III**), Kp. 192—195°, aus **II** u. pulverisiertem KOH im Kupferkolben bei 180° (30 Min.) u. 220° u. anschließende Dest.; 50%. — Ferner folgende Arylvinyläther: *Phenyl-*, Kp. 152—154°; 60%. — *3-Chlorphenyl-*, Kp. 193°; 26%. — *4-Chlorphenyl-*, Kp. 195°; 61%. — *2.4-Dichlorphenyl-*, $Kp._{21}$ 120°; 35,6%. — *2.4.5-Trichlorphenyl-*, $Kp._{19}$ 135—137°; 32,5%. — *4-Chlor-o-tolyl-*, $Kp._{22}$ 107°; 50%. — *Naphthyl-(2)-*, $Kp._{19}$ 147°; 10,5%. — *2-[o-Chlorphenoxy]-cyclopropancarbonsäureäthylester* (**IV**), $Kp._{23}$ 180—185°, durch Kochen von **III** mit Diazoessigester in Ggw. von Cu-Pulver in exothermer Rk. unter Entw. von N_2 (10 Min.); 76%. — Ferner folgende 2-Aryloxycyclopropancarbonsäureäthylester: *Phenoxy-*, $Kp._{0,5}$ 102°; 50%. — *3-Chlorphenoxy-*, $Kp._{22}$ 175—180°; 83%. — *4-Chlorphenoxy-*, $Kp._{20}$ 175—180°; 81%. — *2.4-Dichlorphenoxy-*, $Kp._{22}$ 195—198°; 70%. — *2.4.5-Trichlorphenoxy-*, $Kp._{2}$ 170—175°; 73%. — *4-Chlor-o-tolyloxy-*, $Kp._{1}$ 140—142°; 56%. — *Naphthyl-(2)-oxy-*, $Kp._{2,5}$ 185°; 75%. — *2-[o-Chlorphenoxy]-cyclopropancarbonsäure*, $C_{10}H_9O_3Cl$, F. 119° (70%ig. A.), durch Verseifen von **IV** mit sd. methanol. KOH (1 Std.); Rhomben; 80%. — Ferner folgende 2-Aryloxycyclopropancarbonsäuren: *Phenoxy-*, $C_{10}H_{10}O_3$, F. 112°, Täfelchen; 90%. — *3-Chlorphenoxy-*, $C_{10}H_9 \cdot O_3Cl$, F. 135°, hexagonale Prismen; 84%. — *2.4-Dichlorphenoxy-*, $C_{10}H_8O_3Cl_2$, F. 122°, Stäbchen; 99%. — *2.4.5-Trichlorphenoxy-*, $C_{10}H_7O_3Cl_3$, F. 162°, Täfelchen; 96%. — *4-Chlor-o-tolyloxy-*, $C_{11}H_{11}O_3Cl$, F. 145°, Nadeln; 79%. — *Naphthyl-(2)-oxy-*, $C_{14}H_{12}O_3$, F. 110°, Prismen; 82%. — *4-Chlorphenoxy-*, $C_{10}H_9O_3Cl$, F. 120°, Stäbchen; 99%. *Chlorid*, $Kp._{0,1}$ 113—114°, mit $SOCl_2$; 75%. *Cyclohexylester*, $C_{16}H_{19}O_3Cl$, F. 62° (A.), aus dem Chlorid u. Cyclohexanol in Bzl. u. Pyridin bei Zimmertemp. (14 Std.); Stäbchen; 99%. *Cyclopentylester*, $C_{15}H_{17}O_3Cl$, $Kp._{0,2}$ 150°, n_D^{20} 1,5300, analog; 100%. *β-Chloräthylester*, $C_{12}H_{12}O_3Cl_2$, $Kp._{0,4}$ 154°, n_D^{21} 1,5389. (Bull. Soc. chim. France [5] **1956**. 181—84. Jan. Paris, École Polytechn. u. Inst. Nat. de la Rech. Agronomique.) H. Gold. 2050

C. G. Overberger und **Alexander Lebovits**, *Azo-bis-nitrile. 10. Mitt. Zersetzung von Azoverbindungen. Ein besonderer Fall von Kohlenstoff–Kohlenstoff-Hyperkonjugation in einer Reaktion mit freien Radikalen* (9. vgl. C. **1955**. 10515.) Nach früheren Methoden (vgl. 1. Mitt. C. **1950**. II. 163) wurden aus synthetisiertem *Methylcyclobutyl-* (**I**), *Methylcyclopentyl-* (**II**) u. *Methylcyclohexylketon* (**III**) *α.α'-Azo-bis-[α-cyclobutylpropionitril]* (**IV**),

-*bis-[α-cyclopentylpropionitril]* (V) bzw. -*bis-[α-cyclohexylpropionitril]* (VI) dargestellt. I entstand aus Cyclobutancarbonylchlorid u. Mg-Malonsäurediäthylester, II u. III aus Cycloalkyl-MgBr u. Acetanhydrid bei niedriger Temperatur. Von IV u. V konnten die *dl-* u. *meso-Formen* isoliert werden. Bei der Umsetzung von II mit NaCN u. Hydrazin wurden außerdem 2 stereoisomere *1.2-Bis-[1-cyclopentyl-1-cyanäthyl]-hydrazine* durch fraktionierte Kristallisation gewonnen. Die Zersetzungsgeschwindigkeiten (k in 10^{-4} sec^{-1}) der Azo-bis-nitrile IV—VI wurden in Toluol bei 80,5° gemessen u. betragen für die beiden Isomeren von IV je 1,51, für das niedrig- bzw. hochschm. Isomere von V 1,31 bzw. 1,30 u. für VI 2,27. Die Ergebnisse zeigen, daß keine wesentlichen Unterschiede zwischen den einzelnen k-Werten bestehen, demzufolge also auch keine ster. Einfll. zwischen den beiden Hälften des Mol. in der trans-Azokonfiguration herrschen. Die starken Unterschiede zwischen den k-Werten des Azo-bis-cyclopropylhomologen (k = 33,0) u. IV (k = 1,51) führen Vff. auf eine bereits früher vermutete C—C-Radikalhyperkonjugation (vgl. C. **1953.** 2742) zurück. 6 verschied. Formen der Elektronenverteilung des Radikals wurden erörtert.

Versuche (FF. korr.): *Methylcyclobutylketon* (I), Kp. 134,5—141°, durch ½std. Kochen von Cyclobutancarbonylchlorid (Kp. 136,5—140°) u. Mg-Malonsäurediäthylester in Ae., Stehen, Hydrolyse u. Decarboxylieren, Gießen in eiskalte verd. NaOH u. Dest. des Ätherauszuges; n_D^{25} 1,4290; 55,5% (Ausbeute). *2.4-Dinitrophenylhydrazon*, F. 123,9—126,9°. — *Methylcyclopentylketon* (II), $Kp._{99}$ 94,8—95,0°, durch Zugabe von Cyclopentyl-MgBr in Ae. zu Acetanhydrid in Ae. bei —70° unter Rühren, Stehen bis —10° erreicht u. Ae.-Extraktion; n_D^{25} 1,4411; 43%. *2.4-Dinitrophenylhydrazon*, F. 126,9 bis 127,7°. — *Methylcyclohexylketon* (III), $Kp._{17-18}$ 71—74,2°; n_D^{25} 1,4482; 62,3%. *2.4-Dinitrophenylhydrazon*, F. 140,2—141,8°. — *α.α'-Azo-bis-[α-cyclobutylpropionitril]* (IV), $C_{14}H_{20}N_4$, F. 82,3—82,9°, aus I + Hydrazinsulfat + NaCN in W. durch 5std. Schütteln, Ausäthern, Abdampfen, Aufnehmen in wss. alkoh. HCl, Oxydation mit Br_2 u. Gießen in Eiswasser; stäbchenförmige Kristalle aus PAe.; 49%. Aus der Mutterlauge ein *Stereoisomeres*, F. 38—42°. — *1.2-Bis-[1-cyclopentyl-1-cyanäthyl]-hydrazin*, $C_{16}H_{26}N_4$, F. 133,9 bis 134,9° (Zers.), aus II, NaCN + $N_2H_4 \cdot H_2SO_4$ wie oben, aus der äther. Lsg. u. Aufnehmen in Aceton; 24%. Daneben ein *Stereoisomeres*, F. 89,5—94°. — *α.α'-Azo-bis-[α-cyclopentylpropionitril]* (V), $C_{16}H_{24}N_4$, F. 98,2—99,7° (Zers.), aus II wie vorst. u. Oxydation; Nadeln aus Ae. + PAe.; 100%. Daneben ein *Stereoisomeres vom F. 72,2—79,5°*. — *α.α'-Azo-bis-[α-cyclohexylpropionitril]* (VI), $C_{18}H_{28}N_4$, F. 109—109,5° (Zers.), aus III. — *Verb.* $C_{16}H_{24}N_2$, F. 98—115°, durch Zers. von V (vgl. 1. Mitt. l. c.); 47,2%. Durch Kristallisation des Prod. aus A. ein *Isomeres* vom F. 129—131° (vermutlich Kupplungsprod. der beiden Radikale). — *Verb.* $C_{18}H_{28}N_2$, F. 121—124° (PAe.), durch Zers. von VI; 50%. — *α.α'-Azo-bis-[isobutyronitril]*, F. 102,1—103,2°, durch $KMnO_4$-Oxydation von *1.2-Bis-[2-cyanisopropyl]-hydrazin* (gewonnen aus Aceton, NaCN u. Hydrazin) in Eisessig u. konz. H_2SO_4, Red. des $KMnO_4$ u. MnO_2 mit $NaHSO_3$ u. Gießen auf Eis; 62%. (J. Amer. chem. Soc. **76.** 2722—25. 20/5. 1954. Brooklyn, N. Y., Polytechn. Inst., Inst. of Polymer Res., Dep. of Chem.) H. LEHWALD. 2150

M. Harfenist und **E. Magnien**, *Phenylcyclohexylcarbinole mit antispasmodischer Aktivität.* Die REFORMATSKI-Rk. von Phenylcyclohexylketon (IV), das nach FRIEDEL-CRAFTS aus Cyclohexanoylchlorid (VII) u. Bzl. gewonnen wird, mit α-Bromessig- (VIII) bzw. -propionsäureäthylester führt zu *3-Phenyl-* (I) bzw. *2-Methyl-3-phenyl-3-cyclohexyl-3-oxypropionsäureäthylester* (V). I liefert über das *N-Methylamid* nach $LiAlH_4$-Red. das *Methylamin*, welches mit 1.4-Dibrombutan (IX) in Ggw. von K_2CO_3 in *Tricyclamol* (II)-*bromid* übergeführt wird. Die $LiAlH_4$-Red. von I bzw. V liefert *1-Phenyl-* bzw. *2-Methyl-1-phenyl-1-cyclohexylpropandiol-(1.3)*. Während ersteres entweder mit Tosylchlorid/Pyridin über *1-Phenyl-1-cyclohexyl-3-chlorpropanol* mit N-Methylpyrrolidin (VI) II-*Chlorid* oder über *1-Phenyl-1-cyclohexyl-3-p-toluolsulfonyloxypropanol* (III) mit VI II-*Tosylat* bzw. mit N-Methylhexamethylenimin das Analoge gibt, entsteht aus dem Homologen in langsamerer Rk. der *Tosylester*, der mit VI in *1-Methyl-1-[3-phenyl-3-cyclohexyl-3-oxy-2-methylpropyl]-pyrrolidinium-p-toluolsulfonat* übergeführt wird. Die Quaternisierung von 1.2-Dimethylhexamethylenimin mit III gab ein Gemisch, dagegen führte die Rk. von III mit 2-Methylhexamethylenimin (X) zu *1-Phenyl-1-cyclohexyl-3-[2-methylhexamethylenimino]-propanol*, welches quaternisiert werden konnte. Analog wurde *1.1.1-Triäthyl-1-[3-phenyl-3-cyclohexyl-3-oxypropyl]-ammoniumjodid* gewonnen. Durch Rk. von IV mit Na-Acetylid in fl. NH_3 wird *Phenylcyclohexyläthinylcarbinol* hergestellt, das zu *Phenylcyclohexylvinylcarbinol* red. werden kann, sich aber nicht mit VI in wss. tert.-Butylalkohol quaternisieren läßt. — Die quaternären Verbb. mit Ausnahme derer, die eine Methylgruppenverzweigung besitzen, erreichen fast die antispasmod. Wrkg. von Atropin.

Versuche: *Phenylcyclohexylketon* (IV), F. 55,5—57,3° (Skellysolve B), durch 3,5std. Kochen von Bzl., VII u. $AlCl_3$, Gießen auf Eis/konz. HCl u. Dest. bei 166—173°/22 mm; 75% (Ausbeute). — *3-Phenyl-3-cyclohexyl-3-oxypropionsäureäthylester* (I), $C_{17}H_{23}O_3$, F. 55—57° (A.), durch Zugeben von VIII u. 93,5 g IV in Bzl. zu HBr-aktiviertem Zn, 2std. Kochen u. Zugeben von gesätt. NH_4Cl-Lsg.; 127 g. — *2-Methyl-3-phenyl-3-cyclohexyl-3-oxypropionsäureäthylester* (V), $C_{18}H_{26}O_3$, F. 40—45° (Pentan), analog; 85,5%. — *N-Methyl-3-phenyl-3-cyclohexyl-3-oxypropionamid*, $C_{16}H_{23}O_2N$, F. 114—116° (Nitromethan), durch 7tägiges Stehen von 27,5 g I u. CH_3NH_2 in CH_3OH bei 30—40° unter Verschluß; 19,8 g. — *1-Phenyl-1-cyclohexyl-1-oxy-3-methylaminopropanhydrochlorid*, $C_{16}H_{26}ONCl$, F. 202—204° (CH_3OH-absol. Ae.), durch 41std. Kochen von vorst. Verb. mit $LiAlH_4$/Ae.; 85%. — *Tricyclamol* (II)-*bromid*, $C_{20}H_{32}ONBr$, F. 191—195° (A./Bzl.-Ae.), durch 21std. Kochen des Amins aus vorst. Hydrochlorid mit IX u. K_2CO_3 in Bzl.-absol. A.; 73%. Mit $AgCl/CH_3OH$ entsteht II-*Chlorid*. — *1-Phenyl-1-cyclohexylpropandiol-(1.3)*, $C_{15}H_{22}O_2$, F. 93—94° (Hexan), aus I mit $LiAlH_4$ in 1½ Std.; 99,5%. — *1-Phenyl-1-cyclohexyl-2-methylpropandiol-(1.3)*, $C_{16}H_{24}O_2$, F. 141—142°. — *1-Phenyl-1-cyclohexyl-3-p-toluolsulfonyloxypropanol* (III), $C_{22}H_{28}O_4S$, F. 93—97° (Bzl.-Hexan), durch Zugeben von p-Toluolsulfonylchlorid zu 30 g vorvorst. Verb. in absol. Pyridin u. Bzl. bei 0—20° in 10 Min. u. 6½ std. Rühren bei 20° unter Feuchtigkeitsausschluß; 42,5 g. — *1-Phenyl-1-cyclohexyl-2-methyl-3-p-toluolsulfonyloxypropanol*, $C_{23}H_{30}O_4S$, F. 100—103° (Bzl.-Hexan), durch 3tägiges Stehen aus 9,6 g vorvorst. Verb.; 11,7 g. — II-*p-Toluolsulfonat*, F. 168,3—169° (Bzl.-absol. Ae.), durch 4tägiges Erhitzen von 3,89 g III mit VI in absol. A. in Ggw. von Phenol auf 65—80°; 3,9 g. — *1-Methyl-1-[3-phenyl-3-cyclohexyl-3-oxypropyl]-hexamethylenimonium-p-toluolsulfonat*, $C_{29}H_{43}O_4NS$, F. 174—175° (absol. A.-Ae.); 70%. — *1-Phenyl-1-cyclohexyl-3-[2-methylhexamethylenimino]-propanol*, durch 5tägiges Erhitzen von 11,7 g III u. X in CH_3OH im Rohr auf 80°; Öl; 7,3 g. *Methochlorid*, $C_{23}H_{38}ONCl$, F. 225—228° (Zers.; CH_3OH-Aceton), durch 2tägiges Erhitzen mit CH_3J auf 80° u. 3tägiges Stehen → *Methojodid*, das mit $CH_3OH/AgCl$ geschüttelt wird. — *1-Phenyl-1-cyclohexyl-3-diäthylaminopropanol*, aus 7,77 g III u. $(C_2H_5)_2NH$ in absol. CH_3OH in 3 Tagen bei 80° im Rohr u. 5tägiges Stehen; 3,2 g. *Hydrochlorid*, $C_{19}H_{32}ONCl$, F. 182—185° (CH_3OH-Ae.). *Äthojodid*, $C_{21}H_{36}ONJ$, F. 175—178° (CH_3OH-Ae.), in 9 Tagen. — *1-Methyl-1-[3-phenyl-3-cyclohexyl-3-oxy-2-methylpropyl]-pyrrolidinium-p-toluolsulfonat*, $C_{28}H_{41}O_4NS$, F. 156—158° (Äthylacetat), in 13 Tagen bei 40° im Rohr aus 6 g; 560 mg. — *Phenylcyclohexyläthinylcarbinol*, $Kp._{0,5}$ 109°, $Kp._{0,05}$ 115°, durch Zutropfen von 150 g IV in Ae. zu C_2H_2 u. Na in fl. NH_3, Stehen über Nacht u. Einstellen auf p_H 4—5 mit 25%ig. Essigsäure; n_D^{25} 1,5469; 167 g. — *Phenylcyclohexylvinylcarbinol*, $C_{15}H_{20}O$, $Kp._{0,2}$ 100—101°, durch Hydrieren von 33 g vorst. Verb.; n_D^{25} 1,5453; 30,8 g. (J. Amer. chem. Soc. 78. 1060—64. 5/3. 1956. Tuckehoe, N. Y., Wellcome Res. Labors.)

R. PASEDAG. 2270

A. B. Sen und **S. Bhattacharji**, *Friessche Verschiebung bei aliphatischen Estern des β-Naphthols*. Vff. untersuchten die FRIESsche Umlagerung bei β-Naphthylestern aliphat. Carbonsäuren in CS_2, $C_2H_2Cl_4$ u. Nitrobenzol (I), die zu o-Oxyketonen führt. In I wurde ein bisher noch nicht identifiziertes Nebenprod. gebildet. Erhalten wurden: aus Naphthyl-(2)-(N.-)propionat (F. 46—47°) *1-Propionyl-*, F. 64—66°; aus N.-butyrat (F. 22—23°, $Kp._{23}$ 140—145°); *1-Butyryl-*, F. 41—42°; aus N.-isobutyrat (F. 42—42,5°) *1-Isobutyryl-* (F. 106—108°); aus N.-caproat ($Kp._{15}$ 200—205°) *1-Caproyl-*, $Kp._5$ 205 bis 210°; aus N.-caprylat (F. 37—37,5°) *1-Octanoyl-* (Na-Salz, F. 81°); aus N.-caprinat (F. 52,5—53,5°) *1-Decanoyl-*, $Kp._{12}$ 252—258°; aus N.-laurat (F. 54—55°) *1-Lauroyl-*, F. 32—33°, $Kp._5$ 280—285°, u. aus N.-myristinat (F. 65—66°) *1-Myristoylnaphthol-(2)*, F. 46—47°. (Current Sci. 20. 132—33. Mai 1951. Lucknow Univ., Chem. Dep.)

J. KLEINWÄCHTER. 2700

R. Schwarz und **K. Capek**, *Synthetische Versuche in der Morphinreihe*. 1. Mitt. *Synthese des dl-3-Acetamido-7.8-dimethoxytetralons-(2)*. Vff. beschreiben eine von Isovanillin (I) ausgehende 12 Stufen-Synth. des *dl-3-Acetamido-7.8-dimethoxytetralons-(2)*, das als Ausgangsprod. für eine Synth. von Morphinalkaloiden verwendet werden soll.

Versuche (FF. im KOFLER-Mikro-F.-App.): *Isovanillinalkohol*, F. 132°, Nadeln, durch Erwärmen von I mit 40%ig. CH_2O-Lsg. u. CH_3OH auf 65—70° u. Zugabe von 50%ig. KOH (2½ Std. bei 70°, dann ¾ Std. kochen), Reinigung durch Extrahieren mit Chlf.; 71% (Ausbeute). — *3-Allyloxy-4-methoxybenzylalkohol* (II), $C_{11}H_{14}O_3$, $Kp._{0,1}$ 130°, aus vorst. Verb., Allylbromid u. K_2CO_3 in sd. Aceton (6 Std.); 86%. — *2-Allyl-3-oxy-4-methoxybenzylalkohol*, $C_{11}H_{14}O_3$, F. 87—88°, Nadeln (Xylol), $Kp._{0,01}$ 125—130° (Luftbadtemp.), durch Erhitzen von 8 g II auf ca. 220—230°, dann exotherme Rk. (1 Min. bei 255—260°); 5,6 g, daneben 0,7 g vorst. Verb. zurück u. 0,8 g *2.2'-Diallyl-3.3'-dioxy-4.4'-dimethoxydibenzyläther*, $Kp._{0,01}$ 210—220° (Bad.). — *2-Allyl-3.4-dimethoxybenzylalkohol* (III), $C_{12}H_{16}O_3$, F. 46,5°, Nadeln (Xylol-PAe.); aus vorst. Alkohol, CH_3J u.

K_2CO_3 in sd. absol. CH_3OH (10 Std.); 96%. Oxydation von 5 g **III** mit sd. wss.-alkal. $KMnO_4$ gab 1,6 g *Hemipinsäure* (W.); *N-Methylimid*, F. 168—169°, Nadeln (W.), Kp.$_{13}$ 190—200° (Bad), aus 1 g der Säure u. 25%ig. CH_3NH_2-Lsg., 0,7 g. — *2-Allyl-3.4-dimethoxybenzylchlorid* (**IV**), $C_{12}H_{15}O_2Cl$, Kp.$_{0,7}$ 126°, aus **III** u. $SOCl_2$ in Pyridin (Eiskühlung, dann 3 Std. bei n. Temp.); 82%. — *3-Allyloxy-4-methoxybenzylchlorid* (**V**), $C_{11}H_{13}O_2Cl$, Kp.$_{0,37}$ 105—110° (Bad), aus **II** wie vorst.; 79%. — *2-Allyl-3.4-dimethoxybenzylacetat* (**VIII**), $C_{14}H_{18}O_4$, Kp.$_{0,3}$ 110—111° (Bad), aus **III**, Acetanhydrid u. Pyridin (1 Std. bei 100°); 87%. — *Aminomalonsäurediäthylesterhydrochlorid*, durch Einleiten von H_2S in eine Lsg. von Isonitrosomalonester u. Na in absol. A. (Erwärmung, Rotfärbung, 3 Std.), dann Sättigen mit trocknem HCl (4—6 Std.); 80%. — *Acetamidomalonsäurediäthylester* (**VI**), F. 95—96° (Aceton), Kp.$_{0,1}$ 100° (Bad), aus vorst. Verb. u. Acetanhydrid–Pyridin (1 Std. bei 100°), dann Abdest. des überschüssigen Acetanhydrids u. Pyridins, Aufnehmen des Rückstandes in Chlf. u. Einleiten von NH_3; 82%. — *dl-α-Acetamido-α-carbäthoxy-β-[2-allyl-3.4-dimethoxyphenyl]-propionsäureäthylester* (**VII**), $C_{21}H_{29}\cdot O_7N$, F. 89—90°, Nadeln (verd. A.), Kp.$_{0,02}$ 160—170°, durch Rk. von **VI** mit pulverisiertem Na in Dioxan (16std. Rühren bei 92°), dann Zugabe von **IV** (19 Std. bei 108°, dann 3 Std. bei 125°); 78%. Beim Arbeiten in A. entstand ausschließlich [*2-Allyl-3.4-dimethoxybenzyl*]-*äthyläther*, $C_{14}H_{20}O_3$, Kp.$_{0,3}$ 110—115° (Bad). — *dl-α-Acetamido-α-carbäthoxy-β-[3-allyloxy-4-methoxyphenyl]-propionsäureäthylester* (**IX**), $C_{20}H_{27}O_7N$, F. 115 bis 116°, Blättchen (verd. A.), aus 6,8 g **V** u. Na-**VI** wie oben; 5,2 g. — *dl-α-Acetamido-α-carboxy-β-[2-allyl-3.4-dimethoxyphenyl]-propionsäureäthylester*, $C_{19}H_{25}O_7N$, F. 125 bis 130° (Zers.), Nadeln (verd. A.), aus **VII** u. 1 Äquivalent 2n NaOH in A. bei n. Temp.; 82%. — *dl-α-Acetamido-β-[2-allyl-3.4-dimethoxyphenyl]-propionsäureäthylester*, $C_{18}H_{25}\cdot O_5N$, F. 84—85°, Nadeln (verd. A.), Kp.$_{0,05}$ 160—165° (Bad), durch Erhitzen vorst. Verb. im Vakuum auf 125—130°; 98%. — *dl-α-Acetamido-β-[2-carboxymethyl-3.4-dimethoxyphenyl]-propionsäureäthylester*, $C_{17}H_{23}O_7N$, F. 143—144°, breite Nadeln (Aceton–PAe.), aus vorst. Verb. u. wss. $KMnO_4$ in Ggw. von CH_3COOH bei 80—90°; 45%. — *dl-α-Acetamido-β-[2-carbomethoxymethyl-3.4-dimethoxyphenyl]-propionsäureäthylester*, $C_{18}H_{25}O_7N$, F. 66—67°, Prismen (Xylol–PAe.), aus 10 g vorst. Verb. u. CH_2N_2; 8,7 g. — *dl-2-Keto-3-acetamido-7.8-dimeythoxytetrahdronaphthalincarbonsäure-(1)-methylester*, $C_{16}H_{19}O_6N$, F. 136—138° (Bzl.–PAe., dabei entstand die Verb. $C_{16}H_{19}O_6N \cdot 1/2\, C_6H_6$, F. 104—110°, dann wieder fest), aus vorst. Verb. u. CH_3ONa in Bzl. (2 Std. bei n. Temp.); 32,5%; gab mit $FeCl_3$ Grün-, dann Blaufärbung. *Semicarbazon*, $C_{17}H_{22}O_6N_4\cdot H_2O$, F. 182—183°, Nadeln (W.). — *dl-2-Keto-3-acetamido-7.8-dimethoxytetrahydronaphthalin*, $C_{14}H_{17}O_4N$, Kp.$_{0,02}$ 145 bis 150° (Bad), gelbes Öl, durch Suspension von 2 g vorst. Verb. in HCl 1 : 1, Kochen unter N_2 bis zum Ende der CO_2-Entw. u. Acetylierung mit Acetanhydrid–Pyridin (20 Min. bei 100°); 1,2 g roh. *Semicarbazon*, $C_{15}H_{20}O_4N_4$, F. 175—177°, Nadeln (W.). Aufnehmen in Bzl. u. Versetzen mit PAe. gab *2-Acetamido-5.6-dimethoxynaphthalin*, $C_{14}H_{15}O_3N$, F. 183—184°, Blättchen (verd. A.), bei 155° Umwandlung in eine andere Kristallform. — *dl-α-Acetamido-α-carboxy-β-[3-allyloxy-4-methoxyphenyl]-propionsäureäthylester*, F. 130 bis 135° (Zers.), Tafeln (verd. A.), aus 3,9 g **IX** u. 1 Äquivalent 2n NaOH in A.; 2,8 g. — *dl-α-Acetamido-β-[3-allyloxy-4-methoxyphenyl]-propionsäureäthylester*, $C_{17}H_{23}O_5N$, F. 101 bis 102°, Nadeln (verd. A.), aus 2 g vorst. Verb. wie oben; 1,7 g. Beim Vers. einer Umlagerung wie oben wurden nur harzige Flocken erhalten. — *2-Carboxymethyl-3.4-dimethoxybenzylacetat*, $C_{13}H_{16}O_6$, F. 127—128°, Nadeln (Bzl.–PAe.), aus 1,5 g **VIII** u. wss. $KMnO_4$ in Ggw. von CH_3COOH; 0,5 g. (Mh. Chem. **84**. 595—609. 15/6. 1953. Wien, Univ., Pharmazeut.-chem. Inst.) J. ROTHE. 2700

Elizabeth K. Weisburger und **John H. Weisburger**, *2-Acetylamino-5-oxyfluoren, ein Stoffwechselprodukt des cancerogenen 2-Acetylaminofluorens*. Auf Grund theoret. Überlegungen war bei der biol. Hydroxylierung von 2-Acetylaminofluoren (**I**) eine Substitution in den reaktionsfähigen Stellen 1, 3, 5 u. 7 zu erwarten. Als Stoffwechselprod. von **I** wurde *2-Acetylamino-5-oxyfluoren* (**II**) gefunden; seine Synth. wird beschrieben. Fluoren-4-carbonsäure liefert bei der Nitrierung *2-Nitrofluoren-5-carbonsäure*, das durch SCHMIDT-Rk. in *2-Nitro-5-aminofluoren* (**III**) übergeführt werden kann. Durch Verkochen der Diazoverb. von **III** u. anschließende Red. u. Acetylierung entsteht schließlich **II**. Die synth. Verb. war mit dem Stoffwechselprod. von **I** in Ratten identisch.

Versuche: *Fluoren-4-carbonsäure*, F. 191—192° (A.), aus 90 g Diphensäure mit Polyphosphorsäure bei 160° u. Red. der *Fluorenon-4-carbonsäure* (F. 222°) in Diäthylenglykol u. NaOH mit Hydrazinhydrat (bis 205°, 5½ Std.); 56 g (Ausbeute). — *2-Nitrofluoren-5-carbonsäure*, $C_{14}H_9O_4N$, F. 273° (A.), durch Nitrieren von 10 g vorst. Verb. mit rauchender HNO_3 in Eisessig bei 30°, später bei 65—70° (20 Min.); Nadeln; 7,6 g; λ_{max} 332 mμ ($\varepsilon = 18120$), λ_{min} 270mμ ($\varepsilon = 3445$). — *2-Nitro-5-aminofluoren* (**III**), $C_{13}H_{10}O_2N_2$, F. 162,5—163° (Bzl.), aus 12,5 g vorst. Verb. in schwachem Oleum u. Chlf. mit NaN_3 bei 40—42° (2 Std.), Verdünnen der H_2SO_4-sauren Schicht mit Eis u. Neutralisieren; orangefarbene Nadeln; 7,8 g. λ_{max} 275, 329 u. 377 mμ (ε = 7400, 10550 u. 10720), λ_{min} 260, 295 u. 349 mμ (ε = 6380, 6130 u. 9520). *Acetylverb.*, $C_{15}H_{12}O_3N_2$, F. 283° (Essigsäure), gelbe Nadeln; λ_{max} 327 mμ (ε = 16850), λ_{min} 270 mμ (ε = 2300). — *2.5-Diaminofluoren*, F. 173° (50% ig. A.), durch Red. von **III** mit Zn-Staub u. $CaCl_2$ in sd. A. (1½ Std.). *Diacetylverb.*, F. 296°. — *2-Nitrofluoren*, F. 153—154° (Essigsäure), durch Diazotieren von **III** in Eisessig u. H_2SO_4 u. Behandeln der Diazoverb. mit unterphosphoriger Säure. — *2-Nitro-5-oxyfluoren*, $C_{13}H_9O_3N$, F. 241—242° (A.), durch Diazotieren von **III** wie vorst. u. Kochen der Diazoverb. in 5n H_2SO_4; orangengelbe Nadeln; λ_{max} 256 u. 353 mμ (ε = 7020 u. 14810), λ_{min} 247 u. 278,5 mμ (ε = 5230 u. 2300). — *2-Amino-5-oxyfluoren*, $C_{13}H_{11}ON$, F. 257,5° (50% ig. A.), mit Zn-Staub u. $CaCl_2$ in sd. A. (2 Std.); hellgelbe Nadeln; λ_{max} 279 u. 302 mμ (ε = 19900 u. 18200), λ_{min} 250 u. 291 mμ (ε = 4340 u. 15100). *Acetylverb.* (**II**), $C_{15}H_{13}O_2N$, F. 209—210° (wss. A.), λ_{max} 283,5, 300 u. 311,5 mμ (ε = 25500, 220000 u. 20000), λ_{min} 248, 291,5 u. 308 mμ (ε = 3320, 18800 u. 19400). (J. org. Chemistry **20**. 1396—1401. Okt. 1955. Bethesda, Md., U. S. Public Health Service, Nat. Inst. of Health, Dep. of Health, Educat. and Welfare, u. Nat. Cancer Inst., Labor. of Biochem.) H. GOLD. 2750

André Étienne und **Jean Salmon**, *Einwirkung von Säuren auf das Hydrochinon des 2.6-Dioxy-9.10-diphenylanthracens.* Inhaltlich in der C. **1955**. 8612 referierten Arbeit enthalten. (C. R. hebd. Séances Acad. Sci. **235**. 70—72. 7/7. 1952.) I. SPAETH. 2800

Jean Rigaudy und **Pierre Tardieu**, *Die Dehydratisierung von meso-Dihydroanthracenalkoholen.* 1. Mitt. *9.10-Dihydroanthryl-(9)-carbinol. Ringerweiterung in der Dihydroanthracenreihe.* (Vgl. C. **1955**. 5299.) Zur Unters. der Absorptionsverhältnisse bei *9-Methylanthracen* (**I**) u. dem isomeren *9-Methylen-9.10-dihydroanthracen* (**II**) sollte letzteres durch Wasserabspaltung von *9.10-Dihydroanthryl-(9)-carbinol* (**III**) dargestellt werden. Dabei wurde gefunden, daß die Wasserabspaltung von **III** mit Alkalien ausschließlich zu **I** führt. **II** wird als unstabil angenommen; es wurde nicht gebildet. Die saure Wasserabspaltung in Ggw. von $ZnCl_2$, $KHSO_4$ oder Oxalsäure liefert dagegen unter Ringerweiterung *2.3;6.7-Dibenzosuberen-(4)* in guter Ausbeute. Für seine Bldg. wird angenommen, daß sich ein prim. entstandenes Carbeniumion einer Retropinakolinumlagerung folgend, stabilisiert (vgl. z. B. auch COOK, J. chem. Soc. [London] **1928**. 58 u. früher). — *9.10-Dihydroanthryl-(9)-carbinol* (**III**), $C_{15}H_{14}O$, F. 85 bis 86° (unstabil), F. 103—104°, durch Red. von 9.10-Dihydroanthracen-9-carbonsäure mit $LiAlH_4$ in Ae. oder deren Methylester mit $LiBH_4$ in Tetrahydrofuran in der Kälte; 90—95%. *Acetat*, $C_{17}H_{16}O_2$, F. 61—62°. *p-Nitrobenzoat*, $C_{22}H_{17}O_4N$, F. 153—154°. *p-Toluolsulfonat* (**IV**), $C_{22}H_{20}O_3S$, F. 133—134°. — *9-Methylanthracen* (**I**), $C_{15}H_{12}$, aus **III** u. KOH; in sd. Amylalkohol oder aus **IV** in sd. methanol. KOH; 98% neben 1—2% Anthrachinon. — *2.3;6.7-Dibenzosuberen-(4)*, $C_{15}H_{12}$, F. 131—132°, aus **III** u. $ZnCl_2$, $KHSO_4$ oder Oxalsäure bei 150—200° oder aus **IV** in sd. Eisessig; 80—90%. — *2.3;6.7-Dibenzosuberan*, $C_{15}H_{14}$, F. 75°, durch katalyt. Hydrierung in Ggw. von RANEY-Ni; 100%. (C. R. hebd. Séances Acad. Sci. **240**. 1347—49. 21/3. 1955.) H. GOLD. 2800

Ernst D. Bergmann und **Zvi Pelchowicz**, *Eine neue Synthese von 4.5-Dimethylphenanthren.* Nach dem Verf. von HALL u. Mitarbeitern (vgl. C. **1952**. 7008 u. früher) zur Darst. von 9.10-Dihydrophenanthrenen wird *4.5-Dimethylphenanthren* auf folgendem Wege dargestellt: *2-Amino-3-methylbenzoesäure*, F. 176°, aus 2-Nitro-3-methylbenzoesäure (F. 222—223°, A.) durch Hydrierung in Methanol mit 1—3 at H_2 in Ggw. von RANEY-Ni; 100% (Ausbeute). — *6.6'-Dimethyldiphensäure*, F. 237° (Zers.; A.), aus vorst. Verb. durch Diazotieren u. Red.; hellgelbe Kristalle. *Dimethylester*, Kp.$_{0,2}$ 140 bis 142°, in sd. Methanol u. H_2SO_4 (4 Std.); 80%. — *2.2'-Bis-[oxymethyl]-6.6'-dimethyldiphenyl*, $C_{16}H_{18}O_2$, F. 125° (Bzl.), aus vorst. Säure mit $LiAlH_4$ in sd. Ae.; 85%. — *2.2'-Bis-[brommethyl]-6.6'-dimethyldiphenyl*, $C_{16}H_{16}Br_2$, F. 69,5—70°, aus vorst. Verb. in pyridinhaltigem Bzl. mit PBr_3 bei Zimmertemp., später bei 60° (2 Std.); 90%. — *4.5-Dimethyl-9.10-dihydrophenanthren*, $C_{16}H_{16}$, Kp.$_{0,2}$ 115—117°, aus vorst. Verb. in Ae. mit Phenyl-Li; 98%. — *4.5-Dimethylphenanthren*, $C_{16}H_{14}$, F. 76,3—76,7° (A.), aus vorst. Verb. mit der gleichen Gewichtsmenge 10% ig. Pd-Kohle unter N_2 bei 300° (4 Std.); Kp.$_1$ 100°; 95%. *2.4.7-Trinitrofluorenonkomplex*, F. 122° (A.), glänzenderote Nadeln. (J. Amer. chem. Soc. **75**. 2663—65. 5/6. 1953. Tel-Aviv, Israel, Ministry of Defence, Sci. Dep.) H. GOLD. 2850

N. N. Saha und **P. Bagchi**, *Polynucleare Verbindungen.* 1. Mitt. *Eine neue Synthese von Pyren.* Aus 2-Carbäthoxy-2-[β-phenyläthyl]-cyclohexanon (**I**) konnte *Pyren* (**II**) in einer sechsstufigen Synth. dargestellt werden. Die Spaltung von **I** mit katalyt. Mengen Na-Äthylat liefert *α-[β'-Phenyläthyl]-pimelinsäurediäthylester* (**III**), der bei der DIECKMANN-Cyclisierung in den *2-Oxo-3-[β-phenyläthyl]-cyclohexancarbonsäureäthylester* (**IV**-übergeht. Die Na-Verb. des rohen **IV** führte bei der Umsetzung mit Bromessigester über *1-Carbäthoxy-2-oxo-3-[β-phenyläthyl]-cyclohexyl-(1)-essigsäureäthylester* (**V**) durch Hydrolyse in Eisessig u. HBr zu einem Gemisch der Säuren **VI** u. **VII** mit beträchtlichen Mengen Styrolderivaten. Die Cyclisierung dieses Gemisches mit Polyphosphorsäure ergab *2-Oxy-6.7.7a.8.9.10-hexahydropyren* in mäßigen Ausbeuten, das leicht zu **II** dehydriert werden konnte. Die Meth. soll zur Herst. von Derivv. des **II**, bes. von 3.4-Benzpyren, erprobt werden.

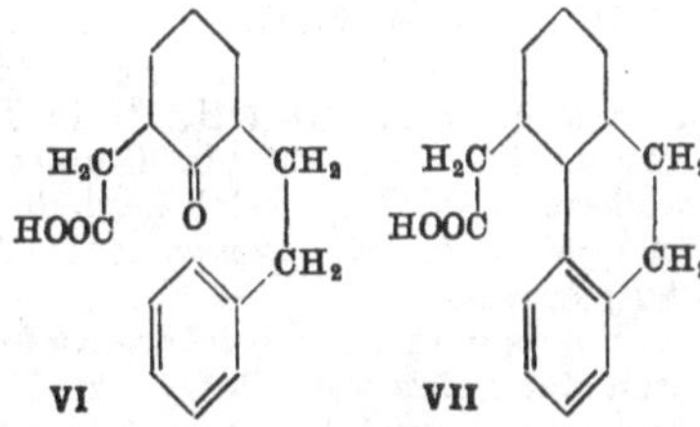

VI VII

V e r s u c h e: *2-Carbäthoxy-2-[β-phenyläthyl]-cyclohexanon* (**I**), $C_{17}H_{22}O_3$, Kp.$_3$ 174 bis 178°, aus K-Cyclohexanon-2-carbonsäureäthylester u. Phenyläthylbromid in sd. Toluol (40 Std.); 47,6%. — *α-[β'-Phenyläthyl]-pimelinsäurediäthylester* (**III**), $C_{19}H_{28}O_4$, Kp.$_{2,5-3}$ 188°, n_D^{32} 1,4812, aus **I** u. Na-Äthylat in sd. A. (3 Std.), Ansäuern mit Eisessig, Abdestillieren des A., Fällen mit W., Extrahieren mit Bzl. u. Waschen mit wss. NaOH zur Entfernung von wenig **IV**; 66,4%. — *2-Oxo-3-[β-phenyläthyl]-cyclohexancarbonsäureäthylester* (**IV**), durch Cyclisieren von **III** mit Na-Gries in sd. Bzl. unter N_2 nach DIECKMANN (7½ Std.). — *1-Carbäthoxy-2-oxo-3-[β-phenyläthyl]-cyclohexyl-(1)-essigsäureäthylester* (**V**), $C_{21}H_{28}O_5$, Kp.$_{0,2}$ 184°, aus der Na-Verb. von 27,4 g **IV** (erhalten mit Na-Gries in Bzl. bei Zimmertemp. u. Kochen) mit Bromessigester in sd. Bzl. (7 Std.); 11 g (Ausbeute). — *Säure* **VI**, $C_{16}H_{20}O_3$, u. **VII**, $C_{16}H_{18}O_2$, Kp.$_{0,4}$ 206°, n_D^{23} 1,5438, durch Verseifen von 10 g **V** mit 48%ig. HBr in sd. Eisessig (32 Std.) u. Reinigen des Vakuumverdampfungsrückstandes über das Na-Salz; 3 g (Ausbeute); λ_{max} 262 mμ (log ε = 1,8905). — *2-Oxy-6.7.7a.8.9.10-hexahydropyren*, $C_{16}H_{16}O$, F. 129—130° (A.), aus **VI** + **VII** u. P_2O_5 + H_3PO_4 bei 160—170°; sublimiert bei 140—150°/0,15 mm; gelbe Nadeln. — *Pyren* (**II**), $C_{16}H_{10}$, F. 149—150° (A.), aus vorst. Verb. mit Pd-Kohle bei 260° (2 Std.) u. Extrahieren mit Ae.; gelbe Tafeln. (J. org. Chemistry **20.** 1392—95. Okt. 1955. Jadavpur. Calcutta, India.) H. GOLD. 2950

François Winternitz, Max Mousseron und **René Dennilauler,** *Einige neue Reaktionen von Cyclohexenimin-(1.2).* Die Einw. von Säuren auf Cyclohexenimin-(1.2) (**I**) führt über das Cyclohexenimoniumion in einer S_{N2}-Rk. zur Öffnung des Iminringes. So liefert HCl *trans-2-Chlorcyclohexylamin* (**VII**), das mit $AgNO_3$ zu *Methylalcyclopentan* enthalogeniert wird, u. H_2S *trans-2-Aminocyclohexanthiol* (**II**). **II** läßt sich zum entsprechenden *Thioäther* methylieren u. mit O_2 zum *Disulfid* oxydieren. Das nach PARIS u. FANTA (C. **1953.** 1326) aus **I** mittels $HClO_4$ gewonnene trans-2-Aminocyclohexanol (**XII**) wird nach SKITA-ROLFES mit CH_2O/HCOOH zu *trans-2-Dimethylaminocyclohexanol* (trans-**IV**) methyliert. **I** gibt mit Thiophenol (**XVI**) *trans-2-Phenylmercaptocyclohexylamin*, das in das *acetylierte* u. das freie *Sulfon* übergeführt wurde, u. mit Phenol (**XVII**) die *trans-2-Phenoxyverb.*, die als *N.N-Dimethylderiv.* charakterisiert wurde. Aus **I** u. Benzoylchlorid (**III**) entsteht in Ggw. einer starken Base *N-Benzoylcyclohexenimin-(1.2)*, das bei 120° rasch in *trans-2-Phenylhexahydrobenzoxazolin* übergeht, während sich ohne Base das *Benzoylderiv.* von **VII** bildet. Letzteres liefert mit $(CH_3)_2NH$ das *Benzoylderiv.* von *trans-2-Dimethylamino-1-aminocyclohexan* (trans-**X**). Basen reagieren bei höherer Temp. in einer S_{N2}-Rk. mit **I.** Konz. NH_4OH gibt in Ggw. von NH_4Cl *trans-1.2-Diamino-* (**VI**), CH_3NH_2 *trans-1-Monomethylamino-2-aminocyclohexan* (**XIII**), $(CH_3)_2NH$ *trans*-**X** u. Anilin (**XXII**) *trans-2-Anilinocyclohexylamin.* Sowohl **VI** als auch trans-**X** lassen sich ins *Tetramethylderiv.* (**XI**) überführen, das als *Dipikrat* u. *Bis-jodmethylat* charakterisiert wurde. Unter Beibehaltung der Konfiguration wird nach STOLL mit $ClSO_3H$ aus trans-**IV** über den *Schwefelsäureester* mit NH_4OH *trans*-**X** erhalten. Dieses wird über das *Tartrat* opt. gespalten u. die hergestellte *Base* ($[\alpha]_{579}$ —53,2°) zu opt.-akt. **XI** ($[\alpha]_{579}$ —62,5°) methyliert. Ebenso liefern cis-**IV**, trans-2-Morpholino-(**XVIII**) u. trans-2-Piperidino-1-aminocyclohexanol die entsprechenden Prodd., während trans-2-Methylaminocyclohexanol (**XIV**) u. **XII** der STOLL-Rk. nicht zugänglich sind. *cis*-**X** wird schließlich durch Red. von 2-Dimethylaminocyclohexanonoxim (**V**) u. **VI** aus Cyclohexandion-(1.2)-dioxim mit Na-A., $LiAlH_4$ oder katalyt. in Ggw. von RANEY-Ni erhalten. **VI** kondensiert sich mit Thiobenzamid (**XIX**) oder Iminobenzoesäureäthylester (**XX**) zu *2-Phenylhexahydrobenzimidazolin* (**VIII**), dessen partielle Hydrolyse zum *Monobenzoylderiv.* von **VI** (**VIa**) führt. **VIa** kann in das *Dibenzoylderiv.* übergeführt werden; **XIII** liefert mit Benzaldehyd eine SCHIFFsche *Base.* Bei Einw. von Benzolsulfonylchlorid auf **VIII** erfolgt Substitution an $N_{(1)}$, die SKITA-ROLFES-Rk. von **VIII** gibt überraschenderweise das *cis*-**X**-*Benzoylderiv.*, wofür ein Reaktionsmechanismus diskutiert wird. Auch die Rk. von trans-2-Thionohexahydrobenzoxazolin (**XXI**) u. **XXII** zu *1-Phenyl-2-thionohexahydrobenzimidazolin* wird erörtert, das alkal. zum *Keton* hydrolysiert wird. Das aus **XIV** u. $ClSO_3H$ gewonnene *N-Methylcyclohexenimin-(1.2)* (**IX**) wird mit HCl in *trans-2-Methylamino-1-chlorcyclohexan*, mit H_2S in das *Thiol*, mit CH_3Br bzw. CH_3J in das *Brom-* bzw. *Jodmethylat* von *trans-2-Dimethylamino-1-brom-* bzw. *-jodcyclohexan* u. mit NH_4OH in **XIII** übergeführt. Aus trans-1-Methyl-2-aminocyclohexanol (**XV**) entsteht ein Gemisch von *1-Methyl-2-aminocyclohexen-(6)* u. *2-Methylcyclohexenimin-(1.2)*, welches wieder zu **XV** hydrolysiert werden kann. Die $LiAlH_4$-Red. von **I** liefert *Cyclohexylamin*, u. die Addition von Acrylnitril (**XXIII**) an **I** das *N-[β-Cyanäthyl]-derivat*.

Versuche: *Cyclohexenimin-(1.2)* (**I**), F. 20—22°, Kp.$_{32}$ 60°, Kp.$_{22}$ 48—51°, durch Zutropfen von $ClSO_3H$ zu **XII** in CCl_4 bei 60°, 12std. Stehen des *Schwefelsäureesters* im Vakuum, Lösen in 30% g. Na_2CO_3, Kochen u. Ausäthern. *Phenylthioharnstoffderiv.*, $C_{13}H_{16}N_2S$, F. 178—179° (A.). *Pikrat*, $C_{12}H_{14}O_7N_4$, F. 116—117° (A.). — *trans-2-Chlorcyclohexylamin* (**VII**), $C_6H_{12}NCl$, Kp.$_{24}$ 75°, durch 3std. Einleiten von HCl in eine absol. äther. Lsg. von **I**. *Hydrochlorid*, $C_6H_{13}NCl_2$, F. 205—207° (A.-Ae.). *Benzoylderiv.*, $C_{13}H_{16}ONCl$, F. 160—161° (A.), a) nach Schotten-Baumann; b) aus **I** u. **III** in Chlf. bei 0°; 80% (Ausbeute). — *Methylalcyclopentan*, durch 1std. Kochen von **VII** mit 10%ig. alkoh. $AgNO_3$. *2.4-Dinitrophenylhydrazon*, $C_{12}H_{14}O_4N_4$, F. 155—157°. — *trans-2-Aminocyclohexanthiol* (**II**), $C_6H_{13}NS$, F. 79—81° (Sublimation bei 50°/0,001 mm), durch 75 Min. Einleiten von H_2S in **I** in absol. A.; 80%. *Hydrochlorid*, $C_6H_{14}NClS$, F. 255—260° (A.-Äthylacetat). *S-Benzoylderiv.*, $C_{13}H_{17}ONS$, F. 153—156° (A.). — *Bis-[2-aminocyclohexyl]-disulfid*, durch 2std. Behandeln von **II** in absol. A. mit O_2. *Dibenzoylderiv.*, $C_{26}H_{32}\cdot O_2N_2S_2$, F. 215—220° (A.). — *2-Methylmercaptocyclohexylamin*, $C_7H_{15}NS$, Kp.$_{11}$ 65—66°, durch Einengen einer Lsg. von 7,5 g **II** in 10%ig. Na_2CO_3, 2std. Erhitzen des **II**-*Na-Salzes* in Aceton mit CH_3J auf dem Wasserbad, Zugeben von W. u. Ausäthern; n_D^{19} 1,4279, D^{19}_4 0,9468; 5 g. — *trans-2-Phenylmercaptocyclohexylamin*, Kp.$_{0,015}$ 130—132°, durch 30 Min. Erhitzen von **I** u. **XVI** auf 100°; 80%. *Hydrochlorid*, $C_{12}H_{18}NClS$, F. 218—220° (A.-Ae.). *Pikrat*, $C_{18}H_{20}O_7N_4S$, F. 107—109° (A.). *Acetylderiv.*, $C_{14}H_{19}ONS$, F. 135—137° (A.-W.). *Acetylsulfon*, $C_{14}H_{19}O_3NS$, F. 175—180° (absol. A.). *Sulfon*, $C_{12}H_{17}O_2NS$, F. 141 bis 143° (A.). — *trans-2-Phenoxycyclohexylamin*, Kp.$_{0,06}$ 120—125°, durch 12std. Erhitzen von 4,8 g **I** mit **XVII**; 4 g. *Hydrochlorid*, $C_{12}H_{18}ONCl$, F. 212—215° (A.-Ae.). *Pikrat*, F. 160—163° (A.-Bzl.). — *trans-2-Phenoxy-N.N-dimethylcyclohexylamin*, Kp.$_{0,04}$ 100—110°, durch 2std. Erhitzen von 3 g vorst. Verb. mit 98%ig. HCOOH u. wss. CH_2O auf 80°, 12std. Kochen, Verdünnen mit W., Alkalisieren mit Na_2CO_3 u. Ausziehen mit Chlf.; 3 g. *Pikrat*, F. 155—157° (A.). — *N-Benzoylcyclohexenimin-(1.2)*, $C_{13}H_{15}ON$, F. 70—72°, durch langsames Zugeben von **III** zu **I** u. $(CH_3)_3N$ in absol. Bzl., Filtrieren u. Einengen; 90%. — *trans-2-Phenylhexahydrobenzoxazolin*, $C_{13}H_{15}ON$, F. 66—67° (Bzl.), durch 15 Min. Erhitzen von 2 g vorst. Verb. auf 120° u. Dest. bei 180°/20 mm; 0,4 g. — *trans-1.2-Diaminocyclohexan* (**VI**), Kp.$_{25}$ 85—88°, durch 12std. Erhitzen von 50 g **I** u. NH_4OH im Autoklaven auf 100° in Ggw. von NH_4Cl, Einengen, Alkalisieren mit Na_2CO_3 u. Ausäthern; 30 g. — *trans-1.2-Bis-[dimethylamino]-cyclohexan* (**XI**), Kp.$_{25}$ 80—82°, wie oben. *Dipikrat*, $C_{22}H_{28}O_{14}N_8$, F. 203—204° (A.). *Monojodmethylat*, $C_{11}H_{25}N_2J$, F. 201 bis 202° (Zers.), in Ae. in der Kälte. *Bis-jodmethylat*, $C_{12}H_{28}N_2J_2$, F. 204—206°, aus der Monoverb. in 12 Std. bei 100° im Autoklaven. — *trans-2-Methylamino-1-aminocyclohexan* (**XIII**), Kp.$_{33}$ 103—107°, Kp.$_{25}$ 100—105°; a) durch 12std. Erhitzen von **I** u. 30%ig. CH_3NH_2 in Ggw. von NH_4Cl auf 100°; 70%; b) aus 3,4 g **IX** u. NH_4OH; 3,5 g. *Dibenzoylderiv.*, $C_{21}H_{24}O_2N_2$, F. 182—184° (Bzl.-PAe.). Schiff*sche Base mit Benzaldehyd*, $C_{14}H_{20}\cdot N_2$, Kp.$_{0,07}$ 105—110°, in Bzl. in 7 Stunden. — *trans-2-Dimethylamino-1-aminocyclohexan* (trans-**X**), Kp.$_{30}$ 88°, a) aus 6 g **I** u. 40%ig. $(CH_3)_2NH$; 4,5 g; b) durch Zutropfen von $ClSO_3H$ zu trans-**IV** in Ae. unter Kühlung, 1std. Rühren bei Raumtemp. u. 12std. Erhitzen mit konz. NH_4OH auf 140° im Rohr; Kp.$_{20}$ 91°; 85%. *Benzoylderiv.*, $C_{15}H_{22}ON_2$, F. 178—180° (Bzl.-PAe.), a) nach Schotten-Baumann; b) durch 24std. Stehen von **VII**-Benzoylderiv. in absol. Bzl. mit $(CH_3)_2NH$ bei 25° u. 12std. Erhitzen auf 100° im Rohr. *cis*-**X**, Kp.$_{22}$ 90—95°, a) aus cis-**IV**; b) durch 1std. Kochen von **V** mit Na in absol. A., Zugeben von W., Ansäuern, Abdestillieren, Alkalisieren u. Ausäthern; c) durch Hydrieren von **V** in absol. A. bei 20 at u. 25° in Ggw. von Raney-Ni; d) durch 15 Min. Kochen von 0,5 g **V** mit $LiAlH_4$ in Ae.; 0,4 g. *Benzoylderiv.*, $C_{15}H_{22}ON_2$, F. 119—120° (Ae.-PAe.); a) nach Schotten-Baumann; b) durch 2std. Erhitzen von **VIa** mit $HCOOH/CH_2O$ auf 80° u. 12 Std. auf 120°; c) analog b) aus **VIII**. — Opt. Spaltung von trans-**X** über das *Tartrat* ($C_{12}H_{24}O_6N_2$, F. 171—172°) in A. → *opt.-akt. trans*-**X**, Kp.$_{20}$ 90 bis 91°, $[\alpha]_{579}$ —53,2°, $[\alpha]_{546}$ —59,7° (c = 35,62 ;A.), das mit $CHOOH/CH_2O$ *opt.-akt.* **XI** (Kp.$_{20}$ 90°, $[\alpha]_{579}$ —62,5°, $[\alpha]_{546}$ —68,5° [c = 13; A.]) liefert.— *trans-2-Morpholino-1-aminocyclohexan*, aus **XVIII**; 85%. *Dipikrat*, $C_{22}H_{26}O_{15}N_8$, F. 225° (A.-Bzl.). *Benzoylderiv.*, $C_{17}H_{14}O_2N_2$, F. 157—158° (Bzl.-PAe.). *cis-Isomeres*, Kp.$_{20}$ 95°, aus 2-Morpholinocyclohexanonoxim mit A.-Na. *Dipikrat*, F. 182° (A.). *Benzoylderiv.*, F. 154—155° (Bzl.-PAe.). — *trans-2-Piperidino-1-aminocyclohexan*, Kp.$_{20}$ 90°; 90%. *Dipikrat*, $C_{23}H_{28}O_{14}N_8$, F. 148°

(A.-Bzl.). *Benzoylderiv.*, $C_{18}H_{26}ON_2$, F. 113—114° (Bzl.-PAe.). — *2-Phenylhexahydrobenzimidazolin* (**VIII**), $C_{13}H_{16}N_2$, F. 180—181° (A.), a) durch 4std. Erhitzen von **XIX** mit 11,4 g **VI** auf 100°; 12 g; b) durch 2std. Erhitzen von **VI** u. **XX** auf 100°; 9%. *Hydrochlorid*, $C_{13}H_{17}N_2Cl$, F. 259—262° (A.-Ae.). *Pikrat*, $C_{19}H_{19}O_7N_5$, F. 168—171° (A.-W.). $N_{(1)}$-*Benzolsulfonat*, $C_{19}H_{20}O_2N_2S$, F. 212—213° (Aceton). — **VI**-*Monobenzoylderiv.* (**VIa**), $C_{13}H_{18}ON_2$, F. 122—123° (Bzl.-PAe.), a) durch 12std. Kochen von **VIII** mit 30%ig. methanol. KOH; b) durch 36std. Erhitzen von **VI** mit Benzoesäureäthylester. **VI**-*Dibenzoylderiv.*, F. 250° (Essigsäure). **VI**-*Bis-[benzolsulfonylderiv.]*, $C_{18}H_{22}O_4N_2S_2$, F. 152—153°. — *1-Phenyl-2-thionohexahydrobenzimidazolin*, $C_{13}H_{16}N_2S$, F. 140—141°, durch 4std. Erhitzen von **XXI** mit **XXII** auf 130°. — *1-Phenylhexahydrobenzimidazolon-(2)*, $C_{13}H_{16}ON_2$, F. 172—174° (A.), durch 7std. Kochen vorst. Verb. unter N_2 mit 30%ig. K_2CO_3, Zugeben von Na_2CO_3 u. Ausziehen mit CCl_4. — *N-Methylcyclohexenimin-(1.2)* (**IX**), Kp.$_{42}$ 56°, aus **XIV**. — *trans-2-Methylamino-1-chlorcyclohexan*, Kp.$_{20}$ 70°, in 4 Std. analog **VII**. *Hydrochlorid*, $C_7H_{15}NCl_2$, F. 167—168° (A.-Ae.). — *trans-2-Methylamino-1-cyclohexanthiolhydrochlorid*, $C_7H_{16}NClS$, F. 126—127° (A.-Ae.); 60%. — *trans-2-Dimethylamino-1-bromcyclohexanbrommethylat*, $C_9H_{19}NBr_2$, F. 150—152° (A.-Ae.), durch 8std. Stehen von **IX** u. CH_3Br in absol. Ae. bei Raumtemp. im Rohr. —*trans-2-Dimethylamino-1-jodcyclohexanjodmethylat*, $C_9H_{19}NJ_2$, F. 107—109° (Zers.; A.-Ae.), in 24 Stunden. — *2-Methylcyclohexenimin-(1.2)*, Kp.$_{25}$ 66—70°, aus **XV**. — *1-Methyl-2-aminocyclohexen-(6)*, Kp.$_{11}$ 56—58°, neben vorst. Verbindung. *Phosphat*, F. 155—157°. *Benzoylderiv.*, $C_{14}H_{17}ON$, F. 102—103°. — *trans-1-Methyl-2-aminocyclohexanol* (**XV**), F. 84°, Kp.$_{19}$ 110°, durch 2std. Kochen vorvorst. Verb. mit wss. $HClO_4$. *Benzoylderiv.*,$C_{14}H_{19}O_2N$, F. 177—178°. — *N-[β-Cyanäthyl]-cyclohexenimin-(1.2)*, $C_9H_{14}N_2$, Kp.$_{19}$ 127—128°, durch 36std. Kochen von 5 g **I** mit **XXIII**; 7 g. — *N-[3-Aminopropyl]-cyclohexenimin-(1.2)*, $C_9H_{18}N_2$, Kp.$_{19}$ 110—112°, durch 1std. Kochen von 4,7 g vorst. Verb. mit Na in Toluol; 2,5 g. — *N-Propionamidocyclohexenimin-(1.2)*, $C_9H_{16}ON_2$, F. 83—85° (A.), durch 48std. Stehen vorvorst. Verb. mit 30%ig. H_2O_2 u. 30%ig. Na_2CO_3. —*Cyclohexyldimethylamin*, aus **I** mit $LiAlH_4$/Ae. u. Methylierung. *Pikrat*, F. 173—174°. *Hydrochlorid*, F. 211—221°. *Brommethylat*, F. 250°. (Bull. Soc. chim. France [5] **1956.** 382—91. März. Montpellier, Univ., Inst. de Chim.) R. PASEDAG. 3030

Georges Zwingelstein und **Jacques Jouanneteau**, *Einwirkung alkalischer Agentien auf Quercetin.* Bei der Behandlung von 5 g Quercetin (F. 320°) mit wss. KOH (5 Minuten bei 90° unter N_2), Ansäuern mit HCl auf p_H 3—4, 4std. Stehen im Eisschrank, Filtrieren (1 g Quercetin zurück), Aussalzen u. Extraktion mit Äthylacetat oder Ae. erhielten Vff. 400—500 mg *Nadeln vom F. 241°* (W.), wahrscheinlich *2.4.6.3'.4'-Pentaoxy-2-benzylcumaranon*, $C_{15}H_{12}O_7 \cdot 0{,}5\,H_2O$; *Pentacetat*, $C_{25}H_{22}O_{12}$, F. 181° (A.). — Die UV-Maxima der beiden Verbb. sind angegeben. (C. R. hebd. Séances Acad. Sci. **240.** 981—83. 28/2. 1955.) I. AHRLÉ. 3061

W. Lewis Nobles, *Einige Derivate des Thenaldehyds-(3).* Das durch Kondensation von Thenaldehyd-(3) (**I**) mit Aceton erhaltene *4-[Thienyl-(3)]-buten-(3)-on-(2)* wird in das *Thiosemicarbazon* übergeführt, das in vitro gegen *Mycobacterium tuberculosis* H 37 RV bedeutend wirksamer ist als die entsprechende Thienyl-(2)-Verbindung.

V e r s u c h e: *4-[Thienyl-(3)]-buten-(3)-on-(2)*, C_8H_8OS, F. 52—53°, Kp.$_{20-24}$ 148 bis 152°, durch langsames Zugeben von 10%ig. NaOH zu **I** in wss. Aceton unter Rühren bei 20—25°, 2½std. Weiterrühren bei Raumtemp., Ansäuern mit verd. HCl gegen Lackmus, Extraktion mit Bzl. u. Einengen; gelbe M.; 63% (Ausbeute). *Thiosemicarbazon*, $C_9H_{11}N_3S_2$, F. 128—129° (50%ig. A.). (J. Amer. chem. Soc. **77.** 6675. 20/12. 1955. Univ. of Mississippi, School of Pharm.) W. GEHRMANN. 3071

V. V. Ghaisas und **B. D. Tilak**, *Synthese von Thiophthenen.* Vorl. Mitt. zu der C. **1955.** 10016 referierten Arbeit. (Current Sci. **22.** 184. Juni 1953.) I. SPAETH. 3071

Carl T. Redemann, Sylvan H. Wittwer und **Harold M. Sell**, *Die Charakterisierung von Indolyl-(3)-essigsäure und ihren Estern.* Vff. beschreiben die Darst. u. Charakterisierung von *Indolyl-(3)-essigsäureestern* u. ihre *1.3.5-Trinitrobenzolate.* Die Pikrate sind zur Identifizierung kleiner Mengen ungeeignet, während die Trinitrobenzolate gut krist., definierte FF. besitzen u. sich aus A. gut umkrist. lassen.

V e r s u c h e: Darst. der Ester aus der freien Säure u. dem entsprechenden Alkohol mit HCl nach JACKSON (J. biol. Chemistry **88.** [1930.] 659); Ausbeuten 60—90%. *Indolyl-(3)-essigsäure-n-butylester*, F. 29—30° (PAe.); Kp.$_{0,1}$ 155°. *n-Amylester*, F. 34 bis 35° (PAe.); Kp.$_{0,02}$ 156°. — 1.3.5 - T r i n i t r o b e n z o l a t e: Aus mol. Mengen *Indolylessigsäureester* u. 1.3.5.-Trinitrobenzol in heißem A., umkrist. aus absol. A. u. Trocknen bei Zimmertemp. über P_2O_5. — *Indolyl-(3)-essigsäure-*, $C_{16}H_{12}O_8N_4$, orangefarben, F. 199° (Zers.). *Methylester-*, $C_{17}H_{14}O_8N_4$, gelb, F. 135°. *Äthylester-*, $C_{18}H_{16}O_8N_4$

gelb, F. 88°. *n-Propylester-*, $C_{19}H_{18}O_8N_4$, gelb, F. 111°. *n-Butylester-*, $C_{20}H_{20}O_8N_4$, gelb, F. 101°. *n-Amylester-*, $C_{21}H_{22}O_8N_4$, gelb, F. 96°. (J. Amer. chem. Soc. **73**. 2957—58. Juni 1951. East Lansing, Mich., Michigan State Coll., Dep. of Agric. Chem. and Horticult.) H. GOEBEL. 3081

H. R. Snyder und **Paul L. Cook**, *Alkylierungen von quaternären Salzen von 2-Aminomethylindolen.* Die Alkylierung von Acetamidomalonsäurediäthylester (III) mit Isogramin- (II), 6-Methylisogramin- (I) bzw. 1-Methylisograminmethojodid (IV), für die ein Reaktionsmechanismus diskutiert wird, liefert *β-[Indolyl-(2)]-*, *β-[6-Methylindolyl-(2)]-* bzw. *β-[1-Methylindolyl-(2)]-α-acetamidopropionsäureäthylester*, von denen die ersten beiden in *Iso-* bzw. *6-Methylisotryptophan* übergeführt werden. Es werden Vgll. zu Graminmethojodid gezogen. Während Isogramin mit Piperidin (V) nicht reagiert, entsteht bei der Rk. mit **II** bzw. **IV** *2-Piperidino-* bzw. *1-Methyl-2-piperidinomethylindol.* Die Alkylierung von **III** mit **I** in einem Gemisch von A. u. Dimethylformamid führt zu einem Gemisch, aus dem weniger als 10% *6′-Methyl-3-acetamido-3-carbäthoxyindolo-[1′.2′:1.5]-pyrrolidon-(2)* isoliert werden konnten. Zum Strukturbeweis ist das Infrarotabsorptionsspektr. angeführt.

V e r s u c h e: *Isogramin (2-Dimethylaminomethylindol)*, durch $LiAlH_4$-Red. von N.N-Dimethylindolcarbonsäureamid. *Methojodid* (**II**), $C_{12}H_{17}N_2J$, F. 154—155° (absol. A.–absol. Ae.), mit CH_3J in Bzl.; 93,5% (Ausbeute). — *α-Acetamido-β-[indolyl-(2)]-propionsäureäthylester*, $C_{15}H_{18}O_3N_2$, F. 135—136° (Xylol), durch 16std. Kochen von NaO·C_2H_5, **III** u. **II** unter Einleiten von N_2, Einengen u. Gießen in W.; 74%. — *Isotryptophan (α-Amino-β-[indolyl-(2)]-propionsäure)*, F. 220° (Zers.; W.), durch 23std. Kochen von 15,8 g vorst. Verb. mit wss. NaOH u. Einstellen auf p_H 6 mit Eisessig; 9 g. — *6-Methylindol-2-carbonsäuredimethylamid*, $C_{12}H_{14}ON_2$, F. 216—217° (95%ig. A.), durch 24std. Stehen der Säure mit $SOCl_2$ in Ae. bei Raumtemp., Einengen, Aufnehmen in Ae. u. Einleiten von $(CH_3)_2NH$; 78%. — *6-Methylisogramin (2-Dimethylaminomethyl-6-methylindol)*, $C_{12}H_{16}N_2$, $Kp._{0,8}$ 116—117°, durch 44std. Kochen vorst. Verb. mit $LiAlH_4$/Ae., Zers. mit Aceton, Zugeben von 20%ig. NaOH u. Ausäthern; 90%. *Methojodid* (**I**), $C_{13}H_{19}N_2J$, Zers. bei 115—125° (absol. A.). — *α-Acetamido-β-[6-methylindolyl-(2)]-propionsäureäthylester*, $C_{16}H_{20}O_3N_2$, F. 149—150° bzw. F. 135—136° (Xylol), analog in 18 Std.; 91%. — *6′-Methyl-3-acetamido-3-carbäthoxyindolo-[1′.2′:1.5]-pyrrolidon-(2)*, C_{17}·$H_{18}O_4N_2$, F. 242—244° (Bzl.–PAe.), durch 22std. Kochen von ~4 g **I**, **III** u. $NaOC_2H_5$ in einem Gemisch von A. u. Dimethylformamid; 0,35 g. Daneben 0,39 g vom F. 140 bis 150°. *6-Methylisotryptophan (α-Amino-β-[6-methylindolyl-(2)]-propionsäure)*, $C_{12}H_{14}O_2N_2$, F. 239—240° (W.), in 18 Std.; 77%. — *1-Methylindol-2-carbonsäure*, durch Erhitzen von Brenztraubensäuremethylphenylhydrazon u. 10%ig. HCl auf dem Wasserbad; 66%. — *1-Methylindol-2-carbonsäuredimethylamid*, $C_{12}H_{14}ON_2$, F. 94—95° (PAe.), durch 5std. Kochen vorst. Säure mit $SOCl_2$ u. 12std. Stehen u. weiter wie oben; 51%. — *1-Methyl-2-dimethylaminomethylindol (1-Methylisogramin)*, $C_{12}H_{16}N_2$, $Kp._{1,1}$ 105°; 70%. *Methojodid* (**IV**), $C_{13}H_{19}N_2J$, Zers. bei 212° (absol. A.). — *α-Acetamido-β-[1-methylindolyl-(2)]-propionsäureäthylester*, $C_{16}H_{20}O_3N_2$, F. 122—124° (PAe.–Bzl.), in 22 Std. in A. u. Dimethylformamid u. Ausäthern; 28%. — *2-Piperidinomethylindolsemihydrat*, $C_{14}H_{18}N_2 \cdot \frac{1}{2} H_2O$, F. 80—83° (A.–W.), durch 2std. Kochen von 0,93 g **II** u. **V**, Einengen u. Verdünnen mit W.; 0,75 g. — *1-Methyl-2-piperidinomethylindol*, $C_{15}H_{20}N_2$, F. 82—83° (A.–W.), analog in 12 Std. nach Abfiltrieren von *Piperidinhydrojodid* (C_5H_{11}·N·HJ, F. 185—187° [Bzl.] nach Einweichen bei 172°). (J. Amer. chem. Soc. **78**. 969—72. 5/3. 1956. Urbana, Ill., Univ., Noyes Chem. Labor.) R. PASEDAG. 3081

François Gault und **Henri Wahl**, *Von 2.3.3-Trimethylindolenin abgeleitete Azofarbstoffe.* Diazotiertes p-Nitranilin greift 2.3.3-Trimethylindolenin (I) an der in α-Stellung befindlichen CH_3-Gruppe an: *2-[p-Nitrobenzolazomethyl]-3.3-dimethylindolenin*, $C_{17}H_{16}O_2N_4$, F. 236° (aus A. rote Stäbchen), gibt mit CH_3J im Rohr bei 100° *2-[p-Nitrobenzolazomethylen]-1.3.3-trimethylindolin*, F. 185°. — **I** reagiert analog mit diazotiertem p-Chloranilin zu *2-[p-Chlorbenzolazomethyl]-3.3-dimethylindolenin* (daraus *2-[p-Chlorbenzolazomethylen]-1.3.3-trimethylindolin*, F. 141,5°) u. mit diazotiertem Anilin zu *2-Benzolazomethyl-3.3-dimethylindolenin* (daraus *2-Benzolazomethylen-1.3.3-trimethylindolin*). (C. R. hebd. Séances Acad. Sci. **240**. 983—84. 28/2. 1955.) I. AHRLÉ. 3081

Taro Yamasaki und **Toshiro Sato**, *Phosphorhaltige heterocyclische Verbindungen. 1. Mitt. Über die Synthesen fünfgliedriger Monothiophosphate.* Durch Umsetzung von α.β-Glykolen (**I**) mit $PSCl_3$ werden *cycl. Chlorthiophosphate* (**II**) dargestellt. Es gelang nicht diese Verbb. bei der Einw. von S auf analoge *Chlorphosphite* (**III**) zu erhalten. Veresterung von **II** mit A. in Ggw. einer Base führt zu denselben *cycl. Thiophosphaten* (**IV**), wie sie mit S aus den cycl. tert. Phosphiten **V** gebildet werden.

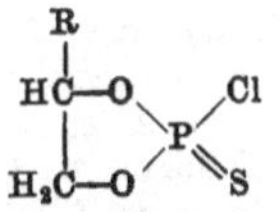
II

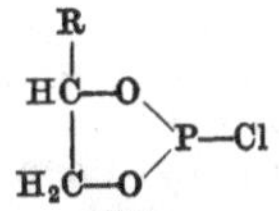
III

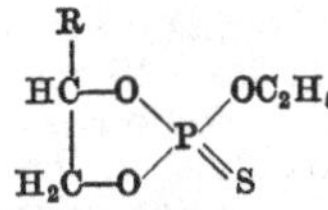
IV

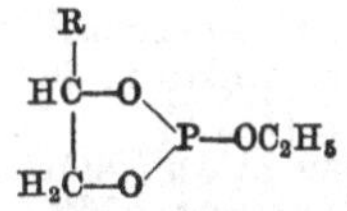
V

Versuche: *Cycl. Chlorthiophosphate* (II), nach Meth. **A** durch tropfenweises Zugeben von 0,1 Mol eines α.β-Glykols (I) u. 0,2 Mol Pyridin (VI) in 20 cm^3 Bzl. bei 10 bis 15° zu 0,1 Mol $PSCl_3$ in 50 cm^3 Bzl., mehrstd. Stehen bei 25°, Filtrieren vom **VI**-HCl, Behandeln des Filtrats mit W. u. Dest.; nach Meth. **B** durch Erhitzen von **I** mit 1 Mol $PSCl_3$ in Chlf. bis zum Ende der HCl-Entw., Eindampfen, Aufnehmen in Bzl. u. Behandeln wie das vorst. Filtrat; nach Meth. **C** wie **B** mit ½ Mol $PSCl_3$. — *2-Chlor-2-thiono-1.3-dioxa-2-phosphacyclopentan* (**II**, *R* = *H*), $C_2H_4O_2ClSP$, F. 30,5°, $Kp._{3,5}$ 88°, **A** 36% (Ausbeute), **B** 35%, **C** 55%; krist. beim Stehen. *Phenylhydrazid*, $C_8H_{11}O_2N_2SP$, F. 178° (A.). — *4-Methyl-* (**II**, *R* = CH_3), $C_3H_6O_2ClSP$, $Kp._3$ 96—98°, n_D^{16} 1,5112, **A** 63%, **B** 44%, **C** 74%. *Phenylhydrazid*, $C_9H_{13}O_2N_2SP$, F. 139° (A.). — *4-Methoxymethyl-* (**II**, *R* = $CH_3 \cdot O \cdot CH_2$), $C_4H_8O_3ClSP$, $Kp._4$ 114°, n_D^{18} 1,5085, **A** 52%, **B** 32%, **C** 60%. *Phenylhydrazid*, $C_{10}H_{15}O_3N_2SP$, F. 104° (A.). — *Cycl. Chlorphosphite* (**III**), aus den Glykolen nach LUCAS, MITCHELL u. SCULLY (C. **1951**. II. 1884). — *Cycl. Phosphite* (**V**), aus **III** mit A. in Ggw. von **VI**. — *2-Äthoxy-1.2.3-dioxaphosphoran* (**V**, *R* = *H*), $Kp._{40}$ 73°, n_D^{15} 1,4428. — *2-Äthoxy-4-methyl-1.2.3-dioxaphosphoran* (**V**, *R* = CH_3), $Kp._{60}$ 83°, n_D^{21} 1,4339. — *Cycl. Thiophosphate* (**IV**), nach Meth. **D** durch tropfenweises Zugeben von 0,1 Mol **VI** u. dann 0,15 Mol A. zu 0,1 Mol **II** in 50 cm^3 Bzl. unter Kühlung mit Eiswasser; mehrstd. Stehen bei 25°, Filtrieren vom **VI**-Hydrochlorid u. Dest.; oder nach Meth. **E** durch tropfenweise Zugabe von 0,15 Mol **V** zu 0,15 At. Gew. S unterhalb 140°, Gießen des Prod. in W., Dekantieren vom S, Extrahieren mit Bzl. u. Isolieren wie bei **D**. — *2-Äthoxy-2-thiono-1.3-dioxa-2-phosphacyclopentan* (**IV**, *R* = *H*), $C_4H_9O_3SP$, $Kp._3$ 98—99°, n_D^{21} 1,4849, n_D^{24} 1,4842, $D._4^{21}$ 1,2737, $D._4^{24}$ 1,2705, nach **D** 60%, nach **E** 43%. — *4-Methyl-* (**IV**, *R* = CH_3), $C_5H_{11}O_3SP$, $Kp._3$ 96°, n_D^{22} 1,4759, $D._4^{22}$ 1,2043 bzw. 1,2052, nach **D** 94%, nach **E** 73%. — *4-Methoxymethyl-* (**IV**, *R* = $CH_3 \cdot O \cdot CH_2$), $C_6H_{13}O_4 \cdot SP$, $Kp._3$ 119—120°, $n_D^{21,5}$ 1,4790, $D._4^{21,5}$ 1,2310, nach **D** 77%. (Sci. Rep. Res. Inst. Tôhoku Univ., Ser. A **6**. 384—89. Aug. 1954; J. chem. Soc. Japan, pure Chem. Sect. [Nippon Kagaku Zassi] **75**. 440—43. April 1954. Sendai, Japan, Tôhoku Univ. [Orig.: japan.]) F. J. MEYER. 3091

I. B. Ssimon und **I. I. Kowtunowskaja**, *Synthese von Verbindungen mit antithyreoider Wirkung*. 4. Mitt. *Darstellung einiger S-Alkylmercaptoderivate des Imidazols mit Hilfe von Benzoesäureestern.* (3. vgl. C. **1956**. 7535.) Um die Wrkg. von S-Alkyl- oder S-Arylgruppen auf die antithyreoide Aktivität von 2-Mercaptoimidazol (I) festzustellen, werden aus I u. den entsprechenden Benzoesäureestern *2-Methyl-*, *2-Äthyl-*, *2-n-Propyl-*, *2-Isopropyl-*, *2-n-Butyl-*, *2-Isobutyl-* u. *2-Benzylmercaptoimidazol* dargestellt. Die Darst. von S-Derivv. des Thiouracils gelang auf diese Weise nicht.

Versuche: *2-Mercaptoimidazol* (I), F. 226—228° (W.), durch 2std. Erhitzen von Aminoacetaldehyddiäthylacetalhydrochlorid u. wss. KSCN-Lsg. auf 100°, Eindampfen u. 2std. Erhitzen des trockenen Gemisches auf 140°; 80% (Ausbeute). — Folgende *Imidazole* durch 1std. Erhitzen von **I** mit den entsprechenden Benzoaten auf 220—230°: *2-Methylmercapto-*, $C_4H_6N_2S$, F. 142° (W.); 40% (Ausbeute). *2-Äthylmercapto-*, $C_5H_8N_2S$, F. 104—105°; 45%. *2-n-Propylmercapto-*, $C_6H_{10}N_2S$, F. 112—113°; 38—39%. *2-Isopropylmercapto-*, $C_6H_{10}N_2S$, F. 120°; 35%. *2-n-Butylmercapto-*, $C_7H_{12}N_2S$, F. 71°; 35%. *2-Isobutylmercapto-*, $C_7H_{12}N_2S$, F. 85—86°; 30%. *2-Benzylmercapto-*, $C_{10}H_{10}N_2S$, F. 150°; 10%. (Журнал Общей Химии [J. allg. Chem.] **25** (**87**). 1226—28. Juni 1955. Ukrain. Inst. für exp. Endokrinol.) CH. WEISKE. 3122

Ralph Sayre, *Die Identität von Heilperns „Pinakolylthioharnstoff" und die Darstellung von authentischem 2-Thiono-4.4.5.5-tetramethylimidazolidin.* Der von HEILPERN [1896] dargestellte „*Pinakolylthioharnstoff*" ist weder 2-Thiono-4.4.5.5-tetramethylimidazolidin (II) noch 2-Thiono-4.4.6-trimethylhexahydropyrimidin. Bei der Wiederholung der Rk. von Aceton mit CS_2 u. NH_4OH wurde *2-Thiono-4.4.6-trimethyl-1.2.3.4-tetrahydropyrimidin* (I) isoliert, das bei der Oxydation mit $KMnO_4$ unter Ringverengung *5.5-Dimethylhydantoin* gab. Die analoge Oxydation von **II** führte nicht zur Abspaltung der Methylgruppen in 4-Stellung, sondern nur zu *4.4.5.5-Tetramethylimidazolidon-(2)*. Die Infrarotspektren wurden zur Identifizierung der Verbb. mit benutzt.

Versuche (FF. korr.): *5.5-Dimethylhydantoin*, F. 177—178° (W.), durch portionsweises Zugeben von 0,125 mol. wss. $KMnO_4$ nach jeweils 10—30 Min. zu 4,69 g **I** unter Rühren in W., Erhitzen, Filtration, Ansäuern mit H_2SO_4, Eindampfen bei ~40°, Extraktion mit sd. A., Filtration u. Einengen bei Raumtemp.; gutgeformte Kristalle;

0,77 g (Ausbeute). — *2.3-Dimethyl-2.3-dinitrobutan*, F. 211—212°, a) aus 2-Brom-2-nitropropan u. dem Na-Salz des 2-Nitropropans nach SEIGLE u. HASS (J. org. Chemistry **5.** [1940.] 100); b) durch tropfenweises Zugeben von Br_2 u. danach von A. zu 2-Nitropropan in 6n NaOH unter Kühlung u. Rühren, 3std. Kochen unter Rühren u. Gießen in Eiswasser; 56%. — *2.3-Dimethylbutandiamin, Oxalat*, $C_8H_{18}O_4N_2$, F. 323—324°, durch Red. vorst. Verb. in konz. HCl mit granuliertem Zn bei 50—60° unter starkem Rühren, 15 Min. Kochen, Alkalisieren mit NaOH, Wasserdampfdest. u. Neutralisieren des Destillats (**A**) mit n-Oxalsäure; feine Kristalle; 76%. Das *freie Diamin* konnte aus **A** mit festem NaOH als Fl. erhalten werden. — *2-Thiono-4.4.5.5-tetramethylimidazolidin* (**II**), $C_7H_{14}N_2S$, F. 252—253° (A.), durch Versetzen von **A** mit CS_2, 2std. Kochen u. Eindampfen auf die Hälfte; 62%. Die F.-Erniedrigung mit **I** (F. 254—255° Zers.) betrug nur 2 bis 4°. — *4.4.5.5-Tetramethylimidazolidon-(2)*, $C_7H_{14}ON_2$, F. 288—289° (A. bzw. W.), a) durch Oxydation von **II** mit 0,125mol. $KMnO_4$ in kleinen Portionen unter Rühren u. Erhitzen gegen Ende der Rk., Filtration, Neutralisieren mit H_2SO_4 u. Einengen; 84%; b) durch Versetzen von **A** mit 5n NaOH, Einleiten von Phosgen unter Rühren bis zur schwachsauren Rk., Eindampfen, Extraktion mit sd. A. u. Einengen; 50%. (J. Amer. chem. Soc. **77.** 6689—90. 20/12. 1955. Stamford, Conn., Amer. Cyanamid Co., Res. Div.)

W. GEHRMANN. 3122

G. G. Allan, Duncan Maclean und **G. T. Newbold,** *Kondensationsprodukte aus Rhodanin und Ketosäuren.* Rhodanin (**I**) reagiert mit Lävulin-, β-Benzoylpropion- u. γ-Benzoylbuttersäure in Ggw. von NH_4OH-NH_4Cl unter Bldg. von *5-[1'-(2''-Carboxyäthyl)-äthyliden]-* (**II**), *5-[α-(2'-Carboxyäthyl)-benzyliden]-* (**III**) bzw. *5-[α-(3'-Carboxy-n-propyl)-benzyliden]-rhodanin.* Die Hydrolyse von **III** gibt *β-Phenyl-α-thionoadipinsäure* (**IV**), die durch RANEY-Ni zu *β-Phenyladipinsäure* desulfuriert wird. Analog liefert **II** *β-Methyladipinsäure.* **II** u. **III** zeigen schwache fungistat. Aktivität gegenüber *Stachybotris atra* u. *Memnoniella echinata.*

Versuche: *5-[α-(2'-Carboxyäthyl)-benzyliden]-rhodanin* (**III**), $C_{13}H_{11}O_3NS_2$, F. 176 bis 178°, aus 1,78 g β-Benzoylpropionsäure u. 1,33 g **I** in W. unter Zugabe von 0,87 cm³ NH_4OH (D. 0,88) u. 0,6 g NH_4Cl (1 Std. Wasserbad); aus verd. A. gelbe Nadeln; λ_{max} 276 u. 346 mμ (ε = 8600 bzw. 28600; A.); 1,65 g (Ausbeute). — *5-[1'-(2''-Carboxyäthyl)-äthyliden]-rhodanin* (**II**), $C_8H_9O_3NS_2$, F. 189,5—190°; aus W. gelbe Nadeln; λ_{max} 270 u. 343 mμ (ε = 10800 bzw. 29900; A.); 30%. — *5-[α-(3'-Carboxy-n-propyl)-benzyliden]-rhodanin*, $C_{14}H_{13}O_3NS_2$, F. 161—162°; aus W. gelbe Nadeln; 11%. — *β-Phenyl-α-thionoadipinsäure* (**IV**), $C_{12}H_{12}O_4S$, F. 140°, aus 200 mg **III** durch Hydrolyse mit 15%ig. NaOH unter N_2 (1 Std. Wasserbad); aus Bzl. Platten; 80 mg. — *β-Phenyladipinsäure*, $C_{12}H_{14}O_4$, F. 148—150°, aus vorst. Verb. in wss.-alkoh. NaOH durch 7std. Erhitzen mit RANEY-Ni; aus Ae. + Bzl. Prismen; 32%. Aus dem NH_4-Salz von **III** ohne Reinigung von **IV** 40%. — *β-Methyladipinsäure*, $C_7H_{12}O_4$, F. 95—97°, aus 1,5 g **II** mit wss. NaOH u. Desulfurierung der rohen Thionsäure (Öl) analog Vorst. mit RANEY-Ni; aus Bzl. Nadeln; 300 mg. (J. chem. Soc. [London] **1952.** 5053—54. Dez. Glasgow, Royal Techn. Coll.)

I. FESTL. 3142

S. M. McElvain und **G. Robert McKay jr.,** *Ketenacetale.* 35. Mitt. *Cyclische Ketenacetale und Orthoester aus 2.2-Dimethoxy-2.3-dihydropyran.* (34. vgl. C. **1956.** 7516.) Das in der 32. Mitt. (vgl. C. **1956.** 7500) dargestellte 2.2-Dimethoxy-2.3-dihydro-γ-pyran (**I**) gibt bei der Alkoholabspaltung mit Al-tert.-Butylat neben *tert.-Butanol* nur 20% *2-Methoxy-γ-pyran* (unter N_2 25%), das an der Luft verharzt u. bei der Hydrolyse *γ-Formylbuttersäuremethylester* bildet. Die Hydrierung von **I** über RANEY-Ni gibt *2.2-Dimethoxytetrahydropyran*, die anschließende Alkoholspaltung *2-Methoxy-5.6-dihydro-γ-pyran* (**II**). Dieses absorbiert Br_2 u. läßt sich zu einem Gemisch von *δ-Oxyvaleriansäuremethylester* u. *δ-Valerolacton* hydrolysieren. Beim Erhitzen mit Benzylbromid entsteht aus **II** 6% *α-Benzyl-*, 51% *α.α-Dibenzyl-δ-valerolacton*, ferner 11% *α-Benzyl-* u. 11% *α.α-Dibenzyl-δ-bromvaleriansäuremethylester*. **II** kondensiert mit Acrolein bei 100° zu *1-Methoxy-2.10-dioxabicyclo-[4.4.0]-decen-(3)* (**III**), das bei der Hydrierung das entsprechende *Decan* (**IV**; 97% *cis-Form*) bildet. Bei der Dest. von **IV** bei 87°/8 mm tritt die für Ketenacetale charakterist. Bande bei 5,91 μ auf, bei 38°/0,1 mm dagegen nicht; wahrscheinlich findet bei der höheren Temp. teilweise Alkoholabspaltung zu *2.10-Dioxabicyclo-[4.4.0]-decen-(1,6)* (**V**) statt, das auch aus **IV** durch Alkoholabspaltung mit Al-tert.-Butylat erhalten wird. **V** gibt bei der Bromierung *α-Brom-α-[γ-brompropyl]-δ-valerolacton*, bei der Bromierung bei —20° aber **VI**. Durch Hydrolyse entsteht aus **V** *α-[γ-Oxypropyl]-δ-valerolacton*, durch Ozonisierung bei —70° das *cycl. Carbonat* des *4-Ketoheptandiols-(1.7)* [*1.3-Dioxacyclodecandion-(2.7)*]. Mit Benzylbromid reagiert **V** bei 110° zu *α-Benzyl-α-[γ-brompropyl]-δ-valerolacton*, mit Bromessigester zu *α-Carbäthoxymethyl-α-[γ-brompropyl]-δ-valerolacton.* Bei der Addition von CH_3OH an **V** entsteht wahrschein-

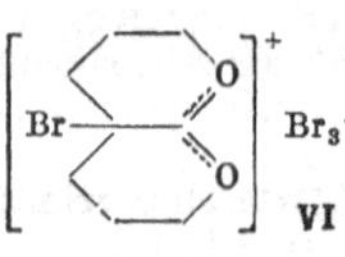

VI

lich ein *cis–trans-Gemisch* von **IV**. Wird **V** mit Acrolein kondensiert, so bildet sich *2.10·11-Trioxatricyclo-[4.4.4.0$^{1.6}$]-tetradecen-(3)*, nach Hydrierung das entsprechende *Tetradecan* (**VII**), das durch sd. NaOH nicht angegriffen wird, sich aber in verd. Säure zu *α.α-Bis-[γ-oxypropyl]-δ-valerolacton* (**VIII**) löst, während mit HBr *Tris-[γ-brompropyl]-essigsäure* entsteht. Beim Eindampfen der sauren Lsg. von **VIII** oder bei der Dest. entsteht wieder **VII**.

Versuche: *Ketendimethylacetal*, Kp. 89—91°, aus Dimethylphenylcarbinol + Na bei 140°, dann Zutropfen von Chlordimethylacetal bei 180° unter Rühren u. mehrmaliges Zurückführen des Destillats in die Reaktionsmischung; n_D^{25} 1,4045; 52,5% (Ausbeute). Daneben *Isopropylbenzol*, Kp.$_{35}$ 50—51°, u. *β-Dimethylphenylcarbinyloxydimethylacetal* [$C_6H_5C(CH_3)_2OCH_2CH(OCH_3)_2$], $C_{13}H_{20}O_3$, Kp.$_{0,6}$ 86—87°; n_D^{25} 1,4857; gibt nach dem Ansäuern beim Behandeln mit 2.4-Dinitrophenylhydrazin *Glyoxal-2.4-dinitrophenylhydrazon*, F. 315—316° (Pyridin). — *2-Methoxy-γ-pyran*, Kp.$_{25}$ 63—64°, durch Erhitzen von **I** + Al-tert.-Butylat unter N_2 auf 155°, dann 185° u. Vakuumdest.; n_D^{25} 1,4619; verharzt in wenigen Min.; gibt bei der Hydrolyse u. Behandeln mit 2.4-Dinitrophenylhydrazin *γ-Formylbuttersäuremethylester-2.4-dinitrophenylhydrazon*, F. 107 bis 108,5° (A.). — *2.2-Dimethoxytetrahydropyran*, $C_7H_{14}O_3$, Kp.$_{20}$ 69—70°, Kp. 164,5—165°, durch Hydrieren von **I** über W-7-Raney-Ni in 24 Std.; $D.^{25}_4$ 1,029; n_D^{25} 1,4298; 94,8%; bei der Hydrierung in Dioxan 40%; 7,11 g geben mit wss. HCl 5,2 g *δ-Valerolacton*, Kp.$_{13-14}$ 108—109,5°, Kp. 224—226°; n_D^{20} 1,4557. **I** gibt bei der Hydrierung *δ-Oxyvaleraldehyddimethylacetal* (Kp.$_{34}$ 112—113°), das mit 2.4-Dinitrophenylhydrazin *δ-Oxyvaleraldehyd-2.4-dinitrophenylhydrazon*, F. 109,5—110,5° (absol. A.), gibt. — *2-Methoxy-5.6-dihydro-γ-pyran* (**II**), $C_6H_{10}O_2$, Kp. 153,5—154,5°, Kp.$_{34}$ 70—70,5°, aus vorst. Tetrahydropyran + Al-tert.-Butylat bei 145°, dann 185° wie oben; $D.^{25}_4$ 1,023; n_D^{25} 1,4555; 84,9%. — *δ-Oxyvalerhydrazid*, F. 107—108°. — *α.α-Dibenzyl-δ-valerolacton*, $C_{19}H_{20}O_2$, F. 106,5 bis 107° (A.), Kp.$_{1,3}$ 196—198°, durch Erhitzen von 6,3 g **II** + 9,4 g Benzylbromid auf 150° unter Rühren in 3 Std. u. Dest.; 42,3%; die übrigen im theoret. Teil erwähnten Bestandteile wurden aus dem Br-Geh. der einzelnen Fraktionen geschätzt. — *1-Methoxy-2.10-dioxabicyclo-[4.4.0]-decen-(3)* (**III**), $C_9H_{14}O_3$, Kp.$_{20}$ 99°, Kp.$_{36}$ 111—112°, aus **II** + Acrolein (l. c.) in 15 Std. bei 100° u. Dest.; $D.^{25}_4$ 1,106; n_D^{25} 1,4727; 64%. — *1-Methoxy-2.10-dioxabicyclo-[4.4.0]-decan* (**IV**), $C_9H_{16}O_3$, Kp.$_{0,1}$ 38°, aus **III** + W-7-Raney-Ni bei 3 at in 36 Std.; $D.^{25}_4$ 1,087; n_D^{25} 1,4653; 96,3%. — *2.10-Dioxabicyclo-[4.4.0]-decen-(1,6)* (**V**), $C_8H_{12}O_2$, Kp.$_{22}$ 108—109°, Kp.$_8$ 90—91°, aus **IV** + Al-tert.-Butylat bei 145°, dann 185° u. Dest.; $D.^{25}_4$ 1,091; n_D^{25} 1,4913; 85%. — *α-[γ-(p-Nitrobenzoyloxy)-propyl]-δ-valerolacton*, $C_{15}H_{17}O_6N$, F. 108—109,5° (PAe.), aus **V** durch Hydrolysieren mit verd. Säure, Dest. u. Behandeln mit p-Nitrobenzoylchlorid. — *α-Benzyl-α-[γ-brompropyl]-δ-valerolacton*, $C_{15}H_{19}O_2Br$, Kp.$_{0,03}$ 159—160°, aus **V** + Benzylbromid bei 110° in 10 Std. u. Dest.; n_D^{25} 1,5561; 85%. — *α-Carbäthoxymethyl-α-[γ-brompropyl]-δ-valerolacton*, $C_{12}H_{19}O_4Br$, Kp.$_{0,05}$ 153 bis 154°, aus **V** + Bromessigsäureäthylester in 16½ Std. bei 140°; n_D^{25} 1,4990; 67%. — *4-Ketoheptandiol-(1.7)-carbonat* [*1.3-Dioxacyclodecandion-(2.7)*], $C_8H_{12}O_4$, Kp.$_{0,06}$ 94,5 bis 95,5°, aus **V** + O_3 in absol. A. bei —70°, Zers. des Ozonids durch Hydrieren über 6%ig. Pd–$SrCO_3$, Zentrifugieren u. Abdest.; n_D^{25} 1,4755; 33%. *2.4-Dinitrophenylhydrazon*, $C_{14}H_{16}O_7N_4$, F. 253—254°, orangefarbene Kristalle aus Äthylacetat. — *cis-* u. *trans*-**IV**, Kp.$_{0,1}$ 415°, aus **V** in absol. CH_3OH + HCl; $D.^{25}_4$ 1,091; n_D^{25} 1,4663; 89,2%; gibt bei der Alkoholabspaltung 85% **V**. — *α-Brom-α-[γ-brompropyl]-δ-valerolacton*, Kp.$_{0,2}$ 160—162° (Zers.), aus **V** + Br_2 in CCl_4; verharzt beim Erhitzen. — **VI**, durch Bromieren wie oben bei —20°. — *2.10.11-Trioxatricyclo-[4.4.4.0$^{1.6}$]-tetradecen-(3)*, $C_{11}H_{16}O_3$, F. 82,5—84°, Kp.$_{0,2}$ 90—91°, aus **V** + Acrolein in 15 Std. bei 150° u. Dest.; 79,2%. — *2.10.11-Trioxatricyclo-[4.4.4.0$^{1.6}$]-tetradecan* (**VII**), $C_{11}H_{18}O_3$, F. 116—117° (PAe.), aus vorst. Verb. + Raney-Ni in Ae. in 33 Std.; 96 bzw. 89%; gibt beim Erwärmen in verd. Säure *α.α-Bis-[γ-oxypropyl]-δ-valerolacton* (**VIII**), das bei der Dest. wieder z. T. zu **VII** cyclisiert wird. — *Tris-[γ-brompropyl]-essigsäure*, $C_{11}H_{19}O_2Br_3$, F. 93—94° (PAe.), aus **VII** + HBr in Ae. durch 12std. Stehen u. Vakuumabdampfen. (J. Amer. chem. Soc. **77**. 5601—06. 5/11. 1955. Madison, Wis., Univ., Dep. of Chem.) H. Lehwald. 3211

José Pascual und **Luis Vicente del Arco**, *Darstellung einiger neuer Umbelliferone.* 3 neue Umbelliferone (7-Oxycumarine, I) werden durch Kondensation von Resorcin mit den entsprechenden β-Ketoestern in saurem Medium dargestellt, zu deren Charakterisierung sie dienen können, da die neuen Verbb. (im Gegensatz zu den nicht fluorescierenden I mit aromat. Kern in 4-Stellung) blau bzw. grün fluorescieren. Faßt man die I als Oxyoxoderivv. mit 3 dazwischenstehenden Vinylengruppen auf, so lassen sich Resonanzformeln für sie angeben, in denen ein Benzolkern in 4-Stellung die Labilität der 3.4-Doppelbindung stört u. die Fluorescenz verhindert.

Versuche: *4-Butylumbelliferon*, $C_{13}H_{14}O_3$, F. 139—140°, aus Resorcin u. Valeroylessigester in konz. H_2SO_4 (bei —10° zutropfen, 2 Std. rühren, in Eis gießen, 1 Std. bei

—10°) feine Kristalle (A.), 7,7% (Ausbeute); fluoresciert in alkal. Lsg. intensiv blau. — *7.8-Dihydro-3-oxynaphtho-[2.1:c]-cumarin* (7-Oxy-3'.4'-dihydronaphtho-[2'.1':3.4]-cumarin), $C_{17}H_{12}O_3$, F. 264—266°, aus Resorcin u. 1-Oxo-1.2.3.4-tetrahydronaphthalin-2-carbonsäureäthylester in A. unter Durchleiten von HCl (Eiskühlung) u. mit W. fällen; Kristalle; 36%, grüne Fluorescenz. — *7-Oxy-4-[furyl-(2)]-cumarin*, $C_{13}H_8O_4$, Zers. bei ca. 200°, analog mit Furoyl-(2)-essigsäureäthylester; Nadeln; 30,8%; grüne Fluorescenz. (An. Real. Soc. españ. Física Quím., Ser. B **47**. 725—27. Nov. 1951. Barcelona, Univ., Facult. de Ciencias, Inst. „Alonso Barba", Sección de Quím. Orgán.)

G. v. Dechend. 3211

Alexander Schönberg, Ahmed Mustafa und **Gamil Aziz**, *Diels-Alder-Reaktion.* 2. Mitt. *Versuche mit 2-Styrylchromonen. Über die Natur der Dimeren von 1.3-Diphenylisobenzofuran.* Vff. untersuchen die Diels-Alder-Rk. von *2-Styrylchromon* u. 4'-Methoxy-2-styrylchromon mit Maleinsäureanhydrid (I). Die Rk. verläuft unter Bldg. von *substituierten Xanthonen.* Analog reagieren 2-Styrylkhellin u. 2-Styrylvisnagin, während sich 2-Styryl-3-methylchromon nicht mit I umsetzen ließ. Vff. diskutieren ferner die Möglichkeit, daß auch das dimerisierte *1.3-Diphenylisobenzofuran* durch Diels-Alder-Rk. entsteht.

Versuche: *1.2.3.9a-Tetrahydro-9-oxo-3-phenylxanthen-1.2-dicarbonsäureanhydrid* (II), $C_{21}H_{14}O_5$, F. 246° (Xylol), aus 1 g 2-Styrylchromon u. 4 g I (12 Std. Kochen in Xylol); 0,65 g (Ausbeute). — *1.2.3.9a-Tetrahydro-9-oxo-3-[p-methoxyphenyl]-xanthen-1.2-dicarbonsäureanhydrid*, $C_{22}H_{16}O_6$, F. 268° (Xylol), analog II aus 0,8 g 2-[p-Methoxystyryl]-chromon in 30 Std., 0,35 g. — *2-Styrylkhellin*, $C_{21}H_{16}O_5$, F. 196°, aus 0,5 g Khellin u. 0,25 g Benzaldehyd in Ggw. von Na in A.; aus A. gelbe Nadeln; 0,42 g. — *5a.6.7.8-Tetrahydro-4.11-dimethoxy-8-phenyl-5-oxo-5H-furo-[3.2:b]-xanthen-6.7-dicarbonsäureanhydrid*, $C_{25}H_{18}O_8$, F. 256° (Zers.; Dioxan), analog II aus 1 g vorst. Verb.; 0,3 g. — *2-Styrylvisnagin*, $C_{20}H_{14}O_4$, F. 176°, analog vorvorst. Verb. aus Visnagin; 80%. — *5a.6.7.8-Tetrahydro-4-methoxy-8-phenyl-5-oxo-5H-furo-[3.2:b]-xanthen-6.7-dicarbonsäureanhydrid*, $C_{24}H_{16}O_7$, F. 256° (Zers.; Aceton), aus 1 g vorst. Verb. analog II; 0,4 g. — *1.2.3.9a-Tetrahydro-9-oxo-3-phenylxanthen-1.2-dicarbonsäure*, $C_{21}H_{16}O_6 \cdot H_2O$, F. ~258° (Zers.; verd. CH_3OH), aus II mit methanol. NaOH. *Dimethylester*, $C_{23}H_{20}O_6$, F. 66—68 (PAe.). (J. Amer. chem. Soc. **76**. 4576—77. 20/9. 1954. Cairo, Univ., Fac. of Sci., Dep. of Chem.)

J. Kleinwächter. 3211

Henry Gilman und **Sydney M. Spatz**, *Pyridyllithiumverbindungen.* Vff. beschreiben die Darst. von *Pyridyl-(2)-*, *Pyridyl-(3)-* (I), *6-Brompyridyl-(2)-* u. *5-Brompyridyl-(3)-lithium* durch Umsetzung der Brompyridine mit organ. Li-Verbb.; bei Dibrompyridinen wird nur ein Br gegen Li ausgetauscht, während bei Dihalogencarbazolen ein doppelter Austausch eintritt. Diskussion der Ausbeuten des Austausches in Abhängigkeit von der Molekülstruktur.

Versuche: *Pyridyl-(3)-lithium* (I), durch Zugabe von 0,063 Mol 3-Brompyridin (II) in 50 cm³ Ae. unter N_2 zu einer heftig gerührten Lsg. von 0,07 Mol n-Butyllithium in 150 cm³ Ae. bei —5° bis 0° innerhalb 25 Min.; ferner wurden dargestellt (Lösungsm. Ae., falls nicht anders angegeben): (aus) 0,063 (Mol) II in 50 (cm³) mit 0,07 (Mol) n-C_4H_9Li in 150 (cm³) bei —5 bis 0° u. 30 Min. (Reaktionsdauer); 30,8% (Ausbeute). — 0,063 II in 100 mit 0,07 n-C_4H_9Li in 150 bei —14°, 15 Min.; 16,8%. — 0,045 II in 50 mit 0,052 n-C_3H_7Li in 100 bei —20°, 15 Min.; 16,9% — 0,057 II in 50 mit 0,067 n-C_5H_{11}Li in 100 bei —20°, 15 Min.; 24,5%. — 0,057 II in 40 mit 0,065 sek.-C_4H_9Li in 140 PAe. (Kp. 20—28°) bei —20 bis —15°, 15 Min.; 35,7%. — 0,047 II in 40 mit 0,056 tert.-C_4H_9Li in 140 PAe. bei —20 bis —15°, 15 Min.; 32,9%. — 0,055 II in 40 mit 0,062 n-C_4H_9Li in 140 PAe. bei —20 bis —15°, 15 Min.; 34,3%. — 0,017 3-Jodpyridin (III) in 30 mit 0,027 n-C_4H_9Li in 80 bei —20 bis —15°, 41 Min.; 41,3%. — 0,02 III in 35 mit 0,027 n-C_4H_9Li in 100 bei —20 bis —15°, 26 Min.; 42,2%. — 0,02 III in 35 mit 0,027 n-C_4H_9Li in 100 bei —20 bis —15°, 15 Min.; 46,3%. — 0,013 III in 25 mit 0,018 n-C_4H_9Li in 75 bei —20 bis —15°, 33 Min.; 40,2%. — I wurde mit Trockeneis carbonisiert, dann hydrolysiert; gereinigt u. die Nicotinsäure als *Cu-Salz* (F. 231—232°), *Pikrat* (F. 214—215°) oder *Octadecylaminsalz* (F. 78—79°) isoliert; daneben wurde Pyridin gefunden; das gesamte II wurde umgesetzt, analog III. — *n-C_5H_{11}Li*, aus 0,08 Mol n-C_5H_{11}Cl mit 0,18 g-Atom Li in PAe.; 84%. — *sek.-C_4H_9Li* aus 0,1 Mol sek.-C_4H_9Cl u. 0,22 g-Atom Li; 65%. — *Pyridyl-(2)-lithium* u. *Pyridyl-(2)-phenylcarbinol*, F. 76—78°; aus 2-Brompyridin u. n-C_4H_9Li in Ae. bei —18°, dann Zugabe von Benzaldehyd in Ae. u. Hydrolyse mit eiskalter NH_4Cl-Lsg.; 62,7% (rein). — *5-Brompyridyl-(3)-lithium*, aus 3.5-Dibrompyridin mit n-C_4H_9Li in Ae. bei —30°; daraus mit Trockeneis *5-Bromnicotinsäure*, F. 182—183°; 46,3%. — Aus vorst. Verb. mit CH_2N_2 *5-Bromnicotinsäuremethylester*, F. 98—99°. — *6-Brompyridyl-(2)-lithium*, wie vorst.; daraus durch Carbonisierung *6-Brompicolinsäure*, $C_6H_4O_2NBr$, F. 192 bis 194°; 45,2%. *Methylester*, $C_7H_6O_2NBr$, F. 93—94°; mit CH_2N_2; Kristalle. — Der Austausch beider Br-Atome in den Dibrompyrydinen gelang nicht. (J. org. Chemistry **16.** 1485—94. Okt. 1951. Ames, Io., Iowa State Coll., Chem. Labor.) H. GOEBEL. 3231

Alexander D. Mebane und William Oroshnik, *Über die Darstellung der Xanthurensäure.* Infolge unvollständiger Ätherspaltung wurde der F. der nach MUSAJO u. MINCHILLI (Ber. dtsch. chem. Ges. **74B.** [1941.] 1842) dargestellten *Xanthurensäure* (I) bisher bedeutend zu niedrig gefunden. Vff. geben ein Verf. an, nach dem I CH_3O- u. Cl-frei erhalten wird u. sich bei 297° zersetzt.

Versuche: *Äthylxanthurenat-8-methyläther* (II), F. 100—101° (Toluol + Ligroin) durch Schütteln von 49 g Na-Oxalessigester in Ae. mit kalter 5%ig. H_2SO_4, Einengen der Ae.-Lsg., 90 Min. Erhitzen des Rückstands mit 25 g o-Anisidin auf dem sd. Wasserbad, 5 Min. Erhitzen mit Mineralöl auf 240—250°, Verdünnen der bei 60° abdekantierten Lsg. mit PAe. u. mehrtägiges Stehen im Eisschrank; 23 g (Ausbeute, roh). — *Xanthurensäure* (I), $C_{10}H_7O_4N$, Zers. bei 297° (rasch auf 270°, dann um 5°/Min. erhitzt), aus rohem II durch Kolonnendest. mit 57%ig. HJ bis 110°, Eindampfen bei 20 Torr, Aufnehmen in W., Alkalisieren mit Bicarbonat, Filtration u. Ansäuern mit verd. HCl auf p_H 3; ockergelbe Flocken; 35%. (J. Amer. chem. Soc. **73.** 3520. Juli 1951. Raritan, N. J., Ortho Res. Found.) WOLFGANG SCHULZ. 3231

C. O. Obenland und B. B. Schaeffer, *Synthese von 2.3-Bis-[β-oxyäthoxyäthoxy]-dioxan. 2.3-Bis-[β-oxyäthoxyäthoxy]-dioxan,* $C_{12}H_{24}O_8$, Kp.$_2$ 214—224°, wurde dargestellt durch Erhitzen von 1061 g Diäthylenglykol (I) auf 80°, Zugeben von 46 g Na, Abkühlen auf 55°, Zufügen von 157,1 g 2.3-Dichlordioxan (II) u. 5std. Erhitzen auf 55—60°; n_D^{25} 1,4730; 39% (Ausbeute); daneben 787 g I zurück. Erhöhung der Reaktionstemp. auf 70° gab 35%. Unter ähnlichen Bedingungen wurden aus den Rkk. von II mit Äthylen-, Triäthylen- bzw. Thiodiäthylenglykol keine definierten Prodd. erhalten. (J. Amer. chem. Soc. **77.** 6681—82. 20/12. 1955. Niagara Falls, N. Y., Olin Mathieson Chemical Corp., Res. Dep.) J. ROTHE. 3252

I. B. Ssimon und I. I. Kowtunowskaja, *Synthese von Verbindungen mit antithyreoider Wirkung.* 3. Mitt. *6-Alkyl(Aryl)-derivate von S-Methylthiouracil.* Zur Unters. der antithyreoiden Wrkg. werden *6-Methyl-, 6-Äthyl-, 6-n-Propyl-, 6-n-Butyl-, 6-Phenyl-* u. *6-Benzyl-S-methylthiouracil* nach 2 Verff. dargestellt: a) durch Kondensation von S-Methylisothiuroniumjodid (I) mit Acetessigester bzw. seinen Derivv. in Ggw. von KOH, b) durch Methylierung der entsprechenden 6-Alkyl(Aryl)-thiouracile in Ggw. von KOH. Die Ausbeuten sind nach b) allg. besser. Die *6-Alkyl(Aryl)-thiouracile* wurden durch Kondensation von Thioharnstoff mit den entsprechenden β-Ketosäureestern gewonnen.

Versuche: *Phenacetylessigsäureäthylester,* Kp.$_9$ 153—155°, aus Na-Acetessigester u. Phenylacetylchlorid in Ae. u. Behandeln des Reaktionsprod. mit 1%ig. NH_3; 31% (Ausbeute). — *Butyrylessigsäureäthylester,* Kp.$_{15}$ 94—96°, u. *Valeroylessigsäureäthylester,* Kp.$_{20}$ 128—130°, nach ANDERSON u. Mitarbeitern (J. Amer. chem. Soc. **67.** [1945.] 2197); 40 bzw. 42%. — *6-Äthylthiouracil,* F. 227° (A.), aus 1,6 g Thioharnstoff u. 3,2 g Propionylessigester in 2 ml W. + 5 ml A. in Ggw. von 2 g NaOH ($^1/_2$ Std. Kochen); 50%. — *6-n-Propylthiouracil,* F. 217° (W.), aus Thioharnstoff u. Butyrylessigester; 50%. — *6-n-Butylthiouracil,* F. 206° (verd. A.), aus Thioharnstoff u. Valeroylessigester in Ggw. von Na-Äthylat; 53%. — *6-Phenylthiouracil,* F. 263° (verd. A.), aus Thioharnstoff u. Benzoylessigester in Ggw. von Na-Äthylat; 30%. — *6-Benzylthiouracil,* $C_{11}H_{10}ON_2S$, F. 221° (A.), aus Thioharnstoff u. Phenacetylessigester; 39%. — *S-6-Dimethylthiouracil,* F. 224—225° (W.), a) 8,7 g I u. 5,2 g Acetessigester in Ggw. von 2,2 g KOH in 1,5 ml W.; man läßt 6 Std. Stehen u. fällt mit Essigsäure; b) aus 6-Methylthiouracil mit CH_3J in Ggw. von wss. KOH (stehen über Nacht); 32 bzw. 66%. — *S-Methyl-6-äthylthiouracil,* C_7H_{10}·ON_2S, F. 153° (W.); analog Vorst. aus I u. Propionylessigester nach a) oder aus 6-Äthylthiouracil mit CH_3J/KOH; 28 bzw. 60%. — *S-Methyl-6-n-propylthiouracil,* $C_8H_{12}ON_2S$, F. 154—155° (W.); aus I u. Butyrylessigester oder aus 6-n-Propylthiouracil mit CH_3J/KOH; 21 bzw. 38%. — *S-Methyl-6-n-butylthiouracil,* $C_9H_{14}ON_2S$, F. 126—127° (W.); aus I u. Valeroylessigester oder aus 6-n-Butylthiouracil mit CH_3J/NaOH (20 Min. Erhitzen auf 60°); 21 bzw. 21%. — *S-Methyl-6-phenylthiouracil,* $C_{11}H_{10}ON_2S$, F. 240—241° (A.); aus I u. Benzoylessigester oder aus 6-Phenylthiouracil mit CH_3J/KOH; 29 bzw. 62%. — *S-Methyl-6-benzylthiouracil,* $C_{12}H_{12}ON_2S$, F. 178—180° (verd. A.); aus I u. Phenacetylessigester oder aus 6-Benzylthiouracil mit CH_3J/KOH; 32 bzw. 26%. (Журнал Общей Химии [J. allg. Chem.] **21** (**83**). 760—64. April 1951. Ukrain. Inst. für exp. Endokrinologie, Abt. für Pathochemie.) G. FROELICH. 3272

David Liberman und André Rouaix, *Über Hydrazinopyrimidine.* Die Darst. von *Hydrazinopyrimidinen* erfolgt durch Rk. von substituierten 2-Thiouracilen mit N_2H_4·H_2O, wobei Art u. Stellung der Substituenten wesentlich sind. 2-Thiouracil selbst reagiert nicht, 6-Methyl-2-thiouracil nur sehr langsam u. mit sehr geringer Ausbeute, 2.4-Dithiouracil nur mit der SH-Gruppe in 4-Stellung.

Versuche (FF. unter Zers.): 2-Hydrazino-4-oxypyrimidine: *6-Methyl-5-benzyl-*, $C_{12}H_{14}ON_4$, F. 216—217°, durch 7std. Kochen von 6-Methyl-5-benzyl-2-thiouracil mit $N_2H_4 \cdot H_2O$ in absol. A. u. Stehenlassen über Nacht im Eisschrank; Nadeln; 75% (Ausbeute). — *5-Methyl-*, $C_5H_8ON_4$, F. 225°, aus 5-Methyl-2-thiouracil; 53%. — *6-Phenyl-*, $C_{10}H_{10}ON_4$, F. 224—225°, aus 6-Phenyl-2-thiouracil; 70%. — *6-n-Propyl-*, $C_7H_{12}ON_4$, F. 185—186°, in geringer Ausbeute aus 6-n-Propyl-2-thiouracil. — *6-Benzyl-*, $C_{11}H_{12}ON_4$, F. 190°, aus 6-Benzyl-2-thiouracil; 88%. — *5.6-Trimethylen-*, $C_7H_{10}ON_4$, F. 255—256°, aus 5.6-Trimethylen-2-thiouracil; 80%. — *5.6-Tetramethylen-*, $C_8H_{12}ON_4$, F. 260°, aus 5.6-Tetramethylen-2-thiouracil; 78%. — *2-Mercapto-4-hydrazino-pyrimidin*, $C_4H_6N_4S$, F. 277—278°; 15%. (C. R. hebd. Séances Acad. Sci. **240.** 984—86. 28/2. 1955.) I. AHRLÉ. 3272

Leon Goldman und **J. H. Williams**, *Anticonvulsive Mittel. 4-Carbamylpiperazin-(1)-carbonsäurebenzylester und verwandte Verbindungen.* Die Synth. von *4-Carbamylpiperazin-carbonsäurebenzylester-(1)* (I) in einer Reihe verwandter Verbb. aus *Piperazincarbonsäure-benzylester-(1)* (II) u. aus *4-Carbobenzyloxypiperazincarbonylchlorid-(1)* (III) wird beschrieben. II wird nach MOORE, BOYLE u. THORN (J. chem. Soc. [London] **1929.** 39) durch Umsetzung von Carbobenzyloxychlorid u. Piperazin in wss. Lsg. bei p_H 3—4,5 in 87%ig. Ausbeute neben etwas *1.4-Dicarbobenzyloxypiperazin* gewonnen. I wird aus II u. Nitroharnstoff oder aus II·HCl u. Kaliumcyanat dargestellt. Die *4-Arylcarbamyl-*Derivv. werden aus II u. dem entsprechenden Arylisocyanat synthetisiert. Die *4-Benzylcarbamyl-*Gruppe kann durch Umsetzung von II mit Phenylacethydroxamsäurebenzoat nach KUSHNER u. Mitarbeitern, (J. org. Chemistry **13.** [1948.] 144) eingeführt werden. Das *4-Dimethyl-carbamyl-*Deriv. wird aus II u. Dimethylcarbamylchlorid, das *4-Guanyl-*Deriv. aus II u. S-Methylisothioharnstoffsulfat erhalten. Durch Einw. von Phosgen in Toluol auf II gewinnt man III. Verschied. *4-substituierte Carbamylpiperazin-(1)-carbonsäurebenzylester* werden durch Umsetzung von III mit den entsprechenden Aminen unter Verwendung eines zweiten Mol. Amin als säurebindendes Mittel in W. oder Essigester oder in Ggw. von 1 Mol wss. NaOH synthetisiert. Eine Anzahl der dargestellten Verbb. besitzen anticonvulsive Aktivität. Wird 1 H-Atom der Carbamylgruppe von I durch Methyl-, Äthyl- oder n-Propyl ersetzt, so wird die Aktivität vermindert. Sie geht verloren, wenn die unverzweigte Alkylgruppe größer als n-Propyl wird. Die Isopropyl-, sek.-Butyl- u. Cyclohexylderivv. sind noch etwas wirksam. Substitution eines H-Atoms durch Benzyl-, Aryl- oder Dicarbäthoxy-methylgruppen oder Substitution beider H-Atome durch niedrige Alkylreste führt ebenso wie der Ersatz des O der Carbamylgruppe durch NH zu inakt. Verbindungen. *4.4'-Carbonyl-bis-[piperazincarbonsäurebenzylester-(1)]* besitzt keine anticonvulsive Aktivität.

Versuche: *Piperazincarbonsäurebenzylester-(1)* (II), $C_{12}H_{16}O_2N_2$, Kp.$_{1,4}$ 158 bis 161°, durch Ansäuern einer Mischung von Piperazinhexahydrid, W. u. Methanol mit konz. HCl bis p_H 3 (Bromphenolblau), Kühlen auf 25°, Zufügen einer Lsg. von Carbobenzyl-oxychlorid in Toluol in kleinen Portionen, wobei durch Zugabe von 4nNaOH das p_H während $1^1/_4$ Std. auf 3,0—4,5 gehalten wird; u. Abtrennen eines nichtbas. Anteils mit Bzl.; 87% (Ausbeute). *Hydrochlorid*, F. 155—156,5° (aus absol. A.). — *1.4-Dicarbobenzyl-oxypiperazin*, $C_{20}H_{22}O_4N_2$, F. 112—113°, aus vorst. Benzollsg. durch Zugabe von absol. A.; aus A. Kristalle. — *4-Carbobenzyloxypiperazincarbonylchlorid-(1)* (III), $C_{13}H_{15}O_3N_2Cl$, Kp.$_{1,3-1,5}$ 203—208° (Zers.), aus $COCl_2$ in Toluol u. II in wasserfreiem Bzl. bei 0°, Abfiltrieren von II·HCl u. Destillieren. Bei Weiterverarbeitung von III kann die filtrierte u. eingeengte Lsg. direkt verwendet werden. — *4-Carbamylpiperazincarbonsäurebenzyl-ester-(1)* (I), $C_{13}H_{17}O_3N_3$, F. 140,5—141,5°, durch Erhitzen von II u. Nitroharnstoff in W., 20 Min. bei 100°; aus absol. A. Kristalle; 72%; oder durch Zufügen von KOCN in W. zu II·HCl in W. unter Kühlung u. Stehen über Nacht; 89%. — *4-o-Chlorphenylcarbamyl-piperazincarbonsäurebenzylester-(1)*, $C_{19}H_{20}O_3N_3Cl$, F. 118,5—119,5°, durch Zufügen von o-Chlorphenylisocyanat zu II in wasserfreiem Bzl. unter Kühlung u. Stehen über Nacht; Kristalle aus Bzl. u. absol. A.; 95%. — Analog werden gewonnen: *4-Phenylcarbamyl-piperazincarbonsäurebenzylester-(1)*, $C_{19}H_{21}O_3N_3$, F. 139,5—140°; aus absol. A. Kristalle; 95%. — *4-p-Äthoxyphenylcarbamylpiperazincarbonsäurebenzylester-(1)*, $C_{21}H_{25}O_4N_3$, F. 147—148°; aus absol. A. Kristalle; 76%. — *4-m-Tolylcarbamylpiperazincarbonsäure-benzylester-(1)*, $C_{20}H_{23}O_3N_3$, F. 136—136,5°; aus absol. A. Kristalle; 99%. — *4-Methyl-carbamylpiperazincarbonsäurebenzylester-(1)*, $C_{14}H_{19}O_3N_3$, F. 120—120,5°, aus III in Toluol u. 25%ig. wss. Methylamin, 1 Std. bei 0°; aus Essigester Kristalle. — Analog wird erhalten: *4-Äthylcarbamylpiperazincarbonsäurebenzylester-(1)*, $C_{15}H_{21}O_3N_3$, F. 126—126,5°; aus wss. A. u. Essigester Kristalle. — *4-n-Propylcarbamylpiperazincarbonsäurebenzylester-(1)*, $C_{16}H_{23}O_3N_3$, F. 112,5—113,5°, aus III in Toluol u. Essigester u. n-Propylamin bei 5°; aus Essigester Kristalle; 91%. — *4-n-Butylcarbamylpiperazincarbonsäurebenzylester-(1)*, $C_{17}H_{25}O_3N_3$, F. 94—95,5°, aus III in Toluol u. Essigester u. n-Butylamin bei 0° u. Stehen über Nacht; aus Essigester Kristalle; 97%. — *4-Carbobenzyloxypiperazincarbonylamino-*

malonsäurediäthylester-(1), $C_{20}H_{27}O_7N_3$, F. 95,5—97°, aus III u. Aminomalonester; aus absol. A. Kristalle; 77%. — *4-Diäthylcarbamylpiperazincarbonsäurebenzylester-(1)*, $C_{17}H_{25}O_3N_3$, Kp.$_{0,4}$ 188—192°, aus III in Toluol u. Diäthylamin in Essigester bei 5° u. Stehen über Nacht; 95%. — *4.4'-Carbonyl-bis-[piperazincarbonsäurebenzylester-(1)]*, $C_{25}H_{30}O_5N_4$, F. 137,5—139°, aus III in Toluol u. II in wasserfreiem Essigester, 5 Tage bei Zimmertemp.; aus absol. A. u. Essigester Kristalle; 100%. — Analog werden erhalten: *4-Isopropylcarbamylpiperazincarbonsäurebenzylester-(1)*, $C_{16}H_{23}O_3N_3$, F. 118—119°; aus wss. A. Kristalle; 92%. — *4-sek.-Butylcarbamylpiperazincarbonsäurebenzylester-(1)*, $C_{17}H_{25}O_3N_3$, F. 58—59°; aus Ae. Kristalle; 83%. — *4-n-Amylcarbamylpiperazincarbonsäurebenzylester-(1)*, $C_{18}H_{27}O_3N_3$, F. 93—94°; aus Essigester–Hexan Kristalle; 69%. — *4-Cyclohexylcarbamylpiperazincarbonsäurebenzylester-(1)*, $C_{19}H_{27}O_3N_3$, F. 118—119°; aus Essigester Kristalle; 98%. — *4-Dipropylcarbamylpiperazincarbonsäurebenzylester-(1)*, $C_{19}H_{29}O_3N_3$, Kp.$_{0,07-0,2}$ 183—188°; 94%. — *4-Diisobutylcarbamylpiperazincarbonsäurebenzylester-(1)*, $C_{21}H_{33}O_3N_3$, F. 62,5—64,5°, Kp.$_1$ 212—216°; 95%. — *4-Di-n-amylcarbamylpiperazincarbonsäurebenzylester-(1)*, $C_{23}H_{37}O_3N_3$, undestillierbarer Sirup; 97%. — *4-Phenylcarbamylpiperazincarbonsäurebenzylester-(1)*, F. 139—140°, durch 22std. Schütteln von Anilin, III in Toluol u. 4nNaOH; 80% (vgl. oben). — *4-Benzylcarbamylpiperazincarbonsäurebenzylester-(1)*, $C_{20}H_{23}O_3N_3$, F. 134—135°, durch Erhitzen von Phenylacetohydroxamsäurebenzoat, II u. W., 10 Min. auf 100°; aus absol. A. Kristalle; 76%. — *4-Dimethylcarbamylpiperazincarbonsäurebenzylester-(1)*, $C_{15}H_{21}O_3N_3$, Kp.$_{1,1}$ 206—207°, aus Dimethylcarbamylchlorid in Essigester u. II in Essigester, $^1/_2$ Std. bei 0° u. Stehen über Nacht; 55%. — *4-Guanylpiperazincarbonsäurebenzylester-(1)*; *Sulfat*, $C_{26}H_{38}O_8N_8S$, F. 227° (Zers.), aus II, S-Methylisothioharnstoffsulfat u. 65%ig. A., 9 Std. unter Rückfluß bei CH_3SH-Entw.; aus wss. A. Kristalle; 35%. (J. org. Chemistry **18.** 815—21. Juli 1953. Pearl River, N. Y., Amer. Cyanamid Co., Lederle Labors. Div.) R. Lorenz. 3272

Walter G. Otto, *Optisch aktives 2-Phenyl-3.4-dimethylmorpholin. l*-Ephedrin bildet mit Äthylenoxyd bei Zimmertemp. oder mit Äthylenchlorhydrin in Toluol bei 134—140° *l-Oxyäthylephedrin,* aus dem durch mehrstd. Einw. von konz. H_2SO_4 durch Ringschluß *d-2-Phenyl-3.4-dimethylmorpholin* (I, Kp.$_8$ 122—124°; *Hydrochlorid,* F. 191°, $[\alpha]_D^{20}$ +35,7°) entsteht. In der pharmazeut. Wirksamkeit, bes. als zentrales Tonikum, ist I dem Racemat der Nor-Verb. überlegen. (Angew. Chem. **68.** 181—82. 7/3. 1956. Wien, Gerot-Pharmazeutika, wissenschaftl. Labor.) J. Knaul. 3282

Nelson J. Leonard, Michinori Ōki und **Stefano Chiavarelli,** *Cyclische Aminoacyloine und Aminoketone.* 4. Mitt. *Abhängigkeit der transannularen Wechselwirkung von der relativen Stellung von N und $C_{(CO)}$.* (3. vgl. C. **1955.** 4596.) Vff. synthetisierten N-substituierte cycl. Aminoketone mit 8 u. 10 Ringgliedern durch Dieckmann-Kondensation von Imino-bis-fettsäureestern; als Nebenprodd. wurden bei Verwendung von K-tert.-Butylat als Kondensationsmittel eine 16- u. eine 20gliedrige Ringverb. erhalten. Nach den Infrarotspektren zeigte *1-Cyclohexyl-1-azacyclooctanon-(5)* eine geringere Wechselwrkg. zwischen N u. $C_{(CO)}$ als *1-Methyl-1-azacyclooctanon-(5)*, was Vff. auf die größere ster. Hinderung seitens der Cyclohexylgruppe zurückführen. Ein Vgl. der Infrarotspektren von *1-Methyl-1-azacyclodecanon-(5)* (erhalten durch Oxydation des Aminoalkohols) u. *1-Methyl-1-azacyclodecanon-(6)* (I) zeigte, daß eine „transannulare" Bindung über den Ring hinweg leichter zwischen den Stellungen 1 u. 6 als zwischen 1 u. 5 erfolgt. Die Infrarotmaxima fast aller dargestellten Verbb. sind angegeben.

V e r s u c h e (FF. korr.): *γ.γ'-Cyclohexylimino-bis-[butyronitril]*, $C_{14}H_{23}N_3$, Kp.$_{0,3}$ 166—168°, aus Cyclohexylamin u. γ-Jodbutyronitril in sd. absol. A. bei Ggw. von K_2CO_3 (20 Std.); $n_D^{22,5}$ 1,4842; 60% (Ausbeute). — *γ.γ'-Cyclohexylimino-bis-[buttersäuremethylester]*, $C_{16}H_{29}O_4N$, Kp.$_{0,2}$ 146—148°, aus vorst. Verb. durch Lösen in CH_3OH + wenig W., Sättigen mit HCl bei 10° u. 2std. Kochen; $n_D^{22,5}$ 1,4696; 73%. — *1-Cyclohexyl-1-azacyclooctanon-(5)*, $C_{13}H_{23}ON$, Kp.$_{0,2}$ 104°, F. zwischen 0° u. n. Temp., durch Zufügen von 29,9 g vorst. Verb. in 250 cm³ Xylol zu einer sd. Suspension von 6 g NaH in 1,5 Liter Xylol bei Ggw. von CH_3OH unter N_2 innerhalb 24 Std., weiteres 1std. Kochen, Zugabe von $CH_3 \cdot COOH$ + W., Extraktion mit 6nHCl u. 6std. Kochen der HCl-Lsg.; $n_D^{21,5}$ 1.5109; 45%; instabil, verfärbt sich beim Stehen. *Pikrat,* $C_{19}H_{26}O_8N_4$, F. 154—155°, gelbe Nadeln (A.). — *1-Methyl-1-azacyclooctanon-(5)*, F. 46—47°, Kp.$_{0,3}$ 50°, analog aus γ.γ'-Methyliminobis-[buttersäureäthylester], aber mit K-tert.-Butylat (30 Std.); 20%; hygroskop. u. instabil. *Pikrat,* $C_{14}H_{18}O_8N_4$, F. ca. 300° (Zers.), gelbe Nadeln (wss. A.). *Perchlorat,* $C_8H_{16} \cdot O_5NCl$, F. 260—261°, Prismen (A.–Ae.). — *1.9-Dimethyl-1.9-diazacyclohexadecandion-(5.13)*, $C_{16}H_{30}O_2N_2$, F. 80—81°, Platten, sublimiert, Kp.$_{0,3}$ 160—180°, neben vorst. Verb.; 29%. *Bis-perchlorat,* $C_{16}H_{32}O_{10}N_2Cl_2$, F. 216—217° (Zers.), Prismen (A.–Ae.). — *1-Methyl-1-azacyclodecanon-(6)* (I), $C_{10}H_{19}ON$, Kp.$_{1,4}$ 75—76°, F. zwischen 0° u. n. Temp., aus δ.δ'-Methylimino-bis-[valeriansäureäthylester]; $n_D^{19,5}$ 1,4880; 10%; ziemlich instabil. *Pikrat*, $C_{16}H_{22}O_8N_4$, F. 258—259° (Zers.), gelbe Prismen (A.). *Perchlorat*, $C_{10}H_{20}\cdot O_5NCl$, F. 257° (Zers.), Prismen (A.–Ae.). — *1.11-Dimethyl-1.11-diazacycloeikosandion-(6.16)*, $C_{20}H_{38}O_2N_2$, F. 68—69°, Prismen, sublimiert im Vakuum, neben vorst. Verb.; 30%. *Bis-perchlorat*, $C_{20}H_{40}O_{10}N_2Cl_2$, F. 216—217°, Platten (A.–Ae.). — *1-Methyl-1-azacyclodecanon-(5)*, F. 40°, Kp.$_{0,8}$ 66—67°, aus 1-Methyl-1-azacyclodecanol-(5) u. $Na_2\cdot Cr_2O_7$ in W.–H_2SO_4 (1:2) (Eis–Kochsalz-Kühlung; 30 Sek.); 45%; hygroskop., gereinigt über das *Pikrat*, $C_{16}H_{22}O_8N_4$, F. 194—195° (Zers.), gelbe Prismen (A.). *Perchlorat*, $C_{10}H_{20}\cdot O_5NCl$, Öl (unrein). — HUANG-MINLON-Red. von I bzw. vorst. Verb. gab 33% bzw. 30% *1-Methyl-1-azacyclodecan*, *Pikrat*, $C_{16}H_{24}O_7N_4$, F. 199—200°, gelbe Nadeln (wss. A.) (J. Amer. chem. Soc. **77.** 6234—37. 5/12. 1955. Urbana, Ill., Univ., Noyes Chem. Labor.) J. ROTHE. 3390

Nelson J. Leonard und **Michinori Ōki**, *Cyclische Aminoacyloine und Aminoketone. 7. Mitt. N-Arylsubstitution und transannulare Wechselwirkung zwischen N und* $C_{(CO)}$. (6. vgl. C. **1956.** 7479; 4. vgl. vorst. Ref.) Vff. synthetisierten eine Reihe von *1-Aryl-1-azacyclononanol-(5)-onen-(6)* u. *1-Aryl-1-azacyclooctanonen-(5)* durch Cyclisierung der ententsprechenden γ.γ'-Arylimino-bis-[buttersäureester]. Aus den Infrarotspektren (C = O-Maximum bei 1694—1705 cm^{-1}) u. pK_α'-Messungen folgt, daß bei diesen Verbb. eine geringere transannulare Wechselwrkg. zwischen N u. $C_{(CO)}$ besteht als bei den entsprechenden N-Alkylanalogen; dies wird auf ster. Hinderung u. gleichzeitig auf die elektronenanziehende Wrkg. der Arylgruppen zurückgeführt. Als Prodd. der DIECKMANN-Cyclisierung wurden in einigen Fällen 16gliedrige cycl. Diazadiketone isoliert. Die Infrarotmaxima fast aller dargestellten Verbb. sind angegeben.

Versuche (FF. korr.): Nachst. γ.γ'-Arylimino-bis-[butyronitrile] durch 15—20std. Erhitzen der entsprechenden Arylamine mit γ-Jodbutyronitril u. K_2CO_3 in W. oder Amylalkohol (*): *γ.γ'-Phenylimino-*, $C_{14}H_{17}N_3$, Kp.$_{0,1}$ 177°, $n_D^{18,5}$ 1,5560; 67% (Ausbeute). — *γ.γ'-[p-Tolylimino]-*, $C_{15}H_{19}N_3$, Kp.$_{0,3}$ 188°, n_D^{19} 1,5497; 79%. — *γ.γ'-[2.4-Xylylimino]-*, $C_{16}H_{21}N_3$, Kp.$_{0,1}$ 170—171°, (*, 24 Std.); n_D^{20} 1,5259; 60%. — *γ.γ'-[2.6-Xylylimino]-*, $C_{16}H_{21}N_3$, Kp.$_{0,1}$ 177—179° (*, 48 Std.); n_D^{21} 1,5269; 63%. — *γ.γ'-[Mesitylimino]-*, $C_{17}H_{23}N_3$, Kp.$_{0,1}$ 176—177° (*, 48 Std.); $n_D^{22,5}$ 1,5278; 48%. — *γ.γ'-[p-Methoxyphenylimino]-*, $C_{15}H_{19}ON_3$, Kp.$_{0,3}$ 204°, $n_D^{17,5}$ 1,5493; 79%; daneben *γ-[p-Methoxyphenylamino]-butyronitril*, $C_{11}H_{14}ON_2$, F. 46—47°, Platten (PAe.), Kp.$_{0,4}$ 156°. — *γ.γ'-[p-Diäthylaminophenylimino]-*, $C_{18}H_{26}N_4$, Kp.$_{0,3}$ 205—207°, n_D^{30} 1,5432; 63%; sehr instabil. — *γ.γ'-[p-Pyrrolidinophenylimino]-*, $C_{18}H_{24}N_4$, Kp.$_{0,2}$ 227—228°, n_D^{28} 1,5632; 54%; sehr instabil. — Folgende (bei der Dest. zersetzlichen) Ester durch Sättigen der Lsg. der entsprechenden vorst. Dinitrile in wss. CH_3OH oder A. mit HCl-Gas u. 2std. Kochen: *γ.γ'-Phenylimino-bis-[buttersäureäthylester]*, $C_{18}H_{27}O_4N$, Kp.$_{0,3}$ 166°, n_D^{23} 1,5140; 72%. — *γ.γ'-[p-Tolylimino]-bis-[buttersäureäthylester]*, $C_{19}H_{29}O_4N$, Kp.$_{0,2}$ 164—166°; n_D^{25} 1,5152; 73%. *Dimethylester*, $C_{17}H_{25}O_4N$, Kp.$_{0,1}$ 157°; n_D^{23} 1,5187; 80%. — *γ.γ'-[2.4-Xylylimino]-bis-[buttersäureäthylester]*, $C_{20}H_{31}O_4N$, Kp.$_{0,1}$ 157—158°, n_D^{21} 1,4975; 68%. — *γ.γ'-Mesitylimino-bis-[buttersäureäthylester]*, $C_{21}H_{33}O_4N$, Kp.$_{0,1}$ 165°, n_D^{21} 1,5006; 72%. — *γ.γ'-[p-Methoxyphenylimino]-bis-[buttersäureäthylester]*, $C_{19}H_{29}O_5N$, Kp.$_{0,3}$ 185°, n_D^{22} 1,5152; 70%. — *γ.γ'-[p-Pyrrolidinophenylimino]-bis-[buttersäuremethylester]*, $C_{20}H_{30}\cdot O_4N_2$, F. 61—62,5°, Nadeln (sublimiert), Kp.$_{0,7}$ 235—237°; 78%. — Folgende 1-Azacyclononanol-(5)-one-(6) durch Acyloinkondensation von 0,1 (Mol) vorst. Ester mit 0,44 Na u. 1,5 Liter Xylol (5—6 Std.): *1-Phenyl-*, $C_{14}H_{19}O_2N$, F. 98—99°, Nadeln (PAe.); 3%. — *1-p-Tolyl-*, $C_{15}H_{21}O_2N$, F. 103—104°, Nadeln (PAe.); 38%; pK_a'-Werte 2,5 (in 50%ig. Dimethylformamid [DMF]), 2.7 (33%ig. DMF), 3,2 (W.). — *1-[p-Pyrrolidinophenyl]-*, $C_{18}H_{26}O_2N_2$, F. 134—136° (im geschlossenen Rohr), Prismen (PAe.); 37%; sehr instabil; pK_a'-Werte 4,8 (66%ig. DMF), 5,5 (50%ig. DMF), 5,8 (33%ig. DMF), 6,2 (W.). — Folgende 1-Azacyclooctanone-(5) durch DIECKMANN-Cyclisierung der entsprechenden Ester mit NaH als Kondensationsmittel, dann Hydrolyse u. Decarboxylierung: *1-p-Tolyl-*, $C_{14}H_{19}ON$, F. 108—109°, Nadeln (PAe.); 64%. *Perchlorat*, $C_{14}H_{20}O_5NCl$, F. 178° (leichte Zers.), Prismen (A.–Ae.–$HClO_4$). — *1-[2.4-Xylyl]-*, $C_{15}H_{21}ON$, Kp.$_1$ 139—140°, n_D^{25} 1,5490; 3%. *Perchlorat*, $C_{15}H_{22}O_5NCl$, F. 90—92°, Prismen (A.–Ae.–$HClO_4$). — Folgende 1.9-Diazacyclohexadecandione-(5.13) neben vorst. Verbb. durch DIECKMANN-Rk. der entsprechenden Ester: *1.9-Diphenyl-*, $C_{26}H_{34}O_2N_2$, F. 168—169°, Nadeln (PAe.); 0,4%. *Bis-perchlorat*, $C_{26}H_{36}O_{10}N_2Cl_2$, F. >335°, Prismen (A.–$HClO_4$). — *1.9-Bis-[2.4-xylyl]-*, $C_{30}H_{42}O_2N_2$, F. 138—139°, Platten (PAe.); 0,1%. *Bis-perchlorat*, $C_{30}H_{44}O_{10}N_2Cl_2$, F. 259° (Zers.), Nadeln (A.–$HClO_4$). — *1.9-Dimesityl-*, $C_{32}H_{46}O_2N_2$, F. 171—172°, Platten (PAe.); 0,6%. *Bis-perchlorat*, $C_{32}H_{48}\cdot O_{10}N_2Cl_2$, F. 258° (Zers.), Prismen (A.–$HClO_4$). — *1.9-Bis-[p-methoxyphenyl]-*, $C_{28}H_{38}\cdot O_4N_2$, F. 132—133°, Nadeln (PAe.); 0,3%. *Bis-perchlorat*, $C_{28}H_{40}O_{10}N_2Cl_2$, F. 284° (Zers.), Nadeln (A.–$HClO_4$). (J. Amer. chem. Soc. **77.** 6241—44. 5/12. 1955.) J. ROTHE. 3390

Nelson J. Leonard und **Michinori Ōki**, *Cyclische Aminoacyloine und Aminoketone. 8. Mitt. N-Cyclopropylverbindungen und elektronische Beschränkung der transannularen Wechselwirkung zwischen N und* $C_{(CO)}$. (7. vgl. vorst. Ref.) Vff. synthetisierten *1-Cyclopropyl-1-azacyclononanol-(5)-on-(6)* u. *1-Cyclopropyl-1-azacyclooctanon-(5)*, Aus den Infrarotspektren dieser beiden Verbb. ergibt sich, daß die elektronenanziehende Wrkg. der Cyclopropylgruppe eine transannulare Wechselwrkg. zwischen N u. $C_{(CO)}$ verhindert. Eine Cyclisierung des *γ.γ'-Methoxyimino-bis-[buttersäureäthylesters]* gelang nicht.

Versuche (FF. korr.): *γ.γ'-Methoxyimino-bis-[buttersäureäthylester]*, $C_{13}H_{25}O_5N$, Kp.$_{0,2}$ 112–115°, aus O-Methylhydroxylamin u. γ-Brombuttersäureäthylester in sd. A. bei Ggw. von K_2CO_3 (24 Std.); n_D^{20} 1,4407; Infrarotspektr.; 18% (Ausbeute). – *γ.γ'-Cyclopropylimino-bis-[buttersäureäthylester]* (I), $C_{15}H_{27}O_4N$, Kp.$_{0,06}$ 102°, analog aus Cyclopropylamin u. γ-Jodbuttersäureäthylester; $n_D^{19,5}$ 1,4532; Infrarotspektr.; 61%. – *1-Cyclopropyl-1-azacyclononanol-(5)-on-(6)*, $C_{11}H_{19}O_2N$, Kp.$_{0,1}$ 74–75°, aus I durch Acyloinkondensation; $n_D^{19,5}$ 1,5503; Infrarotspektr.; 45%; instabil. *Perchlorat*, $C_{11}H_{20}O_6 \cdot NCl$, F. 228–229°, Platten (A.); Infrarotspektrum. – *1-Cyclopropyl-1-azacyclooctanon-(5)*, $C_{10}H_{17}ON$, Kp.$_3$ 93–94°, aus I durch DIECKMANN-Kondensation mit NaH (Verdünnungsverf.); $n_D^{20,5}$ 1,4942; Infrarotspektr.; 42%; instabil. *Perchlorat*, F. 244–245° (Zers.); Prismen (A.–Ae.); Infrarotspektrum. (J. Amer. chem. Soc. **77**. 6245–46. 5/12. 1955.) J. ROTHE. 3390

Albert L. Lehninger und **Jean Sice**, *Enzymatische Darstellung von zwei Ketohexose-1-phosphaten.* Propionaldehyd u. 3-Methoxypropionaldehyd gehen mit Dioxyacetonphosphat in Ggw. von Aldolase u. Triosephosphatisomerase enthaltendem Muskelextrakt Aldolkondensation ein. Obgleich die Konfiguration der Prodd. an $C_{(3)}$ u. $C_{(4)}$ nicht bestimmt wurde, handelt es sich wahrscheinlich vorwiegend um *5.6-Didesoxy-D-fructose-1-phosphat* u. *5-Desoxy-6-O-methyl-D-fructose-1-phosphat.*

Versuche (FF. korr.): *5.6-Didesoxyhexulose-1-phosphat, Di-Ag-Salz* (II), $C_6H_{11} \cdot O_7PAg_2 \cdot H_2O$. Papierchromatograph. gereinigtes D-Fructose-1.6-diphosphat (I) wurde mit dialysiertem Muskelextrakt in Ggw. von Na-Jodacetat bei p_H 7,6 u. 25° behandelt u. nach 1 Min. 1 mol. wss. Propionaldehydlsg. zugefügt; nach 25 Min. wurde die Rk. durch Zugabe von wss. Trichloressigsäurelsg. unterbrochen; nach Entfernung der Proteine u. Einengen wurden die Ag-Salze fraktioniert gefällt; 33% (Ausbeute). *Bis-[cyclohexylamin]-Salz*, $C_{18}H_{39}O_7N_2P$, aus II durch Ausfällen von Ag^+ mit NaCl u. Schütteln des Filtrats mit Cyclohexylaminsulfat u. n-Butanol; $[\alpha]_D^{25}$ +7,2° (c = 1,04 in W.); 69%. – *5.6-Didesoxyhexulosephenylosazon*, $C_{18}H_{22}O_2N_4$, F. 126–128° (Zers.), aus 0,48 g II in 40%ig. Essigsäure durch Ausfällen von Ag^+ mit NaCl u. 15 Min. Erwärmen des Filtrats mit Na-Bisulfit u. Phenylhydrazinhydrochlorid bei p_H 5 (Na_2CO_3) auf dem sd. Wasserbad; aus Bzl. gelbe Nadeln, [α] –1,40 → –14,9° (c = 0,74 in Pyridin–A. 3:2; 20 Std. bei 26°); 0,18 g. – *5-Desoxy-6-O-methylhexulose-1-phosphat, Di-Ag-Salz*, $C_7H_{13}O_8PAg_2 + H_2O$, analog II aus 38,5 mMol I u. 350 mMol 3-Methoxypropionaldehyd; 3 g. *Bis-[cyclohexylamin]-salz*, $C_{19}H_{41}O_8N_2P$, $[\alpha]_D^{25}$ +12,6 (c = 1,43 in W.). – *5-Desoxy-6-O-methylhexulosephenylosazon*, $C_{19}H_{24}O_3N_4$, F. 128–129°, aus Bzl. gelbe Nadeln; 60% (roh). (J. Amer. chem. Soc. **77**. 5343–45. 20/10. 1955. Chicago, Ill., Univ., Ben May Labor. for Cancer Res.) J. MILLER. 3400

A. Cohen, *Synthesen auf dem Gebiet der Mutterkornalkaloide.* Übersicht über neuere Arbeiten, bes. Synthesen von *Mutterkornalkaloiden* mit 17 Literaturhinweisen. (J. Roy. Inst. Chem. **79**. 628–31. Dez. 1955. London, Hatfield techn. Coll.) A. NOWAK. 3500

D. H. Hey und **A. L. Palluel**, *Eine Bestätigung der Synthese von Apomorphindimethyläther von Späth und Hromatka.* Vff. bestätigen die Synth. des *3.4-Dihydro-1-[3.4-dimethoxy-2-nitrobenzyl]-isochinolins* [F. 115–121° (roh); *Hydrochlorid*, $C_{18}H_{18} \cdot O_4N_2 \cdot HCl$, F. 220–221°; *Pikrat*, $C_{18}H_{18}O_4N_2 \cdot C_6H_3O_7N_3$, F. 166–167°; *Methojodid* (I), $C_{19}H_{21}O_4N_2J$, F. 200°] durch Cyclisierung von 3.4-Dimethoxy-2-nitrophenyl-N-phenäthylacetamid unter den von SPÄTH u. HROMATKA [1929] angegebenen energ. Bedingungen. Daneben bildete sich eine *isomere neutrale Verb. vom F. 123–124°*. Die Red. von I mit Zn/HCl gab *1-[2-Amino-3.4-dimethoxybenzyl]-1.2.3.4-tetrahydro-2-methylisochinolin* (*Dipikrolonat*, $C_{19}H_{24}O_2N_2$, F. 189–190°). Analog ergab die Cyclisierung von 2-Nitrophenyl-N-phenäthylacetamid *3.4-Dihydro-1-[2-nitrobenzyl]-isochinolin* (F. 115–116°; *Pikrat*, $C_{16}H_{14}O_2N_2 \cdot C_6H_3O_7N_3$, F. 186–187°; *Methojodid*, F. 215–216°) u. daneben eine *neutrale Verb. vom F. 65–66°*. (Chem. and Ind. **1955**. 40. 8/1. London, King's Coll., Dep. of Chem.) G. SCHORRE. 3500

Donald D. Phillips und **Mohindra S. Chadha** *Die Alkaloide von Rauwolfia serpentina Benth.* Für die von verschied. Autoren aus *Rauwolfia serpentina Benth.* isolierten Alkaloide, die in der Literatur verschied. Bezeichnungen erhalten haben, schlagen Vff. die

Beibehaltung der nachst. Namen unter Streichung der in () angegebenen Bezeichnungen vor: 1. *Ajmalicin = Py-Tetrahydroserpentin* (Alkaloid II, Raubasin, δ-Yohimbin, Alkaloid F); 2. *Reserpinin* (Alkaloid I, Raubasinin, Alkaloid C, Neues Alkaloid, Alkaloid A); 3. *Rescinnamin = 3.4.5-Trimethoxycinnamoylreserpinsäuremethylester* (Reserpinin); 4. *Sarpagin* (Raupin). Die Identitäten werden mit den Literaturangaben der FF., spezif. Drehungen u. UV-Maxima belegt. (Chem. and Ind. **1955.** 414—15. 9/4. Ithaka, N. Y., Cornell Univ., Baker Labor. of Chem.) Antje Schmidt. 3500

J. H. Lister, C. H. Eugster und **P. Karrer,** *Cordeauxiachinon, ein Blattfarbstoff aus Cordeauxia edulis.* Aus den Blättern des afrikan. Strauches Cordeauxia edulis wurde der rote Farbstoff *Cordeauxiachinon* krist. gewonnen. Nach seinem chem. Verh., den Eigg. seiner Methylierungsprodd. u. bes. dem Absorptions- u. Infrarotspektr. schreiben Vff. dem Farbstoff die Formel I zu. Die relative Lage der Substituenten am Naphthazarin-Mol. bleibt unbestimmt.

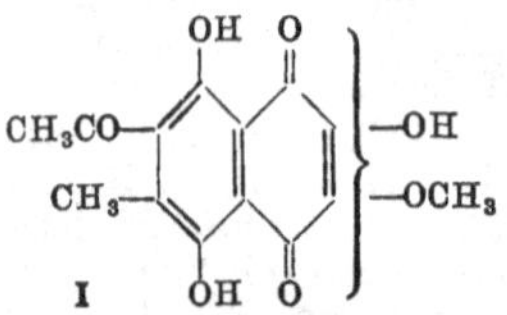

I

Versuche: *Cordeauxiachinon* (I), $C_{14}H_{12}O_7$, F. 194° (wss. CH_3OH) durch 3maliges je 2std. Auskochen von 380 g trockener Blätter von Cordeauxia edulis mit je 2,5 Liter Bzl. u. Einengen des Extrakts auf je 150 ml; Nadeln; 2,7 g (Ausbeute). *Trimethyläther* (**I a**), $C_{17}H_{18}O_7$, F. 88—89° (A./PAe. u. Isopropanol/PAe.), aus 150 mg I in Aceton mit K_2CO_3 u. Dimethylsulfat; gelbe Nädelchen; 150 mg. — *Dimethoxymethylacetylphthalsäureanhydrid,* $C_{13}H_{12}O_6$, F. 144—145° (Ae./PAe.), durch Oxydation von **I** in Eisessig mit 30%ig. H_2O_2. — **I a**-*Dinitrophenylhydrazon,* $C_{23}H_{22}O_{10}N_4$, F. 200—202° (Sintern ab 198°; Chlf./CH_3OH u. Chlf./Ae.), schwärzlichrote Kristalle. (Helv. chim. Acta **38.** 215—22. 1/2. 1955. Zürich, Univ., Chem. Inst.) K. Genest. 3550

J. Harley-Mason und **J. D. Bu'Lock,** *Die Struktur von Urorosein.* Für Urorosein (I) wird an Stelle der von Fearon u. Boggust (C. **1951.** I. 197) angegebenen Struktur Dehydroindolo-[3'.2':2.3]-carbazol (l. c. als Indolo-[3'.2':2.3] carbazol bezeichnet) die Konst. *Bis-[indolyl-(3)]-methen* abgeleitet u. durch Synth. von **I**-Salzen aus Indol (**II**) u. Orthoameisensäuretriäthylester (**III**) mit nachfolgender Säurebehandlung bewiesen. Bei der Bldg. von **I** aus Indol-3-aldehyd (**IV**) wird also ein C-Atom abgespalten, das als *HCOOH* nachgewiesen werden konnte. Bei längerer Einw. von **III** auf **II** entsteht *Tris-[indolyl-(3)]-methan,* das mit Säuren zu **I**-Salzen u. **II** gespalten wird. **I** bildet sich auch aus Indol-3-essigsäure beim Erwärmen mit Säuren u. Oxydationsmitteln, nicht aber aus 2-Methylindol.

Versuche: *Urorosein* (**I**), *Perchlorat,* $C_{17}H_{13}O_4N_2Cl \cdot C_2H_4O_2$, a) durch 1std. Erwärmen von **IV** mit 35%ig. $HClO_4$ auf 70° u. Stehen über Nacht; b) durch 1std. Kochen von **II** u. **III** in A. + verd. alkoh. HCl, Verdünnen mit A. u. Zugabe von 20%ig. $HClO_4$; aus Essigsäure dunkelrote Nadeln mit grünem Reflex. *Chlorid,* $C_{17}H_{13}N_2Cl$, dunkelrote Nadeln aus A.-Aceton. *Bromid,* $C_{17}H_{13}N_2Br$, aus A. dunkelrote Prismen. *Sulfat,* $C_{17}H_{13}N_2 \cdot HSO_4$, aus Essigsäure dunkelrote Platten. — *Tris-[indolyl-(3)]-methan,* $C_{25}H_{19}N_3$, F. 244—246° (aus A. Prismen), durch 6std. Kochen von **II** u. **III** in A. + alkoh. HCl. (Biochem. J. **51.** 430—32. Juni 1952. Cambridge, Univ., Chem. Labor.)
F. Krusen. 3550

F. E. King, T. J. King und **P. J. Stokes,** *Chemie der Extrakte aus Harthölzern.* 19. Mitt. *Strukturen weiterer neuer, in Ayan (Distemonanthus benthamianus) vorkommender Flavone.* (18. vgl. C. **1956.** 4439.) Vff. isolieren aus den tiefgelben Ayanextrakten (aus Distemonanthus benthamianus) außer *Ayanin* (*5.3'-Dioxy-3.7.4'-trimethoxyflavon;* **I**) (vgl. 5. Mitt., J. chem. Soc. [London] **1952.** 92) 3 weitere Verbindungen. — Die am wenigsten lösl. Verb. des Ae.- u. Acetonextrakts ist *Distemonanthin* (**V**; vgl. nachst. Ref.), die beiden anderen werden wegen ihrer gemeinsamen Summenformel $C_{18}H_{16}O_8$ u. ihrer Ähnlichkeit mit **I**, von dem sie sich hauptsächlich durch der Mehrgeh. einer OH-Gruppe unterscheiden, als „*Oxyayanin A*" (**II**) bzw. „*Oxyayanin B*" (**III**) bezeichnet. **II** wird zu ca. 0,08—0,15% aus dem Holz isoliert u. kann nur durch unvollständige Neutralisation der alkal. Lsg. des Gemisches oder durch Kochen mit 20%ig. KOH, wodurch **I** bevorzugt abgebaut wird, von **I** getrennt werden. **II** enthält 3 CH_3O-Gruppen, gibt ein *Triacetat* u. einen *Di-* (**VIII**) u. *Trimethyläther* (**VI**). Sd. alkoh. KOH bildet aus letzterem *2-Oxy-ω.4.6-trimethoxyacetophenon* u. *Asarylsäure* (**VII**), welche in geringer Menge auch bei $KMnO_4$-Oxydation von **VI** entsteht. Daraus folgt für **VI** die Konst. eines *3.5.7.2'.4'.5'-Hexamethoxyflavons,* wie durch Synth. bestätigt wird. Die Lage der OH-Gruppen in **II** wurde durch Äthylierung u. anschließende Hydrolyse mit alkoh. Alkali festgelegt: Es wurden *2-Äthoxy-6-oxy-ω.4-dimethoxyacetophenon* u., wie durch unabhängige Synth. festgestellt wurde, *2.5-Diäthoxy-4-methoxybenzoesäure* (**X**) erhalten. Demnach ist **II** *5.2'.5'-Trioxy-3.7.4'-trimethoxyflavon = 6'-Oxyayanin.* — Das in einem Fall zu 0,67%, bezogen auf das Holz, isolierte **III** muß nach seinen Eigg. ein Stellungsisomeres von **II** sein. Vollständige Methylierung liefert *Quercetagetinhexamethyläther*; auch der *Pentamethyläther* konnte gewonnen werden, woraus hervorgeht, daß **III** in 5-Stellung nicht methyliert ist. Äthylierung von **III**, die zu Gemischen von Di- u. Triäthern führt, u. Hydrolyse mit alkoh. Alkali gibt u. a. *3-Äthoxy-4-methoxybenzoesäure* (**IV**). Demnach ist **III** *5.6.3'-Trioxy-3.7.4'-trimethoxyflavon* = *6-Oxyayanin* u. das neben **IV** erhaltene Keton *2.3-Diäthoxy-6-oxy-ω.4-dimethoxyacetophenon*. Der aus dem **III**-Diäthyläther erhältliche *Monomethyläther* (**XI**) liefert bei der Hydrolyse **IV** u. *5-Äthoxy-2-oxy-ω.4.6-trimethoxyacetophenon* (**XII**), dessen Konst. durch Synth. bestätigt wird.

Versuche: Nach 18std. Extrahieren von 3,8 kg des Holzpulvers mit sd. Ae. u. Kochen der gelben M. (55—100 g) mit CH_3OH verbleibt als Unlösliches rohes *Distemonanthin* (**V**); 0,13—0,18% (Ausbeute). Einengen der methanol. Lsg. u. 2wöchiges Stehen liefert ein Gemisch von **I** u. **II**; nach Kristallisation tiefgelbe Prismen, F. 215—217°; 0,19—0,35%. Ausziehen des mit Ae. extrahierten Holzes mit sd. Aceton (18 Std.), Eindampfen (215—255 g gelblichbraune M.), Lösen in Pyridin–CH_3OH (1 : 1) u. 7wöchiges Stehen gibt **V**; 0,41—0,52%. Acetylierung des **I**-**II**-Gemisches mit Acetanhydrid–Pyridin führt zu *Ayanin* (**I**)-*Diacetat*, $C_{22}H_{20}O_9$, F. 176—177°, aus Essigester-Leichtbenzin Platten. 18std. Methylierung mit $(CH_3)_2SO_4$–K_2CO_3 liefert dagegen *3.5.7.2'.4'.5'-Hexamethoxyflavon* (*Oxyayanin A* [**II**]-*Trimethyläther*; **VI**), $C_{15}H_4O_2(OCH_3)_6$, F. 195—196° (CH_3OH). Trennung von **I** u. **II** durch Lösen von 0,4 g Gemisch in 2n NaOH, unvollständige Fällung mit CO_2 u. Kristallisation aus CH_3OH: **I**, F. 172—173°, gelbe Platten aus CH_3OH; 0,1 g. Trennung auch durch 4std. Kochen von 4 g Gemisch in 20%ig. KOH, Verdünnen mit W., Sättigen mit CO_2 u. Kristallisation aus CH_3COOH: **II** (*5.2'.5'-Trioxy-3.7.4'-trimethoxyflavon*), $C_{15}H_7O_5(OCH_3)_3$, F. 229—230°, gelbe Nadeln; 1,1 g. — *5.2'.5'-Triacetoxy-3.7.4'-trimethoxyflavon*, $H_{24}H_{22}O_{11}$, F. 183—184°, aus **II** u. Pyridin-Acetanhydrid; aus CH_3OH Prismen. — *5-Oxy-3.7.2'.4'.5'-pentamethoxyflavon* (**VIII**), $C_{15}H_5O_3(OCH_3)_5$, F. 149—150°, durch tägige Rk. von **II** in CH_3OH mit CH_2N_2 in Ae. bei 0°, Eindampfen, Kristallisation aus CH_3OH, wobei etwas **VI** erhalten wird, Einengen der methanol. Mutterlauge, Zugabe von Ae., Ausziehen mit 2n NaOH, Ansäuern u. Ausäthern; aus CH_3OH blaßgelbe Prismen. — 8std. Kochen von 2 g **VI** in wss.-alkoh. KOH, Lösen des Nd. in W. u. Sättigen mit CO_2 liefert *2-Oxy-ω.4.6-trimethoxyacetophenon*, $C_8H_5O_2(OCH_3)_3$, F. 103—104°, aus A. Prismen; 0,64 g. *Oxim*, $C_{11}H_{15}O_5N$, Nadeln, F. 147 bis 148,5° (Zers.). Ansäuern der von Keton verbleibenden Lsg. gibt *Asarylsäure* (*2.4.5-Trimethoxybenzoesäure*; **VII**), $C_7H_3O_2(OCH_3)_3$, F. 143—144°, aus Bzl.-Leichtbenzin Nadeln; 0,27 g. *Methylester*, $C_{11}H_{14}O_5$, F. 92—94°, mit CH_2N_2 in CH_3OH-Ae.; Blätter. — Eindampfen der alkoh.-alkal. Filtrate von der Zers., Lösen in W. u. Verteilung zwischen Ae. u. $NaHCO_3$ liefert weitere Anteile des Ketons u. *Veratrumsäure*, F. 179—180° (Bzl.-Leichtbenzin). — Nach 8std. Kochen von **VI** u. $KMnO_4$ in Aceton, Einengen, Zugabe von W., Sättigen mit SO_2, Ausäthern, Ausschütteln mit $NaHCO_3$-Lsg., Ansäuern, Ausäthern u. Verestern wird **VII**-*Methylester*, Kp.$_1$ 140—150° (Badtemp.), als blaßgelbes, bald kristallisierendes Öl erhalten. — **VII** wurde auch durch Oxydation von 2.4.5-Trimethoxyacetophenon mit wss. $KMnO_4$, dann mit H_2O_2, erhalten; 49%. Das *Säurechlorid* lieferte in Ae. durch Behandlung mit Pyridin, dann mit Eiswasser, das **VII**-*Anhydrid*, $C_{14}H_4O_3(OCH_3)_6$, F. 140—142°; 66%. — *5.7-Dioxy-3.2'.4'.5'-tetramethoxyflavon* (**IX**), $C_{15}H_6O_4(OCH_3)_4$, F. 264—265°, durch 4std. Erhitzen von ω-Methoxyphloracetophenon, vorst. Verb. u. **VII**-K-Salz auf 180°/13 mm, ½std. Kochen des Prod. mit wss.-alkoh. KOH, Eindampfen des Filtrats, Lösen in W. u. Sättigen mit CO_2; aus Pyridin–CH_3OH blaßgelbe Platten; 91%. — **VIII**, auch aus vorst. Verb. durch 4std. Kochen mit $(CH_3O)_2 \cdot SO_2$ u. K_2CO_3 in Aceton als in Aceton lösl. Verbindung. — **VI** entsteht auch aus **IX** durch 16std. Kochen mit $(CH_3)_2SO_4$ u. K_2CO_3 in Aceton. — *Tri-O-äthyloxyayanin A*, $C_{24}H_{28}O_8$, F. 78—79°, durch 48std. Kochen von 1 g **II**, 1,7 g Diäthylsulfat u. K_2CO_3 in Aceton als in Aceton lösl. Verb.; aus Bzl.-Leichtbenzin Prismen; 0,9 g. — Nach 8std. Kochen von 0,75 g vorst. Verb. mit alkoh. KOH u. Fällen aus der Lsg. des Nd. in W. mit CO_2 wurde *2-Äthoxy-6-oxy-ω.4-dimethoxyacetophenon*, $C_{12}H_{16}O_5$, F. 109—110°, erhalten; aus Leichtbenzin lange rechteckige Platten; 0,23 g; daneben *2.5-Diäthoxy-4-methoxybenzoesäure* (**X**), $C_{12}H_{16}O_5$, F. 155—156°; aus A. hexagonale Platten. *Methylester*, $C_{13}H_{18}O_5$, F. 93—95°, Platten aus Leichtbenzin. *p-Bromphenacylester*, $C_{20}H_{21}O_6Br \cdot ½ H_2O$, Nadeln aus wss. A., F. 115—116°. — *2.5-Diäthoxyanisol*, $C_{11}H_{16}O_3$, F. 44—45°, durch 24std. Kochen von Methoxyhydrochinon, Diäthylsulfat u. K_2CO_3 in Aceton, Aufnehmen des aus der aceton. Lsg. erhaltenen Prod. in Ae. u. Dest.; Kp.$_{17}$ 148—152°; aus Leichtbenzin Blättchen; 55%. — *2.5-Diäthoxy-4-methoxyacetophenon*, $C_{13}H_{18}O_4$, F. 104—104,5°, durch 46 std. Behandlung vorst. Verb. u. Acetylchlorid in CS_2 mit $AlCl_3$ in der Kälte u. Zers. mit kalter verd. HCl; aus wss. A. seidige Nadeln; 72%. — **X**, durch langsame Zugabe von $KMnO_4$ zu 20 g vorst. Verb. in W. auf dem Dampfbad, Suspendieren des Unlöslichen in W.,

Sättigen mit SO_2, Einengen des Filtrats, Ansäuern, Lösen des Nd. (wahrscheinlich *Phenylglyoxylsäure*; 3 g) in 10% ig. KOH bei 60°, Behandlung mit 30% ig. H_2O_2, Kochen u. Ansäuern; 2,5 g. — *Oxyayanin B* (**III**), $C_{15}H_7O_5(OCH_3)_3$, F. 208—209°, wurde bei einem Ansatz aus 3,5 kg Ayan erhalten, wobei 212 g in Ae. lösl. Prod. u. 305 g eines Acetonextraktes gewonnen wurden, ohne daß bei Behandlung mit sd. CH_3OH **V** isoliert werden konnte; das in Ae. unlösl. Material u. das nach 18 Tagen aus der methanol. Lsg. bei n. Temp. erhaltene Prod. bestanden aus **I** u. **II**; nach mehreren Wochen wurde rohes **III** gewonnen; 0,9%; aus Essigsäure blaßgelbe Nadeln. — *Triacetyloxyayanin B*, $C_{24}H_{22}O_{11}$, F. 214—216°, mit Acetanhydrid–Pyridin; aus Essigester Platten. — *3.5.6-7.3'.4'-Hexamethoxyflavon* (*Tri-O-methyloxyayanin B*; *Quercetagetinhexamethyläther*), $C_{21}H_{22}O_8$, F. 141—142°, aus **III** durch 18 std. Kochen mit $(CH_3O)_2SO_2$, K_2CO_3 u. Aceton, Eindampfen des Filtrats u. Digerieren mit NH_4OH; aus Bzl.–Leichtbenzin. Prismen. — *5-Oxy-3.6.7.3'.4'-pentamethoxyflavon* (*Di-O-methyloxyayanin B*; *3.6.7.3'.4'-Penta-O-methylquercetagetin*), $C_{20}H_{20}O_8$, F. 158—159°, durch 18 std. Rk. von **III**, CH_3OH u. CH_2N_2 in Ae. bei 0°; lange blaßgelbe seidige Nadeln. — *Di-O-äthyloxyayanin B*, $C_{22}H_{24}O_8$, F. 142 bis 143°, durch 18 std. Kochen von **III**, Diäthylsulfat u. K_2CO_3 in Aceton u. Behandeln des Unlöslichen mit verd. HCl; aus CH_3OH gelbe Prismen; 48%. Methylierung von 1 g mit $(CH_3)_2SO_4$ u. K_2CO_3 liefert *Di-O-äthyl-O-methyloxyayanin B* (**XI**), $C_{23}H_{26}O_8$, F. 130° (Bzl.–Leichtbenzin); 0,95 g. Die filtrierte aceton. Lsg. von der Herst. des Diäthyläthers gibt nach Eindampfen u. Rühren mit wss. Alkali *Tri-O-äthyloxyayanin B*, $C_{24}H_{28}O_8$, F. 124—125°, aus Bzl.–Leichtbenzin. Platten; 27%. — 7 std. Kochen von 1 g vorst. Verb. mit wss.-alkoh. KOH, Eindampfen, Zugabe von W. u. Sättigen mit CO_2 liefert als Nd. *2.3-Diäthoxy-6-oxy-ω.4-dimethoxyacetophenon*, $C_{14}H_{20}O_6$, F. 79—80°, aus Leichtbenzin flache Prismen; 0,46 g. In der Bicarbonatlsg. verbleibt *3-Äthoxy-4-methoxybenzoesäure* (**IV**), $C_{10}H_{12}O_4$, F. 163—164°, aus wss. CH_3OH Platten. — *5-Äthoxy-2-oxy-ω.4.6-trimethoxyacetophenon* (**XII**), $C_{13}H_{18}O_6$, F. 78—79°, aus 0,5 g **XI** durch Hydrolyse wie vorst.; Prismen aus Leichtbenzin; 0,23 g; daneben **IV**; 0,22 g. — **XII** wird auch durch 18 std. Kochen von 2.5-Dioxy-ω.4.6-trimethoxyacetophenon mit Äthyljodid u. K_2CO_3 in Aceton aus dem in 2 n NaOH lösl. Anteil erhalten. (J. chem. Soc. [London] **1954**. 4587—94. Dez. Nottingham, Univ.) H.-J. NITZSCHKE. 3550

F. E. King, T. J. King und **P. J. Stokes**, *Chemie der Extrakte aus Harthölzern. 20. Mitt. Distemonanthin, ein neuer Typ eines Flavonpigmentes aus Distemonanthus benthamianus.* (19. vgl. vorst. Ref.) Vff. beweisen für das neben Ayanin, Oxyayanin A u. B aus Ayan, dem gelben Holz von Distemonanthus benthamianus isolierte u. als *Distemonanthin* (**I**) bezeichnete Pigment $C_{17}H_{10}O_9$ die Konst. eines *7.8.5'.7'-Tetraoxy-6'-methoxychromono-[3'.2':3.4]-isocumarins* u. stellen einfache Derivv. dieses neuen Ringsyst. dar. —

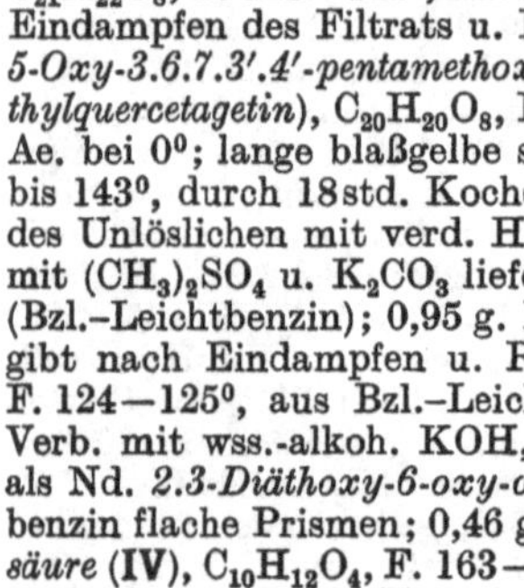

I R = R' = H
IV R = H; R' = CH_3

4 der in **I** vorhandenen O-Atome liegen als OH-Gruppen vor, wie aus der Bldg. von *Tetraacylderivv.* folgt; ein fünftes ist in einer CH_3O-Gruppe gebunden. Methylierung mit Dimethylsulfat u. K_2CO_3 in Aceton bildet aus **I** zunächst einen *Tetramethyläther* (**II**), dann unter Einführung eines zusätzlichen O-Atoms ein *Hexamethylderiv.* (**III**), womit das Vorliegen einer Lactongruppierung bewiesen ist; bei vorsichtiger Hydrolyse des entstandenen *Pentamethyläthermethylesters* **III** entsteht die entsprechende *Säure*, die auch aus **II** durch Methylierung in wss. Lsg. gebildet wird. Unter bestimmten Bedingungen kann aus **I** auch ein *Dimethyläther* (**IV**) u. ein *Trimethyläther* gebildet werden; aus den sauren Eigg. der letzteren Verb. geht hervor, daß bei seiner Bldg. der Lactonring aufgespalten u. die frei gemachte phenol. OH-Gruppe methyliert wurde. Damit ist für **I** die Konst. eines *2'*-Carboxyflavonolanhydrids bewiesen, wie näher ausgeführt wird. **I** u. **II** sind gegenüber 20% ig. Alkali außerordentlich beständig; **III** gibt nach Schmelzen mit Alkali bei 250° wenig *Protocatechusäure* u. bei Hydrolyse mit 20% ig. wss.-alkoh. KOH *Hemipinsäure* (**V**) u. *2-Oxy-ω.4.5.6-tetramethoxyacetophenon*, womit die Konst. von **III** als *3.5.6.7.3'.4'-Hexamethoxyflavon-2'-carbonsäuremethylester* u. die von **II** als entsprechendes *Lacton* bewiesen ist. Daß **IV** erhalten werden kann, muß auf Chelatbldg. zwischen den benachbarten phenol. OH-Gruppen mit den CO-Gruppen zurückgeführt werden. Nach Äthylierung von **I** mit Diäthylsulfat–K_2CO_3 konnten der *Di-* u. *Tetraäthyläther* isoliert werden; die ebenfalls entstehende *Hexaäthylverb.* (**VI**) lieferte mit wss.-alkoh. Alkali *3.4-Diäthoxyphthalsäure*, deren Konst. aus der entsprechenden Bldg. von **V** folgt, u. *ω.4.6-Triäthoxy-2-oxy-5-methoxyacetophenon*, welches ident. ist mit dem Abbauprod. von Penta-O-äthylpatuletin (vgl. ROW u. SESHADRI, Proc. Indian Acad. Sci., Sect. A. **23**. [1946.] 140), das auch aus **VI** durch milde Hydrolyse zur entsprechenden *Säure* u. Decarboxylierung erhalten werden kann.

Versuche: *Distemonanthin* (I), $C_{17}H_{10}O_9$, F. 351° unter Zers. (Vakuum), Isolierung vgl. vorst. Ref.; aus Pyridin–CH_3OH gelbe Nadeln; die Absorptionsmaxima sind angegeben. — I-*Tetraacetat*, $C_{25}H_{18}O_{13}$, F. 225—227°, durch 2std. Rk. von I mit Acetanhydrid–Pyridin; aus Essigester Platten. I-*Tetrabenzoat*, $C_{45}H_{26}O_{13}$, F. 239—240°, aus A. Nadeln. — Nach 24std. Kochen von I mit Dimethylsulfat u. Pottasche in Aceton u. Behandeln des Unlöslichen mit HCl wird *Tetra-O-methyldistemonanthin* (II), $C_{16}H_3O_4 \cdot (OCH_3)_5$, erhalten; F. 272°, aus Essigsäure Platten; 35% (Ausbeute). Eindampfen der Acetonlsg. u. Digerieren der M. mit NH_4OH liefert *3.5.6.7.3'.4'-Hexamethoxyflavon-2'-carbonsäuremethylester* (III), $C_{16}H_3O_3(OCH_3)_7$, F. 151—152° (Bzl.–Leichtbenzin); 39%; 39%; III entsteht auch durch 90std. Methylierung von I (74%) u. durch weitere Methylierung von II (66%). Die entsprechende *Säure*, $C_{16}H_4O_4(OCH_3)_6$, F. 229—231°, wird aus III durch 1std. Kochen mit wss.-alkoh. KOH, Einengen u. Ansäuern erhalten (aus A. Prismen; 70%) oder aus II durch Lösen in warmer 2n NaOH, 1½std. Schütteln mit $(CH_3)_2SO_4$ u. Ansäuern; sie bildet in CH_3OH mit äther. CH_2N_2 III. — *Di-O-methyldistemonanthin* (IV), $C_{16}H_5O_6(OCH_3)_3$, F. 332—334°, durch 14std. Kochen von I, K_2CO_3 u. CH_3J in Aceton u. Behandeln mit HCl als unlösl. Prod.; aus Essigsäure oder Pyridin–CH_3OH blaßgelbe Nadeln; 70%. *Diacetat*, $C_{23}H_{18}O_{11}$, F. 271—272° (Zers.), Platten aus Chlf.–Essigester. Aus der aceton. Lsg. wird nach Entfernen von IV III isoliert; 15,5%. — *5.3'-Dioxy-3.6.7.4'-tetramethoxyflavon-2'-carbonsäure*, $C_{16}H_6O_6(OCH_3)_4$, F. 219—220°, durch 3std. Schütteln von I in 2n NaOH mit $(CH_3O)_2SO_2$ bei n. Temp., Ansäuern nach Erwärmen, Lösen des Nd. in Chlf. u. Ausziehen mit $NaHCO_3$-Lsg.; blaßgelbe Nadeln aus Bzl.–Leichtbenzin. — 10 Min. Erhitzen von III, KOH u. wenig W. auf 250°, Lösen in W., Ansäuern, Ausäthern, Ausschütteln der äther. Lsg. mit $NaHCO_3$-Lsg., dann 2n NaOH, Ansäuern, Ausäthern u. Rk. der sauren Fraktion mit äther. CH_2N_2 liefert *Protocatechusäuremethylester*, $C_8H_8O_4$, Kp.$_{1,5}$ 180—200° (Badtemp.), F. 134—135°, aus Bzl. Nadeln. 8std. Kochen von 2 g III mit wss.-alkoh. KOH, Eindampfen, Lösen in W. u. Sättigen mit CO_2 liefert als Nd. *2-Oxy-ω.4.5.6-tetramethoxyacetophenon*, $C_{12}H_{16}O_6$, F. 71—72°, aus Leichtbenzin Nadeln; 0,95 g; nach Ansäuern der Lsg. kann *Hemipinsäure* (V), $C_{10}H_{10}O_6$, F. 178—179°, Prismen auf CH_3OH–Bzl., dann Essigester, durch Ausäthern isoliert werden; 0,7 g. *Anhydrid*, $C_{10}H_8O_5$, Nadeln aus Bzl., F. 166—167°. *N-Äthylimid*, $C_{12}H_{13} \cdot O_4N$, F. 91—92°. Das Keton liefert nach 18std. Kochen mit Dimethylsulfat–K_2CO_3 in Aceton *ω.2.4.5.6-Pentamethoxyacetophenon*, $C_{13}H_{18}O_6$, F. 89—90°, Prismen aus Leichtbenzin. — *3.5.7.3'.4'-Pentaäthoxy-6-methoxyflavon-2'-carbonsäureäthylester* (VI), $C_{29}H_{36}O_{10}$ F. 111—112°, durch 140std. Kochen von I, Diäthylsulfat u. K_2CO_3 in Aceton, Eindampfen des Filtrats u. Digerieren mit wss. NaOH; aus Bzl.–Leichtbenzin Prismen; 53%. Behandeln des entstandenen festen Prod. mit verd. HCl u. kurzes Kochen des Rückstandes mit CH_3COOH liefert als unlösl. Anteil *Di-O-äthyldistemonanthin*, $C_{21}H_{18}O_9$, F. 327—328° (Zers.), aus Pyridin kleine gelbe Nadeln; 13%; aus dem essigsauren Filtrat wird *Tetra-O-äthyldistemonanthin*, $C_{25}H_{26}O_9$, F. 246—247°, isoliert; aus CH_3COOH Platten; 3,6%. — Die VI entsprechende *Säure*, $C_{27}H_{32}O_{10}$, F. 156—157°, aus wss. CH_3OH Platten, kann aus VI mit 5%ig. alkoh. KOH erhalten werden; 70%. — *3.5.7.3'.4'-Pentaäthoxy-6-methoxyflavon (Penta-O-äthylpatuletin)*, $C_{26}H_{32}O_8$, F. 126—127°, aus A. Prismen, durch ¼std. Kochen vorst. Verb. u. Cu-Pulver in Chinolin, Zugabe von Ae. u. Ausziehen des Filtrats mit 2n HCl; 59%. — Nach Hydrolyse von 2 g VI mit 20%ig. alkoh. KOH wie bei III, Entfernung des Lösungsm. u. Fällen mit CO_2 wird *2-Oxy-ω.4.6-triäthoxy-5-methoxyacetophenon*, $C_{15}H_{22}O_6$, erhalten; F. 88—89°, aus wss. CH_3OH Prismen; 0,86 g. Ansäuern der $NaHCO_3$-Lsg. liefert *3.4-Diäthoxyphthalsäure*, $C_{12}H_{14}O_6$, F. 192—193°, aus CH_3OH–Bzl. Prismen; 0,7 g. — *2.4-Di-[o-methoxycarbonylbenzoyl]-ω-methoxyresacetophenon*, $C_{27}H_{22}O_{10}$, F. 79—80°, durch 15std. Rk. von 2-Methoxycarbonylbenzoylchlorid (VIII) mit ω-Methoxyresacetophenon in Pyridin bei n. Temp., Behandeln mit 2n HCl u. Lösen des Öls in Ae.; aus Essigester–Leichtbenzin, Prismen; 76%. — *7-Oxy-3-methoxyflavon-2'-carbonsäure* (VII), $C_{16}H_9O_6 \cdot OCH_3$, F. 265—266°, durch 1std. Kochen vorst. Verb. mit Pyridin u. wasserfreier Pottasche, Abdekantieren u. Behandeln des Rückstandes mit verd. HCl; aus wss. A. Prismen; 81%. — *3.7-Dimethoxyflavon-2'-carbonsäuremethylester*, $C_{19}H_{16}O_6$, F. 133—134°, durch 18std. Kochen vorst. Verb. in Aceton mit Dimethylsulfat u. K_2CO_3, Eindampfen des Filtrats u. Behandeln mit NH_4OH; aus Bzl.–Leichtbenzin Prismen. — *7'-Oxychromono-[3'.2':3.4]-isocumarin*, $C_{16}H_8O_5$, F. $>$ 350°, aus VII durch 2½std. Erhitzen mit Essigsäure u. HJ (D. 1,7) auf 140° Badtemp. u. Zugabe von W.; aus Pyridin Stäbe; 90%. *Acetat*, $C_{18}H_{10}O_6$, F. 272—274°, Nadeln aus Pyridin. *Methyläther*, $C_{17}H_{10}O_5$, F. 277—278°, durch 18std. Kochen mit Dimethylsulfat–K_2CO_3 in Aceton; aus Pyridin–CH_3OH Nadeln. — *5.7-Dioxy-3-methoxyflavon-2'-carbonsäure*, $C_{17}H_{12}O_7$, F. 264—265°, durch Rk. von VIII mit ω-Methoxyphloracetophenon in Pyridin, 1std. Kochen von 8,6 g als Rohprod. erhaltenem *ω-Methoxy-2.4.6-tri-[o-methoxycarbonylbenzoyl]-phloracetophenon* (83%) mit K_2CO_3–Pyridin, Behandeln der festen M. mit Säure,

Lösen in Sodalsg. u. Fällen; aus CH_3OH, dann Essigester gelbe Prismen; 3 g. — *5'.7'-Dioxychromono-[3'.2':3.4]-isocumarin*, $C_{16}H_8O_6$, F. > 350°, durch 2std. Kochen vorst. Säure mit CH_3COOH u. HJ (D. 1,7); aus Pyridin–CH_3OH gelbe Prismen; 83%. *Diacetat*, $C_{20}H_{12}O_8$, F. 252—253° (Zers.), aus Pyridin–Essigester Stäbe. — *2.3-Dibenzyloxyanisol*, $C_{21}H_{20}O_3$, Kp.$_3$ 210—212°, durch 28std. Kochen von Pyrogallol-1-monomethyläther u. K_2CO_3 in Aceton bei Zugabe von Benzylchlorid, weiteres 14std. Kochen, Behandeln mit W., Ausäthern, Eindampfen u. Dampfdest.; 77,5%. — *2.3-Dibenzyloxy-5-nitroanisol*, $C_{21}H_{19}O_5N$, F. 94—95°, aus vorst. Verb. in Essigsäure durch Rk. mit HNO_3 (D. 1,2); aus A. Nadeln; 9,6%. — *2-Benzyloxy-6-methoxy-1.4-benzochinon*, $C_{14}H_{12}O_4$, F. 142—143°, aus dem essigsauren Filtrat der vorst. Verb. durch Verdünnen mit W. u. Neutralisation mit Soda; aus A. gelbe Prismen; 44%. — *2-Benzyloxy-6-methoxyhydrochinon*, $C_{13}H_{11}O_3 \cdot OCH_3$, F. 156—157° (Zers.), durch 2std. Kochen vorst. Verb. mit Zn-Staub in A. bei langsamer Zugabe von 25%ig. H_2SO_4; aus Bzl. Platten; 70%. — *3-Benzyloxy-1.2.5-trimethoxybenzol*, $C_{13}H_9O(OCH_3)_3$, Kp.$_1$ 190—200° (Badtemp.), durch 21std. Kochen vorst. Verb. in Aceton mit $(CH_3)_2SO_4$ u. K_2CO_3, Eindampfen des Filtrats u. Aufnehmen in Ae.; 82%. — *2.3.5-Trimethoxyphenol*, $C_6H_3O(OCH_3)_3$, F. 53—54°, durch Hydrierung vorst. Verb. in A. mit Pd-Kohle unter n. Bedingungen. Lösen des Eindampfrückstandes in Ae., Ausschütteln mit 2n NaOH u. Ansäuern; Kp.$_1$ 90—100° (Badtemp.); aus Leichtbenzin Prismen; 74%. (J. chem. Soc. [London] **1954**. 4594—4600. Dez.) H.-J. NITZSCHKE. 3550

M. Stoll und **M. Hinder**, *Synthese hydroaromatischer Epoxyde.* 8. Mitt. *Anhydrid von 3-Oxytetrahydrojonon.* (6. vgl. C. **1951**. II. 1436; 7. vgl. C. **1951**. II. 529. *Geruch und Konstitution.* 4. Mitt.) Ein neuer Weg zur Synth. von *3-Oxytetrahydrojononanhydrid* (I; vgl. auch 3. Mitt., C. **1951**. II. 1433) besteht in der $LiAlH_4$-Red. von *3.4-Epoxytetrahydro-α-jononäthylenketal* (II) u. der anschließenden sauren Verseifung des erhaltenen *3-Oxytetrahydrojononäthylenketals* (III). **II** konnte aus Dihydro-α-jononäthylenketal durch epoxydieren mit Monoperphthalsäure erhalten werden. Das erhaltene **I** ist ident. mit dem früher beschriebenen (vgl. 3. Mitt., l. c.).

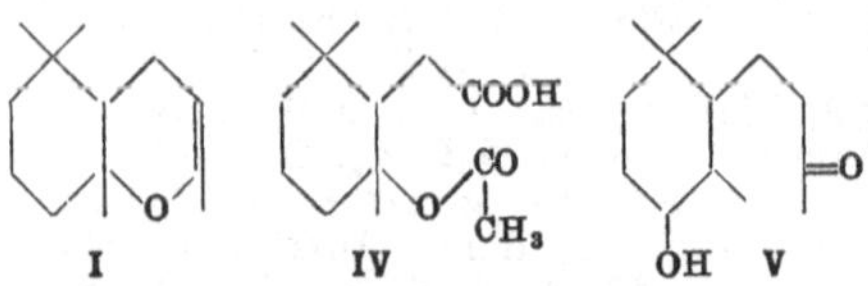

I IV V

I läßt sich leicht hydrolysieren u. in die Ketonderivv. des Ketols überführen; das Semicarbazon schm. 45° niedriger als das früher beschriebene. **I** ist nicht sehr stabil u. verharzt schon nach 2 Monaten. Die Ozonolyse des **I** liefert die Acetoxysäure **IV**. Infrarotspektr. von **I** vgl. Original.

V e r s u c h e: *Dihydro-α-jonon*, Kp.$_{12}$ 125,5—126,5°, $D.^{20}_4$ 0,9219, $n_D^{20,8}$ 1,4778, durch partielle katalyt. Red. von α-Jonon u. Reinigen über das *Semicarbazon* (F. 162 bis 164°). — *Dihydro-α-jononäthylenketal*, $C_{15}H_{26}O_2$, Kp.$_{0,12}$ 87—90°, $D.^{18}_4$ 0,9703, $n_D^{18,3}$ 1,4794. — *3.4-Epoxytetrahydro-α-jononäthylenketal* (II), $C_{15}H_{26}O_3$, Kp.$_{0,01}$ 87—92°, $D.^{19,6}_4$ 1,026, $n_D^{20,6}$ 1,4737, durch Einw. von Monoperphthalsäure auf vorst. Verb. in Ae. bei 0° (5 Tage); 90%. — *3-Oxytetrahydrojononäthylenketal* (III), $C_{15}H_{28}O_3$, Kp.$_{0,005}$ 91 bis 93°, $D.^{18,5}_4$ 1,024, n_D^{13} 1,4805, aus **II** u. $LiAlH_4$ in sd. Ae. (2 Std.). — *3-Oxytetrahydrojononanhydrid* (I), $C_{13}H_{22}O$, Kp.$_7$ 88,5—89,5°, $D.^{19,5}_4$ 0,9491, $n_D^{19,5}$ 1,4803, aus **III** u. 10%ig. H_2SO_4 in A. bei Zimmertemp. (4 Std.), Verdünnen mit W. u. Fraktionieren des Rohdestillats vom Kp.$_{14}$ 100—108°; 43%. Mit Tetranitromethan braune Farbreaktion. — *3-Oxytetrahydrojonon*, durch Verseifung des Semicarbazons mit Oxalsäure u. fraktionierte Dest.; aus der Fraktion vom Kp. 153—180° neben einer **I** enthaltenden Fraktion vom Kp. 125—135°. *Semicarbazon*, $C_{14}H_{27}O_2N_3$, F. 149—150° (Essigester), aus **I** mit essigsaurem Semicarbazid in A. unter geringem Erwärmen. *2.4-Dinitrophenylhydrazon*, $C_{19}H_{28}O_5N_4$, F. 132—133,5° (A.), analog in wss.-alkoh. H_2SO_4; 95%. — *cis-Tetrahydrojonon*, Kp.$_{14}$ 128—131°, $D.^{18}_4$ 0,9185, n_D^{17} 1,4691, neben **I** aus den höhersd. Fraktionen vom Kp.$_{0,05}$ 60—70° durch Abtrennen der alkoh. Anteile mit Borsäuretriäthylester bei 150° (1 Std.). *Semicarbazon*, $C_{14}H_{27}ON_3$, F. 183,5—184°. *2.4-Dinitrophenylhydrazon*, $C_{19}H_{28}O_4N_4$, F. 120—120,5°. — *Oxyketon* **V**, $C_{13}H_{24}O_2$, Kp.$_{0,01}$ 68—80°, neben vorst. Verb. aus den Borsäurerückständen durch Verseifen mit wss. Soda in Äther. — *Acetoxysäure* **IV**, $C_{13}H_{22}O_4$, F. 100—101° (Sublimation), aus 2,7 g **I** in CCl_4 mit Ozon bei —30° u. Zers. des bei —5° erhaltenen Verdampfungsrückstandes mit W.; 0,74 g (Ausbeute), neben 2,44 g Cl-haltigen neutralen Anteilen. (Helv. chim. Acta **34**. 334—39. 1/2. 1951. Genf, Firmenich & Cie., sucers de Chuit, Naef & Cie.) H. GOLD. 3600

S. Chapon, *Beitrag zur Untersuchung des Glutinons.* Unters. des *Glutinons* (I), eines neuen triterpen. Ketons aus der Rinde der Schwarzerle (*Alnus Glutinosa*) u. einiger Derivate.

V e r s u c h e ($[\alpha]_D$ in Chlf., c = 1,0): *Glutinen*, $C_{30}H_{50}$, F. 178°, $[\alpha]_D$ +54°, aus *Glutinon* (I; F. 239°, $[\alpha]_D$ +31°) durch Red. nach WOLFF-KISHER (Einw. von 100%ig. Hydrazinhydrat u. Na-Äthylat in A. bei 200—201°; 16 Std.), Eingießen des Gemisches in 5%ig. Essigsäure u. Chromatographieren des gereinigten Ae.-Extraktes; PAe.-Eluat gibt 75% (Ausbeute); im Benzoleluat *Glutinol* (**IV**), F. 195°. — *Keton* (**II**), $C_{30}H_{48}O$, F. 248°, $[\alpha]_D$ −84°, aus **I** in Bzl. durch 96std. Einw. eines Gemisches aus Essigsäure u. konz. H_2SO_4 (Rotfärbung) bei ca. 22°, Abfiltrieren u. Waschen der gebildeten Kristalle mit Methanol; 85%. *Alkohol* **IIa**, $C_{30}H_{50}O$, F. 231°, $[\alpha]_D$ 0° (c = 0,26%), aus **II** mit $LiAlH_4$. *Acetat*, F. 278°, $[\alpha]_D$ −15°: 1std. Kochen mit Acetanhydrid. **II** entsteht auch unter den Bedingungen der Red. nach CLEMMENSEN (30std. Kochen von 250 mg **I** mit Zn-Amalgam in Essigsäure unter anteiligem Zusatz von HCl) u. Chromatographie; 202 mg. — *Isomeres Glutinen*, $C_{30}H_{50}$, F. 225°, $[\alpha]_D$ −38°, aus **II** nach WOLFF-KISHNER, Chromatographieren der Petrolätherlsg. u. Eluieren mit PAe.; 73%; im Benzoleluat **IIa**. — *Keton* **III**, $C_{30}H_{48}O$, F. 183°, $[\alpha]_D$ −18°, aus 500 mg **I** in Bzl. durch 15tägige Einw. eines Gemisches aus Essigsäure + H_2SO_4 (rotbraune Färbung) bei ca. 22°, Eingießen in W. u. Chromatographieren des Ae.-Extrakts; 50 mg; daneben 10 mg **II**. Red. von **III** nach WOLFF-KISHNER gab ein nichtkristallisierendes Harz. — *Dienolacetat*, $C_{32}H_{50}O_2$, F. 163°, $[\alpha]_D$ +33°, mit $C(NO_2)_4$ tieforange, aus **IV**-*Acetat* (F. 227°, $[\alpha]_D$ +41°) in sd. Essigsäure durch 1std. Zutropfen von SeO_2 in Essigsäure, $^1/_4$std. Kochen nach Zusatz von Na-Acetat, Verdünnen mit W., Extrahieren mit Ae. u. Filtrieren des in PAe. gelösten Rückstands über Al_2O_3; 96%. (Bull. Soc. Chim. France, Mém. [5] **1955**. 1076—78. Sept. Nancy, Fac. des Sci., Labor. de Chim. Biol.) W. SCHULENBURG. 3600

J. M. Beaton, F. S. Spring, Robert Stevenson und **J. L. Stewart**, *Partialsynthese von Taraxerol.* Inhaltlich in der C. **1956**. 5562 referierten Arbeit enthalten. (Chem. and Ind. **1955**. 35. 8/1.) G. SCHORRE. 3600

N. L. Wendler, D. Taub und **H. L. Slates**, *Die Struktur von Steroid-D-Ring-Lactonen.* Ätiocholan-3α-ol-11.17-dion (**I**) wurde mit Perbenzoesäure in *Ätiochololacton-3α-ol-11-on* (**II**) übergeführt u. **II** mit methanol. KOH in die *α.β-ungesätt. Ketosäure* **III** umgewandelt. Die DEMJANOW-Umlagerung von 17-Oxy-20-aminonorpregnanen, die unabhängig von der Konfiguration an $C_{(17)}$ ist, liefert ein Gemisch von *17-* u. *17a-Ketonen* im Verhältnis 1 : 6. So wurde das aus **I** gewonnene *3α.17β-Diacetoxy-11-keto-17-isoätiansäurenitril* (**IVa**) über das durch Red. mit $LiAlH_4$ erhaltene *Amin* (**IVb**) durch Behandlung mit HNO_2 u. nachfolgende Oxydation mit CrO_3 in ein Gemisch von 10—15% *D-Homoätiocholan-3α-ol-11.17-dionacetat* (**VI**) u. 85—90% *D-Homoätiocholan-3α-ol-11.17a-dionacetat* (**VII**) übergeführt. Das gleiche Gemisch von **VI** u. **VII** wurde aus Pregnan-3α.17α.21-triol-11.20-dion (**V**) erhalten durch Red. mit $LiAlH_4$, Spaltung des Reduktionsprod. mit HJO_4, Hydrierung des C_{20}-Oxims, Umlagerung des Amins mit HNO_2 u. Oxydation mit CrO_3. Die Struktur von **VII** u. **VI** wurde durch Überführung von **VII** in *D-Homoätiochololacton-3α-ol-11-onacetat* (**VIII**), das mit wss.-methanol. NaOH die *ungesätt. α-Ketosäure* **IX** lieferte, bewiesen.

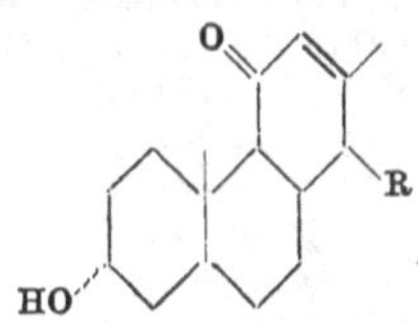

III R = $(CH_2)_2COOH$
IX R = $(CH_2)_3COOH$

V e r s u c h e (FF. korr.; [α] = $[\alpha]_D^{25}$ in Chlf.): *Ätiocholan-3α-ol-11.17-dionacetat* (**Ia**), F. 159—161°, durch Oxydation von Pregnan-3α.17α-diol-11.20-dion-3α-acetat (F. 202 bis 205°) mit CrO_3 in Essigsäure (3 Tage bei 25°) u. chromatograph. Reinigung; 70% (Ausbeute). — *Ätiocholan-3α-ol-11.17-dion* (**I**), F. 186—188°, aus **Ia** mit NaOH in 50%ig. CH_3OH; 90%. — *Ätiochololacton-3α-ol-11-on* (**II**), $C_{19}H_{28}O_4$, F. 216—220° (Aceton–PAe.), aus **I** in Bzl. durch 48std. Stehen mit Perbenzoesäure; [α] −12° (c = 1,08); 75%. *Acetat*, $C_{21}H_{30}O_5$, F. 181—184°, aus **I** in Essigsäure mit Peressigsäure durch 24std. Stehen bei 25°; [α] +14° (c = 0,77), aus Aceton–Ae. Prismen; 77%. — **III**, $C_{19}H_{28}O_4$, F. 178—179°. Zu einer sd. Lsg. von **II** in Methanol wurden im Laufe einer Std. 0,27n methanol. $NaOCH_3$-Lsg. zugetropft; das Methanol wurde im Vakuum abgedampft u. der Rückstand mit verd. HCl angesäuert; [α] −32,4° (c = 0,49), aus Aceton–Skellysolve B Platten; 89%. — *3α.17β-Diacetoxy-11-keto-17-isoätiansäurenitril* (**IVa**), $C_{24}H_{33}O_5N$, F. 183—185° (Essigester–Skellysolve B). 5 g **Ia** wurden in A. bei 0° mit KCN u. dann mit Essigsäure versetzt; nach 1std. Rühren bei 0—5° u. 2std. Rühren bei Raumtemp. wurde mit Essigester extrahiert u. der nach Eindampfen erhaltene Rückstand in Pyridin mit Acetanhydrid acetyliert; [α] +23°; 4 g. — *Oxazolidinderiv.* des *21-Norpregnan-3α.11β.17β-triol-20-amins* (**IVb**), $C_{22}H_{37}O_3N$, F. 190—192°, aus **IVa** in Bzl. durch 1std. Kochen mit $LiAlH_4$ u. Extraktion mit Aceton; aus Essigester–Skellysolve B Prismen. — *D-Homoätiocholan-3α-ol-11.17a-dionacetat* (**VII**), $C_{22}H_{32}O_4$, F. 167—168°. 1 g **IVb** wurde in 5%ig. Essigsäure mit $NaNO_2$ in W. bei 0° versetzt, das über Nacht ausgeschiedene Prod. mit Acetanhydrid acetyliert, anschließend in Essigsäure mit CrO_3 oxydiert u. chromatographiert; Elution mit 1—5% Ae. in Bzl.; $[\alpha]_D$ +28,7° (c = 1,02), aus Aceton–Skellysolve B Nadeln; 340 mg. *2.4-Dinitrophenylhydrazon*, $C_{28}H_{36}O_7N_4$, F. 220—225°, aus Methanol-Essigester gelbe Nadeln. Elution mit 30% Ae. in Bzl. lieferte 52 mg *D-Homoätiocholan-3α-ol-*

11.17-dionacetat (**VI**), $C_{22}H_{32}O_4$, F. 205—207°, aus Aceton–Ae. Platten, [α] +23° (c = 1,09). *2.4-Dinitrophenylhydrazon*, $C_{28}H_{36}O_7N_4$, F. 281—283°, aus Methanol–Essigester Nadeln. — 6 g **V** wurden in Tetrahydrofuran mit $LiAlH_4$ 1½ Std. gekocht, das nach üblicher Aufarbeitung erhaltene rohe Pentol wurde in Dioxan mit Perjodsäure in W. 4 Std. stehengelassen, der nach Eindampfen gewonnene Rückstand mit Ae. extrahiert u. der Ae.-Rückstand in das *Oxim* übergeführt. Letzteres wurde in Essigsäure über PtO_2 hydriert u. das erhaltene Amin analog **IVb** behandelt; 340 mg **VII**, 50 mg **VI**. — *D-Homo-ätiochololacton-3α-ol-11-onacetat* (**VIII**), $C_{22}H_{32}O_5$, F. 172—174°, aus 1,08 g **VII** in Bzl. mit Perbenzoesäure (3tägiges Stehen bei 25°); $[\alpha]_D$ —24° (c = 0,72), aus Ae.-PAe. Platten; 85%. — **IX**, $C_{20}H_{30}O_4$, F. 164—166°, aus **VIII** in Methanol durch 1std. Kochen mit n-NaOH unter N_2; $[\alpha]_D$ —27° (c = 0,78), aus Aceton–Ae. Nadeln. (J. Amer. chem. Soc. **77.** 3559—61. 5/7. 1955. Rahway, N. J., Merck & Co., Inc., Chem. Div., Res. Labors.) G. SCHORRE. 3700

Joseph C. Touchstone, William H. Elliott, S. A. Thayer und **Edward A. Doisy**, *Beobachtungen über die Spaltung von Ring D in der Östratrienreihe.* Vff. führen 16-Ketoöstron-3-methyläther (I) u. 16-Ketoöstradiol-3-methyläther (II) sowohl durch Behandlung mit Alkalien als auch durch Einw. von 0,6%ig. H_2O_2 in *Marrianolsäure-7-methyläther* (**III**) über. **III** wurde auch durch Ozonisieren von 16-Benzylidenöstron-3-methyläther erhalten.

Versuche: *Marrianolsäure-7-methyläther* (**III**), F. 200—201°, a) aus **I** (F. 175°) in A. durch 45 Min. Kochen mit 13,3%ig. KOH in W.; b) aus **I** in 2%ig. KOH u. A. (22 Std. bei Raumtemp. rühren); *Dimethylester*, F. 70—73°, mit CH_2N_2; c) aus **I** mit Na in A. (18 Std. rühren) als *2-Monoäthylester*, $C_{21}H_{28}O_5$, F. 173—174° (wss. Aceton); mit Diazomethan **III**-*Methyläthylester*, $C_{22}H_{30}O_5$, F. 83—84° (wss. Aceton oder wss. A.); d) aus 25 mg **I** in A. mit 30%ig. H_2O_2 bei p_H 8,5 (Phosphatpuffer, 12 Std. bei Raumtemp.); 24 mg (Ausbeute); e) aus 300 mg **I** in 0,05mol. essigsaurer Bleitetraacetatlsg. (30 Min. rühren); 211 mg; f) aus **II** wie bei c). — *16-Benzylidenöstron-3-methyläther*, $C_{26}H_{28}O_2$, F. 176—177° (A.), aus Östron-3-methyläther in Na-Äthylatlsg. mit Benzaldehyd; Ozonolyse in Essigester–Eisessig lieferte **III**; 76%. (J. Amer. chem. Soc. **77.** 3562—64. 5/7. 1955. St. Louis, Mo., Univ., School of Med., Dep. of Biochem.) G. SCHORRE. 3750

R. H. Beutel, D. F. Hinkley und **P. I. Pollak**, *Umwandlung von Vitamin-A-Acetat in Retrovitamin-A-Acetat. Vitamin-A-Acetat* (**I**) konnte durch Behandlung mit wss. HBr mit guter Ausbeute in *Retrovitamin-A-Acetat* (**II**) umgewandelt werden. Für die Dehydratisierung von 6-Oxy-1-acetoxy-3.7-dimethyl-9-[2'.6'.6'-trimethylcyclohexen-(1')-yl]-nonatrien-(2.4.7) zu **I** (vgl. ISLER u. Mitarbeiter, C. **1948.** I. 103) sind neutrale Bedingungen entscheidend, während unter sauren das thermodynam. stabilere **II** entsteht.

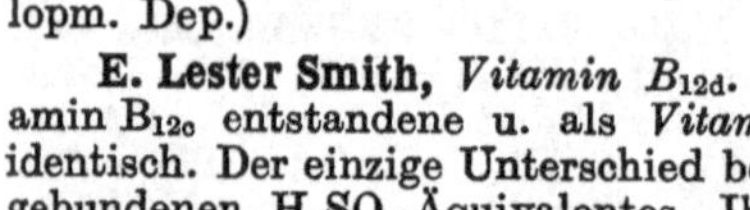

II

Versuche: *trans-Retrovitamin-A-Acetat* (**II**), $C_{22}H_{32}O_2$, gelbes Öl, durch 30 Sek. Schütteln von 5 g trans-**I** (F. 55—58°) in CH_2Cl_2 mit konz. HBr bei 0° u. chromatograph. Reinigung; 4,85 g Rohausbeute; die UV-Maxima sind angegeben. (J. Amer. chem. Soc. **77.** 5166—67. 5/10. 1955. Rahway, N. J., Merck & Co., Inc., Chem. Div., Res. and Develop. Dep.) K. MAIER. 3800

E. Lester Smith, *Vitamin B_{12d}.* Die durch Entfernung der Nitritgruppe aus Vitamin B_{12c} entstandene u. als *Vitamin B_{12d}* bezeichnete Verb. ist mit *Vitamin B_{12b}* identisch. Der einzige Unterschied besteht in der An- oder Abwesenheit eines salzartig gebundenen H_2SO_4-Äquivalentes. Ihr verschied. Verh. bei der Trennungschromatographie kann nicht als Beweis für das Vorhandensein zweier Verbb. angesehen werden. (Vgl. C. **1956.** 4162.) (Chem. and Ind. **1951.** 939. 3/11. Greenford, Middlesex, Glaxo Labors. Ltd.) HILDEGARD BAGANZ. 3800

J. Kollonitsch, A. Hajós und **V. Gábor**, *Racemisierung von $L_{(g)}$-(+)-threo-2-Amino-1-p-nitrophenylpropandiol-(1.3).* Das aus $L_{(g)}$-(+)-threo-2-Amino-1-p-nitrophenylpropandiol-(1.3) erhaltene *Diacetathydrochlorid* [$C_{13}H_{17}O_6N_2Cl$, F. 194—196° (Zers.), $[\alpha]_D$ +18° (c = 2; W.)] wurde mit Soda in die *2-Acetamido-3-acetoxyverb.* [$C_{13}H_{16}O_6N_2$, F. 102—104° (W.) u. 132—135° (A.–PAe.)] umgelagert. Sowohl das niedrigschm. als auch das hochschm. Prod. wurden mit CrO_3 in Aceton zu *$D_{(s)}$-(+)-2-Acetamido-3-acetoxy-1-p-nitrophenylpropanon-(1)* [**I**; $C_{13}H_{14}O_6N_2$, F. 147—148°, $[\alpha]_D$ +21° (c = 2; Chlf.)] oxydiert. Durch Pyridin oder durch ein Gemisch von Essigsäure–Na-Acetat wurde **I** in *2-Acetamido-1-p-nitrophenylpropen-(2)-on-(1)* [$C_{11}H_{10}O_4N_2$, F. 125—126°] übergeführt. **I** wurde mit 5n HCl zu *$D_{(s)}$-(—)-2-Amino-3-oxy-1-p-nitrophenylpropanon-(1)-hydrochlorid* [**II**; $C_9H_{11}O_4N_2Cl$, F. 203—204° (Zers.), $[\alpha]_D$ —60° (c = 2; n-HCl)] hydrolysiert, als Nebenprod. wurde *Nitrobenzoylacetyl*, $C_9H_7O_4N$, F. 90—92°, gewonnen. **II** wurde mit Acetanhydrid–Na-Acetat zu $D_{(S)}$-(—)-*2-Acetamido-3-oxy-1-p-nitrophenylpropanon* (*1*) [$C_{11}H_{12}$·O_5N_2, F. 150—151°, $[\alpha]_D$ —20° (c = 2; A.)] acetyliert, welches sich in Pyridin bei Raumtemp. in 60—70%ig. Ausbeute racemisiert; Red. nach MEERWEIN gab *DL-threo-2-Acetamido-1-p-nitrophenylpropandiol-*(*1.3*). (Chem. and Ind. **1955**. 38—40. 8/1. Budapest, Pharmaceut. Ind., Res. Inst.) G. SCHORRE. 3900

Jared H. Ford, Malcolm E. Bergy, A. A. Brooks, Edward R. Garrett, Joseph Alberti, John R. Dyer und **H. E. Carter,** *Weitere Charakterisierung von Neomycin B und Neomycin C. Neomycin B* (**I**)- u. *Neomycin C* (**II**)-*Sulfat* wurden durch Chromatographie an Kohle–Celite bei p_H 2,5 getrennt (bestes **II**-Präp. enthielt weniger als 0,06% **I**). 2½std. Methanolyse von **I**- u. **II**-Sulfat in 0,38n methanol. HCl unter Kochen lieferte äquimol. Mengen *Neamin* (**III**)- u. *Methylneobiosaminidhydrochlorid*. 10std. Hydrolyse äquimol. Mengen **III**, **I** u. **II** mit 48%ig. HBr gab ident. Intensität der 265 mμ-Absorption, d. h., **I** u. **II** enthalten wahrscheinlich je einen **III**-Rest. Unter Annahme der Zus. $C_{12}H_{26}O_6N_4$ für **III** u. $C_{11}H_{22}O_7N_2$ für die Neobiosamine ergibt sich für **I** u. **II** die Formel $C_{23}H_{46}O_{12}N_6$, wobei jedoch die Zus. $C_{23}H_{48}O_{13}N_6$, möglicherweise ein Monohydrat, ebenfalls in Betracht kommt. Die spezif. Rotationen für **I** u. **II** sind zwischen 10—100 g/Liter konzentrationsunabhängig, aber in saurer Lsg. eine Funktion der Temp.: **I**, $[\alpha]_D^t = [\alpha]_D^{25}$ [1—0,00171 (t — 25)], $0 < t < 80°$; **II**, $[\alpha]_D^t = [\alpha]_D^{25}$ [1 + 0,000112 (t — 25)²], $0 < t < 25°$; $[\alpha]_D^t = [\alpha]_D^{25}$, $25° > t > 80°$. **I**-Base, $[\alpha]_D^{25}$ +71° (0,02n NaOH), 83° (0,2n H_2SO_4), 83° (0,2n HCl), **I**-*Hydrochlorid*, +63° (W.), **I**-*Sulfat*, +56° (0,2n H_2SO_4); **II**-*Base*, 10° (0,02n NaOH), 21° (0,2n H_2SO_4), **II**-*Hydrochlorid*, +88° (W.), **II**-*Sulfat*, +82° (0,2n H_2SO_4). Die Darst. der **I**- u. **II**-Base erfolgte durch Passieren einer Dowex-2-Säule (stark bas. Anionenaustauscher) u. Gefriertrocknung. (J. Amer. chem. Soc. **77**. 5311—14. 20/10. 1955. Kalamazoo, Mich., Upjohn Co.; Urbana, Ill., Univ., Noyes Chem. Labor.) K. MAIER. 3900

Holger Erdtman und **Zvi Pelchowicz,** *Die Chemie der Ordnung Cupressales.* 12. Mitt. *Inhaltsstoffe des Kernholzes von Biota orientalis Endl.* (11. vgl. DUFF, C. **1956**. 3315.) Aus dem Kernholz eines n. toten Astes von *Biota orientalis* wurden die Flavanole *Aromadendrin* [**I**; (+)-*2.3-Dihydrokämpferol*], *Taxifolin* [**II**; (+)-*2.3-Dihydroquercetin*], *Widdren* (**III**) u. *Cedrol* isoliert. **II** wurde über seinen *Borsäurekomplex* von **I** abgetrennt. **III**, das ident. ist mit einem Sesquiterpen, $C_{15}H_{24}$ [aus *Widdringtonia juniperoides* (L.) Endl. u. W. *whytei* Rendle], gibt durch Oxydation mit SeO_2 einen *Aldehyd vom F. 75°* ($[\alpha]_D$ —30°; Chlf.).

Versuche: *Gemisch* von *Aromadendrin* (**I**) u. *Taxifolin* (**II**), durch erschöpfende Extraktion von 4,5 kg pulverisiertem Kernholz mit Aceton, Einengen, Aufnehmen in Ae., Extraktion mit wss. $NaHCO_3$ u. 5%ig. KOH, Lösen der daraus gewonnenen 115 g in wenig Methanol, Eingießen in viel W., Dekantieren von einer klebrigen Fällung u. Behandeln mit Tierkohle; 20 g (Ausbeute). Daneben aus der Ae.-Lsg. 360 g *Neutralfraktion*. — **I**, F. u. Misch-F. 237—238,5°, durch Fraktionierung vorst. **I**/**II**-Gemisches in Ae. an Al_2O_3; $[\alpha]_D^{22}$ +27° (c = 1,01; Aceton), +47° [c = 0,99; Aceton/W. (1 : 1)]. — **I**-*7.4'-Dimethyläther*, F. u. Misch-F. 187,5—188,5°, mit Diazomethan; $[\alpha]_D^{22}$ —12,5° (c = 1,03; Chlf.), 14,4° (c = 1,04; Aceton), 69,3° (c = 0,96; Pyridin). — *Taxifolin* (**II**), F. u. Misch-F. 238,5—240° (W.), durch Lösen von 2 g **I**/**II**-Gemisch in Ae., Extraktion mit gesätt. wss. Borsäure bei p_H 5—6 (Na_2CO_3), Ansäuern mit H_2SO_4 u. Ae.-Extraktion; $[\alpha]_D^{20}$ 46° (c = 0,93; Aceton/W.); 0,4 g. — Aus der Neutralfraktion wurden nach Wasserdampfdest. 250 g eines nach Cedernholz riechenden *Öles* erhalten. 144 g davon gaben nach Fraktionierung 85 g *Widdren* (**III**) ($Kp._9$ 114°), *4 g vom* $Kp._{10}$ *123°* u. 35 g *Cedrol* (F. u. Misch-F. 85—86° [Methanol/W.], nach Sublimation; $[\alpha]_D^{20}$ 10° [c = 1,07; Chlf.]). (Chem. Ber. **89**. 341—43. 31/1. 1956. Stockholm, KTH, Organ.-chem. Inst.) W. GEHRMANN. 3950

J. S. Mills und **A. E. A. Werner,** *Die Chemie von Dammarharz.* Eine Probe von indones. *Dammarharz*, die als recentes Harz vermutlich der Species Hopea micrantha Hook (Dipterocarpaceae) entstammte, wurde einer eingehenden chromatograph. u. papierchromatograph. Unters. unterworfen. Die Behandlung des Ausgangsmaterials mit Methanol lieferte einen lösl. Anteil, der chromatographiert wurde, u. einen Rückstand von *β-Resen* (**I**), der sich in eine ätherlösl. u. eine ätherunlösl. Fraktion aufspalten ließ. Eine Auftrennung in definierte Einzelverbb. gelang bei **I** nicht, nach Mol.-Gew.-Bestimmungen liegen hier Polymerisationsprodd. der im Dammarharz vorhandenen tetracycl. Triterpene vor. Der für die Chromatographie bestimmte Anteil des Harzes wurde in PAe. aufgenommen, von der Hauptmenge der sauren ungelösten Bestandteile wurde abfiltriert u. auf eine Al_2O_3-Säule gegeben. Die Verwendung geeigneter Elutionsmittel (52 Fraktionen) erlaubte die Isolierung von *Dammadienon* (**II**), *Dammadienol* (**III**), *Oxydammarenon* in 2 isomeren Formen (**IV** u. **V**), *Oxyhopanon* (**VI**) u. von *Dammarendiol* in 2 isomeren Formen (**VII**) u. **VIII**). Die Überprüfung der Verbb. auf Einheitlichkeit erfolgte mit Hilfe der Papierchromatographie. **II** gibt als Keton eine positive Rk. mit dem Reagens nach ZIMMERMANN (m-Dinitrobenzol + Alkali), die CO-Gruppe muß nach der Infrarotabsorption bei 1711 cm^{-1} in einem 6-Ring liegen. Das zugehörige **III** war über das *Acetat* in reinem Zustand zu gewinnen, hat 2 Doppelbindungen u. muß nach den analyt. Daten ein Gerüst von 4 Ringen enthalten. Die Verb. muß ebenso wie **II** nach den bei 3075, 1640 u. 890 cm^{-1} liegenden Infrarotabsorptionsbanden eine Vinylidengruppierung enthalten. Die isomeren Ketole **IV** u. **V** zeichnen sich bei gleichen R_f-Werten durch verschied. FF. u. Drehwerte aus. Bei der Red. gehen sie in die isomeren u. gleichfalls aus dem Harz isolierbaren Diole **VII** u. **VIII** über. Oxydation mit CrO_3 führt unter Abspaltung von *Aceton* zur Bldg. zweier *Ketolactone*, die nach der Infrarotabsorption bei 1711 u. 1785 cm^{-1} neben der Ketogruppe eine γ-Lactongruppierung enthalten. Die Struktur des zugrunde liegenden tetracycl. Triterpensyst. bleibt noch aufzuklären. **VI**, ein drittes, gesätt. Ketol, ist als ein Syst. mit 5 kondensierten Ringen anzusehen. Der bei der Aufarbeitung des Dammarharzes gewonnene saure Anteil ließ sich durch Umkristallisation u. Chromatographie der *Methylester* in *Dammarolsäure* (**IX**), *Dammarenolsäure* (**X**) u. *Ursonsäure* auftrennen. Die dem *Dammarenonsäuremethylester* zugehörige freie *Säure* wurde nicht hergestellt. **X** als Hauptbestandteil des Säuregemisches besitzt eine OH-Gruppe (Absorption bei 3620 cm^{-1}) u. 2 Doppelbindungen, deren eine der Vinylgruppierung zuzuordnen ist (Absorption bei 3070, 1640 u. 895 cm^{-1}). Die Oxydation des *Methylesters* lieferte neben *Aceton* ein *Methylesterlacton*, die Red. mit $LiAlH_4$ ein als *Monoacetat* charakterisierbares *Diol*.

Versuche ($[\alpha]_D$ in Chlf.; Al_2O_3 für die Chromatographie durch mehrstd. Liegen an der Luft teilweise inaktiviert): Papierchromatographie unter Verwendung von Kerosin in der stationären Phase u. Propanol-(2)–W.–Kerison (7 : 3 : 1) in der mobilen Phase. Sichtbarmachung nach HALPHEN-HICKS durch Besprühen mit Phenol in CCl_4 u. Einhängen in Br_2-Dämpfe oder in die Dämpfe einer Mischung von $SOCl_2$ mit 20% $SnCl_4$ (Modifikation nach NOLLER). — *β-Resene* (**I**), ätherlösl. Anteil F. 160—210°, $[\alpha]_D$ —25° (c = 1,59), R_f 0,15, ätherunlösl. Anteil F. 210—240°, $[\alpha]_D$ —33° (c = 1,55), R_f 0,15, als Rückstand beim Digerieren von Dammarharz mit heißem Methanol u. Abkühlenlassen; zu 29% enthalten; Reinigung durch Aufnehmen in Chlf. u. Fällen mit Methanol, bei der Chromatographie an Al_2O_3 (Ligroin–Ligroin + Bzl.) Fraktionen mit dem Mol.-Gew. 1830—4040. — *Dammadienon* (**II**), $C_{30}H_{48}O$, F. 72—75°, $[\alpha]_D$ +81° (c = 0,78), R_f 0,25, wie die folgenden Verbb. durch Chromatographie des von **I** u. der Hauptmenge an Säuren befreiten u. in Ligroin aufgenommenen Harzes, Elution mit Mischungen von Ligroin + Bzl., Bzl. + Ae., Ae. + Methanol u. Methanol; Rk. nach HALPHEN-HICKS orangerot, nach NOLLER malvenfarben, mit Tetranitromethan gelbe Färbung, aus Methanol Blättchen. *Oxim*, $C_{30}H_{49}ON$, F. 200—210° (verd. A.). *2.4-Dinitrophenylhydrazon*, $C_{36}H_{52}O_4N_4$, unrein, F. 140—155°. — *Dammadienol* (**III**), $C_{30}H_{50}O$, F. 136—138°, $[\alpha]_D$ +47° (c = 0,6), R_f 0,35, Rk. nach HALPHEN-HICKS orangebraun-rosa, mit Tetranitromethan gelbe Färbung, Trennung von den begleitenden Ketolen durch Chromatographie der Acetate. Bei der Oxydation mit CrO_3 in Eisessig + Bzl. Umwandlung zu **II**. *Acetat*, $C_{32}H_{52}O_2$, F. 151—153°, $[\alpha]_D$ +60° (c = 0,68), R_D 0,19, aus A. flache Nadeln. — *Isomere Oxydammarenone* (**IV** u. **V**), $C_{30}H_{50}O_2$, F. 145—147 u. 134—136°, $[\alpha]_D$ +60° (c = 1,34) u. +66° (c = 1,18), R_f 0,62, Auftrennung durch Auslesen der verschied. Kristallformen u. Umkristallisation aus Methanol. **IV** leichter lösl., Drusen; **V** große Platten. Rk. nach HALPHEN-HICKS orangebraun-rosa, nach NOLLER grünlich; für beide Formen positive Rk. nach ZIMMERMANN. Bei der Oxydation von **IV** mit CrO_3 in Eisessig + Bzl. entstehen *Aceton* u. ein *Ketolacton*, $C_{27}H_{42}O_3$, F. 218—220°, $[\alpha]_D$ +53° (c = 1,11), R_f 0,9, aus Methanol Nadeln, Rk. nach NOLLER gelb-rosa, positive Rk. nach ZIMMERMANN, Rkk. nach HALPHEN-HICKS u. mit Tetranitromethan negativ. Bei Oxydation von **V** entsteht gleichfalls ein *Ketolacton*, $C_{27}H_{42}O_3$, F. 183—185°, $[\alpha]_D$ +69° (c = 1,06), R_f-Wert u. Farb-Rkk. wie bei vorst. Ketolacton. — *Oxyhopanon* (**VI**), $C_{30}H_{50}O_2$, F. 252—256°, $[\alpha]_D$ +64° (c = 1,68), R_f 0,66, aus A. Nadeln, Rk. nach HALPHEN-HICKS bräunlichgelb, nach NOLLER bräunlich, positive Rk. nach ZIMMERMANN, keine Färbung mit Tetranitromethan; Acetat nicht darstellbar. *2.4-Dinitrophenylhydrazon der Anhydroverb.*, $C_{36}H_{52}O_4N_4$, F. 241—243° (Zers.; A. + Bzl.). *Oxim*, $C_{30}H_{51}O_2N$, F. 295—298° (Zers.; A. + Chlf.). — *Isomere Dammarendiole* (**VII** u. **VIII**), $C_{30}H_{52}O_2$, F. 142—144 u. 131—133°, $[\alpha]_D$ +27° (c = 1,23) u. +33° (c = 1,19), R_f 0,82, Auftrennung durch abermalige Chromatographie; Rk. nach HALPHEN-HICKS orange-rosa, nach NOLLER malvenfarbengrau. **VII** aus verd. Methanol u. Nitromethan in Nadeln; *Monoacetat*, $C_{32}H_{54}O_3$, F. 149 bis 150°, $[\alpha]_D$ +32° (c = 0,87), aus Methanol Nadeln; **VIII**, Umkristallisation wie bei **VII**; Nadeln. *Monoacetat*, Platten, F. 135—137° (Methanol), $[\alpha]_D$ +37° (c = 0,92). **VII** u. **VIII** auch durch Red. von **IV** u. **V** mit Na in Alkohol. — Isolierung der Säuren aus dem mit PAe. fällbaren Anteil des Harzes, teilweise auch während der Chromatographie der Neutralstoffe anfallend, Reinigung durch Chromatographie der Methylester. — *Dammarolsäure* (**IX**), $C_{30}H_{48}O_6$ oder $C_{30}H_{50}O_6$, F. 315° (Zers.), $[\alpha]_D$ +49° (c = 1,58), R_F 0,96, durch fraktionierte Kristallisation aus Ae., A. u. Aceton; mikrokristallin; Rk. nach Noller blaßorange-malvenfarben-blau, nach Halphen-Hicks negativ, schwache Färbung mit Tetranitromethan. **IX**-*Methylester*, $C_{31}H_{50}O_6$ oder $C_{31}H_{52}O_6$, mit CH_2N_2, F. 222—224°, $[\alpha]_D$ +52° (c = 1,24), aus Methanol Nadeln. *Acetat*, F. 160—175°, $[\alpha]_D$ +37° (c = 1,19). *Methylesteracetat*, F. 145—150° (Methanol). — *Dammarenolsäure* (**X**), $C_{30}H_{50}O_3$, F. 138 bis 142°, $[\alpha]_D$ +43° (c = 0,98), R_F 0,86, aus verd. Methanol Nadeln, über den *Methylester*, $C_{31}H_{52}O_3$, F. 89—92°, $[\alpha]_D$ +41° (c = 1,45), R_F 0,54, aus Methanol Nadeln; Rk. nach Noller blaßorange-grau-malvenfarben, nach Halphen-Hicks braun-rosa, gelbe Färbung mit Tetranitromethan. Bei der Oxydation mit CrO_3 in Eisessig + Bzl. entstehen *Aceton* u. ein *Methylesterlacton*, $C_{28}H_{44}O_4$, F. 125—128°, $[\alpha]_D$ +43° (c = 0,7), R_F 0,93, aus Methanol Nadeln; Rk. nach Noller rosa oder malvenfarben. Bei der Red. mit $LiAlH_4$ in Ae. u. Acetylierung wird ein *Diolmonoacetat*, $C_{32}H_{54}O_3$, erhalten; F. 124 bis 127°, $[\alpha]_D$ +45° (c = 0,97), R_F 0,55; Rk. nach Noller malvenfarben, nach Halphen-Hicks orangebraun-rosa. *Ursonsäure*, $C_{30}H_{46}O_3$, F. 270—275°, $[\alpha]_D$ +80° (c = 0,9), R_F 0,74, teilweise auch bei der Chromatographie der Neutralstoffe anfallend; Rk. nach Noller schwach orange-malvenfarben-hellblau. *Methylester*, $C_{31}H_{48}O_3$, F. 192—194°, $[\alpha]_D$ +84° (c = 1,23), R_F 0,8, aus A. große Platten. Bei der Red. mit $LiAlH_4$ *Uvaol*, $C_{30}H_{50}O_2$, F. 225—227°, $[\alpha]_D$ +63° (c = 1,34), R_F 0,8, aus Methanol lange Nadeln; Rk. nach Noller malvenfarben; bei Red. mit $NaBH_4$ u. Acetylierung *Methylursolatacetat*, $C_{33}H_{53}O_4$, F. 245—247°, $[\alpha]_D$ +55° (c = 1,22), R_F 0,33; Rk. nach Noller rosa, nach Halphen-Hicks schwach blau. — *Dammarenonsäuremethylester*, $C_{31}H_{50}O_3$, F. 120—121,5°, $[\alpha]_D$ +62° (c = 0,78), R_F 0,44; Rk. nach Noller bräunlich, nach Halphen-Hicks gelbbraun, positive Rk. nach Zimmermann, gelbe Färbung mit Tetranitromethan. — Einige mit Perbenzoesäure in Chlf. bei 0° durchgeführte Titrationen zeigten, daß **III** zwei, **VIII** eine u. **X** zwei Doppelbindungen enthalten müssen. **IX** erweist sich als gesättigt. (J. chem. Soc. [London] **1955**. 3132—40. Sept. London, Nat. Gallery.) K. Zopff. 3950

Louis Frederick Fieser, Mary Fieser, Lehrbuch der organischen Chemie. 2. verb. Aufl. Übers. u. bearb. v. H. R. Hensel. Weinheim/Bergstr.: Verl. Chemie. 1955. (XX + 1244 S. m. Abb.) 8°. DM 56,—.

Robert Müller, Organische Chemie. Bearb. v. J. Klosa. 4. durchges. Aufl. Berlin: Verl. Technik. 1955. (266 S.) 8°. DM. 13,—.

F. Radt, Elsevier's encyclopaedia of organic chemistry, vol. 12, B (9) Naphthalene: Sulphonic acids. London: Distr. Cleaver-Hume Pr. 1956. (960 S.) 8°. 430 s.

D. Makromolekulare Chemie.

G. Champetier, *Makromolekulare Chemie und die Plastomeren.* Zusammenfassung über die geschichtliche Entw. der Polymeren, ihre Typen, ihren Bildungsmechanismus, die intermol. Bindungskräfte, die Übergangstemp. 1. u. 2. Ordnung sowie Besprechung einiger Vinylpolymeren, Polyamide, Polyester, Phenoplaste, Aminoplaste u. Silicone (ohne Literaturangaben.) (Mém. Soc. Ing. Civils France **107**. 15—26. Jan./März 1954. Paris, Sorbonne.) W. Ruske. 4000

Bertil Jacobson, *Die Hydratationsstruktur von Makromolekülen.* Von den bekannten experimentellen Beobachtungen ausgehend, daß beim Lösen gewisser Makromoll. sich die Röntgenbeugungsmaxima des W. verschieben u. ihre relative Höhe ändern, daß die protonenmagnet. Resonanzlinien breiter werden u. schließlich die DK. u. die Viscosität zunehmen, entwickelt Vf. eine Hypothese über die Wechselwrkg. zwischen den Makromoll. u. Wasser. Danach wird das Wassergitter beim Lösen eines Makromol. (I) in verschiedener Weise stabilisiert. Wenn **I** auf seiner Oberfläche viele O- u. N-Atome in solchen Lagen besitzt, daß sie in das ideale Wassergitter passen, dann bildet sich eine fast ideale Viererkoordination des Wassers. Als Ergebnis nimmt die Anzahl der Frenkel-Defekte ab. Damit hat sich eine „gittergeordnete" Hydratationsschale gebildet. Andererseits können die H-Bindungen auf der Oberfläche des **I** derart angeordnet sein, daß keine Bindung mit dem Wassergitter gebildet wird. In diesem Fall beobachtet man keinen ordnenden Einfl. u. die Struktur des W. bleibt ungeändert oder wird sogar regelloser. Die Fähigkeit einer Substanz, das Wassergitter zu stabilisieren, hängt von 2 Faktoren ab. Zunächst muß, wie schon ausgeführt, die Oberfläche des **I** in das Wassergitter passen. Ferner ist die absol. Größe jedes **I** bei der Best. der Fähigkeit zur Stabilisierung eines von der Wechselwirkungsoberfläche entfernten großen Wasservol. von Wichtigkeit. Pro Volumeinheit der Substanz hat ein hochasymm. Mol. einen größeren Einfl. als ein kugelförmiges Molekül. Nach dieser Hypothese wird die Löslichkeit eines **I** z. T. durch das Einpassen der **I**-Oberfläche in das Wassergitter bestimmt. Wenn die Anzahl der H-Bindungen zwischen der I-Oberfläche u. dem Wassergitter klein ist im Verhältnis zu den H-Bindungen zwischen den I, dann ist die Substanz nahezu unlösl. in W., z. B. unlösl. Stärke. Ist das Ineinanderpassen besser, dann lassen sich Lsgg. von selbst hohen Konzz. herstellen, z. B. lösl. Stärke u. gewisse Proteine. Ist das Ineinanderpassen sehr gut, dann ist die Substanz in allen Verhältnissen mit W. mischbar, z. B. Desoxyribonucleinsäure u. Hyaluronsäure. (Svensk kem. Tidskr. **67.** 1—17. 1955. Stockholm, Karolinska Inst., Dep. of Biochem.) C. Gottfried. 4000

Ephraim Katchalski, Matatiahu Gehatia und **Michael Sela,** *Molekulargewichtsverteilung von linearen und mehrkettigen Polyaminosäuren. Statistische Analyse.* Theoret. Arbeit. Die statist. Analyse der Mol.-Gew.-Verteilung von linearen Polyaminosäuren führt zu den gleichen Ergebnissen, wie sie von Katchalski, Shalitin u. Gehatia (vgl. C. **1956.** 3592) auf kinet. Wege erhalten wurden. Die Statistik wird auf mehrkettige Polyaminosäuren, die durch Polymerisation von N-Carboxy-α-aminosäureanhydriden in Ggw. eines mehrfunktionellen Initiators erhalten werden, ausgedehnt. Bei Fehlen einer Abbruch-Rk. wird eine scharfe Mol.-Gew.-Verteilung berechnet. Der Maximalwert des Zahlenmittels M_n des Mol.-Gew., der bei Verwendung eines b-funktionellen Initiators beim Vorliegen einer Abbruch-Rk. erhalten wird, ist um den Faktor b größer als bei Verwendung eines monofunktionellen Initiators. Bei wachsendem b nähert sich das Verhältnis M_w/M_n dem Wert 1. (J. Amer. chem. Soc. **77.** 6175—82. 5/12. 1955. Rehovoth, Israel, Weizmann Inst. of Sci., Dep. of Biophys.) O. Fuchs. 4000

A. M. Liquori, *Molekulare Konfiguration von gedehntem Polyisobutylen.* Für gedehntes Polyisotbutylen, welches nach Brill u. Halle (vgl. Naturwissenschaften **26.** [1938.] 12) eine rhomb. Zelle mit a = 6,94 Å, b = 11,96 Å, c = 18,63 Å besitzt, wurde für eine Anzahl von Schraubenkonfigurationen eine quasistatist. Analyse unter Benutzung der Theorie von Cochran, Crick u. Vand (vgl. C. **1953.** 4881) über die Fourier-Transformation von Atomen auf einer Schraube durchgeführt. Die beste Übereinstimmung zwischen der Intensitätsverteilung des Röntgenfaserdiagramms mit der berechneten Intensitätsverteilung ergab sich für eine gleichmäßige Schraubenkonfiguration, welche $^8/_5$ Monomere pro Drehung u. einen C—C—C-Winkel von ca. 114° in der Haupt-C-Kette besitzt. (Acta crystallogr. [Copenhagen] **8.** **345**—**47.** 10/6. 1955. Rom, Centro di Strutturistica Chim. del C.N.R., u. Univ., Ist. di Chim. Farmaceut.) C. Gottfried. 4010

Enrico Cernia und **Giuseppe Ciampa,** *Beitrag zur Konzentrationsabhängigkeit der Viscositätszahl sehr verdünnter Polyvinylchloridlösungen.* Von 4 *Polyvinylchlorid*-Proben (**I** bei 50°, **II** bei 55°, **III** u. **IV** bei —10° polymerisiert) wurde bei 25° die Konzentrationsabhängigkeit von η_{sp}/c im c-Bereich 0,2—2 g/Liter in Cyclohexanon als Lösungsm. gemessen. Die M_n-Werte von **I**—**IV** betragen 51200, 52200, 46300 u. 103900, je berechnet aus der ([η], M_n)-Beziehung; die zugehörigen Hugginsschen Konstanten sind 0,42, 0,40, 0,40 u. 0,32. Bei **III** u. **IV** ändert sich η_{sp}/c linear mit c, während bei den stärker verzweigten Proben **I** u. **II** gegen die c-Achse konkave Kurven erhalten wurden. (Makromolekulare Chem. **16.** 177—82. Okt. 1955. Terni, Labor. Ricerche della Soc. Polymer.) O. Fuchs. 4010

W. H. T. Davison, *Infrarotspektren und Kristallinität.* 3. Mitt. *Poly-[äthylenglykol].* (2. vgl. J. chem. Soc. [London] **1955.** 2431.) Es wurden die Infrarotspektren von kristallinem u. geschmolzenem *Poly-[äthylenglykol]* untersucht. Aus den Spektren des kristallinen Polymeren konnte zunächst geschlossen werden, daß der $O\cdot[CH_2]_2\cdot O$-Teil der polymeren Kette gauche-Konfiguration besitzt. Eine Bestätigung der Zuordnungen der CH_2-Pendelschwingungen lieferte der beobachtete Dichroismus, aus dem auch die Orientierung der Kette hergeleitet werden konnte. Aus dem mittleren dichroit. Verhältnis ~1,6 der symm. Kipp-, Drill- u. Pendel-CH_2-Schwingungsarten folgt, daß die zweizählige Symmetrieachse der $O\cdot[CH_2]_2\cdot O$-Gruppe gegen die Faserachse ca. 48° geneigt ist. Aus den dichroit. Verhältnissen der asymm. Pendel- u. Kippschwingungsarten konnte geschlossen werden, daß die X- u. Y-Achsen dieser Gruppe gegen die Faserachse ca. 65° geneigt sind. Die $O\cdot[CH_2]_2\cdot O$-Gruppe ist danach mit ihrer zweizähligen Achse ca. 48° u. die C—C-Bindung ca. 65° gegen die Fasserachse geneigt. Die 2 COC-Schwingungen haben senkrechten Dichroismus, was darauf hinweist, daß sowohl die C—C-Richtung u. die Bisektrix gegen die Faserachse ca. 70° geneigt sind. Diese schiefe Orientierung der Methylen- u. COC-Gruppen ist in Übereinstimmung mit einer Schraubenkonfiguration. Mit Hilfe von Modellen wird gezeigt, daß das beste Modell der Kette aus einer Schraube mit dreizähliger Schraubenachse besteht. In dem Spektr. des geschmolzenen Polyäthylenglykols sind die meisten Absorptionsbanden gegenüber dem Spektrum der kristallinen Verb. stark verbreitert, doch verschwindet keine der Hauptbanden. Die Konfiguration der $O\cdot[CH_2]_2\cdot O$-Gruppe ist daher substantiell im geschmolzenen u. kristallinen Zustand gleich. (J. chem. Soc. [London] **1955.** 3270—74. Sept. Birmingham, Dunlop Res. Center, Chem. Res. Div.) C. Gottfried. 4010

Jen-Yuan Chien und **Kwan-I Shih,** *Scherabhängigkeit der Viscosität von Polymethylmethacrylat in Benzol. Polymethacrylsäuremethylester* (I) wird aus Methacrylsäuremethylester mit Benzoylperoxyd als Katalysator hergestellt u. aus Acetonlsg. bei verschied. Tempp. fraktioniert gefällt (Mol.-Gew. ca. 0,4—5·10^6). Die Viscosität der Benzollsg. von I wird bei 25° mit dem UBBELHODE-Viscosimeter bei äußerem Druck gemessen. Die maximale Schergeschwindigkeit D_R an der Wand der Viscosimetercapillare ist ca. 500—8000 sec^{-1} (entsprechend der maximalen Scherbeanspruchung S_R 12,5 bis 123,8 dyn/cm^2). Nur die Lsg. von I mit dem kleinsten Mol.-Gew. (4·10^5) zeigt NEWTONsches Verh., die mit größeren Mol.-Geww. dagegen nicht. Bei nicht-NEWTONschen Lsgg. des Polymerisats wird die relative Viscosität η_r als das Verhältnis von D_R (Lösungsm.) zu D_R (Lsg.) bei gleichem S_R definiert. Die nach dieser Definition berechnete η_r zeigt, daß die Extrapolation von lnη_r oder von anderen Funktionen der η_r nach $D_R \to 0$ nicht anwendbar ist, weil die lnη_r-Werte bei kleiner werdenden D_R-Werten von der linearen Extrapolation mehr u. mehr abweichen. Zwei Definitionen der Intrinsicviscosität werden vorgeschlagen: bei gegebenem D_R $[\eta]_D = \lim_{c\to 0}(\ln\eta_r'/c)_{D_R}$ u. bei gegebenem S_R $[\eta]_S = \lim_{c\to 0}(\ln\eta_r'/c)_{S_R}$ (c = Konz. in g/100 cm^3). Bei gegebenem D_R ist $\ln\eta_r'/(c-c)$ eine lineare u. $(\eta_r' - 1)/c$ eine kurvenförmige Funktion von c. Bei gegebenem S_R sind beide Werte lineare Funktionen von c. Mit zunehmendem D_R oder S_R nehmen $[\eta]_D$ oder $[\eta]_S$ ab, ihre Extrapolation nach $D_R \to 0$ ist nicht anwendbar. Vff. schlagen in diesem Fall für die viscosimetr. Mol.-Gew.-Best. des Polymerisats die Benutzung von $[\eta]_D$ bei D_R = 3000 sec^{-1} oder $[\eta]_S$ bei S_R = 25 dyn/cm^2 vor. Bei NEWTONschen Lsgg. sind beide Definitionen der Intrinsicviscosität identisch. (Acta chim. sinica **21.** 78—97. 1955. Academia Sinica, Inst. für organ. Chem. [Orig.: chines.; Auszug: engl.]) E. MAEKAWA. 4010

Herbert Morawetz, *Die Natur von Kupfer(II)-komplexen mit Polyacrylsäure und Polymethacrylsäure.* Im UV-Bereich wurden die Absorptionsspektren der wss. Lsgg. von Cu^{2+} (1,9·10^{-4} molar) + Na-Acetat (0,018—3,15 mol.) u. von Cu^{2+} + *Polymethacrylsäure,* die zu 34% neutralisiert war (I), 0,01—0,1 mol., aufgenommen. Aus dem Vgl. der Spektren folgt, daß an der Chelatbldg. zwischen Cu u. I vier COOH-Gruppen beteiligt sind. Das Absorptionsmaximum von Cu + I liegt bei 2620 Å, während das von Cu + Polyacrylsäure nach WALL u. GILL (vgl. J. physic. Chem. **58.** [1954.] 1128) bei 2520 Å liegt. Die Höhe des Maximums fällt bei zunehmender I-Konz. ab (Hinweis auf eine Störung der Chelatbldg. durch Wasserstoffbrücken). (J. Polymer Sci. **17.** 442—44. Juli 1955. Brooklyn, N.Y., Polytechn. Inst. Brooklyn, Dep. of Chem.) O. FUCHS. 4010

Jen-Yuan Chien, Liang-Ho Shih und **Kwan-I Shih,** *Die Intrinsicviscosität von Polycaprolactam. Polycaprolactam* (I) wird aus ω-Caprolactam durch Erhitzen mit Eisessig in W. auf 250° hergestellt u. zur Entfernung von Monomerem u. niedrigeren Polymeren mit W. extrahiert, dann aus einer 2%ig. Lsg. von 85%ig. Ameisensäure mit W. fraktioniert gefällt. Das Mol.-Gew. wird durch Carboxylendgruppenbest. in Benzylalkohol (II) mit KOH (in II-A.) bestimmt. Die Viscosität wird in 40%ig. H_2SO_4 mit dem UBBELOHDE-Viscosimeter bei 25° gemessen. Die Abhängigkeit der Viscosität vom Mol.-Gew. im Bereich 3000—13000 folgt der Gleichung $[\eta] = 5{,}92\cdot10^{-4}\cdot M^{0,686}$ oder $[\eta] = 2{,}44\cdot10^{-5}M + 0{,}080$. Nach den drei Gleichungen $\ln\eta_r/c = [\eta] - \beta[\eta]^2c$, $\eta_{sp}/c = [\eta] + k'[\eta]^2c$ u. $\log(\eta_{sp}/c) = \log[\eta] + k[\eta]c$ wurde die Intrinsicviscosität berechnet. Die nach der ersten u. dritten Gleichung berechneten Werte sind gleich, die nach der zweiten jedoch um 1—2% kleiner. Die Werte von β u. k' nehmen mit zunehmendem Mol.-Gew. ab. Dieses abnorme Verh. zeigt, daß der Wert von k' keineswegs vom Lösungsvermögen des Solvens abhängig ist, obgleich starke Solvatation für die Auflsg. des Polymerisats von höchster Bedeutung ist. In 40%ig. H_2SO_4 zeigt I weder merkbaren Abbau noch polyelektrolyt. Eigenschaften. Da der äußere Druck keinen Einfl. auf die Viscosität hat, wird festgestellt, daß die 40%ig. H_2SO_4-Lsg. von I eine NEWTONsche Fl. u. 40%ig. H_2SO_4 daher als Lösungsm. zur Best. von Mol.-Geww. von I geeignet ist. Nach der Theorie von DEBYE u. BUECHE (C. **1948.** E. 1083) werden die Halbmesser der I-Moll. in dieser Lsg. berechnet (ca. 25,6—54,4 Å für $\overline{M}_n$ 3400—13030), sie sind jedoch viel kleiner als die Länge des linearen Mol. vom gleichen Mol.-Gewicht. Die Moll. von I liegen daher in 40%ig. H_2SO_4 in geknäuelter Form vor. (Acta chim. sinica **21.** 50—61. 1955. Academica Sinica, Inst. für organ. Chem.) [Orig.: chines., Auszug: engl.]) E. MAEKAWA. 4010

Yu-Huai Wang, Ching-Hsien Chou und **Pao-Jen Wang,** *Die Fällbarkeit von Polycaprolactam.* Die Fällbarkeit γ von *Polycaprolactam* aus Phenol-A.-W. (2 : 1 : 1 Vol.) (0,2 g in 10 cm^3) wird durch Titrierung mit Aceton als Fällungsmittel bis zur Trübung bestimmt. Die Beziehung γ u. Mol.-Gew. M (durch die Carboxylendgruppenbest.) ist durch die Gleichung γ = 21,1 + 30,100/M (für $\overline{M}_n$ 2000—5400) gegeben (vgl. SCHULZ,

Z. physik. Chem. A **179.** [1937.] 321). Die Fällbarkeit nimmt mit steigender Temp. linear zu (10—50°). (Acta chim. sinica **21.** 72—76. 1955. Academia Sinica, Inst. für organ. Chem. [Orig.: chines.; Auszug: engl.]) E. Maekawa. 4010

Te-Ho Chang, Kang Chen und **Jen-Yuan Chien,** *Molekulargewichtsverteilung von Polycaprolactam. Polycaprolactam* wird aus ω-Caprolactam in W. u. Eisessig im Autoklaven unter N_2 hergestellt u. zur Entfernung des Monomeren u. der niedrigeren Polymeren mit W. extrahiert [zwei Proben vom $\overline{P_n}$ = 81 (**I**) u. 91 (**II**)]. Das mittlere Mol.-Gew. wird durch Carboxylendgruppenbest. berechnet. Die Mol.-Gew.-Verteilungen werden durch fraktionierte Fällung aus 1%ig. Lsg. von 85%ig. Ameisensäure mit W. bestimmt. Die Verteilungskurve für **I** u. **II** hat ein sehr scharfes Maximum u. ein P = 136 bzw. 93. Dieses scharfe Maximum kann nach der Theorie von Flory (vgl. Chem. Reviews **39.** [1946.] 137) nicht erklärt werden. Auch die Theorien von Korschak (vgl. C. **1952.** 6066) oder von Ooiwa (vgl. J. chem. Soc. Japan, pure Chem. Sect. [Nippon Kagaku Zassi] **75.** [1954.] 239) genügen nicht, diese Tatsache zu erklären. (Acta chim. sinica **21.** 63—68. 1955. Academia Sinica, Inst. für organ. Chem. [Orig.: chines.; Auszug: engl.]) E. Maekawa. 4010

C. H. Giles, S. K. Jain und **A. S. A. Hassan,** *Die Natur der Adsorption an Cellulose aus wässerigen Lösungen.* Die Adsorption von Farbstoffen an *Cellulose* (**I**) aus wss. Lsgg. erfolgt wahrscheinlich infolge der völligen Hydratisierung der **I** nicht über H-Brücken, sondern durch van der Waalssche Kräfte. Da *Chitin* (**II**) stärker als **I** H-Brücken bildet, vergleichen Vff. die Adsorption von *Phenol* (**IV**), *Resorcin, Methanol* (**V**), *Benzolsulfonsäure, Naphthalin-2-sulfonsäure,* deren *Na-Salz, Anthracen-1-sulfonsäure* (*Na-Salz*), *Anthrachinon-2-sulfonsäure* (**VII**), deren *Na-Salz, sulfoniertem Alizarin* (**VIII**), *2-Oxyanthrachinon* (**VI**) u. dem *Azofarbstoff* (**III**) aus Anilin u. Naphthionsäure an **I** u. **II** aus W., Pufferlsg. vom p_H 9, Bzl. u. Isooctan. **IV** u. **V** werden an **I** u. **II** bei Abwesenheit von W. über H-Brücken adsorbiert; aus W. werden sie an **II** über H-Brücken, an **I** nicht adsorbiert. Einfache Sulfonsäuren werden an **II** nicht adsorbiert, wenn Salzbldg. durch einen alkal. Puffer verhindert wird, jedoch werden einige unter denselben Bedingungen an **I** adsorbiert. Freie Sulfonsäuren verschied. Mol.-Größe, die keine H-Brücken bildenden Gruppen enthalten, werden aus ungepufferten Lsgg. an **II** etwa gleich stark adsorbiert, während die Adsorption an **I** mit steigender Mol.-Größe zunimmt. Aus gepufferter Lsg. werden die fast gleich großen Moll. von **VI, VII, VIII** u. **III** an **I** etwa gleich stark adsorbiert, während an **II** NH_2- u. OH-Gruppen stärkere Adsorption verursachen. Die für van der Waalssche Adsorption nötige starke Annäherung der Moll. ist danach bei dem ebeneren Bau der **I** leichter möglich als bei **II**. (Chem. and Ind. **1955.** 629—30. 28/5. Glasgow, Royal Techn. Coll., Dep. of Techn. Chem.) F. Schauder. 4050

H. N. Rydon und **P. W. G. Smith,** *Polypeptide.* 1. Mitt. *Die Kondensationspolymerisation einiger Polyglycinester und -azide.* Die Rk. der *Polyglycinäthylester,* vom *Diglycin-* bis *Hexaglycinester,* wurde im festen u. gelösten Zustand bei höherer Temp. untersucht. Die Reaktionsprodd. wurden quantitativ durch Papierchromatographie untersucht. Der Polymerisationsgrad wurde in mehreren Fällen colorimetr. bestimmt, indem das *2.4-Dinitrophenylderiv.* mit der Zahl der Glycine nach vorhergegangener Hydrolyse verglichen wurde. — Beim Erhitzen im Vakuum ergab sich, daß nur der *Di-* (**I**) u. *Triglycinäthylester* (**II**) reagieren. **I** liefert neben *Diketopiperazin* (50%) *Tetraglycinester,* aus **II** entsteht fast ausschließlich *Hexapeptidester* neben geringen Mengen *Nonapeptidester,* während der *Triglycinmethylester* hauptsächlich ein wasserunlösl. Polymeres liefert. Die höheren Ester veränderten sich beim Erhitzen prakt. nicht. In keinem Falle konnten cycl. Peptide festgestellt werden, mit Ausnahme des Diketopiperazins. — Beim Erhitzen in m-Kresol (5%ig. Lsg.) ergab sich, das sich in jedem Falle Diketopiperazin bildet u. Peptidester, die um zwei Glycineinheiten kürzer sind als das Ausgangsprodukt. Auch hier konnten keine cycl. Peptide festgestellt werden. — Die Rk. der einzelnen Azide in wss. Lsg. führte zu unlösl. Polypeptiden.

Versuche: *Diglycylglycinäthylester* (**II**), F. 107° (Chlf./Ae.), aus dem Hydrochlorid mit C_2H_5ONa; 70% (Ausbeute). — *Diglycylglycinmethylester,* F. 110°, analog aus dem Hydrochlorid; 64%. *Hydrochlorid,* F. 197° (Methanol), durch Umsetzung von 2-Thiothiazolidon-(5) mit Glycylglycinmethylesterhydrochlorid u. Triäthylamin in Methanol u. Ansäuern mit methanol. HCl; 82%. — *Triglycylglycinäthylester,* aus dem Hydrochlorid u. Triäthylamin in W. u. Ausfällen mit A.; 74%. — *Tetraglycylglycinäthylester* (**III**), analog vorst. Verb.; 78%. — *Pentaglycylglycinäthylesterhydrochlorid,* $C_{14}H_{25}O_7N_6Cl$, F. 250° (Zers.; wss. A. + HCl), a) durch Umsetzung von 2-Thiothiazolidon-(5) mit **III** in A. u. Zusatz von alkoh. HCl; 35%; b) durch Erhitzen von **II** bei 130° u. 10^{-3} Torr für 12 Std. u. Ansäuern mit HCl; 58%. — *N-[2.4-Dinitrophenyl](DNP)-glycylglycinhemihydrat,* $C_{10}H_{10}O_7N_4 \cdot 0{,}5\,H_2O$, F. 197° (Zers.), Platten aus Methanol. —

DNP-Glycylglycylglycin, $C_{12}H_{13}O_8N_5$, F. 206—207° (Zers.; Methanol). *Äthylester*, $C_{14}H_{17}O_8N_5$, F. 190° (Zers.; wss. A.). — *DNP-Glycyldiglycylglycinäthylester*, $C_{16}H_{20}O_9N_6$, F. 218° (Zers.; W. oder Methanol). — *DNP-Glycyltriglycylglycinäthylester*, $C_{18}H_{23}O_{10}N_7$, F. 234—235° (Zers.; aus W. Nadeln). (J. chem. Soc. [London] **1955**. 2542—49. Aug. London, Imp. Coll. of Sci. and Technol., u. Manchester, Univ., Coll. of Technol.) H. Gnichtel. 4070

A. Gottschalk, *2-Carboxypyrrol: Darstellung aus Mucoproteinen und dessen in diesen enthaltene Vorstufe. 2-Carboxypyrrol* (I) wurde aus dem Alkalihydrolysat homogener Mucoproteine aus Rindersubmaxillarisdrüsen u. aus menschlichem Urin isoliert (Ausbeute ca. 0,05%). I enthielt ca. 1% einer unbekannten Substanz (II) als Verunreinigung, die papierchromatograph. nachweisbar war. II-freies I wurde in einer Ausbeute von ca. 0,03—0,05% aus dem diffusiblen Prod. erhalten, das aus Mucoprotein durch Einw. von *Vibrio cholerae*-Enzym u. anschließende milde Alkalibehandlung entstand. Die Identifizierung von I erfolgte auf Grund seines chromatograph. Verh., der UV-Absorption (λ_{max} 256 mμ, ε = 11700; Phosphatpuffer, p_H 7,0) u. der Prolinbldg. bei der katalyt. Red. (PtO_2). I liegt in biol. Material nicht als solches, sondern in Form einer Vorstufe vor (*2-Carboxy-4-oxypyrrolin?*), die leicht durch 20 Min. langes Erhitzen auf 100° in 0,1n Na_2CO_3 in I überführbar ist. Das Vork. von II in Kohlenhydrat-freien - u. -haltigen Proteinen wurde untersucht; z. B. findet sich II in allen die Virushämagglutinin-hemmenden Mucoproteinen, sehr wahrscheinlich auch in Menschenplasmamucoprotein u. Ovomucoid. (Biochem. J. **61**. 298—307. Okt. 1955. Melbourne, Walter and Eliza Hall Inst. of Med. Res.) K. Maier. 4070

Arthur V. Tobolsky, *Spannungsabnahme, Doppelbrechung und die Struktur von Gelatine und anderen polymeren Gelen.* Aus der Nichtparallelität des Abklingens der Spannung zugbeanspruchter Gelatinegele u. der Abnahme der Doppelbrechung schließt Vf., daß das Spannungsabklingen nicht allein auf Bldg. u. Abbau von Querverbindungen durch Kristallite zurückzuführen ist, sondern auf zunehmendem Wachstum orientierter, kristalliner Körper beruhen kann. (J. physic. Chem. **59**. 575. Juni 1955. Princeton, N.J., Univ., Frick Chem. Labor.) E. Moisar. 4070

Alfred Holtzer, *Deutung der Winkelverteilung des durch ein polydisperses System von Stäben gestreuten Lichtes.* In analoger Weise, wie Benoit (vgl. C. **1955**. 5087) die Best. der vollständigen Winkelverteilung des von einem polydispersen Syst. von zusammengerollten Moll. gestreuten Lichtes durchgeführt hatte, untersuchte Vf. die gleiche winkelmäßige Verteilung des von einem polydispersen Syst. von Stäbchen gestreuten Lichtes. Aus den erhaltenen Formeln läßt sich die Zahl, das Gewicht, die mittleren Mol.-Geww. des Syst. u. die effektive Bindungslänge des Mol. herleiten. Die durchgeführten Rechnungen lassen sich mit Erfolg anwenden bei teilweise polymerisiertem *Fibrinogen*, gewissen synthet. *Polypeptiden* u. teilweise zers. *Tabakmosaikvirus*, da alle diese Substanzen mehr oder weniger polydisperse Systeme von Stäben in der Größenordnung von 2000—3000 Å bilden. (J. Polymer Sci. **17**. 432—34. Juli 1955. New Haven, Conn., Yale Univ., Sterling Chem. Labor.) C. Gottfried. 4070

O. Kratky, A. Sekora und **I. Pilz**, *Über Bildung und Stabilität der beiden Modifikationen von Naturseide.* Die Stabilitätsverhältnisse der beiden *Naturseidenmodifikationen* I u. II wurden in Abhängigkeit von Erhitzungsschnitten (bis zu 200° über 10 Std. unter N_2) mittels Röntgendiagrammen untersucht. Vff. finden, daß die Seide II die stabilere Modifikation des Seidenfibroins darstellt u. daß Hitzebehandlung den Gitterbau rekrist. Seiden verbessert; ferner kommen Vff. zu der Annahme, daß die Umwandlung von I in II monotroper Natur ist. (Mh. Chem. **86**. 379—84. 1955. Graz, Inst. für theoret. u. physikal. Chem.) D. Mohring. 4070

Linus Pauling und **Robert B. Corey**, *Komplexe Schraubenkonfigurationen von Polypeptidketten: Struktur von Proteinen des α-Keratintyps.* Die N—H····O=C-Wasserstoffbrückenbindungen, die bei der α-Schraube mit ca. 3,6 Aminosäureresten pro Windung (vgl. Pauling u. Corey, C. **1953**. 7567) bei einem durchschnittlichen Abstand von ca. 2,80 Å um ±0,12 Å schwanken können u. durch ster. Hinderung (z. B. durch Prolin- u. Oxyprolinreste), durch Kräfte zwischen Seitenketten u. Carbonamidgruppen einer Polypeptidkette oder durch Anziehungskräfte zwischen Seitenketten verursacht werden können, bedingen nach Vff. durch ihre unterschiedliche Länge (2 von 4 H.-Bindungen) eine schwache Krümmung der α-Schraubenachse. Es entsteht eine über die α-Schraube gelagerte größere Schraube, die mit der α-Schraube zusammen eine komplexe Schraube A (compound helix) bildet, mit einer Ganghöhe von ca. 66 Å [5,44 Å (Gang der α-Schraube)· ca. 12 Windungen], da die Normale zur gekrümmten Schraubenachse um ca. 0,09 Drehungen von Gang zu Gang versetzt wird, d. h. nach ca. 11—12,5 Drehungen wieder die gleiche Lage erreicht. Der Drehungssinn der größeren Schraube ist der gleiche wie der der α-Schraube. Eine weitere Form der komplexen Schraube (B; seven-residue compound helix), die in Betracht gezogen wird, bei der 7 Aminosäurereste der α-Schraube von zwei ganzen Windungen nur 97,2% einnehmen, hat eine Ganghöhe von ca. 190 Å, einen Durchmesser von ca. 10 Å, u. ihr Drehungssinn ist entgegengesetzt dem der α-Schraube. Abweichungen von 1,5% in der Zahl der Reste würde die Ganghöhe auf ca. 400 Å erhöhen. Vff. glauben nun, daß sich drei solcher komplexen Schrauben B zu dreiadrigen Seilen (three-strand ropes) umeinander winden können, wobei das Seil entgegengesetzten (mit B) oder gleichgerichteten Drehungssinn (mit A) besitzen kann wie die einzelnen Adern. Ferner diskutieren Vff. noch ein siebenadriges Kabel (seven-strand cable), das aus einer zentralen komplexen Schraube A mit dem Radius der größeren Schraube von 10 Å u. sechs diese umgebenden Schrauben A besteht u. ca. 30 Å Durchmesser hat. Dieses siebenadrige Kabel ist vermutlich der eigentliche Gitterbaustein der α-Keratinproteine, wie z. B. Haar, Horn, Stacheln vom Stachelschwein. In den Lücken dieser AB_6-Kabel können noch andere komplexe Schrauben untergebracht werden, z. B. sollen beim Federkiel-Keratin die AB_6-Kabel u. die dreiadrigen Seile im Verhältnis **1** : 2 zusammengepackt sein. Die neuen komplizierteren Strukturmodelle entkräften verschied. Einwände, die gegen die α-Schraube erhoben worden sind, wie z. B. die Diskrepanz zwischen berechneter u. beobachteter Dichte. Sie gestatten weiter eine Deutung des 5,2 Å-Meridionalreflexes. Die für das AB_6-Kabel mit Hilfe des Formfaktors bzw. dessen Quadrats berechneten Äquatorialintensitäten stehen in guter, wenn auch nicht vollkommener, Übereinstimmung mit den an Röntgenaufnahmen von α-Keratinen beobachteten Werten. (Nature [London] **171.** 59—61. 10/1. 1953. Pasadena, Calif., Inst. of Technol., Gates and Crellin Labor. of Chem.) G. Mohr. 4070

Robert Frank Steiner, *Reversible Assoziationsprozesse bei Globularproteinen.* 3. Mitt. *Thermodynamik der Assoziation des monomeren Insulins.* (2. vgl. C. **1955.** 2690.) Für die ersten 2 Stufen der Assoziation des *monomeren Insulins* (I; Mol.-Gew. 12000) in saurer (HCl), 0,2 mol. KCl-Lsg. wurde mittels der Lichtzerstreuungsmeth. die reziproke red. Trübung c/τ_0 in Abhängigkeit von der Konz. bei p_H 3,07, 2,48 u. 2,06 u. den Tempp. 19, 31 u. 41° sowie die Assoziationskonstanten k_2 u. k_3 in Abhängigkeit vom p_H u. der Temp. bestimmt. Die Werte für k_2 ($10^{-3} \pm 20\%$ Mol/Liter) u. k_3 ($10^{-3} \pm 40\%$ Mol/Liter) liegen zwischen 16,0 u. 2,0 (p_H 3,07—2,06) bzw. 9,0 u. 0,66. Hieraus wurden nach $\Delta F_2 = -RT \ln k_2$ die freie Energie, nach $-\Delta H_2 = R \cdot d \ln k_2/d(1/T)$ die Assoziationswärme sowie nach $\Delta S_2 = (\Delta H_2 - \Delta F_2)/T$ die Entropie bei 19° T berechnet. Der Assoziationsmechanismus u. die Konfiguration des trimeren I in Lsg. werden diskutiert. (Arch. Biochem. Biophysics **44.** 120—33. Mai 1953. Bethesda, Md., Naval Med. Res. Inst.) K. Nehring. 4070

R. F. Steiner, *Reversible Assoziationsprozesse bei Globularproteinen.* 4. Mitt. *Fluorescenzmethoden zur Untersuchung von Proteinwechselwirkungen.* (3. vgl. vorst. Ref.) Die Fluorescenzmeth. beruht darauf, daß eine kleine Menge eines fluorescierenden Farbstoffes an ein Protein gekoppelt wird; der Grad der Polarisation der Fluorescenzstrahlung kann dann unter gewissen Bedingungen dazu benutzt werden, um die charakterist. Relaxationszeit des in Lsg. befindlichen Proteins zu bestimmen. Vf. wendet die Meth. zur Unters. der Wechselwrkg. vom elektrostat. Typ zwischen *Lysozym* (I)–*Nucleinsäure* (II), I-*Serumalbumin* (III) u. III–II an. Die Wechselwrkg. ist bedeutend, wenn die beiden Makromoll. entgegengesetzt geladen sind; sie ist von der Ionenstärke abhängig. (Arch. Biochem. Biophysics **46.** 291—311. Okt. 1953.) K. Nehring. 4070

Robert Frank Steiner, *Reversible Assoziationsprozesse bei Globularproteinen.* 5. Mitt. *Die Untersuchung der assoziierenden Systeme mit den Methoden der makromolekularen Physik.* (4. vgl. vorst. Ref.) Vf. untersucht theoret. die Assoziation von Proteinen, die nach dem Schema $A_1 + A_1 \rightleftharpoons A_2$; $A_2 + A_1 \rightleftharpoons A_3$; $\cdots A_i + A_1 \rightleftharpoons A_{i+1}$ verläuft. Mit Hilfe der entwickelten Formeln ist es möglich, mit den „stat." Methoden der Lichtstreuung oder des osmot. Druckes die Assoziationskonstanten der aufeinanderfolgenden Polymeren A_1, A_2, $A_3 \ldots A_{i+1}$ zu erhalten. Sind die Assoziationskonstanten bekannt, so können aus den Ergebnissen der „dynam." Methoden (Diffusion, Elektrophorese u. Sedimentation) die entsprechenden Koeffizienten jedes Polymeren mit Hilfe der gleichfalls abgeleiteten Formeln errechnet werden. (Arch. Biochem. Biophysics **49.** 400—16. April 1954.) K. Prchal. 4070

Marguerite Davis, *Reichweite von Elektronen niedriger Energie in Protein.* Vf. bestrahlte dünne gleichmäßige Schichten von *Desoxyribonuclease* (I) bzw. *Invertase* (II) mit Elektronen verschied. Energiegeh. (bis ca. 2000 eV), wobei ein Teil der Fermente inaktiviert wird, u. berechnet aus den verbleibenden Aktivitätswerten die inaktivierte Schichtdicke u. damit die Reichweite der Elektronen. Gegenüber den von Lea (Camb. Univ. Press [1945]) aus Reichweitemessungen von Elektronen hohen Energiegeh. durch Extrapolation berechneten Werten zeigen die Messungen bei den Elektronen niedrigen Energiegeh. eine geringere Reichweite. Bis zu einer Energie von 300 eV beträgt die inaktivierte Schichtdicke bei I konstant ca. 60 Å, d. h. etwa einen Moleküldurchmesser. Zwischen 300 u. 1500 eV stimmen die Reichweitemessungen der Elektronen bei I u. II überein, während bei höheren Energiewerten die Messungen bei II eine höhere Reichweite als bei I ergeben. (Nature [London] **175.** 427—28 5/3. 1955. Cambridge, Univ., Dep. of Radiotherapeutics.) K. Nehring. 4090

Waldo E. Cohn, *Isolierung und Identifizierung von Desoxy-5-methylcytidylsäure aus Thymusnucleinsäure.* Durch Fraktionierung enzymat. Digestate von Thymus-*Desoxyribonucleinsäure* (I) an einem stark bas. Anionenaustauscher (Formiat-Form) wurde aus der *Desoxycytidylsäure* (V)-Fraktion in ca. 3%ig. Ausbeute ein *Desoxynucleotid* (II) des *5-Methylcytosins* (III) isoliert. Die Identifizierung von III erfolgte durch a) II-Hydrolyse in 72%ig. $HClO_4$ (40 Min., 100°), Adsorption an einem Kationenaustauscher (Sulfonsäuretyp), Eluierung mit NH_4OH u. spektroskop. Vgl. der Pyrimidinbase mit synthet. III; b) II-Hydrolyse in 99%ig. HCOOH (2 Std., 175°), Papierchromatographie (Butanol–W., R_F 0,28) u. spektroskop. Vgl. des Eluats mit synthet. III. Bei Inkubierung des HCOOH-Hydrolysats mit gereinigter Cytosindesaminase (Hefe) entstand *Thymin.* II ist im Isobutanol–NH_3-Syst. papierchromatograph. von Adenylsäure, Guanylsäure u. Cytidylsäure abtrennbar. Das Verhältnis Phosphat : Desoxypentose (IV) : III wurde mit Desoxyadenylsäure als IV-Standard zu 1,6 : 1,0 : 1,8, mit V als IV-Standard zu 1,6 : 2,4 :1,8 gefunden. Die UV-Absorption von II ist der der anderen Cytidylsäuren ähnlich. II bildet nur eine saure u. eine neutrale Form. Die Befunde zeigen, daß das neue II aus I *Desoxy-5-methylcytidylsäure* darstellt. (J. Amer. chem. Soc. **73.** 1539—41. 10/4. 1951. Oak Ridge, Tenn., Nat. Labor., Biol. Div.) K. Maier. 4090

E. Biologische Chemie. Physiologie. Medizin.

E_1. Allgemeine Biologie und Biochemie.

K. A. C. Elliott, *Methodik der Gewebeschnitte.* Übersicht. — 17 Literaturangaben. (Methods Enzymol. **1.** 3—9. 1955. Montreal, Canada, Neurol. Inst.) K. Maier. 4150

Paul R. Gorham, *Isolierung intakter und zerkleinerter Chloroplasten.* Übersicht. 14 Literaturangaben. (Methods Enzymol. **1.** 22—25. 1955. Ontario, Canada, Nat. Res. Council.) K. Maier. 4150

George H. Hogeboom, *Fraktionierung der Zellkomponenten tierischer Gewebe.* Übersicht. — 26 Literaturangaben. (Methods Enzymol. **1.** 16—19. 1955. Bethesda, Md., Nat. Cancer Inst.) K. Maier. 4150

Leon Heppel, *Die Trennung von Proteinen und Nucleinsäuren.* Arbeitsvorschrift. (Methods Enzymol. **1.** 137—38. 1955. Bethesda, Md., Nat. Inst. of Health.) K. Maier. 4150

B. B. Biswas, *Die chemische Natur der Nucleinsäuren in Cyanophyceen.* Aus der Caynophycee *Nostoc muscorum* isolierte *Desoxyribonucleinsäure* (I) gibt positive Dische-Rk. (Ggw. von Desoxypentosezucker). Chromatographie des Hydrolysats läßt die Basen *Guanin* (II), *Adenin* (III) u. *Cytosin* (IV) erkennen, während *Thymin* (II) auf diese Weise nicht nachweisbar war. Nach Durchleiten von $^{14}CO_2$ durch eine *Nostoc*-Suspension in Phosphatpuffer (p_H 7, 6 Std., Ggw. von Licht) war in der isolierten I autoradiograph. II feststellbar, so daß Cyanophyceae-I derjenigen anderer Provenienz entspricht. Aus dem I-Filtrat durch A.-Fällung erhaltene *Ribonucleinsäure* (IV) gab positive Pentose-Rk.; papierchromatograph. wurden II, III, *Cytidylsäure* u. *Uridylsäure* nachgewiesen. IV zeigt hiernach keine qualitative Abweichung vom n. Typ. (Nature [London] **177.** 95—96. 14/1. 1956. Calcutta, Bose Inst.) K. Maier. 4150

S. Krupko und **A. Denley,** *Desoxyribonucleinsäuremangel im reifen Eikern von Aloe davyana in Südafrika.* Reife Eikerne der südafrikan. *Aloe davyana,* die in einer Periode mit extrem tiefen Nachttempp. gesammelt worden waren, zeigten schlechte Anfärbbarkeit durch Kristallviolett, Leukofuchsinbase u. Methylgrün, die mehr oder weniger spezif. auf *Desoxyribonucleinsäure* (I) ansprechen, während das bzgl. I unspezif. Hämatoxylin gut färbte. Auf Grund dieses Verh. scheint ein I-Mangel vorzuliegen. (Nature [London] **177.** 92—93. 14/1. 1956. Johannesburg, Univ. of Witwatersrand, Bot. Dep.) K. Maier. 4150

Stephen Zamenhof und **Gertrude Griboff,** *E. coli mit 5-Bromuracil enthaltender Desoxyribonucleinsäure.* (Vgl. Dunn u. Smith, C. **1955.** 8406.) Gewisse *E. coli*-Stämme (*I, II*) bauen bei Wachstum auf *5-Bromuracil* (I)-haltigem Nährmedium dieses synthet. Pyrimidin in *Desoxyribonucleinsäure* (II) ein. Stamm *I* (aus *ATCC Nr. 11117*) benötigte bei Züchtung auf synthet. Nährboden $8\cdot10^{-7}$ mol. *Thymin* (III), $2\cdot10^{-7}$ mol. *Thymidin* (IV) oder $2\cdot10^{-6}$ mol. *Thymidylsäure,* d. h. IV wurde besser als die beiden anderen Verbb.

verwertet. I, *5-Bromuracildesoxyribosid, 5-Aminouracil, 2-Thiothymin, 5-Äthyluracil, 2-Thiouracil, 6-Azathymin, 5-Nitrouracil, Alloxan, Veronal, Barbitursäure, Orotsäure, 6-Methyluracil, Dihydrothymin, Folsäure* (1 γ/cm³), *Vitamin* B_{12} (50 γ/cm³), IV-*Diphosphat, 1-Methylthymin, 1-Methyl-4-äthoxythymin, 2.4-Diäthoxythymin* (die 4 letzten Verbb. 10 γ/cm³) ermöglichten mit 100 γ/cm³ (bzw. wie angegeben) kein Wachstum. In Ggw. von 1 γ III/cm³ hemmten die 5 erstgenannten in Konzz. von 10, 0,5, 100, 100, 200 γ/cm³ das Wachstum mindestens 48 Std., die übrigen Verbb. nicht. I (100 γ/cm³) hemmte das Wachstum auf Nähragar teilweise, wobei nach 48 Std. Sekundärwachstum durch mehr oder weniger I-resistente Rückmutanten einsetzte. Nach Züchtung von *I* auf synthet., durch *Proteose Pepton* Nr. 3 (*Difco*) ergänzten Nährboden waren vollständig III-unabhängige Rückmutanten isolierbar. Stamm *II*, eine durch Röntgenbestrahlung erhaltene Mutante, wuchs n. auf synthet. Nährboden u. wurde erst durch 500 γ I/cm³ schwach gehemmt. Die Wachstumshemmung von *Lactobacillus casei* war durch zunehmende III-Konzz. aufhebbar. Wahrscheinlich tritt hierbei eine Konkurrenz um Enzyme, z. B. die nucleosidbildende *Thymidinphosphorylase*, ein. Stamm *II* baut I, ohne daß Wachstumsblockierung stattfindet, zu 17—19% in II ein. Die III-benötigenden Zellen (*I*) bildeten bei Wachstum auf I-haltigem Medium andersartig aussehende Kolonien. Die Veränderung war jedoch reversibel u. hatte demnach nur phenotyp. Charakter. Nach diesen Ergebnissen sind innerhalb des II-Mol. gewisse Veränderungen möglich, ohne daß eine nachweisbare Beeinflussung der Zellentw. eintritt. (Nature [London] **174.** 307—08. 14/8. 1954. New York, N. Y., Columbia Univ., Coll. of Physic. and Surg.) K. MAIER. 4150

Hattie E. Alexander, Grace Leidy und **Eros Hahn,** *Studien über die Natur hämophiler, für erbliche Desoxyribonucleinsäureänderungen empfängliche Influenzazellen.* Um eine Influenza bei empfänglichen Zellen zu vererben, wird angenommen, daß *Desoxyribonucleinsäure* (DNA) artspezif. sein muß. DNA hat keinen Einfl. auf Größe u. Wachstum solcher Zellen u. wird nicht durch Fremdzellen, jedoch z. B. durch 1000fache DNA-Konz., die durch Verhinderung der Streptomycin-Resistenz gek. ist, beeinflußt. (J. exp. Medicine **99.** 505—33. 1/6. 1954. New York, N. Y., Columbia Univ., Babies Hosp., Dep. of Pediatr., Coll. of Physic. and Surg.) J. MILLER. 4150

J. F. Danielli, *Getrennte Kern- und Cytoplasmawirkungen von Arzneimitteln.* Vf. berichtet über Zellstudien, um den Anteil der Wrkg. von Arzneimitteln auf den Kern u. das Cytoplasma zu untersuchen. Als Methoden können Kernentfernung u. Kernschädigung benutzt werden. Zellkernentfernung läßt eine beachtliche Zahl von Funktionen der Zelle weiter bestehen. Doch folgt in allen Fällen ein Absterben der Zellen nach maximal 15 Tagen, ausgenommen die roten Blutzellen der Säuger. Kernschädigung scheint in zwei Arten aufzutreten. Bei der einen tritt der Tod nach einigen Tagen ein, bei der anderen nach vielen Tagen n. Verhaltens. Näher eingegangen wird auf Mutationen von Chromosomengenen, Elimination von Kappa von Paramecium, Carcinogenese durch Buttergelb bei Ratten u. durch Benzpyren u. Resistenzentw. bei Trypanosomen gegen Arsenoxyd. (Nature [London] **170.** 1042—44. 20/12. 1952. London, King's Coll., Dep. of Zoology.) K. BÖHM. 4150

W. Burkl und **G. Kellner,** *Die Hemmung des Follikelwachstums im Rattenovar mit dem Butandioldimethansulfosäureester.* Vff. prüfen die Wrkg. des Cytostaticum *Butandioldimethansulfonat* (I) an 3 Rattengruppen, die sich durch Gewicht u. Geschlechtsreife voneinander unterscheiden. Die Wrkg. des I tritt 60 Std. nach Gabe der ersten Dosis ein. Es wird eine unbedeutende Wachstumshemmung der Eizelle beobachtet. Starke Wrkg. ist bei den zur Zeit der I-Gabe von einer mehrschichtigen Lage Granulosazellen umgebenen Oocyten zu erkennen. Ihr Anteil sinkt während der fünftägigen Versuchsdauer von 76 auf 6%, während die anderen mehrschichtigen Follikel atret. werden. Vff. beobachten als Folge der Atresie eine Umwandlung von Granulosa- in Luteinzellen. (Z. Zellforsch. mikroskop. Anatom. **43.** 97—103. 18/10. 1955. Wien, Univ., Histolog.-embryolog. Inst.) R. LENSCHAU. 4150

D. Parvis, *Die durch sogenannte Mitosegifte an Bakterienkernen hervorgerufenen Veränderungen.* Vff. untersuchte die Wrkg. von Mitosegiften auf die Kerne von B. subtilis, E. coli u. Staph. aureus. *Trypaflavin* (7—30 mg/100 cm³ Agar), *Chloralhydrat* (150 mg), *Colchicin* (2,5 g) u. *Na-Kakodylat* (5—10 g) erzeugten Kernveränderungen, die Vf. jedoch als unspezif. ansieht; Veränderungen die als Störungen im Ablauf der Mitose angesehen werden könnten, wurden nicht festgestellt. (Boll. Ist. sieroterap. milanese **33.** 465—69. Sept./Okt. 1954. Urbino, Univ., Ist. d'Igiene.) P. G. SCHEURLEN. 4150

G. Oehlert, *Die Wirkung einer ultrafraktionierten Radium-β-Strahlung auf die Wurzelspitzenzellen von Hordeum vulgare.* Durch Variation der Impuls–Pausen-Verhältnisse (I) u. Impulszahlen (II) pro Sek. wurden an Wurzelspitzenzellen von *Hordeum vulgare* eine stärker biol. Wrkg. erzielt. Der Bestrahlungseffekt sank mit zunehmenden II ab. I scheint keinen biol. Effekt auszuüben. Die kontinuierliche Bestrahlung ist wirksamer als die ultrafraktionierte. (Strahlentherapie **95.** 291—95. Okt. 1954. Göttingen, Univ.-Frauenklinik.) J. MILLER. 4150

K. Peters, *Die Beeinflussung des Radiumeffektes in den Wurzelspitzenzellen von Vicia faba equina durch Megaphen. Megaphen* (I) (*N-[3'-Dimethylaminopropyl]-3-chlorphenothiazin*) vermindert die Mitosehäufigkeit von Vici faba bei gleichzeitiger Bestrahlung der Wurzelspitzen. Die Zahl der patholog. Ana- u. Telophasen bei Chromosomenbrüchen, Chromosomen- u. Chromatidverklebungen sowie durch Insertionstreffer bewegungsunfähig gewordenen Chromosomen steigert sich bei I u. Radiumbestrahlung (II) gegenüber II allein um 150—180%. Bestätigt werden die Ergebnisse durch die erfaßten infolge Fragmentation der Zellen gebildeten Nebenkerne. Auch 3 Std. nach Bestrahlung hat I schädigende Wirkung. (Strahlentherapie **95.** 283—90. Okt. 1954. Tübingen, Univ.-Frauenklinik.) J. MILLER. 4150

Luigi Piacentini, *Beitrag zum Studium der Tumorzellen im Elektronenmikroskop.* Zur elektronenmkr. Unters. einzelner aus menschlichen Tumorgeweben stammenden Zellen wird an Hand elektronenmkr. Aufnahmen von 8—10000facher Vergrößerung die Struktur des Protoplasmas dieser Zellen beschrieben. Das Material wurde in Tyrode angesetzt u. auf dem Objektträgernetz zur Eintrocknung gebracht. An den Bildern werden Unterschiede bei Fixierung der Objekte mit Osmiumsäure oder mit Formol gezeigt. (Mikroskopie [Wien] **5.** 242—47. 1950. Bologna, Univ., Chirurg. Clin.) W. SCHEFFELS. 4160

G. I. Rosskin und **A. A. Juliuss,** *Über den kolloidlabilen Zustand der Ribonucleinsäure in sich entwickelnden, intensiv funktionierenden und in malignen Zellen.* Im Cytoplasma lebender Zellen bildet sich unter der Wrkg. bas. Farbstoffe (Kresylblau, Methylenblau, Neutralrot) das „*saure Kolloid*“ (I) in Form von Granula, die aus *Ribonucleinsäure* (II) bestehen. Aus der Tatsache, daß sich in den Milchdrüsenzellen gravider weißer Mäuse sowohl I als auch II, hingegen in den Zellen nichtlactierender Milchdrüsen kein I, wohl aber II in geringen Mengen feststellen läßt, wird geschlossen, daß II bei der Vorbereitung der Zellen zu intensiverer Tätigkeit aus einem kolloidstabilen in einen weniger stabilen Zustand übergeht. Noch labiler erwies sich der I-Komplex in malignen Zellen. Bei den Ascites-Krebszellen unterscheiden Vff. solche, die II-reich sind u. viele I-Granula (Typ A), u. solche, die II-ärmer sind u. keine I-Granula enthalten (Typ B). Da die Zahl der Zellen vom Typ B in malignen Tumoren stark variiert u. sogar überwiegen kann, dürfen nicht alle malignen Zellen nach dem koll. Zustand der Cytoplasma-II den embryonalen Zellen gleichgesetzt werden, wie dies häufig geschieht, wenn auch in schnell wachsenden embryonalen u. malignen Zellen II sich in dem gleichen labilen Zustand befindet. Der Begriff der Malignität ist demnach nicht an den kolloidlabilen Zustand von II gebunden. Auch befindet sich II in den Nucleoli der verschied. Zellen zum Unterschied vom Cytoplasma stets in einem kolloidstabilen Zustand. (Архив Анатомии, Гистологии и Эмбриологии [Arch. Anatom. Histol. Embryol.] **32.** Nr. 4. 19—22. Okt./Dez. 1955. Moskau, Lomonossow-Univ., Biol. Fak.) E. RENTZ. 4160

Jules Tuba, Herbert E. Rawlinson, M. Shirley Fraser und **Irmgaard Jeske,** *Hyperplastische Noduli in Rattenbrustdrüsen nach Fütterung von 4-Acetylaminodiphenyl.* Verfütterung von *4-Acetylaminodiphenyl* an 36 erwachsene weibliche virginelle Ratten führte nach 6 Monaten zum Auftreten hyperplast. Noduli in den Brustdrüsen. Insgesamt zeigten 17 von 23 Tieren nach 8—15 Monaten diese Knötchen. Im Gegensatz zu den Befunden anderer Autoren entwickelten nur 3 Tiere Tumoren. Es wird vermutet, daß diese geringe Tumorbldg. auf die Ggw. anticarcinogener Faktoren in der Nahrung zurückzuführen ist. (Canad. J. med. Sci. **31.** 95—98. April 1953. Edmonton, Alta., Univ. of Alberta, Dep. of Biochem. u. Dep. of Anatomy.) R. REISS. 4160

B. P. Gurinow, F. D. Maschbitz und **L. M. Schabad,** *Untersuchung der blastomogenen Wirkung einiger Teere, die aus atmosphärischem Staub und beim Verbrennen verschiedener Arten von Brennmaterialien erhalten werden.* In Verss. an 100 Mäusen, die 6—15 Monate lang 3mal täglich mit einer 5—10%ig. Lsg. verschied. Verbrennungsprodd. u. Luftverunreinigungen in Bzl. bepinselt wurden, zeigte sich eine starke blastomogene Wrkg. (Hautpapillome u. Hautkrebs sowie Metastasen in Lymphknoten u. Lungen) der aus Torf, Zellstoff u. Naphtha gewonnenen Substanzen, während jene aus Anthracit u. atmosphär. Staub weit weniger wirksam waren. Mit dem Geh. der Prodd. an *3.4-Benzpyren* (I; die Best. erfolgte mittels der Spektralfluorescenzmeth.) nahm auch die Zahl der malignen Tumoren zu (bei einem I-Geh. von 0,010% fanden sie sich in 47%, bei 0,005% in 20% u. bei 0,001—0,003% in 9,5% der Fälle). (Гигиена и Санитария [Hyg. u. Sanitätswes.] **1954.** Nr. 10. 12—16. Okt. Sanit.-Hyg. Erissman-Inst. u. Onkol. Inst. der Akad. der Med. Wiss. der UdSSR, Labor. für exp. Onkol.) E. RENTZ. 4160

E$_2$. Enzymologie. Gärung.

F. J. A. Prop, *Ein Mikrorespirometer für gleichzeitige Messung von Sauerstoffverbrauch und Kohlensäureproduktion und seine Verwendung in der Bestimmung des Respirationsquotienten von Gewebekulturen.* Ein Mikrorespirometer wird beschrieben: O_2-Verbrauch u. CO_2-Produktion können gleichzeitig u. unabhängig voneinander gemessen werden; der O_2-Verbrauch wird volumetr., die CO_2-Produktion durch Best. der elektr. Leitfähigkeitsänderung einer *Ba(OH)$_2$*-Lsg. gemessen. Messung auf 0,001 mm^3 O_2 u. 0,01 mm^3 CO_2 genau. — 11 Figuren u. 2 Tabellen. (Exp. Cell Res. **7.** 303—17. Nov. 1954. Utrecht, Univ., Labor. für Histologie u. mikr. Anatomie.) J. Miller. 4200

Gerhard Richter, *Zur Papierchromatographie von Enzymgemischen aus Grünalgen.* Verschied. papierchromatograph. Methoden, die zur Trennung von Enzymgemischen beschrieben wurden, werden auf die Brauchbarkeit zum Nachw. von *Katalase, Amylasen, Phosphorylase* u. *sauren Phosphatasen* bei der Grünalge Hydrodictyon reticulatum geprüft. Es wurden scharf umgrenzte Flecke der Enzyme erhalten. Phosphorylase konnte nicht nachgewiesen werden. — 12 Literaturangaben. (Flora [Jena] **143.** 161—64. 20/2. 1956. Marburg, Botan. Inst.) D. Claus. 4200

H. Lindley, *Der Wirkungsmechanismus hydrolytischer Enzyme.* Übersicht. Allg. prakt. u. theoret. Betrachtung, Zahl der Aktivstellen/Enzymmol., Unters. der Kinetik, Temperatur- u. p_H-Abhängigkeit, Inhibitoren; Wirkungsmechanismus: Theorie des im Spannungszustand befindlichen („strained") Substratmol., hydrolyt. Enzyme als Säure-Base-Katalysatoren, polyfunktionelle Katalyse, Energietransportmechanismen. — 97 Literaturangaben. (Advances Enzymol. **15.** 271—99. 1954. Melbourne, Wool Textile Res. Labor., Biochem. Unit.) K. Maier. 4200

W. W. Wainio, *Die Reduktion von Cytochromoxydase mittels Ferrocytochroms* Na-Desoxycholat enthaltende *Cytochromoxydase* (I) wurde unter Bedingungen, die zu einem Gleichgewicht führen, mit verschied. Konzz. von *Ferrocytochrom c,* hergestellt durch H_2–Pt, reduziert. Hieraus wurden K zu 3,81 (1,66—6,22) u. die freie Energie nach Gleichung $-\Delta F = RT \ln K$ zu 729 cal (302—1090)/Elektron bei 25° berechnet. E_0' von I ergab sich bei 25° auf Grund des von Rodkey u. Ball angegebenen Wertes von 0,254 V für *Cytochrom c* (30°) zu 0,285 V (0,267—0,301). Der Unterschied der mol. Extinktionskoeffizienten $\Delta\ \varepsilon^{1\,\mathrm{cm}}_{\mathrm{M/Liter}}$ für red. u. oxydierte I wurde bei 605 mμ zu $0{,}076 \cdot 10^{-5}$ cm^2 $(0{,}064-0{,}093 \cdot 10^5)$/g-Atom Fe berechnet. (J. biol. Chemistry **216.** 593—99. Okt. 1955. New Brunswick, N. J., Rutgers Univ., Bur. of Biol. Res.) K. Maier. 4210

H. Lundegårdh, *Ein neues Cytochrom in lebenden Wurzeln.* Bei Unters. des Cytochromsyst. (I) lebender Wurzeln von Weizen u. anderen Getreidearten wurde mittels einer neuen, sehr empfindlichen spektrophotometr. Meth. ein weiteres *Cytochrom dh* aufgefunden, das ein niedrigeres Redoxpotential (0,02—0,05 V) als *Cytochrom b* u. Absorptionsbanden bei 424 (γ), 540 (β) u. 571 (α) mμ besitzt. Das *dh*-Spektr. kann als Differenz zwischen dem in Anaerobiose u. nach Urethanbehandlung, wodurch Differenzierung gegenüber dem *b*-Spektr. möglich wird, berechnet werden. Die differenzierende Wrkg. von Fluorid ist weniger ausgeprägt. Dieses hemmt die *b*-Red., d. h. die Elektronenübertragung von *dh*, vollständig u. die Aktivität von *dh* teilweise. *dh* bildet wie *Cytochromoxydase* eine *Cyanidverb.* (α 585, γ 435 mμ). Die teilweise Oxydation von red. *dh* durch Fumarat bei p_H 3,3—4,0 unter anaeroben Bedingungen, auch in Ggw. von HCN, spricht für eine Verknüpfung mit dem Succinoxydasesyst. u. machen die Identität von *dh* mit *Bernsteinsäuredehydrogenase* wahrscheinlich. Für die Elektronenübertragung in I der Wurzeln ergibt sich derzeit nebenst. Bild. Quantitative Best. der Häminenzyme in Wurzeln u. des Verhältnisses zu *Protohämochromen* (II) ergab: *b*, 1,43 μMol/kg Frischgewicht, *dh* 1,49, *Peroxydase* 1,16, Gesamtenzymhämochrom 4,08, II 4,80. (Nature [London] **173.** 939—41. 15/5. 1954. Uppsala, Inst. of Plant Physiol.) K. Maier. 4210

$$\textit{Succinat} \rightarrow dh \rightarrow b \rightarrow c \rightarrow a \rightarrow {}^1/_4 O_2 \rightarrow {}^1/_2 H_2O$$

$$\downarrow \text{(Succinat)}\ H^+ \longrightarrow \uparrow ({}^1/_2 H_2O)$$

langsam (Succinat → H$^+$) schnell (H$^+$ → $^1/_2 H_2O$)

Roland F. Beers jr., *Nicht-Gleichgewichtshinderung des Systems Katalase–H_2O_2.* (Vgl. C. **1956.** 149.) Vf. untersuchte analyt. die Kinetik des Syst. Katalase–H_2O_2 während einer Periode der fortschreitenden Behinderung. Das Verhältnis freies Enzym : Primärkomplex kann konstant bleiben, selbst wenn beide Konzz. sich während der Behinderungs-Rk. fortlaufend ändern, da es im stationären Zustand von der Substratkonz. unabhängig ist. Dementsprechend ist es verhältnismäßig einfach, die Konz. des akt. Enzyms aus Tangenten, die entlang dem semilogarithm. Anstieg der Substratkonz. als Funktion der Zeit verlaufen, zu berechnen. Die von Chance (Biochem. J. **46.** [1950.] 387) angegebenen kinet. Daten der Umwandlung des Primärkomplexes in den inakt. Sekundärkomplex wurden untersucht; sie stimmen mit den theoret. Voraussagen des Vf. überein. Vf. nimmt an, daß die Behinderung durch N_3^- auf einer Konkurrenz-Rk zwischen N_3^- u. H_2O_2 mit dem Primärkomplex beruht, welche nach einer einfachen reversiblen Gleichung 1. Ordnung u. unabhängig von der Substratkonz. verläuft. (J. physic. Chem. **59.** 552—56. Juni 1955. Cambridge, Mass., MIT, Dep. of Biol., Div. of Biochem.) J. ROTHE. 4210

Thomas P. Singer und **Edna B. Kearney,** *Chemie, Stoffwechsel und Wirkungsbereich der Pyridinnucleotidcoenzyme.* Übersicht. *Pyridinnucleotid* (**I**)-*Coenzyme:* Konst. (*Di-* u. *Triphosphopyridinnucleotid* [**III, IV**], *Coenzym III*), chem. Eigg. (Oxydation-Red., Stabilität, weitere Rkk.), Isolierung, Best.; Intermediärstoffwechsel der Pyridinnucleotide (**II**): Biosynth. von Nicotinsäure, Nicotinamid (**V**)-Mononucleotid, **III, IV**, enzymat. **II**-Abbau, Verbleib von **V** im Stoffwechsel, Enzyme des **V**-Abbaues; Wirkungsbereich: Funktion der **I**-Katalyse innerhalb des Stoffwechsels (Gärung, Glykolyse, Hexosemonophosphatabbauschema, α-Ketosäurenoxydation, Tricarbonsäurecyclus, Fettsäureoxydation, Aminosäureoxydation, S-Stoffwechsel, Photosynth., weitere Rkk., oxydative Phosphorylierung). — 314 Literaturangaben. (Advances Enzymol. **15.** 79—139. **1954.** Madison, Wis., Univ. of Wisconsin, Inst. for Enzyme Res.) K. MAIER. 4210

G. I. Ssemenenko, *Über die Aktivität der Ribonuclease keimender und reifender Samen des Weizens und der Erbse.* Der Samen wurde im Dunklen im geglühten Sand bei 20° unter Begießen mit dest. W. gekeimt. Anfangs wächst die hydrolyt. Aktivität der *Ribonuclease* (**I**), erreicht im Gesamtkeimling ein Maximum nach 6 Tagen u. fällt dann ab. Die Triebe enthalten wahrscheinlich durch Verlagerung die meisten Mengen. In der 1. Phase der Fruchtbldg. u. Reifung nimmt die hydrolyt. **I**-Aktivität zu. Bei Weizen wird das Maximum zwischen Milch- u. Glasreife erreicht. In der Phase der Vollreife tritt ein Minimum der **I**-Aktivität ein. In der Erbse tritt das Maximum der **I**-Aktivität in einer früheren Phase ein. Während der intensivsten Zunahme der Trockensubstanz des Samens nimmt die hydrolyt. Aktivität von **I** ab. Man kann annehmen, daß **I** während der Formung u. Reifung der Körner in diese mit den Nährstoffen aus den vegetativen Pflanzenorganen gelangt, u. bis zum Übergang in den adsorbierten Zustand die hydrolyt. **I**-Aktivität ansteigt. Die Schwächung der hydrolyt. Aktivität mit fortschreitender Reifung der Körner ist mit einer **I**-Adsorption an den Strukturgebilden der Zelle verbunden. (Доклады Академии Наук СССР [Ber. Akad. Wiss. UdSSR] **102.** 575—77. 21/5. 1955. Charkow, Gorki-Univ.) A. ECKE. 4210

Margaret R. McDonald, *Die Spezifität der Ribonuclease bei der Hydrolyse von Cytidin-2'.3'-monophosphat.* Zur Klärung der Frage, ob die 2. Stufe der *Ribonucleinsäure*-Hydrolyse, die langsame Hydrolyse der in der 1. Phase entstandenen *cycl. 2'.3'-Monophosphate* (**II**) der *Pyrimidinnucleotide* zu den Nucleotiden oder Nucleotidgruppen, durch krist. *Ribonuclease* (**I**) spezif. katalysiert wird, wurden Gemische von Lsgg. des *Cytidin-2'.3'-phosphats* (aus *Cytidylsäure b*, ohne Abtrennung des Nebenprod. NH_4-Cytidinäthylphosphat) 24 Std. bei 37° u. p_H 7,5 mit **I**, *Lysozym, Cytochrom c* oder W. incubiert. Die Papierchromatographie der Lsgg. (Isopropanol-NH_3-Syst.) zeigte, daß nur **I II** spaltet u. die **II**-Hydrolyse demnach eine spezif. Funktion von **I** ist, während Proteine mit ähnlichem Mol.-Gew. u. isoelektr. Punkt **II** nicht abbauen. (Biochim. biophysica Acta [Amsterdam] **18.** 138—39. Sept. 1955. Cold Spring Harbor, N. Y., Carnegie Inst. of Washington, Dep. of Genetics.) K. MAIER. 4210

David E. Green und **Helmut Beinert,** *Biologische Oxydationen.* Übersicht (bis Nov. 1954). Mitochondriensyst., Elektronentransportsyst. (*Bernsteinsäuredehydrogenase, Diphosphopyridinnucleotid*$_{red.}$-*Oxydase*, weitere Komponenten des Cytochromsyst.), *Metallflavoproteine*, elektronenübertragendes Flavoprotein, oxydative Phosphorylierung, Fettsäureoxydation u. -synth., *Pyridinproteine* u. *-nucleotide*, andere *Synth. akt. Acetats*, Citronensäurecyclus, *Cysteinsulfinat-* u. *Sulfit*-Oxydation, *Hydrogenase, Oxydationsenzyme*, Luminescenz. — 331 Literaturangaben. (Annu. Rev. Biochem. **24.** 1—44. 1955. Madison, Wis., Univ. of Wisconsin, Inst. for Enzyme Res.) K. MAIER. 4210

S. J. Leach, *Der Mechanismus der enzymatischen Oxydoreduktion.* Übersicht. Freie Radikale (**I**) u. Kettenmechanismen (Kriterien für Ketten-Rkk.; freie **I**-Bldg.; freie **I**, Enzymwrkg. u. Krebstheorie, FENTONs Rk.), Pyridinprotein- u. Flavoproteinenzyme (**I**-Kettenmechanismen, Auslsg. der Kettenbldg., Nichtkettenmechanismen, **I** u. Spezifität, Mechanismus des H-Transports), Hämenzyme (Katalase u. Peroxydase, Hämoglobin u. Myoglobin), Modellenzymsysteme (anorgan. Modelle, heterogene Katalyse, organ. Modelle, Coenzymmodelle), Funktion der Eiweißkomponente (Proteine u. Enzyme als Halbleiter; Proteinwechselwrkg. mit Coenzym u. Substrat, Spezifität u. chem. Mechanismus). — 217 Literaturangaben. (Advances Enzymol. **15.** 1—47. 1954. Melbourne, Wool Textile Res. Labor., Biochem. Unit.) K. MAIER. 4210

Erasmo Marrè und **Giannino Laudi**, *Transport von Wasserstoff zum Sauerstoff auf dem oxydoreduktiven Wege: Triphosphopyridinnucleotid–Glutathion–Ascorbinsäure in Extrakten aus Pisum sativum.* Aus den in 4 Tabellen niedergelegten Werten lassen sich folgende allg. Schlüsse ziehen: In Erbsengeweben sind teilweise in erhöhter Menge Faktoren vorhanden, welche den Transport von H_2- zu O_2-verbrauchenden Substraten katalysieren, vor allem das Syst. TPN–Glutathion–Ascorbinsäure. Dies zeigt sich bei *TPN-Dehydrogenase, Glutathionreduktase, Ascorbinsäurereduktase* u. *Ascorbinsäureoxydase.* In Abwesenheit von O_2 reduzieren die Dialysate der Gewebe (bei p_H 6,8) *Dehydroascorbinsäure* u. Ascorbinsäure nach Zugabe katalyt. Mengen von TPN u. Glutathion. In Abwesenheit von Glutathion wird Ascorbinsäure nicht reduziert. Zugabe von Adenylsäure als Acceptor wirkungslos. In allen Fällen war der Angriff bei Dehydroascorbinsäure am stärksten. (Atti Accad. naz. Lincei, Rend., Cl. Sci. fisiche, mat. natur. [8] **16.** 649—56. Mai 1954. Mailand, Botan. Inst. des Univ.) C. GRIMME. 4210

B. L. O'Dell, J. S. Gordon, J. H. Bruemmer und **A. G. Hogan**, *Die Wirkung von Vitamin-B_{12}-Mangel und Nahrungsentzug auf oxydative Enzyme bei der Ratte.* Die Lebern frisch geworfener Ratten von Muttertieren mit *Vitamin-B_{12}* (I)-Mangel wurden auf den Geh. an *Cholinoxydase, Succinoxydase* u. *Cytochromoxydase* (**II**) untersucht. Hiervon war nur **II** beträchtlich verringert, während die übrigen Enzyme keine Veränderung zeigten. 24std. Nahrungsentzug bewirkte bei den frisch geborenen Tieren das gleiche Ergebnis, jedoch war die Beeinflussung von **II** weniger ausgeprägt. Die **II**-Aktivität von Hirn, Niere u. Skelettmuskel wurde durch den Nahrungsentzug nicht beeinflußt. Leber-**II** wachsender Ratten mit I-Mangel war annähernd im gleichen Maße verringert wie die der frischen Würfe. (J. biol. Chemistry **217.** 625—30. Dez. 1955. Columbia, Mo., Univ. of Missouri, Dep. of Agric. Chem.) K. MAIER. 4210

Anttii Telkkä, A. N. Kuusisto und **Kimmo K. Mustakallio**, *Histochemisch nachweisbare Bernsteinsäuredehydrogenase und Sulfhydrylgruppen in Geweben der adrenalektomierten Ratte.* Im Herz, Skelettmuskel, Pankreas u. Gehirn, in der Niere, Leber, Magenschleimhaut u. der Ohrspeicheldrüse männlicher Albinoratten konnte während 1 Woche nach Adrenalektomie eine histochem. nachweisbare Abnahme der *Succinodehydrogenase*-Wrkg. festgestellt werden. Diese Abnahme war am ausgeprägtesten bei den Parietalzellen der Magenschleimhaut, bei den Nierentubuli u. den exokrinen Zellen des Pankreas. Eine histochem. nachweisbare Veränderung der proteingebundenen Sulfhydrylgruppen konnte nach der Adrenalektomie nicht festgestellt werden. (Acta endocrinol. [Copenhagen] **16.** 315—22. Aug. 1954. Helsinki, Univ., Dep. of Anatomy, u. Wihuri Res. Inst.) K. F. MÜLLER. 4210

Barbara R. Woody und **E. S. Lindstrom**, *Die Bernsteinsäuredehydrogenase von Rhodospirillum rubrum.* Das *Bernsteinsäuredehydrogenasesyst.* von Rhodospirillum rubrum Stamm S-1 wurde durch $(NH_4)_2SO_4$-Fällung u. Adsorption u. Elution an Calciumphosphatgel 11fach angereichert. Die Anreicherung wurde spektrophotometr. durch die Red. von 2.6-Dichlorphenolindophenol (**I**) verfolgt. In diesem Syst. war nur Succinat wirksam, während **I** durch α-Ketoglutarat, Fumarat u. Malat nicht beeinflußt wurde. DPN u. TPN beeinflußten die Dehydrogenaseaktivität nicht; die Menge an Mg^{2+} konnte ohne Wrkg. verringert werden. Obwohl das Ferment an Partikel gebunden ist, die sich beim Zentrifugieren gleich den mit Farbstoff behafteten Partikeln verhalten, konnte nicht die Identität der beiden Partikelarten nachgewiesen werden. (J. Bacteriol. **69.** 353—56. März 1955. State College, Pa., Dep. of Bacteriol.) F. LINGENS. 4210

Seymour Kaufman, *α-Ketoglutarsäuredehydrogenase-System und phosphorylierendes Enzym aus Herzmuskel. Dehydrogenase:* katalysierte Rk.: α-Ketoglutarat + DPN^+ + HSCoA → Succinyl—SCoA + CO_2 + DPNH + H^+; Best., Reinigung, Eigg.; *P-Enzym*: katalysierte Rk.: Succinyl—SCoA + Adenosindiphosphat + Phosphat ⇌ Succinat + Adenosintriphosphat + HSCoA; Best., Reinigung, Eigenschaften. — 17 Literaturangaben. (Methods Enzymol. **1.** 714—22. 1955. New York, N. Y., Univ.) K. MAIER. 4210

Wilhelm Franke und **Inge Schulz** (unter Mitarbeit von **Werner de Boer**), *Oxydationsfermente aus Schimmelpilzen und Hefen.* 1. Mitt. *Über die Glykolicodehydrase der Schimmelpilze.* Im Zusammenhang mit Arbeiten über die *Glykolicodehydrase* (**I**) der höheren grünen Pflanzen wurden Verbreitung u. Eigg. eines entsprechenden Schimmelpilzfermentes untersucht. In einer Anzahl von Schimmelpilzen (Phycomyceten: *Rhiz. nigricans*; Ascomyceten: *Aspergillus niger, A. fumigatus, A. oryzae, Penicillium glaucum, P. chrysogenum*; Fungi imperfecti: *Fus. sambucinum, F. niveum, Alternaria tenuis, Trichoderma koningi*) wurde eine **I**, die auch *L-Milchsäure* (**II**) angreift, nachgewiesen. Die Unters. von **I** aus *A. fumigatus*-Extrakten ergab starke Abhängigkeit der Aktivität von *C*-Quelle der Nährlösung. Zusatz von **II** oder *Glykolsäure* (**III**) erhöhte die Wirksamkeit der Mycelextrakte gegenüber *Glucose* als *C*-Quelle um 1—2 Größenordnungen. Schimmelpilz-**I** red. $Fe(CN)_3$, Chinon, Tetrazoliumsalze u. eine größere Anzahl reversibler Acceptorfarbstoffe, z. B. *Bindschedlers Grün, 2.6-Dichlorphenolindophenol, Toluylenblau, Thionin, Methylenblau, Pyocyanin, Indigotetra-* u. *-disulfonat*, wobei die Entfärbungszeiten erst im Bereich der Indigosulfonate stark ansteigen (Potentialgrenze bei ca. — 0,150 V, p_H 7). Grünpflanzen-**I** ist dagegen nur auf Acceptoren höheren Potentials eingestellt. Im Gegensatz zu diesen zeigt Schimmelpilz-**I** eine weit ausgeprägtere Dehydrase- als Oxydasewirkung. Letzte nimmt bei der Dialyse rascher ab als erste u. fehlt manchmal ganz. L-**II** wird mehrmals rascher als **III** dehydriert. Die MICHAELIS-Konstante (K_m) liegt für beide Substrate zwischen 0,5 u. $1,0 \cdot 10^{-3}$ molar. Pilz-**I** besitzt ein breites p_H-Optimum zwischen p_H 6,0 u. 8,5, ein niedriges Temperaturoptimum von 30° u. eine „Tötungstemp." von 36°. Mehrstd. Dialyse bei niedriger Temp. beeinflußt die anaerobe Aktivität von *A. fumigatus*-**I** nicht merklich. Durch vielstd. Dialyse partiell inaktivierte **I** ist durch Zusatz von Pyridin- oder Flavinnucleotiden nicht reaktivierbar. Wahrscheinlich ist Schimmelpilz-**I** wie Grünpflanzen-**I** ein wenig dissoziables Flavinproteid. Das Prod. der **III**-Dehydrierung ist *Glyoxylsäure*. Sie wird als Substrat von den Extrakten kaum angegriffen. **I** ist bei der Oxalsäuregärung von Schimmelpilzen anscheinend nicht oder nicht nennenswert beteiligt. (Hoppe-Seyler's Z. physiol. Chem. **303**. 30—57. 1956. Köln, Univ., Inst. für Gärungswiss. u. Enzymchem.) K. MAIER. 4210

Wilhelm Franke, Inge Schulz und **Werner de Boer,** *Über Oxydationsfermente aus höheren Pflanzen.* 3. Mitt. *Versuche zur relativen Acceptor- und Donatorspezifität der Glykolicodehydrase.* (2. vgl. C. **1955.** 5571.) Da die *Glykolicodehydrase* (**I**) von Schimmelpilzen in den Eigg. in mehrfacher Hinsicht von **I** aus Grünpflanzen abweicht, wurden einige Spezifitätseigg. der letzteren untersucht u. hinsichtlich der Acceptorspezifität eine scharfe Abgrenzbarkeit festgestellt. Bei 9 Angiospermen (Hortensie, Sommerlinde, Sonnenblume, Wirsing, Kopfsalat, Maiglöckchen, Lauch, Gerste, Mais) schwankte das Verhältnis von aerober u. anaerober, mit 2.6-Dichlorphenolindophenol bestimmter Aktivität um den Mittelwert 2,5. Das Grünpflanzenenzym unterscheidet sich durch die begünstigte aerobe Funktion eindeutig vom Schimmelpilzferment u. stellt damit eine 2,5fach bessere „Oxydase" als „Dehydrase" dar. Das gleiche gilt für das Geschwindigkeitsverhältnis von *Glykolat-* u. *L-Lactat*-Dehydrierung, dessen Wert bei 8 Grünpflanzen (wie oben, ohne Mais) bei Substratsättigung von **I** zu ca. 1 ermittelt wurde. Bei Schimmelpilzen ist dagegen stets die Milchsäuredehydrogenierung bevorzugt. (Hoppe-Seyler's Z. physiol. Chem. **303**. 70—77. 1956. Köln, Univ., Inst. für Gärungswiss. u. Enzymchem.) K. MAIER. 4210

Severo Ochoa, *Der enzymatische Mechanismus des Citronensäurecyclus.* Übersicht. Kondensations-Rk.: „akt. Acetat (**I**)", kondensierendes Enzym; Pyruvat (**II**)- u. α-Ketoglutarat (**III**)-Oxydation: **II**- u. **III**-Oxydationssyst., phosphorylierendes Enzym; Oxydation von β-Ketosäuren: Synth. von Citrat aus Oxalacetat u. β-Ketofettsäuren, Coenzym A-Transferase, Thiolase; Aktivierung u. Oxydation von C_2-Verbb.: Acetylphosphat, **I**, Acetaldehyd; Fumarase. — 281 Literaturangaben. (Advances Enzymol. **15.** 183—270. 1954. New York, N. Y., Univ., Coll. of Med., Dep. of Biochem.) K. MAIER. 4210

Brenda E. Ryman und **E. O'F. Walsh,** *Lokalanästhetica als Inhibitoren der Citratsynthese.* Verss. über die Beeinflussung der *Citrat* (**I**)-Synth. in Hefe u. Rattenhirn durch Lokalanästhetica (**II**), wie *Procain* (**IV**), *Lignocain, Amethocain, Cinchocain* (**III**), ergaben, daß **II** analog *Cocain* die **I**-Bldg. hemmen, u. zwar die wirksameren, z. B. **III**, stärker, während die Acetylierung von *Sulfanilamid* (**V**) durch Taubenleberextrakt nicht blockiert wurde, ausgenommen durch **IV**, das eine freie NH_2-Gruppe besitzt u. daher mit **V** um verfügbare Acetylgruppen konkurrieren kann. Möglicherweise hemmen **II** kompetitiv das *kondensierende Enzym.* (J. Pharmacy Pharmacol. **7.** 341—45. Mai 1955. London, Royal Free Hosp., School of Med., Dep. of Physiol.) K. MAIER. 4210

Efraim Racker, *Alternativwege des Glucose- und Fructosestoffwechsels.* Übersicht. Hexosen: Phosphorylierungen ($C_{(6)}$- u. $C_{(1)}$-Hexokinasen), Oxydation–Red.-Rkk. (Glucoseoxydase [Notatin, Penicillin B], Glucosedehydrogenase, Red. von Hexosen), Mutarotationen; Hexosemonophosphate (**I**): Phosphorylierungen u. Entphosphorylierungen (Fructose-6-phosphatkinase, Fructose-1-phosphat [**II**], Kinase, Glucose-1-phosphatkinase, Glucose-1-phosphattransphosphorylase, Glucose-6-phosphatase u. Fructose-1-phosphatase), Oxydation–Red.-Rkk. (Glucose-6-phosphat-Oxydation, Phosphogluconsäurevergärung, Red. von Hexosemonophosphaten), **I**-Umwandlungen u. -Spaltung (Galaktowaldenase, Phosphoglucomutase, **II**-Spaltung u. Umwandlung in Hexosemonophosphat; Fructose-1.6-diphosphat → Brenztraubensäure; PASTEUR-Effekt; vergleichende Biochemie der verschied. Möglichkeiten des Zuckerstoffwechsels. — 108 Literaturangaben. (Advances Enzymol. **15.** 141—82. **1954.** New Haven, Conn., Yale Univ., School of Med.) K. MAIER. 4210

Maurice Stacey, *Enzymatische Synthese von Polysacchariden.* Übersicht. Polysaccharide des Stärketyps: Wrkg. von Phosphorylase u. Amylomaltase, Bldg. von Amylose aus cycl. SCHARDINGER-Dextrinen, Synth. von Amylopektin u. Glykogen; Amylosaccharase; Dextransynth.; Polyglucosen mit (1 → 3)-Bindungen; Fructosansynth.: (2 → 6)-oder Lävantyp, (2 → 1)- oder Inulintyp; Synth. von Galaktanen; Synth. von Cellulose. — 104 Literaturangaben. (Advances Enzymol. **15.** 301—18. **1954.** Birmingham, Univ., Chem. Dep.) K. MAIER. 4210

Milton B. Ozar, Charles A. Isaac und **William L. Valk,** *Methoden zur Ausschaltung von Fehlern bei der Bestimmung der sauren Serumphosphatase.* Fehler bei der Best. der sauren *Serumphosphatase* (I) können auftreten bei: Hämolyse, vorangegangener Hormon- oder Röntgentherapie, Einfll. durch Zeit, Temp. u. Elektrolyte, spontane Hydrolyse u. andere. Bei Beachtung der Fehlermöglichkeiten ist die I-Best. ein wertvolles Hilfsmittel in der Therapie des Prostatacarcinoms; nur bei 10% der untersuchten Patienten mit gutartiger Prostatahypertrophie ergab die I-Best. irreführende Werte. Dabei erwies sich *l-Weinsäure,* die als Inhibitor der sogenannten „prostat." I bekannt ist, als unspezif. u. wertlos. — 24 Literaturangaben. (J. Urology **74.** 150—57. Juli 1955. Kansas City, Kans., Univ., Med. Center, Dep. of Surgery, Sect. of Urology.) F. KRUSEN. 4210

H. Mattenheimer, *Tetracolaminphenolphthaleinphosphat als Substrat zur Phosphatasebestimmung.* Vf. berichtet, daß sich das *Tetracolaminphenolphthaleinphosphat* (I) zur Phosphatasebest. im Blutserum gut eignet. Da I im Fermentvers. in der Zeiteinheit etwas stärker aufgespalten wird als das von LINHARDT u. WALTER untersuchte Pyridinsalz, ist das Ergebnis in Phosphataseeinheiten mit dem Faktor 0,95 zu multiplizieren, um auf vergleichbare Werte zu kommen. Mit Harn läßt sich die von HUGGINS u. TALALAY für Serum u n d Harn angegebene Eichkurve nicht bestätigen. (Naturwissenschaften **40.** 460—61. Sept. 1953. Berlin, Freie Univ., Physiol. Inst.) K. BÖHM. 4210

Irwin A. Rose, *Bakterielle Acetatkinase* (*Acetokinase*). Katalysierte Rk.: Acetat + Adenosintriphosphat ⇄ Acetylphosphat + Adenosindiphosphat; Best., Reinigung (aus *E. coli*), Eigenschaften. — 5 Literaturangaben. (Methods Enzymol. **1.** 591—95. 1955. New Haven, Conn., Yale Univ.) K. MAIER. 4210

B. L. Horecker und **P. Z. Smyrniotis,** *Die Coenzymfunktion von Thiaminpyrophosphat im Pentosephosphatstoffwechsel.* Nachdem Vff. (C. **1953.** 2940) die Bldg. von *Sedoheptulosephosphat* (I) aus *Pentosephosphat* (II) durch ein Enzympräp. aus Rattenleber nachgewiesen hatten, wurde nunmehr die gleiche Umwandlung mittels eines hochgereinigten Spinatenzym (**III**)-Präp. durchgeführt. **III** wurde von Blätterextrakt ausgehend durch mehrere $(NH_4)_2SO_4$-Fraktionierungen, Dialyse, Acetonfraktionierung, Adsorption an Calciumphosphatgel u. Eluierung ca. 100fach angereichert. Das **III**-Präp. enthielt als Coenzym $0{,}8 \cdot 10^{-2}$ μMol *Thiaminpyrophosphat* (**IV**)/mg Protein. **IV** ist bei p_H 3 durch $(NH_4)_2SO_4$ (45% Sättigung) prakt. vollständig abtrennbar. Mit 10^{-4} mol. **IV** sind 71% der ursprünglichen Aktivität wiederherstellbar. Ohne Mg^{2+}-Ionen erfolgt nur teilweise Reaktivierung. **III** katalysiert auch die Umsetzung von *L-Erythrulose* (**V**) u. *D-Glycerinaldehyd-3-phosphat* (**VI**) zu einem Gemisch von **II** u. Heptulosephosphat. Möglicherweise erfolgt daher die I-Bldg. nach folgenden Gleichungen: 2 *D-Ribulose-5-phosphat* ⇌ **V** + 2 **VI**; **V** + **VI** → **II**. Eine weitere Reaktionsmöglichkeit besteht in der Kondensation von *Ribosephosphat* (**VII**) mit einem akt. C_2-Fragment. Das **III**-Präpp. enthielt **II**-*Isomerase,* u. die Beteiligung von **VII** wurde noch nicht geklärt. Vielleicht erfolgt *Acyloin*-Kondensation einer aktivierten Form von *Glykolaldehyd,* die bei der **II**-Spaltung entsteht, wobei bekanntlich **IV** erforderlich ist. (J. Amer. chem. Soc. **75.** 1009—10. 20/2. 1953. Bethesda, Md., Federal Security Agency, Publ. Health Serv., Nat. Insts. of Health, Nat. Inst. of Arthritis and Metabolic Diseases.) K. MAIER. 4210

Jacques Mulnard, *Die alkalische Phosphatase in der embryonalen Entwicklung von Ratte und Maus. Vom Anfangszustand bis zum 11tägigen Embryo der Ratte.* (Vgl. C. **1955.** 6306.) Im Verlauf der embryonalen Entw. von Anfangs- u. Neurulationsstadium verschwindet die im Ektophyll verbreitete *alkal. Phosphatase* (I) im Mesoblast u. Epiblast, während sie im Neurektoblast stark zunimmt. Leptomeningum, Ektomesenchym, Diencephalzone u. Augenanlagen sind von Anfang an stark I-aktiv, während die Plazoden erst im Verlauf der Entw. eine hohe I-Aktivität annehmen. Der Endoblast bleibt dagegen I-negativ. (C. R. Séances Soc. Biol. Filiales **148.** 1290—93. Juli 1954. Bruxelles, Labor. d'Anatomie et d'Embryol. humaines.) F. KRUSEN. 4210

James L. Gamble jr. und **Victor A. Najjar,** *Die durch eine Austauschreaktion unter Verwendung von ^{14}C-Glucose gemessene Reversibilität der Hexokinase.* Unter Verwendung eines aus Hefe nach BERGER u. Mitarbeitern (J. gen. Physiol. **29.** [1946.] 379) hergestellten *Hexokinase* (**I**)-Präp. (*Fraktion V*, Reinheit 26%, 800 E./mg), das als Verunreinigung *Phosphohexoseisomerase* u. *Phosphoglucomutase* enthielt, wurde bei 16std. Incubation (30°) in Ggw. katalyt. Mengen von *Adenosintriphosphat* (**II**) oder *Adenosindiphosphat* (**III**) ein Austausch zwischen *^{14}C-Glucose* (**IV**) u. *Glucose-6-phosphat* (**V**): II + IV ⇌ V + III festgestellt. Die Austauschgeschwindigkeit stieg mit zunehmender II- oder III-Rk. an. Ohne II- oder III-Zusatz erfolgte kein Austausch. Die Trennung von IV u. Hexosephosphaten (V u. *Fructose-6-phosphat*) wurde chromatograph. an Dowex-1-Formiat durchgeführt. Die Austausch-Rk. war auch unter Verwendung zweier anderer I-Präpp., die auf verschied. Weise hergestellt worden waren, nachweisbar. (Science [Washington] **120.** 1023—24. 17/12. 1954. Baltimore, Md., Johns Hopkins Univ., School of Med., Dep. of Pediatrics, and Johns Hopkins Hosp.) K. MAIER. 4210

A. I. Komkowa und **B. P. Uschakow,** *Temperaturinaktivierung der Adenosintriphosphatase in den Muskeln von Rana temporaria und Rana ridibunda.* Bei der Erwärmung des Musculus psoas von Rana temporaria wurde bei +38° eine Vermehrung der *Adenosintriphosphatase*-Aktivität durchschnittlich um das 1½fache beobachtet. Der Muskel behielt seine Erregbarkeit. Erst Tempp. von 40—42° riefen eine vollständige Inaktivierung hervor. Bei Rana ridibunda Pall erwies sich die Aktivität widerstandsfähiger gegenüber höheren Temperaturen. Noch bei 46° wurde in den meisten Verss. kein Rückgang beobachtet. Inaktivierung trat erst bei 48° ein u. wurde bei 50° vollständig. Ein nennenswerter Unterschied im Geh. der Muskeln an Adenosintriphosphorsäure bei beiden Froscharten konnte nicht festgestellt werden; das gleiche gilt für die labilen P-Verbindungen. Das verschied. Verh. gegenüber der Temperaturinaktivierung muß daher auf eine Eig. des Fermentes selbst zurückgeführt werden. Diese adaptive Anpassung des Proteinsubstates gilt wahrscheinlich für sämtliche poikilothermen Tiere. (Доклады Академии Наук СССР [Ber. Akad. Wiss. UdSSR] **102.** 1185—88. 21/6. 1955. Leningrad, Zool. Inst. der Akad. der Wiss. der UdSSR; Shdanow-Univ.) F. DU MANS. 4210

W. N. Aldridge und **Jill E. Cremer,** *Die Biochemie der Organozinnverbindungen. Diäthylzinndichlorid und Triäthylzinnsulfat. Diäthylzinndichlorid* (**I**) u. *Triäthylzinnsulfat* (**II**) sind wirksame Stoffwechselgifte u. beeinflussen die biochem. Mechanismen von Rattenhirnbrei u. Rattenlebermitochondrien in verschied. Weise. **I** hemmt wie Phenylarsenigsäure *α-Ketosäureoxydasen.* **II** ist ein ebenso wirksamer Inhibitor des Phosphorylierungsprozesses der oxydativen Phosphorylierung wie *2.4-Dinitrophenol.* Eine weitere II-Wrkg. war nicht nachweisbar. (Biochem. J. **61.** 406—18. Nov. 1955. Carshalton, Serum Res. Inst., Med. Res. Council, Unit for Res. in Toxicol.) K. MAIER. 4210

Joseph H. Fleisher, Susan Spear und **Eleanor J. Pope,** *Stabile Cholinesterasepräparate als Aktivitätsstandardsubstanzen.* Es wird die Herst. von *Cholinesterase*(**I**)-Standardpräpp. auf Filterscheibchen aus Rindererythrocyten-I als Enzymquelle beschrieben, die bei Aufbewahrung im Kühlschrank über einem Trockenmittel mindestens 6 Monate haltbar sind. Die I-Aktivität ist mittels der bei den verschied. Testmethoden verwendeten Lsgg. leicht eluierbar. Sie schwankte bei der colorimetr., elektrometr., titrimetr. u. manometr. Best. nur um 2—3%, so daß die mit I präparierten Scheibchen als Standard mit reproduzierbaren Werten geeignet sind. (Analytic Chem. **27.** 1080—83. Juli 1955. Army Chem. Center, Md., Enzyme Chem. Branch, Chem. Corps Med. Labors.)
K. MAIER. 4210

Thomas P. Singer, *Pflanzliche Carboxylasen.* Katalysierte Rkk.: 1. RCOCOOH → RCHO + CO_2; 2. RCOCOOH + R'CHO → RCHOHCOR' + CO_2; 3. RCHO + R'CHO → RCHOCOR'; 4. 2RCOCOOH → RCHOCOCOOH + $2CO_2$; *α-Cocarboxylase* (**I**) aus Hefe: katalysierte Rkk.: 1, 2, 4; Best., Reinigung, Eigg.; I aus Weizenkeimen: katalysierte Rkk.: 1—4; Best., Reinigung, Eigenschaften. — 27 Literaturangaben. (Methods Enzymol. **1.** 460—71. 1955. Madison, Wis., Univ. of Wisconsin.) K. MAIER. 4210

S. L. Hood, *Glutaminsäuredecarboxylase von Kürbis und Rettich.* Beim Rettich fand man *Glutaminsäuredecarboxylase* (**I**) in der Nähe der Oberfläche des Hypokotyls reichlicher als in den zentral gelegenen Teilen. Sie häufte sich weiter an in ausgewachsenen u. älteren Blättern. Auf die Aktivität dieses Enzyms hatte B keinen Einfluß. Die Kürbis-I wurde teilweise durch Trocknen, Gefrieren in Lsg., Einschütten in kaltes Aceton oder $(NH_4)_2SO_4$-Lsg. oder durch Kombination dieser Vorgänge gereinigt. Bei $p_H < 5,7$ u. $> 6,2$ oder durch Tempp. über 54° wurde das Enzym irreversibel inaktiviert. Das durch Dialyse abgetrennte Coenzym konnte durch synthet. Pyridoxalphosphat ersetzt werden. (Bot. Gaz. **116.** 86—92. Sept. 1954. Yellow Springs, O., Charles F. Kettering Found.) M. EBERT. 4210

George W. Schwert, *Proteolytische Enzyme.* Übersicht (bis Nov. 1954). Isolierung (*Papain, Chymotrypsinogen* [II], Bacillus subtilis-*Protease*), Aktivierung (**II**, *Trypsinogen, Pepsin* [III], *Plasmin* [IV] = *Fibrinolysin*), allg. Eigg. (*Chymotrypsin* [V], *Trypsin* [VI], **III**, *Subtilisin, Papain* [VII], **IV**, *Carboxypeptidase* [VIII]), Hemmung durch Acylphosphate [**V**, **VI**], Hemmung durch natürlich vorkommende Inhibitoren (**V**, **VI**), Wirksamkeit bei synhet. Substraten (**V**, **VI**, **VII**, **VIII**, weitere Peptidasen u. *Proteasen* [I]), bei natürlichen Substraten (**V**, **VI**, **III**, **VIII**, weitere **I**), Methoden, synthet. Rkk., Theorie u. Kinetik. — 165 Literaturangaben. (Annu. Rev. Biochem. **24**. 83—112. 1955. Durham, N. C., Duke Univ., School of Med., Dep. of Biochem.)
K. MAIER. 4210

M. Pantlitschko und **K. Stattmann,** *Die proteolytischen Enzyme der weißen Blutkörperchen.* Das Vork. proteolyt. Enzyme in den Leukocyten besitzt Bedeutung bei den Abwehr-Rkk. des Körpers u. in bezug auf Stabilität u. Stoffwechsel der Leukocyten. Zur Gewinnung der Leukocyten verwendeten Vff. Blut von Patienten mit myeloischer bzw. lymphat. Leukämie. Vff. fanden in den Zellen der myeloischen Reihe eine *Proteinase* (**I**) mit einem p_H-Optimum bei 7,4, jedoch keine in den Zellen der lymphat. Reihe. Dieses Enzym wurde von älteren Autoren als „*Trypsin*" (**II**) bezeichnet. Das *Kathepsin* der Leukocyten besitzt ein p_H-Optimum von 4,5 u. ist an das unlösl. Zelleiweiß sowohl der Zellen der myeloischen als auch der lymphat. Reihe gebunden. *Peptidasen* kommen in beiden genannten Zellformen vor. Zum Unterschied von **II** greift **I** Ovalbumin an. **I** zeigt eine wesentlich größere Resistenz gegenüber der Hemmung durch Serum als krist. **II**. (Biochem. Z. **326**. 252—59. 23/2. 1955. Wien, Univ., Med.-chem. Inst.)
G. BRATFISCH. 4210

N. J. Berridge, *Rennin und Milchgerinnung.* (Vgl. C. **1954**. 9417 u. 10369.) Übersicht. Enzyme der Milchsäuregerinnung: Vork., Prorennin; Darst. u. Reinigung des *Rennins* (**I**); Eigg. von **I**: chem., physikal., Best. der Gerinnungsaktivität, enzymat. Stufe des Gerinnungsvorgangs, proteolyt. **I**-Aktivität, andere enzymat. Aktivitäten von **I** (Phosphatase), Milchgerinnung: einige Eigg. des *Caseins* (**II**), **II**-Zustand in Milch, **I**-resistente Milch, Verss. zum Gerinnungsmechanismus, verschied. Beobachtungen über **I**, Milch, Gerinnung, Quark usw. — 112 Literaturangaben. (Advances Enzymol. **15**. 423—48. 1954. Shinfield, Berkshire, England, Nat. Inst. for Res. in Dairying.)
K. MAIER. 4210

D. A. Hall, *Untersuchungen über die komplexe Natur des Elastin–Elastase-Systems.* Fraktionierung von *Elastase* (**I**) durch Fällung mit $(NH_4)_2SO_4$ zeigt nur quantitativ Aktivitätsunterschiede. Anzeichen für die Trennung von **I** in 2 Komponenten erhält man durch Chromatographie mit wss. $(NH_4)_2SO_4$-Lösungen. Am geeignetsten für die Trennung der beiden Komponenten erwies sich die Adsorption an $CaPO_4$ u. Al_2O_3. Im Substratvers. an kollagenfreiem *Elastin*, das verschieden lange alkal. behandelt war, zeigte sich, daß die eine Komponente spezif. für die alkal.-labile Substratfraktion ist, während die andere Komponente vorzugsweise gegen den nach Alkalieinw. zurückbleibenden Rest akt. ist. (Biochem. J. **55**. XXXV. Dez. 1953. Leeds, Univ., Dep. of Med.)
W. KÖNIGSDORF. 4210

John S. LaDue, Felix Wroblewski und **Arthur Karmen,** *Die Glutaminsäure–Oxalessigsäure–Transaminase-Aktivität des Serums bei der akuten transmuralen Myocardinfarktbildung beim Menschen.* Zur Messung der *Glutaminsäure–Oxalessigsäure–Transaminase* (**I**)-Aktivität in Serum wird dieses zu einem *Asparaginat* u. α-*Ketoglutarat* enthaltenden Substrat gegeben, wobei in Ggw. von *Äpfelsäuredehydrogenase* Oxydation von *Diphosphopyridinnucleotid* $(\mathbf{II})_{red}$ zu **II** stattfindet, die durch die Absorptionsänderung bei 340 mμ bestimmt wird. Die Schwankung der **I**-Aktivität bei verschied. Erkrankungen wurde untersucht. Bei akuter transmuraler Myocardinfarktbldg. (16 Patienten) stieg der **I**-Spiegel innerhalb 24 Std. auf das 2—20fache des n. Wertes an u. fiel innerhalb 3—6 Tagen ausnahmslos wieder zur Norm ab. (Science [Washington] **120**. 497—99. 24/9. 1954. New York, N. Y., Sloan-Kettering Inst. and Memorial Center, Dep. of Med.)
K. MAIER. 4210

Hiroshi Yoshida, Kazunori Wataya, Yoshiaki Takaok, Toshihiko Noda und **Morikazu Wada,** *Die umkehrbare Reaktion zwischen Adrenalin und Adrenalon.* Papierchromatograph. läßt sich zeigen, daß mit *Diphosphopyridinnucleotid* (*DPN*) als konjugiert wirkendem Coenzym, optimal bei p_H 5,5 im *Milchsäure* (**I**)-*Dehydrogenasesyst.* u. im *Vitamin-B_1-Dehydrogenasesyst. Adrenalin* (**II**) durch Adrenalindehydrogenase umkehrbar in *Adrenalon* (**III**) verwandelt wird nach vorst. Schema.

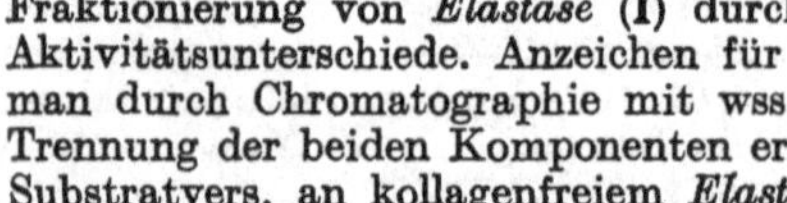

(Folia pharmacol. japon. **49**. 109§—10§. 20/7. 1953. Osaka, Univ. [Orig.: japan.]) L. SCHULER. 4210

Seiichiro Kawakami und **Sadao Miyata,** *Der Einfluß von Oxin und Xanthurensäure auf die Kupfer, Eisen und Zink enthaltenden Enzyme* Die Oxydation von *Adrenalin* (I) durch *Cytochrom-c-Oxydase* wird bei 37,5° u. p_H 7,4 von $4 \cdot 10^{-4}$mol. *Oxin* (II) + *Xanthurensäure* (III) gefördert, die I-Oxydation durch *Tyrosinase* von II gehemmt, nicht aber von III. Auf die *Kohlensäureanhydrasewrkg.* sind II u. III ohne Einfluß. Ebensowenig im Vers. mit Insulin. Es scheint keine Rk. mit proteingebundenen Metallen einzutreten. (Folia pharmacol. japon. **49.** 125§—126§. 20/7. 1953. Wakayama Univ. [Orig.: japan.]) L. SCHULER. 4210

O. Hornykiewicz, *Oxydation von Adrenalin durch Herzmuskelgewebe der Ratte in vitro.* Die Oxydation von *Adrenalin* erfolgt entweder in der Leber durch Aminoxydase an der OH-Gruppe der Methylaminoäthanolseitenkette oder durch Polyphenoloxydasen bzw. durch die im Herzmuskelgewebe enthaltene Cytochromoxydase (I) an den phenol. OH-Gruppen des Brenzcatechinringes. Vf. untersucht eine homogenisierte u. gepufferte Phosphatlsg. (p_H 7,4) aus zerkleinerten Rattenherzen. Um ihre Oxydationswrkg. auf Adrenalin festzustellen, wird die I-Aktivität durch Erwärmung auf 54° u. anschließende Behandlung mit 95%ig. A. unterdrückt. Diese Lsg. zeigt trotzdem im WARBURG-App. noch 60—70% der vorher gemessenen Oxydationswirkung. Vf. vermutet darum einen anderen oxydierenden Faktor, dessen chem. Eigg. berschrieben werden u. weder mit denen der Aminoxydase noch mit denen des I übereinstimmen. Es wird auf die Parallele zu einem BAL-empfindlichen Faktor hingewiesen, der von SLATER (C. **1950.** II. 61) beschrieben wurde. (Biochem. Z. **326.** 270—79. 23/2. 1955. Wien, Univ., Pharmakol. Inst.) R. LENSCHAU. 4210

Thressa C. Stadtman, *Cholesterindehydrogenase aus einem Mycobacterium.* Katalysierte Rk.: Cholesterin + $\frac{1}{2}O_2 \rightarrow \Delta^4$-Cholestenen-3-on + H_2O; Best., Reinigung, Eigenschaften. — 3 Literaturangaben. (Methods Enzymol. **1.** 678—81. 1955. Bethesda, Md., Nat. Insts. of Health.) K. MAIER. 4210

E. C. Grob, R. Bütler und **V. Grundbacher,** *Die Stellung der Brenztraubensäure in der Biosynthese der Carotinoide.* Bei Verwendung von *Glucose* (I) als *C*-Quelle ist bei *Mucor hiemalis* WEHMER die Biosynth. der *Carotinoide* (II) nur möglich, wenn *Brenztraubensäure* (III) gebildet wird. Ist diese durch NaF gehemmt, so wird auch die II-Bldg. stark blockiert. Bei Zusatz fehlender III an Stelle der normalerweise aus I entstehenden erfolgt erneut II-Synthese. III ist durch *Essigsäure* (IV) ersetztbar, d. h. es findet anscheinend eine Umwandlung von III in IV statt. Vff. nehmen an, daß III eine II-Vorstufe bildet u. wahrscheinlich in *Acetylcoenzym A* übergeführt wird. (Helv. chim. Acta **39.** 168—73. 1/2. 1956. Bern, Univ., Bot. Inst.) K. MAIER. 4210

Otto Warburg und **Günther Krippahl,** *Carotinoid als Wirkungsgruppe eines Photosynthesefermentes.* Bei kontinuierlicher Belichtung sehr dünner *Chlorella*-Suspensionen mit einer konstanten u. hohen Intensität von λ 644 mμ in Manometriegefäßen unter abwechselnder Zufügung u. Wegnahme blaugrünen Lichtes von λ 468, 480 u. 509 mμ war die Ausbeute an chem. Energie beim Fehlen von Blaugrün sehr schlecht, in Ggw. von Blaugrün sehr gut (unter Berücksichtigung des veratmeten O_2 ca. 93%). Da sehr wenig blaugrünes Licht große photochem. Umsätze erzeugt, folgt aus dem Vers., daß blaugrünes Licht aus einem Proferment (I) der Photosynth. ein Enzym bildet, das sich im monochromat. Rot wieder zu I zurückbildet. Auf Grund des Wirkungsspektr. kommen von den Komponenten grüner Zellen als I nur die *Carotinoide* oder *Flavine* in Betracht. Aus Analogie zu den reversiblen Veränderungen des Sehpurpurs, dessen Wirkgruppe ein Carotinoid ist, wird in I ebenfalls ein Carotinoid vermutet. Äußerst kleine HCN-Konzz. (n/350000), die bei anderen Teil-Rkk. der Photosynth. unwirksam sind, hemmten die Wrkg. des blaugrünen Lichtes vollständig. Die Bldg. des Enzyms aus I durch blaugrünes Licht ist demnach keine direkte, sondern eine durch ein Schwermetall bewirkte photochem. Rk., u. ein Schwermetall bildet die Wirkungsgruppe des „*Carotinoid-Photomutase*". (Suomalaisen Tiedeakatemian Toimituksia [Ann. Acad. Sci. fennicae], Sarja A. II. Nr. **60.** 69—72. 1955. Berlin-Dahlem, Max-Planck-Inst. für Zellphysiol.) K. MAIER. 4210

Akiji Fujita, *Thiaminase.* Übersicht. Nomenklatur der Thiaminase (I), Vork., Bestimmungsmethoden, chem. Eigg. u. Isolierung, enzymat. Charakter von I (Wrkg. von p_H u. Temp., Geschwindigkeitskonstanten der Rk., Inhibitoren, Aktivatoren, Basenaustausch-Rk., I-Modell, Substratspezifität), Pflanzen-I u. thermostabiler Faktor, Bakterien-I u. 2. I-Typ, durch Bakterien-I hervorgerufene Hypothiaminose, physiol. Bedeutung von I, Enzyme, die qualitative Thiamin (II)-Rkk. ohne Verlust der II-Aktivität aufheben: II-Phosphorylase, II-Disulfurylase, Allinase u. Allicin. — 121 Literaturangaben. (Advances Enzymol. **15.** 389—421. 1954. Kyoto, Japan, Prefectural Univ., School of Med., Biochem. Inst.) K. MAIER. 4210

A. Locker und **K. H. Spitzy,** *Versuche zur Beeinflussung der Penicillininaktivierung durch atmendes Lebergewebe.* (Vgl. C. **1956.** 181.) Frühere Forschungsarbeiten haben bewiesen, daß die Blutspiegelwerte steigen u. das *Penicillin* länger im Körper verweilt, wenn gleichzeitig *Natriumbenzoat* gegeben wurde. Hierbei sprachen verschied. Befunde für die Möglichkeit eines penicillinaseähnlichen Fermentes in der Leber, dessen Wrkg. in Leberschnitten mit der Höhe der Gewebeatmung in Zusammenhang steht; es wurde auch vermutet, daß *Na-Benzoat* eine direkte Wrkg. auf die Penicillininaktivierung durch Lebergewebe haben könne. Da die Kompetition zweier z. T. strukturanaloger Stoffe, wie *Na-Benzoat* u. *Benzylpenicillin* (*Penicillin G*) nicht von der Hand zu weisen ist, daß also *Na-Benzoat* als kompetitiver Hemmstoff für *Phenoxymethylpenicillin* (*Penicillin V*) nicht verwendbar ist, wurde in der vorliegenden Arbeit *Na-Phenoxyacetat* als Vorstufe in Anwendung gebracht. Im ganzen hat sich ergeben, daß die Inaktivierung von *Penicillin G* u. *Penicillin V* durch atmende u. glykolisierende Leberschnitte in vitro nicht beeinflußt wird von *Na-Benzoat* u. *Na-Phenoxyacetat.* Durch höhere Konzz. von *Na-Benzoat* wird die Leberatmung gehemmt. (Z. ges. exp. Med. **125.** 225—28. 1955.) O. Deschle. 4210

Paul R. Gross, *Über den Lösungsvorgang bei Dottern.* Die Löslichkeit von Dottern (Froscheier) in Ggw. von Ca^{2+} wird nach mkr. u. nephelometr. Unterss. wesentlich gesteigert. Die Rk. hat ein p_H-Optimum bei 5,7 u. wird durch Tempp. von 55—60° gehemmt. Die Versuchsergebnisse lassen darauf schließen, daß es sich hier nicht einfach um einen Aussalzeffekt handelt, sondern daß die Ca-Ionen ein die Löslichkeit förderndes Enzym aktivieren. Sowohl die intakten Dotter als auch ein durch Aussalzen roh gereinigtes Präp. ergeben dieselben Reaktionen. (Protoplasma **43.** 416—28. 1954. Philadelphia, Pa., Univ. of Pennsylvania, Zool. Labor.) U. Baumann. 4210

E3. Mikrobiologie. Bakteriologie. Immunologie.

C. S. French und **H. W. Milner,** *Zerkleinerung von Bakterien und kleiner Partikel durch Einwirkung hoher Drucke.* Übersicht. (Methods Enzymol. **1.** 64—67. 1955. Stanford, Calif., Carnegie Inst.) K. Maier. 4300

Ned B. Williams, *Wirkung von Zuckern und anderen Kohlenhydraten auf die Mundflora.* Literaturübersicht (58 Angaben) über die Beziehungen zwischen den Mikroorganismen der Mundhöhle, bes. des Speichels, u. den aufgenommenen Kohlenhydraten einerseits u. andererseits ihre Beziehung zur Caries. Die Art der Kohlenhydrate, ihre Konz. u. die Häufigkeit u. Menge ihrer Aufnahme kann die orale Mikroflora, bes. die Lactobacillen, beeinflussen, der direkte Einfl. ist aber sehr begrenzt. (J. Amer. Dental Assoc. **51.** 278—84. Sept. 1955. Philadelphia, Pa., Univ. of Philadelphia, School of Dentistry.) G. Klesse. 4300

Ezio Sisti, *Über den Wert eines Selektivnährbodens mit Thalliumacetat–Kristallviolett zur Isolierung von Streptokokken.* Bei der Prüfung eines *Nährbodens,* der *Tl-Acetat–Kristallviolett* (I) enthält, gegenüber Streptokokken wurde festgestellt, daß dieser keine absol. hemmenden Eigg. besitzt. Geprüft wurden 19 verschied. Stämme von Streptococcus agalactiae, die alle der Gruppe B von Lancefield angehörten, auf gewöhnlichem Blut-Agar, auf Nährboden von Edwards (J. comparat. Pathol. Therapeut. **46.** [1933.] 211) u. auf einem Boden mit **I,** der das Wachstum von gramnegativen u. grampositiven Keimen (vor allem Bact. proteus, Bact. coli, Bact. subtilis u. Staphylokokken) bes. gut hemmt. Dieser **I**-Boden kann mit Vorteil benutzt werden, wenn man Streptokokken aus einem Material rein isolieren will. (Boll. chim. farmac. **94.** 303—06. Aug. 1955. Ist. Vaccinogeno Antitubercolare.) B. Stieb. 4310

Herbert Bucherer, *Über die Verwendung graduierter Inhibitoren zu morphologisch-physiologischen Studien und der Reinzüchtung von Mikroorganismen nach der Diffusionsmethode.* Es wird über die Verwendung graduierter Inhibitoren zu morpholog.-physiol. Unterss. u. zur Reinzüchtung von Mikroorganismen berichtet. Als Inhibitoren dienten Gifte, Drogen, Alkalien, Säuren u. Salze. Da die Hemmstoffe von der Mitte der Kulturplatten aus nach dem Rande zu diffundieren, ergibt sich ein Konzentrationsgefälle u. damit Zonen mit abfallender Wirkstoffkonzentration. Da es möglich ist, auf Kulturplatten graduierte Salzkonzz. bis zu der für den Mikroorganismus gerade noch erträglichen Grenze zu erzeugen, lassen sich auch Plasmolyse- u. Plasmoptyseverss. durchführen. (Zbl. Bakteriol., Parasitenkunde, Infektionskrankh. Hyg., II. Abt. **108.** 611—24. 20/6. 1955. Pasadena, Calif., California Inst. of Technol.) H. Goebel. 4310

L. Leon Campbell jr., *Der oxydative Abbau von Glycin durch eine Pseudomonas-species.* Zellfreie Extrakte des *Pseudomonas*-Stammes *2 RCC-1* bauen *Glycin* (**I**) oxydativ über *Glyoxylsäure* (**II**) u. *Ameisensäure* (**III**) zu NH_3, CO_2 u. W. ab. Tracerverss. zeigten, daß C_α von **I** in CO_2 u. C_{COOH} in Formiat übergeführt wird. Für die Oxydation von II zu III sind Thiaminpyrophosphat u. Mg^{2+} oder Mn^{2+} erforderlich. CH_2O ist keine Zwischenstufe des I-Abbaues, da dieser von Zellextrakten nicht angegriffen wird. (J. biol. Chemistry **217**. 669—73. Dez. 1955. Berkeley, Calif., Univ. of California, Dep. of Plant Biochem.) K. MAIER. 4320

L. Reio und **G. Ehrensvärd**, *Die Verteilung der aus markiertem Acetat stammenden Kohlenstoffatome in Tyrosin und Tryptophan aus Aerobacter aerogenes.* Der Abbau von *Tryptophan* (I), das aus *A. aerogenes*-Kulturen nach 22std. Wachstum in Ggw. von $CH_3{}^{14}COOH$ als alleiniger C-Quelle isoliert worden war, zeigte, daß im Benzolkern $C_{(7,6,5)}$ vorwiegend aus Acetat–COOH stammte. Die Unters. der Markierung aus Bakterienprotein (gleicher Vers.) nach alkal. Hydrolyse isolierten *Tyrosins* (II) ergab Lokalisierung der ^{14}C-Aktivität in $C_{(4,5,6)}$, d. h. die Verteilung des $^{14}C_{(COOH)}$ im Benzolring von I u. II stimmt überein. Auf Grund der analogen Verteilung von *Glucose* (III)-$C_{(3,4)}$ in I (RAFELSON, in Druck) verläuft der Acetat–COOH-Einbau in das aromat. Ringsyst. anscheinend über III u. III-Bruchstücke. Es wird ein Schema der Beziehungen zwischen Acetat, III u. I u. II bei A. aerogenes angegeben. Die Markierung der C_3-Seitenketten von I u. II spricht für deren Bldg. als *Pyruvat* bzw. *Serin*. Die markierten COOH-Gruppen von I u. II stammen aus Acetat–COOH über III-$C_{(3,4)}$. Die Einführung der N-Atome in I u. in II-Phenylalanin verläuft auf gänzlich verschied. Weise (Aminierung von Shikimisäure bzw. Transaminierung von Phenylbrenztraubensäure). (Suomalaisen Tiedeakatemian Toimituksia [Ann. Acad. Sci. fennicae], Sarja A. II. Nr. **60**. 389—92. 1955. Stockholm, Univ., Wenner-Gren Inst., Dep. of Physiol. Chem.) K. MAIER. 4320

Arthur L. Koch und **H. Richard Levy**, *Die Eiweißerneuerung in wachsenden Escherichia coli-Kulturen.* Durch Messung der Geschwindigkeit des intracellulären Eiweißabbaues in wachsenden *E. coli*-Kulturen wurde zu klären versucht, ob in rasch wachsenden Systemen ein Eiweißabbau stattfindet. *E. coli*-Zellen wurden in einer Nährlsg. gezüchtet, die eine markierte potentielle Vorstufe von *Purin* (I), wie *Protein* (II), darstellte. Die Neusynth. markierter I wurde durch Zusatz von nichtmarkiertem I blockiert. Bei weiterem Wachstum derartiger Zellen in einer von radioakt. Vorstufe freien Lsg. u. ohne I war das Auftreten von Aktivität in der I-Fraktion ein Maß der II-Erneuerung wachsender Bakterien. Unter den Versuchsbedingungen fand in der wachsenden Bakterienzelle ein I-Abbau, wenn überhaupt, nur in sehr geringem Umfang statt. (J. biol. Chemistry **217**. 947—57. Dez. 1955. Lemont, Argonne Nat. Labor., Div. of Biol. and Med. Res.; Chicago, Ill., Univ., Dep. of Biochem.) K. MAIER. 4320

Charles Yanofsky, *Eine Isotopenuntersuchung der Umwandlung von Anthranilsäure in Indol.* (Vgl. C. **1956**. 1341.) Zum Nachw. des *C*-Donators, der die für die Überführung von *Anthranilsäure* (I) in *Indol* (II) erforderlichen beiden C-Atome liefert, während I-COOH eliminiert wird, wurden mit Extrakten u. Zellsuspensionen eines *Tryptophan* (III)-auxotrophen *Escherichia coli*-Stammes Isotopenverss. durchgeführt. Bei dieser Mutante (Stamm *T-3* des *K-12*-Stammes) ist die I-Bldg. blockiert; der III-Bedarf kann durch I oder II gedeckt werden. Es wurde gefunden, daß sich C_2 (2-Stellung) des II-Pyrrolringes von $C_{(1)}$ u. $C_{(2)}$, $C_{(3)}$ (3-Stellung) von $C_{(2)}$ u. $C_{(3)}$ der Glucose ableitet. In Extrakten wurde *Ribose*-$C_{(1)}$ in II-$C_{(2)}$ übergeführt. Auch Gluconat stellt einen ausgezeichneten *C*-Donator für die I → II-Umwandlung dar. Markiertes II wurde durch nachst. Reaktionsfolge enzymat. in I übergeführt: II $\xrightarrow{\text{Tryptophansynthetase}}$ III $\xrightarrow{\text{Tryptophanperoxydase}}$ *Formylkynurenin* $\xrightarrow{\text{Formylase}}$ *Kynurenin* → I. Es werden 2 Möglichkeiten der Bldg. der beiden für die II-Synth. erforderlichen C-Atome diskutiert. (J. biol. Chemistry **217**. 345—54. Nov. 1955. Cleveland, O., Western Reserve Univ., School of Med., Dep. of Microbiol.) K. MAIER. 4320

H. T. Miles und **E. R. Stadtman**, *Isolierung und Charakterisierung von 6.7-Dimethyl-9-[2'-oxyäthyl]-isoalloxazin als Produkt der bakteriellen Fermentation von Riboflavin.* Eine mittels eines *Riboflavin* (I)- enthaltenden Kulturmediums gewonnene Anreicherungskultur von Bakterien, die die anaerobe Zers. von I katalysieren, führte I nach 1—3 Tagen in eine weniger lösl. grüne Substanz über, die anschließend in eine rote u. nach 4 bis 8 Wochen in eine orange Verb. (Nd., II) umgewandelt wurde. Die dunkelgrüne Lsg. von II in 4n KOH gab beim Ansäuern einen gelatinösen, grünen, beim Absaugen orange werdenden Niederschlag. Schütteln der alkal. grünen Lsg. mit Äthylacetat bewirkte infolge langsamer Hydrolyse allmählich saure Rk. u. Abscheidung oranger Kristalle; λ_{max} 222, 268, 260, 445 mμ, gelbe Fluorescenz, R_F 0,45, I 0,20 (Butanol–Essigsäure–W.; 4:1:5). Auf Grund der Acetylierung u. des Ultrarotspektr. wurde II als *6.7-Dimethyl-9-[2-oxyäthyl]-isoalloxazin* identifiziert. Die isolierte grüne Zwischenstufe (III) ist trocken beständig, geht jedoch in Ggw. von W. an der Luft in II über. III u. die hieraus entstehende rote Verb. stellen möglicherweise Chinhydron-ähnliche Komplexe von partiell red. II dar. (J. Amer. chem. Soc. **77.** 5746—47. 5/11. 1955. Bethesda, Md., Nat. Insts. of Health, Nat. Heart Inst., Dep. of Health, Education and Welfare, Labor. of Cellular Physiol.) K. MAIER. 4320

Kōsei Takahashi, *Über eine eindimensionale Diffusionsmethode zur Prüfung von Antibioticis.* Kurzfassung einer in J. Antibiotics [Tokyo], Ser. B **7.** [1954.] 41 ausführlich beschriebenen experimentellen u. theoret. Unters. über die eindimensionale Diffusionsmeth. zur Prüfung von Antibioticis. (J. Antibiotics [Tokyo], Ser. A **7.** 62—63. März 1954. Tokyo, Univ., Inst. of physic. Therapy and intern. Med. [Orig.: engl.]) K. PRCHAL. 4340

Miklós Krámer, *Wie wirkt Penicillin?* Allg. Ausführungen. (Természet és Társadalom [Natur und Gesellschaft] **113.** 14—17. Jan. 1954.) J. PLANK. 4340

Martin E. Hamner und **Charles F. Poe,** *Untersuchung des Einflusses von Aminen und verwandten Verbindungen auf die Wirksamkeit von Penicillin.* Bericht über den Einfl. verschied. N-Verbb. auf die *Penicillin* (I)-Wrkg. in Konzz. von 0,5—1,7 µg/ml gegenüber dem Testorganismus Micrococcus pyogenes var. aureus nach der Agarplattendiffusionsmethode. Untersucht wurde: I allein, *Anilin* (II), *Methylanilin* (III), *Äthylanilin* (IV), *Propylanilin* (V), *Butylanilin* (VI), *Methylrosanilin-Cl* (VII), *Acriflavin* (VIII), *Benzalkonium-Cl* (IX), *Äthanolamin* (X), *Äthylamin* (XI), *Harnstoff* (XII), *Sulfathiazol* (XIII), *Sulfanilamid* (XIV). Synergismus mit I zeigten **XII, XIII, XIV**; Addition bzw. leichten Antagonismus **VII, VIII**; deutlichen Antagonismus **II, III, IV, V, VI, XI**; Zerstörung der I-Wrkg. **IX, X.** Ohne bakteriostat. Wrkg. bei alleiniger Anwendung waren *Acetanilid, Acetophenetidin, Aminopyrin, Antipyrin, Butacainsulfat, Cinchophen, Ephedrin, Epinephrin, Äthylaminobenzoat, Äthylendiamin, Saccharin, Thiamin, Urethan, Sulfapyridin, Sulfaguanidin, Benzylamin, 2.4-Dichloranilin, o-Toluidin, Xylidin,* mit diesen Verbb. negative Ergebnisse bei Testkombinationen mit I. (Antibiotics and Chemotherapy **5.** 345—49. Juni 1955. Boulder, Col., Univ. of Colorado, Coll. of Pharmacy.) H. DOSSMANN. 4340

Walter Goeters, *Die Wirkung von Penicillin und Streptomycin auf Meningokokken bei alleiniger und kombinierter Anwendung.* Eingehender Bericht über in vitro- u. in vivo-Verss. an 3 Meningokokkenstämmen D 96/47, B_2, B_3 bzgl. ihres Verh. gegenüber *Penicillin* (I) u. *Streptomycin* (II) allein oder kombiniert. An D 96/47 wurde das „paradoxe Zonenphänomen" beobachtet, bei dem eine I-Konz. von 10 E./cm^3 das Absterben aller Keime hervorrief, während in höheren u. niedrigeren Konzz. einzelne Keime am Leben blieben. I + II wirken synergist. auf die Erreger, ohne daß es zum Auftreten II-resistenter Varianten kommt. I-Wrkg. ist abhängig von der Vermehrungsgeschwindigkeit der Erreger. Eine wirksame I-Konz. vernichtet bei optimaler Temp. alle Keime, Herabsetzung der Temp. verringert den Effekt. Die Hemmwrkg. von II sowie von I + II wird durch verlangsamtes Wachstum nicht beeinflußt. Mit 5mal 50—100 E. I allein konnten Mäuse vor der Infektion geschützt werden, bei Verabreichung von 500 γ II gingen alle Tiere ein. Mit 10 E. I + 500 γ II blieben dagegen 70% der Tiere am Leben. (Z. Hyg. Infektionskrankh. **140.** 464—80. 1954. Norderney, Kinderheilstätte u. Kinderklin. Seehospiz „Kaiserin Friedrich".) H. DOSSMANN. 4340

K. Liebermeister, H. Ruof und **H. J. Hüttner,** *Zum Wirkungscharakter von Oxyprocainpenicillin auf Tuberkelbakterien im Brutei.* An mit Tuberkelbacillen beimpften, bebrüteten Hühnereiern wurde festgestellt, daß *Oxyprocainpenicillin* (I) durch *p-Aminobenzoesäure* (*PABA*; II) neutralisierbar ist; da II eine spezif. antagonist. Wrkg. auf *PAS* ausübt, handelt es sich nach Vff. bei der I-Wrkg. nicht um eine *Penicillin-*, sondern um eine sich vom *Oxyprocain*-Anteil ableitende *PAS*-Wirkung. Folgerungen für die therapeut. Wirkungsweise von *Paratebin* (*Streptomycin* + I) sowie *Dipasic*-GEWO bzw. *INHA-PAS*-HAURY (*INH* + *PAS*) werden besprochen. (Z. Hyg. Infektionskrankh. **140.** 442—47. 1954. Frankfurt/M., Hygien. Inst. der Stadt u. Univ.) H. DOSSMANN. 4340

Marie L. Koch, *Auswertung der antibakteriellen Wirksamkeit der Tetracycline in vitro.* In vitro-Verss. über die Hemmwrkg. von *Chlortetracyclin* (I), *Tetracyclin* (II), *Oxytetracyclin* (III) gegenüber 1108 frisch isolierten Bakterienstämmen von 8 Species: Aerobacter aerogenes, Escherichia coli, Paracolobactrum, Pseudomonas aeruginosa, verschied. Proteus u. Streptococcusspecies, Micrococcus pyogenes var. aureus u. Diplococcus pneumoniae. Die Ergebnisse zeigen nicht nur Unterschiede zwischen **I, II, III** gegenüber den einzelnen Species, sondern auch gegenüber verschied. Stämmen der gleichen Art. Völlige Kreuzresistenz zwischen **I, II** u. **III.** Auf die Bedeutung von Empfindlichkeitstesten vor Therapiebeginn mit **I, II** u. **III** wird hingewiesen. (Antibiotics and Chemotherapy **5.** 340—44. Juni 1955. Wood, Veterans Admin. Center; Milwaukee, Wis., Marquette Univ., School of Med., Dep. of Microbiol. and Immunology.) H. DOSSMANN. 4340

Samuel Dreizen, Janet J. Mosny, Ellie Jo Gilley und **Tom D. Spies,** *Untersuchungen über die Entstehung von Unempfindlichkeit gegenüber bestimmten Antibioticis bei empfindlichen oralen Lactobacillen.* Orale Lactobacillen (L.; 235 Stämme, isoliert aus dem Speichel von 450 Patienten) zeigen eine große Unterschiedlichkeit im Verh. gegenüber den verschied. Antibioticis. Die größte hemmende Wrkg. auf L. hat *Erythromycin* (**I**); es folgen (im absteigenden Maße) *Penicillin* (**II**), *Oxytetracyclin* (**III**) u. *Chlortetracyclin* (**IV**). *Streptomycin* u. *Dihydrostreptomycin* sind in der untersuchten Konz. (bis 10 mg/10 ml Nährlsg.) unwirksam. Die L. sind auch unterschiedlich in ihrer Empfindlichkeit gegenüber verschied. Konzz. desselben Antibioticums. So schwankte bei den 235 getesteten Stämmen das Minimum, bei dem eine Hemmwrkg. eintritt, bei *Penicillin G-Kalium* zwischen 50 u. 500 mg/10 ml Nährlösung. Werden die L. wiederholt Antibioticakonzz. ausgesetzt, die unter den für eine Hemmung erforderlichen liegen, so werden die Kulturen allmählich gegenüber den Antibioticis unempfindlich. Dies tritt weniger häufig in Ggw. von **II** auf als bei **I**, **III** u. **IV**. (J. Amer. Dental Assoc. **51.** 338—43. Sept. 1955. Chicago, Ill., Northwestern Univ., Med. School, Dep. of Nutrit. and Metabolism.) G. Klesse. 4340

Margaret E. Grigsby, Edward Chappelle und **Thomas Peacock,** *Erythromycinempfindlichkeit von Micrococcus pyogenes var. aureus bei Krankenhausinsassen (Resistenzentwicklung).* Unters. von 148 Stämmen des Micrococcus pyogenes var. aureus von Patienten auf ihre *Erythromycin* (**I**)-Empfindlichkeit sowie auf ihre *Koagulase* (**II**)- u. *Mannit* (**III**)-Reaktionen. 89,8% waren **I**-empfindlich trotz 2jähriger **I**-Anwendung in dem betreffenden Krankenhaus. Schnelle **I**-Resistenzentw. in vitro; nach Vff. ist bei sachgemäßer klin. **I**-Anwendung das Auftreten resistenter Erreger auf ein Minimum zu reduzieren. Kein Zusammenhang zwischen **II**- u. **III**-Rkk. u. prim. **I**-Resistenz. (Antibiotics and Chemotherapy **5.** 350—52. Juni 1955. Washington, D. C., Freedmen's Hosp. and Howard Univ., Dep. of Med.) H. Dossmann. 4340

Rajul Broker und **J. V. Bhat,** *Eine in Sideroxylon tomentosum Roxb. enthaltene Substanz mit Anticholerawirksamkeit.* (Vgl. Antibiotics and Chemotherapy **4.** [1954.] 296.) Eine wss. Paste der Frucht von *S. tomentosum* Roxb. hemmte in vitro *Vibrio comma.* Die Aktivität wurde durch Autoklavieren (120°, 15 Min.) nicht beeinflußt, so daß auf Ggw. eines thermostabilen Anticholerafaktors geschlossen werden kann. Ein wss. Extrakt (**I**) aus Fruchtbrei bewirkte beim Zylindertest innerhalb einer bestimmten Zone Lyse von *V. comma*-Kolonien, die aus degenerierten, sich schlecht färbenden Formen bestanden. Indol-Rk. u. Mannosevergärung von *V. comma* wurden durch **I** nicht beeinflußt, die Gelatinaseaktivität gesteigert u. die amylolyt. Wirksamkeit gehemmt. Der stark saure Charakter (p_H 3—3,5) des Fruchtbreies beeinflußt möglicherweise die Störung des Säure–Basen-Gleichgewichtes, die durch den stark alkal. Zustand des infizierten Darmes hervorgerufen wird. (J. Univ. Bombay [N. S.] **22.** Nr. 5. Sect. B 71—72. März 1954. Bombay, St. Xavier's Coll.) K. Maier. 4340

Preben von Magnus, *Unvollständige Influenzavirusformen.* Übersicht. Bldg. von vollakt. u. „unvollständigem" (nichtinfektiösem) Virus (**I**), Eigg. des unvollständigen **I**, Mechanismus der Bldg. von unvollständigem **I**, Wesen u. Herkunft des unvollständigen **I**. — 40 Literaturangaben. (Advances Virus Res. **2.** 59—79. 1954. Copenhagen, Statens Seruminst., Influenza Virus Dep.) K. Maier. 4374

W. Wilbur Ackermann und **Thomas Francis jr.,** *Kennzeichen der Virusentwicklung in isolierten tierischen Geweben.* Übersicht. Züchtung von Influenzavirus im Respirometer, von Poliomyelitisvirus in Helazellen (aus einem Cervixtumor stammende Epithelialzellen), von restlichem Pferdeencephalomyelitisvirus in Kükenfibroblasten, von Viren in Zellmonoschichten, Analyse der Wachstumskurve, Begriff der Zellhomogenität, Anfangsstadium der Infektion, Virusfreisetzung, Virussyntheseprozeß. — 57 Literaturangaben. (Advances Virus Res. **2.** 81—108. 1954. Ann Arbor, Mich., Univ. of Michigan, School of Publ. Health, Dep. of Epidemiology and Virus Labor.) K. Maier. 4374

Shri Ranjan, *Die Wirkung einer Infektion mit Cucurbita-Mosaikvirus auf den Gehalt an freien Aminosäuren und organischen Säuren von Cucurbita pepo-Blättern.* Gesunde u. virusinfizierte Blätter wurden mit heißem W. u. mit 70% A. extrahiert, der Rückstand mit 6n HCl hydrolysiert. Papierchromatograph. konnten im Hydrolysat keine Unterschiede in der Aminosäurezus. gesunder u. kranker Blätter festgestellt werden. Die Konz. der freien Aminosäuren war bei den infizierten Blättern in beiden Extrakten höher, außerdem konnten bei diesen freies *Cystin* u. 3 unbekannte ninhydrinpositive Substanzen nachgewiesen werden. Ob diese unbekannten Stoffe Bestandteile des Virusmol. selbst sind, ist nicht bekannt. Gesunde Blätter hatten einen höheren Geh. an *Äpfelsäure* u. *Citronensäure,* der Zuckergeh., vor allem *Saccharose,* ist gegenüber infizierten Blättern deutlich erhöht. (Flora [Jena] **143.** 87—90. 20/2. 1956. Allahabad, India, Univ., Dep. of Botany.) D. Claus. 4374

William D. Gray, *Synthese von Riboflavin in Physarum polycephalum-Kulturen.* Die Unters. von *Physarum polycephalum* (Stamm *L-2*)-Gesamtkulturen in feuchten Kammern (28°, starkes natürliches Licht) ergab eine erhebliche *Riboflavin* (**I**)-Bldg. während einer 3—4tägigen Wachstumsperiode (maximale **I**-Zunahme 423,5 γ = 910% des ursprünglich vorhandenen **I**). Da der als Nährstoffquelle zugesetzte Rollhafer nur eine geringfügige bakterielle Verunreinigung bewirkte, erfolgt die **I**-Bldg. wahrscheinlich größtenteils oder ganz durch die Plasmodien des Myxomyceten. Die Gelbfärbung der Plasmodien wird anscheinend teilweise durch **I** hervorgerufen. (Ohio J. Sci. **55**. 212—14. Juli 1955. Columbus, O., Ohio State Univ., Dep. of Bot. and Plant Pathol.) K. MAIER. 4380

J. A. Barnett und **T. Swain,** *Spaltung von Äsculin durch Hefen.* Bisher galt die Fähigkeit zur Spaltung von *Äsculin* (**I**; in *Glucose* + *Äsculetin* [**II**]) als Mittel zur Unterscheidung von Hefen. Vff. zeigen, daß unter geeigneten Bedingungen alle 115 von ihnen untersuchten Hefen **I** zu spalten vermögen, obwohl unter ihnen 91 Stämme waren, bei denen diese Fähigkeit nach bisheriger Meinung nicht zu erwarten war. Die bisherigen unrichtigen Beobachtungen beruhen darauf, daß zu nährstoffarme Nährmedien u. zu kleine Impfmengen verwendet wurden u. daß die Methoden zum Nachw. des Spaltprod. **II** nicht empfindlich genug waren. (Nature [London] **177**. 133—34. 21/1. 1956. Cambridge, Univ., Low Temp. Stat. for Res. in Biochem. and Biophys.; Dep. of Sci. and Ind. Res.) A. HESSE. 4380

Gottfried Spicher, *Untersuchungen über die Wirkung von Erdextrakt und Spurenelementen auf das Wachstum verschiedener Streptomyceten.* Zusatz von Erdextrakt zum Nährmedium bewirkt bei Streptomyceten eine Steigerung des Mycelgewichtes; die Wachstumsbeschleunigung ist der Konz. des Erdextrakts direkt proportional. Zwischen der Wrkg. des jeweiligen Erdextrakts u. der ihm entsprechenden Erdextraktasche zeigte sich kein grundsätzlicher Unterschied; die Wrkg. dürfte auf dem Geh. der Extrakte an Spurenelementen beruhen. Zusatz von Spurenelementen zum spurenelementfreien Nährmedium wirkte wachstumssteigernd (maximale Wrkg. mit 0,05 mg% Fe, 0,0005 mg% Mn u. 0,005 mg% Zn, Cu u. Mo). In Kombination waren am wirksamsten Fe/Zn, Fe/Mn/Zn u. Fe/Mn/Zn/Mo. (Zbl. Bakteriol., Parasitenkunde, Infektionskrankh. Hyg., II. Abt. **108**. 577—87. 20/6. 1955. Detmold/Lippe, Bundesforschungsanstalt für Getreideverarbeitung.) H. GOEBEL. 4380

L. Popow, Tsch. Iwanow, N. Angelow und **Iw. M. Panaiotow,** *Synthetische Fungicide.* 1. Mitt. *Antimykotische Wirkung der Verbindungen vom Typ der Pflanzenhormone und der β-substituierten Naphthalinderivate.* Die fungiciden Eigg. von 16 chem. Verbb. wurden an Trichophytum gypseum, Monilia albicans u. Aspergillus niger untersucht, indem die geringste Menge ermittelt wurde, die das Wachstum dieser Pilze vollständig hemmt: *β-Naphthoxyessigsäure* u. *deren Methylester*; *Methyl-β-naphthylketon*; *β-Naphthaldehyd*; *Phenyl-β-naphthylketon*; *β-Naphthaldehydthiosemicarbazon*; *β-Naphthylthioglykolsäure*; *Methyl-α-naphthylketon*; *α-Naphthylessigsäure*; *Dichlorphenoxyessigsäure*; *Guajakoxyessigsäure*; *2.4-Thymoxyessigsäure*; *Methyl-3-phenanthrylketon*; *2-Chlor-1.4-naphthochinon*; *Dypnon*; *8-Oxychinolin*. Die fungicide Aktivität ist in der Hauptsache dem β-substituierten Naphthalinkern zuzuschreiben. (Доклады Болгарской Академии Наук [C. R. Acad. bulgare Sci.] **6**. Nr. 1. 37—40. Jan./März 1953. Sofia, Med. Tscherwenkow-Akad.; Dermatol. u. Venerol. Klin.; Polytechnikum, Lehrstuhl für organ. Chem.) A. v. WILPERT. 4380

Roy B. Mefferd jr. und **John B. Loefer,** *Respirationshemmung bei Tetrahymena pyriformis S durch Actidion.* *Actidion* (**I**) hemmt bei p_H 6 deutlich die endogene Atmung von Tetrahymena pyriformis S (WARBURG-App.). Gleichzeitig wird durch **I** auch die Verwertung von Fructose, Galaktose, Glucose, Mannose, Maltose, Acetat, α-Ketoglutarat, Lactat, Malat, Pyruvat, Glutaminsäure u. Tryptophan gehemmt. Nach diesen Unterss. ist die Wrkg. von **I** nicht spezif. Natur u. kommt vielleicht durch Störung von Zellteilung u. -wachstum zustande. (Physiol. Zoöl. **27**. 115—18. April 1954. San Antonio, Tex., Trinity Univ., Southwest Foundation for Res. and Educat.) H. ZELLER. 4380

V. Moses, *Die Wirkung von Ammoniak auf die Oxydation von Glucose durch Zygorhyncus moelleri.* *Zygorhyncus moelleri*, eine Mucoracee, wurde in Nährlsg., enthaltend NH_4Cl (**I**), KH_2PO_4, NaOH, $MgSO_4$, NaCl, Glucose (**II**), Leber- oder Hefeextrakt, zuzüglich einer Lsg. von Spurenelementen (B, Mo, Fe, Cu, Mn, Zn), kultiviert; im WARBURG-App. wurde die Abhängigkeit des Gasstoffwechsels von verschied. Kulturbedingungen untersucht. Für 24 Std. an Kohlenhydraten verarmte Hyphen besitzen eine verminderte O_2-Aufnahme. Nach **II**-Zugabe steigt die O_2-Aufnahme stetig an u. ist nach 2—3 Std. konstant. Bei Zugabe sehr kleiner Mengen **II** ist der O_2-Verbrauch ein Bruchteil des theoret. Wertes, was auf eine beträchtliche Assimilation von **II** hinweist. In Ggw. von

10^{-3}mol. NaN_3 (III) ist die Endgeschwindigkeit der O_2-Aufnahme etwas kleiner als in seiner Abwesenheit; die Induktionsperiode wird dadurch nicht beeinflußt. Die aufgenommene O_2-Menge wird durch diese III-Konz. jedoch beträchtlich gesteigert. Die Atmung von an Kohlenhydraten u. N-Verbb. verarmten Suspensionen wird durch 10^{-3}mol. III nicht beeinflußt, durch kleine Mengen I aber stark erhöht. Diese Stimulierung wird durch 10^{-3}mol. III u. $4{,}6 \cdot 10^{-4}$mol. Cyanid wieder aufgehoben. L-Glutaminsäure, L-Asparaginsäure, L-Asparagin, Acetat u. Succinat erhöhen ebenfalls die II-Oxydation, sind aber weniger wirksam als I; Nitrat, Nitrit u. Hydroxylamin sind unwirksam. Die Oxydationsgeschwindigkeiten von Saccharose (IV), A., Acetat u. Succinat werden durch I in verschied. Maße erhöht, erreichen aber die II-Werte nur bei IV. In Ggw. von II wird das NH_4-Ion gebunden; es findet sich nach 3 Std. in der unlösl. N-Fraktion wieder; diese Rk. wird durch 10^{-3}mol. III gehemmt. Zur Erklärung der beobachteten Erscheinungen wird die Möglichkeit einer Enzymadaptation diskutiert. (Biochem. J. **57**. 547—56. Aug. 1954. London, Univ. Coll., Dep. of Bot.) H. KOBLITZ. 4380

P. L. Carpenter, Immunology and serology. London: W. B. Saunders. 1956. (351 S. m. Abb.) 45 s. 6 d.

E₄. Pflanzenchemie. Pflanzenphysiologie. Pflanzenpathologie.

M. Ja. Schkolnik, *Über die biologische Rolle des Bors im pflanzlichen Organismus.* (Vgl. C. **1956**. 4256.) Übersicht. — 99 Literaturangaben. (Успехи Современной Биологии [Fortschr. gegenwärt. Biol.] **40**. 211—29. Sept./Okt. 1955. Leningrad.) OTTO MAIER. 4410

M. Ss. Resnitschenko, *Einige Bemerkungen zur Theorie von Ss. Ss. Perow über den Aufbau der Eiweißstoffe.* Vf. hat genau nach der Vorschrift von PEROW (Die Biochemie der Eiweißstoffe [russ.], 1951) das Eiweiß von Erbsen durch alkal. Extraktion u. Fällung im isoelektr. Punkt isoliert. Dabei hat er aber nicht die PEROWsche *Protosäure,* sondern 2 Globuline (Legumin u. Vicilin) gefunden u. durch Kataphorese u. Elektrophorese nachgewiesen. Die Titration dieser Proteine geht sowohl in alkal. als auch in saurer Richtung vor sich. Daher entspricht die PEROWsche Ansicht vom sauren Charakter dieser Proteine nicht den Tatsachen. Die von PEROW eingeführte „Titrationszahl" ist vom Indicator u. der Anzahl der Umfällungen des Proteins abhängig, wobei durch das Alkali teilweise Hydrolyse eintritt. Die „Protosäuren", die man nach PEROW aus Erbsen, Bohnen, Mandeln, Soja u. a. erhält, sind demnach verschied. Gemische von teilweise hydrolysierten Proteinen. (Биохимия [Biochemie] **19**. 586—89. Sept./Okt. 1954. Leningrad, Landwirtsch. Inst., Labor. für organ. u. biol. Chem.) J. v. SCHROEDER. 4420

A. A. Prokofjew, *Über die Fettbildung in den Pflanzen.* Übersicht. — 53 Literaturangaben. (Успехи Современной Биологии [Fortschr. gegenwärt. Biol.] **39**. 129—53. März/April 1955.) O. LEBTAG. 4420

A. A. Prokofjew, *Fettbildung bei Pflanzen.* Stark verkürzte Wiedergabe der vorst. referierten Arbeit. (Вестник Академии Наук СССР [Nachr. Akad. Wiss. UdSSR] **25**. Nr. 7. 29—35. Juli 1955.) O. LEBTAG. 4420

P. Karrer und **W. Bürgi,** *Über Inhaltsstoffe von Cerastium alpinum.* Aus den oberird. Teilen von *Cerastium alpinum* wurden isoliert: *n-Nonakosan, n-Triakontan, α-Sitosterin, γ-Ergostanol* sowie ein weiteres Sterin (*Brassicasterin*?).

V e r s u c h e: Die oberird. Teile von *Cerastium alpinum* wurden mit PAe. (Kp. 30 bis 60°), Bzl. u. A. extrahiert, die Extrakte mit methylalkoh. KOH gekocht u. die Verseifungsprodd. nach Abdest. des Lösungsm. u. Verdünnen mit W. mit Ae. extrahiert. Die äther. Lsg. des Petrolätherextrakts wurde eingedampft, in Bzl. gelöst u. an $ZnCO_3$ chromatographiert. Die Farbstoffe wurden als *Xanthophyll* (λ_{max} 507, 475 mμ in CS_2) u. *β-Carotin* (λ_{max} 518, 482 mμ in CS_2) identifiziert. Außerdem wurden nach nochmaliger Chromatographie an $ZnCO_3$ aus Bzl. *n-Nonakosan* [$C_{29}H_{60}$, F. 59—61° (Methanol); n_D^{65} 1,4363—1,4364], *n-Triakontan* [$C_{30}H_{62}$, F. 65—67° (Methanol); n_D^{70} 1,4366], *α-Sitosterin* [$C_{29}H_{50}O$, F. 125—127° (Methanol); $[\alpha]_D$ ca. —20°; *Acetat,* $C_{31}H_{52}O_2$, F. 118—120°], *γ-Ergostanol* [$C_{28}H_{50}O$, F. 142,5—144° (Methanol); *Acetat,* $C_{30}H_{52}O_2$, F. 142°] u. *Brassicasterin* (?) [F. 146—148,5° (Methanol); *Acetat,* F. 156—158°] erhalten. — Aus den äther. Lsgg. der Benzol- u. A.-Extrakte wurden die gleichen Stoffe isoliert, jedoch in geringerer Menge; aus dem A.-Extrakt außerdem eine Substanz vom F. 75—77°, die nicht weiter untersucht wurde. (Helv. chim. Acta **34**. 832—34. 2/5. 1951. Zürich, Univ., Chem. Inst.) I. FESTL. 4420

Howard J. Teas, *B-Vitamine in Endospermen von Stärke- und Zuckermais.* In je 12 Proben von Stärke- u. Zuckermais fand Vf. folgende Vitaminmengen in γ/g Endosperm: *Riboflavin* 1,32 u. 1,68; *Cholin* 530 u. 695; *Vitamin B₆* 3,39 u. 4,82; *Inositol* 161 u. 263; *Biotin* 0,058 u. 0,094; *Pantothensäure* 2,32 u. 5,82; *Nicotinsäureamid* 23,3 u.

48,4 u. *Thiamin* 0,445 u. 1,293. Damit enthalten Zuckermaisendosperme von allen untersuchten Vitaminen höhere Mengen als Stärkemaisendosperme, was Vf. auf die dickeren Aleuronschichten des Zuckermaises zurückführt. — 29 Literaturangaben. (Plant Physiol. **29.** 190—94. März 1954. Pasadena, Calif., Inst. of Technol., Kerckhoff-Labor. of Biol.) F. KRUSEN. 4425

Frederick D. Richey und **Ray G. Dawson,** *Fragliche Zusammenhänge zwischen Dicke der Aleuronschicht und Niacingehalt bei Zuckermais.* Vff. bestreiten die Ansicht von TEAS (vgl. vorst. Ref.), wonach der höhere *Nicotinsäure* (I)-Geh. im Endosperm von Zuckermais gegenüber Stärkemais allein auf die dickere Aleuronschicht des Zuckermaises zurückzuführen ist. Auch Embryo u. aleuronfreier Endosperm tragen durch ihre höheren I-Konzz. zu dem höheren I-Geh. des Zuckermaises gegenüber dem Stärkemais bei. (Plant Physiol. **29.** 194—96. März 1954. New York, N. Y., Columbia Univ., Dep. of Botany; Knoxville, Tenn., Agric. Exp. Stat.) F. KRUSEN. 4425

R. G. Chitre und **D. B. Desai,** *Experimentelles Vorgehen zur Bestimmung von Niacin und seiner Umwandlungsprodukte in keimenden Körnern von Getreide und Hülsenfrüchten.* Die Proben wurden mit W. aufgeschwemmt (15 cm^3/g Substanz), erhitzt u. nach Abkühlen zur Entfernung der Kohlenhydrate mit 20 mg Pankreatin maceriert u. die Proteine mit konz. $(NH_4)_2SO_4$ präcipitiert. Der Extrakt wurde in 4 Teile geteilt u. mit 0,25n NaOH, 2n HCl, 5n HCl u. 12n KOH hydrolysiert. Die sauren Hydrolysate waren gefärbt u. wurden mit 1%ig. $KMnO_4$ entfärbt, auf das p_H 5 gebracht u. filtriert. Der *Niacin*-Geh. wurde unter Verwendung von CNBr u. Anilin–HCl bestimmt. (Proc. Soc. biol. Chemists, India **13.** 39—40. 1955. Bombay, I. C. M. R. Nutrition Res. Unit, Sheth G. S. Med. Coll.) H. HERMANN. 4425

Ryszard Schillak *Äthylen als Biokatalysator.* Zusammenfassende Darst. der Forschungsergebnisse über die Wrkg. von *Äthylen* auf Pflanzen u. seiner Erzeugung durch diese. — 43 Zitate. (Wiadomości chem. **6.** 169—82. April 1952.) H. FREYTAG. 4450

Hugh Wilcox, *Vorläufige Untersuchungen über das Eindringungsvermögen von Natriumarsenit- und Natriummonochloratacetatlösung in den Stamm der Gelbbirke und Rottanne.* Die Resorption von *Na-Arsenit* (I) u. *Na-Monochloracetat* (II) durch den unverletzten Holzkörper von Picea rubens nahm bis zu einem Gleichgewichtszustand ab u. unterlag täglichen Schwankungen. Die II-Lsg. von gleicher Konz. wurde schneller aufgenommen als die von I, eine saure Lsg. von II schneller als eine alkalische. Außerdem konnten jahreszeitliche Schwankungen beobachtet werden. Bei der Gelbbirke konnte bis zum Aufhören des Blutens keinerlei Resorption von I oder II festgestellt werden. (Bot. Gaz. **116.** 73—81. Sept. 1954. Syracuse, N. Y., State Univ. of New York, Coll. of Forestry, Res. Found.) M. EBERT. 4450

A. B. Hope und **R. N. Robertson,** *Die Anfangssorption von Ionen durch Pflanzengewebe.* Vff. nehmen an, daß die Hypothese eines komplexen DONNAN-Syst. den meisten Beobachtungen über die Anfangssorption von Ionen durch Pflanzenzellen Rechnung trägt. Zusätzlich zu diesem Syst. ist jedoch zur Deutung der anschließenden irreversiblen Resorption (Akkumulation), die wahrscheinlich in die Vakuolen erfolgt, die Annahme eines atmungsabhängigen Prozesses notwendig. (Nature [London] **177.** 43—44. 7/1. 1956. Sydney, Univ., Bot. School, Commonwealth Sci. and Ind. Res. Organisat., Plant Physiol. Unit.) K. MAIER. 4470

Peter Arnow, J. J. Oleson und **J. H. Williams,** *Die Wirkung von Arginin auf die Ernährung von Chlorella vulgaris.* Vff. zogen die Alge Chlorella in einem Basalmedium mit HOAGLANDs A-Z-Nährlösung. Wurde das Ammoniumnitrat der Nährlsg. durch Aminosäuren ersetzt, so ergaben nur *Ornithin, Citrullin, Arginin* sowie *Harnstoff* n. Wachstum ohne chlorot. Erscheinungen, während die übrigen geprüften 19 Aminosäuren zwar n. Wachstum, jedoch unter stark reduzierter Chlorophyllbldg., bewirkten. Mangan aktiviert das Arginin, so daß es eine deutliche Wachstumsstimulation hervorruft. Zink, Kobalt u. Kupfer waren nicht so wirksam wie Mangan. Überdies untersuchten Vff. Stimulationseffekte durch andere organ. Stoffe. *Glutamin, Mononatriumglutamat, Adenosintriphosphat, Xanthin, Hypoxanthin* stimulieren das Wachstum, während Adenin u. Uracil weniger wirksam sind. (Amer. J. Bot. **40.** 100—04. März 1953. Pearl River, N. Y., Amer. Cyanamid Comp.) W. SCHUPHAN. 4470

Jan Sitař, *Über den Einfluß von Melasse und einiger ihrer Bestandteile auf das Pflanzenwachstum.* 0,001—0,05%ig. *Melasselsgg.* (I) fördern bei Erbsenpflanzen das Wachstum der Seitenwurzeln, doch ist diese Stimulierung, wie sich aus Kontrollverss. mit Saccharose u. Aminosäuren ergab, nicht ausschließlich nutritiv. *Aneurin* fördert, zum Unterschied von I, *Heteroauxin* u. *2.3.5-Trijodbenzoesäure,* mehr das Wachstum der Hauptwurzeln. *Auxine* konnten in I nicht festgestellt werden. In 0,1%ig. I geweichte Rettich-, Kohlrüben- u. Blumenkohlsamen weisen größere Keimungsenergie u. -fähigkeit auf. In 1- u. 10%ig. I geweichte Schwarzpappelstecklinge wurzeln um ca. 20% besser. (Chem. Zvěsti 7. 523—36. Okt. 1953. Brno [Brünn], Botan. úst. Vys. školy zemědělské.) K. STEINER. 4480

Artur Ber, *Auxine.* (Vgl. C. 1954. 4187; 1955. 3655 u. 6546.) Übersicht. (Wiadomości chem. 4. 32—48. Jan./Febr. 1950. Lódz, Med. Akad.) H. FREYTAG. 4485

E. G. Bollard, *Zinkmangel bei Birnbäumen.* Zwölf Jahre alte Bäume der Sorte „Williams Bon Chretien" wurden in Central Otago untersucht. *Zink*-Mangel rief — bes. in den Spitzen der Baumkronen — Chlorose u. starke Verkleinerung der Blattflächen sowie Verkümmerung der Knospen u. Triebspitzen hervor. Durch Spritzen mit 3 lbs. $ZnSO_4$ + 4 lbs. $Ca(OH)_2$ auf 50 gal. W. wurden die Schäden behoben. Behandlung im Herbst u. Winter war wirksamer als die im Frühjahr. (New Zealand J. Sci. Technol., Sect. A 34. 548—50. April 1953. Wellington, Dep. of Sci. and Ind. Res., Fruit Res. Stat.) W. SCHUPHAN. 4490

Paul J. Allen, *Toxine und Gewebeatmung.* Zusammenfassende Darst. der bisher gefundenen Ergebnisse bzgl. Beeinflussung der Gewebeatmung durch Toxine. Die Ursachen einer erhöhten Atmung von Mikroorganismen werden diskutiert, wobei den Beziehungen zwischen Wirt u. Parasit sowie den beteiligten Enzymsystemen besondere Aufmerksamkeit geschenkt wird. (Phytopathology 43. 221—29. Mai 1953. Madison, Wis., Univ., Dep. of Bot.) W. BEINERT. 4490

S. N. Banerjee und **B. K. Chaterjee,** *Untersuchungen über die phytotoxische Wirkung von BHC und DDT auf gewöhnliche Kürbisgewächse in West-Bengal.* Bei Behandlung von Cucurbita pepo, Luffa acutangula, L. aegyptiaca, Cucumis sativus, Memordica indica, Citrullus colocynthis, C. vulgaris u. Trichosanthis dioica mit 5%ig. *BHC*-Staub zu verschied. Jahreszeiten (Maximaltemp. 33°; Minimaltemp. 28°; Feuchtigkeit 67—86%) traten keinerlei Schädigungen auf; bei Lagenaria vulgaris starben sämtliche Pflanzen nach spätestens 2 Wochen ab. Bei Spritzung obengenannter Arten mit 0,1%ig. *DDT* (*Gesarol*-GEIGY-550) trat keinerlei phytotox. Wrkg. auf. (Proc. Indian Acad. Sci., Sect. B 41. 227—39. Mai 1955. Calcutta, Tollygunge, State Agricult. Res. Inst., Entomol. Labor.) H. GOEBEL. 4495

A. E. Dimond, *Pathogenese der Welkekrankheiten.* Übersicht (bis Aug. 1954). Wirtsbefall u. Symptomentw., Wechselbeziehungen zwischen den Hauptsymptomen, Austrocknungssymptome der Blätter, vasculäre Verfärbung, Mechanismen des Welkens u. der Verfärbung. — 105 Literaturangaben. (Annu. Rev. Plant Physiol. 6. 329—50. 1955. New Haven, Conn., Agric. Exp. Station.) K. MAIER. 4495

E_5. Tierchemie. Tierphysiologie. Tierpathologie.

J. M. Bowness, R. A. Morton, M. H. Shakir und **A. L. Stubbs,** *Kupfer und Zink in Säugetieraugen. Das Vorkommen von Metallen in Melaninfraktionen von Augengeweben.* Da in vorausgehenden Verss. mit der Emissionsspektralanalyse keine befriedigenden quantitativen Ergebnisse erzielt werden konnten, wurden eingehende Unterss. mit der Dithizonmeth. durchgeführt. Die Arbeitsweise u. die Gewinnung der Gewebe werden beschrieben. Es wurde gefunden, daß die Unterschiede der *Zn*- u. *Cu*-Konzz. bei den verschied. Geweben den method. Fehler übersteigen. Bei den untersuchten Arten (Schaf, Rind, Wal, Kaninchen) ist die Reihe der Gewebe nach der Zn- u. Cu-Konz. gleichartig. Die höchsten Konzz. finden sich in den pigmentierten Geweben. Der Zn-Geh. der Iris u. Chorioidea von Albinokaninchen ist niedriger als der von gleichen Geweben pigmentierter Kaninchen, während bei der Linse u. Cornea kein solcher Unterschied vorliegt. Zn u. Cu der Iris finden sich hauptsächlich in den Pigmentstoffen, die in der überstehenden Fl. der *Trypsin*-Verdauung des Gewebes vorhanden sind, u. zwar in höheren Konzz. als im ursprünglichen Gewebe u. nicht beeinflußt durch Dialyse. Dieses Zn-Vork. wird durch Säurehydrolyse zum Verschwinden gebracht, nicht dagegen der Cu-Bestandteil. Die Asche dialysierter Pigmentfraktionen enthält *Ca, Mg, Ba* u. *Fe* neben Zn u. Cu, wobei Fe der Hauptbestandteil zu sein scheint. (Biochem. J. 51. 521—30. Juli 1952. Liverpool, Univ., Biochem. Dep.) J. SCHWAIBOLD. 4510

J. M. Bowness und **R. A. Morton,** *Die Verteilung von Kupfer und Zink in den Augen von Süßwasserfischen und Fröschen. Das Vorkommen von Metallen in Melaninfraktionen von Augengeweben.* (Vgl. vorst. Ref.) Mit den in der vorhergehenden Arbeit beschriebenen Methoden der Isolierung von Geweben u. Best. von Elementen wurden Augengewebe von Barsch, Forelle u. Froscharten auf den Geh. an *Cu* u. *Zn* untersucht. Soweit vergleichbar, wurden bzgl. Zn die Ergebnisse von LEINER u. LEINER (Biol. Zbl. 62. [1942.] 119) bestätigt. Es wurde gefunden, daß die Hauptmenge des Zn u. die Hälfte des Cu der Barschchorioidea in nicht ionisierbarer Form an die Pigmentproteinfraktion des Gewebes gebunden sind. Die Absorptionsspektren der Pigmentproteinsuspensionen

von Barsch- u. Froschaugen sind von denen von Rinderaugen verschieden. Die Barschpigmentfraktion liefert ca. 10% Asche, die Ca, Fe u. Sr enthält, aber annähernd zur Hälfte aus Zn besteht. Die Bedeutung des Vork. solcher Zn-Konzz. in der Melaninpigmentierung wird erörtert. (Biochem. J. **51**. 530—35. Juli 1952.)
J. SCHWAIBOLD. 4510

Norman S. MacDonald, Ralph E. Nusbaum, George V. Alexander, Florita Ezmirlian, Patricia Spain und **Donald E. Rounds,** *Die Ablagerung von Yttrium im Skelett.* Jungen Ratten wurden jeden zweiten Tag 60 mg YCl_3/kg Körpergewicht in einer Lsg. von 20 mg Y^{3+}/ml intraperitoneal gegeben, im Höchstfall 83 Injektionen. Tox. Schäden traten nicht auf. Ein Geh. der Knochenasche von 0,033% Y wurde nicht überschritten. Nachdem der Knochen einen Geh. von 0,015—0,020% erreicht hatte, schritt die weitere Ablagerung von Y nur sehr langsam fort. Die Best. des Y erfolgte in Schaft- u. Epiphysenasche mit Hilfe der Emissionslinie bei 3242,3 Å. (J. biol. Chemistry **195**. 837—41. April 1952. Los Angeles, Calif., Univ. of California, School of Med.) H.-G. SCHWEIGER. 4510

E. J. Bigwood und **F. Robazza,** *Aminosäuren- und Schwefelgehalt des Haares normaler afrikanischer Eingeborener und bei Kwashiorkor.* Haaranalysen einiger an Kwashiorkor leidender u. gesunder afrikanischer Kinder, dazu Vgl. mit dem Haar von 3 Europäern, ergaben bei Pigmentunterschieden mehr oder weniger große Unterschiede im Geh. der verschied. *Aminosäuren* sowie von *S* u. *N*, die diskutiert werden. (Voeding **16**. 251—56. 15/3. 1955. Brussels.) H. DOSSMANN. 4520

S. P. Pathak und **C. V. Agarwal,** *Zusammensetzung der Fettsäuren der Fette einiger indischer Frischwasserfische.* (Vgl. C. **1955**. 4862.) Es wurden untersucht das Körperfett (I), das Eingeweidefett (II) u. das Leberfett (III) des „Bhakurfisches" (A; *Catla buchanani*) u. das Leberfett (IV) des „Pahunafisches" (*Wallago attu*); beide Fische stammen aus dem Ganges bei Benares. — Wassergeh. (%) 67,5 **I**; 40,2 **II**; 72,7 **III**; 68,3 **IV**; Fettgeh. (% feuchtes Gewebe) 6,3 **I**; 44,8 **II**; 8,5 **III**; 5,1 **IV**; Fettgeh. (% Trockengew.) 19,0 **I**; 75,0 **II**; 31,3 **III**; 16,1 **IV**; Phosphatidgeh. des Fettes (%) 0 **I** u. **II**; 5,4 **III**; 12,5 **IV**; JZ. 97,9 **I**; 87,2 **II**; 90,5 **III**; 122,9 **IV**. Die Fettsäuren (**V**) wurden zunächst in verschied. ungesätt. Gruppen getrennt, u. zwar mit Hilfe der Li- u. Pb-Salz-Trennung in Aceton bzw. A., anschließend wurden die Methylester einer fraktionierten Dest. unterworfen. Die Fraktionierung der **V** von A ergab (%): Pb-Salze A.-unlösl.: 31,8 **I** (JZ. 1,4); 36,8 **II** (JZ. 5,3); 32,8 **III** (JZ. 22,4); Li-Salze, acetonunlösl., aber Pb-Salz A.-lösl.: 47,8 **I** (JZ. 111,8); 49,9 **II** (JZ. 105,0); 67,2 **III** (JZ. 138,0), Li-Salze, acetonunlösl.: 20,4 **I** (JZ. 248,2); 13,3 **II** (JZ. 237,6); **III** —. Zus. der **V** (Gew.-%): *Myristinsäure* 2,9 **I**; 2,8 **II**; 0,6 **III**; 1,5 **IV**; *Palmitinsäure* 29,0, **I**; 25,3 **II**; 19,6 **III**; 14,2 **IV**; *Stearinsäure* 6,5 **I**; 7,9 **II**; 6,4 **III**; 4,0 **IV**; *Arachinsäure* — **I**; 1,4 **II**; 3,1 **III**; — **IV**; ungesätt. **V**: C_{14}: 0,2 **I**; 1,4 **II**; Spuren **III**; 0,4 **IV**; C_{16}: 25,3 **I**; 10,0 **II**; 7,0 **III**; 8,4 **IV**; C_{18}: 17,9 **I**; 37,2 **II**; 25,4 **III**; 32,6 **IV**; C_{20}: 7,5 **I**; 11,9 **II**; 26,5 **III**; 19,8 **IV**; C_{22}: 10,1 **I**; 2,1 **II**; 9,4 **III**; 19,1 **IV**; C_{24}: 0,6 **I**; — **II**, **III** u. **IV**. (Biochem. J. **51**. 264—68. Mai 1952. Benares, Hindu Univ., Dep. of Ind. Chem.)
H. P. FIEDLER. 4520

Alberto Ercoli und **Pietro de Ruggieri,** *Die Konstitution von Cerebrosterin, ein Oxycholesterin aus dem Pferdegehirn.* Wie Vff. schon früher (C. **1955**. 3872) berichteten, isolierten sie aus dem Gehirn von Pferden u. später von Menschen eine *Cerebrosterin* (I) benannte Substanz. Auf Grund ihrer Eigg. (Fällbarkeit mit *Digitonin*, positive LIEBERMANN-BURCHARD-Rk., linksdrehend, Überführbarkeit in das α.β-ungesätt. Diketon *Cerebrostendion* [II] bei der OPPENAUER-Oxydation, Bldg. eines Diacetates) schlossen Vff. auf das Vorliegen eines sek. Alkoholderiv. von *Cholesterin*. Die Lage der 2. OH-Gruppe konnte durch Vgl. von **I** bzw. seinen Derivv. mit synthet. Verbb. bestimmt werden.

V e r s u c h e: *Δ^4-Cholesten-3.24-dion* (**III**), F. 118—119°, durch OPPENAUER-Oxydation von *24-Ketocholesterin* (**IV**); λ_{max} (in A.) 242 mμ (lg E 4,22), Infrarot (Chlf.) 5,86; 6,01; 6,18 μ, $[\alpha]_D$ +83,5° (Chlf.); diese Verb. ist ident. mit **II**. — *Δ^5-Cholesten-3β.24-diol,* durch MEERWEIN-PONNDORF-Red. von **IV** zu den an C_{24} epimeren Diolen u. fraktionierte Kristallisation der *Dibenzoate*, 1. F. 179—181°, $[\alpha]_D$ —15,5° (Chlf.) u. 2. F. 141 bis 142°, $[\alpha]_D$ —11,8° (Chlf.); Verseifung des 1. Dibenzoates gab das mit **I** ident. *Diol*, F. 175—176°, $[\alpha]_D$ —48,5° (Chlf.); *Diacetat*, F. 96—97°, $[\alpha]_D$ —27,6° (Chlf.). Das 2. Dibenzoat gab das an C_{24} *epimere Diol*, F. 182—183°, $[\alpha]_D$ —26,8°; *Diacetat*, F. 100—102°, $[\alpha]_D$ —37,2° (Chlf.). — *Δ^4-Cholesten-24-ol-3-on*, neben **III** durch milde OPPENAUER-Oxydation vorst. synthet. Diole, 1. F. 138°, $[\alpha]_D$ +79,5° (Chlf.), λ_{max} (in A.) 242 mμ (lg E 4,22), Infrarot (Chlf.) 2,8; 6,01; 6,18 μ; *Acetat*, F. 97°, $[\alpha]_D$ +86,5°. 2. F. 143°, $[\alpha]_D$ +93,5°; *Acetat*, F. 91°, $[\alpha]_D$ +70°. Beide epimeren Verbb. geben bei der CrO_3-Oxydation **III**. — *Cholestan-3β.24-diol*, F. 202—203°, durch katalyt. Hydrierung des synthet. **I**; $[\alpha]_D$ +24° (Dioxan); *Diacetat*, F. 119°, $[\alpha]_D$ +22,5° (Chlf.). Diese Verbb. sind ident. mit *Cerebrostandiol* (Hydrierungsprod. von **I**) bzw. seinem Diacetat. CrO_3-Oxydation dieses Diols gab ein Diketon, F. 122°, $[\alpha]_D$ +40° (Chlf.), Infrarot (Chlf.) 5,87 μ, das ident. ist mit *Cerebrostandion*, dem Oxydationsprod. von I. (J. Amer. chem. Soc. **75.** 3284. 5/7. 1953. Casatenovo, Como, Vister Res. Labor.) H. SCHEURLEN. 4520

John R. Pappenheimer, *Durchtritt von Molekülen durch Capillarwände.* Vf. gibt einen Überblick über die sogenannte ultramkr. Zirkulation, den unsichtbaren Fluß von W. u. im Blut gelösten Substanzen durch die Capillarwände. Er behandelt zunächst die physikal. Prozesse beim Fluß durch Membranen u. geht dabei auf die laminare Strömung, die Porengröße, Diffusion, osmot. Druck, Diffusion gelöster Stoffe, Filtration, mol. Siebwrkg. ein. Dann wendet er diese Erkenntnisse auf die Diffusion durch Membranen in Organismen an. Beim Durchtritt von *W.* u. lipidunlösl. Substanzen, wie *NaCl*, *Harnstoff*, *Glucose* beträgt die Porenfläche weniger als 0,2% der histolog. Capillarfläche, die Diffusion ist der wesentliche Austauschprozeß zwischen Blutplasma u. interstitieller Flüssigkeit. Für die Passage von O_2, CO_2 u. anderen in Lipiden u. in W. lösl. Moll. steht fast die gesamte endotheliale Fläche zur Verfügung. (Physiol. Rev. **33.** 387—423. Juli 1953. Harvard Med. School, Dep. of Physiol.) M. WIEDEMANN. 4550

O. Lennert-Petersen, *Über Allergie.* Überblick über die Entw. u. Definition des Allergiebegriffs u. die Allergie- oder Anaphylaxie-auslösenden Stoffe. (Farmac. Tid. **65.** 599—602. 15/10. 1955.) R. K. MÜLLER. 4551

Winifred M. Watkins und **A. Wormall,** *Die immunologischen Eigenschaften von mit Bis-[2-chloräthyl]-methylamin behandelten Proteinen.* Ovalbumin u. Pferdeserum wurden mit *Bis-[2-chloräthyl]-methylamin* behandelt u. dienten zur Immunisierung von Kaninchen. Es wurden Präcipitine u. komplementbindende Antikörper gebildet, die mit diesen modifizierten Antigenen kaum stärker reagierten als mit den entsprechenden nicht behandelten Proteinen. (Biochem. J. **51.** 577—83. Aug. 1952. London, Med. Coll. of St. Bartholomew's Hosp., Dep. of Biochem. and Chem.) E. FISCHOEDER. 4551

Winifred M. Watkins und **A. Wormall,** *Die Wirkung einiger Stickstofflostderivate auf das hämolytische Komplement in vitro und in vivo.* In vitro wird hämolyt. Komplement durch *Bis-[2-chloräthyl]-methylamin* (I) bei 37° zerstört. Die Inaktivierung beruht auf einer Rk. von I mit den *Sulfhydrylgruppen* des Komplements, hauptsächlich aber auf einer gekreuzten Bindung der Proteinmoll. durch I. Aromat. Stickstofflostderivv. erwiesen sich dem Komplement gegenüber unwirksam. Intracardiale Injektionen von I (0,5—2,8 mg/kg) riefen bei Meerschweinchen keinen wesentlichen Abfall des Komplementtiters hervor. Bei 18 mit Stickstofflost behandelten Patienten (4mal · 0,1 mg/kg in 4 bis 8 Tagen) war kein Einfl. auf den Komplementgeh. des Serums feststellbar, so daß die Behandlung als ungefährlich angesehen werden muß. (Biochem. J. **52.** 365—77. Nov. 1952. London, Med. Coll. of St. Bartholomew's Hosp., Dep. of Biochem. and Chem.) E. FISCHOEDER. 4551

Ramon Villarreal, Charlotte Robertson und **M. I. Grossmann,** *Anregung der Magensekretion bei Hunden durch parenteral verabreichte Flüssigkeiten.* Die subcutane Verabreichung von NaCl Lsgg. bzw. intravenöse Injektion von W. oder NaCl-Lsgg. regen beim Hund häufig die Säuresekretion des Magens an. Der Mechanismus dieser Reizung ist nicht bekannt. Die Wrkg. ist bei innerviertem Vagus meist stärker als bei denerviertem Vagus, wenngleich die Reizung sicherlich nicht mit einem Vagusreflex erklärt werden kann. Die Sekretion ist z. T. recht unterschiedlich sowohl in bezug auf die Menge als auch in ihrer Dauer (oft bis zu 5 Std.); worauf dies zurückzuführen ist, wurde nicht geprüft. *Atropin, Hexamethonium* u. Schmerz hemmen die Sekretion restlos. (Amer. J. Physiol. **169.** 757—62. Juni 1952. Chicago, Ill., Univ. of Illinois, Coll. of Med., Dep. of clin. Sci.) H. P. FIEDLER. 4555

H. G. Buyze, *Der Unterschied zwischen Muttermilch und Kuhmilch hinsichtlich des Bifidusfaktors.* Übersicht über das neuere Schrifttum. — 21 Literaturangaben. (Voeding **15.** 488—93. 15/11. 1954. Utrecht, Centr. Inst. voor Voedingsonderzoek, T.N.O.) W. WESLY. 4555

J. F. Volker, *Beziehung zwischen der oralen Biochemie der Zucker und der Cariesentstehung.* Zusammenfassender Bericht über Unterss. des Vf. über den Glucosespiegel des Speichels vor, während u. nach Einnahme bestimmter Mengen Zucker, über die Fähigkeit des Speichels, Saccharose in Glucose umzuwandeln u. über die Bedeutung von 6 C-Atome enthaltenden reduzierenden Zuckern für die Ätiologie der Caries sowie über die enzymat. Umwandlung von Zuckern in Säure durch die Speichelenzyme u. die Beziehung der entstandenen Säure zum Auftreten von Caries. (J. Amer. Dental Assoc. **51.** 285—92. Sept. 1955. Birmingham, Ala., Univ., Alabama School of Dentistry.) G. KLESSE. 4555

E. Brouwer und **H. J. Nijkamp,** *Flüchtige Säuren in den Sekretionsprodukten (Haarfett) der Haut.* Überblick über die Sekretionsprodd. der Schweiß- u. Talgdrüsen der Haut sowie über die physiol. Bedeutung derselben. Um die Frage nach der Ggw. von niedermol., riechenden Säuren in den Ausscheidungsprodd. der Haut (Haarfett) zu klären, werden Extrakte (mit peroxydfreiem Ae. sowie mit schwach alkal. reagierender wss. Lsg.) aus dem entsprechend behandelten Haaren von Mensch u. einer Reihe von Tieren hergestellt; Unters. derselben chromatograph. nach dem Verf. von NIJKAMP (C. **1952.** 4036). Aus dem umfangreichen experimentellen Material geht hervor, daß die Säuren C_2, C_3, C_4, C_5, C_6, C_8 u. C_{10} (frei bzw. als Ester) im Haar von Mensch, Pferd, Kaninchen, Katze, Meerschweinchen u. Ratte in nur sehr kleiner Menge anwesend sind. Bei den ♂ Vertretern von Ziege, Rind, Schaf u. Hund werden demgegenüber beachtliche Mengen in gebundener Form gefunden, vor allem in der Lipoidfraktion; sie betragen für die genannten 4 Tiere 3,3; 1,5 bzw. 5%. Bei den erwähnten 3 Wiederkäuern sind alle 7 Säuren anwesend, beim Rind überwiegen C_8- u. C_{10}-Säuren, beim Schaf C_4- u. C_5-Säuren, bei der Ziege ist die Verteilung relativ gleichmäßig, aber C_8 u. C_{10} treten hervor. Beim Hund (8 Tiere) ist nur C_5 nachweisbar. Es wird als noch offene Frage hingestellt, ober der typ. Geruch des Ziegenbocks wirklich auf die Ggw. der C_6- u. C_8-Säuren zurückzuführen ist. (Biochem. J. **52.** 54—58. Sept. 1952. Wageningen, Holland, Agricult. Univ. Coll., Labor. of Animal Physiol.) K. TÄUFEL. 4555

P. C. J. Brunet und **P. W. Kent**, *Beobachtungen über den Mechanismus einer Gerbreaktion von Periplaneta und Blatta.* Es wird über die Bldg. der *Sklerotin*-Umhüllung der Eipakete der Schaben *Blatta orientalis L.* (B) u. *Periplaneta americana L.* (P) berichtet. Die zuerst weichen u. farblosen aus Proteinmaterial bestehenden Eipaketumhüllungen werden durch einen natürlichen Gerbvorgang mit dem *o-Chinon* der *Protocatechinsäure* (III) in hartes *Sklerotin* verwandelt. Die linke Collateraldrüse von B u. P scheidet *Protein*, eine *Polyphenoloxydase* (IV) u. das *4-O-β-Glucosid* der *Protocatechinsäure* (I) aus, die rechte Drüse liefert *β-Glucosidase* (II). Beim Mischen der Sekrete beider Drüsen wird I durch II zu III gespalten, das dann mit Hilfe von IV zum Chinon oxydiert wird u. dieses bildet mit dem Strukturprotein Sklerotin. Es ist dies der erste Nachw. eines β-Glucosids der Protocatechinsäure in natürlich vorkommendem Material u. seiner Beteiligung bei biol. Vorgängen. (Proc. Roy. Soc. [London], Ser. B **144.** 259—74. 27/9. 1955. Oxford, Univ., Depp. of Zool. and Biochem.) H. GOEBEL. 4555

Joseph C. Muhler und **William G. Shafer**, *Experimentelle Zahncaries.* 8. Mitt. *Wirkung von Schilddrüsen- und Testosterongaben auf die Caries bei Ratten.* (7. noch nicht veröffentlicht; 4. vgl. C. **1955.** 5826.) Verfütterung von Pulver von *getrockneter Schilddrüse* (I), *Thiouracil* (II) u. *Testosteron* (III; als *Oreton-F*; SCHERING CORP.) allein u. in verschied. Kombinationen an Ratten (126 Tage lang), die bei cariogener Diät (ohne F, auch F-freies Trinkwasser) gehalten wurden, ergab, daß die Caries durch I-Gaben verringert, durch II gesteigert wird. Daraus wird gefolgert, daß die Aktivität der Schilddrüse in engster Beziehung zum Auftreten von Carieslasionen steht. Die cariogene Wrkg. von II steht wiederum in Beziehung zur Funktion der Speicheldrüsen, da nachgewiesen wurde, daß bei Verfütterung eines Gemisches von I u. III ein stärkerer Effekt der anticariogenen Wrkg. von I resultiert. Dies stimmt überein mit der Beobachtung, daß III die Aktivität der Schilddrüse steigert u. daß diese die Funktion der submaxillaren Drüsen beeinflußt. III allein hat keinen Einfl. auf die Cariesentstehung. (Proc. Soc. exp. Biol. Med. **88.** 191—93. Febr. 1955. Indianapolis, Ind., Indiana Univ., Dep. of Chem. u. School of Dent.) G. KLESSE. 4558

J. C. Penhos und **A. F. Cardeza**, *Die Wirkung von Östradiol und Folsäure auf den Eileiter der Kröte.* Das durch *Östradiol* bedingte Wachstum des Eileiters bei der Kröte wird durch *Folsäure* stark gesteigert. Diese Beeinflussung ist bei noch nicht geschlechtsreifen jungen Tieren wesentlich deutlicher als bei erwachsenen. (C. R. Séances Soc. Biol. Filiales **147.** 162—63. Jan. 1953.) H. SCHEURLEN. 4559

Joseph T. Velardo und **Frederick L. Hisaw**, *Hemmung des Hooker-Forbes-Testes durch Aminopterin.* Verss. an kastrierten Mäusen über das Ansprechen des Uterus auf *Progesteron* (I) u. *Östrogen* (II) u. die Hemmungswrkg. von *Aminopterin* (*4-Aminopteroylglutaminsäure*; III). I u. II werden bei Injektion nach der Meth. von HOOKER-FORBES (Endocrinology **41.** [1947.] 158) durch III getrennt, jedoch zeigte sich keine selektive Hemmung des III für I oder II bei Kombination beider. (Proc. Soc. exp. Biol. Med. **81.** 652—54. Dez. 1952. Cambridge, Harvard Univ., Biol. Labor.) GERDA SCHULZE. 4559

H. Beck und **G. Zimmerer**, *Zur Frage der Sexualhormonwirkung auf die Vaginalschleimhaut bei ruhender Ovarialtätigkeit.* Bei reifen neugeborenen Mädchen zeigt das Abstrichbild der Vagina zunächst zellreife Proliferation, welche auf kräftige *Östrogen-*, deutliche Androgen- u. schwache *Progesteron*-Wrkg. (mütterliche Hormone) hinweist, u. im Verlauf der ersten 3 Wochen sich allmählich ausbildende Atrophie. Bei unreifen Frühgeburten (Mens VIII) war eine vorwiegend androgene Proliferation über einen längeren

Zeitraum nachzuweisen. Ähnliche Bilder fanden sich bei operativ kastrierten Frauen. — Die androgene Proliferation bei ruhender Ovarialtätigkeit wird in Zusammenhang mit der Nebennierenrindenfunktion gebracht. (Zbl. Gynäkol. **78**. 161—70. 1956. Freiburg/Br., Univ. Frauenklinik.) WOLFGANG ALBRECHT. 4559

Richard H. Fischer und **Stanley P. McColgan**, *Progesteronstoffwechsel*. 2. Mitt. *Pregnandiolausscheidung nach oraler, sublingualer und parenteraler Anwendung von Progesteron.* (1. vgl. C. **1956**. 4481.) Bei jungen n. Frauen, bei n. Männern u. bei hysterektomierten u. ovariektomierten Frauen wurde nach verschiedenartiger Applikation von 100 bzw. 50 mg *Progesteron* (I) ein konstanter Geh. von *Pregnandiol* (II) im Urin gefunden. Durchschnittlich wurden 9,78% des I in II verwandelt. Außer nach intramuskulärer Anwendung wurde der größte Teil während der ersten 24 Std. ausgeschieden. — Diskussion des I-Stoffwechsels. (J. clin. Endocrinol. **13**. 1043—53. Sept. 1953. Washington, D. C., Doctors Hosp., Res. Found., Dep. of Obstret. and Gynecol.) H.-J. KOCH/Berlin. 4559

Victorio Valeri, *Kernvolumen und durch Testosteron hervorgerufene Veränderungen der sekretorischen Aktivität der Submaxillarisdrüse der Mäuse.* Statist. Auswertung der C. **1955**. 1772 mitgeteilten Untersuchung. (Science [Washington] **120**. 984—86. 10/12. 1954. Ribeirão Preto, Brazil, Fac. of Med., Dep. of Histol. and Embryol.) K. MAIER. 4559

Raoul Lecoq, *Die Wirkung einiger Androgene auf die Blutalkalireserve und ihr Zusammenhang mit der chemischen Konstitution dieser Steroide. Trans-Dehydroandrosteron, Oxyandrosteron* u. *3β.17α-Androstendiol* bewirken nach intravenöser Injektion beim Kaninchen Vermehrung der Blutalkalireserve. Letzte wird jedoch gesenkt durch *Androsteron* u. *17β-Methylandrostendiol.* Alle Androgene mit einer 3-Oxy-Funktion wirken wie *Östradiol* alkalot., während Steroide mit einer 3-Keto-Gruppe, sowie auch *Testosteron* u. *Progesteron,* acidot. wirken. (C. R. hebd. Séances Acad. Sci. **236**. 975—78. 2/3. 1953.) H. SCHEURLEN. 4559

B. Louwerens und **G. P. Smelik**, *Der Mechanismus, durch den implantiertes Östradiol die Eosinopeniereaktion gegenüber Stress verzögert.* Implantiertes *Östradiolbenzoat* verzögert die Eosinopenie, die durch Entnahme von 5 Blutproben in stündlichen Intervallen aus dem Schwanz weiblicher Ratten verursacht wird, um 1 Stunde. Da nach Verabreichung von ACTH oder Epinephrin keine Verzögerung der Eosinopenie beobachtet werden konnte, wird angenommen, daß die durch Östradiol bewirkte Blockierung nicht in den Nebennieren oder der Hypophyse lokalisiert ist. Die Wrkg. des Epinephrins auf die Eosinophilen wird in diesem Falle durch die Hypophyse u. die Nebennieren vermittelt, wie an hypophysektomierten u. adrenalektomierten Tieren gezeigt wurde. Ein Beweis für eine blockierende Wrkg. des Östradiols auf den Hypothalamus konnte nicht erbracht werden. (Acta endocrinol. [Copenhagen] **16**. 377—85. Aug. 1954. Groningen, Univ., Dep. of Pharmacol.) K. F. MÜLLER. 4559

Erik Odeblad, *Inaktivierung von menschlichem Choriongonadotropin mit α-Teilchen.* Die Inaktivierung von menschlichem *Choriongonadotropin* (I; *Pregnyl*) wird mit von ^{210}Po ausgesandten α-Teilchen in trockner N_2-Atmosphäre durchgeführt, wobei gewogene Anteile des Präp. auf Filmfutter in einer Schicht innerhalb der Schußweite der α-Teilchen aufgetragen u. period. von der ^{210}Po-Quelle von 120 mC bestrahlt werden. Die biol. Wirksamkeit von I wird durch die Krötenspermationsprobe gemessen. Der Vers. ergibt für die gefundene Inaktivierungshalbdosis von $1{,}7 \cdot 10^{10}$ α-Teilchen/cm^2 eine Inaktivierungsquerverteilung von $0{,}4 \cdot 10^{-10}$ cm^2 mit einem Fehler von $+40$ u. -30%. Unter Annahme eines sphär. Mol. u. des effektiven Radius für das α-Teilchen von 2 AE wird ein Molvol. von ungefähr 150000 (AE)^3 erhalten, das bei einer angenommenen spezif. Dichte von 1,3 ein maximales Mol.-Gew. von 120000 mit einem Fehler von $+70$ u. -50% ergibt. (Acta endocrinol. [Copenhagen] **18**. 291—92. März 1955. Stockholm, Gynecolog. Clinic of Karolinska Inst., Sabbatberg Hosp.) ANTJE SCHMIDT. 4560

C. G. Bergstrand, B. Hellström und **B. Jonsson**, *Die Wirkung von adrenocorticotropem Hormon (ACTH) auf die zirkulierenden Eosinophilen bei Säuglingen.* Die spontane Zunahme der Eosinophilen zwischen 8 u. 12 Uhr bei frühgeborenen (0—7 Tage), vollausgetragenen (0—7 Tage alt) u. 30—120 Tage alten Säuglingen kann in einzelnen Fällen 50% übersteigen. Nach Injektion kleiner Dosen *ACTH* ($^1/_3$ u. $^2/_3$ mg/kg) konnte in allen Fällen eine deutliche Abnahme der Eosinophilen festgestellt werden; die statist. Analyse ergab keine signifikanten Unterschiede zwischen den einzelnen Gruppen. *Cortison* hatte unter den gleichen Bedingungen keinen wesentlichen Einfl. auf die Zahl der Eosinophilen. Bei der Diskussion wird darauf hingewiesen, daß unter Verwendung der Eosinophilen-Rk. auf ACTH als Kriterium für die adrenocorticale Funktion bei Neugeborenen keine physiol. transistor. Nebenniereninsuffizienz besteht. (Acta paediatrica

[Uppsala] **41.** 393—405. Sept. 1952. Stockholm, Norrtull's Hosp., Karolinska Inst., Pediatr. Clinic.) H.-J. KOCH/Berlin. 4560

Dwight J. Ingle, James E. Nezamis und **Erving H. Morley,** *Die Wirkung kontinuierlicher intravenöser Gabe von Corticotropin auf die Arbeitsleistung hypophysektomierter Ratten.* Hypophysektomierte, narkotisierte Ratten wurden am M. gastrocnemius elektr. zum Heben eines 100 g Gewichtes 5mal/Sek. gereizt. Gleichzeitig wurde kontinuierlich intravenös *Corticotropin* (I) injiziert u. die Reizung bis zum Tode der Tiere bzw. maximal 48 Std. ausgeführt. Schon mit einer Gabe von 0,1 E.-I/Tag wurde eine höhere Arbeitsleistung als bei unbehandelten Tieren erreicht. 2 E./Tag gaben n. Leistung u. 5 bzw. 10 E./Tag gaben Arbeitsleistungen, die höher als bei n. Tieren lagen. (Amer. J. Physiol. **171.** 378—80. Nov. 1952. Kalamazoo, Mich., Upjohn Co., Res. Labor.) H. SCHEURLEN. 4560

R. Villegas und **F. De Venanzi,** *Die Wirkung von ACTH und Cortison auf die mechanische Festigkeit von Geweben.* An weißen Ratten (♂) wird der Einfl. von *ACTH* (I) u. *Cortison* (II) auf die mechan. Festigkeit des intakten Schwanzes untersucht. In beiden Fällen wird bei steigender Konz. nach einer Induktionsperiode ein rascher Anstieg der Festigkeit beobachtet, die über einen bestimmten Konzentrationsbereich ziemlich konstant bleibt, dann fällt. Bei I wird erst in höheren Dosen eine mit II vergleichbare Wrkg. beobachtet. II bewirkt Zunahme der Dehnbarkeit, leichte Zunahme der plast. Deformation u. Zunahme der Elastizität. (Acta ci. venezolana **5.** 204—09. Nov./Dez. 1954. Caracas, Inst. de Invest. méd., Fund. Luis Roche.) R. K. MÜLLER. 4560

Fumio Hagiwara, *Experimentelle Untersuchungen über die zentralnervöse Kontrolle der Nebennierenrindenhormonsekretion.* Unterss. der *ACTH*-Sekretion nach elektr. Reizung des Hypothalamus von Katzen durch anschließende Best. des Corticoidgeh. des adrenalen Venenblutes u. Überprüfung der physiol. Zusammenhänge zwischen Hypothalamus u. Hypophysenvorderlappen. Die sich aus den Verss. ergebenden Anhaltspunkte über die zentralnervöse Kontrolle der ACTH-Sekretion werden diskutiert. (Folia endocrinol. japon. **31.** 403—29. 20/10. 1955. Kumamoto, Univ., Coll. of Med., Inst. Dep. of Intern. Med. [Orig.: japan.; Auszug: engl. S. 378—79.]) H. P. FIEDLER. 4560

G. A. Overbeek und **J. van der Vies,** *Der Leberglykogentest: Eine Bestimmung von ACTH-Präparaten mit lang anhaltender Wirkung.* Zum Vgl. von ACTH-Präpp. mit lang anhaltender Wrkg. mit gewöhnlichem ACTH eignet sich eine Meth., die auf der Zunahme des Leberglykogengeh. hypophysektomierter Ratten beruht. Die gesteigerte Wrkg. einer Unterteilung der Dosis des gewöhnlichen ACTH kann durch eine Injektion des Präp. mit lang anhaltender Wrkg. imitiert werden. Die Meth. diente zur Entw. eines neuen Typs eines ACTH-Präp. mit anhaltender Wrkg. u. zum Vgl. dieses Präp. mit anderen ACTH-Präparaten. (Acta endocrinol. [Copenhagen] **16.** 389—99. Aug. 1954. Oss, Organon, Dep. of Pharmacol. Res.) K. F. MÜLLER. 4560

E. Weisschedel und **R. Ansel,** *Die Prüfung der adrenocorticotropen Wirksamkeit nach der Methode von Sayers.* Die Best. der adrenocorticotropen Aktivität einer Substanz mittels der *Ascorbinsäure* (I)-Meth. von SAYERS, WHITE u. LONG (J. biol. Chemistry **149.** [1943.] 425) (Senkung des I-Geh. der Nebenniere beim hypophysenlosen Tier [Ratte] durch *ACTH*-Zufuhr) wird eingehend wiedergegeben. Es wird über die an 500 Tieren gewonnenen Erfahrungen berichtet. Die sehr empfindliche u. relativ einfache Meth. muß gelegentlich durch morphol. Testmethoden überprüft werden. (Arzneimittel-Forsch. **4.** 333—35. Mai 1954. Freiburg/Br., Univ., Chirurg. Klinik.) K. MAIER. 4560

Asao Niizuma, *Die Prüfung der langanhaltenden Wirkung des ACTH im Lebendversuch.* Aus der Best. der Abnahme der zirkulierenden Lymphocyten hypophysektomierter Ratten lassen sich Rückschlüsse auf die langanhaltende Wrkg. des gegebenenfalls unter Adrenalinschutz verabreichten *ACTH* ziehen. (Folia endocrinol. japon. **31.** 389—402. 20/10. 1955. Tokyo, Jikei-Kai School of Med., Dep. of Pharmacol. [Orig.: japan.; Auszug: engl. S. 377—78.]) H. P. FIEDLER. 4560

John A. Evans und **Israel Steinberg,** *Lungenkomplikationen durch ACTH und Cortison: Röntgenbeobachtungen.* Bericht über 5 Patienten, bei denen durch Behandlung mit *ACTH* u. *Cortison* schwere Lungenschäden, wie Tuberkulose, Lungenentzündung, Lungeninfarkt u. Pneumonitis hervorgerufen wurden. — 21 Abbildungen. (Radiology **63.** 515—24. Okt. 1954. New York, N. Y., Cornell Med. Center, New York Hosp., Dep. of Radiol.) F. KRUSEN. 4560

Matts Pehrson, *ACTH-Behandlung von Lupus erythematosus disseminatus.* Bei einem Fall von Lupus erythematosus disseminatus bei einem 11jährigen Mädchen konnte bei der Behandlung mit 24 mg/Tag *ACTH* eine Besserung erzielt werden, die allerdings nur während der 12tägigen Behandlungsdauer anhielt. (Acta paediatrica [Uppsala] **41.** 478—83. Sept. 1952. Uppsala, Univ. Hosp., Dep. of Pediatr.) H.-J. KOCH/Berlin. 4560

N. Veeraraghavan und **A. Balasubramanian,** *Eine Bemerkung zur Wirkung von ACTH bei der Tollwut.* Die intramuskuläre Verabreichung von *ACTH* beeinflußt nicht den Krankheitsverlauf von Kaninchen, denen Tollwutvirus intracerebral injiziert wurde, u. von Tieren, die bereits Anzeichen von Tollwut zeigten. Bei Tieren, denen der Virus subcutan injiziert wurde, scheint ACTH eine gewisse Wrkg. zu besitzen. — Bei einem männlichen Patienten mit Hydrophobie trat nach Verabreichung von ACTH, die allerdings erst 46 Std. nach Auftreten der frühesten Krankheitssymptome erfolgte, eine rapide Verschlechterung des Zustandes ein. (Indian J. med. Res. **42.** 9—12. Jan. 1954. Coonoor, Pasteur Inst. of South India.) K. F. Müller. 4560

Sepp Tappeiner, *Klinische Erfahrungen mit Cortison und ACTH in der Dermatologie.* (Wiener klin. Wschr. **66** ([N. F.] 9). 237—41. 9/4. 1954. Wien, Univ., Klinik für Haut- u. Geschlechtskrankheiten.) L. Berger. 4560

E. Salgado, *Wirkung von hypophysären Wachstums- und thyreotropen Hormonen bei thyreoidektomierten Ratten.* Hypophysäres Wachstumshormon in Überdosierung, das bei n. Ratten Hypertension, Nephrosklerose, Polyurie, Myocarditis u. Vergrößerung von Herz, Niere u. Nebenniere hervorruft, bewirkt bei thyreoparathyreoidektomierten, einseitig nephrektomierten Tieren, die 1%ig. NaCl-Lsg. als Trinkwasser erhalten, die gleichen Organvergrößerungen sowie Periasteritis nodosa u. Arthritis unter Ausfall der anderen, bei n. Tieren auftretenden Erscheinungen. Thyreotropes Hormon, das bei n. Ratten Vergrößerung von Niere u. Herz, Polyurie u. Hypertension hervorruft, zeigte bei den Versuchstieren nicht diese Effekte. (Ann. rheumatic. Diseases **14.** 73—76. März 1955. Montreal, Can., Univ., Inst. de Méd. et de Chirurg. Exp.) F. Krusen. 4560

Paul D. Bartlett und **Anne Stevenson,** *Die Wirkung von Proteinstoffwechsel-beeinflussenden Hormonen auf den Umfang des Proteinabbaues und der Proteinverluste beim hungernden Hund.* Behandlung von ausgewachsenen Hündinnen mit *Wachstumshormon* (I) oder *Testosteronpropionat* (II) oder einer Kombination von beiden wirkte sich in einem Rückgang der Ausscheidung von intravenös verabreichtem ^{15}N-Glykokoll im Gesamt-N während des 2.—5. Tages der hormonalen Stimulation aus. Die Höhe des Proteinabbaues wurde weder durch I noch durch II signifikant vermindert. Gemeinsame Verabreichung von beiden verminderte dagegen deutlich die Stärke des Proteinabbaues. Der Rückgang in den Proteinverlusten, der bei jeglicher Behandlung mit obigen Stoffen eintrat, war nicht gesichert. (Endocrinology **55.** 200—04. Aug. 1954. Detroit, Mich., Edsel B. Ford Inst. for Med. Res.) K. Nehring. 4560

R. M. Jordan und **Darold D. Shaffhausen,** *Wirkung von Somatotropin auf die Milchproduktion von Mutterschafen.* Täglich intramuskulär verabfolgte Injektionen von 25 mg *Somatotropin* in 5 ml physiol. NaCl-Lsg. bewirkten während 21tägiger Versuchsdauer eine um 22—40% gesteigerte Milchproduktion u. eine Erhöhung des Milchfettgeh. um ca. 2,3%. 3—10 Tage nach Beendigung der Behandlung kehrten Milchproduktion u. Fettgeh. wieder auf ein n. Niveau zurück. Der Futterverbrauch stieg während der Versuchsdauer bei 3 von 4 Tieren an. (J. Animal Sci. **13.** 706—11. Aug. 1954. South Dakota Agric. Exp. Stat.) H. v. Pezold. 4560

A. H. Kitchin, *Die Wirkung intravenöser Pitressininfusionen auf die Durchströmungsgeschwindigkeit des Blutes im Vorderarm.* 15 n. Versuchspersonen erhielten 15 bis 35 Min. dauernde kontinuierliche intravenöse Infusionen von *Pitressin* (I; 170 m E./Min.). Bei Beginn der Infusion nahm die Durchströmungsgeschwindigkeit des Blutes meist ab; nach 5—8 Min. erreichte sie jedoch etwa den doppelten Wert der Kontrollen u. behielt diesen Wert bei. Nur während der ersten Min. stieg der mittlere Blutdruck. I-Infusionen in die Armarterie in einer Konz., die 1% der intravenösen Dosis entsprach, erzeugte keine wesentliche Veränderung der Durchflußgeschwindigkeit im Vorderarm. Es wird angenommen, daß die durch intravenöse I-Infusion verursachte Muskelvasodilatation auf das zentrale Freiwerden einer vasodilator. Substanz zurückzuführen ist. (J. Physiology **126.** 50P—51P. 29/11. 1954. London, St. Thomas' Hosp., School of Med.; Sherrington, School of Physiol.) K. F. Müller. 4560

Cécile Mialhe-Voloss, *Melanophoren vergrößernde Wirkung von Hypophysenvorder- und -hinterlappenextrakten von Ratte und Ochsen.* Vf. injizierte hypophysektomierten Rana esculenta in den dorsalen Lymphsack Extrakte des Hypophysenhinter- (HHL) u. -vorderlappens (HVL) von Ratte u. Ochsen. Die HHL enthalten ein auf die Melanophoren stark wirkendes Prinzip, die HVL zeigen deutliche, wenn auch schwächere Wirkung. (C. R. hebd. Séances Acad. Sci. **235.** 211—13. 16/7. 1952.) K. Böhm. 4560

R. S. Mach, E. Mach und **J. Fabre,** *Aldosteron. Biologische und klinische Wirkungen.* Vff. berichten, daß *Aldosteron* (I) bei Addison-Kranken in einigen Std. die klin. Erscheinungen der Nebenniereninsuffizienz zum Verschwinden bringt. Wie *Desoxy-*

corticosteron (II), bewirkt auch I eine Na- u. Cl-Retention u. führt zu verstärkter K-Ausscheidung im Urin. I wirkt auf den Kohlenhydratstoffwechsel ein, patholog. Wasserretentionen treten nicht auf, auch keine arterielle Hypertension. I führt keinen Eosinophilensturz herbei. I ist sehr wirksam, bei ADDISON genügen 2,5—3,3 μg/kg, es ist also 20—30mal stärker wirksam als II. Vff. weisen auf die Bedeutung dieses Salz- u. Wasserhormons hin. Kranke mit Lipoidnephrose, Herzinsuffizienz oder Lebercirrhose scheiden größere Mengen I aus. (Semaine Hôpitaux Paris **31.** 67—70. 6/1. 1955.) K. BÖHM. 4561

Per Vestergaard, *Untersuchungen über die Bestimmung von 17-Oxycorticosteroiden im Harn durch die Reaktion von Porter und Silber.* Die Rk. von PORTER u. SILBER (C. **1953.** 5206), die auf der colorimetr. auswertbaren u. spezif. Rk. von Phenylhydrazinhydrochlorid in verd. H_2SO_4 beruht, wurde zur Best. der *17-Oxycorticosteroide* (I) in menschlichem Harn herangezogen. Es wurden 3 verschied. Mikromethoden ausgearbeitet: 1. Die Best. der bei p_H 1 unmittelbar extrahierbaren I unter Verwendung von GIRARD-Reagens T zur Trennung der Extrakte; 2. die Best. der glucuronidgebundenen I u. 3. die Best. der „vereinigten" I (freie I, bei p_H 1 unmittelbar extrahierbare I, bei p_H 1 nach 18—24 Std. extrahierbare I u. glucurongebundene I). Die Best. der bei p_H 1 unmittelbar extrahierbaren I im Harn n. Männer u. Frauen ergab einen Wert von 91 γ/24 Std., der von derselben Größenordnung wie der der biol. bestimmten Glucocorticosteroide ist. ACTH, Cortison u. wundärztliche Behandlung erhöhen die Ausscheidung; bei Patienten mit ADDISONscher Krankheit u. Hypophysenunterfunktion sowie bei alten Leuten wurden erniedrigte Werte gefunden. Bestimmungen der glucuronidgebundenen I ergaben n. Werte von 1—8 mg/24 Std.; nach Verabreichung von Cortison u. Insulin wurden erhöhte ausgeschiedene Mengen gefunden. Die Werte der „vereinigten" I liegen ca. 10—15% höher als die der glucuronidgebundenen I. (Acta endocrinol. [Copenhagen] **13.** 241—64. Juli 1953. Roskilde, St. Hans Hosp.; Copenhagen, Statens Seruminst., Hormone Dep.) K. F. MÜLLER. 4561

J. Enzinger, *Zur qualitativen 17-Ketosteroidausscheidung im Kindesalter.* Die mittels Säulenchromatographie durchgeführte qualitative Trennung der mit dem Harn von 1—15jährigen Kindern ausgeschiedenen 17-Ketosteroide zeigt, daß bis zum 10. Lebensjahr die *Androsteron* (I)-*Ätiocholanolon* (II)-Fraktion (Gonadenabkömmlinge) im Vgl. zu den Nebennierenrindenabbauprodd. in wesentlich geringerer Menge ausgeschieden werden, um vom 10. Lebensjahr an allmählich anzusteigen u. sich dem %-Geh. der Erwachsenen anzugleichen. Dehydroisoandrosteronähnliche Verbb.: Bis zum 1. Lebensjahr (**A**) 61,5(%), 2.—9. Lebensjahr (**B**) 43,5, 10—15. Lebensjahr (**C**) 27, Erwachsene (**D**) 23; Nebennierenrindenabbauprodd.: **A** 19, **B** 36,5, **C** 41,5, D 21. — I-II-Fraktionen: **A** 19,5, **B** 23, **C** 32 u. **D** 56. (Wiener Z. inn. Med. Grenzgebiete **36.** 389—93. Sept. 1955. Wien, Univ., II. Med. Klinik.) H. P. FIEDLER. 4561

Alejandro Zaffaroni und **Robert B. Burton,** *Die Identifizierung von Corticosteroiden aus Rindernebennierenextrakt durch Papierchromatographie.* Durch wiederholte Chromatographie an Papier (imprägniert mit Formamid oder Propylenglykol) gelang es Vff., aus einem Nebennierenextrakt 12 verschied. α-Ketolsteroide nachzuweisen, von denen 8 identifiziert werden konnten. Die Identifizierung der einzelnen Verbb. wurde vorgenommen durch Farb-Rkk. (mit alkal. $AgNO_3$, mit J_2 oder konz. H_2SO_4), UV-spektrophotometr., durch papierchromatograph. Vgl. mit bekannten Nebennierenrindensteroiden in Form der OH- oder Acetoxyverbb., Verbb., die vermutlich eine 11-Oxygruppe enthielten, wurden zum Keton oxydiert, bei vermuteten 11-Desoxyverbb. wurde mit HJO_4 die Ätiosäure dargestellt. Es wurden gefunden (Mengen pro lb. Drüse): *11-Desoxycorticosteron* (10—20 γ), *Allopregnan-3β.21-diol-11.20-dion* (REICHSTEINs *Verb. N*; 400—500 γ), *Corticosteron* (400 γ), *Allopregnan-3β.17α-21-triol-11.20-dion* (REICHSTEINs *Verb. D*; 300—400 γ), *11-Dehydrocorticosteron* (KENDALLSs *Verb. A*; 400 γ), *17α-Oxycorticosteron* (120—140 γ), *Allopregnan-3β.17α.21-triol-20-on* (REICHSTEINs *Verb. P*; 110—140 γ), *11-Dehydro-17α-oxycorticosteron* (*Cortison*; 110—140 γ). (J. biol. Chemistry **193.** 749—67. Dez. 1951. Rochester, N. Y., Univ., School of Med. and Dent., Dep. of Biochem. and Med.) H. SCHEURLEN. 4561

Robert B. Burton, Alejandro Zaffaroni und **E. Henry Keutmann,** *Corticosteroide im Urin Gesunder, bestimmt durch Papierchromatographie.* Mit den in vorst. Ref. beschriebenen Methoden untersuchten Vff. den neutralen Extrakt aus dem Urin gesunder Personen. Die als Glucuronide vorliegenden Steroide wurden dabei nicht erfaßt. In allen untersuchten Fällen wurde im Urin *17α-Oxycorticosteron* u. *Cortison* (je ca. 15—40 γ/Tag) jedoch kein *11-Desoxycorticosteron* gefunden. (J. biol. Chemistry **193.** 769—79. Dez. 1951. Rochester, N. Y., Univ., School of Med. and Dent., Dep. of Biochem. and Med.)
H. SCHEURLEN. 4561

Hedwig Langecker, *Über die 17.20-Oxypregnan-Ausscheidung im Harn beim Menschen.* Vf. beschreibt eine Meth. zur quantitativen Best. der acetaldehydbildenden Steroide im Harn durch HJO_4-Oxydation. Der HJO_4-Überschuß wird dabei mit H_3AsO_3 red. u. das entstandene J^- als AgJ ausgefällt, der gebildete CH_3CHO in konz. H_2SO_4 dest. u. nach Zugabe von *p-Oxydiphenyl* die Farb-Rk. photometr. ausgewertet. Die n. *17.20-Oxypregnan* (I)-Werte liegen zwischen 0,5—2 mg/Tag. Bei 23 Fällen endokrin gestörter Patienten wurden I, die *17-Ketosteroide* u. die *Corticoide* bestimmt. Nur bei einem Fall von Nebennierentumor konnte eine Steigerung der Ausscheidungswerte beobachtet werden. (Biochem. Z. **325.** 16—20. 1953. Berlin-West, Schering Akt.-Ges., Hauptlabor.) H. SCHEURLEN. 4561

André S. Meyer, Orville G. Rodgers und Gregory Pincus, *Durchströmung von 21-Desoxycortison durch die Nebenniere des Rindes.* Mit *21-Desoxycortison* (I; *Δ^4-Pregnen-17α-ol-3.11.20.trion*) wurden Durchströmungsverss. an überlebenden Nebennieren des Rindes unternommen, um zu klären, ob ein O-Atom in $C_{(11)}$-Stellung die Hydroxylierung an $C_{(21)}$ unterdrückt. Die Isolierung von *Cortison* zeigte, daß dies nicht der Fall ist. I wurde als Komplex mit seinem 5-Allodihydroderiv. wiedergefunden. Dieses *Allopregnan-17α-ol-3.11.20-trion* (II; F. 259—262°, $[\alpha]_D^{24}$ +44°) wurde auch in freiem Zustand isoliert. Der Strukturbeweis für II wurde durch Chromsäureoxydation von Allopregnan-3β.17α-diol-11.20-dion zu II u. durch katalyt. Red. von I erbracht. Außer Cortison u. II wurde ein 3. Umwandlungsprod. isoliert u. charakterisiert. Dieses ist ein neutrales, gesätt. Steroid mit einer acetylierbaren OH-Gruppe (F. des Acetylderiv. 173—184°), das keine prim. α-Ketolgruppe besitzt. (Acta endocrinol. [Copenhagen] **16.** 293—99. Aug. 1954. Shrewsbury, Mass., Worcester Foundat. for Exp. Biol.) K. F. MÜLLER. 4561

B. N. Halpern, B. Benacerraf und M. Briot, *Förderung der Schutzwirkung des Cortisons auf die Histamintoxizität adrenalektomierter Mäuse durch Adrenalin.* Erhalten adrenalektomierte Mäuse vor der intraperitonealen Verabreichung von *Histamindihydrochlorid* (I) *Desoxycorticosteron* (II) subcutan injiziert, so wird die I-Überempfindlichkeit adrenalektomierter Mäuse wesentlich herabgesetzt; sie vertragen jetzt die 5fache letale Dosis. Wird *Adrenalin* (III) unter den gleichen Versuchsbedingungen verabreicht, wird die 5—10fache I-Dosis vertragen, während II u. III, gleichzeitig verabreicht, die 50—100fache I-Dosis verträglich, d. h. die Tiere wie n. Mäuse I-unempfindlich machen. II u. III hemmen offensichtlich die angiotox. Wrkg. des I. Andererseits vermögen II u. III bei n. Tieren die I-Toxizität nicht herabzusetzen. (Proc. Soc. exp. Biol. Med. **79.** 37—39. Jan. 1952. Paris, Clin. Méd. Propédeut. de l'Hôp. Broussais et Centre Nat. de la Rech. Sci.) H. P. FIEDLER. 4561

Christiane Dosne de Pasqualini, *Nebennierentransplantation bei der Ratte. Künstliche Eosinopenie.* Bei Ratten, denen eine Nebenniere implantiert wurde sowie bei n. u. nebennierenlosen Ratten wurde die Wrkg. von *Adrenalin* (I) u. *Corticotrophin* (II) auf die Eosinopenie (E) untersucht. I bewirkte bei den unbehandelten n. Kontrolltieren die stärkste E, sie war schwächer bei der 1. Gruppe u. fehlte völlig bei der 2. II war in seiner Wrkg. fast ident. mit I. Nach Ansicht des Vf. werden Corticosteroide teilweise in der Leber inaktiviert. (C. R. Séances Soc. Biol. Filiales **145.** 1574—78. Okt. 1951. Godoy Cruz, Inst. nat. d'Endocrinol.) H. SCHEURLEN. 4561

C. Dosne de Pasqualini und R. E. Mancini, *Nebennierentransplantation bei der Ratte. Histologie.* (Vgl. vorst. Ref.) Vff. verfolgten morpholog. u. histochem. die Entw. der Nebennierentransplantation bei der Ratte vom 15.—200. Tag nach der Operation. Das nach der Überpflanzung hauptsächlich vorliegende Bindegewebe geht allmählich in eine n. funktionierende Nebenniere über. *Lipoid-, Steroid-* u. *Ascorbinsäure*-Geh. hatten am 200. Tag nach der Operation ihr Maximum. (C. R. Séances Soc. Biol. Filiales **145.** 1579—81. Okt. 1951.) H. SCHEURLEN. 4561

R. Pirtkien und J. Tamm, *Die Beeinflussung der Überlebenszeit epinephrektomierter Goldhamster durch Tuberkulostatica, Vitamin B_{12}, Pantothensäure, Cystin und Irgapyrin.* Beidseitig epinephrektomierte Goldhamster zeigen nach täglichen subcutanen Dosen von tuberkulostat. wirkenden Mitteln (*Thiosemicarbazone, Isonicotinsäurehydrazid, Dihydrostreptomycin*) eine stat. gesicherte Verlängerung der Überlebenszeit. Der Effekt ist etwas geringer als derjenige, der durch eine einmalige postoperative Gabe von 2 mg Desoxycorticosteron erzielt wird. Penicillin, Pantothensäure, Vitamin B_{12} u. Irgapyrin zeigten keine Wirkungen. (Acta endocrinol. [Copenhagen] **16.** 323—29. Aug. 1954. Dortmund, MPI für Arbeitsphysiol.) K. F. MÜLLER. 4561

Pierre-Bourgeois, Vic-Dupont, R. Molon und C. Blatrix, *ACTH, Cortison und Tuberkulose.* 2. Mitt. *Die Wirkung von Cortison und ACTH auf tuberkulöse Meerschweinchen und Kaninchen.* (1. vgl. C. **1953.** 8119.) Das Krankheitsbild tuberkulöser Meerschweinchen u. Kaninchen verschlimmerte sich, wenn *Cortison* oder *adrenocorticotropes Hormon* gegeben wurde. Dieser Vorgang wurde durch *Streptomycin* nur wenig beeinflußt. (Rev. Tuberculose [5] **16.** 912—18. 1952. Paris.) P. LOCH. 4561

Pierre-Bourgeois, Vic-Dupont und **M.-Th. Nahel,** *ACTH, Cortison und Tuberkulose.* 3. Mitt. *Änderungen der Tuberkulinallergie unter dem Einfluß von ACTH und Cortison auf die experimentelle Tuberkulose des Tieres und die klinische Tuberkulose des Menschen.* (2. vgl. vorst. Ref.; 4. vgl. C. **1953.** 8636.) *Cortison* u. *ACTH* bewirken bei der Tuberkulose gewisse, im ganzen betrachtet, nicht erhebliche Veränderungen der allerg. Reaktionen. Beim infizierten Meerschweinchen werden die Rkk. im gleichen Verhältnis verstärkt oder vermindert, beim Menschen ziemlich allg. verstärkt unter Verkürzung der Latenzperiode. (Rev. Tuberculose [5] **16.** 919—28. 1952. Paris.) K. MAIER. 4561

Hans Friebel, *Über den Einfluß von Cortison auf die Infektabwehr. Versuche an trypanosomenkranken Mäusen.* Bei mit *Trypanosoma cruzi* bzw. *Trypanosoma evansi* infizierten Mäusen wird die Vermehrung u. Ausbreitung der Parasiten durch Gaben von *Cortison* (I) nicht beeinflußt, dagegen erhöht **I** die Infektausbreitung bei vaccinebehandelten Tieren, u. zwar bei gleichzeitiger **I**- u. Vaccinebehandlung stärker als bei Tieren, denen 4 Wochen nach der Immunisierung **I** gleichzeitig mit der Infektion gegeben wurde. Danach hemmt **I** den Mechanismus der Antikörperbldg., dagegen nicht den Ablauf der Antigen–Antikörper-Reaktion. **I** fördert die Mobilisierung sessiler Zellen als Makrophagen, hemmt aber den Ersatz der abgelösten Zellen, so daß es zu Gewebedefekten kommt, bes. zu Blutungen in die Gewebe wegen der Ablösung des Endothels kleiner Gefäße, das n. erst im späteren Stadium der Infektion mobilisiert wird, sowie zu einer deutlichen Verkleinerung der Milz, da das Sinusendothel stark geschädigt wird. Dieser verfrühte Verlauf der reaktiven Reticulose als Folge der **I**-Behandlung zeigt sich nur bei infizierten, dagegen nicht bei nur mit **I** oder mit **I** u. Vitalfarbstoffen behandelten Tieren. Außerdem bleiben reparative Vorgänge bei Gewebedefekten aus, da auch die Regeneration sonstiger mesenchymaler Zellelemente gestört ist; das Gefäßendothel des Endocards zeigt eine verminderte Zerreißfestigkeit, obgleich hier keine Zellen abgelöst werden. Die Phagocytose selbst wird durch **I** nicht gestört, eher gefördert, doch tragen die überstürzt abgelösten minderwertigen Makrophagen eher zur Verschleppung als zur Vernichtung der Erreger bei. (Naunyn-Schmiedebergs Arch. exp. Pathol. Pharmakol. **216.** 515—35. 1952. Bonn, Univ., Pharmakol. Inst.) H.-J. KOCH/Berlin. 4561

Hans Friebel, *Über den Einfluß des Cortisons auf die Behandlung der experimentellen Trypanosomeninfektion mit Trypanblau.* (Vgl. vorst. Ref.) Bei *Trypanosoma evansi*-Infektionen bei Mäusen ruft *Trypanblau* (**I**) einen vorübergehenden Abfall der Parasitenzahlen im Blut hervor. Die chemotherapeut. **I**-Wrkg. wird durch *Cortison* (**II**) nicht beeinflußt. Bei *Trypanosoma cruzi*-Infektionen wird die sonst analoge chemotherapeut. **I**-Wrkg. durch **II** vermindert. Offenbar beeinflußt **II** nicht die eigentliche **I**-Wrkg., sondern hemmt die spezif. Abwehr-Rkk. des Wirtstieres, wie es auch bei nicht mit **I** behandelten Tieren vom 10.—11. Tage ab einen gegenüber den Kontrollen erschwerten Krankheitsverlauf hervorruft. (Naunyn-Schmiedebergs Arch. exp. Pathol. Pharmakol. **216.** 536—40. 1952.) H.-J. KOCH/Berlin. 4561

Hans Dunér, *Differenzierte Adrenalin- und Noradrenalinsekretion des Nebennierenmarks.* Übersicht. Behandelt werden die mengenmäßige Verteilung von *Adrenalin* (**I**) u. *Noradrenalin* (**II**) in den Nebennieren verschied. Tiere, die spezif. Wirkungen von **I** u. **II** u. ihre physiol. Bedeutung, wobei **I** für „Stress"-Rkk. u. bei schnell einsetzenden Stoffwechsel-Rkk. (Steuerung durch den Blutzuckerspiegel) u. **II** für die Aufrechterhaltung der Blutdruckhomeastatis verantwortlich ist. — 36 Literaturangaben. (Z. Vitamin-, Hormon- u. Fermentforsch. [Wien] **7.** 128—37. 1955. Stockholm, Karolinska-Inst., Physiol. Abt.) P. LOCH. 4561

A. Gölkel-Englhardt, *Möglichkeiten und Grenzen der Behandlung mit Thiouracilen in der Praxis.* 142 mit *Thiouracilen* (I) behandelte Patienten wurden nachuntersucht, um die Dauerwrkg. festzustellen. *Propylthiouracil* (**II**) war dem *Methylthiouracil* (**III**) überlegen, da die wirksame Dosis von **III** mehr bei der tox. liegt. **II** konnte ohne stärkere tox. Erscheinungen auch in größerer Dosierung u. über ausreichend lange Zeit gegeben werden. Die Wrkg. von **I** beruht wahrscheinlich auf einer fermentativen Hemmung der *Thyroxin*-Synthese. Die chem. Konst. ist, wie am Beispiel von **II** u. **III** gezeigt wird, für die Wrkg. wichtig. Ein genaues Dosierungsschema wird mitgeteilt. (Med. Klin. **49.** 701—03. 23/4. 1954. München, Univ., Med. Poliklinik.) L. BERGER. 4562

D. Ja. Schurygin, *Spätresultate der Methylthiouracilbehandlung von Thyreotoxikosepatienten.* (Vgl. C. **1955.** 3661.) Die besten Spätresultate der *Methylthiouracil* (**I**)-Behandlung (39 Patienten) wurden beim prim. tox. Kropf erzielt, während der diffus-noduläre Kropf mit sek. Toxikose ungenügend reagierte. (Проблемы Эндокринологии и

Гормонотерапии [Probleme Endokrinol. Hormontherap.] **1.** Nr. 6. 10—15. Nov./Dez. 1955. Leningrad, Militärmed. Kirow-Akad., Lehrstuhl für Fakult. Ther. Nr. 1.) E. RENTZ. 4562

Harald A. Salvesen, *Eine Bemerkung über die Beziehung der Nebenschilddrüsen zum Kohlenhydratstoffwechsel.* Die Nebenschilddrüsen üben durch ihre Kontrolle des Serum-Ca-Spiegels einen indirekten Einfl. auf den Kohlenhydratstoffwechsel aus. Bei völlig parathyreoidektomierten Hunden (jedoch mit genügend Schilddrüse zur Verhinderung einer Hypothyreoidose) ist die Glucosetoleranz vom Serum-Ca-Spiegel abhängig. Sie ist niedrig, wenn der Serum-Ca-Spiegel niedrig ist u. die Hunde Tetanie haben; sie ist sehr hoch, wenn der Serum-Ca-Spiegel n. oder nahezu n. nach forcierter Ca-Nahrung ist. (Acta endocrinol. [Copenhagen] **16.** 349—54. Aug. 1954. Oslo, Univ., Med. Clin. B of Rikshosp.) K. F. MÜLLER. 4563

J. M. Felts, I. L. Chaikoff und **M. J. Osborn,** *Insulin und das Schicksal von Lactat in der diabetischen Leber.* Die Verss. wurden mit $^{14}C_{(1)}$-, $^{14}C_{(2)}$-, $^{14}C_{(3)}$-*Lactat* (I) u. $^{14}C_{(2)}$-*Acetat* bei überlebenden Leberschnitten von n. u. alloxandiabet. Ratten, letztere ohne u. mit *Insulin* (II)-Behandlung, durchgeführt. Etwa 2% des α- u. β-C von I wurden durch die n. Leber in *Fettsäuren* (III) übergeführt. Die Mengen dieser 2 C-Atome in III waren bei den 3 Versuchsbedingungen sehr ähnlich, wonach diese 2 C-Atome des I bei der Überführung in III eine Einheit bilden. Kein Carboxyl-C wurde in III übergeführt, 30—60% in CO_2 ohne deutliche Unterschiede bei den 3 Versuchsbedingungen. Vom α-C-Atom wurde durchweg doppelt soviel in CO_2 übergeführt wie vom β-C-Atom. Bei diabet. Lebern war die Überführung von α- u. β-C-Atomen in III stark vermindert. Durch vorausgehende II-Behandlung wurde eine bis 100fache Steigerung dieser Überführung u. eine deutliche Verminderung der Überführung in CO_2 bewirkt. Es wird daher angenommen, daß an der Stelle, wo I bei der Kohlenhydratausnutzung auftritt, durch II die Rkk. von der Oxydation zur Synth. verschoben werden. (J. biol. Chemistry **191.** 683—92. Aug. 1951. Berkeley, Univ., School of Med., Div. of Physiol.) J. SCHWAIBOLD. 4564

Helen B. Leonard, Marion E. Berry und **Cecilia Schuck,** *Der Effekt von Alloxan auf Ratten bei Maisstärke-, Saccharose- und Lactosediäten.* Ratten, die in der Vorbereitungsperiode gleiches Futter, jedoch gruppenweise mit verschied. Typen von Kohlenhydraten erhielten, wurden nach 2tägigem Fasten mit *Alloxan* (150 mg/kg, intraperitoneal 2,5%ig. Lsg.) behandelt. Bei *Maisstärke*-Diät bestand n. Wachstum, 16 von 19 Tieren wurden diabet., 252—584 mg% (Blutzucker). Bei *Saccharose* blieb das Wachstum ebenfalls n., 9 von 12 zeigten Diabetes, 342—501 mg%. Die *Lactose* enthaltende Diät war unzureichend (9 g Gewichtsverlust), wahrscheinlich wurden aus diesem Grunde auch nur 3 von 17 Tieren diabet., 200—465 mg%; einige Tiere starben in der hypoglykäm. Phase. Eine weitere Gruppe erhielt ebenfalls Maisstärke, jedoch wurde die Futteraufnahme beschränkt. Auch hier trat nur bei 4 von 13 Ratten Diabetes auf, 448 bis 588 mg%. (J. Amer. dietet. Assoc. **31.** 708—10. Juli 1955. Lafayette, Ind., Purdue Univ., Dep. of Foods and Nutrit.) F. W. VAN KLAVEREN. 4564

Cl. Sautier und **P. Mialhe,** *Prüfung von Insulin und Glucose beim Hahn und Kapaun.* (Vgl. C. **1952.** 1682.) Injektionen von *Insulin* (I) u. *Glucose* (II) bei 6 Hähnen u. 4 Kapaunen der Leghornrasse 18 Std. nach der letzten Nahrungsaufnahme zeigten, daß Kapaune gegenüber Hähnen nach I-Injektion nur wenig langsamer die durch I erzeugte Hypoglykämie verlieren, hingegen nach II-Gabe nach ½ Std. wesentlich mehr Blutzucker enthalten u. nach 1 Std. wieder den n. Wert erreichen. (J. de Physiol. **44.** 319—21. 1952.) R. GRAU. 4564

N. Ambache, *Irin, eine glattmuskuläre kontrahierende Substanz der Kaninchenìris.* Vf. gewann aus der Iris von Kaninchen durch Suspendieren in W., Erhitzen auf 100° 3 Min. lang, Zentrifugieren des Nd., Behandeln der Fl. mit Aceton, erneutes Zentrifugieren eines Nd., Eindampfen der Lsg. zur Trockne u. Waschen des Rückstandes mit Chlf. einen Rückstand (I, *Irin*), der in Mengen von 5—10 γ verzögerte u. verlängerte Kontraktionen am atropinisierten Rattendarm hervorrief. Auf atropinisierte Katzenaugen wirkt I constringierend. I unterscheidet sich von *Acetylcholin, Histamin, 5-Oxytryptamin, Substanz P, Bradykinin* u. *ATP.* Es ist unempfindlich gegen *Chymotrypsin.* Eine ähnliche Substanz liefern Extrakte der Trigeminusnerven. (J. Physiology **129.** 65 P bis 66 P. 28/9. 1955. London, Inst. of Ophthalmol., Ophthalmol. Res. Unit., M. R. C.) H. WUNDERLICH. 4569

M. Rand und **G. Reid,** *Die Herkunft des „Serotonins" im Serum.* Die Hälfte eines Rinderplasmas wurde durch Zentrifugieren von Blutplättchen befreit, die andere mit diesen angereichert. Beide Portionen wurden getrennt mit $CaCl_2$ zur Gerinnung gebracht u. die gewonnenen Seren in 5 Arbeitsgängen extrahiert (RAPPORT u. Mitarbeiter, J.

biol.Chemistry **174.** [1948.] 735 u. **176.** [1948.] 1243). Der aufgearbeitete Nitrobarbituratkomplex wurde an der Carotis von Hammel, Hund u. Rind geprüft. Nur das von mit Blutplättchen angereichertem Plasma ausgehende Präp. enthielt die vasoconstrictor., von RAPPORT als „Serotonin" benannte Substanz, die nur bei Ggw. von Blutplättchen im Augenblick der Plasmagerinnung entstehen kann. (Nature [London] **168.** 385. 1/9. 1951. Melbourne, Univ., Dep. of Physiol.) E. FISCHOEDER. 4569

Manfred Kiese und **Arno von Ruckteschell,** *Kinetik der Hämiglobinbildung.* 11. Mitt. *Die katalytische Wirkung des Hämoglobins auf die Oxydation von Phenylhydroxylamin durch Sauerstoff.* (10. vgl. C. **1951.** II. 2343.) *Phenylhydroxylamin* (I)-Lsgg. nehmen bei 200 mm Hg O_2 in Phosphat vom p_H 5,8 bei 25° nur langsam O_2 auf. Die Reaktionsgeschwindigkeit ist nicht reproduzierbar. Sie steigt mit alkal. Rk. an. Bei konstanter I-Konz. beschleunigt *Hämoglobin* (II) die Oxydation konzentrationsproportional (bei $2{,}07 \cdot 10^{-2}$ Mol/Liter I ca. $6 \cdot 10^{-2}$ Mol O_2/Min. je Äquivalent II [25°, p_H 5,8]). Bei konstanter II-Konz. war die Reaktionsgeschwindigkeit proportional dem log der I-Konzentration. *Methämoglobin* wirkt ebenso wie II. Ob von diesem oder jenem ausgegangen wird ist gleichgültig, da sich ein konstantes Verhältnis einstellt. Die Oxydationsgeschwindigkeit nimmt mit dem p_H zu. Sie zeigt ein Optimum bei einem O_2-Druck von ca. 100 mg Hg. *CO* hat bei einem O_2-Druck von 100 mg Hg u. einem *CO*-Druck von 10 mm Hg noch keinen Einfluß. 200 mm Hg *CO* red. die Geschwindigkeit etwa auf die Hälfte. Die Hemmung ist dem log der *CO*-Konz. proportional. Die Rk. besitzt ein Q_{10} von 5,0. Ggw. von *Azid* hemmt die katalyt. Wrkg. von *Methämoglobin. Verdo-* bzw. *Verdiglobin-NO₂* wirkt etwa halb so stark wie II. *Hämin* ist nur schwach ,*Protoporphyrin* fast nicht wirksam. Die I-Oxydation wird auch durch $Cu \gg Fe \approx Co$, dagegen nicht durch *Ni* beschleunigt. (Naunyn-Schmiedebergs Arch. exp. Pathol. Pharmakol. **213.** 128—38. 1951. Kiel, Univ., Med. Klinik.) F. JUNG. 4572

Q. H. Gibson, *Reaktionen von O_2 und CO mit dem Hämoglobin des Neunauges.* Vf. untersuchte das *Hämoglobin* (I) von *Petromyzon fluviatilis* (Pf), das wie *Myoglobin* (II) nur eine Häm-Gruppe/Mol. besitzt. Das *Pf*-I reagiert im allg. wie das Säugetier-I. So ist die Geschwindigkeit der Verb. mit O_2 p_H-abhängig; k' beträgt ca. $4 \cdot 10^5$ Liter/Mol·Sek. bei p_H 6,2, steigt an auf ca. $6 \cdot 10^6$ Liter/Mol·Sek. bei p_H 9,1 u. 20°, während die Dissoziationsgeschwindigkeit (DG) unabhängig vom p_H zwischen 6,5—9,1 60^{-1} sec.$^{-1}$ bei 20° beträgt. Diese Ergebnisse sind völlig verschieden von denen für II. Bei II ist weder die Geschwindigkeit der Verb. mit O_2 noch DG p_H-abhängig. Die Ergebnisse mit CO sind parallel vergleichbar mit denen für O_2. (J. Physiology **128.** 70P. 28/6. 1955. Sheffield, Univ., Dep. of Physiol.) G. BRATFISCH. 4572

W. S. Wilkinson, A. L. Pope, P. H. Phillips und **L. E. Casida,** *Einfluß von Diäthylstilböstrol auf gewisse Blut- und Leberbestandteile von jungen Schafen.* Zu verschied. Tageszeiten gezogene u. analysierte Blutproben von 20 Tieren ergaben am 23. Versuchstag allg. niedrigeren Hämatokritwert u. höheren Geh. an plasmafreiem Cholesterin u. Fibrinogen sowie bei nachmittags gezogenen Proben geringeren Geh. an Globulin u. Gesamtprotein. Die Östrogenbehandlung bewirkte eine deutliche Erhöhung der Gesamtlebertrockenmasse u. Verringerung des Leber–Cholesterin-Geh., hatte dagegen keinen eindeutigen Einfl. auf den %-Geh. von Lebertrockenmasse, Glykogen, Eiweiß, Phospholipoiden, freiem u. Gesamtcholesterin, Neutral- u. Gesamtfett. (J. Animal Sci. **13.** 684—93. Aug. 1954. Univ. of Wisconsin, Dep. of Animal Husbandry, Biochem. and Genetics.) H. v. PEZOLD. 4572

Caritas v. Czarnowski, *Zur papierchromatographischen Blutzuckerbestimmung bei der Honigbiene.* Die Ergebnisse papierchromatograph. Unterss. von Bienenblut, absteigend entwickelt mit Butanol/Eisessig/W. auf SCHLEICHER & SCHÜLL-Papier Nr. 597 u. 2043b M, sagen aus, daß das Blut junger Bienen bei einem Gesamtzuckergeh. von 2000—2300 mg% ca. 800—1000 mg% *Fructose* enthält, daß bei älteren Bienen dieser Geh. auf 30% absinkt, Jungköniginnenblut bis 35% Fructose enthält, im Blut von ein- u. mehrjährigen Königinnen dagegen nur bis 20% gefunden werden. (Naturwissenschaften **41.** 577. Dez. 1954. Berlin-Dahlem, TU, Inst. für Tierzücht. u. Haustiergenetik, Abt. Bienenkunde.) H. ENDRASS. 4572

Taiji Shimizu, *Der Brenztraubensäure- und α-Ketoglutarsäuregehalt in Blut und Harn.* 1. Mitt. *Normalwerte und Einfluß von Muskelarbeit und Thiamin- bzw. Riboflavininjektionen.* Die Best. des *Brenztraubensäure* (I)-Geh. nach FRIEDEMANN-HAUGEN (vgl. SHIMIZU, J. Japanese Biochem. Soc. **22.** [1950.] 108) im Blut n. Versuchspersonen ergab folgende Werte (mg/dl): Höchstwert 1,11; Tiefstwert 0,59; Mittelwert 0,85. Der *α-Ketoglutarsäure* (II)-Geh. (SHIMIZU, J. Biochemistry [Tokyo] **37.** [1950.] 421) betrug im Blut: Höchstwert 0,86; Tiefstwert 0,11; Mittelwert 0,60. I-Geh. im Harn: Höchstwert 1,65 (Tagesausscheidung 32 mg), Tiefstwert 0,59 (Tagesausscheidung 15 mg), Mittelwert 0,91 (Tagesausscheidung 21 mg). **II**-Geh. im Harn: Höchstwert 1,77 (Tagesausscheidung 59 mg), Tiefstwert 0,13 (Tagesausscheidung 19 mg), Mittelwert 1,10 (Tagesausscheidung 30 mg). Nach 1000 m Lauf Anstieg von **I** u. **II** im Blut mit Maximum (3,85 bzw. 1,75) nach 5 bis 15 Minuten. Injektion von *Thiamin* (**III**) verursachte Absinken des **I**- bzw. **II**-Geh. im Blut auf 0,62 bzw. 0,23; nach *Riboflavin* (**IV**)-Injektion Anstieg von **I** auf 0,97 u. Erniedrigung von **II** auf 0,47. Nach Injektion von **III** + **IV** erfolgte Anstieg von **II** auf 0,35 u. Absinken von **I** auf 0,88. (J. Biochemistry [Tokyo] **38.** 99—108. Juni 1951. Niigata, Univ., School of Med., Dep. of Biochem.) P. LOCH. 4574

R. P. Posstnikow, *Über den Zucker im Blut bei der obliterierenden Endarteriitis.* An 87 Patienten mit obliterierender Endarteriitis wird festgestellt, daß der Nüchternblutzucker sich in den Grenzen der Norm hält, während die Regulierung des Kohlenhydratstoffwechsels, bes. des Blutzuckerspiegels, nach Zuckerbelastung bei 84,7% der Kranken charakterist. Störungen zeigt (fehlende Tendenz zur Rückkehr des Blutzuckers auf das Ausgangsniveau, verschied. hyper- u. hypoglykäm. Index u. glykäm. Differenz), welche um so stärker sind, je weiter vorgeschritten die Erkrankung ist u. denen deshalb sowohl eine diagnost. als auch prognost. Bedeutung zukommt. (Вестник Хирургии имени И. И. Грекова [Grekow Nachr. Chirurgie] **76.** Nr. 11. 34—37. Dez. 1955. Leningrad, San.-Hygien. Med. Inst., Hosp. Chir. Klinik.) E. RENTZ. 4574

D. Quivy, *Über den durch Thrombin in vivo erzielten Effekt.* Wird eine mäßige Rinderthrombindosis (PARKE DAVIS) dem Hund injiziert, so zeigt sich eine geringe, aber deutliche Verzögerung der plasmat. Koagulation. Der noch schlecht bekannte Vorgang scheint verschied. Veränderungen einzuschließen. (C. R. Séances Soc. Biol. Filiales **145.** 1815—17. Dez. 1951. Labor. de Physiol. pathol. de l'École pratique des Hautes Études.) D. ITZEROTT. 4574

K. Bailey, F. R. Bettelheim, L. Lorand und **W. R. Middlebrook,** *Die Wirkung von Thrombin bei der Fibrinogengerinnung.* Während im ausgefallenen *Fibrin* (**I**) eine erhebliche Menge von Amino-Glycin-Endgruppen (**II**; 1 Mol in 140,0 g) nachgewiesen wurde, wurden diese im *Fibrinogen* (**III**) nur in Spuren gefunden. Vff. sind daher der Ansicht, daß es sich bei der **III**-**I**-Umwandlung um einen spezif. durch *Thrombin* ausgelösten proteolyt. Vorgang handelt, da die **II** erst beim Einsetzen der Gerinnung erscheinen. (Nature [London] **167.** 233—34. 10/2. 1951. Cambridge, Univ., Biochem. Labor.; Leeds, Univ., Dep. of Biomolecular Structure.) J. JÜRGENS. 4574

Frank C. Monkhouse, Katherine Drechsler, George Weber und **Edward Fidlar,** *Beziehungen zwischen Heparin und der Thrombininaktivierung.* Nach intravenöser Heparininjektion zeigte die Best. des Blutheparingeh. nach der Meth. von MONKHOUSE u. JAQUES (Heparinfällung; J. Lab. clin. Med. **30.** [1950.] 782) keine völlige Parallelität mit dem Ausfall des Thrombininaktivierungstestes nach GERENDAS (Nature [London] **157.** [1946.] 837). Dieses wird mit noch unbekannten Serumfaktoren in Zusammenhang gebracht. (Amer. J. Physiol. **165.** 195—204. 1/4. 1951. Toronto, Can., Univ., Dep. of Physiol.) J. JÜRGENS. 4574

G. I. C. Ingram, *Die Bestimmung des Plasmafibrinogens mit der Gerinnselgewichtmethode.* In Blutproben, die über 4 Tage alt waren, waren die ermittelten Werte etwas höher als in frischen Proben. Je kleiner die untersuchte Blutmenge, desto höhere Werte wurden gefunden. Bei der $CaCl_2$-Recalcifizierung darf das Plasma nur mit 2—3 Vol. NaCl-Lsg., nicht, wie üblich, mit 4—5 Vol. verd. werden, da sonst ein signifikanter Fehler entsteht. Ein Vgl. dieser Meth. mit der Thrombintechnik ergab übereinstimmende Werte. (Biochem. J. **51.** 583—85. Aug. 1952. Edinburgh, Univ., Dep. of Surg.) E. FISCHOEDER. 4574

Frederick Proescher, *Die gerinnungshemmende Wirkung von Äthylen-bis-[iminodiessigsäure].* Übersicht unter besonderer Berücksichtigung der Arbeit von DYCKERHOFF u. Mitarbeiter (Z. exp. Medicine **110.** [1944.] 412). (Proc. Soc. exp. Biol. Med. **76.** 619—20. April 1951. San José, Calif., Santa Clara Valley Blood Center.) J. JÜRGENS. 4574

S. Biele, H. Homrowska und **H. Szafranowa,** *Klinisches Dextran. Pharmakologische Untersuchungsmethoden.* Klin. *Dextran* (**I**), hergestellt nach SYNOWIEDZKI u. Mitarbeiter (Acta polon. farmac. **10.** [1954.] 1), u. *Makrodex* (**II**) wurden an Katzen auf Eignung als Blutplasmaersatz geprüft. Es zeigte sich, daß **I** nicht tox. ist u. Antischockwrkg. hat. Der Unterschied zwischen kristalloiden u. koll. Plasmaersatzmitteln wird an Blutdruckmessungen nach Injektion von **I**, **II** u. physiol. NaCl-Lsg. aufgezeigt. (Acta polon. farmac. **12.** 147—52. 1955. Warszawa, Inst. Farmac.) F. URBAN. 4576

W. N. Orechowitsch, M. I. Lewjant und **T. P. Lewtschuk-Kurochtina,** *Der Einschluß von markierten Aminosäuren in die Eiweißstoffe des sich entwickelnden Hühnereies.*

In das Tiklar E. verschied. Zeit bebrüteter Hühnereier wurde mit ^{14}C markiertes *Tyrosin* bzw. *Glycerin* oder mit ^{35}S markiertes *Methionin* eingeführt. Bei der Unters. wurde nach verschied. Zeiten nur im Embryo Radioaktivität gefunden; Eigelb u. Eiweiß waren inaktiv. 7 Tage bebrütete u. dann markierte Eier zeigten im Embryo mit der Zeit anwachsende Aktivität, während Eigelb u. Eiweiß inakt. blieben. Frischgelegte Eier von einem Huhn, dem 12—18 Std. vor dem Eierlegen markiertes Tyrosin subcutan eingeführt wurde, enthielten vom 2. Ei ab im Eiweiß, Eigelb u. Keim akt. Tyrosin. Im 1. Ei waren Keim u. Eigelb inaktiv. Aus den Verss. geht hervor, daß der Einbau markierter Aminosäuren in die Proteine von Eigelb u. Eiweiß nur im Moment der Neubldg. dieser Eiweißstoffe erfolgt. Während der Bebrütung tritt weder im Eiweiß noch im Eigelb eine Erneuerung der Proteine ein. (Биохимия [Biochemie] **19.** 610—15. Sept./Okt. 1954. Moskau, Inst. für biol. u. med. Chem. der Akad. der Med. Wiss. der UdSSR.) J. v. SCHROEDER. 4583

K. L. Blaxter und **J. A. F. Rook,** *Indirekte Bestimmung der Wasserretention beim Rind als Mittel zur Bestimmung des Energieaustausches.* Zur Verfolgung des Mästprozesses beim Rindvieh durch Zunahme der Körperenergiedepots (Fett) werden Protein u. Ascheretention durch Best. von Asche u. N in Nahrung u. Exkreten ermittelt. Die übrige Zunahme besteht im wesentlichen aus Fett u. Wasser. Die Wasserbest. läßt sich indirekt durchführen auf Grund der empir. Beziehung: W. (g) = 0,2922 Na (mg) + 0,1471 K (mg), die für Körper-Fl. von 10—99% W. (Organe, Gewebe-Fl., Fettdepot) gilt u. auch für Schafe u. Kaninchen anwendbar ist. Die Zunahme an Fett ergibt sich als Differenz aus der Gesamtzunahme des Tieres, vermindert um die Zunahmen an Eiweiß u. Asche (aus N u. Ascheretention) u. die Zunahme an W. (aus Na- u. K-Retention). Bei Vgl. der so erhaltenen Wasserretentionswerte mit der Wasserretentionsbest. aus Wassereinfuhr mit Nahrung u. Exkretion in Faeces u. Urin u. Metabolit-W. auf Grund von Respirationskammerverss. ergab sich bei größeren Zeiträumen (8 Tage) gute Übereinstimmung, bei kleinen Zeiten zeigten sich Diskrepanzen durch die Aperiodizität der Ausscheidungen von W., Na u. K. (Nature [London] **171.** 609—10. 4/4. 1953. Kirkhill, Ayre, Hannah Dairy Res. Inst.) F. DU MONT. 4585

M. H. Ross, *Nachteilige Wirkung von Zucker bei Versuchsratten.* Von 2 Futteransätzen derselben Zus. unterschied sich der eine durch den Geh. an 69% *Dextrose* (**I**) vom anderen mit 69% *Lävulose* (**II**). Von 15 (♂) Ratten, die mit dem **II**-haltigen Futter gefüttert wurden, lebten nach 21 Tagen nur noch 6, die einen Körpergewichtsverlust von 35% aufwiesen. Von den 15 Ratten, die mit **I**-haltigem Futter ernährt wurden, waren nach 21 Tagen noch alle am Leben u. zeigten 25% Gewichtszunahme. In den Lebern der mit **II** gefütterten Tiere wurde eine 3mal so hohe Aktivität der alkal. Phosphatase gefunden. (J. Franklin Inst. **257.** 500. Juni 1954.) H. PATZSCH. 4585

Reidar F. Sognnaes, *Wirkung von zugeführten Zuckern und anderen Kohlenhydraten auf die Resistenz der Zähne gegenüber der Caries.* Literaturübersicht über die Bedeutung von mit der Nahrung aufgenommenen Zuckern u. anderen Kohlenhydraten auf das Auftreten von Caries. Klin. Beobachtungen am Menschen u. an Versuchstieren sowie histolog. Unterss. u. die Unters. der Beziehung zwischen Zähnen u. Speichel zeigten eindeutig, daß die Zähne durch Ernährungsfaktoren fast ausschließlich nur während ihrer Entw. (vor dem Durchbruch) beeinflußt werden. So sind z. B. Ratten u. Rhesusaffen, die zuerst mit der ihnen natürlichen Kost (ohne gereinigte u. veredelte Kohlenhydrate) ernährt wurden, hochresistent gegenüber einer später verabreichten cariogenen Diät. — 34 Literaturangaben. (J. Amer. Dental Assoc. **51.** 270—78. Sept. 1955. Boston, Harvard School of Med.) G. KLESSE. 4585

Basil G. Bibby, *Einfluß des Zuckergehalts von Nahrungsmitteln auf deren cariogene Wirkung.* Übersichtsarbeit. Nach krit. Prüfung der einschlägigen Literatur lassen sich keine Beziehungen zwischen dem Zuckergeh. von Nahrungsmitteln einerseits u. Verweildauer der Zucker im Munde, Säurebldg. u. Cariogenese andererseits finden. Von Einfl. auf die Cariogenese sind Gesamtverbrauch u. physikal. Faktoren. — 44 Literaturangaben. (J. Amer. Dental Assoc. **51.** 293—306. Sept. 1955. Rochester, N. Y., Eastman Dental Dispensary.) G. KLESSE. 4585

L. E. Hanson und **E. F. Ferrin,** *Der Wert von Harnstoff in proteinarmem Futter für abgesetzte Ferkel.* Bei Zusatz von 1,5% *Harnstoff* (**I**) zu proteinarmem (10,6%) Futter, fraßen die Ferkel mehr als Kontrollen bei gleichem Futter ohne **I**, doch bestanden im Wachstum keine Unterschiede. Tox. Erscheinungen wurden nicht beobachtet. (J. Animal Sci. **14.** 43—48. Febr. 1955. Univ. of Minnesota, Agric. Exp. Station.) P. LOCH. 4585

Abraham Dury, *Die Wirkung einer konzentrierten Cholesterindiät allein und unter Zugabe von Cortison auf die Phospholipidumwandlung und die Lipidverteilung in Plasma, Leber und Aorta von Kaninchen.* Versuchsanlage: Gruppe A: 8 Tiere mit hoher *Chole-*

sterindiät (I) u. täglichen Injektionen mit physiol. NaCl-Lsg., Gruppe B: 8 Tiere mit Kontrolldiät u. denselben Injektionen, Gruppe C: 6 Tiere mit I u. täglichen *Cortison*-Injektionen. Ergebnisse: Makro- u. mikroanatom. konnten weder bei A- noch bei C-Tieren Atherome gefunden werden. Bei den A- u. C-Tieren fanden sich höhere *Cholesterin* (II)-Werte (aber nicht andere Lipide) in der Aorta als bei denen der Gruppe B. Alle 3 Gruppen zeigten ähnliche Verhältnisse der *Phospholipide* (III) der Aorta. Bei den A-Tieren stiegen alle Plasmalipidfraktionen mit Ausnahme des *Neutralfetts* (IV) an, desgleichen die Leber-Totallipide u. II. Die III der Leber sanken dagegen ab; der Übergang von Plasma-III in Leber-III war deutlich größer als bei den B-Tieren. Bei der C-Gruppe stieg das IV in Plasma u. Leber an, während III u. II dieser Gewebe gegenüber Gruppe A nicht verschieden waren. Auch die spezif. Aktivität der Leber-III war bei A u. C gleich, die Menge radioakt. III im Plasma war bei C größer als bei A. Der relative IV-Anteil an den Plasmalipiden der C-Tiere war stärker erhöht als es der Konz. von III u. II entsprach, während bei den A-Tieren ein unproportionaler Anstieg des II-Esters vorlag. Das *Cortison* vermochte also das II/III-Verhältnis der I-Tiere nicht, das Verhältnis von III zu IV dagegen deutlich zu beeinflussen. (Amer. J. med. Sci. **230.** 427–35. Okt. 1955. Bradford Hosp., Dorn Labor. for Med. Res.) H. JORDAN. 4585

J. F. McClendon und **Jacob Gershon-Cohen,** *Reduzierung von Zahncaries und Kropf durch Nahrungsmittel aus mit Fluor und Jod gedüngten Pflanzen.* Durch Züchten von Camellia, die selbst (ebenso wie der Teestrauch) F enthält, auf mit F-haltigem Düngemittel (Tennessee brown rock phosphate) behandeltem Boden (10 Jahre lang) wird der *F*-Geh. der Blätter gegenüber dem von in Wasserkultur gezogenen Pflanzen bedeutend erhöht. Ebenso steigt der *J*-Geh. von Sonnenblumenblättern u. -samen beträchtlich nach J-Gaben an die Pflanzen, u. zwar beträgt der J-Geh. der getrockneten Blätter nach Gaben von *KJ* (1 lb./acre) 0,19 p. p. m., nach Gaben von *Fertidin* (*β-Amylosetrijodid*; 1 lb./acre) 0,21 p. p. m., während nach Zusatz von *Diphenyljodoniumchlorid* (0,5 lbs./acre) der F-Geh. auf 0,38 p. p. m. steigt. Nach Verfütterung von getrockneten Camelliablättern von derartig gezüchteten Pflanzen treten deutlich weniger Carieslläsionen auf als bei den Kontrolltieren. Fütterung von J-haltigen Sonnenblumenblättern bzw. -kernen verhindert vollständig die Kropfbldg., die bei den Kontrolltieren häufig beobachtet wurde. (J. agric. Food Chem. **3.** 72–73. Jan. 1955. Philadelphia, Pa., Albert Einstein Med. Center, Northern Div., Dep. of Res. Biochem. and Radiol.) G. KLESSE. 4585

R. Arulanantham, E. D. Mason und **J. Frimodt-Moller,** *Die Wirkung einer „unzureichenden" Reisdiät mit zusätzlichen Gaben von Vitaminen und Calcium.* 3 Wochen alte Ratten erhielten eine Diät, die aus 89% Reis bestand sowie zusätzlich *Vitamin A, C, D* oder *E* u. Ca entweder allein oder kombiniert. Vitamine allein, mit Ausnahme von *Vitamin D,* stimulieren das Wachstum nicht, wohl aber Ca allein. Verschied. Kombinationen der erwähnten Vitamine haben ebenfalls keinen Effekt auf das Wachstum der Tiere, auch nicht, wenn zusätzlich noch Ca verabreicht wurde. Die nur mit Vitaminen behandelten Tiere bekamen Lähmungen; das Auftreten derselben ließ sich durch Ca-Gaben verhindern. (Proc. Soc. biol. Chemists, India **13.** 50. 1955. Madras, Women's Christian Coll. Dep. of Physiol. and Nutrition.) H. HERMANN. 4587

C. J. Metha, K. G. Anantanarayanan und **N. K. Dutta,** *Untersuchung über die Stabilität der Vitamine in peroral zu verabreichenden Präparaten: Die Wirkung von Eisensalzen, von Kupfer, einiger allgemeiner Vitamine, von Fermenten, Leberextrakten usw. auf die Stabilität von Vitamin B_1.* In 15% A.-haltigen Gemischen ist *Thiaminmononitrat* (I) haltbarer als *Thiaminhydrochlorid* (II). In 40 Wochen senkt die Anwesenheit von Fe-Citrat oder Ammoniumcitrat den Geh. an I auf 93% u. den an II auf 60% des Ausgangswertes, während der Geh. an I von $CuSO_4$ auf 28% u. der von II auf 80% gesenkt wird. Diese Wrkg. wird durch die Ggw. von *Riboflavin, Salicylnatrium, Niacin, Pyridoxin, Folsäure* u. Ca-Pantothenat aufgehoben. Bei Raumtemp. wird *Vitamin* B_1 in Ggw. von *Ascorbinsäure* zerstört. Leberextrakt, Weizenextrakt sowie Pepsin u. Diastase zerstören ebenfalls Vitamin B_1. Am besten wird Vitamin B_1 in einer N_2-Atmosphäre bei 0–5° aufbewahrt. (Proc. Soc. biol. Chemists, India **13.** 51–52. 1955. Bombay, Haffkine Inst.) H. HERMANN. 4587

L. Rüedi, *Wirkungen des Vitamins A im menschlichen und im tierischen Gehörorgan.* Bei Perceptionsschwerhörigkeit wurde durch Behandlung mit 100000 E. *Vitamin A*/Tag Verbesserung des Gehörs erreicht. — In Tierverss. wurde festgestellt, daß die im Innenohr zur Geltung kommenden tox. Wirkungen von *Streptomycin* oder *Neomycin* durch Vitamin A vermindert werden. — Bei Versuchspersonen wurde bei der genannten Dosierung beschleunigte Adsorption an lautschwache Töne sowie eine erhöhte Toleranz der Geräuschintensität erreicht. — Hypothet. wird das Vorhandensein einer Substanz für die Adaption des Gehörs vertreten. (Schweiz. med. Wschr. **84.** 1411–14. 18/12. 1954. Zürich, Univ. Otorhinolaryngol. Klinik.) P. LOCH. 4587

B. Tschirren, *Die Schutzwirkung von Vitamin A bei der Streptomycin- und Neomycinvergiftung des Gehörorgans.* Bei Meerschweinchen konnten die durch *Streptomycin* u. *Neomycin* hervorgerufenen Hörstörungen durch gleichzeitig verabfolgtes *Vitamin A* (**I**) weitgehend unterdrückt werden. Da diese Antibiotica die Sinnesepithelien des CORTI-Organs schädigen, wird angenommen, daß die Schutzwrkg. von **I** an den Haarzellen angreift. (Schweiz. med. Wschr. **84.** 1414—15. 18/12. 1954. Basel, Ciba A.G.) P. LOCH. 4587

George E. Boxer, C. E. Shonk, Herbert C. Stoerk, T. C. Bielinski und **T. V. Budzilovich,** *Pantoylaminoäthanthiol, ein in vitro und in der Ratte wirksamer Antagonist der Pantothensäure und des Pantetheins. β-d-Pantoylaminoäthanthiol,* $HOCH_2C(CH_3)_2 \cdot CHOHCONHCH_2CH_2SH$ (**I**), erwies sich in vitro im *Pantethein* (**II**)–*Coenzym A* (**III**)-Syst. u. in vivo gegenüber der *Pantothensäure* (**IV**)-Wrkg. auf das Wachstum der Ratte als Antagonist, wobei das freie Thiol u. das Disulfid einander völlig äquivalent waren. Die Hemmung der **III**-Synth. aus **II** in vitro erfolgt anscheinend nichtkompetitiv, da das Molverhältnis der für 50%ig. Hemmung erforderlichen **I**-Menge mit abnehmender **II**-Konz. von 1:4 bis 1:30 schwankt. **I** hemmt in vitro **III** im mol. Verhältnis von 1:500. **I** blockiert das Wachstum von Ratten auf **IV**-Mangeldiät u. führt innerhalb von ca. 3 Wochen zum Tode. Diese Wrkg. ist durch **IV** aufhebbar, wobei das noch wirksame Molverhältnis von **IV**:**I** ca. 1:150 beträgt. **I** ist parenteral u. oral wirksam. (J. biol. Chemistry **217.** 541—50. Dez. 1955. Rahway, N. J., Merck & Co., Inc., Chem. Div., Res. Labors, and Merck Inst. for Therapeutic Res.) K. MAIER. 4587

P. R. J. Gangadharam und **M. Sirsi,** *Vitamin B_6 und sein Wirkungsmechanismus auf Isonicotinsäurehydrazid.* Unterss. an Tuberkulosebakterien in YOUMANs Medium ergaben, daß *Pyridoxin* die Wrkg. von *Isonicotinsäurehydrazid* nicht hemmt. (Proc. Soc. biol. Chemists, India **13.** 53. 1955. Bangalore, Indian Inst. of Science, Pharmacol. Labor.) HEINRICH HERMANN. 4587

J. Pawełkiewicz, *Vorläufer in der Biosynthese von Vitaminen der B_{12}-Gruppe.* Propionibacterium shermanii, das in üblichen Nährmedien *Vitamin B_{12}* (**I**) bildet, das keinen Benzimidazolring enthält, baut in Ggw. von *5.6-Dimethylbenzimidazol* (**II**) u. *5-Methylbenzimidazol* (**III**) diese Verbb. in die Cobalaminmoll. unter Bldg. der entsprechenden B_{12}-Vitamine ein. Die in Ggw. von **II** gebildete Verb. ist wahrscheinlich das eigentliche *Vitamin B_{12}* (**IV**), welches mit dem aus tier. Leber u. Streptomyces griseus erhaltenen ident. ist. Das in Ggw. von **III** gebildete Prod. ist ein **IV**-Deriv. mit gleichem Absorptionsspektr. wie **IV**. Zusätze ähnlicher Verbb., wie *4.7-Dimethyl-*, *2-Propyl-4.7-dimethyl-* u. *2-Propyl-5-methylbenzimidazol* führen nicht zur Bldg. der entsprechenden Vitamine. Als chem. Bezeichnung für **IV** wird *5.6-Dimethylbenzimidazolcyancobalamin* vorgeschlagen. (Bull. Acad. polon. Sci., Cl. II **3.** 3—4. 1955. Poznań, Coll. of Agric., Food Biochem. Labor.) F. KRUSEN. 4587

J. Janicki und **J. Pawełkiewicz,** *Ein neues Vitamin (Vitamine) der B_{12}-Gruppe, gebildet von Propionibacterium shermanii.* (Vgl. vorst. Ref.) Vff. isolierten aus Kulturen von Propionibacterium shermanii neben geringen Mengen *Vitamin B_{12}* (**I**) überwiegend eine neue, als *Vitamin B_{12p}* (**II**) bezeichnete Substanz der B_{12}-Gruppe. **II**, das noch nicht in krist. Form erhalten werden konnte, hat Absorptionsmaxima bei 355, 498 u. 530 mμ, es bildet einen in neutraler Lsg. stabilen Dicyanidkomplex mit Absorptionsmaxima bei 542—544 u. 582 mμ. Zusatz von Nitriten, Aziden u. Alkali verschiebt die Maxima in Richtung größerer Wellenlängen. Beim Test mit Escherichia coli mutans ist **II** 2—4 mal wirksamer als **I**, beim Euglena gracilis-Test jedoch inaktiv. **II** ist vermutlich ident. mit dem B-Faktor von FORD u. PORTER (vgl. C. **1954.** 6989). (Bull. Acad. polon. Sci., Cl. II **3.** 5—6. 1955. Poznań, Coll. of Agric., Food Biochem. Labor.) F. KRUSEN. 4587

R. Prosiegel, *Der Einfluß von Leberschutzstoffen auf den Gehalt der tetrachlorkohlenstoffgeschädigten Rattenleber an Pyridincofermenten ($DPN/DPNH_2$).* In den Lebern gesunder Ratten wurden im Mittel 302 γ/g Frischgewicht *Diphosphopyridinnucleotid* (**I**) u. 132 γ/g *Dihydrophosphopyridinnucleotid* (**II**) gefunden. Erhielten die Tiere täglich 0,2 ml CCl_4, so sank der **II**-Geh. mit fortschreitender Vergiftung ab u. lag nach 7 Tagen bei 45 γ, während der **I**-Geh. keine wesentlichen Veränderungen zeigte. Wurden vor oder während der CCl_4-Zufuhr täglich 6 γ *Vitamin B_{12}* oder 1 ml *Leberhydrolysat* verabreicht, so wurde die **II**-Abnahme weitgehend verzögert oder verringert. Diese Schutzwrkg. wurde auch bei einer CCl_4-Vergiftung beim Menschen beobachtet. (Z. ges. exp. Med. **125.** 323—30. 1955. München, Univ., Med. Poliklin.) F. KRUSEN. 4587

B. R. Baliga und **R. Rajagopalan,** *Die Wirkung des Vitamins B_{12} auf den Grad der Nahrungsmittelausnutzung.* Rohe Sojabohnen enthalten proteolyt. u. wachstumshemmende Faktoren, die ihren biol. Wert stark herabsetzen. Sie werden durch Kochen zerstört. Verss. an Tieren, deren *Vitamin-B_{12}*-Depot durch entsprechende Injektionen aufgefüllt war u. deren Stickstoffausscheidungen im Urin nach Verfütterung roher Sojabohnen untersucht wurden, ergaben, daß Vitamin B_{12} die Wrkg. des proteolyt. Faktors fast gänzlich aufhebt. (Proc. Soc. biol. Chemists, India 13. 47. 1955. Bangalore, Indian Inst. of Science, Dep. of Biochem.) H. HERMANN. 4587

P. K. Dhingra und **N. B. Das**, *Die Wirkung von Vitamin B_{12} auf den Nährwert von Hülsenfrüchten.* 4 Gruppen von Albinoratten erhielten eine Ernährung, die in Gruppe 1 10% Proteine, in Gruppe 2 zusätzlich 2,5 γ *Vitamin B_{12}*, in Gruppe 3 statt dessen 0,5% *Methionin* in der Nahrung u. in Gruppe 4 Methionin u. Vitamin B_{12} in der angegebenen Menge enthielt. Am Ende des Vers. waren die Tiere der Gruppe 4 am größten u. stärksten. (Proc. Soc. biol. Chemists, India 13. 47—48. 1955. New Delhi, Indian Agric. Res. Inst.) H. HERMANN. 4587

T. R. Doraiswamy, V. R. Naidu, M. V. Lakshminarayan Rao und **V. Subrahmanyan**, *Vitamin B_{12} bei der Behandlung der infantilen Lebercirrhose.* Guter therapeut. Effekt von *Vitamin B_{12}* in der Dosierung von 30—50 γ täglich über 4—8 Wochen bei der genannten Erkrankung. (Proc. Soc. biol. Chemists, India 13. 48—49. 1955. Mysore, Indien, Med. Coll., Dep. of Pathol.; Central Food Technol. Res. Inst.) H. HERMANN. 4587

M. X. Sullivan und **H. C. N. Clarke**, *Ein höchst spezifisches Verfahren zum Nachweis von Ascorbinsäure.* Das Verf. beruht auf der Red. von $FeCl_3$ in Ggw. von H_3PO_4 bei einem p_H-Wert von 1—2 u. Best. des Fe^{2+} mit Dipyridyl. Redukton, Glucoson, reduzierende Säuren, Cystein, Glyoxal, Methyl-Glyoxal, Harnsäure, Kreatinin u. a. stören unter diesen Arbeitsbedingungen nicht. Das Verf. wurde bei Orangensaft, Honig u. Harn erprobt. Die Empfindlichkeit beträgt 5 Mikrogramm Ascorbinsäure per ml. (J. Assoc. off. agric. Chemists 38. 514—18. 15/5. 1955. Washington, D. C., Georgetown Univ.) R. BEYTHIEN. 4587

Lorraine Dreisbach und **E. S. Nasset**, *Resorption von Kohlenhydraten und Protein bei Verfütterung von Maisstärke, Bananen oder Glucose.* Ratten wurden mit 3 sich nur im Kohlenhydrattyp, nämlich *Maisstärke* (I), *getrocknete Bananen* (II) oder *Glucose* (III), unterscheidenden Futtern gefüttert, in der 2., 3., 4. u. 5. Std. post cibum getötet u. ihr Gastrointestinaltrakt auf Kohlenhydrate u. *Protein* (IV) untersucht. Die Kohlenhydrate von II u. III wurden maximal in der 2. Std. resorbiert, die I-Resorption hatte bis zur 3. Std. noch nicht den Maximalwert erreicht. In der 3. u. 4. Std. war die absol. Menge an resorbierter I größer als bei II oder III, aber, in % ausgedrückt, war die I-Resorption immer signifikant niedriger als bei II oder III. Die Menge an aus dem Gastrointestinaltrakt wiedergefundenen N-Substanzen war stets gleich oder größer als die zugeführte IV-Menge. Dieser IV-Umsatz zeigt einen hohen Aktivitätsgrad in der Synth., Sekretion, Erholung u. im Abbau der Verdauungsenzyme, Mucoproteine u. anderer N-Substanzen. — 14 Literaturangaben. (J. Nutrit. 53. 523—32. 10/8. 1954. Rochester, N. Y., Univ., School of Med. and Dent., Dep. of Physiol. and Vital Economics.) H. PATZSCH. 4594

D. A. Balch, C. C. Balch und **S. J. Rowland**, *Einfluß der Art der Ligninbestimmung auf die Methodik bei der Bestimmung des Ligninverhältnisses bei der Verdauung durch die Kuh.* 3 Methoden zur Best. des *Lignins* (I; nach NORMAN & JENKINS, ELLIS u. Mitarbeiter, ARMITAGE u. Mitarbeiter) werden an Futter- u. Faecesproben in 8 Verdauungsverss. mit lactierenden Kühen verglichen, die Heu u. Konzentrate erhielten. Die verschied. Werte werden in Tabellen mitgeteilt (rohes I, N-Geh. des rohen I, korr. I). Die Meth. nach ARMITAGE u. Mitarbeiter ergab die niedrigsten Werte. Die durchschnittlichen Verdauungskoeffizienten für rohes I u. korrigiertes I bei den 3 Methoden betrugen $9,3 \pm 0,7$ u. $8,3 \pm 0,5$; $4,7 \pm 0,6$ u. $9,1 \pm 0,7$; $1,3 \pm 0,8$ u. $4,4 \pm 1,0$. — 24 Literaturangaben. (J. Sci. Food Agric. 5. 584—88. Dez. 1954. Shinfield, Univ. of Reading, Nat. Inst. for Res. in Dair.) H. PATZSCH. 4594

L. E. Lloyd und **C. M. McCay**, *Die Verwendung von Chromoxyd bei Untersuchungen über Verdaulichkeit und Gleichgewicht bei Hunden.* Die Cr_2O_3-Meth. ist für Unterss. über Verdaulichkeit u. Gleichgewicht auch mit Hunden anwendbar. Eine Arbeitsvorschrift wird angegeben. Die scheinbare Verdaulichkeit von rohem Protein u. Ätherextrakt war bei alten Hunden signifikant größer als bei jungen. — 13 Literaturangaben. (J. Nutrit. 53. 613—22. 10/8. 1954. Ithaca, N. Y., Cornell Univ., Animal Nutrit. Labor.) H. PATZSCH. 4594

James B. Allison, *Biologische Wertigkeit von Proteinen.* Übersicht mit 395 Literaturangaben. (Physiol. Rev. 35. 664—700. Juli 1955. New Brunswick, N. J., Rutgers Univ., Dep. of Physiol. and Biochem.) F. KRUSEN. 4596

A. F. Muller und **W. Bauer**, *Das Stoffwechselproblem bei der Gicht.* Vff. geben eine Übersicht über die Biosynth. von *Purinen* u. *Nucleinsäuren*, den Abbau von *Nucleoproteiden* u. die Störungen des Stoffwechsels bei der Gicht, die in vermindertem Abbau, verminderter Ausscheidung u. erhöhter Bldg. von *Harnsäure* bestehen können. Therapeut. Maßnahmen (Colchicin, Irgapyrin u. Benemid) werden besprochen. — 106 Literaturangaben. (Schweiz. med. Wschr. **84.** 1403—09. 18/12. 1954. Boston (USA), Harvard Univ., Massachusetts Gener. Hospital.) P. LOCH. 4596

R. Antoni und **H. D. Cremer,** *Ernährungsfaktoren bei Zahn- und Knochenbildung.* 4. Mitt. *Aufnahme und Verbleiben von* ^{45}*Ca im Organismus.* (3. vgl. CREMER u. ANTONI, C. **1956.** 3340.) Zur Unters. des Verbleibs von ^{45}*Ca* im Organismus wurden radioakt. Ca-Salze (Citrat u./oder sek. Phosphat) durch Magensonde oder in 1 g Futter (6 Tage lang zu je 12 mg) an Ratten verabreicht u. die Aktivität in Knochen u. Zähnen nach verschied. Zeiten gemessen. In den Molaren u. in den Knochen (Tibia, Unterkiefer) erreicht die Aktivität ihr Maximum innerhalb 24 Std., im Nagezahn erst in der 3. Woche nach der letzten ^{45}Ca-Gabe. Durch zusätzliche Gabe von *Vitamin D* wird die Ausnutzung von Ca-Citrat noch verbessert, so daß also Verabfolgung von Ca als Citrat nicht Vitamin D ersetzen kann. (Biochem. Z. **326.** 311—16. 16/3. 1955. Mainz, Univ., Anorgan.-chem. Inst. u. Physiol.-chem. Inst.) G. KLESSE. 4596

Wilhelm Hasselbach und **Annemarie Weber,** *Modelle für das Studium der Kontraktion des Muskels und des Zellprotoplasmas.* Vff. untersuchten den Einfl. von *Actomyosin, ATP,* Mg^{2+} u. a. auf die Kontraktion. Es wird ein Überblick über Aktivatoren u. Inhibitoren der Vorgänge gegeben. — 125 Literaturangaben. (Pharmacol. Rev. **7.** 97—117. März 1955. Heidelberg, Inst. für Physiol. im Max-Planck-Inst. für Medizin. New York, Columbia Univ., Coll. of Physicians and Surgeons, Dep. of Neurol.) REINHARD HÜTTENRAUCH. 4597

Astrid Fagraeus, Über die Lokalisation und die cellulären Aspekte der Antikörperbildung. — **Pierre Grabar:** Immunoelektrophoretische Analyse. — **Ingeborg Göllner:** Methoden zur Bestimmung von Endgruppen in Peptidketten und ihre Anwendung zur Charakterisierung von Proteinen, insbes. von Plasmaproteinen. — **H. E. Schultze** u. **H. Biel:** Vorschläge zur Methodik der präparativen Zonenelektrophorese auf Filterpapier, ihre Anwendungsmöglichkeiten und -grenzen bei der Trennung von Serumproteinen. — **K. Heide:** Funktion und Analyse von SH-Gruppen in Proteinen. Marburg/Lahn: Elwert. 1955. (112 S. m. Abb.) 8° = Behringwerk-Mitteilungen. H. 30. DM 3,—.

G. H. Whipple, The dynamic equilibrium of body proteins. London: Blackwell Scientific. 1956. (80 S.) 8°. 23 s. 6 d.

E_6. Pharmakologie. Therapie. Toxikologie. Hygiene.

Roberts Rugh, *Radiobiologie der Wirbeltiere. Embryologie.* Zusammenfassender Bericht über Unterss. zur Wrkg. von ionisierenden Strahlen auf Wirbeltierembryonen (Mißbildungen einzelner Organe, Allg. Entwicklungshemmungen, Tumorerregung). — 73 Literaturangaben. (Annu. Rev. Nuclear Sci. **3.** 271—302. 1953. New York, N. Y., Columbia Univ., Coll. of Physicians and Surgeons.) W. REUSSE. 4601

Louis H. Hempelmann und **Joseph G. Hoffman,** *Das Bild der Strahlenschädigung in der Praxis.* Es wird zusammenfassend über die akuten Strahlenschäden berichtet, die bei Atombombenverss. beobachtet wurden, ferner über Tierverss. zur Heilung dieser Schäden u. über typ. Spätschäden beim Menschen. — 69 Literaturangaben. (Annu. Rev. Nuclear Sci. **3.** 369—92. 1953. Rochester, N. Y., Strong Memorial Hosp.; Buffalo, N. Y., Roswell Park Memorial Inst.) W. REUSSE. 4601

Z. M. Bacq, M. L. Beaumariage und **P. Fischer,** *Der Schutz der Nebennieren und der Leber gegen Röntgenstrahlenwirkungen durch Cysteamin.* Bei mit 800 r (250 kV) bestrahlten Ratten fällt der Geh. der Nebennieren an *Ascorbinsäure* (**I**) u. *Cholesterin* (**II**) nach 2 Std. auf ein Minimum (bei **I** von 450 auf 252 mg/100 g, bei **II** von 4,57 auf 2,55 mg/100 g). Nach 24 Std. tritt Rückbldg. ein, die am dritten oder vierten Tag durch ein weiteres Minimum abgelöst wird. Erhalten die Tiere vor der Bestrahlung Injektionen mit *Cysteamin* (**III**), dann zeigt der Geh. an **II** nach 2 u. 24 Std. den gleichen Befund wie oben, das spätere Minimum tritt nicht auf. Der **I**-Geh. der Leber fällt bei bestrahlten Tieren nach 72 Std. wenig ab, nach vorheriger **III**-Injektion wird dieser Abfall nicht beobachtet. Während bei bestrahlten Tieren das Gewicht der Nebennieren nach 48—96 Std. von 10,5 auf 24 mg/100 g ansteigt, tritt dieser Anstieg bei mit **III** injizierten Tieren nicht auf. (J. Physiology **126.** 15P—16P. 29/11. 1954. Liège, Univ., Gen. Physiol.) W. REUSSE. 4601

J. P. Witz, J. M. Horst und **J. P. Wagner,** *Ein neues Kontrastmittel. Das Glucadiodone.* Vff. berichten über Verss. mit dem neuen Röntgenkontrastmittel *Glucadiodone* (*Methylglucamin-3.5-dijodpyridon-(4)-acetat;* **I**). In Tierverss. ergab sich die 50%-Letaldosis zu 9,2 g/kg, sie ist höher als die des *Diodone* (**II**) mit 7,2 g/kg. Die 100%-Lsg. des **I** entspricht bzgl. der Kontrastwrkg. einer 80%-Lsg. von **II.** Die Verträglichkeit von **I** ist dabei besser als die des **II.** Nachteilig für die Applikation ist die höhere Viscosität des **I.** Bes. Anwendungsgebiete für **I** sind Angiocardiographie, Arteriographie, Phlebographie u. Urographie. (J. Radiol. Électrol. Arch. Électr. méd. **36.** 195. 1955. Strasbourg, Fac. de Méd., Clinique Chirurgicale B.) W. REUSSE. 4601

E. J. Martin und **J. K. W. Ferguson,** *Der Einfluß der Körperlage auf die Ausscheidung von Radon in der Atemluft.* Bei einem Patienten mit einem gewissen Ra-Geh. des Skeletts wurde festgestellt, daß der Rn-Geh. der ausgeatmeten Luft unterschiedlich ist, je nachdem ob der Patient beim Ausatmen liegt oder sitzt. Für exakte Rn-Bestimmungen empfehlen daher Vff., am liegenden Patienten Atemproben zu entnehmen u. ihn vorher 45 Min. liegen zu lassen. (Science [Washington] **118.** 112—14. 24/7. 1953. Toronto, Can., Univ. of Toronto, Dep. of Pharmacol.) W. REUSSE. 4601

J. Pohl-Rüling und **F. Scheminzky,** *Das Konzentrationsverhältnis Blut/Luft bei der Radoninhalation und die Radonaufnahme in den menschlichen Körper im radioaktiven Thermalstollen von Badgastein/Böckstein.* Vff. berichten über Unterss. an Kaninchen u. Menschen, die in einem ehemaligen Bergwerkstollen bei Badgastein, der für therapeut. Zwecke benutzt wird, durchgeführt wurden. Die Temp. im Stollen beträgt an der wärmsten Stelle 41,5°, der Geh. der Luft an *Rn* 2,0 bis $5{,}3 \cdot 10^{-9}$ C/Liter. Für therapeut. Behandlungen werden Patienten zu 1- bis 2 std. Liegekuren in den Stollen eingefahren. Unterss. von Blutproben bei Menschen u. Kaninchen auf den Rn-Geh. mittels Ionisationskammern nach einem Durchströmungs- u. nach einem Verbrennungsverf. ließen erkennen, daß der Rn-Geh. des Blutes nach Aufenthalt im kühleren Teil des Stollens im Mittel 31% der Rn-Konz. der Stollenluft beträgt, im wärmsten Teil stieg die Konz. im Blut auf Werte zwischen 74 u. 224%. Der Heilwert der Behandlung besteht danach in einer kombinierten Hyperthermie–Radon-Therapie. (Strahlentherapie **95.** 267—82. Okt. 1954. Innsbruck, Univ., Balneolog. Inst., u. Badgastein, Österr., Akad. der Wiss., Forschungsinst. Gastein.) W. REUSSE. 4603

L. Tauc, *Ruhepotential der der Einwirkung verschiedener toxischer Substanzen ausgesetzten Muskelfaser.* Vf. mißt das Ruhepotential der Froschmuskelfaser unter Einw. von Nichtelektrolyten (mol. Lsgg. von *A.*, *Formaldehyd* u. *Aceton*) u. Elektrolyten (mol. Lsgg. von *KCN*, *KCl*, *NaOH*, *NaCl* u. CH_3COOH). Die Nichtelektrolyte zeigen trotz ihrer Toxizität nur eine geringe Wrkg. auf das Ruhepotential, während die Elektrolyte ausgeprägte Wirkungen zeigen. (C. R. Séances Soc. Biol. Filiales **146.** 1666—68. Nov. 1952.) P. FAHRNLAENDER. 4606

Léon Binet und **M. Burstein,** *Über die lokalen vasomotorischen Wirkungen der intraarteriell injizierten hypertonischen Kochsalzlösungen.* Die Injektion 20%ig. NaCl-Lsg. in die Art. femoralis ruft beim Hund eine kurz dauernde Gefäßverengung an der Extremität hervor mit nachfolgender starker Dilatation. Wird die Injektion in die Nieren-, Mesenterial- oder Lungenarterie ausgeführt, so erfolgt nur eine Gefäßverengerung. Stoffe, die durch Erythrocytenzerfall entstehen, sind an dem Vorgang nicht beteiligt. (J. de Physiol. **44.** 217—22. 1952. Paris, Fac. de Méd., Chaire de Physiol. u. Centre Nation. de Transfusion sanguine.) E. FISCHOEDER. 4606

Hans Joachim Schmidt, *Weiteres zum Fluorproblem.* 1. Mitt. *Trinkwasserfluoridierung.* Literaturübersicht über das genannte Thema an Hand des anglo-amerikan. Schrifttums des Jahres 1953. — 24 Schrifttumsangaben. (Dtsch. zahnärztl. Z. **9.** 699—704. 15/6. 1954. Stuttgart-Degerloch.) G. KLESSE. 4606

Hans Joachim Schmidt, *Weiteres zum Fluorproblem.* 2. Mitt. *Örtliche Fluorwirkung.* (1. vgl. vorst. Ref.) Zusammenstellung der Ergebnisse aus dem anglo-amerikan. Schrifttum des Jahres 1953 über die Wrkg. lokaler *F*-Behandlung auf die Zähne. — 17 Literaturangaben. (Dtsch. zahnärztl. Z. **9.** 1368—71. 1/12. 1954.) G. KLESSE. 4606

Hans Joachim Schmidt, *Weiteres zum Fluorproblem.* 3. Mitt. *Die Fluorwirkung bei Rachitis und auf Geschwülste; Toxische Wirkungen.* (2. vgl. vorst. Ref.) Übersicht der anglo-amerikan. Veröffentlichungen zu dem genannten Thema aus dem Jahre 1953. — 9 Literaturangaben. (Dtsch. zahnärztl. Z. **9.** 1371—73. 1/12. 1954.) G. KLESSE. 4606

Hans Joachim Schmidt, *Weiteres zum Fluorproblem.* 4. Mitt. *Trinkwasserfluoridierung.* (3. vgl. vorst. Ref.) Zusammenstellung von anglo-amerikan. Arbeiten über das genannte Thema aus den Jahren 1953 (2 Arbeiten) u. 1954. — 30 Literaturangaben. (Dtsch. zahnärztl. Z. **9.** 1373—76. 1/12. 1954.) G. KLESSE. 4606

Hans Joachim Schmidt, *Weiteres zum Fluorproblem.* 5. Mitt. *Theorie und Praxis.* (4. vgl. vorst. Ref.) Kurze Wiedergabe von Arbeiten aus dem anglo-amerikan. Schrifttum aus den Jahren 1948—1954 über die Beziehung von F zum Speichel, Einfl. auf Schmelz u. Dentin sowie über prakt. Anwendung von F zur Cariesprophylaxe. — 54 Literaturangaben. (Dtsch. zahnärztl. Z. **10.** 1562—67. 1/12. 1955.) G. KLESSE. 4606

Hans Joachim Schmidt, *Weiteres zum Fluorproblem.* 6. Mitt. *Zahnschutzhärtung, Trinkwasser, Dentalfluorose, Stoffwechsel.* (5. vgl. vorst. Ref.) Literaturübersicht an Hand des anglo-amerikan. Schrifttums aus den Jahren 1952—1954 über Arbeiten aus den genannten Gebieten. — 58 Literaturangaben. (Dtsch. zahnärztl. Z. **10.** 1872—76. 15/12. 1955.) G. KLESSE. 4606

E. N. Rowlands, D. A. W. Edwards und **A. J. Honour,** *Untersuchungen über die Wirkung von Perchlorat und Thiocyanat auf Speicheljodid.* Kaliumrhodanid u. $KClO_4$ vermindern, gemessen mit ^{131}J, die Konz. von J im Speichel. Eine Dosis von ca. 500 mg $KClO_4$ per os vermindert die Konz. von ^{131}J innerhalb 1 Std. um das Siebenfache des Ausgangswertes. (Clin. Sci. **12.** 399—406. Nov. 1953. London, Univ. Coll., Hosp. Med. School, Dep. of clin. Res.) G. WELTZIEN. 4606

J. H. Weatherby und **A. S. Yard,** *Beobachtungen zur subakuten Toxizität von Hydrazin.* Gruppen von 10 männlichen weißen Ratten erhielten *Hydrazin* (**I**) im Trinkwasser in Konzz. von 2,0 — 1,0 — 0,5 — 0,2 — 0,1 mg/ml. Durch **I**-Zusatz zum Trinkwasser wird die Flüssigkeitsaufnahme im Vgl. zu den Kontrolltieren herabgesetzt. Die Tiere, die 0,2 bzw. 0,1 mg/ml **I** erhielten, nahmen **I** in Mengen von ca. 160 mg/kg/Woche bzw. 60 mg/kg/Woche auf. Die Gewichtszunahme war bei allen Ratten, die **I** erhielten, wahrscheinlich durch die verminderte Flüssigkeitsaufnahme geringer als bei der Kontrollgruppe. Die Exposition von Meerschweinchen gegen **I**-Dämpfe (5—6 mg/m^3) bewirkte in den Lungen der Versuchstiere Pneumonitis u. Atelektase. Hunde waren gegen **I**-Dämpfe (5—6 mg/m^3) empfindlicher als Meerschweinchen. Pathol. Veränderungen bei Hunden fanden sich hauptsächlich an Leber u. Nieren, dagegen weniger an den Lungen. (A. M. A. Arch. ind. Health **11.** 413—19. Mai 1955. Richmond, Med. Coll. of Virginia, Dep. of Pharmacol.) H. ZELLER. 4606

R. H. Hartman, Gennard Matrone und **G. H. Wise,** *Wirkung eines hohen Mangangehaltes des Futters auf die Hämoglobinbildung.* Ein Milchfutter, verstärkt durch *Fe, Cu, Co* u. *Vitamin A* u. *D*, wurde mit wechselnden *Mn*-Mengen (als $MnSO_4 \cdot H_2O$) ergänzt. 45 p.p.m. Mn oder weniger an Junglämmer verfüttert verursachte eine Erniedrigung der *Hämoglobin* (**I**)-Konz. u. des Fe im Serum. Höhere Mn-Mengen, bis zu 5000 p.p.m., waren von einer Abnahme des Fe-Geh. in der Leber, Milz u. Niere begleitet. Anäm. Lämmer wurden mit einem Rauhfutter, das mit 0, 1000 u. 2000 p.p.m. Mn ergänzt war, gefüttert. Die **I**-Regeneration war merklich verzögert u. der Fe-Geh. im Serum von Lämmern herabgedrückt, die 1000 oder 2000 p.p.m. Mn mit dem Futter erhielten. Mn scheint eher die Resorption als die Hämatopoiese zu stören. Übermäßige Mn-Mengen wirken den Enzymsystemen entgegen. (J. of Nutrit. **57.** 429—39. 10/11. 1955. Raleigh, N. C., Agric. Exp. Stat., Dep. of Animal Ind., Animal Nutrit. Sect.) H. PATZSCH. 4606

Ann D. Anderson und **R. L. Patton,** *Die Wirkung von Sulfhydrilverbindungen bei der Entgiftung von Arsenit bei zwei Insektenspecies. Methionin* (**I**), *Cystin* (**II**), *Cystein* (**III**), red. *Glutathion* (**IV**) u. *BAL* (**V**) (= *2.3-Dimercaptopropanol*) wurden ausgewachsenen Stubenfliegen (Musca domestica) u. Mehlwurmlarven (Tenebrio molitor) verfüttert oder injiziert u. die Wrkg. dieser Behandlung auf die Toxizität von *Na-Metarsenit* (**VI**) bestimmt. **I**—**IV** waren ohne Wrkg. auf die Toxizität von **VI. V** dagegen setzte eindeutig die Toxizität von **VI** bei Mehlwurmlarven herab. Es wird daraus geschlossen, daß der prim. Arsenikreceptor bei den Mehlwürmern eine sulfhydrilhaltige Verb. bzw. ein sulfhydrilhaltiges Syst. ist. (J. econ. Entomol. **46.** 423—26. Juni 1953. Ithaca, N. Y., Cornell University, Department of Entomology.) H. ZELLER. 4607

J. M. Barnes, *Organische Phosphorinsekticide. Die toxische Wirkung von organischen Phosphorinsekticiden auf Säugetiere.* Vortrag. Eine Übersicht. (Chem. and Ind. **1954.** 478—80. 24/4. Carshalton Beeches, Surrey, Toxicology Res. Unit, Med. Res. Council.) F. RANG. 4607

A. S. Srivastava, *Toxizität und Pharmakologie von Hexachlorbenzol unter besonderer Berücksichtigung des Wirkungsmechanismus und der Histologie.* Allg. Literaturübersicht über die Toxikologie des *Hexachlorbenzols* (**I**) bei Insekten, Kalt- u. Warmblütern sowie Schilderung der Wirkungsweise von **I**, bes. bei Insekten (histol. Unterss.). — 37 Literaturangaben. (Indian med. Rec. **73.** 223—27. Okt. 1953. Madison, University of Wisconsin, State Scholor of the Government of India in the Department of Economic Entomology.) H. ZELLER. 4607

J. Ladányi, *Über Wirkung und therapeutische Anwendung der Citrationen.* In der Annahme, daß *Na-Citrat* (**I**) bei allerg. Krankheiten den gestörten Ca-Stoffwechsel günstig beeinflußt, wird **I** bei Asthma bronchiale, Schnupfen u. Cephalalgie intravenös verabreicht. Die Ergebnisse sind gut. **I** wird wahrscheinlich das Freiwerden von Histamin verhindern. (Wiener Z. inn. Med. Grenzgebiete **36.** 394—99. Sept. 1955. Budapest.) H. P. FIEDLER. 4607

P. Boni, F. Reduzzi, G. Bile und **V. Galloro,** *Die Thioctsäure, pharmakologische und klinische Beobachtungen. Thioctsäure* (**I**) wurde als synthet. Präp. (*Tioctidan*) von Vff. im Hinblick auf seine Toxizität untersucht. Die DL_{50} beträgt bei intraperitonealer Anwendung bei der Maus ca. 275 mg/kg. Subletale Dosen von **I** führen im Tierexperiment zu Hypokinese mit Anfällen kurz dauernder klon. Krämpfe; der Tod erfolgt in Asphyxie.

Die mittlere krampferzeugende Dosis liegt bei ca. 180 mg/kg bei der Maus. Intravenöse Gaben von **I** werden vom Kaninchen mit einer DL_{50} von 111 mg/kg ertragen. Bei lang dauernder Anwendung sind beim Meerschweinchen 10 mg/kg täglich 20 Tage lang ohne jede Wrkg., junge Ratten ertragen komplikationslos 15 mg/kg 60 Tage lang. Lokale Applikation auf Haut oder Schleimhäute führt zu keinen Reizerscheinungen. 1—10 mg/kg **I** haben beim Kaninchen keinen Einfl. auf den Blutdruck; 100 mg führen zu einer leichten Erhöhung, gleichzeitig kommt es zu einer leichten Bradycardie. 10—50 mg/kg **I** bedingen keine Änderung der Rk. gegen Vasomotoren- oder Carotissinusreizung u. auch keine Elektrocardiogrammveränderungen bei Kaninchen. **I** ist bei Anwendung äquimol. Mengen der antitox. Wrkg. des *BAL* bei $HgCl_2$-Vergiftung deutlich überlegen, es hemmt ebenfalls die tox. Wrkg. von $NaAsO_2$ oder CCl_4. In klin. Prüfungen entwickelte **I** eine günstige Wrkg. auf die Diurese bei Herz- u. Leberkranken. Blutbildveränderungen wurden nicht beobachtet. (Clinica terap. **9.** 129—53. Aug. 1955. Napoli, Univ., Ist. di Farmacol.) P. G. SCHEURLEN. 4607

K. Pfleger, *Umwandlung von Aminen.* Nach Verabreichung von Aminen an Ratten wurden die im 24 Std.-Harn ausgeschiedenen Prodd. papierchromatograph. getrennt u. anschließend mittels Farb-Rk. als prim., sek., tert. oder Gesamtamine photometriert.— Ergebnisse: Verabfolgt 1-Phenylpropyl-(2)-methylamin, ausgeschieden 18% (der verabfolgten Menge) unverändert, 8,4% 1-Phenylpropyl-(2)-amin. — Verabfolgt *1-Phenylpropyl-(2)-benzylamin,* ausgeschieden 0,5% unverändert, 6% 1-Phenylpropyl-(2)-p-oxybenzylamin, 2% 1-Phenylpropyl-(2)-amin. — Verabfolgt *1-Phenylpropyl-(2)-dimethylamin,* ausgeschieden 2% unverändert, 2,1% *1-Phenylpropyl-(2)-methylamin,* 1,2% *1-Phenylpropyl-(2)-amin.* — Verabfolgt *1-Phenylpropyl-(2)-methyläthylamin,* ausgeschieden 5,3% unverändert, 2,6% 1-Phenylpropyl-(2)-methylamin, 2,6% *1-Phenylpropyl-(2)-äthylamin,* 2,5% 1-Phenylpropyl-(2)-amin. — Verabfolgt *1-Phenylpropyl-(2)-methylbenzylamin,* ausgeschieden Spuren unverändert, 2,2% *1-Phenylpropyl-(2)-methyl-p-oxybenzylamin,* 0,4% 1-Phenylpropyl-(2)-methylamin, 4,2% 1-Phenylpropyl-(2)-p-oxyphenylamin. (Naunyn-Schmiedebergs Arch. exp. Pathol. Pharmakol. **228.** 211—13. 1956. Düsseldorf.) P. LOCH. 4607

Hugh H. Keasling, Kenneth Lampe, Calvin Hanna und **F. W. Schueler,** *Pharmakologische Wirkung von β-Phenyläthylglucosamin.* Unters. über die Änderung der pharmakol. Wirksamkeit von opt.-inakt. β-Phenyläthylamin (**I**) nach Kondensation mit Glucose. Die aus **I** nach PIGMAN u. Mitarbeitern (C. **1953.** 8088) erhaltenen *β-Phenyläthylglucosamine* (**II**: $[\alpha]_D^{20}$ -15^0 u. **III**: $[\alpha]_D^{20}$ $+8$]) sind verschieden in ihrer Wirkung. **III** zeigt in seiner Toxizität nur einen geringen Unterschied gegenüber **I**; dagegen ist die von **II** erheblich geringer u. ihre pharmakol. Wirksamkeit länger anhaltend als die von **I** u. **III**. (Proc. Soc. exp. Biol. Med. **81.** 607—08. Dez. 1952. Iowa City, State Univ. of Iowa, Coll. of Med.) GERDA SCHULZE. 4607

George F. Buckley und **W. Stanley Hartroft,** *Wirkungen von Cholin auf cardiovasculäre Schäden, die durch Verfütterung großer Dosen Vitamin D hervorgerufen wurden.* 9 von 25 Ratten, die mit einem Futter mit *Cholin* (**I**)-Mangel u. hohem Fettgeh. gefüttert wurden, entwickelten verschied. Grade von Aortensklerosis. 19 von 33 Ratten mit **I**-Defizit, die dasselbe Grundfutter, aber mit hohen Dosen (15000—20000 I.E. Ratte/Tag) *Vitamin D* erhielten, entwickelten im wesentlichen denselben Typ von Aortaschäden. **I**-Ergänzung verhütete die Entw. von Aortenschäden u. von Nierenschäden. — 21 Literaturangaben. (Amer. J. clin. Nutrit. **2.** 396—404. Nov./Dez. 1954. Toronto, Can., Univ., Banting and Best Dep. of Med. Res.) H. PATZSCH. 4607

Ernst Florey, *Neurohormone und Pharmakologie der Arthropoden.* Umfassende Monographie, in welcher die Wirkungen von *Acetylcholin, Eserin, Nicotin,* Extrakten aus *Hypophysenvorder-* u. *-hinterlappen, Intocostrin, Topfcurare, Atropin, Pikrotoxin, Strychnin, DDT, Diäthylnitrophenylthiophosphat, Dimethylnitrophenylthiophosphat, Prostigmin, Cardiazol, Scopolamin, Arecolin, Pilocarpin, Intermedin, sensibler Erregungssubstanz* sowie die spezielle Arbeitsmethodik an Arthropoden geschildert wird. (Pflanzenschutzberichte [Wien] **7.** 81—141. Sept. 1951. Wien, Bundesanst. für Pflanzenschutz, u. Graz, Zool. Universitätsinst.) F. JUNG. 4607

J. D. Taylor, R. K. Richards und **Jeanne C. Davin,** *Ausscheidung und Verteilung von radioaktivem ^{35}S-Cyclamatnatrium (Sucarylnatrium) bei Tieren.* Bericht über Verss. an Ratten, Hunden u. Kaninchen mit *^{35}S-Cyclamatnatrium* (**I**), der radioakt. Verb. von *Sucaryl-Na* (*Na-N-Cyclohexylsulfamat*; ABBOTT LABORR.). Die Ratte scheidet mindestens 95% **I** wieder unverändert aus, u. zwar bei intraperitonealen Gaben bis zu 3,2 g/kg schon bereits innerhalb von 24 Stunden. Die Geschwindigkeit der Ausscheidung nach Zufuhr von 1,4 g/kg war bei einer n. Ratte genau so groß wie bei einem einseitig nephrektomierten Tier. Nach wiederholter oraler Applikation wurde festgestellt, daß $^2/_3$ von **I**

bei der Ratte in den Faeces, $^1/_3$ im Urin ausgeschieden werden. Eine Speicherung von I wurde nicht beobachtet. Beim Hund ließen sich nur 0,5% 5 Std. nach intravenöser Injektion von 9,7 mg I/kg in der Galle nachweisen. Bei den verschied. Versuchstieren war in den einzelnen Organen, mit Ausnahme von Niere u. Leber, keine bemerkenswerte I-Konz. feststellbar. Auch in das Gehirn scheint I nur schwer einzudringen, während es im Rattenfötus nachweisbar war. (Proc. Soc. exp. Biol. Med. **78.** 530—33. Nov. 1951. North Chicago, Ill., Abbott Laborr.) R. KÖNIG. 4607

O. Garth Fitzhugh, Arthur A. Nelson und **John P. Frawley,** *Ein Vergleich der chronischen Toxizitäten synthetischer Süßstoffe.* Vff. berichten über Ergebnisse von Fütterungsverss. an 528 Albinoratten, denen folgende Süßstoffe: *Na-Cyclohexylsulfamat* (**I**; *Cyclamatnatrium*), *P-4000* (**II**; *1-n-Propyloxy-2-amino-4-nitrobenzol*), *Saccharin* (**III**) u. *Dulcin* (**IV**; *4-Äthoxyphenylharnstoff*) verabreicht wurden. Bei einer Konz. von 1% zeigten **I** u. **III** keine, von 5% nur leichte tox. Wirkungen. **II** u. **IV** jedoch waren bei Konzz. von 0,1% u. darüber bereits deutlich toxisch. **IV** verursachte in Dosen von 1% Leberadenome, Vergrößerung u. Dunkelfärbung der Milz, Blutveränderungen. **II** führte zu einer eigenartigen melaninähnlichen Pigmentbldg. in der Schilddrüse. In einigen Fällen wurde eine Nephritis beobachtet sowie eine Verlangsamung des Wachstums u. Vergrößerung von Leber u. Nieren. (J. Amer. pharmac. Assoc., sci. Edit. **40.** 583—86. Nov. 1951. Washington, D. C., Federal Sec. Agency, Div. of Pharm., Food and Drug Admin.) R. KÖNIG. 4607

Shannon C. Allen und **Floyd DeEds,** *Die chronische Toxizität von Laurylgallat.* Fütterungsverss. bis zu 254 Tagen an Albinoratten ergaben, daß *Laurylgallat* (**I**), in einer Konz. von 0,5% der täglichen Nahrung beigemischt, keine bemerkenswerten Veränderungen hervorruft. Nahrung mit 1% I/Tag führt zu einer Verlangsamung des Wachstums, vor allem bei den männlichen Tieren. Auch Konzz. von 2,5—5% I/Tag führten zu keinen histopatholog. Veränderungen in den verschied. Organen, wobei lediglich die Freßlust der Tiere vermindert wird. **I** kann eine Reizung, jedoch keine Sensibilisierung der Haut hervorrufen. Es bestehen demnach nach Ansicht der Vff. keine Bedenken gegen die Anwendung von **I**, um eßbare Fette u. Öle vor Oxydation zu schützen. (J. Amer. Oil Chemists' Soc. **28.** 304—06. Juli 1951. Albany, Calif., U. S. Dep. of Agric., Agric. Res. Admin.) R. KÖNIG. 4607

D. Bachrach, K. Kovács und **V. Varró,** *Experimentelle Hyperneurokrinie mittels Pikrotoxin.* Die Neurokrinie wird durch mkr. Beurteilung der im nervösen Gewebe auftretenden Sekrettropfen nachgewiesen. Hunde erhielten 3mal täglich 0,5 mg/kg *Pikrotoxin* über 14 Tage. Histolog. Beurteilung des Hypothalamus zeigt eine erhebliche Neurokrinie bis zum Boden des 3. Ventrikels. (Acta Physiol. Hung. **2.** 105—11. 1951. Szeged, Univ., Dep. of Morbid Anatomy and Dep. of Med.) F. JUNG. 4608

Hans Engelhardt, *Orientierung über die Cellulartherapie.* Die Cellulartherapie nach NIEHANS erstrebt eine Heilwrkg. durch Injektion lyophilisierter Trockenzellen entsprechender tier. Organe. Indikationen u. Gefahren dieses noch nicht ausreichend untersuchten Verfahrens. (Schweiz. Apotheker-Ztg. **93.** 356—60. 30/4. 1955. Zürich.) W. SCHULENBURG. 4609

D. Thienpont und **V. Herin,** *Die Behandlung der bovinen Trypanosomiasis* (*T. vivax*) *mit Äthidiumbromid.* Die Behandlung von 83 Rindern mit Trypanosomiasis durch T. vivax mit subcutan 1—2 mg/kg *Äthidiumbromid* führte zu schnellem Verschwinden der Parasiten aus dem Blut ohne Nebenerscheinungen. Bei 20% der Tiere traten nach 4—7 Monaten Rückfälle auf. (Ann. Soc. belge Méd. trop. **35.** 439—50. 31/8. 1955.) F. KRUSEN. 4610

Helmut Rübben, *Beobachtungen bei der Behandlung des akuten Malariaanfalls auf Java, unter besonderer Berücksichtigung des Resochins.* Bericht über schnelle u. gute Wrkg. von *Resochin* (**I**; BAYER, Leverkusen) an 150 Fällen mit akuten Malariaanfällen. Perorale Therapie mit 6 Tabletten **I** je 1,5 g in einmaliger Dosis, bei schweren Fällen vorangehende I-Injektionsbehandlung. Geringe Nebenwirkungen. **I** ist dem *Chinin* u. *Atebrin* überlegen. (Münchener med. Wschr. **97.** 1283—84. 30/9. 1955. Magelang, Java, Indonesien.) H. DOSSMANN. 4610

John Rendle-Short, *Gefährliches Sulfamerazin.* Vf. berichtet kurz über 4 Kinder, bei denen nach Verabreichung einer Sulfamerazinsuspension Hämaturie mit Oligurie oder Anurie auftrat. (Brit. med. J. **1951 II.** 794. 29/9. Cardiff.) R. KÖNIG. 4610

Nigel Loring, *Gefährliches Sulfamerazin.* Kurze Notiz über 1 Fall, bei dem nach Verabreichung von *Sulfamerazin* (**I**; Anfangsdosis: 2 g, dann 1 g alle 6 Std., 5 Tage lang) heftige Schmerzen in der Nierengegend auftraten. Vf. nimmt an, daß diese durch die Passage von I-Kristallen hervorgerufen wurden. (Brit. med. J. **1951 II.** 794. 29/9. London.) R. KÖNIG. 4610

Hans Röttger, *Experimentelle Untersuchungen über das Verhalten des 6-Sulfanilamido-2.4-dimethylpyrimidins im Organismus.* (Vgl. C. **1951.** II411.) Bei der Unters. der pharmakol. Eigg. des *6-Sulfanilamido-2.4-dimethylpyrimidins* (*Aristamid*; I) wurde vor allem die Gewebeaffinität, charakterisiert durch den Verteilungsquotienten: Gewebekonz./Blutkonz., bestimmt. Im Uterusgewebe betrug er 0,76, im Absceßeiter 0,31, im Liquor cerebrospinalis 0,29, im foetalen Blut 0,72 u. in der Muttermilch 0,44. Die gute Löslichkeit, die schnelle Resorption im Magen–Darm-Kanal, der langsame Abfall des Blutspiegels u. der niedrige Acetylierungsgrad machen I zusammen mit der hohen Gewebeaffinität besonders wertvoll, wobei tox. Nebenwirkungen stark red. sind. (Arzneimittel-Forsch. **1.** 225–26. Aug. 1951. Düsseldorf, Med. Akad., Frauenklinik.) R. KÖNIG. 4610

Nevio Quattrin, G. Jacono und **A. Brancaccio,** *Pharmakologie und klinische Anwendung von Sulfon-N-acetat.* Am Kaninchen u. beim Menschen ist *4-Carboxymethylamino-4'-aminodiphenylsulfon* (I) sowohl in vitro als auch in vivo zur Hälfte an die Serumeiweißkörper gebunden. An Meerschweinchen konnten Vff. zeigen, daß I im Vgl. mit anderen Sulfonamiden in der Gallen-Fl. sehr hoch konz. ist, während I in Blut, Nieren, Leber, Lungen u. Gehirn gleich, bzw. niedriger konz. ist. Unter den B-Vitaminen entwickelte *Vitamin B_6* (II) eine günstige Wrkg. insofern, als die Konz. des I bei gleichzeitiger Gabe von II höher war. Dementsprechend sahen Vff. eine gute Wrkg. des I zusammen mit II bei verschied. bakteriellen Infektionen der Gallenwege. (Clinica terap. **9.** 103–15. Aug. 1955. Napoli, Univ., Ist. Semeiotica Med.) P. G. SCHEURLEN. 4610

Constantin Levaditi, André Girard, Aron Vaisman, André Ray und **Henriette Chaigneau-Erhard,** *Behandlung der Mäuselepra mit G 469. β-Pyridinaldehydthiosemicarbazon* (*G 469*) besitzt, wie durch Verss. an mit Lepra infizierten Tieren festgestellt wurde (Gesamtdosis/Tier: 512–771 mg, subcutan), eine bemerkenswerte Heilwrkg., die sowohl durch makro- als auch mkr. Unterss. bestätigt werden konnte. (C. R. hebd. Séances Acad. Sci. **233.** 113–15. 2/7. 1951.) R. KÖNIG. 4610

Robert Buchanan jr., Howard King und **C. M. Hamilton,** *Quinacrine beim flächigen Lupus erythematosus (derzeitiger Stand der Behandlung). Quinacrine* (I) ist das derzeit wirksamste Mittel zur Behandlung des Lupus erythematosus discoides. I zeichnet sich durch einfache Anwendung, Billigkeit u. nur geringe Nebenwirkungen aus. Die übliche Dosierung beträgt z. Z. täglich 2 mal 100 mg I. (Southern med. J. **47.** 678–83. Juli 1954. Nashville, Tenn.) L. BERGER. 4610

J. Paraf, J. Desbordes, J. Bory und **Decaudin,** *Einfluß von PAS auf den Stickstoff- und Harnsäurestoffwechsel von Tuberkulösen.* Vff. verfolgten bei 10 Kranken vor u. während der Verabreichung von täglich 15 g *PAS* (I) die urinale Ausscheidung von N u. *Harnsäure* (II). Die N-Exkretion verminderte u. erhöhte sich in je 4 Fällen u. blieb bei 2 Patienten gleich. Die II-Ausscheidung sank bei 5, stieg bei 1 u. blieb unverändert bei 4 Kranken. Vff. vermuten eine die N-Retention fördernde Wrkg. von I u. führen darauf die häufig zu beobachtende Gewichtszunahme unter I-Therapie zurück. (C. R. Séances Soc. Biol. Filiales **145.** 1864–65. Dez. 1951.) F. KRUSEN. 4610

J. Paraf, J. Desbordes, J. Bory und **Decaudin,** *Die Wirkung von PAS auf die Cholesterinämie.* Die Verabreichung von täglich 30 g *PAS* an 20 Männer führte in 70% der Fälle nach 10 bzw. 30 Tagen zu einer Hypercholesterinämie. Bei je 15% wurde ein Absinken oder Gleichbleiben der Werte beobachtet. Die Hypercholesterinämie wird auf eine durch *PAS* verursachte vermehrte Hormonausschüttung zurückgeführt. (C. R. Séances Soc. Biol. Filiales **145.** 1866–67. Dez. 1951.) F. KRUSEN. 4610

I. S. Mudie, N. W. Horne und **J. W. Crofton,** *Isoniazid und Gewichtszunahme. Einführende Untersuchung.* Verss. an 8 Personen ohne Tuberkulose unter *INH* (I)- bzw. *Lactose*-Verabreichung ergaben keine Abhängigkeit festgestellter Gewichtszunahmen von der I-Medikation. Da ein unspezif. I-Effekt auf den Stoffwechsel nicht nachweisbar war, können die Gewichtszunahmen durch I bei Tuberkulose nur auf der direkten I-Wrkg. auf die Infektion beruhen. (Brit. med. J. **1954.** I. 1304–05. 5/6. Edinburgh, Univ., Dep. of Tuberculosis and Diseases of Chest.) H. DOSSMANN 4610

Toshitake Muto, *Untersuchungen über die Streptomycinresorption im Dickdarm bei Einlauf.* Angabe der Blutspiegelwerte von Kaninchen nach rectaler Verabreichung von 200 mg *Dihydrostreptomycinsulfat* (I; MERCK) im Vgl. zu entsprechenden Werten nach subcutanen I-Gaben sowie ihrer Abnahme mit der Zeit bis zu 6 Std. nach I-Verabreichung per rectum u. Unters. des Einfl. von *Urethan, $MgSO_4$, Chloralhydrat* (II), *Dextrose, Taurin, Rindergalle* (III) bei Kombination mit I. Die I-Resorption im Dickdarm wird durch II u. III deutlich gesteigert. (Jap. J. Pharmacol. **4.** 83–91. März 1955. Tokyo, Showa Med. School, Dep. of Pharmacol. [Orig.: engl.]) H. DOSSMANN. 4611

Lars Erik Böttiger, *Über die Verteilung von Tetracyclin im Körper.* Best. der Verteilung von *Tetracyclin* (I) in Geweben u. Organen von Mäusen durch Fluorescenzmikroskopie; Nachw. schneller I-Resorption unabhängig von der Art der I-Verabreichung, gleichmäßiger Verteilung im Organismus sowie vorübergehender Speicherung im RES-Syst. u. den Ausscheidungsorganen. I-Kreislauf im Körper verläuft über Darm–Blut–Leber–Galle zum Darm u. zeigt damit gleiches Verh. wie *Oxytetracyclin* u. *Chlortetracyclin*. Wegen der beobachteten I-Speicherung in der Leber wird auf die Möglichkeit von Leberschäden durch I-Therapie hingewiesen. (Antibiotics and Chemotherapy **5**. 332—39. Juni 1955. Stockholm, Karolinska Sjukhuset and Konung Gustav V Forsknings Inst.) H. DOSSMANN. 4611

Edwin J. Pulaski, *Neomycin*. Vf. bespricht die Pharmakologie u. Giftigkeit des aus *Streptomyces fradiae* aus dem „*Neomycinkomplex*" als amorphes, in W. lösl. Pulver gewonnenen *Neomycinsulfates* u. sein breites Wirkungsspektrum. Parenterale Anwendung bis zu 200000 E. pro Tag 7 Tage lang, nur wenn keine Nierenschädigung vorliegt. Orale u. lokale Anwendung sind ohne Nebenwirkungen. (Practitioner **170**. 669—76. Juni 1953. Washington, D. C., Walter Reed Army Hosp., Surg. Serv.) G. WELTZIEN. 4611

Jean Coupin, *Beachtliche Wirkung von Irgapyrin bei 2 Fällen von entzündlichen Ergüssen bei therapeutischen Pneumothorax*. Bei 2 Kranken mit therapeut. Pneumothorax zeigte bei Eintreten eines fieberhaften entzündlichen Ergusses das Pyrazolderiv. *Irgapyrin* (*3.5-Dioxo-1.2-diphenyl-4-n-butylpyrazolidin*) gute Heilwirkung. (Tunisie méd. **41**. 793—95. Nov. 1953. Tunis.) G. WELTZIEN. 4615

G. A. Deneau, R. A. Waud und **C. W. Gowdey,** *Eine Methode zur Bestimmung der Wirkungen von Medikamenten auf die Schmerzschwelle beim Menschen*. Mittels Sphygmomanometer wurde die Schmerzschwelle am Wadenmuskel auf $\pm$10 mm Hg bestimmt. Mit *Placebos* wurde eine Erhöhung auf 4%, mit *Acetylsalicylsäure* eine solche von 20% erzielt. Oral angewandtes *Codeinphosphat* u. *Pethidinhydrochlorid* erzeugten eine bezeichnende Erhöhung der Schmerzschwelle. (Canad. J. med. Sci. **31**. 387—93. Okt. 1953. London, Can., Univ. of West Ontario, Dep. of Pharm.) G. WELTZIEN. 4627

Ole Secher, *Orientierende Untersuchungen über die periphere Wirkung der Anästhetica*. Im Phrenicus-Zwerchfellpräp. zeigten Chlf., Avertin, A., Paraldehyd u. Barbiturate einen lähmenden Effekt auf die neuromuskuläre Übertragung, welcher aber lediglich beim Chlf. in klin. möglichen Konzz. bedeutungsvoll erschien. Unwirksam waren Chloralhydrat, Chloralose u. Thiobarbiturate. (Acta pharmacol. toxicol. [Köbenhavn] **7**. 231—42. 1951. Copenhagen, Univ., Dep. of Pharmacol.) F. JUNG. 4627

Laïa Buchel, Jeanne Lévy und **Bianca Tchoubar,** *Konstitution und Wirkung in einer Serie von Barbitursäuren und Thiobarbitursäuren. Rolle verzweigter Alkyle, gesättigter oder ungesättigter Ringsysteme*. Für eine Reihe von Barbitursäuren u. Thiobarbitursäuren wurden an Ratten bei intravenöser Gabe Zeitdauer bis zum Schlafeintritt u. Schlafdauer bestimmt: *5-Methyl-2-hexyl-*, *5-Methyl-5-[1'-äthylbutyl]-*, *5-Methyl-5-cyclohexyl-*, *1.5-Dimethyl-5-cyclohexyl-*, *1.3.5-Trimethyl-5-buten-(1')-yl-*, *5-Methyl-5-cyclohexen-(1')-yl-*, *5-Methyl-5-cyclohexen-(2')-ylbarbitursäure*, *Evipan*, *5-Äthyl-2-butyl-*, *5-Äthyl-5-hexyl-*, *5-Äthyl-5-heptyl-*, *N-Methyl-5-äthyl-5-heptyl-*, *5-Äthyl-5-isovaleryl-*, *5-Äthyl-5-[1'-äthylbutyl]-*, *5-Äthyl-5-cyclohexyl-*, *5-Äthyl-5-cyclohexen-(1')-yl-*, *5-Äthyl-5-cyclohexen-(3')-yl-* u. *5-Phenylbarbitursäure*; *5-Methyl-5-cyclohexyl-*, *5-Äthyl-5-butyl-*, *5-Äthyl-5-hexyl-*, *5-Äthyl-5-isovaleryl-*, *5-Äthyl-5-[1'-äthylbutyl]-*, *5-Äthyl-5-cyclohexyl-*, *5-Äthyl-5-cyclohexen-(1')-yl-* u. *5-Äthyl-5-cyclohexen-(3')-ylthiobarbitursäure*. Dabei ergaben sich folgende Gesetzmäßigkeiten: Methylsubstituierte Präpp. sind geringer u. kürzer wirksam als äthylsubstitutierte. Thiobarbitursäuren sind wesentlich wirksamer als die entsprechenden Barbitursäuren. N-methylierte Stoffe sind wirksamer als die entsprechenden einfachen Barbitursäuren u. selbst Thiobarbitursäuren. In homologen Serien ändert sich die hypnot. Grenzdosis nicht, die Schlafdauer nimmt jedoch mit abnehmendem Mol.-Gew. zu. Verzweigung der Seitenkette bei Verbb. mit gleichem Mol.-Gew. führt zur Verminderung der hypnot. Grenzdosis in allen Fällen, zu einer Schlafverkürzung dagegen nur bei den Barbitursäuren, nicht den Thiobarbitursäuren. Einführung eines gesätt. Ringes ändert die hypnot. Wrkg. nicht. Einführung einer Doppelbindung in der Nachbarschaft der Substitutionsstelle ändert die Grenzdosis nicht, verkürzt aber die Wirkungsdauer. Liegt die Doppelbindung in einem Ring bei 1—2 u. noch mehr bei 3—4, so sinkt die Grenzdosis, ohne daß die Schlafdauer sich verändert. Einführung eines Benzolringes verringert die Grenzdosis u. steigert die Schlafdauer. (Anesthésie et Analgésie **8**. 427—32. Sept. 1951.) F. JUNG. 4627

Laïa Buchel und **Jeanne Lévy,** *Über zwei neue Substanzen aus der Reihe der Barbitursäuren und Thiobarbitursäuren*. (Vgl. vorst. Ref.) *5-Äthyl-5-[1'-äthylbutyl]-barbitursäure* (*JL 991*) (**I**) u. das entsprechende *Thioderiv.* (*JL 1074*) (**II**), ein Homologes des *Pentothal* (**III**), wurden an Ratte u. Maus mit **III** u. *Evipan* (**IV**) verglichen. **I** entspricht in seinen Wirkungen etwa dem **IV**, **II** dem **III**; bemerkenswert ist die bes. schnelle Elimination des **IV**. (Anesthésie et Analgésie **8**. 433—37. Sept. 1951.) F. JUNG. 4627

L. Buchel und **A. Lavette,** *Verlängerung der hypnotischen Wirkung der Barbitursäuren durch Äthylurethan und Thiomethan. Thiomethan* [I; $S{=}C(NH_2)OC_2H_5$] ist sowohl am Meerschweinchen als auch an der Ratte ca. 2—4mal so stark hypnot. wirksam wie *Äthylurethan* (II). 0,3 mg/g I intramuskulär bewirken an der Ratte einen nach einer halben Std. einsetzenden mehrstd. Schlaf. Junge Ratten sind etwas weniger empfindlich als ausgewachsene Tiere. I wie II vermögen in noch nicht narkot. Dosen die Wrkg. von *N-Methyl-5-methyl-5-cyclohexenyl-* u. *5-Äthyl-5-butylbarbitursäure* zu vertiefen u. verlängern. Die DL_{50} beträgt an der Maus bei intravenöser Gabe I: 0,225 g/kg, II: 0,8 g/kg, intramuskulär I: 0,22 g/kg, II: 2,2 g/kg. I wie II, das erstere 4—5mal stärker, hemmen den O_2-Verbrauch durch Rattenhirnschnitte. (Anesthésie et Analgésie **8.** 438—48. Sept. 1951.) F. JUNG. 4627

R. Pulver, *Die Potenzierung der narkotischen Wirkung von Barbitursäure durch Derivate von Arylcycloalkylcarbonsäuren.* Die Oxydation der Seitenkette des Evipans durch Leberschnitte (Kaninchen) in KREBS-RINGER-Phosphatpuffer wird durch $3 \cdot 10^{5-}$mol. *Parpanit* vollständig gehemmt. Dieser Effekt, der auch am Tier (Maus) nach BRODIE nachgewiesen werden kann, führt in vitro zu einer Verlängerung der Narkosedauer. Die daran beteiligten Enzyme sind in den Lebermikrosomen lokalisiert u. finden nur in Ggw. von O_2 u. red. Triphosphopyridinnucleotid statt. Strukturverwandte des Parpanits haben folgende Eigg.: *Diphenylpropylessigsäure-β-diäthylaminoäthylester* (*SKF 525 A*) [++] (Verlängerung der Narkosedauer). — *1-Phenyl-* (*Parpanit*) [++, 67 (DL_{50} [Maus] intravenös mg/kg)]. — *1-[3.4-Dimethylphenyl]-* [+, 44]. — *1-[3-Oxyphenyl]-cyclopentancarbonsäure-β-diäthylaminoäthylester* [—, 80]. — *1-Phenylcyclopentancarbonsäure-γ-diäthylaminoäthylester* [—, 52]. — *1-Phenylcyclopentanthiolcarbonsäure-β-diäthylaminoäthylester* [—, 42]. — *1-Phenylcyclopentancarbonsäure-β-[methylisopropylamino]-äthylester* [++, 76]. — *1-Phenylcyclopentancarbonsäure-β-diäthylaminoäthylester-Äthobromid* [—, 7,5]. — *1-Phenylcyclopropylcarbonsäure-β-diäthylaminoäthylester* [—, 78] u. *1-Phenylcyclohexylcarbonsäure-β-diäthylaminoäthylester* [+, 42]. (Naunyn-Schmiedebergs Arch. exp. Pathol. Pharmakol. **228.** 172—75. 1956. Basel.) P. LOCH. 4627

Lucien E. Morris und **Bruno Haid,** *Wirkungen von Procainamid auf Herzirregularitäten bei Cyclopropannarkose.* An Hunden wurde während *Cyclopropannarkose* durch Gabe von *Adrenalin* Tachycardie erzeugt. *Procainamid* zeigte keine Wrkg. gegenüber dieser Tachycardie (prophylakt. Gabe). Ebensowenig zeigte es sich bei spontanen Irregularitäten bei menschlichen *Cyclopropan*-Narkosen wirksam. (Anesthesiology **12.** 328—39. Mai 1951. Iowa City, State Univ. of Iowa, Coll. of Med., Dep. of Surg., Div. of Anesthesiol.) F. JUNG. 4627

R. J. Stout, *Nervenschädigung nach intrathecaler Injektion von Amethocainhydrochlorid* (*Pantocainhydrochlorid*). Kasuist. Bericht über einen Fall von bilateraler motor. Parese nach spinaler Injektion einer *Amethocainhydrochlorid*-Lsg. $^1/_{1000}$ mit einem *Adrenalin*-Geh. von $^1/_{300000}$. 4 Monate danach waren noch sensible u. motor. Störungen vorhanden. (Current Res. Anesthesia, Analgesia **30.** 290—94. Sept./Okt. 195 1. Bagdad, Royal Hosp.) F. JUNG. 4627

H. Born und **R. Rottke,** *Klinische Erprobung eines neuen Mittels für die Oberflächenanästhesie.* Bei der klin. Prüfung erwies sich *Prusocain* (*4-n-Butylamino-2-äthoxybenzoesäure-β-diäthylaminoäthylester*) als brauchbares Oberflächenanästheticum der Mundschleimhaut, ist jedoch zur Zahnbetäubung nur bedingt tauglich. Beim Vgl. mit *Pantocain* an Versuchspersonen zeigte dieses schnellere u. sichere Wrkg., während die Anästhesie bei Prusocain schneller erreicht wird. (Dtsch. Zahnärztebl. **9.** 786—88. 8/11. 1955. Münster, Univ., Zahnärztl. Klinik.) P. LOCH. 4627

F. P. Luduena und **James O. Hoppe,** *Cornealanästhesierungsaktivität und Toxizität einiger Alkoxyanaloger des Thiocains und verwandter Verbindungen.* Es wurden am Kaninchenauge die Hornhautanästhesierungsaktivität u. bei Albinomäusen die akute Toxizität von 22 Lokalanästheticis bestimmt. In der *Procain* (I)- wie in der *Thiocain* (II)-Reihe steigerte 2-Propoxy- oder höhere Alkoxysubstitution mit zunehmender Länge des Alkoxyrestes erheblich Wirksamkeit u. Toxizität. Die *Thiolbenzoate* waren beträchtlich aktiver u. toxischer als die entsprechenden Benzoate. Das 2-Hexyloxyanaloge von II war ca. 500fach wirksamer als *Cocain* (III), während die Toxizität (intravenös) nur das 60fache derjenigen von III betrug. Untersuchte Verbb.: II, 2 HCl (Anwendungsform), Aktivitätsverhältnis/III, 0,4, Toxizitätsverhältnis/III, 2,5; I, HCl, 0,07, 0,36; *WJN 3766, 4-Amino-2-propoxythiolbenzoesäurediäthylaminoäthylester*, H_3PO_4, 53,0, 36,0; *Ravocain, 4-Amino-2-propoxybenzoesäurediäthylaminoäthylester*, HCl, 1,3, 2,9; *WJN 3800, 4-Amino-2-n-butoxythiolbenzoesäurediäthylaminoäthylester*, HCl, 110,0, 36,0; *Sympocain, 4-Amino-*

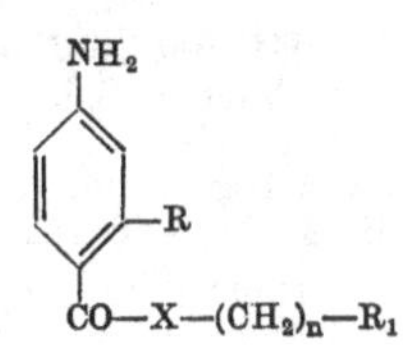

2-n-butoxybenzoesäurediäthylaminoäthylester, HCl, 3,2, 5,3; *WJN 4071, 4-Amino-2-isopropoxybenzoesäurediäthylaminoäthylester*, HCl, 2,7, 3,7; *WJN 5334, 4-Amino-2-n-pentoxythiolbenzoesäurediäthylaminoäthylester*, HCl, 150,0, 42,0; *WJN 5303, 4-Amino-2-n-pentoxybenzoesäurediäthylaminoäthylester*, HCl, 6,5, 7,6; *WJN 4510, 4-Amino-2-n-hexoxythiolbenzoesäurediäthylaminoäthylester*, HCl, 500,0, 60,0; *WJN 4069, 4-Amino-2-n-hexoxybenzoesäurediäthylaminoäthylester*, HCl, 36,0, 10,0; *WJN 4229, 4-Amino-2-äthoxythiolbenzoesäure-[3-piperidinopropyl]-ester*, HCl, 25,0, 17,0; *WJN 3698, 4-Amino-2-äthoxybenzoesäure-[3-piperidinopropyl]-ester*, 2 HCl, 0,3, 1,2; *WJN 4205, 4-Amino-2-propoxythiolbenzoesäure-[2-piperidinoäthyl]-ester*, HCl, 70,0, 27,0; *WJN 4230, 4-Amino-2-n-butoxythiolbenzoesäure-[2-piperidinoäthyl]-ester*, HCl, 60,0, 27,0; *WJN 4338, 4-Amino-2-propoxythiolbenzoesäure-[3-piperidinopropyl]-ester*, 2 HCl, 53,0, 19,0; *WJN 3591, 4-Amino-2-propoxybenzoesäure-[3-piperidinopropyl]-ester*, 2 HCl, 2,9, 6,3; *WJN 4336, 4-Amino-2-propoxythiolbenzoesäure-[3-α-methylpiperidinoäthyl]-ester*, 2 HCl, 125,0, 43,0; *WJN 4316, 4-Amino-2-n-butoxythiolbenzoesäure-[3-α-methylpiperidinoäthyl]-ester*, HCl, 240,0, 34,0; *Tetracain*, HCl, 8,5, 2,6; *Dibucain*, HCl, 11,0, 4,0; **III**, HCl, 1,0, 1,0. (J. Amer. pharmac. Assoc., sci. Edit. **44**. 393—96. Juli 1955. Rensselaer, N. Y., Sterling-Winthrop Res. Inst., Pharmacol. Sect.) K. MAIER. 4627

Y. K. Sinha und **G. B. West**, *Der Antagonismus zwischen lokalanästhetischen Arzneimitteln und 5-Oxytryptamin.* Vff. zeigen, daß lokalanästhet. Arzneimittel: *Acetylcholin, Hexamethonium, Atropin, Procain, Lignocain, Cocain, Amylocain, Amethocain* u. *Cinchocain* der stimulierenden Wrkg. des *5-Oxytryptamin* (I) auf verschied. Präpp. der glatten Muskulatur entgegenwirken. Die antagonist. Wirksamkeit steht mit der lokalanästhet. im Einklang u. ist bes. beachtenswert, da sehr geringe Dosen von I (in Konzz. niedriger als 10^{-8}) auch bei dem Menschen Schmerzen verursachen können. Die Unterss. wurden an isolierten Geweben, Ileum des Kaninchens u. Meerschweinchens, Trachea der Katze, Uterus der Ratte, Ohren des Kaninchens, ausgeführt u. die Dosen der Lokalanästhetica in weiten Grenzen variiert. (J. Pharmacy Pharmacol. **5**. 370—74. Juni 1953. Dundee, Univ. of St. Andrews, Med. School, Dep. of Pharmacol. and Therapeutics.) G. NIESWANDT. 4627

H. U. Zollinger, *Chronische interstitielle Nephritis bei Abusus von phenacetinhaltigen Analgeticis (Saridon usw.).* Bei 19 Fällen von chron. interstitieller Nephritis wurde ein lange dauernder Abusus von phenacetinhaltigen Analgeticis festgestellt. Derartige Präpp. besitzen offenbar neben ihrer suchterzeugenden auch eine nierenschädigende Wirkung. (Schweiz. med. Wschr. **85**. 746. 30/7. 1955. St. Gallen, Kantonsspital, Pathol. Inst.) F. KRUSEN. 4627

S. Hagiwara und **A. Watanabe**, *Die Prüfung der Wirkung von Tetraäthylammoniumchlorid auf die Muskelmembran mit Hilfe einer intracellulären Mikroelektrode.* Mit Mikroelektroden wurden am Sartoriusmuskel der japan. *Kröte* (*Bufo vulgaris*) Aktionspotentiale in n., in Na-freier u. in RINGER-Lsg. mit *Tetraäthylammoniumchlorid* (**I**; *TEA*) an Stelle von Na gemessen. **I** führte zu Verlängerungen der abklingenden Phase u. zu Änderungen der Spannungsspitzen des Aktionspotentials. Die Verlängerungen werden auf gesteigerte Na- bzw. verminderte K-Permeabilität der Muskelmembran nach **I** zurückgeführt. Die Potentialerhöhungen nach **I** zeigen, daß **I** im Muskel eine ähnliche Rolle übernimmt wie Na. (J. Physiology **129**. 513—27. 28/9. 1955. Tokyo, Tokyo Med. and Dental Univ., Dep. of Physiol.) H. WUNDERLICH. 4628

Günther Stille, *Die Wirkung von Anticonvulsivis auf das Rückenmark.* Das Na-Salz von *Diphenylhydantoin* (**I**; *Zentropil*; NORDMARK-WERKE, Hamburg) zeigt an Katzen lähmende Wrkg. auf polysynapt., *phenyläthylbarbitursaures Na* (**II**) auch auf monosynapt. Reflexe. Die Wiedererweckung der Reflexerregbarkeit durch Krampfgifte wie *Metrazol* oder *Strychnin* gelingt nach **I**-Gaben schwerer als nach **II**. Die interneuronenblockierenden Dosen entsprechen den anticonvulsiv wirksamen Dosen von **I** u. **II**. Vf. vermutet, daß die anticonvulsiven Eigg. von **I** u. **II** auf Interneuronenwirkungen beruhen, wodurch die intercerebrale Erregungsausbreitung über Zwischenneurone gehemmt wird. (Naunyn-Schmiedebergs Arch. exp. Pathol. Pharmakol. **226**. 172—79. 1955. Hamburg, Nordmark-Werke, G. m. b. H., Pharmakol. Abt., Werk Uetersen/Holst.) H. WUNDERLICH. 4628

Ed. Rentz, *Heilkrämpfe und Subschocks mit Aminophenazon (Aneuxol).* An Stelle der üblichen Schockmittel empfiehlt Vf. *Aneuxol* (**I**). Die Wrkg. ist diesen fast gleichwertig, aber die Nachteile der massiven Schocktherapie werden vermieden. Deshalb kann **I** auch bei Alten, Herzkranken u. Allergikern gegeben werden. (Die Medizinische **1954**. 858—60. 12/6. Lübeck.) L. BERGER. 4628

Robert Dickes, Gerald H. Flamm, Joseph Coltrera und **Michael Tobin**, *Die Wirkung von Mephenesin auf die Muskelspannung.* Verss. über den Einfl. von *Mephenesin* (**I**; *Tol-*

serol, E. R. SQUIBB & SONS) auf experimentell erzeugte Angstzustände bei psychiatr. belasteten Personen. Die in solchen Zuständen erhöhte Muskelspannung wird durch hohe I-Dosen (3 g) um 35% vermindert. Eine verminderte Aufnahmefähigkeit solcher Personen für gewisse Wortgruppen wird durch **I** gebessert. (A. M. A. Arch. Neurol. Psychiatry **74.** 590—97. Dez. 1955. Brooklyn, Kings County Hosp.) H. WUNDERLICH. 4628

Wallis L. Craddock, *Die Anwendung von Phenacemid bei Epilepsie mit einer Analyse der fatalen Ausgänge und Bericht über einen Fall.* Bericht über 8 Todesfälle nach Therapie mit *Phenacemid* (**I**; *Phenylacetylharnstoff, Phenuron*). **I** kann zu schweren Leberschäden mit stark herabgesetzter *Prothrombinaktivität* des Plasmas führen u. sollte nicht vor genauer Überprüfung überstandener Leber- u. Nierenkrankheiten angewendet werden. Vf. empfiehlt für schwere Fälle *Diphenylhydantoin* oder *Primidon* (*Mysolin*), gegebenenfalls *Mesantoin* (*3-Methyl-5.5-phenyläthylhydantoin*). Erst nach solchen Präpp. sollte schließlich eine Therapie mit **I** versucht werden. (J. Amer. med. Assoc. **159.** 1437—41. 10/12. 1955. Fort Douglas, Ut.) H. WUNDERLICH. 4628

L. Gyermek, L. Sztanyik, E. Láng und **G. Pataky,** *Blutdruckversuche mit Carbachol. Carbachol* (*Carbaminoylcholin*) bewirkt an der Katze in hohen Dosen nach *Atropin*-Gabe (1—1,5 mg/kg) eine Blutdrucksteigerung, welche mittels *Dihydroergocornin* oder *Tetraäthylammoniumbromid* wieder in eine Senkung übergeht. Dieser Effekt wird einer Erregung parasympath. Ganglion zugeschrieben. Sehr hohe *Atropin*-Dosen heben ihn wieder auf. (Acta physiol. Acad. sci. ung. **2.** 33—40. 1951. Budapest, Pharmakol. Inst. der Univ.) F. JUNG. 4628

Ch'ang-shaw Jang, *Einige pharmakologische Eigenschaften von Mandelylcholin. Mandelylcholin* (**I**) steht wegen seiner chem. Strukturähnlichkeit sowohl mit Homatropin als auch mit Acetylcholin in Beziehung u. wirkt dementsprechend sowohl cholinolyt. als auch cholinomimetisch. Auf den isolierten Kaninchendarm ist es $^1/_{1000}$ so wirksam wie Acetylcholin. Es wirkt nicht auf das STRAUBsche Herzpräp. u. senkt den Blutdruck der anästhesierten Katze wie der Spinalkatze nicht. An der atropinisierten Spinalkatze erzeugt **I** infolge seiner nicotinähnlichen Wrkg. einen Blutdruckanstieg. Es wird wegen seiner Wrkg. auf die glatte u. die Skelettmuskulatur bei Abwesenheit cardiovasculärer Depressionen für klin. Gebrauch für geeignet befunden. (Acta physiol. sinica **19.** 6—11. 1953. Shanghai, First Med. Coll., Dep. of Pharmakol. [Orig.: chines., Auszug: engl.]) L. WALLIS. 4628

K. Greef und **E. Westermann,** *Untersuchungen über die muskellähmende Wirkung des Strophanthins. k-Strophanthin* (**I**; C. F. BOEHRINGER U. SÖHNE, Mannheim) hemmt an Muskelpräpp. der Ratte die neuromuskuläre Reizleitung. Nicht vollständig blockierende Dosen von Succinylcholin werden durch geringe I-Dosen verstärkt u. führen zum neuromuskulären Block, der auch die Atemmuskulatur betrifft. Hohe I-Dosen hemmen neben der indirekten auch die direkte Erregbarkeit des Muskels. Die damit verbundene Erhöhung des Serum-K-Spiegels u. die Abnahme des K-Geh. der Muskulatur führen Vff. darauf zurück, daß der energieverbrauchende Rücktransport von K-Ionen in die Muskelzelle durch Hemmung energieliefernder Stoffwechselvorgänge durch **I** verhindert wird. *Adrenalin* u. *Ca-Ionen* wirken antagonist., *Noradrenalin* mit einer weit schwächeren Stoffwechselwrkg. ist selbst in 10mal höherer Dosierung kaum wirksam. Die lähmende, *Kaliumämie* verursachende I-Wrkg. ist etwa doppelt so stark wie die von *g-Strophanthin* (KALICHEMIE A. G., Hannover). (Naunyn-Schmiedebergs Arch. exp. Pathol. Pharmakol. **226.** 103—13. 1955. Frankfurt/M., Univ., Pharmakol. Inst.) H. WUNDERLICH. 4628

H. H. Kraus, *Die Wehenwirkung von Cardiazol-Spartein im Toxogramm.* Die aus der klin. Praxis her bekannte günstige Wehenwrkg. von *Cardiazol-Spartein* (**I**) wurde durch Einlegen eines Ballons in das Uteruscavum u. mechan. Übertragung auf ein Schreibgerät objektiv nachgewiesen. Vf. empfiehlt **I** zur Wehenerregung, es kann intravenös u. peroral u. auch bei Eklampsie, Nephropathie, Herzkrankheiten u. schwachen kindlichen Herztönen ohne Gefahr gegeben werden. (Zbl. Gynäkol. **76.** 2076—79. 1954. Ludwigshafen/Rh., Städt. Frauenklinik.) F. KRUSEN. 4628

G. Koschel, *Über die Behandlung prämenstrueller und dysmenorrhoischer Beschwerden mit Prämenolysin.* Das Kombinationspräp. *Prämenolysin* (Zus.: 0,0002 g *l-Hyoscyamin*, 0,003 g *Yohimbinhydrochlorid*, 0,02 g *N-Methylphenyläthylbarbitursäure*, 0,07 g *Dimethylaminophenazon* u. 0,001 g *Dienöstroldiacetat*) bewährte sich bei prämenstruellen u. dysmenorrhoischen Beschwerden, wenn es rechtzeitig vor der Regel (2. Hälfte des Intermenstrums) gegeben wurde. (Med. Klin. **49.** 1148—50. 16/7. 1954. Treysa, Bez. Kassel.) L. BERGER. 4628

Ernst Waidl, *Das Khellin in der Geburtshilfe.* 571 Gebärende erhielten in der Eröffnungsperiode *Khellin* (**I**) als Tabletten oder Suppositorien zu 40—100 mg. Nebenwirkungen traten in keinem Falle auf. Die Eröffnungsperiode war im Mittel um 1 Std. verkürzt gegenüber den Kontrollen. Der übrige Geburtsverlauf blieb unbeeinträchtigt. Die Blutverluste waren etwas geringer. (Med. Klin. **49.** 699—701. 23/4. 1954. München, Univ., II. Frauenklinik.) L. BERGER. 4628

W. Auinger und **G. Herold**, *Kreislaufuntersuchungen unter der Wirkung kleiner Hexamethoniumdosen bei Normo- und Hypertonikern.* Unterss. des Hexamethoniumeffektes an Normo- u. Hypertonikern mit der Meth. nach WEZLER-BOEGER. Bei Normotonikern ergaben sich stärkere Widerstandsabnahme, Drucksenkung u. Pulswellenverlangsamung als bei Hypotonikern, bei denen der periphere Widerstand anstieg. Das Schlagvol. stieg bei Normotonikern initial, u. sank dann wie bei Hypertonikern ab. Das Herz wird somit sowohl auf der venösen als auch der arteriellen Seite entlastet, wenn auch dieser Effekt bald gegenregulator. überdeckt wird. Der therapeut. Einsatz bei Dekompensationszuständen wird daraus gefolgert u. kursor. besprochen. (Cardiologia [Basel] **28.** 103—12. 1956. Wien, Univ., 2. med. Klinik.) H. JORDAN. 4630

F. Gross, *Die Bedeutung der experimentellen Analyse für die therapeutische Anwendung blutdrucksenkender Pharmaca.* Die experimentelle Analyse folgender Antihypertonica wird erläutert: *Sympathicolytica* (*Regitin* = *Phentolamin-2-[N-p'-Tolyl-N-m''-oxyphenylaminomethyl]-imidazolin*; **I**), *Hydrazinophthalazin* (*Apresolin* = *Hydralazin* = *1-Hydrazinophthalazin*; **II**), *Nepresol* (*Dihydralazin* = *1.4-Dihydrazinophthalazin*; **III**), die ganglienblockierend wirkenden Substanzen (*Pendiomid* = *Azamethonium* = *N.N.N'.N'.3-Pentamethyl-N.N'-diäthyl-3-azapentylen-1.5-diammoniumdibromid* (**IV**), *Ecolid* = *Su 3088* = *Chlorisondamin-4.5.6.7-tetrachlor-2-methyl-2-[trimethylammoniumäthyl]-isoindoliniumdichlorid* (**V**), das Rauwolfiaalkaloid *Reserpin* (*Serpasil*) (**VI**) u. das Veratrumalkaloid *Protoveratrin* (**VII**). Für **I**—**VII** stellt die Wirkungsdauer den wesentlichen dosenabhängigen Faktor dar, wobei **I** eine relativ kurze Wirkungsdauer besitzt (ähnlich den Mutterkornalkaloiden). Gegen den Adrenalinhochdruck der Katze sind **I** spezif., **II** u. **III** partiell hemmend, während **IV**, **V**, **VI** u. **VII** den Pressoreffekt unterschiedlich verstärken. Der Pitressineffekt (PE) wird durch **I**, **II**, **III** u. **VII** nicht gehemmt, wobei **II** u. **III** den constrictor. Coronareffekt unterdrücken. **VI** u. **IV** bzw. **V** verstärken hingegen den PE. Der durch renale Pressorsubstanzen hervorgerufene Hypertonus (arterielle Drosselung oder intravenöse Injektion) läßt sich vorzüglich durch **II** u. **III** kompensieren, während **IV** u. **V** nur vorübergehend wirken, ähnlich **I**. **VI** wirkt viel weniger senkend, **VII** ist wie **I** mehr bei Injektion der Pressoramine als bei Aortendrosselung wirksam. Gegen die n. ausgelöste Hypertension (Hypothalamusreizung, Reizung afferenter Nierenbahnen) sind alle Substanzen hemmend wirksam. Bei corticaler oder hypothalam. Reizung ist allein **VI** ohne drucksenkenden Effekt. Auch die Carotissinusentlastung wird von **I**—**VII** gehemmt, wobei die einzelnen Substanzen ganz verschied. spezif. Angriffspunkte haben (**I**: periphere Receptoren; **IV**, **V**: sympath. Synapsen; **II** u. **III**: Gefäßwand u. zentral; **VI** sympath. Hirnstammsubstrate; **VII**: Vasomotorenzentrum). Der O_2-Mangelhochdruck wird von **I**—**VI** gehemmt, durch **VII** aber verstärkt. Bei chron. Hypertension ist die Wrkg. der Substanz im allg. gleich gut. Zusätzlich sind *Cysteamin*, *Mercaptopropionsäurederivv.* u. *Thiomaleinsäure* drucksenkend bei renal hypertonen Ratten. *Heparin* senkt den hypertonen, aber nicht den Druck eines n. Tieres. Gegen den Steroidhochdruck wirken bes. **II** u. **III** oder **II** u. **VI** in Kombination. Einige besondere Formen der experimentellen Hochdruckanalysen werden abschließend besprochen. (Klin. Wschr. **33.** 1113—18. 15/12. 1955. Basel, Ciba A.-G., Wiss. Labor.) H. JORDAN. 4630

Loyal Davis, **Joseph Tarkington** und **Robert K. Anderson**, *Über physiologische Prinzipien, die der Behandlung des hohen diastolischen Hochdrucks mit Thiocyanaten und Sympathektomie zugrunde liegen.* Bei Hunden mit GOLDBLATT-Hochdruck erzeugt das blutdrucksenkende *Thiocyanat* (**I**) ebenso wie beim menschlichen Hochdruck einen reversiblen Schwund der sudanophilen Granula in der Zona glomerulosa der Nebennierenrinde (NNR), der sich nach bilateraler thoracolumbaler Sympathektomie verstärkt. Nebennierenentfernung verhindert den drucksenkenden **I**-Effekt. Ein partieller Pfortaderverschluß bringt die Granula in der Zona reticularis u. fascicularis zum Schwinden u. ruft ebenfalls eine Drucksenkung hervor. Hierbei wird offenbar das Leberhypertensinogen vermindert u. eine Substanz mit dem granulotropen Effekt auf die NNR freigesetzt. Die betroffenen Schichten sind der Hauptursprungsort für die 17-Ketosteroide. (Ann. Surgery **133.** 867—73. Juni 1951. Chicago, Ill., Northwestern Univ., Med. School, Dep. of Surg.) H. JORDAN. 4630

F. De Matteis, **P. C. Turbiglio** und **G. Barbano**, *Pathophysiologische und klinische Beobachtungen über die Wirkung des Heparins bei der Angina pectoris.* Von der Überlegung ausgehend, daß gewisse Lipoide bei der Arteriosklerose eine Rolle spielen könnten u.

Heparin (I) am hyperlipäm. Serum eine Klärwrkg. entwickelt, behandelten Vff. 45 Patienten in verschied. Alter, die an einer Angina pectoris litten mit I. Bei $^2/_3$ konnte klin. eine Besserung der Beschwerden erzielt werden, bei $^1/_3$ zeigte auch das Elektrocardiogramm eine Rückbildung. Dosierung 35000 E. in zwei Wochen. (Minerva med. [Torino] **46.** II. 562—78. 12/9. 1955. Torino, Ospedale Maria Vittorio.) P. G. Scheurlen. 4630

Hans Siedek, *Über die Wirkung des Jods auf den Kreislauf und die Gefäße.* Kreislaufanalysen (Frank) nach Solbädern, die J^- u. J_2 enthielten, bewirken starken Druckabfall bei Hypertonikern u. Normotonikern. Dabei konnte die reine Bäderwrkg. ausgeschlossen werden. Im Bad sind ca. 220—280 mg J_2 enthalten, das auch bei Aerosolbehandlung u. Überwärmungspackungen dem ionisierten *J* überlegen war. Die Kreislaufwirkungen sind: Erweiterung der peripheren Gefäße, Beeinflussung der Struktur der Gefäßwand u. Einfl. auf das vegetative Nervensystem. Auch Quellung des Bindegewebes, Abfall des Hämatokritwertes u. trophotrope Wrkg. wurden nachgewiesen. Die Gefahr der Grundumsatzsteigerung beginnt erst nach einer ca. 6monatigen Kur. Alle erwähnten *J*-Wirkungen zusammengenommen erklären die auffallend günstigen Ergebnisse bei Hypertonie u. Arteriosklerose. (Wiener klin. Wschr. **66** ([N. F.] **9**). 402—06. 11/6. 1954. Bad Hall, Paracelsus-Inst., u. Wien, Wilhelminen-Spital, I. Med. Abt.) L. Berger. 4630

Hans Pichler, *Die Behandlung aktiver Heterotopien mit biologischen Mineralsalzgemischen.* Um den bei chron. dekompensierten Herzkranken bestehenden Mangel an *K* u. *Mg* zu beheben u. damit Extrasystolen infolge Glykosidüberempfindlichkeit zu vermeiden, verabreichte Vf. seinen Herzpatienten während der *Digitalis*-Therapie *Salton* (I). I ist ein Gemisch aus *K*- u. *Mg-Chloriden* u. *-Citraten* (Neochema, Klagenfurt). — Vf. empfiehlt I bei allen dekompensierten Herzkranken mit Heterotopien. Kontraindikation ist ausgeprägte Hyperkaliämie. (Wiener klin. Wschr. **66** ([N. F.] **9**). 244—46. 9/4. 1954. Klagenfurt.) L. Berger. 4630

H. Brooks Cotten, Wood S. Herren, Wallace C. McAdory und **Margaret S. Klapper,** *Die Wirkung von Rauwolfia serpentina bei Kranken mit Hypertension.* Bei 98 ambulant behandelten Hypertonikern konnte mit *Rauwolfia serpentina* eine signifikante Drucksenkung, eine unabhängige Frequenzbremsung u. eine Verminderung des Minutenvol. bei zumeist etwas gesteigertem Schlagvol. erreicht werden. (Amer. J. med. Sci. **230.** 408—14. Okt. 1955. Birmingham, Dep. of Med. and Outpatient Clin., Med. Coll. of Alabama.) H. Jordan. 4630

Arthur L. Gropper, A. Surtshin und **James T. Hedrick,** *Die Wirkung von Veriloid auf die essentielle Hypertonie.* Mit *Veriloid,* einer standardisierten, gereinigten Alkaloidfraktion von Veratrum viride, konnte bei 35 essentiellen Hypertonikern mit oralen Gaben in den meisten Fällen eine deutliche Senkung des diastol. Druckes erreicht werden. Akute, aber vorübergehende Druckstürze kamen zur Beobachtung, sonst traten störende Nebenwirkungen nur bei zu hoher Dosierung auf. Die Dauermedikation wurde prakt. anstandslos vertragen. (A.M.A. Arch. intern. Med. **87.** 789—94. Juni 1951. St. Louis and Gary, Ind.) H. Jordan. 4630

Charles William Smith, Kenneth E. Quickel, Arthur E. Brown und **Chester G. Thomas,** *Klinische Erfahrungen mit einer neuen Kombination hypotensiver Substanzen. Mio Pressin* (Smith, Kline & French Labor., Philadelphia, Pa.) ist ein Kombinationspräp. hypotensiver Substanzen. Es enthält: *Rauwolfiawurzel* (*roh*) 25,0 mg, *Protoveratrin* 0,2 mg, *Dibenzylin* 5,0 mg. Es erwies sich in der Therapie der Hypertonie gut wirksam. Die Nebeneffekte waren nicht selten, aber gut zu beherrschen. Die sonst dem Dibenzylin eigene begleitende Tachycardie wird dabei offenbar von den beiden anderen Substanzen unterdrückt. (Amer. J. med. Sci. **230.** 415—26. Okt. 1955. Harrisburg, Pa., Clin. Harrisburg.) H. Jordan. 4630

Alastair N. Worden, J. Bunyan und **M. Kleissner,** *Toxizitätsuntersuchung an Natriumkupferchlorophyllin.* Unterss. mit Mäusen, Ratten, Hunden, Katzen, Meerschweinchen, Kaninchen u. Hühnern ergaben, daß perorale u. parenterale Zufuhr von *NaCu-Chlorophyllin* in täglichen Dosen bis zu 2,5 g/kg keine tox. Wirkungen hat. (Brit. veterin. J. **111.** 385—87. Sept. 1955. Huntingdon; London.) F. Krusen. 4630

A. Farah, W. Mook und **R. Johnson,** *Einige Wirkungen von Quecksilberverbindungen auf das Herz.* An anästhetisierten Hunden verfolgten Vff. elektrocardiograph. die Wirkungen von Infusionen von *Mersalyl* (*2-[2'-Hydroxymercuri-3'-methoxypropylcarbamyl]-phenoxyessigsäure*), *Esidronsäure* (*2-[2'-Hydroxymercuri-3'-oxypropylcarbamyl]-nicotinsäure*), beider Verbb. unter Zusatz von *Theophyllin*, von *p-Chlormercuribenzoat* u. $HgCl_2$ in einer Dosierung von 3 μMol/kg u. Minute. Die durch diese Verbb. hervorgerufenen Veränderungen am EKG. u. deren Beeinflussung durch Gaben von *Cystein* u. *BAL* werden beschrieben. (Proc. Soc. exp. Biol. Med. **76.** 403—06. Febr. 1951. Seattle, Wash., Univ. of Washington, School of Med.) F. Krusen. 4634

Carroll A. Handley, Don Chapman und **John H. Moyer,** *Einige pharmakologische Eigenschaften von drei neuen Quecksilberdiureticis.* Es wird über Verss. an Hunden mit den neuen Diureticis *3-Chlormercuri-2-methoxypropylharnstoff* (*1347 Ex*; **I**), *3-Carboxymethylmercaptomercuri-2-methoxypropylharnstoff* (*1353 Ex*; **II**) u. *3-[α-Carboxyäthylmercaptomercuri]-2-methoxypropylharnstoff* (*1431 Ex*; **III**) im Vgl. mit *Meralluride* (*Mercuhydrin*; **IV**) berichtet. Die diuret. Wirksamkeit von **I, II** u. **III** erwies sich als 3—4mal stärker als die von **IV**. Das meiste Hg wird innerhalb von 24 Std. ausgeschieden, wobei sich sämtliche Verbb. ähnlich verhalten. Auch im Hinblick auf die chron. Toxizität ergeben sich keine wesentlichen Unterschiede (Dosis: 1 mg Hg/kg, intravenös, 3mal/Woche, 4 Monate lang). Nach intravenöser Verabreichung größerer Mengen von **II** u. **III** wurde keine Störung der Herzfunktion beobachtet. **I** besitzt eine akute Giftwrkg. auf das Herz, die jedoch geringer als die von **IV** zu sein scheint. (Proc. Soc. exp. Biol. Med. **78.** 433—37. Nov. 1951. Houston, Tex., Baylor Univ., Coll. of Med.) R. KÖNIG. 4634

E. Brown Robbins und **K. K. Chen,** *Ein neues Quecksilberdiureticum.* Vff. berichten über Verss. mit *2-[8-Hydroxymercuri-β-oxyäthoxypropylcarbamyl]-phenoxyessigsaurem Na* (**I**), einem Analogon des *Mersalyls* (**II**). **I** ist leichtlösl. in W. u. wurde im Verhältnis 2:1 mit Theophyllin zwecks Vermeidung lokaler Rkk. kombiniert. **I** hat bei Hunden die gleiche diuret. Wrkg. wie **II**, bei Mäusen u. Ratten jedoch eine geringere Toxizität (intravenöse u. intramuskuläre Injektionen). Wird **I** längere Zeit intramuskulär an Ratten verabreicht, so bilden sich in den Nierenkanälchen verkalkte Massen. Intravenöse Injektionen in Dosen zwischen 1,87 u. 15 mg Hg/kg rufen bei anästhesierten Katzen einen Abfall des arteriellen Blutdrucks sowie abnorme Veränderungen im Elektrocardiogramm hervor. Diese Erscheinungen sind jedoch reversibel. Die Reizwrkg. auf die Haut der Maus ist bei **I** geringer als bei **II**. (J. Amer. pharmac. Assoc., sci. Edit. **40.** 249—51. Mai 1951. Indianapolis, Ind., Lilly Res. Labors.) R. KÖNIG. 4634

A. Farah, T. S. Cobbey und **W. Mook,** *Konzentrationsänderungen bei den Harnelektrolyten, hervorgerufen durch Quecksilberdiuretica.* Hg-Diuretica (**I**) erhöhen die Na'- u. Cl'-Konz. im Harn, soweit sie hypoton. zum Plasma sind. Die dadurch angeregte Erhöhung der Na'- u. Cl'-Konz. kann dabei diejenige des Plasmas bedeutend übertreffen. Beim Überschreiten der Plasmakonz. wirken jedoch die **I** wiederum beträchtlich dämpfend auf die Na'- u. Cl'-Konz. des Harns. Die Fähigkeit der Nieren zur Abscheidung hyperton. Harnes wird jedoch durch **I** nicht beeinträchtigt. Die durch *Pituitrin* bewirkte Antidiurese u. Hypertonizität des Harns wird dagegen selbst durch maximal wirksame Dosen an **I** nicht aufgehoben. (Proc. Soc. exp. Biol. Med. **81.** 601—05. Dez. 1952. Syracuse, N. Y., State Univ., Coll. of Med., u. Seattle, Wash., Univ. of Washington.) GERDA SCHULZE. 4634

Silvio Baez, Abraham Mazur und **Ephraim Shorr** (unter techn. Mitarbeit von **Richard Frenkel, Kurt Weiss** und **Delilah B. Metz**), *Die Rolle der Neurohypophyse bei der durch Ferritin erzeugten Antidiurese.* In Fortsetzung gleicher Arbeiten mit Experimenten an Hunden u. Kaninchen wurde die antidiuret. Wrkg. des *Ferritins* (**I**) nach Resektion des Hypophysenstieles untersucht. Desgleichen wurde der Unterschied nach intravenöser Injektion u. Infektion in die Carotis von **I** beobachtet. Es wurden weiterhin die Beziehungen zwischen Plasmakonz. des **I** u. antidiuret. Wrkg. aufgeworfen. Im Harn der durch **I** erzeugten Oligurie ist ein Stoff pitressinähnlichen Charakters vorhanden (Inaktivierung desselben durch Thioglykolsäure). Die erzielten Ergebnisse lassen sich nur durch eine **I**-Wrkg. über die Neurohypophyse erklären. (Amer. J. Physiol. **169.** 123—33. 1/4. 1952. New York, N. Y., Cornel-Univ., Med. Coll.) E.-G. DUCHO. 4634

Abraham Mazur, Silvio Baez und **Ephraim Shorr** (unter techn. Mitarbeit von **Irene Litt** und **Delilah Metz**), *Beziehung der Sulfhydrylgruppen im Ferritin zu dessen antidiuretischer Wirkung.* (Vgl. vorst. Ref.) Im kristallinen *Ferritin* (**I**) der Pferdemilz wurde die Sulfhydrylgruppe (**II**) auf zwei Arten verändert. 1. Oxydation zur Disulfidform, 2. Blockierung durch Rk. mit p-Chlormercuribenzoat. Bei der ersten Meth. wurden 64, bei der 2. 84% der **II** betroffen, wie die Messungen mit Jodacetamid ergaben. Nach intravenöser u. intracarotider Anwendung solch veränderten **I** bei Hunden konnte keine antidiuret. Wrkg. mehr beobachtet werden. Anwesenheit der **II** im Proteinmol. des **I** ist somit nicht nur für den bekannten vasodepressor. Effekt, sondern auch für die antidiuret. Wrkg. notwendig. (Amer. J. Physiol. **169.** 134—39. 1/4. 1952.) E.-G. DUCHO. 4634

Leon A. Greenberg und **John McC. Turner,** *Wirkung von kohlensäurehaltigem Wasser auf die Magensäuresekretion.* Unterss. mit Versuchspersonen, die eine Testmahlzeit u. dazu n. oder CO_2-haltiges W. erhielten, zeigten, daß durch CO_2-haltiges W. die Entleerung des Magens bes. in den ersten 15 Min. wesentlich beschleunigt wird. Eine Folge davon ist verminderte Magensäuresekretion, die jedoch erst nach 15—60 Min. deutlich wird. Der Genuß CO_2-haltigen W. ist deshalb bei Hyperacidität empfehlenswert. (New England J. Med. **253.** 105—06. 21/7. 1955. New Haven, Conn., Yale Univ., Labor. of Appl. Physiol.) F. KRUSEN. 4645

F. H. S. Roberts, *Praktische Versuche über den Wert von Tetrachloräthylen als Anthelminthicum bei Rindvieh. Tetrachloräthylen* in Dosen von 10, 12,5 u. 15 ml/100 lbs. 10 Sek. nach Oesophagusstimulierung mit 10%ig. $NaHCO_3$-Lsg. erwies sich als hochwirksam gegenüber Haemonchus placei, jedoch ohne Wrkg. auf Bunostornum phlebotomum u. Cooperia spp. (Austral. veterin. J. **31.** 165—69. Juli 1955. Yeerongpilly, C.S.I.R.O., Veterin. Parasit. Labor., Div. of Animal Health and Prod.) F. KRUSEN. 4649

L. C. Brumpt, *Die Wirkungsweise von Diäthylcarbamazin auf die Filarien.* Vf. bespricht seine Unterss. über den Wirkungsmechanismus von Diäthylcarbamazin auf die Filarien. Er ist der Ansicht, daß dieses Medikament weniger direkt auf die Filarien einwirkt, sondern daß die Wrkg. vor allem auf dem Umweg über das R. E. S. zustande kommt. (C. R. Séances Soc. Biol. Filiales **146.** 209—11. Febr. 1952.) H. GOHR. 4649

Guido Agostinucci, *Beobachtungen über die Wirkung des Piperazinhydrates bei Befall mit „Enterobius vermicularis". Piperazinhydrat* wurde bei ca. 100 Personen mit gutem Ergebnis bei Befall mit Enterobius vermicularis u. auch bei Ascaris lumbricoides angewandt. Dosierung 100 mg je Lebensjahr u. Tag. (Nuovi Ann. Igiene Microbiol. **6.** 137—41. März/April 1955. Roma, Univ., Ist. di Parasitol.) P. G. SCHEURLEN. 4649

Giovanni Fowst, *Über die Toxikologie der anthelminthischen Farne.* 1. u. 2. Mitt. Ausführliche Übersicht über *Farne,* ihre verschied. Arten, die Drogen u. ihre Extrakte, die wirksamen Substanzen, die allg. pharmakol. Wirkungen, die akute experimentelle Toxikologie, die subakute u. chron. Toxikologie, die klin. Toxikologie mit zahlreichen Krankheitsgeschichten seit 1881, die Symptomatologie, die patholog. Anatomie. Vf. weist zum Schluß auf die Gefährlichkeit der Kuren mit Farnextrakten hin u. schlägt vor, diese in der Praxis aufzugeben. — 218 Literaturzitate. (Boll. chim. farmac. **94.** 306—24. Aug. 346—57. Sept. 1955. Firenze, Univ., Ist. di Farmacol. e Clin. Tossicol.) B. STIEB. 4649

S. J. Hopkins, *Husten, Ursache und Behandlung.* Besprochen werden Expektorantien (Dampf, CO_2, NH_4-Salze, Jodide, Ipecacuanha, Terpinhydrat, Terpentinöl, Campher, Eucalyptus, Peru- u. Tolubalsam) u. zentral wirksame Mittel: *Codein, Diamorphin, Methadon* [*dl-6-Dimethylamino-4.4-diphenylheptanon-*(*3*)], *Dextromethorphan* [(—)-*3-Methoxy-N-methylmorphinanhydrobromid*], *Phalcodine* [*Morpholinoäthylderiv. des Morphins*], *Taoryl* (*Bis-*[*1-Phenylcyclopentancarbonsäure-β-diäthylaminoäthylester*]*-äthandisulphonat*), *Sedulon* (*3.3-Diäthyl-2.4-diketopiperidin*), *Becantyl* (*2.6-Di-tert.-butylnaphthalinmonosulfonat*) u. Antihistaminica. (Chemist and Druggist **165.** 187—89. 10/3. 1956.) P. LOCH. 4650

Th. Sabalitschka, *Zur Wirkung von Nipagin M auf Candida albicans* (*Robin*) *Berkhout, den Erreger des Soor* (*Moniliasis*). *Nipagin M* besitzt bei 37° gute Wrkg. gegen *Candida albicans* (I), den Erreger von Soorpilzinfektionen; ebenso eignet es sich zur *Moniliasis*-Prophylaxe. 6 I-Stämme wurden mit einem Gemisch höherer *p-Oxybenzoesäureester* (0,026%ig. in W.) in 30—60 Min. u. durch 0,025%ig. *p-Oxybenzoesäurebutylester*-Gemisch innerhalb von 30—45 Min. abgetötet. (Pharmaz. Ztg. verein. Apotheker-Ztg. **100.** 178—80. 17/2. 1955. Berlin, Biol.-chem. Forschungsanst.) H. GOEBEL. 4661

Thomas E. Nugent, F. Waren Nugent und **Frank B. O'Neil,** *Die Goldtherapie bei rheumatoider Arthritis in der Privatpraxis.* Bei 29 Patienten mit rheumatoider Arthritis wurde die Goldtherapie mit *Myochrisin* angewandt. In 89% der Fälle konnte eine Besserung bzw. Heilung erzielt werden. Bei 6,6% traten Nebenerscheinungen auf; bei 10,4% der Fälle schlug das Präp. nicht an. Vff. kommen zu dem Schluß, daß bei geeigneter Auswahl der Fälle, sorgfältiger Dosierung u. Kontrolle von Blutbild u. Urinbefund die Goldtherapie verhältnismäßig zuverlässig ist. (Canad. med. Assoc. J. **68.** 225—27. März 1953.) L. WALLIS. 4670

František Lenoch, Vojmír Králík und **Jiři Maleček,** *Die Wirkung von Tinctura Convallariae auf chronische progressive Polyarthritis.* Die von Vff. an 22 Patienten durchgeführte Behandlung von Arthritis mit Tinctura Convallariae führt zu keiner Besserung. (Scripta med. Fac. med. univ. Masarykianae et Palackyanae **28.** 169—78. 1955. Prag, Masaryk Univ., Med. Fak., Untersuchungsanst. für rheumat. Krankheiten u. Psychiatr. u. balneol. Anstalt.) O. POLLAK V. EMHOFEN. 4670

H. Nasse, *Neues über Bienengift.* Kurze Zusammenfassung der heutigen Kenntnisse über den Wirkungsmechanismus des Bienengiftes bei rheumat. Erkrankungen. (Österr. Apotheker-Ztg. **7.** 241—42. 11/4. 1953. Illertissen, Bayern.) R. REISS. 4670

R. Didier und **Minguet,** *Die Behandlung mit Largactil in der Pädiatrie.* Vff. besprechen günstige Erfolge bei der Behandlung von Kleinkindern mit *3-Chlor-10-*[*3'-di-*

methylaminopropyl]-phenothiazin (*RP 4560* oder *Largactil*), bei tox. Zuständen, habituellem Erbrechen, allerg. Asthma, Corea u. postoperativen Störungen bei Laryngitis. Das Mittel ersetzt nicht die spezif. Therapie, sondern ist nur ein Adjuvans. Die Verträglichkeit ist unterschiedlich. (Tunisie méd. **41.** 797—809. Nov. 1953. Tunis.) G. WELTZIEN. 4670

Jacques Lafourcade, *Chlorpromazin, seine therapeutischen Wirkungen beim Säugling.* Vf. berichtet über die Verwendung von *Chlorpromazin* in der Säuglingspraxis beim habituellen Erbrechen, bei akuten Encephalitiden, bei Toxikosen, beim konstitutionellem Ekzem u. beim Keuchhusten. An Zwischenfällen wurden Venenthrombosen, Albuminurie, Ödeme u. in 2 Fällen ein tox. Zustand mit neurolog. Syndrom beobachtet. (Thérapie **9.** 691—705. 1954. Paris, Hôpital Saint-Louis.) K. BÖHM. 4670

Herman Gold, Frank Rosenberg und **William Campbell,** *Chlorpromazin* (*Thorazine*)-*Hepatitis: Bericht über drei Fälle.* Bei 3 Personen trat nach *Chlorpromazin*-Therapie Gelbsucht mit Fieber u. Anorexie auf. Die Leberzellenteste waren n., jedoch waren Serumcholesterin u. alkal. Phosphatase deutlich erhöht. In allen 3 Fällen wurde die Hepatitis durch Leberbiopsie bestätigt. (Ann. intern. Med. **43.** 745—57. Okt. 1955. Chester, Pa., Chester Hosp.) F. KRUSEN. 4670

M. Békés, *Beiträge zur therapeutischen Beeinflussung der experimentellen Bleianämie.* Vf. untersuchte die Wrkg. einiger antiperniciöser Präpp. auf die durch experimentelle *Pb*-Vergiftung hervorgerufene Anämie u. Porphyrinurie bei Kaninchen. *Pernaemon forte* (1 mg/kg), *Neo-Perhepar* (1 ml/kg), *Co-Citrat* (5 mg/kg), *Vitamin* B_{12} (2 u. 5 γ/kg) u. *Vitamin* B_6 (10 mg/kg) hatten einen deutlich vermindernden Einfl. auf die Anämie u. Porphyrinurie, wobei Vitamin B_6 am wirksamsten war u. auch am deutlichsten eine Erhöhung der Reticulocytenzahl bewirkte. (Acta med. Acad. Sci. hung. **8.** 337—46. 1955. Budapest, Staatl. Inst. für Arbeitshyg.) F. KRUSEN. 4675

A. C. Markus und **A. G. Spencer,** *Behandlung von chronischer Bleivergiftung mit Calciumdinatrium-Versenat.* Bericht über 3 Fälle gewerblicher chron. Pb-Vergiftung, die 2mal 4 Tage lang mit 2 Tagen Pause mit täglich 22 bzw. 66 mg/kg *$CaNa_2$-Äthylendiamintetraacetat* durch intravenöse Infusion behandelt wurden. Es wurde schnelle Besserung der Vergiftungssymptome u. starke Erhöhung der urinalen Pb-Exkretion, die durch zusätzliche Verabreichung von Parathormon nicht weiter gesteigert wurde, erzielt. (Brit. med. J. **1955 II.** 883—85. 8/10. London, Univ., Coll. Hosp., Med. Unit.) F. KRUSEN. 4675

Gulli Lindh Muller und **Sylvia Graham,** *Intrauteriner Tod des Foetus durch Kohlenmonoxydvergiftung.* Bericht über eine Totgeburt nach CO-Vergiftung der Mutter. Der CO-Geh. des foetalen Blutes betrug 10,8 Vol.-%, entsprechend 49% der Sättigung. Tabellar. Darst. weiterer 23 ähnlicher, früher veröffentlichter Fälle. — 15 Literaturangaben. (New England J. Med. **252.** 1075—78. 23/6. 1955. Boston, New England Hosp., Depp. of Obstetr. and Pathol.) F. KRUSEN. 4675

Thomas L. Hartman, Warren Wacker und **Rufus M. Roll,** *Methylchloridvergiftung. Bericht über zwei Fälle, einer davon die Schwangerschaft komplizierend.* Bericht über *Methylchlorid*-Vergiftung bei einem Ehepaar, die bei der graviden Frau zu einer toten Frühgeburt führte. (New England J. Med. **253.** 552—54. 29/9. 1955. Washington, D.C., George Washington Univ., School of Med., Dep. of Med. and Obstetr.; Central Dispensary, Dep. of Med.; Emergency Hosp.) F. KRUSEN. 4675

Amadeo D. Cánepa und **Juan José Courtis,** *Methylchloridvergiftungen* (*Kühlschrankgas*). Es werden 3 Fälle von *Methylchlorid*-Vergiftung durch undicht gewordene Kühlschränke beschrieben u. daran klin., toxikolog. u. gerichtsmedizin. Betrachtungen geknüpft. (Prensa méd. argent. **38.** 2738—42. 19/10. 1951.) B. KRAFT. 4675

O. F. Ehrentheil und **W. E. Marchand,** *Schwere Barbituratvergiftung. Bericht über einen Fall.* Bericht über eine schwere Vergiftung durch Aufnahme von 3,3 g *Amobarbital* (I). Der Blut-I-Spiegel betrug 4,12 mg%. Erfolgreiche Behandlung durch Zufuhr von 99 mg *Pikrotoxin,* 100 mg *Amphetamin* u. 15 mg *Strychnin* in geteilten Dosen, 40 g *$MgSO_4$* u. 3mal 1 Liter 5%ig. *Glucoselsg.* innerhalb von 24 Stunden. (New England J. Med. **253.** 103—04. 21/7. 1955. Bedford, Mass., Veterans Admin. Hosp.) F. KRUSEN. 4675

H. Bentz und **W. Schulze,** *Über die Dinitrokresolvergiftung.* Allg. gehaltener Bericht über das im Obst- u. Weinbau als Winterspritzmittel verwendete *o-Dinitrokresol* u. damit bei Geflügel, Ziegen, Rindern u. Schweinen aufgetretene Vergiftungen, die entweder zu Tod oder Notschlachtung der Tiere führten. (Mb. Tierheilkunde **7.** Nr. 8/9. Rindertuberkulose 2. 147—51. 1955. Leipzig, Univ., Inst. für Vet.-Pharmakol. u. -Toxikol.) F. KRUSEN. 4675

W. H. France, *Farnvergiftung bei Rindvieh.* Unterss. an 52 Tieren ergaben einen gewissen diagnost. verwertbaren Zusammenhang zwischen Farnvergiftung u. auftretender Thrombocytopenie. Prophylakt. u. therapeut. wird *Nicotinamid* empfohlen. (Veterin. Rec. **67.** 802—04. 22/10. 1955. Kirkby Lonsdale.) F. KRUSEN. 4675

F. Zureck, *Über Vergiftungen von Haustieren durch Schädlingsbekämpfungsmittel.* Übersicht unter Berücksichtigung von Zn_3P_2, *gelbem P, Strychnin, Th-Salzen, Meerzwiebel, Fluoride, Na-Fluoracetat,* $BaCO_3$, *α-Naphthylthioharnstoff, Promurit, Cumarinpräpp., DDT, Hexachlorcyclohexan* u. *E 605.* (Z. angew. Zool. **1955.** 123—38. Berlin, Landesveterinäruntersuchungsamt Berlin-Dahlem.) F. KRUSEN. 4675

J. M. Barnes, *Vergiftungen durch Pesticide beim Menschen.* Allg. Ausführungen über den Wert der Pesticide für die Bekämpfung von Krankheiten u. zum Schutz von eingelagerten Nahrungsmitteln. Auf Gefahren von Vergiftungen bzw. Unglücksfällen durch Pesticide bei der Herst. u. der Verarbeitung der Wirksubstanz zu gebrauchsfertigen Prodd. wird hingewiesen. (Bull. Organisat. mond. Santé **8.** 419—90. 1953.) H. ZELLER. 4681

F. Pharmazie. Desinfektion.

Alfred Trebs, *Abänderungsvorschriften zum Deutschen Arzneibuch 6. Ausgabe.* Bemerkungen zu den Ausführungen von BAUER (C. **1954.** 10292). (Pharmaz. Praxis **1955.** Nr. 2. 26. Beilage zu: Pharmazie **10.** Nr. 2. Dresden, Hansa-Apotheke.) W. BARZ. 4750

Erich Kassau, *Ein Helfer in der Defektur.* Vf. erläutert an Hand einiger Beispiele die Vorteile, die ein Aufsteckmotor (ALEXANDERWERK) in Verbindung mit einigen Aufsteckmaschinen bei Defekturarbeiten in der Apotheke bietet. — 8 Abbildungen. (Dtsch. Apotheker-Ztg. **93.** 235—37. 2/4. 1953. Bonn, Universitätsklinik, Apotheke.) R. REISS. 4758

Kipphan, *Gelatinekapseln.* Besprechung der Herst. von Gelatinekapseln u. Beschreibung der Arbeitsweise der Spezialmaschine (Abb.) nach SCHERER. (Dtsch. Apotheker-Ztg. **95.** 1032—35. 27/10. 1955. Eberbach.) PH. FRESENIUS. 4766

K. Mothes, *Phytochemie und Therapie.* Vortrag. Umfassender Überblick mit histor. Rückschau auf alte u. neue, für die Therapie wichtige Pflanzeninhaltsstoffe. (Pharmazie **10.** 401—10. Juli 1955. Gatersleben, Krs. Aschersleben.) W. BARZ. 4782

Heinrich Marzoll, *Volkstümliche Heilkräuternamen.* (Österr. Apotheker-Ztg. **6.** 546—50. 30/8. 1952. Gunzenhausen/Bayern.) K. J. SCHMERSAHL. 4782

Henry de Laszlo und **Paul S. Henshaw,** *Von primitiven Völkern zur Beeinflussung der Fruchtbarkeit benutzte pflanzliche Stoffe.* Aufstellung von 60 Pflanzen, von denen bestimmte Zubereitungen nach Volksglauben zur Empfängnisverhütung, Schwangerschaftsunterbrechung u. Menstruationsbeeinflussung angewendet werden. — 67 Literaturangaben. (Science [Washington] **119.** 626—31. 7/5. 1954. Colnbrook, Bucks., England, Fertility Res. Center; New York, N. Y., Planned Parenthood Feder. of America, Inc.) F. KRUSEN. 4782

Samuel W. Goldstein, *Neue Arzneimittel — alte Drogen.* Eine kurze Übersicht zeigt, daß viele der heute gebräuchlichen Medikamente aus Drogen stammen, die schon seit langem als Heilmittel eingesetzt worden sind, u. daß das eingehende Studium der pflanzlichen Drogen zur Entw. weiterer wirksamer Heilmittel führen wird. (Amer. J. Pharmacy Sci. support. publ. Health **126.** 404—08. Dez. 1954. Washington, D. C., Amer. Pharmac. Assoc. Labor.) H. P. FIEDLER. 4782

Heinz Harms, *Arzneipflanzen in der Zahn- und Mundpflege der verschiedenen Völker und Zeiten.* Umfassender Überblick mit zahlreichen Rezepturbeispielen an Hand von 97 Literaturangaben. (Planta med. [Stuttgart] **3.** 77—83. 15/5.; 97—113. 15/7. 1955. Ahlenberg über Dortmund.) W. BARZ. 4782

Miroslav Karmazin, *Pharmakobotanische und pharmakochemische Vergleichsuntersuchung von Rhizoma rhei moravici und Rhizoma rhei chinensis.* Bei vergleichenden Unterss. der Rhizome des mähr. u. des chines. Rhabarbers wurden keine wesentlichen Unterschiede festgestellt. Die mähr. Droge enthält, wie durch mikrochem., histochem., Luminescenz- u. Capillarluminescenz-Analyse festgestellt wurde, *Rhaponticin.* Die Aschen- u. Extraktgehh. sowie die Menge Anthrachinonderivv. in beiden Drogen werden tabellar. verglichen. (Časopis českého lékárnictva, vědecká příloha **63.** 222—38. 1950. Praha, Karl. univ., farmakolog.-farmakognost. ûst.) K. STEINER. 4782

C. Schwär, *Pharmakognostische Studien über Euphorbia peplus L.* Übersicht an Hand von 23 Literaturangaben. (Pharmazie **10.** 429—32. Juli 1955. Dresden, TH, Inst. für Botanik.) W. BARZ. 4782

J. A. J. M. Lemli, *Rauwolfia vomitoria.* Beschreibung der Vorkommen im belg. Kongo, Eigg., Bestandteile, Anwendung (durch die Eingeborenen) u. Gewinnung der Pflanze, deren Wurzeln ebenso wie die von Rauwolfia serpentina als Rohstoff zur Herst. von reinen Alkaloiden dienen. (Pharmac. Weekbl. **90.** 773—76. 5/11. 1955.) W. WESLY. 4782

U. Bogs, *Sorbitlösung und ihre Verwendung in der Pharmazie.* Die wss. Sorbitlsg. (I VEB DEUTSCHES HYDRIERWERK RODLEBEN) enthält ca. 60% Sorbit u. einen Zusatz von 0,1% p-Oxybenzoesäuremethylester u. 2% Glycerin, ist schwach gelblich bis bräunlich gefärbt, $D.^{20}$ 1,244, spezif. Drehung —0,95°, n_D^{20} 1,4350, Viscosität (20°) ca. 30 cP. I läßt sich statt Glycerin zur Herst. von Pillen, Salben, Suppositorien, Zinkleim u. Zinkschüttelmixturen verwenden. Kurzer Hinweis auf die qualitative Unterscheidung von I u. Glycerin. (Pharmaz. Praxis **1955.** Nr. 2. 17—18. Beilage zu: Pharmazie **10.** Nr. 2. Halle/Saale.) W. BARZ. 4786

Svatopluk Gleich, *Beitrag zur Extraktion von Drogen.* Beschreibung einer einfachen Extraktionsapp. u. der Herst. von Tinctura Valerianae, T. Chamomillae u. T. Ipecacuanhae. (Farmácia [Bratislava] **23.** 260—63. Nov. 1954.) K. STEINER. 4790

Maximilian Pöhm, *Mutterkornzubereitungen der Arzneibücher.* Im Zusammenhang mit eigenen früheren Unterss. diskutiert Vf. die Frage der Herst. eines standardisierten Mutterkornextraktes. Bei dem Extractum Secalis cornuti fluidum (liquidum) der verschied. Arzneibücher sind große Unterschiede hinsichtlich des Alkaloidgeh. u. der Alkaloidzus. unvermeidlich. Ursachen hierfür sind die Art der Herst., die Zus. der Ausgangsdroge u. die Lagerung der Extrakte, bei der sich Um- u. Abbau-Rkk. vollziehen können. Vf. empfiehlt deshalb von diesen Arzneibuchzubereitungen überhaupt abzugehen u. an Stelle dessen entweder farbrikmäßig hergestellte Extrakte zu verwenden, wobei die Hersteller für die Qualität garantieren müßten, oder die reinen Mutterkornalkaloide in Form fester Triturationen in den Apotheken vorrätig zu halten u. erst bei Gebrauch Lsgg. gewünschter Konz. u. Zus. herzustellen. (Österr. Apotheker-Ztg. **7.** 471—72. 18/7. 1953. Chem. Pharmaz. Fabrik Anton von Waldheim.) R. REISS. 4790

Vojtech Ceizel, *Beitrag zur Lösung von Problemen der Herstellung von Infusionslösungen in Apotheken.* Allg. Ausführungen; Anforderungen an W. u. verwendete Heilmittel; Reinigung u. Sterilisierung der App.; Herst. der Lsgg. in geschlossener App.; Sterilisierung der Fertigware; chem. bakteriol. u. biol. Kontrolle. (Farmácia [Bratislava] **23.** 232—35. Okt.; 256—60. Nov. 1954.) K. STEINER. 4790

D. Etchells, *Herstellung von Injektionslösungen im kleinen Maßstab.* (Vgl. C. **1952.** 7378.) Die Reinigung von Ampullen u. Mehrfachdosierungsgefäßen, ihre Sterilisation u. die Herst. der Injektionslsgg. nach den Anforderungen der British Pharmakopoeia wird beschrieben. (Chemist and Druggist **157.** 653—54. 10/5. 1952.) K. NEZEL. 4790

—, *Ein neues Sonnenschutzmittel.* Nach Besprechung der Bedingungen, die ein wirksames Sonnenschutzmittel erfüllen muß, empfiehlt Vf. ein von ihm entwickeltes Präp., das als wirksame Verb. einen der Benzoesäure nahestehenden Körper enthält. Bei 290 mμ beträgt die Durchlässigkeit einer 0,003 mm dicken Schicht des Präp. 1%, bei 350 mμ 95%. Die Hautporen werden nicht verstopft. Die Verb. wird durch Sonnenlicht nicht zersetzt. (Österr. Apotheker-Ztg. **7.** 472—73. 18/7. 1953. Innsbruck, Salvator-Apotheke.) R. REISS. 4792

Neuwald, *Xylocain, ein neuartiges Lokalanästheticum.* Die lokalanästhet. Wrkg. des *Xylocains* (Hydrochlorid des Diäthylaminoaceto-2.6-xylidid) (**I**) ist nach N.N.R. ca. 2 mal so groß wie die des *Novocains* (**II**). **I** kann mit u. ohne Suprarenin verwendet werden. Stärkere als 0,5%ig. Lsgg. sind tox. als die entsprechenden **II**-Lösungen. F. (der Base) 66—69°. — Identitäts-Rkk., Reinheitsprüfung, Gehaltsbestimmungen der Lösungen. (Pharmaz. Ztg.-Nachr. **87.** 406. 5/6. 1951. Hamburg.) G. A. ULEX. 4806

—, *Dioxypropyltheophyllinum.* Angaben nach dem skandinav. Arzneibuch u. der Literatursammlung des schwed. Apotheken-Kontroll-Labor. für die Identifizierung u. Reinheitsprüfung des Kreislaufmittels mit diuret. Komponente *Dioxypropyltheophyllin* (*Glyphyllin, Neutraphyllin*), da dasselbe in der Ph. H. V nicht aufgeführt ist. (Schweiz. Apotheker-Ztg. **93.** 735—37. 1/10. 1955.) M. NEGWER. 4806

Y. Boer-Nieveld, *Chlorophyll und seine Gewinnung mittels Sonnenenergie.* Kurzer Hinweis auf Entstehung, Gewinnung u. techn. Verwendung von *Chlorophyll.* (Chem. pharmac. Techniek **8.** 277. 1/7. 1953.) H. FREYTAG. 4806

Melvin A. Judah (unter Mitarbeit von **Everette M. Burdick** und **Robert G. Carroll**), *Chlorophyllgewinnung durch Lösungsmittelextraktion.* Ausführlicher Überblick über die Gewinnung von *Chlorophyll* (**I**) mittels Lösungsmittelextraktion u. von **I**-Derivv., bes. von Chlorophyllinen, Phaeophytin a u. b, Phaeophorbid a u. b, Phytol, Chlorin e_6 u.

Rhodin g_7, bes. aus Alfalfamehl. Hinweise auf eingeleitete Forschungsarbeiten zur Klärung des Wirkungsmechanismus des **I** bei der Wundheilung u. Desodorierung. (Ind. Engng. Chem. **46.** 2262—71. Nov. 1954. Lake Worth, Fla., American Chlorophyll Plant.)
H. P. FIEDLER. 4806

J. Lens, *Insulinpräparate mit verlängerter Wirkung.* Übersicht über Zus., Anwendung u. (verlängerte) Wrkg. von Insulin, Protamin-Zn-Insulin (PZI) u. neutralem Protamin-Insulin-HAGEDORN (NPH). — 11 Schrifttumshinweise. (Pharmac. Weekbl. **90.** 837—44. 3/12. 1955. Oss., N. V. Organon.) W. WESLY. 4808

Gunnar Norlin, *Reinigung von Diphtherietoxin und Diphtherietoxoid.* 2. Mitt. *Reinigung des Toxoids durch Säurefällung.* Hochgereinigte Toxoide können zwar mittels A.- oder Acetonfällung u. mehrmaliger $(NH_4)_2SO_4$-Aussalzung gewonnen werden, die Methoden sind jedoch für die Impfstoffherst. zu kompliziert. Vf. untersuchte daher die Möglichkeit, durch HCl- oder CCl_3COOH-Fällung reine Toxoide zu gewinnen. Rohtoxine aus einer Verdauungsnährbouillon konnten mit einer Ausbeute von 80—100% nur dann mit Säuren gereinigt werden, wenn sie vorher mit $(NH_4)_2SO_4$ (30% konz.) von bakteriellem Protein teilweise befreit werden. Der Reinheitsgrad betrug aber nur 110—125 Lf/mgN. Von synthet. Nährböden stammende Toxoide lieferten Präpp. von 300—700 Lf/mgN. Hochgereinigte Präpp. wurden mit Toxoiden erzielt, die bei 30°, nicht bei 37—40°, mittels Formol hergestellt waren; sie wurden durch Ultrafiltration auf $^1/_9$ Vol. eingeengt, mit $(NH_4)_2SO_4$ vorbehandelt, mit HCl bei p_H 4,8 gefällt, nach Lösung nochmals mit $(NH_4)_2SO_4$ von Bakterienprotein befreit u. wiederholt bei p_H 5,8 u. 4,1 mit HCl praecipitiert. Die Ausbeute betrug 54% bei einem Reinheitsgrad von 2190 Lf/mgN. (Acta pathol. microbiol. scand. **29.** 45—56. 1951. Stockholm, State Bacteriol. Labor.)
E. FISCHOEDER. 4812

M. Jirka und **A. F. Richter,** *Porphyrine als Nebenprodukt bei der Herstellung des Diphtherietoxins.* Aus den tox. Filtraten der Kulturen von *Corynebacterium diphtheriae* wurde (vgl. GRAY u. HOLT, C. **1949.** I. 510 u. C. **1947.** 1765) eine kleine Menge eines Pigments, enthaltend ein Gemisch von *Koproporphyrin* (**I**), *Uroporphyrin* (**II**) u. eines unbekannten *Porphyrins* (**III**), isoliert. In der vierten, braunen, von den genannten Vff. nicht untersuchten Zone wurde durch ein Gemisch von Pyridin u. 2%ig. Essigsäure (1 : 5) u. Ausschütteln mit Chlf. eine grün fluorescierende auf *Cytoflavin* deutende Schicht erhalten, während die Pyridinschicht rot fluorescierte, was sich z. B. durch Freiwerden von **III** aus der additiven Bindung deuten läßt. Die oben genannte Meth. zur Isolierung von **II** wurde auf Papain-Diphtherieböden angewendet. Man kann **I** u. **II** auf diese Weise aus den wertlosen bei der Herst. von Diphtherietoxin anfallenden Filtraten erhalten. Die chem. Beschaffenheit des diphtherit. **I** u. **II** als biogene **III** ermöglicht ihre Verwendung als Standardsubstanzen bei der Best. durch Fluorescenz oder Photometrie in Körpersäften u. -organen. (Časopis českého Lékárnictva, vědecka Příloha **63.** 213—19. 1950. Praha, Karl. univ., II. Úst. chem. lék.) K. STEINER. 4812

M. K. Hamdy, E. Gardner, G. L. Stahly, H. H. Weiser und **Q. Van Winkle,** *Die Bildung und die Reinigung von Dextran beeinflussende Faktoren.* Die enzymat. *Dextran* (**I**)-Bldg. durch *Leuconostoc mesenteroides* u. *L. dextranicum* wird durch verschied. Faktoren, wie verwendete Kultur, verfügbare Nährstoffe, Incubationsdauer, period. Neutralisation in der Anfangszeit, mechan. Schütteln u. Saccharose (**II**)-Konz. stark beeinflußt. Ein säurehydrolysiertes Casein, Hefeextrakt, K_2HPO_4, $MgSO_4$ u. NaCl enthaltendes Nährmedium bot ausreichende Bedingungen für Kultur u. **I**-Bildung. Mechan. Schütteln erwies sich bei der **I**-Herst. als ungeeignet. Steigerung der **II**-Konz. beeinflußte die Ausbeute wenig, verminderte aber das Mol.-Gew. von gebildetem **I** erheblich. Zunehmende Glucose- u. NaCl-Konz. verringerte die Ausbeute ohne wesentliche Beeinflussung des **I**-Mol.-Gewichtes. Period. Neutralisieren der Säure zu Beginn des Prozesses führte zu größeren Ausbeuten an höhermol. **I.** Der **I**-Abbau bei längerer Fermentation war vorwiegend auf ein beim Absterben u. bei der Autolyse der Leuconostoczellen freiwerdendes Enzym zurückzuführen, wobei 20—30° für die Aktivität desselben sich als am günstigsten erwiesen. **II**-Konz. u. Belüftung beeinflußten die enzymat. Depolymerisation nur wenig. Der enzymat. Abbau hing wahrscheinlich auf Grund des jeweils von den einzelnen Kulturen gebildeten **I**-Typs vom Stamm u. der Spezies ab. Die **I**-Opalescenz in wss. Lsg. beruhte auf Bakterienzellen u. Zelltrümmern u. konnte durch SEITZ- oder BERKEFELD-Filter der gegebenenfalls verd. fermentierten Lsg. geklärt werden. (Ohio J. Sci. **54.** 317—28. Sept. 1954. Columbus, O., Ohio State Univ., Dep. of Bacteriol. and Chem.)
K. MAIER. 4812

John A. Riddick, Emory E. Toops jr., Robert L. Wieman und **Robert H. Cundiff,** *Physikalisch-chemische Charakterisierung von klinischem Dextran. Dextran* (**I**) bezeichnet eine Klasse aus Anhydroglucoseeinheiten bestehender Polysaccharide, die von verschied., meist zum Genus *Leuconostoc* gehörenden Bakterien gebildet werden u. sich hinsichtlich Konst., Mol.-Gew. u. anderen Eigg. beträchtlich unterscheiden. Sauer hydrolysiertes **I** bestimmter Molekülgröße (**II**) (Methanolfraktionierung) findet als Blutersatzmittel klin. Anwendung. An klin. **II** werden vorläufig nachst. Mindestanforderungen gestellt: **II** 5,7—6,3 g/Liter, NaCl 0,85—0,95 g/Liter, Pufferkapazität $<$3,0 cm³, p_H 5,7—7,0, Viscosität (25°) 2,5—3,5 cP, N $<$1,0 mg/100 cm³, Schwermetalle (als Pb) $<$0,5 mg/100 cm³, Asche $<$0,05 g/100 cm³, Mol.-Gew. 50000—100000 (Gesamtpolymeres) $<$200000 (hohe 10%-Fraktion), $>$25000 (niedrige 10%-Fraktion), Farbe blaßgelb. Methoden zur Best. dieser Eigg. werden beschrieben. (Analytic. Chem. **26.** 1149—55. Juli 1954. Terre Haute, Ind., Commercial Solvents Corp.) K. MAIER. 4812

Max M. Strumia und **Albert B. Sample** (unter techn. Mitarbeit von **Margaret M. Dolan**), *Modifiziertes Globulin.* 1. Mitt. *Herstellung aus menschlichen Erythrocyten.* Vff. beschreiben eine neue Meth. zur Gewinnung von modifiziertem *Globulin* zur parenteralen Anwendung für verschied. klin. Zwecke aus menschlichen Erythrocyten über folgende Stufen: 1. Bereitung einer Hämoglobinlsg. aus den Erythrocyten, 2. Bereitung von Globinhydrochlorid aus der Hämoglobinlsg., 3. Hydrolyse des Globinhydrochlorids mit Alkali zwecks Gewinnung eines in W. lösl. modifizierten Globulins, 4. Entfernung der Verunreinigungen durch Dialyse u. Adsorption u. 5. Sterilisation der Lsg. des modifizierten Globulins. (J. Lab. clin. Med. **37.** 959—68. Juni 1951. Bryn Mawr Hosp., J. S. Sharpe Res. Found., Labor. of Clin. Pathol.) G. WELTZIEN. 4812

F. Wellern, *Herstellung und Aufarbeitung von Röntgenlösungen in der Krankenhausapotheke.* Vorschriften für Entwickler-, Fixier- u. Abschwächerlsgg. für Röntgenfilme. Die Überwachung der Tanks u. Aufarbeitung gebrauchter Lsgg., bes. die Rückgewinnung von Ag werden beschrieben. (Dtsch. Apotheker-Ztg. **95.** Nr. 48. 1/12. 1955. Beibl. Krankenhaus-Apotheke **1955.** 15—16. Malente/Holstein, Krankenhaus der LVA., Apotheke.) PH. FRESENIUS. 4828

J. Polderman, *Die Bedeutung der Luftsterilisation für die Arzneikunde.* Um die Luft in Räumen, die der Herst. von Arzneimitteln dienen, zu sterilisieren, empfiehlt es sich, die Arbeit in (auf ein Mindestmaß bemessene) möglichst asept. gehaltene Kammern zu verlegen u. diesen ständig sterilisierte (mit UV-Licht bestrahlte) Luft mit geringem Überdruck zuzuführen. (Pharmac. Weekbl. **90.** 709—14. 8/10. 1955. Oss, N. V. Organon.) W. WESLY. 4832

J. van Wilgen, *Luftsterilisation mittels keimtötender ultravioletter Strahlung.* Vortrag. In der Luft enthaltene (pathogene) Mikroorganismen werden durch UV-Bestrahlung stark vermindert. Dazu geeignete Vorr. (UV-Lampen) u. ihre Anwendung, bes. zur Sterilisation von Ampullen, werden beschrieben. — 16 Schrifttumshinweise. (Pharmac. Weeklb. **90.** 645—64. 10/9. 1955. Eindhoven, Philips Nederland N. V.) W. WESLY. 4832

Earl J. Baker und **John L. Madden,** *Die Wirkung von Diaparene-Chlorid auf die Sterilität von feuchter Chirurgenbekleidung. Diaparene-Chlorid* (*Diisobutylkresoxyäthyldimethylbenzylammoniumchloridmonohydrat*; HOMEMAKER's PROD. CORP., New York, N. Y.) zeigte sich in 0,02%ig. wss. Lsg. als wirksames Desinfiziens für Chirurgenbekleidung. (Amer. J. Surgery **90.** 437—39. Sept. 1955. New York, N. Y., St. Clare's Hosp., Dep. of Surg. and Bacteriol.) F. KRUSEN. 4832

Shozo Nakazawa, Sanehide Komaki, Isao Toyoda und **Shozo Fukui,** *Neuer Index für die Wirksamkeit von Wurmmitteln.* Zur Beurteilung der Wirksamkeit von Wurmmitteln eignet sich ein Index = (Gesamtpunkte vor Verabreichung — Gesamtpunkte nach Verabreichung)/Gesamtpunkte vor Verabreichung. 0 Punkte entsprechen keinem Ei im Gesichtsfeld des Mikroskops, 2 Punkte 1—5, 3 Punkte 6—10, 4 Punkte 11—15 Eiern, eine weitere Erhöhung um 1 Punkt entspricht je 5 Eiern. — 3 Tabellen. (J. pharmac. Soc. Japan [Yakugakuzasshi] **73.** 412—13. April 1953. Kyoto, Präf. Med. Univ. [Orig.: japan.; Auszug: engl.]) L. SCHULER. 4880

László Körmendi, *Versuche zur Gütekontrolle von organisch-therapeutischem Material, das aus den Lagerbeständen des Schlachthofes stammt.* Nach Verss. des Vf. erwies sich die Meth. von EULER (etwas modifiziert) als sehr geeignet, um den Wirkstoff der Nebenniere qualitativ u. quantitativ zu bestimmen. (Élelmezési Ipar [Verpflegungs-Ind.] **7.** 284—86. Sept. 1953.) H. LANGENBECK. 4880

Victor M. Hermelin, Olivette, Mo., V. St. A., *Magenunlösliche Mehrschichten-Drageehülle.* Die Kerne werden zunächst mit einer fl. Glasur überzogen, die durch Bestäuben mit Kieselgel abgetrocknet wird. Alsdann wird eine Lsg. von Stearinsäure in *Ricinusöl* aufgetragen, die gegebenenfalls wieder mit Bindemittel u. Kieselgel abgedeckt wird. Vor Auftragen der äußeren Zuckerhülle kann eine zweite Ricinusöl—Stearinsäure-

Schicht aufgebracht werden. — Zeichnungen. (**A. P. 2 714 084** vom 11/10. 1954, ausg. 26/7. 1955.) K. HEINZE. 4767

Masuichi Takino, Okasa, Japan, *Mittel gegen Asthma oder andere allergische Krankheiten* durch Extrahieren von Hirn oder Testikeln von mit Pockenvirus infizierten Tieren, bes. Kaninchen, mit W. oder physiolog. Salzlösung. Hitzesterilisieren des Extraktes bei 90—100° u. Filtration. Dem Extrakt kann gegebenenfalls ein wss. Hautextrakt von Pockenkaninchen zugesetzt werden. Gemeinsame Sterilisation u. Filtration. — Subcutane Injektion erzeugt Rötung u. Bldg. von Quaddeln u. bewirkt Abklingen der Asthma- u. dgl. Anfälle. (**E.P. 734 183** vom 28/8. 1952, ausg. 27/7. 1955.) K. HEINZE. 4791

Hans P. Kaufmann, Münster/Westf., *Salbenartige Zubereitungen,* gek. durch einen Geh. an *Formamid* als Salbenbestandteil. Leichte Resorbierbarkeit von Arzneimitteln aus der Salbe, bes., wenn Stärke mitverarbeitet wird. (**D. B. P. 937 971** Kl. 30h vom 25/9. 1938, ausg. 19/1. 1956. Anmeldung bekanntgemacht 23/4. 1953.) K. HEINZE. 4793

Carter Products, Inc., New York, N. Y., übert. von: **Frank M. Berger,** Princeton, und **Bernard J. Ludwig,** New Brunswick, N. J., V. St. A., *2.2-Disubstituierte 1.3-Propandioldicarbamate* erhält man durch Rk. des 2.2-disubstituierten 1.3-Propandiols mit $COCl_2$ u. Einw. von NH_3 auf das gebildete Dichlorcarbonat. Es werden dargestellt: *2-Methyl-2-isopropyl-* (F. 99—100°), *2-Äthyl-2-phenyl-* (F. 119—120°) u. *2-Methyl-2-n-propyl-1.3-propandioldicarbamat,* F. 104—105°. — *Antikonvulsiv.* Wirkung. (**A. P. 2 724 720** vom 3/8. 1953, ausg. 22/11. 1955.) A. BRÖSAMLE. 4807

Miles Laboratories, Inc., übert. von: **Otis E. Fancher** und **Dale A. Stauffer,** Elkhart, Ind., V. St. A., *2-Alkoxy-2-äthylbutyrylharnstoffe* erhält man durch Rk. eines 2-Halogen-2-äthylbutyrylharnstoffes mit einem Alkalialkoholat, z. B. *2-Methoxy-2-äthylbutyrylharnstoff* durch Rk. von 2-Brom-2-äthylbutyrylharnstoff mit $NaOCH_3$, F. 133 bis 134°. — *2-Isopropoxy-2-äthylbutyrylharnstoff,* F. 114—116°. — *Hypnot.* u. *sedative* Wirksamkeit. (**A. P. 2 723 293** vom 24/2. 1954, ausg. 8/11. 1955.) A. BRÖSAMLE. 4807

Herts Pharmaceuticals Ltd., Welwyn Garden City, Hertfordshire, England, *Herstellung von Salicylsäurederivaten,* die als *Analgetica* Verwendung finden. Man gibt zur Lsg. von 4,6 (g) Na in 150 cm³ A. 27,4 Salicylamid u. setzt unter Rückfluß allmählich 24,6 C_3H_7Br zu, filtriert nach 6 Std. vom NaBr ab, entfernt den A. aus dem Destillat u. fällt durch Wasserzusatz *2-n-Propoxybenzamid,* F. 98—99° (50%ig. A.), *2-n-Amyloxy*-Verb., F. 86°; *2-n-Hexyloxy*-Verb., F. 71°; *2-n-Butoxy*-Verb., $C_{11}H_{15}O_2N$, F. 75—76°. (**E. P. 726 786** vom 17/4. 1952, ausg. 23/3. 1955.) O. MÜLLER-MEININGEN. 4807

Imperial Chemical Industries Ltd., London (Erfinder: **Arthur Donald Ainley, Francis Henry Swinden Curd** und **Francis Leslie Rose,** Blackley), England, *Biguanidderivate,* die nach D. B. P. 827 944 hergestellt werden u. durch die allg. Formel RNH—C(=NR'''') —NH_2 gek. sind, wobei R einen Alkylrest oder H u. R'''' einen Alkylrest bedeuten. — Beispiel: N^1-p-Chlorphenyl-N^2-methylguanidin, in n-Butanol gelöst, wird in der Siedehitze mit Isopropylcyanamid in Ae. versetzt, nach Abdest. des Ae. unter Rückfluß gekocht, nach Abkühlung mit Bzl. verd. u. mit 7%ig. HCl extrahiert. Aus dem Extrakt wird über ein Cu-Komplexsalz das *N^1-p-Chlorphenyl-N^2-methyl-N^5-isopropylbiguanid* als *Dihydrochloridmonohydrat* mit F. 166—168° erhalten. — Ebenso: *N^1-p-Chlorphenyl-N^2.N^5-dimethylbiguanid,* F. 136—138°; *N^1.N^5-Di-p-chlorphenyl-N^2-methylbiguanid,* F. 101 bis 103°, *Monohydrochlorid,* F. 239°; *N^1.N^5-Di-p-chlorphenyl-N^2-äthylbiguanid,* F. 126 bis 128°, *Monohydrochlorid,* F. 174—176°; *N^1-p-Chlorphenyl-N^2-methyl-N^5-methyl-N^5-isopropyl-,* F. 192—194°; *N^1-p-Chlorphenyl-N^2-äthyl-N^5-methyl-N^5-isopropyl-,* F. 184°; *N^1-p-Chlorphenyl-N^2-methyl-N^5-diäthyl-,* F. 165—167°; *N^1-p-Chlorphenyl-N^2-äthyl-N^5-diäthyl-,* F. 173—174°; *N^1-p-Chlorphenyl-N^2-methyl-N^5-dimethyl-,* F. 172° u. *N^1-p-Chlorphenyl-N^2-äthyl-N^5-dimethylbiguanidacetat,* F. 185°; *N^1-p-Chlorphenyl-N^2-äthyl-N^5.N^5-cyclopentamethylbiguanid,* F. 121—122°; *N^1-p-Chlorphenyl-N^2-methyl-N^5-phenyl-N^5-methylbiguanidacetat,* F. 159—160,5°; *N^1-p-Chlorphenyl-N^4-methyl-N^5-isopropylbiguanid,* F. 205—206°; sowie die *salzsauren Salze* des *N^1-p-Chlorphenyl-N^2-äthyl-N^5-isopropyl-,* F. 174 bis 176°; *N^1-p-Chlorphenyl-N^2-methyl-N^5-äthyl-,* F. 175—177°; *N^1-p-Chlorphenyl-N^2-äthyl-N^5-methyl-,* F. 174°; *N^1-p-Chlorphenyl-N^2.N^5-diäthyl-,* F. 175—177°; *N^1-p-Chlorphenyl-N^2-methyl-N^5.N^5-cyclopentamethyl-,* F. 204°; *N^1-p-Jodphenyl-N^2-methyl-N^3-isopropyl-,* F. 212—214°; *N^1-p-Jodphenyl-N^2-äthyl-N^3-isopropyl-,* F. 219—220°; *N^1-p-Bromphenyl-N^2-methyl-N^5-isopropyl-,* F. 182—184°; *N^1-p-Chlorphenyl-N^2-methyl-N^5-n-propyl-,* F. 175—177°; *N^1-p-Chlorphenyl-N^2-äthyl-N^5-benzyl-,* F. 180—181°; *N^1-p-Chlorphenyl-N^2-äthyl-N^5-n-propyl-,* F. 175—177°; *N^1-p-Chlorphenyl-N^2-äthyl-N^5-n-butyl-,* F. 177°; *N^1-p-Chlorphenyl-N^4-isopropyl-N^5-isopropyl-,* F. 254°; *N^1-p-Chlorphenyl-N^4-n-propyl-N^5-n-butyl-,* F. 163—164°; *N^1-p-Chlorphenyl-N^4-methyl-N^5-methyl-,* F. 250°; *N^1-p-Chlor-*

phenyl-N⁴-methyl-N⁵-n-propyl-, F. 164°; *N¹-p-Chlorphenyl-N⁴-methyl-N⁵-n-butyl-*, F. 175 bis 176°; *N¹-p-Chlorphenyl-N⁴-äthyl-N⁵-isopropyl-*, F. 234—235°; *N¹-p-Chlorphenyl-N⁴-n-propyl-N⁵-isopropyl-*, F. 235—236°; *N¹-p-Chlorphenyl-N⁴-methyl-N⁵-äthyl-*, F. 215°, u. *N¹-p-Phenetyl-N⁴-isopropyl-N⁵-n-butylbiguanids*, F. 199°. — Verwendung als *chemotherapeut*. Mittel. (**D. B. P. 836 643** Kl. 12o vom 6/3. 1949, ausg. 15/4. 1952. Anmeldung bekanntgemacht 31/5. 1951. E. Priorr. 14/2. u. 14/3. 1947. **Zusatz zu D. B. P. 827 944; C. 1955. 4885.**) A. GRADL. 4807

Merck & Co., Inc., Rahway, N. J., übert. von: **James M. Sprague**, Gwynedd Valley, und **Carl Ziegler**, Elkins Park, Pa., V. St. A., *2-(p-Carboxybenzolsulfonylamino)-5-sulfamyl-1.3.4-thiadiazol*, $C_9H_8O_6N_4S_3$, F. 228—232°, erhält man durch Rk. von p-Carboxybenzolsulfonylchlorid mit 2-Amino-5-sulfamyl-1.3.4-thiadiazol in wss. Lsg. von NaOH (I) bei ca. 10° u. Ansäuern der Reaktionslsg. mit HCl. Man kann auch in wasserfreiem Pyridin (an Stelle von I) arbeiten. — *Natriuret.* Mittel. (**A. P. 2 724 715** vom 9/12. 1954, ausg. 22/11. 1955.) A. BRÖSAMLE. 4807

Mathieson Chemical Corp., übert. von: **Elliott N. Shaw**, New York, N. Y., und **Jack Bernstein**, New Brunswick, N. J., V. St. A., *N-Oxy-2-pyridinthione* der allg. Formel I, in der R = H, einen niedermol. Alkyl- oder Alkoxyrest oder Halogen bedeutet, werden hergestellt, in dem man ein Pyridinderiv. II mit einer Peroxycarbonsäure (Peressigsäure, Perbenzoesäure) in Ggw. eines organ. Lösungsm. (Chlf.) zum entsprechenden N-Oxyd umsetzt u. dieses mit Alkalisulfiden oder -hydrosulfiden oder Thioharnstoff in einem Lösungsm., bes. W. oder A., erhitzt u. das erhaltene I gegebenenfalls mit z. B. NaOH, Na_2CO_3 oder $NaHCO_3$ in Alkalisalze überführt. — *2-Brompyridin-N-oxyd; Hydrochlorid*, F. 135—136°; *N-Oxy-2-pyridinthion*, F. 68°; *Na-, K-, Ba-Salz, Ammoniumsalz*, F. aus absol. A. 155—156°. — *2-Brom-3-äthoxypyridin-N-oxyd; Hydrochlorid*, F. (aus Ae.) 159—160°; *N-Oxy-3-äthoxy-2-pyridinthion*, F. (aus wss. A.) 101—103°. — *2.5-Dibrompyridin-N-oxyd; Hydrochlorid*, F. (aus absol. A.) 165—166°; *N-Oxy-5-brom-2-pyridinthion*, F. (aus wss. A.) 130—131°. — *2-Brom-3-methylpyridin-N-oxyd; Hydrochlorid*, F. (aus absol. A.) 179—180° (Zers.); *N-Oxy-3-methyl-2-pyridinthion*, F. (aus wss. A.) 74 bis 75°. — *2-Brom-4-methylpyridin-N-oxyd; Hydrochlorid*, F. (aus absol. A.) 147—148°; *N-Oxy-4-methyl-2-pyridinthion*, F. (aus wss. A.) 62—63°; *Ca-Salz*. — *2-Brom-5-methylpyridin-N-oxyd; Hydrochlorid*, F. (aus absol. A.) 141—142°; *N-Oxy-5-methyl-2-pyridinthion*, F. (aus wss. A.) 106—107°. — *2-Brom-6-methylpyridin-N-oxyd; Hydrochlorid*, F. (aus absol. A.) 185—186° (Zers.); *N-Oxy-6-methyl-2-pyridinthion*, F. (aus wss. A.) 52—54°. — *Baktericide* u. *Fungicide* mit breitem Wirkungsspektrum. (**A. P. 2 686 786** vom 9/1. 1953, ausg. 17/8. 1954.) R. LINK. 4807

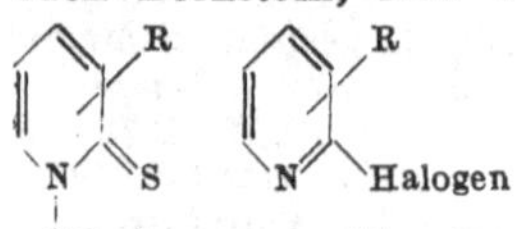
I II

Spojené farmaceutické závody národní podnik, Prag, Tschechoslowakei, *Herstellung eines basischen Thioäthers*. Der Diphenylmethyl-β-piperidinoäthylthioäther wird durch Kondensation des Na-Deriv. des β-Piperidinoäthylmercaptans mit Diphenylmethylchlorid in absol. alkoh. Lsg. zuerst bei Zimmertemp., dann durch Erhitzen am Rückflußkühler auf den Kp. des Lösungsm. hergestellt. Farblose Kristalle von F. 176—177°, in W. leicht löslich. — *Antihistaminicum*. (**Schwz. P. 269 654** vom 28/6. 1948, ausg. 16/10. 1950. Tschech. Prior. 1/7. 1947.) G. WELTZIEN. 4807

F. Hoffmann-La Roche & Co. Akt.-Ges., Basel, Schweiz, *Herstellung von Isonicotinylhydrazinverbindungen*. Man kondensiert Isonicotinsäurehalogenid mit Isonicotinsäurehydrazid, wobei einer der beiden Pyridinkerne substituiert ist, auf übliche Weise u. ersetzt, falls in einem der Pyridinkerne Cl anwesend ist, im erhaltenen Kondensationsprod. das Cl durch einen anderen Substituenten (Oxy-, Mercapto-, Aminogruppe) u., falls zwei Cl-Atome vorhanden sind, das eine gewünschtenfalls durch H. — Z. B. gibt man zu einer Lsg. von 20 Gewichtsteilen Na in 160 Volumteilen absol. Methanol 50 Gewichtsteile 2.6-Dichlorisonicotinsäure, erhitzt das Gemisch bis zum Eintritt der Rk., erhitzt es anschließend 1 Std. unter Rückfluß u. dann noch 2 Std. im Autoklaven bei 120 bis 130°. Die Aufarbeitung des Reaktionsprod. ergibt 2.6-Dimethoxyisonicotinsäure, welche man mit $SOCl_2$ in 2.6-Dimethoxyisonicotinsäurechlorid umwandelt, $Kp._{10}$ 120°, Ausbeute 32,8 g. Dieses gibt man zu einer Suspension von 22 Gewichtsteilen Isonicotinsäurehydrazid in 150 Volumteilen Pyridin u. erwärmt die Mischung 30 Min. auf dem Dampfbad. Die Aufarbeitung ergibt reines *1-(2'.6'-Dimethoxyisonicotinyl)-2-isonicotinylhydrazin*, F. 202—205°, Rohausbeute 71%. Ferner werden noch folgende Hydrazine (**H**) angeführt: *1-(2'.6'-Di-n-butoxyisonicotinyl)-2-isonicotinyl-***H**, F. 127,5—129°; *1-(2'.6'-Diisopropoxyisonicotinyl)-2-isonicotinyl-***H**, F. 154—159°; *1-(2'.6'-Dichlorisonicotinyl)-2-isonicotinyl-***H**, F. 220—222°; *1-(2'-Chlorisonicotinyl)-2-isonicotinyl-***H**, F. 145—146°; *1-(2'-Chlor-6'-äthyl-*

mercaptoisonicotinyl)-2-isonicotinyl-**H**, F. 176—178°; *1-(2'.6'-Diäthoxyisonicotinyl)-2-isonicotinyl*-**H**, F. 173—177°; *1-(2'-Chlor-6'-äthoxyisonicotinyl)-2-isonicotinyl*-**H**, F. 164 bis 169°; *1-(2'-Methoxyisonicotinyl)-2-isonicotinyl*-**H**, F. 178—179,5°; *1-(2'-Äthoxyisonicotinyl)-2-isonicotinyl*-**H**, F. 149—152°; Zwischenprodd. sind folgende Isonicotinsäurechloride (I); 2.6-Diäthoxy-I, $Kp._1$ 120°, F. 35°; 2.6-Diisopropoxy-I, $Kp._{13}$ 125—140°; 2.6-Dibutoxy-I, $Kp._2$ 157—158°; 2-Chlor-I, $Kp._{10}$ 100°; 2-Chlor-6-äthoxy-I, $Kp._{0,1}$ 83 bis 100°; 2-Methoxy-I, $Kp._{0,09}$ 60—65°; 2-Äthoxy-I, $Kp._{0,7}$ 78—80°. — Vgl. auch Schwz. P. 303 084; C. **1956**. 198. (**Oe. P. 182 394** vom 23/12. 1952, ausg. 25/6. 1955. Schwz. Priorr. 14/3. u. 11/9. 1952.) I. OPPERMANN. 4807

Nepera Chemical Co., Inc., Yonkers, N. Y., übert. von: **Leon E. Tenenbaum,** Brooklyn, N. Y., V. St. A., Das *Isonicotinylhydrazonisonicotinylhydrazid der Glucuronsäure,* F. 228—230° (Zers.), erhält man, wenn man 1 (Mol) Glucuronsäurelacton mit 2 Isonicotinsäurehydrazid, vorzugsweise in Ggw. eines inerten Lösungsm., wie Pyridin, bei ca. 60—100° umsetzt. — Oral anwendbares *Heilmittel* zur Bekämpfung der *Tuberkulose* ohne Nebenwirkungen. (**A. P. 2 712 021** vom 25/9. 1953, ausg. 28/6. 1955.) R. LINK. 4807

American Cyanamid Co., New York, N. Y., übert. von: **John S. Webb** und **Herbert G. Arlt jr.,** Warren Township, Somerset County, N. J., V. St. A., *Herstellung von Pyrazincarbonsäureamid* durch Erhitzen der freien Pyrazin-2.3-dicarbonsäure (**I**) oder ihres Monoammoniumsalzes mit einer äquimol. Menge Harnstoff (**II**) oder durch Erhitzen eines Monoalkalisalzes von **I** mit einem anorgan. Ammoniumsalz u. **II**. — *Tuberkulostat.* Eigenschaften. (**A. P. 2 705 714** vom 17/6. 1952, ausg. 5/4. 1955.) E. CARL. 4807

Burroughs Wellcome & Co., übert. von: **Bernard Abramson,** White Plains, und **Ernest L. Beals,** Tuckahoe, N. Y., V. St. A., *Herstellung von Dipiperazincalciumdicitrat* aus 2 (Mol.) Citronensäure, 1 $CaCO_3$ u. 2 Piperazinhexahydrat in W. bei Tempp. unter 30°. Gegen *Oxyuren* wirksam. (**A. P. 2 708 195** vom 10/3. 1954, ausg. 10/5. 1955.) E. CARL. 4807

Robert Duschinsky, Essex Falls, N. J., V. St. A., *4-Pyridazincarbonsäure* (I), F. 225—230° (Zers.), erhält man durch Erhitzen von 4.5-Pyridazindicarbonsäure bei 150 bis 160° in Ggw. von Anilin, Dimethylanilin oder Chinolin. Die Alkalisalze von **I** sind wasserlösl., ebenso die Erdalkalisalze. — *Baktericide.* (**A. P. 2 724 710** vom 20/9. 1952, ausg. 22/11. 1955.) A. BRÖSAMLE. 4807

HEFA G. m. b. H., Chem.-pharm. Fabrik (Erfinder: **Ludwig Ritter** und **Heinz Kunsch**), Werne/Lippe, *Steigerung der Wasserlöslichkeit der Purinbasen,* wie Coffein, Theophyllin, Dioxypropyl- oder Oxyäthyltheophyllin u. Theobromin, gek. durch die Verwendung der Monobenzylester der mit organ. Säuren, wie Phthal-, Butter-, Benzoe-, Nicotin-, Mandel-, Äpfel-, Citronen-, Milch-, Aminoessig- oder Bernsteinsäure. Neutrale Lösungen. (**D. B. P. 937 725** Kl. 30h vom 15/11. 1953, ausg. 12/1. 1956. Anmeldung bekanntgemacht 21/7. 1955.) K. HEINZE. 4807

Ciba Akt.-Ges., Basel (Erfinder: **Andreia Uffer,** Therwil, Schweiz und **Emil Schlittler,** Madison, N. J., V. St. A.), *Herstellung von neuen N-Methyltrimethylcolchicinsäureamiden,* die vermutlich der Formel I entsprechen, deren *Isoverbindungen* der mutmaßlichen Formel II u. *deren Salze* (R u. R_1 = Alkyl, Alkenyl, Cycloalkyl, Alkylen, die auch durch Heteroatome unterbrochen, mono- oder disubstituiert sein können, bes. durch niedermol. Alkyl- oder Alkenylreste), dad. gek., daß man N-Methyltrimethylcolchicinsäure oder ihre funktionellen reaktionsfähigen Derivv. oder deren Isoverbb. mit NH_3, prim. oder sek. Aminen (Alkyl-, Alkenyl-, Cycloalkylamine, Alkylenimine) umsetzt u., falls erwünscht, die erhaltenen Basen in ihre Salze überführt.

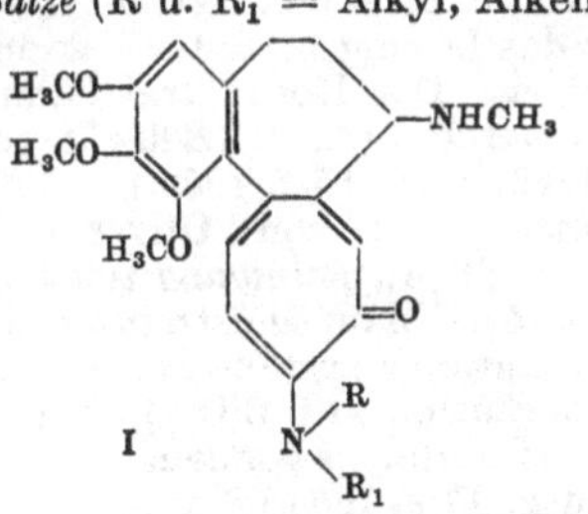

I

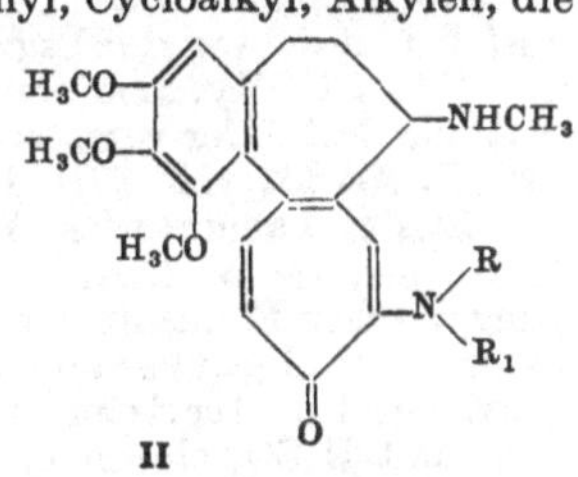

II

Diese Amide sind ca. 50—100mal weniger tox. als Colchicin (vgl. Tabelle) u. die entsprechenden Colchiceinamide, während die *antimitot.* Wrkg. etwa gleichbleibt. Sie zeigen eine starke *Hemmung* bei der *Zellteilung* neben geringer Toxizität u. als *Mitosegifte* für *Tumorgewebe* (EHRLICH-Carcinom, Adenocarcinom EO 771, Adenocarcinom CIBA, Uterus Epitheliom T-8 GUÉRIN, FLEXNER-JOHLIN-Carcinom) eine deutliche *Hemmung* des *Tumorwachstums.* — Aus N-Methyldesacetylcolchicin (**III**) mit 3,5 mol. alkoh. Methylamin nach 4 Std. im verschlossenen Rohr auf dem sd. Wasserbad → *N-Methyltrimethylcolchicinsäuremonomethylamid* (**I**, R = H, R_1 = CH_3), gelbe Prismen aus Ae.–Pentan,

F. 213—214°; $[\alpha]_D^{24}$ —80° ± 4° (Chlf.). — *N-Methyltrimethylcolchicinsäuredimethylamid* (I, R u. R_1 = CH_3), gelbe Rosetten, F. 127—128° bzw. 155—156°, $[\alpha]_D^{31}$ + 326° ± 4° (Chlf.). — III + Allylamin → *N-Methyltrimethylcolchicinsäureallylamid* (I, R = H, R_1 = $-CH_2CH{=}CH_2$), aus Ae.–Pentan gelbe Prismen, F. 141—142°; α_D^{30} —70° ± 4° (Chlf.). — *N-Methyltrimethylcolchicinsäure-n-butylamid*, gelbe Rosetten, F. 128—129°; $[\alpha]_D^{30}$ —58° ± 4° (Chlf.). — *N-Methyltrimethylcolchicinsäure-n-octylamid*, amorphe schaumige hellgelbe M., die nach dem Papierchromatogramm einheitlich ist, in W. zu 0,5% u. in verd. HCl als *Hydrochlorid* löslich. — *N-Methyltrimethylcolchicinsäureisobutylamid*. — *N-Methyltrimethylcolchicinsäure-N.N-tetramethylen-(1.4)-amid*, prismat. Kristalle, aus Ae., F. 172—174°; $[\alpha]_D^{22}$ +534° ± 4° (Chlf.). — *N-Methyltrimethylcolchicinsäure-N.N-pentamethylen-(1.5)-amid*, mikrokristalline Drusen, F. 151—152°; $[\alpha]_D^{24}$ +76° ± 4° (Chlf.). — *N-Methyltrimethylcolchicinsäurecyclohexylamid*, gelbes Kristallpulver, F. 166 bis 168°; $[\alpha]_D^{24}$ —76° ± 4°. — *N-Methyltrimethylcolchicinsäure-β-oxyäthylamid* (I, R = H, R_1 = $-CH_2CH_2OH$), F. 94—96° bzw. 147—149°; $[\alpha]_D^{24}$ —86° ± 4° (Chlf.). — *N-Methyltrimethylcolchicinsäureisopropylamid*, gelbe flache Nadeln, F. 159—160°; $[\alpha]_D^{24}$ —80° ± 4° (Chlf.). — *N-Methyltrimethylcolchicinsäureamid* (I, R u. R_1 = H), gelbe Prismen, aus Essigester, F. 198—200°; aus W., F. 120—125°; $[\alpha]_D$ —17° ± 3° (Chlf.). — *N-Methyltrimethylcolchicinsäureäthylamid*, citronengelbe prismat. Kristalle, F. 125—126°; $[\alpha]_D^{27}$ —70° ± 3° (Chlf.). — *N-Methyltrimethylcolchicinsäurediäthylamid* (I, R u. R_1 = $-C_2H_5$), aus Ae. orangegelbe Prismen, F. 137—138°; $[\alpha]_D^{26}$ +450° ± 4° (Chlf.). — *N-Methyltrimethylcolchicinsäure-N.N-dimethylen-(1.2)-amid*, aus Ae. hellgelbe Nadeln, F. 146—147°; $[\alpha]_D^{27}$ —90° ± 4° (Chlf.). (**D. B. P. 936 268** Kl. 12o vom 9/7. 1953, ausg. 7/12. 1955. Anmeldung bekanntgemacht 16/6. 1955. Schwz. Priorr. 10/7. u. 22/7. 1952, 17/2. u. 24/4. 1953.) G. KRAUSS. 4807

National Research Development Corp., England (Erfinder: **James Baddiley** und **Eric Malcolm Thain**), *Herstellung von Pantothensäure-4'-phosphat*, dad. gek., daß man einen Aralkylester (Benzylester) der Pantothensäure [hergestellt aus Pantolacton (2-Oxy-3.3-dimethyl-γ-butyrolacton)] in Ggw. einer tert. wasserfreien Base (Pyridin) bei —40 bis +20° mit Phenyldichlorphosphinat umsetzt u. langsam auf 60—70° erwärmt. Der *Ester des Pantothensäure-2'.4'-phosphats* wird in 80%ig. A. mit H_2 u. Pd-Oxyd hydriert u. anschließend in Essigsäure mit H_2 u. PtO_2 die Phenylgruppe abgespalten. Das *Ba-Salz des Pantothensäure-2'.4'-phosphats* wird mit $Ba(OH)_2$ u. CO_2 zum *Pantothensäure-4'-phosphat* (*N-[4'-Oxy-3'.3'-dimethylbutyro]-β-alaninphosphat*) hydrolysiert, das *pharmakol. Wirksamkeit* besitzt. (**F. P. 1 071 149** vom 21/10. 1952, ausg. 25/8. 1954. E. Prior. 26/10. 1951.) S. MEIER. 4809

Distillation Products, Inc. bzw. **Eastman Kodak Co.**, übert. von: **Kenneth C. D. Hickman** und **Noel H. Kuhrt**, Rochester, N. Y., V. St. A., *Tocopherolherstellung* unter reduzierender Behandlung von Tocopherol (I) enthaltendem Material bei dessen Reinigung oder Gewinnung. — Man gibt 10% Zn-Staub in mindestens teilweise geschmolzene „clabber"-Masse (flüchtige, aus dem bei der Desodorisierung von pflanzlichen Ölen, wie gehärtetem Maisöl, verwendeten Dampf gewonnene Stoffe) mit 2,3% **I**, gibt ausreichend (200% der zur Verseifung nötigen) 40%ig. alkoh. NaOH zu, rührt u. erwärmt zur völligen Verseifung ca. 1 Std., wobei gleichzeitig Red. des **I** erfolgt, zerkleinert die feste kalte M., extrahiert mit Ae. oder PAe., trocknet den Extrakt u. schreckt auf 0° ab wobei Sterine ausfallen, dest. von der Lsg. das Lösungsm. unter Vakuum ab u. erhält einen Rückstand mit 17% **I** in Hydrochinonform. Das Konzentrat kann zur weiteren Verarbeitung im Vakuum dest. oder verestert werden. (**A. P. 2 349 272** vom 25/9. 1940, ausg. 23/5. 1944. **Can. P. 484 881** vom 27/4. 1942, ausg. 15/7. 1952.) M. PANKOW. 4809

Bristol Laboratories, Inc., übert. von: **Oliver B. Fardig**, Liverpool, und **Irving R. Hooper**, De Witt, N. Y., V. St. A., *Reinigung von Streptomycin*, das als Verunreinigung aus dem Fermentationsprozeß Mannosidstreptomycin enthält, durch Überleiten der Streptomycinlsg. über einen Kationenaustauscher aus einem Mischpolymerisat aus Divinylbenzol u. Acrylsäure u. Elution mit $B(OH)_3$. Das adsorbierte Antibioticum wird dann mit H_2SO_4 eluiert u. als Sulfat gewonnen. — Mengenbeispiele, Tabellen. (**A. P. 2 717 892** vom 10/5. 1952, ausg. 13/9. 1955.) H. SCHINDLER. 4811

Mozes Juda Lewenstein, Kew Gardens, N. Y., V. St. A., *Narkotisch und krampfstillend wirksames Doppelsalz* aus *Dihydrooxycodeinon*, *Homatropin* u. *Terephthalsäure* erhält man z. B. durch Erhitzen der Mischung in Methanol, bis eine klare Lsg. entsteht, alsdann wird das Methanol verdampft. Das Prod. hat keinen scharfen F., ist leicht lösl. in W. u. weniger lösl. in Alkohol. Man kann aus der gelösten Mischung das Prod. auch durch Fällung abscheiden. — Vgl. auch F. P. 1 056 069; C. **1955**. 2491. (**Schwz. P. 307 791** vom 9/11. 1951, ausg. 16/8. 1955.) G. KRAUSS. 4815

Laboratoire D'Actino-Biologie Laurencon & Cie, Villefranche-sur-Saone (Erfinder: **Piere Landrin** und **René Charles Feibel**), Frankreich, *Darmdesinfektionsmittel*, enthaltend 2.5-Dinitro-1-chlorbenzol, beliebige Emulgatoren u. W. oder Öl bzw. feste Adsorptionsmittel, wie A-Kohle, Kieselgur, Kaolin u. dergleichen — Gegen Durchfälle, Amöbenruhr, auch gegen Infektionen des Nasen-Rachen-Raumes. (**E. P. 738 623** vom 21/8. 1953, ausg. 19/10. 1955.) K. HEINZE. 4815

Monsanto Chemical Co., V. St. A. (Erfinder: **Edward S. Blake** und **Robert J. Wineman**), *Herstellung von α-Oxycarbonsäuren und ihren Derivaten,* die eine substituierte oder nicht substituierte Mercaptogruppe enthalten, z. B. *α-Oxy-γ-methylmercaptobuttersäure*, gelingt aus dem Nitril, das man aus β-Methylmercaptopropionaldehyd u. KCN hergestellt hat, durch Überführung in ein Amid in mineralsaurer Lsg. (50—80% H_2SO_4, H_3PO_4 oder HCl, so daß 1—1½ (Mol) Säure auf 1 Nitril kommen) bei 20—40° unter Rühren. Aus der neutralisierten Lsg. krist. das Amid u. wird durch Behandeln mit 5 bis 40%ig. H_2SO_4 oder HCl bei 60—100° in die freie Säure übergeführt. Diese u. ihre NH_4- oder Erdalkalisalze oder deren Gemische werden zu 0,1—0,5 Gew.-% dem *Geflügelfutter* beigemischt u. beschleunigen das Wachstum. — Vgl. auch D. B. P. 928 688; C. **1955.** 11114. (**F. P. 1 049 532** vom 26/10. 1951, ausg. 30/12. 1953. A. Prior. 31/10. 1950.) S. MEIER. 4815

G. Analyse. Laboratorium.

James T. Waber und **Gladys E. Sturdy,** *Eine statistische Untersuchung der Leistungsfähigkeit einer mikrochemischen Waage von Ainsworth.* Vff. untersuchen krit. die Leistungsfähigkeit einer AINSWORTH-Mikrowaage, indem sie Probestücke aus Au, Pt u. Al wiederholt unter verschied. äußeren Bedingungen u. in verschied. Zeiträumen wägen. Bei Veränderung von Feuchtigkeit u. Temp. innerhalb u. außerhalb des Waagekastens werden keine signifikanten Beziehungen zwischen der Änderung von Feuchtigkeit u. Temp. u. der Gewichtsänderung beobachtet. Dagegen findet man definierte Beziehungen zwischen den Gewichtsänderungen u. den zwischen den Wägungen verstrichenen Zeiten. Der Einfl. von stat. Elektrizität auf die Wägungen wurde nicht untersucht. Die beobachteten Gewichtsänderungen von 2,0, 2,5 u. 2,6 γ nähern sich der prakt. unteren Grenze der Leistungsfähigkeit des Waagemodells. (Analytic. Chem. **26.** 1177—80. Juli 1954. Los Alamos, N. Mex., Univ. of Calif., Scientific. Labor.) A.-M. FRETZDORFF. 5022

Isidore Geld und **Irving F. Sternman,** *Schnellwägung von Elektroden mit einschaligen analytischen Waagen.* Zur Vereinfachung von Serienwägungen von Elektroden (E) wird die Tara der E mit Bleiplättchen zu einer hohen ganzen Zahl, z. B. 100 g, ergänzt. Zur Best. des niedergeschlagenen Metalls wird die E + Bleitara gewogen, u. man kann das Gewicht des Nd. direkt unter Vernachlässigung der 1. Stelle ablesen. Zum Ausgleich für den allmählichen Gewichtsverlust der E werden die Bleistückchen mit Fettstift markiert. (Chemist-Analyst **44.** 53—54. Juni 1955.) PH. FRESENIUS. 5022

A. Grüne, *Über Filtrierpapiere.* Auszugsweise Wiedergabe der C. **1956.** 5366 referierten Arbeit. (South African ind. Chemist **9.** 55—57. März 1955.) H. BECKER. 5024

L. J. Varnerin jr. und **J. H. Carmichael,** *Ionenpumpmechanismus von Helium in einer Ionisationspumpe.* Zur Unters. des Ionenpumpenmechanismus von He in einer Ionisationspumpe werden dementsprechende Verss. mit einer BAYARD-ALPERTschen Ionisationspumpe (s. hierzu ALPERT, C. **1956.** 1978) durchgeführt, u. zwar wurde zunächst eine Pumpe benutzt, die vorher nicht entgast worden war. Nach sehr schwachem Erhitzen des Gitters wurde das Syst., das die Pumpe enthielt, mit He bis zu einem Anfangsdruck von $8,5 \cdot 10^{-5}$ mm Hg gefüllt. Die Pumpe arbeitete mit einem Emissionsstrom von 10 mA. Hierauf wurden Gitter u. Platte mit steigender Intensität entgast u. der Einfl. auf das Pumpen untersucht. Hierbei wurde beobachtet, daß sich bei höheren Entgasungstempp. ein Metallfilm gebildet hatte, dessen Dicke wenigstens 50 Å betrug. Gleichzeitig verbesserte sich laufend die Red. des He-Drucks in dem Vakuumsystem. Es ist demnach anzunehmen, daß für das schnelle Abpumpen des He der Metallfim verantwortlich zu machen ist, denn Ionen, die in diesen Metallfilm eindringen, können nicht so frei wie in Glas diffundieren u. werden eingefangen. (J. appl. Physics **26.** 782—83. Juni 1955. East Pittsburgh, Pa., Westinghouse Res. Labor.) C. GOTTFRIED. 5026

T. I. Merslikina, *Zur Methodik der heißen Extraktion.* Beschreibung einer modifizierten SOXHLET-App. für die Extraktion schwerlösl. Stoffe (Fette, Harze, Kautschuk, Saponine, Solanin, Guttapercha). Der Extraktionskolben aus schwerschmelzbarem Glas besteht aus einem Extraktor u. einem Aufnahmegefäß. Extraktionsverss. mit Blättern von Eukommia (Einwaage 5 g, Extraktionsdauer 20 Std.) ergaben folgende Ausbeuten an Gutta bzw. Harz (in %): SOXHLET-App. 0,94 bzw. 8,70; modifizierter SOXHLET-App. 2,27 bzw. 8,82; Simplexkolben 1,28 bzw. 8,46. Die Extraktion erfolgte mit heißem Chloroform. (Биохимия [Biochemie] **20.** 47—49. Jan./Febr. 1955. Sotschi, Wiss. Forschungs- u. Versuchsstation für subtrop. Forst- u. Parkwirtschaft.) O. LEBTAG. 5034

Siegfried Heller, Anna-Maria Fretzdorff und **Günter Weitzel,** *Eine neue Methode zur fortlaufenden Messung der Grenzflächenpotentiale monomolekularer Filme.* (Vgl. C. **1952.** 3541.) Es wird eine neue Meth. beschrieben, die es gestattet, neben der F/A-Isotherme gleichzeitig auch die Änderung des Grenzflächenpotentials monomol. Filme zu registrieren. Es wird dabei der dielektr. Verschiebungsstrom gemessen, der einen Kondensator durchsetzt, der gebildet wird aus der Oberfläche des monomol. Films u. einer plattenförmigen Elektrode, die in geringem Abstand über dem Film angebracht ist. Vorteile der beschriebenen Meth.: Kurze Dauer der Einzelmessung (ca. 3 Min.); keinerlei Rückwrkg. der Meßanordnung auf den zu untersuchenden Film; die Registrierung des Differentialquotienten des Potentials zeigt größere Feinheiten in der Umwandlung der Filmstruktur als die Registrierung des Potentials selber. Ein Vgl. der nach dieser Meth. erhaltenen Grenzflächenpotentiale für *n-Myristin-*, *n-Palmitin-* u. *n-Stearinsäure* sowie für *n-Tetradecanol* u. *n-Hexadecanol* mit den von andern Autoren gemessenen Werten zeigt gute Übereinstimmung. (Hoppe-Seyler's Z. physiol. Chem. **289.** 288—98. 1952. Göttingen, Max-Planck-Ges., Med. Forschungsanst., Biochem. Abt.) A.-M. FRETZDORFF. 5048

H. L. Mason, *Gerät zur Messung der Wärmeleitfähigkeit von Flüssigkeiten.* Vf. gibt eine Beschreibung einer App., mit der die Wärmeleitfähigkeit von Stoffen (mit Ausnahme von Metallen u. korrodierenden Materialien), welche zwischen 0 u. 100° fl. sind, sehr genau bestimmt werden kann. Eine dünne, mit der zu untersuchenden Fl. gefüllte Röhre steht in einem Thermostaten. Die Substanz wird durch einen senkrecht durch das Rohr gespannten Draht elektr. geheizt u. aus dem Wärmeabfall vom zentralen Draht zur Rohrwand die Wärmeleitfähigkeit berechnet. (Instruments **26.** 266—68. Febr. 1953. Ames, Io., Iowa State College.) MAX SCHMIDT. 5048

James C. Nichol und **Raymond M. Fuoss,** *Eine neue Zellanordnung für Präzisionsleitfähigkeitsmessungen.* Es wird eine aus zwei konzentr. Zylindern bestehende Tauchelektrode beschrieben, deren innere Elektrode samt Zuleitung durch den äußeren Elektrozylinder bzw. dessen zylindr. Stromzuführung abgeschirmt ist. Vergleiche mit anderen gebräuchlichen Tauchelektrodentypen bestätigten den relativ geringen Frequenzgang der damit gemessenen, zwischen 1000 Ω u. 50000 Ω liegenden Widerstände im Frequenzbereich 500 bis 5000 Hz. (J. physic. Chem. **58.** 696—99. Sept. 1954. New Haven, Conn., Yale Univ., Sterling Chem. Labor.) H. LÖWE. 5052

D. M. Miller, *Eine selbstpumpende Quecksilbertropfelektrode zum Gebrauch mit gerührten Lösungen.* Beschreibung der Tropfelektrode. Im Prinzip besteht die Anordnung aus einer Zelle, in der die Tropfelektrode in einem Seitenarm liegt u. die Lsg. über die Elektrode durch die pumpende Wrkg. der abgelösten Tropfen zirkuliert, welche durch die Capillare herabfallen. (Canad. J. Chem. **33.** 1184—87. Juni 1955. London, Ontario, Univ. of Western Ontario Sub Post Office, Canada Dep. of Agriculture, Science Service Labor.) C. GOTTFRIED. 5054

W. Jaschek, *Prüfung von Beugungsgittern nach dem Phasenkontrastverfahren.* Beschreibung des Verfahrens. (Mikrochim. Acta [Wien] **1955.** 525—33. Wien, TH, Inst. für Physikal. Chem.) C. GOTTFRIED. 5056

Richard Werner, *Über einige neue Arbeitsmethoden und Geräte in der metallographischen und mineralogischen Schleif- und Poliertechnik.* Beschreibung neuerer metallograph. Methoden zur Schliffherst. u. deren apparative Hilfsmittel. Für das Elektropoliergerät nach WAISMAN-BUEHLER wird eine allg. anwendbare Arbeitsvorschrift ausführlich angegeben. Das Gerät versagt bei größeren nichtmetall. Einschlüssen, da Korrosionsstellen das eigentliche Gefüge überdecken, u. es werden verschied. Verf. zur Vermeidung der Störung diskutiert. Auf die Kunstharzeinbettung kleiner Proben zur Schliffherst. u. moderne Trennschleifmaschinen wird hingewiesen. (Mikroskopie [Wien] **7.** 154—64. 1952.) S. HÜTTIG. 5058

R. S. Alm, R. J. P. Williams und **A. Tiselius,** *„Gradient"-Elutionsanalyse.* 1. Mitt. *Allgemeines.* Eine Substanz breitet sich auf einem Adsorbens bei gleichbleibender Elutionslsg. entsprechend ihrer Adsorptionsisotherme aus. Ist diese eine gekrümmte Linie, wandert die Substanz als verbreitete „Schleppe" hinter der Elutionsspitze. Bei der „Gradient"-Elution werden diese Auswirkungen durch 2 Faktoren beeinflußt. Die Elutionsspitze wird gezwungen, in geringerem Umfang als bei der n. Elution zu wandern, der „Gradient" bewegt sich in seiner Gesamtheit ohne oder nur mit kleinem Retentionsvol., so daß die Zone der Substanz schließlich in einen Elutionskonzentrationsbereich gelangt, in dem sie schneller wandert. An einer Skizze wird diese Wrkg. erläutert. Ein wichtiger Faktor für die Steuerung der Wanderung der Substanzzone als symmetr. Band ist das richtige Verhältnis zwischen Säulenlänge u. Abstufung des „Gradienten". Hat das eluierende Agens selbst eine gekrümmte Isotherme, muß es so gewählt werden, daß seine Adsorption beträchtlich niedriger liegt als die der zu untersuchenden Substanzen. Die

Trennung zweier Stoffe wird durch ihre verschied. Wanderungsgeschwindigkeit bewirkt. Ihr geht ein Verdrängungsprozeß voraus, die schwächer adsorbierte Verb. wird von der stärker adsorbierbaren verdrängt. Die am meisten ins Gewicht fallende Begrenzung der Trennbarkeit ist die Zonenverbreiterung. Bei Substanzen mit geraden Isothermen kann durch Verwendung eines „Gradienten" keine bessere Trennung erzielt werden als mit der einfachen Elutionstechnik. Bei der Analyse von Oligosacchariden u. Peptiden hat eine Vorbehandlung des Adsorbens u. eine geeignete Sättigung in Verbindung mit der Benutzung eines „Gradienten" zu einer erheblichen Verbesserung der Zonenausbildung geführt. — Die von Vff. benutzte Vorr. besteht aus 2 Kammern A u. B. A enthält die Elutions-Fl., die für die Entw. gebraucht wird, B mit dem Vol. V ist die Mischkammer u. enthält das Lösungsm., mit dem die Säule gepackt wurde. Die Mischkammer ist mit einem magnet. Rührer ausgestattet. Die Säule C, die zwecks Einstellmöglichkeit ihres Vol. aus einzelnen Stücken gefertigt sein soll, steht mit der Mischkammer B in Verbindung, diese muß voll gefüllt sein. B ist somit Zwischenglied zwischen A u. Säule C. Wird auf A Druck gesetzt, so tritt die Fl. mit nur geringer Elutionswrkg. in B in die Säule. Aus A tritt Lösungsm. mit stärkerer Elutionswrkg. in die Mischkammer B. Die Zunahme an 2. Lösungsm. in der Säule (gradient) wird durch die Gleichung: $2{,}303 \log_{10} X/X-x = v/V$ ausgedrückt, worin x die Konz. des 2. Lösungsm. in der Mischkammer ist, wenn das Vol. v in die Kammer geflossen ist, X die Konz. des 2. Lösungsm. in A u. V das Vol. der Mischkammer ist. Aus der Kurve x/X gegen v ist zu sehen, daß ihr Verlauf unabhängig ist von X, aber abhängig von V. Die Abstufung des Gradienten ist deshalb durch Änderung von V einstellbar. Eine 2. Möglichkeit für die Einstellung ist die Wahl der Anfangslsgg. in A u. B. (Acta chem. scand. **6.** 826—36. 1952. Uppsala, Sweden, Inst. of Biochem.) H. ENDRASS. 5062

E. Lüscher, *Anwendung des Röntgenstrahlquantometers in der Analyse.* Nach einem kurzen Überblick über die wichtigsten Arbeiten auf dem Gebiet der Röntgenstrahlenemissionsspektrographie wird ausführlich der Aufbau des Röntgenstrahlen-Quantometers erläutert. Der Spektralbereich für dispersive Messungen geht von 0,6—3,1 Å; als Detektoren werden GEIGER-MÜLLER-Zählrohre u. Scintillationszähler verwendet. Als Analysatoren wurden ebene u. zylindr. Einkristalle benutzt. Als Anwendungsbeispiel der nichtdispersiven Anordnung wird die quantitative Best. von Bleitetraäthyl (I) u. Äthylendibromid (II) in Bzl. gebracht. Bei einem durchschnittlichen Geh. 1 cm^3 **I** u. 1 cm^3 **II** betrug die Meßgenauigkeit $\pm$ 0,01 cm^3 für **I** u. 0,005 cm^3 für **II**. (Mikrochim. Acta [Wien] **1955.** 696—702. Lausanne, Univ., École polytechn.) C. GOTTFRIED. 5063

Russell L. Carlsen, *Verlängerung der Lebensdauer von Natriumbogenlampen.* Wenn die Entzündungszeit von Na-Bogenlampen länger als n. wird, schlägt Vf. vor, die Spannung über die n. Zündspannung zu erhöhen. Leuchtet die Lampe, dann wird die Spannung wieder auf ihren n. Wert reduziert. (Chemist-Analyst **43.** 106. Dez. 1954. Detroit, Mich., Ethyl Corp.) C. GOTTFRIED. 5063

Joseph G. Hirschberg, *Eine Anwendung des Photomultipliers beim Interferenzspektroskop.* (Sitzungsbericht.) (Physic. Rev. [2] **99.** 623. 15/7. 1955. Univ. of Wisconsin.) H. LIEPACK. 5063

D. A. I. Goring, *Konstruktion und Anwendung eines Halbmikro-Streulichtphotometers.* Vf. beschreibt ein Streulichtphotometer zur absol. Messung der Winkel- u. Wellenlängenabhängigkeit des Streulichtes mit 4 cm^3 Lösung. Der App. ist eine Weiterentw. eines früher konstruierten (C. **1953.** 2771). Vf. verwendet als Lichtquelle eine Hg-Lampe, deren Konstanz durch eine Vergleichsphotozelle geprüft wird. Die Meßküvette ist rechteckig u. von einem zylindr. Wasserbad aus Glas umgeben. Das gestreute Licht u. seine Polarisation können über eine Multiplier-Photozelle zwischen Winkeln von 37,5—135° gemessen werden. Die Absoluteichung erfolgt mit LUDOX-Silica-Sol, dessen Trübungszahl in einem Spektralphotometer bestimmt wird. Vf. prüft den Strahlengang des App. u. gibt die erforderlichen brechungs- u. polarisationsabhängigen Korrekturen an. Er bestimmt das Mol.-Gew. von *Na-Carragheenat* aus den im ZIMM-Diagramm aufgetragenen Streuintensitäten zu 1 700 000. Dieser Wert liegt bedeutend höher als der von COOK, ROSE u. COLVIN (C. **1953.** 3101), was Vf. mit den von ihm angewandten milderen Bedingungen bei der Extraktion des Polysaccharides begründet. Aus der Winkelabhängigkeit des Streulichtes schließt Vf., daß die Carragheenat-Moll. annähernd die Form eines Stäbchens (Länge 3000 Å) haben, wobei dies Stäbchen vermutlich nicht vollständig starr ist. (Canad. J. Chem. **31.** 1078—92. Nov. 1953. Halifax, Nova Scotia, Maritime Regional Labor. of the Nat. Res. Council.) H.-J. CANTOW. 5063

K. Engelthaler, *Eine einfache automatische Registration für elektrometrische Titrationen.* Für die Registrierung des Titrationsverlaufs verwendet Vf. ein Spiegelgalvanometer mit Registrierung auf Photopapier. In die zu titrierende Lsg. werden eine Indicator- u. eine Bezugselektrode (Sb- oder gesätt. Kalomelelektrode) getaucht u. die Lsg. intensiv gemischt. Mit Hilfe einer Mariotteschen Flasche wird die Titrationslsg. mit konstanter Geschwindigkeit zugegeben. Der Potentialunterschied an den Elektroden wird mit Hilfe des Spiegelgalvanometers registriert. Der Äquivalenzpunkt wird aus der registrierten Kurve abgelesen. Diese Meth. ist schnell, verläßlich u. kann zur Betriebskontrolle dienen. (Chem. Listy **48.** 1572—73. Okt. 1954. Horní Bříza, Ústav pro technologii hrubé keramiky. [Orig.: tschech.]) K. Setínek/Prag. 5066

M. van Doorselaer, *Amperometrische Titration.* Übersicht über Grundlagen, Ausführung, Vor- u. Nachteile der amperometr. Titration. — 13 Literaturangaben. (Meded. vlaamsche chem. Vereen. **15.** 131—48. Sept./Okt. 1953. Gent, Rijksuniv., Labor. voor Analyt. Chemie.) W. Wesly. 5066

P. L. Palmer, *Eine Vorrichtung zur Erweiterung des Meßbereiches eines Registrierpotentiometers.* Es wird ein Registrierpotentiometer mit erweitertem Meßbereich beschrieben. Das Gerät ist nach der Baukastenmeth. konstruiert u. gestattet es, den Meßbereich eines 6stufigen Potentiometers auf das Fünffache ohne eine Beeinträchtigung der Empfindlichkeit auszudehnen. Von einer gemeinsamen Stromquelle (einer 1,5 V-Trockenzelle) werden durch Serienschalter ausreichende EMK.-Werte, die einen Teil des Eingangsgleichstromes in jeder Stufe kompensieren, automat. ausgewählt. Die Eichung der Trokkenzelle geschieht mit Hilfe eines Weston-Elementes. (J. sci. Instruments **31.** 197—99. Juni 1954. Greenwich, Fuel Res. Stat.) K.-G. Hackstein. 5066

Charles N. Reilley und **William G. Scribner,** *Chronopotentiometrische Titrationen.* Es wird eine chronopotentiometr. Endpunktsanzeige beschrieben. Die Beziehung zwischen Chronopotentiometrie u. Potentiometrie, die möglichen Arten der Titrierkurven u. die die Genauigkeit des Verf. beeinflussenden Faktoren werden besprochen. Beschreibung des Meßgeräts mit Schaltschema. Prakt. Beispiele der Titration von As_2O_3 mit J, Cu^{2+} mit Äthylendiiminotetraessigsäure, Fe^{2+} mit Ce^{4+} u. Fe^{2+} + Sn^{2+} mit Ce^{4+}. Chronopotentiogramme sind mit der Pt-Elektrode leichter reproduzierbar als Polarogramme mit der rotierenden Pt-Elektrode. Fällungstitrationen erfordern besondere Vorsichtsmaßnahmen. Titrationen im Gebiet negativen Potentials müssen in Abwesenheit von O_2 durchgeführt werden. (Analytic. Chem. **27.** 1210—15. Aug. 1955. Chapel Hill, N. C., Univ. of North Carolina.) Ph. Fresenius. 5066

I. M. Issa und **H. Khalifa,** *Die Verwendung einer Molybdänelektrode zur Wasserstoffionenindication.* Die Molybdänelektrode, bestehend aus reinstem Molybdändraht von 2 mm Durchmesser u. 15 mm Länge, wird auf ihre Verwendung zur p_H-Indication untersucht. Polierte Elektroden, welche jeweils 90 Min. in den Puffer eintauchen, ergeben im p_H-Bereich von 2—11 eine geradlinige Abhängigkeit von 51 mV/p_H. Die Neutralisationskurven von HCl, CH_3COOH, H_3PO_4, Oxalsäure, Maleinsäure u. Citronensäure weisen steile Stufen auf, aus welchen die klass. pK-Werte nach der vereinfachten Henderson-Hasselbach-Gleichung berechnet werden. Mit Ausnahme von Citronen- u. Borsäure, bei welchen Rkk. mit dem Elektrodenmaterial vermutet werden, ergibt sich gute Übereinstimmung mit nach anderen Methoden gefundenen Literaturwerten. (Analytica chim. Acta [Amsterdam] **10.** 567—74. Juni 1954. Kairo, Univ. of Kairo, Physic. and Inorganic Chemistry Department.) H. Berg. 5066

A. G. Stromberg, *Rationelle Berechnung der elektrischen Schaltung des Kompensators für den Kondensatorstrom im Polarographen.* Aus einer theoret. Berechnung der Kompensatorschaltung für den Kondensatorstrom folgt, daß bei optimaler Beziehung zwischen den Widerständen im Kompensator die Änderung der Stromstärke, die durch das Galvanometer fließt, annähernd genau der Stromänderung des durch den Elektrolyten fließenden Stromes entspricht. (Журнал Прикладной Химии [J. angew. Chem.] **26.** 1026—32. Okt. 1953. Swerdlowsk, Uraler Gorki-Inst.) A. Kunze. 5066

Pierre Noez, *Polarographische Bestimmung der Löslichkeit von Bleisulfat und Bleiarsenat in Wasser.* Durch Messung der Diffusionsstromhöhe der Polarogramme wss. gesätt. $PbSO_4$-Lsg. wurde die Löslichkeit von $PbSO_4$ in W. bei 25° mit 28,5 mg/Liter bestimmt. Analoge Bestimmungen des Pb- u. As-Geh. einer gesätt. wss. Lsg. von käuflichem Bleiarsenat ergaben kein stöchiometr. Verhältnis von Pb:As, woraus die Anwesenheit von sek. Hydrolyseprodd. gefolgert wurde. (Bull. Inst. agronom. Stat. Rech. Gembloux **21.** 156—59. 1953. Gembloux, Chaire de chim. analyt.) E. Moisar. 5066

H. Flaschka, *Über die Verwendung von Komplexon in der Maßanalyse.* Gesamtüberblick über die Theorie u. Praxis der komplexometr. Titration bis 1954. — 183 Literaturangaben. (Fortschr. chem. Forsch. **3.** 253—308. 1955. Graz.) Ph. Fresenius. 5072

G. Frederick Smith, *Herstellung und Standardisierung von Perchloratocersäurelösungen in Perchlorsäure.* Vf. gibt Laboratoriumsvorschriften zur Herst. u. Einstellung von Ce^{4+}-Lsgg. in $HClO_4$ als Trägerelektrolyt. Es ist ein direktes Verf., das keine komplizierte App. erfordert. Es liefert ein wichtiges analyt. Reagens mit extrem hohem Oxydationspotential. Da die Lsg. nur begrenzte Haltbarkeit hat, empfiehlt es sich, jeweils kleinere Mengen herzustellen. (Analytic. Chem. **27.** 1142—44. Juli 1955. Urbana, Ill., Univ. of Illinois, Noyes Chem. Laborr.) R. Borchardt. 5072

Donald A. Keyworth und **K. G. Stone,** *Eine Untersuchung von Oxydationsvorgängen durch Kupfer(III)-Reagentien.* Vff. untersuchen die Anwendbarkeit von *Diperjodato-* u. *Ditelluratocuprat(III)* als Oxydationsmittel zur Best. oxydierbarer Substanzen. Die Oxydation der untersuchten organ. u. der meisten anorgan. Verbb. erfolgt nicht reproduzierbar u. unter Beteiligung anderer Lösungsbestandteile. Lediglich $S_2O_3^{2-}$ u. CN^- werden annähernd quantitativ u. in einem stöchiometr. Verhältnis zur angewandten Cu(III)-Lsg. oxydiert. Die Endpunktserkennung erfolgte mittels der dead–stop-Methode. (Analytic. Chem. **27.** 833—35. Mai 1955. East Lansing, Mich., State Coll., Kedzie Chem. Labor.) E. Moisar. 5072

E. B. Sandell, *Mikrobestimmung von Wasser mit der Penfield-Methode.* Im Mikromaßstab wird das Penfield-Verf. zur Wasserbest. in Hydraten oder OH-Gruppen enthaltenden Mineralien erfolgreich in einem Pyrexglas von 100 mm Länge u. innerem Durchmesser von 2—3 mm bei einer Einwaage von 20—30 mg ausgeführt. Das W. wird durch Erhitzen des geschlossenen Rohrendes, in dem sich die durch einen Glasstab abgeschlossene Probe befindet, als Kondensat im gekühlten anderen Ende bestimmt, indem nach dem Abkühlen das Ende mit der Probe abgeschnitten wird. Bei Ggw. von F u. a. flüchtigen Körpern muß die Probe mit ausgeglühtem Pb-Oxyd, in Ggw. von HCl oder SO_3 mit geglühtem CaO gemischt werden, freigesetztes CO_2 wird durch einen eingeführten Glasstab vor dem Wägen verdrängt. Für Wasserverluste wird eine durch Blindverss. mit Proben bekannten Wassergeh. ermittelte Korrektur angebracht. Die Fehlergrenze schwankt zwischen +0,15 u. —0,10%; aus bisher unbekannten Gründen werden bei Silicatgesteinen bis 0,35% höhere Werte erhalten als bei der Makromethode. (Mikrochem. verein. Mikrochim. Acta **38.** 487—91. 1951. Minneapolis, Minn., Univ. of Minnesota.) H. Mühlmeister. 5074

M. L. Moberg, W. P. Knight und **H. M. Kindsvater,** *Bestimmung des Wassergehaltes von weißer, rauchender Salpetersäure mit dem Karl-Fischer-Reagens.* Vff. entwickeln ein Verf. zur direkten Best. des Wassergeh. von weißer, rauchender HNO_3, die kleinere Mengen NO_2 u. gelöste Metallsalze enthält. Die eingewogene Säureprobe wird zunächst mit einer Pyridin–Dimethylformamid-Mischung (2:1) neutralisiert, um Rk. mit dem Karl-Fischer-Reagens zu vermeiden, dann fügt man einen Überschuß dieses Reagenses hinzu u. titriert mit einer eingestellten Methanol–W.-Lsg. zurück (dead-stop-Endpunktindicator). Die Meth. zeigt eine relative Genauigkeit von 1% zwischen berechneten u. gefundenen Werten u. von ca. 5% in Ggw. gelöster Metallsalze. NO_2-Konzz. von <1,5% stören die Best. nicht. (Analytic. Chem. **28.** 412—13. März 1956. Azusa, Calif., Aerojet-General Corp.) D. Ertel. 5074

N. R. Hansen, *Eine Vorrichtung, um Gasgemische herzustellen.* Aus 2 Behältern können die Gase, die gemischt werden sollen, durch geeignete Betätigung von 8 Hähnen an einer Art Bürette mittels mit Hg gefüllter Ventile in ein Mischgefäß geleitet werden. Der Partialdruck jedes Gases kann gemessen werden. Es kann vermieden werden, daß ein Gas durch das andere verunreinigt wird, u. es wird kein Gas verschwendet. (J. sci. Instruments **32.** 75—76. Febr. 1955. New South Wales, Australien, Univ. of Technol.) H. Miething. 5086

O. W. Riggs, *Arbeitsweisen und Anwendungen von automatischen Sauerstoffmeßgeräten.* Übersicht über die verschied. automat. O_2-Bestimmungsgeräte u. deren Anwendungsbereiche. (Instruments **26.** 248—51. 280—88. Febr. 1953. Hays Corp.) Max Schmidt. 5086

a) Elemente und anorganische Verbindungen.

R. M. Sherwood und **F. W. Chapman jr.,** *Neue Technik zur Untersuchung von Mischungen von Spurenmetallen.* Erdöl u. Katalysatoren werden auf Spurenmetalle untersucht. *V* wird nach Elektrolyse der Lsg. mit einer Hg-Kathode nach Sandell (Interscience Publishers Inc., New York **1944**) u. Oxydation mit NaOBr als P-W-Komplex mit *Isobutylalkohol* (**I**) ausgeschüttelt u. in Mengen von 20—300 γ spektrophotometr. bestimmt. — *Fe* wird nach Smith, McCurdy u. Diehl (C. **1955.** 10112) colorimetr. mit 4.7-Diphenyl-1.10-phenanthrolin in Mengen von 10—70 γ bestimmt. Die Verdünnung der Lsg. erfolgt statt mit A. mit **I.** — *Ni* wird nach Extraktion des Cu bei p_H 5 mit *Dithizon* (**II**)–CCl_4 mit Dimethylglyoxim gefällt, mit Chlf. ausgeschüttelt u. so vom *Co* getrennt. Der Rückstand der Chloroformlsg. wird nach Abrauchen mit $HClO_4$ + HNO_3 in W. gelöst u. Ni (20—120 γ) nach Extraktion mit **II**/Chlf. bei 665, unter Umständen 480 mμ, photometr. bestimmt. — *Mn* wird nach Entfernung von Fe u. Cu als Cupferraten durch Ausschütteln mit Chlf. durch HJO_3 in Ggw. von H_3PO_4 oxydiert u. als MnO_4^- photometr. bestimmt. — 10—100γ *Ti* werden nach Elektrolyse wie bei *V* nach Zusatz von Acetat–Essigsäure-Puffer, H_2O_2 u. wss. Tironlsg. (YOE u. ARMSTRONG, C. 1947. 1486) bei 380 mμ photometriert. — Zur Best. von *Pb* wird Cu wie bei Ni entfernt u. Pb dann aus ammoniakal. Lsg. mit II/Chlf. extrahiert. Nach Verdampfen des Lösungsm. u. Zerstörung des organ. Restes wird Pb als $PbCl_2$ in HCl bei 270 mμ nach DEDESA u. ROGERS (C. **1953**. 7618) spektrophotometr. bestimmt. Bei 100—1500γ Pb können 10γ Bi toleriert werden. *Cu* wird nach SMITH u. MCCURDY (C. **1954**. 5134) photometr. in Mengen von 20—400γ als Neo-Cuproin-Komplex bestimmt. — Die Best. von *Cr* nach der Diphenylcarbazidmeth. war nicht durchführbar, da eine brauchbare Trennung von Fe nicht gelang. Cr wird daher über die Hg-Kathode aus der Lsg. abgetrennt. Nach Abdestillieren des Hg wird der Rückstand in H_2SO_4 gelöst, dann alkalisiert, mit Br_2 oxydiert u. Cr dann in saurer Lsg. bei Ggw. von H_3PO_4 als $Cr_2O_7^{2-}$ bei 440 mμ photometriert. Fe stört dabei nur wenig. Zur Best. von *Pt* wird der Katalysator bei 600° mit H_2 red. u. in Königswasser gelöst. Die Best. des Pt erfolgt photometr. als gefärbter Komplex nach Behandeln der salzsauren Lsg. mit $SnCl_2$. — 15 Literaturangaben. (Analytic. Chem. **27.** 88—93. Jan. 1955. Philadelphia, Pa., Atlantic Refining Co.) PH. FRESENIUS. 5100

William G. Smiley, *Bestimmung von Sauerstoff in Metallen ohne Hochvakuum durch die Capillarfallenmethode.* Vf. beschreibt eine Meth. zur Best. von O in Metallen, zu der kein Hochvakuum benötigt wird. Man läßt eine Probe in geschmolzenes Pt in einem Graphittiegel tropfen. Jede O-Spur reagiert mit C zu CO, das durch einen Ar-Strom von Atmosphärendruck abgeführt wird. Durch ein modifiziertes Reagens nach SCHÜTZE wird das CO in CO_2 übergeführt, das in einer Capillarfalle aufgefangen wird u. mit einem Capillarmanometer gemessen werden kann. Die App. ist noch für 0,3γ empfindlich genug. Die Meth. ist an Fe, Stahl, Al u. Th erprobt worden. Eine Best. dauert gewöhnlich 12 Minuten. (Analytic. Chem. **27.** 1098—1102. Juli 1955. Los Alamos, N. Mex., Univ. of California, Los Alamos Sci. Labor.) R. BORCHARDT. G 239

Carla Bertoglio Riolo, *Bestimmung des superoxydischen Sauerstoffs mit Chlordioxyd und Darstellung oder Reinigung von Peroxyden.* Vf. entwickelte eine neue gasvolumetr. Meth. zur Best. von Superoxyden, die auf der Rk. mit ClO_2 (I) in CCl_4 beruht: $2\,KO_2 + 2\,ClO_2 \rightarrow Cl_2 + K_2O_2 + 3\,O_2$. Das Peroxyd fällt hierbei in sehr reiner Form an u. kann durch Waschen mit CCl_4 von Spuren I u. Cl_2 befreit werden, so daß eine Behandlung von Peroxyden mit I superoxydfreie Prodd. ergibt. Die Ergebnisse der neuen Bestimmungsmeth. stimmen sehr gut mit der SEYB-KLEINBERGschen Eisessig–Phthalsäurediäthylester-Meth. (C. **1952.** 2392) überein. Beleganalysen von KO_2, Na_2O_2 u. CaO_2. (Ann. Chimica **44.** 815—20. Okt. 1954. Pavia, Univ., Ist. di Chim. gener.) H. NOTH. G 241

E. E. Archer, *Die Bestimmung kleiner Sulfatmengen durch Reduktion zu Schwefelwasserstoff und Titration mit Quecksilber(II)- oder Cadmiumsalzen gegen Dithizon als Indicator.* Es wird eine Meth. zur Best. kleiner Sulfatmengen durch Red. mit einer Mischung von HJ, H_3PO_2 u. HCl, Einleiten des gebildeten H_2S mit N_2 als Trägergas in eine Mischung von wss. n-NaOH-Lsg. u. Aceton, der etwas Diphenylthiocarbazon (I) beigegeben ist, u. Titration mit Hg(II)-Acetatlsg. bis zur Rotfärbung [Bldg. des Hg(II)-I-Komplexes] beschrieben. An Stelle von Hg(II)-Acetat kann $CdSO_4$ verwendet werden, die Ergebnisse sind jedoch bei sehr kleinen Sulfatmengen weniger genau. Die Meth. wurde bisher nur an reinen K_2SO_4-Lsgg. erprobt. Einzelheiten vgl. Original. (Analyst **81.** 181—82. März 1956. Great Burgh, Epsom, Surrey, Distillers Co. Ltd., Res. and Developm. Dep.) H. HOFMANN. G 253

R. C. Calkins und **V. A. Stenger,** *Photometrische Bestimmung von Bor in Titan und seinen Legierungen.* Die Anwendung der Carminsäuremeth. zur photometr. Best. von B erfordert eine restlose Entfernung von Ti. Vff. beschreiben ein diesbzgl. Verf., das sich des Peroxytitan(IV)-komplexes bedient, der mittels Kationenaustauschers (*Dowex 50-X8,* Korngröße 20—50 mesh) entfernt wird, u. geben eine ausführliche Arbeitsvorschrift. Die B-Best. erfolgt an einem neutralisierten, aliquoten Teil des Eluats unter Verwendung des BECKMAN-Spektrophotometers DU (100 cm COREX-Zelle) durch Absorptionsmessung bei 600 bzw. 710 mμ. Die Genauigkeit der Meth. beträgt $\pm$0,002% für Proben mit 0,5—0,1% Bor. Lediglich V stört die B-Best., jedoch ist diese Störung zu vernachlässigen, falls die Legierung weniger als 0,3% V mit 0,005—0,10% B enthält oder wenn weniger als 10mal soviel V wie B in den höheren Konzentrationsbereichen vorhanden ist. Größere V-Mengen müssen entfernt werden. Cr, Al, Zr, Ni, Fe, W, Nb, Ta u. Si stören die Best. nicht. Analytic. Chem. **28.** 399—402. März 1956. Midland, Mich., Dow Chemical Co., Main Labor.) D. ERTEL. G 258

E. G. K. Schwarz, *Analyse von Silicium auf Bor mit thermischen Neutronen.* (Sitzungsbericht.) (Physic. Rev. [2] **99.** 625—26. 15/7. 1955. Signal Corps Engng. Labors.) R. STEIN. G 261

S. Harel, E. R. Herman und **A. Talmi,** *Bestimmung von Silicium in Gegenwart von Fluor. Anwendung auf Phosphatgestein und Naßprozeßphosphorsäure.* Vff. beschreiben ein Verf. zur Best. von Si neben F. F wird aus einer Probe eines Phosphatgesteins oder von H_3PO_4 aus perchlorsaurer Lsg. nach Zugabe einer bestimmten Menge Na-Silicat als SiF_4 abdestilliert. Die im Destillat im Gleichgewicht befindlichen SiF_4 u. $Si(OH)_4$ werden in SiF_6^{2-} übergeführt u. volumetr. bestimmt. Das Silicat wurde zugefügt, um einen Angriff der HF auf die Glasapp. zu verhindern. Das im Destillierkolben zurückbleibende Silicat wird gravimetr. bestimmt. Bei Blindproben beträgt die Genauigkeit der Best. 1—2 mg SiO_2. Auch bei Routinebestimmungen liegt die Genauigkeit noch bei 5 mg, wobei die Analyse in 6 Std. vollendet werden kann. — Es wird noch ein zweites Verf. gestreift, das auf der Ausfällung des Si aus Phosphaten als K_2SiF_6 u. an schließender gravimetr. Best. als Silicomolybdat beruht. (Analytic. Chem. **27.** 1144—47. Juli 1955. Haifa, Israel, Fertilizers and Chemicals Ltd.) R. BORCHARDT. G 261

R. L. Gordon und **G. W. Harris,** *Einfluß der Teilchengröße auf die quantitative Bestimmung von Quarz durch Röntgenbeugung.* Die Genauigkeit von Mineralstaubanalysen, die röntgenograph. mit einem GEIGER-MÜLLER-Zählrohrgerät durchgeführt werden, wird untersucht. Bei Verwendung von verschied. Teilchengrößen, die durch wiederholte Sedimentation bzw. Zentrifugation erhalten wurden, läßt sich eine Abhängigkeit der Intensität von der Teilchengröße feststellen. Teilchen mit einem Durchmesser von ca. 2 μ ergeben maximale Intensität. Der Intensitätsabfall bei Verwendung größerer Teilchen ist eine Folge der Extinktion, während er bei kleineren Teilchen mit dem Vorhandensein einer „amorphen" Schicht (vgl. NAGELSCHMIDT, GORDON u. GRIFFIN, C. **1954.** 3643) zusammenhängt. Der zuletzt genannte Effekt läßt sich teilweise durch Ätzen der Proben mit HF ausschalten. Um genaue Quarzanalysen mit Röntgenstrahlbeugung durchzuführen, ist es also erforderlich, die Partikelgrößenverteilung zu kennen. Bei Teilchengrößen zwischen 1 u. 20 μ liegt der bei Nichtbeachtung dieser Einfll. auftretende Fehler bei 12%. (Nature [London] **175.** 1135. 25/6. 1955. Sheffield, Safety in Mines Res. Establ.) W. KRÖNERT. G 261

D. Gibbons, *Analysen für die Industrie.* (Vgl. C. **1955.** 2496.) Verschied. titrimetr. Methoden zur *Sb*-Best. werden krit. beschrieben. Bes. Titration mit $KMnO_4$ u. $Ce(SO_4)_2$-Lösungen. — 66 Zitate. (Ind. Chemist **29.** 363—65. Aug. 1953.) H.-G. MOSLÉ. G 266

M. Theis, *Die direkte maßanalytische Bestimmung des Aluminiums mit Äthylendiamintetraessigsäure (Komplexon III).* Vf. beschreibt eine direkte Titriermeth. des Al mit 0,05 mol. Lsg. von Komplexon III bei p_H 4 gegen Chromazurol S. Die Titration wird in der Hitze vorgenommen. Bei Farbumschlag von Violett nach Rotorange wird Na-Acetatlsg. zugesetzt u. nun bis zum Endpunkt (gelborange) titriert. Bei Übertitration ist die Lsg. reingelb u. kann zurücktitriert werden. — Fe stört die Rk. nicht, wenn es durch Hydrazinsulfat in saurer Lsg. zum Fe^{2+} red. wurde. Zr u. Zn stören die Rk., Störungen durch Mn, Mg u. TiO^{2+} kann man durch Zusatz eines Überschusses an Komplexon u. Rücktitration mit Al umgehen. Ca stört die Best. nicht. (Z. analyt. Chem. **144.** 106—08. 1955. Graz, Univ., Inst. für anorg. u. analyt. Chem.) R. BORCHARDT. G 294

László Zombory und **Pál Nagy,** *Maßanalyse der Aluminatlaugen.* Die abgemessene Aluminatlsg. wird mit 100 ml W. verd., im bedeckten Titrierkolben aufgekocht, mit 10 ml kalt gesätt. $BaCl_2$-Lsg. versetzt, zum Sieden erhitzt, vor Luft–CO_2 geschützt, abgekühlt u. nach Zugabe von 3 Tropfen Phenolphthalein mit n-HCl tropfenweise auf Farblos titriert (verbraucht a ml). Nun wird so lange n-HCl (b ml) zugegeben, bis der $Al(OH)_3$-Nd. aufgelöst ist. Zur Kontrolle, daß die Lsg. sauer ist, werden 1—2 Tropfen Methylorange zugesetzt u. das CO_2 ausgekocht. Die abgekühlte Lsg. wird mit noch 3—4 Tropfen Methylorange versetzt u. mit n-NaOH bis zum Umschlagspunkt titriert (c ml), wobei der $Al(OH)_3$-Nd. wieder erscheint. Die Titration ist beim Erscheinen der Mischfarbe von Methylorange–Phenolphthalein (rötlichgelb) beendet (d ml). Der Verbrauch von d ml n-NaOH entspricht dem Al-Geh. der Aluminatlsg., doch ist die Menge noch mit dem Faktor F (vgl. unten) zu korrigieren. a ml n-HCl gibt das freie u. als Aluminat gebundene NaOH. Der Faktor F muß angewendet werden, weil der Anfang u. das Ende der $Al(OH)_3$-Fällung nicht ganz mit den Umschlagspunkten der Indicatoren zusammenfallen. Der Wert F wird an verschied. Laugentypen durch gravimetr. Best. des Al festgestellt. (Aluminium **3.** 54—62. März 1951.) J. PLANK. G 294

G. Brunisholz und **R. Cahen,** *Über die komplexometrische Bestimmung Seltener Erden. Seltene Erden* (z. B. *La, Ce, Sm*) lassen sich komplexometr. schnell u. genau bestimmen. Mg^{2+} u. Ca^{2+} stören nicht; dagegen stören Al^{3+} u. Fe^{3+}. — Ausführung:

200—300 ml der ca. 50 mg Me^{3+} (in Form des Chlorids) enthaltenden Lsg. vom p_H 4 werden mit 5 ml Pufferlsg. (77 g NH_4-Acetat in 1000 ml n-CH_3COOH) u. 10—15 Tropfen Indicatorlsg. (45 ml 0,5%ig. wss. Lsg. von Alizarinsulfonat + 15 ml 0,1%ig. Methylenblaulsg.) versetzt. Man erhitzt fast bis zum Sieden u. titiriert in der Hitze mit 0,01 mol. Lsg. von äthylendiamintetraessigsaurem NH_4 (2,921 g „Komplexon II" werden in 5—6 ml 2n NH_4OH gelöst u. zu 1000 ml verd.; Einstellung mit 0,02 mol. $CeCl_3$-Lsg.). Am Äquivalenzpunkt schlägt der Indicator nach Grün um. (Helv. chim. Acta **39.** 324—25. 1/2. 1956. Lausanne, Univ., Labor. de chim. minérale et analyt.)
K. F. Müller. G 303

H. N. Antoniades, *Photometrische Bestimmung von Cer(IV) mit Veratrol. Veratrol* (I) ergibt mit $Ce(SO_4)_2$ in n-H_2SO_4 eine für 8 Min. ausreichend stabile kirschrote bis rosa Färbung, die mit Bzl. oder Chlf. unter Orangefärbung des Lösungsm. extrahierbar ist. I wird in alkoh. Lsg. zugesetzt. $Cr_2O_7^{2-}$ stört, ebenso $S_2O_8^{2-}$ (**II**) in Ggw. von Ag^+ (**III**). Ce^{3+} wird mit **II** u. **III** zu Ce^{4+} oxydiert, überschüssiges **II** durch Kochen zerstört. Die quantitative photometr. Auswertung der Rk. erfolgt bei 350 oder 475 mμ. Die Färbung befolgt für den Bereich von 1 bis 10^{-4} mol. Ce^{4+} das Beersche Gesetz. Bei der quantitativen Best. ist ein I-Überschuß wegen auftretender Trübung zu vermeiden. (Chemist-Analyst **44.** 34—37. Juni 1955. Cambridge, Mass., MIT, Dep. of Biol.)
Ph. Fresenius. G 304

James J. Mikula und **Maurice Codell,** *Polarographische Bestimmung von Kupfer, Nickel, Kobalt, Mangan und Chrom in Titanlegierungen.* In der $HClO_4$-haltigen Lsg. der Titanlegierung, aus der die Hauptmenge des Ti durch Hydrolyse entfernt worden ist, werden Cu, Ni u. Co nach Zugabe einer Pyridin–Pyridiniumchlorid-Grundlsg. polarograph. bestimmt. Etwa vorhandenes CrO_4^{2-}, welches die Cu-Best. stören würde, ist durch Fällen mit $BaCl_2$ zu entfernen. Mn wird in der mittels $BaCO_3$ auf p_H 6,6 gebrachten Lsg. der Legierungsprobe in H_2F_2, sowie Cr nach Oxydation mittels $(NH_4)_2S_2O_8$ als CrO_4^{2-} bestimmt. Die Meth. ist für Legierungen mit je 0,2—5,0% Cu, Ni u. Co, 1—10% Mn u. 0,05—20% Cr anwendbar. (Analytic. Chem. **27.** 729—32. Mai 1955. Philadelphia, Pa., Frankford Arsenal, Pitman-Dunn Labor.)
E. Moisar. G 321

M. Huaringa, *Bestimmung von Chrom, Vanadium und Wolfram durch Aktivierungsanalyse unter Verwendung energiearmer Neutronenquellen.* Vf. beschreibt ein Verf. zur quantitativen Best. von Cr, V u. W durch Aktivierungsanalyse. Die Metalle werden als Ag-Chromat, Ag-Vanadat u. Ag-Wolframat mit neutraler $AgNO_3$-Lsg. ausgefällt, auf einer Glasfritte gesammelt, getrocknet, gewogen u. auf eine Plexiglasscheibe gegeben, auf der sie dann mit einer Ra–Be-Quelle aktiviert werden. Mit Hilfe von Eichkurven, die durch Messung der Aktivitäten bestimmter Ag-Salzmengen ermittelt werden, können die unbekannten Mengen der Elemente Cr, V u. W bestimmt werden. (Nature [London] **177.** 85. 14/1. 1956. Liège, Univ., Inst. of Nucl. Studies.) Max Schmidt. G 337

F. Feigl und **Cl. Costa Neto,** *Zum Nachweis der Oxyde von Molybdän, Wolfram und Vanadium.* Vff. beschreiben eine empfindliche Nachweis-Rk. für die Oxyde des Mo, W u. V. Sie beruht auf der katalyt. Wrkg. der genannten Verbb. bei der Abscheidung von braunem Tl(III)-Oxydhydrat aus einer ammoniakal. Lsg. von Tl(I)-Salzen bei Zusatz von H_2O_2. Die Erfassungsgrenze liegt bei 0,05 γ Mo (W; V), die Grenzverdünnung bei 1:1000000. Als Reagentien sind 2%ig. $TlNO_3$-Lsg. in 2n NH_4OH u. 3%ig. H_2O_2-Lsg. erforderlich. — Es werden Analysenverff. für Oxydgemische, für Mischungen mit aus saurer Lsg. fällbaren Schwermetallsulfiden, zur Prüfung auf Scheelit u. Molybdänglanz u. für Wolframate u. Molybdate angegeben. (Mh. Chem. **86.** 336—40. 1955. Rio de Janeiro, Brasil., Min. da Agric., Labor. da Produção Mineral.)
R. Borchardt. G 337

Philip J. Elving und **Edward C. Olson,** *Analyse von Uran, Niob und Zirkonium enthaltenden Proben.* In Lsgg., die U u. Zr enthalten, kann U durch polarograph. Best. eines aliquoten Teils in 10%ig. H_2SO_4-saurer Lsg. zwischen 0,0 bis −0,5 V u. Zr durch amperometr. Titration eines weiteren Aliquotes mit eingestellter *Cupferron*-Lsg. (**I**) bei −1,0 V bestimmt werden. Aus Lsgg., die U, Nb u. Zr enthalten, wird Zr als Phosphat aus H_2O_2–H_2SO_4-saurer Lsg. abgetrennt u. die Zr-Phosphatsuspension amperometr. mit **I** titriert, während U u. Nb gleichzeitig aus dem Polarogramm ihrer Lsg. in konz. HCl bestimmt werden. Die Fehler der Meth. betragen ca. 1% für U u. Nb u. ca. 0,5% für Zr. Polarogramme u. amperometr. Titrationskurven sind wiedergegeben. Mehrere Beleganalysen synthet. Mischungen sowie eines Nb-Erzes. (Analyt. Chem. **28.** 338—42. März 1956. Ann Arbor, Mich., Univ. of Michigan.)
H. Hofmann. G 339

C. Fisher und **J. Beydon,** *Die Bestimmung von Mangan, Natrium und Uran mit Hilfe von Radioelementen.* Es wird Mn in Konzz. von 10^{-5} in Ca, welches in der Hauptsache 10^{-3} Al, 10^{-4} Si u. 10^{-4} bis 10^{-5} Fe enthält, bestimmt. Durch Aktivierung mit therm. Neutronen wird ^{56}Mn ($T_{1/2}$ = 2,6 Std.) erhalten. Die Mehrzahl der dabei entstehenden anderen Radioelemente haben entweder viel kürzere oder wesentlich längere Halbwertszeiten. Stören könnten nur ^{31}Si sowie ^{49}Sc (entsteht aus ^{49}Ca). Daher wird ^{56}Mn durch Fällung mit $KBrO_3$ unter Zugabe eines Trägers als MnO_2 abgetrennt. Die Empfindlichkeit der Meth. gestattet, bis zu 10^{-8} Mn zu bestimmen. Eine schnelle Best. von Spuren Na in dünnen Pb-Folien (maximale Gehh. an Verunreinigungen: 10^{-4} Bi, $5 \cdot 10^{-5}$ Sn u. Sb, $2 \cdot 10^{-5}$ Zn u. Mg, 10^{-5} Cu u. Cd, Spuren von Ni, Fe, Co u. As) wird beschrieben. Durch Aktivierung wird ^{24}Na ($T_{1/2}$ = 14,8 Std.) erhalten. Stören könnten dabei ^{64}Cu u. ^{76}As. Die Versuchsergebnisse zeigen jedoch, daß die Ggw. von ^{64}Cu vernachlässigt werden kann, wenn bei der Messung die auf ^{64}Cu zurückzuführende β-Strahlung durch eine geeignete Schicht absorbiert wird. Die Meth. erlaubt daher sehr rasche direkte Bestimmungen. — Für die Uranbest. wird das Spaltprod. ^{132}Te ($T_{1/2}$ = 77 Std.) benutzt. Das zur Unters. kommende Mineral (es besteht in der Hauptsache aus SiO_2 u. enthält spurenweise zahlreiche andere Elemente) wird mit Königswasser abgeraucht, der Rückstand mit 2n HCl-Lsg. aufgenommen (SiO_2 bleibt dabei ungelöst zurück), 100 mg Fe-Träger zugegeben u. $Fe(OH)_3$ durch carbonatfreies NH_3 gefällt. U wird quantitativ mitgefällt. Der Nd. wird 50 Std. bestrahlt. Nach 24 Std. wird das $Fe(OH)_3$ in 80 cm^3 3n HCl-Lsg. gelöst u. 80 mg Te werden als Na-Tellurat zugegeben. Das Te wird durch Red. mit N_2H_5Cl quantitativ gefällt; As, Sb u. Pd werden nicht mitgerissen. Bei einem Neutronenfluß von 10^{10} n/cm^2/sec reicht die erhaltene Aktivität aus, um 50 μg U in einer kleinen Probemenge zu bestimmen. (Bull. Soc. chim. France, Mém. [5] **20.** C102—03. Nov./Dez. 1953. Commissariat à l'Énergie Atomique.)

H. GEDSCHOLD. G 350

M. Jean, *Untersuchung über die Anwendung von Isonitrosomalonylguanidin zur Eisenbestimmung in Aluminium- und Zinklegierungen und zur Kobaltbestimmung in Stählen.* Fe wird in Al-Legierungen mit der auf Zusatz von *Isonitrosomalonylguanidin* (I) eintretenden Blaufärbung photometr. bestimmt. Fe liegt nach Zusatz von salzsaurem Hydroxylamin als Fe(II)-Salz vor. Das p_H der Lsg. wird auf ca. 6 gebracht. Die Messung erfolgt bei 630 mμ. Der Fe-Geh. soll zwischen 0,08—0,4% liegen. Für geringere Fe-Gehh. in Zn-Legierungen wird in alkal. Medium bei p_H 9 gearbeitet, wenn 0,001—0,01% Fe vorliegen, da bei höherem p_H die Blaufärbung empfindlicher ist. Auch in Zn-Legierungen kann bei Ggw. von mehr Fe in saurer Lsg. gearbeitet werden. Zur Co-Best. in Stählen kann **I** statt Nitroso-R-Salz verwendet werden. Man kann bei beiden Methoden zur Zerstörung des Komplexes u. des Reagensüberschusses HNO_3 oder HCl/Bromwasser verwenden. (Analytica chim. Acta [Amsterdam] **11.** 451—62. Nov. 1954. Paris.)

PH. FRESENIUS. G 354

H. Flaschka, *Mikrotitrationen mit Äthylendiamintetraessigsäure.* 5. Mitt. *Die indirekte Bestimmung von Silber und Halogenen.* (4. vgl. C. **1954.** 7248.) Es wird über eine komplexometr. Ag-Best. berichtet, die auf der Umsetzung eines Ag-Salzes mit ammoniakal. $[Ni(CN)_4]^{2-}$-Lsg. beruht. Dabei bildet sich $[Ag(CN)_2]^-$ u. eine entsprechende Menge Ni^{2+} wird frei u. kann mit Komplexon gegen Murexid titriert werden. Nach der Fällung der Halogene als Ag-Halogenid sind also auch Cl^-, Br^- u. J^- dieser Bestimmungsmeth. zugänglich. Die beschriebene Meth. eignet sich bes. in solchen Fällen für die Ag- bzw. Halogenbest., in denen Lösungspartner die direkte Titration stören, z. B. im Anschluß an einen CARIUS- oder Peroxydaufschluß. Vf. weist auf die Möglichkeit hin, dieses Prinzip auch auf die Best. anderer Stoffe anzuwenden, die mit Cyan in Ggw. von Ni reagieren. Beleganalysen guter Genauigkeit. (Mikrochem. verein. Mikrochim. Acta **40.** 21—26. 1952. Graz-Gösting, Zankl Söhne, Entwicklungslabor.)

A.-M. FRETZDORFF. G 359

Max Ziegler und **Oskar Glemser,** *Nachweis von Palladium mit Piaselenol.* Vff. geben eine empfindliche Nachweis-Rk. für Pd mit Piaselenol (3.4-Benzo-1.2.5-selenodiazol) an. Das Reagens ist einfach aus o-Phenylendiamin u. SeO_2 darstellbar u. gibt mit $PdCl_2$ in schwach salzsaurer Lsg. schwerlösl. *Pd(II)-Chloridpiaselenol.* Die Nachweisempfindlichkeit beträgt 2 μg Pd/ml u. neben der 100fachen Menge Pt^{4+} 4 μg Pd/ml. Die Rk. zeichnet sich durch hohe Empfindlichkeit u. gute Selektivität aus. (Z. analyt. Chem. **146.** 29—32. 1955. Göttingen, Univ., Anorgan.-chem. Inst.)

R. BORCHARDT. G 365

L. T. Aldrich, J. B. Doak und **G. L. Davis,** *Die Verwendung von Ionenaustauschsäulen bei der Mineralanalyse für Altersbestimmungen.* (Vgl. C. **1956.** 2402.) Mit *Amberlite IR-120* u. *Dowex-50* beschickte Ionenaustauschsäulen werden zur Unters. von *Biotit* u. *Lepidolith* verwendet. Dabei werden getrennte *Rb*- u. *Sr*-Fraktionen erhalten, deren K- u. Ca-Geh. so gering ist, daß die massenspektrometr. Best. der Isotopenverhältnisse dadurch nicht gestört wird. Die für die Best. benötigten Probemengen betragen je nach Alter u. Rb-Geh. 0,1—2 g. Durch Verwendung von Glykolsäure als Komplexbildner für Fe u. Al (bei p_H 4,5) können aus sehr kleinen Proben von Fe–Al-Silicatmineralien hohe

Ausbeuten (99%) an *Ca* u. Sr erzielt werden. — Die Meth. von Cohn u. Kohn (C. **1949.** I. 1398) zur Trennung von Alkalimetallen mittels Trennsäule wird verbessert, die Meth. von Tompkins, Khym u. Cohn (J. Amer. chem. Soc. **69.** [1947.] 2769) zur Trennung von Sr–Ba wird auf die Trennung Sr–Ca angewendet u. ein Vers. zur vorherigen Abtrennung der störenden Alkalimetalle entwickelt. (Amer. J. Sci. **251.** 377—87. Mai 1953. Washington, D. C., Carnegie Inst. of Washington, Dep. of Terrestrial Magnetism and Geophysical Labor.) H. Gedschold. 5290

Richard Louis Jodry, *Eine Schnellmethode zur Bestimmung des Magnesium-Calcium-Verhältnisses in Bohrkernproben und ihre Verwendung zur Vorhersage der Struktur und sekundären Porosität von Kalkgesteinen.* Der „Rogers City"-Kalkstein (Devon) in Michigan führt an Stellen, wo er sek. dolomitisiert ist, Erdöl, da mit der Dolomitisierung eine Erhöhung der Porosität einhergeht. In der Umgebung der dolomitisierten Gebiete nimmt das Mg/Ca-Verhältnis im Gestein mit der Entfernung ab. Durch Best. des Mg/Ca-Verhältnisses in Bohrkernproben kann die Lage der dolomitisierten Gebiete festgelegt werden, auch wenn diese selbst nicht durch eine Bohrung getroffen werden. Die Best. geschieht komplexometr. mit Di-Na-Äthylendiamintetraacetat („Versenat"). (Bull. Amer. Assoc. Petroleum Geologists **39.** 493—511. April 1955. Grand Rapids, Mich.) W. Baur. 5290

b) Organische Verbindungen.

Robert Ginell und **Herbert Silverman,** *Die Analyse homogener ternärer Systeme: Das System Benzol, n-Butylbromid und Nitrobenzol.* Vff. schlagen zur analyt. Best. der Zus. homogener tern. Systeme eine allg. anwendbare Meth. vor, die auf der wiederholten Messung einer physikal. Eig. der unbekannten Lsg. nach Zugabe einer bekannten Menge von bekannter Zus. beruht. Aus diesen Angaben u. dem Diagramm der betreffenden Eig. in Abhängigkeit von der Zus. kann die genaue Analyse der unbekannten Mischung erfolgen. Erläutert wird das Verf. an dem Syst. Bzl.–n-Butylbromid–Nitrobenzol, dessen Brechungsindex n_D^{25} gemessen wird. Gleichzeitig wird das Konzentrationsdiagramm mit den isorefraktiven Linien mitgeteilt. Zwei verschied. Wege zur Auswertung der Verss. sind möglich, um aus dem Gewicht der unbekannten Mischung, ihrem Brechungsindex n_1, dem Gewicht des bekannten Zusatzes u. dem Wert n_2 der neuen Mischung die %-Gehh. der unbekannten Mischung graph. zu bestimmen. Die mitgeteilten Ergebnisse bestätigen die Brauchbarkeit des Verfahrens. (J. Amer. chem. Soc. **73.** 1596—97. April 1951. Brooklyn, N. Y.) G. Weitbrecht. 5350

K. E. Wilzbach und **W. Y. Sykes,** *Die Bestimmung von isotopem Kohlenstoff in organischen Verbindungen.* Zur Best. von ^{14}C in organ. Verbb. wird die Probe (1 bis 10 mg) in einer zugeschmolzenen Pyrexröhre (17 cm × 11 mm) mit 0,75 g CuO + 0,25 g Cu vermischt u. 30 Min. auf 640 ± 10° erhitzt. Das entstandene CO_2 wird durch fraktionierte Kondensation in einem U-Röhrensyst. (Abb.) bei — 195° isoliert u. manometr. gemessen. Die mit einer Anzahl organ. Verbb. erhaltenen Werte betragen 100,6 ± 1,1% der nach der Pregl-Meth. bestimmten Werte oder 100,67 ± 0,30% der Theorie. (Science [Washington] **120.** 494—95. 24/9. 1954. Lemont, Ill., Argonne Nat. Labor., Chem. Div.) K. F. Müller. 5352

Irving H. Sher, *Ein zweistufiger Mischindicator für die Stickstoffbestimmung nach Kjeldahl.* Beschreibung eines neuen Mischindicators für die NH_3-Titration bei der Kjeldahl-N-Best.; Herst.: 350 mg Bromkresolgrün in 10 cm³ 95%ig. A. mit 1 cm³ 0,5 n NaOH u. ca. 200 cm³ dest. W. mischen, 22,1 cm³ wss. 1%ig. Neucoccinlsg. (Ansco, Binghamton, N. Y.) u. 750 mg p-Nitrophenol in 95%ig. A. zugeben, mit W. auf 250 cm³ verdünnen; Farbumschlag (0,5 mol. Phthalatpufferlsg.): $p_H > 7,6$ grün, 7,4 bläulichgrün, 6,6 tiefblau, 5,7 blau, 4,8 gräulichblau, 4,7 bläulichgrau, 4,6 grau, 4,5 gelblichgrau, 4,4 gräulichgelb, $< 4,4$ gelb–gelborange. (Analytic. Chem. **27.** 831—32. Mai 1955. New York, N. Y., Mount Sinai Hosp., Dep. of Chem.) K. Maier. 5352

F. A. Vandenheuvel, *Platinoxyd auf Kieselsäure, ein stabiler aktiver Katalysator für Hydrierungen.* Die Darst. u. Anwendung eines bei Raumtemp. sehr akt., jedoch recht stabilen Katalysators für Hydrierungen aus PtO_2 auf SiO_2 als Träger (Modifizierung des Katalysators nach Adams) wird beschrieben, seine Eigg. werden unter verschied. Bedingungen untersucht u. mit denen von Raney-Ni u. von Adams-Katalysator verglichen. Die mit diesem Katalysator erzielten Hydriergeschwindigkeitsdaten sind reproduzierbar u. von der chem. Konst. des zu hydrierenden Materials abhängig. Seine Anwendung bei Best. der Mehrfachbindungen ungesätt. Verbb. bietet infolge der kurzen Reaktionszeiten u. scharfen Endpunkte Vorteile. (Analytic. Chem. **28.** 362—65. März 1956. Halifax, N. S., Can., Fisheries Res. Board of Canada, Atlantic Fisheries Exp. Stat.) H. Hofmann. 5364

L. Breitman und **E. W. R. Steacie,** *Die Benutzung der Infrarotspektrophotometrie zur Bestimmung kleiner Mengen von einigen halogenierten Kohlenwasserstoffen.* Vff. bestimmten die Infrarotspektren von Chloral (I), CCl_4 (II) u. $HCCl_3$ (III) zwischen 1500 u. 650 cm^{-1} in der Gasphase über einen Druckbereich von 0,1—20 Torr u. fanden in diesem Druckbereich eine gute Übereinstimmung der Bandenintensitäten mit dem BEERschen Gesetz. (PERKIN-ELMER-Doppelstrahl-Spektrophotometer Modell 21 mit NaCl-Prisma unter Verwendung einer zylindr. 10 cm-Gaszelle von 139 cm^3 Gesamtinhalt.) Zur quantitativen Best. der Stoffe I—III in Form von 2- u. 3-Stoffgemischen zogen sie folgende Absorptionsbanden heran: 794 cm^{-1} II; 1220 cm^{-1} III; 1358, 1030, 987, 857 cm^{-1} I. Die Genauigkeit beträgt ± 5—20%. — Analoge Messungen wurden für Gemische von H_2CCl_2 (IV) u. H_3CCl (V) durchgeführt (Schichtdicke 1—10 mm). Die relativ schwachen Absorptionsbanden sind für IV: 1277, 1262, 762, 747 cm^{-1} u. für V: 1370, 1340, 745, 726, 710 cm^{-1}. (Canad. J. Chem. **31.** 328—37. April 1953. Sarnia, Ontario, Can., Polymer Corp., Res. and Development Div.) H. RÖPKE. G 500

Charles E. Frohman und **James M. Orten,** *Die fluorometrische Bestimmung von Polycarbonsäuren im Anschluß an die Chromatographie.* Es wird eine Meth. zur quantitativen Best. von Polycarbonsäuren angegeben, nachdem die Säuregemische die chromatograph. Silicatkolonne durchlaufen haben. Infolge ihrer Löslichkeit in Ae. können die extrahierten Derivv. radioakt. Messungen mit dem GEIGER-Zähler unterworfen werden. Der Silicagelkolonne mit tert.-Amylalkohol u. Chlf. als Lösungsmittel wurde 0,4%ig. Resorcinlsg. zugesetzt. Die Fluorescenz der Derivv. wird im COLEMAN-Photofluorometer mit blauem A COLEMAN B-2-Filter gemessen. Das Instrument wurde so eingestellt, daß eine Chininstandardlsg. mit 20 γ Chininsulfat in 100 cm^3 39 Skalenteile anzeigt. Die Fluorescenz der zu bestimmenden Säuren wurde mit entsprechenden Eichkurven verglichen. Steigende Temp. verursacht Zunahme der Intensität der Fluorescenz, die wiederum den zugesetzten Resorcinmengen zwischen 0 u. 20 γ direkt proportional ist. Die relative Fluorescenz von 40 γ Säure u. deren Farben: *Fumarsäure* 24, blauviolett; *α-Ketoglutarsäure* 35, blaugrün; *Oxalessigsäure* 12, blaugrün; *Bernsteinsäure* 20, gelbgrün; *Aconitsäure* 75, hellblau; *Äpfelsäure* 22, blauviolett; *Isocitronensäure* 58, hellblau; *Citronensäure* 89, himmelblau. Zur radioakt. Best. der Polycarbonsäuren in der Leber von Ratten wurde $CH_3{}^{14}COONa$ injiziert. Nach der Chromatographie des in tert.-Amylalkohol u. Chlf. aufgenommenen Leberextraktes wurde die Radioaktivität der Fraktionen gemessen. Die Auswertung ergab als durchschnittliche Konz. auf 100 g Leber (in mg): Citrat: 2,4, Aconitat: 0,6, Isocitrat: 0,9, α-Ketoglutamat: 1,5, Succinat: 2,4, Fumarat: 1,8, *Malat*: 1,7. (J. biol. Chemistry **205.** 717—23. Dez. 1953. Detroit, Mich., Wayne Univ., Coll. of Med., Dep. of Physiol. Chem.) H. TOEPSCH. G 800

R. Payfer, *Anordnung zur Bestimmung von Carbaminsäurederivaten.* An den mit erhitzter u. wieder abgekühlter Mischung H_3PO_4/H_2SO_4 beschickten Destillationsapp. werden mehrere Waschflaschen hintereinander angeschlossen. Zur Best. von I.P.C. (Natriumdimethyldithiocarbaminat) werden 3 Flaschen mit 25, 15 u. 10 ml 0,1n NaOH beschickt. Für Dithiocarbaminate werden hintereinander angeordnet 25 ml W., 10 ml 10%ig. Pb-Acetatlsg., 25, 15 u. 10 ml frisch bereitete 2n alkoh. KOH. (J. Assoc. off. agric. Chemists **38.** 534—36. 15/5. 1955. Ottawa, Ontario, Can., Labor. Serv., Plant Prod. Div., Dep. of Agric.) R. BEYTHIEN. G 880

Walter H. Jura, *Polarographische Bestimmung von S-(1.2-Dicarbäthoxyäthyl)-O.O-dimethyldithiophosphat (Malathion).* Durch alkal. Zers. liefert *S-(1.2-Dicarbäthoxyäthyl)-O.O-dimethyldithiophosphat* (I) neben *Di-Na-O.O-dimethyldithiophosphat* eine äquivalente Menge *Fumarsäure* (II), welche nach Ansäuern polarograph. bestimmt werden kann. Durch polarograph. Unters. von unzers. I in saurer, alkoh. Lsg. kann der Geh. an II-Diäthylester, der die Hauptverunreinigung des techn. I darstellt, ermittelt u. von dem nach Alkalihydrolyse erhaltenen II-Wert abgezogen werden. Eine Red. von I erfolgt unter diesen Bedingungen nicht. (Analytic. Chem. **27.** 525—28. April 1955. Stamford, Conn., Amer. Cyanamid Co., Res. Labor.) E. MOISAR. G 980

Ju. G. Mamedalijew, I. G. Issmailsade, Sch. Mirsojewa, T. Seinalowa und **Ch. M. Abdullajewa,** *Neue Analysenmethode der Dialkylbenzolisomeren.* Die Trennung der aus den Dialkylbenzolen durch Oxydation erhaltenen *Phthalsäuren* [Phthalsäure (I), Isophthalsäure (II), Terephthalsäure (III)] auf Grund ihrer verschied. Löslichkeit in W. (III bei 70—80° unlösl., II bei 2° unlösl., I in kaltem W. völlig lösl.) führt nicht zum Ziel, da III teilweise in die Fraktion von II u. II teilweise in die von I übergeht. Eine quantitative Best. ist nach den Röntgenpulverdiagrammen möglich, wenn diese im Komparator mit einer Genauigkeit von 0,01 mm verglichen werden, wobei die Flächenabstände (d) unter Berücksichtigung der Absorption von Röntgenstrahlen durch die Proben nach der Formel von WOOLFE-BRAGG berechnet werden. Starke Linien zeigt

I bei 4,893, 3,350 u. 2,405 (Å), II bei 3,735 u. 3,242, III bei 5,265, 3,615 u. 3,220. Bei Registrierung der Linienintensität nach der Ionisationsmeth. wird die Genauigkeit der Meth. wesentlich erhöht u. der Arbeitsaufwand vermindert. (Доклады Академии Наук СССР [Ber. Akad. Wiss. UdSSR] **102.** 529—30. 21/5. 1955. Erdölinst. der Akad. der Wiss. der AserbaidschanSSR.) R. K. MÜLLER. G 1010

David H. Rosenblatt, Mary M. Demek und **Joseph Epstein,** *Bestimmung von Guajacol in Gegenwart großer Mengen Brenzcatechin. Guajacol* (I) u. *Brenzcatechin* (II) bilden mit 4-Aminoantipyrin unter dem Einfl. von alkal. $K_3Fe(CN)_6$-Lsg. Farbstoffe. Derjenige von I ist mit Chlf. extrahierbar, der von II nicht. Die Absorption der Chloroformlsg. wird bei 460 mμ gemessen. Die Kondensation erfolgt bei p_H 10,45—10,55, die Extraktion durch kräftiges Rühren im Becherglas mit Chlf. zur Vermeidung einer Verunreinigung mit Hahnfett. Die Konz. an I liegt zwischen 0 u. 0,06 p.p.m., an II nicht höher als $2{,}5 \cdot 10^{-4}$ molar. (Analytic. Chem. **26.** 1655—56. Okt. 1954. Army Chem. Center, Md., Chem. Corps Med. Labor.) PH. FRESENIUS. G 1060

Duane T. Englis, James W. Miles und **Louis A. Wollerman,** *Einige Bemerkungen zur colorimetrischen Vanillinbestimmung.* Bei der Meth. nach FOLIN u. DENIS (Ind. Engng. Chem. **4.** [1912.] 670) führt der vorgeschriebene Sodazusatz zur Bldg. störender Ndd.; diese können durch Zugabe von Na-Hexametaphosphat bei üblicher Sodamenge ohne Änderung des End-p_H-Wertes vermieden werden. Hierdurch wird das Verf. rascher u. zuverlässiger. (J. Assoc. off. agric. Chemists **38.** 519—23. 15/5. 1955. Urbana, Ill. Univ. of Illinois, Dep. of Chem. and Chem. Engng. and Dep. of Food Technol.) R. BEYTHIEN. G 1140

T. L. Hardy, D. O. Holland und **J. H. C. Nayler,** *Einphasenlösungsmittelgemische zur Trennung von Aminosäuren.* Es werden die R_F-Werte der 22 üblichen Aminosäuren bei der absteigenden Chromatographie auf WHATMAN-Papier Nr. 1 bei 20 ± 2^0 unter Verwendung von 17 Lösungsmittelgemischen mitgeteilt. Durch zweidimensionale Chromatographie, wobei sich bes. die Lösungsmittelkombinationen: A.–1-Butanol–W.–Piperidin (10 : 10 : 5 : 2)/1-Propanol–Butanon–W.–Dicyclohexylamin (10 : 10 : 5 : 2), A.–1-Butanol–W.–Diäthylamin (10 : 10 : 5 : 2)/1-Butanol–Aceton–W.–Dicyclohexylamin (10 : 10 : 5 : 2), A.–1-Butanol–W.–Propionsäure (10 : 10 : 5 : 2)/1-Butanol–Aceton–W.–Dicyclohexylamin (10 : 10 : 5 : 2) u. a. als geeignet erweisen, lassen sich 16 von 18 Aminosäuren identifizieren; lediglich Leucin u. Isoleucin sind schlecht trennbar. Sämtliche 18 Aminosäuren lassen sich durch 4 eindimensionale Chromatogramme identifizieren. Die hierbei verwendeten Lösungsmittelsysteme sind: 1-Butanol–Butanon–W. (10 : 10 : 5), 1-Butanol–Butanon–W.–Cyclohexylamin (10 : 10 : 5 : 2), A.–1-Butanol–W.–Dicyclohexylamin (10 : 10 : 5 : 2) u. 1-Butanol–Butanon–W.–Dicyclohexylamin (10 : 10 : 5 : 2). Besprühen der Papiere mit einer 5%ig. alkoh. Lsg. von Cyclohexylamin oder Dicyclohexylamin bzw. Verwendung von Lösungsmittelsystemen, welche diese Amine enthalten, bewirkt die Bldg. verschieden gefärbter Flecke bei der nachfolgenden Ninhydrin-Rk., wodurch weitere Differenzierungen der Aminosäuren möglich sind. (Analytic. Chem. **27.** 971—74. Juni 1955. Betworth, Beecham Res. Labors., Ltd., Med. Chem. Div., u. London, C. L. Bencard, Ltd.) K. F. MÜLLER. G 1300

David A. Hall und **Arne Tiselius,** *Die Trennung kleiner Mengen aromatischer Aminosäuren.* In einer 14,1 ml-Säule, gefüllt mit 3 Teilen Super Cel u. 1 Teil Carboraffin Supra, werden *Tyrosin* (I), *Phenylalanin* (II) u. *Tryptophan* (III) getrennt. Ein Gemisch von I, II, III u. *Methionin* (IV) wird in 0,1 mol. $Na_2CO_3/NaHCO_3$-Puffer gelöst, in die Säule eingebracht u. diese mit Pufferlsg. gesättigt. Beim Durchlaufen einer 1%ig. Lsg. von n-Butanol, 2-Methylbutanol-(2), 3-Methylbutanol-(1) u. Benzylalkohol im gleichen Puffer werden **I, II, III** u. **IV** nacheinander vom Adsorbens abgedrängt u. erscheinen als diskrete Fraktionen im Eluat. Identifizierung erfolgt durch Best. der Brechungsindices der einzelnen Fraktionen in Abhängigkeit vom Vol. des Eluats. Die erhaltene Kurve zeigt einen stufenförmigen Aufbau, wobei am Fuße einer jeden Stufe ein Maximum der Brechungsindices auftritt. Die Prüfung der einzelnen Fraktionen mit Ninhydrin ergibt, daß diese Maxima den einzelnen Aminosäuren entsprechen. Bei einer Gesamtmenge von 461 γ Aminosäuren werden 96% wiedergewonnen. — Eine direkte Abtrennung aus Peptidhydrolysaten nach dieser Meth. erweist sich als nicht möglich. — Eine Trennung von I u. II durch isomere Amylalkohole gelingt nicht. Verss., sie mit n-Buttersäure u. 3-Methylbuttersäure zu trennen, schlugen fehl. Vff. konnten zeigen, daß bei isomeren Amylalkoholen, Buttersäuren u. Valeriansäuren die Retentionsvolumina den Kpp. direkt proportional sind. (Acta chem. scand. **5.** 854—58. 1951. Upsala, Univ. of Upsala, Inst. of Biochem.) R. DIETRICH. G 1300

Q. Fernando, *Amperometrische Titration von 8-Oxychinolin und einigen Derivaten mit Kaliumbromat.* Die amperometr. Titration von *8-Oxychinolin* (I), *8-Oxychinaldin* (II)

u. *8-Oxychinolin-5-sulfonsäure* (III) mit KBr–KBrO$_3$-Lsg. wurde mit einer gesätt. Kalomel- u. einer rotierenden Pt-Mikroelektrode bei Zimmertemp. durchgeführt. In einer $3 \cdot 10^{-4}$ mol. Lsg. können I, II u. III mit einer Genauigkeit von 1%, in einer $2 \cdot 10^{-5}$-mol. Lsg. I u. II mit einer Genauigkeit von 5% u. III in einer $9 \cdot 10^{-5}$ mol. Lsg. mit einer Genauigkeit von 3% bestimmt werden. (Analyst **79.** 713—14. Nov. 1954. Colombo, Ceylon, Univ., Dep. of Chem.) R. KIESSIG. G 3231

P. H. List, *Versuch zur quantitativen Bestimmung von Alkaloiden in Pherogrammen.* Alkaloide, z. B. *Atropin,* die einen schwer lösl. Nd. mit Phosphormolybdänsäure geben u. im elektr. Feld unzers. wandern, lassen sich folgendermaßen durch quantitative Papierelektrophorese bestimmen: 50—300 γ in A. gelöstes Alkaloid werden mit einer Breite von ca. 3 cm auf mit 10%ig. Ameisensäure getränkte Papierstreifen (39 × 400 mm, SCHLEICHER u. SCHÜLL 2043b) aufgetragen. Nach 3std. Elektrophorese werden die an der Luft getrockneten Streifen durch eine Lsg. von 1 g Phosphormolybdänsäure in 2 ml konz. HNO_3 + 98 ml W. gezogen u. 10 Min. mit W. gewaschen. Die an der Luft getrockneten Streifen werden in ein Bad von 1 g $SnCl_2$ in 100 ml 3,8%ig. HCl getaucht u. wieder an der Luft getrocknet. Die blauen Zonen werden nach Behandlung des Papiers mit α-Bromnaphthalin + Paraffin (1 : 1) mit dem GRASSMANNschen Gerät photoelektr. ausgewertet. Die Flächen der Extinktionskurven sind ein Maß für den Alkaloidgeh. des Fleckes, der jeweils aus der aufgestellten Eichkurve entnommen wird. (Naturwissenschaften **41.** 454. Okt. 1954. Würzburg, Univ., Inst. für Pharm. u. Lebensmittelchem.) K. F. MÜLLER. G 3500

c) Bestandteile von Pflanzen und Tieren.

Carmelo Ciaccio, *Bemerkungen zur Methode von Baker zum Nachweis komplexer Lipide.* Entgegnung auf Bemängelungen der Meth. (*Phospho-* u. *Glykolipide* werden durch Hämatoxylin u. nachfolgendes Differenzieren mit Ferricyanid-Borax schwarz bzw. grau angefärbt) u. eigene Verbesserung der Arbeitsweise. (Bull. Microscopie appl. [2] **4.** 45—46. Mai/Juni 1954.) K. BLUMRICH. 5661

D. L. McIntosh, *Ein Feulgen-Carminverfahren zur Färbung von Pilzchromosomen.* Nach Vorbehandlung der Apothecien von Pyronema confluens mit *Schneckenmagencytase* (I) wurden sie mit der FEULGEN-Rk. gefärbt u. dann nach Zerquetschen mit Propiono-Carmin (II) behandelt. Die Chromosomen sind so bes. klar darstellbar. I wird nach Töten der Schnecken mit Chlf., Entfernen der Schalen mit HCl u. Entnahme des Magensaftes mit einer feinen Pipette erhalten. II wird durch mehrstd. Kochen von 0,5 g Carminpulver in 100 cm³ 45%ig. Propionsäure hergestellt. (Stain Technol. **29.** 29—31. Jan. 1954. Summerland, British Columbia, Can., Plant Pathol. Labor.) PH. FRESENIUS. 5661

J. H. Muntz und **S. W. Melsted,** *Spektrographische Analyse von gepreßtem unveraschtem Pflanzenmaterial.* Beschreibung einer für Reihenunterss. geeigneten spektrograph. Meth. zur Best. von *P, Mg, Ca, K, Mn, B, Cu* u. *Zn* in unveraschten, gepreßten Pflanzenproben. Zur Aufstellung der Eichkurven dient unveraschtes, chem. analysiertes Pflanzenmaterial (für P, Mg, Ca u. K z. B. unreifer Weizen, Rotklee, Alfalfa, Roggen, für B, Cu u. Zn z. B. unreifer Weizen, Roggen). Die Proben werden durch Mischen des fein zerriebenen Pflanzenmaterials mit Li_2CO_3 u. Graphit u. Pressen hergestellt. Die Erregung erfolgt durch einen Hochspannungsfunken. Die 8 Elemente sind bei einer einzigen Exposition mit einer Genauigkeit innerhalb ca. ±20% bestimmbar. Mit Hilfe geeigneter Eichsubstanzen lassen sich auch Na, Si, Fe u. Al bestimmen. (Analytic. Chem. **27.** 751—53. Mai 1955. Urbana, Ill., Univ. of Illinois, Dep. of Agron.) K. MAIER. 5664

T. R. Williams und **R. R. T. Morgan,** *Calciumbestimmung in pflanzlichem Material mit dem Flammenphotometer.* 1—5 g Material werden mit HNO_3 u. $HClO_4$ verascht, die Asche in heißem W. gelöst u. auf ein bestimmtes Vol. aufgefüllt. Ein 10—1000 γ Ca enthaltender aliquoter Anteil wird auf 5 ml aufgefüllt, 1 ml Pufferlsg. (20 g NH_4-Acetat in W. lösen, 10 ml Eisessig zugeben u. auf 100 ml auffüllen) u. 2 ml gesätt. NH_4-Oxalatlsg. zugegeben u. 10 Min. zentrifugiert. Der Nd. wird in 10 ml n/25 HNO_3 gelöst u. damit im Flammenphotometer Ca bestimmt. Zur Feststellung der Eichkurve werden Ca-Standardlsgg. in gleicher Weise behandelt, wobei die Nullstellung auf n/25 HNO_3 u. der Maximalausschlag für 1000 γ Ca eingestellt wird. Mit diesem Verf. ermittelte Ergebnisse an verschied. pflanzlichen Materialien werden mitgeteilt. (Chem. and Ind. **1953.** 970. 12/9. Wye, Kent, Nat. Agric. Advisory Serv.) F. KRUSEN. 5664

G. B. Jones, *Die polarographische Bestimmung von Molybdän in Pflanzenmaterial.* In 1%ig. Schwefelsäurelsg., mittels welcher Pflanzenmaterial digeriert wurde, wird Mo^{6+} durch Zusatz von α-Benzoinoxim als Komplex gebunden u. anschließend durch Chlf. extrahiert. Nach Verdampfen des Lösungsm. wird der Rückstand durch konz.

H_2SO_4 zers., mit 1 mol. $NaClO_4$-Lsg. verd. u. polarographiert. Als empfindliche Anzeige dient die Welle, welche durch Rückoxydation von $Mo^{3+} \rightarrow Mo^{4+}$ verursacht wird. Eichkurve ist erforderlich. Die Meth. ist selektiv u. bes. für geringe Mengen Mo geeignet. (Analytica chim. Acta [Amsterdam] **10.** 584—90. Juni 1954. Adelaide, Australia, Univ. of Australia, Div. of Biochem. and Gen. Nutrit., Commonwealth Sci. and Ind. Res. Organizat.) H. BERG. 5664

D. E. Hughes und **D. H. Williamson,** *Säureentfernung durch Trioctylamin aus mikrobiologischem Untersuchungsmaterial.* Zur mikrobiol. Best. von Histidin in wss. Lsg. (Blut, Gewebe) kann Trichloressigsäure u. HCl nach der Meth. von SMITH u. PAGE (J. Soc. chem. Ind. **67.** [1948.] 48) mit Trioctylamin in Chlf. extrahiert werden. Überschüssiges Trioctylamin muß durch Ausschütteln mit Chlf. u. Ae. entfernt werden. Als Testorganismus diente Leuconostoc mesenteroides P 60 nach BARTON-WRIGHT [1946]. (Biochemic. J. **48.** 487—90. April 1951. Sheffield, Univ., Dep. of Biochem.) G. LENHARD. 5666

d) Medizinische und toxikologische Analyse.

Britton Chance und **G. R. Williams,** *Eine einfache Schnellbestimmung der oxydativen Phosphorylierung.* Es wird eine rasch arbeitende Meth. zur Best. der oxydativen Phosphorylierung mitgeteilt, die darauf beruht, daß geeignet hergestellte Mitochondrienpräpp. (Meerschweinchenleber) in Abwesenheit eines Phosphatacceptors nur wenig, bei Zugabe von *Adenosindiphosphat* jedoch rasch atmen. Die Atmung (O_2-Konz.) wird mit einer vibrierenden Pt-Mikroelektrode, die schneller als eine stationäre anspricht, gemessen. (Nature [London] **175.** 1120—21. 25/6. 1955. Philadelphia, Pa., Univ. of Pennsylvania, Johnson Res. Foundat.) K. MAIER. 5725

Makepeace U. Tsao, Shirley S. Sethna, Charles H. Sloan und **Lillian J. Wyngarden,** *Spektrophotometrische Bestimmung der Sauerstoffsättigung von Gesamtblut.* (Vgl. nachst. Ref.) Vff. beschreiben eine spektrophotometr. Schnellmeth. zur Best. der Blut-O_2-Sättigung mit 0,5 cm^3-Proben. Im Vgl. zu 21 Proben, die nach VAN SLYKEs manometr. Meth. mit O_2-Sättigungen im Bereich von 12,3—100% u. Hämoglobin im Bereich von 11,7—16,3 g% bestimmt wurden, zeigte sich eine Varianz von 1,14. (J. biol. Chemistry **217.** 479—87. Nov. 1955. Ann Arbor, Mich., Univ., Med. School, Dep. of Pediatr. and Communicable Diseases.) G. BRATFISCH. 5727

Makepeace U. Tsao und **Charles H. Sloan** (mit klin. Assistenz von **Jeana Levinthal**), *Polarographische Bestimmung des Sauerstoffdruckes von Gesamtblut.* (Vgl. vorst. Ref.) Vff. beschreiben eine polarograph. Meth. zur direkten Best. des O_2-Druckes von 5 cm^3 gesätt. oder ungesätt. Blut. Die Standardabweichungen einer einzigen Analyse für den O_2-Druck im Bereich von 30, 75 u. 140 mm Hg waren 0,8, 1,4 u. 2,0 mm Hg. (J. biol. Chemistry **216.** 165—77. Sept. 1955. Ann Arbor, Mich., Univ., Med. School, Dep. of Pediatr. and Communicable Diseases.) G. BRATFISCH. 5727

M. J. Maurice und **R. F. Rekker,** *Die quantitative Bestimmung geringer Acetaldehydmengen. Diazotierte Sulfanilsäure* (**I**) u. *Phenylhydrazin-p-sulfosäure* (**II**), die bereits von PENTZOLD u. FISCHER [1883] bzw. BILTZ u. Mitarbeitern [1902] zum qualitativen Aldehydnachw. vorgeschlagen wurden, lassen sich zur quantitativen Best. von γ-Mengen CH_3CHO verwenden. Bei der CH_3CHO-Best. in biol. Material ist dieser zweckmäßig durch Dest. zu isolieren. Aminosäuren können durch die Bldg. SCHIFFscher Basen stören; vor der Dest. gibt man deshalb etwas konz. H_2SO_4 zum Destillationsansatz. Die Meth. ist dann geeignet zur CH_3CHO-Best. in Blut u. ähnlichem. Ausführung: **I**-Methode. Reagens: 160 mg **I** werden in 50 ml W. gelöst u. nach Zugabe von 2 ml 30%ig. NaOH mit W. zu 100 ml ergänzt. CH_3CHO-Lsg.: 0,5 mg werden in 90 ml W. + 10 ml 2n NaOH gelöst. 10 ml Reagens werden mit 0,5—4,0 γ CH_3OH enthaltender Lsg. versetzt u. zu 11 ml ergänzt. Nach Zugabe von 1600 mg Na-Amalgam (2%ig) wird die Extinktion der orange Färbung gegen eine Lsg. von 10 ml Reagens + 1 ml W. + 1600 mg Amalgam bestimmt; die Extinktion wird nach 30 Min. konstant. **II**-Methode. Reagens: 180 mg **II** werden in 75 ml W. gelöst; die Lsg. wird mit 25 ml 2n NaOH versetzt. Zu 12 ml auf 40° erwärmtem Reagens gibt man 1,5—5 γ CH_3CHO enthaltende Lsg. u. füllt auf 13 ml auf. Die Extinktion der orange Färbung wird gegen 12 ml Reagens + 1 ml W. bestimmt; sie wird nach 20 Min. konstant. (Recueil Trav. chim. Pays-Bas **73.** 959—62. Nov. 1954. Amsterdam, Univ., Chem. Labor.) K. F. MÜLLER. 5727

Fr. Rolf Preuß, *Über die elektrodialytische Bestimmung kleinster Alkaloidmengen aus Blut* (*im Vergleich mit anderen Methoden*). 1. Mitt. Vf. beschreibt theoret. Grundlagen, Versuchsanordnung u. -durchführung zur elektrodialyt. Abtrennung von *Alkaloiden* aus Blut. Es werden die Universalapp. nach MANEGOLD u. die ZSIGMONDY-Membrane

U.F. feinst (beides von MEMBRANFILTERGES. GÖTTINGEN) verwendet. Mit dem elektrodialyt. Verf. konnten bis 85% zugesetzter *Chinin*-Mengen wiedergefunden werden, gegenüber nur 12% bei einfacher Dialyse. (Arch. Pharmaz. Ber. dtsch. pharmaz. Ges. **288/60.** 195–203. 1955. Freiburg/Br., Univ., Pharmazeut. Inst.) F. KRUSEN. 5727

R. J. H. Scholtis, *Die Bestimmung des Serumkupfers mit Natriumdiäthyldithiocarbaminat.* Reagentien: 1. 6n HCl; 2. 25%ig. CCl_3COOH; 3. 10%ig. Citronensäurelsg.; 4. A.-NH_4OH-Mischung (100 ml 96%ig. A. + 12 ml ca. 24%ig. NH_4OH); 5. 2%ig. Na-Diäthyldithiocarbamatlsg. (0,2 g in 50%ig. A. zu 10 ml gelöst) u. 6. $CuSO_4$-Vorratslsg., enthaltend 50 γ Cu/ml (0,1964 g $CuSO_4 \cdot 5\,H_2O$ in Aqu. bidest. gelöst + 2 ml 6n HCl, auf 1000 ml aufgefüllt). Arbeitsvorschrift: 5 ml 2mal schnell abzentrifugiertes u. Cu-frei abgenommenes Serum werden in ein 25 ml-Zentrifugenglas pipettiert, mit 4,5 ml dest. W. zu 9,5 ml verd. u. durchgemischt. Nach Zugabe von 2,5 ml 6n HCl u. Mischen wird 10 Min. stehengelassen. Dann werden 4 ml CCl_3COOH zugegeben. Nach gutem Mischen wird wieder 10 Min. stehengelassen. Nach Filtrieren von 10 ml durch ein 9 cm-Filter SCHLEICHER u. SCHÜLL Nr. 5892 in einen Meßzylinder wird das Filtrat in einen 25 ml-Meßkolben übergeführt, 0,5 ml Citronensäurelsg. zugegeben u. gemischt. Der Meßzylinder wird 2mal mit ca. 5 ml A.-NH_4OH-Mischung, aus einer Bürette zugegeben, ausgespült u. dann noch so viel zugegeben, daß insgesamt 14 ml zugefügt sind. Es wird nach jeder Zugabe gut gemischt. Der Kolben wird auf Zimmertemp. durch Stehenlassen oder unter dem Wasserstrahl abgekühlt. Nach Abkühlung auf Raumtemp. u. Zugabe von 0,5 ml Na-Diäthyldithiocarbamatlsg. wird gemischt u. schließlich mit A.-NH_4OH-Mischung (ca. 0,8 ml) zu 25 ml aufgefüllt. Nach 5 Min. Stehen wird die Extinktion des gelben Cu-Diäthyldithiocarbamats bei 4300 Å im photoelektr. Colorimeter bestimmt (Küvetten von 4 cm, die mit einer Glasplatte abgeschlossen werden) u. eine Blindmessung ausgeführt. — Zur Herst. einer Eichkurve werden 5 ml $CuSO_4$-Lsg. in einen 250 ml-Meßkolben pipettiert u. nach Zugabe von 1 ml 6n HCl mit dest. W. auf 250 ml aufgefüllt (1 γ Cu/ml). In 6 Zentrifugengläser werden von dieser Eichlsg. 0, 1, 3, 5, 7 u. 9 ml pipettiert u. mit 9,5, 8,5, 6,5, 4,5, 2,5 u. 0,5 ml dest. W. u. danach jedes Glas mit je 2,5 ml 6n HCl u. je 4 ml CCl_3COOH versetzt. Diese Lsgg. werden genau wie oben behandelt. Die Extinktionen werden gegen eine Blindprobe gemessen (ohne Reagens). Die Mengen Cu in γ%, gegen die dazu gehörenden Extinktionen der Eichlsgg., vermindert um die Extinktion der Blindprobe aufgetragen, ergeben eine Gerade, die durch den Nullpunkt geht. Die Glasgeräte müssen peinlichst sauber gehalten werden (staubfreie Aufbewahrung, mindestens 2mal mit Aqu. bidest. spülen!). Aqu. bidest., HCl, CCl_3COOH u. NH_4OH müssen aus Glasapparaturen dest. werden u. die Citronensäure-, Na-Diäthyldithiocarbamatlsg. u. der A. müssen nach Herst. durch ein Cu-freies Glasfilter filtriert werden. Die Standardabweichung (σ) beträgt 2,43. Die Extinktion betrug (gemessen mit einem photoelektr. ENGEL-Colorimeter) je γ Cu/cm^3 in einer 1 cm-Küvette 1,92. (Nederl. Tijdschr. Geneeskunde **98.** 1795–98. 26/6. 1954. Heerlen, St. Josephziekenhuis, Clin.-chem. Labor.) H. PATZSCH. 5728

Jiří Rovenský, *Die SPV (Sulfo-Phospho-Vanillin)-Reaktion in der klinischen Praxis.* Die Best. der Serumlipoide mit H_2SO_4 (D. 1,81), H_3PO_4 (D. 1,61) u. 0,6%ig. wss. Vanillinlsg. wird als einfache klin. Untersuchungsmeth. empfohlen. Für die systemat. u. dynam. Registrierung der Lipämie ist die Kenntnis der Normalwerte erforderlich, die nach den bisherigen Unterss. 280–380 mg%, bezogen auf Ölsäure, betragen. (Bratislavské Lekárske Listy **33.** 173–77. März 1953. Brünn [Brno], Dermatol. Klin.) R. K. MÜLLER. 5728

Ch. Wunderly und **R. J. Wieme,** *Über die Messung der Lipoide bei der Papierelektrophorese.* Es wird eine Meth. zur Gewinnung genauerer Werte der Lipoide bei der Papierelektrophorese beschrieben. Hierbei werden bestimmte Mengen des untersuchten *Serums* u. außerdem gleiche Mengen von zwei Standardlsgg. aus Triglyceridlsgg. der Elektrophorese unterworfen. Die Vergleichsproben werden zusammen mit den Versuchsproben gefärbt u. dienen als Kontrolle der quantitativen Auswertung der Streifen. (Arch. int. Pharmacodynam. Thérap. **63.** 318–27. Sept. 1955. Zürich, Univ., Med. Klinik u. Gand, Clin. Méd.) H. GOHR. 5728

Marcel Péronnet und **Jacques Hugonnet,** *Eine neue colorimetrische Methode zur Bestimmung von Glucose im Blutplasma und der cephalo-rhachidischen Flüssigkeit.* Vff. berichten über eine colorimetr. Meth. zur Best. von *Glucose* (I) in biol. Fll., die auf der Violettfärbung von I mit *o-Dinitrobenzol* (II) (F. 117°) in alkal. Medium durch Bldg. von o-Nitronitrosobenzol beruht. Es wird 1 Vol. Blutplasma bzw. cephalo-rhachid. Fl. mit 4 Vol. 95%ig. A. verd. u. nach Zusatz von 5%ig. NaOH-Lsg. bis zur Konz. n/16 wird ein Überschuß von 1%ig. II-Lsg. in 95%ig. A. hinzugesetzt (Endkonz. an A.: 70%), anschließend läßt man 2 Min. sieden. Die Violettfärbung ist über 1 Std. lang beständig,

besitzt eine Empfindlichkeit von 1 : 10^5 u. ihre Farbintensität ist proportional der vorhandenen I-Menge. Nach ausreichender Verdünnung mit 70%ig. A. läßt sich eine colorimetr. Best. innerhalb 15—20 Min. leicht durchführen. *Harnsäure*, *Kreatinin*, *Aminosäuren* u. *Glutathion* sowie als Antikoagulantia verwendetes *NaF* bzw. neutrales *K-Oxalat* stören die Farb-Rk. nicht. (C. R. hebd. Séances Acad. Sci. **232**. 2150—52. 4/6. 1951.)
P. FAHRNLAENDER. 5728

D. A. Rappoport, C. R. Calvert, R. K. Loeffler und **J. H. Gast**, *Chromatographische Trennung und Bestimmung von Porphyrinmethylestern.* Die chromatograph. Trennung u. anschließende quantitative Best. der *Methylester* von *Uroporphyrin I* (I), *Koproporphyrin I* (II), *Koproporphyrin III* (III) u. *Protoporphyrin IX* (IV) wird beschrieben. Mittels horizontaler Papierchromatographie werden die Substanzen mit 2 ml PAe. (30—60°)-Chlf. (3 : 1) u. dann 8 ml Heptan (V)-Äthylendichlorid (VI)-tert.-Butylalkohol (VII) (40 : 2 : 3) entwickelt. Wird nur die V-VI-VII-Mischung benutzt, so ist nur die Trennung von II, III u. IV möglich. Liegen größere Mengen Verunreinigungen vor, so muß vor der eigentlichen Entw. mit 2 ml PAe.-Chlf. (1 : 1) vorentwickelt werden. Die einzelnen Substanzen werden im UV-Licht markiert. Zur quantitativen Best. werden diese mit 1,5mol. HCl extrahiert u. fluorometr. gemessen. Mit dieser Meth. werden je nach dem R_F-Wert 86—97% der Ausgangsmengen erfaßt. Bei Zusatz von III zu verschied. *Harnproben* werden 96 ± 3% der vorhandenen Menge nachgewiesen. Die Empfindlichkeit der Meth. beträgt ca. 0,1 γ. (Analytic. Chem. **27**. 820—22. Mai 1955. Houston, Tex., Baylor Univ. Coll. of Med., Dep. of Radiol. and Biochem.) GÜNTER LANGE. 5732

Centre National de la Recherche Scientifique, Frankreich (Erfinder: **Michael Lederer**), *Trennung Seltener Erden mittels Elektrophorese.* Man läßt eine Lsg. der Seltenen Erden in Citronensäure, welche durch NH_3 auf p_H 7—8 eingestellt ist, auf einen porösen, mit 1%ig. Citronensäure als Elektrolyten benetzten Körper tropfen, wobei gleichzeitig an den porösen Körper ein elektr. Feld angelegt wird. Hierdurch wird eine eindeutige Trennung erzielt. — Vorrichtung. (**F. P. 1 068 504** vom 22/12. 1952, ausg. 25/6. 1954.)
W. WITTHOLZ. G 303

Engelbert Graf u. **Ingeborg Steiff**, Über die Kieselsäurebestimmung in Silikoselungen und ihren Wert als diagnostisches Hilfsmittel. — **Günter Jacob** u. **Manfred Büchner**: Ergebnisse der polarographischen Serumreaktion bei Silikose und Silikotuberkulose. — **Martin Landwehr**: Betrachtungen über die Silikosegefährlichkeit von Saharasand auf Grund mineralogischer Untersuchungen. Bochum: Hauptverwaltung d. Bergbau-Berufsgenossenschaft. 1955. (66 S. m. Abb.) 8° = Beiträge zur Silikose-Forschung. H. 40. — DM 5,50.

Reinhard Krzikalla, Rechentafeln zur chemischen Elementar-Analyse. Weinheim/Bergstr.: Verl. Chemie. 1956. (232 S. m. 1 Tab.) 8°. DM 12,—.

—, Handbuch für Eisenhüttenlaboratorium. Bd. 3. Probenahme. Gemeinsam hrsg. vom Chemikerausschuß d. Vereins Dt. Eisenhüttenleute. **P. Dickens** u. **K. Möhl** u. v. Chemikerausschuß d. Gesellsch. Dt. Metallhütten- u. Bergleute e. V. **O. Proske** u. **F. Ensslin**. Gleichzeitig Analyse der Metalle, Bd. 3. (VIII + 452 S. m. 212 Abb.) DM 45,—.

H. Angewandte Chemie.

I. Allgemeine chemische Technologie.

A. Novotný, *Email als Helfer der Technik von heute und morgen.* Überblick: Email als Ersatz für Cu, Fe-Si u. Holz in der pharmazeut. u. Gärungsindustrie. Vorzüge Pb-haltiger Emaillierung von Fe-Konstruktionen in der H_2SO_4-Industrie. (Chem. Průmysl **4** (**29**). 467—68. Dez. 1954. Výzk. úst. ochrany mater.) K. STEINER. 5804

Wallace R. Brode, *Werkstoffe.* Zusammenfassender Bericht über moderne Unterss. u. Entwicklungen auf den Gebieten der Metallurgie, des Glases, der synthet. Kristalle, der techn. Keramik, der lufthaltigen Baustoffe, der synthet. organ. Werkstoffe u. der Silicone. (J. Franklin Inst. **251**. 81—92. Jan. 1951. Nat. Bur. of Stand.) W. REUSSE. 5804

Maria Marconi, *Über die Bestimmung der Kationenaustauschfähigkeit der Sulfonharze.* Best. nach der Meth. von KUNIN u. MYERS, Ion exchange resins (New York), S. 152. (Chimica [Milano] [N. S.] **7** (**28**). 432—33. Nov. 1952. Firenze, Univ.)
B. SCHEIFELE. 5826

James E. Flood, *Zentrifugen.* Verfahrenstechn. Beschreibung einer größeren Anzahl diskontinuierlich bzw. kontinuierlich arbeitender Typen von industriell häufig verwendeten Zentrifugen. (Chem. Engng. **62**. Nr. 6. 217—27. Juni 1955.)
GERHARD GÜNTHER. 5828

J. M. Chalmers, L. R. Elledge und **H. F. Porter**, *Filter.* Ausführliche Behandlung der Theorie der Filtration, der Zusammenhänge zwischen Filterproblem u. Filtertyp u. bes. der Konstruktion u. Wirkungsweise einer großen Anzahl gebräuchlicher Filtertypen. (Chem. Engng. **62**. Nr. 6. 191—216. Juni 1955.) GERHARD GÜNTHER. 5830

J. B. Mohler, *Filter—Aufbau und Betrieb.* Schwerkraft-, Druck- u. Vakuumfilter für Labor. u. Betrieb (Filterpressen, -kerzen u. -platten u. a.), ihre Werkstoffe, Filtermedien u. Hilfsgeräte (Pumpen) sowie Gesichtspunkte für ihre Auswahl bei der fortlaufenden Sauberhaltung elektrolyt. Bäder werden eingehend besprochen. (Metal Finishing **53.** Nr. 12. 51—56. Dez. 1955. New Castle, Pa.) H. MÜHLMEISTER. 5830

H. F. Wiegandt und **R. L. von Berg,** *Schlüssel zur besseren Extraktion.* Das 1949 (vgl. BURNS, Atomic Energy Report HW-14728 [1949]) in den USA entwickelte pulsierende fl.-fl.-Extraktionsverf. beruht darauf, daß mittels eines beweglichen Stempels die Flüssigkeitssäule in einer Extraktionskolonne mit einer Frequenz (F) bis zu 250/Min. u. einer Amplitude (A) bis zu 10 mm auf u. ab bewegt wird. Hierdurch wird eine größere Turbulenz, bessere Durchmischung, größere Austauschfläche zwischen den beiden Phasen u. ein größerer Durchsatz erzielt. Erfahrungen mit Füllkörper- u. Siebbodenkolonnen ergaben eine Reduzierung des HETS (Height equivalent of theoret. stage) auf $^1/_3$ der n. Säule bei einer bis zu 10fachen Durchsatzsteigerung. Der Einfl. von A u. F auf die Extraktionswrkg. wird annähernd durch $A \cdot F^2$ = konst. gegeben. Erhöhte Energiezufuhr ($= A \cdot F$) bewirkt größeren Trenneffekt; die Grenze der Energiezufuhr liegt dort, wo stabile Emulsionen entstehen u. die Fähigkeit der dispergierten Teilchen, sich zu vereinigen u. zu teilen, abnimmt, was nach Ansicht der Vff. für den Trenneffekt wesentlicher ist als der Dispersionsgrad. Normale Extraktionskolonnen können leicht durch Änderung der Ventile u. Anbau einer Pumpe in pulsierende verwandelt werden. Siebbodensäulen arbeiten ab einer gewissen Grenze der Energiezufuhr wie Füllkörpersäulen, sie haben einen größeren Durchsatz als diese u. geringeres HETS, sind aber empfindlicher gegenüber Verunreinigungen. (Chem. Engng. **61.** Nr. 7. 183—88. Juli 1954.) H. LEHWALD. 5862

M. Kraus, *Der Mechanismus der katalytischen Spaltung und die Struktur der Spaltkatalysatoren.* Übersicht: Besprochen werden Reaktionsmechanismus u. Beschaffenheit der Katalysatoren, deren Wirksamkeit vom Säuregrad u. von der Art u. dem gegenseitigen Verhältnis der Bestandteile, nicht aber von der Beschaffenheit der Oberfläche abhängt. (Chem. Průmysl **4** (**29**). 473—74. Dez. 1954. Úst. organ. chemie ČSAV.) K. STEINER. 5904

Carl Ludwig, *Wie und warum feste Stoffe agglomerieren.* In allg. gehaltener, leicht verständlicher Form werden einige für die Herst. von Agglomeraten grundsätzliche physikal. Prinzipien erörtert. (Chem. Engng. **61.** Nr. 1. 156—60. Jan. 1954.) H. LEHWALD. 5906

Ruberoid Co. Ltd., London (Erfinder: **Reuben Sperling**), England, *Hitze- und lösungsmittelbeständiges Bitumengemisch für Fugenkitt an Rollfeldern, Bodenbelag usw.* Zu 100 (Teilen) einer Schmelze mit einem Geh. von $\geqq 50\%$ Kohlenteer (**I**) setzt man 1—100 in einem Weichmacher angepastetes Polyvinylchlorid (**II**). — Z. B. vermischt man 100 **I** mit 4 in 6 Tritolylphosphat angepastetem **II** bei 130°. — Auch ein Ansatz aus 95 Koksofenteer, 5 Cumaronharz u. der Paste aus 4 **II** u. 6 Tritolylphosphat ist geeignet. (**E. P. 726 816** vom 20/11. 1952, ausg. 23/3. 1955.) H. MÖLLERING. 5811

Electric & Musical Industries Ltd., Hayes (Erfinder: **Stuart Talbot Jolly**), England, *Luft- bzw. vakuumdichter Abschluß elektrischer Einrichtungen in Metallbehältern.* In einer abgebildeten Vorr. wird die Öffnung mit einem Gemisch aus einem Polyaryläthylenoxydharz, bes. „Araldite", u. einem Härtungsmittel, bes. einem Polycarbonsäureanhydrid, gefüllt u. durch Erhitzen der Verschluß vergütet. (**E. P. 723 642** vom 13/9. 1949, ausg. 9/2. 1955.) H. MÖLLERING. 5811

Märkische Steinkohlengewerkschaft (Erfinder: **Paul Holthaus,** Heessen, und **Eberhard Dovermann,** Essen), *Nutzbarmachung der bei der Expansionskühlung verdichteter Kohlendestillationsgase und ähnlicher Gase anfallenden Kondensate,* bes. emulsionsartiger Kondensate, dad. gek., daß das Kondensat bei in der Nähe befindlicher Erzeugungsanlage in die Gasvorlage der Erzeugungsanlage, vorzugsweise in den Vorlagespülbehälter, eingeführt bzw. bei Nichtanwesenheit einer Gaserzeugungsanlage nach entsprechender Verdichtung in feiner Verteilung in das vom Kompressor kommende heiße Gas zurückgeführt wird, wobei das verdichtete heiße Gas nach Aufnahme des Kondensats in üblicher Weise vorgekühlt u. nach Wärmeaustausch mit dem tiefgekühlten Endgas der Expansionskühlanlage in diese zurückgeführt wird u. wobei die in das Heißgas zurückgeführten u. in diesem verdampften Kondensatbestandteile zusammen mit den kondensierbaren Gasbestandteilen nach ihren Siedegrenzen getrennt im Vorkühler bzw. im Wärmeaustauscher getrennt als Kondensat gewonnen werden. (**D. B. P. 935 083** Kl. 26d vom 24/2. 1953, ausg. 10/11. 1955. Anmeldung bekanntgemacht 18/5. 1955.) K. DEMMLER. 5857

Ruhrchemie Akt.-Ges., Oberhausen-Holten, *Kontinuierliche Behandlung von Granulaten mit Gasen.* Die Granulate wandern über eine geneigte Fläche abwärts, durch die das Gas hindurchtritt, wobei die Gasgeschwindigkeit in den Zonen der höchsten Wanderungsgeschwindigkeit am größten ist. — *Trocknen, Kühlen*; auch *Durchführung chem. Reaktionen.* — Zeichnung. (**E. P. 730 789** vom 12/12. 1951, ausg. 1/6. 1955. D. Prior. 16/12. 1950.) W. MATTHAES. 5875

—, Thorpe's dictionary of applied chemistry, vol. 12. 4th rev. edn. London: Longmans. 1956. (187S.) 8°. 42 s.

III. Elektrotechnik.

Radio Industrie Soc. An., Frankreich, übert. von: **Physikalisch-Technische Werkstätten** (Erfinder: **Walter Heimann**), *Durchsichtige, metallisch leitende Oberflächenschichten* auf Glas oder Quarz, z. B. für *Fernsehaufnahmeröhren*, bestehen aus Indiumoxyd, das man durch Oxydation einer im Vakuum aufgedampften In-Schicht erhält. (**F. P. 1 080 922** vom 15/6. 1953, ausg. 14/12. 1954. Schwz. Prior. 16/6. 1952.) H. KESSEL. 5953

Pittsburgh Plate Glass Co., Pittsburgh, Pa., V. St. A. (Erfinder: **Milton Sidney Tarnopol**), *Metallisch leitende Zinnoxydüberzüge* auf Glas oder einem anderen keram. Material werden teilweise oder ganz abgetragen durch Behandlung mit einer nichtoxydierenden Säure (z. B. HCl) u. einem Metall, das elektronegativer ist als Sn, z. B. Zn. Dieses wird in einem Bindemittel dispergiert, das aus W., Glycerin, $NaNO_2$, $Na_4P_2O_7$ u. Bentonit besteht u. vor der Säurezugabe auf die zu behandelnden Stellen aufgetragen wird. (**E. P. 724 088** vom 8/5. 1951, ausg. 16/2. 1955.) H. KESSEL. 5953

Jay E. Comeforo, Norris, Tenn., V. St. A., *Bearbeitbare keramische Körper*. 85 bis 98 (Gew.-%) feinverteilter synthet. fluorhaltiger Glimmer von der ungefähren Zus. $KMg_{2^1/_2}Si_4O_{10}F_2$ u. einer Korngröße unter 0,25 mm wird mit ca. 2—15 H_3PO_4 oder ihren Salzen vermischt. Die Mischung wird durch kaltes Pressen geformt, u. die Formlinge werden bei 900—1300° gebrannt, um eine chem. Bindung zwischen dem Glimmer u. der H_3PO_4 herzustellen. Die Prodd. sind gute *elektr. Isolatoren* u. können als *Dielektriken* verwendet werden. (**A. P. 2 704 261** vom 6/8. 1952, ausg. 15/3. 1955.) F. REINHART. 5957

Steatite Research Corp., Keasbey, übert. von: **Ernst Albers-Schoenberg**, Metuchen, N. J., V. St. A., *Ferromagnetisches keramisches Material mit rechteckförmiger Hysteresisschleife*. Einem Gemisch aus 5—60 (Mol-%) Mn-Oxyd, 8—50 MgO u. 25—50 Fe_2O_3 werden 0,5—7 Gew.-% eines Metalloxyds mit einem Ionenradius zwischen 1,0 u. 1,1 Å zugesetzt, z. B. Ca, Cd oder Y. Die Gemische werden in bekannter Weise fein gemahlen, mit einem organ. Binder versetzt, gekrümelt u. geformt. Die Formlinge werden bei Tempp. von 2350—2400° F gesintert. (**A. P. 2 715 109** vom 14/6. 1954, ausg. 9/8. 1955.) F. REINHART. 5959

Jean Kutahialian, Bouches-du-Rhône, Frankreich, *Elektrische Stromquelle*. Das Aufladen von Stromsammlern soll nicht durch elektr. Strom erfolgen, sondern durch eine im einzelnen nicht angegebene chem. Behandlung der einen von zwei gleichen Elektroden derart, daß bei folgender Berührung zwischen Elektrolyt u. Elektroden die stromliefernde Potentialdifferenz entsteht. (**F. P. 986 082** vom 3/3. 1949, ausg. 26/7. 1951.) B. SCHMIDT. 5971

Gabriel Koeberlin und **Nicolas Hvostoff**, Seine, Frankreich, *Depolarisator*. Ein bes. wirksamer Depolarisator mit hohem Geh. an MnO_2 wird erhalten, indem natürliches oder künstliches $MnCO_3$ nach Zusatz von $Mg(OH)_2$ oder $MgCO_3$ bei 400—500° an Luft geröstet u. dann unter Umrühren in einen sauren, $MnSO_4$ enthaltenden Elektrolyten eingebracht wird, in dem 1. nicht zers. $MnCO_3$, die Mg-haltigen Zusätze u. ein Teil des beim Rösten entstandenen MnO_2 aufgelöst werden u. 2. MnO_2 anod. wieder ausgeschieden wird. Es entstehen also zwei Mengen von MnO_2, die erste durch das Rösten u. anschließende Reinigen im Elektrolyten, die zweite durch die Elektrolyse selbst. Die beiden Mengen sind nach Auswaschen u. Trocknen getrennt oder gemischt als Depolarisator verwendbar. — Es wird z. B. durch Na_2CO_3 aus einer Lsg. von $MnSO_4$ gefälltes $MnCO_3$ nach Zusatz von 4% frisch gefälltem $Mg(OH)_2$ 30 Min. bei 500° geröstet unter Bldg. eines Prod. mit 60% MnO_2. 1 kg dieses Prod. wird in kleinen Mengen in 10 Liter des Elektrolyten gegeben, der 10% $MnSO_4$ u. 3% H_2SO_4 enthält. Die Elektrolyse findet unter Umrühren bei 85—90° u. einer Gleichstromdichte von 1 A/dm² statt, bis der Elektrolyt, der aus dem Röstprod. die Verunreinigungen z. T. herausgelöst hat, wieder sauer wird. Das Ergebnis sind 750 g 80%ig. MnO_2, das vom Rösten her stammt, u. 200 g 82—87%ig. MnO_2, das an der Anode abgeschieden wurde. — Der Elektrolyt ist wiederverwendbar, er kann statt $MnSO_4$ ein anderes lösl. Mn-Salz enthalten. (**F. P. 977 616** vom 28/8. 1942, ausg. 3/4. 1951.) B. SCHMIDT. 5971

Philips Electrical Industries Ltd., London, England, *Innenmetallisierung für Kathodenstrahlröhren* besteht aus einer im Vakuum aufgedampften, 20—40 (%) des auffallenden Lichtes absorbierenden Schicht aus 80—90 Ni u. 20—10 Cr. (**E. P. 723 384** vom 22/8. 1952, ausg. 9/2. 1955. Holl. Prior. 25/8. 1951.) H. KESSEL. 5975

FKG, Fritz Kesselring Gerätebau Akt.-Ges., Bachtobel-Weinfelden, Schweiz (Erfinder: **G. Ekkers**), *Cäsiumdampfgefüllte Entladungsröhre* mit einer mit Cs bedeckten Glühkathode, dad. gek., daß die Wände des Gefäßes auf der einen Seite mit der Anode, auf der anderen Seite mit der Kathode durch Metallteile verbunden sind, die ihrerseits mit einem Verbindungsring aus Borsilicatglas verbunden sind, wobei die Teile, die mit dem Glas zusammengeschmolzen werden, aus Mo bestehen. — Abbildung. (**Schwed. P. 142 675** vom 14/6. 1950, ausg. 27/10. 1953. Schwz. Prior. 14/3. 1950.) K. H. KÄHLER. 5975

N. V. Philips' Gloeilampenfabrieken, Eindhoven, Holland, *Leuchtschirm für Kathodenstrahlröhren* enthält im UV fluorescierendes Zr-Pyrophosphat mit einer Nachleuchtdauer $< 10^{-5}$ sec., das prakt. aus $(NH_4)_2HPO_4$ u. $ZrOCl_2 \cdot 8\,H_2O$ durch Brennen in Luft bei ca. 1050° gewonnen wird. Die Trägerfläche besteht aus Quarz. (**F. P. 1 065 814** vom 31/10. 1952, ausg. 31/5. 1954. **E. P. 715 724** vom 16/10. 1952, ausg. 22/9. 1954. Beide Holl. Prior. 21/8. 1952.) H. KESSEL. 5975

N. V. Philips' Gloeilampenfabrieken, Eindhoven, Holland, *Leuchtschirm für Kathodenstrahlröhren* enthält einen mit Ce^{3+} aktivierten Leuchtstoff, z. B. ein Ca–Al-Silicat von der Zus. $2\,CaO \cdot Al_2O_3 \cdot SiO_2$: Ce^{3+}. Als Kolbenglas dient ein farbloses Ce-haltiges Glas, das höchstens 1 (%) leicht reduzierbare Pb-, Sb- u. As-Verbb. u. höchstens 15 Na_2O enthält u. das bei einer Stärke von 2,5 mm mindestens 50% der Strahlung zwischen 3700 u. 4500 Å hindurchläßt. (**F. P. 1 074 358** vom 7/4. 1953, ausg. 5/10. 1954. **E. P. 725 458** vom 2/4. 1953, ausg. 2/3. 1955. Beide Holl. Prior. 8/4. 1952.) H. KESSEL. 5975

Radio Corp. of America, New York, N. Y., V. St. A., *Dreifarbenleuchtschirm für Kathodenstrahlröhren.* Die rotleuchtende Komponente besteht aus ZnSe oder (Zn, Cd)Se mit mindestens 8 Gewichtsteilen Zn auf 1 Gewichtsteil Cd u. 0,0003—0,03 (Gew.-%) Cu als Aktivator. Die blauleuchtende Komponente besteht aus ZnS oder Zn(S, Se) mit mindestens 8 Gewichtsteilen S auf 1 Gewichtsteil Se u. 0,005—0,025 Ag als Aktivator. Die grünleuchtende Komponente besteht aus Zn-Silicat mit 0,1—1,0 Mn als Aktivator. (**E. P. 728 179** vom 20/3. 1953, ausg. 13/4. 1955. A. Prior. 25/3. 1952.) H. KESSEL. 5975

Mullard Radio Valve Co. Ltd., London, England (Erfinder: **Michael James Butler**), *Geiger-Müller-Zähler* mit Endfenster enthält Krypton als Füllgas u. Jod, bes. in fester Form, als Löschzusatz. (**E. P. 736 544** vom 30/3. 1953, ausg. 7/9. 1955.) H. KESSEL. 5975

Standard Elektrizitäts-Gesellschaft Akt.-Ges., Stuttgart (Erfinder: **Otmar Geisler** und **Erich Kipphan**, Nürnberg), *Selengleichrichter.* Eine auf einer Se-Schicht aufgebrachte (bes. aufgedampfte) SeO_2-Schicht wird während oder nach ihrer Aufbringung mit Wasserdampf (I) behandelt, bes. unter Verwendung von **I**, der in den Verbrennungsprodd. der zur Erhitzung des SeO_2 dienenden Flamme enthalten ist. (**D. B. P. 935 383** Kl. 21g vom 8/6. 1938, ausg. 17/11. 1955. Anmeldung bekanntgemacht 15/5. 1952.) H. KESSEL. 5977

Louis Christian Thevenot und **Max Simon Fischer,** Seine, Frankreich, *Trockengleichrichter.* Das Cu_2S für die Anode wird in besonderer Reinheit hergestellt, indem das z. B. aus einem pulverigen Gemisch von Cu u. S nach Zündung durch ein Mg-Band in exothermer Rk. u. in reduzierender Atmosphäre entstehende Cu_2S auf die Feinheit eines Siebes mit 200 Maschen auf den Quadratzoll gepulvert, dann mit einer wss. Lsg. von Na-Mono- oder -Polysulfid von der D. 1,1 bei 80—90° 1—1½ Std. lang behandelt u. schließlich sorgfältig ausgewaschen u. getrocknet wird. (**F. P. 977 797** vom 16/11. 1942, ausg. 5/4. 1951.) B. SCHMIDT. 5977

IV. Wasser. Abwasser.

Harold E. Babbitt und **E. Robert Baumann,** *Der Einfluß des kontinuierlichen Zusatzes von Filterhilfsstoffen bei der Filtration von Wasser durch Diatomit.* Vff. teilen die Ergebnisse von mehr als 500 Filtrationsverss. unter Verwendung von Diatomitfiltern mit. Hierbei wurden Suspensionen von Kalk in $FeCl_3$-haltigem W. eingesetzt. Als Filterhilfen wurden 3 techn. Diatomitsorten, Bimsstein u. eine Cellulose verwendet. Die benutzten Laboratoriumsapparate u. ihre Bedienung werden ausführlich beschrieben. Die Ergebnisse werden bes. in bezug auf die Wirtschaftlichkeit der Verff. ausgewertet. (Univ. Illinois, Engng. Exp. Stat., Bull. Ser. **1954.** Nr. 425. 1—40. Juli.) GERHARD GÜNTHER. 6016

Harry K. Gidley, *Behandlung von Oberflächenwässern für Lufthäfen und Landschulen.* Wegen des salz- u. erdölhaltigen Grundwassers von Westvirginia mußten 1 Flughafen u. 2 Schulen aus 2 Staubecken bzw. einem Fluß mit Oberflächenwasser versorgt werden.

Beschreibung der 3 automat. Anlagen, von denen 2 mit Alaun–Soda ausflocken u. absetzen, alle durch Sandfilter klären u. mit NaOCl entkeimen. (Water Works Engng. **108.** 1129—31. 1180. Dez. 1955. West Virginia State Health Dep., Div. of Sanit. Engng.) H. MÜHLMEISTER. 6024

H. R. Fosnot, *Sieben Enteisenungsmethoden.* Kurze Schilderung mit Skizzen der App. der bei >0,2—0,3 mg Fe + Mn/Liter erforderlichen Enteisenung von W. durch Belüftung in verschied. Rieselverff., Einblasen von Preßluft, katalyt. Oxydation an höheren Fe-Oxyden mit nachfolgender Ausflockung, Belüftung mit zusätzlicher mechan. Behandlung sowie durch Ionenaustausch in Zeolithen; hierbei kann sowohl Enteisenung allein als auch gleichzeitig mit Enthärtung durchgeführt u. so ein Fe-freies W. von gewünschtem Härtegrad erhalten werden. (Publ. Works **86.** Nr. 11. 81—83. Nov. 1955. New York City, N. Y., Graves Water Condit. Co.) H. MÜHLMEISTER. 6024

Arno Wagner, *Ein kolloides Aufbereitungsverfahren für Kesselspeisewasser.* Das aus Meeresalgen hergestellte koll. *Algor* verhütet durch eine feine Schutzschicht auf der Kesselwandung deren Korrosion u. hält die Kesselsteinbildner in der Schwebe, so daß sie keinen Kesselstein auf der Wandung bilden können. Besondere Zusätze richten sich nach der Zus. des Speisewassers. (Industrie-Anz. **77.** 940—41. 19/8. 1955. Königswinter.) H. MÜHLMEISTER. 6030

G. J. Stander, *Die Wiederverwendung häuslicher und gewerblicher Abwässer.* Die Reinigung u. Aufbereitung von Abwässern zur Wiederverwendung wie auch die ständige Umwälzung des Betriebswassers in der Industrie ist bei dem knappen Wasserschatz Südafrikas notwendig. Gesichtspunkte u. Möglichkeiten hierfür werden behandelt. (South African ind. Chemist **6.** 123—25. Juni 1952. Water Treatm. Res. Div., Nat. Chem. Res. Labor.) H. MÜHLMEISTER. 6036

William B. Gery, *Klärbecken.* Verfahrenstechn. Betrachtungen zur groben Abtrennung suspendierter Feststoffteilchen aus Fll. durch Absetzen im n. Schwerefeld u. Beschreibung hierzu geeigneter Anlagen, bes. für die industrielle Abwasserreinigung im größten Maßstab. (Chem. Engng. **62.** Nr. 6. 228—33. Juni 1955.) GERHARD GÜNTHER. 6040

R. Rupert Kountz, *Vereinfachte Behandlung von Molkereiabwasser.* Tropfkörper- u. Belebtschlammverff. sind für Molkereien zu kostspielig, es wurde deshalb ein Verf. entwickelt, durch mikrobiol. Oxydation die Feststoffe des Molkereiabwassers zu beseitigen. Eine sehr vielfältige biol. Flora, die sich in den ersten 2 Betriebswochen ohne Impfung entwickelt, verbraucht unter Lüftung in 2—3 Std. Casein u. Lactose zur Bldg. neuer Zellen, die sich in 2 Std. absetzen, so daß die überstehenden $^2/_3$ klarer Fl. täglich abgelassen werden können. Etwa $^1/_6$ der Bakterien scheiden täglich durch Selbstoxydation aus, der Rest dient als Einsaat für das Abwasser des nächsten Tages, eine Schlammbeseitigung ist also nicht erforderlich. Benötigt werden 1,25 kg O_2 für je 1 kg Milchfeststoffe, es entsteht hauptsächlich W., CO_2 u. NH_3. Letzteres reicht nicht für die Beseitigung der Molken, auf je 1000 kg derselben müssen deshalb 6 kg NH_3 oder entsprechende N-Äquivalente zugesetzt werden. Es ist lediglich ein Behälter erforderlich, der 50% mehr als das täglich im Durchschnitt in 8 Std. anfallende Abwasser faßt. (Milk Products J. **46.** Nr. 11. 10—11. 54. Nov. 1955. University Park, Pa., Pennsylvania State Univ., Sanit. Engng.) H. MÜHLMEISTER. 6044

Ronald Belcher, Albert J. Nutten und William I. Stephen, *Bestimmung von Chlor in Wasser mit Hilfe von 3.3'-Dimethylnaphthidin.* Vff. untersuchen Benzidin, substituierte Benzidine, Naphthidin u. *3.3'-Dimethylnaphthidin* (I) u. finden, daß von allen diesen zur Best. von Chlor geeigneten Verbb. die bisher zur Best. von Chlor benutzten Verbb. Benzidin u. o-Tolidin die unempfindlichsten sind. Unter allen untersuchten Reagentien zeichnet sich I durch besondere Intensität u. Beständigkeit der Farbe aus. Mit I ist noch eine Best. von 0,05 p.p.m. Cl_2 möglich, unter Verwendung eines empfindlichen Colorimeters sogar von 0,01 p.p.m. Cl_2. Eine Eichkurve c gegen Absorptionseinheiten ist bis 0,001 g/Liter Cl_2 gegeben. Die Färbung durch I ist sehr stabil u. verblaßt erst langsam nach 15—20 Minuten. Acetatpuffer verzögert die Entw. der Farbe, u. ein Geh. an Mineralsäuren stört schon in Konzz. von 0,01n die Messung. I ist nicht spezif. für Chlor, andere Oxydationsmittel bewirken ebenfalls eine Färbung. (Analytic. Chem. **26.** 772—73. April 1954. Birmingham, Edgbaston, Univ., Dep. of Chem.) G. PETSCH. 6060

Erik Andersen, *Bakteriologische Prüfung von Abwasser.* Bei Wiederverwendung von Abwasser in der Zuckerrübendiffusion besteht die Gefahr einer Infektion u. Gärung mit thermophilen Bakterien. Die bakteriolog. Wirksamkeit äußert sich in schneller Zunahme des Säuregeh. in bei 55° bebrüteten sterilen Proben von Saccharosebrühe mit Pepton + Fleischextrakt, die mit steril entnommenem W. beimpft wurden. Die Zeit von der Impfung bis zum Erreichen des p_H 5,8, angezeigt durch zugesetzten Indicator, oder entsprechende, ebenfalls durch einen solchen angezeigte Abnahme des Redoxpotentials, gibt ein Maß für die bakteriolog. Wirksamkeit. Wird eine Infektion festgestellt, muß das Abwasser entweder durch Erhitzen auf 80° oder mit Formalin, Cl_2 oder SO_2 sterilisiert werden. Kultur u. Zählung der Bakterien ist unnötig. (Sugar **49**. Nr. 10. 52—54. 64. Okt. 1954. Danish Sugar Co.) H. MÜHLMEISTER. 6064

E. Zymny, *Die Bestimmung des Kaliums als Kaliumtetraphenyloborat im Wasser bzw. Abwasser.* 1 Liter W. wird auf 100 cm^3 eingeengt, mit Essigsäure angesäuert, das K mit einer 3%ig. Lsg. von Na-Tetraphenyloborat (*Kalignost*; **I**) als $K[B(C_6H_5)_4]$ gefällt, nach 5 Min. durch Porzellanfiltertiegel A 2 filtriert, bei 120° getrocknet u. gewogen. Nach Auflösen des Nd. in 10 cm^3 Aceton + 5 cm^3 2n-Essigsäure kann das K nach Zusatz von 1 cm^3 0,1n KBr-Lsg. u. einigen Tropfen 1%ig. Eosinlsg. mit 0,1n $AgNO_3$ nochmals titrimetr. bestimmt werden. **I** fällt gleichfalls Rb, Cs u. NH_4, letzteres wird entweder vorher durch Dest. aus der Probe entfernt oder mit K gemeinsam gefällt, bei 105° getrocknet u. gewogen, nach Lösen in 10 cm^3 Aceton u. Zusatz von 20 cm^3 2,5%ig. NaOH mit dem Aceton verdunstet u. der K-Nd. erneut filtriert, gewaschen, getrocknet u. gewogen. Die Meth. ist gegenüber der mit $HClO_4$ schneller, einfacher u. sicher. (Prakt. Chem. [Wien] **6**. 327—29. Dez. 1955. München.) H. MÜHLMEISTER. 6068

V. Anorganische Industrie.

P. W. Sherwood, *Gewinnung von Schwefel aus Erdölbohrlöchern.* Vf. behandelt die Möglichkeiten einer Gewinnung von S aus dem Schwefelwasserstoff von Erdölbohrlöchern mittels eines modifizierten CLAUS-Verfahrens. (Chim. et Ind. **67**. 931—32. Juni 1952.) M. WINIKER. H 253

G. K. Boresskow, *Theoretische Grundlagen der Intensivierung des Schwefelsäure-Kontaktprozesses.* Die *V_2O_5-Katalysatoren* (**a**) der SO_2-Oxydation sollen eine Struktur mit gleichmäßigen Poren von ca. 10^{-5} cm in möglichst großer Zahl je Volumeneinheit aufweisen. Bei Verwendung der **a** in Form von Füllkörperringen ist eine Wandstärke bis zu 3 mm statt der bisherigen 6—7 mm anzustreben. Den Vorteilen des Wirbelschichtverf. mit feinkörnigen **a** stehen als Nachteile die Katalysatorverluste durch Abführung (oder Einbau komplizierter Spezialfilter) u. die durch die Gasdurchmischung in Längsrichtung bedingte Verminderung der Reaktionsgeschwindigkeit gegenüber. Der optimale Umwandlungsgrad beträgt 97,5—98%, die optimale SO_2-Konz. beim Arbeiten mit Kies 7—7,5%, beim Arbeiten mit S 9%, dies allerdings unter Erhöhung der Temp. um 20 bis 25°. Bei As- u. Se-freiem Natur-S kann man von einem 12%ig. Gas ausgehen u. Zusatzluft zuführen. Muß man die Leistung durch Herabsetzen der Berührungszeit erhöhen, dann geschieht dies am besten durch Anwendung eines größeren Gasvol., erst in zweiter Linie durch Erhöhung der Anfangskonz. an SO_2. (Химическая Промышленность [Chem. Ind.] **1955**. Nr. 4. 10—17. Juni.) R. K. MÜLLER. H 253

Olin Mathieson Chemical Corp., Baltimore, Md., V. St. A., *Stabilisieren von Hydrazin* durch Zusatz von 0,2—5 Gew.-% Ca, Zn oder Al, oder eines Oxydes oder Carbonates dieser Metalle. Hierdurch wird die „potentielle Säure" des N_2H_4 abgepuffert. Der Angriff auf Metalle wird ebenfalls verhindert. (**E. P. 738 441** vom 8/7. 1953, ausg. 12/10. 1955. A. Prior. 8/7. 1952.) A. ZÜRN. H 243

Farbwerke Hoechst Akt.-Ges., vormals Meister Lucius & Brüning (Erfinder: **Heinz Schmidt** und **Ernst Kolbe**), Frankfurt/M., *Kühlen von Chlorgasen* unter Anwendung des Umlaufverf., dad. gek., daß als Werkstoff für die Wärmeaustauscher zum Kühlen der Umlauf-Fl. imprägnierter Graphit verwendet wird u. gleichzeitig in der wss., mit Cl_2 gesätt. Umlauf-Fl. dafür Sorge getragen wird, daß durch Zusatz von Cl^- das chem. Gleichgewicht nach der Seite der Bldg. von elementarem Cl_2 verschoben wird. (**D. B. P. 937 044** Kl. 12i vom 4/10. 1953, ausg. 29/12. 1955. Anmeldung bekanntgemacht 7/7. 1955.) K. DEMMLER. H 247

Ethyl Corp., New York, N. Y., übert. von: **David H. Campbell,** Baton Rouge, La., V. St. A., *Gewinnung von Chlorwasserstoffgas aus wasserfreien Gasgemischen* durch Behandeln des Gasgemischs mit Tetramethylammoniumchlorid oder -bromid u. Zerlegung des dabei entstandenen festen Additionsprod., das nicht mehr als 1 (Mol) HCl auf 1 Tetramethylammoniumhalogenid enthält, durch Erhitzen in konz. HCl u. Tetramethylammoniumhalogenid. (**A. P. 2 717 199** vom 8/11. 1954, ausg. 6/9. 1955.) K. DEMMLER. H 247

F. J. Collin Akt.-Ges., Dortmund, *Gewinnung von Schwefel aus ausgebrauchter Gasreinigungsmasse* durch Extraktion mit einem Lösungsm., bes. Benzol. Die M. u. das Lösungsm. werden in einem Extraktionsgefäß erwärmt. Das Lösungsm. wird abgetrennt, verdampft u. nach Kondensation in das Extraktionsgefäß zurückgeführt. Dieser Vorgang wird so lange wiederholt, bis die Lsg. im Destillationsgefäß ausreichend S enthält, worauf sie abgekühlt wird, so daß sich S-Kristalle abscheiden. Vor der Extraktion verdrängt man die Luft durch ein inertes Gas. Nach der Extraktion drückt man die der M. anhaftenden Lösungsmittelreste mit Hilfe eines Gases nach unten in das Destillationsgefäß. Zum Kondensieren der Lösungsmitteldämpfe verwendet man bes. einen im oberen Teil des Extraktionsgefäßes angeordneten Kühler. Die S-Kristalle werden durch Ausschmelzen aus dem Destillationsgefäß entfernt. — Vorr., Abbildungen. (**Belg. P. 516 941** vom 15/1. 1953, ausg. 26/11. 1954. D. Prior. 21/3. 1952.) A. ZÜRN. H 253

Duisburger Kupferhütte, Duisburg, *Gewinnung von Schwefel aus Gasen,* die neben S-Dämpfen suspendierte Teilchen von Verunreinigungen enthalten. Man leitet die Gase durch eine Reinigungszone, in der eine schnell rotierende, mit Flügel versehene Welle so angeordnet ist, daß die Verunreinigungen von den Flügeln erfaßt u. durch Zentrifugalkraft abgeschleudert werden, worauf der S aus den so gereinigten Gasen kondensiert wird. In gleicher Weise kann man aus den Abgasen der Kondensation die noch im Gas enthaltenen suspendierten S-Teilchen ausschleudern u. gewinnen. — Abbildungen. (**E. P. 737 532** vom 25/8. 1953, ausg. 28/9. 1955. D. Prior. 13/9. 1952.) A. ZÜRN. H 253

Chemical Construction Corp., V. St. A. (Erfinder: **Louis Nathan Allen jr.** und **Thomas Paul Forbath**), *Herstellung von Schwefelsäure.* Man verbrennt geschmolzenen S mit Luft, kühlt das SO_2 durch Wärmeaustauscher auf 400—450° ab u. oxydiert es in mehreren Etagen an V-Kontakten zu SO_3. Dieses wird erneut abgekühlt, in einen Absorber geleitet, wo es im Gegenstrom von sd. verd. H_2SO_4 ($>$70%) absorbiert wird. Verd. H_2SO_4 u. W. werden laufend zugeführt, die nicht absorbierten Gase kehren nach Passieren eines Wäschers in den Kreislauf zurück. Die Konz. der hergestellten H_2SO_4 kann zwischen 70 u. 99% variiert werden. — 3 Zeichnungen. (**F. P. 1 051 300** vom 19/9. 1951, ausg. 14/1. 1954. A. Prior. 21/9. 1950.) S. MEIER. H 253

Magyar Állam (Erfinder: **Pál Takács, Antal Szilágyi, János Hám, Pál Ország, Lajos Almási** und **László Tóth**), Budapest, Ungarn, *Gewinnung von Schwefelwasserstoff* oder CO_2 aus techn. Gasen erfolgt mittels alkal. Lsgg. mehrwertiger Phenole bzw. deren Homologen. Neben Polyphenolen verwendet man Monophenole u./oder Fettsäuren. Die Lsg. regeneriert man durch Erhitzen bis zum Kp. bei n., erhöhten oder erniedrigten Drucken oder durch Einleiten von Gasen. Bes. geeignet ist Brenzcatechin. (**Ung. P. 142 562** vom 2/7. 1952, ausg. 15/3. 1955.) G. KÖNIG. H 253

Minister of National Defence of Canada, Canada, *Herstellung von Ammoniumsulfamat.* Wasserfreies SO_2 u. wasserfreies NH_3 werden in Gasform bei 200—400° umgesetzt, wobei $>$4 (Mol) NH_3/3 SO_2 angewendet werden u. der NH_3-Druck $>$150 lbs./sq.in. betragen soll. Man kann von einem fl. Gemisch der Ausgangsstoffe ausgehen u. dieses sofort nach der Mischung in einem geschlossenen Gefäß auf die Reaktionstemp. erhitzen. (**E. P. 741 729** vom 16/7. 1952, ausg. 14/12. 1955. Can. Prior. 15/11. 1951.) A. ZÜRN. H 253

Harry Pauling, Deutschland, *Gewinnung von Carbonaten aus der Kohlensäure von Gasen.* Koksofen- u. Industriegase werden mit NH_3 gewaschen, aus dem Waschwasser wird die CO_2 mit NaOH als Na_2CO_3 u. $NaHCO_3$ gewonnen u. das NH_3 aus der Mutterlauge mit CaO ausgetrieben u. wiederverwendet. (**F. P. 1 073 823** vom 28/3. 1953, ausg. 29/9. 1954. D. Prior. 3/4. 1952.) H. HOLM. H 260

Magyar Állam (Erfinder: **IstvánKoncz, Istvánné Koncz, Imre Reiner** und **Imréné Reiner**), Budapest, Ungarn, *Natriumstannat* erhält man durch Behandeln von granuliertem Sn mit der 2,5—3fachen Menge einer wss. Lsg., die je kg Sn 100—300 (180 bis 200) g NaOH u. 100—300 (200—220) g $NaNO_2$ enthält. Die Mischung wird 10—12 Std. auf Kochtemp. gehalten. Nach beendeter Rk. verd. man auf 24—25° Bé, läßt absitzen u. dekantiert. Vorhandene Sn(II)-Verbb. werden durch H_2O_2 oxydiert u. die Lsg. eingedampft. (**Ung. P. 142 566** vom 10/9. 1953, ausg. 15/3. 1955.) G. KÖNIG. H 327

Monson Fraser Goudge, Ottawa, Ontario, Can., *Reinigen von calciniertem Brucit.* Kalkhaltiger Brucit wird mit W. angerührt u. im aufsteigenden Wasserwirbel Kalkhydrat von dem schwereren Material getrennt, das axial am unteren Teil des Wirbels entfernt wird. (**Can. P. 491 242** vom 5/8. 1948, ausg. 10/3. 1953.) M. PANKOW. 6149

VI. Silicatchemie. Baustoffe.

F. J. Vitale, *Glas, ein neuer Baustoff.* Vortrag. Die Geschichte des Glasmachens wird kurz gestreift u. dann auf die Möglichkeit eingegangen, die sich durch die techn. Vervollkommnung der Glasherst. für die Architektur ergeben. Vf. nimmt an, daß dadurch für das Glas ein neues Zeitalter anbricht. (Silicates ind. **20.** 267—68. Juni/Juli. 318—22. Aug./Sept. 1955.) H. SAALFELD. 6168

H. N. Ritland, *Die Spannung–Zeit-Beziehung im Glas während der Kühlung.* Die theoret. Behandlung der Abnahme der Spannungen mit der Zeit im Glas bei der Kühltemp., d. h. bei konstanter Temp., u. der Vgl. mit bekannten Meßergebnissen zeigt, daß das viscose Fließen den wesentlichsten Einfl. ausübt. Unter den üblichen Kühlbedingungen steigt die Viscosität linear mit der Zeit an. (J. Soc. Glass Technol. **39.** 99T bis 112T. April 1955. Corning, N. Y., Corning Glass Works.) H. Scholze. 6180

Nobuzo Térao und **Shigéfumi Okada,** *Elektronenmikroskopische Aufnahmen eines Glasbruches.* Vff. legen elektronenmkr. Aufnahmen eines Glasbruches vor, auf denen linsenförmige Vertiefungen u. Erhöhungen von der Größenordnung bis zu 1 μ sind, die auf dem „Spiegel" des Bruches auftreten. Es wird gezeigt, daß es sich nicht um Haftstellen des Abgußmaterials handeln kann, die beim Abziehen das' Glas aufgerissen haben, sondern um echte Bruchstellen, die sich in paralleler Anordnung auf der Oberfläche des Bruches bilden. Vff. nehmen an, daß die außerordentlich glatten Bruchflächen des „Spiegels" einen chem. anderen Charakter haben als die n. Glasoberflächen. (Vgl. C. **1954.** 1329.) (J. physic. Soc. Japan **7.** 427–29. Juli/Aug. 1952. Chiba, Univ. de Tokyo, Inst. de Sci. ind. u. Fac. de Méd. [Orig.: engl.]) L. Kühnert. 6200

W. L. German, *Die Anwendung organischer Verbindungen in der keramischen Industrie.* Es wird ein Überblick über die zahlreichen Verwendungsmöglichkeiten organ. Substanzen in der Keramik gegeben. Sie dienen zur Erhöhung der Festigkeit ungebrannter Massen. Gummistoffe, Alkohole, Cellulosen, Pflanzenextrakte, organ. Kieselsäureverbb. gehören hierher. Zur Herst. poröser keram. Körper setzt man dem Ton Sägemehl, Kohlenstaub u. auch organ. Schaumstoffe zu, die, unter Hinterlassung eines entsprechenden Hohlraumes, herausbrennen. Auch die Kunstfaser zur Herst. von Filtertüchern findet Anwendung, da sie durch Bakterien nicht angreifbar ist. Hingewiesen sei noch auf die Verwendung von Kunststoffblöcken zur Herst. entsprechender Gipsformen. Sie erhärten rasch u. sind wenig anfällig gegenüber Kratzern, ihr Schwindungsvermögen ist gering. (Trans. Brit. ceram. Soc. **54.** 399–412. Juli 1955. North Staffordshire, Stoke-on-Trent, Ceram. Dep.) H. Saalfeld. 6206

B. Thyberg, *Die Gesichtspunkte eines Metallurgen zum Emaillieren von Gußeisen.* Für die Emaillierung eignet sich am besten Gußeisen mit 3,2–3,7 (%) C, 2,4–2,8 Si, 0,4–0,7 Mn, 0,4–1,3 P u. 0,07–0,10 (0,13) S. Wenn das Gußstück über Nacht in der Form verbleibt, zeigt es größere Rostneigung. Der Gebläsesand muß rein sein u. stetig erneuert werden. Die Zweckmäßigkeit des Glühens vor dem Emaillieren ist nach wirtschaftlichen Gesichtspunkten zu beurteilen. Die Ursachen von Emaillierfehlern werden erörtert: Absplittern, Haarrisse, Poren u. Blasen; die Gasabgabe in der Aufheizperiode unterbleibt, wenn die Oberfläche C- u./oder O-frei ist. Es ist ein harmon. Verhältnis zwischen Intensität der Gasabgabe u. Viscosität der Emaille anzustreben. Die gute Emaillierbarkeit von weißem Gußeisen wird bestätigt. (Gjuteriet **44.** 165–69. Okt. 1954 Huskvarna; Giessereitechnik **1.** 144–47. Aug. 1955.) R. K. Müller. 6212

W. W. Wargin und **W. J. Senderowitsch,** *Der Einfluß der Zusammensetzung auf die Trübung von Titanemails.* Verkürzte Wiedergabe der C. **1953.** 2178 referierten Arbeit. (Silikattechnik **4.** 201–02. Mai 1953.) P. Eckert. 6212

M. F. Mehmel, *Reaktionen im festen Zustand an keramischen Ein- und Mehrstoffsystemen.* Zum Verständnis des Verlaufs der Rkk. im festen Zustand muß man die Struktur der Ausgangs- u. Endprodd. kennen u. die Reaktionsbereitschaft der Kristalloberfläche ermitteln. Man unterscheidet zweckmäßig: 1. Rkk. ohne äußeren Zwang in der keram. Rohmasse, wobei die Ionen in der Wasserhülle (Ca, Mg, Na oder K) für die ersten Reaktionsprozesse, die in der Adsorption der Ionen an der Oberfläche der verschied. Kristallkörner bestehen, von Bedeutung sind. Durch Best. der Trockenfestigkeit in Abhängigkeit von der Maukzeit kann man diese Adsorptions-Rkk. meßtechn. verfolgen. 2. Rkk. unter dem Einfl. erhöhter Temp. (Sinter-Rkk.). Dabei muß unterschieden werden zwischen Rkk., bei denen das Endprod. sowohl chem. wie kristallstrukturell gleich dem Ausgangsprod., u. solche mit stofflicher Umsetzung. Die Systeme Korund u. Rutil haben Vff. eingehend untersucht. Die Reaktionsverhältnisse werden am Beispiel des Rutil dargestellt. Ein naß geformter Rutilkörper wird sukzessive erhitzt u. die Bruchfestigkeit in Abhängigkeit von der Temp. gemessen, wobei 5 Reaktionsphasen unterschieden werden: 1. Bis 200°, die Festigkeit wird niedriger infolge Verdampfung des W.; 2. 200–400° Anstieg infolge Schwindung; 3.400–650° Absinken u. Erreichen eines Minimums infolge Absättigung der Oberflächenkräfte. Bei weiterer Erhitzung steigt mit fortschreitender Neuordnung des Gitters die Festigkeit (Phase 4), um im Bereich von 900–1240° höchste Festigkeit (Sammelkristallisation) zu erreichen (Phase 5). Die Bldg. neuer Komponenten gemäß dem 2. Reaktionsablauf, der an der Steatitbldg. erforscht wurde, läßt sich nachweisen, aber der Reaktionsablauf, zu dessen Erforschung

Vff. eine Meth. der dilatometr. Messung pulverförmiger Präpp. ausbauen, ist noch nicht geklärt. Zwischen 780 u. 900° tritt Zerfall des Specksteines in MgO u. SiO_2 ein, es kommt jedoch nicht zur Magnesiumsilicatbldg., sondern zwischen 900 u. 1000° zur Bldg. von Forsterit, der von 1180° ab mit SiO_2 unter Bldg. von Protoenstatit reagiert, der bei 1380° in Klinoenstatit umgewandelt wird. Auf Grund dieser Ergebnisse gelang es Vff., vom Kieserit ausgehend, zu Protoenstatit zu kommen. (Fortschr. Mineralog. **29/30.** 64—68. 1951. Hochstadt.) H. DICKHAUT. 6216

A. Baudran, *Absolutes Registrierdilatometer für hohe Temperaturen.* Beschreibung eines Registrierapp. mit einem Meßstab, bei dem die Ausdehnung der Schiebevorr. ausgeschaltet ist u. der nur einem Druck von etlichen g ausgesetzt ist. Die Ausdehnung des Meßstabes wird mechan. auf eine induktive verschiebbare Auffangvorr. übertragen, die mit einer Meßbrücke verbunden ist; diese Brücke erzeugt einen Strom, der sich linear mit der Verschiebung der Auffangvorr. ändert. Die Temp. u. der Ausgangsstrom werden in Abhängigkeit von der Zeit mit einem nach zwei Richtungen arbeitenden Potentiometer aufgezeichnet. Genaue Temperaturmessungen im Bereich von 1650—1700° sind möglich u. damit die Ausdehnungsmessung von keram. Erzeugnissen mit einer Genauigkeit von 1—2%. (Bull. Soc. franç. Céram. **1955.** 13—24. April/Juni. Soc. Française de Céramique). K. O. MÜLLER. 6216

J. H. Partridge, O. Adams und **T. S. Busby,** *Das Fließen von feuerfesten Materialien bei erhöhten Temperaturen.* Zur Best. der Fließeigg. von feuerfesten Materialien werden Probekörper bestimmter Größe einer Zugbelastung bei erhöhter Temp., z. B. 1350°, ausgesetzt u. dabei die Ausdehnung gemessen. Vorverss. in einer ähnlichen Anordnung, nur mit einem Temperaturanstieg von 10° pro Min., ergeben die Versuchstemp. für den Fließtest. Beim Fließtest tritt zuerst starkes Fließen auf durch die Umwandlung von den kleinen Mullitkristallen, Cristobalit u. Quarz in größere Mullitkristallaggregate, Tridymit u. Kieselglas. Nach ca. 100 Std. wird die Fließgeschwindigkeit angenähert konstant, was auf das viscose Fließen der Glasphase zurückgeführt wird. Diese konstante Fließgeschwindigkeit, die außer vom Material noch von der Temp. u. der Zugbelastung abhängt, ist ein Maß für die Güte des untersuchten Materials. Nach langer Versuchszeit tritt dann Bruch des Probekörpers ein. Von den untersuchten Materialien zeigten ein Mullitstein u. ein Zirkon-Mullit-Stein bes. gute Eigenschaften. (Ind. chim. belge **20.** 952—60. Sept. 1955.) H. SCHOLZE. 6218

Elizabeth A. Jackman und **J. P. Roberts,** *Die Biegefestigkeit von Sinterkörpern und Einkristallen von Korund.* Prüfstäbe aus Sinterkorundmaterial u. aus Korundkristallen (VERNEUIL-Verf.) wurden im Bereich von Zimmertemp. bis 1300° einer Biegebeanspruchung bis zum Bruch ausgesetzt. Es zeigt sich, daß die Biegefestigkeit von Einkristallen zwischen 300 u. 600° ein Minimum durchläuft u. dann wieder ansteigt. Bei 1000—1200° ist sie dann von gleicher Größenordnung wie bei Zimmertemperatur. Begründet wird dies durch innerkristalline Spannungen. Die Sinterkorundprodd. zeigen keinen Minimalwert der Biegefestigkeit, sondern diese bleibt bis 700° konstant, um dann wieder abzunehmen. Der Bruch erfolgt an den Korngrenzen. Eine Erhöhung der Grenzkräfte müßte demnach auch eine Steigerung der Festigkeit bedingen. (Trans. Brit. ceram. Soc. **54.** 389—98. Juli 1955. Mordon, London, Dep. Brit. Oxygen Co.) H. SAALFELD. 6220

R. Bucchi, *Untersuchung über die Reaktionen von Gips beim Abbinden von Portlandzement.* Vf. beschreibt ein Verf. zur Unters. der chem. Vorgänge u. des Reaktionsmechanismus beim Abbinden von Portlandzementen (Verzögerungen, Beschleunigungen, Unregelmäßigkeiten), die Gipse (natürliche u. künstliche Anhydrite, Dihydrate u. künstliche Semihydrate) oder Alkalien (Hydroxyde, Sulfate, Carbonate) als natürliche oder willkürliche Zusätze enthalten. Untersucht wurden 38 Zementproben aus 16 Klinkern (10 industrieller Herkunft, 6 im Labor. hergestellt [elektr. Ofen]). Zus. der Klinker u. ihre Moduln, Zus. des Dihydrats u. natürlichen Anhydrits, totaler u. beigemischter SO_3-Geh. der Portlandzemente, ihre spezif. Oberflächen (nach WAGNER u. BLAINE), Mahlfeinheit u. a. sind angegeben. Das Verf. beruht auf der Unters. der Rkk. zwischen den Hydratationsprodd. der Aluminate u. $CaSO_4$, deren Verbb., die CaO-Sulfoaluminate, in Kalkwasser prakt. unlösl. sind; $CaSO_4$ ist dagegen lösl. (0,001 g SO_3/Liter gegen 0,943 g SO_3/Liter). Die ohne oder mit Sulfatzusatz versehene u. mit dest. W. angesetzte (W./Zement = 0,3; bei 21°) abgewogene Zementprobe (3—15 g) wird mit bekanntem, ausreichendem Vollkalkwasser versetzt. Nach kräftigem Rühren wird in gewissen Zeitabschnitten in der abgesaugten Anrühr-Fl. die Konz. der restlichen ungebundenen SO_4'' bestimmt (u. a. Bldg. einer festen Lsg. von $3\,CaO \cdot Al_2O_3 \cdot Ca(OH)_2 \cdot 13\,H_2O$ in $3\,CaO \cdot CaSO_4 \cdot 12\,H_2O$). Die Bedeutung der Hydratationsvorgänge, die Lösungsgeschwindigkeiten, Reaktionszeiten u. -geschwindigkeiten (Diagramme), der Einfl. der Mahlfeinheit, des Al_2O_3- u. Sulfatgeh., Natur u. zulässiger Geh. der Sulfate werden besprochen u. die Wrkg. von konstanter oder wachsender spezif. Oberfläche der Klinker u. die Abbindungszeiten diskutiert. Verss. zur allg. gültigen rechner. Erfassung der Reaktionsgeschwindigkeiten (Gleichung). Feststellung der Wirkungsgleichheit von Gips, Ca-Semihydrat u. reinen Sulfaten bei der Bldg. der Sulfoaluminate u. der Erhöhung der Abbindegeschwindigkeit durch Klinkeralkalien. Erklärung der wesentlichen Rolle des Al_2O_3 im Zementbrei für die Geschwindigkeiten bei den Rkk. mit Gips u. lösl. Sulfaten. (Chim. e Ind. [Milano] **33.** 685—94. Nov. 1951. Bergamo, Labor. Centr. della Italcemente.) H. WINGCHEN. 6222

A. Liebaut, *Interpretation physikalischer Leitfähigkeitsmessungen an als Wärmeschutzstoffe verwendeten Fasermaterialien.* Vf. berechnet theoret. die therm. Leitfähigkeit von Fasermaterialien unter Berücksichtigung verschied. Verteilungen von Fasern u. Luftzwischenräumen. Die Wärmeleitung des Feststoffes wird dabei gegenüber dem Wärmedurchgang durch die Zwischenräume durch Leitung u. Strahlung vernachlässigt. Die verschied. Lösungen der Probleme werden durch numer. Beispiele unter teilweiser Anwendung von Wahrscheinlichkeitsrechnung u. durch physikal. Interpretationen der Theorie erläutert. (Mines [Paris] **9.** 271—75. 1954. Soc. Riclaine.) D. BREDTSCHNEIDER. 6228

Ernst Leitz G. m. b. H., Wetzlar (Erfinder: **Gustav Weissenberg,** Marburg/Lahn, und **Norbert Meinert,** Münchhausen, Kr. Marburg/Lahn), *Optisches Glas.* Dieses besteht zu mindestens 20 (Gew.-%) aus wenigstens einem Erdalkalimetaphosphat u. mindestens 9 eines oder mehrerer Oxyde der Elemente der 2. u. 3. Gruppe des Period. Syst. u./oder wenigstens einem Orthophosphat der Erdalkalimetalle. — Beispiel für eine Glaszus.: 40 $Mg(PO_3)_2$ u. 60 $Ba_3(PO_4)_2$; n_D 1,5850, ν = 66,0. (**D. B. P. 936 472** Kl. 32b vom 27/2. 1952, ausg. 15/12. 1955. Anmeldung bekanntgemacht 16/6. 1955.) HANS HOFFMANN. 6201

N. V. Philips' Gloeilampenfabrieken, Holland, *Herstellung von Silberspiegeln durch Aufdampfen.* Dem zu verdampfenden *Ag* wird 0,1% *Si* zugesetzt. Das so behandelte Ag benetzt den Heizdraht aus W oder Mo besser u. die Farbe des Ag-Spiegels ändert sich nicht. (**F. P. 1 087 152** vom 13/11. 1953, ausg. 22/2. 1955. Holl. Prior. 15/11. 1952.) F. VIER. 6203

Ferro Corp., Cleveland, übert. von: **James T. Robson** und **Harvey C. Tucker,** Cleveland Heights, O., V. St. A., *Betongegenstände mit glasigen Überzügen.* Ein Körper aus hydraul. Zement u. den gebräuchlichen Zuschlagstoffen wird zuerst mit einer gefritteten Glasurmasse überzogen, die 5—70 Gew.-% an Teilchen eines feuerfesten Materials, wie SiO_2, Al_2O_3, ZrO_2 oder dgl. enthält, das die Poren in der Oberfläche des Körpers füllt. Die Glasur wird unter langsamer Erhitzung auf 1000—1500° F eingebrannt. Nach dem Abkühlen des Körpers wird eine zweite Glasurschicht ohne Zusätze an feuerfestem Material aber sonst gleicher Zus. wie die erste in gleicher Weise aufgebrannt. Die zweite Glasurschicht kann färbende Oxyde enthalten. (**A. P. 2 708 172** vom 15/1. 1954, ausg. 10/5. 1955.) F. REINHART. 6213

Ohio State University Research Foundation, übert. von: **Clifford M. Nicholson,** Columbus, O., V. St. A., *Porigmachen von Tonerzeugnissen.* Toniges keram. Material, bestehend aus ca. 50—75 (Gew.-%) SiO_2, 12—35 Al_2O_3, 10—20 Flußmitteloxyde in Form von Salzen der Alkalien, Erdalkalien, des Fe u. Ti, u. 1—20 chem. gebundenem H_2O wird bei Tempp. von 2150—2300° F. gebrannt. Die M. besteht z. B. aus 6 Na_2CO_3, 8 Dolomit, 86 feuerfestem Ton u. 5 H_2O, sie wird gut gemischt, durch ein Sieb mit 1,5 mm lichter Weite gegeben u. zu Körpern von 6,25×12,5×23,75 cm geformt, die durch Erhitzen auf 2265° F. aufgebläht werden; sie können durch Sägen auf genaues Maß gebracht werden. Die Prodd. sind als Baukörper geeignet. (**A. P. 2 706 844** vom 15/1.1951, ausg. 26/4. 1955.) F. REINHART. 6217

Frieda Hirschbold geb. **Wittner,** München, *Herstellung einer mit Dampf zu härtenden Schaumbetonmasse.* Diese wird in üblicher Weise aus mit W. angemachten, SiO_2-haltigen Füllstoffen, Schaumstoffen u. einem Bindemittel, wie Zement, bereitet; bei Heraufsetzung der Mischtemp. dieser Bestandteile soll die zu verwendende Wassermenge erhöht u. zugleich der Schaummittelgeh. der M. erniedrigt werden. (**D. B. P. 935 714** Kl. 80b vom 18/4. 1952, ausg. 24/11. 1955. Anmeldung bekanntgemacht 30/4. 1953.) HANS HOFFMANN. 6225

Certain-Teed Products Corp., Ardmore, Pa. (Erfinder: **Michele Croce** und **Clarence George Shuttleworth,** Evanston, Ill.), V. St. A., *Herstellung von Gipsmassen zur Erzeugung von Formkörpern.* Gips wird mit ca. 1 Gew.-% spinnbaren Glasfasern in Form kurzer Bündel von 3,17—25,39 mm Länge gleichmäßig vermischt. Zweckmäßig werden an sich starre, bündelartige Strähnen von Glasfasern als Füllstoff verwendet, die durch ein in W. weich werdendes Bindemittel verklebt sind. (**D. B. P. 934 395** Kl. 80b vom 30/4. 1952, ausg. 20/10. 1955. Anmeldung bekanntgemacht 24/3. 1955. **E. P. 718 546** vom

24/4. 1952, ausg. 17/11. 1954. Beide A. Prior. 7/7. 1951. **A. P. 2 681 863** vom 7/7. 1951, ausg. 22/6. 1954.) Hans Hoffmann. 6227

Karl Brandt, Berlin, *Beständige pulverförmige Erdalkali-, Erd- und Eisenhalogenide zur Verwendung für Bauzwecke.* Als Frostschutzmittel, Abbindebeschleuniger oder dgl. für Mörtelmassen werden Halogenide der bezeichneten Art verwendet, welche als Stabilisierungsmittel Harnstoff, dessen Derivv. oder analoge Prodd., bes. Ca-Cyanamid, enthalten. (**D. B. P. 936 673** Kl. 80b vom 1/9. 1954, ausg. 15/12. 1955. Anmeldung bekanntgemacht 23/6. 1955.) Hans Hoffmann. 6227

Josef Stallhofer, Agatharied, Post Hausham/Obb., *Herstellen eines aus Kalkmörtel bestehenden Grundes für die Freskomalerei,* bei dem als Grundierung ein Mörtel verwendet wird, der durch Vermischen von heißem, frisch gelöschtem Kalk (**I**) mit einem der üblichen Zuschläge, wie Quarz- oder Marmorsand, gewonnen ist, dad. gek., daß zu dem Mörtel noch gebrannter, zu feinem Pulver vermahlener Marmor, Dolomit oder Magnesit zugemischt wird, etwa in einer Menge, die der des **I** in der Ausgangsmischung entspricht. (**D. B. P. 936 917** Kl. 75c vom 16/9. 1952, ausg. 22/12. 1955. Anmeldung bekanntgemacht 30/6. 1955.) E. Weiss. 6227

Raebel-Werke (Erfinder: **Heinz Zeep**), Berlin, *Herstellung eines Baustoffes aus Aschen.* Den Aschen, bes. den Steinkohlenflugaschen, wird vor Beimischung eines Bindemittels, wie Wasserglas, Kalkmilch oder Zement, H_2SO_4 zugesetzt. (**D. B. P. 932 360** Kl. 80b vom 27/1. 1951, ausg. 29/8. 1955. Anmeldung bekanntgemacht 23/8. 1951.) Hans Hoffmann. 6229

Max Landecker, München, *Herstellung eines haltbaren Schaumes zur Erzeugung poröser Baustoffe.* Eine unter Druck erzeugte Horneiweißlsg. wird unter Zusatz von bas. Pb-Acetaten in W. zu Schaum geschlagen. (**D. B. P. 936 080** Kl. 80b vom 9/12. 1949, ausg. 1/12. 1955. Anmeldung bekanntgemacht 21/8. 1952.) Hans Hoffmann. 6229

VII. Agrikulturchemie. Schädlingsbekämpfung.

Franz J. Koch, *Zur Wirkung des Fluors auf die Löslichkeit der Phosphorsäure im Thomasphosphat.* Bei Zusatz steigender Mengen NaF bis zu einer Menge von 5 g zu 5 g Thomasphosphat nimmt die citronensäurelösl. Phosphorsäure nicht gleichmäßig, sondern sprunghaft ab. Der stärkste Abfall erfolgt zwischen dem Zusatz von 0,7—0,9 g NaF. (Z. Pflanzenernähr., Düng., Bodenkunde **60 (105)**. 282—84. 1953. Hohenheim, Landw. Hochsch., Inst. für Pflanzenernähr. u. Bodenbiol.) F. Rang. 6282

Béla Keresztény und **Olga Kolbai,** *Über die Eigenschaften der zur Granulierung des Superphosphates verwendeten Stoffe.* Unterss. über die Eignung der in landwirtschaftlichen Betrieben zum Granulieren von pulverförmigem Superphosphat üblicherweise verwandten Zusätze. Als geeignetster Granulierstoff erwies sich Hühnermist. Stoffe, die größere Kalkmengen enthalten oder die Wasserlöslichkeit des Superphosphats herabsetzen, eignen sich nicht als Granuliersubstanz. (Agrokémia és Talajtan [Agrochem. u. Bodenkunde] **3.** 173—80. Sept. 1954. Mosonmagyaróvár, Ungarn, Mezögazd. Kisérl. Int., Agrokém. Oszt.) G. v. Pilinszky. 6282

Charles E. Waters, Willard W. Arnold und **William H. Payne,** *Ammonisierung von Dünger. Wirkung der Teilchengröße auf die Ammonisierung von Superphosphat.* Eine Lsg. mit 65% NH_4NO_3 u. 21,7% NH_3 wurde in geschlossenem Gefäß mit N_2 auf ein Gemisch von KCl, Sand u. Handelsphosphat verschied. Korngröße gesprüht u. nach jeweils 1, 2 oder 3 Min. der NH_3-Geh. der Gefäßatmosphäre gemessen: je kleiner die Korngröße desto schneller u. vollständiger die NH_3-Aufnahme. — 4 Literaturstellen. (J. agric. Food. Chem. **3.** 218—22. März 1955. Hopewell, Va., Allied Chem. and Dye Corp., Nitrogen Div.) H. Eckhard. 6290

Giancarlo Chisci, *Über die chemisch-biologische Reifung des mit mineralischen Phosphatdüngern versetzten Komposts.* 2. Mitt. (1. vgl. C. **1956.** 834.) In Fortsetzung seiner früheren Unterss. bestimmte der Vf. zuerst den Geh. an Humus in reinem Kompost sowie in Komposten, denen Thomasmehl, Phosphorit Italia, Phosphatstein Reno u. Superphosphat zugesetzt worden war. Von allen diesen Düngern wurde weiter das Basenaustauschvermögen, der Gesamt-N, die in 8 Tagen entwickelte Menge NH_3, das gesamte u. in W. lösl. P_2O_5 u. das gesamte u. in W. lösl. K_2O bestimmt. Aus den Unterss. ergab sich, daß die Humusbldg. nach Zusatz der mineral. Phosphatdünger z. T. sehr stark gehemmt wird. Da das Basenaustauschvermögen proportional dem Geh. an Humusstoffen geht, nimmt es gegenüber reinem Kompost in den mit den Phosphatdüngern versetzten Komposten z. T. stark ab. Auch der Gesamt-N zeigt mit sinkendem Humusgeh. eine Abnahme. Der Geh. an Gesamt-K_2O wächst mit Ansteigen des Basenaustauschvermögens u. damit parallel mit der Intensität der Humusbldg. u. Anreicherung der organ. Substanz an Gesamt-N. Der Geh. an lösl. K_2O ist infolge des Austausches Ca^{2+} gegen K^+ höher in reinem Kompost u. umgekehrt proportional dem Geh. an Gesamt-K_2O. Unter Berücksichtigung der in der 1. Mitt. gemachten Ergebnisse kommt der Vf. zu dem Ergebnis, daß der Einfl. der untersuchten Phosphatdünger auf die Reifung u. die chem.-biol. Einigung des Naturdüngers immer negativ ist, auch wenn diese beiden Prozesse manchmal voneinander unabhängig zu sein scheinen. Die Herabsetzung der biol. Reifung könnte eine der Ursachen der Ertragsverminderung sein, die man auf einer ständigen, mit Phosphatdüngern behandelten Komposten durchdüngten polyphyt. Wiese feststellt, im Vgl. zur Anwendung reinen Naturdüngers. (Ricerca sci. **25.** 263—80. Febr. 1955.) C. Gottfried. 6294

Th. Marx und **U. Sahm,** *Beiträge zur Müllaufbereitungs- und -kompostierungsfrage.* Die Kompostierungsweise verschied. *Frischmülle* (**I**) wird beschrieben. — Im allg. lagen die Verrottungstempp. zwischen 30—40°, hielten sich einige Wochen, um dann allmählich abzusinken. — Der Nährstoffgeh. der kompostierten Müllerden verringerte sich gegenüber dem der **I.** In einigen Fällen stieg jedoch der Geh. an H_3PO_4 nach dem Kompostieren an. Kompostierungen mit *Kalkstickstoff* (**II**) erhöhten nur in einem Fall den N-Geh., hemmten vielmehr eher den Vergärungsvorgang. Die Wrkg. des **II** dürfte hauptsächlich im Abtöten schädlicher Mikroorganismen liegen, wodurch auch die für die Verrottung notwendige Flora betroffen wird. Der K-Geh. fiel nach der Kompostierung stark ab. Der Kalkgeh. sank unterschiedlich. Die organ. Substanz (einschließlich CO_2) nahm gleichfalls ab; der Humusgeh. stieg im Verhältnis zum ermittelten Glühverlust an. Mg u. Mn blieben im allg. unverändert. — Aus diesen **I**-Kompostierungsverss. muß geschlossen werden, daß, um in einer angemessenen Zeitspanne aus dem **I** ein wertvolles Bodenverbesserungs- u. Düngemittel zu gewinnen, auf eine mechan. Aussortierung des unverrottbaren Materials u. auf gründliche Mischung u. maschinelle Zerkleinerung der verrottbaren Bestandteile nicht verzichtet werden kann. — 15 Literaturangaben. (Z. Pflanzenernähr., Düng., Bodenkunde **62** (**107**). 31—38. 1953. Berlin-Dahlem, Biol. Zentralanst. für Land- u. Forstw., Abt. für landw. Chemie.) F. Rang. 6294

P. Köster, *Ist der städtische Müllkompost ein brauchbares Düngemittel?* Vf. vertritt die Ansicht, daß auch Müllherkünfte, die nach ihrem Geh. an brauchbarer, humusbildender organ. M. u. an verfügbaren Pflanzennährstoffen dem Stallmist gleichkommen oder denselben sogar übertreffen, nicht als vollwertige Dünger oder Kompostrohstoffe anzusehen sind. (Mitt. dtsch. Landwirtschafts-Ges. **69.** 1254—55. 30/12. 1954. Hamburg.) M. Winiker. 6294

E. M. Crowther, *Der skeptische Agrikulturchemiker.* (Vortrag.) Geschichtliche Übersicht über die Entw. der Agrikulturchemie in England. (J. Soil Sci. **4.** 107—22. Juli 1953. Harpendon, Rothamsted Exp. Stat.) G. v. Pilinszky. 6300

Ivan T. Stranski, *Die Böden Bulgariens und ihre Eigentümlichkeiten.* Zusammenfassender Überblick an Hand der Literatur (25 Hinweise). (Dtsch. Landwirtsch. **6.** 588—95. Dez. 1955. Sofia.) M. Winiker. 6300

István Szabolcs, *Degradation ungarischer Alkaliböden in der Gegend jenseits der Theiss.* Die ungar. Böden sind durch hohen Geh. an in 5%ig. KOH lösl. SiO_2 charakterisiert. Ihre Bldg. ist ein komplizierter biol. Prozeß, der period. anaerobe Bedingungen erfordert. Der durch die Lebenstätigkeit der Mikroorganismen gebildete Humus wird lösl., Sesquioxyde wandern in tiefere Horizonte, während SiO_2 sich in den obersten Schichten anreichert. (Agrokémia és Talajtan **3.** 361—68. Dez. 1954. Budapest, Agrokém. Kut. Int., Talajt. Oszt.) A. Jacob. 6304

M. Damodaran Nambiar, *Ein Bodenprofil mit abnorm hohem Phosphorsäuregehalt.* Bericht über die mechan. u. chem. Zus. eines Bodens des ind. Dorfes Pattiswaram. Der P_2O_5-Geh. betrug 0,123—0,265%, ausnutzbare P_2O_5 lag zwischen 0,017 u. 0,124%. Vf. vermutet, daß der hohe P_2O_5-Geh. darauf zurückzuführen ist, daß dort früher pflanzliche Abfälle u. tier. Exkremente gelagert wurden. (Madras agric. **XLII.** 384—87. Sept. 1955. Coimbatore, Agric. Res. Inst.) C. Grimme. 6304

S. M. Schwartz und **W. P. Martin,** *Einfluß von organischen Säuren des Bodens auf den löslichen Phosphor in Schlufflehmböden von Miami und Wooster.* Nachdem vorher die qualitative Zus. der normalerweise in verschied. Ohio-Böden auftretenden *organ. Säuren* (**I**) bestimmt worden war, wurden Miami-Schlufflehmböden, die mit Luzerne, Weizenstroh u. N versetzt waren, der Incubation in Laboratoriums- u. Gewächshausverss. unterworfen, um zu bestimmen, ob eine Korrelation zwischen der Löslichkeit des P u. dem Auftreten von **I** bestünde. Ebenso wurden Feldproben von Parzellen eines 2jährigen Fruchtfolgevers. auf lösl. P u. **I** untersucht. Der P-Spiegel erhöhte sich in den mit Luzerne behandelten u. den Kontrollproben nach 4 Wochen aerober Incubation ebenso, wie die Isocitronen- u. möglicherweise Weinsäuren. Eine Beziehung zwischen diesen Säuren u. der P-Löslichkeit bestand aber offenbar nicht. Diese Beziehung fehlte auch unter aeroben

Bedingungen. Es wurde ferner gefunden, daß die Feldproben keine wesentlichen Mengen von Isocitronensäure aufwiesen. Das Einpflügen von Gründüngung hatte keinen Einfl. auf Menge oder Verteilung der **I**. (Proc. Soil Sci. Soc. America **19**. 185—88. April 1955. Ohio Agric. Exp. Stat.) A. JACOB. 6304

K. Scharrer, S. Gericke und **W. Jung**, *Untersuchungen über das Verhalten einiger Phosphate gegenüber der Einwirkung von Fluoriden in wässeriger Lösung.* Umsetzungsverss. mit *Dicalciumphosphat* (**I**), *Thomasphosphat* (**II**) u. *Hydroxylapatit* (**III**) einerseits sowie KF u. CaF_2 andererseits hatten folgende Ergebnisse: **I** u. KF reagieren in wss. Lsg. unter Bldg. von Fluorapatit (**IV**) u. CaF_2. Für die **IV**-Bldg. wurde folgende Reaktionsgleichung ermittelt: $12\ CaHPO_4 + 2\ KF \rightarrow Ca_{10}(PO_4)_6 \cdot F_2 + 2\ Ca(H_2PO_4)_2 + 2\ KH_2PO_4$. Die CaF_2-Bldg. erfolgt demgegenüber auf 2 Wegen: in einer Neben-Rk.: $Ca(H_2PO_4)_2 + 2\ KF \rightarrow 2\ KH_2PO_4 + CaF_2$ u. durch direkte Umsetzung: $CaHPO_4 + 2\ KF \rightarrow K_2HPO_4 + CaF_2$. — Die Umsetzung des **I** zu **IV** u. CaF_2 ist von der F-Konz. abhängig in der Weise, daß bei niedriger F-Konz. die **IV**-Bldg., bei höherer die CaF_2-Bldg. in immer stärkerem Maße hervortreten. Die unterste Grenze, bei der noch **IV** u. CaF_2 gebildet werden, wird durch das Konzentrationsprod. der an der Rk. beteiligten Ionen bestimmt. Für diese Umsetzung ist ferner charakterist., daß sie von einer bestimmten F-Konz. an sofort u. unterhalb dieser F-Konz. jeweils um so später einsetzt, je niedriger die F-Konz. ist. — **I** reagiert auch mit dem schwerlösl. CaF_2 unter Bldg. von **IV**: $12\ CaHPO_4 + CaF_2 \rightarrow Ca_{10}(PO_4)_6 \cdot F_2 + 3\ Ca(H_2PO_4)_2$. Für die in der Zeiteinheit umgesetzte **I**-Menge ist die Nachlieferung von F-Ionen aus dem CaF_2 von entscheidender Bedeutung. Die Rk. selbst verläuft offenbar (ebenso wie die Umsetzung zwischen **I** u. KF) spontan, u. zwar in vielen kleinen Etappen, von denen jede einzelne a) den Lösungsvorgang, in dessen Verlauf sich die Konz. der Lsg. an Ca-, PO_4- u. F-Ionen dem Löslichkeitsgleichgewicht der beiden Reaktionspartner immer mehr nähert u. b) die bei einem bestimmten Konzentrationspunkt der reagierenden Ionen schlagartig einsetzende **IV**-Bildungs-Rk., welche die Ionenkonz. der Lsg. entsprechend red. u. damit den Lösungsvorgang von neuem einleitet, umfaßt. Die in der Zeiteinheit sich mit CaF_2 zu **IV** umsetzende **I**-Menge ist stets größer als die durch Hydrolyse in **III** übergeführte Menge **I**. — Im Gegensatz zu **I** ist **II** nicht ohne weiteres in der Lage, sich mit KF zu **IV** umzusetzen. Als Ursachen hierfür sind anzusehen: der Geh. des **II** an freiem Kalk, welcher KF in Suspension sofort in die weniger reaktionsfähige Form des CaF_2 überführt u. die große Stabilität des $CaO–SiO_2–P_2O_5$-Komplexes gegenüber der Einw. von Fluoriden. — Auch **III** zeigt nur geringe Neigung, mit F unter Bldg. von **IV** zu reagieren. Die im Kristallverband des **III** eingebauten OH-Ionen sind demnach so fest verankert, daß sie nur sehr schwer gegen F-Ionen ausgetauscht werden können. — Aus den Ergebnissen können folgende Folgerungen für die Bodenverhältnisse gezogen werden: Bei der Apatitbldg. im Boden hat die **IV**-Bldg. Vorrang vor der **III**-Bldg., sofern F im Boden als CaF_2 vorhanden ist. — Eine Umsetzung der **II**-Phosphorsäure zu **IV** ist erst nach entsprechender Überführung in reaktionsfähigere Formen, in denen die Phosphorsäure in Form von PO_4-Ionen vorliegt, denkbar. — Die Bldg. von **IV** durch Umsetzung des im Boden möglicherweise vorhandenen **III** ist nur wenig wahrscheinlich. — 8 Literaturangaben. (Z. Pflanzenernähr., Düng., Bodenkunde **60** (**105**). 250—70. 1953. Gießen, Justus-Liebig-Hochschule, u. Essen-Bredeney, Landw. Versuchsanst. der Thomasphosphaterzeuger.) F. RANG. 6304

G. Michael und **K. Schmalfuß** (unter Mitarbeit von **K. Lenz** und **E. Wilberg**), *Gefäßversuche mit granuliertem Superphosphat.* Die Unterschiede zwischen den einzelnen P-Düngemitteln u. auch den verschied. Körnungsgraden sind nur gering u. selten gesichert. — Einerseits verzögert die Körnung eine zu schnelle Festlegung im Boden u. wirkt damit in Richtung einer Erhöhung der Ausnutzungswerte u. Erträge. Die Anwendung gleich hoher P-Mengen, aber in gekörnter Form, bringt jedoch zum anderen mit zunehmender Korngröße eine steigernde Ungleichmäßigkeit in der Verteilung mit sich, die eine schnelle u. rechtzeitige Versorgung der Kulturpflanzen in ausreichenden Mengen nicht immer gewährleistet. — Eine Überlegenheit des gekörnten Prod. gegenüber dem feinen fand sich bei Hafer bes. deutlich auf angesäuertem Boden, ferner wurde fast regelmäßig eine auffallend günstige Wrkg. bei Senf als Nachfrucht beobachtet. — Bei langem, ungestörtem Verweilen im Boden dürfte eine Überlegenheit des granulierten Superphosphats zu erwarten sein (also bei Düngung von Pflanzen mit langer Vegetationsdauer, breitem Reihenabstand u. Unterbringung durch Tiefdrillen). — 6 Literaturangaben. (Z. Pflanzenernähr., Düng., Bodenkunde **62** (**107**). 41—50. 1953. Halle, Univ., Inst. für Pflanzenernähr. u. Bodenkunde, u. Jena, Univ. Landw. Chem. Inst.) F. RANG. 6304

Kurt Sigle, *Das Kartoffeleiweiß, seine Steigerung und Verwertung.* Der Geh. der Kartoffelknolle an N-Substanzen ist stark schwankend, im Mittel beträgt er 2,0% = 8—9% in der Trockensubstanz. Etwa 55% des Rohproteins besteht aus wirklichem Eiweiß, der Rest sind Amide u. Aminosäuren. Die N-Substanzen sind in der Knolle nicht gleichmäßig verteilt, am niedrigsten sind sie dort, wo die Reservestoffe konzentrierter lagern, am höchsten in den schalennahen Partien u. im Kerne. Ein Zusammenhang zwischen Rohprotein- bzw. Eiweißgeh. u. Knollengrößen scheint nicht zu bestehen, jedoch liefern die kleinen u. kleinsten Knollen die höchste Ausbeute. Während der Vegetationszeit steigt der N-Geh. laufend an, wobei das Verhältnis Eiweiß-N : lösl. N ziemlich konstant bleibt. In günstigen Anbaugebieten ist die Bldg. höher als in ungünstigen. N-Düngung wirkt sich vor allem auf die nichteiweißartigen Verbb. aus, einseitige K_2O-Düngung wirkt erniedrigend, K_2O-Mangel erhöhend. P_2O_5 u. CaO sind von geringerem Einfluß. Die Steigerung durch N-Düngung scheint unrentabel. Viruskranke Knollen haben stets den höchsten Proteingehalt. Dabei sind sie anfälliger gegen Lagerparasiten. Der Proteingeh. steigt während der Lagerung an, wobei ihr Geh. an Reineiweiß etwas abnimmt. N-arme Sorten schmecken niemals derb u. kräftig. Die Verdaulichkeit u. biol. Wertigkeit des wahren Eiweißes sind sehr hoch. Bei der Herst. von Kartoffelflocken entstehen keine N-Verluste, aber bei der Trockenkartoffelherstellung. Die Abwässer der Stärkefabrikation sind für die Futtermittelherst. sehr wichtig. — 132 Literaturhinweise. (Z. Acker- u. Pflanzenbau **93.** 208—58. Febr. 1951. Hohenheim, Inst. für Pflanzenbau u. Pflanzenzüchtung der Landwirtsch. Hochschule.) C. GRIMME. 6304

K. Kumar und **L. Mahapatra,** *Wirkung der Düngemittelanwendung auf den Solaningehalt und den Ertrag von Kartoffelknollen.* Düngung mit $(NH_4)_2SO_4$ (90 lbs. N/acre) erhöhte den Solaningeh. von Kartoffelknollen. Die Lsg. von HOUGLAND u. SNYDER (**a**) gab im Gefäßvers. einen etwas höheren Solaninwert als die HOUGLAND-Lsg. (**b**), was wahrscheinlich damit zusammenhängt, daß N in **a** als Nitrat, in **b** als NH_4 vorliegt. Der tox. Geh., der bei 3,2% liegt, wurde jedoch nicht erreicht. Die Benutzung dieser Kulturlsgg. ermöglicht die Erhöhung des Knollenertrags je Pflanze, ohne Gefahr einer Erhöhung des Solaningeh. über das zulässige Maß. (Sci. and Cult. **20.** 604—05. Juni 1955. Banaras, Banaras Hindu Univ., Pflanzenphysiol. Abt., Coll. of Agric.) A. JACOB. 6304

N. A. Doroshkin und **A. I. Kusstowa,** *Einfluß der Spurenelemente bei Wurzel- und Blattdüngung auf die Erhöhung der Widerstandsfähigkeit gegen Krankheiten und den Ernteertrag der Kartoffel.* (Vgl. C. **1956.** 2860.) Die Blatt- u. die Bodendüngung mit Cu, Mn, Mg u. B bewirkten eine Erhöhung der Widerstandsfähigkeit gegen Krankheiten u. des Ertrags der Kartoffeln. Die besten Ergebnisse erzielten Cu u. Mn. $CuSO_4$ verminderte bei Blattdüngung den Befall der Knollen mit Rhyzoctonia (Rhz.) um das 3fache, mit Phytophthora (Ph.) um das 3—4fache. $KMnO_4$ verminderte den Befall mit Rhz. u. Ph. um das 2fache. Entsprechend wurden auch die Erträge erhöht, u. zwar durch $CuSO_4$ um 25%, durch $KMnO_4$ um 16%. Der Stärkegeh. erhöhte sich dabei um 2%. B u. B-Mg zeigten eine nur unbeträchtliche Wirkung. Der Geh. an Stärke wurde durch B vermindert. Bei Bodendüngung mit Mg, Mn u. B-Mg erfolgten Aufgang u. Blüte 4 Tage früher. Als Nachwrkg. verbesserten sämtliche Mikroelemente den Saatgutwert der Kartoffelknollen. Die besten Ergebnisse zeigten dabei Cu u. Mn, welche die Erträge des Nachbaus um 19,8 bzw. 20% erhöhten. Der Befall der Knollen des Nachbaus durch Ph. wurde bei Blattdüngung mit Cu um das 6fache, durch Rhz. um das 3fache vermindert. Bei 2jährig wiederholter Anwendung der Spurenelemente wurden Ertrag u. Widerstandsfähigkeit der Kartoffelknollen stark verbessert: $CuSO_4$ verminderte den Befall mit Ph. um das 8—10fache u. erhöhte den Ertrag auf 144,5%, während eine 1jährige Anwendung ihn nur auf 125% steigerte. Auch der Geh. an Stärke wurde erhöht. Die Lagerfähigkeit der Knollen wurde verbessert, die Bakterienfäule der Knollen während der Lagerung im Winter vollständig verhütet. Dies war auch der Fall bei Blattdüngung mit Mn u. Bodendüngung mit B. Von den nichtgedüngten Kartoffeln wurden 5,9—8,3% von Bakterienfäule befallen. (Известия Академии Наук Белорусской ССР [Nachr. Akad. Wiss. BelorussSSR] **1955.** Nr. 4. 47—56. Juli/Aug.) A. JACOB. 6304

A. Stöckli, *Die Zahl, Größe, Form und Verteilung der autochthonen Bodenbakterien.* Nach einer krit. Betrachtung der verschied. Methoden der Bodenmikroskopie wird über Unterss. nach der Meth. von JONES u. MOLLISON (Bodensuspension in einer Agarlsg.) berichtet. Es wurde festgestellt, daß in den obersten Bodenschichten die Bakterien größtenteils zu kleineren oder größeren Kolonien vereinigt sind, wobei sich bes. die Wiesenböden durch eine größere Anzahl individuenreicher Aggregate auszeichnen. Die Zahl der vereinzelt in der Bodensuspension vorkommenden Keime ist relativ gering. Die Bakterien sitzen meist auf der organ. Bodensubstanz; die größeren, keine humusartige Umhüllung tragenden Mineralteilchen sind vorwiegend keimfrei. Die mkr. Auszählung der innerhalb von 24 Std. auf Nähragarfilm angegangenen Kolonien ergab wesentlich höhere Werte als die nach 5 Tagen mittels einer Leselupe vorgenommene Auszählung der Plattenkulturen. — 13 Literaturhinweise. (Landwirtsch. Jb. Schweiz **70** ([N. F.] **5**). 47—64. 1956. Zürich-Oerlikon, Eidgenöss. landwirtschaftl. Versuchsanst.) M. WINIKER. 6306

Adolf Brauns, *Angewandte Bodenbiologie und Pflanzenschutz.* Nach Kennzeichnung der verschied. Arbeitsrichtungen innerhalb der angewandten Bodenbiologie werden die Beziehungen zu Forschungsgebieten der Forst- u. Landwirtschaft unter besonderer Berücksichtigung des Pflanzenschutzes aufgezeigt. Großräumige u. langanhaltende bodenbiol. Forschungen vermögen wertvolle Beiträge zur ökolog. Grundlagenforschung des Pflanzenschutzes zu liefern. — 68 Literaturhinweise. (Nachrichtenbl. dtsch. Pflanzenschutzdienstes [Braunschweig] **8.** 10—13. Jan. 1956. Braunschweig, Staatl. Naturhistor. Museum.) M. WINIKER. 6312

Karl Mayer, *Wege der Schädlingsbekämpfung im Wandel der Zeiten.* Vortrag über zur Bekämpfung von Schädlingen angewandte Mittel, bes. Insekticide, vom Altertum bis zur Gegenwart. — 2 Abbildungen. (Z. angew. Zool. **41.** 379—90. **1954.** Berlin-Dahlem, Biol. Bundesanst. für Land- u. Forstwirtschaft.) W. KUNTZ. 6312

Leo R. Gardner, *Rezepturen von Schädlingsbekämpfungsmitteln. Grundlegende Prinzipien der Rezeptur.* Vf. gibt einen Überblick über die Faktoren (z. B. Verträglichkeit für die Pflanze, Stabilität der Emulsion, Temperaturbeständigkeit, Lagerungsfähigkeit, Anpassung an die verschied. Gerätetypen, Toxizität usw.), die bei der Rezeptur eines Schädlingsbekämpfungsmittels zu beachten sind. (J. agric. Food Chem. **1.** 521—22. 24/6. 1953. Richmond, Calif., California Spray-Chem. Corp.) W. KNÖPKE. 6312

S. A. J. Tarr, *Schutz von Sorghum gegen Bodenpilze, Bodenschädlinge und die Brandkrankheit Sphacelotheca sorghi durch kombinierte Insekticid-Fungicid-Beizmittel.* Zur gleichzeitigen Bekämpfung von Sphacelotheca sorghi u. verschied. Bodenschädlinge an Sorghum hat sich im Sudan eine Beizung mit einem Puder mit einem Geh. von 25% Thiram u. 20% γ-HCH in einer Aufwandmenge von 1 g/lbs. bewährt. (Ann. appl. Biol. **41.** 578—85. Dez. 1954. Sudan, Ministry of Agric., Res. Div.) W. KNÖPKE. 6312

H. Bremer, *Fungicidbehandlung der Brennflecken bei Bohnen.* Bericht über Verss., deren Ergebnissen zufolge *Zineb* u. *Captan* gegen Colletotrichum lindemuthianum gut wirksam zu sein scheinen, während *Thiuramdisulfid* nicht die gleiche Wirksamkeit verspricht u. *S* unwirksam ist. In Kombination mit Zineb setzt S sogar unter Umständen dessen Wirksamkeit herab. (Nachrichtenbl. dtsch. Pflanzenschutzdienstes [Braunschweig] **7.** 129—31. Aug. 1955. Neuß-Lauvenburg, Biol. Bundesanst., Inst. für Gemüsebau u. Unkrautforsch.) M. WINIKER. 6312

Jean Lhoste und **Christiane Leibovici,** *Beitrag zur Untersuchung der Wirksamkeit eines chlorierten Camphens bei der Kartoffelkäferbekämpfung.* Zur Bekämpfung der Imagines u. Larven des Kartoffelkäfers scheint das chlorierte Camphen *Toxaphen* geeignet zu sein. (Engrais **69.** Nr. 86. 21. 23—24. Nov. 1955.) M. WINIKER. 6312

J. A. Whellan, *Ein neues Insekticid, das zur Bekämpfung des Heerwurms benützt werden kann.* Kurzer Bericht über gute Erfahrungen mit *Endrin.* (Rhodesia agric. J. **53.** 102. Jan./Febr. 1956.) M. WINIKER. 6312

T. W. Hogan und **I. A. Barber,** *Acheta commodus W.* Als wirksame Bekämpfungsmittel erwiesen sich *Dieldrin* u. *Aldrin* in einer Aufwandmenge von 8 bzw. 16 oz./acre. *Lindan* war bei Gaben von bis zu 16 oz./acre wirkungslos. (J. Agric. [Melbourne] **53.** 544—46. Dez. 1955.) M. WINIKER. 6312

D. S. Morris, *Bekämpfung von Obstbaummilben.* Bericht über Erfolge bei der Bekämpfung von Bryobia praetiosa Koch u. Tetranychus urticae mit *Parathion, Malathion, Ovotran, P. C. P. B. S.* (p-Chlorphenylbenzolsulfonat), *Chlorparacide* (p-Chlorbenzyl-p-chlorphenylsulfid) u. *Aramite.* (J. Agric. [Melbourne] **53.** 551—55. 58. Dez. 1955.) M. WINIKER. 6312

Loren F. Steiner, *Fruchtfliegenbekämpfung in Hawai mit Proteinhydrolysate enthaltenden Giftködersspritzmitteln.* Vf. untersuchte die Wrkg. von insekticiden Spritzmitteln, die zur Anköderung Zucker u. einige Proteinhydrolysate enthielten zur Bekämpfung von Dacus dorsalis (Oriental. Fruchtfliege) u. Ceratitis capitata (Mittelmeerfruchtfliege). Die Köder wurden mit schnellwirkenden Insekticiden wie *Parathion* (**I**), *Metacide, EPN* oder *Lindan* gemischt u. die Wrkg. der Spritzbeläge auf die anfliegenden Imagines beobachtet. Die Anköderung ist am Tage der Spritzung am stärksten, dehnt sich aber noch bis zu 7 Tagen aus. Bei Spritzung mit **I** (4 ounces/acre) unter Zusatz des Köders in 3wöchigem Intervall konnte eine Reduzierung des Larvenbefalls um 87—94% erreicht werden. (J. econ. Entomol. **45.** 838—43. Okt. 1952.) W. KNÖPKE. 6312

John L. Hoerner und **Geo. M. List,** *Bekämpfung von Grapholitha packardi an Kirschen in Colorado.* Vff. beschreiben die Lebensweise von Grapholitha packardi, dessen Larve in den Kirschen miniert. Zur Bekämpfung waren *Parathion* u. *Methoxychlor* (2—3 Behandlungen) gut geeignet, während *DDT* etwas schlechter abschnitt. (J. econ. Entomol. **45.** 800—05. Okt. 1952. Ft. Collins, Colorada Exp. Stat.) W. KNÖPKE. 6312

J. A. Whellan, *Ein für Rhodesien neuer Kornschädling.* Das sicherste Verf. zur Bekämpfung von Trogoderma granarium Everts besteht in einer Begasung des Getreides mit *Methylbromid.* Als wirkungsvollstes Insekticid erwies sich bisher *BHC.* Sehr gute Erfahrungen wurden mit einem Spritzmittel auf Basis BHC + DDT gemacht. *DDT* allein ist unwirksam. (Rhodesia agric. J. **53.** 41—50. Jan./Febr. 1956. Ministry of Agric.) M. WINIKER. 6312

David L. Lindgren, Lloyd E. Vincent und **H. E. Krohne,** *Der Khapra-Käfer, Trogoderma granarium Everts.* Bei Verss. zur Vernichtung von Larven u. Puppen des Getreideschädlings erwies sich Begasung mit *HCN* bzw. *Acrylnitril* als wirksam. Laborverss. zufolge können folgende Kontaktinsekticide als zur Bekämpfung von Larven des 4. Stadiums geeignet angesehen werden: *Parathion, Methylparathion, Malathion, Pyrocide 175* (Pyrethrinpräp.), *Verb. 12008* (O.O-Diäthyl-S-isopropylmercaptomethyldithiophosphat) u. *Chlorthion.* — 77 Literaturhinweise. (Hilgardia **24.** 1—33. Aug. 1955. Riverside, Calif., Citrus Exp. Stat.) M. WINIKER. 6312

K. Oberthür, *Die Wiesenwanze (Lygus pratensis L.) als Tabakschädling.* Zur Bekämpfung der Wiesenwanze im Tabakbau kommen nur solche Mittel in Frage, die bei ausreichender insekticider Wrkg. weder Geschmack u. Aroma noch die Glimmfähigkeit der Tabakblätter beeinträchtigen. Diesen Anforderungen scheinen das Hexamittel *Verindal* sowie das DDT–HCC-Kombinationspräp. *Gesaktiv* zu genügen. — 9 Literaturhinweise. (Nachrichtenbl. dtsch. Pflanzenschutzdienst [Berlin] [N. F.] **8 (34).** 229—32. Dez. 1954. Erfurt, Zweigstelle der Biol. Zentralanst. Berlin.) M. WINIKER. 6312

Philip J. Spear und **Harvey L. Sweetman,** *Stetige Verdampfung von Insekticiden unter besonderer Berücksichtigung von DDT.* Vff. geben eine Übersicht über die Probleme, die bei der Verschwelung von Insekticiden zur Bekämpfung von Schädlingen in geschlossenen Räumen auftreten. Unterss. mit *DDT* zeigten, daß die Insekten sowohl von den in der Luft schwebenden Teilchen, als auch durch den an den Oberflächen haftenden Belag abgetötet werden. — 7 Literaturangaben. (J. econ. Entomol. **45.** 869—73. Okt. 1952. Amherst. Mass., Univ. of Massachusetts.) W. KNÖPKE. 6312

E. V. Abraham und **T. S. Muthukrishnan,** *Mitteilung über die Hausfliegenbekämpfung auf Farmen.* Bericht über vergleichende Verss. mit DDT- u. BHC-Stäuben. Hierbei wurden die besten Resultate mit BHC erreicht. (Madras agric. **XLII.** 394—97. Sept. 1955. Coimbatore, Agric. Res. Inst., Entomol. Sect.) C. GRIMME. 6312

Blair R. Bartlett und **J. C. Ortega,** *Beziehung zwischen natürlichen Feinden und DDT-beeinflußten Zunahmen von Lecanium pruinosum und anderen Schädlingen an Walnüssen.* Durch die Vernichtung der natürlichen Feinde durch *DDT*-Spritzungen wurde an Walnüssen ein starkes Auftreten von Chromaphis juglandicola, Tetranychus bimaculatus, Paratetranychus pilosus u. Lecanium pruinosum beobachtet. (J. econ. Entomol. **45.** 783—85. Okt. 1952. Riverside, Calif. Univ. of California, Citrus Exp. Stat.) W. KNÖPKE. 6312

J. Magnin, *Bekämpfung von Schadinsekten an Kakao(kulturen) in Westafrika.* Die Hauptschädlinge der Kakaokulturen an der Elfenbeinküste werden nebst ihrem Schadbild eingehend beschrieben. Als Bekämpfungsmaßnahmen kommen vor allem neben *DDT*-Spritzungen Bestäubungen mit DDT-, *HCH*- u. *Aldrinpulver* in Frage. Gegen Schildläuse erwies sich im Laborvers. *Hanane* als sehr wirksam, jedoch scheint dieses Mittel aus verschied. Gründen für den Einsatz im Freiland ungeeignet zu sein. (Agronom. tropicale **9.** 467—78. Juli/Aug. 1954.) C. GRIMME. 6312

E. M. Lavabre, *Für Kakaokulturen gefährliche Insekten in Kamerun.* Beschreibung der wichtigsten Schädlinge u. ihrer Schadwirkungen. Als Bekämpfungsmittel wird HCH empfohlen. (Agronom. tropicale **9.** 479—84. Juli/Aug. 1954. Ukalbisson, Centre de Rech. Agronom., Labor. d'Entomol.) C. GRIMME. 6312

Carroll N. Smith, M. M. Cole, George W. Lloyd und **Allen Selhime,** *Moskitorepellentmischungen.* Vff. prüften Kombinationen einer Reihe von Substanzen mit Repellentwrkg. gegen Aedes aegypti u. Anopheles quadrimaculatus in Laborversuchen. Als Maßstab für die Wirksamkeit wurde die Zeit bis zum ersten Biß nach der Aufbringung des Mittels auf die Haut gewertet. In den Gemischen waren folgende Komponenten enthalten: *Dimethylphthalat* (**I**), *2-Äthyl-1.3-hexandiol* (**II**), *Indalon* (**III**), *Dimethylcarbamat* (**IV**), *Propyl-N.N-diäthylsuccinamat* (**V**), *o-Chlor-N.N-diäthylbenzamid* (**VI**), *Isopropylalkohol, 2-Methoxyäthylester der N-Äthyl-o-methylcarbanilinsäure.* Die wirksamsten Gemische gegen Aëdes-Arten waren: 3 (Teile) **I**, 4 **II** u. 3 **IV**; 4 **I**, 3 **II** u. 3 **V**; 4 **II**,3 **V** u. 3 **VI**; 5 **II** u. 5 **VI**. (J. econ. Entomol. **45.** 805—09. Okt. 1952.) W. KNÖPKE. 6312

Ferdinand Beran und **Johann Neururer,** *Zur Kenntnis der Wirkung von Pflanzenschutzmitteln auf die Honigbiene (Apis mellifica L.).* 1. Mitt. *Bienengiftigkeit von Pflanzen-*

schutzmitteln. Als höchst bienengiftig erwiesen sich bes. *Methylparathion* (I), *Parathion* (II) *Diazinon* (III), *Chlorthion* (IV), *Metasystox* (V), *Malathion* (VI) sowie *γ-HCH, Dieldrin* u. *Aldrin,* die sämtlich schon in Bruchteilen von μg eine 50%ig. Abtötung der Einzelbienen bewirkten. Hingegen wiesen *Systox* (VII), *DDT* u. *Toxaphen* (VIII) eine relativ geringe Bienengiftigkeit auf. Im Vgl. zu Fliegen sind **I—VI** u. auch **VII** als spezif. Bienengifte anzusprechen, während **VIII**, DDT, *Isopestox* u. *Endrin* ebenfalls im Vgl. zu Fliegen als spezif. ungiftig anzusehen sind. Die Fungicide *Dithane, Fuklasin, Nirit, Pomarsol* u. *Schwefelkalkbrühe* sowie die Herbicide *2.4.5-T* (auch der Butylester) sowie *2.4-D* (Na-Salz u. Butylester) u. *p-Chlorphenoxyessigsäure* sind durch sehr geringe Bienengiftigkeit charakterisiert. — 34 Literaturhinweise. (Pflanzenschutzberichte [Wien] **15.** 97—147. Dez. 1955. Wien, Bundesanst. für Pflanzenschutz.) M. WINIKER. 6312

B. Wahlin, *Die Bienen und die systemischen Insekticide.* Deutsche Übersetzung der C. **1955.** 5160 referierten Arbeit. (Höfchen-Briefe **8.** 261—63. 1955.) M. WINIKER. 6312

John B. Smith und **Charles E. Olney,** *Bericht über Magnesium in Düngemitteln.* Nach einer Literaturübersicht zur Frage der Best. des nutzbaren Mg der Düngemittel wird über Verss. zur Bewertung dolomithaltiger Kunstdünger auf Grund der Teilchengröße derselben berichtet. (J. Assoc. off. agric. Chemists **35.** 663—66. 15/8. 1952. Kingston, R. I., Agric. Exp. Stat.) H. GUDE. 6322

Ferenc Szelényi, *Ein Laboratoriumsverfahren zur Prüfung der Wasser- und Lufthaushaltsbedingungen von Böden.* Unters. des Wasserhaltungsvermögens von Böden im Freilandvers. mittels Rahmenbewässerungsmethode. Die Unters. im Labor. erfolgt nach einer einfachen eigenen Meth., wobei die zeitliche Abhängigkeit des Wasser- u. Luftgeh. der Böden nach Bewässerung entsprechend bestimmter Niederschlagsmengen ermittelt wird. — Beleganalysen. (Agrokémia és Talajtan **3.** 235—52. Sept. 1954. Debrecen, Mezögazdasági Akad., Talajtan-Kém. Tanszék.) G. v. PILINSZKY. 6324

R. K. Schofield und **A. Wormald Taylor,** *Die Messung des Boden-p_H.* Zwischen p_H u. der Elektrolytkonz. besteht bei der Messung des Boden-p_H eine Beziehung. Man muß die Messungen unter Benutzung einer Elektrolytlsg. von bekannter Zus. ausführen, um von verschied. Böden vergleichbare Resultate zu erhalten. In n. nicht versalzten Böden gab 0,01m $CaCl_2$ die am besten befriedigenden Werte. (Proc. Soil Sci. Soc. America **19.** 164—67. April 1955. Rothamsted Exp. Station.) A. JACOB. 6324

Otto Klausing, *Über die chemische Pufferwirkung von Regenwasser und ihren möglichen Einfluß auf den p_H-Wert des Bodens.* Bericht über Unterss., aus denen die method. wichtige Folgerung zu ziehen ist, daß das Eigen-p_H eines Bodens nur bei sommerlicher Trockenheit sicher bestimmt werden kann. (Ber. dtsch. bot. Ges. **118.** 261—64. 1955. Darmstadt, TH, Botan. Inst.) M. WINIKER. 6324

H. Sandhoff, *Konduktometrische Bestimmung des T-Wertes von Böden und Bodenbestandteilen.* 1. Mitt. Zur Best. der Sorptionskapazität (S.K.) von Böden wurde eine konduktometr. Meth. entwickelt. Von einer dem jeweiligen Humusgeh. entsprechenden Bodenmenge werden in einem Leitfähigkeitsgefäß bei Zugabe von n/5 $Ba(OH)_2$ die jeweiligen konduktometr. Werte gemessen u. die entsprechende Kurve gezeichnet u. ausgewertet. — Durch Einbau einer stoßfesten hochohmigen Glaselektrode in das Leitfähigkeitsgefäß kann bei der Titration der Bodensuspension mit $Ba(OH)_2$ auch der p_H-Wert gemessen werden. Aus der konduktometr. u. potentiometr. Kurve ist im gleichen Koordinatensyst. die Abhängigkeit des p_H-Wertes sowie der Leitfähigkeit von der zugeführten Basenmenge zu ersehen u. zu erkennen, bei welchem p_H-Wert der Boden mit Basen gesätt. ist. — Bei entsprechend geänderter Vorbehandlung des Bodens kann auch der T–S-Wert bestimmt werden. (Z. Pflanzenernähr., Düng., Bodenkunde **62** (**107**). 1—19. 1953. Berlin-Charlottenburg, Techn. Univ., Inst. für Pflanzenernähr., Bodenchem. Bodenbiol., Berlin-Dahlem.) F. RANG. 6324

W. M. H. Saunders und **E. G. Williams,** *Beobachtungen über die Bestimmung des gesamten organischen Phosphors in Böden.* Die Best. des gesamten organ. P aus der Erhöhung des Gesamtgeh. an in 0,2n H_2SO_4 lösl. anorgan. P infolge Erhitzung des Bodens auf 550° wurde nachgeprüft, indem man die bei der Extraktion mit 0,5n NH_4OH u. 0,1n NaOH nach verschied. Säurebehandlung erhaltenen Werte verglich. Die mit heißem NH_4OH erhaltenen Werte waren abhängig von der Vorbehandlung mit Säure; allg. waren sie niedriger als die nach der Glühmeth.; dies wird auf unvollständige Extraktion u. Hydrolyse von organ. P zurückgeführt. NaOH ist als Extraktionsmittel überlegen. Die Extraktion wird besser in der Kälte durchgeführt, um Hydrolyse zu vermeiden. Die Werte hängen ebenfalls von der Säurevorbehandlung ab. Allg. ist die Übereinstimmung der nach den verschied. Methoden erhaltenen Werte befriedigend. Die Glühmeth. ist sehr einfach u. daher geeignet, um Böden bodenkundlich zu charakterisieren. Im Oberboden sind stets beträchtliche Mengen von organ. P enthalten; die Werte sind in Böden mit stauender Nässe geringer als in gut durchlässigen Profilen. (J. Soil Sci. **6.** 254—67. Juli 1955. Aberdeen, Mac Crawley Inst. for Soil Res.) A. JACOB. 6324

Guy B. Baird und **J. E. Dawson**, *Bestimmung des für Pflanzen aufnehmbaren Anteils von Boden-Bor durch ein modifiziertes Soxhlet-Extraktionsverfahren.* 16 Böden mit verschied. B-Gehh. ließ man im Gewächshaus intensiv durch Pflanzen ausnutzen. Das aus dem Boden durch die Pflanze aufgenommene B stand in Beziehung zu dem durch 2malige Extraktionsprozesse entfernten B. Der 1. Prozeß war die bekannte Technik des 5 Min. langen Siedens, der 2. eine modifizierte 6std. SOXHLET-Extraktion. Das im SOXHLET lösl. B schloß alle Formen des pflanzenaufnehmbaren B ein. (Proc. Soil Sci. Soc. America **19.** 219—22. April 1955.) A. JACOB. 6324

W. Laatsch und **E. Schlichting**, *Zur Bestimmung der α-amino-N-haltigen Komplexe im Boden.* Als Modellsubstanzen wurden „Gerbstoff–Protein"-Kopplungsprodd. bereitet, deren Protein : Gerbstoff-Verhältnis bei 2 : 1 lag. — Diese Komplexe dürften biol. resistent sein u. daher im Boden angereichert werden können. Sie waren mit 6n HCl völlig hydrolysierbar. — *Alanin* (I) wurde beim 12std. Kochen mit 6n HCl in Ggw. eines MnO_2-haltigen Tones zum größten Teil zerstört. Die Verluste an α-Amino-N waren sehr viel geringer, wenn das I erst nach 6std. Kochen des Tones zers. wurde. — Die Hydrolyse einer mit I versetzten A-Horizontprobe einer braunen Pararendzina verursachte keine Verluste an α-Amino-N. Zusatz einer geringen Menge MnO_2 hatte jedoch Verluste zur Folge. — Alterungs- u. Verteilungsgrad des MnO_2 sind offenbar von großer Bedeutung. — Die Bedeutung der Ergebnisse für die Auswertung von α-Amino-N-Bestimmungen in Bodenproben wird diskutiert. — 23 Literaturangaben. (Z. Pflanzenernähr., Düng., Bodenkunde **62** (**107**). 50—63. 1953. Kiel, Univ., Inst. für Pflanzenernähr. u. Bodenkunde.) F. RANG. 6324

Georges Brooks, *Nachweis fluorescierender organischer Farbstoffe des Bodens.* Organ. Farbstoffe lassen sich gut im Bodenextrakt durch WOODsches Licht nachweisen. Es handelt sich dabei vor allem um Carotinoide, Vitamine u. gegebenenfalls um Porphyrine. Die erhaltenen Werte lassen wichtige Rückschlüsse auf den biochem. Zustand des Bodens zu. — 14 Literaturhinweise. (Ann. Inst. nat. Rech. agronom., Sér. A **4.** 433—43. Mai/Juni 1953. Rio de Janeiro, Inst. de Chim. agricol.; Minist. d'Agriculture.) C. GRIMME. 6324

Walton B. Sinclair und **Paul R. Crandall**, *Methoden zur Bestimmung von Äthylenchlorbromid und Äthylendibromid.* Vff. untersuchten die Methoden zur Best. von *Äthylenchlorbromid* (I). Wie beim *Äthylendibromid* (II) geht die Hydrolyse mit Monoäthanolamin in der Hitze quantitativ vor sich. Im Hydrolysat kann der Gesamtgeh. an Halogen nach VOLHARD oder der Bromgeh. entweder jodometr. oder colorimetr. bestimmt werden. Die Meth. war für I in der Flüssigkeits- u. Gasphase brauchbar. Bei Proben, die I u. II nebeneinander enthalten, können die beiden Komponenten durch Best. des Broms u. des Gesamthalogens identifiziert werden. Genaue Beschreibung der Reaktionsverhältnisse, der App. u. der Analyse von I u. II auf verschied. Früchten sind angegeben. (J. econ. Entomol. **45.** 882—87. Okt. 1952. Riverside, Calif., Univ. of California, Citrus Exp. Stat.) W. KNÖPKE. 6328

J. Giban, *Bestimmung der Wirksamkeit von Rattenbekämpfungsmitteln in der Praxis.* Zur Ermittlung der Wirksamkeit von Rattenbekämpfungsmitteln empfiehlt Vf. die „Census baiting"-Meth., bei der die täglich verzehrte Menge an Ködern ermittelt wird. Die Herst. u. Auslegung geeigneter Köder wird eingehend besprochen. — 14 Literaturhinweise. (Ann. Inst. nat. Rech. agronom., Sér. C **5.** 79—85. Jan./Febr./März 1954. Versailles, Labor. des Vertébrés, Stat. contrôle de Zoolog. agric.) C. GRIMME. 6328

VIII. Metallurgie. Metallographie. Metallverarbeitung.

Samuel Storchheim, *Der Einfluß der Kristallstruktur auf die Metallformung.* Kurze Übersicht über die Grundzüge der Kristallographie der Metalle, der plast. Verformung u. deren prakt. Anwendung bei der Metallgewinnung u. -bearbeitung. (Machinist **97.** 1861—69. 7/11. 1953. Bayside, N. Y., Sylvania Electric Products Inc.) W. WESLY. 6350

Josef Jungwirth, *Die Eisen- und Manganerzvorkommen des indischen Subkontinents* (*Indien und Goa*). Kurze Beschreibung der Fe- u. Mn-Erze u. ihrer Vorkommen in Vorderindien. — Übersichtskarte. (Montan-Rdsch. **3.** 223—25. Okt. 1955. Bruck/Mur.) H. ECKHARD. 6354

J. P. Ratledge, **J. N. Ong** und **J. H. Boyce**, *Entwicklung der metallurgischen Praxis in Tsumeb.* Die 1947 begonnene Wiederinbetriebnahme der seit Jahren stillgelegten ehemals deutschen Cu-, Pb- u. Zn-Gewinnung in Tsumeb umfaßte mehrere Aus- u.

Aufbaustufen, bes. für Flotation (verschieden für stark oxydierte Haldenmassen u. Grunderze), die mit Fließschemata u. Aufwands- u. Ausbeutedaten beschrieben werden. Auch auf die Ge-Flotation wird eingegangen. (Mining Engng. **7.** 374—82. April 1955. Tsumeb, S. W.-Afrika, Tsumeb Corp. Ltd.) H. ECKHARD. 6360

Alexander L. Feild, *Erfahrungen mit Chromitherden.* (Vgl. C. **1955.** 4921.) Rückblick auf die Entw. des Cr-Erzherdes. Diskussion. (Electr. Furnace Steel Conf., Proc., Iron Steel Divis., Amer. Inst. Mining metallurg. Engr. **9.** 85—90. 1951.) K. STEIN. 6370

J. E. Harrod, *Chromerzherde bei den Südwerken.* Betriebserfahrungen. (Electr. Furnace Steel Conf., Proc., Iron Steel Divis., Amer. Inst. Mining metallurg. Engr. **9.** 91—92. 1951.) K. STEIN. 6370

J. A. Voss jr., *Verwendung von Herdmaterial mit hohem Magnesiagehalt.* Angaben über das Stampfen des Herdes für die Herst. rostfreier Stähle. (Electr. Furnace Steel Conf., Proc., Iron Steel Divis., Amer. Inst. Mining metallurg. Engr. **9.** 151—57. 1951.) K. STEIN. 6370

M. J. McInerney, *Eisenoxydablagerung in Siemens-Martin-Öfen.* Festgestellt wird bei SIEMENS-MARTIN-Öfen eine enge Beziehung zwischen der Ankunftsgeschwindigkeit von Eisenoxyden an einem bestimmten Punkt der Ofendecke u. der beobachteten Geschwindigkeit des Deckenverschleißes während der Ofenreise. (J. Iron Steel Inst. **179.** 248. März 1955. Moorgate, Swinden Labors.) H. HOCHSTEIN. 6372

Robert J. Anderson, *Erfüllung der Anforderungen an reine Elektronengerätemetalle.* Allg. Ausführungen über die Möglichkeiten zur Feinstreinigung von Metallen durch Elektrolyse, Aufschmelzen mit Metallzusätzen, Flußmitteln oder spezif. Schlackenbildnern, Verdrängung mit Inertgasen, Dest., Oxydation, Red., Verflüssigung, Kristallisation, Vakuumschmelze, Zonenschmelzen, Amalgamieren u. Filtrieren mit einigen Beispielen. (Wld. Mining **8.** Nr. **13.** 61—63. Dez. 1955. San Antonio, Tex., Southwest Res. Inst., Dep. of Metallurg.) H. ECKHARD. 6380

M. E. Annich, *Zusammenstellung von Ermüdungswerten.* 1. Mitt. Zusammenstellung u. Deutung der in zahlreichen Gießereien zugelassenen mittleren Ermüdungswerte. — Diskussion. (Trans. Amer. Foundrymen's Soc. **58.** 169—73. 1950. Mahwah, N. J., American Brake Shoe Co.) W. WESLY. 6382

Alan Levy, *Metalle für kurzzeitigen Gebrauch bei hohen Temperaturen.* Tabellar. Zusammenstellungen u. Erläuterungen über mechan., therm., chem. u. physikal. Eigg. von zahlreichen Konstruktionsstählen u. -legierungen für Turbo-Brennkammern, Düsen- u. Raketenantriebe bei Tempp. bis ca. 2000^0 F mit bebilderten Anwendungsbeispielen. (Materials and Methods **41.** Nr. 4. 117—32. April 1955. Marquardt Aircraft Co., Mat. and Proc. Sect.) H. ECKHARD. 6388

R. C. Buehl und **M. B. Royer,** *Das Schmelzen von Eisenerz mit Anthracit: Der Versuchshochofen des Bureau of Mines.* Beschreibung eines Hochofens u. seiner Verwendung zum Schmelzen von Eisenerz (Zus. in % : 56,93 Fe; 1,02 Mn; 0,024 S; 9,42 SiO_2: 2,9 Al_2O_3; 0,54 CaO; 0,15 MgO), wobei der Koks teilweise durch Anthracit (I) ersetzt wird. Der Hochofen arbeitet zufriedenstellend, wenn zwischen 40 u. 50% der Brennstoffmenge durch I ersetzt werden, u. liefert ein Metall mit niedrigem S- u. n. Si-Gehalt. (U. S. Dep. Interior, Bur. Mines, Rep. Invest. **1955.** Nr. 5165. 1—15. Aug. Bur. of Mines.) W. WESLY. 6390

J. Crangle und **W. Sucksmith,** *Eisen–Kohlenstoff-Legierungen. Die Härtung von Martensit und Restaustenit.* (Vgl. C. **1952.** 6124.) Die beim Übergang von reinen Fe–C-Legierungen aus dem abgeschreckten in den erwärmten Zustand (Anlassen) auftretenden Phasen werden durch magnet. Messungen (Intensität der magnet. Sättigung u. deren Schwankungen in Abhängigkeit von der Temp.) untersucht u. beschrieben. Es ist nicht möglich, die auftretenden Phasen eindeutig zu kennzeichnen, weil für das große Gebiet, innerhalb dessen die Zus. von Fe_3C mit hexagonaler Struktur schwanken kann, nicht genügend magnet. Kennwerte zur Verfügung stehen. (Iron and Steel **24.** 630—34. 15/12. 1951.) W. WESLY. 6390

M. Moray, *Die Rolle des Schwefels bei der Eisengewinnung.* Krit. Betrachtungen über die Entschwefelung von Roheisen u. Stahl. (Acier—Stahl—Steel **20.** 69—72. Febr. 1955. S. A. John Cockerill.) K. STEIN. 6400

J. Taylor und **J. J. Stobo,** *Die Schwefelverteilungsreaktion zwischen Hochofenschlacke und Metall.* Es wird nachgewiesen, daß die S-Verteilungs-Rk. zwischen Hochofenschlacke u. *Roheisen* zu einem Gleichgewicht mit C gelangen kann, solange das O_2-Potential der Schlacke noch größer ist als das von C—CO. Die S-Verteilungsgeschwindigkeit ist von der Temp. im Bereich von 1425—1550^0 unabhängig, was auf die Änderung der Aktivität von CaO der Schlacke zurückgeführt wird. Der Einfl. von FeO auf die Geschwindigkeit wird durch eine Abnahme des Aktivitätskoeff. mit zunehmender Konz. vermindert. Gleichgewichtswerte der Verteilungsgeschwindigkeit betragen ca. $^1/_2$—$^1/_3$ von denen, wie sie in der Praxis erhalten werden. Schätzungen des O_2-Potentials der Schlacke aus drei Hochöfen ergeben Werte, die mit der beobachteten S-Verteilungsgeschwindigkeit übereinstimmen. Es wird gefolgert, daß die Rk. zwischen Koks u. FeO (MnO) der Schlacke der wichtigste Faktor für die in der Praxis erreichten Verteilungsgeschwindigkeiten ist. — 15 Schrifttumsangaben. (J. Iron Steel Inst. **178.** 360—67. Dez. 1954. Glasgow, Royal Technical College.) H. HOCHSTEIN. 6400

René Perrin, *Entsilicierung und Entschwefelung von Schmelzen mit Hilfe einer einzigen Schlacke.* Zur gleichzeitigen Entsilicierung u. Entschwefelung von Schmelzen benutzte Vf. eine Schlacke, die anfänglich arm an Si war u. größere Mengen Eisen- u. Manganoxyd enthielt, während der Rest einen starken Anteil an Kalk, MgO, Al_2O_3 usw. enthielt. Durch starkes Umrühren einer solchen Schlacke mit der Schmelze red. das Si der Schmelze die Eisenoxyde der Schlacke bis zu einem sehr niedrigen Geh., während sich die Schlacke mit Si anreichert. Wenn man das Umrühren fortsetzt u. wenn die Anfangszus. der Schlacke derart berechnet ist, daß sie nach Anreicherung mit Si bas. bleibt sowie geschmolzen u. fl. bei der Temp. der Schmelze ist, dann setzt Entschwefelung der Schmelze ein, u. man erhält das gewünschte Ergebnis mit Hilfe eines einzigen Arbeitsganges. (C. R. hebd. Séances Acad. Sci. **239.** 1042—43. 27/10. 1954.) C. GOTTFRIED. 6400

Adalbert Wittmoser, *Gußeisen mit Kugelgraphit.* (Vgl. C. **1952.** 3562; **1953.** 1874.) Es werden Angaben über die schmelztechn. Herst., bes. über die Berechnung des Mg-Zusatzes zum Gußeisen, sowie über die Eigg. u. Verwendungsmöglichkeiten des Gußeisens mit Kugelgraphitausbldg. gemacht. (Industrie-Anz. **73.** 174—77. 2/3. 1951.) H. HOCHSTEIN. 6404

A. L. Carr und **W. Steven,** *Schlageigenschaften von gehärtetem Gußeisen mit Kugelgraphit.* Bei Unters. der Schlageigg. von völlig u. teilweise gehärtetem, Mg enthaltendem Gußeisen mit Kugelgraphit bei Tempp. zwischen —150 u. +300° weisen die untersuchten Proben scharf abgegrenzte Übergangstemperaturgebiete auf. Diese steigen mit steigenden Si-, Mn- u. P-Gehh. u. steigendem Perlitanteil im Grundmassegefüge. — 13 Literaturangaben. (Metal Treatment Drop Forging **20.** 455—61. Okt. 1953. Mond Nickel Co. Ltd., Developm. and Res. Dep.) W. WESLY. 6404

R. H. Hickley und **A. G. Quarrell,** *Die Graphitisierung von Stahl bei unterkritischen Temperaturen.* Die Keimbldg. u. das Wachsen von Graphit wurde an mehreren Stählen mit 0,53—1,26% C bei 660° untersucht. Es wird gezeigt, daß die Herstellungsbedingungen u. die chem. Zus. der Stähle sowie die Art der Atmosphäre, in der sie erhitzt wurden, einen großen Einfl. auf die Geschwindigkeit ausüben, mit welcher Graphit gebildet wird. Die auf die heterogene Keimbldg. von Graphit durch während der Wärmebehandlung in O_2-haltiger Atmosphäre gebildetes γ-Al_2O_3 u. Cristobalit begründete Theorie wird zur Erklärung von Graphitisierungserscheinungen verwendet, welche in Stählen mit ursprünglich metall. Al bzw. Si auftreten. — Anhang. 18 Schrifttumsstellen. (J. Iron Steel Inst. **178.** 337—46. Dez. 1954. Birmingham, Mond Nickel Co. Ltd.; Sheffield, Univ.) H. HOCHSTEIN. 6408

A. Allison, *Die Graphitisierung von Stahl bei unterkritischen Temperaturen.* In einem Nachtrag zu vorst. Ref. wird berichtet, daß die Graphitbldg. in Bändern aus Stahl mit 1,21% C in Abhängigkeit von der Anzahl der Zwischenglühungen zwischen der Kaltwalzung zunimmt. So lagen nach 8 Zwischenglühungen in einem Stahlband 77% des C-Geh. als Graphit vor. Für die Graphitbldg. ist die Länge der Glühzeit von Bedeutung. Durch das Kaltwalzen wird der Graphit gestreckt; er scheint mit den Carbidkügelchen verbunden zu sein. (J. Iron Steel Inst. **179.** 319. April 1955.) H. HOCHSTEIN. 6408

Sadun S. Tör, Jan M. Ruzek und **Robert D. Stout,** *Biegewechselfestigkeitsversuche an geschweißten und kaltverformten Stählen.* Biegewechselfestigkeitsverss., begrenzt auf 10^3 bis 10^5n, werden mit einseitig eingespannten 15 mm dicken Proben aus zwei Stählen mit 0,15 u. 0,20 (%) C, 0,20 u. 0,02 Si, 0,53 u. 0,35 Mn, 0,020 u. 0,19 P u. 0,022 u. 0,028 S bei 100—400 n/Min. u. gleichgehaltenem Spannungsausschlag bei 0,15, 0,4, 0,7 u. 1% Gesamtdehnung der äußeren Faser, mit längs u. quer zur Walzrichtung ausgelegten Schweißraupen oder 10% kalt verformt, nicht oder angelassen auf 260 oder 620° ausgeführt. Untersucht werden hierbei der Bruchausgang u. der Einfl. einer langsamen Abkühlung nach dem Schweißen auf die Lastspielzahl. (Welding J. **31.** 238 s—246 s. Mai 1952. Lehigh University.) H. HOCHSTEIN. 6408

W. R. Apblett, L. K. Poole und **W. S. Pellini,** *Die Umwandlung bei kontinuierlicher Abkühlung von durch Schweißhitze beeinflußten Zonen.* Mit einem neuen Verf. lassen sich die Zeit–Temp.–Umwandlungskurven der durch Schweißhitze beeinflußten Zonen aufnehmen, wodurch die bei kontinuierlicher Abkühlung verlaufenden Umwandlungen in diesen Zonen verfolgt werden können. Hierbei werden drei verschied. Arten von Umwandlungen festgestellt, u. zwar 1. die Umwandlung von homogenen Austenitgebieten, welche den Teil der hitzebeeinflußten Zone erfaßt, die am nächsten an der Schmelzzone liegt, 2. die Umwandlung aus heterogenen Austenitgebieten in den Zonen, die auf 1700—1900°F erhitzt waren, u. 3. die Umwandlung von einem Austenit mit hohem C-Geh., der noch nicht umgewandelten Ferrit aufweist. (Welding J. **31.** 421 s—430 s. Sept. 1952. Washington, D. C., Naval Res. Labor.) H. HOCHSTEIN. 6408

R. W. Vanderbeck, H. D. Wilde, R. W. Lindsay und **C. Daniel,** *Statistische Untersuchung des Verhaltens von Stählen in der Übergangstemperaturzone.* Auswertung der Ergebnisse von ca. 200 CHARPY-Rundkerbproben aus SIEMENS-MARTIN-Stahl mit 0,17 (%) C, 0,32 Si, 0,82 Mn, 0,008 P, 0,013 S u. 0,032 säurelösl. Al bei Prüftempp. von —68 bis —112°. Es werden Angaben über den zu erwartenden Anteil an sprödbrechenden Proben bei den einzelnen Prüftempp. gemacht. (Welding J. **32.** 325 s—332 s. Juli 1953. Pittsburgh, Pa., U. S. Steel Corp., bzw. State College, bzw. New York, N. Y.) H. HOCHSTEIN. 6408

D. A. Draigor, *Haltbarkeit von Stahl in Abhängigkeit vom Druck bei Oberflächenreibung.* Die Veränderung des physikal. Zustandes der Oberflächenschicht von Stahl unter gleichzeitiger Einw. von Reibungskräften u. wiederholt-wechselnden Belastungen beeinflußt die Dauerfestigkeit des Werkstoffes. Diese Veränderung wird durch die Reibungsbedingungen bestimmt, für die der Druck auf die Oberfläche ein wichtiger Faktor ist. Mit einer Erhöhung dieses Druckes wächst die Kaltverfestigung der Oberflächenschicht. Bei Ggw. eines oberflächenakt. Schmiermittels wird der Verfestigungsgrad vergrößert. Das Vorhandensein einer verfestigten Schicht, die durch Reibung hervorgerufen ist, bedingt die Zunahme der Haltbarkeit von Stahl. (Доповіді Академії Наук Української РСР [Ber. Akad. Wiss. UkrSSR] **1955.** 139—42.) H. HOCHSTEIN. 6408

Homer L. Shaw, *Eisen, weiche Stähle und niedriglegierte Stähle.* (Vgl. C. **1955.** 7303.) Fortschrittsbericht 1953. — 64 Literaturangaben. (Ind. Engng. Chem. **46.** 2084—87. Okt. 1954. Columbus, O., Battelle Mem. Inst.) M. GEHLEN-KELLER. 6408

Homer L. Shaw, *Eisen und weiche Stähle sowie niedriglegierte Stähle.* (Vgl. vorst. Ref.) Fortschrittsbericht 1954 über Verwendung, Eigg., Verarbeitung u. Korrosion von Eisen, weichen u. niedriglegierten Stählen. — 52 Literaturangaben. (Ind. Engng. Chem. **47.** 1982—85. Sept. 1955 [Part II]. Columbus, O., Battelle Mem. Inst.) M. GEHLEN-KELLER. 6408

Walter A. Luce, *Rostfreie Stähle und andere Eisenlegierungen.* (Vgl. C. **1954.** 1577.) Fortschrittsbericht 1953, vor allem über Korrosion, mechan. Eigg. u. Struktur, Verh. bei hohen Tempp., Schweißen. — 167 Literaturangaben. (Ind. Engng. Chem. **46.** 2114—24. Okt. 1954. Dayton, O., Duriron Co., Inc.) M. GEHLEN-KELLER. 6410

Walter A. Luce, *Rostfreie Stähle sowie andere Eisenlegierungen.* (Vgl. vorst. Ref.) Fortschrittsbericht 1954, bes. über Korrosion, Eigg. u. Struktur, Verh. bei hohen Tempp. Schweißen. — 198 Literaturangaben. (Ind. Engng. Chem. **47.** 2023—35. Sept. 1955 [Part II].) M. GEHLEN-KELLER. 6410

R. P. Wentworth, *Kupfer im Schweißgut des Stahles 347.* An Schweißungen von nichtrostendem Stahl mit bis zu 0,08 (%) C, 18 Cr, 10 Ni u. Nb mehr als das 8fache des C-Geh. werden Unterss. über den Einfl. eines Cu-Geh. bis 4% u. eines Ferritgeh. bis 10% auf die Bldg. von σ-Phase bei 540—870° ausgeführt. Hierbei zeigt sich, daß eine Unterdrückung der σ-Phasenbldg. durch Cu-Zusatz nicht erreicht wird. (Welding J. **32.** 347 s—351 s. Juli 1953. Philadelphia, Pa., Arcos Corp.) H. HOCHSTEIN. 6410

Murray C. Udy, *Bor im Stahl — Grundsätze und Praxis.* Behandelt wird: Zus. der B-Legierungen, Einfl. des B auf das Zeit–Temp.-Umwandlungsdiagramm, B als Gefügebestandteil an den Korngrenzen des Austenits, Härteverlauf der Stirnabschreckprobe verschied. Stähle. B erhöht die Härte u. Durchhärtung bes. bei niedrigem C-Gehalt. Feinkörniges B — nicht mehr als 0,007% — soll man dem Stahl nach der Desoxydation zusetzen. Der N-Geh. muß niedrig oder N an Ti gebunden sein. Ein ungünstiger Einfl. des B auf Eigg. u. Verarbeitbarkeit wurde nicht festgestellt. Mit B erreicht man auch bei niedrig legierten Stählen einen ausreichenden Härtungseffekt, es ist ein wertvolles Mittel zur Legierungseinsparung. (Electr. Furnace Steel Conf., Proc., Iron Steel Divis., Amer. Inst. Mining metallurg. Engr. **9.** 39—59. 1951.) K. STEIN. 6410

J. F. Sewell, *Die Bedeutung von Borstählen in Amerika.* Überblick über die Eigg. der in Amerika genormten Borstähle u. über deren Verwendung. (Iron Coal Trades Rev. **166.** 871—81. 884. 17/4. 1953.) H. HOCHSTEIN. 6410

R. N. Imhoff und **James W. Polynter,** *Festigkeitseigenschaften des borhaltigen Stahles 80 B 30.* Angegeben werden die Werte für die Streckgrenze, Zugfestigkeit, Bruchdehnung,

Brucheinschnürung u. Dauerschwingfestigkeit an glatten u. gekerbten Proben bei Raumtemp. sowie die Werte für die Kerbschlagzähigkeit bei 25 bis zu —75° des B-haltigen Vergütungsstahles *80 B 30* mit ca. 0,3 (%) C, 0,3 Si, 0,7 Mn, 0,25 Cr, 0,12 Mo, 0,3 Ni u. B-Zusatz nach verschiedenartiger Vergütung auf Härten von 20—50 HRc u. 90 HRb. Außerdem werden von dem Stahl *80 B 30* Angaben über die Anlaßsprödigkeit gemacht. (Iron Age **169.** Nr. 26. 102—07. 26/6. 1952. Dayton, O., Wright Patterson Air Force Base.) H. HOCHSTEIN. 6410

K. H. Twele, *Über die Notwendigkeit der metallographischen Prüfung der Schnellstähle im Anlieferzustand.* An Hand von Gefügeaufnahmen von Schnellarbeitsstählen mit 8—12% oder mit ca. 18% W werden die verschied. Stufen der Carbidseigerungen wie folgt unterteilt: gleichmäßig verteilte feine Carbide u. gleichmäßig verteilte Carbide, Carbide in schwacher Zeilenstruktur oder in ausgeprägter oder grober Zeilenstruktur, Carbide in Netzform bzw. in grober Netzform. Die Carbidverteilung im Schnellstahl ist in starkem Maße von den Abmessungen des gegossenen Schnellstahlblockes u. von dem Verwalzungs- u. Verschmiedungsgrad abhängig. Zu ausgesuchten Höchstleistungswerkzeugen sollen nur Stähle mit gleichmäßig verteilten Carbiden verwendet werden. (Fertigungstechnik **1.** 184—87. Aug. 1951. Königsee/Thür.) H. HOCHSTEIN. 6410

E. A. Jenkinson und **D. C. Herbert,** *Einfluß des Kaltziehens auf die Kriechfestigkeit und das Gefüge von Dampfrohren aus einem Stahl mit 0,5 % Molybdän.* Die Kriechgeschwindigkeit von Röhren aus warmfesten Stählen mit 0,2 (%) C, 0,9 Cr, u. 0,4 Mo sowie mit 0,1 C, 0,5 Mo u. 0,2 V, die warm u. vergleichweise zur Verbesserung der Oberfläche kalt gezogen waren, in der 50., 200., 500. u. 1000. Std. bei 575° unter einer Spannung von 6,3 kg/mm², wird mitgeteilt u. der Einfl. der Wärmebehandlung nach dem Kaltziehen auf das Kriechverh. festgestellt. (Iron Coal Trades Rev. **165.** 363—68. 15/8. 1952.) H. HOCHSTEIN. 6410

J. Glenn, *Einige zusätzliche Angaben über Kriech- und Zerreißfestigkeitswerte von Molybdän-, Chrom-Molybdän- und Molybdän-Vanadin-Stählen.* Langzeit-Kriech-Unterss. sowie Zerreißprüfungen wurden an SIEMENS-MARTIN-Stählen mit 0,5 (%) Mo, oder 0,8 Cr u. 0,5 Mo oder 0,5 Mo u. 0,25 V ausgeführt. Es zeigte sich, daß der Mo-V-Stahl bessere Dauerstand- u. Kurzzeit-Zerreißfestigkeit besitzt. Bei einer gegebenen Temp. nimmt die Bruchdehnung zuerst mit zunehmender Zeit bis zum Bruch ab u. bei noch längeren Zeiten wieder zu. Eine Verminderung der Prüftemp. macht eine längere Zeit zum Erhalten der geringsten Dehnung erforderlich. Der Minimalwert der Dehnung nimmt mit abnehmender Temp. ab. Die Dehnung des Stahles mit 0,5 Mo wurde bei langen Prüfzeiten sehr gering, die Dehnung der beiden anderen Stähle blieb auch bei den Prüfzeiten bis zu 100000 Std. hoch. — 19 Schrifttumsangaben. (J. Iron Steel Inst. **179.** 320—36. April 1955. Motherwell, Colvilles Ltd.) H. HOCHSTEIN. 6410

Bela Ronay und **W. E. Clautice,** *Bewertung von Überhitzerwerkstoffen für Hochtemperaturdampf.* Es wird eine Versuchseinrichtung zur Unters. des Verh., bes. des Zunderverh., der Gefügebeständigkeit u. der Temperaturwechselbeständigkeit, von ferrit. u. austenit. Stählen u. von Fe-Legierungen für Überhitzer unter Dampftempp. von 600—820° u. einem Druck von 140 kg/cm² beschrieben. (Welding J. **33.** 199 s—206 s. April 1954. Annapolis, Md., U. S. Naval Engng. Exp. Stat.) H. HOCHSTEIN. 6410

Franz Lihl und **Paul Zemsch,** *Abhängigkeit der Ummagnetisierungsverluste warmgewalzter Transformatorenbleche von den Glühbedingungen.* Eine Unters. an 0,4 mm dicken warm gewalzten Blechen aus Transformatorenstahl mit 4,3% Si u. 0,25% Al ergab, daß bei Glühtempp. bis 800° die Ummagnetisierungsverluste niedrig liegen. Sie nehmen auch mit der Dauer der Wärmebehandlung nicht wesentlich zu. Über 800° steigen die Ummagnetisierungsverluste mit der Glühdauer an u. erreichen zwischen 900 u. 1000° Höchstwerte, die mehr als 80% über den Bestwerten liegen. Nach Durchschreiten dieses Höchstwertes nehmen bei Glühtempp. über 1000° die Ummagnetisierungsverluste wieder ab u. nähern sich bei 1200° wieder den Bestwerten. Die Lage des Höchstwertes hängt von der Temp. u. der Glühzeit ab. Der Höchstwert nimmt von 1000° mit steigender Temp. ab. Die Änderungen der Ummagnetisierungsverluste mit der Temp. u. Glühdauer ist auf eine Änderung der Koerzitivkraft u. damit der Hystereseverluste zurückzuführen. Gefügeunterss. zeigen, daß hierfür nichtmetall. Einschlüsse verantwortlich sind, die durch Zusammenballung von submkr., im Stahl bereits vorhandenen Teilchen beim Glühen entstehen. Die Versuchsergebnisse können in Übereinstimmung mit der NÉELschen Theorie gedeutet werden. — Diskussion. (Arch. Eisenhüttenwes. **26.** 535—40. Sept. 1955. Wien, TH.) H. HOCHSTEIN. 6410

M. M. Fine und **E. J. Haug,** *Laboratoriumsaufarbeitung eines oxydierten Bleiminerals aus einem Vorkommen im südöstlichen Missouri.* Schwierigkeiten infolge größerer Beimengungen eines zähen rötlichen Tones u. besonderer Feinkörnigkeit des Materials veranlaßten Laboratoriumsunterss. zur Pb-Aufkonzentrierung mit Schwerkraftverff., Flotation mit Sulfidierung u. anion. Flotation mit Petroleumsulfonaten, Seifen, Aminseifen u. a., wobei die Flotation mit Tallöl unter Zusatz von Na-Silicat als Fe-Oxydverdränger die besten Ergebnisse erbrachte. (Mining Engng. 7. 390—92. April 1955. Rolla u. Bonne Terre, Mo., Bur. of Mines u. St. Joseph Lead Co.) H. ECKHARD. 6430

E. C. Ellwood, *Neue zinnhaltige Legierungen auf der Grundlage von Kupfer.* Ident. mit der C. **1956.** 2586 referierten Arbeit. (Fonderie belge **1954.** 53—59. April. London, Tin Res. Inst., Metallurg. Sect.) W. WESLY. 6432

Samuel Storchheim, *Messing.* Überblick über Messinglegierungen, deren Wärmebehandlungen u. Festigkeitseigenschaften. (Amer. Machinist **96.** Nr. 21. 151—56. 13/10. 1952. Bayside, N. Y., Sylvania Electric Products Inc.) H. HOCHSTEIN. 6432

Ernst Brunhuber, *Das Formfüllungsvermögen von Gußmessing und Rotguß.* Eine Reihe von Gußmessingen u. Rotgußlegierungen wird mit der SCHNEIDERschen Maskenspiralform untersucht. Gußmessingen *GMs 61* (61% Cu) besitzt guten Formfüllungsgrad (55); Legierungen mit über 62% u. unter 61% Cu haben geringeren Formfüllungsgrad. Bes. günstig liegen mit Ni + Mn verschnittener Rotguß, *Ingolin* (62) u. *Sinolin* (68). (Giessereipraxis **72.** 457—58. 10/12. 1954.) P. WOLF. 6432

Ede Bella, *Untersuchung der wichtigeren mechanischen Eigenschaften von verformbaren ($\alpha + \beta$)-Sondermessingen in Abhängigkeit von der Wärmebehandlung.* Zu den Unterss. wurden 4 gegossene Messingblöcke, je 70—80 kg, mit einem Cu-Geh. von 54—62% u. Mn-, Ni- u. Al-Zusatz verwendet. Nach Abschälen wurde bis 6 mm warm, bis 3 mm kalt gewalzt, bei festgelegten Tempp. weich geglüht u. schließlich mit je 5% gesteigerter Red. bis zum Reißen kalt gewalzt. Es wurden in jeder Phase Zugfestigkeit, Streckgrenze, BRINELL-Härte u. Bruchdehnung bestimmt. Aus den Mittelwerten wurden die Verfestigungs- u. Entfestigungskurven aufgenommen u. die günstigsten Weichglühtempp. bestimmt. Die Unters. der Wärmebehandlung bestand darin, daß das geglühte Metall zur $\beta \rightarrow \alpha$ Umwandlung mit W. plötzlich abgekühlt u. bei niedriger Temp. angelassen wurde. Die Härtung geschah 2 Std. bei 830°, das Anlassen währte 3, 5, 10, 15 Std. bei 150—350°. Von den 4 Legierungen war bei einer (NSIII.: 52—54% Cu, 4,5—5,5 Ni, 0,75—1,25 Mn, 0,3 Al) die Veredlung am erfolgreichsten. Diese Legierung wurde eingehend untersucht, mechan. Eigg. u. Gefüge bestimmt. Am wesentlichsten ist die Anlaßtemp.: bei 3—400° ist das Metall härter, bei 450° wird es weniger hart, aber zäher. Bei der Härtetemp. von 750—800° ist hauptsächlich das die β-Phase enthaltende Härtestadium erreichbar. Härtedauer 1 Std., Weichglühdauer 3—5 Stunden. (Kohászati Lapok **10 (88).** 378—83. Aug.; 425—27. Sept.; 460—66. Okt. 1955.) J. PLANK. 6432

—, *Die Bronze in der Bildhauerkunst.* Übersicht über die an Bronze für Kunstwerke zu stellenden Anforderungen (fl. Guß; glatte, porenfreie Oberfläche des Gußstückes; ausreichende mechan. Festigkeit; Bearbeitbarkeit mit Feile, Meißel u. Stichel, daher weder zu große Härte noch zu große Sprödigkeit; angenehme, künstler. Farbe; Bldg. von Patina an der Luft), die Zus. der für mehrere bekannte Denkmäler verwendeten Bronzen, deren Guß u. Aufstellung. (Cuivre, Laitons, Alliages **1952.** 29—32. März/April.) W. WESLY. 6432

Kiyokado Nishihara, Yoshio Kondo und **Hidemi Sako,** *Über die Behandlung von Kupfer- und Kobalt-haltigem Pyrit.* Vff. untersuchten die Aufbereitung eines Pyrits der Zus. 37,34 (%) Fe, 3,71 Cu, 0,31 Co, 42,76 S, durch chlorierendes oder oxydierendes Rösten u. anschließendes Auslaugen mit verd. H_2SO_4. Nach oxydierendem Rösten bei ca. 550° betrug der Auslauggrad aus der Schlacke (ca. 2,5 S) 79 Cu, 84 Co u. 5 Fe. Nach chlorierendem Rösten enthielt die Schlacke mehr als 10 S; der Auslauggrad betrug ca. 95 Cu u. 90—98 Co. Der Auslauggrad des Fe hatte dagegen stark abgenommen. (Bull. Inst. chem. Res., Kyoto Univ. [Kagaku Kenkyusho Hokoku] **32.** 95—96. März 1954. Sawamura Labor. [Orig.: engl.]) C. GOTTFRIED. 6434

G. Porro und **P. Lombardi,** *Untersuchung über das kontinuierliche Gießen und empirische Berechnungen der Absinkgeschwindigkeiten beim Stranggießen von Leichtmetallen.* Überblick über die Entw. u. die verschied. Verff. des Wassergusses. Auf Grund theoret. Berechnungen nach 3 verschied. Methoden für Al u. dessen Legierungen wird ein Diagramm entwickelt, aus dem für einen gegebenen Strangdurchmesser die optimale Gießgeschwindigkeit entnommen werden kann. — 12 Literaturhinweise. (Alluminio **23.** 23—34. Jan. 1954. Florenz, Soc. Metallurg. Ital., u. Mailand.) R. K. MÜLLER. 6442

H. V. Kinsey, *Titan, seine physikalische Metallurgie und Möglichkeiten.* (Trans. Canad. Inst. Mining Metallurgy, Mining Soc. Nova Scotia **56.** 201—10. 1953. — C. **1956.** 1432. Ottawa.) H. ECKHARD. 6448

H. L. Gilbert und **C. Q. Morrison,** *Änderungen und Abwandlungen des Kroll-Verfahrens zur Herstellung von Zirkoniummetall.* Das KROLL-Verf., Red. von $ZrCl_4$ mit Mg, konnte in apparativen Einzelheiten bis zur etwa doppelten Kapazität verbessert aber noch nicht kontinuierlich gestaltet werden. Die erzielten Fortschritte sind unter Beifügung von Skizzen näher beschrieben. (Chem. Engng. Progr. **51**. 320—25. Juni 1955. Albany, Ore., U. S. Bur. of Mines.) H. ECKHARD. 6448

W. Schreiter, *Die Gewinnung von Germanium.* Überblick, umfassend die Entdeckungsgeschichte (WINKLER u. MENDELEJEW [Lichtbild]), Vork., physikal. u. chem. Eigg., Gewinnung des Ge aus Nebenprodd. der Verhüttung von Buntmetallerzen u. aus Kohle u. seine vielseitige Verwendung. — 29 Literaturangaben. (Chem. Techn. **6**. 141—48. März 1954. Freiberg/Sa., Forschungsinst. für NE-Metalle.) W. BARZ. 6448

W. P. Wallace und **R. H. Wallace,** *Starke Streuungen der Dauerfestigkeit von Zirkonium bei Dauerwechselbeanspruchungen.* Bei Raumtemp. wurden Dauerwechselunterss. an kristallinen Stangen aus Zr (Zus. vgl. C. **1956**. 2012) ausgeführt, wobei sich zeigte, daß Zr keine deutlich ausgeprägte Dauerfestigkeit besitzt. (Iron Age **173**. Nr. 11. 146—47. 18/3. 1954. Livermore, Calif., California Res. & Develop. Co.) H. HOCHSTEIN. 6448

A. Buske, *Die Ursache von Schäden an Lagern mit Weißmetall-Ausgüssen.* Der Spannungsverlauf innerhalb der Ausgußschicht einer Lagerschale wird in Abhängigkeit vom Temperaturspiel untersucht, wobei festgestellt wird, daß in diesen Spannungen vielleicht die Hauptursache für die sogenannte Pflastersteinbldg. zu suchen ist. Da die Lötverb. zwischen Weißmetall u. Grundschale in ihrer Haltbarkeit stark durch die Unterschiede der Wärmedehnungen beider Metalle beeinträchtigt wird, sind *Weißmetall*-Ausgüsse in Stützschalen aus *Al*-Legierungen aussichtsreich. (Maschinenschaden **27**. 37—40. April 1954.) H. HOCHSTEIN. 6460

Paul Schwarzkopf, *Sinterung von feuerfesten Pulvern.* Betrachtung zu dem Sintervorgang bei Hartmetallen (*WC, TiC, TaC, NbC,* Mo_2C, V_4C_3, Cr_3C_2) in Co, Ni u. Fe. Einfl. der Benetzung. (Amer. ceram. Soc. Bull. **34**. 45—47. 15/2. 1955. Yonkers, N. Y.) W. SCHÜTZ. 6476

J. Wächter, *Die Werkstoffpaarung Stahl–Stahl für Lagerzwecke zur Einsparung von Buntmetallen.* Auf Grund von Verschleißunterss. an verschied. Legierungen wird festgestellt, daß die Werkstoffpaarung Stahl–Stahl bei vielen Lagerungen der Tagebaue u. Brikettfabriken zu verwenden ist, wodurch sich namhafte Einsparungen an Buntmetallen ergeben. Die bei Verss. mit Austauschstählen an Eimergelenkketten gesammelten Erkenntnisse zeigen, daß Mn-Hartstahl mit 12—14% Mn als Buchse u. niedriglegierter, oberflächengehärteter Stahl als Bolzen u. niedriglegierter Stahl für Buchsen u. Bolzen mit gehärteten Buchsen u. oberflächengehärtetem Bolzen verwendet werden können. Bei der letzten Paarung ist für Buchsen Federstahl mit 0,5 (%) C, 0,5 Mn u. 1,7 Si gut geeignet. Diese Buchsen zeigten sogar bei Trockenlauf einen bes. guten Laufspiegel bei geringem Verschleiß. (Bergbautechnik **3**. 464—66. Sept. 1953. Welzow.) H. HOCHSTEIN. 6478

Fritz Wenck, *Erhöhung des Haftbeiwertes bei Schrumpfpassungen zwischen Stahlstücken durch Oberflächenoxydation.* Es wird der Einfl. von Oberflächengrenzschichten, bes. die haftmindernde Wrkg. von dünnen Ölhäuten auf Stahloberflächen u. die Steigerung der Haftbeiwerte durch Oxydschichten an verdrehungsbeanspruchten Schrumpfpassungen nachgewiesen. — Schrifttumsangaben. (Werkstattstechn. u. Maschinenbau **41**. 359—61. Sept. 1951. Kirchen/Sieg.) H. HOCHSTEIN. 6480

T. Land und **B. Sugarman,** *Die Messung der Ritzhärte mit einer Diamantpyramide.* Beschreibung eines mit einer Diamantpyramide ausgerüsteten Gerätes zur Härtebest. an Metallen. Bei Anwendung sorgfältig ausgewählter Diamanten lassen sich reproduzierbare Werte für die Ritzhärte, unabhängig von der Belastung, erzielen. (Metal Treatment Drop Forging **20**. 464—66. Okt. 1953. Sheffield, Brit. Steelmakers Ass., Group Res. Centre.) W. WESLY. 6480

Gustav Lieby, *Technische Prüfung von Druckgußteilen.* Überblick. (Z. Metallkunde **46**. 137—46. Febr. 1955. Fellbach/Stuttgart.) H. HOCHSTEIN. 6480

John B. Custer, *Fehlerprüfungen und Konstruktionsangaben für geschweißte Druckkessel.* Angaben werden gemacht über die Festigkeitseigg. von zu Druckkesseln verschweißten Blechen der *Al*-Legierung *A 54 S* (*ASTM GR 40 A*) unter Anwendung einer W-Elektrode bei Ar-Schutz u. Handbetrieb oder einer Elektrode einer Al-Legierung, ebenfalls unter Ar-Schutz bei halbautomat. Betrieb u. maschineller Elektrodenzuführung. Die Verss. zeigen, daß hierbei Schweißverbb. erhalten werden können, deren Festigkeit mindestens gleich der des ungeschweißten ausgeglühten Bleches ist. (Welding J. **33**. 65 s—70 s. Febr. **1954**. New Kensington, Pa., Aluminum Co. of America.) H. HOCHSTEIN. 6480

Karl H. Rühl, *Neuere Gesichtspunkte der Sprödbruchprüfung.* Im wesentlichen inhaltsgleich mit der C. **1956**. 2583 referierten Arbeit. (Stahlbau **24**. 145—51. Juli 1955.

Beilage zu: Bautechnik. Berlin-Dahlem, Bundesanstalt für mechan. u. chem. Materialprüfung.) H. SPINDLER. 6480

E. A. W. Müller, *Materialprüfung mit γ- und β-Strahlen.* 2. Mitt. *γ-Präparate und ihre Handhabung, Strahlenschutz.* (1. vgl. Arch. techn. Messen **197.** [1952.] 127.) Vf. beschreibt die handelsüblichen Formen der für die Materialunters. geeigneten *Ir-*, *Ta-* u. *Co*-Präparate. Nach allg. Bemerkungen über Strahlenschäden werden Angaben über die Dosisleistung der gebräuchlichsten γ-Strahler (^{182}Ta, ^{192}Ir, ^{60}Co, *Ra*, *Rn*) in 1 m Abstand u. die Schutzschichten aus Pb, Fe, Al u. H_2O, die die höchstzulässige Wochendosis von 0,3 r garantieren, in Tabellenform u. als Nomogramm mitgeteilt. Ferner wird über Schutzbehälter u. Vorrichtungen zur strahlensicheren Handhabung der Präpp. berichtet. (Arch. techn. Messen **209.** 131—34. Juni 1953. Erlangen, Siemens-Reiniger-Werke.) W. REUSSE. 6484

E. A. W. Müller, *Materialprüfung mit γ- und β-Strahlen.* 3. Mitt. *Festlegung der Aufnahmebedingungen bei der γ-Durchstrahlung.* (2. vgl. vorst. Ref.) Die für die Abb. von Fehlern mittels γ-Strahlen erforderlichen Voraussetzungen bzgl. der geometr. Aufnahmebedingungen werden dargestellt. Die optimalen Bedingungen für die Detailerkennbarkeit werden durch die „Gleichmäßigkeitsbedingung" nach BOUWERS u. OOSTERKAMP einerseits u. die die Abbildungsbreite einbeziehende Bedingung andrerseits gegeben, die im einzelnen diskutiert werden. Ferner werden Belichtungsdiagramme für die verschied. Präpp., Filmsorten u. für Pb-Folien mitgeteilt, bes. die Umrechnung der Belichtungszeiten von einer Aufnahmebedingung auf eine andere. (Arch. techn. Messen **211.** 187—90. Aug. 1953.) W. REUSSE. 6484

E. A. W. Müller, *Materialprüfung mit γ- und β-Strahlen.* 4. Mitt. *Aufnahmetechnik, Detailerkennbarkeit, Durchleuchtung.* (3. vgl. vorst. Ref.) Die Aufnahmetechnik bei der Materialprüfung mit β- u. γ-Strahlen ist durch die kleine Ausdehnung der Strahlquellen einerseits, die relativ langen Belichtungszeiten andrerseits gekennzeichnet. Für Gußstücke, innen zugängliche u. nicht-zugängliche Hohlkörper werden spezielle Methoden dargestellt. Für die Detailerkennbarkeit von Fehlern in Stahlstücken von 25—228 mm sowie in Al-Körpern von 153, solchen aus Zn, Fe, Sn u. Cu von 102 u. aus Pb von 76 mm Stärke u. verschied. Strahlquellen (Röntgenstrahlen von 250—2200 kV, ^{60}Co u. Ra) werden tabellar. Werte mitgeteilt. Die für Materialprüfungen günstigen Eigg. von ^{192}Ir werden bes. erläutert. Schließlich wird noch auf die Möglichkeit hingewiesen, mit ^{192}Ir Leuchtschirmbeobachtungen durchzuführen, wobei die Bildgüte (Drahterkennbarkeit) allerdings gegenüber Aufnahmen erheblich schlechter ist. (Arch. techn. Messen **1953.** 233—36. Okt. Erlangen, Siemens-Reiniger-Werke A.G.) W. REUSSE. 6484

M. Bourdier und **C. Lachaud,** *Das Walzen.* Übersicht über Grundzüge des Walzens u. Verff. u. Einrichtungen zum Walzen. (Cuivre, Laitons, Alliages **1953.** Nr. 11. 10—16. Jan./Febr.; **12.** 7—15. März/April; **13.** 7—18. Mai/Juni. Como. Gén. du Duralumin et du Cuivre.) W. WESLY. 6490

Lester R. Franks und **John C. Harrigan,** *Erhaltung und Verbesserung der Qualität von kalt gestauchtem Draht.* Neben den physikal. u. chem. Merkmalen von kalt gestauchtem Draht werden Richtlinien für die Herst. von Nägeln u. Schrauben aufgeführt. Anwendungsbeispiele. (Wire and Wire Products **26.** 888—91. 894. 895. 898. 988. 999. Okt. 1951.) A. SCHAAL. 6490

Félix Eugène, *Mikroverschweißungen des abgetragenen Spans und ihr Einfluß auf die mittlere Grenzflächentemperatur Werkzeug—bearbeitetes Metall.* Die sogenannte Schneidetemp., d. h. die mittlere Grenzflächentemp. Werkzeug—Metall, welche durch die thermoelektr. Kraft des Paares Metall des Werkzeugs—bearbeitetes Metall gemessen wird, wächst in Abhängigkeit der Schneidegeschwindigkeit V nach dem Exponentialgesetz $\vartheta = KV^n$. Konstruiert man die Kurve ϑ—V dann verläuft sie oft zunächst geradlinig u. biegt dann nach unten um. Durch Schneideverss. an zwei halbharten Stählen u. wechselnden Schneidegeschwindigkeiten versuchte der Vf. die Änderung in dem Verlauf der Kurve zu klären. Für einen der Stähle wurde die Bldg. eines nicht anhaftenden Spans beobachtet; in diesem Fall folgt die Kurve genau dem V^n-Gesetz. Bei dem zweiten Stahl bog die Kurve aus der geradlinigen Form bei einer gewissen Schneidegeschwindigkeit nach unten um. Der Punkt der Kurve, an dem sich ihre Form änderte, fiel mit der Bldg. eines stark anhaftenden Spans zusammen. (C. R. hebd. Séances Acad. Sci. **238.** **1965**—66. 17/5. 1954.) C. GOTTFRIED. 6490

K. H. Twele, *Die Zwischenstufenhärtung und ihre Anwendung auf hochbeanspruchte Stahlteile.* Überblick über das Zwischenstufenhärtungsverf. hinsichtlich Ausführung im Gegensatz zum Warmbadhärten sowie hinsichtlich der Gefügeausbildung. Es werden Angaben über die Kontrolle der Zwischenstufenumwandlung mit dem Härteprüfgerät, dem Metallmikroskop sowie mit magnet. u. dilatometr. Messungen gemacht. (Fertigungstechnik **3**. 334—38. Sept. 1953. Königsee/Thür.) H. HOCHSTEIN. 6492

Fred M. Burt, *Chromdiffusion als Korrosionsschutz und für Abriebfestigkeit.* Beschreibung des Verfahrens. Zur Verwendung kommt niedriggekohlter (bis 0,25% C) Stahl, der nach der Chromierung eine bessere Zunderfestigkeit zeigt als 18-8 Stahl. Die Maßhaltigkeit der Teile bleibt erhalten. Hinweis auf die Anwendung des Verfahrens. (Metal Finishing **51**. Nr. 4. 72—75. 84. April 1953.) J. FISCHER. 6492

Ss. A. Osstrowskaja, *Zur Frage der Veränderung der mechanischen Eigenschaften des Metalls der Schweißnaht bei Lagerung.* Verss. zeigen, daß die Eigg. von an niedrig gekohltem Stahl ausgeführten Schweißnähten, die unter Verwendung des Flußmittels *AH-348* hergestellt wurden, sich bei Lagerung im Laufe von 4—6 Jahren prakt. nicht ändern. (Автоматическая Сварка [Automat. Schweissen] **8**. Nr. 2. 44—49. März/April 1955.) H. HOCHSTEIN. 6506

A. W. Petrow, *Metallübertragung im elektrischen Lichtbogen beim Schweißen in Schutzgasatmosphäre.* Mittels kinematograph. Aufnahmen wird die Art des Metallüberganges von der Elektrode zum Schweißgut bei der elektr. Lichtbogenschweißung in Abhängigkeit von Strom, Polarität u. Zus. des Schutzgases untersucht. Die Unterss. zeigen u. a., daß die Lichtbogensäule bei einer Stahl-Schweißelektrode in einer Ar-Atmosphäre die Form eines Konus besitzt u. aus einer inneren u. einer äußeren Zone besteht. Der Metallübergang findet an der Grenze der inneren Zone statt. Beim Schweißen mit Ar-Schutzgas entspricht jedem Durchmesser der Stahlelektrode ein bestimmter krit. Strom, bei dessen Überschreitung die Tropfenübertragung durch eine Strahlübertragung abgelöst wird. Im Vgl. zu reinem Ar erhöht ein N_2-Zusatz die krit. Stromstärke, während ein O_2-Zusatz sie herabsetzt. O_2-Zusätze zum Ar von 4—5% verbessern die technolog. Eigg. des Lichtbogens u. das Abschmelzen des Metalls. (Автоматическая Сварка [Automat. Schweissen] **8**. Nr. 2. 26—33. März/April 1955.) H. HOCHSTEIN. 6506

G. W. Shemtschushnikow, *Einfluß von Poren in der Schweißnaht auf die statische Festigkeit von Schweißverbindungen mit Längs- und Quernähten.* Beschrieben werden Unterss. über den Einfl. von Poren in Schweißnähten aus Stahl auf die stat. Festigkeit von Längs- u. Quernähten, wobei die Unterss. bei Tempp. von -40^0 ausgeführt werden. Die Verff. zur Verringerung der Porenbldg. sowie zur Entfernung von schädlichen Restspannungen werden besprochen u. die Ursachen für die Einw. der Poren auf die Festigkeit von Schweißquernähten angegeben. (Автоматическая Сварка [Automat. Schweissen] **8**. Nr. 2. 34—43. März/April 1955.) H. HOCHSTEIN. 6506

A. M. Makara, Ju. N. Gotalski und **W. F. Grabin,** *Untersuchung des Einflusses der Durchführung der Elektroschlackenschweißung auf das Abschmelzen des Stoßsaumes und die Breite der Schweißnahtrandzone beim Schweißen von legierten Stählen.* (Автоматическая Сварка [Automat. Schweissen] **8**. Nr. 2. 11—25. März/April 1955.) H. HOCHSTEIN. 6506

K. H. Koopman, *Schutzgasschweißverfahren für Düsentriebwerkteile.* 1. u. 2. Mitt. Übersicht über Grundzüge, Ausführung u. Zubehör der Schutzgasschweißung. — Beispiele. (Canad. Machinery Manufact. **64**. Nr. 4. 212—20. April; Nr. 5. 180—88. Mai 1953. Linde Air Products Co.) W. WESLY. 6506

Arbellot, *Verwendung plattierter Stähle im Kampf gegen die Korrosion.* Eingangs befaßt sich Vf. mit der Technik des Aufschweißens der Beläge auf den Stahl. An Hand von Schliffbildern u. Zeichnungen wird gezeigt, wie die Schweißnaht gesetzt werden muß. Es werden die verschied. verwendeten Bleche kurz charakterisiert. (Techn. Appl. Pétrole, Sonderh. Pétrochim. **1955**. 43—56.) F. ROSENDAHL. 6506

E. Herrmann, *Das „Al-Fin"-Verfahren.* Das Verf. dient zur Schmelzverbindung von *Al* mit *Fe*. Ausführliche Beschreibung des Verf. u. der Anwendungsmöglichkeiten. — Abbildungen. (Aluminium Suisse **2**. 115—25. Juli 1952. Aluminium-Industrie Akt.-Ges.) F. MARKHOFF. 6506

Marcel Perret, *Eine moderne Werkstatt für Oberflächenbehandlung von Nickellegierungen und rostfreien Stählen.* Nähere Beschreibung der nach letzten Erfahrungen neu errichteten Werkstatt mit Grund- u. Aufriß sowie 7 Abb., der verwendeten Bau- u. Konstruktionsmaterialien sowie der wichtigsten Chemikalien für die Bäder mit Angaben über die Arbeitstemperaturen. (Rev. du Nickel **21**. 1—11. Jan./März 1955. Rueil, Tréfileries et Laminoires de Précision Gilby-Fodor.) H. ECKHARD. 6508

V. Čupr, *Untersuchungen über die Oberflächenbehandlung von Metallen.* Zusammenfassende Darst. mehrjähriger Unterss. über Elektrolyse mit pulsierenden Strömen, elektrolyt. W.-Abscheidung, Einw. von Ultraschall bei der elektrolyt. Abscheidung von Cu u. Ni, die elektrochem. Prüfung von Phosphat-Ndd. u. Phosphatisierungsbädern u. elektrochem. Untersuchungsmethoden bei der Best. des akt. bzw. passiven Zustandes von Metallen u. bei der Prüfung anod. Bi-Ndd., der Metallisierung von Kunststoffen u. der Korrosion von Novodur. (Spisy vydávané přírodovědeckou fak. Masarykovy univ. [Publ. Fac. Sci. Univ. Masaryk] **1955.** 141—83. Brno [Brünn], Masaryk-Univ., Úst. theor. a fysik. chem.) R. K. MÜLLER. 6514

J. Edwards, *Der Mechanismus des Elektropolierens von Kupfer in Phosphorsäurelösungen.* 2. Mitt. *Der Mechanismus der Glättung.* (1. vgl. C. **1955.** 6124.) Es wurden Unterss. mit einer aus 36 voneinander isolierten Lamellen bestehenden Anode angestellt, die auf diese Art genormte Vorsprünge u. Einbuchtungen erhielt. Bei Einhalten der Stromverhältnisse, die zum Elektropolieren notwendig sind, zeigte sich, daß die Stromverteilungen zwischen Vorsprüngen u. Einbuchtungen wenig Änderungen erfahren. Die Glättung der Oberfläche ist der Tatsache zu verdanken, daß die anod. Diffusionsschicht, die sich über der rauhen Oberfläche bildet, steilere Konzentrationsgradienten über den konvexen als über den konkaven Partien des Werkstückes besitzt, so daß Vorsprünge vorzugsweise aufgelöst werden. Eine maximale Glättungswirksamkeit wird erreicht, wenn Konvektionsströmungen verhindert werden. (J. electrochem. Soc. **100.** 223 C—230 C. Aug. 1953.) P. WOLF. 6514

H. Bittel, *Die Herstellung extrem dünner Metalldrähte.* Kehrt man die zur Erzeugung von galvan. Metallüberzügen angewandte Arbeitsweise um, indem man den zu galvanisierenden Gegenstand zur Anode macht, so wird seine Oberflächenschicht galvan. abgetragen, so daß z. B. ein Blech immer dünner wird. Auf diese Weise werden Cu-Drähte von 2 μ Durchmesser hergestellt. Die Arbeitsweise wird im einzelnen beschrieben. — 7 Schrifttumshinweise. (VDI-Z. **97.** 486—88. 15/5. 1955. Münster/Westf., Univ., Inst. für angew. Physik.) W. WESLY. 6514

J. B. Mohler, *Der p_H-Wert und seine Bedeutung für den Galvaniseur.* Bedeutung des p_H-Wertes von Galvanisierbädern u. seine Best. in den verschied. Bädern. (Products Finishing **19.** Nr. 10. 32—34. 36. 38. 40. 42. 44. 46. Juli 1955.) F. MARKHOFF. 6514

William H. Colner, Morris Feinleib und **John N. Reding,** *Abscheidung galvanischer Überzüge auf Titan.* (Vgl. C. **1955.** 8255.) Es wird eine Meth. zur Herst. gut haftender galvan. Metallüberzüge auf Ti beschrieben. Bei diesem Verf. wird Ti elektrolyt. entfettet, anod. geätzt, kurz in einem Cyanidbad vorverkupfert u. in einem Fluoboratbad verkupfert. Das anod. Ätzen wird in einem Bad aus Äthylenglykol u. HF unter kontrollierten Bedingungen durchgeführt. — Unter anderen Bedingungen kann man in einem Bad mit etwas weniger HF das Elektropolieren von Ti vornehmen. Auf solchen glatten, elektropolierten Oberflächen haften die Cu-Überzüge aber nicht. (J. electrochem. Soc. **100.** 485—89. Nov. 1953. Chicago, Ill., Illinois Inst. of Technol., Armour Res. Foundation.) W. SKALIKS. 6516

A. Prati und **F. Sacchi,** *Oberflächenbehandlung der Kolben aus Leichtlegierung.* Überblick über die Technik der Oberflächenbehandlung von Leichtmetallkolben der Verbrennungsmotore. Während ein sicherer Oberflächenschutz bei Benzinmotoren durch Verbleiung, Verzinnung u. Graphitierung prakt. erreicht wird, sind nach Vff. Pb u. Sn für Dieselmotoren nicht verwendbar, da sie den S der Dieselöle bei der Verbrennung katalyt. zu H_2SO_4 oxydieren, die zersetzend auf das Öl wirkt. — 8 Literaturhinweise. (Ist. sperim. Metalli leggeri, Mem. Rapp. [5] Nr. **123.** 1—8. Alluminio **23.** 139—44. März 1954. Novara, Ist. Sper. d. Met. Legg.) A. SANDER. 6516

N. Parkinson, *Die elektrolytische Abscheidung von glänzenden Zinn–Nickel-Niederschlägen.* (Vgl. C. **1955.** 1598.) Die glänzende Sn–Ni-Legierung kann aus einem Elektrolyten abgeschieden werden, der 50 (g/Liter) $SnCl_2$, 300 $NiCl_2$, 28 NaF, 35 NH_4HF_2 enthält. Bei einer Arbeitstemp. von 65° u. einer durchschnittlichen Stromdichte von 2,5 A/dm² wird ein glänzender Überzug auf unregelmäßigen Gegenständen bei annähernd 100% Ausbeute erhalten. Die Zus. der Legierung ist weitgehend unabhängig von der Stromdichte u. der Badtemperatur. Unterschiede von 20—30% in dem Geh. von jedem Metall in der Lsg. ergeben unbedeutende Veränderungen in der Zus. der Legierung. Von größter Bedeutung für die Zus. der Legierung ist der *Gesamtfluorid*-Geh. der Lösung. Der größte Glanzbereich wird leichter bei höheren Tempp. als bei niedrigen erreicht. Ebenso wichtig ist die Ggw. von freier *HF* u. von Na^+. Als Anoden können Legierungen verwendet werden oder Sn- u. Ni-Anoden nebeneinander mit verschied. Spannung. Im letzteren Fall sind Schutzmaßnahmen notwendig, damit keine chem. Rk. zwischen der Sn-Anode u. dem Elektrolyten stattfindet. Die Sn–Ni-Legierung ist eine intermetall. Verb. u. deshalb sehr hart. Sie hat ein gefälliges Aussehen mit einem leichten Purpurton. Die Abscheidungen sind sehr widerstandsfähig gegen atmosphär. Einflüsse. (J. Electrodepositors' techn. Soc. **27.** 129—49. 1950/51. Greenford, Middlesex., Tin Res. Inst.) J. FISCHER. 6520

Burnham W. King, *Die Eigenschaften von keramisch überzogenen Metallen.* Die Herst. von keram. Metallüberzügen, die chem. Widerstandsfähigkeit, die mechan. Eigg.

u. die Anwendung der keram. überzogenen Metalle werden beschrieben. (Materials and Methods **40.** Nr. 4. 104—06. Okt. 1954. Battelle Mem. Inst.) W. WESLY. 6528

V. B. Volkening, *Korrosion von Stahlrohren durch chloriertes Seewasser bei verschiedenen Geschwindigkeiten.* 0,5—1,0‰ Cl genügen, um das Anwachsen u. das Wachstum von Seeorganismen an Stahl zu verhindern. Die Korrosion von Stahlrohren wächst mit steigender Seewassergeschwindigkeit, mit der Cl-Konz. bes. bei Durchlaufgeschwindigkeiten des W. von mehr als 120 cm/Sekunde. Der Umfang der Bldg. von Pittings stimmt mit der allg. Korrosion überein, ist also auch abhängig vom Cl-Geh. u. der Durchlaufgeschwindigkeit des Wassers. Das Verhältnis durchschnittliche Bldg. von Pittings zu mittlerer allg. Korrosion liegt zwischen 2,2 u. 10,2. Der Umfang des Angriffes ist durch den Gewichtsverlust bestimmt worden. Der restliche Cl-Geh. des W. wurde durch eine einfache Titration mit Hilfe eines 0,005% Methylorange-Indicators bestimmt. (Corrosion [Houston] **6.** 123—28. April 1950. Freeport, Tex., Dow Chemical Co.) J. FISCHER. 6538

Union Carbide & Carbon Corp., übert. von: **Leroy C. Werking,** New York, N. Y., V. St. A., *Mischung für Stichlöcher,* bes. von Hochofen, besteht aus wenigstens einem zerkleinerten festen Stoff, wie *Ton, Schamottestein, Kohle, Koks,* u. einem Bindemittel aus *Teer* u. *Furfurol* in einem Gewichtsverhältnis von ca. 2 Teilen Teer zu einem Teil Furfurol, wobei der feste Stoff ca. 3—5mal so stark wie das Bindemittel sein muß. (**A. P. 2 709 659** vom 30/6. 1951, ausg. 31/5. 1955.) H. HOCHSTEIN. 6371

Fritz Otto Wienert, Niagara Falls, N. Y., *Erzeugung von Eisenschwamm im Drehrohrofen.* In den Drehrohrofen werden ein eisenoxydhaltiges Material sowie kohlenstoffhaltige Stoffe, deren C-Geh. größer ist als zur vollständigen Red. der Eisenoxyde erforderlich wäre, eingesetzt u. ein sauerstoffhaltiges Gas unter Druck in einer Menge eingeleitet, die zur Umwandlung des bei der Red. gebildeten CO zu CO_2 sowie zur Verbrennung anderer flüchtiger Bestandteile aus den kohlenstoffhaltigen Stoffen ausreicht. Die Einleitung dieses Gases in den Drehrohrofen erfolgt an mehreren längs der Drehachse des Ofens vorgesehenen Einlaßöffnungen u. in einer Richtung, die dem n. Fluß der Verbrennungsprodd. entgegengesetzt ist. — Abbildungen. (**E. P. 727 680** vom 18/7. 1952, ausg. 6/4. 1955. Aust. Prior. 18/7. 1951.) H. HOCHSTEIN. 6395

Ford Motor Co. Ltd., London, England, *Herstellung von Gußeisen mit Kugelgraphit.* Mg-haltiges geschmolzenes Gußeisen wird während des Gießens mit einem Flußmittel behandelt, das die Eig. hat, MgO benetzen zu können. Zweckmäßig besteht das Flußmittel aus Borax, Borsäure, geschmolzenem Borax, Alkalimetall-Fluoborat u. Gemischen, die ein Doppelchlorid eines Alkalimetalls u. Mg enthalten. Vorzugsweise wird das Flußmittel dem geschmolzenen Gußeisen in der Pfanne zugesetzt u. das damit behandelte Gußeisen wird vor seiner Erstarrung vor Oxydation geschützt. (**E. P. 735 858** vom 28/9. 1951, ausg. 31/8. 1955. A. Prior. 28/9. 1950.) H. HOCHSTEIN. 6405

Tage Debusmann Madsen, Göteborg, Schweden, *Gußeisenlegierung für Zylinderauskleidung.* Graugußlegierungen mit 0,15—0,5 (%) *V*, $^1/_8$—$^1/_5$ der V-Menge *Ti* u. mit dem 3—5fachen der V-Menge *Cu*, Rest Eisen mit den für Grauguß üblichen Gehh. an *C*, *Mn*, *Si*, *P* u. *S* werden als Werkstoff für die Auskleidung der Zylinder von Verbrennungskraftmaschinen verwendet. Zweckmäßig enthält das Gußeisen noch bis 0,25, vorzugsweise 0,12, *Sb*. (**E. P. 735 965** vom 22/5. 1953, ausg. 31/8. 1955. **F. P. 1 079 519** vom 23/6. 1953, ausg. 30/11. 1954. Beide Schwed. Prior. 15/12. 1952.) H. HOCHSTEIN. 6405

Oesterreichisch-Alpine Montangesellschaft (Erfinder: **Alois Legat**), Wien, Österreich, *Herstellung von Stahl mit hohen Stickstoffgehalten bis 0,5%* durch Frischen von Roheisen mit O_2 bzw. mit an O_2 angereicherten Gasen, wie an O_2 angereicherter Luft, bes. durch Blasen gegen die Badoberfläche, dad. gek., daß dem Bad bei den Blasbedingungen atomaren Stickstoff abspaltende Gase, vorzugsweise NH_3, zugeführt werden. Zweckmäßig werden die atomaren Stickstoff abspaltenden Gase bzw. das NH_3-Gas dem Blasstrahl beigemischt. (**Oe. P. 181 865** vom 31/12. 1951, ausg. 10/5. 1955.) H. HOCHSTEIN. 6409

Soc. Métallurgique de Knutange, Frankreich, *Herstellung eines phosphor-, schwefel- und stickstoffarmen Thomasstahles im Konverter.* Während des Blasens der Stahlschmelze wird am Ende der Entkohlung u. am Anfang der Entphosphorung ein Mittel in das Bad eingeblasen, das z. T. aus einem körnigen, durch Sintern von Eisenerzfein, Eisenrückständen oder dgl. erhaltenem, schwach oxydierendem Agglomerat u. zum anderen Teil zu ca. 20% aus Kalk besteht. (**F. P. 1 074 153** vom 9/2. 1953, ausg. 4/10. 1954.) H. HOCHSTEIN. 6409

Philips Electrical Industries Ltd., London, England, *Anisotropischer Dauermagnet* aus einer *Ni–Al–Co–Cu–Fe*-Legierung, dessen Parameter Al/(Cu + Ni), (Al + Cu + Ni)/(Fe + Co) u. Cu/Ni die Werte von 1,0 bis 1,12, 0,45 bis 0,53 bzw. 0,15 bis 0,30 aufweisen, besteht aus 12—17,5 (%) *Ni*, 7,5—10 *Al*, 24—35 *Co*, 2—5 *Cu*, 38—50 *Fe* mit der Maßgabe, daß der Parameter Fe/Co einen Wert von 1,25 bis 2 besitzt u. der $(B \cdot H)_{max}$-Wert, abgesehen von einer vorherrschenden Kristallorientierung in der (1 0 0)-Richtung, $5,7 \cdot 10^6$ beträgt. (**E. P. 736 105** vom 19/12. 1952, ausg. 31/8. 1955. Holl. Prior. 22/12. 1951.) H. HOCHSTEIN. 6419

National Smelting Co. Ltd., London, übert. von: **Stephen William Kenneth Morgan**, Bristol, England, *Schmelzen oxydierter Zinkerze.* Eine vorgewärmte Charge aus Erz, Kohle u. Schlackenbildner wird durch die hermet. abgedichtete Gicht eines Schachtofens zugestellt, die erforderliche Hitze durch Verbrennen der Kohle mittels am Boden u. an der Gicht eingeblasener Luft erzeugt , die Verbrennungsgase in halber Höhe des Ofens abgeführt u. die geschmolzene Schlacke am Boden abgestochen. Dabei dringt die an der Gicht eingeführte Luft in einen zwischen dem oberen Ende des Ofens u. der durch entsprechende Dosierung der Charge gebildeten Raum, verteilt sich hier gleichmäßig über der Charge u. wird dann durch diese hindurch nach unten gedrückt. Dabei entsteht in deren oberen Teil durch exotherme Verbrennung des C unter Bldg. von CO_2 eine heiße Zone, deren Temp. jedoch nicht genügt, um die Charge zu verschlacken. Unterhalb dieser Hochtemperaturzone wird dann infolge der endothermen Red. von CO_2 u. der oxyd. Zn-Verbb. eine Schmelzzone niedrigerer Temp. gebildet, unterhalb der die Ofengase abgezogen werden. — Zeichnungen. (**A. P. 2 684 899** vom 11/7. 1950, ausg. 27/7. 1954. E. Prior. 5/8. 1949.) G. APEL. 6427

Mond Nickel Co. Ltd., London, England, *Nickel-Chrom-Eisen-Legierung mit hoher Oxydationsbeständigkeit und hoher Dauerstandfestigkeit* besteht aus 19—50 (%) *Ni*, 18—30 *Cr*, 8—12 *Mo*, 0,03—0,8 *B*, 0,5—1,5 *C*, bis 2 *Si*, bis 3 *Mn*, bis 0,5 *Ti*, Rest mindestens 10 Eisen mit den üblichen Verunreinigungen. Die Legierung eignet sich bes. als Werkstoff für Turbinenschaufeln. — Kurvenschaubild. (**E. P. 739 248** vom 27/1. 1954, ausg. 26/10. 1955. A. Prior. 27/1. 1953.) H. HOCHSTEIN. 6435

Westfälische Leichtmetallwerke G. m. b.H., Nachrodt/Westf. (Erfinder: **Franz Sauerwald**, Halle/Saale, **Hans Eisenreich**, Nachrodt, und **Ludwig Holub**, Bitterfeld), *Magnesiumlegierungen* bestehen aus 0,05—2% *Zr*, Rest *Mg*. Sie können außerdem noch *Zn* u./oder *Cd* in Mengen enthalten, die die Sättigungsgrenze für die Mischkristallbldg. nicht wesentlich übersteigen. Die Legierungen besitzen ein feines Korn u. zeichnen sich durch hervorragende Dehnung u. Kerbzähigkeit aus. Durch die Zusätze Zn u. Cd wird die Festigkeit bes. der Knetlegierung erhöht, die außerdem eine gute Schweißbarkeit zeigen. Die Legierungen sind mikrolunkerfrei. (**D. B. P. 934 017** Kl. 40b vom 28/11. 1937, ausg. 6/10. 1955. Anmeldung bekanntgemacht 14/4. 1955.) C. GÖTZE. 6445

Magnesium Elektron Ltd., Clifton Junction, England (Erfinder: **Edward Fredrick Emley**), *Komposition zur Einführung von Zirkonium in Magnesium*, gek. durch folgende Stoffmengen: 3—18 (%) $ZrCl_4$, 11—29 ZrF_4, ferner 0—51 *KCl*, 0—51 *NaCl*, 0—51 *LiCl*, wobei die Gesamtmenge dieser 3 Salze 19—51 beträgt, ferner 0—35 $BaCl_2$, 0—35 *Seltene Erden*, 0—50 $SrCl_2$ mit der Maßgabe, daß die Summe des $BaCl_2$ u. der Seltenen Erden zusammen mit 0,7 $SrCl_2$ zwischen 10 u. 35 liegt, 0—15 MgF_2, ferner reduzierbare Chloride von mindestens einem der Metalle *Zn, Ag, Tl, Th, Cu, Bi, Pb, Be, Cd* von 0 bis zu dem chem. Äquivalent von nicht mehr als 17 $ZrCl_4$, aber nicht über 25 des Gesamtgewichtes, wobei die Gesamtmenge $ZrCl_4$ u. die Menge $ZrCl_4$ die chem. äquivalent den übrigen reduzierbaren Chloriden ist, 20 des Gewichtes der Komposition nicht überschreitet; der %-Satz des Cl ist um 2—12 des Gewichtes der Komposition größer als das chem. Äquivalent des Ba, Sr, Seltene Erden, K, Na u. Li, das in der Komposition vorhanden ist. (**E. P. 715 967** vom 9/1. 1952, ausg. 22/9. 1954. **F. P. 1 075 258** vom 7/1. 1953, ausg. 14/10. 1954. E. Prior. 9/1. 1952.) C. GÖTZE. 6445

National Lead Co., übert. von: **Walter F. Meister**, V. St. A., *Gewinnung von Titan aus titan- und eisenhaltigen Erzgemischen.* Hergestellt wird ein Gemisch aus titan- u. eisenhaltigem Erz, z. B. aus *Ilmenit* oder titanhaltigem *Magnetit*, u. einer titanhaltigen Schlacke, derart, daß das Gemisch aus 10—80%, vorzugsweise 30—60%, Erz u. Rest Schlacke besteht, worauf das Gemisch bei erhöhter Temp. von beispielsweise 200° mit konz. H_2SO_4 zur Herauslsg. von Ti behandelt wird. (**F. P. 1 078 230** vom 10/6. 1953, ausg. 16/11. 1954. A. Prior. 12/6. 1952.) H. HOCHSTEIN. 6449

Horizons Titanium Corp., V. St. A. (Erfinder: **Eugène Wainer**), *Elektrolytische Gewinnung von Titan.* Als Elektrolyt dient eine Schmelze von *Alkalititanat* u. *-halogenid*, als Anode eine feste Lsg. von *TiC* in *TiO*, wobei das Mol-Verhältnis mindestens 1 : 1 ist. Diese Verb. TiO·TiC wird durch Erhitzen der feingepulverten Komponenten auf 2000 bis 2100° im Vakuum oder in einer inerten Atmosphäre hergestellt. Die Badtemp. beträgt ca. 500—850°. (**F. P. 1 087 017** vom 8/9. 1953, ausg. 18/2. 1955. A. Prior. 12/11. 1952.) F. MARKHOFF. 6449

Horizons Titanium Corp., Princeton, N. J., übert. von: **Eugène Wainer,** Cleveland Heights, O., V. St. A., *Elektrolytische Abscheidung von Titan in grobkristalliner Form.* Es wird ein schmelzfl. Elektrolyt aus mindestens einem *Alkalihalogenid,* wie *Alkalichlorid,* dem 2—30 Gew.-% *Alkalifluortitanat* sowie reines *TiO* zugesetzt sind, verwendet. Das Bad arbeitet bei Spannungen von ca. 4—7 V u. Tempp. von 550—950° (**A. P. 2 707 170** vom 8/10. 1952, ausg. 26/4. 1955.) F. MARKHOFF. 6449

Horizons Titanium Corp., Princeton, N. J., V. St. A. (Erfinder: **Morris Albert Steinberg** und **Alfred August Tobinka),** *Elektrolytische Gewinnung von Titan.* Als Elektrolyt wird eine Schmelze aus *Alkalititanat* u. *Alkali-* u./oder *Erdalkalihalogenid* verwendet, wobei das Ti eine Wertigkeit weniger als 4 hat. Das Bad arbeitet unter einer inerten Atmosphäre. (**E. P. 731 767** vom 11/6. 1953, ausg. 15/6. 1955.) F. MARKHOFF. 6449

Régie Nationale des Usines Renault, Frankreich, *Titansinterkörper.* Eine Mischung aus 10—35 (%) *Ti-Hydrid,* Rest *TiC* in äquiatomaren Mengen, wird gepreßt u. erhitzt, bis der H_2 des Hydrids vollständig vertrieben ist. Darauf wird der Preßling pulverisiert, das Pulver in die gewünschte Form gebracht u. in einer H_2- oder Ar-Atmosphäre auf 1900—2300° erhitzt. Der Werkstoff ist oxydationsbeständig, hart, zäh, er behält diese Eigg. bei Tempp. bis 1200° u. eignet sich für Teile von Turbinen u. Verbrennungsmotoren. (**F. P. 1 073 009** vom 16/3. 1953, ausg. 17/9. 1954.) C. GÖTZE. 6475

Michel Alexandre Jean Eudier, Frankreich, *Einführung von Metallen mit niedrigem Schmelzpunkt in Bäder mit höherem Schmelzpunkt.* Das niedrigerschm. Metall wird in Pulverform mit einem anderen pulverförmigen Metall, das entweder aus der Badsubstanz, einer Legierung der Badsubstanz oder einem Metall besteht, dessen F. höher ist als derjenige des einzuführenden Metalls, zu einem Preßling verpreßt u. in das Bad eingetragen. (**F. P. 1 079 151** vom 9/4. 1953, ausg. 26/11. 1954.) C. GÖTZE. 6475

Wallram Hartmetallwerk und Hartmetallwerkzeugfabrik Meutsch, Voigtländer & Co., Essen/Ruhr (Erfinder: **Franz Skaupy,** Berlin-Lichterfelde), *Herstellung von Legierungspulvern* durch Red. von Metallverbb. u. gegebenenfalls nachfolgendem Herauslösen von Nebenerzeugnissen, dad. gek., daß innige Gemische solcher Metallverbb., von denen mindestens eine schwer reduzierbar ist, mit Metallen wie Na oder Ca red. werden. Die pulverförmigen Legierungen sind prakt. unbegrenzt lagerbar. Das leicht reduzierbare Metall schützt durch die eingetretene Legierungsbldg. das schwer reduzierbare Metall vor unerwünschter Oxydation u. Kornvergröberung. (**D. B. P. 935 456** Kl. 40b vom 28/8. 1938, ausg. 17/11. 1955. Anmeldung bekanntgemacht 4/9. 1952.) C. GÖTZE. 6475

Süddeutsche Telefon-Apparate-, Kabel- und Drahtwerke Akt.-Ges. TEKADE (Erfinder: **Hans Neidel),** Nürnberg, *Poröse, nichtmetallische Sintermassen zum Aufbringen auf ein Trägermetall.* Zur Sicherung eines gewünschten Porenvol. innerhalb der Sintermasse u./oder zur Abstandshalterung der Sintermasse u. Trägermetall, wird ein Material von beim Sintern guter therm. Beständigkeit, z. B. *Mo*-Pulver, benutzt, das vor dem Sintern der M. beigemischt u./oder auf den Träger aufgetragen u. nach dem Sintern ohne Angriff der Sintermasse u. des Trägermetalls durch chem. Lösen oder auf andere Weise entfernt wird. So wird z. B. das Abstandsmaterial vor dem Aufbringen der Isolierschicht pulverförmig in dünner Schicht auf eine Heizdrahtwendel aufgebracht u. nach dem Sintern der Isolierschicht zusammen mit dem Dorndraht herausgelöst. Das Verf. dient zur Fertigung von Heizelementen für indirekt geheizte Kathoden. (**D. B. P. 933 659** Kl. 40b vom 21/10. 1951, ausg. 13/10. 1955. Anmeldung bekanntgemacht 25/9. 1952.) C. GÖTZE. 6475

Soc. d'Électro-Chimie, d'Électro-Métallurgie et des Aciéries Électriques d'Ugine, Paris (Erfinder: **Nigel Conrad Tombs,** London, und **William Lamb,** Heywood, England), *Herstellung von Dauermagneten* durch Agglomeration magnetisierbarer koll. Metallpulver, dad. gek., daß das frischhergestellte Pulver mit einer wss. Lsg. von Alkalibenzoat bedeckt, vor u. während des Beginns der Agglomeration in innigem Kontakt mit der Benzoatlsg. gehalten u. letztere aus der Pulvermasse während der an sich bekannten Arbeitsgänge zur Bldg. des magnetisierbaren Preßlings entfernt wird. Nach D. B. P. 936 825 wird an Stelle der Alkalibenzoatlsg. einfach dest. W. verwendet. (**D. B. PP. 935 576** Kl. 40b vom 27/10. 1953, ausg. 24/11. 1955. Anmeldung bekanntgemacht 18/5. 1955, u. **936 825** Kl. 40b vom 27/10. 1953, ausg. 22/12. 1955. Anmeldung bekanntgemacht 8/6. 1955. Beide E. Prior. 27/10. 1952.) C. GÖTZE. 6475

Kennametal, Inc., Latrobe, Pa., V. St. A., *Gesinterte harte und korrosionsfeste Legierungen* bestehen aus mindestens 40 (%) *TiC,* 0,5—25 *NbC* u. 5—50 *Fe, Ni* oder *Co,* die außerdem noch 0,4—16,84 *TaC* enthalten können. — Beispiel: 66,5 TiC, 8,72 NbC, 6,04 TaC u. 18,7 Co. — Vgl. auch E. P. 717 285, C. **1955.** 11090. (**Schwz. P. 300 262** vom 9/8. 1952, ausg. 16/9. 1954. A. Prior. 24/1. 1952.) C. GÖTZE. 6477

United States of America, übert. von: **Chester A. Snell**, New York, **Jacob M. Fain** und **John A. De Rosa**, Brooklyn, N. Y., *Lötflußmittel*, bestehend aus 9 (%) *Cetyltrimethylammoniumbromid*, 2—3 *Al-Stearat*, 39—40 cycl. KW-stoff als Lösungsm., z. B. *Xylol*, *Tetrahydronaphthalin* u. *Terpentin*, Rest *Harz*, z. B. ein Abietinsäureharz, ein partiell polymerisiertes Harz oder ein hydriertes Harz. (**A. P. 2 674 554** vom 20/12. 1951, ausg. 6/4. 1954.) F. VIER. 6505

United States Steel Corp., N. J., übert. von: **Richard A. Neish**, Library, Pa., *Lötmittel*, bestehend aus NH_4HF_2 u. NH_4Cl, gegebenenfalls mit einem Zusatz von *Triäthanolamin*. — Beispiel: 30 (g) NH_4HF_2, 60 NH_4Cl, 30 Triäthanolamin, gelöst in 1 Liter einer Mischung von 2 Teilen Methanol auf 1 Wasser. (**A. P. 2 659 684** vom 12/12. 1951, ausg. 17/11. 1953.) F. VIER. 6505

Imperial Chemical Industries Ltd., London (Erfinder: **William Percival Fentiman**), *Elektroden für das Lichtbogenschmelzen von hochschmelzenden Metallen, wie Ti, Zr, Th, Hf, Ta, Cr und deren Legierungen.* Es wird eine Bimetallelektrode verwendet aus *W* u. *Cu* mit einer Elektrodenspitze aus *W*. Sie läßt sich an Stelle der bisher verwendeten Graphitelektrode bei hohen Stromstärken verwenden. Die Elektrode wird durch Gießen in einem wassergekühlten, mit Lichtbogen beheizten Tiegel hergestellt. (**E. P. 716 565** vom 16/1. 1952, ausg. 6/10. 1954.) F. VIER. 6507

Gebr. Böhler & Co. Akt.-Ges., Wien, Österreich, übert. von: **Werner Hummitzsch**, Hamm, Deutschland, und **Franz Ablasser**, Kapfenberg, Österreich, *Ummantelte Elektrode zum Schweißen von gegen interkristalline Korrosion beständigem rostfreiem Stahl* besteht aus einem Kern mit bis 0,15 (%) *C*, bis 0,50 *Si*, 0,6—4 *Mn*, 14—26 *Cr*, 2—14 *Ni*, 0,9 bis 10 *Nb*, wobei das Verhältnis Nb : Mn wie 3 : 2 ist, Rest *Fe* u. einer Umhüllung aus $CaCO_3$ u. CaF_2 u. *Silicaten*, gegebenenfalls mit Zusätzen von *Mn* u. *Nb*. — Z. B. besteht der Kern aus 0,09 C, 0,35 Si, 1,1 Mn, 19,1 Cr, 9,5 Ni, 3,8 Nb, Rest Fe, die Umhüllung aus 43 CaF_2, 38 $CaCO_3$, 4 Ferromangan (80% ig), 6,5 Ferroniob (60% ig), 8,5 Silicate. (**A. P. 2 704 317** vom 28/3. 1951, ausg. 15/3. 1955.) F. VIER. 6507

Robert Zapp, Deutschland, *Schweißelektrode*, Zum Ausgleich des Al-Abbrandes an der Schweißstelle bei Al-haltigen, nitrierbaren Stählen dienen Elektroden, deren Kern durch Umwickeln mit Draht oder durch einen elektrolyt. Nd. zusätzlich mit *Al* beschichtet ist. Der Kern besteht z. B. aus einer *Fe*-Legierung mit 0,25 (%) *C*, 0,25 *Si*, 0,30 *Mn*, 0,75—2,5 *Cr* u. bis 0,5 *V*. Der mit Al beschichtete Kern wird mit der üblichen Umhüllung versehen. (**F. P. 956 308** vom 12/8. 1944, ausg. 30/1. 1950. D. Prior. 16/8. 1943.) B. SCHMIDT. 6507

Jean Sarazin, Simone Sarazin und **Marcel Moneyron**, Seine, Frankreich, *Umhüllte Schweißelektrode.* Die Umhüllung wird zum Schutz gegen Feuchtigkeit u. CO_2 gasdicht mit Metall beschichtet, z. B. durch Spritzguß oder durch vorbereitete Rohre, die an den Enden abgedichtet werden. (**F. P. 1 004 538** vom 7/5. 1947, ausg. 31/3. 1952.) B. SCHMIDT. 6507

W. J. McG. Tegart, The electrolytic and chemical polishing of metals in research and industry. London: Pergamon Pr. 1956. (X + 129 S. m. Abb. u. Tab.) 30 s.

IX. Organische Industrie.

W. Meese Newton, J. W. Mason, T. Brooks Metcalfe und **C. O. Summers**, *Beeinflussung des Überflutens in gepackten Kolonnen durch Oberflächenspannung.* Nach einer Besprechung des Standes der Technik werden Verss. aufgeführt, in denen durch Zusatz von steigenden Mengen „Sterox SK", einem Kondensationsprod. von Äthylenoxyd u. Dodecylmercaptan (MONSANTO CHEM. CO.), eine merkbare Änderung der physikal. Eigg. von W. hinsichtlich D. u. Viscosität nicht erreicht wurde. Ableitung eines Faktors, der bei Berechnungen über den Kolonnendurchsatz berücksichtigt werden muß. (Petroleum Refiner **31**. Nr. 10. 141—43. Okt. 1952. Georgia Inst. of Technol. u. Carbid & Carbon Chem. Div.) K. O. MÜLLER. 6560

A. Borig, *Das Beagid, seine Herstellung und Verarbeitung.* Herst., Eigg. u. Verwendung von *Beagid*, einem in zylinderförmige Stücke (Patronen) gepreßten u. imprägnierten CaC_2 zur C_2H_2-Erzeugung (Vergasergeräte) werden beschrieben. (Schweißtechnik **3**. 287—88. Sept. 1953. Zittau.) W. WESLY. H 530

Karl Kürschner, *Schwierigkeiten bei der Vanillindarstellung aus Sulfitablaugen.* Bei der Vanillinerzeugung aus Sulfitablaugen ist zu berücksichtigen, daß das Ausgangsgut frische Nadelholzablauge von kurzen Kochungen sein soll. Diese Lauge muß einen hohen Sulfonierungsgrad haben. Aus der Ablauge soll sich bas. Ca-Lignosulfonat fällen lassen, wodurch die Anwesenheit von störenden Kohlenhydraten vermieden wird. Gelöster Kalk soll zur Erhöhung der Vanillinausbeute (I) mittels Na_2SO_4 ausgefällt werden. Saure Oxydationsverff. haben sich nicht bewährt. Bei der alkal. Druckkochung fördert NaOH-Zugabe die I. Eine Extraktion im Autoklaven erfolgt am besten im alkal. Medium. Für die Wirtschaftlichkeit des anzuwendenden Verf. ist nicht die Ausbeute, sondern der Bedarf an Chemikalien u. Energie wesentlich. (Faserforsch. u. Textiltechn. **5.** 527—40. Dez. 1954. Bratislava, Slowak. Akad. der Wiss.) K.-H. ANDERS. H 1140

W. A. Pokrowski, *Die Gewinnung von Äthylenoxyd nach dem Verfahren der direkten Oxydation von Äthylen.* Übersicht: Katalysatoren; Oxydation mit Luft; Oxydation mit O_2; Anforderungen an die Reinheit des C_2H_4; Qualität des erhaltenen C_2H_4O u. Äthylenglykols. — 27 Literaturhinweise. (Химическая Промышленность [Chem. Ind.] **1955.** Nr. 4. 51—55. Juni.) R. K. MÜLLER. H 3030

Deutsche Gold- und Silberscheideanstalt vormals Roessler, Frankfurt/M., *Herstellung von Alkylbromiden,* bes. von CH_3Br. Der entsprechende aliphat. Alkohol wird unter gleichzeitiger Bldg. von H_2SO_4 mit Br_2 u. einer SH-haltigen oder unter den Reaktionsbedingungen solche Stoffe ergebenden Verb., z. B. einem Metallsulfid, Polysulfid, Thiosulfat, Dithionat oder Polythionat, umgesetzt. — Ein fl. S-Rohöl (hauptsächlich H_2S_2) wird mit wasserfreiem CH_3OH vermischt u. tropfenweise mit fl. Br_2 versetzt. Das Gemisch kommt zum Sieden u. entwickelt CH_3Br, das kondensiert u. von CH_3OH getrennt wird. (**E. P. 730 682** vom 16/2. 1953, ausg. 25/5. 1955. D. Priorr. 19/2. u. 16/5. 1952.) J. MÜHLEISEN. H 510

Soc. d'Électro-Chimie, d'Électro-Métallurgie et des Aciéries Électriques d'Ugine, Paris (Erfinder: **Robert Thermet,** Grenoble, und **Zbiniew Parvi,** Pont de Claix), Frankreich, *Herstellung von Tetrachlorkohlenstoff und Tetrachloräthylen* in vorher bestimmten Mengen durch Einw. von Cl_2 auf $CCl_2{=}CCl_2$ u. von C_2H_2 auf C_2Cl_6, dad. gek., daß zur Herst. von y (Mol) CCl_4 u. ky $CCl_2{=}CCl_2$ $[6k + 5)y/2]$ Cl_2 u. wenigstens $(3k + 2)y \cdot$ $CCl_2{=}CCl_2$ in Abwesenheit eines Katalysators bei 600—800° umgesetzt werden, die erhaltene Mischung aus CCl_4, überschüssigem Cl_2 u. nichtumgesetztem $CCl_2{=}CCl_2$, in der die Menge $CCl_2{=}CCl_2$ wenigstens gleich der Cl_2-Menge ist, in Ggw. eines Katalysators, wie Aktivkohle, auf 200—220° erhitzt wird, bis prakt. das gesamte überschüssige Cl_2 mit der entsprechenden Menge $CCl_2{=}CCl_2$ zu C_2Cl_6 umgesetzt ist, das so erhaltene Gemisch mit $[(2k + 1)y/2]$ Mol C_2H_2 in Ggw. eines Katalysators, wie mit Kupferchlorid imprägnierter Aktivkohle, auf 220—250° erhitzt u. die Mischung, z. B. durch fraktionierende Kondensation, in CCl_4, $CCl_2{=}CCl_2$ u. HCl getrennt wird, wovon wenigstens $(3k + 2)y$ Mol $CCl_2{=}CCl_2$ in die erste Stufe zurückgeführt werden, um mit einer neuen Cl_2-Menge zu reagieren. Zur alleinigen Herst. von CCl_4 wird k gleich Null oder nahezu Null genommen u. das gesamte $CCl_2{=}CCl_2$ zurückgeführt. (**D. B. P. 935 965** Kl. 12o vom 24/1. 1954, ausg. 1/12. 1955. Anmeldung bekanntgemacht 8/6. 1955. F. Prior. 30/1. 1953.) J. MÜHLEISEN. H 510

Celanese Corp. of America, New York, N. Y., V. St. A., *Trennen des n-Propylalkohols* (I) *vom sek.-Butylalkohol* (II) erfolgt durch Dest. in Ggw. von W. u. einem aliphat. oder cycloaliphat. KW-stoff (III) des Siedebereiches 65—135°, wobei ein tern. Azeotrop, bestehend aus I, W. u. III, übergeht u. kondensiert wird. Man trennt durch Schichten I u. W. von III, welches in die Destillationskolonne zurückgelangt. I wird durch Dest. vom W. gewonnen. Der Rückstand wird weiterdest., u. man erhält ein tern. Azeotrop aus II, W. u. III, welches kondensiert u. eine wss. Schicht, bestehend aus II u. W., bildet, woraus II durch Dest. gewonnen wird. III gelangt in die Kolonne zurück. (**E. P. 706 256** vom 6/6. 1951, ausg. 24/3. 1954. A. Prior. 9/6. 1950.) G. KÖNIG. H 560

Anglo-Iranian Oil Co. Ltd., London, England (Erfinder: **J. Habeshaw, C. J. Geach** und **R. W. Rae**), *Herstellung von Aldehyden,* die bes. als *Weichmacher* geeignet sind, erfolgt durch Umsetzen von KW-stoffmischungen, enthaltend ein oder mehrere Monoolefine mit 6—9 C-Atomen pro Mol., mit CO u. H_2 in Ggw. von Co-Carbonyl oder Co-Carbonylhydrid als Katalysator, wobei dieser in einer Menge von 0,01—5% Co, bezogen auf das Gewicht der zugeführten Olefine, zugegen sein soll. Das Verf. wird bei Bedingungen der *Oxosynth.* durchgeführt. (**Schwed. P. 142 642** vom 4/7. 1951, ausg. 27/10. 1953. E. Prior. 4/7. 1950.) K. H. KÄHLER. H 660

VEB Chemische Fabrik Dölau, Greiz-Dölau, DDR (Erfinder: **Boris Brusz,** Elsterberg), *Herstellung von kristallisiertem Aluminiumformiat* durch doppelte Umsetzung von $AlCl_3$ oder $Al(NO_3)_3$ mit Formiaten, deren Löslichkeit größer ist als die des Al-Formiats (I). Man bringt äquivalente Mengen der krist. Ausgangsprodd. in gesätt. Lsg. (am besten neutral oder schwach sauer) bei 5—60° zur Rk., läßt bei tieferen Tempp. Chlorid oder Nitrat auskrist. u. bringt aus der wieder auf Zimmertemp. erwärmten Lsg. durch Impfen u. Ausrühren I zur Kristallisation. (**D. P. [DDR] 2 569** Kl. 12o vom 8/1. 1943, ausg. 15/9. 1954 [Wirtschaftspatent].) S. MEIER. H 810

Council of Scientific and Industrial Research, New Delhi, übert. von: **Joti Sarup Aggarwal,** Poona, **Vishwa Nath Sharma,** Lucknow, und **Sushil Chandra Gupta,** Poona, Indien, *Gewinnung von α- und β-Kamlolensäure* aus den Gesamtfettsäuren des Samenöls von *Mallotus philippinensis Muell. Arg.* (*Kamala*) (vgl. J. Sci. Ind. Res. India **7B.** [1948.] 136). Aus den durch Verseifen des Samenöls von M. philippinensis Muell. Arg. erhaltenen Fettsäuren wird durch Behandeln mit PAe. die darin unlösl. *α-Kamlolensäure* (α-**I**), $C_{18}H_{30}O_3$, ausgefällt, aus Bzl. Nadeln, F. 78—79°; Neutralisationszahl 190,9; JZ. (WIJS) 186,2; (WOBURN B) 226,8; Dienzahl (nach ELLIS u. JONES) 120,6; lösl. in A., Chlf., CCl_4; unbeständig, polymerisiert nach 2 Tagen bei 30—40° zu einer kautschukähnlichen M., in PAe. bei niedriger Temp. haltbar. α-**I** läßt sich mit J_2 in PAe. unter Bestrahlung mit UV-Licht in β-**I**, $C_{18}H_{30}O_3$, überführen, aus Bzl. Nadeln, F. 90—91°; Ausbeute quantitativ; Neutralisationszahl 191,1; JZ. (WIJS) 195,4; (WOBURN B) 248,3; Dienzahl (nach ELLIS u. JONES) 120,6; lösl. in A., Chlf. u. CCl_4. Das *Alkalisalz* ist in W. weniger lösl. als das von α-**I**, polymerisiert wie α-**I**. β-**I** kann durch Bestrahlung des Öles auch direkt gewonnen werden. Beide Isomeren haben die mutmaßlichen Formeln: $OHCH_2CH_2CH=CH-CH=CHCH_2CH_2CH=CH(CH_2)_7COOH$, $OHCH_2CH_2CH_2CH=CH-CH=CHCH_2CH=CH(CH_2)_7COOH$. Durch Red. von α- oder β-**I** in A. in Ggw. von Pt mit H_2 entsteht *Hexahydro*-**I**, $C_{18}H_{36}O_3$; aus Äthylacetat Nadeln, F. 98—99°, ident. mit α-Oxystearinsäure. Die Oxydation von Hexahydro-**I** in Aceton mit $KMnO_4$ gibt *Hexadekamethylen-1.16-dicarbonsäure*, F. 125—126°; Äquivalentgewicht 157,6; spärlich lösl. in A., Ae., Aceton; *Alkalisalz* schwach lösl. in W.; *Dimethylester*, F. 62,5—63,5°. Die Red. der α- oder β-**I** kann auch bis zur *Di*- oder *Tetrahydro*-**I** erfolgen. — Zwischenprodd. zur Herst. von Polymeren, Polyestern, Polyamiden, Sulfonsäuren u. quaternären Ammoniumverbb., z. B. für Reinigungs-, Netzmittel u. Baktericide. — Vgl. auch E. P. 707 421; C. **1955.** 1167. (**A. P. 2 685 593** vom 7/2. 1952, ausg. 3/8. 1954. E. Prior. 4/9. 1951.) G. KRAUSS. H 850

Anorgana G. m. b. H., Gendorf (Erfinder: **Kurt Fischer,** Altötting, und **Hans Oberrauch,** Burgkirchen/Alz), Obb., *Herstellung von Lactamen*, dad. gek., daß man ω-Halogenfettsäuren mit mindestens 4 C-Atomen mit einem Überschuß an konz. wss. NH_4OH auf 200—350° erhitzt u. das Verf. vorzugsweise in einem strömenden Syst. fortlaufend durchführt. — 136,5 Gewichtsteile δ-Chlorvaleriansäure u. 1000 Voll. 23%ig. wss. NH_4OH werden 18 Std. auf 275° erhitzt (140 at), die abgekühlte Reaktionsmischung wird mit Chlf. extrahiert, das Lösungsm. abgedampft u. *δ-Valerolactam*, $Kp._{14}$ 137°, durch Vakuumdest. erhalten; Ausbeute 90,5%. — Analog: *α-Pyrrolidon*; Ausbeute 70%. (**D. B. P. 935 485** Kl. 12p vom 4/3. 1953, ausg. 24/11. 1955. Anmeldung bekanntgemacht 26/5. 1955.) R. LINK. H. 950

Joseph Feltzin, Brooklyn, N. Y., V. St. A., *Synthese von Methionin* (**I**). Man setzt Brenztraubensäure mit CH_2O zu α-Keto-γ-oxybuttersäure um, die α-Keto-γ-butyrolacton bildet; man führt mit Phenylhydrazin in das *Phenylhydrazon* über, löst in Ae. oder Bzl., leitet HCl ein, versetzt mit Natriummethylmercaptid u. red. mit H_2 u. einem Katalysator in einem inerten Lösungsm. zu **I**. (**A. P. 2 712 553** vom 25/3. 1954, ausg. 5/7. 1955.) G. LANGER. H 950

Dow Corning Corp., übert. von: **Arthur F. Gordon,** Midland, Mich., V. St. A., *Silane* der allg. Formel $(X_{2m+1}C_mCH_2CHY)R_nSiZ_{3-n}$, worin X Cl, Br oder F, m 1 oder 2, Y Br oder J, R ein einwertiger gesätt. KW-stoffrest, Z Halogen u. n 0—2 ist, erhält man durch Rk. eines Vinylsilans der Formel $(CH_2=CH)R_nSiZ_{3-n}$ mit einer Polyhalogenverb. der Formel $X_{2m+1}C_mY$ bei mindestens 50°, unter Bedingungen, bei denen freie Radikale gebildet werden, z. B. durch Erhitzen, Bestrahlung mit γ-Strahlen oder UV-Licht, durch Verwendung von organ. Peroxyden, Azoverbb. u. Triphenylmethanderivaten. Die Reaktionsprodd. können zu Siloxanen hydrolysiert werden. — Durch 20std. Erhitzen von Vinyltrichlorsilan, Trichlorbrommethan mit Benzoylperoxyd auf 136,5° erhält man in 70%ig. Ausbeute $CCl_3CH_2CHBrSiCl_3$, $Kp._{30}$ 138,5°, $D.^{25}$ 1,810, n_D^{25} 1,5223. Analog erhält man die Verbb.: $CCl_3CH_2CHBrSi(CH_3)Cl_2$, $Kp._{10}$ 115°, $D.^{25}$ 1,688, n_D^{25} 1,5175; $CBr_3CH_2CHBrSi(CH_3)Cl_2$, $Kp._1$ 116,5°, $D.^{25}$ 2,277, n_D^{25} 1,5796; $CF_2ClCFCl\cdot CH_2CHJSi(CH_3)Cl_2$, $Kp._{33}$ 116,5°, $D.^{25}$ 1,846, n_D^{25} 1,4895; $CF_3CH_2CHBrSi(CH_3)F_2$, $Kp._{736}$ 114—115°, $D.^{25}$ 1,579, n_D^{25} 1,3680; $CF_2ClCH_2CHBrSi(CH_3)F_2$, $Kp._{50}$ 67,5—67,8°, $D.^{25}$ 1,631, n_D^{25} 1,4000. (**A. P. 2 715 113** vom 11/1. 1954, ausg. 9/8. 1955.) J. MUHLEISEN. H 980

Victor Chemical Works, übert. von: **Arthur Dock Fon Toy,** Park Forest, und **Kenneth H. Rattenbury,** Chicago Heights, Ill., V. St. A., *Monochlormethanphosphonsäurediallylester* (**I**) erhält man durch Rk. von Allylalkohol mit $ClCH_2P(:O)Cl_2$ in Ggw. von tert. Aminen, wie Pyridin oder Triäthylamin, gegebenenfalls in Ggw. von Lösungsmitteln, wie Bzl. u. Hexan. **I** ist eine klare Fl., n_D^{25} 1,4674 u. $D.^{25}$ 1,1902. Durch Polymerisation von **I** erhält man viscose Öle bis klare feste Harze, die als *Weichmacher, Über-*

zugsmittel u. *Preßpulver* verwendet werden können. (**A. P. 2 714 100** vom 5/8. 1952, ausg. 26/7. 1955.) J. MÜHLEISEN. H 980

Argus Chemical Laboratory, Inc., New York, N. Y., V. St. A., *Xanthogensäurederivate* der Formel $R_n-Sn-[S-C(=S)OR_1]_{4-n}$ (R = Alkyl, Aralkyl; $[SC(=S)OR_1]$ = Anion einer Alkylxanthogensäure; n = 1—3) erhält man durch Kondensation eines Alkalimetallsalzes einer Alkylxanthogensäure mit einem organ. Sn-Halogenid, bes. durch Erhitzen. — Aus 10 (g) Di-n-butyl-$SnCl_2$, 10,5 Na-Isopropylxanthat in 10 Toluol nach ½std. Erhitzen → *Di-n-butyl-Sn-di-(isopropylxanthat)* (I), $(C_4H_9)_2Sn[SC(=S)OC_3H_7]_2$, rot, lösl. in organ. Lösungsmitteln. — Monobenzyl-$SnBr_3$ + Na-n-Butylxanthat → *Benzyl-Sn-tri-(n-butylxanthat)*, $C_6H_5CH_2Sn[SC(=S)OC_4H_9]_3$, Sn-Geh. 18%. — Triisopropyl-SnCl + K-n-Butylxanthat → *Triisopropyl-Sn-n-butylxanthat*, $(C_3H_7)_3Sn[SC(=S)OC_4H_9]$, Sn-Geh. 29,8%. — Die Verbb. sind leicht rot gefärbt, in Ae., Bzl., Toluol, Chlf. oder CCl_4 lösl. u. dienen als Stabilisierungsmittel für C-haltige organ. Verbb., bes. für chlorierte Paraffine mit 10—40 C-Atomen, Cl-haltige Polyvinylharze u. Mischpolymere; z. B. werden 100 Teile Vinylite VYNW (Mischpolymeres aus 96 Teilen Vinylchlorid u. 4 Teilen Vinylacetat) mit 50 Teilen Dioctylphthalat u. 2 Teilen I auf dem Kalander bei 280 bis 350° F verarbeitet. (**E. P. 740 397** vom 19/5. 1953, ausg. 9/11. 1955. A. Prior. 20/5. 1952.) G. KRAUSS. H 980

Ethyl Corp., New York, N. Y., V. St. A., *Hexachlorbenzol* (**I**) erhält man durch Behandlung von Benzolhexachlorid (**II**) mit Cl_2 u. Belichtung bzw. in Ggw. eines Chlorierungskatalysators bei 200—350°, bes. 220—280°. — **II** wird bei 240° unter Belichten 12 Std. mit der gleichen Menge Cl_2 behandelt. Man erhält **I** in 60%ig. Ausbeute, berechnet auf **II**. (**E. P. 734 418** vom 23/6. 1952, ausg. 3/8. 1955. A. Prior. 30/6. 1951.) J. MÜHLEISEN. H 1010

Farbenfabriken Bayer Akt.-Ges., Leverkusen (Erfinder: **Max Pestemer**, Köln), *Halogenhaltige cyclische Oxoverbindungen* der allg. Zus. **I** oder **II** (X = Halogen, R′ u. R″ = Alkyl) erhält man durch Rk. von in o-Stellung zur OH-Gruppe alkylsubstituierten p-Kresolen mit Halogen unter Belichtung. Man leitet z. B. in die Lsg. von 1 Mol 3.5-Di-tert.-butyl-4-oxytoluol in 1 Liter CCl_4 bei 10° unter Belichtung mit einer starken Glühlampe Cl_2 bis zur Neutralisierung von 1 Mol NaOH (ca. 1 Std.) ein u. erhält nach Abdestillieren des Lösungsm. im Vakuum *1-Methyl-1-chlor-3.5-di-tert.-butylcyclohexadienon-(4)*, $C_{15}H_{23}OCl$, F. 103° (Dioxan, PAe.). *Zwischenprodd.* zur Herst. von *Farbstoffen* u. *Arzneimitteln; Alterungsschutzmittel.* (**D. B. P. 936 684** Kl. 12o vom 4/5. 1954, ausg. 22/12. 1955. Anmeldung bekanntgemacht 30/6. 1955.) O. MÜLLER-MEININGEN. H 1960

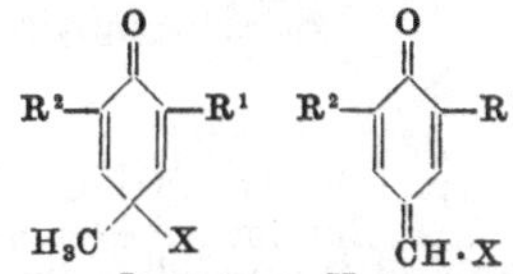

I II

J. R. Geigy Akt.-Ges., Basel, Schweiz, *Umwandlung von technischem Dichlordiphenyltrichloräthan* (**I**) *in eine harte, gut mahlbare Form.* Eine Schmelze der Verb. wird auf <20° abgeschreckt u. die erhaltene, hochviscose, honigartige M. so erstarren gelassen, daß die in den festen Zustand übergehende Verb. durch die frei werdende Erstarrungswärme auf höchstens 50° erwärmt wird. Zweckmäßig läßt man eine Schmelze von **I** auf eine <12° gekühlte Walze fließen. — Die abgeschreckte Ware wird in Form eines einige mm dicken Films abgehoben u. zur Erstarrung in dünner, ca. 2 cm dicker Schicht stehengelassen. (**Schwz. P. 308 565** vom 9/10. 1952, ausg. 1/10. 1955.) J. MÜHLEISEN. H 2210

Rütgerswerke Akt.-Ges., Frankfurt/M., *Reinigung von Naphthalin* (**I**) aus Teerfraktionen. Man wäscht mit heißem W. mit einer Temp. vom F. des **I** oder höher. Das Auswaschen kann direkt auf der Zentrifuge, auch in Ggw. von Wasserdampf, vorgenommen werden. Das so gereinigte **I** kann mit einem organ. Lösungsm. (**II**) nachgewaschen u. **II** mit heißem W. oder Wasserdampf entfernt werden. (**E. P. 733 776** vom 27/7. 1951, ausg. 20/7. 1955. D. Prior. 22/9. 1950.) E. DREWS. H 2700

Badische Anilin- & Soda-Fabrik Akt.-Ges., Ludwigshafen/Rh. (Erfinder: **Karl Vierling**, Heidelberg), *Derivate des Äthylenimins* (**I**), erhält man, wenn man **I** auf enolisierbare α- oder β-Dicarbonylverbb. bei n. oder leicht erhöhter Temp. einwirken läßt. — Aus **I** u. Acetessigsäureäthylester → *Bis-(äthylenimino)-buttersäureäthylester*, $Kp._2$ 120 bis 122°. — **I** u. Acetylaceton → *Bis-(äthylenimino)-propylmethylketon*, $Kp._2$ 107°. — **I** u. Hexandion-(2.3) → *Bis-(äthylenimino)-äthylpropylketon*, $Kp._4$ 92—95°. — **I** u. Mesityloxyd → ungesätt. Base, die sich nicht unzers. dest. läßt u. rasch polymerisiert. — Zwischenprodd. für die Kunststoff- u. Textilhilfsmittelindustrie u. zur Herst. pharmazeut. Produkte. (**D. B. P. 935 545** Kl. 12p vom 3/1. 1954, ausg. 24/11. 1955. Anmeldung bekanntgemacht 18/5. 1955.) R. LINK. H 3030

Norddeutsche Hefeindustrie Akt.-Ges., Hamburg, *Gewinnung von Furfurol* (I) aus pentosan- u. cellulosehaltigen Rohstoffen durch Anmaischen mit einem Hydrolysiermittel bis etwa zur Sättigung u. Hydrolysieren in Form einer Suspension in einer I lösenden Fl. bei erhöhter Temp., wobei die Ausbldg. einer Wasserdampfphase im Reaktionsraum verhindert wird. (**D. B. P. 937 773** Kl. 12q vom 22/7. 1949, ausg. 12/1. 1956. Anmeldung bekanntgemacht 7/7. 1955.) K. Fabel. H 3061

United States Rubber Co., New York, N. Y., V. St. A., *N-Carbamylimide* erhält man durch Rk. von Monoureiden ungesätt. (olefin.) Dicarbonsäuren mit Anhydriden gesätt. aliphat. Monocarbonsäuren (2—4 C-Atome), z. B. *N-Carbamylmaleimid* (I) aus $NH_2 \cdot CONH-CO-CH=CH-COOH$ u. $(CH_3CO)_2O$, F. 157—158°. — Analog werden dargestellt: *N-Carbamylitaconimid*, F. 92—98°; *N-Carbamylcitraconimid*, F. 110—115°; *N-(n-Butylcarbamyl)-maleimid*, F. 66,5—68°; *N-(Phenylcarbamyl)-maleimid*, F. 140—141°; *N-(tert.-Butylcarbamyl)-maleimid*, F. 106—107,5°. — Beim Erhitzen von I entsteht Maleimid u. HCNO bzw. Cyanursäure. — Zwischenprodukte. (**E. P. 740 591** vom 20/9. 1953, ausg. 16/11. 1955. A. Priorr. 2/10. 1952 u. 9/7. 1953.) A. Brösamle. H 3081

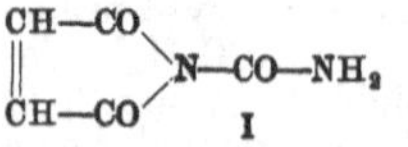

J. R. Geigy Akt.-Ges. (Erfinder: **Karl Gätzi** und **Paul Müller**), Basel, Schweiz, *Herstellung von spirocyclischen Estern der schwefligen Säure* der allg. Formel I (X = 2wertiger, gesätt. KW-stoffrest mit 4—17 C-Atomen, der mit dem quartären C-Atom zusammen einen Fünf- bis Siebenring bildet u. auch durch Halogen oder Alkoxy substituiert sein kann; R = niedermol. chlorsubstituierter Alkylrest). Man setzt Alkohole der Formel II in Ggw. eines säurebindenden Mittels, z. B. Pyridin, mit Säurechloriden der

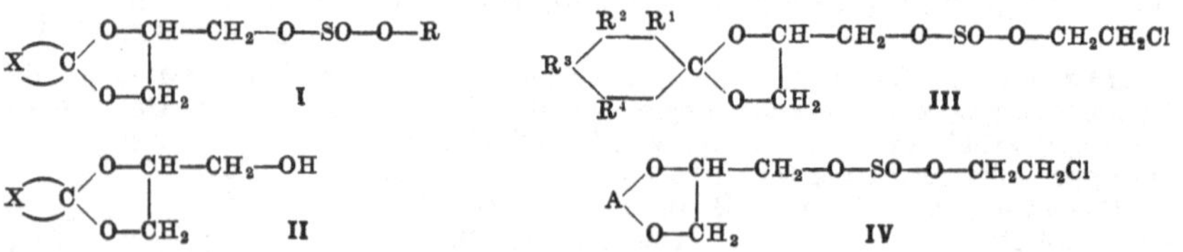

Formel $R-O-SO-Cl$ um. — Z. B. wird das Kondensationsprod. aus Glycerin u. 4-tert.-Butylcyclohexanon mit β-Chloräthylchlorosulfit zum *{1.4-Dioxa-8-tert.-butyl-spiro-[4.5]-decyl-(2)-methyl}-(β-chloräthyl)-sulfit* umgesetzt, $Kp._{0,2}$ 161—163°. Analog erhält man *{1.4-Dioxa-spiro-[4.5]-decyl-(2)-methyl}-(β.β'-dichlorisopropyl)-sulfit*, $Kp._{0,1}$ 151—153°; u. z. B. Verbb. der Formel III mit $R^1 = R^2 = R^3 = R^4 = H$, $Kp._{0,1}$ 130 bis 136°; $R^1 = R^3 = H$, $R^2 = CH_3$, $R^4 = (CH_3)_2$, $Kp._{0,2}$ 141—145°; $R^1 = R^2 = R^4 = H$, $R^3 = C_5H_{11}$, $Kp._{0,2}$ 168—172°; $R^2 = R^3 = H$, R^1 = *Isopropyl*, $R^4 = CH_3$, $Kp._{0,05}$ 143 bis 145°; $R^2 = R^4 = H$, $R^1 = CH_3$, $R^3 = (CH_3)_3C$, $Kp._{0,1}$ 159—161°; $R^1 = R^2 = R_4 = H$, R^3 = *Cyclohexyl*, $Kp._{0,01}$ 150°; $R^2 = R^3 = R_4 = H$, R^1 = *Cyclohexyl*, $Kp._{0,01}$ 150°; $R^2 = R^4 = H$, $R^1 = R^3 = (CH_3)_2CH-CH_2$, $Kp._{0,3}$ 171—174°; $R^1 = R^2 = R^4 = H$, $R^3 = C_9H_{19}$, $Kp._{0,2}$ 202—203°; $R^2 = R^3 = R^4 = H$, $R^1 = Cl$, $Kp._{0,1}$ 161 bis 162°; $R^1 = R^3 = R^4 = H$, $R^2 = OCH_2CH_3$, $Kp._{0,2}$ 144—151°; $R^1 = R^3 = R^4 = H$, $R^2 = OCH_2CH_2CH_2CH_3$, $Kp._{0,001}$ 120°; $R^1 = R^2 = R^4 = H$, $R^3 = OCH_2CH_2CH_2CH_3$, $Kp._{0,05}$ 164—166°; $R^2 = R^3 = R^4 = H$, $R^1 = OCH_2CH_2CH_2CH_3$, $Kp._{0,1}$ 158—160°; sowie noch Verbb. der Formel IV mit A = *Cyclopentyliden*, $Kp._{0,1}$ 120—122°; A = *Cycloheptyliden*, $Kp._{0,1}$ 139—143°; u. A = 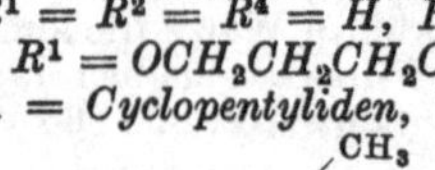, $Kp._{0,1}$ 150—151°. — *Schädlingsbekämpfungsmittel*, bes. gegen *Spinnmilben*. (**D. B. P. 936 572** Kl. 12q vom 22/5. 1954, ausg. 15/12. 1955. Anmeldung bekanntgemacht 23/6. 1955. Schwz. Prior. 22/5. 1953.) K. Fabel. H 3102

Lonza Elektrizitätswerke und Chemische Fabriken Akt.-Ges. (Gampel), Basel, Schweiz, *Gewinnung von Isocinchomeronsäure* (I) aus ihren schwefelsauren Lsgg., welche durch Oxydation von 2-Methyl-5-äthylpyridin mit 65%ig. HNO_3 in Schwefelsäure (97—98%) erhalten werden, dad. gek., daß man die I in der schwefelsauren Lsg. in einen Ester eines niedermol. aliphat. Alkohols (Methanol) durch Kochen unter Rückfluß überführt, den erhaltenen Ester mit einem organ. Lösungsm. (Toluol) extrahiert u. ihn anschließend verseift; Ausbeute 75%. (**Schwz. P. 306 991** vom 21/6. 1952, ausg. 16/7. 1955.) R. Link. H 3231

American Cyanamid Co., V. St. A. (Erfinder: **Leon Goldman**), *Herstellung von 4-substituierten 1-Carbobenzoxypiperazinen* der allg. Formel I, worin R u. R' H, Alkyl-,

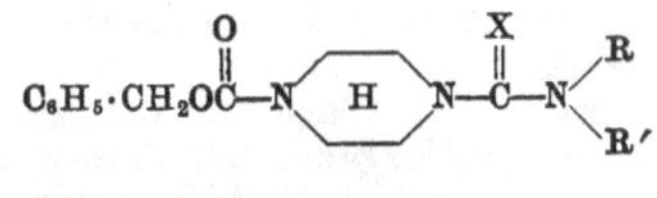

Aryl- oder Aralkyl- u. X ein O- oder S-Atom bedeuten. Die Substitution in 4-Stellung gelingt aus 1-Carbobenzoxypiperazin (II) oder seinem Hydrochlorid durch Umsatz mit Cyanaten, Isocyanaten, Thiocyanaten, Carbaminsäurederivv., Nitroharnstoff oder aus **II** durch Umsatz mit Phosgen zu **II**-Carbonylchlorid u. nachfolgende Rk. mit prim. oder sek. Aminen. Die Substitutions-Rkk. erfolgen in W. oder organ. Lösungsmitteln (Bzl., Toluol) bei 20—80°. **II** kann aus dem Hexahydrat des Piperazins (**III**) durch Umsatz mit Carbobenzoxychlorid (**IV**) in saurem Medium erhalten werden. — Beispiel: 97 g **III** in 750 (cm³) Methanol, 95 W. u. 155 HCl werden mit einer 90%ig. Lsg. von **IV** in Toluol u. 220 4n-Sodalsg. unter Rühren zusammengegeben u. ½ Std. unter Rückfluß erhitzt. Nach Abdest. von Methanol im Vakuum extrahiert man mit Chlf. u. engt ein, wobei 1.4-Dicarbobenzoxypiperazin auskristallisiert. Die wss. Lsg. wird mit Soda alkal. gemacht, das abgeschiedene Öl mit Chlf. extrahiert u. destilliert. **II** geht bei 1 mm Hg zwischen 140 u. 150° über. Aus 34 g **II** u. 17,9 g Nitroharnstoff in 250 cm³ W. 15 Min. erwärmt, erhält man beim Abkühlen *1-Carbobenzoxy-4-carbamylpiperazin* als feste M., aus A. farblose glänzende Plättchen, F. 140,7—141,5°, *Hydrochlorid*, F. 155—156,5°. — *1-Carbobenzoxy-4-methylcarbamylpiperazin*, F. 120,0—120,5° (aus Äthylacetat); *1-Carbobenzoxy-4-dimethylcarbamylpiperazin*, Kp.$_1$ 206—207° (viscose, farblose Fl.); *1-Carbobenzoxy-4-äthylcarbamylpiperazin*, F. 126,0—126,5° (aus wss. A. u. Äthylacetat); *1-Carbobenzoxy-4-n-propylcarbamylpiperazin*, F. 110,5—113,5°; *1-Carbobenzoxy-4-isopropylcarbamylpiperazin*, F. 118—119°; *1-Carbobenzoxy-4-n-butylcarbamylpiperazin*, F. 94—95,5°; *1-Carbobenzoxy-4-sek.-butylcarbamylpiperazin*, F. 58 bis 59°; *1-Carbobenzoxy-4-phenylcarbamylpiperazin*, F. 139—140°; *1-Carbobenzoxy-4-o-chlorphenylcarbamylpiperazin*, F. 118,5—119,5°; *1-Carbobenzoxy-4-p-phenetylcarbamylpiperazin*, F. 147—148°; *1-Carbobenzoxy-4-m-tolylcarbamylpiperazin*, F. 136 bis 136,5°; *1-Carbobenzoxy-4-cyclohexylcarbamylpiperazin*, F. 118—119°; *1-Carbobenzoxy-4-benzylcarbamylpiperazin*, F. 134—135°; *1-Carbobenzoxy-4-thiocarbamylpiperazin*, F. 83,5 bis 86°. (**F. P. 1 066 078** vom 13/3. 1952, ausg. 2/6. 1954. A. Prior. 21/3. 1951.)

S. Meier. H 3272

American Cyanamid Co., New York, übert. von: **John A. Brockman jr.**, Pearl River, N. Y., und **Barbara Roth**, Arlington Heights, Ill., V. St. A., *Herstellung von Salzen substituierter Pteroylaminosäuren.* Man setzt eine Formyltetrahydropteroylaminosäure mit einer starken Säure um (Reaktionsdauer mindestens 15 Min.). Ein solches Salz hat z. B. die Formel **A** oder eine ihrer tautomeren Formeln. (**Can. P. 487 931** vom 9/10. 1951, ausg. 11/11. 1952. A. Prior. 30/6. 1951.)

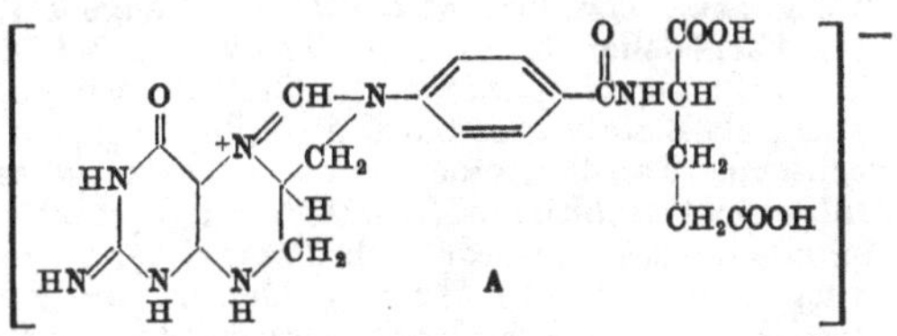

T. Oppermann. H 3272

Texsun Citrus Exchange, übert. von: **Everette M. Burdick**, Weslaco, und **Robert H. Maurer**, Pharr, Tex., V. St. A., *Gewinnung von Flavanonglucosiden*, wie Naringin, Hesperidin, Neohesperidin, Eriodictin, Sakuranin, Liquiritin u. Citronin aus Citruspülpe u. -säften durch Ausfällen der Pektinstoffe mit Alkalien u. Extraktion des wss. Filtrates aus Butanol, Isoamylalkohol, Hexylalkohol, Cyclohexanol, Äthylacetat, Amylacetat oder Äthyläther. Im stark eingedampften Extrakt krist. die Glucoside aus. — Beispiel. (**A. P. 2 630 432** vom 24/1. 1949, ausg. 3/3. 1953.) K. Heinze. H 3450

Jean Philippe Malvezin und **André François Delemer**, Frankreich, *Herstellung von Estern der Alginsäure.* Nach dem Verf. gemäß F. P. 976 546 gelingt auch die Herst. des *Glykols* (I), *Glycerintri-* (II) u. *Äthylesters* (III) der Alginsäure. Alle 3 Stoffe sind von schmieriger Konsistenz, unlösl. in W. u. emulgierbar. I u. II sind verseifbar, III nicht. (**F. P. 55 592** vom 7/12. 1942, ausg. 1/9. 1952. **Zusatz zu F. P. 976 546; C. 1954. 3797.**)

S. Meier. H 3950

X. Färberei. Organische Farbstoffe.

Albrecht Würz, *Zusammenhänge beim Färben von Wolle.* Übersicht über den heutigen Stand der Wollforschung, nach welchem beim Färben saure Farbstoffe mit den bas. Gruppen der Wolle nach stöchiometr. Verhältnissen Salze bilden. Außer der elektrochem. Bindung treten hierbei die Festigkeit der Färbung fördernde adsorptive Bindungen auf. Eine besondere Rolle spielt bei der Färbung der histolog. Bau der Wolle, da die sauren Farbstoffmoll. erst durch stark verhornte Schuppenschichten in die inneren tyrosinhaltigen Spindelschichten diffundieren müssen. Analoge chem. Grundlagen bestehen auch für die Färbung nativer u. regenerierter Proteinfasern. — Zufuhr von Wärme erhöht die Diffusionsgeschwindigkeit. Färbung ist zwar ein exothermer Vorgang, bei dem der Sättigungszustand der Wolle mit sauren Farbstoffen theoret. mit steigender Temp. abnehmen müßte. Prakt. ist dies ohne Bedeutung, da dieser Zustand wegen der geringen Mengen der benötigten sauren Farbstoffe nie erreicht wird. Dagegen wird durch dies reversible Verh. das „Egalisieren" der sauren Farbstoffe in der Wärme begünstigt. — Durch alkal. Behandlung nimmt die Festigkeit der Bindung von sauren Farbstoffen wegen Zurückdrängung der Dissoziation bas. Gruppen ab. Nachchromieren der Färbung erhöht durch koordinative Bindung die Echtheit der Färbung stark. — Bei den Metachromfarben mit komplex gebundenem Cr findet das Nachchromieren bereits bei ca. p_H 6 statt. Mit den in Substanz metallisierten sauren Farbstoffen, z. B. den Palatinechtfarben, tritt sofort eine elektrostat. koordinative Bindung des sauren Farbstoffs auf der Faser ein. Das Egalisieren wird hierbei durch Zusatz nichtionogener Hilfsstoffe mit ätherartig gebundenen sauren Farbstoffatomen erhöht, die gleichzeitig auch eine Säureschädigung der Wolle verhindern. — Noch schonender wirken die neuen sulfongruppenfreien, in Substanz metallisierten sauren Farbstoffe, die zuerst 1951 zum Färben von Polyamidfasern als „Vialonecht"-Farbstoffe erschienen. Von diesen leiten sich zum Färben von Wolle die innerkomplexen „Neopalatin"-Farbstoffe mit symm. gebundenem Cr-Zentralatom ab, die nahe dem isoelektr. p_H-Bereich der Wolle gefärbt werden u. sich durch besondere Lichtechtheit auszeichnen. — 16 Literaturhinweise. (Melliand Textilber. **36.** 269—76. März 1955.) A. Sander. 7002

István Rusznák und **Endre Marton**, *Einige experimentelle Beiträge zur Verwendung oxydativer Textilfarbstoffe.* Beim oxydativen Färben nimmt die Zerreißfestigkeit von Geweben in Kettrichtung um 6—7%, in Schußrichtung um 8—9% ab. Die Ursache hierfür kann sein: Konz. der Färbeflotte, Dämpfzeit, Puffersubstanzen u. Anwendung von Faserschutzmitteln. Geprüft wurde diese Erscheinung an dem Verh. der Anilinsalze bei der katalyt. Oxydation. Vff. verwendeten solche Salze, die bei der Oxydation weniger starke Säuren abspalten. Es wurden 2 Reihenverss. nach den bekanntesten Färbemethoden, „Einbadverf.", „Oxydationsschwarz" u. „Dämpfverf." durchgeführt. Verwendet wurden Anilinformiat, -oxalat, -acetat, -lactat, -tartrat u. -phosphat in 12%ig. Lsg., dazu kommt die 2fache Menge 4,5%ig. $K_2Cr_2O_7$-Lsg. u. 0,25%ig. Cu_2Cl_2-Lsg., Färbedauer 30 Minuten. Trocknung bei 50°, bei Oxydation an feuchter Luft ist die Trocknungstemp. 80° u. die Oxydationsdauer 3 Minuten. Oxydationsmittel 2,5%ig. $KClO_3$, als Katalysator 0,5%ig. $K_4Fe(CN)_6$. Die Farben der einzelnen Muster sind sehr wechselnd (Tabelle), eine schwarze Farbe ist aus den Salzen der organ. Säuren mit Anilin nicht erhältlich. Mit 0,02% NH_4-Vanadat als Katalysator kann die Oxydationstemp. herabgesetzt werden, die Tönung der Farbe vertieft sich. Anilinpyrophosphat gibt ausnahmslos tiefgraue Färbung. Geprüft wurden amidosulfonsaures u. p-tolylsulfaminsaures Anilin. Die Zerreißproben waren 10×10 cm groß u. wurden mit 10 mm/Min. Ausdehnung u. 2 kg Belastung geprüft. Die Zerreißfestigkeit nahm in Kettenrichtung um 6%, in Schußrichtung um 8,5% ab. Der Druck mit dem Pigment aus p-tolylsulfaminsaurem Anilin gab gute Ergebnisse. — 4 Tabellen. (Magyar Textiltechn. [Ung. Textiltechn.] **1955.** 285—87. Aug. Budapest, Müsz. Egyetem, Gyakorl. Kém. Tanszéken.) E. Kiss. 7002

—, *Färben von Wolle mit Direktfarbstoffen.* Tabellar. Übersicht der Ergebnisse von Unterss. auf Licht- u. Waschechtheit von Wollfärbungen mit ca. 260 verschied. Direktfarbstoffen sowie über Egalität, Farbbaderschöpfung, p_H-Werte bei Beginn u. Ende der Färbung, Einfl. von Elektrolyten u. Färbehilfsmitteln beim Färben mit ausgewählten Direktfarbstoffen; Vergleiche der Waschechtheit von Färbungen mit neutralen Farbstoffen. (Amer. Dyestuff Reporter **44.** P 806—P 814. 21/11. 1955.) I. Schoenmann. 7020

W. Festerling, *Praktische Hinweise für das Färben von Reyon und Zellwolle.* Behandelt wird das Färben von Stranggarn u. Stückware. (Reyon, Zellwolle andere Chemiefasern **1956.** 47—49. Jan.) P. Eckert. 7020

Georg Früh, *Färben von Perlon in Mischung mit anderen Textilien.* Besprochen wird das Färben von Perlon im Gemisch mit pflanzlichen Fasern, mit Wolle, Seide u. Acetat, u. zwar das Färben von Ton-in-Ton, der Zweifarbeneffekt sowie das Färben der Fasermischungen unter Reservierung eines der Faserkomponenten. (Reyon, Zellwolle andere Chemiefasern **1956. 44.** 46—49. Jan.) P. Eckert. 7020

A. A. Cook, *Färben von Acrilan-Woll-Mischungen durch Einbadprozeß.* Für Acrilan-Woll-Mischungen wurde ein aus kation. u. ionogeninakt. Bestandteilen zusammengesetztes Hilfsmittel „*Decomine*" entwickelt, durch welches Färbungen bemerkenswerter Egalität erzielt werden konnten. Das Prod. reagiert neutral, ist unempfindlich gegen

H_2SO_4 bei den zum Färben üblichen Konzz. u. unter n. atmosphär. Bedingungen ausgezeichnet lagerungsfähig. Hinweise zur Anwendung werden gegeben. (Textile Age **20.** Nr. 1. 46. Jan. 1956.) I. SCHOENMANN. 7020

Gustav Bernardy und **Wilhelm Küppers,** *Die Hydrosulfitentwicklung beim Zweiphasendruckverfahren für Küpenfarbstoffe. Weitere Einsatzmöglichkeiten für das Verfahren.* Nach einem kurzen Hinweis auf die Rongalit-Entwicklungsmeth. gehen Vff. auf das Klotz- u. das Platschverf. ein. In diesem Zusammenhang werden genaue Arbeitsvorschriften gegeben. Anschließend wird auf die Fertigstellung der Drucke nach dem Dämpfen eingegangen u. die physikal. u. chem. Vorgänge bei der Hydrosulfitentw. besprochen. Behandelt wird ferner die Fixierbarkeit der Küpenfarbstoffe beim Naßdämpfen der mit alkal. Reduktionsmittellsg. geklotzten Drucke. Hinweise auf Einsatzmöglichkeiten für das Zweiphasendruckverf. werden gegeben. (Textil-Prax. **11.** 63—71. Jan. 1956. Ludwigshafen/Rh., Bad. Anilin- & Soda-Fabrik AG., Anwendungstechn. Abtlg.) P. ECKERT. 7022

Lloyd C. Mitchell, *Die Trennung gewisser Anthrachinonfarbstoffe durch Papierchromatographie.* Erörterung von 5 Farbstoffen. Gemische der 3 wasserunlösl. u. der 2 wasserlösl. können in einem einzigen Arbeitsgang papierchromatograph. getrennt werden. Das Papier wird zunächst mit einer äther. Lsg. der stationären Phase (Sojaöl) imprägniert. Wässerige Methylcelluloselsg. dient als bewegliche Phase. (J. Assoc. off. agric. Chemists **36.** 943—46. 15/8. 1953. Washington, D. C., Div. of Food and Drug Admin., Dep. of Health, Educat. and Welfare.) R. BEYTHIEN. 7086

Heberlein & Co. Akt.-Ges., Wattwil, Schweiz, *Erzeugung gemusterter, reliefartiger Effekte auf Textilien* durch örtliches Niederschlagen wss. Emulsionen bzw. Dispersionen plast. Massen aus natürlichen Harzen, künstliche Harze bildenden Stoffen oder vorgebildeten Kunstharzen. Die Emulsion bzw. Dispersion der plast. M. wird mit freier Carbonsäure gefällt. Als Fällmittel können aliphat. Carbonsäuren oder zweibas. Säuren, z. B. Weinsäure oder Oxalsäure, verwendet werden. — Beispiel: Baumwollmousseline wird bedruckt mit einer M. aus 150 (Teilen) Adipinsäure, 300 Dextrin, 700 W., getrocknet u. während 2 Min. in ein Bad aus 300 (Gewichtsteilen) Polyvinylbutyraldispersion, 700 W., 30 TiO_2, 30 Viscose-Faserflock gehalten, in einer Netzmittellsg., z. B. Sandopan KD, gespült, gewässert u. getrocknet. (**Oe. P. 183 742** vom 19/11. 1952, ausg. 10/11. 1955. **Zusatz zu Oe. P. 171 151; C. 1954. 11 608.**) H. HEYER. 7023

Sandoz Akt.-Ges., Basel (Erfinder: **Ernst Merian,** Allschwil), Schweiz, *Herstellung von Monoazofarbstoffen,* dad. gek., daß man 1 Mol der Diazoverb. aus einem 1-Amino-4-nitrobenzol-2-carbonsäurealkylester der Zus. **I** (R = Alkyl-, Oxalkyl- oder Alkoxyalkylrest) mit 1 Mol eines in p-Stellung zur NH_2-Gruppe kuppelnden tert. Amins der Zus. **Ia** (der Benzolkern kann weitere Substituenten mit Ausnahme von wasserlöslichmachenden Gruppen enthalten;

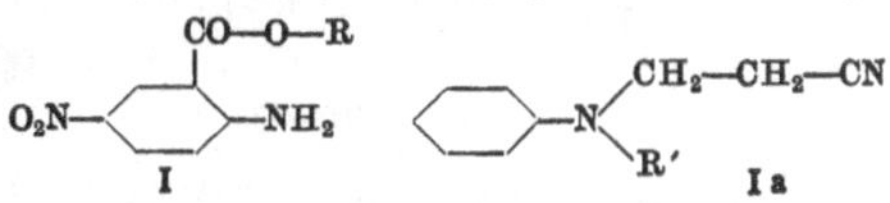
I Ia

R' = R) kuppelt. — 1-Amino-4-nitrobenzol-2-carbonsäuremethylester (**II**) → 1-(N-Oxäthyl-N-cyanäthyl)-amino-3-methylbenzol; Acetatkunstseide (**G**) scharlachrot. — **II** → N-Methyl-N-cyanäthylaminobenzol (**III**); **G** rotorange; F. 136°. — **II** → N-Äthyl-N-cyanäthylaminobenzol, F. 163°, **G** rotstichigorange. — 1-Amino-4-nitrobenzol-2-carbonsäureäthoxyäthylester → N-Oxäthyl-N-cyanäthylaminobenzol (**IV**); **G** rotorange. **II** → **IV**; **G** rotorange. (**D. B. P. 929 568** Kl. 22a vom 21/4. 1953, ausg. 30/6. 1955. Anmeldung bekanntgemacht 2/12. 1954. Schwz. Prior. 22/4. 1952.) U. SIEVERS. 7053

Sandoz Akt.-Ges., Basel, Schweiz, *Herstellung eines gelben metallhaltigen Disazofarbstoffes.* 1-Amino-2-carboxybenzol-4-sulfonsäure → 1-[4''-Amino-1'.1''-stilbenyl-(4')]-3-methyl-5-pyrazolon-2'.2''-disulfonsäure (**I**) u. **I** werden mit Fumarsäuredichlorid kondensiert. Das erhaltene Kondensationsprod. wird mit diazotierter 1-Amino-2-carboxybenzol-4-sulfonsäure gekuppelt. Baumwolle u. regenerierte Cellulose werden gelb gefärbt; die nachgekupferten Färbungen besitzen bes. gute Echtheitseigenschaften. (**Schwz. P. 307 166** vom 4/9. 1952, ausg. 16/7. 1955. **Zusatz zu Schwz. P. 290 294; C. 1955. 11 745.**) U. SIEVERS. 7053

Sandoz Akt.-Ges., Basel, Schweiz, *Herstellung von kupferhaltigen oder kupferbaren Azofarbstoffen.* Durch Kondensation von Aminoazofarbstoffen mit Fumarsäuredichlorid (**I**) u. anschließende Metallisierung werden in Weiterbldg. des Verf. des Schwz. P. 290 294 Azofarbstoffe mit guter Licht- u. Naßechtheit erhalten. — 2-Amino-1-carboxybenzol-5-sulfonsäure-(2'-methoxy)-äthylamid → 1-[4''-Amino-1'.1''-stilbenyl-(4')]-3-methyl-5-pyrazolon-2.2'-disulfonsäure (**VII**). Der erhaltene Farbstoff wird mit I kondensiert u. abschließend gekupfert. Baumwolle (**A**) u. regenerierte Cellulose (**G**) gelb. — Die Azofarbstoffe der Formel **II** u. **III** werden mit **I** kondensiert u. gegebenenfalls auf der Faser nachgekupfert. **A** u. **G** orangegelb. — Die Kupferkomplexverbb. der Zus. **IV** u. **V**

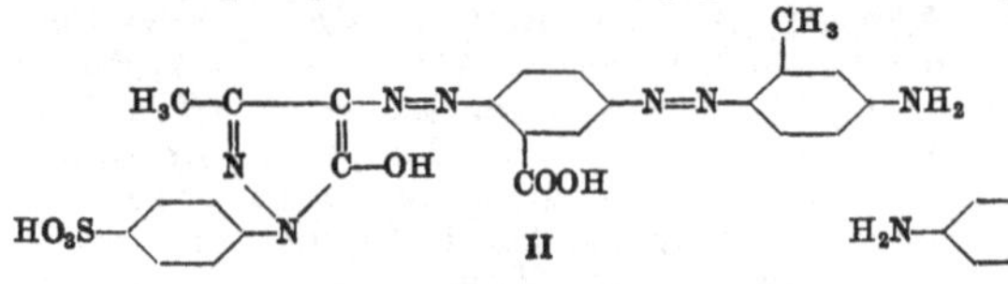
II

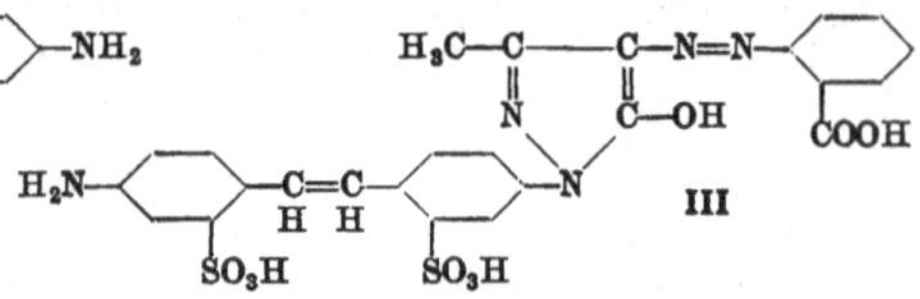
III

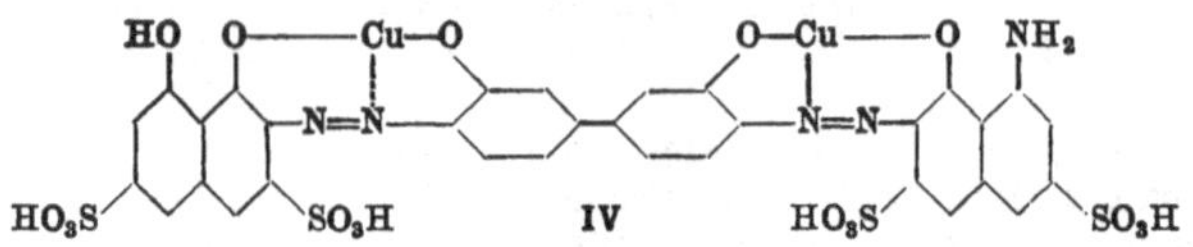
IV

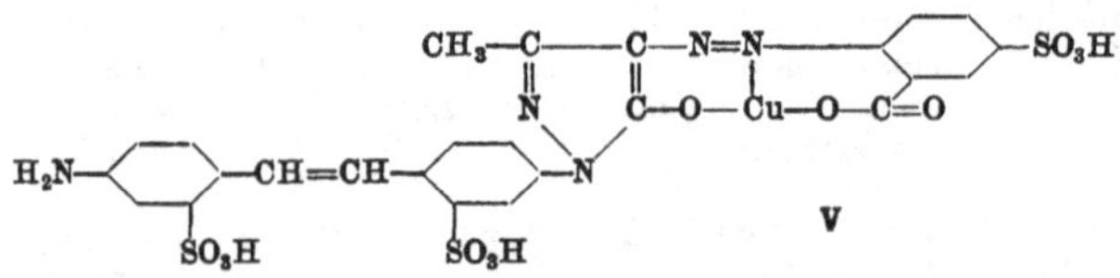
V

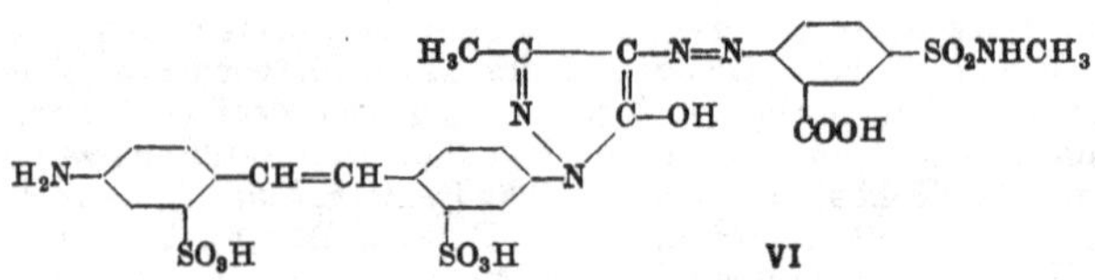
VI

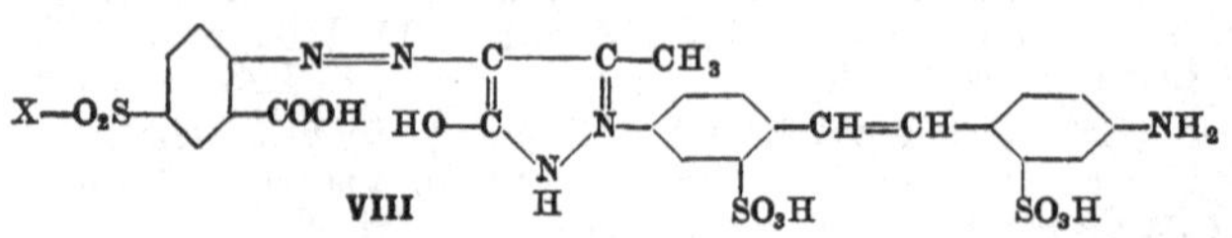
VIII

werden mit **I** kondensiert. **A** u. **G** grün. — 1-Amino-3-carboxy-4-oxybenzol-5-sulfonsäure → 1-Amino-3-acetylaminobenzol u. die Verb. der Zus. **VI** werden mit **I** kondensiert. **A** u. **G** orange. 2 3-Aminopyrendisulfonsäure → 1-Amino-3-methylbenzol u. **V** werden mit **I** kondensiert. **A** u. **G** rotstichiggelb. — 2-Amino-1-carboxybenzol-5-sulfonsäure-(3′-methoxy)-propylamid → **VII** wird mit **I** kondensiert. **A** u. **G** gelb. — Der Aminoazofarbstoff **VIII** ($X = CH_3$—NH—) u. 4-Oxy-3-carboxy-4′-amino-1.1′-azobenzol werden mit **I** kondensiert. **A** u. **G** grünstichiggelb. — Die Verbb. **VIII** ($X = CH_3$—NH—)

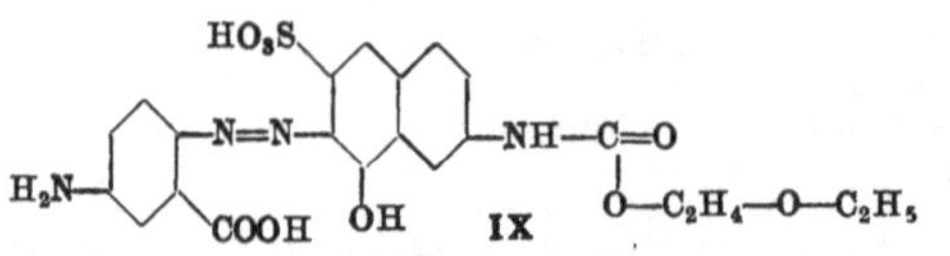
IX

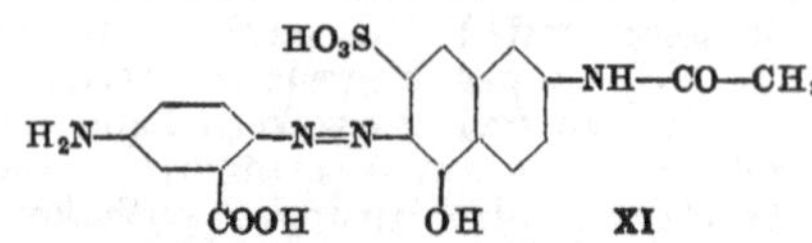
XI

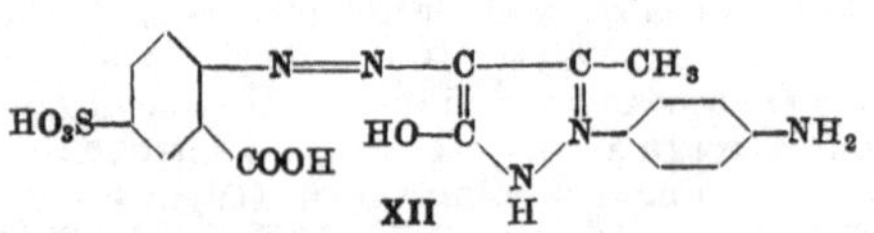
XII

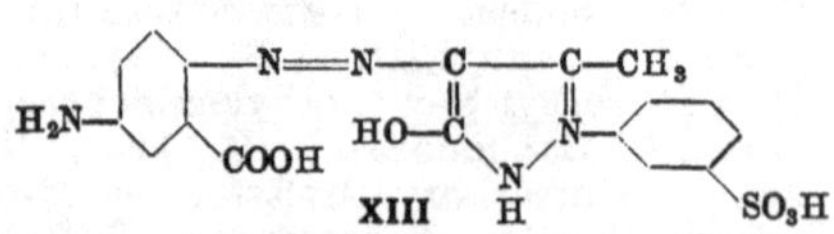
XIII

u. **IX** werden mit **I** kondensiert. **A** u. **G** gekupfert braun. — Die Verbb. **VIII** ($X = CH_3$—NH—) u. **XI** werden mit **I** kondensiert. **A** u. **G** nachgekupfert braun. — 2-Amino-5-carbäthoxyaminobenzol-1-carbonsäure → **VII**. Der erhaltene Farbstoff wird mit **I** kondensiert u. anschließend gekupfert. **A** u. **G** rotstichiggelb. — Die Verb. **VIII** (X = OH) wird mit der Verb. **XII** durch **I** kondensiert. Gekupfert **A** u. **G** gelb. — Die Verb. **VIII** (X = OH) wird mit **XIII** durch **I** kondensiert. Gekupfert **A** u. **G** gelb. — 2 Mol der Verb.

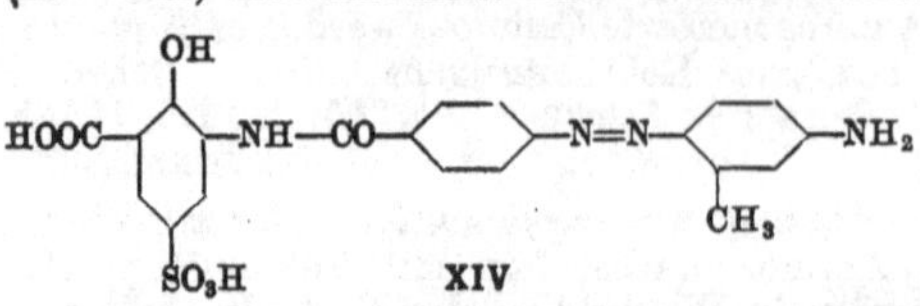
XIV

VIII ($X = CH_3$—NH—) werden mit **I** kondensiert u. gekupfert. **A** u. **G** gelb. — Die Verbb. **VIII** ($X = CH_3$—NH—) u. **XII** werden mit **I** kondensiert u. gekupfert. **A** u. **G** gelb. — Die Verbb. **II** u. **XIV** werden mit **I** kondensiert. **A** u. **G** gelb. — Die Verbb. **XV** (X_1 = OH) u. **XVI** werden mit **I** kondensiert u. gekupfert. **A** u. **G** gelbbraun. — Die Verbb. **XV** ($X_1 = OCH_3$) u. **XVII** werden mit **I** kondensiert u. gekupfert. **A** u. **G** gelbbraun. — Die Verbb. **XVIII** u. **XVII** werden mit **I** kondensiert u. gekupfert. **A** u. **G** gelbbraun.

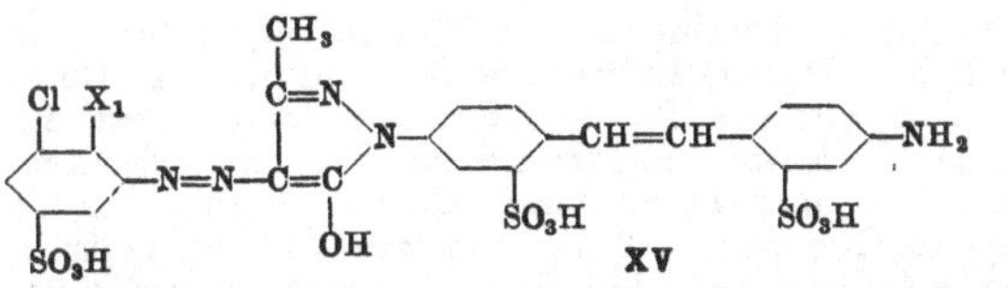
XV

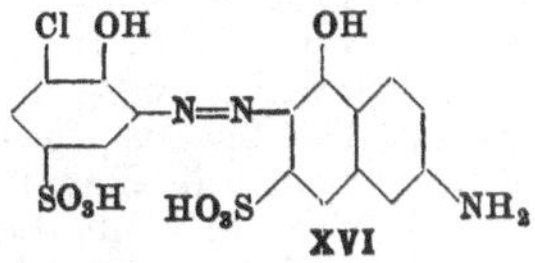
XVI

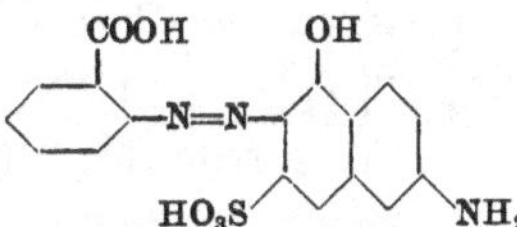
XVII

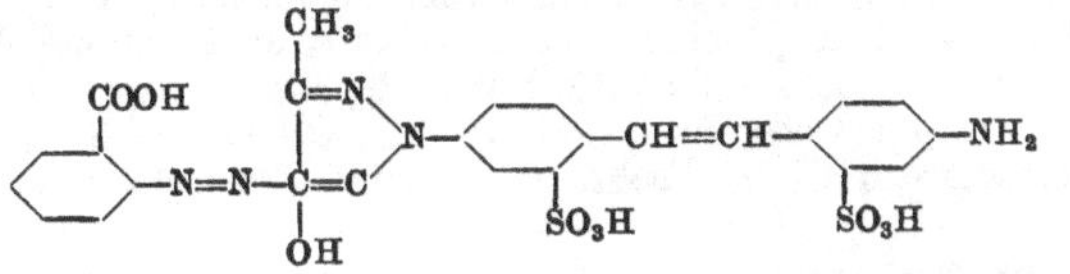
XVIII

(**Schwz. PP. 307 167, 307 168, 307 169, 307 170, 307 171, 307 172, 307 173, 307 174, 307 175, 307 176, 307 177, 307 178, 307 179, 307 180, 307 181, 307 182, 307 183** u. **307 184** vom 16/6. 1952, ausg. 16/7. 1955. **Zusätze zu Schwz. P. 290 294; C. 1955. 11 745.**)
U. SIEVERS. 7055

Georg Seufert, Farbnamenlexikon von A—Z. Göttingen, Frankfurt, Berlin: Musterschmidt. 1955. (305 S.) 8°. DM 16,80.

XIa. Farben. Anstriche. Lacke. Naturharze.

J. Tole, Savart und **L. Hulin**, *Einbrennen von Lacken durch Infrarot.* Beschreibung der Vorteile des Einbrennens von Lacken mit Infrarotstrahlern u. der Ofengestaltung. (Galvano [Paris] **23.** Nr. 215. 17—18. Dez. 1954.) H.-G. MOSLÉ. 7090

—, *Härte der Feststoffe von Anstrichfarben und ähnlicher Zubereitungen.* Allg. Ausführungen. (Peintures, Pigments, Vernis **31.** 873—75. Okt. 1955.) B. SCHEIFELE. 7092

J. Blowes, M. J. F. Meason und **A. Pass**, *Zinkstaub als Schutzpigment.* 2. Mitt. (1. vgl. C. **1956.** 5695; vgl. auch C. **1953.** 9001.) Zinkstaubfarben enthalten zwecks Erzielung von metall. Kontakt mit dem Grundmetall 92,5—95% Zn neben minimalen Mengen ZnO u. anderen Pigmenten. In Bindemitteln aus Polystyrol u. Polyvinylacetat setzt Zn meist weich, in Chlorkautschuk u. Cyclokautschuk hart ab. Mit Zn-Staub von 5 μ wird 95%, mit solchem von 2—3 μ 90% Pigmentgeh. empfohlen. Bei 10 Monaten Seewasserlagerung verhielt sich auf Stahl am besten ein 2facher Zn-Staub-Chlorkautschuk-Auftrag mit n. Antifouling-Überzug. Zn-Staub-Epoxyharz-Einbrennlacke sind korrosionsbeständig. Hitzefeste Anstriche liefert Zn-Staub-ZnO-Graphit-Farbe. Zn-Staub-ZnO-Ölfarben eignen sich für Wetterschutz von Zn-Blech, Stahl u. Holz. Zn-Staub-ZnO-Farben (80:20) lassen sich auch bunt abtönen. (J. Oil Colour Chemists' Assoc. **37.** 483—507. Sept. 1954. Dartford, Kent, Amalgamated Oxides Ltd., Victoria Works.) B. SCHEIFELE. 7092

Giorgio Balbi, *Das Mohnöl in der Kunstmalerei.* Histor. Entw. u. heutige Anwendung *von Mohnöl.* — 12 Literaturzitate. (Pitture e Vernici **11.** 441—43. Juli 1955.)
B. SCHEIFELE. 7096

J. Scheiber, *Über die Bedeutung des lyophilen Komponentenausgleichs bei Filmbildnern.* (Vgl. C. **1952.** 137.) Mängel im lyophilen Komponentenausgleich äußern sich in Schleierbldg., Trübung, Oberflächenerscheinungen usw. Das für die Verfilmung benutzte Harzsyst. stellt ein aus einer Vielzahl von Einzelkomponenten bestehendes festes bzw. extrem viscoses Flüssigkeitsgemisch dar, dessen klar-durchsichtige Beschaffenheit vom lyophilen Ausgleich der Grundkomponenten bzw. von deren Einbau in Mischsolvate abhängt. Für den Aufbau homogener Flüssigkeits- bzw. Harzgemische bestehen folgende Möglichkeiten: (a) Alle Partner I sind prakt. äquipolar bzw. isolyophil; (b) es sind außerdem noch damit verträgliche, wenn auch abweichend polare bzw. heterolyophile Anteile gegeben; (c) außer den genannten beiden Komplexen liegen noch solche Komponenten vor, die entweder nur mit dem ersten oder mit dem zweiten verträglich sind. Bei den beteiligten Komponenten kann es sich um Harze, Weichmacher oder Lösungsmittel handeln. Einfl. der Konz. von Harzlsgg. in verschied. Lösungsmitteln auf Glanzgrad der Filme, Beeinflussung der absol. Viscosität von Kollodiumwollelsgg. durch Mitverwendung von Verdünnungs(Verschnitt-)mitteln. Der lyophile Komponentenausgleich ist bei Filmbildnern eine Voraussetzung für ordnungsgemäße Verfilmungen. (Fette Seifen einschl. Anstrichmittel **54.** 137—41. März 1952. Oberstdorf.) B. SCHEIFELE. 7096

J. B. Kenney, J. A. Erickson, J. D. Knuteson, H. G. Koval und **F. Nelson**, *Einfluß von Proteindispersion auf die Kältebeständigkeit von Latexemulsion.* Proteindispersionen aus 10% Proteinkörper, 1% Dowicide A/G 1:1, 5% NH_3 (28%) u. 84% W. wurden mit Sojaprotein, Maisprotein, Weizengluten, Weizenprotein u. Casein hergestellt u. in Mengen von 1, 3, 5, 10 u. 15% (auf Proteinkörper) Latices aus Styrol-Butadien, Butadien-Styrol-Butadien, Acrylnitril, plastifiziertem Polystyrol u. Polyvinylacetat zugesetzt. Die Latices wurden anschließend 15 Std. tiefgekühlt. Nur Casein u. Weizengluten waren mit allen Latices verträglich u. machten diese kältefest. Ferner wurden mit 33,36% Pigment (TiO_2:Lithopone:Glimmer, 7:2:1) versetzte Latices geprüft. Resultate: Pigmentierte Dispersionen erfordern meist höhere Proteinzusätze, um kältefest zu werden. Caseinzusatz bewirkt eine Abnahme der Viscosität bei Alterung. Bei Proteinzusatz lassen sich die Pinsel leichter reinigen. Auch verhindern diese Zusätze das harte Absetzen der Pigmente. (Paint, Oil chem. Rev. **115.** Nr. 25. 52—56. 4/12. 1952. Northwestern Club, Techn. Committe, Fed. Paint Varn. Prod. Clubs.) B. SCHEIFELE. 7096

Ss. G. Bogosslowski, *Unschädlichmachung von Gasen, die bei der Gewinnung von Firnis auftreten.* Ausführliche Beschreibung einer einfachen, billigen u. leistungsstarken Versuchsanlage zur weitgehenden Beseitigung des bei der Oxydation eines Gemisches von 80% Leinöl u. 20% Sonnenblumenöl zwecks Firnisherst. entstehenden Acroleins (262 g/m^3) durch mehrmaliges Durchwaschen mittels feinversprühtem Wasser. In den Abgasrohren befinden sich 14 Düsen mit zusammen 11 m^3 Leistung pro Stunde. (Маслобойно-Жировая Промышленность [Öl- u. Fett-Ind.] **21.** Nr. 6. 27—28. 1955.) J. BÖSS. 7106

H. Anders, *Kautschuk- und Kunstharzüberzüge als Korrosionsschutz im chemischen Apparatebau.* (Vgl. C. **1956.** 5138.) Vf. vermittelt einen Überblick über Aufbau, Eigg. u. Anwendungsmöglichkeiten derartiger Überzüge. — 5 Literaturhinweise. (Plastverarbeiter **6.** 382—88. Okt. 1955.) M. WINIKER. 7106

David F. Menard, *Die Bedeutung der Prüfverfahren für Metalltubenlacke.* Die Lackierung der Tuben erfolgt im Walzenauftrag, wobei der überlappende Lacksaum bei guter Verlauffähigkeit des Lackes verschwindet. Geeignete Verarbeitungsviscosität für Alkydharzfarben 180—220 Sek. (FORD-Becher Nr. 4), für Vinylharzfarben 90—125 Sek. (ZAHN-Becher Nr. 4). Das trockene Filmgewicht dürfte bei ersteren 20—26 mg/Zoll², bei letzteren 14—21 mg/Zoll² betragen. Die Filme dürften im Mittel $^1/_2$ mil (1 mil = $^1/_{1000}$ Zoll) dick sein. Die Lackierung muß ein vollständiges akkordionartiges Zusammendrücken der Tube aushalten u. darf nach 20—30 Tagen Lagerung bei ca. 50° beim Auseinanderziehen der Tube höchstens einige Haarrisse, aber kein Abblättern zeigen. Die Lackfilme müssen gegen Seife u. sonstige Füllstoffe beständig sein. Zum Bedrucken der lackierten Tuben dienen stark deckende, glänzende u. gegen die Füllstoffe beständige Druckfarben. Bei nicht genügender Alkalibeständigkeit wird zuletzt ein klarer (Nitrocellulose-) Schutzlack aufgebracht. (Paint, Oil chem. Rev. **115.** Nr. 20. 20—21. 25/9. 1952. Wheeling Stamping Co.) B. SCHEIFELE. 7158

Anatol Allas, *Die Prüfung der Holzlacke.* Nitrocelluloselacke für Holz werden einer Prüfung unterzogen, die sich erstreckt auf: Trocknung u. Druckfestigkeit, Feuchtigkeitsresistenz, Filmhärte, Ausgiebigkeit, Zugfestigkeit, Elastizität, Alterungsbeständigkeit, Schleifbarkeit, Kältebeständigkeit, Tropenfestigkeit. (Pitture e Vernici **11.** 513—19. Aug. 1955.) B. SCHEIFELE. 7158

Soc. de Traitements Électro-Chimiques de l'Ouest, Frankreich, *Herstellung von Bleimennige* durch Oxydation eines Gemisches von Pb-Oxyd u. Pb-Suboxyd mit einem oxydierenden Gas, z. B. mit warmer Luft, in einer oxydierenden Atmosphäre. — In einem auf 450° erhitzten zylindr. Drehofen, welcher mit nichtoxydierbaren Stahlkugeln von 20—70 mm Durchmesser gefüllt ist, wird ein Gemisch von pulverförmigen Pb-Oxyden, welches ca. 70 (%) Pb-Suboxyd u. 30 Pb-Glätte enthält, einem Luftstrom von 400° ca. 24 Std. ausgesetzt. Das gebildete Prod. enthält 33,45 PbO_2, 95,95 Pb-Mennige ($PbO_2 \cdot 2PbO$), 3,95 unveränderte Pb-Glätte, 0,02 W. u. 0,07 wasserlösl. Anteile. — Bei einer auf 15 Std. abgekürzten Behandlungszeit enthält das Endprod. 25,5 PbO_2, 73,10 Pb-Mennige, 26,80 unveränderte Pb-Glätte, 0,02 W. u. 0,07 wasserlösl. Anteile. (**F. P. 1 098 675** vom 23/1. 1954, ausg. 17/8. 1955.) M. F. MÜLLER. 7093

Duisburger Kupferhütte (Erfinder: **Heinrich Schackmann, Wilhelm Roever** und **Wilhelm Teworte**), Duisburg, *Herstellung von hochdispersem, reinem Bleisulfat,* das bes. zur Herst. von hochdispersen *Pb-Pigmenten* zu verwenden ist, durch Auslaugen Pb-haltiger Stoffe mit Alkalichloridlsg., indem die erhaltene, filtrierte $PbCl_2$-NaCl-Lsg. mit 0,1—0,25 (Mol) Na_2CO_3 u. anschließend mit 0,5—0,8 NaOH je 1 Pb versetzt u. das ausgefällte, feinkörnige, bas. $PbCl_2$ mit H_2SO_4 in bekannter Weise umgesetzt wird. (**D. B. P. 937 045** Kl. 12n vom 30/3. 1954, ausg. 29/12. 1955. Anmeldung bekanntgemacht 7/7. 1955.) H. NEBELSIEK. 7093

Licentia Patent-Verwaltungs-GmbH., Hamburg, *Lackieren im elektrostatischen Feld.* Das Werkstück wird zur Beseitigung der „Kantenflucht" bis zur vollständigen Erhärtung der Lackschicht einem elektrostat. Feld ausgesetzt, wobei sich durch entsprechende Anordnung der Elektroden zum Werkstück die Schwerkraft u. die elektrostat. Kräfte mindestens stellenweise aufheben oder verstärken können. — Lackieren von *Profildrähten.* — Vorr., Abbildung. (**Schwz. P. 307 733** vom 16/10. 1952, ausg. 16/8. 1955. D. Prior. 29/10. 1951.) E. WEISS. 7107

Canadian Industries (1954) Ltd., Montreal (Erfinder: **Owen Clement Wentworth Allenby,** McMasterville), Quebec, Can., *Wärmehärtbare Mischpolymere* erhält man aus wenigstens 0,05 (Teilen) Vinylpyridin mit 100 eines Monomerengemisches aus >50 Styrol u. wenigstens 5 Acryl- oder Methacrylsäure u. Erhitzen mit Diphenylolpropandiglycidyläther oder mit einem Kondensationsprod. aus Diphenylolpropan u. Epichlorhydrin auf 100—150°. Die Zahl der Epoxydgruppen soll gleich der Zahl freier COOH-Gruppen des Mischpolymerisats sein. Die Endprodd. sind wasser-, fett- u. lösungsmittelresistent. — *Überzüge.* Mengenbeispiele. (**E. P. 731 946** vom 21/8. 1952, ausg. 15/6. 1955.) H. SCHINDLER. 7107

Badische Anilin- & Soda-Fabrik Akt.-Ges. (Erfinder: **Karl Merkel,** Ludwigshafen/Rh. und **Guido Schultze,** Heidelberg), *Organische Abbeizmittel,* gek. durch einen Geh. an im Benzolkern durch mindestens einen niedermol. Alkylrest, der auch Halogen enthalten kann, substituierten Benzylalkoholen, deren Äthern mit einwertigen Alkoholen, deren Halogenwasserstoffsäureestern oder deren Gemischen, z. B. Methyl-, Äthyl-, Propyl- oder Isopropylbenzylalkohol, Chlormethyl- oder Chloräthylbenzylalkohol, Methyl- oder Chlormethylbenzylchlorid, Di-(äthylbenzyl)-äther, Di-(chlormethylbenzyl)-äther oder Chlormethylbenzyläther. — Das Mittel besteht z. B. aus 5 (Gewichtsteilen) Polyvinylmethyläther, 5 Naphthalin, 40 CH_2Cl_2, 20 p-Methylbenzylalkohol, 10 Di-(p-äthylbenzyl)-äther, 10 o-(2-Chloräthyl)-benzylchlorid u. 10 Toluol. (**D. B. P. 935 921** Kl. 22g vom 6/6. 1953, ausg. 1/12. 1955. Anmeldung bekanntgemacht 8/6. 1955.) W. GRÄGER. 7101

XIb. Plaste (Kunstharze. Plastische Massen).

J. Aeschbach, *Betriebserfahrungen mit dem Ko-Kneter.* Der Ko-Kneter kann jeden Innenmischer u. die Mischwalzwerke mit Vorteil ersetzen, darf jedoch nicht als Extruder betrachtet werden. Sein Anwendungsgebiet ist einwandfrei auf das einer Knet-, Misch- u. Plastifiziermaschine begrenzt. (Kunststoffe **45.** 456—60. Okt. 1955. Pratteln, Schweiz.) M. WINIKER. 7170

Francisco Castro Yañez, *Die Methoden zum Gießen von Kunststoffen.* Zusammenfassende Darst. der Methoden u. Apparate. (Metalurgia y Electr. **16.** Nr. 179. 68—73. Juli, Nr. 180. 93—99. Aug., Nr. 181. 90—97. Sept., Nr. 182. 167—72. Okt., Nr. 183. 86—93. Nov., Nr. 184. 197—204. Dez. 1952. **17.** Nr. 185. 86—93. Jan., Nr. 186. 90—95. Febr., Nr. 187. 96—101. März, Nr. 188. 102—07. April, Nr. 189. 116—20. Mai, Nr. 190. 139—45. Juni, Nr. 191. 136—41. Juli 1953.) R. K. MÜLLER. 7170

K. Richard und **G. Diedrich,** *Standfestigkeitseigenschaften von einigen Hochpolymeren.* Nach einleitenden Ausführungen zur Erscheinung des kalten Flusses wird die Durchführung u. Auswertung von Dauerstandverss. (Erläuterung der verwendeten Belastungseinrichtungen u. der Dehnungsmeßgeräte) behandelt. Die mittels derartiger Unterss. festgestellten Zeitdehngrenzen u. Zeitbruchgrenzen von *Polytrifluorchloräthylen* (I) u. von *Polyäthylen* (II) werden mitgeteilt. Ferner wird bei I auf die Spannungsrißbldg. eingegangen. Schließlich werden bei II Verss. an Probestäben dem Verh. von innendruckbeanspruchten Rohren gegenübergestellt u. zulässige Belastungswerte genannt. (Kunststoffe **45.** 429—33. Okt. 1955. Frankfurt a. M./Höchst.) M. WINIKER. 7172

—, *Teflon, ein neues Tetrafluoräthylenharz zum Überzug von Geweben, Platten und Streifen aus Glas.* Überblick über die elektr., mechan., chem., therm. u. Bildungseigg. von mit Teflon überzogenen Glasgeweben, Vergiftungsgefahren bei höherer Temp., elektr. u. nichtelektr. Anwendungen; Tabelle der Eigg. von in einer Schicht überzogenen Glasgeweben für 2 Typen von Teflon. (Rev. Plásticos **6.** 24—25. Jan./Febr. 1955.) R. K. MÜLLER. 7172

José Alemán Vega und **Cristobal Garcia Blairsy,** *Einige Möglichkeiten der Gewinnung substituierter Styrole.* Übersicht über die Darst. von p-α-Dimethylstyrol u. p-Methylstyrol, deren Eigg. u. Anwendungen u. die Herst. von copolymeren Harzen. — 18 Literaturhinweise. (Rev. Plásticos **6.** 4—9. Jan./Febr. 1955.) R. K. MÜLLER. 7172

Hans-Rudolf Jacobi, *Verarbeitungstechnik von Polyvinylcarbazol. Polyvinylcarbazol* erfordert höhere Verarbeitungstempp. als das ihm verwandte Polystyrol, so daß es oft nicht möglich ist, für beide die gleichen Vorrichtungen u. Verff. zu benutzen. Vf. gibt

Richtlinien für die spanabhebende Bearbeitung, die Verarbeitung durch Pressen u. im Spritzguß sowie für die Verwendung des Abfalls. (Kunststoffe **45.** P 73—P 76. Okt. 1955 Mannheim.) M. WINIKER. 7172

Reinhard Walter, *Kunststoffe in der Gießereitechnik.* Als Bindemittel in der Gießereitechnik sind vor allem *Phenoplaste* geeignet, z. B. beim Formmaskenverfahren. (Kunststoffe **45.** 451—53. Okt. 1955. Troisdorf.) M. WINIKER. 7176

K. Meyerhans, *Verwendung von Epoxydharzen bei der Herstellung moderner Werkzeuge.* Übersicht u. Anwendungsbeispiele für Epoxydharze bei der Herst. von Formen für die Kunststoffindustrie. (Plastics **20.** 27—30. 32. Jan. 1955. Ciba Ltd.) R. SCHÄFF. 7176

—, *Fortschrittsbericht über bei Raumtemperatur härtende Epoxydharze.* Die chem. Beständigkeit von bei Raumtemp. gehärteten Epoxydharzfettsäureestern wurde ermittelt u. mit der von Alkydharzen verglichen. (Paint, Oil chem. Rev. **118.** Nr. 1. 12—13. 32—33. 15/1. 1955. Louisville, Ky., Devoe & Raynolds Co., Inc., Jones-Dabney Co. Div., Res. & Techn. Serv. Dep., Resins Chem. Div.) R. SCHÄFF. 7176

M. J. van der Hoeven, *Nylon in der Industrie.* Vf. bespricht die Anwendung der verschied. *Akulon*-Typen (Nylon der Firma ALGEMENE KUNSTZIJDE UNIE) in der Industrie. (Austral. Plastics **11.** Nr. 119. 13—19. Juni 1955. Holland, Algemene Kunstzijde Unie, Gen. Sales Manag.) R. SCHÄFF. 7180

G. B. Ingram, *Silicone.* Übersicht über Herst., Eigg. u. Anwendungen der verschied. Silicontypen. — Diskussionsbemerkungen. (Plast. Inst., Trans. and J. **23.** Nr. 54. 258—72. Okt. 1955. Imp. Chem. Ind. Ltd., Nobel Div., Techn. Serv. Dep.) R. SCHÄFF. 7188

J. P. Jensen und **L. M. Calhoun,** *Mechanisch gebundene Glasfasergewebe als Kunststoffverstärker.* Beschreibung der Herst., Eigg. u. Verwendung (Kraftwagenkarosserien, Bootskörper, Badewannen u. a.) von Formstücken, die durch Gießen von Kunstharzen in eine mit einem Glasfasergewebe ausgekleidete Form gewonnen werden. (Austral. Plastics **11.** Nr. 118. 7—16. Mai 1955. Thompsonville, Conn., Bigelow-Sanford Carpet Co., Inc.; L. J. Herman and Co., Pty. Ltd.) W. WESLY. 7204

H. Lutz und **R. Beck,** *Glasfaserverstärkte Polyesterkunststoffe.* Übersicht über Begriff, Herst., Eigg. u. Verarbeitung von glasfaserverstärkten Polyesterkunststoffen. (VDI-Z. **97.** 970—74. 1/10. 1955. Düsseldorf u. Braunschweig.) W. WESLY. 7204

—, *Glasfaser und Kunststoff.* Zusammenfassung der typ. Merkmale der Glasfaserverstärkung von Kunststofferzeugnissen nebst tabellar. Übersicht über Fehler bei der Verarbeitung von glasfaserverstärkten Kunststoffen, ihre Ursachen u. ihre Beseitigung. (Kunststoffe **45.** P 87—P 91. Okt. 1955.) M. WINIKER. 7204

Erich Stock, *Mikroskopische Schmelzintervallbestimmung von Harzen und Wachsen.* Beschreibung des LEITZ-Heiztischmikroskops u. seine Anwendung zur Best. von Schmelzintervallen von Harzen u. Wachsen (4 Abb.). (Dtsch. Farben-Z. **9.** 306—08. Aug. 1955. Aachen, TH.) B. SCHEIFELE. 7210

Monsanto Chemical Co., St. Louis, übert. von: **Henry Leighton Morrill,** Clayton, Mo., V. St. A., *Polymere zur Bodenverbesserung.* Das NH_4-Salz des Mischpolymerisats von Maleinsäureanhydrid mit Isobutylen bzw. das Halbamid-NH_4-Salz wird mit 1—10 (%), bes. 2—5, eines Glykols, z. B. das Hexylen-, Diäthylen-, Propylen-, Dipropylen- oder Triäthylenglykols, versetzt. Hierzu wird eine 16%ig. Suspension des Mischpolymerisats mit trockenem NH_3 gesätt., das Glykol zugesetzt u. das Lösungsm., z. B. Bzl., abgedampft. Freifließendes, nicht staubendes u. keine stat. elektr. Aufladung zeigendes Produkt. (**A. P. 2 717 884** vom 26/7. 1954, ausg. 13/9. 1955.) H. SCHINDLER. 7171

E. I. du Pont de Nemours & Co., übert. von: **Robert Terry Van Ness,** Wilmington, Del., V. St. A., *Herstellung von Polyvinylacetalen* in wss. Reaktionsmedium erfolgt durch Lsg. des Polyvinylalkohols in kaltem W., Erhitzen auf ca. 95° unter Zusatz von p-Toluolsulfonsäure (bis p_H 2), Abkühlen auf 75° u. Zusatz von z. B. Butyraldehyd in 5—40%ig. Überschuß. Temp. 85°, Dauer 2 Stunden. Anschließend wird mit 4%ig. NaOH auf p_H 10 eingestellt. Körnige Produkte. — Mengenbeispiele, Zeichnung. (**A. P. 2 720 501** vom 10/8. 1954, ausg. 11/10. 1955.) H. SCHINDLER. 7173

Eastman Kodak Co., übert. von: **William F. Fowler** und **Delbert D. Reynolds,** Rochester, N. Y., V. St. A., *Herstellung von Mischpolymerisaten aus Vinylpyridinen oder -chinolinen, Acrylsäureestern, Acrylamiden und Styrol und dessen Derivaten.* Nach den Mengenbeispielen werden 3,5—16 (Teile) Methacrylamid in W. in Ggw. eines Emulgators u. $K_2S_2O_8$ dispergiert, auf 50—90° erhitzt u. dann ein Gemisch aus 3,5—16 2- oder 4-Vinylpyridin, 50—60 Acrylsäure-n-butylester u. 12—26 Styrol zugegeben. Es werden

gelatineverträgliche Hydrosole harzartiger quaternärer Mischpolymerisate erhalten, die bes. in der *Photographie* als Fixiermittel saurer Farbstoffe oder Silberhalogenidträger Verwendung finden. — Tabellen. (**A. P. 2 721 852** vom 5/2. 1954, ausg. 25/10. 1955.)
H. SCHINDLER. 7173

American Cyanamid Co., New York, N. Y., übert. von: **Walter M. Thomas**, Noroton Heights, Conn., V. St. A., *Mischpolymerisate von N-substituierten Acrylamiden* erhält man durch Polymerisation bei erhöhter Temp. mit Peroxydkatalysatoren aus 5—40% Monomeren der allg. Formel $CH_2{=}CH{-}CO{-}N(R){-}CH_2{-}CH_2{-}OH$, worin R = H, CH_3, $CH_2{-}CH_2{-}OH$, u. Styrol, Acrylnitril, Alkylacrylaten oder deren Gemische, wobei der Alkylrest 1—5 C-Atome enthalten soll. Ternäre Mischpolymerisate entstehen aus obigen Monomeren, wenigstens 80% Acrylnitril u. 2-Methyl-5-vinylpyridin. Als Monomere sind in den Mengenbeispielen genannt: N-(2-Oxyäthyl)-, N.N-Bis-(2-oxyäthyl)- u. N-Methyl-N-(2-oxyäthyl)-acrylamid. — Imprägnier- u. Klebemittel, Fasern, Bodenverbesserungsmittel u. nach Rk. mit Äthylenoxyd als oberflächenakt. Mittel. (**A. P. 2718515** vom 13/8. 1954, ausg. 20/9. 1955.)
H. SCHINDLER. 7173

Rohm & Haas Co., Philadelphia, übert. von: **Newman M. Bortnick**, Oreland, Pa., V. St. A., *N.N-Äthylenharnstoffalkylester der Acrylsäure oder Methacrylsäure* der Formel (I), in der R = H oder CH_3 u. A = einen Alkylenrest mit 2—14, vorzugsweise 2—3, C-Atomen bedeutet, werden durch Rk. von Äthylenimin mit einem Acrylsäure- oder Methacrylsäureisocyanatester bei 0—50°, vorzugsweise 0—20°, in einem inerten organ. Lösungsm. (Bzl., Toluol, Xylol, Pentan) erhalten. — *Methacrylsäure-N.N-äthylenharnstoffäthylester.* — Die I sind auch ohne Zusatzstoffe rasch bei >50° in festem Zustand, in Lsg. oder in Emulsion polymerisierbar u. mischpolymerisierbar. Zur Herst. der Mischpolymerisate werden sie vorzugsweise in einer Konz. von ca. 2—20 Mol-% zusammen mit N-Dialkylacrylsäureamiden, Acrylsäure-, α-Chloracrylsäure- oder Methacrylsäureestern, Vinylgruppen enthaltenden KW-stoffen, z. B. Styrol, Vinylnaphthalin oder Vinyltoluol, Vinylchlorid oder Vinylidenchlorid, Allyl- u. Methallylester gesätt. aliphat. Carbonsäuren, z. B. Allylacetat u. Methallylpropionat, Acrylsäurenitril oder Vinylpyridin, polymerisiert. Wärme, UV-Licht u. die üblichen Polymerisationskatalysatoren, z. B. Peroxyde u. andere Peroxyverbb., beschleunigen den Polymerisationsvorgang. — Wolle, die z. B. mit Emulsionen von Mischpolymerisaten aus I u. Acrylsäureestern behandelt u. 10 Min. auf 300° F erhitzt wurde, zeigte nach 300 Min. dauerndem Waschen nur einen Schrumpfverlust von 5%, unbehandelte dagegen von 50%. (**A. P. 2 686 772** vom 10/4. 1953, ausg. 17/8. 1954.)

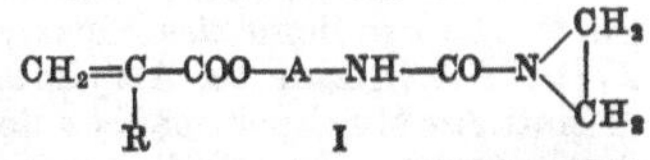
I

R. LINK. 7173

London Electric Wire Co. & Smiths Ltd. (Erfinder: **John Thomas Stringer**), London, England, *Isolierung für elektrische Leitungen.* Man überzieht den Draht mit einem Polyester aus 50 (%) Maleinsäure, gegebenenfalls 50 o-Phthal- bzw. Terephthalsäure, u. einem Polyglykol, vermischt mit Monoäthanolamin, der mit einer Mischung von Kresol u. Naphtha verd. worden ist. Zwecks Vernetzung gibt man noch etwas Styrol mit einem Beschleuniger oder Hydrochinon zu. (**E. P. 722 094** vom 23/1. 1951, ausg. 19/1. 1955.)
G. SALZMANN. 7177

Imperial Chemical Industries Ltd., London, übert. von: **Norman Fletcher**, Manchester, England, *Aluminate als Umesterungskatalysatoren bei der Herstellung von Polyestern.* Man erhält durch Kondensation von Terephthalsäuredimethylester mit Glykol in Ggw. von Ca-Acetat das Bis-(oxyäthyl)-terephthalat u. durch Erhitzen des letzteren im Vakuum in Ggw. eines in der Reaktionsmischung lösl. Na-, Ca- oder Zn-Aluminats den hochmol. Polyester. — Textilfasern. Mengenbeispiele. (**A. P. 2 711 402** vom 16/4. 1954, ausg. 21/6. 1955. E. Prior. 30/4. 1953.)
H. SCHINDLER. 7177

Monsanto Chemicals Ltd., London, England, *Siliciummodifizierte Alkydharze.* Man verestert ein Gemisch aus einem Fettsäuremonoester (I) eines mehrwertigen Alkohols u. einem freien mehrwertigen Alkohol (II), in welchem I mindestens 80 Gew.-% von II ausmacht, partiell mit einer oder mehreren Polycarbonsäuren oder deren esterbildenden Derivv. u. kondensiert den noch freie OH-Gruppen enthaltenden Teil mit einem oder mehreren di- oder tri-funktionellen Organosilanen, die Halogen- bzw. Alkoxy- oder Aryloxyreste enthalten. — 45 (g) Monoglycerid von Säuren des Sojabohnenöls u. 40 Glycerin in 50 cm^3 Toluol werden mit 65 (g) $C_6H_5SiCl_3$ in 50 cm^3 Toluol, 46 Phthalsäureanhydrid u. 10 Maleinsäureanhydrid in 50 cm^3 Toluol unter Rückfluß umgesetzt. Nach 4std. Erhitzen auf 180° erhält man ein Harz mit einer SZ. von 10. (**E. P. 740 265** vom 2/4. 1953, ausg. 9/11. 1955. Belg. Prior. 4/4. 1952.)
J. MÜHLEISEN. 7177

Monsanto Chemical Co., St. Louis, Miss., V. St. A., *Stickstoffhaltige Mischpolymerisate* aus Maleinsäureanhydrid u. Vinylacetat bzw. Isopropenylacetat erhält man durch

Behandlung mit trockenem NH_3, wodurch Halbamid–Halbammoniumsalze des Maleinsäuremischpolymerisats entstehen. Imprägniermittel für Textilien u. Papier sowie Bodenverbesserungsmittel. — Mengenbeispiele. (**E. P. 735 263** vom 8/7. 1953, ausg. 17/8. 1955. A. Prior. 10/7. 1952.) H. SCHINDLER. 7181

Atlas Mineral Products Co. of Pennsylvania, Mertztown, übert. von: **Raymond B. Seymour,** Emmaus, und **Walter R. Pascoe,** Reading, Pa., V. St. A., *Schwefelmassen.* Um S mit Füllstoffen, wie SiO_2, Ruß, $Ba(OH)_2$ u. dgl., bei $>160^0$ einzudicken, setzt man ihm 0,01—1% 2-Mercaptobenzothiazol neben Weichmachern, wie Benzothiazol-, Dodecyl-, Triisobutylen- oder Tetramethylthiuramdisulfid zu. (**A. P. 2 707 685** vom 6/1. 1954, ausg. 3/5. 1955.) G. SALZMANN. 7185

XII. Kautschuk. Guttapercha. Balata.

Paul Bourgois, *Kautschuk und Kunststoffe gegenüber aggressiven Chemikalien.* Probleme der Anwendung von Kautschuk u. Kunststoff in der chem. Industrie (Oberflächenschutz) werden erörtert. (Revêtement et Protection **5.** 89—94. Nov./Dez. 1952.) R. SCHÄFF. 7220

Horace C. Hamlin, *Kautschuk — ein lebenswichtiger Faktor für die moderne Luftwaffe.* Die Probleme des Einsatzes von kautschukelast. Prodd., wie *Neoprene* u. a., sowie *Poly FBA* (fluorierter Acrylesterkautschuk der MINNESOTA MINING) u. *Kel-F-Elastomer* (F-haltiges Mischpolymerisat der M. W. KELLOGG CO.), im modernen Flugzeugbau werden erörtert. Der Einfl. von Atomstrahlung auf Kautschuk, die Vulkanisation durch γ-Strahlen u. die weitere Entw. werden besprochen. (Rubber Wld. **132.** 601—07. 614. Aug. 1955. USAF, Dayton, O., Wright Air Dev. Center.) R. SCHÄFF. 7220

J. Schurz, *Über Viscosität und Strukturviscosität von Kautschuklösungen und -emulsionen.* An Naturkautschuklatex (Kugelsuspension) u. an Lsgg. desselben Naturkautschuks (fadenmol. Lsg.) in Bzl. oder Toluol wurden viscosimetr. Unterss. durchgeführt u. die Unterschiede im strukturviscosen Verh. von Emulsion u. Lsg. erörtert. Abschließend wird das Fließverh. von Kautschuk vom Standpunkt der UMSTÄTTERschen Strukturmechanik aus behandelt. (Österr. Chemiker-Ztg. **55.** 301—05. Nov. 1954. Oberbruch, Bez. Aachen, Vereinigte Glanzstoff-Fabr. A.G.) R. SCHÄFF. 7222

A. A. Tager, T. B. Gordejewa, D. Ju. Karlinskaja und **L. M. Kurotschkina** (unter Mitarbeit von **M. W. Firssowa, Je. I. Rudnewa, E. G. Lugowskaja** und **M. K. Guljajewa**), *Methoden zur Bewertung einiger technologischer Eigenschaften der Natriumbutadienkautschuke.* Einen Maßstab für die Vernetzung von Kautschuk u. damit für sein technolog. Verh. bietet die Schaumbldg. beim Erhitzen mit heißem N_2 auf 140 bis 150^0 (40 Min.) unter einem Druck von 200 at u. plötzlicher Entspannung am Ende dieser Periode. Das Verf. ist zuverlässig, aber umständlich. Einfacher ist die Prüfung nach der „thermomechan. Meth." von KARGIN u. STEDING (C. **1956.** 4739). Dabei zeigt das Auftreten eines Maximums auf der Kurve der Temperaturabhängigkeit der Deformation (thermomechan. Kurve) eine starke Zunahme der Netzstellen an. Das Maximum entspricht der Temp. intensiver Strukturierung; Gummimischungen mit dem untersuchten Kautschuk müssen unterhalb dieser Temp. gespritzt u. kalandriert werden. Je höher sie liegt u. je höher die maximale Deformation ist, desto höher muß die Vulkanisiertemp. sein. (Химическая Промышленность [Chem. Ind.] **1955.** Nr. 4. 17—21. Juni. Swerdlowsk, Ural-Univ. u. Ebonitwarenfabrik.) R. K. MÜLLER. 7224

V. A. Garten, *Die Aktivität gegenüber freien Radikalen von verstärkenden Kautschukfüllstoffen.* Zur Stützung der Annahme, daß sich prim. Valenzbindungen zwischen „akt." Füllstoffen u. dem Kautschuk bilden, wurde die Reaktionsfähigkeit von Pigmentoberflächen gegenüber einfachen organ. u. anorgan. Radikalen untersucht. Verschied. Rußtypen werden durch Bindung des radikal. SO_4-Ions hydrophil. Die Einführung organ. Radikale $R-CO-O^*$ ($R = C_6H_5$ oder $C_{17}H_{35}$) führt zu chem. modifizierten Pigmenten. Oxydationsprodd. bestimmter Diamine, wie Benzidinblau, reagieren leicht sogar mit weniger akt. Pigmenten, wie SiO_2 (Meth. zur Aktivitätsmessung). Die Zahl akt. Zentren von Füllstoffen wurde ermittelt: 0,01 bis 2,3 pro 100 $Å^2$. Polystyrolradikale bilden mit akt. Rußen vernetzte Gele (vermutlich analog den Kautschuk–Ruß–Gelen). Kleine Teilchengröße der Pigmente scheint eine der notwendigen Bedingungen für ihre Aktivität zu sein. Aus den Versuchsergebnissen wird gefolgert, daß Verstärkerrußtypen u. zahlreiche akt. anorgan. Füllstoffe als Elektronendonatoren fungieren u. in Ggw. von Radikalen oder Radikalacceptoren durch Bldg. neuer prim. Valenzbindungen chem. modifiziert werden. (Nature [London] **173.** 997—98. 1954. Rubber Chem. Technol. **28.** 596—97. April/Juni 1955. Melbourne, Australien, Commonwealth Sci. & Ind. Res. Organis., Div. of Ind. Chem.) R. SCHÄFF. 7226

C. W. Sweitzer, L. J. Venuto und **R. K. Estelow,** *Eigenschaften und Verwendung von kolloidalem Kohlenstoff.* C mit saurem p_H ist gewöhnlich hydrophil, mit alkal. p_H mehr organophil. Stabilisatoren für C in Nitrolacken sind Cu-Seifen. Die für die Verstärkung von Kautschuk wichtige Adsorptionsaktivität von C ist abhängig von Korngröße, Korngestalt, Kornporosität, Geh. an flüchtigen u. ungesätt. Bestandteilen u. Alkalisalzen. (Paint, Oil chem. Rev. **115.** Nr. 8. 22—32. 55—62. 10/4. 1952. New York, Columbian Carbon Corp., u. Binney & Smith Co.) B. SCHEIFELE. 7226

—, *Pressen von Kautschuk.* An Beispielen wird das Formpressen u. die Extrusion von Kautschuk besprochen. (Aircraft Product. **16.** 200—05. Mai 1954. St. Helens Cable & Rubber Co. Ltd.) R. SCHÄFF. 7230

J. M. Gyenge, *Mischpolymerisation von Butadien mit 1-Chlor-2.2-difluoräthylen oder 1.1-Dichlor-2.2-difluoräthylen.* Vf. untersuchte die Mischpolymerisation von *Butadien* (I) mit *1-Chlor-2.2-difluoräthylen* (II) bzw. *1.1-Dichlor-2.2-difluoräthylen* (III) nach folgender Rezeptur: 70—90 (Gewichtsteile) **I,** 30 **II** bzw. 10—30 **III,** 0,48 n-Dodecylmercaptan, 4,3 fettsaures Na, 0,23 $K_2S_2O_8$, 180 W., 0,2 Hydrochinon u. 1,5% Phenyl-β-naphthylamin. **III** reagiert etwas schneller, **II** sehr viel langsamer als **I** allein. Während von **II** nur ein sehr geringer Anteil der eingesetzten Menge einpolymerisiert wurde (4,6 statt 30%), wurden von **III** nahezu die eingesetzten Mengen im Mischpolymerisat gefunden. Die physikal. Eigg. u. der GEHMAN-Gefrierpunkt von Rußvulkanisaten der erhaltenen Mischpolymerisate wurden ermittelt: die Zugfestigkeitseigg. des 70/30-**I**/**III**-Mischpolymerisats entsprechen etwa denen des zum Vgl. analog hergestellten GR-S; die Öl- u. Lösungsmittelbeständigkeit war gegenüber GR-S nicht verbessert worden (GEHMAN-Gefrierpunkt bei -50^0). Beim 85/15- bzw. 90/10-**I**/**III**-Mischpolymerisat liegt der GEHMAN-Gefrierpunkt bei -66 bzw. -70^0 im Vgl. zu -75^0 beim **I**-Mischpolymerisat mit 46% **II.** (Rubber Wld. **132.** 608—09. 661. Aug. 1955. Akron, O., Univ., Government Labor.) R. SCHÄFF. 7230

T. H. Rogers, *Elastomere Materialien mit Zellstruktur.* 1. Mitt. Schaumstoffe auf Basis von natürlichem u. synthet. Kautschuk u. die Patentlage auf dem Gebiet der Herst. solcher Prodd. werden besprochen. (Rubber Wld. **132.** 610—14. Aug. 1955. Akron, O., Goddyear Tire & Dubber Co.) R. SCHÄFF. 7230

R. F. Blackwell, *Neue Werkzeuge für die Kautschukprüfung.* 1. Mitt. *Schleifscheibe für Kautschukproben.* Beschreibung der App. u. der Arbeitsweise. (India Rubber J. **127.** Nr. 24. 10—12. 11/12. 1954. Brit. Rubber Prod. Res. Assoc.) R. SCHÄFF. 7248

R. F. Blackwell, *Neue Werkzeuge für die Kautschukprüfung.* 2. Mitt. *Vorrichtung zum Durchbohren von Prüfkörpern für den Rissewachstumstest.* (1. vgl. vorst. Ref.) Beschreibung der App. u. der Methode. (India Rubber J. **127.** Nr. 25. 6—8. 18/12. 1954.) R. SCHÄFF. 7248

G. W. van Raamsdonk, *Die Bedeutung beschleunigter Alterungsteste.* Beschleunigte Alterungsteste an Kautschuken sollten nicht nur bei einer Temp. durchgeführt werden, da der Temperaturkoeff. von der Zus. abhängig ist. Bei verschied. Kautschukmischungen konnte nachgewiesen werden, daß der Logarithmus der Zeit, die notwendig ist, um die Zugfestigkeit um 25% zu erniedrigen, eine lineare Funktion von 1/T ist. (Rubber J. **129.** 656—62. 19/11. 1955. Delft, Rubber-Stichting.) R. SCHÄFF. 7248

Polymer Corp. Ltd., Sarnia, Ontario, Can., *Polymerisierverfahren.* Die Polymerisation von *Butadien-1.3* mittels eines „Alfin"- Katalysators erfolgt in Ggw. der üblicherweise in den bei der Crackung u. Dehydrierung von Erdölen anfallenden Butadienfraktionen hauptsächlich aus n-Butylen, Butan u. Isobutylen bestehenden Verunreinigungen. Das Gemisch besteht z. B. aus 18 (%) Butadien, 81 n-Butylen, Butan u. Isobutylen, bes. 71 n-Butylen u. Butan u. 10 Isobutylen, u. 1 C_3—C_5-Fraktionen. Als Alfinkatalysator dient ein Gemisch aus Na-Isopropylat u. Na-Allylat. Es kann auch Mischpolymerisation mit Styrol erfolgen. (**E. P. 722 581** vom 1/12. 1952, ausg. 26/1. 1955. Can. Prior. 30/11. 1951.) W. OVERBECK. 7225

Dow Corning Corp. (Erfinder: **Earl Leathen Warrick,** Pittsburgh), Midland, Mich., V. St. A., *Herstellung von elastomeren Körpern aus Organosiloxanen,* dad. gek., daß man ein leicht verformbares Organopolysiloxan, das durchschnittlich 1,75—2,25 einwertige KW-stoffreste auf 1 Si-Atom enthält u. bei dem mindestens 40 Mol.-% Siloxangruppen der Formel RR'SiO, in der R Alkyl u. R' einen Alkyl- oder Arylrest bedeuten, enthalten sind, mit einem Füllstoff u. einem Vulkanisationsbeschleuniger vulkanisiert, indem man das Gemisch in unmittelbarer Berührung mit Wasserdampf bei 0,7—17,5 atü 2 bis 1000 Min. lang erhitzt, dabei den Druck u. die Erhitzungszeit so aufeinander abstimmt, daß die Arbeitsbedingungen über der Linie A—B u. unter der Linie C—D in der Zeichnung liegen, u. daß man dann den vulkanisierten Körper dadurch nachvulkanisiert, daß

man ihn annähernd bei n. Druck mindestens 1 Std. auf eine über der Dampftemp. beim Vulkanisieren liegende Temp. erhitzt. – In dem Augenblick, in dem das Dimethylpolysiloxangemisch einer Temp. $>80^0$ ausgesetzt ist, wird der Dampfdruck in <2 Min. auf mindestens 0,7 atü gebracht. Als Vulkanisationsmittel wird ein Diorganoperoxyd verwendet, bei welchem mindestens ein organ. Rest ein aromat. Acylrest ist, wie tert.-Butylperbenzoat oder Benzoylperoxyd. (**D. B. P. 934 911** Kl. 39b vom 28/9. 1950, ausg. 7/12. 1955. Anmeldung bekanntgemacht 26/5. 1954. A. Prior. 27/12. 1946.)
G. SALZMANN. 7225

United States Rubber Co., New York, N. Y., übert. von: **Alfred N. Iknayan**, Grosse Pointe Farms, Mich., **Lester C. Peterson** und **Harvey J. Batts**, Indianapolis, Ind., V. St. A., *Butylkautschukmischungen.* Butylkautschuk wird mit üblichen Vulkanisiermitteln auf $>113^0$, bes. $150-230^0$, gegebenenfalls unter gleichzeitigem Mastifizieren so lange erhitzt, bis 10–80% soweit anvulkanisiert sind, daß Unlöslichkeit in Bzl. eintritt. Dann werden $\geqq 25$, bes. 50–90 (Teile auf Kautschuk), eines nichtflüchtigen KW-stofföles als Streckmittel („extender") zugemischt u. mit weiteren sonst üblichen Zusätzen weiterverarbeitet. (**A. P. 2 702 286** vom 14/7. 1953, ausg. 15/8. 1955.)
W. OVERBECK. 7227

United States Rubber Co., New York, N. Y., übert. von: **Alfred N. Iknayan**, Detroit, Mich., **Lester C. Peterson** und **Harvey J. Batts**, Indianapolis, Ind., V. St. A., *Vulkanisieren von Butylkautschuk.* Der Butylkautschuk wird mit 0,25–2 Teilen eines wärmehärtbaren, öllösl. Alkylphenol-CH_2O-Harzes vermischt u. durch Erhitzen anvulkanisiert; darauf werden die sonst üblichen Vulkanisiermittel zugemischt, verformt u. ausvulkanisiert. Anwendung z. B. für *Autoschläuche.* (**A. P. 2 702 287** vom 27/5. 1952, ausg. 15/2. 1955.)
W. OVERBECK. 7229

XIII. Ätherische Öle. Parfümerie. Kosmetik.

Pierre Devaux, *Molekulares Einfangen von Riechstoffen.* Es wird über Verss. mit Rosen, Lilien, Jasmin u. Liguster berichtet, bei denen der von ihren Blütenblättern ausströmende Duft die auf einer Hg-Oberfläche hauchdünn verstäubte Talkumschicht verdrängte u. sich in monomol. Schicht auf dem Hg niederschlug. Die Blütenblätter waren mit gummierten Papierstreifen, die keinen störenden Geruch hatten, auf einer Glasplatte befestigt, die 4 mm über dem Hg angebracht war. Je cm^2 wird annähernd $0{,}6 \cdot 10^{-7}$ g = mehrere mg je g in 24 Std. bei Rosenblättern adsorbiert, bei Jasmin sind es 10 mg. Der Geruch hielt sich offen ca. ½, unter einer Glasplatte ca. 1 Std.; die monomol. Schicht konnte mit einem Papierstreifen zusammengeschoben u. der Geruch dadurch verstärkt werden. Ähnlichen Einfl. hatten feinste Partikel von Pikrinsäure, HgJ_2, Campher u. p-Dichlorbenzol; die Bewegung der Talkumschicht ließ sich kinematograph. verfolgen. (Ind. Parfumerie **10.** 405. 407–08. Okt. 1955.) H. MÜHLMEISTER. 7262

John B. Wilson, *Bericht über ätherische Öle in emulgierten Aromen.* Bei der Dest. von Citronen- u. Orangenölemulsionen mit Gummi arabicum u. W. wurden im Mittel 96,5 bzw. 93,5% des angewandten Öls zurückgewonnen. (J. Assoc. off. agric. Chemists **35.** 261–62. 15/5. 1952. Washington, D. C., Food & Drug Administr.)
H. MÜHLMEISTER. 7262

Ernest Malý, *Isolierung und Analyse des ätherischen Öles des einjährigen Beschreikrautes (Ziestes) Stachys annua L.* (Vorl. Mitt.) Das äther. Öl wurde aus der getrockneten Droge in einer Menge von 0,02% gewonnen, $D.^{21}_4$ 0,9125, $D.^{18}_4$ 0,9150, $[\alpha]_D^{20}$ $-23{,}3^0$ (aus Methylalkohol). Durch chem. u. chromatograph. Trennung ließen sich ein bicycl. Sesquiterpen vom Cadalentypus (I) u. ein sesquiterpen. Phenol (II) isolieren. **I** ist ein gelbes Öl, $D.^{18}_4$ 0,9050, $D.^{24}_4$ 0,9000, n_D^{24} 1,4951, $[\alpha]_D^{20}$ -24^0 (in Bzl.); für $C_{15}H_{24}$ u. zwei Doppelbindungen berechnet sich $[R]^L_D$ 66,13, gefunden 66,23. **II** ist ein rotorangefarbiges, dickes Öl, $D.^{21}_4$ 0,9892, das in eine butterartige, gelbe M. übergeht, Mol.-Gew. 220,43, $[R]^L_D$ für $C_{15}H_{24}O$ (durch Elementaranalyse bestätigt) u. zwei Doppelbindungen berechnet 67,65, gefunden 67,19. Die wahrscheinlichen Strukturformeln werden vorgeschlagen. (Chem. Zvesti **7.** 515–21. Okt. 1953. Bratislava, Slov., Univ., Chem. ust.)
K. STEINER. 7262

D. Ivanoff, Chr. Ivanoff, N. Marécoff und **Il. Ognianoff**, *Verfahren zur Gewinnung ätherischen Blütenöls der Rosa damascena Mill. in Hinsicht auf die Zuchtwahl.* Bei der Rosenblütenölbest. zu Zwecken der Zuchtwahl kommt es auf die Vergleichbarkeit der gleichzeitig gepflückten Muster an, die z. T. konserviert werden müssen. Aufbewahren unter 20%ig. NaCl-Lsg. zeigte, daß der Geh. an äther. Öl bei Blütenblättern, Kelchen u. ganzen Blüten bis zu 5 Tagen unverändert blieb. (Ind. Parfumerie **10.** 418–20. Okt. 1955. Sofia, Univ., Chaire de Chim. Organ.) H. MÜHLMEISTER. 7262

Paul Z. Bedoukian, *Fortschritt in Parfümeriestoffen.* Übersicht über die Entw. 1951 der makrocycl. Moschusse, Jonone, Irone, Ambra, Vanillin, Terpene, Sesquiterpene u. äther. Öle. — 153 Literaturangaben. (Amer. Perfumer essent. Oil Rev. **59.** 187—90. 193—94. März 1952. Comp. Parento, Inc.) H. MÜHLMEISTER. 7276

F. O. Walter Meyer, *Auf dem Wege zu den „pharmazeutischen Kosmetika".* Nach Besprechung rechtlicher Begriffe u. der für Kosmetika üblichen Einteilungen definiert Vf. als „pharmazeut. Kosmetika" solche, „die gewisse stärker oder spezif. wirkende Inhaltsstoffe aufweisen, bei deren weniger sachgemäßen Anwendung gewisse körperliche Beeinträchtigungen, wenn meistens auch geringeren Ausmaßes, mitunter möglich sind". Die grundsätzlichen Kennzeichen u. Anforderungen der in 26 Gruppen gegliederten wichtigsten n. Kosmetika u. Körperpflegeseifen u. zulässige verbessernde Zusätze, die sie zu pharmazeut. machen, werden besprochen. An einigen Beispielen (NH_4-Ion, NaF u. Chlorophyll in Zahnpflegemitteln) wird auf unerwünschte Auswüchse hingewiesen. (Dtsch. Drogisten-Ztg. **9.** 377—78. 10/7. 419. 1/8. 446. 15/8. 488. 15/9. 517. 1/10. 540. 15/10. 562—63. 1/11. 586—87. 15/11. 614—15. 1/12. 1954.) H. MÜHLMEISTER. 7284

Karl Rothemann, *Aerosil als Hilfsmittel in der präparativen Kosmetik. Aerosil,* reinstes SiO_2-Pulver von 4 mμ Teilchengröße, farblos, chem. indifferent u. in 10%ig. wss. Paste vom p_H 4—5, also ähnlich dem biol. Säuremantel der Haut, ist ein geeigneter Zusatz zu Pudern u. bildet mit W., Ölen u. verschied. organ. Lösungsmitteln Gele, denen zum Verhüten des Ranzigwerdens Antioxydantien zuzusetzen sind; sie ermöglichen eine angenehmere Form der Anwendung. Bes. wertvoll ist die große Adsorptionsfähigkeit für biol. Wirkstoffe, die es auch als Ersatz für A. geeignet erscheinen läßt. 5 Rezepte u. ihre Herst. werden besprochen. (Dtsch. Drogisten-Ztg. **9.** 514—16. 1/10. 1954.) H. MÜHLMEISTER. 7284

Arthur H. Bryan, *Eine Analyse des Chlorophyllproblems.* Unterss. an 200 Studenten zeigen, daß Chlorophyll (I) in Mengen von 5—10 mg (Zahnpaste, Kaugummi, Tabletten usw.) in 75—85% der Fälle den Mund- u. Zahngeruch u. in Mengen von 100—200 mg in 75—80% der Fälle innerhalb von 4—6 Std. den Körpergeruch beseitigt bzw. verhindert. In Tierverss. wurden diese Befunde bestätigt. In einigen Fällen wurden Überempfindlichkeitserscheinungen beobachtet. In vitro konnte keine desodorierende Wrkg. von I nachgewiesen werden. I hat keine baktericide oder bakteriostat. Wirkung. (Drug Cosmet. Ind. **72.** 612—13. 706—13. Mai 1953. Baltimore, Md., City Coll.) R. REISS. 7284

D. Iwanow, Chr. Iwanow und Il. Ognjanow, *Über einen Apparat zur laboratoriumsmäßigen Bestimmung geringer Mengen von ätherischem Öl in pflanzlichen Materialien, besonders in Rosenblüten.* Beschreibung eines App. für die Best. des Rosenöls bei geringen Einwaagen u. kontinuierlicher sowie unterbrochener Arbeitsweise: Destillationsblase für 100—250 g Blüten, aufsteigendes Dampfrohr, das absteigend in eine Kühlschlange führt u. im Auffangrohr (graduiert) mündet, das hydraul. abgesperrt wieder in die Blase hineinragt, da das Wasserventil im Blasenkork sitzt. Nach Unterbrechung der Dest. wird das Kühlwasser abgestellt, dessen nunmehrige Erwärmung die Ansammlung des Destillats beschleunigt; ein Wassersaugrohr hilft bei der Einsammlung des dest. Öls im graduierten Teil. Der Auffangteil stellt eine Abänderung der App. von GINSBERG (C. **1933.** II. 3493) dar, das Öl bleibt nicht mehr an den Wänden kleben. Die Prüfung mit Rosenwasser ergab Abweichungen nicht über 0,001 ml. Bei Blüten waren die Abweichungen größer, bei gesonderter Dest. von Blumenblatt u. Kelch konnten bessere Ergebnisse erzielt werden. Im Mittel von 34 Verss. betrugen die Abweichungen $\pm 0{,}003$ ml der absol. Fehler in 91% nicht über $\pm 0{,}006$ ml. (Доклады Болгарской Академии Наук [C. R. Acad. bulgare Sci.] **6.** Nr. 1. 9—12. Jan./März 1953. Bulg. Akad. der Wiss., Chem. Inst.) A. V. WILPERT. 7286

Henry Kramer, *Bericht über Kaltdauerwellen.* Thioglykolat wird qualitativ mit Cd-Acetat in essigsaurer Lsg., quantitativ durch Titrieren mit 0,1n J u. Methylrot + Stärke als Indicator bestimmt. Qualitativer Nachw. für $KBrO_3$ u. $NaBO_3$ wird angegeben. (J. Assoc. off. agric. Chemists **35.** 285—87. 15/5. 1952. Washington, D. C., Food & Drug Admin., Div. of Cosm.) H. MÜHLMEISTER. 7294

S. H. Newburger, *Untersuchung von Nagellacken.* Die Unters. betraf die meist anzutreffenden nichtflüchtigen Bestandteile von Nagellacken, nämlich Nitrocellulose (I), Butylphthalat (II), Arylsulfonamid–Formaldehyd-Harz (III). I wird von II u. III durch Benzinfällung getrennt. II läßt sich von III durch Extraktion mit PAe.–Methanol-Lsg. trennen. Die Identifizierung der einzelnen Bestandteile erfolgt durch Infrarot- u. UV-Spektrophotometrie. Etwa vorhandenes Trikresylphosphat geht in den PAe.-Auszug über u. kann neben II spektrophotometr. bestimmt werden. (J. Assoc. off. agric. Chemists **38.** 524—32. 15/5. 1955. Washington, D. C., Div. of Cosmetics, Food and Drug Admin., Dep. of Health, Educat. and Welfare.) R. BEYTHIEN. 7294

Max Voisin, Seine, Frankreich, *Herstellung von nicht alkoholischen Extrakten von ätherischen Ölen* (z. B. von Citronen-, Orangen-, Anisöl). Man suspendiert das Öl in dest. W., welches 2‰ sulfoniertes NH_4-Laurat enthält, u. emulgiert das Ganze bei mindestens 8000 U/Minute. (**F. P. 1 032 233** vom 8/2. 1951, ausg. 30/6. 1953.) T. OPPERMANN. 7263

Émile Constant Devaux, Seine-et-Oise, Frankreich, *Heizmischung für Dauerwellen.* Man imprägniert Löschpapier mit Sn- oder Sb-Halogenidlsgg. u. läßt sie in dieser Form auf Al-Folie, -Pulver oder -Späne einwirken; organ. Säuren u. andere ungiftige Mineralsalze können zugleich angewandt werden. — Eine Lsg. von 1000 (g) W., 500 $SnCl_2$, 200 NH_4Cl u. 100 Weinsäure z. B. läßt die Temp. auf 110—130° steigen. (**F. P. 1 080 368** vom 6/7. 1953, ausg. 8/12. 1954.) G. WELTZIEN. 7285

Procter & Gamble Co., übert. von: **Judson H. Sanders,** Cincinnati, O., V. St. A., *Kaltwellmittel,* bestehend aus einer wss. Lsg. von 2—10, bes. 5%, Thioglykolsäure (I) u. Dithiodiglykolsäure (II), wobei das Mol-Verhältnis II:I = 0,15:1—1,5:1, bes. 0,25:1 bis 0,8:1 beträgt. Der p_H-Wert wird, bes. mit Monoäthanolamin, auf 8,5—10, bes. 9—9,5, eingestellt. (**A. P. 2 719 815** vom 12/2. 1954, ausg. 4/10. 1955.) E. PETERSEN. 7285

XIV. Zucker. Kohlenhydrate. Stärke.

Josse Henry, *Einige Betrachtungen über die Kampagne 1953.* Zusammenfassender Vortrag über die Güte u. Menge der verarbeiteten Rüben, des Diffusionssaftes, des Dicksaftes, des erhaltenen Zuckers u. der Melassen sowie über die entstandenen Pulpen u. ihre Konservierung u. über die Verwendung von Antisepticis zur Sterilisierung der Rücknahmewässer in der Raffinerie TIRLEMONTOISE während der Kampagne 1953. (Sucrerie belge **74.** 5—30. Sept. 1954. Raffinerie Tirlemontoise.) R. RUTKOWKSI. 7400

Antoni Kaczorowski und **Wlodzimierz Gnilka,** *Beitrag zur Charakterisierung von zuckerreichen und ertragreichen Rüben.* In 11 Tabellen werden die ausführlichen Analysen von 6 Raffinerien für Rüben mit hohem Zuckergeh. u. solche, die auf hohen Ertrag gezüchtet sind, im Verlauf ihrer Verarbeitung wiedergegeben. Aus den Tabellen ist zu ersehen, daß Rüben mit hohem Zuckergeh. jene hoher Produktivität an Qualität übertreffen, weil sie die größere Fähigkeit zur Bldg. u. Speicherung von Zucker besitzen. Aus den Unterss. der Schnitzel u. Säfte geht ferner hervor, daß Rüben mit hohem Zuckergeh. auch niedrigeren Geh. an schädlicher Asche aufweisen u. darüber hinaus die aus ihnen gewonnenen Säfte bessere Qualität, höheren Reinheitskoeff. u. weniger Asche besitzen. (Gaz. Cukrownicza **54.** 41—45. Febr. 1952.) E. ROTTER. 7406

Tadeusz Pietrzykowski, *Die Verarbeitung von zuckerreichen und ertragreichen Rüben.* (Vgl. vorst. Ref.) Gegenüberstellung der Verarbeitungsweise der beiden Rübenqualitäten in 6 verschied. Raffinerien (3 Tabellen) u. Feststellung der Überlegenheit der zuckerreichen Rübe in Zuckerausbeute u. Verarbeitbarkeit. (Gaz. Cukrownicza **54.** 51—55. März 1952.) E. ROTTER. 7406

Antoni Kaczorowski und **Wlodzimierz Gnilka,** *Die Ergebnisse einjähriger Untersuchungen über die chemische Zusammensetzung und den Verarbeitungswert dreier Zuckerrübenarten.* (Vgl. vorst. Ref.) In 11 umfangreichen Tabellen werden die chem. Verschiedenheiten von 3 Zuckerrübenarten (*AJ-1:* hoher Zuckergeh.; *PZHR-4:* hoher Ertrag; *SWHN-N:* n.) u. ihre Verarbeitbarkeit in 6 Zuckerfabriken wiedergegeben. Es zeigt sich, daß die Sorte AJ-1 die höchste Zuckerausbeute (18,18% gegenüber 14,38 bzw. 15,68%) gibt u. technolog. die besten Eigg. besitzt. (Gaz. Cukrownicza **55.** 111—16. 1953.) E. ROTTER. 7406

Irvan Wolff, *Durch neue Polyelektrolyte verbesserte Klärung.* Durch Verwendung eines polymeren Harzes, *Lytron X-886* (MONSANTO CHEMICAL COMP., PLASTIC DIV.) in einer 8 Tage ohne Unterbrechung arbeitenden Versuchsanlage konnte eine bemerkenswerte Verbesserung der Reinheit von Rohrzuckersäften bei der Klärung u. Filtration erzielt werden. (Sugar **49.** Nr. 7. 29—30. Juli 1954. Brasilien, Central Leão Utinga.) R. RUTKOWSKI. 7412

E. C. Gillett und **R. F. Black,** *Versuchsmodell eines Laboratoriumdruckfilters.* Ein Labor-Druckfilter u. seine Handhabung wird beschrieben, das analog den in der Zuckerfabrik gebräuchlichen gebaut ist u. das zur Entw. von Standardmethoden für die Filtration von Zuckersirup verwendet wird. Die Ergebnisse lassen sich mit genügender Genauigkeit in die Produktion übertragen. (Int. Sugar J. **56.** 307—09. Nov. 1954. Crockett, Calif., California & Hawaiian Sugar Refining Corp. Ltd.) R. RUTKOWSKI. 7412

Sándor Szegö, *Die Erzeugung von Qualitätskristallzucker.* (Vgl. C. **1955.** 941.) Vf. behandelt Theorie u. Praxis des Trocknens von Kristallzucker u. die dazu benutzten Einrichtungen. (Cukoripar **5.** 153—58. Juli. 177—82. Aug. 1952.) J. PLANK. 7438

H. E. C. Powers, *Die Feuchtigkeit von raffiniertem Zucker.* Als Maß für die Zuckerqualität ist die Angabe des Feuchtigkeitsgeh. von relativ geringem Wert, da z. B. nicht genügend getrockneter raffinierter Zucker während des Lagerns W. abgeben u. zu stark getrockneter aus der Luft Feuchtigkeit aufnehmen wird. Die Trocknung sollte nur soweit geführt werden, bis der Feuchtigkeitsdampfdruck des Zuckers mit der relativen Luftfeuchtigkeit im Gleichgewicht steht. Der elektr. bestimmte Aschegeh. der nicht mehr als 0,01% betragen soll, ist als weit besserer Wertmesser anzusehen. (Int. Sugar J. **56.** 314—15. Nov. 1954. London, Tate & Lyle Ltd., Thames Refinery.) R. RUTKOWSKI. 7438

E. Lindemann, *Die Eignung deutscher Maissorten für die Stärkegewinnung.* Unters. der deutschen Maissorten: Gelber bad. Landmais, Pfarrkircher, Mahnsdorfer u. Chiemgauer Körnermais im Vgl. mit 7 ausländ. Sorten hinsichtlich der Ausbeute an *Stärke* **(I)** u. Nebenprodd., der verarbeitungstechn. Eignung u. der Qualität der gewonnenen **I**, ergab die besten Ausbeuten bei den beiden ersten Sorten (65,5—66,5 g/100 g Mais), die auch sonst als Rohstoff für die **I**-Fabrikation recht geeignet sind. (Züchter **25.** 129—32. 1955. Detmold, Bundesanst. für Getreideforsch.) M. ULMANN. 7448

Bolesław Peretjatkowicz, *Neue Methode zur Bestimmung der Wasseraufnahmefähigkeit der Zuckerrüben während des Schwemmens und Waschens.* Die Meth. ist an den techn. Vorgang angepaßt. Die einzelnen Vorgänge werden beschrieben: Einteilung der Rüben nach Größe, Probenahme, Reinigung, Wägung auf $\pm$ 1 g, Behandlung mit W., nochmalige Wägung. Gewichtszunahme auf 100 kg Trockengewicht ist ein Maß für die Wasseraufnahmefähigkeit. (Gaz. Cukrownicza **57.** Nr. 4. 5. 51—52. Mai 1955.) F. URBAN. 7472

XV. Gärungsindustrie.

John G. Kleyn, *Untersuchung einiger Umweltfaktoren, die die Sporenbildung von Hefe in einem neuen Medium beeinflussen.* Die Anwendung des Mediums „A" [Zus. in %: Difco Bacto-Tryptose **(I)** 0,25, Glucose **(II)** 0,062, NaCl 0,062, Na-Acetat **(III)** 0,5 u. Difco Bacto-Agar 2,0] als Sporenbildungsmedium bei *Saccharomyces cerevisiae* erwies sich anderen Medien überlegen. Nur K-Acetat gibt gleichen, NH_4-, Ba- u. Mg-Acetat geringeren Effekt. Auch Na-Lactat u. n. Na-Salze von Krebs-Cyclus-Zwischenprodd. (Brenztraubensäure, Citronensäure, α-Ketoglutarsäure. Bernsteinsäure, Fumarsäure u. Malonsäure) sind weniger wirksam. Konzentrationsänderungen von **III, II** u. **I** haben Einfl. auf das vegetative Wachstum u. Sporenbldg., desgleichen Trocknung. Die Änderung in der Konz. von A zeigt bei Saccharomyces cerevisiae, daß Sporenbldg. von p_H 6,8—8,7 stattfinden kann u. mehr an alkal. Milieu gebunden ist. Mit Phosphatpuffer bei p_H 8,3—8,7 u. mit Glycin **(IV)**-NaOH-Puffer bei p_H 8,1—8,5 tritt optimale Sporenbldg. ein. Mit Na-Glutamat **(V)**, Ammonsulfat, Bacto Asparagin, *l*-(+)-Asparaginsäure **(VI)** als Medium werden ebenfalls Verss. gemacht, wobei **V** den größten Erfolg hat. **IV** u. **VI** erzeugen vermehrte Bldg. bestimmter Zellen. (Wallerstein Lab. Commun. **17.** 91—104. Juni 1954. Ithaca, N. Y., Cornell Univ., State Coll. of Agric., Bacter. Labor.) J. MILLER. 7506

N. M. Kusnetzow, *Neues zum Dämpfen von Kartoffeln und Getreide.* Die Verluste an vergärbarer Substanz als Folge der Rk. zwischen Aminosäuren u. Zucker während des Dämpfens kann durch Verringerung der Konz. dieser Stoffe red. werden. Es wird empfohlen, an Stelle von 1,8—2,5 Liter W. 2,8—3,5 Liter zu 1 kg Getreide u., je nach Stärkegeh., 0,22—0,38 Liter zu 1 kg Kartoffeln zuzusetzen. Um die Verdünnung auszugleichen, wird die Malzmilch nicht mehr mit W., sondern mit ca. 15% der Maische bereitet. Diese Maische wird mit 0,2% Formalin (40%ig) versetzt. Auf sorgfältige Desinfektion aller Apparate u. Leitungen ist zu achten. Die Mehrausbeute an A. beträgt 10—13 Liter/t Stärke bei Kartoffeln u. 8—13 Liter bei Getreide. (Спиртовая Промышленность [Spirituosen-Ind.] **20.** Nr. 1. 8—10. 1954.) W. SCHMELZ. 7510

Je. K. Kardo-Ssyssojewa und **W. A. Utenkowa-Ranzan,** *Über die Alkoholausbeute bei der Hefegärung.* 2. Mitt. *Die Bedeutung der Rasse und die Wuchsbedingungen für die alkoholische Gärung.* (1. vgl. C. **1955.** 3988.) Die im Laufe von einigen Jahren in Hydrolysemaische ununterbrochen gärenden Fabrikhefen besitzen im Vgl. zu den auf Malzmaische gezüchteten Reinkulturen eine erhöhte Dehydraseaktivität. Diese Verstärkung der red. Eigg. hängt damit zusammen, daß die Hydrolysehefe die Fähigkeit erwirbt, bei der Gärung die Red. der Nichtzucker des Hydrolysates zu vermindern. H_2S senkt das Reduktionsvermögen der Nichtzucker genau so stark wie die Fabrikhefe bei der

Gärung. Hierbei ist eine einfache Red. der Carbonylverbb. zu den entsprechenden Alkoholen anzunehmen. (Микробиология [Mikrobiologie] **22.** 682—88. Nov./Dez. 1953. Leningrad, Allunions Wiss. Forschungsinst. der Hydrolyse- u. Sulfitspritind.) O. LEBTAG. 7536

W. A. Utenkowa-Ranzan, *Über die Alkoholausbeute bei der Hefegärung.* 3. Mitt. *Einfluß der Gärungsbedingungen auf die Bilanz der Produkte.* (2. vgl. vorst. Ref.) Durch Erhöhung der Zuckerkonz. u. Verringerung der Hefemenge kann die Gärung verlangsamt u. die A.-Ausbeute gesteigert werden. Letztere stieg von 84,7% der Theorie bei 2,25% Glucose (I), 20 g Hefe/Liter u. einer Gärdauer von 9 Std. auf 91,6% bei 10% I, 2 g Hefe u. 46 Std. Gärzeit. Die erhöhte A.-Ausbeute ist auf eine Zurückdrängung der Nebenprodd. von 14,9 auf 8,5% zurückzuführen, woran bes. Glycerin (von 4,64 auf 1,78), Essigsäure (2,20 auf 0,53), Bernsteinsäure (0,65 auf 0,22) u. überschüssiges CO_2 (5,70 auf 2,63) beteiligt sind. Der Zuwachskoeff. der Hefe stieg von 1,05 auf 5,86. Dinitrophenol ($5 \cdot 10^{-4}$ mol.) als Inhibitor erhöhte die Ausbeute bei 2,5% I u. 25 g Hefe ohne Verlängerung der Gärzeit von 85 auf 92%, bei 2,5% I u. 1 g Hefe bei verdoppelter Gärzeit aber nur unwesentlich. Die Steigerung bei Ggw. von viel Hefe wird auf die Verhinderung des Hefewachstums u. Ausnutzung des Glykogens zurückgeführt, das Ausbleiben der Steigerung bei wenig Hefe auf die Schädigung der Fermente im Lauf der langen Gärdauer. (Микробиология [Mikrobiologie] **23.** 64—71. Jan./Febr. 1954. Leningrad, Allunions Wiss. Forschungsinst. für Hydrolyse u. Sulfitspritind.) W. SCHMELZ. 7536

Je. K. Kardo-Ssyssojewa und **W. A. Utenkowa-Ranzan,** *Über die Alkoholausbeute bei der Hefegärung.* 4. Mitt. *Bedingungen für die Hemmung von Nebenreaktionen.* (3. vgl. vorst. Ref.) Die Neben-Rk. bei der Gärung, die Essigsäure (I), Glycerin u. CO_2 liefert, kann bei Reinkulturen durch einen langsamen Gärungsverlauf (Erhöhung der Zuckerkonz. u. Verminderung der Hefemenge) unterdrückt, die A.-Ausbeute von 79 auf 94% erhöht werden. Ggw. von Dinitrophenol ($5 \cdot 10^{-4}$ mol.) hemmt Biosynth. der Hefe sowie Ansammlung von I u. steigert die A.-Ausbeute von 81 auf 90%. Bei Verwendung von Fabrikhefe muß die Aktivität der Dehydrase verstärkt, die der Aldehydmutase aber abgebremst werden, was nach dem Massenwirkungsgesetz durch Zugabe von I erreicht wird. Dadurch wird eine A.-Ausbeute von 91—92% erzielt, ohne daß eine Erhöhung der Zuckerkonz. notwendig wird. (Микробиология [Mikrobiologie] **23.** 304—12. Mai/Juni 1954. Leningrad, Allunions Wiss. Forschungsinst. für Gärungs- u. Sulfitspritind.) W. SCHMELZ. 7536

Lorand Macher, *Die Desinfektionstechnik in der Braupraxis.* Allg. Ausführungen. (Brauwissenschaft **1952.** 195—98. Nov. Beilage zu: Brauwelt, Ausg. B.) H. HAEVECKER. 7544

Alex P. Mathers und **John E. Beck,** *Bestimmung von durch Hefe vergärbarem Zucker in Bier.* Das von A. befreite Bier wird mit Hefe restlos vergoren, der entstandene A. abdest., entweder durch Ceri- oder Dichromatoxydation bestimmt u. auf Maltose berechnet. (J. Assoc. off. agric. Chemists **36.** 954—57. 15/8. 1953. Washington, D. C., Alcohol and Tobacco Tax Div. Labor., Bur. of Internal Revenue.) R. BEYTHIEN. 7550

Weller, *Regulierung der Säure — ein wichtiges Problem.* Allg. Ratschläge für die Praxis. (Dtsch. Weinbau **9.** 715. 5/12. 1954. Bacharach.) E. KIELHÖFER. 7554

H. Schanderl, *Die Frage der Anwendung von Antibioticis im Wein.* Vf. lehnt die Anwendung von Antibiotica zur Gärungsverhinderung im Wein ab unter Hinweis auf medizin. Bedenken sowie auch auf die unterschiedliche Widerstandsfähigkeit nicht nur verschied. Hefearten, sondern auch verschied. Hefestämme. (Dtsch. Weinbau **9.** 711—12. 5/12. 1954. Geisenheim/Rh.) E. KIELHÖFER. 7554

C. H. Nielsen, ed. Distillation in practice. London: Chapman & H. 1956. (VI + 133 S. m. Abb.) 8°. 24 s.

XVI. Nahrungs-, Genuß- und Futtermittel.

Friedrich Hayduck, *Zur Geschichte der Gewinnung von Nahrungs- und Futtereiweiß durch Massenzüchtung von Mikroorganismen.* Kurzer Bericht über die histor. Entw. der biol. Eiweißerzeugung, wonach bereits 1910 DELBRÜCK Hefe als Futtermittel vorschlug u. 1914—1916 die industrielle Herst. durchführte. (Branntweinwirtschaft **75.** 118—19. 25/3. 1953.) R. GRAU. 7646

M. Rohrlich, *Glykoside, Saponine und der Bitterstoff des Hafers.* Nach allg. Ausführungen über den Bau von Glykosiden u. Saponinen beschreibt Vf. ein Verf. zur Isolierung des wasserlösl. glykosid. Bitterstoffes aus Hafer. Dazu wird Haferkleie mit A. extrahiert, aus dem eingetrockneten Extrakt das Fett mit Ae., Saponine durch Fällung mit Cholesterin entfernt u. danach der Bitterstoff mit Butanol extrahiert. Reinigung erfolgt durch mehrfache Umfällung aus methanol. Lsg. mit Ae. u. Adsorption an Al_2O_3. So werden aus 1 kg Haferkleie 200—300 mg Bitterstoff mit F. 236—238° erhalten. Durch Behandlung mit 2,5% ig. HCl erfolgt Spaltung in 42,5% Kohlenhydrate (Glucose u. Rhamnose im Verhältnis 2:1) u. 57,5% *Aglykon*, bei dem es sich um einen Stoff mit Steroidstruktur u. F. 187—189° handelt. (Müllerei 8. Nr. 4, wiss. Müllerei **1955**. 1—6. 22/1.) F. KRUSEN. 7664

Lewis P. MacAdams, *Pilzenzyme bei der Brotherstellung.* Pilzenzyme bewirken eine Geschmacks- u. Konsistenzverbesserung der Backwaren, werden in Tablettenform angewendet u. bieten gegenüber dem bisher verwendeten Malz den Vorteil optimaler Dosierung, da die Amylase- u. Proteasewrkg. jeweils individuell kombiniert werden kann. (Food Manufact. **30**. 274—76. 1/7. 1955. Texas, Ford Industries Co., Inc.) G. ANDERSEN. 7674

R. B. Jagoe, *Untersuchung über die Lagerung von grobgemahlenem Reis.* Grobgemahlener Reis kann in einem sauberen, trockenen, gegen den Zutritt von Schädlingen geschützten, aber gut durchlüfteten Raum bis zur Dauer von 5 Monaten in ungezieferfreiem u. gut eßbarem Zustand erhalten werden. — 19 Literaturangaben. (Malayan agric. J. **37**. 154—68. 1954.) F. RANG. 7686

Rene O. Cravioto B., Jesus Guzman G. und **Guillermo Massieu H.**, *Verbesserung des Nährwertes der Tortilla (Maisfladen).* 3. Mitt. *Die Wirkung der Erhitzung mit Calciumhydroxyd auf die antitryptische Aktivität der Soja.* (2. vgl. Ciencia [Mexico] **10**. [1950.] 145). Der *Maisfladen* (I) ist für einen großen Teil der mexikan. Bevölkerung das wichtigste Nahrungsmittel. Durch die Zugabe von 10% Sojamehl wird vor allem der Geh. an *Lysin* u. *Tryptophan* erhöht u. der Nährwert des I beträchtlich gesteigert, ohne daß Geschmack u. Struktur merklich beeinflußt werden. Vff. untersuchten die antitrypt. Aktivität der Soja unbehandelt, nach Wasserbehandlung bei Zimmertemp. u. nach 1std. Erhitzung mit $Ca(OH)_2$ auf 80°. Sie konnten feststellen, daß nach Wasserbehandlung die antitrypt. Aktivität nicht, nach der Erhitzung mit Kalk aber sehr stark vermindert wird (90%). Es ist daher zweckmäßig, die Sojabohnen dem Mais während der „Nixtamal"-Bereitung zuzusetzen, weil dann eine gemeinsame Kalkbehandlung erfolgt. Auf diese Weise wird eine Tortılla mit 10% Sojageh. prakt. keine antitrypt. Aktivität aufweisen. (Ciencia [Mexico] **11**. 81—82. 1951. Mexico, D. F., Inst. Nac. de Nutriol. S. S. A.) HANS THIELE. 7686

Alfred Bäucker, *Über die Haltbarkeit von flüssig gefüllten Likörartikeln.* Zur Prüfung der Haltbarkeit von fl. gefüllten Likörartikeln werden einfache Formen der Hohlkörpermasse 3 Monate in die zu verwendende Lsg. gelegt u. danach die von der Menge aufgenommene Fl. ermittelt. Je mehr Fl. aufgenommen wurde, desto schlechtere Haltbarkeit ist zu erwarten. Die Lagerfähigkeit von gefüllten Likörwaren ist weitgehend abhängig von Zucker- u. A.-Geh. der Füllung, außerdem von deren Geh. an Kolloiden, von denen steigende Mengen die Kristallisation der Krusten ungünstig beeinflussen. Gute Haltbarkeit ist zu erwarten, wenn Füllung 12—15 Vol.-% A. u. 60—64 Gew.-% Zucker enthält. (Zucker- u. Süsswaren-Wirtsch. **8**. 16—21. 5/1. 1955. Saalfeld/S., Zentrallabor. der Süßwarenind.) F. KRUSEN. 7704

W. H. K. Coetzee, *Verdünnung und Zusatz von Säure in der Herstellung von Traubensaft.* Der beste Geschmack wurde bei Traubensäften mit Zuckergehh. zwischen 16 u. 17%, Säuregehh. von 0,4—0,5% (als Citronensäure berechnet) u. p_H-Werten von 3,5—3,6 festgestellt. Da zur Erreichung dieses Zuckergeh. die natürlichen Traubensäfte meist verd. werden müssen, ist zur Erhaltung der nötigen Acidität Zusatz von Säure nötig, wozu sich in gleicher Weise *Citronen-*, *Äpfel-* u. *Weinsäure* eignen. Dabei muß beachtet werden, daß bei verd. Säften die Pufferungsfähigkeit wesentlich geringer als bei unverd. ist. Über diesbzgl. Unterss. wird berichtet. — 39 Literaturangaben. (Farming South Africa **30**. 341—44. Juli 1955. Stellenbosch, Western Province Friut Res. Stat.) F. KRUSEN. 7706

E. v. Skramlik, *Vergleichende Untersuchungen über die Geschmackswirkung von Gemüse- und Obstpreßsäften.* Die Geschmackswrkg. von 19 Obst- u. 13 Gemüsepreßsäften wird durch Mischungsgleichungen u. zugehörige Multiplikatoren dargestellt. Die reinen Geschmacksqualitäten „bitter", „salzig", „sauer" u. „süß" werden mit Chininhydrochlorid, NaCl, Weinsäure u. Traubenzucker erzeugt. In vielen Fällen läßt sich die Geschmackswrkg. durch eine bin. Kombination der Grundstoffe darstellen. Die Komponente „bitter" ist bei den Obstsäften nur 1mal, bei den Gemüsesäften mehrfach vertreten. Die Komponente „salzig" kommt in keinem Fall vor. (Pharmazie **9**. 843—51. Okt. 1954. Berlin.) PH. FRESENIUS. 7706

Anthony A. Newman, *Die Verbesserung von Kakaobutter durch Hydrierung oder Isomerisation.* Sowohl durch katalyt. Druckhydrierung als auch durch Isomerisation mit Stickstoffoxyden oder durch Kombination beider Verff. gelangt man zu *Kakaobutter* (I)-Derivv., deren F. im Vgl. zu I gleichmäßig höher liegt u. deren Tendenz zum Ausblühen daher vermindert ist. — 33 Literaturhinweise. (Food Manufact. **30.** 286—89. 292. 1/7. 1955.) G. ANDERSEN. 7726

Robert G. Martinek und **Walter Wolman,** *Xanthine, Tannine und Natrium in Kaffee, Tee und Kakao.* Es wurde in den üblicherweise bereiteten Getränken gefunden: Kaffee 1,1—1,5(%) *Coffein* (I), 1,0—1,1 *Tannin* (II) u. 0,30 Milliäquivalente (mÄ) *Na*/Tasse; Kaffee-Extrakt 2,0—2,2 I, 4,1—4,4 II u. 0,35 mÄ *Na*; I-freier Kaffee 0,33—0,34 I, 1,2 II u. 0,33 mÄ *Na*; I-freier Kaffee-Extrakt 0,37—0,90 I u. 3,8—6,7 II; schwarzer Tee 2,4—3,3 I, 9,9—13,1 II u. 0,16 mÄ *Na*; grüner Tee 1,8—1,9 I, 9,1—11,7 II u. 0,15 mÄ *Na*; Tee-Extrakt 6,9 I u. 14,7 II; Kakao 2,5—3,3 *Theobromin*, 2,5—4,0 II u. 0,34—1,13 mÄ *Na*. (J. Amer. med. Assoc. **158.** 1030—31. 23/7. 1955.) F. KRUSEN. 7726

W. Partmann, *Der Einfluß des Gefrierens und der Gefrierlagerung auf die Apyraseaktivität der Fisch- und Rindermuskulatur.* Die Lagerung von aus Gastrocnemius-Muskulatur vom Rind u. Seitenrumpfmuskulatur vom Schlei hergestellten Homogenaten bei —4, —18, —76 u. —190° bis zu 189 bzw. 94 Tagen hatte keinen wesentlichen Einfl. auf die *Apyrase*-Aktivität der Präparate. Demnach stehen die beim Gefrieren beobachteten Denaturierungsvorgänge an der Myosinfraktion der Muskulatur in keinem Zusammenhang mit der *Apyrase*-Aktivität. (Z. Lebensmittel-Unters. u. -Forsch. **99.** 341 bis 346. Nov. 1954. Karlsruhe, Bundesforschungsanst. für Lebensmittelfrischhaltung.) F. KRUSEN. 7752

Alf Olsen, *Das Einfrieren von Fischen in Alginatgelee.* Beschreibung eines norweg. Verf. zur Konservierung von Fettfischen, wie Heringen oder Makrelen. Das Alginatgelee bildet sich aus lösl. Na-Alginat auf Grund von verzögernd wirkenden Salzen erst, wenn die Fische darin eingebettet sind. Hauptvorteile des Verf. sind neben der geschmacklichen Verfeinerung, daß die Fischfette infolge der kolloidchem. Eigg. des Alginats nicht autokatalyt. oxydativ ranzig werden, daß die Austrocknung vermindert wird, daß eine Teilentnahme ohne Beschädigung der Fische möglich ist u. daß die Einfriertempp. nicht so tief wie sonst üblich zu sein brauchen. (Food Manufact. **30.** 267—70. 285. 1/7. 1955. Drammen, Norwegen, A/S Protan.) G. ANDERSEN. 7752

J. C. Oosthuizen, *Penicillin in der Milch.* Nach Bemerkungen zur *Penicillin* (I)-Ausscheidung mit der Milch bei damit behandeltem Milchvieh, werden die Einfll. auf die Milchverarbeitung behandelt u. einfache I-Nachweisverff. für Molkereibetriebe mitgeteilt. (Farming South Africa **30.** 267—68. Mai 1955. Glen., Agric. Coll.) F. KRUSEN. 7756

H. F. DePew, *Milchfettverlustkontrolle im Milchbetrieb.* Hinweise u. Empfehlungen zur systemat. Kontrolle auf Milchfettverluste im milchverarbeitenden Betrieb. (Milk Dealer **44.** Nr. 9. 159—63. Juni 1955. New York, N. Y., Nat. Dairy Prod. Co., Inc., Plant Prod. Div.) F. KRUSEN. 7756

W. Mohr und **K. H. Peters,** *Das Kneten im walzenlosen Butterfertiger.* (Vorl. Mitt.) Erfahrungsbericht. (Molkerei-Ztg. **9.** 433—36. 14/4. 1955. Kiel, Bundesversuchs- u. Forschungsanst. für Milchwirtsch.) F. KRUSEN. 7758

Lucie Randoin und **Colette Jourdan,** *Bestimmung des Gehalts an Trockenmasse, Calcium und Phosphor in zwei Sorten Ziegenkäse und elf Gruyèrekäse-Proben.* Ziegenkäse besitzen hinsichtlich Ca u. P den gleichen Wert wie Camembert, Brie oder Coulommiers. Gehh. an W. u. Trockenmasse bzw. Ca u. P sind in der Größenordnung gleich. „*Schweizer*"-*Schmelzkäse* (I) unterscheidet sich nach Ca u. P im Teil nicht wesentlich von Schweizerkäse. I ist daher als wertvolles Ca/P-Lebensmittel zu betrachten. (Lait **32.** 593—99. Nov./Dez. 1952.) PH. FRESENIUS. 7760

Eino S. Tammisto und **R. Kjäldman,** *Ergebnisse der Lagerungsversuche von finnischem Emmentaler Käse 1951 bis 1953.* Eine Verbesserung der Lagerfähigkeit von finn. Emmentaler Käse wäre durch Erhöhung des Geh. an Trockensubstanz auf mindestens 63% zu erreichen. Die Lagerung sollte bei Tempp. erfolgen, die eine Nachgärung ausschließen. (Karjantuote **38.** 243—46. 22/4. 1955.) S. BECKMANN. 7760

Wolfgang Kromrey und **Constant Griebel,** *Über den Nachweis der bei beginnender Zersetzung des Fleisches auftretenden Aromastoffe Diacetyl, Acetoin und 2.3-Butylenglykol mit der Mikrobechermethode.* Vff. diskutieren zunächst an Hand der Literatur die verschied. Reaktionsmechanismen, die zur Bldg. von *Diacetyl* (I), *Acetoin* (II) u. *2.3-Butylenglykol* (III) führen. Mit Hilfe einer Mikrobecherdestillationsmeth. zeigen sie, daß bei beginnendem Verderb von Fleisch u. Fisch, wenn die Rk. nach EBER noch negativ ist, durch Bakterientätigkeit I, II u. III gebildet werden. Als Zwischenprodd. der Rkk., die zu diesen Substanzen führen, werden *Brenztraubensäure* u. *Acetaldehyd* angenommen. *Citronensäure* scheint hier keinen Einfl. zu haben. Die I-Bldg. ist abhängig von Temp.,

Luftfeuchtigkeit, Licht-, Lufteinw. u. p_H-Wert. Der I-Nachw. ist als Güteprobe für Fleisch u. Fleischwaren nur im Falle einer positiven Rk. von Bedeutung, da unter Umständen die Rk. ausbleiben kann. — 69 Literaturangaben. (Z. Lebensmittel-Unters. u. -Forsch. **99**. 196—210. Sept. 1954. Berlin.) F. Krusen. 7850

Don Scott, *Nachweis der enzymatischen Entzuckerung in Trockenei.* Bei der Entzuckerung von Eidotter, Eiklar u. Vollei zur Trocknung mit Glucoseoxydase u. Katalase entsteht als Reaktionsprod. *Gluconsäure* (I), für deren Nachw. folgendes Verf. mitgeteilt wird: 10 g Trockenei werden mit Methanol–W. (3:1) versetzt, mit 2n NaOH auf p_H 7,5 bis 8,0 eingestellt u. 30 Min. unter wiederholtem Schütteln stehengelassen. Man filtriert, dampft 20 ml Filtrat ab u. löst den Rückstand in 1—2 ml W. u. versetzt 1 Tropfen mit 4 Tropfen Fe-Reagens. Wenn die zunächst entstehende Orangefärbung in helles Gelb übergeht, ist I vorhanden. Identifizierung kann durch Papierchromatographie unter Verwendung von Methanol–W. als Lösungsm. u. Besprühen mit Fe-Reagens erfolgen. I ergibt hellgelben Fleck mit R_F-Wert 0,35—0,50. Als andere organ. Säure kann hier nur noch Citronensäure mit blauweißem Fleck vom R_F-Wert 0,3 erscheinen. — Fe-Reagens: 50 ml 2mol. Na-Propionat mit 50 ml 0,4mol. HCl mischen u. darin 1 g $FeCl_3 \cdot 6\,H_2O$ lösen. (J. agric. Food Chem. **1**. 1109—11. 25/11. 1953. Chicago, Ill., Vita-Zyme Labor., Inc.) F. Krusen. 7854

Paul Jax und **Hellmut Aust,** *Beiträge zur Chromatographie der Butter- und Käsefarben sowie der damit gefärbten Milchprodukte.* Um den Nachw. von Butter- u. Käsefarben zu erleichtern, wurden die chromatograph. Eigg. u. Farb-Rkk. untersucht. Es wurde dabei keine Rücksicht auf eventuelle Toxizität der Substanzen genommen. Folgende fettlösl. Farbstoffe wurden an Al_2O_3 (Brockmann), MgO, Frankonit in Bzl., PAe., Aceton (I) u. Methanol (II) adsorbiert, ferner wurden die R_F-Werte auf Schleicher & Schüll-Papier 2043b in 4 Lösungsmitteln: 80%ig. wss. II; 80%ig. wss. Propanol; 40% II, 40% Eisessig, 20% W., 160 Teile 2-Methylpropanol-(1), 30 Teile 2n Essigsäure u. 10 Teile Glycerin u. schließlich der Farbumschlag bei der Carr-Price-Rk. (jeweils in Klammern angegeben) ermittelt: *Carotin* (gelb → blau); *Annatto,* Hauptbestandteil *Bixin* (orange → blaugrün); *Buttergelb* (gelb → rot); *Ölgelb 2G* (gelb → rot); *Ceresgelb 3G* (gelb → gelb); *Sudanrot G* (rot → violett); *Ceresorange G* (orange → rot); *Chrysoidin R* (hellrot → rotbraun); *Ceresrot BB* (rot → blau); *Ceresrot G* (rot → violett); *Ceresorange R* (orange → violett); *Martiusgelb* (gelb → gelb). — Bei der Unters. der folgenden wasserlösl. Farbstoffe wurden für die Säulenchromatographie nur I u. II u. in der Papierchromatographie nur die Lösungsmittel: 80%ig. wss. Propanol-(2) u. 60% Propanol + 20% Eisessig + 20% W. verwendet. *Carotin* (gelb → blau); *Annatto-Käsefarbe = Norbixin* (orange → blau); *Tartrazin* (gelb → gelb); *Echtgelb* (gelb → rot); *Chrysoin SGX* (orange → rot); *Chromotrop FB* (rot → rot); *Echtrot E* (rot → violett); *Naphtholrot S* (violett → violett); *Neucoccin* (rot → violett); *Ponceau 6 R* (rot → rot); *Tropaeolin 0* (gelb → orange); *Tropaeolin 00* (gelb → violett); *Tropaeolin 0001* (rot → dunkelviolett); *Sudan III* (rot → violett); *Scharlach GN* (rot → rot); *Gelb 27175 N* (gelbrot → violett); *Orange GGN* (orange → rot); *Chinolingelb* (gelb → gelb); *Erythrosin* (rot → orange); *Auramin* (gelb → farblos); *Alizaringelb R* (gelb → orange); *Orange G* (orange → rot). — Es wird für jede Farbstoffgruppe ein Analysentrennungsgang angegeben. Für die Analyse von fettlösl. Farbstoffgemischen scheint die Säulenchromatographie, für die Unters. wasserlösl. Farbstoffgemische jedoch die Papierchromatographie besser geeignet zu sein. (Milchwiss. Ber. **3**. 145—89. 1953. Wolfpassing, Österreich, Bundes-Lehr- u. Versuchsanstalt für Milchwirtschaft.) F. Günther. 7860

XVII. Fette. Seifen. Wasch- u. Reinigungsmittel. Wachse. Bohnermassen usw.

Bernadette Jaillet, *Neue Patente über die Ölproduktion.* Ausführungen über Extraktion u. Raffination der Öle u. Fette sowie über ihre Stabilisation; es werden behandelt: Extraktion u. Vorbereitung dafür. Raffinationsverff. unter Anpassung an die Eigg. der verschied. Öle (Entschleimung, Entsäuerung, Bleichung, Desodorierung), Gewinnung u. Verwertung von Nebenprodd., Stabilisierung durch synthet. Antioxydantien, durch „Winterisation“ (Abscheidung der höher ungesätt. Anteile), Stabilisierung der Farbe, Extraktion u. Raffination von Wachsen. (Oléagineux **10**. 601—08. Aug./Sept. 1955. Karachi, Pakistan.) K. Täufel. 7870

I. H. Chayen und **D. R. Ashworth,** *Die Anwendung des Impulsausschmelzens in der Industrie der tierischen Fette.* Die fettenthaltenden Zellen tier. Gewebe lassen sich durch Druckstöße hoher Geschwindigkeit (mit einer Hammermühle erzeugt) in W. leicht zerstören u. geben das Fett ab. Das Verf. bietet zum Entfetten von Knochen (zur Leimherst.) Vorteile, da die Struktur des Kollagens nicht so verändert wird wie durch Hitze-Ausschmelzen oder Lösungsmittelextraktion. Die Knochen werden in 2—5 cm große Stücke zerkleinert u. mit der 6fachen Menge W. den Druckstößen <1 Sek. bei Normaltemp. ausgesetzt. Abtrennen, kurzes Erwärmen auf 90° zum Schmelzen des Fettes, Zentrifugieren (Fließschema). Aus frischen Metzgereiknochen werden 48,55% entfettete Knochen u. 13,87% Fett erhalten. Auf analoge Weise können auch Fleisch, Därme, Häute, tier. Weichfett, behandelt werden. Aus Fischleber, die nur 4—7% Feststoffe enthält, werden bis zu 98% des Leberöls gewonnen. Die Anwendung in der Fischindustrie führt zu einem Mehl mit nur 4% Ölgehalt. Oliven geben 85% Öl, Palmfrüchte 90%, das Fleisch der Cocosnüsse 85%. (J. appl. Chem. **3.** 529—37. Dez. 1953. London, Brit. Glues & Chemicals Ltd.) H. OTTERBACH. 7872

Géza Hoffmann, *Anforderungen an die Qualität bei mit Wasserstoff gehärteten Fetten.* Vf. beschreibt die Anforderungen, die an die Qualität der gehärteten Fette zu stellen sind, u. zwar Geschmack-, Geruch- u. Farblosigkeit. Die ursprüngliche Zus. der Ausgangsfette bestimmt die Verwendbarkeit der hydrierten Fette. Es werden die Methoden beschrieben, die man zur qualitativen Bewertung der Fettwaren anwendet. Für jedes Fett ist charakterist. der Unterschied zwischen Schmelz- u. Gefrierpunkt. Mit Hilfe der Mikropenetration bestimmt man die Plastizität des Fettes. Man mißt, wie tief eine Nadel mit bekanntem Gewicht in das Fett eindringt. (Élelmezési Ipar [Verpflegungs-Ind.] **7.** 251—56. Juli 1953.) H. LANGENBECK. 7880

Sándor Jaschik und **Mihályné Krámer,** *Die Veränderung der Speisefette und Öle infolge der Wärmewirkung während des Kochprozesses.* Die Wärmebehandlung obiger Fette vermindert Verdaulichkeit u. biol. Wert. Bei Schweinefetten soll die schädigende Wrkg. größer sein als bei Ölen. Wärmebehandlung schädigte die Butter dagegen nicht. Deshalb ist vorsichtige Wärmebehandlung der Fette im Küchenbetrieb geboten. (Élelmezési Ipar [Verpflegungs-Ind.] **7.** 17—25. Jan. 1953.) H. LANGENBECK. 7888

Frank A. Lee, *Wirkung von Sonnenbestrahlung auf Gemische von pflanzlichen Ölen und Pigmenten.* An *Mandel-* u. *Paranußöl* (**I**; **II**) unter Sonnenbestrahlung wurde der Einfl. von *Chlorophyll* (**III**) u. *Carotin* (**IV**) auf die *Peroxyd* (**V**)-Bldg. bestimmt. **III** bedingt ca. 10 (5)-fache Steigerung der **V**-Werte von **I** (**II**). **IV** verzögert die **V**Bldg.; die **V**-Werte von **IV**-*Öl*-Gemischen entsprachen denen der reinen Öle. **IV** + **III**-Zusatz ergab einen höheren **V**-Wert für **I** u. einen niedrigeren oder gleichen für **II**, verglichen mit dem Zusatz von **IV** allein. (Nature [London] **176.** 463—64. 3/9. 1955. New Brunswick, N. J., Rutgers Univ., New Jersey Agric. Exp. Stat., Food Technol., Dep.; Geneva, N. Y., Cornell Univ., New York State Agric. Exp. Stat.) H. DOSSMANN. 7894

Lloyd E. Slater, *Fortschritte in der Anwendung von Schweineschmalz.* Schweineschmalz eignet sich bes. als Backfett für Kuchen, Brot u. Pasteten, wenn es „mol. modifiziert" worden ist. Um dieses Ziel zu erreichen, wird das Schmalz auf eine zwischen 150° u. dem niedrigsten F. des Schmalzes liegende Temp. mit einem Alkalialkoholat, z. B. CH_3ONa, erhitzt. Dadurch werden Öl-, Palmitin- u. Stearinsäure in anderer Ordnung oder Reihenfolge an Glycerin gebunden u. die wünschenswerten Eigg. hydrierter Pflanzenfette, bes. kleinere Fettkristalle, erhalten. (Food Engng. **25.** Nr. 9. 72—73. 100. Sept. 1953.) W. WESLY. 7896

Victor Raymond, *Die Seifenersatzreinigungsmittel bei der Prophylaxe der Berufsdermatosen.* Anforderungen hinsichtlich Wirkungsweise u. Zus. u. Hinweise für die Herst. von Seifenersatzmitteln zum Händewaschen für Arbeiter. (Arch. Maladies profess. Méd. Travail Sécurité soc. **16.** S249—S252. 1955.) G. TREWENDT. 7912

C. Brès und **L. M. Vincent,** *Schnellmethode zur Ermittlung des Öles im Fleisch, in den Krusten und in den Trestern von Oliven.* Schnellmeth. zur Ermittlung des Ölgeh. von Oliven, Oliventrestern usw., indem das Untersuchungsmaterial, gegebenenfalls zerkleinert, mit einer genau abgemessenen Menge Trichloräthylen ½ Std. unter Rückfluß erhitzt, nach dem vollständigen Abkühlen die Lösungsmittelschicht dekantierend abgetrennt u. dann mit einer 20%ig. Lsg. von NaCl gewaschen wird; von der homogenisierten Trichloräthylen-Fettlsg. ermittelt man Temp. u. D. u. entnimmt den Geh. an Öl einem Nomogramm; eingehende Ableitung desselben; Kontrolle der Schnellmeth. durch Vgl. mit den Ergebnissen der üblichen SOXHLET-Extraktion; die Arbeitsweise hat sich in der Praxis der Olivenverarbeitung bewährt. (Oléagineux **10.** 559—64. Aug./Sept. 1955. Enfidaville, Tunisie, Soc. Franco-Africaine; Paris, Soc. des Ecrémeuses et Séparateurs Ind.) K. TÄUFEL. 7932

H. Keller, *Zur Neutralrotprobe und Nilblausulfatprobe für die Fettuntersuchung.* 1 g Fett wird in einem Reagensglas mit 1 ml *Neutralrot*-Lsg. 1:50000 (hergestellt aus alkoh. Stammlsg. 1:10000 durch Verdünnen mit W.) versetzt, erhitzt u. einige Sek. am Sieden gehalten. Während die Fl. nach dem Erkalten in jedem Fall weinrot gefärbt ist, hat die aufliegende Fettschicht bei neutralem Fett hellgelbe, bei ansaurem orangerosa u. bei ranzigem rote Färbung. Das gleiche Verf. kann auch mit einer gleich hergestellten Lsg. von *Nilblausulfat* durchgeführt werden, wobei die Fl. hell- bis dunkelblau wird u. sich neutrales Fett rosa, ansaures hellblau u. ranziges dunkelblau färbt. Auf die Fehlermöglichkeiten der Beeinflussung der Rk. durch Eigenfärbung der Fette (Rindertalg, steam lard) wird hingewiesen. (Lebensmitteltierarzt **3.** 105—06. Nov. 1952. Beilage zu: Dtsch. tierärztl. Wschr. Gießen, Justus-Liebig-Hochsch., Inst. für tierärztl. Nahrungsmittelkunde.) F. KRUSEN. 7932

Armin Blumenthal, Johannesburg, Südafrikanische Union, *Verfestigen von seifenfreien Waschrohstoffen* (**I**). Man stellt eine Schmelze aus Stearinsäure, Paraffin u. einem Esterharz her, läßt diese mehrere Tage reifen, trägt sie in eine heiße Sodalsg. ein, gibt **I**, z. B. ein Alkylarylsulfonat, ein inertes Füllmittel u. Stärke hinzu, erhitzt auf 100°, fügt Wasserglas zu u. formt die M. zu Stücken. (**A. P. 2 714 093** vom 5/1. 1954, ausg. 26/7. 1955.) C. LÜTTGEN. 7913

Petrolite Corp., übert. von: **Melvin De Groote,** University City, Mo., V. St. A., *Hydrophile saure Ester* der allg. Formel $[R'O_5(R'''O)_{n''}][(RO)_nCOR''(COOH)_{n'}]_5$ erhält man durch Verestern einer acycl. oder isocycl. Polycarbonsäure mit höchstens 8 C-Atomen der Formel $HOOC-R''-(COOH)_{n'}$ (n' = höchstens 2, $R'(OH)_5$ = Tetramethylolcyclohexanol, R'' = acycl. oder isocycl. Rest) mit einem oxyalkylierten Tetramethylolcyclohexanol der Formel $[R'O_5(R'''O)_{n''}][(RO)_nH]_5$ (R''' = Äthylen- oder Butylenrest, n'' = 0 bis höchstens 10, (RO) = zweiwertiger Propylenoxydrest, n = eine solche Zahl, daß das Mol.-Gew. des Alkohols 1500—6000 beträgt). — **I** wird mit Propylenoxyd stufenweise in Ggw. von NaOH bei ca. 205—215° umgesetzt, bis das Mol.-Gew. 1650—5350 (vgl. Tabellen) beträgt. Die gebildeten Oxypropylierungsprodd. werden dann mit Adipin-, Phthal-, Bernstein-, Diglykol-, Sebacin-, Azelain-, Aconit-, Malein-, Citraconsäure oder deren Anhydriden oder DIELS-ALDER-Addukten aus Maleinsäureanhydrid u. Cyclopentadien oder ungesätt. Fettsäuren mit 18 C-Atomen verestert, z. B. nach A. P. 2 499 370 (C. **1951.** I. 953), durch Erhitzen, z. B. auf 130—150°, unter Entfernung des gebildeten Reaktionswassers (vgl. Tabellen). Das oxypropylierte **I** kann vorher auch noch mit Äthylenoxyd, Butylenoxyd, Glycid oder Epichlorhydrin umgesetzt werden. Die Ester kann man mit Dimethylsulfat, H_2SO_4 u. Äthylenimin nachbehandeln u. mit Triäthanolamin, Cyclohexylamin oder anderen Verbb. neutralisieren. — Oberflächenakt. Mittel, Demulgierungsmittel für Petroleumemulsionen vom W.-in-Öl-Typ. — Vgl. auch A. P. 2 552 528; C. **1956.** 1199. (**A. P. 2 652 418** vom 14/7. 1949, ausg. 15/9. 1953.) G. KRAUSS. 7913

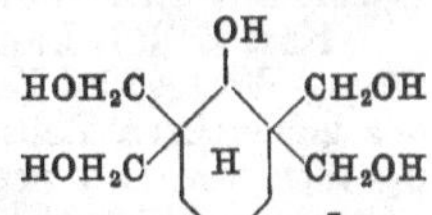
I

Hall Laboratories, Inc., übert. von: **Kurt Albrecht,** Pittsburgh, Pa., V. St. A., *Reinigungsmittel* aus krist. NH_4PO_3, an dessen Oberfläche ein im wesentlichen wasserfreies, fl., nichtionisiertes oberflächenakt. Mittel (1—50, bes. 30—50 Gew.-% der Gesamtmischung) adsorbiert ist. Solche Mittel sind z. B. polymeres Äthylenoxydkondensationsprod., Mannitan- oder Sorbitanester höherer Fettsäuren. (**Can. P. 491 166** vom 6/10. 1948, ausg. 10/3. 1953. A. Prior. 10/10. 1947.) M. PANKOW. 7917

Appareils et Évaporateurs Kestner, Nord, Frankreich, *Herstellung von gekörnten Reinigungsmitteln.* Die zerstäubten u. getrockneten Reinigungsmittel [z. B. der Zus.: 30(%) Alkylarylsulfat, 30 Na_2SO_4 u. 40 verschied. Phosphate], welche aus sphär. Teilchen von 0,5 mm Durchmesser bestehen, befeuchtet man z. B. mit einer ca. 40%ig. Na-Silicatlsg. u. kühlt sie dann in einem rotierenden Zylinder ab. Hierbei ballen sich die sphär. Teilchen zu Granula von größerer D. zusammen. — Vorrichtung. (**F. P. 1 046 540** vom 19/12. 1951, ausg. 7/12. 1953.) T. OPPERMANN. 7917

XVIIIa. Holz. Cellulose. Zellstoff. Papier. Papierdruck. Celluloid. Linoleum.

Henry W. Hicock und **A. Richard Olson,** *Holzschutz durch einfache Methoden.* Die Möglichkeiten der Holzschutzbehandlung von Masten u. Pfählen ohne spezielle Tränkanlagen mit Kohlenteer–Kreosot, öligen Pentachlorphenol- oder Cu-Naphthenatlsgg. u. $ZnCl_2$ mit u. ohne Dichromat werden beschrieben. Die im Verlauf der langjährigen Unterss. gewonnenen Ergebnisse im Hinblick auf Flüssigkeitsaufnahme u. -eindringzeit, Dauerwrkg., Aufnahmevermögen u. Durchtränkbarkeit verschied. Holzsorten usw. werden mitgeteilt. — 25 Tabellen. (Connecticut agric. Exp. Stat., New Haven, Bull. **581.** 1—66. Mai 1954. New Haven, Conn., Agric. Exp. Stat.) S. HÜTTIG. 7952

Frank S. H. Head, *Die Reduktion der Aldehydgruppen in Perjodatoxycellulosen durch Natriumborhydrid.* Nach Behandlung von Oxycellulose mit wss. Borhydridlsgg. konnte beobachtet werden, daß das Reduktionsvermögen u. die Löslichkeit in Kupferammoniumlsgg. stark herabgesetzt waren. Dieses Ergebnis führte zu Verss., die Aldehydgruppen mit Borhydrid zu red. u. damit die Alkaliempfindlichkeit der Oxycellulose zu mindern. Um die günstigsten Reduktionsbedingungen zu finden, wurde der Einfl. des p_H-Wertes, der Temp., der Konz. u. der Behandlungsdauer untersucht u. durch die Cu-Zahl u. die Löslichkeit angegeben. (J. Textile Inst., Trans. **46.** T400—06. Juni 1955.) I. SCHOENMANN. 7954

Georg Jayme und **Werner Bergmann,** *Über die vereinfachte Herstellung eines Lösungsmittels für Cellulose auf der Basis eines Eisen–Weinsäure–Natrium-Komplexes.* Beschreibung einer vereinfachten Darstellungsweise für die alkal. Lsg. eines Eisen–Weinsäure–Natrium-Komplexes zum Auflösen von Cellulose. Die Herstellungsweise ging bisher von dem frisch gefällten, schnell alternden Eisen(III)-hydroxyd aus. Es werden zwei Wege beschrieben. Das eine Verf. stützt sich auf die Isolierung u. Reindarst. des Komplexsalzes $[(C_4H_3O_6)_3FeNa_6]$, das dann in der gewünschten Konz. in überschüssiger freier Natronlauge aufgelöst wird. Noch einfacher ist die zweite Meth., bei welcher die Zwischenverb., die wasserunlösl. Tartrato–Ferrisäure, $(C_4H_2O_6Fe)H$, in freier Form gewonnen u. dann mit berechneten Mengen Natriumhydrogentartrat u. Natronlauge zu klaren, grüngefärbten Komplexsalzen gelöst wird. (Reyon, Zellwolle andere Chemiefasern **1956.** 27—29. Jan. Darmstadt, Inst. für Cellulosechemie mit Holzforschungsstelle der TH.) P. ECKERT. 7954

Karl-Erik Lekander und **Lennart Stockman,** *Hypochloritbleiche.* Es wurde der Einfl. des p_H-Wertes, der Temp. u. der Stoffdichte während der Hypochloritbleiche auf die Eigg. des gebleichten Zellstoffes untersucht. Die Qualität des Zellstoffs wird bis zu einem p_H-Wert von 11 verbessert. Alle Eigg. wurden auf einen Verbrauch von 1% akt. Cl bei einem Restchlorgeh. von 0,2% interpoliert. Es zeigte sich, daß der Weißgrad, die Viscosität, der α-Cellulose- u. Carboxylgruppengeh. zunehmen, wenn der p_H-Wert von 7 auf 11 ansteigt. Gleichzeitig nehmen der β-Cellulosegeh., die Cu-Zahl u. die Vergilbung ab. Bis zu 60° ist die Temp. ohne Einfluß. Die Reaktionsgeschwindigkeit wird bei einem Anstieg um 7° verdoppelt. Die Stoffdichte scheint nur bzgl. des Weißgrades von Einfl. zu sein, der bei Bleiche bei hoher Stoffdichte abnimmt. Dies macht sich auch dann bemerkbar, wenn Chemikalien u. Fasermaterial völlig gleichmäßig durchmischt werden. — 23 Schrifttumsnachweise. (Svensk Papperstidn. **58.** 775—85. 15/11. 1955.) P. ECKERT. 7956

Franjo Kočevar und **Staša Javornik-Kosler,** *Pfahlrohrzellstoff, gewonnen aus „Arundo donax" nach dem Sulfatverfahren mit saurer Vorhydrolyse, als Rohstoff für Chemiefasern.* Die Pfahlrohrzellstoffe, gewonnen nach dem Sulfatverf. mit saurer Vorhydrolyse mit 0,5 u. 1,0% H_2SO_4 während 3 Std. bei 135°, eignen sich nach der Veredlung zur Herst. von Chemiefasern. Eine 6std. Vorhydrolyse bei 135° mit 0,1%ig. H_2SO_4 ergibt Zellstoffe, die sich zur Herst. von Chemiefasern nicht eignen, weil sie nach der Sulfatkochung u. Veredlung noch zu viele Pentosane enthalten. (Papier **10.** 1—4. 5/1. 1956.) P. ECKERT. 7960

R. M. Husband, *Herstellung von Halbzellstoff aus Laubhölzern mit Natriumsulfit und Natriumbisulfat.* 2. Mitt. (1. vgl. Tappi **36.** [1953.] 529.) Es wird ein neues Verf. zur Herst. bleichfähiger Halbzellstoffe aus Laubhölzern beschrieben. Die Bisulfitlsg. wird durch Zugabe von Na_2SO_3 so gepuffert, daß sich mittels des aus den Säuren des Holzes entstehenden Na-Acetats ein p_H-Wert zwischen 3,7 u. 5,8 einstellt. Bei dem Aufschluß selbst ist es möglich, durch Variation des Na_2SO_3-Geh. jeden gewünschten p_H-Wert zu erzielen. So erreicht man bei einer SO_2-Menge von 5%, auf Holz gerechnet, die Entfernung von über 90% des Lignins, wodurch Chemikalien eingespart werden. Als Beispiel werden Halbzellstoffe aus Weißbirke, bei p_H 4 mit geringem Chemikalienverbrauch hergestellt, angeführt. Die Festigkeitsdaten liegen in der gleichen Größenordnung wie bei dem Neutralsulfitzellstoff. Vf. kündigt weitere Veröffentlichungen in dieser Richtung an. (Tappi **38.** 577—88. Okt. 1955.) V. JACOPIAN. 7962

Otto Wurz, *Sulfitzellstoff aus Brasilkiefer.* Vork., Wachstumseigenarten u. Zus. von Brasilkiefern werden behandelt. Auf die Unterschiede von Splint- u. Kernholz u. ihre getrennte Behandlung für Holzschliff bzw. Zellstoff wird hingewiesen. Bei der Zellstoffherst. wird vor allem die besondere Eigenart der Kochsäureherst. u. die Einschaltung eines Strippingturmes sowie die Kochart hervorgehoben. Nach Behandlung der Aufbereitung wird auf die Chlorlaugeerzeugung mittels amerikan. Vorce-Zellen eingegangen. Nach Schilderung der Bleichvorgänge werden besondere Eigg. der Brasilkieferfasern dargelegt u. analyt. sowie Festigkeitsdaten aufgezeigt, unter Hervorhebung der mechan. Pergamentierfähigkeit. Gewisse Schwierigkeiten bei der Herst. von Papieren mit gleichzeitigem Hinweis auf verbessernde Wirkungen bei Mitverwendung von Carboxymethylcellulose beschließen die Ausführungen. (Papier **10.** 17—21. 5/1. 1956.) P. ECKERT. 7962

E. Gardiner und **R. Stafford,** *Sortieren der Holzschliffabfälle bei geringer Konsistenz in der Spruce Falls Power and Paper Comp. Ltd.* Die Abfälle werden bei ca. 1% Stoffdichte mit Doppelscheibenrefinern sortiert. Die Vorteile der Sortierung bei geringer Stoffdichte sind: Reinerer Stoff, weniger Wartung, Erhöhung der Siebwirksamkeit u. geringere Spitzenbelastungen der Motoren. (Pulp and Paper **56.** Nr. 12. 163—65. Nov. 1955.) H. BECKER. 7974

Frank A. Whitman, *Die Wirkung der Faserholzalterung auf die Helligkeit von Holzschliff.* Durch Lagerung des Faserholzes fällt die Bleichbarkeit des daraus hergestellten Schliffes mit Zn-Hydrosulfit u. Na_2O. Um den Chemikalienverbrauch für die verlangte Helligkeit nicht zu stark steigern zu müssen, soll das Holz 6 Monate nach dem Einschlag verarbeitet sein. Durch Schälen vor der Lagerung wird die Alterungswrkg. verringert. (Pulp and Paper **56.** Nr. 12. 152—55. Nov. 1955. Scott Paper Comp., Hollingsworth & Whitney Div.) H. BECKER. 7974

D. Tollenaar, *Die Viscosität von Druckerschwärze.* Übersicht über die Arten von Druckerschwärze, die wichtigsten Arten der Drucktechnik, das Auftreten von Schubspannungen in der Druckerschwärze während des Druckes, die zur Best. der Viscosität dienenden Geräte (Band- u. Stabviscosimeter) u. die Deutung der Plastizitätsdiagramme. (Verfkroniek **28.** 237—39. Aug. 1955. Amsterdam, Inst. voor Grafische Technik, T. N. O.) W. WESLY. 7990

XVIIIb. Textilfasern.

Thomas F. Garvey, *Der Einfluß von Zusätzen zu thermohärtenden Harzbädern auf die physikalischen Eigenschaften der behandelten Gewebe.* Übersicht der Ergebnisse von Testverss. bei Zugabe von Elastomeren, thermoplast. u. thermohärtenden Harzen, wasserabweisenden Mitteln u. Weichmachern auf die Knitterfestigkeit, Resilienz, Reiß- u. Scheuerfestigkeit von Geweben. (Amer. Dyestuff Reporter **44.** P791—94. 7/11. 1955.) I. SCHOENMANN. 8032

Je. G. Eigess, *Einfluß der chemischen Behandlung der Gewebe auf die Struktur und die Eigenschaften der Fasern.* Vom Vf. wird nachgewiesen, daß eine chem. Behandlung, welche nur die Primärhaut der Fasern schädigt, ohne jedoch die sek. Zellwandungen anzugreifen, wie z. B. NaOH-Kochungen, sich auf die physikal.-mechan. Eigg. der Fasern nur wenig auswirken. Eine Hypochloritbleiche dagegen greift auch weitere Zellschichten an u. führt damit zu einer Beeinträchtigung der mechan. Fasereigenschaften. Behandlung gebleichter Baumwolle mit einem *Melaminformaldehydharz* (AMD-3) bedingt durch Ultrarotspektroskopie nachweisbare neue zwischenmol. Bindungen, welche zu einer Beeinträchtigung der Festigkeitseigg. der Fasern führen. Sehr günstig wirkt sich hingegen eine Bearbeitung von Viscosezellwolle mit einem *Harnstofformaldehydharz* (AMD-1) aus. (Текстильная Промышленность [Textil-Ind.] **15.** Nr. 7. 22—24. Juli 1955.) M. ULMANN. 8032

Klara Messik, Thomas Bonkáló und **Kálmán Szabó,** *Capillarentwässerung von Geweben.* Es wird ein Entwässerungsverf. beschrieben, das auf der Ausnützung der capillaren Saugwrkg. trockner Gewebe beruht. Der aktuelle Wassergeh. kann somit um rund 45% u. die Wärmeenergie u. Trockenzeit dementsprechend vermindert werden. Die n. mechan. entwässerte Ware wird mit einer trockenen Warenbahn zusammengelegt in einem J-Turm eine halbe Std. liegengelassen u. dann mit Hilfe von Legern getrennt abgetafelt. Weder die trockene noch die nasse Ware erleidet dabei Beschädigung. (Textil-Prax. **11.** 78—80. Jan. 1956. Budapest, Forschungsinst. für Textilind.) P. ECKERT. 8038

Rudolf Burgholz, *Zur Qualitätsverbesserung von Ketten und Leistungssteigerung von Schlichtmaschinen durch Impulsströmungen.* Die Verss. haben für das Schlichten von Baumwollketten mit Hilfe von Impulsströmungen im Trockner folgendes ergeben: Die Turbulenzzahl der Impulsströmungen greift gewissermaßen durch die Kettbahn von oben nach unten hindurch. Sie gewährleisten dadurch eine allseitige gleichmäßige Erfassung jedes einzelnen Fadens der Bahn. Das für die Weiterverarbeitung so wichtige Gleichmaß der Restfeuchtigkeit u. Dehnung liegt fast an den möglichen Grenzwerten. Je nach Wunsch kann man in gewissen Grenzen wählen zwischen der Gleichmäßigkeit in der Verteilung der Restfeuchtigkeit auf dem Kettbaum u. der Dehnung. In jedem Fall wird eine erheblich bessere Gleichmäßigkeit bei minimaler Dehnung erreicht als beim Fahren mit Kettspannungen, bei denen die bisher als n. angegebene Dehnung von 4% eingehalten worden ist. Der „Griff" der Kette wird gegenüber der Trocknung mit Heißdampf-Luft-Gemischen verbessert. Über weitere Einzelheiten wird berichtet. (Textil-Prax. **11.** 42—46. Jan. 1956.) P. ECKERT. 8038

P. S. Nagar, *Elastische Eigenschaften von Textilfasern.* 3. Mitt. *Eine grundlegende Betrachtung über die Leistungswerte von Garn und Gewebe.* (2. vgl. C. **1956.** 5718.) Der Einfl. der Mol.-Orientierung u. des Kristallisationsgrades auf die Dehnbarkeitseigg. der Fasern; graph. dargestellt an Beispielen von Garnen aus Celluloseacetat u. regenerierter Cellulose, die u. a. mit der Nachgiebigkeit (d. h. dem reziproken Wert des Elastizitätsmoduls) bei Belastung, gemessen durch die Geschwindigkeit von Tonschwingungen entlang der Probe, bestimmt werden. Das Verhältnis der Nachgiebigkeit zum Elastizitätsmodul für verschied. Textilfasern zeigt in einer graph. Übersicht die Resilienz der Fasern u. ihren Kristallisationsgrad an. Verss. zur Voraussage der Knittereigg. auf Grund der Faserstruktur werden durch graph. Darstellungen demonstriert, welche die Beziehungen zwischen der Knitterfestigkeit eines Gewebes u. der Dehnung einzelner Fäden aus dem Gewebe in % wiedergeben. Da die Werte für geringe Dehnungen gut übereinstimmen mit den Meßwerten des „Wrinklometers", wurde aus diesen Daten ein Gesamtknitterindex entwickelt. Die Beziehung zwischen diesem zusammengesetzten Knitterindex u. dem Energieindex der Elastizität sowie dem Knitterindex u. der Totaldeformation für verschied. Fasern werden graph. dargestellt. (Man-Made Textiles **32.** Nr. 377. 66—70. Okt. 1955.) J. SCHOENMANN. 8040

Helmut Wakeham und **Nancy Spicer,** *Festigkeit und Schwächen der Baumwollfaser.* 2. Mitt. *Verteilung der Fehlstellen und Zerreißeigenschaften.* (1. vgl. C. **1952.** 1263.) Vorangegangene Unterss. an der Baumwollfaser haben gezeigt, daß dieselbe strukturell begünstigte Stellen aufweist, an denen sie bevorzugt bricht, sogenannte Fehlstellen. Vff. beschäftigen sich nun in vorliegender Arbeit mit der Verteilung dieser Fehlstellen über die Faserlänge einerseits u. mit der Anzahl der Fehlstellen in Abhängigkeit von der Baumwollqualität andererseits. Hierbei wurde gefunden, daß das Faserende wesentlich weniger Fehlstellen aufweist als die Faserspitze. Hinsichtlich der verschied. Baumwollqualitäten waren diejenigen mit den meisten Fehlstellen auch die schwächsten Fasern, wie entsprechende Reißfestigkeiten gezeigt haben. Die Folgerungen aus diesen Ergebnissen in bezug auf die mechan. Eigg. u. ihrem Verh. in Garnen wird diskutiert. Die Ergebnisse sind in 6 Figuren u. 4 Tabellen zusammengestellt. (Textile Res. J. **25.** 585—91. Juli 1955. Princeton, N. J., Textile Res. Inst.) H. G. FRÖHLICH. 8044

F. Stern und **H. P. Stout,** *Morphologische Zusammenhänge bei cellulosehaltigen Faserzellen.* Es wird über die Messungen der Ausdehnung u. der spiralförmigen Orientierung von Faserzellen, die einer Reihe von Bast- u. Blattfaserpflanzen entnommen worden sind, berichtet. Hierbei wurden die Zellen dikotyler Pflanzen durch bakterielle Röste, die der monokotylen Pflanzen durch mechan. Freilegung gewonnen. Daten über Längen- u. Breitenangaben verschied. Faserzellen sind mit Angabe des Autors in einer besonderen Tabelle wiedergegeben. Weiterhin werden die angewandten Meßmethoden sowie die Auswertung der Röntgenunterss. beschrieben. Die zahlreichen Ergebnisse sind in 4 Tabellen u. 5 Figuren u. 8 Mikrophotos zusammengestellt u. werden ausführlich diskutiert. (J. Textile Inst., Trans. **45.** T896—T911. Dez. 1954. Dundee, Univ. Coll., Carnegie Labor. of Phys., Brit. Jute Trade Res. Ass.) H. G. FRÖHLICH. 8054

Hans-Heinrich Bühler und **Helmut Zahn,** *p_H-Messungen an Wollextrakten, Arbeitsvorschriften.* (Textil-Prax. **11.** 76—77. Jan. 1956. Heidelberg, Univ., Chem. Inst.) P. ECKERT. 8060

Karl Schwertassek, *Die Beurteilung der Leinenbleiche mittels der Jodsorption.* 11. Mitt. *über den Zusammenhang von Jodsorption und Kristallisationszustand von Cellulosefaserstoffen.* (10. vgl. C. **1956.** 4020.) Vf. benutzt die Bestimmungsmeth. des amorphen Anteils des Leinens mittels der Jodsorption zur Beurteilung der mehr oder weniger aggressiven Wrkg. eines Bleichprozesses. Die Meth. erwies sich als eine brauchbare Ergänzung der üblichen Methode. (Faserforsch. u. Textiltechn. **6.** 545—48. Dez. 1955. Brno, Wirkereiforschungsinst.) P. ECKERT. 8104

International Cellucotton Products Co., Chicago, Ill., V. St. A., *Nichtgewebte Textilflächen.* Faservliese (I) werden auf einer oder beiden Seiten mit voneinander getrennten z. B. streifenförmigen Klebmittelschichten bedruckt, wobei das Gewicht des Klebmittels 25—35% vom Gewicht des **I** betragen u. die Differenz zwischen Fließ- u. Erhärtungstemp. $\leqq 30^0$ F sein soll. Als Druckmittel bes. geeignet ist geschmolzenes *Polyäthylen,* wobei man beim Auftragen die Gegendruckwalze kühlt. — 5 Abb. zur Vorrichtung. (**E. P. 733451** vom 25/2. 1953, ausg. 13/7. 1955. A. Prior. 30/10. 1952.) H. MÖLLERING. 8025

Soc. Zampoli & Brogi, Prato, Florenz, Italien, *Stabiles, pulverförmiges Bleichmittel.* Man setzt dem aus H_2O_2 u. Na_2SiO_3 bestehenden Bleichmittel als Aktivator zur Freimachung des O_2 $MnSO_4$ (20 mg auf 100 kg Bleichmittel) zu. (**Schwz. P. 307856** vom 24/6. 1952, ausg. 16/8. 1955. It. Prior. 31/1. 1952. **Zusatz zu Schwz. P. 304007; C. 1955. 8233.**) G. SALZMANN. 8027

Anorgana, Gendorf, Deutschland (Erfinder: **Theodor Klönne** und **Harry Meyer**), *Herstellung von Spinnöl,* bestehend aus einer Emulsion einer fl. Fettsäure (z. B. Olein) oder eines Mineralöls, W., u. einem Phosphat eines aliphat., mehr als 6 C-Atome enthaltenden Amins (z. B. Stearylamin), welches man mit Äthylenoxyd umgesetzt hat. (**F. P. 1 042 697** vom 27/12. 1950, ausg. 3/11. 1953. D. Prior. 27/12. 1949.) T. OPPERMANN. 8029

Aberfoyle Mfg. Co., Philadelphia, Pa., V. St. A., *Herstellung von Textilfäden und -streifen.* Auf eine blanke Metallwalze aus Düsen auslaufende fl. Fäden eines auswaschbaren oder eines härtbaren Klebmittels, z. B. Stärke-, Gelatine-, Alginat-, Casein-, Kunstkautschuk-, Celluloseacetat- oder Harnstoff–CH_2O-Kondensatfäden, werden mit Baumwoll-, Leinen-, Woll- oder Nylonfasern bestreut u. mit einer Andruckwalze werden die Fasern auf die Klebstoffäden oder -bänder angedrückt, worauf durch Kühlung die Fäden oder Bänder verfestigt, von nichtgebundenen Fasern frei gebürstet u. dann *versponnen* werden. Je nach der Wahl des Klebmittels kann dieses z. B. mit W. aus dem erhaltenen Faden oder Band herausgelöst oder durch eine Behandlung, z. B. mit CH_2O oder durch Wärmeeinw., fixiert werden. — Abb. zur Vorrichtung. (**E. P. 731 380** vom 27/8. 1952, ausg. 8/6. 1955. A. Prior. 11/9. 1951.) H. MÖLLERING. 8031

Badische Anilin- & Soda-Fabrik Akt.-Ges. (Erfinder: **Friedrich Hölscher, Rudolf Schubert,** Ludwigshafen/Rh., und **Karl Craemer,** Heidelberg), *Veredeln von Fasermaterialien* mit Dispersionen von Polymerisaten, dad. gek., daß man die Fasermaterialien mit wss. Dispersionen von Polymerisaten von ungesätt. Säureamiden (I) u. von reaktionsfähige Halogenatome enthaltenden Vinylverbb. (II) behandelt, wobei mindestens die I mit einer bei alleiniger Polymerisation weiche Polymerisate bildenden Vinylverb. (III) mischpolymerisiert sind. I sind z. B. Acrylamid, Methacrylsäureamid, die Amide der Crotonsäure, Malein- u. Fumarsäure. II ist as-Dichloräthylen, β-Chloralkylacrylsäureester, Vinyl-β-chloräthyläther u. Vinylchlorid. III Acrylsäurebutylester, Vinylpropionat u. Vinylisobutyläther. Das Verf. ist bes. zur Herst. von Überzügen, Imprägnierungen, Drucken, z. B. auf Textilien, u. zur Behandlung von Leder, z. B. zum Grundieren oder Appretieren, geeignet. (**D. B. P. 936 925** Kl. 8m vom 21/1. 1953, ausg. 22/12. 1955. Anmeldung bekanntgemacht 30/6. 1955.) H. v. SCHILLER. 8033

United States of America, übert. von: **Jeremiah W. Weaver,** New Orleans, **John G. Frick jr.,** Metaire, und **John David Reid,** New Orleans, La., V. St. A., *Flammenfeste Textilausrüstung.* Man imprägniert mit einer wss. Lsg. des NH_4-Salzes eines sauren H_3PO_4-Esters eines Polyhalogenpropanols mit einem Zusatz eines Melamin-, Harnstoff- oder Guanidin–CH_2O-Vorkondensates, wobei der Ansatz mit NH_4OH bas. eingestellt ist. — Geeignet ist z. B. eine auf p_H 7 eingestellte Lsg. von *Bis-(2.3-dibrompropyl)-phosphat.* (**A. P. 2 711 998** vom 31/10. 1952, ausg. 28/6. 1955.) H. MÖLLERING. 8037

Bradford Dyer's Association Ltd., England, *Verbesserung der Haftfestigkeit von wasserempfindlichen Beschwerungsmitteln für Fasermaterial.* Man verleibt dem Fasermaterial vor, während oder nach der Beschwerung ein Bisulfit–Isocyanat-Reaktionsprod. ein u. erhitzt es danach 3—15 Min. auf 100—200°. Die therm. Behandlung kann in Ggw. eines Amids, Amidins oder Aminotriazins erfolgen. — Z. B. vermischt man 84 (Teile) Hexamethylendiisocyanat mit einer Lsg. von 104 $NaHSO_3$ in W., filtriert das Reaktionsprod., wäscht die erhaltene Paste u. trocknet sie bei 50—60°. — In eine Dispersion von 2 (Teilen) Eieralbumin u. 5 Paste in 93 W. bringt man ein *Baumwollgewebe,* trocknet es nach dem Kalandern u. erhitzt es 15 Min. auf 150°. Der dem Gewebe erteilte volle Griff bleibt auch nach mehrmaligem Waschen. — Vgl. auch E. P. 716 234; C. **1955.** 9938. (**F. P. 1 042 795** vom 19/3. 1951, ausg. 3/11. 1953. E. Priorr. 21/3. u. 31/7. 1950 u. 5/3. 1951.) T. OPPERMANN. 8045

United States of America, übert. von: **William Gordon Rose** und **Harold P. Ludgren,** Berkeley, Calif., V. St. A., *Filzfähigere Wolle durch Modifizierung von Wolle mit β-Propiolacton* (I). Die Rk. von Wolle mit I wird durch Zusatz aliphat. Alkohole mit $\geqq$8 C beschleunigt. — Z. B. wird 1 g Wolle mit 10 cm^3 I u. 40 cm^3 Dodecylalkohol, der 3, 5,7, 7 oder 13% W. enthält, 20 Std. bei 25° behandelt; bei 5,7% Wassergeh. werden von der Wolle als Maximum 101% I aufgenommen. (**A. P. 2 717 194** vom 21/10. 1954, ausg. 6/9. 1955.) H. MÖLLERING. 8061

XIX. Brennstoffe. Erdöl. Mineralöle.

J. L. Adamson, *Ofenbrennstoffe und ihre Anwendung.* Eigg. der Brennstoffe. Industrieofenarten. Einsatz des richtigen Brennstoffs. (Iron Coal Trades Rev. **171.** 389—94. 12/8. 1955.) F. ROSENDAHL. 8120

Sachio Sugiyama und **Katsumi Nagasaka,** *Kohlenstoffhaltige Rohstoffe und deren graphitbildende Eigenschaften.* 6. Mitt. *Graphitierfähigkeit von Rußschwarz.* (5. vgl. C. **1955.** 3998.) Bei 10 Temperaturstufen von 1440—2940° werden 2 japan. Sorten *Rußschwarz* (I) graphitisiert u. durch Röntgenbeugung, elektronenmkr., Naßoxydation u. bzgl. wahrer

D. verglichen. Beim Vgl. mit den graphitisierten Prodd. aus Ölpechkoks, Kohlen u. Holzkohle erscheint die Graphitierfähigkeit von I schwächer, was auf der von Anfang an verschied. Struktur von I, die sich nicht mehr in Graphit umwandeln kann, beruhen dürfte. — 4 Elektronenphotos. (J. chem. Soc. Japan, ind. Chem. Sect. [Kōgyō Kagaku Zassi] **56.** 135—38. März 1953. Nagoya Univ. [Orig.: japan.]) L. SCHULER. 8126

G. Düwel, *Methoden zur Untersuchung der Verkokungseigenschaften von Kohlen.* Vortrag. Eingehende Schilderung der Methoden, wie sie im Gaswerk Hamburg zur Anwendung kommen, mit Beschreibung der Apparate. Die FOXWELL-Methode. Best. der Reaktionsfähigkeit von Koks. (Gas J. **284** (**107**). 119—22. 136. 12/10. 1955.) F. ROSENDAHL. 8126

D. T. A. Townend, *Verbrennung fester Brennstoffe. Flammenuntersuchung zur industriellen Anwendung.* Behandelt werden die Formen der Brennstoff-Luft-Systeme, die chem. Rkk. während der Verbrennung fester Brennstoffe, die Best. der Geschwindigkeit bei der Verbrennung, Unterss. über die Verbrennung von pulverförmigen Brennstoffen, Öl- u. Gasfeuerung sowie Kohlenstaubfeuerung. (Iron Coal Trades Rev. **171.** 1285—92. 25/11. 1955.) E. BOYE. 8128

V. F. Parry, *Tieftemperaturschwelung von Kohle und Lignit für industrielle Verwendung.* (Vgl. C. **1954.** 8484.) Vf. beschreibt verschied. Methoden u. Anlagen zur Schwelung von Kohle u. Lignit bei ca. 900—1200°F u. die Eigg. der dabei anfallenden Prodd. (Halbkoks, Teer, Gas, W.). Der Koks wird bes. als Heizmaterial für Kraftanlagen, für die Herst. von Synthesegas u. im Hochofenprozeß verwendet. Die Wirtschaftlichkeit der Verff. hängt bes. von der Ausbeute an Teer ab. (U. S. Dep. Interior, Bur. Mines, Rep. Invest. **1955.** 1—27. April.) E. FLACH. 8140

Katsuya Inouye und **Hideo Tani,** *Einige mechanische Eigenschaften von Koksen.* Es wurden einige mechan. Eigg. an Koksen geprüft, um die geeignete Mischung für einen guten Hochofenkoks zu finden. (J. Fuel Soc. Japan **33.** 592. Nov. 1954. Saitama-Kawaguchi, Resources Res. Inst. [Orig.: japan., Auszug: engl.]) E. FLACH. 8144

Miloslav Kolář und **Jaroslav Saidl,** *Zur Möglichkeit der Verwendung von nichtbackenden Kohlensorten, einschließlich Braunkohlen, in Carbonisationsgaswerken.* Durch Zumischung von 30—50% gemahlener böhm. Braunkohle zu Gaskohlen läßt sich, wie durch Laboratoriumsverss. festgestellt wurde, ohne wesentliche Änderung des Gewinnungsverf. unter Steigerung der Gasausbeute bei Einhaltung calor. Normen ein guter fester Gaskoks gewinnen. Voraussetzung ist gute Zerkleinerung der Kohle auf 3 mm u. gute Mischung. (Paliva **35.** 99—103. April 1955. Běchovice, Plynárenský úst.) K. STEINER. 8144

G. Sheltikow, *Unterirdische Vergasung von Kohlen in der Sowjetunion.* Über den Stand der unterird. Vergasung von Braun- u. Steinkohlelagern in der Sowjetunion. (Мастер Угля [Kohlenfachmann] **4.** Nr. 1. 20—24. Jan. 1955.) A. HELMS. 8148

Slavoj Odehnal, *Einstellung der Verbrennungswärme von Leuchtgas in kleineren Gaswerken.* Die Einstellung erfolgt bei der „calor. Verdünnung" nur ausnahmsweise durch Wassergas, meist jedoch durch Einleiten von abgekühltem (u. teilweise gereinigtem) Generatorgas in das Saugrohr der Leuchtgasanlage. Vf. beschreibt eine zweckmäßige, nur geringe Umbauten erfordernde Zuleitung mit Kühlung u. Reinigung von Generatorgas, die auch für kleinere Gasanstalten tragbar ist. (Paliva **34.** 187—88. Juli 1954.) E. UMLAUF. 8156

Masanobu Nojiri, *Über die Entfernung von stickstoffhaltigem Harz aus Stadtgas.* Harzartige Stoffe, die sich in Gaskompressoren usw. absetzten, wurden als Zwischenprod. aus Diolefinen im Ölgas, Stickstoffoxyd im Fertiggas u. O_2 der Luft erkannt. Zur Behebung dieser Schwierigkeiten werden Entfernung von NO aus dem Gas u. Auswaschen des bereits gebildeten Harzes mit W. empfohlen. (J. Fuel Soc. Japan **34.** 411. Juli 1955. Tokyo Gas Co. [Orig.: japan., Auszug: engl.]) E. FLACH. 8156

Shoji Yamada, *Katalytisch gecracktes Gas als Rohstoff der chemischen Industrie.* Die von der NIHON OIL REFINING CO., Yokohama, entwickelte „fluidized cracking"-App. (S. O. D. Modell IV) wird beschrieben. Die Verwendung der C_3- u. C_4-Fraktion u. die Haupt-Rkk. des Propylens werden beschrieben. (J. Fuel Soc. Japan **34.** 524—27. Sept. 1955. [Orig.: japan., Auszug: engl.]) H. SYDOW. 8162

F. P. Iwanowski, W. A. Donzowa und **T. A. Ssemenowa,** *Verwendung des als Abfall in der Aluminiumindustrie anfallenden Rotschlammes für die Reinigung des Gases vom Schwefelwasserstoff.* Der Rotschlamm (I) der untersuchten Al-Fabrik hat folgende Zus. in frischem Zustand (bzw. nach Stehenlassen): 49,5 (%) (48,7) Fe_2O_3, 20,1 (16,3) Al_2O_3, 4,63 (—) CaO, 5,4 (4,8) Na_2O, 5,5 (11,9) SiO_2, 3,21 (1,50) Wasser. In einer Laboratoriumsprüfanlage wird die Eignung des I für die Gasentschwefelung untersucht. I erweist sich hierbei als sehr wirksam. Die Wrkg. beruht nicht auf der Bldg. von FeS, sondern auf der direkten Oxydation des H_2S durch O_2, wobei I als Katalysator wirkt. I braucht dabei nicht alkalisiert zu werden, auch ein Zusatz von Wasserdampf zum Gas, wie er bei Sumpferz erforderlich ist, ist nicht nötig, er setzt sogar die Wrkg. des I herab. Das Gas muß um 4—5° über den Taupunkt erhitzt werden. Die lineare Geschwindigkeit soll 10—20 mm/Sek. betragen, der O_2-Geh. 30—40% höher als der stöchiometr. sein, jedoch nicht über 1%. Bei CO_2-haltigem Gas sind 0,2—0,3 g/m³ NH_3 zuzusetzen. (Химическая Промышленность [Chem. Ind.] **1955.** Nr. 4. 26—30. Juni.) R. K. MÜLLER. 8172

W. Schossig, *Neue Erkenntnisse beim Spalten von Braunkohlenteer.* Durch Einbau eines Abstreichers hinter der Spritzblase konnte erreicht werden, daß kein Koks mit den Dämpfen in die Kolonne eingetragen wurde. Der Abscheider kann ohne Betriebsunterbrechung ausgeschaltet u. so gereinigt werden. Durch diese Maßnahme wurde die Betriebszeit von 30 auf 42 Tage verlängert. Es wurde auch festgestellt, daß die im Abscheider sich absetzenden teerigen Anteile leicht verkoken. Sie wurden aus dem Abscheider abgezogen u. in die Spritzblase gedrückt, so daß sie mit dem Teerpech abgezogen werden können. Dadurch konnte die Betriebszeit der Anlage auf 98 Tage erhöht werden. Im Rohrsyst. des Ofens zeigte sich nur geringer Koksansatz. In Spritzblasen eingebaute Prallbleche sind nicht erforderlich, sie wurden ausgebaut, wodurch die Spritzblase vollkommen leer ist. (Chem. Techn. **6.** 211—12. April 1954. Rositz.) F. ROSENDAHL. 8178

E. Schjånberg, *Ölschiefer als Energierohstoff.* Zusammenfassender Vortrag über die Vorkk. an Ölschiefer, die bisherige Entw. der Gewinnung u. Veredelung des Schieferöls u. neue schwed. Methoden auf diesem Gebiet. (Svensk kem. Tidskr. **66.** 309—15. 1954. Örebro, Svenska Skifferolje AB.) R. K. MÜLLER. 8180

Zenzaburo Sakurai, *Oberflächenaktive Stoffe für die Petroleumindustrie.* Vf. bespricht den Charakter u. die Eigg. von modernen oberflächenakt. Stoffen. (J. Fuel Soc. Japan **33.** 579. Nov. 1954. Nihon Yushi Co. Ltd. [Orig.: japan., Auszug engl.]) E. FLACH. 8186

—, *Die Untergrundlagerung von Kraftstoff. Ein neues und erfolgreiches in Schweden entwickeltes und angewendetes Verfahren und wie es arbeitet.* Beschreibung des *Viaco-*Syst., das von EDHOLM vom schwed. Energieamt entwickelt wurde u. von der SVENSKA VAEG A. B. in Stockholm ausgeführt wurde. Bebilderter Bericht mit wirtschaftlichen Betrachtungen. (Petroleum Processing **10.** 1150—52. Aug. 1955.) K. O. MÜLLER. 8186

Hunter, *Petroleumprodukte und ihre Verwendung.* Besprechung der verschied. Petroleumprodd., die für die austral. Industrie von Bedeutung sind. (J. Proc. Roy. Soc. New South Wales **88.** S 22—S 28. 1954.) H. P. FIEDLER. 8188

Walter Fuchs, *Untersuchungen über emsländisches Petrolatum.* Aus dem Emslandöl fallen ca. 10% eines dunklen schmierigen KW-stoffgemisches, genannt „*Petrolatum*", an. Eingehende Unterss. des Petrolatums auf seine chem. Zus. u. seine Zerlegung durch fraktionierte Kristallisation mit bes. 1.2-Dichloräthan als Lösungsm. in Hartparaffine, ceresin. u. vaselinartige Anteile sowie Öl werden beschrieben. Ferner werden Adsorptionsverss. mit verschied. techn. A-Kohlen, Kieselgelen usw. durchgeführt, um Einblicke in den chem. Aufbau des Petrolatums zu gewinnen. Dabei wurden die Kieselgele als die besten Entharzer erkannt. (Forschungsber. Wirtschafts- u. Verkehrsministeriums Nordrhein-Westfalen Nr. **7.** 5—29. 1952.) E. FLACH. 8188

J. W. M. La Rivière, *Die Herstellung oberflächenaktiver Verbindungen durch Mikroorganismen und ihre mögliche Bedeutung für die Ölgewinnung.* 1. Mitt. *Einige allgemeine Beobachtungen über die Veränderungen der Oberflächenspannung in mikrobiologischen Kulturen.* Im Laufe der Erforschung über Ölgewinnung aus Öl–Sand-Mischungen unter dem Einfl. von sulfatreduzierenden Bakterien erschien es wesentlich, der Oberflächenveränderung des Mediums durch diese Bakterien nachzugehen. Um einen allg. Einblick hierüber zu gewinnen, wählte Vf. Kulturen von 8 verschied. Mikroorganismen, gewachsen in einem synthet. Medium, das frei von oberflächenakt. Inhaltsstoffen war. Er konnte bei allen Kulturen einen bemerkenswerten Abfall der Oberflächenspannung im Medium messen; eine rechner. Beziehung zwischen Abfall der Oberflächenspannung u. der Konz. der oberflächenakt. Inhaltsstoffe besteht nicht. Die angeführten Verss. lassen erkennen, daß wahrscheinlich so komplexe Nährböden, wie ZOBELL sie anführt, bei der Ölgewinnung nicht unbedingt notwendig sind, da ausnahmslos alle Mikroorganismen eine capillare Veränderung im Medium hervorrufen. (Antonie van Leeuwenhoek **21.** 1—8. 1955.) H. DOLL. 8190

J. W. M. La Rivière, *Die Herstellung oberflächenaktiver Verbindungen durch Mikroorganismen und ihre mögliche Bedeutung für die Ölgewinnung.* 2. Mitt. *Über die Ölgewin-*

nung aus Öl-Sand-Mischungen mit Hilfe von sulfatreduzierenden Bakterien. Vf. prüft Verss. ZOBELLs, die erkennen ließen, daß eine Ölgewinnung aus einer Mischung von Öl-Sand parallel geht mit einem beobachteten Wachstum von sulfatreduzierenden Bakterien u. daß die Ölgewinnung ohne ein solches Wachstum ausbleibt. Vf. bestätigt die Ergebnisse, ausgeführt in der Versuchsanordnung von ZOBELL u. darüber hinaus in seinen Glasperlenkolonnenverss., die eine bakterielle Produktion von oberflächenakt. Inhaltsstoffen in einem langsamen Strom einer wss. Phase ermöglichen. Weitere Verss. des Vf. ergaben bei gleichen Versuchsbedingungen unter Zugabe eines synthet. oberflächenakt. Materials einen vergleichbaren Effekt in der Ölgewinnung wie durch bakterielle Aktivität. Schwächere Adhäsion u. die beobachteten Emulgierungs-, Schaum- u. Ausbreitungserscheinungen weisen auf die Veränderung der capillaren Eigg. des Mediums unter bakteriellem Einfluß hin. Dem Vf. scheinen physikal.-chem. Veränderungen des Mediums durch die Bakterien maßgeblich zu sein u. unwesentlich das Zellenwachstum. Die Bewertung dieses maßgeblichen Faktors ist schwer, u. die Ursachen der Ölwanderung bleiben noch offen. Die gesammelten Erfahrungen aus den Verss. lassen jedoch Aussagen zu über eine mögliche Auswahl der Bakterien unter Berücksichtigung der Bodenanalyse des betreffenden Ölvorkommens. (Antonie van Leeuwenhoek **21.** 9—27. 1955.) H. DOLL. 8190

Kenji Kanasaki, *Gas aus der „fluid catalytic" Crackung.* Es werden Daten über die Crackung von arab. u. borneïschen Gasölen mitgeteilt. (J. Fuel Soc. Japan **34.** 547. Sept. 1955. [Orig.: japan., Auszug: engl.]) H. SYDOW. 8196

Kimio Tarama, Shiichirō Teranishi, Masaru Yamaguchi, Takashi Kobayashi und **Kōichi Fujita,** *Partialhydrierung von Acetylen mit V_2O_3-Katalysator.* Durch Verss. wurde gefunden, daß $V_2O_3 + {}^1/_{100}$ Ni + 2 gesintertes γ-Al_2O_3 der beste Katalysator war. Durch diesen wird C_2H_2 zu mehr als 78% zu C_2H_4 bei 260° hydriert. Die Aktivität des Katalysators bleibt lange erhalten. (J. Fuel Soc. Japan **34.** 418. Juli 1955. Kyoto Univ., Fac. of Engng., Dep. of Fuel Chem. [Orig.: japan., Auszug: engl.]) E. FLACH. 8198

Atsuhiko Tsuchiya, *Herstellung aromatischer Kohlenwasserstoffe aus Erdöl.* Vf. beschreibt die Herst. von Aromaten aus Erdöl durch katalyt. Reformieren oder Aromatisieren. Vgl. der wirtschaftlichen Möglichkeiten. (J. Fuel Soc. Japan **34.** 539. Sept. 1955. [Orig.: japan., Auszug: engl.]) H. SYDOW. 8200

Jaroslav Daňhelka, *Einige Erkenntnisse über Raffinierung von Motorbenzol mittels Schwefelsäure.* Verschied. Varianten der Raffination von Rohbenzol (I) mittels H_2SO_4 wurden durch Laborverss. überprüft bes. im Hinblick auf Raffinationsverluste u. Verharzungsbeständigkeit des Raffinates. Durch laufende thermometr. Kontrolle der Rk. zwischen **I** u. verschied. konz. H_2SO_4 sowie Unters. der so erhaltenen Raffinate wurde die für eine Raffinationswrkg. erforderliche Mindestkonz. der verwendeten H_2SO_4 zu 60% bestimmt. Am vorteilhaftesten ist die Verwendung einer 70—80%ig. Säure (gegebenenfalls mit Zusatz von Stabilisatoren), die bei geringsten Raffinationsverlusten eine noch zufriedenstellende Qualität gibt. (Paliva **31.** 186—88. Juli 1951. Plynárenský výzkum ČEZ.) E. UMLAUF. 8202

Isao Takahashi, *Einige Probleme beim Diesel- und Heizöl.* Bei der Herst. von hochwertigen Benzinen u. Schmierölen fallen die Heizöle geringwertiger aus. Vf. bespricht ihre Eigg., wie spezif. Gewicht, Viscosität, S-Geh. usw. Als Gegenmittel gegen die von solchen Heizölen verursachten Störungen erwähnt er Erhitzen des Heizöls, Reinigung, Gebrauch von Verbrennungskatalysatoren u. Ausscheidung von Schmieröl. Sodann beschreibt Vf. einen mit Naturgas gespeisten Dieselmotor. (J. Fuel Soc. Japan **33.** 656. Dez. 1954. Niigata Iron Works Co. [Orig.: japan., Auszug: engl.]) E. FLACH. 8212

R. Nichols Hazelwood, Raymond M. Frey und **Joanne B. Broecker,** *Transformatorenöl: Eigenschaften der naphthenischen und aromatischen Fraktionen.* Transformatorenöl kann durch Perkolation durch Silicagel in naphthen. u. aromat. Fraktionen zerlegt werden. Vff. bestimmten eine Anzahl von Eigg. der Fraktionen, wie Leitfähigkeit, Viscosität, Viscositätsindex, Grenzflächenspannung, SZ., Emulgierbarkeit, mittlere Dispersion u. Molekültyp. Die Haupt-Rk., die durch Hochspannungsentladungen verursacht wird, besteht bei beiden Fraktionen im Abbau zu H_2, C, Koks u. leichten KW-stoffen (Analogie zur therm. Crackung). Die aromat. Fraktion gibt 3 mal soviel C wie die naphthen. Fraktion. Sek. Rkk. der Naphthene schließen oft eine Abnahme des Mol.-Gew. u. der Seitenkettenlänge ein. Sek. Rkk. der Aromaten geben Kondensationsprodd. mit höherem Mol.-Gew. durch Entweichen von H_2 u. Seitenkettenabspaltung. (J. electrochem. Soc. **102.** 170—75. April 1955. South Milwaukee, Wis., Line Material Co.) E. FLACH. 8218

R. W. Moncrieff, *Azelainsäurederivate im Bereich der Schmierung.* Zusammenfassender Bericht über die Entw. der Verwendung von Azelainsäureestern in der Schmierung während der Kriegs- u. Nachkriegsjahre. Azelainsäure (**I**), F. 106°, Kp. 360° unter teilweiser Dehydrierung, sd. unter 10 mm bei 226°. Wasserlöslichkeit bei 0°, 1%, bei 60° ca. 2%, leicht lösl. in Alkohol. Eine Reihe von patentierten Darstellungsarten werden beschrieben, am ausführlichsten das EMMERY-Verfahren. In vivo wird Ölsäure merkwürdigerweise nicht zu **I** oxydiert. Der Vorteil der **I** u. ihrer Ester beruht darauf, daß beide Carboxylgruppen ohne Spannung an Metalloberflächen adsorbiert werden können. Verstärkung durch Substituenten in α u. α'-Stellung, z. B. Chlor. Je nach den Substituenten wirken die Ester als Antioxydantien, Inhibitoren, Detergentien usw. Beschreibung einiger Ester. Verwendung von **I**-Estern in der Schmierung bei tiefen Tempp., in empfindlichen Instrumenten usw. Bedeutung u. Herst. polymerer Ester für die Schmierung. (Ind. Chemist **30.** 51—56. Febr. 1954.) K. L. WOLF. 8220

Bohdan Karabon und **Adam Bartecki,** *Die Braunkohlenbitumina als natürliche Wachs-Harz-Substanz.* Nach einer Übersicht über die Einteilung u. die physikal. u. chem. Eigg. der Wachse u. Harze werden die Montanwachse u. Harze (Bitumen) behandelt, u. zwar ihre Eigg., die aus ihnen isolierten chem. Verbb., die Trennungsmethoden u. die Anwendungsgebiete. — 66 Literaturangaben. (Wiadomości chem. **9.** 65—84. 1955.) F. URBAN. 8226

J. F. Mills, F. E. Cook und **H. S. Preiser,** *Ein praktisches Verfahren zum Reinigen und Auskratzen von Lagertanks, die mit Rückständen von Ölen gefüllt waren.* Vff. beschreiben zwei Verff. um Lagertanks zu säubern. 1. Wird mit Hilfe von Dampf ein Gemisch von Ölsäure, Triäthanolamin bzw. Monoäthanolamin u. Dieselöl in den Tank eingebracht u. die Rückstände dadurch emulgiert. 2. Bei einem elektrolyt. Verf. wird der Kessel mit einer Kochsalzlsg. als Elektrolyt gefüllt (oder, wenn erreichbar, mit Seewasser). Der Kessel ist die Kathode, während eine Anode in die Fl. eingehangen wird. Der Strom wandert von der Anode zur Kathode. Die techn. Einrichtung der App. wird genau beschrieben u. ebenso werden genaue Anweisungen für die Durchführung der Reinigung gegeben. (J. Amer. Soc. Naval Engr., Inc. **67.** 199—207. Febr. 1955.) F. ROSENDAHL. 8240

Mij. voor Kolenbewerking Stamicarbon N. V., Heerlen, Holland, *Entgasen fester Brennstoffe im Wirbelbett.* Das zu entgasende Material wird kontinuierlich mittels eines Trägergases, das freien O_2 enthält, in das Wirbelbett eingeblasen. Durch Verbrennen der entgasten Brennstoffe, welche in der Wirbelschicht enthalten sind, mit dem eingeblasenen freien O_2 wird die für die Entgasung notwendige Wärme geliefert. — Zeichnungen. (**Schwz. P. 307 263** vom 18/8. 1952, ausg. 1/8. 1955. **E. P. 716 157** vom 20/8. 1952, ausg. 29/9. 1954. **Belg. P. 513 662** vom 22/8. 1952, ausg. 16/4. 1954. Alle Holl. Prior. 25/8. 1951.) E. KAHLES. 8157

Ruhrchemie Akt.-Ges. (Erfinder: **Franz Schaub,** Oberhausen, und **Heinrich Tramm,** Mülheim), *Kontinuierliches Vergasen von Kohlenwasserstoffen, insbesondere von Rückstandsölen,* mit O_2 oder O_2-haltigen Gasgemischen, gegebenenfalls unter Zusatz von Wasserdampf u./oder CO_2 enthaltenden Gasen, durch Zerstäubung innerhalb eines Reaktionsraumes, dem als Wärmespeicher u. Rußfilter dienende Schichten von Füllkörpern vor- u. nachgeschaltet sind. Man nimmt die Zerstäubung im mittleren, durch einen oberen Rost u. durch die Oberfläche einer unteren Füllkörperschicht gebildeten Raum eines Vergasungsofens vor. Dabei dienen die den Ofen in Form eines bewegten Bettes passierenden Füllkörper als Wärmespeicher. O_2 oder das O_2-haltige Gasgemisch wird in den unteren Teil des Ofens eingeführt u. das erzeugte Generatorgas aus seinem oberen Teil abgeführt. Die Größe der Füllkörper u. die Gasgeschwindigkeit werden derart aufeinander abgestimmt, daß eine Auflockerung der Füllkörperschicht ohne Wirbelschichtbldg. eintritt. — Abbildung. (**D. B. P. 931 311** Kl. 26a vom 5/2. 1953, ausg. 4/8. 1955. Anmeldung bekanntgemacht 3/2. 1955.) W. HAUSWALD. 8161

American Cyanamid Co., New York, N. Y., übert. von: **Wilbur N. Oldham,** Monrovia, Calif., und **Edward L. Kropa,** Old Greenwich, Conn., V. St. A., *Herabsetzen des Wasserverlustes von Bohrschlamm* durch Zusatz eines linearen Polymeren einer ungesätt. aliphat. Carbonsäureverb., wobei das Polymere Salze der Carbonsäure enthält u. die Zahl dieser Salzgruppen zu der Zahl der C-Atome der linearen Kette des Polymeren 1 : 2 bis 1 : 6 einschließlich beträgt, z. B. eines linearen Polymeren acrylsaurer Alkali- oder NH_4-Salze mit einem Mol.-Gew. > 15000. (**Can. P. 491 102** vom 15/10. 1949, ausg. 10/3. 1953. A. Prior. 23/12. 1948.) M. PANKOW. 8191

Henri Brunel, Seine, Frankreich, *Regenerieren von gebrauchten Ölen.* Man behandelt die abdekantierten Öle mit 5% H_2SO_4 von 66° Bé oder Oleum, welche man in 60—90 Min. in kleinen Mengen in das Öl einträgt, damit die Temp. unter 100° bleibt. Dann emulgiert man die Säure im Öl 25—40 Min. so fein wie möglich. Das regenerierte Öl neutralisiert man mit einem Alkali- oder Erdalkalihydroxyd oder -carbonat (in Form einer Lsg. oder eines Pulvers), entfärbt u. desodorisiert mit einem Alkali- oder Erdalkalihypochlorit, behandelt mit überhitztem Wasserdampf u. filtriert. (**F. P. 1 021 682** vom 8/7. 1950, ausg. 23/2. 1953.) T. OPPERMANN. 8195

Comp. Française des Procédés Houdry, Seine, Frankreich, *Kontinuierliche Umwandlung von Kohlenwasserstoffen,* z. B. Spalten, Reformieren, Dehydrieren, Aromatisieren usw. Die Umsetzung der KW-stoffe erfolgt in Ggw. eines Katalysators (vorzugsweise von Montmorillonit), welcher ohne Turbulenz unter der Einw. der Schwerkraft bewegt u. der, nachdem er in mehreren aufeinanderfolgenden Zonen regeneriert worden ist, sofort wieder nach oben zum Kopfende der Vorr. befördert wird. Das oxydierend wirkende Gas wird der Regenerierungsvorr. derart zugeführt, daß 2 nach entgegengesetzten Richtungen sich bewegende Gasströme entstehen, von denen der nach oben gerichtete Gasstrom bei der Regenerierung des Katalysators Feuchtigkeit aufnimmt u. aus der Regenerierungsvorr. entfernt wird. Der nach unten gerichtete Gasstrom, welcher zum Verbrennen der restlichen Kohle-Ndd. auf dem Katalysator dient, wird nach Passieren der Regenerierungszone zum Befördern der 1—15 mm, vorzugsweise 2—6 mm großen Katalysatorteilchen zum Kopf der Umwandlungsvorr. verwendet. — Vorrichtung. (**F. P. 1 048 797** vom 24/7. 1951, ausg. 23/12. 1953.) T. OPEERMANN. 8201

Soc. des Brevets et Procédés Gloess, Marokko, *Herstellung von Hochleistungskraftstoffen.* Man vermischt Kraftstoffe jeglicher Art (z. B. Benzine, Gasöl, Schweröle) mit W. u. einer emulgierend u. stabilisierend wirkenden Substanz (z. B. NH_4-Seifen). (**F. P. 1 029 934** vom 20/12. 1950, ausg. 8/6. 1953. Marokk. Prior. 24/12. 1949.) T. OPPERMANN. 8205

Comp. Française des Procédés Houdry, Seine, Frankreich (Erfinder: **Alex G. Oblad, Thomas H. Milliken jr.** und **Heinz Heinemann**), *Erhöhung der Octanzahl bei Leicht- und Schwerbenzinen.* Man bringt die entsprechenden KW-stofffraktionen in Kontakt mit einem SiO_2–Al_2O_3–Gel-Katalysator, welcher mit 0,5—2 Gew.-% MoO_3 imprägniert ist, bei 450—565° u. einem H_2-Partialdruck von mehr als 50 kg je cm². (**F. P. 1 046 609** vom 8/6. 1951, ausg. 8/12. 1953. A. Prior. 14/6. 1950.) T. OPPERMANN. 8205

Standard Oil Co., übert. von: **Morton Fainman,** Chicago, Ill., V. St. A., *Schmieröl* auf Mineralölbasis mit einem Geh. von 0,0005—2 (Gew.-%) öllösl. Aminsalze von aromat. Äthersäuren der allg. Formel I. In I bedeuten R u. R′ Alkylreste oder H, A den Rest R·C(R′)·COOH oder H, R″ Alkyl-, Aralkyl-, Alkarylreste bzw. deren Gemische oder H, n = 1—4, wobei die Summe der C-Atome in R + R′ zwischen 10 u. 30 liegt. — Beispiel: Zusatz von Dibutyl-p-phenylendiamin-2-[o-oxyphenoxy]-stearat oder p-Aminophenyl-β-naphthylammonium-2-[o-oxyphenoxy]-stearat. Rostschutzmittel. (**A. P. 2 688 595** vom 23/11. 1949, ausg. 7/9. 1954.) E. DREWS. 8221

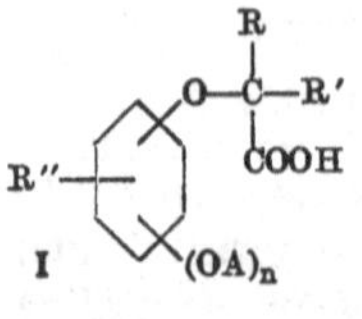

I

Standard Oil Development Co., Elizabeth, N. J., V. St. A., *Zusatzmittel für Schmieröle.* Man verestert einen Polyvinylalkohol (I) mit einem langkettigen aliphat. C_{8-22}-Säurechlorid (II) oder Mischungen verschied. **II** in Ggw. eines bas. Stoffes (**III**). Dieser darf weder mit **I** noch **II** reagieren, soll aber mit der gebildeten HCl Salze bilden u. den entstandenen Ester lösen. — Beispiele für **II**: Myristinoyl-, Stearoyl-, Palmitinoylchlorid, Chloride von Cocosnußölen; für **III**: Pyridin, Chinolin, tert. Amine, die auch im Gemisch mit inerten Lösungsmitteln, z. B. Chlorbenzol, Dichlorbenzol, CCl_4 verwendet werden. Mengen **I** : **II** : **III** = 1 : 1—2 : 0,8—10 Mol. Zusatzmenge der Polyvinylester: 0,02—0,5 (Gew.-%) als Fließpunkterniedriger, 1—3 als Verbesserer des Viscositätsindexes. — Tabellen. (**E. P. 698 013** vom 9/8. 1951, ausg. 7/10. 1953. A. Prior. 27/1. 1951.) E. DREWS. 8221

E. I. du Pont de Nemours & Co., Wilmington, Del., übert. von: **Anthony F. Benning,** Woodstown, N. J., und **Frederick B. Hill jr.,** New Castle, Del., V. St. A., *Telomere Schmierfette,* bestehend aus 70—90 (Gew.-%) eines telomeren Öls (**I**) vom Kp. 70° u. 10—30 eines telomeren Verdickers (**II**). **I** sind $CHCl_3$- oder CCl_4-Telomere oder Tetrafluoräthylen (**III**); **II** sind $CHCl_3$- oder CCl_4-Telomere mit **III** vom Mol.-Gew. 2500—4000. **I** kann durch Behandlung mit F_2, **II** durch 4—5std. Suspendieren in $CHCl_3$ u. Abdestillieren des Lösungsm. stabilisiert werden. (**A. P. 2 695 880** vom 21/2. 1952, ausg. 30/11. 1954.) E. DREWS. 8223

American Cyanamid Co., New York, N. Y., übert. von: **Kenneth D. Ashley,** Stamford, Conn., V. St. A., *Schmierfett* auf Mineralölbasis, gek. durch einen Geh. von 4 bis 12 Gew.-% eines Verdickungsmittels aus Al-Distearat, das Al-Distearatanhydrid enthält. (**A. P. 2 702 792** vom 28/11. 1951, ausg. 22/2. 1955.) E. DREWS. 8223

David Dalin, Schweden, *Destruktive Destillation von bituminösen Schiefern oder analogen Substanzen.* Man bringt die bituminösen Substanzen in eine Entgasungszone, welche nicht in direkter Verbindung mit der die notwendige Wärme liefernden Verbrennungszone steht. Die entgasten Substanzen führt man in die Verbrennungszone über, u. die beim Entgasen entwickelten Gase läßt man durch die bituminösen Substanzen streichen, welche der Entgasungszone zugeführt werden. Hierbei kühlen sich die Destillationsgase ab u. kondensieren. — Vorrichtung. (**F. P. 1 049 593** vom 1/12. 1951, ausg. 30/12. 1953. A. Prior. 4/12. 1950.) T. OPPERMANN. 8225

Magyar Ásványolaj és Földgázkisérleti Intézet, Veszprém (Erfinder: **Freund Mihály, József Berty, József Báthory** und **Lajos Sugár,** Budapest), Ungarn, *Mineralschmierölfraktionen* behandelt man bei 50—80° mit 160% nicht übersteigenden Mengen an Carbamid. Durch die Zugabe verschied. Mengen Carbamid kann man den F. der Mineralölschmieröle beeinflussen. — Man löst ein leichtes Mineralöldestillat in Methylisobutylketon u. vermischt die Lsg. mit einer wss. Lsg. des Carbamids. Die einzelnen Lsgg. werden vor dem Vermischen auf 70° erhitzt. Die Komplexbldg. tritt innerhalb 10—15 Min. ein. Man filtriert, zers. die Carbamid-KW-stoff-Komplexverb. bei 80—85°. Aus der Methylisobutylketonlsg. dest. man das Keton ab. Das erhaltene *Paraffin* ist weiß mit bläulichem Schimmer u. fast frei von Öl. (**Ung. P. 142 519** vom 16/2. 1954, ausg. 1/12. 1954.) G. KÖNIG. 8227

XX. Schieß- und Sprengstoffe. Zündmittel.

Louis Médard, *Über die Explosionseigenschaften der Mischungen aus Magnesium oder Aluminium mit Wasser oder Methylalkohol.* Für die exothermen Umsetzungen der stöchiometr. Mischungen von Mg oder Al mit W. oder CH_3OH sind in grober Annäherung (Dissoziation vernachlässigt) berechnete Energiewerte, Gasvol., Explosionstemp. u. Co-Vol. angegeben. — Bei der Herst. der Versuchsmischungen mit gekörntem oder pulverigem Mg zeigte sich beginnende Zers. bei Al nicht. — In 4 mm-Stahlrohren von 35 mm Weite u. bis 90 cm Länge werden Mischungen Mg/W. durch eine Übertragungsladung von 50 g Penthrit zur teilweisen explosiven Umsetzung gebracht, welche sich aber nicht selbst fortpflanzt; hierzu ist die Beimengung von Penthrit, u. zwar 7% bei der D. 0,45 bis 0,5 u. 18—20% bei der D. 1,0 notwendig. Da die Messung nach DAUTRICHEW keine Werte ergab, kann es sich nur um Deflagration (nicht Detonation) handeln. — Ähnliche Ergebnisse bei Mg/CH_3OH u. Al/W.; doch wurde bei letzterem eine Detonationsgeschwindigkeit von 3000 m/Sek. gemessen. — Bleiblockausbauchungen wurden a) bei Zündung mit Sprengkapsel, b) mit Übertragungsladung (Hexogen), c) nach Einmischen von Hexogen festgestellt: Bezogen auf Pikrinsäure = 100 ergaben die Mischungen mit W. 110, während Mg/CH_3OH von der vollen Umsetzung weit entfernt blieb. Sprengverss. im Erdreich mit 6 mm-Stahleinschluß u. durchgehender starker Übertragungsladung (Penthrit + Mononitronaphthalin) ergaben Gleichheit der Sprengtrichter bei 880 g Trinitrotoluol u. 2500 g Al/W., bei letzteren jedoch unzers. Reste. — Die Mischungen erwiesen sich durch Beschuß u. unterm Fallhammer als nur wenig schlagempfindlich. — Die Mischung Penthrit/W./Al (pulvrig) 40 : 30 : 30 (Sackungsdichte ca. 1,35) setzt W. erst bei einem Druck von 4,3 kg/cm² ab u. entmischt sich bei hohen Preßdrucken weitgehend. Zur Initiierung ohne u. mit Einschluß ist eine kombinierte Sprengkapsel notwendig; bei Dichten unter 1 reicht eine einfache Kapsel Nr. 8 aus. Bleiblockzahl (vgl. oben) 119. Geringe Schlagempfindlichkeit. Die Detonationsgeschwindigkeit bei der D. 1,40 bzw. 1,55 beträgt 4860 bzw. 5140 m/Sekunde. — Verss. mit einer stöchiometr. Mischung aus 50% mit W. phlegmatisierter Schießwolle u. Mg. (Mém. Poudres **33.** 491—503. 1951. Comm. des Substances Explosives, Labor.) H. AHRENS. 8292

Joseph Chosson, *Untersuchung der Diffusion von Feuchtigkeit in den Pulvern ohne flüchtiges Lösemittel auf Basis Diäthylenglykolnitrat.* An 3 bzw. 4 verschied. Diäthylenglykolröhrenpulvern (11,32% N; 0—2,2% K_2SO_4; verschied. Dimensionen) wird das Gleichgewicht der Wasseraufnahme durch Lagern für 10—79 Tage in Luft mit 0, 25, 50, 75 u. 100% relativer Feuchtigkeit ermittelt. Im Gleichgewicht verhalten sich die Wassergehh. im Pulver u. in der umgebenden Luft ziemlich genau wie 1 : 100. Die Änderungen des Wassergeh. derselben Pulver in Zeiträumen zwischen 0,5 u. 249 Std. werden mit der partiellen Differentialgleichung der Diffusion ausgewertet. Für die absol. Diffusionskonstante ergibt sich mit geringer Abweichung vom Mittel 0,022, während man bei einem Nitroglycerinpulver für Raketen (12,25% N) 0,015 gefunden hat. Die Ergebnisse ermöglichen eine Vorhersage von Wasseraufnahme oder -verlust bei der Lagerung. Bei Probenahme von Pulvern kleiner Dimension ist die Schnelligkeit des Wasseraustauschs zu beachten. Bei großen Blöcken (z. B. für Raketen) kann der Unterschied des Wassergeh. zwischen Außenschicht u. Kern beträchtlich sein. (Mém. Poudres **33.** 357—69. 1951. Saint-Médard, Poudreria.) H. AHRENS. 8300

Louis Médard, *Über einige Eigenschaften des Hexanitromannits.* Eine Menge feinkristallinen Hexanitromannit, die wegen längerer Lagerung beginnende Nitrose-Abspaltung zeigte, ergab 50%ig. Explosionswahrscheinlichkeit unterm 1 kg-Fallhammer bei 0,60 m Fallhöhe (etwas grobere Vergleichsprobe: 1 m, mit der Menge zugesetzten W. — bis 20% W. — ansteigend bis 1,6 m). Die Detonationsübertragung, mit Pikrinsäure (I) als auslösender Ladung, war gleich der von Penthrit. Bleiblockausbauchung, bezogen auf I = 100, war 145. Entzündungstemp. in Versuchsröhren 185°; bei 180° nur langsame Zers. nach Schmelzen. (Mém. Poudres **33.** 223—26. 1951. Comm. des Substances Explosives, Labor.) H. AHRENS. 8304

N.-E. Hanna, J.-E. Tiffany und **G.-H. Damon,** *Die Sicherheit von Sprengsätzen gegenüber „schlagenden Wettern" und Kohlenstaub.* Man verwendet zwei Klassen von Sprengstoffgemischen, nämlich gelatinöse Gemische zur Verwendung in feuchter Atmosphäre u. nicht gelatinöse — vornehmlich Ammonnitrat-haltige — zur Verwendung in trockenen Kohlenminen. Die Unterschiede in physikal. Hinsicht sind große, nämlich Abbrandgeschwindigkeit von 1500—5100 m/Sek., Gewicht der Kartusche von 86—244 g. Die nicht gelatinösen Gemische enthalten gewöhnlich Sprengöle (Nitroglycerin u./oder Nitroglykol). Als weitere Zusätze kommen in Betracht: Ammonnitrat 5—81%, Na-Nitrat 0—40%, NaCl 0—25%, NH_4Cl 0—15%, brennbare Kohlenstoffverbb. 3—21%. Der Zusatz explosibler Öle beträgt 0—33%. — Die Verss. finden statt durch den Abschuß von axial angebrachten Patronen von 225 g 40%ig. Dynamits in Zylindern mit schlagenden Wettern von 8% oder 680 g nicht patronierten Gemisches in 4%ig. Kohlenstaub. Man beschränkte sich auf nicht gelatinöse Gemische. Es zeigte sich, daß Erhöhung der Abbrandgeschwindigkeit einerseits u. Geh. an Ammonnitrat (ersatzweise $NaNO_3$ unterhalb 10%) andererseits die Sicherheit erhöhen. Gemische mit einer Unterbilanz an Sauerstoff sind vorteilhaft. Die Verss. werden fortgesetzt. (Rev. Ind. minérale **36.** 321—24. 15/2. 1955.) O. TREICHEL. 8304

Maumee Collieries Co., übert. von: **Hugh B. Lee,** Terre Haute, und **Robert L. Akre,** Linton, Ind., V. St. A., *Sprengverfahren.* Granuliertes, frei-fließendes NH_4NO_3 mit $<1,5^0$ W., vermischt mit 1—12% verbrennbarer, gaserzeugender Materie (Ruß), wird in kleinen, wasserbeständigen Säcken aus Kunststoffen angewandt. (**A. P. 2 703 528** vom 5/11. 1953, ausg. 8/3. 1955.) A. GRADL. 8305

Trojan Powder Co., New York, N. Y., übert. von: **William H. Rinkenbach,** Allentown, Pa., V. St. A., *Sprengstoff* mit größerer Handhabungssicherheit u. niedrigerem E. als Nitroglycerin. Es werden Mischungen von Trimethyläthantrinitrat (I), $[CH_3C(CH_2NO_3)_3]$ u. 2.2-Dimethyl-1.3-propandioldinitrat (II), $[NO_3CH_2C(CH_3)_2CH_2NO_3]$, im Verhältnis von 50—85 : 50—15% verwendet. — Beispiele: 46/30/25/10/30/10/10 (%) I, 45/9/5/9/9/4/4 **II,** 8/1/0,5/—/—/—/— Nitrocellulose oder Nitrostärke, —/50/45/25/45/5/— $NaNO_3$, —/—/15/45/15/75/80 NH_4NO_3, —/8/7/8/—/5/—5 C-haltige Substanz, —/1/2/2/—/—/— /S, 1/1/0,5/1/1/1/1 Antacid. (**A. P. 2 709 130** vom 26/6. 1953, ausg. 24/5. 1955.) A. GRADL. 8305

Atlas Powder Co., übert. von: **Claude Henry Carey,** Wilmington, Del., V. St. A., *Sprengmischung* aus zerkleinertem (40 Maschensieb) NH_4NO_3 mit wenigstens 60% zerkleinertem (100 Maschensieb) NH_4NO_3 u. einem mit einer handelsüblichen Sprengkapsel nicht explodierenden Sensibilisator mit F. nicht $>100^0$, wie Dinitrotoluol, Ölsäure oder Erdölrückstand. (**Can. P. 486 158** vom 19/4. 1944, ausg. 2/9. 1952.) M. PANKOW. 8305

Remington Arms Co., Bridgeport, übert. von: **Franklin B. Clay,** Westport, und **Richard A. Sahlin,** Fairfield, Conn., V. St. A., *Anfeuerungssatz für Leuchtspurmunition.* Durch den Anfeuerungssatz wird der eigentliche Leuchtspursatz gezündet, ohne daß eine Flamme oder ein Lichtblitz auftritt, wodurch eine Blendung des Beobachters vermieden wird. Der Leuchtspursatz wird erst 25—75 Yards nach dem Abschuß sichtbar. Der Anfeuerungssatz besteht aus (bevorzugt): SrO_2 75—81 (%) (78), BaO_2 3,9—4,1 (4), PbO_2 3,9—4,1 (4), Ca-Resinat 6—8 (7), Ca-Silicid 3—11 (7). (**A. P. 2 709 129** vom 31/12. 1952, ausg. 24/5. 1955.) A. GRADL. 8309

État Français (Erfinder: **Germain Reure**), *Rauchentwickelnde Gemische.* Sie bestehen aus einer chlorierten Substanz (z. B. Polyvinylchlorid, Polyvinylidenchlorid, Chlorkautschuk), einem Metallpulver (z. B. Zn, Al, Fe, Mg) u. einem Oxydationsmittel (z. B. K-, NH_4-Perchlorat), als Plastifizierungsmittel dienen Pentachlordiphenyl + Dioctylphthalat oder Trichlorbenzol + Dibutylphthalat. (**F. P. 1 078 608** vom 2/4. 1953, ausg. 19/11. 1954.) T. OPPERMANN. 8313

XXII. Leim. Klebstoffe usw.

E. E. Halls, *Klebebänder.* Überblick über Herst., Eigg., Anwendungen u. Prüfungen. (Food **21.** 94—96. April; 180—81. Mai; 227—29. Juni; 341—43. Sept. 1952.) M. WINIKER. 8380

C. Rossi, *Polyvinylacetat fest und in Dispersion als Klebstoff in Buchbinderei und Papierverarbeitung.* Beschreibung der Anwendungstechnik von Polyvinylacetat-Dispersion u. -Lsg. als Papierklebstoff. — 7 Abbildungen. (Materie plast. **21.** 745—48. Sept. 1955.) B. SCHEIFELE. 8388

A. G. Sabrodkin, *Carbamidharze und ihre Anwendung in der Möbelindustrie.* Vf. beschreibt die einzelnen Prodd., deren Eigg. u. Anwendung als Klebstoffe. (Деревообрабатывающая Промышленность [Holzverab. Ind.] **4.** Nr. 10. 3—5. Okt. 1955.) A. ECKE. 8388

Farbenfabriken Bayer Akt.-Ges., Leverkusen (Erfinder: **Ernst Schmitz-Hillebrecht** und **Gerhard Technau,** Krefeld), *Verleimen und Imprägnieren schichtförmiger Werkstoffe, z. B. Holz,* mit Leimlsgg., in denen wasserlösl. fungicide oder insecticide Stoffe emulgiert sind. Den wss. Schutzstoffdispersionen werden vor ihrer Verwendung koagulierende Mittel, wie Elektrolyte mit stark temperaturabhängiger Löslichkeit, z. B. KNO_3, oder die bei hoher Temp. gasförmig zerfallen, z. B. $(NH_4)_2CO_3$, NH_4NO_2, oder anorgan. Basen, z. B. Hydrazinhydrat, oder alkylnaphthalinsulfosaure Amine, oder Füllstoffe, oder mehrere solcher Stoffe zugesetzt, wodurch das Imprägniermittel tiefer in den Werkstoff eindringt, als ohne Zusatz der koagulierenden Mittel. (**D. B. P. 935 091** Kl. 38h vom 27/8. 1953, ausg. 10/11. 1955. Anmeldung bekanntgemacht 12/5. 1955. F. u. Finn. Prior. 11/6. 1953.) K. WOLK. 8383

Armstrong Cork Co., Lancaster, Pa., V. St. A., *Klebstoff,* bestehend aus einem Phenol-CH_2O-Harz u. einem kautschukähnlichen Butadien-Acrylnitril-Mischpolymerisat, das einen in Aceton unlösl. Gelgeh. von $<$ 15 (%) hat u. ca. 30 polymerisiertes Acrylnitril enthält. Das Prod. eignet sich bes. für Verklebungen im Flugzeugbau. (**E. P. 735 127** vom 27/11. 1952, ausg. 17/8. 1955. A. Prior. 19/7. 1952.) C. LÜTTGEN. 8389

N. V. Philips' Gloeilampenfabrieken, Eindhoven, Holland, *Klebe, Appretier- und Imprägniermittel,* bestehend aus einer ein härtbares Harnstoff-CH_2O-Vorkondensat, ein mehrwertiges Phenol u. ein prim. Amin, bes. Resorcin u. Anilin, enthaltenden wss. Lösung. (**Schwz. P. 308 274** vom 10/5. 1952, ausg. 16/9. 1955. Holl. Prior. 12/5. 1951.) C. LÜTTGEN. 8389

Soc. à r. l. Mox, Seine, Frankreich (Erfinder: **Robert T. McLane**), *Schutzleim gegen ultraviolette Strahlen* zum Kleben transparenter Folien auf Drucke, Gewebe, Metallfolien, Landkarten. Man mischt in den Leim Schutzstoffe gegen UV-Licht, wie Äsculin, 4-Methylumbelliferon (I), Chinin, Corodenin, Diphenylguanidin; man mischt z. B. 300 (g) Polyvinylacetat, 600 Lösungsm., 35 **I,** 10 4-Methyläsculetin, 5 Hydrochinon u. 50 Plastifiziermittel. (**F. P. 1 078 872** vom 17/6. 1953, ausg. 24/11. 1954.) M. PANKOW. 8389

Lohmann K.-G., Fahr/Rh., *Klebband,* bestehend aus einer Kunststoffolie, auf der zur besseren Haftfestigkeit des Klebstoffbelages eine Haftkörperschicht fixiert wird, z. B. in Form einer Suspension in einer die Folie anlösenden oder anquellenden Fl., z. B. bestehend aus 10 (%) Kolophonium, 30 Cyclohexanon, 20 Bzn. u. 40 fein gepulvertem Kieselsäuregel. (**Schwz. P. 308 898** vom 21/8. 1953, ausg. 17/10. 1955.) C. LÜTTGEN. 8389

Minnesota Mining & Mfg. Co., St. Paul, Minn., V. St. A. (Erfinder: **H. J. Tierney**), *Durch Druck haftender Umschlagklebestreifen.* Die Faserstoffunterlage ist durch in der Längsrichtung verlaufende Fasern mit einer Zugfestigkeit von mindestens 13,5 kg/cm Streifenbreite verstärkt. Die einzelnen Fasern können verzwirnt sein u. sind vorzugsweise vollständig in Klebstoff eingebettet. Geeignet sind z. B. Fäden aus Viscoseseide. (**Schwed. P. 137 300** vom 27/4. 1950, ausg. 16/9. 1952. A. Prior. 29/4. 1949.) K. H. KÄHLER. 8389

VEB Elektrochemisches Kombinat Bitterfeld (Erfinder: **Georg Witt** und **Rudolf Lotz**), Bitterfeld, *Herstellung von Sperr- oder Schichtholz.* Als Verklebungsmittel unter Druck u. Hitze wird eine bei der Großfabrikation von Polyvinylchlorid nach dem Emulsionsverf. anfallende wss. Paste verwendet, die auf einen Geh. von ca. 60% u. mehr an Faserstoff gebracht ist. (**D. P. [DDR] 1 267** Kl. 38c vom 8/6. 1941, ausg. 22/3. 1954 [Wirtschaftspatent].) H. HEYER. 8389

Standard Oil Development Co., übert. von: **John F. McKay jr.,** Cranford, N. J., V. St. A., *Veredeln von Mischpolymerisationskunstharzen.* KW-stoff-Harze wurden hergestellt, indem man ein KW-stoffgemisch, bes. aus der Gasölcrackung, aus 10—35 (%) Diolefinen, 30—65 Olefinen u. 0—60 Aromaten, Paraffinen u. Naphthenen in Ggw. eines FRIEDEL-CRAFTSschen Katalysators, wie $AlCl_3$, $AlBr_3$ oder BF_3, bei -100 bis $+100^0$, bes. -35 bis $+65^0$, polymerisiert. Dieses Mischpolymerisat wird mit 20—120% Cyclopentadien, Dicyclopentadien, Methylcyclopentadien oder Dimethylcyclopentadien auf 240—280° erhitzt, wodurch der Erweichungspunkt des Ausgangsharzes auf 102—105° heraufgesetzt wird. Verwendung bes. als *Klebmittel für Fliesenzemente.* (**A. P. 2 698 841** von 26/6. 1952, ausg. 4/1. 1955.) W. OVERBECK. 8389

XXIV. Photographie.

Kurt Meyer, *Fortschritte der Photographie.* Fortschrittsbericht über die Entw. der Technik zur Herst. photograph. Materialien während der letzten zwei Jahrzehnte. Grundlagen des photograph. Prozesses, die photograph. Schicht, neuere Vorstellungen über den photograph. Primärvorgang, Fortschritte der Emulsionstechnik (Einfl. der Gelatine, Reifung mit *Aurorhodanid,* Stabilisierung mit *Azaindolizinen*), Fortschritte der opt. Sensibilisierung, Eigg. photograph. Materialien (Empfindlichkeit, Gradation, Auflösungsvermögen, Körnigkeit), besondere Anwendungsmöglichkeiten, Entwickler, Latensifizierung, farbenphotograph. Verfahren. (Chem. Techn. **7.** 340—48. Juni 1955. Wolfen.) W. GÜNTHER. 8590

Josef Kubal, Karel Vacek und **Jaroslav Beneš,** *Sensibilisierungseffekt photographischer Gelatinen und seine Messung.* Die bisherige photograph. sensitometr. Meth. zur Feststellung von Sensibilisatoren — Aktivatoren (**I**) u. Beschleunigern (**II**) — in Gelatine (**III**) wurde durch eine physikal.-chem. Meth. ersetzt. Die Adsorptionsfähigkeit von **I** wurde polarograph. aus der Differenz des Standard- u. durch **III** herabgesetzten Sauerstoffmaximums bestimmt. Größere Herabsetzung dieses Maximums entspricht der höheren erzielten Emulsionsempfindlichkeit. Die Wrkg. von **II** (organ. Redoxsystemen) ist vom p_H-Wert abhängig. Der Verlauf der p_H-Änderungen u. die Ermittelung der Redoxcharakteristik (RCH) (nach BYČICHIN u. Mitarbeiter, Přehled fot. a film. techniky **5.** [1952.] 12) von **III** wurden während des ganzen Emulsionsprozesses untersucht, wobei die RCH von „schnellen" **III** (mit schnell erzieltem Empfindlichkeitsmaximum der Emulsion) relativ niedrig war u. ihre p_H-Werte sich erhöhten. Verschiedenartige **III** wurden verglichen: DGF 7068 (**A**), russ. ohne Bezeichnung (**B**), Svit 7591 (**C**), SPC 29 (**D**). Die p_H-Werte von Lsgg. **B** u. **D** erhöhten sich regelmäßig mit steigender Konz. u. zeigten bei ihren Emulsionen während der ersten Reifung ebenfalls steigende Tendenz. Dagegen sind die p_H-Werte von Lsgg. **A** u. **C** von der Konz. unabhängig, u. die Kurve des p_H-Verlaufes zeigt bei ihren Emulsionen während der ersten Reifung ein Minimum. Polarograph. ermitteltes Verh. natürlicher **I** in **III** war dem Verh. des synthet. **I**, 2-[p-Dimethylaminostyryl]-benzthiazols, analog. (Chem. Listy **49.** 991—95. Juli 1955. Praha, Karlova univ., matemat.-fysik. fakulta ustav pro fotochemii; Pardubice, Vys. skola chem.-technolog., katedra fys. chem.) J. VANĚČEK/Prag. 8604

W. T. Hanson jr. und **W. L. Brewer,** *Subtraktive Farbenphotographie: Spektralempfindlichkeit und Masken.* Eine optimale Farbwiedergabe läßt sich erreichen, wenn man Farbmischkurven u. photograph. Masken aufeinander abstimmt. Es wird gezeigt, daß Änderungen bei der Auswahl von Farbmischkurven kompensiert werden können durch entsprechende Auswechselung der Masken. Die optimale Wahl von Masken hängt teilweise von der Tonwertskala der zu reproduzierenden Farben ab. Von Farbmischkurven abweichende Emulsionsspektralempfindlichkeiten können wesentlich zu einer gleichwertigen Farbwiedergabe beitragen, wenn die Masken passend ausgewählt sind. (J. opt. Soc. America **45.** 476—81. Juni 1955. Rochester, N. Y., Eastman Kodak Co., Res. Labor.) W. GÜNTHER. 8630

V. F. H. Chu, R. W. Nottorf und **W. H. Vinton,** *Quellungseigenschaften von synthetischen Polymerisatemulsionen bei Verarbeitungsbedingungen.* Die Quellungseigg. der farbbildenden Polymerisatemulsionen auf *Polyvinylalkohol* (**I**)-Basis (Safety Color Release Positive Film, Typ 875 von DU PONT) unterscheiden sich von denen der Gelatine. Die Quellung solcher Filme mit synthet. Bindemitteln wurde in W. u. Aufarbeitungslsgg. untersucht. Methoden zur Regelung der Quellung, bes. auch bei höheren Verarbeitungstempp. solcher Mehrschichtfilme auf **I**-Basis, werden besprochen. (PSA J., Sect. B **19.** 43—47. Mai 1953. Parlin, N. J., E. I. du Pont de Nemours & Co., Inc., Photo Prod. Dep., Techn. Div.) R. SCHÄFF. 8630

Herausgeber u. verantwortlich für den Inhalt: Prof. Dr. Maximilian Pflücke, Berlin N 4, Schiffbauerdamm 19, Fernsprecher: 425571. Redaktion: Chefredakteure Dr. Eugen Klever und Prof. Dr. Maximilian Pflücke. Verlag: Akademie-Verlag GmbH, Berlin W 8, Mohrenstraße 39 (Fernsprecher 200386, Postscheckkonto Berlin 35021), u. Verlag Chemie, GmbH, Weinheim/Bergstraße (Fernsprecher 2017 u. 2965, Postscheckkonto Frankfurt/M. 145314 u. Berlin-West 7430). Bestell- u. Verlags-Nr.: 1007/127. Das Chemische Zentralblatt erscheint wöchentlich. Preis des Jahrganges einschl. Autoren-, Patent-, Sach- und Formelregister: DM 680,—; einseitig bedruckte Ausgabe: DM 750,—. Abgabe der Zeitschrift nur mit sämtlichen Registern.

Satz u. Druck: VEB Leipziger Druckhaus, Leipzig, III/18/203. VI. 56.

Veröffentlicht unter der Lizenznummer 1212 des Amtes für Literatur und Verlagswesen der Deutschen Demokratischen Republik.

Printed in Germany.

FSC
www.fsc.org
MIX
Papier | Fördert gute Waldnutzung
FSC® C083411

Zeitfracht Medien GmbH
Ferdinand-Jühlke-Straße 7
99095 Erfurt, Deutschland
produktsicherheit@kolibri360.de